Betrieb und Verkehr
der
Preußischen Staatsbahnen.

Ein Handbuch
für Behörden und Beamte

von
Wilhelm Cauer,
Königlich Preußischem Regierungsbaumeister.

Erster Theil.

Mit 67 Abbildungen im Text und auf 4 Tafeln.

Springer-Verlag Berlin Heidelberg GmbH
1897

Additional material to this book can be downloaded from http://extras.springer.com

ISBN 978-3-642-50530-0 ISBN 978-3-642-50840-0 (eBook)
DOI 10.1007/978-3-642-50840-0

Softcover reprint of the hardcover 1st edition 1897

Vorwort.

Wenn der Eisenbahnverkehr sich heute zu früher nicht geahntem Umfange entwickelt hat, wenn nicht nur auf der einzelnen Bahn und im einzelnen Lande, sondern von Bahn zu Bahn und von Land zu Land die Beförderung von Personen und Gütern sich glatt, schnell und in verhältnißmäßig einfachen Formen vollzieht, so sind solche Leistungen der Eisenbahnen, abgesehen von der sie bedingenden, immer weiter gehenden Vervollkommnung der technischen Einrichtungen nur dadurch möglich geworden, daß Betrieb und Verkehr im weitesten Umfange durch einheitliche oder wenigstens im Einklange stehende Bestimmungen geregelt sind. Damit das Riesenuhrwerk, mit dem wir unser Eisenbahnwesen vergleichen können, in allen Theilen in seinem scheinbar mechanisch verlaufenden regelmäßigen Gange erhalten wird, sind eine Unzahl von Einzelhandlungen des Heeres der Eisenbahnbeamten erforderlich, die fast durchweg eine mehr oder weniger große Ueberlegung, alle aber die bewußte, genaue Beobachtung der über den äußeren Eisenbahndienst gegebenen Vorschriften erfordern. Die Schwierigkeit dieser Aufgabe wird ebenso wie der Umfang des Vorschriftenwesens leicht unterschätzt.

Zu den mancherlei Gesetzen und Verordnungen des Deutschen Reiches und Preußischen Staates, welche nicht nur das Eisenbahnwesen selbst, sondern auch sein Verhältniß zur Post-, Zoll- und Heeresverwaltung, zur allgemeinen Landesverwaltung u. s. f. betreffen, tritt eine große Zahl von besonderen Verordnungen, Dienstanweisungen und Vorschriften, die insbesondere für die Preußischen Staatsbahnen vom Minister der öffentlichen Arbeiten erlassen sind. Der Verkehr mit fremden Bahnen ist theils durch Staatsverträge, theils durch zahlreiche Vereinbarungen größeren oder geringeren Umfanges geregelt. Zu vielen von allen diesen Bestimmungen haben schließlich die Eisenbahndirektionen Ausführungsvorschriften erlassen. Da zudem ein großer Theil der Bestimmungen einem schnellen Wechsel unterworfen ist, so kostet es auch dem ergrauten Beamten manchmal Mühe genug, auch nur auf dem besonderen Gebiete, welches er bearbeitet, vollständig auf dem Laufenden zu bleiben, und es ist nicht zu verkennen, daß gar manche Arbeit gespart, manche Entscheidung schneller getroffen werden könnte, wenn es den Beamten erleichtert würde, sich über den Bereich ihres engeren Arbeitsfeldes hinaus universelle Kenntnisse im Eisenbahnwesen zu verschaffen. Von besonderem

Werthe würde aber solche Erleichterung für die schnellere Ausbildung der angehenden Beamten sein. Wer die Vorschriften als Studienmaterial benutzen soll, kann in Verzweiflung gerathen, wenn er sich mit ungewissem Erfolge abmüht, in ihrer überwältigenden Zahl sich zurechtzufinden. Die Benutzung wird zudem noch dadurch erschwert, daß die Vorschriften zum großen Theile ohne Rücksicht auf Studienzwecke nur für den Dienstgebrauch verfaßt sind und daher eine allgemeine Bekanntschaft mit der Sache bereits voraussetzen.

Das Streben nach Vereinfachung und einheitlicherer Gestaltung unseres Vorschriftenwesens ist sowohl bei den Eisenbahnverwaltungen wie bei den Staatsregierungen von jeher rege gewesen. Einen mächtigen Einfluß haben in dieser Beziehung die Gründung des Deutschen Reiches und die Verstaatlichung der Preußischen Bahnen weit über das Gebiet der Landesgrenzen hinaus ausgeübt. Im Bereiche der Preußischen Staatsbahnen ist auch im Besonderen viel in dieser Richtung geschehen, so namentlich bei der im Jahre 1895 vollzogenen Neuorganisation. Eine vollständige Beseitigung der geschilderten Uebelstände wird sich aber schon deshalb niemals erreichen lassen, weil hier überall außer der eigenen Verwaltung zahlreiche äußere Faktoren mitbestimmend wirken und weil viele der Vorschriften häufigen Aenderungen unterworfen sind. So muß es der privaten litterarischen Thätigkeit überlassen bleiben, durch das große Gebiet des Eisenbahnbetriebs- und Verkehrswesens Wegweiser zu schaffen, welche zweckmäßig so einzurichten sind, daß sie auch beim Dienstgebrauche als Nachschlagebücher benutzt werden können.

Es ist denn auch in dieser Beziehung eine umfangreiche Litteratur entstanden. Die zum Theil hervorragenden Leistungen dieser Litteratur sind von mir nicht unterschätzt worden, wenn ich eine neue Bearbeitung des Stoffes in Angriff genommen habe. Es schien mir aber bisher an einem Werke zu fehlen, welches es unternimmt, den äußeren Eisenbahndienst im Zusammenhange so darzustellen, wie er nach den bestehenden Bestimmungen sich abwickelt, bezw. sich abwickeln soll; denn nur im Zusammenhange des Geschehens lassen sich die einzelnen Einrichtungen und die verwickelten Vorgänge des Betriebes und Verkehres und läßt sich die Bedeutung und Wirkung der Vorschriften voll und ganz verstehen.

Das Buch, dessen erster Theil nunmehr, nachdem der Herr Minister der öffentlichen Arbeiten seine Genehmigung dazu ertheilt hat, hiermit der Oeffentlichkeit übergeben wird, soll ein Versuch solcher zusammenhängenden Darstellung sein. Ebenso, wie der Umfang in *sachlicher* Beziehung, gebot diese Art der Darstellung eine Beschränkung in *räumlicher* Hinsicht und namentlich Beschränkung auf ein Gebiet mit möglichst gleichartigen Einrichtungen. Die Besprechung erstreckt sich daher im Allgemeinen nur auf die Preußischen Staatsbahnen, wenn auch deren auswärtige Beziehungen zu oftmaligem Uebergreifen auf die Verhältnisse anderer deutschen Bahnen und der Bahnen des Auslandes Veranlassung geben. Wie im Besonderen der Stoff in die einzelnen Abschnitte vertheilt ist, und welche Abschnitte in dem hier vorliegenden ersten Theile enthalten sind, wird in der Einleitung erörtert.

Die für die Vorgänge maßgebenden Vorschriften sind überall, theils im Texte, theils in Fußnoten, angeführt. Außerdem ist als Ergänzung des Werkes im Anhange eine Uebersicht wichtiger Bestimmungen beigefügt, welche, wenn sie auch der Natur der Sache nach auf Vollständigkeit keinen Anspruch machen kann, doch erheblich mehr enthält, als irgend eine bisher bekannt gewordene vorhandene Sammlung oder Bearbeitung. Die Anordnung dieser Uebersicht dürfte insofern neu sein, als sie die Vorschriften ohne Rücksicht auf Urheber und Geltungsbereich in sachlicher Folge aufführt, daneben aber bei jeder den oft aus den Vorschriften selbst nicht erkennbaren Geltungsbereich bezw. Urheber (wo dies zweckmäßig schien, auch die Veröffentlichungsstelle) angiebt.

Wenn die Anordnung des Stoffes namentlich auf das Studium berechnet ist, so dürfte sie doch auch für die Benutzung des Buches zum Nachschlagen sich als zweckmäßig erweisen. Um eine solche Benutzung noch zu erleichtern, ist die sachliche Gliederung in den Ueberschriften der Seiten und Abschnitte und dem Inhaltsverzeichnisse möglichst scharf hervorgehoben, und es ist ferner auch dem nicht mit der Einrichtung des Buches Vertrauten durch ein ausführliches alphabetisches Sachregister ermöglicht, jeden Gegenstand schnell aufzufinden. Für den Anhang ist ein besonderes Sachregister beigefügt.

Das Buch soll kein eigentlich technisches sein. Doch sind die technischen Dinge überall insoweit behandelt, als der Betriebsbeamte sie kennen soll. Das Buch soll ferner keine theoretischen Erörterungen über die besprochenen Einrichtungen bieten, sondern nur eine praktische Darstellung der Verhältnisse, wie sie z. B. auf den Preußischen Staatsbahnen vorliegen, wobei eine Kritik des Bestehenden, soweit sie nicht in einzelnen Fällen für das Verständniß nothwendig erschien, ausgeschlossen bleiben mußte. Dagegen wurde in dem behandelten Gebiete, unter Sichtung des Wesentlichen vom Unwesentlichen, möglichste Vollständigkeit und Abrundung angestrebt und zu diesem Zwecke alles erreichbare Material herangezogen. Wo es erwünscht schien, sind Abbildungen und Tabellen beigegeben, auf deren saubere und sorgfältige Herstellung die Verlagsbuchhandlung große Mühe verwandt hat. Soweit irgend angängig, sind die neuesten Bestimmungen berücksichtigt, wodurch wiederholte Umarbeitungen bereits fertig gestellter Theile des Manuskriptes veranlaßt und auch noch während des Druckes zahlreiche Aenderungen nothwendig wurden. Wenn bei dieser Art der Arbeit manche Lücken und Mängel bestehen geblieben sein mögen, so bitte ich dies eben dieser Entstehungsart zu Gute zu halten. Für jede zur Berichtigung und Ergänzung dienende Mittheilung werde ich stets dankbar sein.

Im Ausdrucke habe ich mich bestrebt, Fremdwörter zu vermeiden. Doch war ein folgerichtiges Verfahren hier schon deshalb nicht durchzuführen, weil manche amtlich feststehenden Bezeichnungen beibehalten werden mußten. Auch wurde von einer Verdeutschung im Interesse der Klarheit und Ebenmäßigkeit der Darstellung da abgesehen, wo der zur Verfügung stehende deutsche Ausdruck sich mit dem Fremdworte nicht deckte oder wo er zu sprachlichen Härten Veranlassung gegeben hätte. Wenn im Uebrigen das Buch von letzteren nicht frei ist, und wenn es nicht gelungen ist, die Spuren der Arbeit ganz zu beseitigen, welche in dem Ordnen und Zusammenfügen eines verstreuten, spröden und sehr ungleichartigen Materiales bestand, so muß auch hierfür die Nachsicht des Lesers erbeten werden.

Ein Erfolg dieser Arbeit wäre überhaupt von vorneherein ausgeschlossen gewesen, ohne die bereitwillige und wirksame Unterstützung, welche ich von allen Seiten erfahren habe. Es ist mir eine angenehme Pflicht, an dieser Stelle hierfür meinen Dank auszusprechen, einmal der Königlichen Eisenbahndirektion Altona, ihren Decernenten und Beamten, sowie der Kaiserlichen Ober-Postdirektion und dem Königlichen Hauptzollamt hierselbst, sodann auch den auswärtigen Behörden und Verwaltungen, welche mir in ausgiebigster Weise Auskunft ertheilt, Drucksachen übersandt, ev. auch die Befragung ihrer Beamten und die Einsicht in ihre Akten gestattet haben, insbesondere dem Reichseisenbahnamte, der Königlichen Eisenbahndirektion Berlin als geschäftsführender Verwaltung des Vereins Deutscher Eisenbahnverwaltungen, den Königlichen Eisenbahndirektionen zu Magdeburg und Cöln, den Generaldirektionen der Badischen Staatsbahnen und der Eisenbahnen in Elsaß-Lothringen, dem Generaldirektorat der Dänischen Staatsbahnen, der Betriebsdirektion der Belgischen Staatsbahnen, der Direktion der Ungarischen Staatsbahnen, dem Direktorium der Schweizerischen Centralbahn und der Generaldirektion für die Süditalienischen Eisenbahnen.

Obwohl es nicht geringe Mühe verursachte, das in Gesetzen, Verordnungen, Dienstanweisungen, Verhandlungsniederschriften, Vereinbarungen, Akten u. s. f. zerstreute und zum Theil ungeschriebene Material zu sammeln, zu sichten und zu ordnen, so hat es mir doch andererseits einen hohen Genuß gewährt, aus dem anscheinenden Wirrwarr der verschiedenartigsten Bestimmungen immer klarer das Bild des großartigen Getriebes unseres Eisenbahnwesens hervortreten zu sehen. Zur besonderen Befriedigung würde es mir gereichen, wenn dieses Bild durch die unvermeidlichen Unvollkommenheiten der Darstellung hindurch auch für den Leser erkennbar geworden wäre.

Altona, im März 1897.

Wilhelm Cauer.

Inhalts-Verzeichniß.

Fünftes Kapitel. Verhältniß der Preußischen Staatsbahnen zur Heeresverwaltung.

Sechstes Kapitel. Verhältniß der Preußischen Staatsbahnen zu anderen Bahnen.

Zweiter Abschnitt.

Der Zugdienst.

Erstes Kapitel. Die Fahrpläne.

Zweites Kapitel. Die Bildung der Züge.

Drittes Kapitel. Der Zug auf der Strecke.

Viertes Kapitel. Der Zug innerhalb der Stationen.

Fünftes Kapitel. **Besonderheiten bei Ausführung des Fahrplanes.**

Sechstes Kapitel. **Das Schreibwerk beim Zugdienste.**

Dritter Abschnitt.

Die Lokomotiven und Eisenbahnwagen.

Erstes Kapitel. **Die Lokomotiven.**

Zweites Kapitel. **Die Wagen nach Art und Beschaffenheit.**

Drittes Kapitel. **Benutzung der Güterwagen.**

Viertes Kapitel. **Benutzung der Personen-, Gepäck- und Postwagen.**

Ergänzungen und Berichtigungen.

Zu S. 14, 2. Abs. u. S. 123, 124. Die Staatsverträge zwischen Preußen und Hessen, betr. den Erwerb des Hessischen Ludwigs-Eisenbahnunternehmens für den Preuß. und Hess. Staat vom 8. u. 9./7. 1896 sowie über Bildung einer Eisenbahnbetriebs- und Finanzgemeinschaft zwischen Preußen und Hessen vom 23./6. 1896 sind durch preuß. Gesetz vom 16./12. 1896 (E.V.B. 321) genehmigt. Sodann ist durch Allerh. Erlaß vom 16./12. 1896 (E.V.B. 349) mit d. 1./2. 1897 die Kgl. Preuß. und Großh. Hess. Eisenbahndirektion in Mainz errichtet, welcher vom 1./2. 1897 bis 1./4. 1897 Verwaltung und Betrieb der zum Hess. Ludwigseisenbahnunternehmen gehörenden Strecken, vom 1./4. 1897 ab Verwaltung und Betrieb eines aus preuß. und hess. Strecken neugebildeten Direktionsbezirkes übertragen ist.

Zu S. 50, Abs. 3, Z. 3. An Stelle der Kais. Admiralität ist das Oberkommando der Kais. Marine (Kommando) und das Reichsmarineamt (Verwaltung) getreten. Letzteres ist hier zuständig.

Zu S. 72, Z. 1: Hinter „Haupteisenbahnen Deutschlands" einzuschalten: „Die Bestimmungen zu d den Titel: Bestimmungen über die Befähigung von Eisenbahnbetriebsbeamten".

Zu S. 75: Die drei letzten Worte der Seite müssen lauten: „des Wagenausschusses".

Zu S. 104: Drittletzte Zeile im ersten Absatze lies: „Tarifverband" statt „Transportverband".

Zu S. 107: Der Beitritt Dänemarks zum J.U. ist (31./3. 1897) noch nicht vollzogen.

Zu S. 177, Abs. 4: Für die Sicherung der Kreuzung von Kleinbahnen mit Staatsbahnen in Schienenhöhe sind durch M.E. vom 24./10. 1896, E.N.B. S. 596 u. vom 29./1. 1897 E.N.B. 74 Vorschriften gegeben.

Zu S. 225, Abs. 3, letzte 3 Zeilen: Die Nummer 14c der Grundsätze ist bei einigen Direktionen umgekehrt aufgefaßt und die Anordnung bei Endblockstationen so getroffen, daß nach Einfahrt eines Zuges der Wärter zunächst die Blockerlaubniß zurückgiebt und dadurch zugleich das bis dahin blockirt gewesene Streckenblockfeld deblockirt (in weiß verwandelt), und erst als Schlußhandhabung letzteres blockirt und damit die rückliegende Blockstrecke deblockirt. Ob diese oder die S. 225 beschriebene Anordnung künftig allgemein auf den Pr.St.B. angewendet wird, dürfte demnächst entschieden werden (vgl. E.N.B. 1897, S. 56).

Zu S. 242, Z. 10 von unten einzuschalten: auch durch M.E. vom 15./5. 1896, E.V.B. 190.

Zu S. 246, letzter Abs.: Für die Zählung der Reisenden ist durch M.E. vom 5./2. 1897 E.N.B. 84 ein vereinfachtes Verfahren vorgeschrieben.

Zu S. 318 u. 362: Durch M.E. vom 2./3. 1897, E.N.B. 157 ist die allgemeine Einführung der Bruttomeldungen an die Wagenbureaus zum 1./6. 1897 genehmigt, die Aenderung des Abrechnungsverfahrens bezüglich der Widerherstellungskosten beschädigter Wagen versuchsweise genehmigt.

Zu S. 428: Hinter II, 1 sind Gesetz und Allerh. Erlaß betr. Erwerb der Hess. Ludwigsbahn bezw. Errichtung der Direktion Mainz (s. erste Berichtigung) einzuschalten.

Zu S. 431, Nr. 30: Die bereits durch M.E. vom 18./1. 1896, E.N.B. 39 mitgetheilte Anleitung zur Aufstellung des Etatsvorberichtes ist durch M.E. v. 20./2. 1897, E.N.B. 112 abgeändert.

Zu S. 432 hinter 17 einzuschalten: 17a, Pr.St., Gesetz, betr. die Gewährung von Umzugskosten an Regierungsbaumeister vom 24./8. 1896 (G.S. 173, E.V.B. 282).

Zu S. 433, Nr. 32: Bezgl. des Lokomotivpersonals vom 1./4. 1897, abgeändert durch die „Grundzüge für die Berechnung der Materialersparnißprämien des Lokomotivpersonals" (M.E. vom 18./3. 1897, E.N.B. 175).

Zu S. 440, Nr. 7: Staatsbahnwagenvorschriften auch geändert durch M.E. vom 8./8. 1896, E.V.B. 254 und vom 31./12. 1896, E.V.B. 1897, 6.

Zu den Bezugstellen aus den Technischen Vereinbarungen.

Die bei der endgültigen Drucklegung der Technischen Vereinbarungen vorgenommene Umnummerirung der Paragraphen konnte in diesem Buche wegen zu weit vorgeschrittenen Druckes nicht mehr Berücksichtigung finden. Man wolle daher bezüglich der aus den Technischen Vereinbarungen angezogenen Stellen nachstehende Gegenüberstellung beachten:

Angezogene Nr.	Neue Nr.	Angezogene Nr.	Neue Nr.
1—14	1—14	117a	122
16—22	15—21	119	123
22a	21a	119a	124
23—41	22—40	119b	125
43	41	119c	126
43a	42	119d	127
44—80	43—79	119e	128
80a	80	119f	129
81—110	81—110	121—130	130—139
110a	111	130a	140
110b	112	131—133	141—143
110c	113	133a	144
111—116	114—119	134—168	145—179
116a	120	173—184	180—191
117	121		

Verzeichniß der Abkürzungen.

A.Abf.V.	Allgemeine Abfertigungsvorschriften des Deutschen Eisenbahnverkehrsverbandes für die Beförderung von Personen, Reisegepäck u. s. f.
A. f. Est.	Anweisung für das Entwerfen von Eisenbahnstationen mit besonderer Berücksichtigung der Weichen- und Signalstellwerke.
A. f. T.	Anweisung für den Telegraphendienst auf den Preußischen Staatsbahnen.
Allgem. Bed.	Allgemeine Bedingungen für die Anlage, Bedienung und Unterhaltung von Anschlußgleisen, Ladebühnen u. s. f.
Ba.O.	Bahnordnung für die Nebeneisenbahnen Deutschlands.
B.B.	Bundesrathsbeschluß.
B. f. Kw.	Besondere Bedingungen für die Einstellung von Kesselwagen.
B. f. Prw.	Allgemeine Bedingungen für die Einstellung von Privatgüterwagen.
B.G.B.	Bundesgesetzblatt.
B.R.	Betriebsreglement des Vereins Deutscher Eisenbahnverwaltungen.
Bt.O.	Betriebsordnung für die Haupteisenbahnen Deutschlands.
Bur.O.	Bureauordnung für die Königlichen Eisenbahndirektionen.
Cbl. d. Bauv.	Centralblatt der Bauverwaltung.
C.W.A.B.	Centralwagenabrechnungsbureau.
C.W.B.	Centralwagenbureau.
D.Bzk.	Direktionsbezirk.
D.E.V.V.	Deutscher Eisenbahnverkehrsverband.
Dia.	Dienstanweisung.
Dia. f. Bm.	Dienstanweisung für die Bahnmeister auf den Preußischen Staatsbahnen.
Dia. f. Br.	Dienstanweisung für die Bremser und Hülfsbremser auf den Preußischen Staatsbahnen.
Dia. f. B. v. W.	Dienstanweisung für die Behandlung der ausbesserungsbedürftigen und untersuchungspflichtigen Wagen der Preußischen Staatsbahnen.
Dia. f. Bw.	Dienstanweisung für die Bahnwärter und Hülfsbahnwärter auf den Preußischen Staatsbahnen (Haupt- und Nebenbahnen).
Dia. f. C.W.A.B.	Dienstanweisung für das Centralwagenabrechnungsbureau.
Dia. f. E.T.	Dienstanweisung für die Eisenbahntelegraphenmeister der Staatseisenbahnverwaltung.
Dia. f. L.	Dienstanweisung für die Lokomotivführer und Heizer auf den Preußischen Staatsbahnen.
Dia. f. P.	Dienstanweisung für die Packmeister auf den Preußischen Staatsbahnen.
Dia. f. Prw.	Dienstanweisung für die Behandlung von Privatgüterwagen.
Dia. f. Sch.	Dienstanweisung für die Schaffner auf den Preußischen Staatsbahnen.

Dia. f. Stb.	Dienstanweisung für die Stationsbeamten auf den Preußischen Staatsbahnen.
Dia. f. Stw.	Allgemeine Dienstanweisung für die Benutzung der Stellwerksanlagen im Bereiche der Preußischen Staatsbahnen.
Dia. f. W.	Dienstanweisung für die Weichensteller und Hülfsweichensteller auf den Preußischen Staatsbahnen (Haupt- und Nebenbahnen).
Dia. f. Ww.	Dienstanweisung für die Wagenwärter auf den Preußischen Staatsbahnen.
Dia. f. Z.	Dienstanweisung für die Zugführer auf den Preußischen Staatsbahnen.
D.R.	Deutsches Reich.
E.N.B.	Eisenbahnnachrichtenblatt.
E.P.G.	Eisenbahnpostgesetz.
Erl.	Erlaß.
E.V.B.	Eisenbahnverordnungsblatt.
E.Z.R.	Eisenbahnzollregulativ.
Fin.O.	Finanzordnung der Preußischen Staatseisenbahnverwaltung.
Fr.Tr.O.	Friedenstransportordnung.
F.V.	Fahrplanvorschriften, gültig für die Preußischen Staatsbahnen vom 1./4. 1895 ab.
Gesch.Anw.	Geschäftsanweisung.
Gesch.O.	Geschäftsordnung für die Königlichen Eisenbahndirektionen.
Gr. f. Prw.	Grundsätze für die Zulassung von Privatgüterwagen.
G.S.	Gesetzsammlung für die Königlich Preußischen Staaten.
Hdb.St.W.V.	Handbuch zu den Konferenzen des Preußischen Staatsbahnwagenverbandes. Siebente Auflage.
Int.R.	Reglement für die Benutzung des Fahrmateriales zwischen allen an dem Internationalen Verbande theilnehmenden Verwaltungen.
It.V. f. Spw.	Vorschriften über den Lauf der einheimischen und fremden im Privateigenthum stehenden oder von Privaten gemietheten Specialwagen auf den italienischen Eisenbahnen.
It.W.R.	Regulativ für die gegenseitige Wagenbenutzung im Verkehre zwischen den italienischen Bahnen einerseits und deutschen, österreichisch-ungarischen, schweizerischen, belgischen und holländischen Bahnen andererseits.
J.U.	Internationales Uebereinkommen über den Eisenbahnfrachtverkehr.
Klb.Ges.	Gesetz über Kleinbahnen und Privatanschlußbahnen.
Konv.	Konvention, betr. die gegenseitige Wagenbenutzung zwischen der Französischen Ostbahngesellschaft und den Reichseisenbahnen in Elsaß-Lothringen.
Kr.Tr.O.	Kriegstransportordnung.
M. d. ö. A.	Minister der öffentlichen Arbeiten oder Ministerium der öffentlichen Arbeiten.
M.E.	Erlaß des M. d. ö. A.
N. f. H.	Normen für den Bau und die Ausrüstung der Haupteisenbahnen Deutschlands.
Pr.St.	Preußischer Staat.
Pr.St.B.	Preußische Staatsbahnen.
R.C.B.	Centralblatt für das Deutsche Reich.
R.E.A.	Reichseisenbahnamt.
R.G.B.	Reichsgesetzblatt.
Rkz.E.	Erlaß des Reichskanzlers.
Sch.Ob.	Schienenoberkante.
Stk.O.	Stationskassenordnung.

S.O.	Signalordnung für die Eisenbahnen Deutschlands.
S.O.A.B.	Ausführungsbestimmungen zur S.O. für die Eisenbahnen Deutschlands.
St.W.V.	Preußischer Staatsbahnwagenverband.
T.E.	Vereinbarungen über die technische Einheit im Eisenbahnwesen.
T.Int. R.	Technisches Reglement für die gegenseitige Zulassung des Betriebsmateriales und die Haftpflicht für Beschädigungen zwischen den Verwaltungen des internationalen Verbandes.
T.V.	Technische Vereinbarungen über den Bau und die Betriebseinrichtungen der Haupt- und Nebeneisenbahnen.
T.V.*	Bindende Bestimmungen der Technischen Vereinbarungen.
U. z. B.R.	Uebereinkommen zum Betriebsreglement des V.D.E.V.
V. d. D.R.	Verfassung des Deutschen Reiches vom 16./4. 1871.
V.D.E.V.	Verein Deutscher Eisenbahnverwaltungen.
Verw.O.	Verwaltungsordnung für die Staatseisenbahnen.
V. f. g. W.	Vorschriften für die gemeinschaftliche Wagenbenutzung der Preußischen Staatsbahnen sowie der diesen Vorschriften beigetretenen Deutschen Eisenbahnen (Staatsbahnwagenvorschriften).
V. f. R.	Vorschriften über den Rangirdienst auf den Preußischen Staatsbahnen.
V. f.V. d.Pr.St.	Vorschriften für die Verwaltung der Preußischen Staatseisenbahnen. (Sammelwerk.)
V.O.	Verkehrsordnung für die Eisenbahnen Deutschlands.
V.U. f. Pr.St.	Verfassungsurkunde für den Preußischen Staat.
V.W.U.	Uebereinkommen, betr. die gegenseitige Wagenbenutzung im Bereiche des Vereins Deutscher Eisenbahnverwaltungen. (Vereinswagenübereinkommen.)
V.Z.G.	Vereinszollgesetz vom 1./7. 1869.
W.K.O.	Wagenkontrolordnung.
W.O.	Werkstättenordnung.

Litteratur,

welche neben dem Wortlaut der (im Anhange aufgeführten) Vorschriften benutzt ist.

1. Berlin und seine Eisenbahnen 1846—1896. Herausgegeben im Auftrage des Königlich Preußischen Ministers der öffentlichen Arbeiten. Berlin, Julius Springer, 1896.

2. Blum: Ueber die Anlage von Verschubbahnhöfen. Centralblatt der Bauverwaltung, 1896, 451.

3. Braschke, J.: Die Zoll- und Steuervorschriften, soweit dieselben für die Beförderung von Gütern auf Eisenbahnen in Betracht kommen. Breslau, Wilh. Gottl. Korn, 1893.

4. Brosius und Koch: Der äußere Eisenbahnbetrieb. Wiesbaden, J. F. Bergmann, 1893.

5. Eger, Dr. jur., G.: Das Deutsche Frachtrecht mit besonderer Berücksichtigung des Eisenbahnfrachtrechtes. Berlin, Carl Heymann, 1891.

6. Engelhard, F. R.: Sammlung von Gesetzen, Verordnungen, Erlassen &c. in Bezug auf den Eisenbahndienst u. s. f. Berlin, R. v. Decker's Verlag, G. Schenck, 1895.

7. Festschrift über die Thätigkeit des Vereins Deutscher Eisenbahnverwaltungen in den ersten 50 Jahren seines Bestehens, 1846—1896. Berlin, Druck der Nauck'schen Buchdruckerei, 1896.

8. Fleck, C.: Das Betriebsreglement für die Eisenbahnen Deutschlands und die allgemeinen Tarifvorschriften der Deutschen Eisenbahnen mit den hierauf bezüglichen gesetzlichen Vorschriften, Bundesrathsbeschlüssen, Ministerialerlassen und wichtigeren Vereinbarungen der Eisenbahnverwaltungen für den dienstlichen Gebrauch zusammengestellt. Berlin 1886. Druck der Nordd. Buchdruckerei und Verlagsanstalt.

9. Gerstner, Dr. jur., Th.: Internationales Eisenbahnfrachtrecht. Das zu Bern am 14./10. 1890 zwischen Deutschland, Oesterreich-Ungarn, Italien, Frankreich, Rußland, Belgien, den Niederlanden, Luxemburg und der Schweiz abgeschlossene Uebereinkommen über den Eisenbahnfrachtverkehr in systematischer Darstellung erläutert. Berlin, Franz Vahlen, 1893.

10. Gleim, W.: Das Recht der Eisenbahnen in Preußen, systematisch dargestellt. Erster Band. Das Eisenbahnbaurecht. Berlin, Franz Vahlen, 1893.

11. Goering: Eisenbahnbau in Hütte, 16. Aufl., Abth. II, S. 29. — Berlin, Ernst & Sohn, 1896.

12. Goering: Bahnhofsanlagen in Röll, Encyklopädie des Eisenbahnwesens, Band I. Wien, Carl Gerolds Sohn 1890.

13. Grüttefien: Vergleichender Ueberblick über die neueren Umgestaltungen der größeren preußischen Bahnhöfe. Centralbl. d. Bauv. 1888. Berlin, Ernst & Sohn.

14. Handbuch für Post und Telegraphie. Berlin, gedruckt in der Reichsdruckerei, 1892.

15. Havenstein, P.: Die Zollgesetzgebung des Reiches, enthaltend das Vereinszollgesetz nebst Kommentar und Nebengesetzen, den Zolltarif mit Abänderungen durch die Handelsverträge, den Deutsch-Oesterreichischen und Deutsch-Schweizerischen Handelsvertrag. Berlin, H. W. Müller, 1892.

16. Kaufmann, Dr., Wilhelm: Die mitteleuropäischen Eisenbahnen und das internationale öffentliche Recht. Internationalrechtliche Studien und Beiträge. Leipzig, Duncker & Humblot, 1893.

17. Koch, Dr. jur. W. Handbuch für den Eisenbahngüterverkehr.

I. Eisenbahnstationsverzeichniß der dem V.D.E.V. angehörigen sowie der übrigen im Betriebe oder Bau befindlichen Eisenbahnen Europas (mit Ausnahme der Eisenbahnen Großbritanniens) u. s. f., nach officiellen Quellen zusammengestellt 2c. 27. Aufl. Berlin, Barthol & Co. 1896.

II. Ortsverzeichniß: Ein alphabetisch geordnetes Verzeichniß von Orten, welche mit Mitteleuropäischen Eisenbahnstationen in Betreff der Güter-Ab- und -Anfuhr in Verbindung stehen u. s. f. Nach officiellen Quellen bearbeitet und herausgegeben. 8. Aufl. Berlin, Barthol & Co. 1896.

18. Krönig, Fr.: Die Verwaltung der Preußischen Staatseisenbahnen. Breslau, Wilh. Gottl. Korn, 1891, 1892.

19. Micke: Die neue Ordnung der Preußischen Staatseisenbahnverwaltung. Archiv für Eisenbahnwesen, 1895, S. 201.

20. Peege, B.: Die Deutschen Eisenbahngesetze, sowie die Einrichtungen der Eisenbahnen Deutschlands und des Vereins Deutscher Eisenbahnverwaltungen. Handbuch für Eisenbahnbeamte u. s. f. Dresden, C. Heinrich, 1895.

21. Riegels, Gustav: Die Verkehrsgeschichte der Deutschen Eisenbahnen mit Einschluß der heutigen Verkehrslage. Elberfeld. In Kommission der Bädeker'schen Buch- und Kunsthandlung, 1889.

22. Rosenthal, Eduard: Internationales Eisenbahnfrachtrecht auf Grund des Internationalen Uebereinkommens über den Eisenbahnfrachtverkehr vom 14./10. 1890 und der Konferenzbeschlüsse vom Juni und September 1893 dargestellt. Jena, Gustav Fischer, 1894.

23. Schubert, E.: Die Sicherungswerke im Eisenbahnbetriebe, 2. Aufl. Wiesbaden, J. F. Bergmann, 1895.

24. Ulrich, Franz: Das Eisenbahntarifwesen im Allgemeinen und nach seiner besonderen Entwickelung in Deutschland, Oesterreich-Ungarn, der Schweiz, Italien, Frankreich, Belgien, den Niederlanden und England dargestellt. Berlin und Leipzig, J. Guttentag (D. Collin), 1886.

Einleitung.

Betrieb und Verkehr.

Damit auf einer betriebsfähig hergestellten und mit den nöthigen Betriebsmitteln und beweglichen Inventarien ausgestatteten Bahn Transporte von Gütern und Personen stattfinden können, muß die Bahnverwaltung eine umfangreiche Thätigkeit in's Werk setzen, die sich hauptsächlich nach drei Richtungen entwickelt.

Der Betrieb umfaßt alle diejenigen Vorgänge und Verrichtungen, welche zur Folge haben, daß auf der vorhandenen Bahn unter Benutzung der vorhandenen Lokomotiven und Wagen Züge hin- und herlaufen und so Transportgelegenheit bieten. Der Verkehr umfaßt alles dasjenige, was von Seiten der Bahnverwaltung und ihrer Organe geschieht, um die Benutzung dieser Transportgelegenheit zur Beförderung von Personen, Gütern, Thieren ꝛc. zu vermitteln. Durch Betrieb und Verkehr werden die vorhandenen festen Anlagen und beweglichen Gegenstände stetig abgenutzt und theilweise zerstört. Um diese Wirkung unschädlich zu machen und die Bahn nebst allem Zubehör beständig leistungsfähig zu erhalten, dient die Unterhaltung der Bahn, der Lokomotiven und Wagen, welche, in weitestem Sinne verstanden, alle Verbesserungen, Neubeschaffungen, Umbauten mit umfaßt. Betrieb, Verkehr und Unterhaltung, wiederum im weitesten Sinne verstanden, also einschließlich aller Verwaltungsthätigkeit, welche dazu dient, die Vorgänge auf diesen Gebieten zu regeln und aus ihnen die finanziellen Schlußergebnisse zu ziehen, umfassen und erschöpfen das gesammte Eisenbahnwesen, soweit es sich nicht um Herstellung neuer Bahnen oder Eigenthumswechsel an Bahnen handelt.

Von den drei Zweigen des Eisenbahnwesens sollen in diesem Buche nur Betrieb und Verkehr besprochen werden, da die eingehende Darstellung der Unterhaltung Sache eines technischen Werkes sein würde. Wenn aber Betrieb und Verkehr so geschildert werden sollen, wie sie wirklich sich abspielen, so ist es nicht zu umgehen, doch den dritten Zweig, die Unterhaltung, wiederholt mit in den Kreis der Betrachtung zu ziehen, mag es sich nun um den betriebssicheren Zustand der Strecken handeln, mag die Einwirkung besprochen werden, welche die Beschädigung eines Wagens auf den Betrieb und Verkehr ausübt, und anderes mehr. Bei allen solchen Abschweifungen in das Gebiet der Unterhaltung sollen indessen eigentlich technische Erörterungen grundsätzlich vermieden werden.

Auch Betrieb und Verkehr lassen sich in der Besprechung nicht vollständig von einander trennen, da sie in der Wirklichkeit beständig einander berühren. Es mußte daher, sollten die folgenden Abschnitte ein zutreffendes Bild von dem Getriebe des Eisenbahnwesens geben, bei der Schilderung des Betriebes in das Gebiet des Verkehres und umgekehrt wiederholt übergegriffen werden.

Der Plan des Buches ist der folgende:

Der Darstellung der Betriebsvorgänge sind im Wesentlichen der zweite und dritte Abschnitt des Buches gewidmet. Im zweiten wird der Zugdienst erörtert, der, im weitesten Sinne verstanden, das ganze Gebiet des Betriebsdienstes umfaßt. Der dritte Abschnitt bringt unter öfterem Zurückgreifen auf den zweiten nähere Angaben über den Dienst der Lokomotiven und Wagen, die in den zweiten Abschnitt nicht eingefügt werden konnten, ohne ihn unübersichtlich zu machen. Der vierte und fünfte Abschnitt besprechen den Personen- und Gepäckverkehr einerseits, den Güter-, Vieh- rc. Verkehr andererseits. Als Ergänzung zu beiden behandelt der sechste Abschnitt das Tarifwesen. Der siebente Abschnitt, Etats-, Kassen- und Rechnungswesen, bildet eine Ergänzung zu allen vorhergehenden, indem er die finanziellen Vorbedingungen und Wirkungen der Betriebs- und Verkehrsvorgänge erörtert.

Diesen sechs Abschnitten wird im ersten Abschnitte eine Besprechung der Organisation der Preußischen Staatsbahnen, ihrer Stellung im Gesammtorganismus des Staates und des Reiches und ihres Verhältnisses zu anderen Bahnverwaltungen vorangeschickt, damit der Leser, bevor er sich mit den einzelnen Vorgängen des Betriebes und Verkehres befaßt, Gelegenheit hat, das Gebiet kennen zu lernen, auf dem diese Vorgänge sich abspielen.

Ueberall lehnt sich die Darstellung genau an die bestehenden Gesetze, Verordnungen, Vereinbarungen, Dienstanweisungen u. s. f. an, deren einschlägige Stellen angezogen sind. Es erschien daher zweckmäßig, den als erster Theil zunächst erscheinenden Abschnitten I—III als Anhang eine möglichst vollständige Uebersicht der wesentlichen in Betracht kommenden Bestimmungen beizufügen. Diese Uebersicht führt die einzelnen Vorschriften ohne Unterschied ihrer Urheber und ihres Geltungsbereiches in einer nach sachlichen Gesichtspunkten gewählten Ordnung auf. Doch sind bei jeder Vorschrift der Urheber und der Geltungsbereich ersichtlich gemacht. Am Schluß des ganzen Werkes soll in einem ferneren Anhange eine tabellarische Uebersicht der wichtigeren europäischen Bahnverwaltungen und der Beziehungen, in denen sie zu einander stehen, Platz finden.

Erster Abschnitt.

Organisation und Stellung der Preußischen Staatsbahnen.

Erstes Kapitel.

Dienststellen und Behörden der Preußischen Staatsbahnen.

I. Die äußeren Dienststellen.

A. Die Stationen.

1. Eintheilung und Besetzung der Stationen.

Der ganze Betriebsdienst der Eisenbahnen geht aus von den Stationen und endigt in denselben. In ihnen werden die Züge gebildet und wieder aufgelöst, von ihnen aus wird der ganze Lauf der Züge, der Lokomotiven und Wagen geregelt. Auf den Stationen erfolgt auch die Abfertigung der Güter, Personen und Gepäckstücke, die aber auf größeren Stationen besonderen Dienststellen, den Abfertigungsstellen, übertragen ist, während sie auf mittleren und kleineren Stationen von dem Stationspersonale mitbesorgt wird.

Je nach der Größe unterscheidet man[1])

a) Bahnhöfe (mit bedeutenderem Verkehr).

b) Haltestellen (mit mindestens einer Weiche für den öffentlichen Verkehr).

c) Haltepunkte (mit keiner Weiche für den öffentlichen Verkehr).

Erstere werden wieder unterschieden in Bahnhöfe I., II. und III. Klasse. Die Klasseneintheilung der Bahnhöfe richtet sich im allgemeinen nach der Größe des Personen- und Güterverkehrs, der sich auf ihnen abspielt. Indessen giebt es auch sehr große Bahnhöfe I. Klasse, die gar keinen öffentlichen Verkehr haben (Rangirbahnhöfe).

Zu Vorständen der Bahnhöfe I. Klasse werden im Allgemeinen Stationsvorsteher I. Klasse ernannt, zu solchen der Bahnhöfe II. Klasse ebenso Stationsvorsteher II. Klasse, zu solchen der Bahnhöfe III. Klasse nur Assistenten, welche dann für die Dauer dieser Verwendung die Bezeichnung Stationsverwalter führen. Vorstände der Haltestellen sind gewöhnlich Weichensteller I. Klasse (für die Dauer dieser Verwendung Haltestellenaufseher genannt); Vorstände der Haltepunkte Weichensteller und Bahnwärter. Indessen giebt es auch Haltepunkte mit sehr bedeutendem Verkehr (z. B. auf der Berliner Stadtbahn), die mit Stationsbeamten besetzt sind.

Zur Unterstützung in seiner Thätigkeit ist dem Stationsvorsteher je nach der Größe der Station ein mehr oder weniger großes Personal unterstellt, Stationsassistenten, Stationsdiätare, Telegraphisten, Weichensteller[2]), Nachtwächter, Portiers, ferner ev. Betriebswagenwerkmeister, Wagenmeister, Rangirmeister, Arbeiter, die am Orte stationirten

---

[1]) B.B. v. 26./11. 1885, M.E. v. 28./12. 1885, E.V.B. 1886 S. 2, Bt.O. § 74,₁.

[2]) Die Weichensteller unterstehen zugleich in technischer Beziehung dem Bahnmeister und Telegraphenmeister (Dia. f. W. § 2).

Zugbegleitungs- und ev. die Lokomotivpersonale, bei Stationen mit vereinigtem Dienste auch die Beamten und Arbeiter des Abfertigungsdienstes u. s. f., schließlich seit Einführung der Bahnsteigsperre die Bahnsteigschaffner. Die Beamten wechseln sich nach einem für jede Station von der vorgesetzten Betriebsinspektion[3]) festgesetzten Dienstplane in der Arbeit ab, die, je nach dem Zugverkehr auf der Station, entweder alle 24 Stunden oder einen mehr oder weniger großen Theil des Tages umfaßt. Ein Muster solchen Dienstplanes, wie er durch die „Anweisung zur Behandlung der Personalangelegenheiten der nachgeordneten Beamten und Arbeiter seitens der Inspektionsvorstände vom 17./12. 1894“[4]) für alle Beamten des äußeren Betriebsdienstes vorgeschrieben, ist in Abb. 1 (Tafel I) wiedergegeben. Nach den a. a. O. gegebenen Bestimmungen gilt als planmäßige tägliche Diensttour ein jeder zwischen zwei völlig dienstfreien Zeitabschnitten von mindestens je 8 Stunden — beim Zugpersonal von mindestens 10 bezw. 6 Stunden, je nachdem die Ruhezeit in der Heimath oder außerhalb derselben verbracht wird — liegende Zeitraum, während dessen die Beamten nach Maßgabe des Dienstplanes dienstlich thätig oder dienstbereit sein müssen, einschl. der in diese Zeit entfallenden kürzeren Ruhepausen.

Auch das fremde Zugbegleitungs- und Lokomotivpersonal ist während des Aufenthaltes auf den Stationen dem diensthabenden Stationsbeamten unterstellt.

2. Der Dienst auf den Stationen.

a) Allgemeines. Für die Handhabung des Stationsdienstes sind neben einer größeren Zahl nach Materien unterschiedener Vorschriften die Dienstanweisungen für die betheiligten Beamten und Arbeiter maßgebend, insbesondere aber die Dienstanweisung für die Stationsbeamten. Der Dienst auf den Stationen kann unterschieden werden in äußeren und inneren Dienst, und hiernach wird auch in der Regel die Diensteintheilung der Beamten vorgenommen, bezw. den einzelnen Beamten der Dienst zugewiesen. Da indessen der äußere und innere Dienst vielfach ineinandergreifen, so erhält man ein richtigeres Bild von den Betriebs- und Verkehrsvorgängen auf einer Station, wenn man den Dienst nach diesen unterscheidet.

Die Vorgänge auf den Stationen sollen in den folgenden Zeilen indessen nur in den Umrissen, bezw. soweit angedeutet werden, als erforderlich ist, um die Bedeutung dieser Dienststellen für den gesammten Organismus der Eisenbahnen, insbesondere der Preußischen Staatsbahnen, erkennbar zu machen. Die Behandlung der Betriebs- und Verkehrsvorgänge im Einzelnen muß den folgenden Abschnitten dieses Buches vorbehalten bleiben.

b) Die Bildung und Zerlegung von Zügen erfolgt auf Grund der Dienstvorschriften nach Anweisung der Stationsbeamten des Außendienstes, deren auf größeren Stationen mehrere mit getrennten Bezirken gleichzeitig thätig sind, wobei sie sich über Maßnahmen, die aus dem Bereiche des Einzelbezirkes herausgehen, verständigen müssen. Bei den Arbeiten zur Bildung und Zerlegung der Züge wirken mit die Rangirmeister und Rangirarbeiter, die Weichensteller oder Stellwerkswärter und das Lokomotivpersonal. Die Wagen werden vor und während der Einstellung in die Züge durch die Wagenmeister nachgesehen, Personenwagen durch die Wagenreiniger (Arbeiter) gereinigt, durch

[3]) ev. im Benehmen mit den anderen betheiligten Inspektionen.

[4]) B. f. B. d. Pr. St. Nr. 14.

Additional information of this book

(Betrieb und Verkehr der Preußschen Staatsbahnen; 978-3-642-50530-0; 978-3-642-50530-0_OSFO1) is provided:

EXTRA MATERIALS extras.springer.com

http://Extras.Springer.com

andere Arbeiter mit Gas versehen, geheizt u. s. f. Die letztgenannten Personale mit ihren Verrichtungen unterstehen auf großen Stationen einem Betriebswagenwerkmeister, der dienstlich dem Stationsvorsteher (nicht aber dem jeweils diensthabenden Stationsbeamten) nachgeordnet ist. Wo der Umfang des Wagendienstes einen Betriebswagenwerkmeister nicht erfordert, sind die Wagenmeister unmittelbar der Station unterstellt.

Um die Züge zur Abfahrt fertig zu machen, werden sie, gleichfalls auf Anweisung des diensthabenden Stationsbeamten, mit Lokomotiven nebst Personalen versehen und mit Zugpersonalen besetzt. Die regelmäßigen Zugmaschinen werden nach einem feststehenden Turnus auf den Lokomotivstationen gestellt, außergewöhnlich nothwendige Maschinen auf besondere Anforderung. Auf allen bedeutenderen Lokomotivstationen geschieht dies durch eine Betriebswerkmeisterei, die die Lokomotiven zu überwachen und zu unterhalten hat. Geringere Lokomotivbestände sind dem betr. Stationsvorsteher unterstellt. Die technische Ueberwachung solcher detachirten Lokomotivstationen erfolgt dann durch die nächstgelegene Betriebswerkstätte.

So lange eine Lokomotive sich im Bereiche einer Station im Dienste befindet, untersteht sie dem diensthabenden Stationsbeamten. Das Gleiche gilt von dem Personale einer Betriebswerkstätte in Angelegenheiten des äußeren Dienstes[5]).

c) Der Zugabfertigungsdienst umfaßt den Depeschenverkehr und Wechsel der Blockmeldungen mit den Nachbarstationen, die Ertheilung und Ausführung der Aufträge zur Stellung der Weichen und Signale, die Empfangnahme und Untersuchung der ankommenden Züge (ev. Aenderung der Zusammensetzung), den Verkehr mit dem reisenden Publikum und die Ertheilung der Aufträge zur Abfahrt. Hierbei wirken neben den Stationsbeamten des Außendienstes die Stationsbeamten im Bureau und die Telegraphisten mit, ferner das auf den Zügen thätige Personal und die schon oben erwähnten Beamten und Arbeiter des Außendienstes, Weichensteller, Bahnwärter, Rangirmeister, Rangirarbeiter, Wagenmeister u. s. f.

Auf Personenstationen befindet sich der den Außendienst leitende Beamte während der Zugabfertigung in der Regel auf dem Bahnsteige. Auf sehr großen Stationen ist indessen bisweilen das Kommando über die Zugbewegungen, insbesondere auch die Ertheilung der Erlaubniß zur Ein- und Ausfahrt, von dem Bahnsteigdienste getrennt und geschieht von einer oder mehreren sogenannten Kommandobuden aus, während für den Verkehr mit dem Publikum auf den Bahnsteigen ein zweiter Beamter oder mehrere solche thätig sind.

d) Der (Verkehrs)-Abfertigungsdienst, bestehend im Verkaufe der Fahrtausweise, der Abfertigung des Gepäckes, der Güter, Thiere, Leichen und Fahrzeuge wird auf den meisten Stationen von den Stationsbeamten unter Leitung des Stationsvorstehers mit besorgt. Bei größerem Umfange ist indessen der Güterverkehr und auf sehr großen Stationen regelmäßig auch die Abfertigung von Personen und Gepäck von dem eigentlichen Stationsdienste getrennt und besonderen Abfertigungsvorstehern unterstellt. Auf solchen Stationen sind die Beamten des Abfertigungsdienstes dem Stationsvorsteher nur in Angelegenheiten des äußeren Dienstes nachgeordnet[5]) und müssen sich mit den Beamten des Stationsdienstes über viele Maßnahmen (Zustellung und Abholen von Wagen, Schluß des Fahrkartenverkaufes, Verladung des Gepäckes u. dgl.) verständigen.

---

[5]) Dia. f. Stb. § $2_{,2,3}$.

e) Die Stationskasse: Inwieweit bei Verwaltung derselben die Stationsbeamten betheiligt sind, ist unten (S. 9) ausgeführt.

f) Der sonstige Stationsdienst, welcher darauf hinausläuft, daß die allgemeine Ordnung auf der Station aufrecht erhalten, alle dienstlichen Vorgänge in der richtigen Weise gemeldet, aufgezeichnet und ev. weiterberichtet werden, greift zum Theil in die vorgenannten Dienstzweige mit ein. Hierher gehört die Wahrnehmung des Telegraphendienstes (in der Regel durch Telegraphisten, auf kleinen Stationen aber durch die Stationsbeamten), der auch die Beförderung von Privatdepeschen der Reisenden umfaßt, der Wagenmeldedienst, die äußere Bewachung der Station, die Sorge für die Instandhaltung derselben[6]) mit allem festen und beweglichen Inventar, die Verwaltung der Betriebsmaterialien, Annahme der Stationsarbeiter und Aufstellung ihrer Lohnrechnungen, der Schriftwechsel mit den vorgesetzten Behörden und Inspektionen und die Führung aller zur Aufzeichnung dienenden Bücher, wie des Geschäftsbuches (Briefjournal), des Tagebuches, in das besonders wichtige außergewöhnliche Vorkommnisse eingetragen werden, des Dienstübergabebuches auf Stationen mit Ablösung für Tag- und Nachtdienst, der Fristenverzeichnisse u. s. f. Der besonderen Aufsicht des Stationsvorstehers untersteht die Bahnhofswirthschaft. Zur Entgegennahme von Beschwerden der Reisenden dient das Beschwerdebuch. Schließlich sind die Stationsbeamten in erster Linie dazu berufen, die Bahnpolizei innerhalb des Bereiches der Station auszuüben. Hierbei sind sie von den Organen der gewöhnlichen Polizei zu unterstützen, haben aber auch diesen Hülfe zu leisten[7]). Wegen der sonstigen Bahnpolizeibeamten vgl. Bt.O. § 66, Ba.O. § 47.

B. Die Abfertigungsstellen.

Bereits oben (S. 7) wurde erwähnt, daß der Abfertigungsdienst auf kleineren Stationen von den Stationsbeamten mitbesorgt wird. Wird der Dienst umfangreicher, so werden zunächst die Beamten ihrer Beschäftigung nach getrennt, unterstehen aber sämmtlich dem Stationsvorsteher. Bei beträchtlicherem Güterverkehr leitet diesen ein besonderer Beamter unter Oberleitung des Stationsvorstehers. Bei ganz großen Stationen aber sind Güterabfertigung, Eilgutabfertigung, Gepäckabfertigung, Fahrkartenabfertigung je eine besondere selbständige Dienststelle unter eigenem Vorstande. So sind je nach der Größe der einzelnen Verkehrsgattungen die verschiedensten Gruppirungen dieser Dienststellen auf den Stationen möglich. Bei Trennung aller Dienstzweige hat man also:

a) Die Fahrkartenabfertigung, welche von einem Stationseinnehmer oder Güterexpedienten mit einem Personale von Assistenten für den Abfertigungsdienst und Diätaren versehen wird. Beim Fahrkartenverkaufe werden auch unverheirathete oder verwittwete weibliche Personen beschäftigt.

b) Die Gepäckabfertigung, welche gleichfalls einem Güterexpedienten oder Stationseinnehmer untersteht, dem zur Beihülfe wie vor Assistenten bezw. Diätare für den Abfertigungsdienst beigegeben sind.

Das Schleppen des Gepäckes besorgen die Gepäckträger. Bei den Gepäckabfertigungen

---

[6]) Etwa entdeckte Mängel oder Beschädigungen sind sofort dem Bahnmeister mitzutheilen. Kleinere Ausbesserungen kann der Stationsvorsteher bei Gefahr im Verzuge selbst ausführen lassen, hat jedoch alsdann den Bahnmeister sofort davon in Kenntniß zu setzen (Dia. f. Stb. § 8).

[7]) Dia. f. Stb. § 29.

wird auch das (wie Gepäck zu befördernde) Expreßgut aufgegeben, ferner können bei denselben Leichen, Vieh und Fahrzeuge (mit den Personenzügen) abgefertigt werden.

c) Die Güterabfertigung hat zum Vorstande einen Güterexpedienten, bei großem Umfange einen Güterexpeditionsvorsteher. Sein Personal besteht dann aus mehreren Güterexpedienten, deren jeder einer Abtheilung der Güterabfertigung (Annahme, Ausgabe, Eilgut, Güterkasse) selbständig vorsteht, ferner aus Assistenten und Diätaren (Aspiranten) für den Abfertigungsdienst und den Stationsgehülfen, welche im Arbeiterverhältniß stehen, aber im Wesentlichen denselben Dienst thun, wie die Assistenten und Diätare, schließlich aus Lademeistern, Krahnmeistern, Güterbodenarbeitern, Krahnwärtern u. s. f. Bei großem Umfange sind die Kassengeschäfte der Güterabfertigung einem besonderen Güterkassirer übertragen.

d) Die Eilgutabfertigung ist in der Regel entweder mit der Güterabfertigung oder mit der Gepäckabfertigung dienstlich verbunden und nur auf ganz großen Stationen bisweilen einem besonderen „Eilgutexpeditionsvorsteher" unterstellt. Das Beamtenpersonal besteht auch hier aus denselben Beamten, wie vor.

e) Die Auskunftstellen werden gleichfalls zu den Abfertigungsstellen gerechnet.

Die Abfertigungsstellen haben die doppelte Aufgabe, einmal die Abfertigung zu bewirken und ferner die hierfür der Bahn geschuldeten Beträge zu ihrer Abfertigungskasse einzuziehen und demnächst an eine Stationskasse (ev. auch Hauptkasse), die hierfür ein für allemal bezeichnet ist, abzuführen. Die Abfertigungskassen können daneben auch mit Auszahlungen beauftragt werden.

C. Die Stationskassen

werden[8]) bei größerem Geschäftsumfange von einem besonderen Stationskassenverwalter (Stationskassenrendanten, Stationseinnehmer) unter Zutheilung des erforderlichen Hülfspersonales an Assistenten oder Diätaren sowie Kassenboten, auf Stationen von geringerer Verkehrsbedeutung dagegen von dem Stationsvorstande verwaltet. Die Kassengeschäfte können auch unter Mitverantwortlichkeit des letzteren einem Stations- oder Abfertigungsbeamten übertragen werden. Schließlich ist es zulässig, die Stationskassengeschäfte durch den Vorstand der Güterabfertigungsstelle wahrnehmen zu lassen.

An die Stationskassen werden die Einnahmen der Abfertigungskassen abgeliefert und von ihnen an die Hauptkassen (ev. unter Vermittelung anderer Stationskassen) weitergegeben. Außerdem haben die Stationskassen Zahlgeschäfte für die Verwaltung auszuführen, welche oft den größten Theil ihrer Thätigkeit ausmachen.

D. Die Bahnmeistereien und ihr Personal.

Die Bahnmeister und ihr Personal an Bahnwärtern und Weichenstellern (letztere ihnen nur in technischer Hinsicht unterstellt, vgl. S. 5), sowie die mit den Streckenunterhaltungsarbeiten beschäftigten Rotten, bestehend je aus einer Anzahl Arbeiter unter einem Rottenführer, haben ihre Hauptthätigkeit bei der Instandhaltung der Bahnanlagen (der Gleise, Dämme, Einschnitte, Brücken, Tunnels, Gebäude u. s. f.). Daneben aber haben sie auch beim Betriebe mitzuwirken. Die Bahnwärter haben die Strecke zu bewachen, den Zügen Signale zu geben, die Schranken zu schließen u. s. f., die Weichen-

[8]) Stk.O. § 3.

steller und Stellwerkswärter haben Weichen und Signale gemäß den Bedürfnissen des Betriebes (nach Anweisung) zu stellen, und auch die Rottenarbeiter kommen in ihren Arbeiten mit dem Betriebe in Berührung. Die Bahnmeister und Bahnwärter haben in ihrem Dienstbereiche, und zwar auf der Strecke in erster Linie, die Bahnpolizei auszuüben[9]).

E. Die Telegraphenmeistereien,

an deren Spitze ein Telegraphenmeister steht, haben[10]) die sämmtlichen Telegraphen- und Signaleinrichtungen, elektrischen Uhren und sonstigen ihnen überwiesenen elektrischen Anlagen im Stande zu halten, auch die erste Herstellung sowie Ergänzungen und Abänderungen zu leiten. Die Telegraphenmeister haben außerdem die ordnungsmäßige Handhabung aller dieser Einrichtungen durch Telegraphisten, Weichensteller u. s. f. zu überwachen und auf richtige Handhabung durch Ermahnungen und Belehrungen hinzuwirken, bezw., wenn diese keinen Erfolg haben, an den Vorstand der Telegrapheninspektion zu berichten. Störungen in den Anlagen hat der zuständige Telegraphenmeister zu beseitigen und den Vorständen der Telegrapheninspektion und Betriebsinspektion ungesäumt Bericht zu erstatten. Außerdem hat der Telegraphenmeister die Beamten und Arbeiter in der Fertigkeit beim Telegraphiren und Bedienen der Signaleinrichtungen zu prüfen. Einem Telegraphenmeister ist die Telegraphenausbesserungswerkstätte des Direktionsbezirkes unterstellt.

F. Die Betriebswerkmeistereien.

Es erscheint geboten, hier eine kurze Erläuterung der Werkstättenverwaltung einzuschieben. Die Unterhaltung der Lokomotiven, Wagen und maschinellen Anlagen in betriebsfähigem Zustande geschieht durch die Werkstätten, die, je nach ihrem Umfange[11]) in Hauptwerkstätten, Nebenwerkstätten und Betriebswerkstätten unterschieden werden. Die Hauptwerkstätten dienen zur Ausführung der vorkommenden größeren und Hauptausbesserungen, die Nebenwerkstätten wesentlich demselben Zwecke, aber in geringerem Umfange, während die Betriebswerkstätten hauptsächlich nur kleine, laufende Ausbesserungen an Lokomotiven und Wagen auszuführen haben. Jeder Haupt- und Nebenwerkstätte ist eine bestimmte Anzahl von Betriebsmitteln zur ständigen Unterhaltung zugewiesen, und ferner jeder Werkstätte, einschl. der größeren Betriebswerkstätten, die Unterhaltungsarbeiten an maschinellen Anlagen und sonstige Arbeiten in einem räumlich abgegrenzten Bezirke übertragen[12]). In demselben Bezirke haben die Werkstätten bei Betriebsstörungen Hülfe zu leisten.

Die Leitung einer Hauptwerkstätte liegt dem Vorstande der bezüglichen Werkstätteninspektion ob, bezw. bei größeren Hauptwerkstätten mehreren solchen (s. S. 12). Nebenwerkstätten und Betriebswerkstätten sind dem Vorstande der bezüglichen Maschineninspektion unterstellt (s. S. 12), und zwar dergestalt, daß derselbe unmittelbar Vorstand der an seinem Stationsorte befindlichen Nebenwerkstätte ist, während die (an anderen Orten befindlichen) Betriebswerkstätten eigene ihm unterstellte Dienststellen unter Leitung von Betriebswerkmeistern bilden. Dies sind die Betriebswerkmeistereien, welche im Sinne der Organisation der Preußischen Staatsbahnen mit zu den äußeren Dienststellen gerechnet werden.

---

9) Dia. f. Bm., Dia. f. Bw., Dia. f. W. — Wegen der sonstigen Regelung der Bahnpolizei vgl. Bt.O. § 66, Ba.O. § 47.

10) Dia. f. E.T.

11) W.O. § 2.

12) W.O. § 3.

Während das Eingreifen der Haupt- und Nebenwerkstätten in den eigentlichen Betrieb sich auf die oben erwähnten Beseitigungen von Betriebsstörungen beschränkt, haben die Betriebswerkstätten in erster Linie Leistungen für den Betrieb auszuführen. Sie haben die Aufsicht über die an ihrem Stationsorte einheimischen Lokomotiven und deren Personale, ev. auch über solche in geringerer Zahl auf einer Nachbarstation untergebrachten Lokomotiven, auf welcher sich keine Betriebswerkstätte befindet. Die Betriebswerkstätten haben die Pflicht, die Maschinen nach einem festgesetzten Turnus zum Dienste zu stellen und außergewöhnlichen Anforderungen der Stationen innerhalb der möglichen und zulässigen Grenzen nachzukommen.

Technische Nebenbetriebe, wie die Fettgasanstalten, die Anlagen zur elektrischen Licht- und Krafterzeugung u. s. f., bilden in der Regel keine eigenen Dienststellen, sondern sind an die Werkstätten, und zwar gewöhnlich an die Betriebswerkstätten angegliedert.

G. Die selbständigen Magazine.

Zur Unterhaltung der Bahn und ihrer Nebenanlagen werden Bau- und Oberbaumaterialien, zur Unterhaltung der Betriebsmittel und maschinellen Anlagen Werkstattsmaterialien, zur Bedienung aller festen und beweglichen Anlagen die sogenannten Betriebsmaterialien (Kohlen, Oel, Schmiermittel, Dochte u. s. f.) in mehr oder weniger großen Mengen gebraucht. Diese Materialien werden in Magazinen vorräthig gehalten. Man unterscheidet die Magazine einmal je nach der Art der aufzubewahrenden Materialien, außerdem aber nach dem Umfange in Haupt- und Nebenmagazine. Für die Haupt- und größeren Nebenmagazine werden besondere Materialienverwalter bestellt, während kleine Nebenmagazine nebenamtlich von den Vorstehern anderer Dienststellen mitverwaltet werden können[13]).

II. Die ausführenden und überwachenden Organe der Eisenbahndirektionen.

Die Leitung und Ueberwachung des äußeren Dienstes ist einer Reihe von Organen übertragen, deren Vorstände höhere Beamte sind, und die sämmtlich den Namen Inspektionen führen[14]). Von diesen Inspektionen theilen sich die Betriebsinspektionen und Maschineninspektionen in Betrieb und Unterhaltung, so daß beide an beiden betheiligt sind, den Verkehrsinspektionen untersteht der Verkehr. Das Gesammtgebiet von Betrieb, Verkehr und Unterhaltung wird indessen durch den Wirkungskreis dieser drei Gattungen von Inspektionen nicht erschöpft, indem diejenigen Zweige der Unterhaltung, die mit dem Betriebe in weniger unmittelbarer Berührung stehen oder durch ihre Eigenart eine besondere Behandlung erheischen, aus dem Wirkungskreise der erstgenannten Inspektionen ausgeschieden und den Telegrapheninspektionen und Werkstätteninspektionen übertragen sind. Hiernach ergeben sich die Wirkungsgebiete der einzelnen Inspektionen, wie folgt[15]):

---

[13]) M.O. § 3.

[14]) Verw.O. § 9.

[15]) Vgl. die Gesch.-Anweisungen f. d. Vorstände der 5 Insp.-Arten.

A. Den Betriebsinspektionen

obliegt die Unterhaltung der Bahn und aller festen Anlagen nebst Wahrnehmung der Bahnpolizei[16]), sowie die Leitung des Betriebes mit dem gegebenen rollenden Materiale, welches von den Maschineninspektionen gestellt wird[17]). Für die vorzunehmenden Revisionen der Bahnanlagen ist der Ministerialerlaß vom 16./6. 1895[18]) maßgebend.

B. Den Maschineninspektionen

obliegt die Unterhaltung des rollenden Materiales, soweit diese nicht ausgeschieden und den Werkstätteninspektionen zugetheilt ist, und die Ausführung und Ueberwachung des Maschinendienstes, daneben die Leitung und Beaufsichtigung aller in dem betr. Inspektionsbezirke belegenen Trajekte, Gasanstalten, elektrischen Beleuchtungs- und Kraftanlagen, Wasserstationen, maschinellen Anlagen und sonstigen technischen Nebenbetriebe[19]). Für die vorzunehmenden Revisionen der Betriebsmittel ist der Ministerialerlaß vom 16./6. 1895[18]) maßgebend.

C. Den Verkehrsinspektionen

obliegt die Ausführung und Ueberwachung des Verkehrs-, Abfertigungs- und Kassendienstes[20]).

D. Den Telegrapheninspektionen

obliegt die Unterhaltung, Ueberwachung und Ausgestaltung der elektrischen Telegraphen-, Signal- und sonstigen zur Sicherung des Eisenbahnbetriebes dienenden elektrischen Anlagen[21]).

E. Die Verwaltung der Hauptwerkstätten,

welche nur mit dauernder Ueberwachung und Unterhaltung von Betriebsmitteln und maschinellen Anlagen sowie mit Hauptausbesserungen zu thun haben und mit dem Betriebe nur bei außergewöhnlichen Ereignissen (Beseitigung von Betriebsstörungen) in Berührung kommen, ist Aufgabe der Werkstätteninspektionen. Diesen untersteht zugleich im entsprechenden Umfange der Werkstättenmaterialiendienst.

Den fünf Gattungen von Inspektionen gleichgestellt sind die mit der Ausführung von Neubauten beauftragten Bauabtheilungen.

Zur Hülfeleistung ist dem Vorstande jeder Betriebs-, Maschinen- und Werkstätteninspektion ein technischer Eisenbahnkontroleur, dem Vorstande jeder Verkehrsinspektion ein Eisenbahnkassenkontroleur zugetheilt (vgl. Gesch.-Anweisungen für die Kontroleure). Diese Beamten haben bei Ueberwachung und Leitung des Außendienstes und bei Erledigung der Bureaugeschäfte mitzuwirken, doch darf ein technischer Eisenbahnkontroleur bei einer Betriebsinspektion in den Betriebsdienst nur bei dringender Gefahr eingreifen, und auch das nur, falls er im Betriebsdienste ausgebildet ist und ihm die Unterstützung des Vorstandes in Betriebsangelegenheiten ausdrücklich übertragen ist. Die Uebertragung der ständigen Vertretung der Inspektionsvorstände an die Kontroleure ist nur bei den Verkehrsinspektionen ohne Weiteres, bei den technischen Inspektionen nur mit gewissen Einschränkungen, insbes. bei den Betriebsinspektionen und Maschineninspektionen

---

16) Vgl. Bt.O. § 66, Ba.O. § 47.
17) Verw.O. § 10.
18) E.V.B. 416.
19) Verw.O. § 11.
20) Verw.O. § 12.
21) Verw.O. § 14.

im Betriebsdienste und Betriebsmaschinendienste nur dann zulässig, wenn der betr. Kontroleur in diesem Dienste ausgebildet ist.

Größeren technischen Inspektionen ist statt des technischen Eisenbahnkontroleurs ein Regierungsbaumeister zugetheilt, dem dann in der Regel die ständige Vertretung des Vorstandes übertragen ist. Wo ein Inspektionsvorstand weder durch einen Kontroleur noch durch einen Regierungsbaumeister vertreten wird, ist eine gegenseitige Vertretung der Vorstände benachbarter Inspektionen angeordnet. Jeder Inspektionsvorstand hat außerdem ein Bureau zur Verfügung. Wo mehrere Inspektionen in demselben Dienstgebäude untergebracht sind, haben sie sich mit ihren Bureaukräften bei Arbeitshäufung und Erkrankungen gegenseitig zu unterstützen. Auch sind in solchem Falle die Angelegenheiten des Bureaudienstes nur einer Inspektion übertragen, auch bisweilen gemeinsame Arbeitskräfte einer von den betheiligten Inspektionen unterstellt[22]).

An Betriebsinspektionen waren nach den Geschäftlichen Nachrichten über die Pr.St.B. für 1896/97 bei durchschnittlich rd. 120 km Länge 234, an Maschineninspektionen bei durchschnittlich rd. 375 km Länge 74, an Verkehrsinspektionen bei durchschnittlich rd. 335 km Länge 83 vorhanden, d. h. in jedem der 20 Direktionsbezirke durchschnittlich bezw. 11,7—3,7—4,15. An Telegrapheninspektionen ist in jedem Direktionsbezirke eine vorhanden, also im Ganzen 20. Der Thätigkeitsumfang einer Werkstätteninspektion erstreckt sich auf eine Hauptwerkstätte oder einen Theil einer solchen. Die Wirkungskreise der Hauptwerkstätten sind an die Grenzen der Direktionsbezirke nicht gebunden. Im Ganzen gab es nach obigen Geschäftlichen Nachrichten 1896/97 bei den Pr.St.B. 59 Hauptwerkstätten und 73 Werkstätteninspektionen.

Bauabtheilungen werden nur nach Bedürfniß eingerichtet, und es wird die Errichtung da überhaupt vermieden, wo es möglich ist, die Erledigung der Leitung von Neubauten einer Eisenbahndirektion oder einer Betriebsinspektion anzugliedern.

Da die Geschäftsbereiche der einzelnen Inspektionen, namentlich aber diejenigen der Betriebs-, Maschinen- und Verkehrsinspektionen vielfach in einander übergreifen, und da oft dieselben Beamten durch ihre Thätigkeit zweien oder mehreren der Inspektionen unterstellt sind, so sind die Inspektionen, wie dies in der Geschäftsanweisung für jede derselben ausdrücklich ausgesprochen ist, darauf angewiesen, sich über viele Maßnahmen gegenseitig zu verständigen. Bei Meinungsverschiedenheiten entscheidet die Eisenbahndirektion. Nur, wo in Betriebsangelegenheiten Gefahr im Verzuge ist, entscheidet vorläufig der Vorstand der Betriebsinspektion. Jedoch ist sofort nachträglich Verfügung der Eisenbahndirektion zu erbitten.

III. Die Eisenbahndirektionen.

A. Aufgabe und Geschäftsumfang der Direktionen.

Während durch die Thätigkeit der äußeren Dienststellen der Betrieb, Verkehr und die Unterhaltung unmittelbar bewerkstelligt werden, während ferner die Inspektionen die Thätigkeit der äußeren Dienststellen überwachen und regeln, erfolgt die Verwaltung der im Betriebe und Baue befindlichen Staatseisenbahnen und der unter Staatsver-

[22]) Bur.O. f. d. E.Betr.Masch. 2c. Insp.

waltung stehenden Privateisenbahnen unter der oberen Leitung des Ressortministers durch die Königlichen Eisenbahndirektionen[23]), deren ausführende Organe bei dieser Verwaltungsthätigkeit, soweit sie sich auf den äußeren Dienst erstreckt, demgemäß die Inspektionen sind.

Zur Zeit bestehen für die Verwaltung der Preußischen Staatsbahnen 20 Eisenbahndirektionen mit dem Sitze in folgenden Orten: Altona, Berlin, Breslau, Bromberg, Cassel, Cöln, Danzig, Elberfeld, Erfurt, Essen (Ruhr), Frankfurt (Main), Halle (Saale), Hannover, Kattowitz, Königsberg (Preußen), Magdeburg, Münster (i. W.), Posen, St. Johann-Saarbrücken, Stettin. Zu diesen wird voraussichtlich zum 1./4. 1897 die preußisch-hessische Gemeinschaftsdirektion Mainz treten. Die von den Direktionen zu verwaltenden Strecken sind größtentheils so abgegrenzt, daß die Direktion etwa in der Mitte ihres Bezirkes liegt. Diese Art der Streckeneintheilung bringt es mit sich, daß die meisten Hauptverkehrslinien für Güter- und Personenverkehr mehreren Direktionsbezirken gemeinsam angehören, so daß die entsprechenden Betriebs- und Verkehrsmaßnahmen im gegenseitigen Einverständnisse getroffen bezw. von dem Ressortminister gemeinsam für die betheiligten (ev. alle) Direktionen angeordnet werden. Welche Entscheidungen sich hiernach der Minister vorbehalten hat, ist unten (S. 19 ff.) erörtert. Aber auch abgesehen von dieser durch die obere Leitung seitens des Ressortministers bedingten Einschränkung der Befugnisse sämmtlicher Direktionen ist bei einer Anzahl von Direktionen eine weitere Einschränkung der Befugnisse dadurch eingetreten, daß bestimmte Geschäfte für den ganzen Staatsbahnbereich oder für mehrere Direktionsbezirke gemeinsam einer Direktion zur Erledigung übertragen sind[24]). Es sind dies Angelegenheiten, die entweder nur für einen größeren Bereich oder das ganze Staatsbahngebiet gemeinsam behandelt werden können, wie die Wagenvertheilung, das Abrechnungswesen, das Tarifwesen u. s. f., oder, die bei gemeinsamer Behandlung für einen größeren Bereich erhebliche Ersparnisse erzielen lassen, wie die Beschaffung von Betriebsmitteln, Materialien, Drucksachen u. s. f.

B. Einrichtung der Direktionen.

1. Präsident, Mitglieder und Hülfsarbeiter.

Die Eisenbahndirektionen sind Provinzialbehörden, an deren Spitze ein Präsident mit dem Range eines Rathes II. Klasse steht, welcher die Geschäfte unter Mithülfe einer größeren Zahl von Mitgliedern und Hülfsarbeitern, die etwa zu gleichen Theilen aus Technikern und Verwaltungsbeamten bestehen, erledigt. Die Hülfsarbeiter sind entweder zur selbständigen Erledigung der Geschäfte befugt und dann, wie die Mitglieder, Decernenten, oder sie sind einem Decernenten zur Hülfeleistung beigegeben. Abtheilungen, deren Vorsteher eine Mitwirkung und Oberleitung bei der Geschäftserledigung haben, werden bei den Direktionen nicht gebildet, so daß alle Decernenten, mögen sie Mitglieder oder Hülfsarbeiter sein, unmittelbar mit dem Präsidenten zu verkehren haben.

Grundsätzlich ist in allen zur Erledigung bei den Direktionen gelangenden Angelegenheiten die Entscheidung des Präsidenten maßgebend. Da es aber praktisch unausführbar wäre, wenn er alle Direktionsverfügungen mitzeichnen oder auch nur

---

[23]) Verw.O. § 1.

[24]) Verw.O. § 6,5 und Anl. II zur Ausführungs-Anweisung z. d. V. f. V. d. Pr. St.B.

von denselben Kenntniß nehmen wollte, so regelt sich der Geschäftsgang thatsächlich folgendermaßen[25]:

Der Präsident bezeichnet allgemein oder besonders die Sachen, welche er sich zur eigenen Erledigung vorbehält, oder in welchen er die Verfügungen im Entwurfe mitzeichnen will[26]. Alle übrigen Angelegenheiten werden nach dem von dem Präsidenten aufgestellten Geschäftsplane nur von den Decernenten (Mitgliedern und Hülfsarbeitern) der Direktion bearbeitet, welche indessen veranlassen können, daß Verfügungsentwürfe, deren Wichtigkeit dies zu erfordern scheint, dem Präsidenten zur Mitzeichnung vorgelegt werden. Bei Aufstellung des Geschäftsplanes ist der Präsident an die Verwaltungsordnung und Geschäftsordnung für die Kgl. Eisenbahndirektionen, sowie die „Anleitung zur Aufstellung und Ausführung des Geschäftsplanes für die Eisenbahndirektionen" gebunden. Hiernach haben bei der Erledigung der Geschäfte theils der Präsident allein, theils mehrere Decernenten unter Mitwirkung des Präsidenten, theils mehrere Decernenten gemeinsam, theils auch nur ein Decernent die Entscheidung zu treffen.

Zwei Mitglieder, und zwar ein Techniker und ein Verwaltungsbeamter, sind mit der ständigen Vertretung des Präsidenten beauftragt und durch Verleihung eines höheren Ranges (Oberbaurath, Oberregierungsrath) und Gewährung einer Besoldungszulage in ihrer Stellung vor den übrigen Direktionsmitgliedern herausgehoben. Diese Vertretung des Präsidenten findet auch dauernd während seiner Anwesenheit in einer Reihe von minder wichtigen, durch den Geschäftsplan ein für allemal bezeichneten Sachen statt. Bei Abwesenheit des Präsidenten übernimmt seine Vertretung derjenige seiner beiden ständigen Vertreter, der vom Minister ein für allemal hierfür bestimmt ist[27].

Unter den sämmtlichen Mitgliedern und Hülfsarbeitern der Direktion nimmt eine besonders wichtige Stellung der Kassenrath ein, d. i. derjenige Verwaltungsbeamte, welcher Decernent in Etats-, Kassen- und Rechnungssachen ist. Er hat bei allen diesen Angelegenheiten, bei allen an die Hauptkasse ergehenden Aufträgen und überhaupt bei allen Verfügungen mitzuwirken, in denen es sich um die Verwendung oder Vereinnahmung von Geldern handelt. Sein ständiger Vertreter und Assistent ist der Rechnungsdirektor (s. S. 16). Im Uebrigen erfolgt die Vertheilung der Decernate nach dem Grundsatze, daß jeder Decernent möglichst einen abgeschlossenen Geschäftsbereich hat, also möglichst wenige Decernenten bei den einzelnen Verfügungen mitzuwirken haben. Für die Verwaltung des äußeren Dienstes wird jeder Direktionsbezirk in mehrere (2—3) Strecken eingetheilt und für jede derselben ein (technischer) Decernent für den Stations- und Fahrdienst (Betrieb), ein solcher für die Bahnunterhaltung und Bahnaufsicht und ein administrativer Decernent für den Beförderungsdienst, für die administrative Streckenverwaltung und die Rechtsangelegenheiten bestellt. Bei dieser Streckeneintheilung wird von den Erfordernissen des Betriebes ausgegangen und bei den übrigen Verwaltungszweigen unter Umständen etwas von der Eintheilung abgewichen. Ueberhaupt von der Streckeneintheilung ausgenommen werden einzelne Geschäfte, welche zweckmäßig ein Streckendecernent für den ganzen Direktionsbezirk versieht, so die Angelegenheiten der Betriebsordnung, Bahnordnung, Telegraphenordnung, Signalordnung, die Aufstellung der Fahrpläne, die Wagenvertheilung, ferner die allgemeinen Angelegenheiten der Bahn-

---

25) Verw.O. § 8.
26) Gesch.O. § 3.
27) Gesch.O. § 13.

unterhaltung und Bahnbewachung und der administrativen Streckenverwaltung, sowie des Beförderungsdienstes.

Die Unterhaltung der Lokomotiven und Wagen und derjenige Theil des Betriebes, der maschinentechnischer Natur ist, werden nicht der obigen Streckeneintheilung angeschlossen, sondern von mehreren maschinentechnischen Decernenten, getrennt nach Werkstättenwesen und Unterhaltung der maschinellen Anlagen einerseits und Lokomotivdienst andererseits, für den ganzen Direktionsbezirk versehen.

Zu den genannten Decernaten treten schließlich gleichfalls für den ganzen Direktionsbezirk gemeinsam das technische für Materialienverwaltung (bisweilen mit den maschinentechnischen Decernaten verbunden) und die administrativen für Verkehrs- und Tarifwesen und für Personalien und Wohlfahrtseinrichtungen. Diese letzteren Decernate sind indessen ihres Umfanges wegen zum Theil mit mehreren Decernenten besetzt. Für die Revisionen der Bahnanlagen und der Betriebsmittel durch die Decernenten der Direktionen ist der M.E. v. 16./6. 1895[18]) maßgebend.

2. Die Bureaus der Direktionen.[28])

Zur Hülfeleistung bei Bearbeitung der einer Eisenbahndirektion zufallenden Angelegenheiten steht den Decernenten und Hülfsarbeitern derselben ein großer Stab von Bureaubeamten zur Verfügung, welche, um eine zweckmäßige Geschäftsvertheilung zu erleichtern, in fünf Bureaus gegliedert sind. Die außerdem bei den Direktionen bestehenden besonderen Dienststellen, für welche ein Theil der Direktionsgeschäfte abgezweigt ist, werden unter 3. (S. 17 ff.) behandelt.

Die fünf Bureaus sind:

a) Das Centralbureau zur Bearbeitung der allgemeinen Angelegenheiten, Personalien, Wohlfahrtseinrichtungen u. s. f.

b) Das Rechnungsbureau zur Bearbeitung der Etats-, Kassen- und Rechnungssachen, des Materialienrechnungswesens, der Statistik u. s. f.

c) Das Betriebsbureau zur Bearbeitung der Angelegenheiten des Betriebsdienstes.

d) Das Verkehrsbureau zur Bearbeitung der Verkehrsangelegenheiten.

e) Das technische Bureau zur Bearbeitung der technischen Angelegenheiten einschließlich des Entwurfes und der Bauausführung neuer Bahnlinien.

Jedes Bureau wird von einem Vorstande geleitet, der für seine Beamten einen Arbeitsvertheilungsplan aufzustellen hat, dergestalt, daß jedem Beamten ein gewisser Kreis von Angelegenheiten ein für allemal zur Erledigung überwiesen ist. Der Vorstand des Rechnungsbureaus, der den Titel Rechnungsdirektor führt, nimmt insofern eine bevorzugte Stellung ein, als er zu den höheren Beamten zählt und Vertreter des Kassenrathes ist. Während die Vorstände der übrigen Bureaus zwar dienstliche Vorgesetzte ihres Personales sind, aber in geschäftlicher Hinsicht die Arbeiten ihrer Beamten nicht nachzuprüfen haben[29]), sondern nur ihre gute Vertheilung und ordnungsmäßige Erledigung überwachen müssen, ist der Rechnungsdirektor für alle Erledigungen im Rechnungsbureau, zum mindesten für diejenigen des sogen. Revisionsbureaus, sachlich

---

[28]) Bureauordnung für die Königlichen Eisenbahndirektionen.

[29]) Bur.O. § 6,₂.

mitverantwortlich. (Verpflichtung zur Mitzeichnung der Verfügungsentwürfe.) Ihm liegt ferner die Rechnungsabnahme als Abnahmekommissar für die Oberrechnungskammer (S. 25) ob[30]). Für die besondere Vertheilung und Beaufsichtigung der Geschäfte des Rechnungsbureaus ist regelmäßig[31]) ein besonderer Bureauvorsteher bestellt[32]).

Gewisse Sachen, welche einer bureaumäßigen oder rechnerischen Bearbeitung unterliegen, werden gemäß der Finanzordnung oder anderen allgemeinen Dienstvorschriften bezw. nach Anordnung der Direktion unmittelbar an die Direktionsbureaus gerichtet. Die Bureaubeamten erledigen die ihnen nach dem Arbeitsvertheilungsplane zugefertigten Schriftstücke entweder endgültig (in der Regel bei den eben genannten Sachen), oder so, daß sie den Decernenten zur Vollziehung vorgelegt werden.

Mit jedem der fünf Bureaus ist eine Registratur verbunden. Dagegen ist die Kanzlei für alle Bureaus gemeinsam. Sie ist dem Vorstande des Centralbureaus dienstlich unterstellt. Bezüglich des Geschäftsganges und der Geschäftserledigung bei den Direktionen im Einzelnen vgl. die Bureauordnung § 9 ff.

Den Direktionen unmittelbar unterstellt sind die Betriebskontroleure, welche einem oder mehreren betriebstechnischen Decernenten zur Hülfeleistung im Bureau- und Außendienste beigegeben werden, aber auch den übrigen Decernenten der Direktion nachgeordnet sind. Sie sind den Kontroleuren bei den Inspektionen gleichgestellt. Ihr Geschäftskreis erstreckt sich auf Betriebsleitung, Wagenumlauf und Wagenausnutzung. Sie können den Beamten und Arbeitern des äußeren Dienstes Aufträge ertheilen, dürfen aber nur bei Gefahr im Verzuge in den äußeren Stationsdienst eingreifen[33]).

3. Die besonderen bei den Direktionen bestehenden Dienststellen.

Eine Reihe von Geschäften, welche bei den Eisenbahndirektionen zu erledigen sind, werden nicht von den Behörden als solchen, sondern von besonderen bei ihnen errichteten Dienststellen versehen[34]). An solchen Dienststellen bestehen bei allen Direktionen:

a) Die Eisenbahnhauptkassen, welche alle Einnahmen und Ausgaben für die Königlichen Eisenbahndirektionen entweder unmittelbar oder durch Vermittelung der unterstellten Stations- und Abfertigungskassen zu leisten und über dieselben Rechnung zu legen haben. Ihr Vorstand führt den Titel Eisenbahnhauptkassenrendant. Näheres über die Einrichtung der Hauptkassen wird im 7. Abschnitt mitgetheilt.

Ferner bestehen bei zehn Direktionen (bei einzelnen für andere mitwirkend):

b) Die Verkehrskontrolen I und II, welche die Feststellung und Verrechnung aller Verkehrseinnahmen des Kontrolbezirkes und die Aufstellung der Verkehrsstatistik vorzunehmen haben. Sie sind hinsichtlich der ihnen obliegenden Geschäfte den Abfertigungsstellen und Kassen übergeordnet. Sie sind dienstlich der Eisenbahndirektion ihres Dienstortes unmittelbar unterstellt, haben aber als gemeinsame Dienststellen aller betheiligten Direktionsbezirke auch den auf die Kontrolgeschäfte bezüglichen Anordnungen der übrigen betheiligten Eisenbahndirektionen und ebenso den Aufträgen der Vorstände der Verkehrsinspektionen ihres Bezirkes Folge zu leisten. Die Kontrole I

---

30) Finanz-Ordnung XI, § 38, 39, 47.

31) Bur.O. § 3, 2.

32) Vgl. im übrigen Gesch.Anw. f. d. Rechn. Direkt. u. M.E. v. 22./6. 1895, E.V.B. 463 ff.

33) Gesch.Anw. f. d. Betr Kontr. bei den Königlichen Eisenbahn-Direktionen.

34) Bur.O. § 1.

hat den Personenverkehr, die Kontrole II den Güterverkehr zu bearbeiten. Näheres über Einrichtung und Thätigkeit der Verkehrskontrolen wird mitgetheilt im 7. Abschnitt[35]).

c) Die Wagenkontrolen, welche die Leistungen der zu ihrem Bezirke gehörenden und der in demselben verwendeten Eisenbahnwagen aller Art sowohl für die Abrechnung als für Etat und Statistik zu ermitteln haben. Bezüglich ihres Dienstverhältnisses zu der Eisenbahndirektion ihres Dienstortes und den anderen Direktionen, für welche sie mitzuwirken haben, gilt dasselbe, wie von den Verkehrskontrolen. Sie sind hinsichtlich der ihnen obliegenden Geschäfte den Eisenbahnstationen übergeordnet und haben andererseits den Anfragen der Vorstände der fünf Arten von Inspektionen zu entsprechen. Näheres über die Wagenkontrolen wird im 3. Abschnitt mitgetheilt[36]).

Nur bei der Direktion Hannover besteht für den ganzen Staatsbahnbereich:

d) Das Centralverkehrsabrechnungsbureau der Königlich Preußischen Staatsbahnen. Es besorgt die Abrechnungsgeschäfte über Personen-, Güter- und sonstige Verkehre zwischen den Preußischen Staats- und unter Staatsverwaltung stehenden Bahnen einerseits und anderen Eisenbahnen andererseits, soweit solche Abrechnungen durch Beschluß der betheiligten Verwaltungen diesem Bureau überwiesen sind oder werden. Das Bureau erledigt selbständig den in seinen Geschäftskreis fallenden Schriftwechsel mit den auswärtigen Verwaltungen und zuständigen Dienststellen und die Anmeldung der ermittelten Schuld- und Guthabenbeträge bei der Vereinsabrechnungsstelle in Berlin und den etwa sonst in Frage kommenden Ausgleichungsstellen[37]).

Nur bei der Direktion Magdeburg bestehen gleichfalls für den ganzen Staatsbahnbereich (und einige beigetretene andere Bahnen):

e) Das Centralwagenbureau unter Leitung der Direktion selbst.

f) Das Centralwagenabrechnungsbureau.

Dem ersteren liegt die Regelung des Wagenumlaufs innerhalb des preußischen Staatsbahnwagenverbandes ob, dem letzteren die Wagenmietheabrechnung zwischen dem Preußischen Staatsbahnwagenverbande und den übrigen Bahnen des Vereins Deutscher Eisenbahnverwaltungen sowie den fremdländischen Bahnen. Das Centralwagenbureau ist Centralstelle für dieselben Angelegenheiten, welche bei den einzelnen Direktionen von den Wagenbureaus (besonderen Theilen der Betriebsbureaus) bearbeitet werden; das Centralwagenabrechnungsbureau hat die entsprechende Stellung zu den Wagenkontrolen bei den einzelnen Direktionen. Beide Centralbureaus verkehren unmittelbar mit allen betheiligten Dienststellen, welche verpflichtet sind, den Anordnungen der ersteren Folge zu leisten. Ebenso haben diese die Verpflichtung auf an sie ergehende Anfragen zu antworten. Näheres hierüber findet sich im 3. Abschnitt[38]).

Ferner bestehen bei neun Direktionen, zugleich für die Bezirke der übrigen wirkend:

g) Die Fundbureaus, deren Aufgabe es ist, die auf der Eisenbahn zurückgelassenen und an die Bahnverwaltung abgelieferten Gegenstände aufzubewahren und bei der Wiedererlangung verlorener Gegenstände behülflich zu sein. Die Fundbureaus sind den an ihrem Sitze befindlichen Eisenbahndirektionen unmittelbar unterstellt[39]).

Schließlich besteht bei der Direktion Essen das Königliche Eisenbahnabnahmeamt[40]).

---

35) Vgl. auch V.K.O.
36) Vgl. auch W.K.O.
37) Vgl. Bur.O. f. dieses Bureau.
38) Vgl. auch V. f. g. W. u. Dia. für das C.W.A.B.
39) Vgl. Fundordnung für d. Pr.St.B.
40) Vgl. Gesch.Anw. für dasselbe.

IV. Der Minister der öffentlichen Arbeiten.

Chef der gesammten preußischen Staatseisenbahnverwaltung ist der Minister der öffentlichen Arbeiten. Nach der Verwaltungsordnung für die Staatseisenbahnen, gültig vom 1./4. 1895 (genehmigt durch Kgl. Verordnung vom 15./12. 1894) ist ihm als Ressortminister der Staatseisenbahnverwaltung die Entscheidung in folgenden Dingen vorbehalten:

A. Im Allgemeinen:[41])

Dem Minister bleibt die einheitliche Regelung des Dienstes innerhalb des gesammten Bereiches der Staatseisenbahnen vorbehalten, insbesondere der Erlaß einheitlicher Geschäfts- und Dienstanweisungen, die Festsetzung von Grundzügen für Dienstanweisungen, deren Feststellung im Einzelnen den Königlichen Eisenbahndirektionen für ihren Bezirk überlassen ist, sowie der Erlaß einheitlicher Vorschriften für die Ordnung der Rechts- und Dienstverhältnisse der Beamten und Arbeiter, für das Kassen- und Rechnungswesen und die einzelnen Dienstzweige im Betriebe und im Baue der Staatsbahnen.

Der Minister entscheidet ferner über die gegen die Verfügungen und Beschlüsse der Königlichen Eisenbahndirektionen erhobenen Beschwerden.

B. Bezüglich der Betriebs- und Verkehrsverwaltung:[42])

Abgesehen von der für besondere Fälle vorgeschriebenen höheren Genehmigung bleibt dem Minister bezüglich der Betriebsverwaltung vorbehalten:

1. Die Genehmigung zur Einstellung des Betriebes auf Bahnstrecken, welche zur Beförderung von Personen oder Gütern im öffentlichen Verkehre dienen, und zur Aenderung des Betriebes durch Einführung oder Aufhebung der Bahnordnung für die Nebeneisenbahnen Deutschlands.

2. Die Feststellung und Abänderung des Fahrplanes der zur Personen- und Postbeförderung bestimmten Züge bei Beginn der Winter- und Sommerperiode, sowie die Genehmigung der in der Zwischenzeit beabsichtigten Aenderungen, wenn dadurch die Zahl und Gattung der Züge berührt wird, oder eine Einigung der betheiligten Eisenbahnverwaltungen und Postbehörden nicht erzielt worden ist.

3. Die Feststellung und Aenderung der Tarife für Personen, Güter, lebende Thiere und Leichen, soweit die Bestimmung darüber nicht den Eisenbahndirektionen überlassen wird.

4. Die Genehmigung von Bauausführungen, für welche den Eisenbahndirektionen Geldmittel nicht zur Verfügung gestellt sind.

5. Die Feststellung derjenigen Entwürfe und Kostenanschläge, deren Kosten den Betrag von 50000 M. im Einzelnen übersteigen, und derjenigen von geringerem Kostenbetrage, für welche dies bei Ueberweisung der Geldmittel besonders vorbehalten ist.

6. Die Feststellung und Aenderung der Normalentwürfe und Normalanordnungen für bauliche und maschinelle Anlagen, sowie für Betriebsmittel und mechanische Betriebseinrichtungen.

7. Die Ermächtigung zum Abschlusse freihändiger Lieferungs- und Arbeitsverträge, deren Gegenstand den Werth von 50000 M. übersteigt, sowie zur Zuschlagsertheilung

---

[41]) Verw.O. § 2.
[42]) Verw.O. § 3.

in öffentlichen und engeren Verdingungen bei Gegenständen — jedes Loos für sich gerechnet — von mehr als 150000 M.

C. Bezüglich der Neubauverwaltung[43]).

Dem Minister ist in gleicher Weise die Anordnung der Vorarbeiten, die Feststellung der Entwürfe und Kostenanschläge und die Genehmigung des Bauausführungsplanes für neue Bahnlinien sowie die Feststellung der Einzelentwürfe und Kostenanschläge bei Beträgen über 50000 M. (durch besondere Anordnung auch bei geringerem Betrage), der Normalentwürfe und Normalanordnungen, die Eröffnung des Betriebes auf neuen Bahnstrecken und die Ermächtigung zum Abschlusse freihändiger Verträge von über 100000 M. und zur Zuschlagsertheilung in Verdingungen bei Beträgen über 300000 M. vorbehalten.

D. Bezüglich der Personalien der Staatseisenbahnverwaltung[44]).

Dem Minister ist vorbehalten:

1. Die Anstellung, Versetzung, Entlassung sowie die Regelung der Besoldungsverhältnisse der etatsmäßigen höheren Beamten einschließlich der Rechnungsdirektoren und Eisenbahnhauptkassenrendanten, sowie die Ueberweisung der diätarischen höheren Beamten an die Königlichen Eisenbahndirektionen.

2. Die Versetzung von Beamten aus dem Bezirke einer Eisenbahndirektion in denjenigen einer anderen, soweit die betheiligten Behörden verschiedener Meinung sind.

3. Die Gewährung von Remunerationen und Unterstützungen, soweit sie im Laufe eines Rechnungsjahres den Betrag von 300 M. übersteigen.

4. Die Gewährung von Urlaub über vier Wochen an die unter 1 bezeichneten, über sechs Wochen an die übrigen Beamten.

Bei Ausübung seiner Oberleitung und Oberaufsicht über die Staatsbahnen wird der Minister der öffentlichen Arbeiten durch fünf der sechs Abtheilungen seines Ministeriums unterstützt. Es sind dies die Abtheilungen:

Ia. Für technische Bauangelegenheiten der Staatseisenbahnen.
Ib. Für Verwaltungs- und Finanzsachen in Bauangelegenheiten der Staatseisenbahnen.
II. Für Verkehrsangelegenheiten der Staatseisenbahnen.
IVa. Für allgemeine Verwaltungsangelegenheiten der Staatseisenbahnen und für die Staatsaufsicht über Privatbahnen.
IVb. Für allgemeine Finanzangelegenheiten der Staatseisenbahnen.
(Abtheilung III ist die allgemeine Bauabtheilung.)

An der Spitze jeder Abtheilung steht ein Ministerialdirektor (bezw. Rath I. Kl.). Ferner ist zur Entlastung des Ministers und zur Aufrechterhaltung der Einheitlichkeit in sämmtlichen Abtheilungen unmittelbar unter dem Minister ein Unterstaatssekretär bestellt.

V. Die berathenden Körperschaften.

Damit die Eisenbahnen in Fragen des Eisenbahnverkehres stets in der Lage sind, den berechtigten Wünschen der Verkehrsinteressenten zu entsprechen, sind durch Gesetz vom 1./6. 1882[45]) als Beirath der Eisenbahndirektionen und des Ministers besondere Körperschaften errichtet.

[43]) Verw.O. § 4.
[44]) Verw.O. § 5.
[45]) G.S. 313 ff. E.V.B. 1882, 239.

A. Die Bezirkseisenbahnräthe

werden für den Bezirk jeder Staatsbahndirektion oder auf Anordnung der Minister der öffentlichen Arbeiten, für Handel und Gewerbe, für Landwirthschaft, Domänen und Forsten je für mehrere Direktionsbezirke gemeinsam errichtet.

Nach Erlaß der drei genannten Minister vom 18./12. 1894[46]) sollen folgende Bezirkseisenbahnräthe bestehen:

1. Zu Bromberg für die Direktionsbezirke Bromberg, Danzig und Königsberg i. Pr.
2. Zu Berlin für die Direktionsbezirke Berlin und Stettin.
3. Zu Magdeburg für den Direktionsbezirk Magdeburg.
4. Zu Hannover für die Direktionsbezirke Hannover und Münster i. W.
5. Zu Frankfurt a. M. für die Direktionsbezirke Frankfurt a. M. und Cassel.
6. Zu Cöln für die Direktionsbezirke Cöln, Elberfeld, Essen a. Ruhr und St. Johann-Saarbrücken.
7. Zu Erfurt für die Direktionsbezirke Erfurt und Halle a. S.
8. Zu Breslau für die Direktionsbezirke Breslau, Posen und Kattowitz.
9. Zu Altona für den Direktionsbezirk Altona. (Letzterer ist in dem Erlasse vom 18./12. 94 nicht genannt, weil er in seiner bisherigen Zusammensetzung unverändert blieb.)

Die Bezirkseisenbahnräthe werden nach näherer Bestimmung der obigen Minister (vgl. obigen Erlaß vom 18./12. 94) aus Vertretern des Handelsstandes, der Industrie, der Land- und Forstwirthschaft zusammengesetzt, welche von den bezüglichen Körperschaften auf drei Jahre gewählt werden. Wo der Bezirk einer preußischen Staatsbahndirektion außerpreußisches Gebiet — innerhalb des Deutschen Reiches — berührt, können auf den Wunsch der betheiligten wirthschaftlichen Kreise unter Zustimmung der betr. Regierung auch Vertreter aus diesem Gebiete zugelassen werden, deren Zahl und Art der Einladung alsdann der Minister der öffentlichen Arbeiten bestimmt.

Jeder Bezirkseisenbahnrath kann zur Vorbereitung seiner Berathungen einen ständigen Ausschuß aus seiner Mitte bestellen, und hat seinen sowie des Ausschusses Geschäftsgang durch ein Regulativ zu ordnen, welches der Genehmigung des Ministers der öffentlichen Arbeiten unterliegt. Mindestens müssen indessen zweimalige jährliche Sitzungen des Bezirkseisenbahnrathes vorgesehen sein.

Der Bezirkseisenbahnrath ist von den betreffenden Eisenbahndirektionen in allen die Verkehrsinteressen des Bezirkes oder einzelner Theile desselben berührenden wichtigen Fragen zu hören, namentlich bei wichtigen Maßregeln zur Feststellung oder Abänderung der Fahrpläne und Tarife. Wenn eine Eisenbahndirektion bei Gefahr im Verzuge ohne vorherige Anhörung des Bezirkseisenbahnrathes wichtigere zur Beirathszuständigkeit desselben gehörige Maßregeln getroffen hat, so muß sie hiervon dem zuständigen Ausschusse und dem Bezirkseisenbahnrathe bei deren nächstem Zusammentritte Mittheilung machen.

Der Bezirkseisenbahnrath kann in Angelegenheiten der vorbezeichneten Art auch selbständig Anträge an die bezüglichen Eisenbahndirektionen richten und von diesen Auskunft verlangen. Etwa erforderliche Vorerhebungen erfolgen durch die betr. Direktion.

---

[46]) E.V.B. 1895, 98.

B. Der Landeseisenbahnrath

bildet in ähnlicher Weise einen Beirath des Ministers der öffentlichen Arbeiten, wie die Bezirkseisenbahnräthe solche der Eisenbahndirektionen sind. Der größte Theil seiner Mitglieder wird von den Bezirkseisenbahnräthen für drei Jahre gewählt, und zwar ist für jede Provinz bezw. jeden Regierungsbezirk die Anzahl der zu wählenden Mitglieder durch obiges Gesetz bestimmt, während die Vertheilung derselben auf die Kreise der Land- und Forstwirthschaft, der Industrie und des Handelsstandes nach Maßgabe eines durch Königliche Verordnung festgestellten Vertheilungsplanes sich regelt.

Zu diesen aus Wahl der Bezirkseisenbahnräthe hervorgehenden Mitgliedern treten zehn Mitglieder und die gleiche Zahl Stellvertreter, die zu je 3 oder 2 von den Ministern für Landwirthschaft, Domänen und Forsten, für Handel und Gewerbe, von dem Finanzminister und dem Minister der öffentlichen Arbeiten für die Dauer von drei Jahren berufen werden. Hierbei sind unmittelbare Staatsbeamte ausgeschlossen.

Ferner werden der Vorsitzende des Landeseisenbahnrathes und sein Stellvertreter vom Könige auf die Dauer von drei Jahren ernannt.

Bei den Berathungen kann schließlich der Minister der öffentlichen Arbeiten behufs Auskunftsertheilung Specialsachverständige zuziehen.

Der Landeseisenbahnrath bestellt aus seiner Mitte einen ständigen Ausschuß zur Vorbereitung seiner Berathungen. Für den Geschäftsgang derselben ist ein vom Landeseisenbahnrathe entworfenes und vom Staatsministerium genehmigtes Regulativ maßgebend.

Dem Landeseisenbahnrathe sind gemäß § 14 des Gesetzes zur Aeußerung vorzulegen:

1. Die dem Entwurfe des Staatshaushaltsetats beizufügende Uebersicht der Normaltransportgebühren für Personen und Güter.

2. Die allgemeinen Bestimmungen über die Anwendung der Tarife (Allgemeine Tarifvorschriften nebst Güterklassifikation).

3. Die Anordnungen wegen Zulassung oder Versagung von Ausnahme- und Differentialtarifen (unregelmäßig gebildeten Tarifen).

4. Anträge auf allgemeine Aenderungen der Betriebs- und Verkehrsordnung, soweit sie nicht technische Bestimmungen betreffen. Auch hat der Landeseisenbahnrath in allen wichtigeren das öffentliche Verkehrswesen der Eisenbahnen berührenden Fragen auf Verlangen des Ministers der öffentlichen Arbeiten sein Gutachten zu erstatten. Der Landeseisenbahnrath kann indessen in Angelegenheiten der vorbezeichneten Art auch selbständige Anträge an den Minister der öffentlichen Arbeiten richten und von diesem Auskunft verlangen.

Bei Gefahr im Verzuge können in diesen Angelegenheiten Anordnungen ohne vorherige Anhörung des Landeseisenbahnrathes getroffen werden. Diese sind aber alsdann dem Ausschusse und dem Landeseisenbahnrathe beim nächsten Zusammentritte mitzutheilen.

Zur Wahrnehmung der ihm zustehenden Befugnisse wird der Landeseisenbahnrath von dem Minister der öffentlichen Arbeiten nach Bedürfniß, mindestens jedoch zweimal im Jahre, nach Berlin berufen. Wenn der Landeseisenbahnrath Vorerhebungen für erforderlich erachtet, erfolgen diese durch den Minister der öffentlichen Arbeiten.

Das Ergebniß der Verhandlungen des Landeseisenbahnrathes, ferner die darauf getroffenen Entscheidungen und die Normaltransportgebühren für Personen und Güter werden vom Minister der öffentlichen Arbeiten dem Landtage regelmäßig mitgetheilt.

VI. Ausschüsse und Konferenzen der preußischen Direktionen.

Außer den bisher besprochenen berathenden Körperschaften fällt auch den Direktionen neben ihrer verwaltenden Thätigkeit die Aufgabe zu, berathend zu wirken. Gemäß den Vorschriften für die Beschaffung von Betriebsmitteln und Materialien sind aus je mehreren Direktionen folgende Ausschüsse gebildet:

Der Materialienausschuß.

Der Ausschuß für die Berathung der Normalien für Lokomotiven und Tender.

" " " " " " " Personen-, Post- und Gepäckwagen.

" " " " " " " Güterwagen.

" " " " Vorberathung von Bremsangelegenheiten.

Andere Ausschüsse sind und werden vom M. d. ö. A. durch besondere Erlasse, z. Th. zu vorübergehenden Zwecken, eingesetzt. Ebenso dienen der Berathung des M. d. ö. A. und dem gegenseitigen Meinungsaustausche der Direktionen die sogenannten Staatsbahnkonferenzen, zu welchen der M. d. ö. A. nach Bedarf alle Direktionen oder einen Theil derselben nach Berlin zusammenberuft[47]).

Schlußbemerkung:

Wo in Gesetzen, Erlassen u. s. f. von der „Landesaufsichtsbehörde" der Eisenbahnen die Rede ist, ist darunter in Preußen der Minister der öffentlichen Arbeiten zu verstehen. Die „Aufsichtsbehörde" ist jede Eisenbahndirektion für ihren Bezirk und jeder Präsident (unter der Bezeichnung Eisenbahnkommissar) für die ihm in dieser Beziehung zugewiesenen Privatbahnen[48]).

---

[47]) Die Konferenzen der preußischen Direktionen unter sich und mit anderen Bahnverwaltungen sind im 6. Kap. dieses Abschnitts zu erörtern.

[48]) Vgl. Bt.O. § 72, Ba.O. § 53.

Zweites Kapitel.

Die Stellung der Preußischen Staatsbahnen im Gesammtorganismus des Preußischen Staates und des Deutschen Reiches.

I. Stellung der Preußischen Staatsbahnen im Organismus des Preußischen Staates.

A. Verhältniß der Preußischen Staatsbahnen zur gesammten Staatsverwaltung.

Wenn auch, wie oben dargelegt, die preußische Staatsbahnverwaltung in dem Minister der öffentlichen Arbeiten ihre höchste Spitze besitzt, so berühren sich doch auch die Interessen anderer preußischen Ressorts vielfach mit denen der Eisenbahnverwaltung, so daß oftmals Bestimmungen von dem Minister der öffentlichen Arbeiten mit anderen Ministern gemeinsam (von jedem für sein Ressort) erlassen werden. Für gewisse Angelegenheiten von besonderer Wichtigkeit ist dem Staatsministerium, welches aus der Gesammtheit aller Minister besteht, die Beschlußfassung vorbehalten. Einen erheblichen Einfluß auf alle übrigen Ressorts hat der Finanzminister durch seine Mitwirkung bei Aufstellung des Etats und bei Entscheidungen von finanzieller Tragweite.

Soweit in Bezug auf das Eigenthum und die Thätigkeit der Eisenbahnverwaltung allgemeine polizeiliche Vorschriften in Frage kommen, sind die Organe der Pr.St.V. der Aufsicht der betreffenden Polizeiorgane ebenso wie private Personen und Gesellschaften unterworfen. Es handelt sich hierbei um das Aufsichtsrecht der Ortspolizeibehörden, ferner der allgemeinen Landespolizei, der Forstpolizei, der Bergpolizei, der Strompolizei, Schifffahrtspolizei u. s. f. Durch die den verschiedenen Behörden im Zuständigkeitsgesetze vom 1./8. 1883 beigelegten polizeilichen Befugnisse werden indessen die der Landespolizeibehörde und dem Minister der öffentlichen Arbeiten nach § 4 und 14 des Gesetzes über die Eisenbahnunternehmungen vom 3./11. 1838 zustehenden Befugnisse in Eisenbahnangelegenheiten nicht berührt[1]).

Die sogenannten „Allerhöchsten Verordnungen" (Erlasse des Königs) müssen behufs Gültigkeit von einem oder mehreren Ministern gegengezeichnet sein. Die gegenzeichnenden Minister übernehmen hierdurch die Verantwortlichkeit[2]).

---

[1]) Zust.Ges. § 158.
[2]) V. U. f. Pr. St. Art. 44.

Hiermit ist die Befugniß zum Erlasse von „Verordnungen“ der höchsten Faktoren der Staatsregierung erschöpft. Zum Erlasse von Gesetzen ist die Uebereinstimmung des Königs und der beiden Kammern (Abgeordnetenhaus und Herrenhaus) erforderlich[3]). Für die Eisenbahnverwaltung kommt hier in erster Linie in Frage das alljährlich zu erlassende Etatsgesetz, ferner Anleihegesetze für Erweiterungen und bessere Ausstattung des Staatseisenbahnnetzes und Gesetze über den Ankauf von Privatbahnen.

Die Kontrole über die richtige Ausführung des Etats und der Anleihegesetze übt die Oberrechnungskammer in Potsdam aus. Ihre Einrichtung und Befugnisse sind durch das Gesetz vom 27./3. 1872 auf Grund des Art. 104 der V. U. f. Pr. St. festgelegt. Sie ist eine dem Könige unmittelbar untergeordnete, den Ministern gegenüber selbständige Behörde, welche die Kontrole des gesammten Staatshaushaltsetats durch Prüfung und Feststellung der Rechnungen über Einnahmen und Ausgaben von Staatsgeldern, über Zugang und Abgang von Staatseigenthum und über die Verwaltung der Staatsschulden zu führen hat. Sie besteht aus einem Präsidenten und der erforderlichen Zahl von Direktoren und Räthen. Ihr Geschäftsgang ist durch das Regulativ vom 22./9. 1873 geregelt. Die Provinzial- und die diesen gleichstehenden Behörden (also auch die Eisenbahndirektionen) sind der Oberrechnungskammer in allen Angelegenheiten des Ressorts derselben untergeordnet. Die Oberrechnungskammer ist befugt, ihren Verfügungen nöthigenfalls durch Strafbefehle die schuldige Folgeleistung zu sichern und auch etwaige vorkommende Unangemessenheiten in Erledigung ihrer Erlasse zu rügen.

Die von der Oberrechnungskammer geprüfte allgemeine Rechnung über den Staatshaushaltsetat jeden Jahres, einschl. einer Uebersicht der Staatsschulden, wird mit den Bemerkungen der Oberrechnungskammer behufs Entlastung der Staatsregierung den Kammern vorgelegt, welche etwaige Etatsüberschreitungen nachträglich zu genehmigen haben[4]).

B. Einfluß der preußischen Gesetzgebung und Verwaltung auf Betrieb und Verkehr der Preußischen Staatsbahnen.

Das in Preußen für Finanzirung, Bau, Betrieb und Verkehr der Eisenbahnen grundlegende Gesetz ist das Gesetz über die Eisenbahnunternehmungen vom 3. November 1838. Beim Erlasse des Gesetzes hatte man im Wesentlichen private Eisenbahnunternehmungen im Auge, für welche die Bestimmungen des Gesetzes seitdem mit geringeren oder größeren Ergänzungen als Koncessionsbedingungen zur Anwendung gekommen sind. Doch haben seine Bestimmungen, soweit sie sich nicht unmittelbar auf die Begründung und die besonderen Verhältnisse der Privatunternehmungen beziehen, auch für die Pr.St.B. Gültigkeit. Zum Theil ist das Gesetz durch neuere Landes- und Reichsgesetze ergänzt oder ersetzt, wie bezüglich der Bestimmungen über die Enteignung von Grundeigenthum, über die Haftpflicht, über das Verhältniß zur Postverwaltung, über die von den Eisenbahnen zu entrichtenden Abgaben. Zum Theil sind die Bestimmungen praktisch zu keiner Bedeutung gelangt, wie diejenigen der §§ 27—35 über die zwangsweise Verleihung des Mitbetriebsrechtes an Dritte. Dagegen können als die wesentlichsten für den Betrieb und Verkehr auch der Pr.St.B. maßgebenden Bestimmungen die §§ 22

---

[3]) V. U. f. Pr. St. Art. 62.

[4]) V. U. f. Pr. St. Art. 104.

und 24 angesehen werden, wonach eine neue Bahn dem Verkehre nicht eher eröffnet werden darf, als bis nach vorgängiger Revision der Anlage von der Regierung die Genehmigung dazu ertheilt ist, und wonach die Gesellschaft (an deren Stelle bei den Pr.St.B. deren Verwaltung tritt) verpflichtet ist, die einmal in Betrieb genommene Bahn dauernd in betriebsfähigem Zustande und im Betriebe zu erhalten. Die Bestimmungen der §§ 42 und 45 über das Ankaufsrecht des Staates und die Zulässigkeit, den Anschluß anderer Bahnen an bestehende Bahnen zwangsweise herbeizuführen, haben der Durchführung des Staatsbahnsystemes in Preußen vorgearbeitet.

Durch die Reichsverfassung vom 16./4. 1871 ist das Recht zur Gesetzgebung über die Eisenbahnen zum größten Theile auf das Reich übergegangen (s. unten). Die Verwaltung der Pr.St.B. wird innerhalb der hiernach dem Preußischen Staate verbleibenden Zuständigkeit fast durchweg durch Verordnungen bezw. Allerhöchste Verordnungen geregelt. Die Gesetzgebung Preußens kommt für die Pr.St.B. daher im Allgemeinen nur insofern noch in Betracht, als es sich um folgende Dinge handelt:

1. Die Feststellung des Eisenbahnetats, der Gesetze über außerordentliche Aufwendungen für die Pr.St.B. (Anleihegesetze für Bau von Bahnen oder Ankauf von Privatbahnen), sowie Genehmigung von die Anlage, Eigenthumsveränderung oder den Betrieb von Bahnen betreffenden Staatsverträgen, soweit durch solche dem Staate Lasten oder einzelnen Staatsbürgern Verpflichtungen auferlegt werden[5]).

2. Gesetze, welche außer für die Pr.St.B. auch für mehrere oder alle anderen Zweige der Staatsverwaltung Gültigkeit haben oder nur mittelbar die Pr.St.B. berühren. Grundlegend ist in dieser Beziehung die Verfassungsurkunde für den Preußischen Staat. Ferner sind hier zu nennen die gesammte Beamtengesetzgebung, das S. 25 erwähnte Gesetz über die Einrichtung und Befugnisse der Oberrechnungskammer vom 27./3. 1872, das Gesetz betr. Erlaß polizeilicher Strafverfügungen wegen Uebertretungen vom 23./4. 1883, das Gesetz über die Enteignung von Grundeigenthum vom 11./6. 1874, die Gesetze über die Landesverwaltung, die Verwaltungsgerichte und das Verwaltungsstreitverfahren, das Zuständigkeitsgesetz, die Gesetze über das Polizeiwesen, die Grundbuchgesetze, das Stempelsteuergesetz vom 31./7. 1895, die Forstgesetze, das Kommunalabgabengesetz vom 14./7. 1893 u. s. f.

3. Die Kleinbahngesetzgebung.

Von den für die Pr.St.B. wichtigsten dieser Gesetze sind die Titel im Anhange dieses Bandes aufgeführt.

II. Stellung der Preußischen Staatsbahnen im Gesammtorganismus des Reiches.

Nach Art. 4 Nr. 8 der V. d. D. R. unterliegt der Beaufsichtigung und Gesetzgebung des Reiches das Eisenbahnwesen (in Bayern vorbehaltlich der Bestimmungen im Art. 46) und die Herstellung der Land- und Wasserstraßen im Interesse der Landesvertheidigung und des allgemeinen Verkehres. Art. 41—47 der V. d. D. R. zeichnen dann einzeln vor, in welchen Richtungen die gesetzgeberische und Aufsichtsthätigkeit des Reiches im Eisenbahn-

---

[5]) V. U. f. Pr. St. Art. 48.

wesen vorzugehen hat: Schaffung neuer Bahnen im Interesse der Landesvertheidigung; Verpflichtung der Bundesregierungen, die deutschen Eisenbahnen im Interesse des allgemeinen Verkehres wie ein einheitliches Netz verwalten, und zu diesem Behufe auch die neu herzustellenden Bahnen nach einheitlichen Normen anlegen und ausrüsten zu lassen, und Verpflichtung der Eisenbahnverwaltungen den Anschluß neu angelegter Eisenbahnen auf Kosten der letzteren zu dulden; Schaffung übereinstimmender und Sicherheit gewährender baulicher und Betriebseinrichtungen; Fürsorge für einheitliche Fahrpläne und dem Verkehrsbedürfnisse entsprechende Zugverbindungen; Kontrole über das Tarifwesen; Befugniß, bei Nothständen Ausnahmetarife vorzuschreiben; Befugniß, die Eisenbahnen zu Zwecken der Landesvertheidigung zu benutzen.

Eine gesetzgeberische Thätigkeit hat sich, abgesehen von der Erbauung einiger der Landesvertheidigung dienenden Bahnen, in allen diesen Richtungen noch nicht entwickelt. Dagegen hat die Gesetzgebung des Reiches auf anderen Gebieten indirekt auf die Verhältnisse der Eisenbahnen bestimmend eingewirkt. Die Einflüsse der Gesetzgebung auf den Gebieten des Post-, Telegraphen-, Zoll- und Steuerwesens und auf dem Gebiete der Heeresverwaltung werden bei der Besprechung des Verhältnisses der Eisenbahnen zu diesen Verwaltungen (S. 30, 42, 48) erörtert werden. Eine erhebliche finanzielle Belastung der Eisenbahnen ist durch die Gesetze über Haftpflicht, Unfallfürsorge, Kranken- und Invaliditätsversicherung herbeigeführt. Für die Ausübung des Transportgeschäftes ist maßgebend das Allgemeine Deutsche Handelsgesetzbuch, welches indessen schon vor der Reichsverfassung (in Preußen seit 1./3. 1862) bestanden hat. Vergehen und Verbrechen gegen die Sicherheit des Eisenbahnbetriebes werden nach §§ 315, 316, 319, 320 des Strafgesetzbuches für das Deutsche Reich verfolgt. Für die Beseitigung von Ansteckungsstoffen bei Viehbeförderungen ist ein Gesetz unter dem 25./2. 1876 erlassen, u. s. f.

Auf dem Gebiete des Eisenbahnwesens selbst sind lediglich eine größere Zahl von Verordnungen auf Grund des Aufsichtsrechtes des Reiches ergangen, zu deren Beschließung gemäß Art. 7 der V. d. D. R. der Bundesrath zuständig ist, und die gemäß Art. 2 der V. d. D. R. im Reichsgesetzblatte veröffentlicht werden. Von diesen Verordnungen, welche Bau und Ausrüstung der Eisenbahnen, die Betriebsordnung, Verkehrsordnung, das Signalwesen u. s. f. betreffen, wird weiter unten im Einzelnen gehandelt.

Außer den für das Gebiet des D. R. erlassenen Gesetzen und Verordnungen sind eine Anzahl von Staatsverträgen, welche das D. R. mit zahlreichen anderen Ländern abgeschlossen hat, für Betrieb und Verkehr der Eisenbahnen maßgebend, sei es, daß diese Verträge insbesondere das Eisenbahnwesen betreffen, sei es, daß sie dasselbe indirekt beeinflussen, wie die Handels- und Zollverträge, Viehseuchenübereinkommen u. s. f. Ueber das Erforderniß der Genehmigung der Staatsverträge des D. R. durch Bundesrath und Reichstag vgl. V. d. D. R. Art. 11.

Zur Ausübung der Aufsicht über die richtige Ausführung der auf das Eisenbahnwesen bezüglichen Gesetze und Verordnungen ist eine besondere Behörde geschaffen, das Reichseisenbahnamt, durch Gesetz vom 27. Juni 1873. Diese Behörde hat in Berlin ihren Sitz, besteht aus einem Vorsitzenden und einer Anzahl von Räthen und hat ihre Geschäfte unter Verantwortlichkeit und nach den Anweisungen des Reichskanzlers zu führen. Das Reichseisenbahnamt hat innerhalb der durch die Verfassung bestimmten Zuständigkeit des Reiches:

1. Das Aufsichtsrecht über das Eisenbahnwesen wahrzunehmen.

2. Für die Ausführung der in der Reichsverfassung enthaltenen Bestimmungen sowie der sonstigen auf das Eisenbahnwesen bezüglichen Gesetze und verfassungsmäßigen Vorschriften Sorge zu tragen.

3. Auf Abstellung der in Hinsicht auf das Eisenbahnwesen hervortretenden Mängel und Mißstände hinzuwirken.

Dem Reichseisenbahnamte sind behufs Ausübung obiger Thätigkeit von den Eisenbahnverwaltungen, also auch von den Königlichen Eisenbahndirektionen, Berichte über alle dasselbe interessirenden Vorgänge und Verhältnisse zu erstatten, die außer zu dieser Kontrole auch zu einer umfangreichen Statistik verwendet werden.

In den oben erwähnten Verordnungen des Bundesrathes ist dem Reichseisenbahnamte eine Anzahl von Dispensationsbefugnissen zugestanden.

Wird gegen die Verfügungen des Reichseisenbahnamtes Gegenvorstellung erhoben, so hat das durch Zuziehung von richterlichen Beamten zu verstärkende Amt über die Gegenvorstellung immer selbständig und unter eigener Verantwortlichkeit in kollegialer Berathung und Beschlußfassung zu befinden. Der Geschäftsgang für ein derartiges Verfahren ist durch ein besonderes vom Bundesrathe erlassenes Regulativ vom 13./3. 1876 geordnet.

Das Aufsichtsrecht des Reichseisenbahnamtes erstreckt sich auf alle Zweige des Eisenbahnwesens, welche der Aufsicht und Gesetzgebung des Reiches unterstehen. Seit seinem Bestehen hat es bei dem Erlasse und den Abänderungen der oben S. 27 erwähnten Verordnungen mitgewirkt, hat auch bei den internationalen Vereinbarungen zwischen dem D. R. und anderen Ländern eine hervorragende Thätigkeit entfaltet. Die bezüglich der Benutzung der Eisenbahnen zu militärischen Zwecken ihm zufallenden Aufgaben und Rechte werden im fünften Kapitel dieses Abschnittes besprochen. Hauptleistungen des Reichseisenbahnamtes liegen ferner auf dem Gebiete der Statistik.

III. Verhältniß der Preußischen Staatsbahnen zu den von ihnen berührten Einzelstaaten des Deutschen Reiches.

Für die in anderen deutschen Staaten belegenen Strecken der Pr.St.B. ist die preußische Staatsbahnverwaltung den Regierungen dieser Staaten gegenüber Privatunternehmerin. Die Rechte und Pflichten der Staatsbahnverwaltung sind in allen solchen Fällen durch Staatsvertrag zwischen der preußischen Regierung und der Regierung des betr. Staates genau festgelegt, der in der Regel etwa folgenden Inhalt hat:

Die Hoheitsrechte sind dem fremden Staate vorbehalten, so die landespolizeiliche Feststellung der Baupläne, die Verfolgung von Verbrechen und Vergehen im Bereiche der Eisenbahn u. s. f., ev. auch das Recht des Erwerbes der Bahnstrecke. Für die Feststellung der besonderen Bauentwürfe sind die Gesetze und Vorschriften des betr. Staates maßgebend, wie auch die an der Strecke zu errichtenden Hoheitszeichen diejenigen des fremden Staates sind. Die Bahnpolizei wird von den preußischen Eisenbahnbeamten versehen, welche aber behufs Ausübung ihrer bahnpolizeilichen Befugnisse von dem fremden Staate verpflichtet werden. Die Beamten sind hinsichtlich ihres Dienstverhältnisses der preußischen Eisenbahnbehörde, in allem Uebrigen den Gesetzen des Staates, in dem sie stationirt sind, unterworfen. Bei der Besetzung der unteren Beamtenstellen ist auf die Angehörigen des betreffenden Staates besondere Rücksicht zu nehmen. Letzterem ist auch in der Regel ein mehr oder weniger wirksamer Einfluß auf die Gestaltung der Fahrpläne und Tarife vorbehalten.

Bisweilen gehört auch die Bahn dem fremden Staate und wird von der preußischen Staatsbahnverwaltung nur betrieben (Hamburger Verbindungsbahn).

Für den Verkehr mit den preußischen Eisenbahnbehörden ist in der Regel von der betr. Staatsregierung ein Eisenbahnkommissar bestellt.

Drittes Kapitel.

Verhältniß der Preußischen Staatsbahnen[1]) zur Reichspost- und Telegraphenverwaltung.

I. Räumlicher und geschäftlicher Umfang der Reichspost- und Telegraphenverwaltung[2]).

Das Postwesen und das Telegraphenwesen werden für das gesammte Gebiet des Deutschen Reiches mit Ausnahme Bayerns und Württembergs als einheitliche Staatsverkehrsanstalten eingerichtet und verwaltet[3]). Für Bayern und Württemberg steht dem Reiche[4]) ausschließlich die Gesetzgebung über die Vorrechte der Post und Telegraphie, über die rechtlichen Verhältnisse beider Anstalten zum Publikum, über die Portofreiheiten und das Posttaxwesen zu, jedoch mit Ausnahme der reglementarischen und Tarifbestimmungen für den inneren Verkehr Bayerns bezw. Württembergs und unter gleicher Beschränkung die Feststellung der Gebühren für die telegraphische Korrespondenz.

Die Regelung des Post- und Telegraphenverkehres mit dem Auslande steht dem Reiche für sein ganzes Gebiet zu, ausgenommen den eigenen unmittelbaren Verkehr Bayerns und Württembergs mit seinen dem Deutschen Reiche nicht angehörenden Nachbarstaaten[4]).

Dafür haben Bayern und Württemberg auch an den zur Reichskasse fließenden Ueberschüssen der Reichspost- und Telegraphenverwaltung keinen Antheil[4]).

Der Postbetrieb und in der Regel auch der Telegraphenbetrieb eines Ortes wird von den Postanstalten wahrgenommen, die je nach der Bedeutung und dem Umfange des Betriebes als Postämter I., II., III. Klasse und Postagenturen unterschieden werden. Daneben sind in bedeutenderen Landorten ohne Postanstalt Posthülfsstellen eingerichtet, welche als Hülfsanlagen für den Landbestelldienst gelten.

Die zur Wahrnehmung des Postbetriebes auf den Eisenbahnzügen bestehenden Postanstalten führen die Bezeichnung „Bahnpostamt". Jedem Bahnpostamte sind bestimmte Eisenbahnstrecken zugewiesen. Die Bahnposten gehen von dem betreffenden Bahnpostamte aus. Das fahrende Postpersonal ist dem Bahnpostamte untergeordnet. Für einzelne Eisenbahnstrecken ist der Postbetrieb bestimmten Ortspostämtern zugewiesen.

Wo der Geschäftsumfang es bedingt, bestehen für den Telegraphendienst besondere Telegraphenämter.

---

[1]) Auch der übrigen deutschen Bahnen.
[2]) Vgl. Handbuch für Post und Telegraphie.
[3]) V. d. D. R. Art. 48—52.
[4]) V. d. D. R. Art. 52.

Die den Postämtern, Telegraphenämtern, Postagenturen vorgesetzten Behörden heißen Oberpostdirektionen. Ihre Geschäftsbezirke kommen ungefähr der Größe preußischer Regierungsbezirke gleich.

An der Spitze des ganzen Post- und Telegraphenwesens steht das dem Reichskanzler unmittelbar unterstellte Reichspostamt unter der Leitung des Staatssekretärs des Reichspostamtes. Dasselbe zerfällt in drei Abtheilungen, die erste für das Postwesen, die zweite für das Telegraphenwesen, die dritte für die gemeinsamen Verwaltungsangelegenheiten.

Außer den Oberpostdirektionen sind dem Reichspostamte ferner unmittelbar nachgeordnet: Die Postversicherungskommission, die Generalpostkasse, das Postzeitungsamt, das Postanweisungsamt, das Postzeugamt, die Telegraphenapparatwerkstatt, sämmtlich in Berlin, ferner die Post- und Telegraphenanstalten in den deutschen Schutzgebieten und im Auslande.

Der nothwendige geschäftliche Umfang des Postwesens ist festgelegt durch das Gesetz über das Postwesen des Deutschen Reiches vom 28./10. 1871. Hiernach ist es verboten (§ 1):

1. Alle versiegelten, zugenähten oder sonst verschlossenen Briefe,
2. alle Zeitungen politischen Inhalts, welche öfter als einmal wöchentlich erscheinen,
gegen Bezahlung von Orten mit einer Postanstalt nach anderen Orten mit einer Postanstalt des In- und Auslandes auf andere Weise, als durch die Post, zu befördern.

Hinsichtlich der politischen Zeitungen erstreckt dieses Verbot sich nicht auf den zweimeiligen Umkreis ihres Ursprungsortes.

Neben diesen beiden Arten von Sendungen, für welche der Post das Regal zusteht, befaßt sie sich mit der Beförderung einer Reihe von anderen Gegenständen. Nach der Postordnung vom 11./6. 1892 können mit der Post versendet werden: Briefe, Postkarten, Drucksachen, Waarenproben, Packete, Postanweisungen u. s. f.

Die Annahme und Beförderung von Postsendungen darf nach § 3 und § 50 des Gesetzes über das Postwesen von der Post nicht verweigert werden, sofern die Bestimmungen dieses Gesetzes und der Postordnung bei denselben erfüllt sind. Letztere giebt an, wie die Sendungen im Allgemeinen und wie die einzelnen Gattungen beschaffen sein müssen, welche besonderen Modalitäten bei der Versendung statthaben können (Einschreibsendungen, Werthsendungen, Eilbotensendungen, dringende Sendungen, Nachnahmesendungen u. s. f.), wie die Einlieferung und Bestellung erfolgt. Die Postordnung enthält ferner die Bestimmungen über die Frankirung und sonstige Behandlung der Postsendungen, beschreibt außerdem das Verfahren bei Unregelmäßigkeiten, Unbestellbarkeit u. s. f., und giebt schließlich die Bestimmungen über Personen- und Extraposten.

Neben dem Postgesetze und der Postordnung sind für den inländischen Verkehr noch maßgebend die Gesetze über das Posttaxwesen vom 28./10. 1871, 17./5. 1873 und 3./11. 1874, auf Grund deren der Gebührentarif für den Postverkehr aufgestellt ist, ferner die Bestimmungen über das Portofreiheitswesen[5]).

---

[5]) Ges. v. 5./6. 1869.

Für den Postverkehr mit den meisten Staaten des Auslandes bildet die Grundlage der Weltpostvertrag, zuletzt abgeschlossen am 4./7. 1891. Die an diesem Vertrage theilnehmenden, sowie die demselben später beitretenden Länder bilden für den gegenseitigen Austausch der Korrespondenzen zwischen ihren Postanstalten ein einziges Postgebiet, welches den Namen „Weltpostverein" (Union postale universelle) führt. Die Bestimmungen des Weltpostvertrages erstrecken sich auf Briefe, einfache Postkarten, Postkarten mit bezahlter Antwort, Drucksachen, Geschäftspapiere und Waarenproben. Im Anschluß an den Weltpostvertrag hat das Deutsche Reich mit einer Reihe von Ländern besondere Uebereinkommen über den Austausch von Briefen und Kästchen mit Werthangabe, von Postanweisungen, Postaufträgen, über den Postbezug von Zeitungen und die Beförderung von Packeten abgeschlossen.

Der geschäftliche Umfang des Reichstelegraphenwesens ist festgelegt durch das Gesetz über das Telegraphenwesen des Deutschen Reiches vom 6./4. 1892. Nach diesem steht das Recht, Telegraphenanlagen für die Vermittelung von Nachrichten zu errichten und zu betreiben, ausschließlich dem Reiche zu. Unter Telegraphenanlagen sind die Fernsprechanlagen mit inbegriffen.

Von diesem Regal sind in § 3 des Gesetzes selbst eine Anzahl von Ausnahmen bedungen, von welchen hier diejenige zu erwähnen ist, welche die Eisenbahnen betrifft: „Ohne Genehmigung des Reiches können errichtet und betrieben werden Telegraphenanlagen, welche von Transportanstalten auf ihren Linien ausschließlich zu Zwecken ihres Betriebes oder für die Vermittelung von Nachrichten innerhalb der bisherigen Grenzen benutzt werden."

Ueber die Benutzung der öffentlichen Telegraphenanlagen durch das Publikum setzt die Telegraphenordnung vom 15./6. 1891 (entsprechend der Postordnung) das Nähere fest. Als Ergänzung derselben dienen der Gebührentarif für den Telegraphenverkehr innerhalb des Deutschen Reichstelegraphengebietes, sowie die Verordnung betr. die gebührenfreie Beförderung von Telegrammen vom 2./6. 1877.

Der Telegraphenverkehr mit dem Auslande beruht auf dem internationalen Telegraphenvertrage vom 10. u. 22./7. 1875[6]), welcher dem Weltpostvertrage entspricht.

II. Anforderungen der Postverwaltung an die Eisenbahnen.

A. Allgemeines.

Der über das Verhältniß der Eisenbahnen zur Postverwaltung handelnde § 4 des Gesetzes über das Postwesen des Deutschen Reiches ist durch das „Eisenbahnpostgesetz" vom 20./12. 1875 ersetzt, zu welchem dann noch Vollzugsbestimmungen unter dem 9./2. 1876 vom Reichskanzler erlassen sind. Hiernach bestimmen sich die Anforderungen der Postverwaltung an die Eisenbahnen folgendermaßen:

Der Eisenbahnbetrieb ist, soweit es die Natur und die Erfordernisse desselben gestatten, in die nothwendige Uebereinstimmung mit den Bedürfnissen des Postdienstes zu bringen[7]). Die Einlegung besonderer Postdienstzüge kann indessen nicht beansprucht werden. Den Anordnungen[8]), welche zur Aufrechterhaltung der Ordnung auf den

---

[6]) Revidirt in Paris 21./6. 1890.

[7]) E.P.G. Art. 1.

[8]) Vollz.-Best. z. Art. 10.

Bahnhöfen, der Regelmäßigkeit und Sicherheit im Gange der Eisenbahnzüge sowie auf Grund bahnpolizeilicher Vorschriften von der Eisenbahnverwaltung oder einem mit der Ausübung der Bahnpolizei betrauten Eisenbahnbeamten getroffen werden, sind auch die Postbeamten nachzukommen gehalten. Bei Erlaß der bezüglichen Anordnungen ist indessen eine Beschränkung und Erschwerung des Postverkehres thunlichst zu vermeiden. Es ist also die Zugänglichkeit der Postanstalten auf den Bahnhöfen und der an den Zügen angebrachten Briefkästen für das Publikum möglichst zu wahren; es sind geeignete Plätze für das Beladen der Postwagen ein für allemal vorzusehen; es sind die Bahnsteige den Postbeamten zu den Zeiten des Zugverkehres offen zu halten; den anschließenden Posten ist das Aufstellen auf den Bahnhöfen an geeigneten Stellen, soweit solche vorhanden sind, zu gestatten. Die Beamten beider Verwaltungen sollen bei Wahrnehmung ihres Dienstes Hand in Hand gehen, dies namentlich auch bei Unregelmäßigkeiten, Betriebsstörungen und dergl.

Die Feststellung der Fahrpläne geschieht unter Mitwirkung der Postverwaltung. Die festgestellten Fahrpläne sind seitens der Eisenbahnverwaltung der Postverwaltung unverzüglich mitzutheilen. Letztere bezeichnet dann die Züge, welche sie zur Postbeförderung benutzen will[9]).

Bei Meinungsverschiedenheiten zwischen der Postverwaltung und den Eisenbahnverwaltungen entscheidet, falls die Postverwaltung sich bei dem Ausspruch der Landesaufsichtsbehörde nicht beruhigt, der Bundesrath nach Anhörung der Postverwaltung und des Reichseisenbahnamtes[10]).

B. Benutzung der Bahnzüge.

Mit jedem für den regelmäßigen Beförderungsdienst der Bahn bestimmten Zuge ist auf Verlangen der Postverwaltung ein von dieser beschaffter und gestellter Postwagen unentgeltlich zu befördern[11]). Diese unentgeltliche Beförderung umfaßt:

a) Die Briefpostsendungen, Zeitungen, Gelder, ungemünztes Gold und Silber, Juwelen, Pretiosen, alles ohne Gewichtsunterschied, ferner sonstige Poststücke bis zum Einzelgewicht von 10 kg einschließlich.

b) Die begleitenden Postbeamten (auch wenn sie vom Dienste zurückkehren) und die Geräthschaften, welche von denselben zum Postdienste gebraucht werden. Die Eisenbahnverwaltung ist befugt, darüber zu wachen, daß eine mißbräuchliche Personalbeförderung hierbei nicht stattfindet[12]).

Ueber die Vergütung für solche Poststücke, die nicht unentgeltlich befördert werden, vergl. unter III. Statt des besonderen Postwagens kann nach Vereinbarung zwischen Eisenbahn und Post eine Abtheilung eines gemeinsam für Bahn- und Postzwecke hergerichteten Eisenbahnwagens, welchen die Eisenbahn liefert, gegen Entgelt benutzt werden[13]). Reicht der eine Postwagen oder die an seiner Stelle benutzte Wagenabtheilung für die Bedürfnisse des Postdienstes nicht aus, so hat die Eisenbahnverwaltung auf rechtzeitige Anmeldung oder Bestellung nach Wahl der Postverwaltung[14]):

---

9) Vollz.Best. z. Art. 1.
10) E.P.G. Art. 1.
11) E.P.G. Art. 2.
12) Vollz.Best. z. Art. 2.
13) E.P.G. Art. 3.
14) E.P.G. Art. 5.

a) Entweder mehrere Postwagen zur Beförderung zuzulassen;

b) oder der Postverwaltung Güterwagen oder einzelne geeignete Abtheilungen solcher Personenwagen zur Verfügung zu stellen, deren übrige Abtheilungen in demselben Zuge für Eisenbahnzwecke verwendbar sind. Für solche Wagen zu a und b kann die Postverwaltung unter Umständen die Durchführung über anschließende Bahnen beanspruchen[15]);

c) oder endlich die von der Postverwaltung ihr überwiesenen Postsendungen zur eigenen Beförderung zu übernehmen. (Letzteres nur, wenn in demselben Zuge Eil- und Frachtgüter befördert werden, und bei Poststücken, die nicht in Geld- oder Werthsendungen bestehen.)

Für alle diese Mehrleistungen hat die Post an die Eisenbahn eine Vergütung zu zahlen, von der unter III die Rede ist.

Macht die Postverwaltung von dem Rechte, einen Postwagen einzustellen, bei gewissen Zügen keinen Gebrauch, so kann sie der Eisenbahnverwaltung Briefbeutel, sowie Brief- und Zeitungspackete zur unentgeltlichen Beförderung durch das Zugpersonal überweisen, oder zur Beförderung solcher einen Postbeamten unentgeltlich mitfahren lassen[16]).

Bei Zügen, deren Fahrzeit besonders kurz bemessen ist, soll, wenn die Eisenbahnaufsichtsbehörde dies zur Wahrung der pünktlichen und sicheren Beförderung der betr. Züge für nothwendig erachtet, die Mitbeförderung solcher Päckereien, welche nicht zu den Brief- und Zeitungspacketen gehören, beschränkt oder ausgeschlossen werden[17]). Bei solchen Zügen darf die Gestellung außerordentlicher Transportmittel seitens der Postverwaltung nicht beansprucht werden[18]). Jedoch reicht die Bezeichnung eines Zuges als Eil-, Schnell- oder Kurierzug an sich nicht aus, um die Postpäckereien von der Beförderung mit demselben völlig auszuschließen[17]).

Die Eisenbahnverwaltungen sind verbunden, die Unterhaltung, äußere Reinigung, das Schmieren, das Ein- und Ausrangiren der der Postverwaltung gehörenden Wagen gegen eine den Selbstkosten entsprechende Vergütung zu bewirken, dürfen ferner für das Stillstehen der im regelmäßigen Dienste befindlichen Postwagen auf ihren Bahnhofsgleisen eine Vergütung nicht erheben. Dasselbe gilt für die Plätze auf den Bahnhöfen, welche der Postverwaltung zur Aufbewahrung der Bahnsteigwagen und sonstigen Geräthschaften für das Verladungsgeschäft angewiesen werden[19]).

Bei Beschädigungen von Bahnpostwagen und gemeinsamen Wagen hat die Eisenbahnverwaltung als Ersatz geeignete Güterwagen zu stellen[19]). Ueber die hierfür zu gewährende Entschädigung vergl. unter III, B.

C. Beschaffung von Diensträumen und Dienstwohnungen für die Postverwaltung[20]).

Für die Zwecke des Postdienstes auf den Bahnhöfen sind, wo solche neu eingerichtet werden, auf Verlangen der Postverwaltung die durch den Eisenbahnbetrieb bedingten, für die Zwecke des Postdienstes erforderlichen Diensträume mit den für den Postdienst etwa erforderlichen besonderen baulichen Anlagen von der Eisenbahnverwaltung

[15]) Vollz.Best. z. Art. 5.
[16]) E.P.G. Art. 4.
[17]) E.P.G. Art. 2 u. Vollz.Best. z. Art. 2.
[18]) E.P.G. Art. 5.
[19]) E.P.G. Art. 6.
[20]) E.P.G. Art. 7 und Vollz.Best. z. Art. 7.

gegen Miethsentschädigung zu beschaffen und zu unterhalten. Dasselbe gilt bei Um- und Erweiterungsbauten vorhandener Stationsgebäude, sofern durch die den Bau veranlassenden Verhältnisse eine Erweiterung oder Veränderung der Postdiensträume bedingt wird.

In gleicher Weise sind die Eisenbahnverwaltungen gehalten, bei dem Mangel geeigneter Privatwohnungen in der Nähe der Bahnhöfe auf die Beschaffung von Dienstwohnungsräumen für die Postbeamten des Eisenbahnpostdienstes Rücksicht zu nehmen. Ueber den Umfang dieser Dienstwohnungsräume erfolgt Verständigung beider Behörden. Ebenso kann das Miethsverhältniß der der Postverwaltung überwiesenen Räume nur durch beiderseitiges Einverständniß aufgelöst werden.

Werden auf Verlangen der Postbehörde besondere Gebäude hergestellt, so hat die Eisenbahn den erforderlichen Bauplatz gegen Erstattung der Selbstkosten zu beschaffen, während in diesem Falle Bau und Unterhaltung aus der Postkasse erfolgen. Ueber die Baupläne für die besonderen Postgebäude sowie darüber, ob die Ausführung des Baues für Rechnung der Postkasse von der Eisenbahnverwaltung zu übernehmen ist, haben sich beide Verwaltungen in jedem Einzelfalle zu verständigen.

Aus den vorstehenden Bestimmungen ergiebt sich für die Eisenbahnverwaltungen die Nothwendigkeit, vor jedem Um- oder Neubau von Bahnhöfen, der die Postinteressen berührt, sich mit der Postverwaltung in Verbindung zu setzen. Für die preußischen Staatsbahnen ist dies durch Erlasse des Ministers der öffentlichen Arbeiten noch besonders vorgeschrieben.

Die Stellen, wo Postschilder und Briefkästen anzubringen sind, werden von der Postverwaltung nach vorherigem Benehmen mit der Eisenbahnverwaltung bestimmt.

III. Gegenleistungen der Postverwaltung für die Erfüllung der Anforderungen der Post durch die Eisenbahnen.

A. Die Beförderung zahlungspflichtiger Poststücke über 10 kg[21]).

Für alle einer Bahnverwaltung gehörenden Strecken wird zwischen je zwei Stationen ermittelt, wieviele kg Gewicht an zahlungspflichtigen Poststücken im Laufe eines zweiwöchentlichen Zeitraumes im Mai befördert sind. Die Gewichte werden mit den Stationsentfernungen multiplicirt; die Zusammenzählung der Produkte ergiebt die geleisteten kgkm. Je 1000 kgkm werden als 1 Achskilometer gerechnet. Für jedes Achskilometer werden 0,20 M. vergütet. Die so gefundene Vergütung wird mit 26 multiplicirt und ergiebt dann die Jahresvergütung. Obige Ermittelung erfolgt durch die Postverwaltung, doch steht der Bahnverwaltung die Mitwirkung frei. Bei Eröffnung neuer Strecken schon bestehender Bahnen kann die Ermittelung in der Art bewirkt werden, daß nur für die neue Strecke die Zahl der zu vergütenden Achskilometer neu berechnet wird.

B. Die Herrichtung von Abtheilungen in Bahnwagen und die Stellung von Ersatzwagen[22]).

Die Postverwaltung hat diejenigen Kosten zu vergüten, welche für die Herrichtung einer Wagenabtheilung für ihre Zwecke und die demnächstige Beseitigung der getroffenen

---

[21]) Vollz.Best. z. Art. 2.
[22]) Vollz.Best. z. Art. 3.

Einrichtungen erfordert werden. Außerdem ist eine Wagenmiethe zu zahlen, welche sich aus Laufmiethe und Zeitmiethe zusammensetzt. Die Laufmiethe beträgt (solange diese Sätze durch das Vereinswagenübereinkommen festgelegt sind) 0,01 M. bei Güter- und Gepäckwagen und 0,02 M. bei Personenwagen (f. d. km), die Zeitmiethe (ebenso) 1,0 M. bezw. 2,0 M. für den Tag. Von diesen Beträgen ist indessen nur derjenige Theil zu zahlen, der sich im Verhältniß der Länge der Postabtheilung zur ganzen Wagenlänge berechnet. Die Zeitmiethe wird für so viele Wagen, einschließlich der Reservewagen, entrichtet, als für den regelmäßigen Postverkehr auf der betreffenden Strecke eingerichtet sind.

Werden ganze Ersatzwagen gestellt, oder vorhandene (also nicht erst herzurichtende) Abtheilungen in Personenwagen rc., so gelten dieselben Miethsvergütungssätze, wie vor, mit sinngemäßen Abänderungen[23]).

In den Vergütungssätzen sind die Kosten für die Unterhaltung, die äußere Reinigung und das Schmieren der Wagen, ferner für das Aus- und Einrangiren mit enthalten. Die Heizung[24]), Erleuchtung und innere Reinigung ist Sache der Postverwaltung.

C. Die Stellung außerordentlicher Transportmittel und die Beförderung von überschüssigen Poststücken[25]).

Für Hergabe und Beförderung außerordentlicher Transportmittel sind an die Bahnverwaltung zu zahlen:

a) Für Postwagen 0,08 Mk.;

b) für Güterwagen oder Abtheilungen von Personenwagen 0,10 M. für das Achskilometer. Hierin sind die Vergütungen für das Ein- und Ausrangiren der Wagen, Reinigen und Schmieren und für die Zurückschaffung der der Eisenbahn gehörigen außerordentlichen Transportmittel einbegriffen. Für die etwaige Heizung und innere Erleuchtung sorgt die Postverwaltung auch hier für eigene Rechnung.

Für die Ueberweisung von Poststücken zahlt die Postverwaltung die tarifmäßige Eilfrachtgebühr.

D. Die Unterhaltung und unbeladene Beförderung sowie das Umrangiren der der Postverwaltung gehörenden Wagen[26]).

Den Bau der Postwagen vermittelt die betreffende Eisenbahndirektion, bei Privatbahnen die aufsichtführende Behörde. Der Eisenbahnverwaltung werden von der Post die zum Gebrauche auf ihren Linien bestimmten Postwagen überwiesen. Die Eisenbahnverwaltung kann verlangen, daß diese Ueberweisung in so großer Zahl erfolgt, als nach den für den Eisenbahnbetrieb bestehenden Grundsätzen zur Deckung des Bedarfes erforderlich ist. Sie hat für ordnungsmäßige Untersuchung und Ausbesserung der Postwagen

---

[23]) E.P.G.Art. 6 u. Vollz.Best. z. Art. 3 Anm.

[24]) Nach einer Vereinbarung vom Jahre 1896 liefert die preußische Eisenbahnverwaltung der Reichspostverwaltung zur Heizung der mit Dampfheizeinrichtung versehenen Bahnpostwagen (sofern diese mit einem mit Dampf zu heizenden Zuge verbunden sind und ein Heizen stattfindet) den erforderlichen Dampf gegen eine Pauschalentschädigung von 60 M. für die Brief- und Packetpostwagen der Gattung IIb und von 200 M. für die Briefpostwagen der Gattung IIIa (vgl. E.N.B. S. 566).

[25]) E.P.G. Art. 5 und Vollz.Best. z. Art. 5.

[26]) E.P.G. Art. 6 und Vollz.Best. z. Art. 6.

zu sorgen und kann dafür die Selbstkosten liquidiren. Für Arbeiten in den Werkstätten werden 100% allgemeine Kosten zu den Löhnen zugeschlagen.

Für die äußere Reinigung und das Schmieren werden 0,20 M. für das Achskilometer vergütet, für Aufstellung der nicht im regelmäßigen Dienste befindlichen Postwagen im Freien 0,11 M. für den Tag und Wagen, für Unterstellung der Postwagen in gedeckten Räumen 0,55 M. für den Tag und Wagen. Die Heizung[24]), Erleuchtung und innere Reinigung ist Sache der Postverwaltung.

Für jedes durch den Betrieb bedingte Ein- und Ausrangiren der Postwagen oder für das Umstellen von im Zuge befindlichen Postwagen hat die Postverwaltung als den Selbstkosten entsprechend 1,0 M. zu entrichten. Verschiebungen der Postwagen mit dem Zuge sowie das Umsetzen von Postwagen, welche sich in auf der Fahrt befindlichen Zügen befinden, werden indessen als zu vergütende Rangirbewegungen nicht betrachtet. Wird ein am Schlusse eines angekommenen Eisenbahnzuges stehender Bahnpostwagen auf dem Bahnhofe durch Heranschieben eines nach einer andern Richtung bestimmten Zuges in letzteren als Schlußwagen aufgenommen, so ist dies als eine der Gebühr von 1,0 M. unterliegende Rangirbewegung zu betrachten, vorausgesetzt, daß der Bahnpostwagen allein auf diese Weise aus dem stehenden in den herangeschobenen Zug aufgenommen wird. Werden dagegen auch zugleich Eisenbahnwagen aus dem angekommenen stehenden Zuge dem nach der andern Richtung fahrenden Zuge angehängt, so liegt eine zahlungspflichtige Rangirbewegung überhaupt nicht vor.

Für die Beförderungen von Postwagen in unbenutztem Zustande zahlt die Postverwaltung die tarifmäßige Frachtgebühr, die indessen fortfällt, falls die Eisenbahn leer zurückgehende Postwagen (was ihr freisteht) für ihre Zwecke benutzt. Ebenso findet für die Beförderung der Postwagen zur Werkstätte und zurück eine Vergütung nicht statt.

E. Die Vorhaltung von Diensträumen und Dienstwohnungen[27]).

Für Beschaffung und Unterhaltung der Postdienst- bezw. Dienstwohnräume zahlt die Postverwaltung eine jährliche Vergütung von 7% des Baukapitals (einschl. Grund und Boden). Wo die Postverwaltung nur einen Theil eines Gebäudes benutzt, tritt Theilberechnung nach der Grundfläche der Räume ein. Die Räume sind der Postverwaltung in einem zur beabsichtigten Verwendung geeigneten, gebrauchsfähigen Zustande zu übergeben, auch von der Eisenbahnverwaltung zu unterhalten. Die Reinigung, Erleuchtung und Heizung der Postdiensträume ist Sache der Postverwaltung. Für gemeinschaftlich benutzte Räume tritt Theilung der Kosten ein[28]).

F. Aufwendungen bei Unfällen[29]).

Wenn bei dem Betriebe einer Eisenbahn ein im Dienste befindlicher Postbeamter getödtet oder körperlich verletzt worden ist, und die Eisenbahnverwaltung den nach den Gesetzen ihr obliegenden Schadenersatz geleistet hat, so ist die Postverwaltung verpflichtet, ersterer das Geleistete zu ersetzen, falls nicht der Tod oder die Körperverletzung durch ein Verschulden des Eisenbahnbetriebsunternehmers oder einer der im Eisenbahnbetriebe verwendeten Personen herbeigeführt ist.

---

[27]) Vollz.Best. z. Art. 7.
[28]) Näheres vgl. a. a. O.

[29]) E.P.G. Art. 8 u. Vollz.Best. z. Art. 8.

IV. Abrechnung zwischen Eisenbahn und Postverwaltung[30].

Jede Eisenbahnverwaltung tritt in Bezug auf ihre gesammten Forderungen an die Postverwaltung in der Regel mit nur einer Oberpostdirektion und zwar mit derjenigen in Abrechnung, in deren Bezirke der Ort gelegen ist, an welchem die Eisenbahnverwaltung ihren Sitz hat. Die Geltendmachung der Ersatzansprüche bei Tödtung und Verletzung (s. oben unter III, F) erfolgt indessen bei derjenigen Oberpostdirektion, in deren Bezirke der Unfall sich ereignet hat[31].

V. Ausnahmen. — Besondere Bestimmungen betreffend die Verpflichtung der Nebeneisenbahnen zu Leistungen für Zwecke des Postdienstes[32]. — Kleinbahnen.

Für einzelne vor Erlaß des Eisenbahnpostgesetzes erbauten Privatbahnen sind die Festsetzungen der Koncessionsurkunden und die zwischen der Postverwaltung und diesen Bahnen abgeschlossenen Verträge maßgebend.

Für die Nebeneisenbahnen gelten im Allgemeinen dieselben Bestimmungen des Eisenbahnpostgesetzes, wie für die Hauptbahnen. Innerhalb der ersten acht Jahre von dem Beginne des auf die Betriebseröffnung folgenden Kalenderjahres werden indessen insofern Erleichterungen zugestanden, als die Postverwaltung für die Leistungen der Eisenbahnverwaltung Vergütungen zahlt, die in obigen Bestimmungen einzeln aufgeführt sind. Sofern innerhalb der acht Jahre in den Verhältnissen der Bahn in Folge von Erweiterungen des Unternehmens oder durch den Anschluß an andere Bahnen oder aus anderen Gründen eine Aenderung eintreten sollte, durch welche nach der Entscheidung der obersten Reichsaufsichtsbehörde die Bahn ihre Eigenschaft als Nebenbahn verliert, tritt das Eisenbahnpostgesetz mit den dazu gehörigen Vollzugsbestimmungen ohne Einschränkung in Anwendung. — Für Kleinbahnen (welche einer landesherrlichen Koncession nicht bedürfen und dem Gesetze vom 3./11. 1838 sowie dem Eisenbahnpostgesetze nicht unterliegen) ist das Verhältniß zur Postverwaltung durch das Gesetz vom 18./7. 1892 geregelt.

VI. Verhältniß der Eisenbahnen zur Reichstelegraphenverwaltung.

A. Reichstelegraphenlinien.

Nach den Bestimmungen des Bundesrathes über die den Eisenbahnverwaltungen im Interesse der Reichstelegraphenverwaltung obliegenden Verpflichtungen (Beschluß vom 21./12. 1868) und dem in Gemäßheit dieser Bestimmungen zwischen der Reichspost- und Telegraphenverwaltung und der preußischen Staatseisenbahnverwaltung abgeschlossenen Vertrage vom $\frac{28./8.}{8./9.}$ 1888 hat die Eisenbahnverwaltung die Benutzung des Eisenbahngeländes, welches außerhalb der Umgrenzung des lichten Raumes liegt, soweit es nicht

[30] Vollz.Best. z. Art. 10.
[31] Vollz.Best. z. Art. 8.
[32] Gemäß Art. 9 des Eisenbahnpostgesetzes erlassen vom Reichskanzler unter dem 28./5. 1879.

zu Seitengräben, Einfriedigungen rc. benutzt wird, zur Anlage von oberirdischen und unterirdischen Telegraphenlinien unentgeltlich zu gestatten. Bei oberirdischen Telegraphenlinien kann die Stangenreihe von der Eisenbahnverwaltung für ihre Leitungen unentgeltlich mitbenutzt werden. Unterirdische Linien sollen in der Regel auf derjenigen Seite des Bahngeländes verlegt werden, welche von den oberirdischen Linien im Allgemeinen nicht verfolgt wird. Die zur Führung der Leitungen durch Tunnel erforderlichen Kabel werden von jeder Verwaltung auf ihre eigenen Kosten beschafft, eingelegt und unterhalten.

Ueber die erste Anlage der Reichstelegraphenlinien erfolgt Verständigung zwischen beiden Verwaltungen. Etwa vorhandene Gestänge der Eisenbahnverwaltung übernimmt hierbei die Reichstelegraphenverwaltung gegen Erstattung des Zeitwerthes. Veränderungen, welche durch den Betrieb der Bahnen nachweislich geboten sind, erfolgen auf Kosten der beiden Verwaltungen und zwar nach dem Verhältnisse der an den Stangen vorhandenen Drähte.

Die mit der Anlage und Unterhaltung der Reichstelegraphenlinien beauftragten Beamten und Arbeiter dürfen den Bahnkörper unter Beachtung der bahnpolizeilichen Bestimmungen betreten, ferner auch Schaffnersitze oder Dienstabtheile (auch in Güterzügen) gegen Lösung von Fahrkarten III. Klasse benutzen. Ebenso sind den mit Anlage und Unterhaltung der Reichstelegraphenlinien beauftragten Beamten auf Requisition zum Transport der Leitungsmaterialien Bahnmeisterwagen unter bahnpolizeilicher Aufsicht zu stellen. Hierfür werden 0,50 M. für Wagen und Tag und 2,0 M. für den Tag der Aufsicht vergütet. Das Lagern der Stangen auf den Bahnhöfen ist unentgeltlich zu gestatten, auch sind dieselben von dem Bahnpersonale unentgeltlich mit zu bewachen. Die Eisenbahnverwaltung hat die Reichstelegraphenanlagen an der Bahn gegen eine Entschädigung bis zur Höhe von 4,0 M. für Jahr und km durch ihr Personal bewachen und in Fällen der Beschädigung nach Anleitung der von der Reichstelegraphenverwaltung erlassenen Anweisung vorläufig wiederherstellen zu lassen (Baarauslagen für Tagelöhne und Materialien werden besonders erstattet), auch von jeder wahrgenommenen Störung der Linien der nächsten Reichstelegraphenstation Anzeige machen zu lassen.

Die Eisenbahnverwaltung hat bei vorübergehenden Unterbrechungen und Störungen des Reichstelegraphen alle Depeschen der Reichstelegraphenverwaltung mittelst ihres Telegraphen, soweit derselbe nicht für den Eisenbahnbetriebsdienst in Anspruch genommen ist, unentgeltlich zu befördern, wofür die Reichstelegraphenverwaltung in der Beförderung von Eisenbahndienstdepeschen Gegenseitigkeit auszuüben hat[33]).

B. Bahntelegraphenlinien.

Die Benutzung der innerhalb des Deutschen Reichspostgebietes belegenen Bahntelegraphen zur Beförderung solcher Depeschen, welche nicht den Eisenbahndienst betreffen, erfolgt auf Grund des vom Reichskanzler erlassenen Reglements vom 7./3. 1876. Danach ist die Beförderung der telegraphischen Korrespondenz auch auf den Bahntelegraphenlinien der jedesmaligen Telegraphenordnung für das D.R. unterworfen. Die auf den Eisenbahnbetriebsdienst bezüglichen Telegramme haben in der Beförderung allen anderen Telegrammen vorzugehen.

---

[33]) Bezgl. weiterer Einzelheiten vgl. den Vertrag E.V.B. 1888, 351.

Die Eisenbahntelegraphenstationen dürfen Privattelegramme annehmen:

a) Wenn keine Reichstelegraphenanstalt an demselben Orte ist, von Jedermann.

b) Wenn eine solche dort ist, von Personen, die mit den Zügen ankommen, abreisen oder durchreisen.

Die Telegramme sind in der Regel an die nächste zur Vermittelung geeignete Reichstelegraphenanstalt behufs Weiterbeförderung zu überweisen. Ausgenommen von dieser Verpflichtung ist der Fall, wenn von der Aufgabe- an die Adreßstation direkt, d. h. ohne Umtelegraphirung depeschirt werden kann, und ferner derjenige, wo zwar eine Umtelegraphirung erforderlich ist, aber am Adreßort keine Reichstelegraphenanstalt besteht.

Die Auswechselung der Telegramme zwischen beiden Arten von Anstalten erfolgt durch Verbindungsleitungen, welche thunlichst herzustellen sind; wo diese nicht vorhanden, durch Boten. Die Verbindungsleitungen werden in der Regel für Rechnung der Reichstelegraphenverwaltung hergestellt und unterhalten, bezüglich des Betriebes aber als Bahntelegraphenleitungen betrachtet und nach den bei der Eisenbahnverwaltung bestehenden Anweisungen von den beiderseitigen Beamten bedient.

Für die nur mit dem Bahntelegraphen beförderten Depeschen fällt diesem auch die Gebühr ungetheilt zu. Für die streckenweise von beiden Verwaltungen beförderten Depeschen findet eine Theilung statt, und zwar erhält:

a) Bei den innerhalb des D.R. und Luxemburgs beförderten Telegrammen die Reichstelegraphenverwaltung 3/5.

b) Bei den mit dem Auslande gewechselten Telegrammen die Eisenbahnverwaltung 50 Pfg. für je 50 Worte oder den überschießenden Bruchtheil, jedoch nicht mehr, als den eigenen Gebührenantheil der Reichstelegraphenverwaltung.

Sind Leitungen von mehr als einem Bahngebiete zur Benutzung gekommmen, so wird der nach Obigem auf den Bahntelegraphen entfallende Gebührenantheil zwischen den betheiligten Bahnen ohne Rücksicht auf die Länge der Beförderungsstrecken gleichmäßig vertheilt.

Hat die annehmende Telegraphenverwaltung (Bahn oder Reich) die Depesche noch am Annahmeort der anderen Verwaltung übergeben, so werden für die Annahme und Uebermittelung nur 25 Pfg. für 50 Worte oder den überschießenden Bruchtheil vergütet.

Besondere Bestimmungen finden sich a. a. O. für Rückantworten, Vervielfältigung von Telegrammen, Zustellung derselben über 2 km u. s. f. Von Telegrammen, welche nach Anordnung des Reichskanzlers gebührenfrei zu befördern sind, gilt dies auch auf den Bahntelegraphenlinien.

Die Abrechnung der beiderseitigen Gebührenantheile erfolgt zwischen der Eisenbahnhauptkasse und der betreffenden Oberpostkasse. Zwischen den Auswechselungsanstalten findet eine Ausgleichung nicht statt. Zweimal im Jahre, im Februar und August, werden je 15 Tage lang Ermittelungen über die ausgewechselten Telegramme angestellt, und von den Auswechselungsanstalten, welchen diese Ermittelungen obliegen, die Ergebnisse verglichen. Die Zusammenstellung der Beträge, sowie die Berechnung des Jahressaldos nach dem Durchschnitte der Ermittelungszeiten erfolgt durch die Eisenbahndirektionen bezw. Oberpostdirektionen. Das Saldo des Jahresschlusses wird am 1. Oktober baar ausgezahlt.

VII. Beförderung von Dienstsendungen der Staatseisenbahnverwaltung durch die Reichspostverwaltung.

Nach § 11 des Gesetzes betreffend die Portofreiheiten im Gebiete des Norddeutschen Bundes vom 5./6. 1869 ist der Bundes-(Reichs-)Postverwaltung das Recht vorbehalten, mit Staatsbehörden Abkommen dahin zu treffen, daß von den Behörden an Stelle der Porto- und bezw. Gebührenbeträge für die einzelnen Sendungen Aversionalsummen an die Postverwaltung gezahlt werden. Ein dieser Gesetzesbestimmung entsprechendes Abkommen ist von der preußischen Staatsregierung für alle ihre Ressorts, also auch für die Staatseisenbahnverwaltung, mit Gültigkeit vom 1./4. 1894 abgeschlossen und durch die „Bestimmungen über die geschäftliche Behandlung der Postsendungen in Staatsdienstangelegenheiten" vom 7./2. 1894 zur Kenntniß der Staatsbehörden gebracht.

Von der Aversionirung sind indessen ausgeschlossen und daher auch ferner an die Postverwaltung im Einzelnen durch Verwendung von Postwerthzeichen bezw. baar zu entrichten:

a) Das Porto für Sendungen nach dem Auslande (durch Kontirung des Portos und der sonstigen Postgebühren).

b) Das Porto für Sendungen, welche bei den Behörden unfrankirt eingehen.

c) Die Gebühr für Bestellung der Briefe mit Werthangabe, Packete mit oder ohne Werthangabe, Einschreibepackete und Postanweisungen nebst den zugehörigen Geldbeträgen.

d) Das Eilbestellgeld.

e) Die Nebengebühr für die von dem Landbriefträger eingesammelten zur Weitersendung mit der Post bestimmten Gegenstände, wenn die Sendung selbst, auf welche überhaupt diese Gebühr Anwendung findet, unfrankirt abgesandt werden soll.

f) Die Postanweisungsgebühr für die Uebermittelung der auf Postauftragssendungen eingezogenen und dem Auftraggeber zu übersendenden Beträge.

Andererseits gehören nach den von der Reichspostverwaltung erlassenen Bestimmungen zu den in die Aversionirung einbezogenen Porto- und Gebührenbeträgen:

a) Die Porto- und Gebührenbeträge für Sendungen an Empfänger im Orts- oder Landbestellbezirke der Aufgabepostanstalt.

b) Die Nebengebühren für die von den Landbriefträgern entgegengenommenen, zur Weitersendung mit der Post bestimmten Sendungen, soweit die betreffenden Sendungen überhaupt einer Nebengebühr unterliegen und bis zum Bestimmungsorte frankirt werden sollen.

c) Die Gebühr (das Franko) für Postauftragssendungen.

d) Die Gebühr für die Uebermittelung des eingezogenen Nachnahmebetrages.

e) Bei frankirt abzusendenden Briefen mit Zustellungsurkunde neben dem Porto für den Hinweg des Briefes die Zustellungsgebühr und das Porto für die Rücksendung der Zustellungsurkunde.

f) Bei frankirten Nachnahmesendungen neben dem Porto und der Vorzeigegebühr die Gebühr für die Uebermittelung der eingezogenen Nachnahmebeträge.

Die frankirt abzuschickenden Sendungen, soweit sie der Aversionirung unterliegen, sind mit dem Vermerk: „Frei laut Aversum 21" und mit der Bezeichnung der absendenden Behörde zu versehen, müssen außerdem durch Dienstsiegel, Dienststempel oder Siegelmarke legitimirt sein. Der obige Vermerk wird in der Regel durch Stempelaufdruck hergestellt. Nur diejenigen Dienststellen bezw. einzeln stehenden Beamten, die keine umfangreiche Korrespondenz führen, und deshalb mit einem Stempel nicht ausgerüstet werden, haben die Vermerke handschriftlich unter Beifügung ihrer Namensunterschrift und Amtseigenschaft herzustellen. Solche Absender, welche nicht in der Lage sind, Dienstsiegel, Dienststempel oder Siegelmarke zu verwenden, können statt dessen unter den Aversionirungsvermerk die Worte setzen: „In Ermangelung eines Dienstsiegels“ und dies durch Namensunterschrift nebst Beisetzung der Amtseigenschaft bescheinigen.

Frankirt (und zwar, je nach der Sachlage, durch den Aversionirungsvermerk oder in anderer Weise) abzusenden sind alle Postsendungen zwischen Königlichen Behörden einschließlich der einzeln stehenden Königlichen Beamten, ferner die Postsendungen an andere Empfänger, wenn dieselben entweder nicht im Interesse der Empfänger, sondern ausschließlich im Staatsinteresse erfolgen, oder an eine Partei gerichtet sind, welche nach den bisherigen Vorschriften auf portofreie Zustellung einen Rechtsanspruch hat, oder in einer Proceß- oder Vormundschaftssache ergehen, für welche einer Partei das Armenrecht bewilligt ist. Alle anderen (nicht zu frankirenden) Sendungen sind mit dem Vermerk: „Portopflichtige Dienstsache“ zu bezeichnen und mit dem Dienstsiegel der absendenden Behörde oder statt dessen einer Bescheinigung, wie oben, zu versehen.

Die Königlichen Behörden sollen auf möglichste Beschränkung der Portoausgaben durch Zusammenlegung von Briefen an dieselbe Adresse, durch Versendung von Packeten über 10 kg als Frachtgut, und durch Einhalten des Briefgewichtes von 15 g Bedacht nehmen. Bezüglich weiterer Einzelheiten muß auf den obigen Staatsministerialerlaß und die Ausführungsbestimmungen der Eisenbahnbehörden verwiesen werden.

Viertes Kapitel.

Verhältniß der Preußischen Staatsbahnen[1]) zur Zollverwaltung.

I. Räumlicher und geschäftlicher Umfang der Zollverwaltung.

A. Das Vereinszollgebiet.

Grundlegend für die Regelung des Zoll- und Handelswesens im D.R. sind die Art. 33—40 d. V. d. D.R.

Maßgebend für die im Deutschen Reiche geltenden Zoll- und Steuervorschriften ist ferner das Vereinszollgesetz vom 1./7. 1869 nebst der gemäß § 167 des V.Z.G. vom Bundesrathe dazu erlassenen Ausführungsanweisung vom 5./7. 1888, und das Zolltarifgesetz vom 15./7. 1879 bezw. 24./5. 1885, in der Fassung von 1895, nebst dem Zolltarif. Im Gegensatze zu dem früheren Zustande, wo jeder einzelne Staat an seinen Grenzen besondere Zölle erhob, sind jetzt sämmtliche deutschen Staaten und freien Städte zu einem gemeinsamen Zollgebiete verbunden. Im Allgemeinen bildet also die Reichsgrenze zugleich die Zollgrenze. Indessen gehört zum Deutschen Zollgebiete außerdem das Großherzogthum Luxemburg und die Gemeinde Jungholz (Tirol), während andererseits die Freihafengebiete bei Hamburg, Cuxhaven, Bremerhaven, Geestemünde und Brake (in absehbarer Zeit auch bei Altona, Stettin, Danzig), ferner die Insel Helgoland, einige Orte des Großherzogthums Baden u. s. f. ausgenommen sind. Besondere Ausnahmen werden ferner durch Verträge mit benachbarten Staaten dahin herbeigeführt, daß die Grenzzollämter Deutschlands und des benachbarten Staates an denselben Ort gelegt werden, sei es auf deutschem oder ausländischem Gebiete.

B. Abgaben und Kontrolen.

1. Abgaben.

Innerhalb des Zollvereines herrscht im Allgemeinen vollständige Verkehrsfreiheit[2]). Dagegen unterliegen nach Maßgabe des Zolltarifes alle Güter, welche über die Grenze von außen in das Zollvereinsgebiet zum Verbrauche im Inneren eingeführt werden, mit Ausnahme derjenigen, die im Zolltarife als zollfrei bezeichnet sind, einer Zollabgabe[3]). Die Zölle werden von den Einzelstaaten gegen Entschädigung für die Verwaltungskosten erhoben, fließen aber der Reichskasse zu (V. d. D.R. Art. 36, 38, 39).

Bei Ausfuhr inländischer Güter aus dem Zollvereinsgebiete wird kein Zoll erhoben. Nach dem Gesetze vom 20./7. 1879 betr. die Statistik des Waarenverkehres des Deutschen

---

[1]) Auch der übrigen deutschen Bahnen.

[2]) V.Z.G. § 7.

[3]) V.Z.G. § 3.

Zollgebietes mit dem Auslande sind alle Waaren, die über die Grenze des Deutschen Zollgebietes ein-, aus- oder durchgeführt werden, zur statistischen Anschreibung bei den Zollämtern anzumelden. Für die statistische Anschreibung der ausgeführten und der tarifmäßig zollfreien ein- oder durchgeführten Waaren ist eine in die Reichskasse fließende Gebühr (die statistische Gebühr) zu entrichten.

2. Kontrolen bei Transport oder Lagerung unverzollter oder unversteuerter Waaren.

Es ist zulässig, den Zoll, welcher theoretisch beim Ueberschreiten der Grenze durch die Güter fällig ist, erst später an einem im Inlande gelegenen Punkte zu entrichten. Die Güter bleiben dann während des Transportes unter Zollkontrole. Ebenso ist eine Zollkontrole erforderlich, wenn ausländische Güter zur Durchfuhr durch das Zollvereinsgebiet gelangen, oder wenn inländische Güter auf ihrem Wege vom Zollinlande nach dem Zollinland das Zollausland berühren, in welchen beiden Fällen eine eigentliche Einfuhr nicht stattfindet, also kein Zoll zu entrichten ist.

Gewisse inländische Erzeugnisse, die in den verschiedenen deutschen Staaten verschieden mit inneren Steuern belastet sind (gegenwärtig Bier, Branntwein, Malz und Wein), unterliegen beim Uebergange aus einem Staate in den anderen der Steuerkontrole mittelst Uebergangsscheines und einer Abgabe (der Uebergangsabgabe)[4]).

Ferner tritt eine Steuerkontrole ein bei der Ausfuhr und Lagerung von Waaren, die einer inländischen Verbrauchssteuer unterliegen, zur Sicherung der noch nicht bezahlten Steuern. Solche Waaren sind Zucker, Branntwein, Salz, Tabak und Spielkarten.

Endlich giebt es eine Reihe von Waaren, deren Eingangszoll unter der Bedingung unerhoben bleibt, daß die daraus gefertigten Waaren wieder ausgeführt werden, oder bei Ausfuhr der letzteren Waaren nach gewissen Sätzen zurückgezahlt wird, und ebenso giebt es Waaren, deren inländische Abgabe (Zuckersteuer, Salzsteuer, Branntweinsteuer, Brausteuer, Tabaksteuer) zurückzuzahlen ist, wenn dieselben oder Fabrikate daraus in das Ausland gehen, wobei als Ausland auch diejenigen Staaten des Deutschen Zollgebietes anzusehen sind, in welchen das betr. Gesetz nicht gilt. Alle diese Waaren befinden sich stets unter Zoll- oder Steuerkontrole und müssen von einem Zollausweispapiere begleitet sein. Gegenstände, die im Staate des Bestimmungsortes einer Uebergangsabgabe oder einer direkten Steuer unterliegen, dürfen auf der Eisenbahn nur dann befördert werden, wenn sie mit den erforderlichen Abfertigungspapieren versehen sind.

Sowohl die aus dem Auslande eingeführten zollpflichtigen Güter, als die im Inlande erzeugten steuerpflichtigen Waaren können unverzollt bezw. unversteuert in die sogenannten zoll- und steuerfreien Niederlagen übergeführt werden und dort längere Zeit lagern, wobei es dem Eigenthümer überlassen bleibt, sie nachher durch Verzollung bezw. Entrichtung der Steuer in den freien Verkehr setzen zu lassen, oder sie unverzollt bezw. unversteuert unter Kontrole in das Zollausland auszuführen. Für die Einrichtung und Benutzung der Niederlagen ist neben dem V.Z.G. § 97—110 das Niederlageregulativ vom 5./7. 1888 maßgebend.

---

[4]) Vgl. Zollvereinigungsvertrag v. 8./7. 1867 u. Rkz.E. v. 29./12. 1883. R.G.B. 1884, 3.

3. Besondere Kontrolen gegen Defraudationen in der Nachbarschaft der Zollgrenze.

Der zunächst innerhalb der Zollgrenze belegene Raum, dessen Breite je nach der Oertlichkeit wechselt und in der Regel nicht über 15 km beträgt, bildet den durch die sogenannte Binnenlinie vom übrigen Zollgebiete geschiedenen „Grenzbezirk“[5]). Innerhalb des Grenzbezirkes unterliegen solche Waaren, bei denen dies zur Verhinderung des Schmuggels erforderlich erscheint, einer Transportkontrole[6]). Jeder, welcher derartige Waaren innerhalb des Grenzbezirkes transportirt, muß entweder die Zollquittung über den entrichteten Zoll oder eine amtliche Bescheinigung über den inländischen Ursprung und die Berechtigung zur Beförderung zu der betreffenden Zeit und auf dem betreffenden Wege bei sich führen. Die im Grenzbezirke belegenen Güterabfertigungsstellen dürfen also solche Waaren zur Beförderung innerhalb des Grenzbezirkes und nach dem Inlande nur dann annehmen, wenn sie mit einem Zollausweise der vorbeschriebenen Art versehen sind. Dagegen ist der Transport von Gegenständen auf der Eisenbahn aus dem Binnenlande nach dem Grenzbezirke und aus dem Grenzbezirke nach dem Auslande von der Transportkontrole befreit.

Zollpflichtige Waaren oder solche Gegenstände, welche zwar zollfrei, aber derart verpackt sind, daß ihre Beschaffenheit nicht sofort erkannt werden kann, dürfen über die Zollgrenze im Allgemeinen nur auf der Zollstraße und nur während der Tageszeit befördert werden[7]). Als Zollstraßen sind zu betrachten: öffentliche Eisenbahnen, welche die Grenze überschreiten oder an dieser beginnen, die Häfen am Meere, soweit sie nicht ausdrücklich ausgeschlossen sind, die Land- und Wasserstraßen, soweit sie als Zollstraßen besonders bezeichnet sind[8]). Auf den Eisenbahnen ist, abweichend von obiger Bestimmung, die Grenzüberschreitung durch Waaren obiger Art auch zur Nachtzeit gestattet[9]).

C. Ausführende Aemter und Behörden.

Die Ausübung der Zoll- und Steuerkontrole und die Erhebung der Zölle und Steuern liegt den bezüglichen Aemtern ob, welche, soweit sie an der Grenze belegen sind, Zollämter, soweit sie im Inneren belegen sind, Steuerämter heißen und, je nach ihren Abfertigungsbefugnissen in Haupt- (Zoll- oder Steuer-) Aemter, Neben- (Zoll- oder Steuer-) Aemter I. und II. Klasse unterschieden werden[10]). Ueber diesen Aemtern stehen als Verwaltungsbehörden die Zoll- oder Steuerdirektionen (in Preußen die Provinzialsteuerdirektionen), welche wiederum den bezüglichen Landesministerien unterstellt sind.

D. Strafbestimmungen.

Ueber die Zollstrafbestimmungen vergl. V.Z.G. § 134—165.

---

5) V.Z.G. § 16.
6) V.Z.G. § 119.
7) V.Z.G. § 21.
8) V.Z.G. § 17.
9) V.Z.G. § 21.
10) V.Z.G. § 18, § 128—131.

II. Verpflichtungen der Eisenbahnen bei Ausübung der Zollabfertigung.

A. Maßgebende Bestimmungen.

Für die Transporte auf den Eisenbahnen kommen neben den bereits erwähnten Bestimmungen in Betracht das Eisenbahnzollregulativ vom 5./7. 1888 mit Anhang (Vorschrift über die zollsichere Einrichtung der Eisenbahnwagen im internationalen Verkehre vom 12./3. 1887, vereinbart zwischen Deutschland, Frankreich, Italien, Oesterreich-Ungarn und der Schweiz, sowie den später beigetretenen Staaten Holland, Rumänien, Belgien, Serbien, Griechenland, Bulgarien, Luxemburg, Dänemark, Schweden, Norwegen) und das Begleitscheinregulativ vom 5./7. 1888.

Für Güter, welche vom Inlande nach dem Auslande abgefertigt werden, sind die bezüglichen auswärtigen Vorschriften zu beachten, welche vom Deutschen Eisenbahnverkehrsverbande in der „Zusammenstellung der im Verkehr nach dem Reichsauslande zu berücksichtigenden Zoll-, Steuer- und polizeilichen Vorschriften" zusammengefaßt sind. Für den Verkehr mit einer Reihe von Ländern genießt das D.R. Vorzugsrechte in Bezug auf die Zollbehandlung seiner Ausfuhrgüter, die auf einem Gegenseitigkeitsverhältnisse beruhen und durch Handelsverträge besonders vereinbart sind, so mit Oesterreich-Ungarn, Italien, Belgien, der Schweiz, Serbien, Rumänien, Rußland. Mit einer großen Zahl anderer Länder bestehen Verträge über Zollermäßigungen oder Meistbegünstigung.

B. Erforderniß allgemeiner Maßnahmen und Vorrichtungen[11]).

Die Eisenbahnverwaltungen haben die Zollbehörden bei Ausübung ihrer Verrichtungen zu unterstützen. Sie haben als Waarenführer sowohl die Interessen derjenigen wahrzunehmen, welche das Verfügungsrecht über die Güter besitzen, als die Interessen der Zollverwaltung.

Hiernach müssen die Eisenbahnen ihre Fahrpläne, sowie alle Aenderungen derselben, bevor sie zur Einführung gelangen, der betreffenden Provinzialsteuerdirektion und den betheiligten Hauptzoll- bezw. Hauptsteuerämtern mittheilen, auch von allen Sonderzügen und Zugverspätungen den betheiligten Zoll- und Steuerabfertigungsstellen so früh wie möglich Anzeige erstatten.

Ferner haben die Eisenbahnverwaltungen auf den für die Zollabfertigung bestimmten Stationen an der Grenze und im Inneren die erforderlichen Räume für die zollamtliche Abfertigung und für die vorübergehende Niederlegung der nicht sofort zur Abfertigung kommenden Güter zu stellen bezw. herzurichten. Die Ausstattung, Beleuchtung und Beheizung dieser Räume liegt der Zollverwaltung ob, sofern die Räume ausschließlich deren Zwecken dienen. Die Lagerräume dürfen nur für zoll- oder kontrolepflichtige Gegenstände benutzt werden und müssen sicher verschließbar sein.

Bei Abfertigung von Wagenzügen zur Nachtzeit müssen diese sowie die Gleise innerhalb der Stationen ausreichend beleuchtet werden. Ebenso müssen die Eisenbahn-

[11]) V.Z.G. § 59—62, E.Z.R. § 1—12.

verwaltungen im Einverständnisse mit der Zollverwaltung für die erforderliche Abschließung der zur Abfertigung bestimmten Räume sorgen.

Die zur Beförderung von Personen und Gütern über die Grenze bestimmten Eisenbahnwagen müssen ebenso, wie die Lokomotiven und Tender, so eingerichtet sein, daß jeglicher Zolldefraude oder Kontrebande vorgebeugt ist. Es dürfen sich in denselben keine geheimen oder schwer zu entdeckenden Räume befinden. Die Güter- und Gepäckwagen, welche unter Raumverschluß gelegt werden sollen, müssen so sicher verschließbar sein, daß eine Oeffnung ohne vorherige Lösung des Verschlusses nicht erfolgen kann. Damit über die Wagen und ihre Theile selbst eine Zollkontrole geführt werden kann, müssen dieselben mit Eigenthumszeichen der Bahn und Nummern versehen sein.

C. Besondere Befugnisse der Zollverwaltung.

Die mit der Kontrole des Verkehres auf den Eisenbahnen beauftragten Oberbeamten der Zollverwaltung sind gemäß § 60 des V.Z.G. befugt, zum Zwecke dienstlicher Revisionen oder Nachforschungen die Wagenzüge an den Stationsplätzen und Haltestellen so lange zurückzuhalten, als die von ihnen für nöthig erachtete möglichst zu beschleunigende Amtsverrichtung erfordert, haben auch besondere Befugnisse zum Betreten aller Diensträume der Stationen, zur Einsichtnahme der Frachtpapiere und Bücher und zum Verlangen nach Auskunft von den Eisenbahnbeamten, sowie zur freien Beförderung auf der von der Zolldirektivbehörde bezeichneten Bahnstrecke. Ebenso hat bei Zollbegleitungen die Beförderung der begleitenden Zollbeamten auf der Hin- und Rückfahrt unentgeltlich zu erfolgen. Die Zollverwaltung kann jeder Zeit verlangen, daß ihr sowohl die Güter- wie die Personenwagen und Lokomotiven nebst Tendern zur Besichtigung gestellt werden.

Die besonderen Bestimmungen über die Behandlung zollpflichtigen Gepäckes werden im 4. Abschnitte, diejenigen über Behandlung zollpflichtiger Güter im 5. Abschnitte erörtert.

Fünftes Kapitel.

Verhältniß der Preußischen Staatsbahnen[1]) zur Heeresverwaltung.

I. Umfang der Verpflichtungen der Eisenbahnen nach den in den Gesetzen und Ausführungsverordnungen getroffenen Bestimmungen.

Nach Art. 47 der V. d. D.R. haben sämmtliche Eisenbahnverwaltungen den Anforderungen der Reichsbehörden bezüglich der Benutzung der Eisenbahnen zum Zwecke der Vertheidigung Deutschlands unweigerlich Folge zu leisten und insbesondere das Militär und alles Kriegsmaterial zu gleichen ermäßigten Sätzen zu befördern. Diese Verpflichtungen sind weiter ausgeführt in dem Gesetze über die Kriegsleistungen vom 13./6. 1873 (nebst Kaiserl. Ausführungsverordnung vom 1./4. 1876) und in dem Gesetze über die Naturalleistungen für die bewaffnete Macht im Frieden vom 13./2. 1875 (abgeänd. 21./6. 1887) (nebst Kaiserl. Ausführungsinstruktion vom 30./8. 1887). Auf Grund dieser Gesetze bezw. im Anschluß an die Ausführungsverordnungen sind dann die Kriegstransportordnung und Friedenstransportordnung (zusammen die Militäreisenbahnordnung bildend) gleichfalls durch Kaiserl. Erlaß, und der Militärtarif durch Bundesrathsbeschluß festgesetzt. Weitere Ausführungsbestimmungen sind theils von den Militärbehörden, theils von den Eisenbahnverwaltungen gegeben.

Während im Frieden die Bahnverwaltungen nur verpflichtet sind, die Beförderung der bewaffneten Macht und des Materiales des Landheeres und der Marine nach dem vom Bundesrathe zu erlassenden und von Zeit zu Zeit zu revidirenden Tarife zu bewirken[2]), müssen die Bahnen in Kriegszeiten ihren Betrieb vollständig nach den Bedürfnissen der Heeresverwaltung regeln. Sie sind gemäß Gesetz über die Kriegsleistungen § 28—31 sowie § 15 und 33 und Ausführungsverordnung verpflichtet:

1. Die für die Beförderung von Mannschaften und Pferden erforderlichen Ausrüstungsgegenstände ihrer Eisenbahnwagen unentgeltlich vorräthig zu halten. Der Bedarf an solchen Gegenständen wird von den vereinigten Ausschüssen des Bundesrathes für das Landheer und die Festungen und für Eisenbahnen, Post und Telegraphen festgesetzt, und vom Reichseisenbahnamte, welches zugleich die Ausführung zu überwachen hat, den einzelnen Eisenbahnverwaltungen mitgetheilt.

2. Die Beförderung der bewaffneten Macht und der Kriegsbedürfnisse nach einem vom Kaiser mit Zustimmung des Bundesrathes zu erlassenden Reglement (obige Milit.

[1]) Auch der übrigen deutschen Bahnen.
[2]) Ges. üb. d. Naturall. 2c. § 15.

Eisenbahnordnung) und nach dem vom Bundesrathe zu erlassenden Tarife (s. oben) zu bewirken.

3. Ihr Personal (gegen Uebernahme der Friedensbesoldung) und ihr zur Herstellung und zum Betriebe von Eisenbahnen dienliches Material (gegen Vergütung nach obigem Tarife oder nach Schätzung) nach einem vom Reichseisenbahnamte festzusetzenden Maßstabe herzugeben. (Ueber die zu diesem Zweck alljährlich erfolgende Zurückstellung des Eisenbahnpersonales vom Waffendienste trifft die „Wehrordnung" nähere Bestimmungen.)

4. Soweit die Eisenbahnen auf dem Kriegsschauplatze oder in dessen Nähe liegen, bezüglich der Einrichtung, Fortführung, Einstellung und Wiederaufnahme des Betriebes den Anordnungen der Militärbehörde Folge zu leisten, welche bei Zuwiderhandlungen ihre Anordnungen auf Kosten der Eisenbahnverwaltungen zur Ausführung zu bringen, und erforderlichen Falles die Verwaltungsvorstände ihrer Funktionen zu entheben und diese selbst zu übernehmen berechtigt ist.

II. Organisationen zur Ausführung und Ueberwachung der Dienstleistungen der Eisenbahnen für die Heeresverwaltung.

Wie der eigentliche Zweck des Heeres die Kriegsführung ist und die Dienstleistungen der Eisenbahnen für das Heer erst im Kriege ihre hervorragende Bedeutung gewinnen, so sind die ganzen hierfür geschaffenen Organisationen auf den Kriegsfall zugeschnitten. Die Funktionen der Kriegsbehörden rc. werden im Frieden von entsprechenden Behörden rc. wahrgenommen, so daß also in gewissem Maaße eine stete Kriegsbereitschaft vorhanden ist.

Im Kriegsfalle wird das gesammte Gebiet der deutschen Eisenbahnen und der etwa in Besitz genommenen ausländischen Bahnen in zwei Sondergebiete geschieden. Das eine umfaßt die Bahnen auf dem Kriegsschauplatze und in der Nähe desselben, das andere die Eisenbahnen, welche nicht in der Nähe des Kriegsschauplatzes liegen. Auf erstere Bahnen finden die oben unter 4. mitgetheilten Bestimmungen des § 31 des Gesetzes über die Kriegsleistungen Anwendung, d. h. es wird der sogen. Kriegsbetrieb eingerichtet, während letztere Bahnen im sogen. Friedensbetriebe (s. unten) verbleiben. Die im Kriegsbetriebe befindlichen werden von den im Friedensbetriebe befindlichen Strecken durch hierfür besonders bestimmte unter Umständen mit dem Vorschreiten des Heeres zu verschiebende Uebergangsstationen geschieden, auf welchen etwaige unvermeidliche Betriebsunregelmäßigkeiten der ersteren ihre Grenzen und Ausgleichung finden sollen. (Der Kriegsbetrieb soll von den folgenden Erörterungen ausgeschlossen bleiben.) Bis zur Anordnung des Kriegsbetriebes bleiben alle Eisenbahnen im Friedensbetriebe.

Das gesammte Eisenbahnnetz des D.R. ist zum Zwecke der militärischen Benutzung durch die Militärbehörde in größere Betriebsgebiete (Linien) getheilt, die sich mit den Bezirken der Eisenbahnverwaltungen nicht decken und in der Regel mehrere derselben umfassen. Für jede Linie wird im Kriege eine „Linienkommandantur", bis zur Formirung und für die Vorbereitung im Frieden vertreten durch eine „Linienkommission" eingesetzt, welche den Verkehr zwischen den ihr vorgesetzten anordnenden Militäreisenbahnbehörden und den im Gebiete der Linie betriebsführenden Eisenbahnverwaltungen (welche beim Friedensbetriebe ihre Funktionen behalten) vermittelt. Die Linienkommandanturen bestehen aus dem Linienkommandanten, 1 Adjutanten, 1 höheren Eisenbahnbeamten nebst Hülfspersonal, 1 Zahlmeister sowie dem erforderlichen Unterpersonale; die Linienkommissionen aus 1 aktiven Stabsofficier und 1 höheren Eisenbahnbeamten nebst Hülfspersonal (1 techn. Hülfsarbeiter und 1 Schreiber). Jede Eisenbahnverwaltung bestellt für den regelmäßigen geschäftlichen Verkehr mit den Militäreisenbahnbehörden schon in Friedenszeiten einen Bevollmächtigten für Militärangelegenheiten. Als Organe der Linienkommandanturen und im Frieden der Linienkommissionen werden nach Bedarf Bahnhofskommandanten bestellt, welche die militärischen und militärpolizeilichen Anordnungen im Bereiche des betreffenden Bahnhofes und der zugewiesenen anschließenden Eisenbahnstrecken zu handhaben, zwischen den Führern der Militärtransporte und den Stationsvorstehern zu vermitteln und die Eisenbahnbeamten gegen jeden Eingriff in ihre Funktionen zu schützen haben. Ein unmittelbares Eingreifen in den technischen Betriebsdienst steht ihnen ebenso wenig zu, wie den ihnen vorgesetzten Linienkommandanturen (Linienkommissionen). Den Stationsvorstehern kann, sofern sie Officiere sind, unbeschadet ihrer sonstigen dienstlichen Stellung die Funktion von Bahnhofskommandanten übertragen werden.

Wenn durch das Zusammenwirken der militärischen Linienbehörden und der Eisenbahnverwaltungen der örtliche Dienst geregelt wird, so wird die nothwendige Einheitlichkeit für das ganze Reichsgebiet durch ein entsprechendes Zusammenwirken der Centralbehörden der Militärverwaltung und der Civilverwaltung des Reiches gewährleistet. Als Centralbehörde des Eisenbahnwesens ist hierzu das Reichseisenbahnamt berufen, während zugleich die Reichspost- und Telegraphenverwaltung ihre Interessen wahrzunehmen hat. Die Centralbehörden der Militärverwaltung haben in folgender Weise bei der Leitung des Eisenbahndienstes für militärische Zwecke mitzuwirken:

Das Königl. preußische Kriegsministerium vertritt die Interessen der bewaffneten Macht an der militärischen Benutzung der Eisenbahnen und hat sich erforderlichen Falles zuvor mit dem Chef der Kaiserl. Admiralität sowie mit dem Königl. bayerischen, sächsischen und württembergischen Kriegsministerium zu verständigen. Der Königl. preußische Chef des Generalstabes der Armee ertheilt die leitenden Gesichtspunkte für die militärische Benutzung der Eisenbahnen im Kriege und veranlaßt bereits im Frieden die für dieselbe erforderlichen Vorbereitungen. An seine Stelle tritt im Kriege als eigentliche Centralbehörde für die militärische Benutzung der Eisenbahnen der Generalinspekteur des Etappen- und Eisenbahnwesens, dessen Funktionen auch nach erfolgter Mobilmachung bis zu seiner Einsetzung durch den preußischen Chef des Generalstabes wahrgenommen werden.

Während nun im Frieden die Eisenbahnabtheilung des Königl. preußischen großen Generalstabes bezw. deren Chef das ausführende Organ des Chefs des Generalstabes der Armee ist, welchem die Linienkommissionen unmittelbar unterstellt sind, tritt in Kriegszeiten an die Stelle des Chefs der Eisenbahnabtheilung der Chef des Feldeisenbahnwesens, welchem die eigentliche Leitung des Eisenbahndienstes für Kriegszwecke obliegt und welcher sinngemäß dem Generalinspekteur des Etappen- und Eisenbahnwesens unmittelbar nachgeordnet ist. Bis zu seiner Einsetzung werden demgemäß nach erfolgter Mobilmachung seine Funktionen vom Chef der Eisenbahnabtheilung des Königl. preußischen Generalstabes wahrgenommen. Dem Chef des Feldeisenbahnwesens unterstehen für die im Friedensbetriebe befindlichen Strecken die Linienkommandanturen. Da der Chef des Feldeisenbahnwesens indessen mit dem Heere auf den Kriegsschauplatz sich begiebt, so ist ihm zur Wahrnehmung seiner Thätigkeit auf den im Friedensbetriebe befindlichen Strecken der Chef der Eisenbahnabtheilung des Königl. preußischen stellvertretenden Generalstabes unterstellt, der, solange die Verbindung mit dem Chef des Feldeisenbahnwesens unterbrochen ist, dessen sämmtliche Befugnisse wahrzunehmen hat.

Wenn mehrere Kriegsschauplätze vorhanden sind, so können mehrere Generalinspekteure des Etappen- und Eisenbahnwesens eingesetzt und diesen auch Vertreter des Chefs des Feldeisenbahnwesens mit entsprechender selbständiger Befugniß beigegeben werden. Die Abgrenzung der Wirkungskreise erfolgt in diesem Falle durch den Generalinspekteur im großen Hauptquartiere.

Der Chef des Feldeisenbahnwesens muß fortgesetzt einen Ueberblick über die Inanspruchnahme und den Zustand der sämmtlichen inländischen und in Besitz genommenen ausländischen Eisenbahnen haben und hat dafür zu sorgen, daß die Eisenbahnabtheilung des stellvertretenden Generalstabes, die Linienkommandanturen u. s. f. durch regelmäßig wiederkehrende und rechtzeitige Benachrichtigungen sich gegenseitig über ihre Bahnen und die stattfindenden Transportanmeldungen in Kenntniß erhalten, damit jede Eisenbahnbehörde schon bei den ihrerseits zu treffenden Transportanordnungen die Verhältnisse der weiterhin in Anspruch zu nehmenden Linien berücksichtigen kann. Für die Ausübung der umfassenden Aufgaben seiner Stellung sind dem Chef des Feldeisenbahnwesens (vorbehaltlich erforderlicher Vermehrung) beigegeben:

a) der Kommandeur und die verfügbaren Stabsofficiere der Königl. preußischen Eisenbahnbrigade mit den betreffenden Adjutanten;
b) zwei Generalstabsofficiere;
c) zwei höhere Eisenbahntechniker mit dem erforderlichen Personale;
d) der Kommandeur und die verfügbaren Officiere des Königl. bayerischen Eisenbahnbataillons.

Dem Chef der Eisenbahnabtheilung des stellvertretenden Generalstabes sind zwei höhere Eisenbahnbeamte nebst erforderlichem Personale zugetheilt. Schließlich hat der Chef des Feldsanitätswesens — bis zur Ernennung und für die Vorbereitungen im Frieden vertreten durch die Medicinalabtheilung des preußischen Kriegsministeriums — über Aufstellung, Heranziehung und Absendung der Sanitätszüge im Einvernehmen mit dem Chef des Feldeisenbahnwesens zu verfügen. Letzterer läßt die Eisenbahnverwaltungen benachrichtigen.

Das Zusammenwirken der soeben aufgeführten Centralbehörden der Militärverwaltung und Civilverwaltung in Kriegs- und Friedenszeiten gestaltet sich folgendermaßen:

Die Eisenbahnverwaltungen sind bezüglich der Erfüllung der ihnen nach § 28 des Kriegsleistungsgesetzes obliegenden Verpflichtungen, soweit im Friedensbetriebe befindliche Strecken in Frage kommen (vgl. S. 49), der Oberaufsicht des Reichseisenbahnamtes nach Maßgabe des Gesetzes vom 27./6. 1873 (vgl. S. 27) unterstellt, hinsichtlich der im Kriegsbetriebe befindlichen Strecken haben sie ausschließlich den Anordnungen der Militäreisenbahnbehörden nach Maßgabe der (S. 48) angezogenen Bestimmungen Folge zu leisten. Sofort nach Ausspruch der Mobilmachung entsenden die betheiligten Landesregierungen auf Grund vorgängiger Vereinbarung mit dem Reichseisenbahnamte sachverständige, mit den örtlichen Einrichtungen vertraute Kommissare nach dessen Sitze, welche demselben Auskunft ertheilen, von diesem auch erforderlichen Falles mit Ausführung von Anordnungen betraut werden können. Der Chef des Feldeisenbahnwesens hat bei Leitung des Eisenbahndienstes für Kriegszwecke in allen Angelegenheiten, welche nicht ausschließlich das militärische Ressort betreffen, im Einvernehmen mit dem Reichseisenbahnamte vorzugehen, und darf nur bei Gefahr im Verzuge (unter unmittelbarer nachträglicher Benachrichtigung des Reichseisenbahnamtes) von dieser Regel abweichen. Das Reichseisenbahnamt theilt die bei ihm zur Sprache gebrachten Beschwerden von Eisenbahnverwaltungen gegen Militärbehörden dem Generalinspekteur des Etappen- und Eisenbahnwesens zur Prüfung und Erledigung mit, letzterer umgekehrt die von militärischer Seite gegen Eisenbahnverwaltungen erhobenen Beschwerden dem Reichseisenbahnamte.

Zur Vorbereitung für die militärische Benutzung der Eisenbahnen im Kriege tritt der Chef der Eisenbahnabtheilung des Königl. preußischen Generalstabes bereits im Frieden mit dem Reichseisenbahnamte und den Eisenbahnverwaltungen in Verbindung. Im Uebrigen geschieht in Friedenszeiten der Verkehr der Eisenbahnabtheilung des Königl. preußischen großen Generalstabes mit den Eisenbahnverwaltungen durch die Linienkommissionen.

Der Staatssekretär des Reichspostamtes tritt zur Sicherstellung des Postbetriebes auf den Eisenbahnen für den Kriegsfall schon im Frieden mit dem Chef des Generalstabes durch einen zu bestellenden Vertreter in Benehmen und bereitet in gleicher Weise im Frieden möglichst direkte telegraphische Verbindungen zwischen den Amtssitzen der Militäreisenbahnbehörden und von diesen zu den Amtssitzen der Bevollmächtigten der Eisenbahnverwaltungen vor. Mit Eintritt der Mobilmachung bestellt er einen Vertreter bei jeder Linienkommandantur. Nach Erfordern hat sich der Staatssekretär des Reichspostamtes mit den Postverwaltungen von Bayern und Württemberg in Benehmen zu setzen. Einer besonderen Erwähnung bedarf noch die Thätigkeit der Intendanturen. Diese haben sowohl bei der Ausführung der besonderen Einrichtungen für Militärtransporte im Kriege, als bei ihrer Vorbereitung im Frieden mitzuwirken. Außerdem sind sie die Anweisungs- bezw. Zahlstellen für die von der Militärverwaltung an die Eisenbahnen zu zahlenden Vergütungen (s. unten S. 58).

III. Beförderung der Militärtransporte.

A. Auftraggeber und Art der Transporte.

Versender und Empfänger der Militärtransporte sind die einzelnen Militärbehörden und Truppentheile. Militärtransporte bestehen entweder aus Officieren und Mannschaften und deren Zubehör an Ausrüstung und Pferden, sowie Kranken, oder aus Pferden ev. nebst Ausrüstung und Schlachtvieh, oder endlich aus Militärgut. Zu den Mannschaftstransporten gehören auch Einzelreisen von Mannschaften vom Feldwebel abwärts bei Einberufungen, Beurlaubungen u. dgl., welche von diesen selbst bezahlt werden; ferner Reisen anderer Personen, auf welche der Militärtarif Anwendung findet, wie Personen der Krankenpflege, Zöglinge der Militärwaisenhäuser zc. bei bestimmten Veranlassungen.

Als Militärgut sind alle Kriegsbedürfnisse zu betrachten, welche den Eisenbahnverwaltungen von den Militärbehörden oder deren Vertretern zur Beförderung übergeben werden. Militärgut darf nach allen Stationen befördert werden, auch wenn solche für den allgemeinen Güterverkehr nicht eingerichtet sind.

B. Zur Beförderung dienende Züge.

Die Beförderung der Militärtransporte erfolgt in Kriegs- und Friedenszeiten, soweit angängig, mit den Zügen des öffentlichen Verkehres. Sofern diese zur Beförderung nicht ausreichen, werden besondere Militärzüge benutzt. Es treten hierbei, abgesehen von den in Fällen dringender Gefahr (bei öffentlicher Noth u. dgl.) sowohl im Kriege wie im Frieden auf Anforderung der Militärbehörden zu stellenden Militärsonderzügen, folgende Fälle ein:

Militärbedarfszüge, für welche die Eisenbahnverwaltungen in jeder Fahrplanperiode ein für allemal Fahrpläne mit den Militärbehörden innerhalb der Fahrpläne für den öffentlichen Verkehr mit einer Geschwindigkeit von möglichst nicht mehr als 22,5 km in der Stunde einschl. der kleinen Betriebsaufenthalte in möglichst fester Lage und unter Vorsehung von Anschlußzügen auf Nachbarbahnen vereinbart haben, werden zu größeren Militärtransporten in Friedenszeiten verwendet und auch nach erfolgter Mobilmachung auf den im Friedensbetriebe befindlichen Bahnen so lange benutzt, als hierdurch zusammen mit den Zügen des öffentlichen Verkehres die Militärtransporte bewältigt werden können. Ist dies ohne Beeinträchtigung der Sicherheit und Ordnung nicht mehr angängig, kann auch durch zeitweise Beschränkung, Vereinfachung oder Aussetzung der Züge des öffentlichen Verkehres den militärischen Anforderungen nicht mehr genügt werden, so wird von dem Generalinspekteur des Etappen- u. Eisenbahnwesens der Militärfahrplan in Kraft gesetzt, und das Reichseisenbahnamt von dieser Anordnung benachrichtigt. Bei dem Militärfahrplane sind die militärischen Zwecke ausschließlich maßgebend, auch für die Anschlüsse auf benachbarten Bahnstrecken. Bei demselben verkehren alle Züge in gleich schneller Fahrt. Für den Lokalverkehr sind darin zeit- und streckenweise besondere Züge bestimmt (Militärlokalzüge). Durch den Militärfahrplan, welchen die Militäreisenbahnbehörde unter Mitwirkung der Eisenbahnverwaltung aufstellt, wird die volle Leistungsfähigkeit der Strecke und der Anschlußbahnen ausgenutzt. Diejenigen Züge des Militärfahrplanes, sowie diejenige Ladefähigkeit der Militärlokalzüge, welche für die Militärtransporte nicht beansprucht werden, können von den Eisenbahnverwaltungen für den öffentlichen Verkehr sowie für Eisenbahndiensttransporte benutzt werden, soweit dafür Zugkräfte, Wagen und Personal verfügbar sind. Mindestens ist jedoch die Beförderung je eines Postwagens mit jedem Militärzuge statthaft.

Ueber die Wahl der Züge für die Beförderung ist Folgendes zu bemerken:

Mit Militärzügen müssen auf Erfordern der Militärverwaltung Transporte aller Art befördert werden, welche mindestens folgende Stärken besitzen oder im Verlaufe der Fahrt durch Zugang erreichen:

a) Mannschaftstransporte von 300 Mann an;
b) Viehtransporte, Stück- u. Wagenladungsgüter einschl. der nicht der Gefahrklasse angehörenden Munitionsgegenstände von 15 Wagen an;
c) Sendungen von Sprengstoffen der Gefahrklasse von vier Wagen an;
d) Pferdetransporte von 15 Wagen an.

Kleinere Transporte werden in der Regel je nach Art und Umfang mit den verschiedenen Zügen des öffentlichen Verkehres befördert, mit Schnellzügen jedoch nur ausnahmsweise bei besonderer Dringlichkeit Officiere, Sanitätsofficiere, Beamte und Mannschaften einzeln oder in geringer Zahl. Die Eisenbahnverwaltung darf im letzteren Falle die Beförderung nicht verweigern, soweit durch Mitnahme der Militärpersonen die zulässige Stärke des Zuges nicht überschritten wird.

Die Militärverwaltungen können auch bei geringeren Transportstärken, als oben angegeben, wenn Gefahr im Verzuge ist, die Stellung besonderer Züge gegen eine Vergütung beanspruchen, welche mindestens nach dem vollen Militärsonderzugtarife zu bemessen ist. Die Eisenbahnverwaltungen können andererseits schwächere Transporte mit Militärzügen gegen den Kopf-, Wagen- und Gewichtstarifsatz befördern, stärkere — ausgenommen Sprengstoffe der Gefahrklasse — auch mit Zügen des öffentlichen Verkehres, falls die Militärverwaltung nicht auf Gestellung eines Militärzuges besteht.

C. Behandlung der Transporte.

Jeder Militärtransport wird der Eisenbahnverwaltung von der absendenden Militärbehörde angemeldet. Sind Militärzüge zu stellen, so geschieht die Anmeldung durch Vermittlung der Linienkommandantur oder Linienkommission, welche, je nach Lage des Falles, entweder unmittelbar die Anforderung der absendenden Militärbehörde erhält oder von der Eisenbahnabtheilung des Generalstabes bezw. stellvertretenden Generalstabes (die die Anmeldung erhält) beauftragt wird, und welche die Militärzüge bei den Bevollmächtigten aller betheiligten Eisenbahnverwaltungen anzufordern hat. Transporte, welche mit Militärsonderzügen oder mit Zügen des öffentlichen Verkehres befördert werden sollen, werden dagegen von der absendenden Militärbehörde derjenigen Eisenbahnverwaltung, in deren Bereiche der Transport zur Ablassung gelangt, unmittelbar angemeldet. Militärsonderzüge werden auf der Anfangsstation bei der betriebsleitenden Stelle, oder, falls solche dort nicht vorhanden, beim Stationsvorstande angefordert, Transporte für Züge des öffentlichen Verkehres im Frieden unter der Adresse des Bahnbevollmächtigten, beim Friedensbetriebe im Kriege beim Vorstande der Abfahrtsstation, und zwar, wo solcher vorhanden, durch den Bahnhofskommandanten zur Anmeldung gebracht. Mannschaftstransporte unter 30 Mann können sich zu allen für ihre Beförderung gestatteten Zügen im Allgemeinen durch Vorlegung des Fahrtausweises spätestens $\frac{1}{2}$ Stunde vor Abgang des Zuges (bei starkem Verkehr und auf kleinen Stationen früher) selbst anmelden; ebenso können im Frieden Transporte bis zu sechs Pferden (bei angekauften Pferden in beliebiger Zahl) bis 12 Uhr Mittags des der Abfahrt vorhergehenden Tages beim Stationsvorstande angemeldet werden. Für die größeren Transporte soll die Anmeldung möglichst frühzeitig geschehen. Im Frieden sind hierfür bestimmte Mindestfristen gesetzt, welche der Regel nach einzuhalten sind. Die Anmeldungen erfolgen schriftlich, seitens der Militäreisenbahnbehörden durch die sogenannte Fahrtliste, bei den unmittelbar an die Bahnverwaltungen gerichteten Anmeldungen durch die sogen. Anmeldezettel, bei Transporten unter 30 Mann durch die Fahrtausweise, in dringenden Fällen telegraphisch.

Jeder Militärtransport muß mit einem Fahrtausweise versehen sein, welcher in einem Stücke für die gesammte Beförderungsstrecke, unabhängig von der Zahl der an der Beförderung betheiligten Eisenbahnverwaltungen, gilt. Einzeln reisende Personen, welchen die Berechtigung zur Beförderung nach den Sätzen des Militärtarifes zusteht, haben unter Vorlegung des entsprechenden Legitimationspapieres eine Militärfahrkarte zu lösen. In den im Militärtarife vorgesehenen Ausnahmefällen wird gegen Vorlegung der Legitimationspapiere freie Fahrt gewährt. Militärgut ohne Begleiter wird mit Frachtbrief aufgegeben, alle anderen von Militärbehörden ausgehenden Militärtransporte werden mit einem Militärfahrscheine versehen, den jede Militärbehörde auf Grund der Marschpapiere auszustellen berechtigt ist.

Jeder von Mannschaften gebildete oder begleitete Transport ist einem Transportführer unterstellt. Dieser hat für die innere Ordnung des Transportes und die Befolgung der bahnpolizeilichen Bestimmungen zu sorgen, hat sich aber jeden Eingriffes in den Betrieb zu enthalten. Der Stationsvorsteher theilt dem Transportführer (bezw. dem Bahnhofskommandanten) mit, daß die Wagen zum Einsteigen bereit stehen und welcher Weg zu denselben zu nehmen ist. Das Einsteigen bezw. Einladen hat so schnell und ordnungsmäßig zu erfolgen, daß keine Verzögerung der Abfahrt veranlaßt wird. Bezüglich der besonderen Vorschriften für das Einladen, das Verhalten während der Fahrt und das Ausladen sowie bezüglich der Vorschriften für die Beförderung von Militärgut muß auf die Militäreisenbahnordnung verwiesen werden.

D. Betriebliche Maßnahmen für die Transporte.

Den Personaldienst zur Durchführung aller Militärtransporte, auch derjenigen, welche nach dem Militärfahrplane erfolgen, ordnen die Eisenbahnverwaltungen, doch kann in Kriegszeiten auf Antrag einer der betheiligten Eisenbahnverwaltungen die Linienkommandantur die gegenseitige Aushülfe der Eisenbahnverwaltungen mit Personal zur Durchführung des Militärfahrplanes regeln. (Soweit eine Eisenbahnverwaltung in Frage kommt, die einer anderen Linie im Friedensbetriebe angehört, unter Zuziehung des Reichseisenbahnamtes). Der Maschinendienst wird im Frieden und ebenso im Kriege, solange der Militärfahrplan noch nicht in Kraft gesetzt ist, von den Eisenbahnverwaltungen geordnet, wobei auf Wunsch die Militäreisenbahnbehörde etwa nothwendige Aushülfe vermittelt. Zur Durchführung des Militärfahrplanes dagegen wird der Maschinendienst von den Militäreisenbahnbehörden im Ganzen geregelt, wobei jedes Liniengebiet eine besondere Gemeinschaft bildet, und demgemäß Ausgleichungen der Maschinenbestände vorgenommen werden. Sofern auf die Bestände anderer im Friedensbetriebe befindlicher Eisenbahnen zurückgegriffen werden soll, tritt die Militäreisenbahnbehörde mit dem Reichseisenbahnamte in Verbindung. Der Entwurf zum Maschinendienst für den Militärfahrplan muß von jeder Eisenbahnverwaltung stets bereit gehalten werden.

Militärtransporte in Zügen des öffentlichen Verkehres benutzen, falls nicht im Interesse der Disciplin oder Sicherheit der Beförderung gesonderte Wagenräume angefordert sind, den in den Zügen verfügbaren Wagenraum.

Für die Transporte in Militärzügen ist im Frieden die Vereinbarung über Wagengestellung den Bahnverwaltungen überlassen. Im Kriege stellt in erster Linie die Verwaltung der Anfangsstation die Wagen. Die sonst am Transporte betheiligten Verwaltungen werden auf Wunsch zur Wagengestellung in entsprechendem Maaße zugelassen. Im Falle des Bedürfnisses regeln die Linienkommandanturen die Deckung des Gesammtbedarfes durch alle zu ihrer Linie gehörenden Eisenbahnverwaltungen. Die Mitwirkung des Reichseisenbahnamtes geschieht hier im entsprechenden Falle, wie oben. Die von Militärtransporten in Militärzügen besetzten Wagen gehen grundsätzlich vom Anfangspunkte bis zum Ziele der Fahrt durch.

IV. Einrichtungen für die Militärtransporte.

Wegen ihrer Eigenart und ihres außerordentlichen Umfanges bedingen die Militärtransporte Erweiterungen und Ergänzungen der dem Beförderungsdienste gewidmeten festen und beweglichen Anlagen der Eisenbahnen, welche in Friedenszeiten theils bereits ausgeführt, theils so vorbereitet werden, daß sie im Falle einer Mobilmachung sofort in Benutzung genommen werden können. Die Militärverwaltung hält sich über den Zustand der Eisenbahnen sowohl im Allgemeinen als in Bezug auf die besonderen für sie getroffenen Einrichtungen im Frieden beständig auf dem Laufenden. Die für die militärische Benutzung der Eisenbahnen erforderlichen statistischen Nachrichten werden vom Reichseisenbahnamte nach einem von diesem zu bestimmenden Schema alljährlich erhoben. Dieselben müssen ein genaues Urtheil über die augenblickliche Leistungsfähigkeit und die nächst bevorstehende Entwickelung der Bahnen ermöglichen. Die Militäreisenbahnbehörde ist berechtigt, zur Vervollständigung dieser Nachrichten sowie zu sonstigen militärischen Zwecken Rekognoscirungen der Bahnen vornehmen zu lassen.

Ueber die besonderen Einrichtungen zu Zwecken der Militärtransporte ist im Einzelnen Folgendes zu sagen:

1. Die Wagen und deren Beladung.

Die Einrichtung der Wagen sowie die Beschaffung von Gegenständen zur Ausrüstung der Wagen für die Beförderung von Mannschaften und Pferden erfolgt seitens der Eisenbahnverwaltungen unentgeltlich (s. o. S. 48). In Anl. IV. zur Kr.Tr.O. und Fr.Tr.O. ist genau angegeben, wieviel Raum für die Unterbringung von Officieren, Mannschaften, Kranken, Pferden rc. mindestens zu gewähren und höchstens zu fordern ist, sowie in welcher Weise der verfügbare Laderaum und das verfügbare Ladegewicht der Wagen für Verladung von Geschützen, Fahrzeugen und Gütern ausgenutzt werden darf und soll. Nach Kr.Tr.O. und Fr.Tr.O. sollen die Personenwagen I. und II. Klasse in der Regel nur von Officieren, Sanitätsofficieren und Personen gleichen Ranges benutzt werden, während Mannschaften und untere Beamte vorzugsweise in Personenwagen III. und IV. Klasse und nur beim Mangel an solchen in mit Bänken auszurüstenden bedeckten Güterwagen unterzubringen sind. In außerordentlichen Fällen steht den Militärbehörden frei, alle verfügbaren Wagensorten unter Verzicht auf eine vorschriftsmäßige Ausrüstung zum Mannschaftstransporte sich stellen zu lassen. Sitzende Kranke werden in Personenwagen aller Klassen oder bedeckten Güterwagen, liegende Kranke in Personenwagen IV. Klasse oder bedeckten Güterwagen befördert. Soweit die Eisenbahnverwaltungen die Einrichtung solcher für liegende Kranke beschaffen, geschieht dies gegen Vergütung. Das Gleiche gilt von den Sanitätszügen, deren eigentliche Lazaretheinrichtung stets von der Militärverwaltung beschafft wird, soweit es sich nicht um von der Militärbehörde zugelassene Sanitätszüge der freiwilligen Krankenpflege handelt.

Pferde sollen möglichst in bedeckten Güter- oder Viehwagen, nur aushülfsweise in offenen Wagen befördert werden. In solchen Fällen ist, wenn es sich nicht um Beförderung nach dem Kriegsschauplatze handelt, mindestens die Pferdeausrüstung zu bedecken. Schlachtvieh wird möglichst in Vieh- oder offenen Güterwagen, nöthigen Falles in bedeckten Güterwagen befördert. Zum Transporte von fahrbaren Geschützen und von Fahrzeugen sind offene Wagen ohne Borde, mit umgelegten Borden oder niedrigen Randleisten, erforderlichen Falles mit Schutzdecken zu verwenden. Ebenso werden leere Fahrzeuge, nicht mit Sprengladung versehene Geschosse, grobe Maschinen, schweres Eisen- und Schanzzeug u. dgl. möglichst in offenen Wagen, erforderlichen Falles mit Schutzdecken verladen. Für Verladung von Sprengstoffen und Munitionsgegenständen sind in der Militäreisenbahnordnung besondere zum Theil von der B.O. abweichende Bestimmungen getroffen.

2. Die Ladestellen.

Die Anordnung der Ladestellen für diejenigen Militärtransporte, welche innerhalb des dem öffentlichen Verkehre dienenden Fahrplanes zu bewegen sind, haben die Eisenbahnverwaltungen unter eigener Verantwortung für den pünktlichen Fortgang des Ladegeschäftes zu treffen. Die Anordnung der Ladestellen für die im Betriebe nach dem Militärfahrplane zu gewärtigenden Transporte ist von den Eisenbahnverwaltungen nach den Angaben der Militäreisenbahnbehörden vorzubereiten und im Bedarfsfalle auszuführen. Die näheren Bestimmungen über Einrichtung, Größe, Anordnung, Beleuchtung 2c. der Ladestellen sind in der Militäreisenbahnordnung getroffen. Für den Nothfall ist außerdem jeder Zug mit Truppen der Feldarmee mit dem erforderlichen Materiale zum Bau von Nothrampen auszurüsten.

3. Einrichtungen zur Verpflegung.

Die von den Eisenbahnverwaltungen für den öffentlichen Verkehr getroffenen Vorkehrungen zur Verpflegung sowie zur Befriedigung der Bedürfnisse während der Aufenthalte auf den Stationen dienen auch den Militärtransporten. Für Massentransporte werden außerdem besondere Vorkehrungen getroffen. Den Eisenbahnverwaltungen werden von den Militäreisenbahnbehörden diejenigen Stationen bezeichnet, welche voraussichtlich für Militärtransporte als Verpflegungs-, Marketenderei- oder Tränkstationen bestimmt werden. Soweit auf solchen, namentlich für die im Kriegsfalle erforderlichen andauernden Transporte, besondere Einrichtungen nothwendig werden, sind diese von der Militärverwaltung oder auf deren Kosten zu treffen. Das Trink-, Tränk- und Waschwasser und die Vorhaltung der zur Verabreichung erforderlichen Gefäße, sowie die Verabreichung selbst ist an sich Sache der Eisenbahnverwaltung. Nur, wo bei unzureichenden Wasservorräthen derselben Wasser besonders beschafft werden muß, trägt die Kosten die Militärverwaltung.

4. Einrichtungen für den Etappendienst.

In Kriegszeiten werden zur Vereinfachung des Militärverkehres zwischen Feldarmee und Hinterland auf den Haupteisenbahnstraßen die Transporte nach militärischer Anordnung möglichst in geschlossene Züge zusammengefaßt. Diese Regelung erfolgt:

a) In den heimischen Bezirken für alle abgehenden und anlangenden Transporte an den Etappenanfangsorten.

b) Nahe dem Kriegsschauplatze für allen Nachschub von Heeresbedürfnissen zur Feldarmee an den Sammelstationen.

c) Auf dem Kriegsschauplatze für alle anlangenden und abgehenden Transporte an den Etappenhauptorten mit zugehörigen Krankensammelstellen.

Etappenanfangsorte und Sammelstationen rückwärts der Uebergangsstationen werden im Einvernehmen mit dem Reichseisenbahnamte bestimmt. Als solche sind möglichst Bahnknotenpunkte, jedenfalls aber solche Stationen zu wählen, welche durch Einrichtung, Lage, Verbindung mit Land- und Wasserwegen sowie durch ihre Umgebung die ordnungsmäßige Bewältigung des zu erwartenden Verkehres und die etwa erforderliche Unterbringung der Truppentheile, des Materiales und der sonstigen Güter erleichtern. Die Aufgaben eines Etappenhauptortes können auf mehrere Stationen vertheilt werden.

Für jedes Armeekorps wird ein Etappenanfangsort bestimmt, nach welchem hin

Alles, was aus dem Korpsbezirke zur Armee zu befördern ist, vereinigt, und von welchem aus alles von der Armee ankommende, mit alleiniger Ausnahme der Kranken und Verwundeten, zertheilt und nach den Bestimmungsorten geleitet wird. (Für Kranke und Verwundete werden die Zielpunkte durch die Linienkommandanturen bestimmt.)

Die Sammelstationen dienen dazu, in nicht zu großer Entfernung vom Kriegsschauplatze Vorräthe aller Art bereit zu halten, und bilden gleichzeitig einen Regulator für das Vorströmen der Güter. Von diesen Stationen aus erfolgt das Vorschieben der Züge in möglichst einfacher Weise und dem bei der Armee bestehenden jeweiligen Bedürfnisse entsprechend. Die Einrichtung der Sammelstationen erfordert in der Regel umfassende Anlagen, Errichtung von Sammelmagazinen, soweit nicht vorhandene Baulichkeiten hierzu hergegeben werden können, Einrichtung von Ladestellen und von Rangier- und Aufstellungsgleisen u. s. f. Die Eisenbahnverwaltungen werden hierbei für die Ueberlassung von Gebäuden und Plätzen sowie von mechanischen Hülfsmitteln, und, sofern sie die Anlagen ausführen, auch hierfür entschädigt, außerdem für den Rangirdienst im inneren Betriebe der Sammelmagazine, während sie die Zustellung zu und von den Magazinen unentgeltlich zu bewirken haben.

Die Etappenhauptorte sind in der Regel die Endstationen der Eisenbahnen hinter der Armee. So viele Eisenbahnen zur Armee führen, so viele Etappenhauptorte werden sich ergeben, deren Lage je nach dem Gange der Operationen wechselt.

Bei der Wahl eines Etappenhauptortes ist nach Möglichkeit auf das Vorhandensein guter Straßenverbindungen, reichlicher Ausladevorrichtungen, Güterschuppen, Schutzdächer mit befestigter Anfahrt, Geräumigkeit und vollkommene betriebliche Ausstattung des Bahnhofes, Räumlichkeiten für Menschen, Pferde und Munitionsdepots zu sehen.

V. Berechnung und Zahlung der Vergütungen.

Die Vergütung für Militärtransporte und für Hergabe von Betriebsmaterial erfolgt nach dem vom Bundesrathe erlassenen Militärtarif (vgl. 6. Abschn.), für das übrige Material gemäß § 15 u. 33 des Kriegsleistungsgesetzes auf Grund sachverständiger Schätzung. Für die ausnahmsweise Beförderung mit Schnellzügen werden die Fahrpreise des gewöhnlichen Verkehres vergütet, ebenso werden die im Frieden entstandenen Gebühren für außergewöhnliche Leistungen, wie Ladekosten, Lagergeld, Standgeld, Tränkegebühr, Nachnahmeprovision, Zollabfertigungsgebühren, Rollgelder ꝛc. im Allgemeinen nach den für den gewöhnlichen Verkehr geltenden Bestimmungen entrichtet.

Die den Eisenbahnverwaltungen zu gewährenden Vergütungen werden in der Regel zunächst gestundet, bis die von den Eisenbahnverwaltungen (in doppelter Ausfertigung) aufzustellenden Liquidationen eingegangen, geprüft und festgestellt sind. Im Kriege tritt Verzinsung der Beträge vom 1. des auf den Eingang der ordnungsmäßig belegten Liquidation folgenden Monats mit 4% ein[3]). Sind an einem Transporte mehrere Verwaltungen betheiligt, so hat nur eine von diesen die gemeinsame Liquidation vorzulegen. Die Liquidationen sind im Kriege sämmtlich an die Intendantur des stellvertretenden Generalstabes der Armee, im Frieden, je nach der Sachlage, an verschiedene in der Fr.Tr.O. bezeichnete Intendanturen einzureichen.

---

[3]) Ges. üb. d. Kriegsleistungen § 30.

Sechstes Kapitel.

Verhältniß der Preußischen Staatsbahnen zu anderen Bahnen.

Das Verkehrsbedürfniß bringt es mit sich, daß Personen und Güter oftmals nicht nur im Gebiete einer Bahn befördert werden, sondern bei einer Reise oder Beförderung das Gebiet mehrerer Bahnen, oft auch der Bahnen verschiedener Länder, durchfahren. Damit ein solcher Uebergang erleichtert und hierdurch die Verkehrsentwickelung im Interesse der Bahnen sowohl, wie des Publikums begünstigt werde, sind schon frühzeitig zwischen den deutschen Bahnen unter sich sowie mit ausländischen Bahnen Vereinbarungen über technische Einrichtungen, Durchgang von Wagen, anschließende Fahrpläne, einheitliche Verkehrseinrichtungen u. s. f. getroffen. Zur Zeit des Privatbahnwesens hatten diese Vereinbarungen eine hervorragende Bedeutung auch für den inneren Verkehr des Preußischen Staates, jetzt sind sie für die Preußischen Staatsbahnen namentlich wichtig bezüglich ihres Verkehres mit fremden Bahnen. Es bestehen für dieselben Angelegenheiten Vereinbarungen, welche eine geringere oder größere Anzahl von Theilnehmern umfassen, wobei dann in der Regel die Bestimmungen für den größeren Kreis bei dem kleineren durch Sonderbestimmungen ergänzt sind. Bei jedem solchen Verbande von Bahnen ist irgend eine Eisenbahnverwaltung dauernd oder vorübergehend mit der Führung der Geschäfte betraut.

Während durch solch selbstthätiges Vorgehen der Bahnverwaltungen schon sehr große Erfolge bezüglich der Einheitlichkeit der Bau-, Betriebs- und Verkehrseinrichtungen erzielt worden sind, haben in neuerer Zeit diese Bestrebungen dadurch eine weitere Förderung erfahren, daß die Staatsregierungen sich veranlaßt gesehen haben, einzugreifen. Theilweise beschränkt sich diese Mitwirkung der Staatsregierungen allerdings nur darauf, die von den Vereinen und Verbänden getroffenen Bestimmungen als Gesetze oder Verordnungen festzulegen. Andererseits sind aber auch durch Staatsverträge zwischen einer größeren Zahl von Staaten neue und wichtige Einrichtungen für den internationalen Verkehr in's Leben gerufen.

Es empfiehlt sich, die folgende Besprechung der zwischen den Bahnen bestehenden Beziehungen nach den Gegenständen, um welche es sich hierbei handelt, zu ordnen, wobei dann in gleicher Weise die freien Vereinbarungen der Bahnen, die gesetzgeberische Thätigkeit des D.R. und die Staatsverträge zu erörtern sind. So sollen nach einander die technischen Einrichtungen für Bau und Betrieb, der Uebergang von Betriebsmitteln und Personalen, die Fahrplankonferenzen, die Tarif- und Verkehrsverbände u. s. f. zur Erörterung gelangen.

Abweichend von dieser Regel ist eine besondere Besprechung des Vereines Deutscher Eisenbahnverwaltungen an die Spitze gestellt, auf welche dann bei den einzelnen nach den Sachen geordneten Besprechungen zurückgegriffen wird. Da dieser Verein seine Wirksamkeit auf allen Gebieten des Baues, Betriebes und Verkehres entfaltet hat, so würde es sonst nicht möglich gewesen sein, von der Entwickelung und dem Wesen desselben ein Gesammtbild zu geben, und so der hervorragenden Bedeutung, welche er für das Eisenbahnwesen nicht nur Deutschlands, sondern Europas gewonnen hat, gerecht zu werden.

I. Der Verein Deutscher Eisenbahnverwaltungen (V.D.E.V.).

A. Räumlicher Umfang des Vereins von seiner Entstehung bis jetzt.

Am 10./11. 1846 traten in Berlin auf Anregung der Direktion der Berlin-Stettiner Eisenbahn die Vertreter von 10 Direktionen preußischer Privateisenbahnen zusammen, um auf eine Aenderung der Eisenbahngesetzgebung hinzuwirken, da einzelne Bestimmungen des Gesetzes vom 3./11. 1838 als drückend empfunden wurden. Die Versammlung wählte einen Ausschuß, der in dieser Sache weiter vorgehen sollte. Zugleich aber wurde in derselben Konferenz auf Antrag des Vertreters der Berlin-Stettiner Bahn, Reg.- und Medicinalrath Dr. Rhades, die Gründung eines dauernden Verbandes der preußischen Eisenbahndirektionen und das Statut dieses Verbandes beschlossen. In Folge ergangener Einladung waren bis zu der am 28. u. 29./6. 1847 zu Cöln abgehaltenen ersten Generalversammlung des Verbandes bereits fernere 10 preußische Eisenbahnverwaltungen beigetreten. Durch diesen Erfolg fand sich dieselbe Generalversammlung veranlaßt, eine Erweiterung des Verbandes dahingehend zu beschließen, daß zur Mitgliedschaft an dem Verbande sämmtliche koncessionirten deutschen Eisenbahnverwaltungen berechtigt sein sollten. Die vom 29./11. bis 2./12. 1847 zu Hamburg tagende erste Generalversammlung des erweiterten und bereits auf 40 Verwaltungen angewachsenen Verbandes gab demselben den auch jetzt noch geltenden Namen Verein Deutscher Eisenbahnverwaltungen.

Als deutsche Eisenbahnverwaltungen wurden damals im Sinne des Statutes diejenigen betrachtet, welche in dem Gebiete des Deutschen Bundes ihren Sitz hatten. Die im Jahre 1848 beginnende politische Bewegung, die 1848 beschlossene Aufhebung des Bundestages, die am 4./3. 1849 oktroyirte gemeinsame Verfassung für Oesterreich-Ungarn, die in Frankfurt aufgestellte Reichsverfassung vom 28./4. 1849, die vom Erfurter Parlament 1850 angenommene Verfassung der Deutschen Union hatten dazu geführt, durch Genehmigung der Aufnahmeanträge mehrerer nicht im Gebiete des früheren deutschen Bundes seßhaften Bahnen (der Ungarischen Centralbahn und der Preußischen Ostbahn) von der statutarischen räumlichen Beschränkung des Vereinsgebietes abzuweichen. Das Statut blieb indessen unverändert bestehen und die räumliche Beschränkung wurde nach Wiederherstellung des Deutschen Bundestages 1851 wieder wirksam. Erst die 1858 zu Triest abgehaltene Vereinsversammlung änderte auf Antrag eines Ausschusses durch einstimmigen Beschluß das Statut dahin ab, daß die Theilnahme am Vereine denjenigen Verwaltungen offen stehen sollte, welche im Gebiete des Deutschen Bundes oder in einem unter einer deutschen Bundesregierung stehenden Lande ihren Sitz hatten, und zwar nur bezüglich derjenigen ihnen gehörigen Bahnstrecken, welche in dem vorbezeichneten Gebiete belegen waren.

Eine weitere Durchbrechung der Grenzen des nunmehr gültigen Vereinsgebietes trat durch die 1860 in der Versammlung zu Danzig beschlossene und im selben Jahre in der Versammlung zu Hamburg gegen den wegen Statutwidrigkeit erhobenen Widerspruch bestätigte Aufnahme der Direktion der niederländischen Rheineisenbahngesellschaft zu Amsterdam ein. Der Aufnahmeantrag der Direktion der Warschau-Wiener Eisenbahngesellschaft zu Warschau führte sodann nach mehrjährigen von 1860—1864 sich hinziehenden Verhandlungen zu einer grundsätzlichen Erweiterung des Vereinsgebietes durch den auf der Versammlung in Hannover 1864 beschlossenen Zusatz zu § 2 des Statutes: „Außerdem bleibt es der Generalversammlung vorbehalten, ausnahmsweise auch solche nicht deutschen Eisenbahnverwaltungen in den Verein aufzunehmen, welche zu einer deutschen Bahn im gegenseitigen direkten Transportverkehr stehen, jedoch wird eine solche Aufnahme durch Stimmeneinheit bedingt." Wenn hiernach die ausnahmsweise Aufnahme beliebiger ausländischer Eisenbahnverwaltungen in den Verein ermöglicht wurde, so blieben doch als eigentlicher Vereinsbereich der Deutsche Bund und die Länder unter einer Deutschen Bundesregierung bestehen. Derselbe eigentliche Vereinsbereich und dieselbe Ausnahmebestimmung wurden auch nach Auflösung des Deutschen Bundes (1866) durch Beschluß der Versammlung zu Mainz 1867 unter Bezugnahme auf das Gebiet des früheren Deutschen Bundes festgehalten. Nach Gründung des D.R. wurde in der Versammlung zu Berlin 1871 als Vereinsgebiet das D.R. und die Oesterreichisch-Ungarische Monarchie festgesetzt. Die Versammlung zu Frankfurt 1873 fügte das Großherzogthum Luxemburg hinzu und die Statutredaktion in Baden-Baden von 1880 das Königreich Holland, so daß nunmehr die genannten vier Staaten das eigentliche Vereinsgebiet bilden.

Außer der Staatsangehörigkeit haben auch andere Aufnahmebedingungen im Laufe der Jahre sich entwickelt und geändert. 1867 wurden allgemein als Vorbedingungen der Aufnahme beschlossen, daß jede aufzunehmende Bahn eine nicht nur örtliche Bedeutung besitzen, eine Lokomotivbahn sein, mindestens 30 km Länge aufweisen und mit einer Vereinsbahn in Anschlußverbindung stehen muß. Diese Bedingungen traten auch für die außerhalb des eigentlichen Vereinsgebietes belegenen Bahnen an Stelle des 1864 verlangten Erfordernisses gegenseitigen direkten Transportverkehres. In Baden-Baden 1880 wurde die normale Spurweite und eine fertige Betriebslänge von 50 km als Vorbedingung für die Aufnahme hingestellt. 1886 wurde die erforderliche Länge für neu aufzunehmende Bahnen auf 100 km vergrößert. Nachdem früher mehrfache Aenderungen in der Beziehung eingetreten waren, ob das Eigenthum oder die Betriebsleitung einer Bahn zur Mitgliedschaft berechtigen sollte, ist 1886 in Stuttgart nur der Besitz der Betriebsleitung als maßgebend für die Berechtigung zur Mitgliedschaft anerkannt[1]).

Mit dieser Maßgabe können nach den Satzungen des V.D.E.V. (letzte Fassung nach den Beschlüssen der Hauptversammlung in Berlin 28.—30./7. 1896) § 3 in den Verein als neue Mitglieder aufgenommen werden: a) Eisenbahnverwaltungen, welche ihren Sitz im Vereinsgebiete, d. h. im Gebiete des D.R., der Oesterreichisch-Ungarischen Monarchie, des Königreiches der Niederlande und des Großherzogthums Luxemburg haben, insoweit deren Bahnen im Vereinsgebiete liegen, und b) ausnahmsweise auch andere Eisenbahnverwaltungen. Bedingungen für die Aufnahme sind hierbei: eine

---

[1]) Satzungen § 2.

zusammenhängende Länge von mindestens 100 km, normale Spur, Verbindung mit dem Vereinsbahnnetze (entweder unmittelbar oder durch Fähre), so daß ein Uebergang von Wagen stattfinden kann, Dampfbetrieb, Eigenschaft der Bahn als Beförderungsmittel für den öffentlichen Personen- und Güterverkehr. Die Bahn hat sich ferner den zur Zeit der Aufnahme geltenden Vereinsbeschlüssen zu unterwerfen. Für die Aufnahme der oben unter a) bezeichneten Verwaltungen ist nach einem vorbereitenden genehmigenden Beschlusse des Ausschusses für die Vereinssatzungen, oder, falls dieser die Aufnahme ablehnt, auf Berufung der nachsuchenden Verwaltung nach einem entsprechenden Beschlusse der Vereinsversammlung die Ratifikation durch mehr als $^9/_{10}$ der Stimmen aller Vereinsmitglieder (S. 63, 64) entscheidend. Neue Strecken von Vereinsmitgliedern werden, wenn sie obigen Anforderungen bezüglich der normalen Spur und des Dampfbetriebes entsprechen, an die bisherigen Betriebsstrecken der betr. Verwaltung anschließen (oder wenn sie bei schmaler Spur an bereits zugerechnete Schmalspurstrecken der betr. Verwaltung anschließen) und mindestens dem öffentlichen Güterverkehre oder dem öffentlichen Personenverkehre dienen, auf Antrag der betr. Bahn von der geschäftsführenden Verwaltung ohne Weiteres den Vereinsbahnstrecken zugerechnet. Treffen diese Bedingungen nicht voll zu, so muß obiges Aufnahmeverfahren stattfinden.

Die Aufnahme anderer Eisenbahnverwaltungen (oben unter b) ist nach einer Vorberathung des Ausschusses für die Vereinssatzungen durch Beschluß der Vereinsversammlung und nachherige Ratifikation vorzunehmen, wobei Stimmeneinheit erforderlich ist.

Thatsächlich gehören mit geringen Ausnahmen alle bedeutenderen Eisenbahnen obiger Länder, insbesondere auch die 20 Direktionen der Preußischen Staatsbahnen, dem V.D.E.V. an, außerdem einige belgischen Bahnen, die Königl. Rumänischen Staatsbahnen und die Warschau-Wiener Eisenbahn. Ein den Vereinssatzungen entnommenes Verzeichniß wird in einer Tabelle im Anhange des II. Theiles gegeben werden.

Auf nicht dem Vereine angehörige Bahnen können die Vereinseinrichtungen in ihrem Verkehre mit den Vereinsbahnen Anwendung finden. Die Bahnen haben sich dann den bezüglichen Vereinsbestimmungen zu unterwerfen[2]). Ende März 1896 waren 18 Bahnen in dieses Verhältniß zum Vereine getreten. Die Bestimmungen über freiwillige und unfreiwillige Endigung der Mitgliedschaft oder der Theilnahme an den Vereinseinrichtungen sind in § 24 der Satzungen enthalten.

B. Umfang der Thätigkeit des Vereins.

Von allen Verbänden, welche zwischen Eisenbahnverwaltungen bisher bestanden haben, ist der V.D.E.V. unstreitig der bedeutendste und wichtigste. Seiner Wirksamkeit sind zum großen Theil die einheitlichen Einrichtungen zu danken, welche einen durchgehenden Verkehr nicht nur im Vereinsgebiete selbst, sondern jetzt auch mit den meisten Ländern Europas ermöglicht haben. Vielfach sind die Einrichtungen für den internationalen Verkehr, der jetzt von Nord nach Süd und von Ost nach West ganz Europa durchzieht, nur Erweiterungen derjenigen, die der V.D.E.V. für sein (engeres) Gebiet geschaffen hatte.

---

[2]) Näheres § 6 der Satzungen.

Der V.D.E.V. hat nach § 1 seiner Satzungen den Zweck, durch gemeinsame Berathungen und einmüthiges Handeln das eigene Interesse der Bahnen und dasjenige des Publikums zu fördern. Die Thätigkeit des Vereines erstreckt sich demgemäß auf Herbeiführung übereinstimmender und möglichst vollkommener Einrichtungen auf technischem Gebiete, in der Verwaltung, in Betrieb und Verkehr. Die wichtigsten Leistungen des V.D.E.V. auf diesen Gebieten sind unten (S. 66 ff.) kurz zusammengestellt.

C. Geschäftsgang des Vereins.

1. Geschäftsführende Verwaltung[3]).

Zur Leitung der Geschäfte wird auf je 4 Jahre in der Vereinsversammlung eine geschäftsführende Verwaltung gewählt. Diese hat die laufenden Verwaltungsangelegenheiten zu erledigen, die Vereinsbeschlüsse vorzubereiten und auszuführen, die Vereinsversammlungen zu berufen, vorzubereiten und zu leiten. Zu diesem Behufe steht der geschäftsführenden Verwaltung ein Bureau zur Seite, dessen Spitze der Vereinssekretär bildet. Jede Verwaltung, mit Ausnahme derjenigen, welche zuletzt die Geschäfte geführt hat, ist verpflichtet, die auf sie fallende Wahl anzunehmen. Thatsächlich ist ein häufiger Wechsel nicht eingetreten, sondern es haben die Geschäftsführung nach einander gehabt:

1846—1854	Direktion der Berlin-Stettiner Eisenbahn
1854—1882	„ „ „ Anhalter „
1882—1884	„ „ „ Hamburger „
1884 bis jetzt	die Königl. Eisenbahndirektion Berlin.

Der Präsident und ein Theil der Decernenten der Direktion Berlin sind gleichzeitig Decernenten für die Vereinsgeschäfte; alle ausgehenden Schreiben werden von dem Präsidenten der Direktion Berlin in Reinschrift gezeichnet. Im Uebrigen ist das Vereinsbureau bezüglich seiner Geschäfte von den Bureaus der Direktion Berlin vollständig getrennt.

2. Vereinsversammlungen und ihre Beschlüsse[4]).

Alle zwei Jahre findet die ordentliche Vereinsversammlung statt, und zwar an demjenigen Orte, welcher von der vorhergehenden Versammlung hierzu gewählt ist. (Die Zeit bestimmt die geschäftsführende Verwaltung.) Daneben können von der geschäftsführenden Verwaltung außerordentliche Versammlungen berufen werden. Auf Erfordern dreier Verwaltungen ist die geschäftsführende Verwaltung hierzu verpflichtet. Die Tagesordnung jeder Versammlung wird von der geschäftsführenden Verwaltung festgestellt und den anderen Verwaltungen mit der Einladung zur Vereinsversammlung übersandt.

In den Versammlungen kann jede Verwaltung durch einen oder mehrere Abgeordnete vertreten werden. Das Stimmrecht jeder Verwaltung, welches sich nach ihrer Länge in km richtet, wird indessen nur durch einen der Abgeordneten ausgeübt.

Jedem Vereinsmitgliede stehen bei einer Gesammtlänge seiner Bahn (abgeändert Berlin 1896):

bis zu	100 km	1 Stimme
über	100—250 „	2 Stimmen
„	250—500 „	3 „

[3]) Satzungen § 7, 8.
[4]) Satzungen § 16—21.

und für je angefangene weitere 250 km 1 Stimme mehr zu. Bei der Abstimmung kann sich eine Verwaltung durch eine andere vertreten lassen, muß dies jedoch der geschäftsführenden Verwaltung vorher anzeigen. Verwaltungen, welche an einzelnen Vereinseinrichtungen nicht theilnehmen, dürfen in den betr. Angelegenheiten ein Stimmrecht nicht ausüben.

Die Beschlüsse der Versammlungen sind mit Ausnahme einiger rein geschäftlichen Angelegenheiten an sich nicht bindend, sondern bedürfen, um verbindlich zu werden, der Ratifikation durch sämmtliche Verwaltungen. Zu diesem Behufe werden die Vereinsversammlungsbeschlüsse von der geschäftsführenden Verwaltung allen Vereinsverwaltungen binnen 15 Tagen (dringende binnen 8 Tagen) nach Beendigung der Versammlung zur Erklärung mitgetheilt. Die Beschlüsse werden alsdann bindend, wenn ihnen nicht binnen 8 Wochen (deren Lauf mit dem achten Tage nach Absendung des Protokolls beginnt) von einem Zehntel sämmtlicher den Vereinsmitgliedern zustehenden Stimmen widersprochen wird. Für dringliche Beschlüsse kann die Vereinsversammlung eine kürzere Erklärungsfrist, beginnend mit dem Tage der Absendung des Benachrichtigungsschreibens, bestimmen. Beschlüsse über Tarifangelegenheiten bedürfen der Genehmigung sämmtlicher Vereinsverwaltungen.

Die geschäftsführende Verwaltung theilt das Ergebniß der Erklärungen den übrigen Verwaltungen mit und setzt den Zeitpunkt des Inkrafttretens fest, soweit dieser nicht schon aus den Beschlüssen selbst hervorgeht. Die geschäftsführende Verwaltung überwacht sodann die Ausführung der Beschlüsse, worüber die einzelnen Verwaltungen der geschäftsführenden Verwaltung binnen 4 Wochen Mittheilung zu machen haben. Unterläßt eine Verwaltung die Ausführung eines Beschlusses und gelingt es der geschäftsführenden Verwaltung nicht, dieselbe nachträglich herbeizuführen, so ist die Angelegenheit der nächsten Vereinsversammlung zur Beschlußfassung vorzulegen.

Die preußischen Eisenbahndirektionen dürfen im V.D.E.V. nur solche Anträge stellen, zu denen der M. d. ö. A. seine Genehmigung ertheilt hat. In den Hauptversammlungen müssen sämmtliche Direktionen einheitlich abstimmen und haben sich vorher über ihre Stimmabgabe zu verständigen, nöthigenfalls die Entscheidung des M. d. ö. A. einzuholen, jedenfalls aber die Niederschrift über die Vorbesprechung dem M. d. ö. A. vorzulegen. Ueber die Annahme oder Ablehnung der Beschlüsse entscheidet für sämmtliche Direktionen der M. d. ö. A. nach Bericht der Direktion Berlin und etwaigen abweichenden Sonderberichten anderer Direktionen[5]).

3. Thätigkeit der Ausschüsse[6]).

Die Beschlüsse der Vereinsversammlungen werden durch die Vorberathung in Ausschüssen vorbereitet. Diese Ausschüsse sollen für alle wichtigeren Angelegenheiten ständige sein. Zur Zeit bestehen folgende 6 ständigen Ausschüsse (Beschluß zu Berlin 1896):

a) Der Ausschuß für die Vereinssatzungen und allgemeinen Verwaltungsangelegenheiten.

b) Der Ausschuß für Angelegenheiten des Personenverkehres.

[5]) M.E. v. 7./11. 1880 IA 6772, M.E. v. 28./8. 1885 IIb (a) 14918, M.E. v. 1./6. 1889 IIb T 2357, IIb (a) 9469, M.E. v. 26./7. 1892 IV (II, I) 3366.

[6]) Satzungen § 10—15.

c) Der Ausschuß für Angelegenheiten des Güterverkehres.
d) Der Ausschuß für Angelegenheiten der gegenseitigen Wagenbenutzung.
e) Der Ausschuß für technische Angelegenheiten.
f) Der Preisausschuß.

Zur Vorberathung von Gegenständen, welche nicht in den Geschäftskreis eines oder des anderen der ständigen Ausschüsse fallen, werden besondere Ausschüsse eingesetzt.

Die Ausschüsse bestehen in der Regel aus Vereinsverwaltungen, ausnahmsweise, wenn dies für zweckmäßig erachtet wird, aus Personen. Die ständigen Ausschüsse werden durch die Vereinsversammlung auf vier Jahre gewählt (die Wahl des Preisausschusses geschieht nach eigenem Verfahren; vgl. Satzungen § 11 u. Anh. III), die besonderen Ausschüsse von der geschäftsführenden Verwaltung ernannt. Die Ausschüsse haben neben der Vorbereitung der Beschlüsse der Vereinsversammlungen die Aufgabe, über eine Reihe ihnen zugewiesener Angelegenheiten zu beschließen, sowie über andere schiedsrichterlich zu entscheiden. Den Vorsitz in jedem Ausschusse führt eine Verwaltung bezw. bei aus Personen bestehenden Ausschüssen eine Person. Die Beschlüsse der Ausschüsse werden durch eine Niederschrift festgelegt, welche den Ausschußmitgliedern und der geschäftsführenden Verwaltung zugestellt und von letzterer den Vereinsverwaltungen mitgetheilt wird. Außerdem erfolgt in der nächsten Vereinsversammlung mündliche Berichterstattung. Die Beschlüsse der Ausschüsse werden nur dann sofort bindend, wenn von der Vereinsversammlung Vollmacht zur endgültigen Entscheidung ertheilt ist. Andernfalls ist dieselbe Ratifikation wie bei den Beschlüssen der Vereinsversammlungen erforderlich.

Bei denjenigen Verhandlungen in den Ausschüssen, welche sich nur mit der Vorbereitung der Beschlußfassung in der Vereinsversammlung beschäftigen, hinsichtlich deren also die Beschlüsse der Ausschüsse keine bindende Kraft haben, ist es den einzelnen Vertretern der Pr.St.B., soweit es sich um den Austausch von Erfahrungen und Ansichten, sowie um gutachtliche Aeußerungen handelt, gestattet, unabhängig von einander und selbständig ihre Meinung und ihre Stimme abzugeben[7]).

Eine Besonderheit bietet der technische Ausschuß. Dieser kann im Bedarfsfalle zur Technikerversammlung erweitert werden, an welcher sämmtliche Vereinsmitglieder theilzunehmen berechtigt sind. Thatsächlich ist umgekehrt der technische Ausschuß aus den Technikerversammlungen hervorgegangen, deren erste 1850 in Berlin getagt hat. Die letzte 15. hat vom 18.—20./6. 1896 zu Budapest stattgefunden.

4. Schiedsgerichte[8]).

Alle Rechtsstreitigkeiten unter Vereinsmitgliedern, welche aus den Vereinsbestimmungen über den Wagenverkehr, sowie über den Personen-, Gepäck- und Güterverkehr entstehen, sind mit Ausschluß des Rechtsweges lediglich durch Schiedsspruch der bezüglichen Ausschüsse[9]) zu entscheiden. Streitigkeiten der Vereinsmitglieder aus anderen Bestimmungen über den Wagenverkehr sowie den Personen-, Gepäck- und Güterverkehr können in gleicher Weise durch den betreffenden Ausschuß entschieden werden, wenn die streitenden Parteien dies beantragen. Eine Genehmigung der von den Ausschüssen gefällten Schiedssprüche durch die Verwaltungen findet nicht statt.

---

7) M.E. v. 1./6. 1889 IIb T. 2357, IIb (a) 9469.

8) Satzungen § 22.

9) Vgl. Satzungen § 10.

D. Kosten des Vereins[10]).

Zur Bestreitung der Vereinskosten dient eine Kasse, welche aus den Beiträgen der einzelnen Verwaltungen, so oft das Bedürfniß es erfordert, dergestalt gebildet wird, daß jedes Vereinsmitglied:

a) Ohne Rücksicht auf die Länge seiner Bahnen einen festen Beitrag von 200 M.

b) Außerdem für jedes km der seiner Betriebsleitung unterstellten Vereinsbahnstrecken einen Beitrag von 1,0 M. einzahlt.

Die an den Vereinseinrichtungen nur theilnehmenden Bahnverwaltungen zahlen denselben Beitrag für das km, als festen Beitrag aber nur 50 M.

Wegen der Beiträge zur Beamtenversorgungskasse vgl. Satzungen § 8 und Anhang II. Die Vereinskasse wird von der geschäftsführenden Verwaltung verwaltet.

E. Wichtige Ergebnisse der bisherigen Wirksamkeit des Vereins.

1. Technische Errungenschaften des Vereins für Bau und Betrieb.

Die Einwirkung des Vereines auf Schaffung einheitlicher Bestimmungen für Bau und Betrieb der Eisenbahnen wird bei der allgemeinen Erörterung dieses Gegenstandes (unter II dieses Kap.) zu besprechen sein. Außerdem hat der Verein durch Zusammenstellung und Sichtung der bei den einzelnen Bahnen bestehenden Konstruktionen und Einrichtungen um deren Fortbildung sich große Verdienste erworben. So geschah seit 1867/68 die Sammlung der neuesten Oberbaukonstruktionen und eine Zusammenstellung der im Gebiete der Vereinsbahnen bestehenden Minimaldurchfahrts- und Maximalladeprofile nebst einem für alle Vereinsbahnen gültigen Maximalladeprofil (weiteres hierüber vgl. 3. Abschn.). 1868/70 erfolgte eine Sammlung und Veröffentlichung von Bahnhofsgrundrissen, 1891/92 eine solche neuer Konstruktionen auf dem Gebiete des Lokomotiv- und Wagenbaues. Die Erörterung wichtiger technischer Fragen hat seit 1857 im V.D.E.V. stattgefunden. Die Fragen werden seitens des technischen Ausschusses ausgewählt und durch die geschäftsführende Verwaltung den sämmtlichen Vereinsverwaltungen zur Abgabe ihrer bezüglichen Gutachten oder Mittheilung der vorliegenden Erfahrungen zugestellt. Nach den Antworten werden Zusammenstellungen, Schlußfolgerungen und Gutachten durch den technischen Ausschuß und dazu gewählte Mitglieder angefertigt. Ueber die Veröffentlichung vgl. unter 8. Ueber die technische Statistik wird unter 7 zu reden sein.

2. Die Einrichtungen für gegenseitige Wagenbenutzung,

3. die Vereinbarungen über Güter-, Personen- und Gepäckverkehr,

4. die Vereinbarung über ein gleichmäßiges Verfahren bei Ertheilung von Freikarten

sind bei der allgemeinen Erörterung dieser Gegenstände unter III, V dieses Kapitels zu besprechen.

5. Die Einrichtung der zusammenstellbaren Fahrscheinhefte, entstanden aus den zuerst 1884 geschaffenen kombinirbaren Rundreisebilleten, ist seitdem außerordentlich vervollkommnet und über das Gebiet des V.D.E.V. hinaus auf Belgische, Bosnisch-

---

[10]) Satzungen § 23.

Herzegowinische, Schweizerische, Dänische, Schwedische, Norwegische Transportanstalten ausgedehnt. Das Nähere hierüber wird im 4. Abschn. mitzutheilen sein.

6. Die Vereinsabrechnungsstelle und deren Wirksamkeit wird unter VIII dieses Kapitels bei Behandlung der Einrichtungen für Abrechnung und Ausgleichung der gegenseitigen Forderungen der Eisenbahnen zu erörtern sein.

7. Die Vereinsstatistik.

Nach vorbereitenden Beschlüssen in den ersten Jahren des Bestehens des V.D.E.V. beschloß die Versammlung zu Aachen (1850), daß vom Jahre 1850 ab auf Grund der von den einzelnen Verwaltungen zu liefernden Tabellen die geschäftsführende Direktion eine Eisenbahnstatistik aufstellen, durch den Druck vervielfältigen und den Vereinsverwaltungen übersenden möge. In Folge dessen erschien am 20./11. 1851 der erste Jahrgang der deutschen Eisenbahnstatistik. Diese ist seitdem alljährlich herausgegeben, unter allmählicher Erweiterung des Gebietes, auf welches sie sich erstreckte, und theilweiser Aenderung der Eintheilung.

Neben dieser auf Betriebs- und Verkehrsverhältnisse sich erstreckenden Vereinsstatistik hat der Verein wichtige statistische Erhebungen auf technischem Gebiete veranlaßt. Hier sind zu erwähnen:

a) Die Statistik über die Dauer der Schienen in den Hauptgleisen der Bahnen des V.D.E.V., seit 1884 durchschnittlich alle drei Jahre erschienen.

b) Die Ergebnisse der von den Vereinsverwaltungen mit Eisenbahnmaterial angestellten Güteproben, seit 1881 alljährlich eingesandt und demnächst in tabellarischen und zeichnerischen Nachweisungen zusammengestellt.

c) Die seit 1857 herausgegebenen Statistischen Nachrichten über die auf den Bahnen des V.D.E.V. vorgekommenen Achsbrüche und Achsanbrüche.

d) Die 1887 begonnene Statistik der auf den Vereinsbahnen vorgekommenen Radreifenbrüche.

8. Die Zeitschriften des Vereins.

Nach Begründung des Vereines wurde zunächst die von den technischen Mitgliedern der Württembergischen Eisenbahnverwaltung C. Etzel und L. Klein herausgegebene, seit 1844 in Stuttgart erschienene Eisenbahnzeitung vorläufig zum Vereinsorgane erwählt (Hamburg 1847). Seit 1./7. 1861 erscheint nach Beschluß der Danziger Versammlung (1860) unter Redaktion des Assessors Dr. Koch im Selbstverlage des V.D.E.V. die Zeitung des V.D.E.V. als eigene Veröffentlichung desselben. Das wöchentlich zweimal erscheinende Blatt bespricht in Leitartikeln aus der Feder hervorragender Fachmänner wichtige allgemeine Fragen des Eisenbahnwesens und bringt eingehende Berichte über Bau, Betrieb, Verkehr und Gesetzgebung bezüglich des Eisenbahnwesens aller Länder und Welttheile. Wichtige Erkenntnisse des Reichsgerichts werden mitgetheilt, literarische Erscheinungen aus den eisenbahnfachwissenschaftlichen Gebieten besprochen. Der Anzeigentheil wird nicht nur von dem Vereine, sondern auch von den einzelnen Bahnverwaltungen zu ihren wichtigeren Bekanntmachungen benutzt. Besonders zu erwähnen ist noch der monatlich zweimal als Beilage zur Zeitung des V.D.E.V. erscheinende Anzeiger überzähliger Eisenbahngüter und Gepäckstücke.

Ferner wurde vom 1./1. 1864 ab das schon vorher im Kreidel'schen Verlage in Wiesbaden erscheinende Organ für die Fortschritte des Eisenbahnwesens in technischer Beziehung zum Vereinsorgane gemacht. Als Supplementbände zu diesem werden die Ergebnisse der Erörterung wichtiger technischer Fragen des Eisenbahnwesens (s. oben S. 66) veröffentlicht.

9. Der Diensttelegrammverkehr.

Ueber die gegenseitige unentgeltliche Beförderung von Diensttelegrammen sind durch das „Uebereinkommen betreffend den Diensttelegrammverkehr auf den Telegraphenlinien des Vereins Deutscher Eisenbahnverwaltungen" einheitliche Bestimmungen getroffen. Dieses Uebereinkommen, dessen erster Vorgänger 1877 zu Stande kam, ist zuletzt 1895 neu herausgegeben.

II. Einheitliche technische Einrichtungen für Bau und Betrieb.

In der ersten Zeit des Eisenbahnwesens, als man von zusammenhängenden Eisenbahnnetzen noch nicht sprechen konnte, vielmehr hier und da vereinzelt eine Bahn nach der anderen entstand, ist es für die technische Gestaltung der Bahnen von erheblicher Bedeutung gewesen, daß man sich vorwiegend nach englischen Mustern richtete. Wenn so auch manches minder Gute auf dem europäischen Festlande dauernd Boden faßte, so wurde doch durch diese Entstehungsweise der Bahnen in der Zeit, als noch der örtliche Zusammenhang und die gegenseitige Verständigung fast gänzlich fehlten, eine gewisse Einheitlichkeit in technischer Beziehung von vorneherein gewährleistet. Namentlich gilt dies von der Spurweite, die, mit Ausnahme Rußlands, welches mit seiner breiteren Spur grundsätzlich einen anderen Weg eingeschlagen hat, in allen Ländern Europas übereinstimmend nach dem englischen Vorbilde angenommen ist, soweit man nicht wegen der mehr untergeordneten und vorwiegend örtlichen Bedeutung der Bahnen von vorneherein sich mit einer schmalen Spur begnügt hat. In Deutschland hatten nur die Badischen Staatsbahnen zuerst eine abweichende Spurweite gewählt, die sie aber aus eigenem Antriebe sehr bald beseitigten, um im Interesse des Durchgangsverkehres die normale Spurweite anzunehmen.

Bei der schnellen Vervollkommnung indessen, welche das Eisenbahnwesen entsprechend dem wachsenden Umfange und den wachsenden Bedürfnissen in jeder Beziehung durchmachte, konnte die erste Nachahmung gemeinsamer Vorbilder eine gleichmäßige Entwickelung nicht lange gewährleisten. Es bedurfte hierzu der Verständigung zwischen den Bahnverwaltungen, und gerade auf diesem Gebiete hat der V.D.E.V. Großes geleistet. Wenn es dem Reisenden jetzt möglich ist, von Berlin nach Rom, von Wien nach Hamburg zu fahren, ohne seinen Sitzplatz zu wechseln, wenn Güterwagen mit derselben Ladung von Drontheim nach Tarent durchlaufen können, so ist diese großartige Errungenschaft vorwiegend den freien Vereinbarungen der Bahnverwaltungen auf technischem Gebiete zu verdanken, bei welchen der V.D.E.V. in erster Linie steht. Später haben dann auch die Staatsregierungen eingegriffen, im Inneren der einzelnen Länder die bestehenden technischen Einrichtungen gesetzlich festgelegt und vervollkommnet und durch internationalen Zusammenschluß dem europäischen Durchgangsverkehre eine gesetzliche Grundlage gegeben. Dementsprechend haben wir nach einander die Wirksamkeit des V.D.E.V., die gesetzliche Regelung im D.R. und die internationale Regelung durch Staatsvertrag zu erörtern.

A. Die Wirksamkeit des V.D.E.V.

Im Februar 1850 traten in Berlin die Techniker sämmtlicher Vereinsverwaltungen auf Grund des Beschlusses der Vereinsversammlung zu Wien (1849) zusammen, um über eine von dem hannöverschen Baurath Mohn dem Vereine unterbreitete Denkschrift zu berathen, welche Vorschläge enthielt, die „die Benutzung der Betriebsmittel einer Eisenbahnverwaltung auf benachbarten, unter ähnlichen Terrainverhältnissen liegenden Bahnen möglich machen" sollten. Das Ergebniß dieser Berathungen waren zwei Zusammenstellungen von Bestimmungen:

a) „Grundzüge für die Gestaltung der Eisenbahnen Deutschlands", nebst denselben beigegebenen „Sicherheitspolizeilichen Anordnungen".

b) „Einheitliche Vorschriften für den durchgehenden Verkehr auf den bestehenden Vereinseisenbahnen".

Nach nochmaliger Berathung und Verbesserung durch einen Vereinsausschuß wurden in der Vereinsversammlung zu Aachen 29./7.—1./8. 1850 die Einheitlichen Vorschriften in der Weise zum Beschlusse erhoben, daß sie den Verwaltungen zur baldmöglichen Ausführung dringend empfohlen wurden. Die Grundzüge nebst den Sicherheitspolizeilichen Anordnungen wurden zwar nur als schätzbares Material zur Kenntniß der Vereinsverwaltungen gebracht, fanden aber doch in den nächsten Jahren bei allen Neubauten mehr oder weniger Beachtung.

Auf der Berliner Versammlung hatte man zugleich beschlossen, einen Verein der Deutschen Eisenbahntechniker zu begründen. Dieser Verein ist als solcher nie in's Leben getreten. Wohl aber wurden Technikerversammlungen von nun an eine ständige (allerdings erst durch die Satzungen von 1892 officiell anerkannte) Einrichtung des V.D.E.V., um über wichtige technische Fragen zu berathen und insbesondere die oben erwähnten Bestimmungen auf der Höhe der Zeit zu erhalten. So rührte eine neue Fassung dieser Bestimmungen von der Technikerversammlung in Wien 1857 und den Vereinsversammlungen zu München 1857 und Triest 1858 her. Die Technikerversammlung zu Dresden 1865 berieth abermals über eine Umgestaltung beider Vorschriftensammlungen und fügte einen neuen Abschnitt „Signalordnung" hinzu. Der neue Entwurf wurde von dem technischen Ausschusse des Vereines unter der zusammenfassenden Bezeichnung: „Technische Vereinbarungen des V.D.E.V. über den Bau und die Betriebseinrichtungen der Eisenbahnen" redigirt und so von der Vereinsversammlung in Mainz 1867 angenommen. Eine weitere Umgestaltung erfuhren die Technischen Vereinbarungen auf der fünften Technikerversammlung in Hamburg bezw. auf der Vereinsversammlung in Berlin 1871, wobei statt des englischen Fußmaaßes überall das Metermaaß durchgeführt wurde, während dies in der Fassung von 1867 dem Fußmaaße bereits in Klammern beigesetzt war. Von den mehrfachen weiteren Aenderungen sei noch die vorletzte Fassung auf Grund der Technikerversammlung zu Constanz 1888 erwähnt, zu welcher dann in den folgenden Jahren fünf Nachträge erschienen sind.

Inzwischen hatte sich im Laufe der sechziger Jahre das Bedürfniß herausgestellt, für die Bahnen von geringerer Verkehrsbedeutung erleichternde Bestimmungen zu schaffen. Nachdem bereits 1865 in dieser Beziehung Berathungen stattgefunden hatten, wurde gegen Ende der 60er Jahre ein entsprechendes Werk (Grundzüge für die Gestaltung der sekundären Bahnen) von dem technischen Ausschusse des Vereines ausgearbeitet und von der Hauptversammlung zu Wien 1869 genehmigt. Ebenso wie für die Technischen Vereinbarungen wurden auch für diese Grundzüge mehrfache Umgestaltungen erforderlich, die theils nur von dem technischen Ausschusse, theils in Technikerversammlungen vorgenommen und in Hauptversammlungen des V.D.E.V. genehmigt wurden. Die zu Beginn der 80er Jahre erfolgte starke Vermehrung sekundärer Bahnen führte zur Unterscheidung von Nebenbahnen (Flügelbahnen von Hauptbahnen mit normaler Spur, Oberbau für Betriebsmittelübergang, bis 40 km Geschwindigkeit) und Lokalbahnen (beliebige Spurweite, 5 t höchster Raddruck, bis 30 km Geschwindigkeit). Die vom technischen Ausschusse demgemäß entworfenen Bestimmungen:

Grundzüge für den Bau und die Betriebseinrichtungen der Nebeneisenbahnen,

" " " " " " " " Lokaleisenbahnen

wurden von der Technikerversammlung zu Salzburg 28—30./7. 1886 durchberathen und von der Hauptversammlung zu Stuttgart 26.—27./8. 1886 angenommen.

Nachdem man solchergestalt für die Bahnen minderer Bedeutung besondere Bestimmungen geschaffen, bezeichnete man zum Unterschiede die Technischen Vereinbarungen als solche „für Haupteisenbahnen". Der Umstand, daß die Grundzüge für Nebeneisenbahnen in ihrer neuesten Fassung von 1890 mit den Technischen Vereinbarungen für Haupteisenbahnen nicht nur in der Nummern- und Inhaltsfolge der einzelnen Paragraphen übereinstimmten, sondern zum großen Theile eine wörtliche Wiederholung der Bestimmungen für Haupteisenbahnen enthielten, legte es nahe, beide Vorschriftensammlungen zu einem Werke zu vereinigen, um so die Benutzung zu erleichtern und die Verschiedenheit in den einzelnen Bestimmungen klarer erkennbar zu machen. Nach entsprechender Vorbereitung durch den technischen Ausschuß und die am 18.—20./6. 1896 in Budapest abgehaltene Technikerversammlung hat demgemäß die Hauptversammlung zu Berlin (28.—30./7. 1896) die sämmtlichen Vorschriften für Bau und Betrieb in folgende Gestalt gebracht, welche nach erfolgter Genehmigung durch die Verwaltungen vom 1./1. 1897 Geltung hat:

a) Technische Vereinbarungen über den Bau und die Betriebseinrichtungen der Haupt- und Nebeneisenbahnen.

b) Grundzüge für den Bau und die Betriebseinrichtungen der Lokaleisenbahnen.

Diejenigen Bestimmungen der Technischen Vereinbarungen, welche in denselben (durch fetten Druck) als bindend bezeichnet sind, müssen von allen Vereinsverwaltungen befolgt werden, sofern nicht durch Staatsverträge oder die staatlichen Aufsichtsbehörden (s. unter B u. C) von den bindenden Vorschriften abweichende Bestimmungen getroffen sind oder getroffen werden.

B. Schaffung einheitlicher Bestimmungen für das Deutsche Reich.

Wenn auch in Folge der Technischen Vereinbarungen in technischer Beziehung zwischen den deutschen Bahnen eine weitgehende Uebereinstimmung bestand, so waren doch in Beziehung auf die Handhabung des Betriebes große Verschiedenheiten vorhanden. Jede Bahn hatte ihr eigenes von der betr. Landesregierung festgesetztes Bahnpolizeireglement [11]), und wenn auch die Grundsätze, nach welchen die Bahnpolizeireglements erlassen wurden, im Wesentlichen übereinstimmten, so waren doch im Einzelnen selbst in Preußen

---

[11]) In Preußen maßgebend Ges. üb. die Eisenbahnunternehmungen § 23.

zwischen den zu verschiedenen Zeiten erlassenen Reglements mannigfache Abweichungen vorhanden. Noch ungünstiger stand es um das Signalwesen, da oft auf angrenzenden Bahnen dasselbe Signal die entgegengesetzte Bedeutung hatte. Hier war es der politischen Einigung Deutschlands vorbehalten, Abhülfe zu schaffen. In Ausführung der Bestimmungen der Art. 42, 43 der Verf. des Nordd. Bundes wurde am 10./3. 1870 dem Bundesrathe vom Bundeskanzler der Entwurf zu einem Bahnpolizeireglement für die innerhalb des Nordd. Bundes belegenen Eisenbahnen vorgelegt. Für die Abschnitte I, II, III desselben (technische Einrichtungen und Betrieb) waren die auf den Pr.St.B. geltenden Sicherheitsbestimmungen zum Vorbilde genommen, die man einer eingehenden Prüfung unterzogen und mit den Bestimmungen des V.D.E.V. in möglichsten Einklang gebracht hatte, während die Abschnitte IV u. V (Bestimmungen für das Publikum) im Wesentlichen den neueren Polizeiverordnungen und Reglements für die preußischen Privatbahnen entnommen waren, mit denen die ähnlichen Reglements in den übrigen Bundesstaaten im Allgemeinen konform gingen. Das Bahnpolizeireglement wurde dann nach Bundesrathsbeschluß unter dem 3./6. 1870 erlassen und nach Begründung des D.R. durch Bekanntmachung des Reichskanzlers vom 29./12. 1871 mit einigen Abänderungen auf das Gesammtgebiet des Reiches mit Ausnahme Bayerns ausgedehnt. Da das Zustandekommen eines Reichseisenbahngesetzes sich gegen Erwarten verzögerte, so entschloß man sich, zur Verwirklichung der in Art. 42, 43 der V.d.D.R. ausgesprochenen Absichten für den rein technischen Theil des Betriebes bezw. den inneren Dienst zur Ergänzung des Bahnpolizeireglements einheitliche Sondervorschriften im Verordnungswege zu erlassen. So wurde 4./1. 1875 (b) die Signalordnung für die Eisenbahnen Deutschlands erlassen, die 1./4. 1875 in Kraft trat. Gleichzeitig erhielt das Bahnpolizeireglement eine neue Fassung.

Unter dem 12./6. 1878 ergingen sodann unter gleichzeitiger anderweiter Fassung und Abgrenzung des Bahnpolizeireglements:

c) Normen für die Konstruktion und Ausrüstung der Eisenbahnen Deutschlands;
d) Bestimmungen über die Befähigung von Bahnpolizeibeamten und Lokomotivführern;
e) Bahnordnung für deutsche Eisenbahnen untergeordneter Bedeutung.

Während die unter c und d genannten Verordnungen wichtige Vorschriften des Bahnpolizeireglements ausführten, ließ die Bahnordnung, welche ihrem Umfange nach dem Bahnpolizeireglement und den Normen zusammen entspricht, für den Bau und Betrieb der Nebenbahnen erhebliche Erleichterungen zu, entsprechend den Vorschriften des V.D.E.V. (vgl. S. 70). In Preußen bestand schon etwa ein Jahr vorher die „Sicherheitsordnung für preußische Eisenbahnen minderer Ordnung,“ welche ähnliche erleichternde Bestimmungen enthielt und mit Zustimmung des Reichseisenbahnamtes auf einzelne Bahnen vorläufig Anwendung gefunden hatte.

Die Signalordnung wurde 1880 durch Einführung der mehrflügligen Signale ergänzt, die Bestimmungen zu d 1881 u. 1883 abgeändert, das Bahnpolizeireglement, die Signalordnung und die Normen 30./11. 1885 neu herausgegeben. Alle fünf Vorschriftensammlungen erhielten eine neue Fassung unter dem 5./7. 1892 mit Gültigkeit vom 1./1. 1893. Hierbei wurde das Bahnpolizeireglement zur „Betriebsordnung für die Haupteisenbahnen Deutschlands“, die Bahnordnung heißt seitdem „Bahnordnung für die Nebeneisenbahnen Deutschlands“, die Normen führen fortan den Titel „Normen für den

Bau und die Ausrüstung der Haupteisenbahnen Deutschlands". Deutschland ist hier, abgesehen von den Normen, überall ausschl. Bayerns zu verstehen[12]). Indessen hat Bayern sich damit einverstanden erklärt, die im übrigen Deutschland geltenden Bestimmungen einzuführen, falls nicht seine Einrichtungen hinderlich sind.

C. Herbeiführung einheitlicher technischer Bestimmungen in den verschiedenen Ländern durch Staatsvertrag.

Die übereinstimmende Entwickelung der Bahnen in technischer Beziehung ist, wie oben dargelegt, im Wesentlichen das Werk freier Vereinbarungen der Bahnverwaltungen. Die im D.R. seit 1870 erlassenen Vorschriften konnten sich in technischer Beziehung im Wesentlichen an die T.V. anschließen, und hatten nur in Bezug auf die Betriebs- und Sicherheitsvorschriften Neues zu schaffen. Dagegen bestand im internationalen Verkehre der große Uebelstand, daß die Vereinbarungen des V.D.E.V. sich auf sein Gebiet beschränkten, und daß in anderen Ländern abweichende technische Grundsätze herrschten, welche dem gegenseitigen Uebergange der Betriebsmittel mehr oder weniger hinderlich waren. Hier war das Eingreifen der Staatsregierungen erforderlich, um für die Beseitigung der bestehenden technischen Ungleichheiten die Grundlage zu schaffen. Eine erste internationale Konferenz fand zu diesem Zwecke im Oktober 1882 zu Bern statt, eine zweite ebenda im Mai 1886. Vertreten waren daselbst Deutschland, Frankreich, Italien, Oesterreich-Ungarn und die Schweiz. In dem Schlußprotokolle der zweiten Konferenz, datirt vom 15./5. 1886, kam eine Vereinbarung über „die Technische Einheit im Eisenbahnwesen" zwischen den genannten Staaten zu Stande. Die Bestimmungen des Protokolles sind in sechs Artikel gegliedert:

Art. I besagt, daß die Spurweite aller Hauptbahnen nicht unter 1435 mm betragen soll und in Krümmungen einschließlich der Erweiterung nicht über 1465 mm.

Nach Art. II darf das Rollmaterial der Eisenbahnen, wenn es den folgenden (in § 1—25 aufgeführten) Bestimmungen entspricht, aus Gründen seiner Bauart vom internationalen Verkehre nicht ausgeschlossen werden[13]).

Nach Art. III ist jeder der betheiligten Staaten berechtigt, behufs Vervollständigung oder Aenderung der vorstehenden Bestimmungen bei dem Schweizerischen Bundesrathe eine neue Konferenz zu beantragen.

Nach Art. IV u. V können alle bei der Konferenz nicht betheiligten Staaten beitreten. Die Bestimmungen werden alsdann für jeden hinzutretenden Staat drei Monate nach der Beitrittserklärung wirksam. Andererseits kann jeder Staat mit sechsmonatlicher Kündigungsfrist vom Vertrage zurücktreten.

Art. VI bestimmt, daß die betheiligten Staaten vor dem 1./1. 1887 dem Schweizerischen Bundesrathe ihre Erklärung über die Genehmigung dieser Vereinbarung abgeben sollten. Diese Genehmigung ist seitens aller fünf Staaten erfolgt, für das D.R. durch Bundesrathsbeschluß vom 16./12. 1886. Veröffentlicht ist die Abmachung durch den Reichskanzler am 17./2. 1887, in Kraft getreten am 1./4. 1887.

Demnächst haben noch die Regierungen von den Niederlanden und Rumänien (1887), Belgien, Serbien, Griechenland (1890), Bulgarien (1891), Luxemburg, Däne-

---

12) Vgl. Art. 46 d.V.d.D.R.

13) Der Inhalt der §§ 1—25 ist im 3. Abschn. 2. Kap. besprochen.

mark, Schweden und Norwegen (1896) ihren Beitritt erklärt. Die Türkei und Rußland (für seine wenigen normalspurigen Bahnen) sind nicht beigetreten. Doch haben die Bahnverwaltungen dieser Länder durch Annahme des V.W.U. die Bestimmungen des obigen Art. II für sich verbindlich gemacht. Wenn auch der Form nach die Bestimmungen des Art. II nur die Wirkung haben, den Uebergang der Betriebsmittel bei Erfüllung gewisser technischer Bedingungen sicher zu stellen, so ist doch sachlich die Folge gewesen, daß in sämmtlichen betheiligten Ländern die Bahnen und ihre Betriebsmittel nunmehr mit den Bestimmungen der Technischen Einheit in Einklang gebracht sind.

Auf derselben Berner Konferenz ist zwischen den oben genannten fünf Regierungen ein Protokoll vereinbart, welches „Vorschriften über die zollsichere Einrichtung der Eisenbahnwagen im internationalen Verkehre" enthält. Auch dieses ist vom Bundesrathe genehmigt, vom Reichskanzler am 12./3. 1887 veröffentlicht, am 1./4. 1887 in Kraft getreten. Diesen Vorschriften sind dieselben Regierungen nachträglich beigetreten, wie vor, d. h. Belgien, Serbien, Griechenland, Rumänien (1891), Bulgarien (1892), die Niederlande (1893), Luxemburg, Dänemark, Schweden, Norwegen (1896).

III. Uebergang von Betriebsmitteln und Personalen.

A. Gegenseitige Benutzung der Güterwagen.

Eine der wichtigsten Errungenschaften auf dem Gebiete des Verkehres ist die gegenseitige Wagenbenutzung, welche sich jetzt mit Ausnahme der durch ihre Spurweite ausgeschlossenen Bahnen sowie derjenigen, welche auch nicht durch Fähranstalten mit dem Gesammtbahnnetze in Verbindung stehen, auf ganz Europa erstreckt. Vorbedingung dafür, daß der Wagenübergang überhaupt möglich wurde, war eine weitgehende Uebereinstimmung in der technischen Gestaltung der Bahnen der verschiedenen Länder. Wie diese zu Stande gekommen ist, wurde auf S. 72 erörtert. Für den Wagenübergang selbst waren dann einmal in technischer Hinsicht Vereinbarungen zu treffen, welche den übergangsfähigen Zustand, die zulässigen und unzulässigen Mängel und die Vornahme der Ausbesserungen im Einzelnen zu regeln hatten, ferner Vereinbarungen über die Dauer und Art der Benutzung, die Vergütung hierfür, die Ausführung der erforderlichen Reinigungen und die Kontrole über alle diese Vorgänge. Endlich handelte es sich um die Beobachtung der gesetzlichen Vorschriften der einzelnen Länder über Zoll- und Steuersachen, über Vorbeugung gegen Seuchen und Viehseuchen u. s. f.

Die Ueberwindung der allen solchen Vereinbarungen entgegenstehenden Schwierigkeiten ist im Wesentlichen der freien Thätigkeit der Bahnen zu verdanken. Wenn insbesondere in Deutschland durch Art. 44 der B.d.D.R. den Bahnen die Verpflichtung auferlegt ist, den Uebergang der Transportmittel von einer Bahn auf die andere zu gestatten, so ist hiermit nur eine bereits bestehende Einrichtung gesetzlich festgelegt. Dagegen hat der internationale Wagenverkehr durch den Abschluß des Staatsvertrages über die Technische Einheit (1886) eine wesentliche Förderung erfahren, wie dies bei Besprechung der einzelnen Wagenverbände zu erörtern sein wird.

1. Die gegenseitige Wagenbenutzung im Bereiche des V.D.E.V.

Das Verdienst, einen durchgehenden Wagenverkehr für ein größeres Gebiet zuerst in's Leben gerufen zu haben, gebührt dem V.D.E.V. In den ersten Jahren des Bestehens der Eisenbahnen, während erst allmählich die einzelnen Linien zu einem Gesammtnetze sich zusammenschlossen, war lediglich in bestimmten Verkehrsrichtungen das Interesse des Wagenüberganges zur Vermeidung der Umladung vorhanden. Die bezüglichen Vereinbarungen wurden zuerst in den Transportverbänden getroffen, deren erster (der Norddeutsche) 1848 begründet wurde (vgl. unten S. 98).

Inzwischen hatte der V.D.E.V., 1846 gegründet, als eine seiner ersten Aufgaben die Regelung der gegenseitigen Wagenbenutzung in Angriff genommen. In dem Uebereinkommen zu dem ersten Vereinsreglement über den direkten Güterverkehr von 1849, welches 1850 in Kraft trat (vgl. unten S. 99), war in § 2 ausgesprochen: „Rücksichtlich des § 1 des Reglements ist man übereingekommen, daß die Umladung der Güter beim Uebergange von einer Bahn auf eine andere möglichst vermieden werden soll, soweit das Durchgehen derselben in denselben Wagen zu ihrer Konservation oder schnelleren Beförderung beitragen kann. Die Verwaltungen werden daher gegenseitig gestatten, daß fremde Wagen auf ihre Bahnen und ihre Wagen auf fremde Bahnen übergehen, vorbehaltlich der Kontrole über die Sicherheit der Wagen, und mit der Beschränkung, daß eine Verwaltung nur dann verbunden ist, ihre Wagen auf eine fremde Bahn übergehen zu lassen, wenn ihr eigener Dienst es gestattet. Den benachbarten Verwaltungen bleibt es überlassen, sich über die näheren Bedingungen des Ueberganges zu einigen."

Während hiermit bloß Grundsätze ausgesprochen waren, deren Durchführung den Bahnen bezw. den obigen Verbänden überlassen blieb, ging der Verein auf die 1852 vom sächsischen Finanzministerium gegebene Anregung hin dazu über, die Regelung der Angelegenheit selbst in die Hand zu nehmen. Nach mehrjährigen Verhandlungen kamen durch Vereinsbeschluß zu Breslau 1855 die „Normalbestimmungen für die wechselseitige Wagenbenutzung im Bereiche der dem Uebereinkommen über den direkten Güterverkehr beigetretenen Eisenbahnverwaltungen" („Breslauer Vereinbarungen") zu Stande. In dem Vereinsbeschlusse war allerdings ausdrücklich ausgesprochen, daß diesen Normalbestimmungen nur subsidiäre Verbindlichkeit beigelegt, durch dieselben aber keineswegs das Bestehen abgeschlossener Verträge gefährdet oder der Abschluß solcher gehindert werden sollte. Auch war ein absoluter Zwang zur Anwendung der Normalbestimmungen für unzulässig, unnöthig und unzweckmäßig erklärt. In denselben war die Ausdehnung auf den Uebergang von Personenwagen besonderen Vereinbarungen vorbehalten. Der Uebergang der Wagen von Nichtvereinsbahnen war bereits in derselben Weise, wie im heutigen V.W.U., vorgesehen.

Obwohl die Normalbestimmungen nur subsidiäre Geltung neben den Bestimmungen der einzelnen Wagenverbände besaßen, gewannen sie doch bei der immer zunehmenden Entwickelung des Verkehres auf große Entfernungen, bei welcher sie immer häufiger statt der Bestimmungen der einzelnen Verbände angewendet werden mußten, eine stetig wachsende Bedeutung, während die Vorschriften der einzelnen Verbände in ihrer Bedeutung immer mehr zurücktraten. Die Normalbestimmungen blieben bis zum Jahre 1868 unverändert bestehen, und wurden in diesem Jahre ersetzt durch das in der Mainzer Generalversammlung 29.—30./7. 1867 beschlossene „Regulativ für die gegenseitige Wagenbenutzung im Bereiche der Verwaltungen des deutschen Eisenbahnvereins". Dieses Regulativ, welches gegenüber den Normalbestimmungen die Wagenbenutzung durch weit mehr in's Einzelne gehende Vorschriften regelte, war für alle Verwaltungen verbindlich, wobei allerdings Sonderabmachungen zugelassen waren. Eine wesentliche Umgestaltung erfuhr das Regulativ in der Frankfurter Generalversammlung 20.—23./1. 1873, geringere Abänderungen in den wiederholten Neuausgaben in den folgenden Jahrzehnten. In der Fassung vom 1./10. 1887 ist zuerst an Stelle des Namens Regulativ die Verdeutschung „Uebereinkommen" getreten. Die letzte Ausgabe des Vereinswagenübereinkommens (V.W.U.), welche wiederum eine vollständige Umarbeitung aufweist, ist in der Berliner Hauptversammlung 28.—30./7. 1896 beschlossen. Dieselbe tritt zum 1./4. 1897 in Kraft.

Das V.W.U. enthält (in dieser neuesten Fassung) außer den eigentlichen Bestimmungen über Gültigkeitsbereich, Benutzung und Behandlung der Wagen, Vergütungen und Abrechnung sieben Anlagen: I. Allgemeine Vorschriften für die Bauart und die Einrichtungen der Wagen. II. Vorschriften über die zollsichere Einrichtung der Eisenbahnwagen im internationalen Verkehre. III. Verzeichniß der Mängel, welche zur Zurückweisung der Wagen berechtigen. IV. Vorschriften für die Behandlung der zur Viehbeförderung benutzten Wagen. V. Preise für Wiederherstellung fremder Wagen. VI. Vorschriften für die Beladung offener Güterwagen. VII. Vorschriften für die Einrichtung und Behandlung der Kesselwagen im Bereiche des V.D.E.V.

Die technischen Vorschriften der Anlagen I—III stimmen mit den Technischen Vereinbarungen (S. 70) nicht genau überein. Die letzteren sind maßgebend für die von den Bahnen des V.D.E.V. zu treffenden technischen Einrichtungen, die Bestimmungen des V.W.U. dagegen umschreiben denjenigen Zustand der Güterwagen, bei welchem der Uebergang von Bahn zu Bahn noch zulässig ist. In der vom 1./1. 1889 gültigen Fassung enthielt das V.W.U. zuerst selbständige technische Bestimmungen über die nothwendigen Eigenschaften der zum Uebergange zuzulassenden Wagen. Diese ursprünglich durch freies Walten der Vereinsorgane und die Vereinsbeschlüsse geschaffenen technischen Bestimmungen mußten, nachdem 1886 der Staatsvertrag über die Technische Einheit abgeschlossen war, ihrem Inhalte nach den Vorschriften der Technischen Einheit nothwendig angepaßt werden. Der Verein sträubte sich indessen dagegen, seine eigenen Bestimmungen zu Gunsten der in Bezug auf Betriebssicherheit minder weitgehenden der Technischen Einheit aufzugeben, und hat daher (nach langen Verhandlungen) in dem Nachtrage von 1892 (mit dem derjenige von 1895 in dieser Beziehung übereinstimmt) die Anlage I im Wesentlichen in der früheren Fassung wiedergegeben, die Bestimmungen über die Technische Einheit, soweit sie von dieser Fassung abweichen, aber lediglich als Ausnahmezusätze behandelt, welche für fremde Wagen im Vereinsgebiete und für Vereinswagen im Nichtvereinsgebiete gelten. Die neue Fassung des V.W.U. von 1896 hat nun die Bestimmungen über die T.E. ohne Zusätze und Einschränkungen angenommen.

Dem technischen Ausschusse und dem Ausschusse für die Angelegenheiten der gegenseitigen Wagenbenutzung ist durch die Satzungen § $12,_2$ die Befugniß beigelegt, über die Auslegung der in ihren Geschäftskreis fallenden Vereinsbestimmungen Beschluß zu fassen. Letzterer hat ferner über alle aus den Vereinsbestimmungen nicht technischer Art bezüglich des Wagenverkehres zwischen Vereinsmitgliedern entstehenden Streitigkeiten mit Ausschluß des Rechtsweges zu beschließen, ohne daß es der nachträglichen Genehmigung dieser Beschlüsse durch die Vereinsverwaltungen bedarf, während bei Streitigkeiten um technische Angelegenheiten des Wagenverkehres die gleiche Aufgabe dem technischen Ausschusse zufällt[14]). Die wichtigeren Beschlüsse des erstgenannten Ausschusses

---

[14]) Vgl. Satzungen § $22,_{3a}$.

sind in der „Sammlung grundsätzlicher Entscheidungen der Kommission für das Vereinswagenregulativ" zusammengestellt.

Durch das V.W.U. wird zugleich der Wagenverkehr mit anderen nicht zum Vereine gehörenden Bahnen geregelt[15]), soweit nicht zwischen diesen Bahnen und den Vereinsbahnen andere Abkommen, wie im Folgenden besprochen, bestehen.

2. Der Wagenverkehr mit der Schweiz.

Die schweizerischen Bahnverwaltungen hatten vom 1./11. 1874 an für ihren Wagenverkehr mit sämmtlichen Bahnen des V.D.E.V. (unter Beibehaltung der bis dahin bestandenen Miethesätze für den Verkehr mit den deutsch-schweizerischen Grenzbahnen) das V.W.Regulativ vom 1./3. 1874 angenommen und die ihnen später bis Oktober 1887 mitgetheilten Neuausgaben des Regulativs stillschweigend in Vollzug gesetzt[16]). Das der Direktion der Schweizerischen Nordostbahn unter dem 18./12. 1888 übersandte V.W.U. vom 1./1. 1889 wurde indessen von dem Direktorium der Schweizerischen Centralbahn Namens des inzwischen gegründeten Schweizerischen Wagenverbandes beanstandet, und der geschäftsführenden Verwaltung des V.D.E.V. gegenüber unterm 18./5. 1889 die Erklärung abgegeben, daß die schweizerischen Bahnen unter vier angegebenen Vorbehalten und Ausnahmen dem V.W.U. für den Verkehr mit den Verwaltungen des V.D.E.V. beitreten wollten. Auf Grund der Antworten der Verwaltungen des V.D.E.V., welche bezüglich des dritten und vierten Vorbehaltes (s. unten) sehr auseinandergingen, zogen die schweizerischen Bahnen unter dem 14./4. 1890 diese zwei Vorbehalte zurück und erklärten ihren Beitritt zum V.W.U. unter den beiden von den Vereinsbahnen fast durchweg zugestandenen Vorbehalten, daß 1. alle dermalen daneben bestehenden besonderen Vereinbarungen zwischen schweizerischen Verwaltungen einerseits und Mitgliedern des V.D.E.V. andererseits unberührt bleiben sollten; 2. In technischer Beziehung die Technische Einheit für den deutsch-schweizerischen Verkehr maßgebend sein sollte. Ueber ihre vorläufig zurückgezogenen beiden Forderungen, von denen hierunter die Rede sein wird, behielten sich die schweizerischen Bahnen vor, mit den einzelnen Verwaltungen, welche noch nicht zugestimmt hatten, weiter zu verhandeln.

Nach Maßgabe dieser Erklärungen, welche weder ein Vertragsverhältniß mit dem Vereine als solchem, noch mit allen einzelnen Bahnen darstellen, ist seitdem verfahren, ohne daß durch die weiter geführten Verhandlungen eine endgültige befriedigende Lösung erzielt wäre. Von den beiden unerledigten Forderungen der schweizerischen Bahnen war die wichtigere das Verlangen nach einer anderweitigen und billigeren Berechnung der Wagenmiethe. Die schweizerischen Verwaltungen wollten für die durch ihr Gebiet nach Frankreich austretenden Wagen den deutschen Bahnen nicht mehr vergüten, als sie selbst von den französischen Bahnen erstattet erhalten, sie machten aber auch ferner geltend, daß ihre Bahnen als Durchgangsbahnen sehr viel mehr fremde Wagen zu befördern hätten, als schweizerische Wagen auf fremden Bahnen liefen, und daß sie daher durch die im Verhältniß zu den Verzinsungs- und Tilgungskosten der Wagen zu hohen Miethesätze über Gebühr belastet würden. Im Zusammenhange mit der anderweiten Regelung der Miethe-

[15]) V.W.U. § 1.

[16]) Schreiben der Gen.Direktion der Badischen St.B. v. 22/6. 1889, auch im Staatsb.Wagen-Verbds.-Protokoll Nr. 23.

sätze brachten sie die im Verkehre mit den französischen Bahnen geltende Grenze für Vergütung der Ausbesserungskosten (50 Frcs.) statt der 15 Mk. des V.D.E.V. in Vorschlag. Von geringerer Bedeutung war das vierte Verlangen der schweizerischen Bahnen, daß im Interesse einfacherer Abrechnung die Miethe für Bierwagen und Kesselwagen auch bei leerer Hinfahrt nach den Sätzen des V.W.U. vergütet werde, während dies bis dahin nach einer Anzahl von Sonderabkommen mit einzelnen Bahnen nicht geschah.

Ehe noch über diese Punkte Einverständniß erzielt war, entstand ein neuer Streitpunkt durch das am 1. Juli 1891 erfolgte Inkrafttreten des schweizerischen Bundesgesetzes vom 27./6. 1890 „betr. die Arbeitszeit beim Betriebe der Eisenbahnen und anderer Transportanstalten", welches mit Ausnahme des Eilgutverkehres den Güterdienst an Sonntagen, Neujahr, Charfreitag, Himmelfahrt und Christtag untersagte. Die schweizerischen Verwaltungen verlangten durch Schreiben an alle Vereinsbahnen (und die Bahnen des Deutsch-Italienischen Wagenregulativs und des Internationalen Verbandes) für die Tage des ruhenden Güterdienstes Befreiung von Zeitmiethe und Verzögerungsgebühr, was insbesondere die Preußischen Staatsbahnen nicht zugestanden. Die Grenzbahnen des V.D.E.V. (Elsaß-Lothringen, Baden, Württemberg, Bayern, Oesterr. Staatsbahnen) verlangten innerhalb derselben drei Verbandsverkehre Befreiung von Zeitmiethe und Verzögerungsgebühr für diejenigen Tage, an welchen die Wagen wegen Nichtübernahme seitens der schweizerischen Bahnen auf ihren Linien verblieben, oder an welchen sie die Wagen von ihren auf schweizerischem Gebiet belegenen Grenzstationen nicht abfahren durften, und stellten, nachdem auch dieses Verlangen seitens der Pr.St.B. und anderer Verwaltungen abgewiesen war, im V.D.E.V. einen dringlichen Antrag auf Aenderung der Vereinssatzungen. Dieser Antrag wurde indessen, da der Wagenausschuß sich ablehnend verhielt, wieder zurückgezogen.

Die geschäftsführende Verwaltung des V.D.E.V. (Berlin) machte nunmehr den schweizerischen Bahnen den Vorschlag, auf Grund des V.W.U. mit dem V.D.E.V. ein formelles Uebereinkommen abzuschließen. Aber auch die hieraus entspringenden Verhandlungen zwischen Delegirten des V.D.E.V. und der schweizerischen Bahnen, während deren die schweizerischen Bahnen ihren Austritt aus allen drei Wagenverbänden (V.W.U., Italienisches Wagenregulativ, Internationaler Verband) für den Fall Nichtbewilligung ihrer Forderungen zum 1. Juli 1893 erklärten, zerschlugen sich vollständig, da die Bahnen des V.D.E.V. alle den schweizerischen Bahnen wesentlich erscheinenden Forderungen ablehnten. Nachdem die schweizerischen Bahnen die Kündigung des V.W.U. und des It.W.R. während der schwebenden Verhandlungen kurz vor dem 1./7. 1893 zurückgezogen hatten, überließen sie mit Schreiben vom 23./9. 1894 an die geschäftsführende Direktion Berlin des V.D.E.V. den deutschen Bahnen, weitere Schritte zur Erzielung einer Vereinbarung zu thun, und stellten fest, daß vorläufig bezüglich des Wagenaustausches alles beim status quo bleibe, d. h. bei dem Zustande, der durch die Erklärung vom 14./4. 1890 geschaffen war.

In den folgenden Jahren haben dann im Einzelnen die schweizerischen Bahnen im Verkehre mit ihren deutschen Grenzbahnen und den österreichisch-ungarischen Bahnen einen Theil ihrer Forderungen durchgesetzt. Mit letzteren besteht seit dem 1./7. 1890 das „Uebereinkommen betr. die Behandlung der Güterwagen im österreichisch-ungarisch-schweizerisch-französischen Verkehre", abgeschlossen zwischen den österreichisch-ungarischen

Bahnen und den Bahnen des schweizerischen Wagenverbandes. Dieses Uebereinkommen regelt den Uebertritt österreichisch=ungarischer Wagen durch die Schweiz nach Frankreich, und französischer Wagen durch die Schweiz nach Oesterreich und setzt für dieselben abweichend von dem übrigens festgehaltenen V.W.U. nebst Technischer Einheit andere Miethen, Verzögerungsgebühren, Fristen rc. fest und bei Ausbesserungen einen Mindestbetrag der zu erstattenden Kosten von 50 Frcs. Ebenso ist zwischen den schweizerischen Bahnen und den deutschen Grenzbahnen (Elsaß=Lothringen, Baden, Württemberg, Bayern) seit dem 1./4. 1895 ein Sonderabkommen in Kraft getreten. Nach diesem tritt für Sonn= und Festtage Befreiung von Verzögerungsgebühr und Zeitmiethe im Sinne des § 14 Abs. 3 des V.W.U. ein, beim Durchgange der Wagen der Grenzbahnen durch die Schweiz und über die schweizerische Grenze nach Frankreich und französischer Wagen über die schweizerische Grenze in das Gebiet der Grenzbahnen werden nur die Sätze der französischen Bahnen vergütet. Der Mindestbetrag der zu erstattenden Ausbesserungskosten ist auf 40 Mk. festgesetzt u. s. f. In dem neuen V.W.U. ist ein Theil der Forderungen der schweizerischen Bahnen (Fortfall der Verzögerungsgebühr für Sonntage, Mindestbetrag von 40 M. für zu erstattende Ausbesserungskosten) gleichfalls berücksichtigt. Im Uebrigen vgl. 3. Abschn. 3. Kap.

Gegenüber diesen Abkommen der schweizerischen Bahnen mit ihren Grenzbahnen, welche ein unmittelbares Interesse für die Pr.St.B. nicht haben, ist auch für den Verkehr der Pr.St.B. mit der Schweiz von Bedeutung der Schweizerische Wagenverband. Dieser am 1./7. 1887 entstandene Verband, mit wechselnder Präsidialverwaltung, besteht zwischen folgenden Bahnen: Jura=Simplonbahn, Neuenburger Jurabahn, Schweizerische Centralbahn, Emmenthalbahn, Bödelibahn, Schweizerische Seethalbahn, Gotthardbahn, Schweizerische Nordostbahn, Tößthalbahn, Schweizerische Südostbahn, Vereinigte Schweizerbahnen. Die Wagen der diesem Verbande angehörenden Verwaltungen ausschließlich der Kesselwagen sind nicht nur im inneren Verkehre, sondern auch im Verkehre mit allen fremden Bahnen als Wagen einer Verwaltung zu benutzen (vgl. 3. Abschn. 3. Kap.).

Alles bisher Gesagte betrifft nicht den die Schweiz durchquerenden deutsch=italienischen Verkehr, für welchen ein besonderes Uebereinkommen besteht.

3. Der Wagenverkehr mit Italien.

Wenn der Wagenverkehr mit der Schweiz im unmittelbaren Anschlusse an das V.W.U. geregelt ist, so wurde zwischen den italienischen Bahnen einerseits und einem großen Theile der deutschen, österreichisch=ungarischen und schweizerischen Bahnen sowie einigen belgischen und holländischen Bahnen andererseits schon frühzeitig ein besonderes Regulativ für die gegenseitige Wagenbenutzung (It.W.R.) abgeschlossen, welches im Laufe der Zeit mehrfache Abänderungen erfahren hat (Ausgabe von 1876 und 1885). Das Italienische Wagenregulativ ist großen Theils wörtlich dem V.W.U. nachgebildet. Die Ergebnisse der Berner Konferenz von 1886 nöthigten zur Abänderung der technischen Bedingungen für die Zulassung der Wagen. Nachdem man zunächst das Vorgehen des V.D.E.V. abgewartet hatte, um möglichst im Anschlusse hieran das It.W.R. abzuändern, entschloß man sich zum selbständigen Vorgehen, nachdem die neue Abfassung des V.W.U. die Bestimmungen der Technischen Einheit nur als Ausnahme behandelt hatte (vgl. S. 75). So ist die Anl. I des It.W.R. vom 1./1. 1894 nur ein wörtlicher Abdruck des Art. II des Schlußprotokolles der Berner Konferenz. Ferner sind als Anl. II des It.W.R. die Vorschriften über zollsichere Einrichtung der Eisenbahnwagen im internationalen Verkehre, gleichfalls nach den Beschlüssen der Berner Konferenz, abgedruckt. Da das V.W.U. vom 1./4. 1897 ab eine neue Gestalt erhält, so sind Verhandlungen eingeleitet, um das It.W.R. mit dem neuen V.W.U. möglichst in Uebereinstimmung zu bringen.

Geschäftsführende Verwaltung des mit Italien bestehenden Wagenverbandes ist die Kaiserl. Generaldirektion der Eisenbahnen in Elsaß-Lothringen. Auch für den Verband mit Italien besteht ein Ausschuß zur Entscheidung von Streitfällen, wie für den V.D.E.V.[17]).

Die zum 1./7. 1893 erfolgte und dann wieder zurückgezogene Kündigung der schweizerischen Bahnen, welche ohne bleibende Folgen gewesen ist, wurde schon oben (S. 77) bemerkt. Schließlich mag, wenn dies auch für den Verkehr mit den deutschen Bahnen ohne unmittelbares Interesse ist, erwähnt werden, daß zwischen den beiden großen italienischen Betriebsgesellschaften ein Betriebs- und Verkehrsvertrag (Convenzione Regolamento) besteht, welcher auch ausführliche Bestimmungen über die gegenseitige Benutzung der Güterwagen enthält. Diese Bestimmungen weichen von den sonst üblichen erheblich ab, wie im 3. Abschn. 3. Kap. ausgeführt ist.

4. Der Wagenverkehr mit Belgien und Frankreich.

Während die deutschen, österreichisch-ungarischen, holländischen, luxemburgischen, rumänischen und einige russischen Bahnen den großen Wagenverband des V.D.E.V. bilden, die schweizerischen Bahnen sich diesem angeschlossen haben und mit den italienischen Bahnen ein gleichartiger Verband besteht, sind von den belgischen Bahnen nur einzelne (Chimay, Grand-Central-Belge, Lüttich-Maastricht) dem V.D.E.V. beigetreten. Mit der Mehrzahl der belgischen und allen französischen Bahnen verursachte es besondere Schwierigkeiten, ein Abkommen für den gegenseitigen Wagenaustausch zu schaffen, weil diese Bahnen vielfach abweichende technische Einrichtungen und Vorschriften für die Wagenbenutzung besaßen. Auch jetzt ist noch ein einheitlicher Wagenverband für diesen Verkehr nicht zu Stande gekommen, vielmehr gelten, je nach dem Wege, den die Wagen nehmen, verschiedene Abkommen. Das wichtigste derselben ist:

a) Der Internationale Verband: Um die Herbeiführung eines Abkommens für den gegenseitigen Wagenaustausch zwischen Belgien und Frankreich einerseits und Deutschland andererseits haben sich besonders die Generaldirektion der Belgischen Staatsbahnen in Brüssel und die vormalige Direktion der Rheinischen Eisenbahngesellschaft in Cöln bemüht. Zunächst erklärten auf Betreiben dieser beiden eine Anzahl von Bahnen des V.D.E.V. sowie von französischen und belgischen Bahnen ihren Beitritt zu einem Reglement für den internationalen Verkehr, welches am 1./11. 1875 in Kraft trat. Die Verhandlungen der Brüsseler Konferenz vom 22./11. 1876 führten alsdann zur Gründung eines internationalen Verbandes zwischen den belgischen (ausschließlich der dem V.D.E.V. angehörenden) und französischen Bahnen einerseits und den Bahnen des V.D.E.V. andererseits, soweit solche beiderseits dem Verbande beitraten. Es wurde ferner ein technisches Reglement für die gegenseitige Zulassung des Betriebsmateriales und die Haftpflicht für Beschädigungen vereinbart, welches am 1./1. 1877 in Kraft trat. Dem Verbande

---

[17]) § 30 des Regulativs.

(Union internationale pour l' emploi réciproque du matériel) traten von Beginn und bis zum Ende des Jahres 1877 die Mehrzahl der Verwaltungen des V.D.E.V., alle belgischen und die schweizerischen Bahnen (1893 wieder ausgeschieden, s. S. 77) bei, dagegen von den französischen Bahnen nur die Nordbahn und die Anzineisenbahn, während die Französische Ostbahn sich lediglich dem Technischen Reglement des Internationalen Verbandes anschloß. Durch das Bestehen des Verbandes wurde indessen ein Wagenaustausch auch zwischen den übrigen französischen Bahnen und den Bahnen des V.D.E.V. durch Vermittelung der am Internationalen Verbande betheiligten belgischen und französischen Bahnen, insbesondere der Belgischen Staatsbahnen, der Belgischen Nordbahn und der Französischen Nordbahn herbeigeführt[18]).

Das Reglement (Int.R.) und das Technische Reglement des Internationalen Verbandes (T.Int.R.) sind mehrfach neu abgefaßt. Eine vollständige Neuherausgabe des Technischen Reglements wurde auch in diesem Verbande nothwendig durch die inzwischen von den Regierungen vereinbarten Bestimmungen über die Technische Einheit. Diese Bestimmungen sind in der Fassung des Technischen Reglements, welche vom 1./7. 1893 in Kraft getreten und seitdem nur unwesentlich geändert ist, als technische Bedingungen für die Uebernahme des Fahrmateriales wörtlich abgedruckt. Die Bestimmungen des Internationalen Verbandes lehnen sich sonst im Wesentlichen an diejenigen des V.W.U. an, wenn auch die Fassung des Reglements von derjenigen des V.W.U. und des It.W.R. abweicht.

Geschäftsführende Verwaltung für den ganzen Verband ist die Generaldirektion der Belgischen Staatsbahnen und Vertreterin der Bahnen des V.D.E.V. insbesondere die Direktion Cöln (früher linksrh.), welche an die Stelle der Rheinischen Eisenbahn getreten ist. Auch für den Internationalen Verband besteht ein Ausschuß, welcher indessen lediglich befugt ist, Streitigkeiten zwischen den betheiligten Bahnen zu entscheiden[19]). Aenderungen des Reglements können nur auf dem sehr umständlichen und zeitraubenden Wege der schriftlichen Verständigung zwischen allen betheiligten Verwaltungen zu Stande kommen.

Nachrichtlich ist noch zu erwähnen, daß für den gegenseitigen Wagenverkehr der belgischen Bahnen unter sich, außer der Belgischen Nordbahn, gleichfalls das Reglement des Internationalen Verbandes gilt, während mit der Belgischen Nordbahn und den französischen Bahnen besondere abweichende Abmachungen bestehen, die aber für den Verkehr mit dem V.D.E.V. nicht in Anwendung kommen. So haben die Belgischen Staatsbahnen besondere Verträge über gegenseitige Wagenbenutzung mit der Französischen Nordbahn, der Französischen Ostbahn und der Belgischen Nordbahn.

Nächst dem Internationalen Verbande ist für die Preußischen Staatsbahnen von besonderer Wichtigkeit:

b) Die „Konvention“ zwischen den Elsaß-Lothringischen Eisenbahnen und der Französischen Ostbahn, vom Jahre 1880, regelt in erster Linie zwischen den beiden genannten Verwaltungen die gegenseitige Benutzung der Personen-, Gepäck- und Güterwagen (auch die Miethesätze für Lokomotiven), hat aber zugleich den ausgesprochenen Zweck, den Wagenverkehr von und zu den Hinterbahnen der beiden vertragschließenden

---

[18]) Int.R. Art. 24, 25.
[19]) Int.R. Art. 76.

Verwaltungen zu vermitteln. Fremde Wagen, welche hierbei eine Verwaltung der anderen zuführt, werden von letzterer als Eigenthum der zuführenden Verwaltung angesehen. Die Bestimmungen der Konvention gelten indessen zunächst nur zwischen den Elsaß-Lothringischen Bahnen und der Französischen Ostbahn. Für den durch die Konvention vermittelten Wagenverkehr der Bahnen des V.D.E.V. mit Frankreich gelten an sich bis zur französischen Grenze die Bestimmungen des V.W.U., und die Elsaß-Lothringischen Bahnen haben die Unterschiede in den empfangenen und gezahlten Miethesätzen auszugleichen, sofern nicht die betr. Bahnen des V.D.E.V. die Konvention auch für ihren Wagenverkehr mit den französischen Bahnen angenommen haben. Letzteres ist nun bei den Pr.St.B. der Fall, deren gegenseitiger Wagenverkehr mit Frankreich über Elsaß-Lothringen-Frz.-Ostbahn also ganz nach den Bestimmungen der Konvention behandelt wird.

Eigene technische Bedingungen sind für die Konvention nicht aufgestellt, vielmehr findet für diesen Verkehr das T.Int.R., welches, wie bereits S. 80 erwähnt, auch von der Französischen Ostbahn angenommen ist, Anwendung, und als Ergänzung desselben das jeweilige Preisverzeichniß des V.W.U.

Alle Fragen, welche sich auf den Austausch der Betriebsmittel und die Regulirung der Entschädigungen beziehen, werden unmittelbar zwischen den beiden vertragschließenden Verwaltungen geregelt, indem jede der anderen gegenüber verantwortlich ist, und es ihr überlassen bleibt, auf die anderen betheiligten Bahnen zurückzugreifen. Etwaige Meinungsverschiedenheiten werden durch Sachverständige entschieden[20]), von denen jede Verwaltung einen ernennt, und die im Bedarfsfalle einen Obmann zuziehen.

c) Außer durch das Reglement des Internationalen Verbandes und die Konvention wird der Wagenaustausch der Bahnen des V.D.E.V. mit Frankreich durch die besonderen Abkommen einzelner Bahnen mit französischen Bahnen vermittelt. Als solche vermittelnden Bahnen sind zu nennen die (luxemburgische) Prinz Heinrich Bahn und die Große Belgische Centralbahn, beide zum V.D.E.V. gehörend (daher maßgebend V.W.U. § 1), ferner einige schweizerischen Bahnen. Für den von diesen letzteren vermittelten Wagenverkehr gelten, sofern er sich nur auf die deutschen Grenzbahnen und die österreichischen Bahnen erstreckt, die obigen Sonderabkommen (S. 78), sofern er auf andere Bahnen des V.D.E.V. sich ausdehnt, die Bestimmungen des V.W.U.

d) Allgemeines bezüglich des Wagenverkehres mit Frankreich. Die deutschen Verwaltungen verkehren mit den französischen Bahnen nicht unmittelbar, sondern senden ihre Aufstellungen, Anforderungen u. s. w. je an die entsprechende Dienststelle derjenigen Grenzbahn (Elsaß-Lothringen, Prinz-Heinrich, Belgische Staatsbahnen, Große Belgische Centralbahn u. s. f.), welche die fremden Wagen in den Bereich des V.D.E.V. bezw. des Internationalen Verbandes eingeführt hat. Aus dem Umstande, daß die obigen verschiedenen Vermittelungen für den Wagenverkehr mit Frankreich bestehen, ergiebt sich, daß Wagen derselben französischen oder deutschen Verwaltung nach verschiedenen Reglements behandelt werden, je nachdem sie auf dem einen oder anderen Wege aus Frankreich nach Deutschland übertreten bezw. umgekehrt. Bei Wagen, die auf einem anderen Wege zurückkehren, als sie gekommen sind, ist stets der Hinweg für Gültigkeit eines der Reglements bezw. Abkommen maßgebend.

---

[20]) Konv. § 23, 24.

5. Der Wagenverkehr mit den nordischen Bahnen.

Zwischen den Bahnen Dänemarks, Schwedens und Norwegens und denjenigen des V.D.E.V. ist ein Uebereinkommen über gegenseitigen Wagenaustausch bisher nicht zu Stande gekommen. Vielmehr werden die Wagen der dänischen Bahnen und durch die Vermittelung der Dänischen Staatsbahnen seit 1892 auch diejenigen der schwedischen und norwegischen Bahnen lediglich von der Königl. Eisenbahndirektion Altona in das Vereinsgebiet eingeführt und werden von den anderen Vereinsbahnen als Wagen der Direktion Altona betrachtet. Ebenso haftet die Direktion Altona den Vereinsbahnen gegenüber für die in das nordische Bahngebiet übergeführten Vereinswagen[21]). Die ersten Anfänge dieses Wagenaustausches lassen sich bis in das Jahr 1856 zurückverfolgen, in welchem Jahre (2./4.) ein Vertrag zur wechselseitigen Wagenbenutzung zwischen den Südschleswig'schen und Holsteinischen Bahnen abgeschlossen wurde. Ein am 7./11. 1866 zwischen den Jütisch-Fünenschen Bahnen und Schleswig'schen Bahnen (aus den Südschleswig'schen entstanden) abgeschlossener und auch auf die Holsteinischen Bahnen bezüglicher Verkehrsvertrag erstreckte sich außer auf die gemeinsame Wagenbenutzung auch auf Einrichtungen für den durchgehenden Güter- und Personenverkehr. Nachdem die Jütisch-Fünenschen Bahnen vom Dänischen Staate und die Schleswig'schen Bahnen von der Altona-Kieler Bahn angekauft waren, wurde am 3. und 27./6. 1872 ein neuer Vertrag zwischen den Dänischen Staatsbahnen und der Direktion der Altona-Kieler Bahn abgeschlossen, in dem zuerst vom Uebergange der Wagen anderer deutscher Verwaltungen nach Dänemark und dänischer Wagen auf die Lübeck-Hamburger Bahn die Rede ist. Erst von 1873 ab gingen dänische Wagen auch auf andere deutsche Bahnen über. Mit dem Ausbau des dänischen Bahnnetzes traten weitere Bahnen hinzu, seit 1883 auch die Seeländischen Bahnen (durch Eröffnung des Betriebes der Dampffähre zwischen Nyborg und Korsör). Seit 1892 vermittelt die Direktion der Dänischen Staatsbahnen auch den Wagenverkehr mit den schwedischen und norwegischen Bahnen über die Dampffähre Helsingborg-Helsingör. Seit demselben Zeitpunkte besteht zwischen den Bahnen der drei Länder ein 1891 abgeschlossenes Uebereinkommen über gegenseitige Wagenbenutzung (Overenskomst angaaende den gensidige Vognbenyttelse mellem danske, svenske og norske Jaernbaner), dessen Inhalt sich im Wesentlichen demjenigen des V.W.U. anschließt und als technische Bedingungen in Anlage I des Uebereinkommens die Bestimmungen über die Technische Einheit enthält. Während also die Regierungen der drei nordischen Länder dem Staatsvertrage über die Technische Einheit erst 1896 beigetreten sind, haben die Bahnverwaltungen dieser Länder durch freie Vereinbarung diese Bestimmungen für sich bereits früher verbindlich gemacht.

Nach Verstaatlichung der Altona-Kieler Bahn (1./3. 1884) hat die Königl. Direktion der A.-K. Bahn am 21./3. 1884 das bisherige Vertragsverhältniß, welches von dem V.W.U. abweichende Bestimmungen enthielt, zum 1./4. 1884 gekündigt, und es ist mit dem 1./4. 1884 eine neue Vereinbarung zu Stande gekommen, wonach für den gegenseitigen Wagenaustausch und die Vergütungen lediglich die Bestimmungen des V.W.U. maßgebend sind. In dieses Vertragsverhältniß ist dann die am 1./4. 1885 begründete Königl. Eisenbahndirektion Altona eingetreten. Durch diese Direktion erfolgt seitdem gemäß V.W.U. § 1 (früher § 7, 8) die Vermittelung des Wagenverkehres zwischen den

---

[21]) V.W.U. § 1.

übrigen Bahnen des V.D.E.V. und den Dänischen Staatsbahnen nebst ihren Hinterbahnen. Die Unterschiede zwischen den Vergütungssätzen des V.W.U. und des obigen Uebereinkommens der nordischen Bahnen haben die Dänischen Staatsbahnen zu tragen bezw. auszugleichen. Die Vereinsbahnen einschließlich der Direktion Altona werden hierdurch nicht berührt.

6. Der Wagenverkehr mit dem Osten Europas.

Mit der Mehrzahl der russischen Bahnen ist ein Wagenaustausch durch die Verschiedenheit der Spurweite ausgeschlossen. Die wenigen russischen Bahnen, welche normale Spur besitzen, gehören fast durchweg dem V.D.E.V. an (vgl. S. 62). Ebenso gehören von den Bahnen der Balkanstaaten die rumänischen dem V.D.E.V. an. Für die übrigen Bahnen des Südostens von Europa, also für die serbischen, bulgarischen und Orientalischen (türkischen) Bahnen vermitteln die Ungarischen Staatsbahnen gemäß V.W.U. § 1 den Wagenverkehr mit den anderen Bahnen des V.D.E.V. Auch die genannten Hinterbahnen der Ungarischen Staatsbahnen haben das V.W.U. vollinhaltlich angenommen, so daß auch der Wagenübergang zwischen diesen Bahnen und den Ungarischen Staatsbahnen genau nach den Bestimmungen des V.W.U. gehandhabt wird.

7. Der Preußische Staatsbahnwagenverband (St.W.V.).

Während bei der gegenseitigen Wagenbenutzung, wie sie zwischen den meisten europäischen Bahnen durch die im Vorstehenden besprochenen Vereinbarungen geregelt ist, zwar die Benutzung fremder Wagen gestattet, aber doch erheblichen Beschränkungen unterworfen ist, haben die Preußischen Staatsbahnen und einige anderen Bahnen einen Verband zur gemeinschaftlichen Wagenbenutzung gebildet, in welchem jede betheiligte Bahn die Wagen der anderen gleich den eigenen benutzen kann. Wie die gegenseitige und die gemeinschaftliche Benutzung sich gestalten und unterscheiden, wird im 3. Abschnitte zu erörtern sein, während hier Entstehung, Organisation und Geschäftsgang des St.W.V. zu besprechen ist. Im Gegensatze zu den bisher besprochenen Verbänden, welche durch freie Vereinbarungen der Bahnen zu Stande gekommen sind, verdankt der St.W.V. seine Entstehung recht eigentlich dem energischen Eingreifen der Staatsgewalt und ist zum Theil gegen den Willen der betheiligten Bahnen in's Leben gerufen.

a) Entstehung des Staatsbahnwagenverbandes.

Die ersten Versuche, zwischen den preußischen Staatsbahnverwaltungen eine gemeinschaftliche Wagenbenutzung, gegenseitige Aushülfe mit Wagen und einheitliche Wagenvertheilung anzubahnen, reichen in den Anfang der 70er Jahre zurück[22]). Durch Erlaß vom 25./2. 1876 wurde genehmigt, daß im gegenseitigen Verkehre der Pr.St.B. keine Verzögerungsgebühren berechnet werden. Das Casseler Abkommen vom 15./11. 1877 ist dann ein ferner Vorläufer des St.W.V. Doch stand der mangelnde Zusammenhang der Netze der einzelnen Staatsbahnverwaltungen einem ersprießlichen Erfolge dieser Bestrebungen entgegen, und erst die im Jahre 1880 beginnenden großen Eisenbahnverstaatlichungen hatten eine Vereinigung des Wagenparkes des so geschaffenen und sich immer mehr auswachsenden mächtigen Bahngebietes zur unmittelbaren Folge. Der M.E. vom 4./2. 1880 II T. 91 nahm vereinfachende Bestimmungen für die Wagen-

[22]) Erl. d. Handelsministers v. 17./9. 71 II 18126 u. 27./2. 75 II 832 V 1954.

benutzung, einheitliche Vertheilung der Wagen von einer Centralstelle und Fortfall der gegenseitigen Vergütungen an Miethe und Ausbesserungskosten, Schaffung einer gemeinsamen Abrechnungsstelle für den Verkehr mit fremden Bahnen in Aussicht und beraumte eine Konferenz auf den 21./2. 1880 im M. d. ö. A. an, die von den Direktionen zu Breslau, Berlin, Magdeburg, Hannover, Elberfeld und Cöln zu beschicken war. Die Niederschrift dieser Konferenz wurde durch Erlaß vom 28./2. 1880 an die betreffenden Direktionen mitgetheilt und insbesondere Hannover beauftragt, die in der Konferenz vom 21./2. 1880 vertreten gewesenen Königlichen Verwaltungen nebst der Direktion der Rheinischen Eisenbahn und unter Zuziehung der Kaiserl. Generaldirektion zu Straßburg zu den weiteren Berathungen über die Ausführung der in dem obigen Erlasse vom 4./2. 1880 vorgezeichneten Grundzüge unter Berücksichtigung der in der Konferenz empfohlenen Abänderungen einzuladen.

In der demgemäß am 16. und 17./3. 1880 in Hannover stattfindenden Konferenz waren alle vorbezeichneten Direktionen vertreten. Die Direktion Elberfeld erneuerte ihre schon früher in einem Sondervotum geäußerten Bedenken, und auch die Direktion der Oberschlesischen Bahn zu Breslau äußerte Bedenken und bat die Einrichtung zunächst nur auf die eigentlichen Staatsbahnen auszudehnen, den vom Staate verwalteten Privatbahnen aber den späteren Beitritt offen zu halten. Die Reichsbahnen erklärten ihre Geneigtheit, den Vereinbarungen zwischen den Pr.St.B. beizutreten, soweit sich vor besonderer Erörterung der schwebenden Fragen dies beurtheilen ließ. — In den Berathungen empfahl man von der Errichtung einer Centralabrechnungsstelle abzusehen.

Da somit die Konferenz in Hannover zu keinem greifbaren Ergebniß gekommen, auch von den Absichten des Ministers und den Grundlagen der ersten Konferenz abgewichen war, wurden durch M.E. vom 7./4. 1880 II Tb(a) 1796 die: „Vorläufige(n) Bestimmungen betr. Erleichterungen in der gegenseitigen Benutzung der Güterwagen auf den vom Staat verwalteten Bahnen“ eingeführt, welche am 1./5. 1880 in Kraft traten. Der Inhalt dieser vorläufigen Bestimmungen war etwa folgender:

I. Wagenbenutzung: Die vom Staate verwalteten Bahnen (mit Ausnahme der Berg.-Märkischen und der Oberschlesischen Eisenbahn) wurden für die gemeinschaftliche Benutzung der Güterwagen in drei Gruppen eingetheilt: I. Direktionsbezirke Bromberg, Berlin, Stettin. — II. Direktionsbezirke Magdeburg, Hannover, Frankfurt a./M. — III. Bezirke der Königl. Direktionen der Cöln-Mindener und der Rheinischen Bahn zu Cöln. Die Wagen der eigenen Gruppe durften ganz frei, die anderer Gruppen mit gewissen Beschränkungen (Benachrichtigungen an die Eigenthumsverwaltung bei längerer Benutzung, Sorge für möglichste Rückkehr der Wagen zur Heimathgruppe) benutzt werden. Besondere Erleichterungen waren für Kohlenverladungen und Benutzung der Wagen auf Uebergangsstationen vorgesehen, und angeordnet, daß sich die Verwaltungen der einzelnen Gruppen bei Wagenmangel oder -Ueberfluß zu verständigen hatten. Der weiter etwa erforderliche Ausgleich unter den verschiedenen Gruppen bezw. Bahnen, und zwar einschließlich der Berg.-Märkischen und der Oberschlesischen Eisenbahn, sollte durch Vermittelung der Direktion Magdeburg bewirkt werden (der am 1./2. 1880 in's Leben getretenen Direktion Magdeburg sind hierdurch zuerst besondere Befugnisse für den Wagendienst der Pr.St.B. übertragen), welcher regelmäßig am 1. und 15. jeden Monates von sämmtlichen Königl. Direktionen der voraussichtliche Bedarf oder Ueberfluß für die nächste Periode telegraphisch mitzutheilen war, und welche hiernach den Ausgleich anzuordnen hatte. Die Direktion Magdeburg hatte zugleich eine Zusammenstellung dieser Meldungen nebst der etwa zur Ausgleichung getroffenen Anordnung regelmäßig dem technischen Bureau des Ministeriums einzureichen.

II. Wagenmiethe: Zwischen den Königl. Direktionen zu Bromberg, Berlin, Stettin, Magdeburg und Frankfurt a./M. fand eine Geldabrechnung für die gegenseitige Wagenbenutzung bezüglich der für Staatsrechnung betriebenen Bahnen nicht mehr statt.

III. Wagenausbesserungskosten: Die gegenseitige Anrechnung der Wagenausbesserungskosten kam unter den obigen Verwaltungen der drei Gruppen einschließlich der Königlichen Direktion Elberfeld in Fortfall.

IV. Wagenuntersuchung und Notirung: Das Untersuchungs- und Notirungspersonal auf den Uebergangsstationen sämmtlicher Staats- und vom Staate verwalteten Bahnen wurde vereinigt.

Im Uebrigen verblieb es bei den Bestimmungen des Wagenregulatives des V.D.E.V. und den zwischen den einzelnen Verwaltungen getroffenen besonderen Vereinbarungen.

Zur Vorbereitung der in Aussicht genommenen endgültigen Regelung der Wagenangelegenheiten wurden zugleich durch obigen Erlaß vom 7./4. 1880 von den Direktionen Berichte eingefordert.

Im Laufe des Jahres 1880 wuchs nun die vorläufig zwischen den Pr.St.B. getroffene Einrichtung allmählich zum Staatsbahnwagenverbande aus. Durch eine Reihe von Erlassen wurde von den noch ausstehenden eine Königl. Direktion nach der anderen denjenigen beigefügt, mit welchen die Geldabrechnung für gegenseitige Wagenbenutzung bezüglich der für Staatsrechnung betriebenen Strecken und die Geldabrechnung für Ausbesserungskosten fortfiel. Die Direktion der Oberschlesischen Bahn in Breslau wurde der I. Gruppe beigefügt, aus der Direktion Elberfeld eine IV. Gruppe mit Sonderstellung und besonderen Wagenverkehrseinrichtungen mit der III. Gruppe gebildet, mit Elsaß-Lothringen ein vorläufiges Uebereinkommen über gegenseitige Wagenbenutzung getroffen. Vom 1./1. 1881 traten die Oldenburgischen Staatsbahnen unter vorläufiger Festsetzung einer Pauschalvergütung für gegenseitige Wagenbenutzung den Bestimmungen über gemeinschaftliche Wagenbenutzung bei und wurden der II. Gruppe zugezählt[23]).

Inzwischen waren durch Ausschußberathungen, Erlasse des Ministers und gutachtliche Aeußerungen der Direktionen neue Bestimmungen vorbereitet. Durch M.E. vom 21./3. 1881 wurden diese als „Vorschriften über die gegenseitige Wagenbenutzung der Staatsbahnen und der unter Staatsverwaltung stehenden Privatbahnen unter einander, sowie im Verkehr mit den Reichseisenbahnen in Elsaß-Lothringen und mit den Großherzogl. Oldenburgischen Staatsbahnen" den Direktionen übersandt mit der Weisung, sie vom 1./4. 1881 ab in Kraft zu setzen. Zugleich wurde das Centralwagenbureau in Magdeburg eingerichtet. Nach den neuen Vorschriften war die Gruppeneintheilung der Direktionen folgende:

I. Bromberg, Breslau, Berlin.
II. Magdeburg, Hannover, Frankfurt (Oldenburg).
III. Cöln linksrh. und rechtsrh.
IV. Elberfeld.

---

[23]) M.E. v. 24./12. 1880 II Tb a 8875.

Hierzu traten als V. Gruppe die Reichsbahnen, mit welchen ebenso, wie mit den noch sehr zahlreichen in den Gruppen I—IV enthaltenen vom Staate verwalteten Privatbahnen, eine Vergütung von 0,02 M. für das Wagenkilometer (nach den Zugführerrapporten zu ermitteln) vereinbart war.

Ferner war bereits durch M.E. vom 28./12. 1880[24]) die erste Instruktion für das C.W.A.B. herausgegeben.

Hiermit war der St.W.V. im Wesentlichen so geschaffen, wie er noch heute besteht. Im Laufe der Jahre gingen die in obigen Gruppen I—IV enthaltenen, vom Staate verwalteten Privatbahnen eine nach der anderen in das Staatseigenthum über, ferner traten durch die fortschreitenden Eisenbahnverstaatlichungen noch die Königl. Direktionen Erfurt und Altona hinzu, auch wurden einige Privatbahnen Mitglieder (die Braunschweigische E.G., die Bahn Nordhausen-Erfurt und die Weimar-Geraer Bahn 1882 — die Halberstadt-Blankenburger Bahn und die Saalbahn 1883), die später durch Verstaatlichung in das Netz der Pr.St.B. aufgenommen sind, und zuletzt die Königl. Militärbahn. Die Vorschriften für die gemeinschaftliche Wagenbenutzung haben eine immer weitergehende Vervollkommnung erfahren, auf welche einzeln hier nicht eingegangen werden kann. Eine wesentlich formelle Aenderung wurde durch die neue Organisation von 1895 wegen Vermehrung und Veränderung der Direktionsbezirke erforderlich. Neben den V. f. g. W. ist die Sammlung wichtiger Bestimmungen in dem Handbuche zu den Konferenzen des Preußischen Staatsbahnwagenverbandes (7. Aufl., Magdeburg 1895) zu beachten, welche auch unter Nummer 1 die Geschäftsordnung für den St.W.V. enthält.

b) Jetzige Organisation des Staatsbahnwagenverbandes.

Das Gebiet des St.W.V. ist in folgende Gruppen eingetheilt:[25])

Gruppe I: Direktionsbezirke Breslau und Kattowitz.

Gruppe II: Direktionsbezirke Bromberg, Danzig, Königsberg i./Pr., Posen, Stettin.

Gruppe III: Direktionsbezirke Altona, Berlin, Cassel, Erfurt, Halle a./S., Hannover, Magdeburg, Oldenburg, Königl. Militäreisenbahn.

Gruppe IV: Direktionsbezirke Cöln, Elberfeld, Essen a./R., Frankfurt a./M., Münster i./W., St. Johann-Saarbrücken.

Gruppe V: Reichseisenbahnen in Elsaß-Lothringen.

Den Vorsitz im St.W.V. führt die jeweilig von dem M. d. ö. A. mit der Geschäftsführung betraute Königl. Eisenbahndirektion[26]), bisher dauernd die Direktion Magdeburg. Diese hat das Recht[27]), die übrigen Verbandsverwaltungen in allen Erklärungen gegenüber fremden Bahnverwaltungen bezüglich der Wagenbenutzung und Mietheabrechnung zu vertreten. In allen Fällen, wo solche Erklärungen abzugeben sind, hat die Direktion Magdeburg spätestens binnen 14 Tagen nach Eingang des zu beantwortenden Schreibens der fremden Bahn allen Verbandsverwaltungen (vorher dürfen diese nicht selbständig antworten) Mittheilung zu machen, ob sie deren Vertretung beabsichtigt, zugleich ihre Stellung zur Sache bekannt zu geben, sowie einen Termin zu bezeichnen, bis zu welchem etwaige ergänzende oder abweichende Erklärungen der Verbandsverwaltungen ihr mitzutheilen sind. Wird durch den Schriftwechsel eine Einigung der

---

[24]) C.V.B. 1881 S. 9 ff.

[25]) V. f. g. W. § 2.

[26]) Gesch.Ordnung § 2.

[27]) Hdb.St.W.V. 2.

Verbandsverwaltungen über die abzugebende Erklärung nicht erzielt, so ist die Beschlußfassung der Verbandskonferenz (s. unten S. 88) und die Entscheidung des Ministers herbeizuführen. Das gleiche Verfahren tritt ein, wenn von einer Verbandsverwaltung innerhalb der 14tägigen Frist nach Eingang des fremden Schreibens der Antrag auf Herbeiführung einer gemeinsamen Erklärung an die Direktion Magdeburg gerichtet wird. — Von der abgegebenen gemeinsamen Erklärung hat die Direktion Magdeburg allen Verbandsverwaltungen Abschrift zuzusenden.

Insbesondere ist der Direktion Magdeburg die Entscheidung über Niederschlagung der Wagenmiethen, Verzögerungsgebühren und Geldbußen übertragen, welche den Pr.St.B. aus dem V.W.U., dem It.W.R. und dem Int.R. zustehen[28]). Ueber die Befugnisse der Direktion Magdeburg bei der dauernden, leihweisen Abgabe von Wagen an fremde Verwaltungen durch eine Verbandsverwaltung, bei Abschluß von Wagenbeistellungsabkommen, bezüglich der Maßregeln bei Wagenmangel u. s. f. vgl. Hdb.St.W.V. 6, 7, 27 und 3. Abschn. 3. Kap.

Der Direktion Magdeburg sind das Centralwagenbureau und das Centralwagenabrechnungsbureau (letzteres verbunden mit der Centralwagenkontrole) unterstellt, über deren Thätigkeit im 3. Abschn. 5. Kap. Näheres mitgetheilt wird.

c) Geschäftsgang des Staatsbahnwagenverbandes.

1. Versammlungen und deren Beschlüsse[29]).

Ordentliche Hauptversammlungen finden bis auf Weiteres jährlich zweimal und zwar in der Regel am vierten Dienstag des Juni und am dritten Dienstag des November statt. Jede Versammlung setzt Tag und Ort für die nächste Versammlung fest. Außerordentliche Versammlungen kann die geschäftsführende Verwaltung (Magdeburg) jederzeit einberufen, wenn es sich um Erledigung wichtiger und dringlicher Angelegenheiten handelt. Sie muß eine solche einberufen, wenn dies von mindestens drei Verbandsverwaltungen beantragt wird.

Die Anträge für die Versammlungen, welche bestimmt gefaßt sein müssen, sind spätestens vier Wochen vor dem Verhandlungstage, dringliche thunlichst acht Tage vorher anzumelden. Letztere können indessen auch noch in der Versammlung selbst gestellt werden. Die gewöhnlichen Anträge sind in drei Abdrücken an die geschäftsführende Verwaltung und zugleich abschriftlich an alle Verbandsverwaltungen in der gewünschten Zahl zu senden. Ueber die dringlichen Anträge wird in der Versammlung selbst von der Antragstellerin mündlich Bericht erstattet. Die Versammlung beschließt alsdann über die Dringlichkeit und entscheidet damit, ob in eine Verhandlung eingetreten werden soll.

Ueber die zu verhandelnden Gegenstände wird von der geschäftsführenden Verwaltung eine Tagesordnung aufgestellt, deren erster Gegenstand stets die Berichterstattung der geschäftsführenden Verwaltung über die Ausführung der Beschlüsse der letzten Versammlung ist. Die Tagesordnung ist spätestens 14 Tage vor der Hauptversammlung den Verbandsverwaltungen in der von diesen gewünschten Zahl von Abdrücken zuzustellen. Ueber nachträglich gestellte dringliche Anträge ist thunlichst ein Nachtrag zur Tagesordnung zu versenden oder in der Versammlung selbst zu vertheilen.

---

[28]) Hdb.St.W.V. 5.
[29]) Gesch.Ordnung § 3—8.

Ueber jeden Gegenstand der Tagesordnung soll in der Regel schriftlicher Bericht von einer oder zweien durch die geschäftsführende Verwaltung zu bestellenden Verbandsverwaltungen erstattet werden. Bericht und ev. Mitbericht sind den Verbandsmitgliedern 10 Tage bezw. 14 und 8 Tage vor der Versammlung in der gewünschten Zahl von Abdrücken zuzusenden. Ueber ev. Verständigung der Verwaltungen vor der Hauptversammlung vgl. Geschäftsordnung § 5. In dringenden Fällen ist die geschäftsführende Verwaltung befugt, behufs Vorbereitung ihr besonders wichtig erscheinender Gegenstände einen Ausschuß zu bestellen.

In der Versammlung ist in der Regel die Tagesordnung für die Reihenfolge der Berathungsgegenstände maßgebend. Zunächst halten die berichterstattende und die mitberichterstattende Verwaltung mündlichen Vortrag. Nach der alsdann erfolgenden Berathung, in welcher Abänderungsanträge gestellt werden können (schriftlich mit mündlicher Begründung), haben beide berichterstattenden Verwaltungen das Recht zu einem Schlußworte. Die Beschlüsse werden nach Stimmenmehrheit der anwesenden Verwaltungen gefaßt, wobei Stimmengleichheit als Ablehnung gilt. Eine Vertretung abwesender Verwaltungen ist unzulässig. Ueber ihre Beschlußfähigkeit entscheidet die Versammlung selbst. Auf Antrag dreier Verwaltungen muß in materiellen Angelegenheiten namentliche Abstimmung erfolgen.

2. Weitere Behandlung und Ausführung der Beschlüsse[30].

Ueber die Verhandlungen und ihr Ergebniß wird eine Verhandlungsschrift aufgenommen und von den Anwesenden unterzeichnet. Diese Verhandlungsschrift wird gedruckt und den Verbandsmitgliedern in der gewünschten Zahl von Abdrücken zugesendet, wobei die geschäftsführende Verwaltung zugleich mittheilt, welchen Beschlüssen sie widerspricht. Letztere haben alsdann eine Erklärungsfrist von 14 Tagen, müssen etwaigen Widerspruch begründen. Das Ausbleiben einer Erklärung gilt als Zustimmung. Die geschäftsführende Verwaltung hat alsdann dem M. d. ö. A. über die Beschlüsse und etwaige Widersprüche zu berichten und, wo erforderlich, seine Genehmigung zu beantragen. Abschrift des Begleitberichtes ist den Verbandsverwaltungen mitzutheilen. Die Verbandsbeschlüsse werden entweder durch Genehmigung des Ministers oder, wo solche nicht erforderlich, durch Zustimmung von $^2/_3$ der Verwaltungen in obiger 14tägigen Frist verbindlich. Schließlich hat die geschäftsführende Verwaltung den anderen Verwaltungen Mittheilung über das Endergebniß zu machen und den Einführungstermin der zu Stande gekommenen Beschlüsse zu bezeichnen. Binnen vier Wochen haben diese der geschäftsführenden Verwaltung die Durchführung der Beschlüsse anzuzeigen.

Für dringliche Beschlüsse besteht ein beschleunigtes Verfahren[31]).

B. Beistellung von Personen- und Gepäckwagen.

Die Bestimmungen über die gegenseitige Wagenbenutzung finden auf den Durchgang der Personenwagen und Gepäckwagen nicht ohne Weiteres Anwendung. Vielmehr geschieht ein solcher Uebergang von Personenwagen aus einem in ein anderes Bahngebiet stets nur auf Grund besonderer Vereinbarungen.[32]) Es liegt dies in der Natur der

---

30) Gesch.Ordnung § 9, 10.

31) Gesch.Ordnung § 9.

32) V.W.U. u. It.W.R. § 2, Int.R. Art. 7, V. f. g. W. § 14,1.

Sache, weil der Verkehr der Güterwagen von den Mengen und Versandrichtungen der Waaren abhängig, daher unberechenbar und stets wechselnd ist, während die Personenwagen, wie im 2. Abschn. 2. Kap. näher ausgeführt wird, im Allgemeinen in Wagenzügen von fester Stärke auf bestimmten Strecken hin- und herfahren, und nur bei starkem Verkehrsandrange (aber dann auch in den feststehenden Verkehrsrichtungen) verstärkt werden. Ein Bedürfniß zu solchen besonderen Vereinbarungen stellt sich daher nur in den Fällen heraus, wo sogenannte direkte Züge durch die Gebiete mehrerer Verwaltungen (preußischer Direktionen und anderer) hindurchfahren, oder wo einzelne Wagen, sogenannte Kurswagen, in gleicher Weise durch die Gebiete mehrerer Verwaltungen hindurch manchmal weite Strecken (z. B. Berlin-Rom, Wien-Hamburg) zurücklegen, indem sie der Reihe nach in die Züge der einzelnen Verwaltungen eingestellt werden.

Bis zum Jahre 1889 wurden diese Vereinbarungen, die sich im Laufe der Jahre aus kleinen Anfängen entwickelt hatten, in einer Anzahl von Gruppenkonferenzen getroffen, die jährlich zweimal vor Beginn der Fahrplanperiode stattfanden, wobei manche Verwaltungen an mehreren dieser Konferenzen betheiligt waren. Die bedeutendsten dieser Gruppen, die Nordwestdeutsche unter Geschäftsführung der Direktion Magdeburg und die Süddeutsche unter Geschäftsführung der Generaldirektion der Bayerischen Staatsbahnen, traten auf Beschluß ihrer bezüglichen vorhergehenden Sommerperiodekonferenzen (Frankfurt 4.—5./5. 1888, Constanz 16.—17./4. 1888) am 26./4. 1889 zu Eisenach zu einer gemeinsamen Konferenz zusammen, in welcher dann beschlossen wurde, nicht nur künftig alle Konferenzen dieser beiden Gruppen für Wagenbeistellung (für Sommer und Winter) gemeinsam abzuhalten, sondern auch die anderen Gruppen des mitteleuropäischen Verkehres und zwar namentlich:

Berlin-Tetschen-Wien unter bisheriger Geschäftsführung d. Oest. N.W.B.
Berlin-Bodenbach-Wien „ „ „ „ „ Oest.-Ung. St.E.Ges.
Berlin-Teplitz-Wien-Karlsbad unter bisheriger Geschäftsführung der Außig-Teplitzer Bahn.
Berlin (Röderau-Zossen)-Dresden,

ferner besonders die Direktionen Bromberg, Breslau, Schweiz.-Nordostbahn, -Centralbahn, Gotthardbahn, die italienische Gesellschaft der adriatischen Bahnen und die Französische Ostbahn (letztere beiden schon bisher zu den Gruppenverhandlungen aufgefordert) zur Betheiligung einzuladen. Demgemäß haben vom August 1889 ab die Konferenzen jährlich zweimal, im Frühjahr für den Sommerdienst und im Frühherbst bezw. Spätsommer für den Winterdienst für den mitteleuropäischen Personenwagenverkehr gemeinsam stattgefunden. Nach dem ferner sogleich aufgestellten Grundsatze, daß es jeder Verwaltung unbenommen sein sollte, andere an der Wagenbeistellung betheiligte Nachbarverwaltungen mit heranzuziehen, ist die Zahl der Verwaltungen allmählich noch gewachsen. Nicht betheiligt sind die belgischen und die meisten französischen Verwaltungen, ebenso die nordischen Verwaltungen.

Die Wagenbeistellungskonferenzen stellen keinen Verband wie die Güterwagenverbände dar, weil auf ihnen keine Mehrheitsbeschlüsse, sondern nur freie Vereinbarungen der zustimmenden Verwaltungen stattfinden. Indessen hat man diesen Konferenzen dadurch von vornherein eine festere Form gegeben, daß man gleich auf der ersten gemeinsamen Konferenz in Eisenach leitende Grundsätze, gewissermaßen eine Art Geschäftsordnung, vereinbarte. Diese Vereinbarungen waren etwa folgende:

Jede Konferenz beschließt Ort und Tag für die nächste Konferenz. Auf jeder Konferenz sollen zunächst die Gegenstände allgemeiner Bedeutung gemeinsam berathen und hierauf die besonderen Fragen der einzelnen Verkehrsgruppen in Einzelsitzungen besonders behandelt werden. Die Gesammtleitung jeder Konferenz und ebenso die Führung der die gemeinschaftlichen Berathungsgegenstände betreffenden Niederschrift steht dem Vertreter derjenigen Verwaltung zu, in deren Bezirke bezw. an deren Linie der Konferenzort liegt. Diese Verwaltung erläßt auch die Einladungen zu der Konferenz. Dagegen werden bezüglich der Geschäftsführung in den einzelnen Verkehrsgruppen (s. oben) diejenigen Verwaltungen, welche bisher die Geschäfte geführt hatten, gebeten, sich dieser Mühewaltung auch weiter zu unterziehen, und demnach sowohl in den Einzelsitzungen der Gruppen in deren bisherigem Umfange den Vorsitz zu übernehmen, als auch namentlich die Abrechnung der Wagenläufe und die Aufstellung des Wagenbeistellungsplanes in bisheriger bewährter Weise zu bewirken. Die Niederschriften der Einzelsitzungen sowie die außerdem zwischen einzelnen Verwaltungen aufgenommenen besonderen Niederschriften werden dem Vorsitzenden der Gesammtkonferenz ausgehändigt, welcher dieselben in der gedruckt zu versendenden Gesammtniederschrift demnächst zur Kenntniß aller Theilnehmer bringt. (Nach einem Beschlusse der Wagenbeistellungskonferenz zu Hannover vom 15. u. 16./4. 1891 wird von den Verwaltungen der Niederschrift zugestimmt, falls innerhalb 14 Tagen nach Eingang derselben keine Einwendungen erhoben werden.) Die Wagenbeistellungspläne für die einzelnen Gruppen werden von den Vorsitzenden der Einzelsitzungen lediglich den betheiligten Verwaltungen zugestellt.

Die für die Konferenz zu stellenden Anträge sind an die geschäftsführenden Verwaltungen der Einzelgruppen spätestens vier Wochen vor der Konferenz zu senden, unter genauer Angabe, ob sie für die allgemeine oder Gruppenberathung bestimmt sind. Die geschäftsführende Verwaltung der Gruppe stellt hiernach die Tagesordnung für die Gruppenberathung auf und übermittelt diese nebst dem Entwurfe für die Wagenbeistellung den betheiligten Verwaltungen spätestens 14 Tage vor der Konferenz.

Von jedem an die geschäftsführende Verwaltung der Gruppe gerichteten Antrage ist gleichzeitig der geschäftsführenden Verwaltung des nächsten Konferenzortes Mittheilung zu machen, welche hiernach eine die allgemeinen Fragen umfassende Tagesordnung aufstellt und diese 14 Tage vor der Konferenz allen Theilnehmern zusendet.

Nach diesen Grundsätzen wird im Wesentlichen noch heute verfahren. Aus der Nordwestdeutschen Gruppe ist eine „Norddeutsche" Gruppe unter Geschäftsführung der Direktion Magdeburg geworden. Diese und die „Süddeutsche" Gruppe unter Geschäftsführung der Generaldirektion der Bayerischen Staatsbahnen umfassen den weitaus größten Theil aller Wagenbeistellungen. Daneben sind nur noch einige kleineren Gruppen vorhanden. Die Abrechnung über die Wagenleistungen ist inzwischen nahezu durchweg zu einer Naturalabrechnung geworden, deren Endergebnisse für die meisten betheiligten Bahnen in Magdeburg zusammengestellt werden. Hierüber, sowie über den Inhalt und die Ergebnisse der Konferenzberathungen wird im 3. Abschn. 4. Kap. das Nähere mitgetheilt. Hier mag nur noch darauf hingewiesen werden, daß die Konferenzen ihr Arbeitsfeld insofern erweitert haben, als sie nach Beschluß der Konferenz zu Wien 7. u. 8./3. 1894 auch die Zusammenstellung der Bedingungen für den Uebergang einzelner Salonwagen im internationalen Verkehr vorgenommen haben.

Da die belgischen und nahezu alle französischen Verwaltungen an den mittel=

europäischen Wagenbeistellungskonferenzen nicht betheiligt sind, so werden nicht nur die zwischen und in diesen Ländern und in ihrem Verkehre mit Holland erforderlichen Beistellungen von Personenwagen gesondert festgestellt, sondern das Gleiche gilt auch von einer Anzahl von Personenwagendurchgängen, die zwischen Frankreich und Belgien und deutschen Grenzbahnen stattfinden, so auf den Linien Cöln-Calais, Cöln-Ostende, Cöln-Brüssel, Cöln-Verviers, Cöln-Paris u. s. f. Nachrichtlich mag erwähnt werden, daß auch zwischen den italienischen Bahnen unter sich und in ihrem Verkehre mit Frankreich, auf den Bahnen der nordischen Länder u. s. f. entsprechende Vereinbarungen bestehen.

C. Gegenseitige Lokomotivleistungen.

Im regelmäßigen Betriebe kommen gegenseitige Lokomotivleistungen einer Bahn für eine andere nur im Nachbarverkehre auf den sogenannten Gemeinschaftsstrecken und Gemeinschaftsstationen vor. Diese Verhältnisse werden unter VI. dieses Kap. besprochen. Daneben findet eine Benutzung fremder Lokomotiven nur ausnahmsweise statt, wenn eine Bahnverwaltung einer anderen durch Herleihung von Lokomotiven aushilft. Die Pr.St.B. werden wohl kaum in die Lage kommen, sich von fremden Verwaltungen Lokomotiven zu leihen, weil die 20 Direktionen sich gegenseitig aushelfen können, was unentgeltlich geschieht. Dagegen kommt es öfters vor, daß Privatbahnen oder größere industrielle Anlagen mit eigenem Eisenbahnbetriebe sich zeitweise Lokomotiven von preußischen Eisenbahndirektionen leihen. Gleichmäßige Bedingungen und einheitliche Preisfestsetzungen für solches Herleihen von Lokomotiven bestehen nicht. Im Allgemeinen kann man annehmen, daß die für eine Lokomotive erhobene Vergütung den Selbstkosten für Verzinsung und Tilgung des Beschaffungskapitales einschließlich der Unterhaltungskosten mindestens entsprechen muß. Personal, Kohlen und Betriebsmaterialien hat hierbei die leihende Bahn selbst vorzuhalten, oder, wenn sie mitgestellt bezw. mitgeliefert werden, besonders zu vergüten. Für jede Beschädigung oder den ordnungsmäßigen Gebrauch überschreitende Abnutzung hat sie aufzukommen.

D. Gegenseitige Stellung von Zugpersonalen.

Da im Bereiche der Pr.St.B. die meisten längere Strecken durchfahrenden Personenzüge das Gebiet mehrerer Direktionsbezirke berühren, so läßt man die Zugpersonale die Züge in der Regel über die Grenzen ihres Bezirkes hinaus begleiten, einestheils der besseren Ausnutzung der Personale wegen, dann aber auch im Interesse des reisenden Publikums. Aber auch bei den auf fremde Bahnen übergehenden und von solchen kommenden Personenzügen und Kurswagen findet in mehr oder weniger großem Umfange ein Uebergang von Personalen oder Bestandtheilen derselben statt. Insbesondere fahren einzelne Schaffner und die sogenannten Verbandspackmeister auf weite Strecken, z. B. von Berlin nach München, mit. Bei den Güterzügen sind erheblich kürzere Touren durch die langsame Fahrt bedingt, so daß Uebergänge der Personale in der Regel nur zwischen den Nachbarbezirken (so z. B. bei allen von Berlin nach der Provinz und in umgekehrter Richtung fahrenden Zügen) vorkommen. — Für alle Uebergänge von Personalen sind zwischen den betheiligten preußischen Direktionen unter einander und mit den fremden Bahnverwaltungen besondere Vereinbarungen getroffen, die indessen dadurch sehr vereinfacht werden, daß für jede neue Fahrplanperiode nur bezüglich der veränderten oder neu eingelegten Züge neue Abrede zu treffen ist, während für alle Züge, welche ganz oder im

Wesentlichen unverändert bestehen bleiben, die alten Abmachungen ohne Weiteres für die neue Fahrplanperiode weiter gelten. Als Regel kann man bei solchen Abmachungen bezüglich der Personenzüge betrachten, daß diejenige Verwaltung, welche die Wagenzüge stellt, dieselben auch mit den Personalen besetzt. Doch werden viele Ausnahmen von dieser Regel im Interesse der Diensteintheilung oder aus sonstigen Gründen erforderlich und dann durch die erwähnten Vereinbarungen festgesetzt. Bei Güterzügen wird gewöhnlich diejenige Verwaltung die Personale stellen, welche mit der längsten Strecke betheiligt ist, z. B. bei den von Berlin nach außerhalb gehenden Zügen nicht die Direktion Berlin, sondern die angrenzende Verwaltung, in deren Bezirk der Zug nach Durchmessung der Vorortstrecke übergeht.

Abgesehen von denjenigen Fällen, in welchen die Uebergänge von Personalen durch Gemeinschaftsverhältnisse bedingt sind und durch die Gemeinschaftsverträge mit geregelt werden (vergl. unter VI), besteht eine besondere Form für die Vereinbarungen bezüglich der Personalübergänge nicht. Solche erfolgen vielmehr von Fall zu Fall durch Schriftwechsel oder bei den mündlichen Verhandlungen über die Fahrpläne. Soweit der Verkehr mit fremden Verwaltungen in Frage kommt, wird im Allgemeinen Naturalausgleich der gegenseitigen Leistungen angewendet.

IV. Anschluß der Zugverbindungen (Fahrplankonferenzen).

Während die Uebereinstimmung in technischer Beziehung und der Durchgang der Güterwagen im Wesentlichen durch freie Vereinbarungen der Bahnverwaltungen zu Stande gekommen, und nur in neuerer Zeit durch das Eingreifen der Staatsregierungen einer weiteren Förderung theilhaftig geworden ist, hat die Gewinnung durchgehender Zugverbindungen sich in ganz anderer Weise entwickelt. Wenn auch bei Entstehung der Eisenbahnen zunächst der Personenverkehr einen schnelleren Aufschwung nahm, als der Güterverkehr, der ungern seine althergebrachten Landtransportwege verließ und auch die wegen der vielen Lücken des Eisenbahnnetzes erforderlichen häufigen Umladungen scheute, so war doch das Publikum an Reisen auf weite Entfernungen noch nicht gewöhnt, und es bestand daher für durchgehende Zugverbindungen auf weite Strecken zunächst in seltenen Fällen ein Bedürfniß. So konnte es geschehen, daß man den 1847 geschaffenen Anschluß Wien-Berlin-Hamburg 1848 wieder aufhob, weil es an Reisenden mangelte und man annehmen mußte, daß die wenigen vorhandenen Reisenden es vorziehen würden, in Berlin eine Ruhepause zu machen. Dem geringen Bedürfnisse des Verkehres standen andererseits die erheblichen Kosten gegenüber, welche für die Bahnverwaltungen aus der Schaffung durchgehender Verbindungen auf weite Strecken erwuchsen. Die Anbequemung der Fahrpläne der einzelnen Bahnen an die für die langen Strecken festzulegenden Routen machte entweder eine Verschiebung der Züge aus ihrer für den Nahverkehr günstigsten Lage oder die Einlegung besonderer Züge erforderlich, beides Maßnahmen, welche der geringe Umfang des Durchgangsverkehres nicht lohnend erscheinen ließ. Insbesondere aber wurden bei langen Routen auf einzelnen Bahnen Nachtzüge unvermeidlich, welche nicht nur eine besonders ungünstige Frequenz aufwiesen, sondern auch die Bahnen zwangen, ihre Streckenbewachung in außerordentlichem Maaße zu vertheuern. So ist es erklärlich, wenn in Norddeutschland, wo das Privatbahnsystem vorherrschte, die Bahnverwaltungen in den ersten Jahrzehnten des Eisenbahnwesens sich in vielen Fällen gegen die Einlegung durchgehender Zugverbindungen sträubten, während andererseits die Regierungen, denen nur die allgemeinen Interessen am Herzen lagen, energisch auf die Herstellung solcher Verbindungen drangen. Die Veranlassung und zugleich die Handhabe zum Eingreifen boten den Regierungen die Bedürfnisse des Postverkehres. So hat insbesondere die Preußische Regierung auf Grund des § 36,$_1$ des Gesetzes über die Eisenbahnunternehmungen vom 3./11. 1838, welcher den Bahnen die Verpflichtung auferlegt, ihren Betrieb, soweit die Natur desselben es gestattet, in die nothwendige Uebereinstimmung mit den Bedürfnissen der Postverwaltung zu bringen, eine äußerst kraftvolle Thätigkeit entfaltet. Sie gab den Bahnverwaltungen durch Verfügung auf, ihre Fahrpläne mit denjenigen anderer Bahnen in Uebereinstimmung zu bringen. Die Eisenbahnkommissarien beriefen die Vorstände der Bahnen zu Konferenzen zusammen, in denen sie die Herstellung durchgehender Verbindungen durchsetzten. In manchen Fällen wurde aber auch den Bahnen ohne Weiteres vorgeschrieben, gewisse Züge einzulegen, und die Regierung schreckte vor den schärfsten Maßregeln nicht zurück, um die Befolgung ihrer Anordnungen zu erzwingen. So mußte die Niederschl.-Märk. Eisenbahn von 1847 ab Jahre lang gegen ihren Willen einen Nachtzug unterhalten. Die Berlin-Potsdam-Magdeburger Bahn entsprach bereitwilliger dem gleichen 1847 an sie gestellten Verlangen, einen Nachtzug zur Verbindung nach Cöln einzurichten, und auf dieser Linie lag auch ein so unzweifelhaftes Verkehrsbedürfniß vor, daß die 1848 zum Norddeutschen Verbande zusammengetretenen Bahnen aus eigenem Interesse die Verbindungen weiter vervollkommneten. Dagegen fügte sich die Berlin-Stettiner Bahn nur mit Widerstreben. Auch der Berlin-Hamburger Eisenbahn wurde 1852 die Einlegung eines Nachtzuges vorgeschrieben, und da die auch von anderen Regierungen abhängige Direktion nicht in der Lage war, dieser Vorschrift Folge zu leisten, durch Verhängung von Geldstrafen im Gesammtbetrage von 2800 Thalern und schließlich durch die den Direktoren angedrohte Amtsenthebung die Befolgung der Maßregel durchgesetzt.

Je mehr sich durch Seitenanschlüsse von Bahnen und Querverbindungen der zuerst hergestellten Hauptlinien die Eisenbahnen zu einem Netze verdichteten, desto mehr wuchs das eigene Interesse der Bahnverwaltungen, die Zuganschlüsse bequem für das Publikum zu gestalten. Die Vereinbarungen hierüber fanden theils auf schriftlichem Wege, theils in Gruppenkonferenzen statt, und es waren naturgemäß die zu Verkehrsverbänden zusammengeschlossenen Bahnen, welche auch über einheitliche Fahrplangestaltung sich in Verbindung setzten. In dieser Weise, d. h. durch theils selbständige, theils von den Regierungen geleitete Gruppenberathungen der Bahnverwaltungen sind Jahrzehnte lang die Vereinbarungen über die norddeutschen Fahrpläne zu Stande gekommen, während die Anschlüsse im internationalen Verkehre durch die Grenzverwaltungen und durch Verständigung der Regierungen vermittelt wurden.

In Süddeutschland war die Entwickelung eine wesentlich andere. Die Bahnen wurden hier von Anfang an fast durchweg als Staatsbahnen gebaut, so daß für die Verbindungen innerhalb der einzelnen Staatsgebiete kein Gegensatz zwischen den Interessen der Bahnverwaltungen und der Regierungen sich geltend machen konnte, während bei den die Staatsgebiete verbindenden Bahnen in den über ihre Herstellung abgeschlossenen Staatsverträgen zugleich die Herstellung durchgehender Zugverbindungen vereinbart wurde. Auf der Grundlage dieser Vereinbarungen wurden dann durch die staatlichen Bahnverwaltungen die Verabredungen über die Fahrpläne theils auf schriftlichem Wege, theils in Konferenzen getroffen. Diese Konferenzen fanden indessen nicht regelmäßig, sondern nur nach Bedarf statt.

Sowohl in Nord- wie Süddeutschland war man trotz der im Uebrigen verschiedenen Entwickelung bis zum Jahre 1870 zu einer einheitlichen Einrichtung für die Vereinbarung der Fahrpläne nicht gelangt. Ebenso wenig bestand Uebereinstimmung in der Abgrenzung der Fahrplanperioden, wenn sich auch allmählich dem Bedürfnisse entsprechend die Gepflogenheit herausgebildet hatte, je für Sommer und Winter die Fahrpläne neu zu veröffentlichen.

Inzwischen hatte seit Anfang der 60er Jahre die Einrichtung durchgehender Zugverbindungen von dem damals noch zu Deutschland gehörenden Oesterreich durch die übrigen süddeutschen Staaten nach Frankreich Veranlassung zu Konferenzen zwischen den betheiligten Bahnen gegeben, die je nach Bedarf wiederholt wurden und an welchen außer den Bayerischen, Württembergischen und Badischen Staatsbahnen die österreichischen Bahnen und die Französische Ostbahn betheiligt waren. Ferner hatte sich gleichfalls in den 60er Jahren der internationale Verkehr mit der Schweiz, zunächst durch Vermittelung der Badischen Staatsbahnen, entwickelt.

Erst die politischen Ereignisse von 1866 und 1870 gaben Veranlassung dazu, daß aus den geschilderten Anfängen regelmäßige Konferenzen hervorgingen, welche sich zunächst über Deutschland, Oesterreich und die angrenzenden Bahnen der Nachbarländer ausdehnen und dann zu einer europäischen Institution auswachsen sollten.

Die erste der regelmäßigen Konferenzen von beträchtlicherem Umfange fand, soweit dies ermittelt werden konnte, am 20./4. 1871 in München statt. Es folgten Konferenzen zu Wien (13./9. 1871), Würzburg (20./3. 1872), Dresden (4./9. 1872), Cöln (12.—13./2. 1873), Nürnberg (2./9. 1873), Stuttgart (25.—26./2. 1874). Bei den ersten Konferenzen waren von deutschen Bahnen die Bayrischen, Badischen, Württembergischen Staatsbahnen, die Reichsbahnen von Elsaß-Lothringen, die Hessische Ludwigsbahn, Rheinische Eisenbahn und einige mitteldeutschen Bahnen vertreten, ferner eine Anzahl österreichischer und schweizerischer Bahnen und die Französische Ostbahn. Allmählich trat eine nach der anderen der mittel- und norddeutschen Bahnen bei, so daß auf der Versammlung in Stuttgart (25.—26./2. 1874) bereits die meisten Bahnen des westlichen Norddeutschlands vertreten waren, während der Osten noch fehlte.

Die Ausdehnung zunächst auf ganz Deutschland wurde beschleunigt durch das Eingreifen des im Jahre 1873 begründeten Reichseisenbahnamtes. Dasselbe sprach durch einen an alle deutschen Bahnen (ausschl. Bayerns) gerichteten Erlaß vom 21./5. 1874 Nr. 2465 die Absicht aus, gemäß Art. 44 der V. d. D. R. die einheitliche Regelung des Fahrplanwesens in die Hand zu nehmen und seine Wirksamkeit mit der am 1./11. 1874 in Kraft tretenden Fahrplanperiode zu beginnen. Es sollten wie bisher Vorkonferenzen der Bahnverwaltungen stattfinden, und das R.E.A. wollte dann die verbliebenen Differenzen ausgleichen und zu diesem Behufe Delegirtenkonferenzen berufen.

Die Folge dieses Vorgehens war zunächst eine frühere Anberaumung und stärkere Beschickung der nächsten im Juli 1874 in Hamburg stattfindenden Konferenz, zu welcher alle Verwaltungen des V.D.E.V. eingeladen wurden, und auf welcher nunmehr die deutschen und österreichischen Bahnen fast vollzählig vertreten waren. Es fand dann auch eine Konferenz der Delegirten der Bahnverwaltungen im R.E.A. am 4.—5./9. 1874 statt, auf welcher zwar andere wichtige Fragen erörtert wurden, indessen endgültige Beschlüsse für den Winterfahrplan theilweise nicht gefaßt werden konnten, weil das von den Bahnverwaltungen vorgelegte Material nicht genügend vorbereitet und gesichtet war. Nach Verständigung des R.E.A. mit den deutschen Regierungen wurde daher vom Jahre 1875 ab bezüglich der deutschen Bahnen das noch jetzt gültige Verfahren beobachtet, daß alle Bahnverwaltungen ihre Fahrplanentwürfe nach vorgängigem Benehmen mit den Nachbarbahnen und der Postverwaltung ihrer zuständigen Landesaufsichtsbehörde zur Prüfung einreichen, und diese die Entwürfe in dem zur Genehmigung geeignet befundenen Zustande dem Reichseisenbahnamte zur verfassungsmäßigen Prüfung übermittelt[33]). In Uebereinstimmung hiermit hatte der preußische Handelsminister bereits mit Erlaß vom 17./12. 1874 V 6797 und II 27858 angeordnet, daß ihm die Fahrpläne der preußischen Eisenbahnverwaltungen am 10./2. und 10./7. jedes Jahres zur Genehmigung einzureichen seien. (Ersterer Termin ist seit 1892 auf 10./1. verlegt.) Demgemäß haben die Fahrplankonferenzen nur die Bedeutung von vorbereitenden Konferenzen, und wenn sich später Kommissare des R.E.A. und der deutschen und ausländischen Regierungen an denselben betheiligt haben, ist dies nur zu informatorischen Zwecken geschehen. Damit andererseits nicht in wichtigen Angelegenheiten auf den Fahrplankonferenzen Beschlüsse gefaßt werden, welche demnächst zu Beanstandungen Veranlassung geben können, ist für die preußischen Eisenbahnen durch Erlaß vom 4./10. 1878 E.V.B. S. 259 eine vorherige Berichterstattung solcher Anträge an den preußischen Minister und das R.E.A. angeordnet.

Die Zahl der an den Fahrplankonferenzen betheiligten Länder hat sich dann allmählich erweitert. In Triest 17.—18./2. 1875 waren zum ersten Male die oberitalienischen Bahnen sowie von den russischen Warschau-Wien und Warschau-Bromberg vertreten. Am 14./7. 1875 erschien in Salzburg zuerst eine englische Bahn (Great Eastern Railway). Doch war man noch soweit entfernt davon, die Konferenzen als eine internationale Einrichtung zu betrachten, daß am 14.—15./1. 1880 in Braunschweig der Vorschlag der Great Eastern Bahn, die nächste Konferenz in London anzuberaumen, dankend abgelehnt wurde, weil es nicht angemessen sei, diese Konferenzen außerhalb des deutsch-österreichischen Vereinsgebietes abzuhalten. Dieser Grundsatz wurde indessen zwei Jahre später durch Anberaumung einer Konferenz in Brüssel 11.—12./1. 1882 verlassen. Die Dänischen (Seeländischen) Staatsbahnen erschienen zuerst in Kiel 27.—28./6. 1883, die Schwedischen Staatsbahnen in Berlin 9.—10./1. 1884, die Rumänischen und Serbischen Staatsbahnen in Budapest 24.—25./6. 1885, die Norwegischen in Hamburg 20./1. 1886. Obwohl nunmehr außer dem äußersten Südwesten und Südosten alle Länder Europas an den Fahrplankonferenzen betheiligt waren, wurde doch gerade bei der Hamburger Konferenz der irrthümlichen Anschauung, als handele es sich bei dieser ganz selbständigen Institution um eine Einrichtung des V.D.E.V., dadurch Ausdruck gegeben, daß man in dem Verzeichnisse der Theilnehmer statt, wie bisher, deutsche Bahnen, österreichisch-ungarische Bahnen, fremde Bahnen, nunmehr unterschied: deutsche Bahnen, österreichisch-ungarische Bahnen, andere Vereinsbahnen, sonstige Verkehrsanstalten. Diese unzutreffende Bezeichnung wurde auch auf den folgenden Konferenzen beibehalten, obwohl der internationale Charakter derselben durch wiederholte Anberaumung in anderen Ländern (Luzern 1887, Interlaken 1889, Rom 1890) immer auf's Neue zur Geltung kam. Der Name

---

[33]) Erl. des R.E.A. an alle deutschen Bahnen ausschl. Bayerns vom 21./5. 1875 Nr. 5424.

der Konferenzen war bis dahin schlicht „Winterfahrplankonferenz“ bezw. „Sommerfahrplankonferenz“. Nachdem dann der Stuttgarter Konferenz 17.—18./6. 1890 von der geschäftsführenden Verwaltung der Name „Internationale Fahrplankonferenz“, der Berliner 14.—15./1. 1891 (auf welcher zuerst die Orientalischen Bahnen erschienen) der Name „Europäische Fahrplankonferenz“ gegeben war, führte die geschäftsführende Verwaltung der ebenfalls „Europäische“ genannten Konferenz in Stockholm 17.—18./6. 1891 die seitdem beibehaltene sachgemäße Aufzählung der Bahnen nach Ländern (alphabetisch geordnet) ein. Die Abhaltung fernerer Fahrplankonferenzen im Auslande, Brüssel (1892), London (1893), Paris und Florenz (1894), Genf (1896) hat dann den internationalen Charakter weiter bestätigt. Auf der Pariser Konferenz konnte der Vertreter der geschäftsführenden französischen Bahnverwaltung feststellen, daß durch die erstmalige Anwesenheit von Spanien und Portugal die Institution zu einer europäischen geworden war. Ihre Entstehung aus den deutsch-österreichischen Konferenzen haftet ihr nur insofern noch an, als man bei Konferenzen, die im deutschen Sprachgebiete abgehalten werden, die Niederschrift der Hauptverhandlung nur in deutscher Sprache abdruckt, während sie bei den in anderen Sprachgebieten abgehaltenen Konferenzen in der Regel zweisprachig herausgegeben wird. Um Mißverständnissen vorzubeugen, sei noch erwähnt, daß mehrere der oben aufgeführten fremdländischen Bahnen auf späteren Konferenzen wiederholt gefehlt haben.

Bei allen diesen Wandlungen, die die Fahrplankonferenzen in Bezug auf ihren Umfang, Ort und Namen durchgemacht haben, ist das Verfahren im Wesentlichen dasselbe geblieben. Die Konferenzen finden zwei Mal im Jahre, und zwar in der Regel im Juni und Dezember statt. Jede Konferenz bestimmt Ort und Zeitpunkt der folgenden Konferenz, und es übernimmt eine am Orte dieser seßhafte Verwaltung oder eine Verwaltung, in deren Bezirke der neue Konferenzort liegt, die Geschäftsführung. Diese beginnt mit der Einladung an alle bisher betheiligten oder zur Betheiligung vorgeschlagenen Verwaltungen von Eisenbahnen und anderen Verkehrsanstalten, zugleich mit Uebersendung einer Liste der eingeladenen Verwaltungen und dem Anheimgeben, fernere Verkehrsanstalten zur Einladung vorzuschlagen. Die geschäftsführende Verwaltung stellt ferner die bei ihr einlaufenden Anträge zur Tagesordnung bezw. zu Nachträgen derselben zusammen, die sie an die Theilnehmer der Konferenz versendet bezw. letztere (bei mangelnder Zeit) bei Zusammentreten der Konferenz vertheilt.

Die Tagesordnung unterscheidet stets die allgemeine Verhandlung und die Gruppenverhandlungen. Gegenstand der ersteren ist stets (manchmal allein) die Beschlußfassung über Ort und Zeitpunkt der nächsten Konferenz. Außerdem haben die Konferenzen in den allgemeinen Verhandlungen Beschlüsse gefaßt über das Verfahren bei den Zustimmungserklärungen, über die Abgrenzung der Fahrplanperioden (die wiederholt geändert sind), über Form und Ausstattung der Aushangfahrpläne, über die gegenseitige Mittheilung der Fahrpläne, über die Bezeichnung der schnellfahrenden Züge u. s. f. Die Gruppenverhandlungen betreffen im Wesentlichen Fahrplanänderungen durch Einlegung, Beschleunigung, Fortfall 2c. von Zügen, Gewinnung oder Verlust von Anschlüssen u. s. f. und bilden nur den Abschluß der bereits vorher zwischen den betheiligten Bahnverwaltungen auf schriftlichem Wege und in Vorkonferenzen gepflogenen Berathungen. Sie werden manchmal in schwierigen Fällen auf den Tag vor den eigentlichen Berathungstagen ausgedehnt. Während die Niederschrift über die Hauptverhandlung von der geschäftsführenden Verwaltung aufgestellt wird, stellt jede Gruppe ihre eigene Niederschrift auf und reicht sie der geschäftsführenden Verwaltung ein, die sie in der Gesammtniederschrift mit veröffentlicht, welche letztere sie dann an alle Konferenztheilnehmer versendet.

Die freie Organisation der Konferenzen bringt es mit sich, daß bindende Mehrheitsbeschlüsse nicht gefaßt werden können. Die Beschlüsse in den allgemeinen Verhandlungen gelten daher nur für diejenigen Bahnen, welche denselben binnen 14 Tagen nach Erhalt des Protokolles durch Erklärung an die geschäftsführende Verwaltung oder stillschweigend zustimmen. Mit der Mittheilung dieser Zustimmungserklärungen an die sämmtlichen an der Konferenz betheiligten Verwaltungen[34]) schließt dann die geschäftsführende Verwaltung ihre Thätigkeit. Inwiefern die Beschlüsse der Gruppenverhandlungen bindend sind, bezw. von der Zustimmung der Verwaltungen oder der Regierungen abhängig gemacht werden, hängt von der Form dieser Beschlüsse ab.

Dasjenige, was von den Beschlüssen der allgemeinen Verhandlungen noch Gültigkeit hat, wird bei der Besprechung der Aufstellung der Fahrpläne im 2. Abschn. 1. Kap. Erwähnung finden.

Außer diesen internationalen Konferenzen und den Vorkonferenzen von einzelnen Verwaltungsgruppen finden zwischen den sämmtlichen Direktionen der Pr.St.B. nach Bedarf Berathungen in Fahrplanangelegenheiten statt, welche aber nur allgemeine und formelle Fragen betreffen. Insbesondere handelt es sich hierbei um die Form und Einrichtung der Fahrpläne, Fahrplanbücher u. s. f. und um die Herausgabe der Fahrplanvorschriften (F.V.), welche auf freier Vereinbarung aller preußischen Direktionen beruhen, aber von jeder einzeln mit besonderen (kleiner gedruckten) Zusatzbestimmungen herausgegeben werden. Nachdem durch eine Konferenz zu Berlin 20./4. 1883 nur für den größeren Theil der damals unter preußischer Staatsverwaltung stehenden Eisenbahndirektionen bezüglich des allgemeinen Inhaltes der F.V. Uebereinstimmung erzielt war, wurden einheitliche Vorschriften nach wiederholten Berathungen in 1886 und 1887 zuerst in der Konferenz zu Berlin 10./5. 1887 endgültig vereinbart. Die F.V. sind dann wiederholt abgeändert. Die neueste 1895 vereinbarte Fassung gilt vom 1./4. 1895.

V. Verkehrs- und Tarifwesen.

Die Beförderung von Personen und Gütern über das Gebiet einer einzelnen Bahn hinaus bezw. durch die Gebiete mehrerer Bahnen hindurch kann so bewirkt werden, daß die Abfertigung nur bis zur Uebergangsstation bezw. von Uebergangsstation zu Uebergangsstation geschieht. Falls dann bezüglich der Güter auf den Uebergangsstationen besondere von den Bahnen unabhängige Kommissionäre die Neuabfertigung bewirken, bedarf es Vereinbarungen zwischen den Bahnen nicht. Dieses ursprünglich im Eisenbahnverkehre geübte Verfahren ist indessen mit Zeit- und Geldverlusten verknüpft, so daß die Bahnen schon frühzeitig in ihrem eigenen Interesse und demjenigen des Publikums Vorkehrung trafen, daß die Abfertigung direkt erfolgen konnte, d. h., daß die Personen auf direkte Fahrkarten, die Güter auf direkte Frachtbriefe unmittelbar von der Versandstation einer Bahn zur Empfangsstation einer anderen Bahn befördert wurden, gleich als ob statt aller am Transporte betheiligten Bahnen nur eine Bahn vorhanden wäre. Ein solches Ver-

34) Beschluß zu Graz 25. u. 26./6. 1884.

fahren setzt voraus, daß in dreifacher Hinsicht Vereinbarungen zwischen den betheiligten Bahnen getroffen sind, einmal über den Weg, welchen die zu befördernden Güter und Personen zu nehmen haben (Verkehrsleitung), zweitens über die Bedingungen und Formalitäten, unter welchen die Beförderung zu erfolgen hat (Betriebsreglement), und endlich über die Höhe und Begleichung der Vergütungen, welche für solche direkten Transporte erhoben werden (direkte Tarife). — Die folgende Darstellung der Entwickelung der Vereinbarungen auf dem Gebiete des Verkehrs- und Tarifwesens wird sich im Wesentlichen auf die Entwickelung der Betriebsreglements und der dieselben beeinflussenden oder ersetzenden staatlichen Bestimmungen beschränken, während die Fortbildung der Tarife und Leitungsvorschriften nur im Zusammenhange mit der sachlichen Darstellung betrachtet werden kann und daher, abgesehen von kurzen Andeutungen, die zur Vervollständigung der übrigen Ausführungen unerläßlich erscheinen, der Behandlung im 6. Abschnitte dieses Buches vorbehalten bleiben muß.

A. Entwickelung der Vereinbarungen und Verbände.

Das Wesen der Eisenbahnen bringt es mit sich, daß sie die Tarife, Bedingungen und Formen, welche bei den ihnen anzuvertrauenden Beförderungen von Personen und Gütern in Anwendung kommen sollen, veröffentlichen, da sie sonst mit jedem einzelnen Interessenten einen besonderen Beförderungsvertrag abschließen müßten. Die Veröffentlichung der Tarife ist in der Regel auch gesetzlich vorgeschrieben, um Benachtheiligungen oder Bevorzugungen einzelner Interessenten auszuschließen[35]). Die Bestimmungen über die Bedingungen und Formen der Beförderung, d. h. über Annahme, Beförderungszeit und Ablieferung, Haftpflicht, Entschädigung u. s. f. sind von jeher unter der Bezeichnung Betriebsreglement nebst Zusatzbestimmungen im Zusammenhange herausgegeben. Sie finden auf jeden der Bahn aufgegebenen Transport ohne Weiteres Anwendung, so daß der Beförderungsvertrag durch Lösung der Fahrkarte bezw. Ausfertigung des Frachtbriefes geschlossen werden kann. Erstere erhält zur Vervollständigung nur noch den Tagesstempel, letzterer braucht, falls nicht besondere Erklärungen über Ausnahmetarife, deklarirtes Interesse an der Lieferung, Nachnahme, Zollbehandlung u. s. f. abzugeben sind, nur noch die Angaben über Ort und Tag der Ausstellung, Art und Verpackung des Gutes, Gewicht desselben, Versand- und Bestimmungsstation, Absender und Empfänger sowie die Berechnung und Begleichungsform der Fracht zu enthalten.

Indem nun die ersten Eisenbahnen in Deutschland ohne Zusammenhang mit einander entstanden, verkündigte jede für ihren Bereich ein Betriebsreglement und die Tarife. Erst zu Mitte der 40er Jahre begann in Deutschland ein Zusammenschluß der Bahnen zu größeren Verkehrslinien, und es trat damit das Bedürfniß hervor, für diejenigen Transporte, welche von Bahn zu Bahn übergingen, durchgehende Tarife und einheitliche Transportbedingungen festzusetzen. Die Bahnen schlossen sich zu Verbänden (Tarifverbände, Transportverbände) zusammen, welche durchgehende Tarife und als Anhang zu denselben gemeinsame Betriebsreglements herausgaben. Der erste solche Verband war der Norddeutsche, im Jahre 1848 zwischen der Cöln-Mindener, Hannoverschen, Braunschweigischen, Magdeburg-Halberstädter, Magdeburg-Cöthen-Halle-Leipziger, Berlin-Pots-

[35]) In Preußen durch d. Ges. üb. d. Eisenb.Untern. vom 3./11. 1838 § 26, vergl. auch B.O. § 7.

dam-Magdeburger Bahn begründet, zu welchen 1852 die Leipzig-Dresdener Bahn hinzutrat. Durch Zusammenstellung der Tarifsätze des Binnenverkehres wurde je ein besonderer Verbandstarif für den Personen- und Güterverkehr zwischen den größeren Stationen des Gebietes aufgestellt, während ein gleichfalls für den Verbandsverkehr herausgegebenes Betriebsreglement die Bestimmungen für die direkte Abfertigung der Personen und Güter enthielt. In gleicher und ähnlicher Weise wurden in den folgenden Jahren der Mitteldeutsche Verband, der Ostfriesisch-Thüringische Verband, der Rheinisch-Bergisch-Märkische Verband und viele andere begründet.

Allmählich verdichteten sich die Bahnen zu einem Netze, in welchem Verkehrsbeziehungen in den verschiedensten Richtungen bestanden. Ferner wurden mehr und mehr Anschlüsse an ausländische Bahnen gewonnen. Dementsprechend bildeten sich zahlreiche Verbände, deren Verkehrsrichtungen theils parallel liefen, theils sich durchkreuzten, und welche sich auf den Konkurrenzlinien mit ihren Tarifen und durch Gewährung günstiger Beförderungsbedingungen auf das Erbitterste bekämpften. So waren für die Beförderungen auf derselben Bahn, je nachdem sie im Gebiete der Bahn verblieben oder in der einen oder anderen Richtung von fremden in- und ausländischen Bahnen herkamen bezw. auf solche übergingen, andere Tarifsätze und andere Bestimmungen maßgebend, woraus nicht nur für die Bahnen selbst, sondern auch für das Publikum große Unzuträglichkeiten entstanden.

Inzwischen war etwa gleichzeitig mit den ersten Transportverbänden der Verein Deutscher Eisenbahnverwaltungen in's Leben getreten (S. 60), dessen Bestreben von Anfang an darauf gerichtet war, durch gegenseitige Verständigung und einmüthiges Handeln der Bahnverwaltungen deren eigenes Interesse und dasjenige des Publikums zu fördern. Während nun die Bestrebungen des V.D.E.V., auf dem Gebiete des Tarifwesens Einheit zu schaffen, an den Sonderinteressen der einzelnen Bahnverwaltungen scheitern mußten, so daß erst im Jahre 1877 ein einheitlicher Tarif für Deutschland erreicht wurde (vgl. 6. Abschn.), waren seine Bemühungen für ein einheitliches Betriebsreglement von besserem Erfolge begleitet.

Nachdem der Verein 1846 begründet war, trat in Folge einer Anregung der Cöln-Mindener Eisenbahngesellschaft und eines Beschlusses der Versammlung zu Cöln schon 1847 ein Ausschuß zusammen, mit der Aufgabe, „sich der Ausarbeitung allgemeiner Grundsätze zu unterziehen, die den Betriebsreglements sämmtlicher Bahnen sowohl in Bezug auf den Personen- als auch auf den Güterverkehr zu Grunde zu legen seien". Der Ausschuß faßte bezüglich des Güterverkehres seinen Auftrag so auf, daß er „Vorschläge für eine Einrichtung zu machen habe, welche sämmtliche deutsche Eisenbahnen dem Publikum als unter einer Verwaltung stehend erscheinen lassen, und zu diesem Ende die Vereinsverwaltungen verpflichten sollte, den Transport von Gütern von und nach allen für den Güterverkehr eingerichteten Stationen, ohne den Handelsstand zur Annahme von Spediteuren zu zwingen, zu übernehmen." Es gelang indessen nach wiederholten Berathungen des Ausschusses und der Generalversammlungen im Jahre 1850 zunächst nur die Einigung zwischen einer größeren Anzahl von Vereinsverwaltungen, und erst vom 1./12. 1856 datirt das erste für alle Verwaltungen des V.D.E.V. gültige Vereinsgüterreglement und Uebereinkommen dazu nebst einheitlichem Frachtbriefformulare.

Noch später erfolgte eine Einigung über ein einheitliches Reglement für den Personen- und Gepäckverkehr, über welches auch bereits der 1847 eingesetzte Ausschuß berathen hatte. Nachdem man sich zunächst darauf beschränkt hatte, Normalbestimmungen und später 1859 „Vorschriften" herauszugeben, neben welchen Sonderbestimmungen der einzelnen Eisenbahnen Geltung behielten, trat am 15./4. 1865 das „Vereinsreglement für die Beförderung von Personen, Reisegepäck, Leichen, Fahrzeugen und lebenden Thieren auf den Bahnen des Vereines" in Kraft.

Der Umstand, daß die Eisenbahnverwaltungen im Bereiche ihrer Linien den Verkehr beherrschten, verlieh ihnen beim Abschluß der Beförderungsverträge gegenüber den Interessenten ein großes wirthschaftliches Uebergewicht, welches sich naturgemäß Geltung verschaffte. So war namentlich sowohl in den Einzelreglements der Bahnen und den Verbandsreglements, wie in den Reglements des V.D.E.V. das Bestreben hervorgetreten, die Haftpflicht der Eisenbahnen gegenüber den landesgesetzlichen Bestimmungen enger zu begrenzen. Als nun die deutschen Regierungen einen Ausschuß zur Ausarbeitung eines Handelsgesetzbuches niedergesetzt hatten, brachten die Interessenten ihre Wünsche auf Einschränkung der Machtbefugnisse der Eisenbahnen zur Geltung, während andererseits der V.D.E.V. nicht verfehlte, gegen die bei den Berathungen über das Handelsgesetzbuch hervortretende Absicht, diesen Bestrebungen zu folgen, energisch Stellung zu nehmen. Nach wiederholten Berathungen der Regierungen unter Zuziehung von Eisenbahnverwaltungen und Vertretern des Handelsstandes, Aeußerungen und Gegenäußerungen, wurde schließlich in das Handelsgesetzbuch ein besonderer das Eisenbahnfrachtgeschäft betreffender Abschnitt eingefügt, welcher zwischen den Forderungen der Eisenbahnverwaltungen und des Handelsstandes vermittelte. Die Bahnen wurden verpflichtet, die Annahme von Transporten bei Erfüllung gewisser Bedingungen nicht zu verweigern, bezüglich der Beförderungszeit keinen Absender vor dem anderen zu bevorzugen (Art. 422), und durften fortan die Haftpflicht nur insoweit rechtsgültig einschränken, als dies nach der Beschaffenheit der Güter, ihrer Verladungs- oder Verpackungsart dem Bedürfnisse und Gebrauche entsprach (Art. 423—426), während andererseits die Vertragsfreiheit wegen Höhe der Entschädigung gewahrt blieb (Art. 427), und eine zeitliche Beschränkung für die Geltendmachung von Ersatzansprüchen sowie eine räumliche bei Betheiligung mehrerer Bahnen oder Mitwirkung eines Spediteurs für zulässig erklärt wurde (Art. 425, 428—431).

Der V.D.E.V. mußte sein Güterreglement und ebenso sein Personen- ꝛc. Reglement hinsichtlich der Haftpflicht beim Gepäckverkehre nach den Bestimmungen des Handelsgesetzbuches umarbeiten. Nachdem für einen Uebergangszustand, welcher dadurch bedingt wurde, daß das Handelsgesetzbuch in den verschiedenen Ländern des Deutschen Bundes nicht gleichzeitig in Kraft trat, vorläufige Bestimmungen in Geltung gesetzt waren, wurde am 9.—10./8. 1864 auf der Generalversammlung in Hannover ein neues Vereinsgüterreglement nebst Uebereinkommen und ein neues Vereinspersonenreglement angenommen, und beide wurden am 1./3. 1865 im Bereiche des ganzen V.D.E.V. eingeführt.

Während bis dahin die Gesetzgebung nur indirekt auf die Betriebsreglements eingewirkt hatte, nahm sie bei Begründung des Norddeutschen Bundes und des D.R. selbst die Aufgabe in die Hand, innerhalb des Bundes- bezw. Reichsgebietes ein einheitliches Betriebsreglement zu schaffen[36]). Demgemäß wurde durch Bundesrathsbeschluß mittelst Bekanntmachung vom 10./6. 1870 das „Betriebsreglement für die Eisenbahnen im Norddeutschen Bunde" eingeführt, welches mit den Vereinsreglements im Wesentlichen über-

---

[36]) Verf. d. Nordd. Bundes Art. 42, V. d. D.R. Art. 45.

einstimmte, und sich von denselben hauptsächlich dadurch unterschied, daß die Vorschriften, statt in zwei getrennten Reglements, in einem vereinigt wurden. Durch Bekanntmachung des Bundesrathes vom 22./12. 1871 erhielt das Betriebsreglement, welches zugleich in einigen Punkten geändert wurde, auch in den übrigen deutschen Staaten mit Ausnahme Bayerns vom 1./1. 1872 ab Geltung, während Bayern dasselbe selbständig vom 1./1. 1872 ab einführte. In Oesterreich-Ungarn sah man sich durch das Vorgehen des Norddeutschen Bundes bezw. D.R. gleichfalls veranlaßt, an Stelle eines alten Reglements von 1863 ein neues ausarbeiten zu lassen, welches am 1./8. 1872 in Kraft trat. Dieses Reglement stimmte mit dem Deutschen im Wesentlichen überein, wies aber doch im Einzelnen zahlreiche Abweichungen auf. Sowohl die Bestrebungen des V.D.E.V. wie die eigene Initiative der Regierungen führte daher zu Vereinbarungen, nach welchen ein fast wörtlich übereinstimmendes Reglement in Deutschland (in Bayern besonders) und in Oesterreich-Ungarn zum 1./7. 1874 in Kraft gesetzt wurde (in Deutschland am 11./5. 1874 veröffentlicht). Der V.D.E.V., der inzwischen 1871 und 1873 durch Beschluß veränderter Reglements den durch das Vorgehen der Regierungen geschaffenen Verhältnissen Rechnung getragen hatte, beschloß nunmehr ein Reglement für Personen- und Güterverkehr entsprechend den beiden staatlichen Reglements und gab dasselbe mit Gültigkeit vom 1./6. 1876 zugleich mit einem Uebereinkommen zu demselben neu heraus. In den folgenden anderthalb Jahrzehnten sind dann sowohl das deutsche wie das österreichisch-ungarische Reglement durch Nachträge ergänzt, welche auch den V.D.E.V. zu entsprechenden Aenderungen seines Vereinsreglements veranlaßten. Auch das Uebereinkommen zum Vereinsbetriebsreglement wurde wiederholt neu herausgegeben, auch wurden dem Uebereinkommen im Laufe der Zeit mehrere Anhänge beigefügt.

Durch das Deutsche, Oesterreichisch-Ungarische und das Vereinsreglement waren für den Verkehr, welcher sich innerhalb der einzelnen dem Vereinsgebiete angehörigen Länder sowie von Land zu Land bewegte, einheitliche Transportbedingungen geschaffen, während solche im übrigen internationalen Verkehre nur insoweit bestanden, als sie mit entsprechenden Verbandstarifen vereinbart und veröffentlicht waren. Die zwischen den Bahnen vereinbarten Reglements hatten indessen nur den Charakter von Vertragsbedingungen, welche allen zwischen den Bahnen und Interessenten zu schließenden Beförderungsverträgen ohne Weiteres zu Grunde lagen, und auch das Deutsche Betriebsreglement war nicht als Gesetz zu betrachten, welches nach beiden Seiten Recht schaffte, sondern es war nur für die Bahnverwaltungen insofern bindend, als es von diesen bei Abschluß der Beförderungsverträge zu Grunde gelegt werden mußte, dagegen rechtlich ungültig, soweit es mit dem Handelsgesetzbuche im Widerspruche stand. Wenn daher schon im Gebiete des D.R. die Rechtsprechung bisweilen mit dem Betriebsreglement in Widerstreit gerieth, so herrschte im internationalen Verkehre, wo bei einem Transporte nicht nur die Reglements verschiedener Verbände, sondern auch die Gesetze mehrerer Staaten in Frage kamen, eine große Rechtsunsicherheit, welche sich bei allen Unregelmäßigkeiten und Streitfällen geltend machte. Insbesondere waren zwei Rechtssysteme für das Transportrecht der Bahnen maßgebend, das deutsche und französische. Das deutsche Eisenbahntransportrecht hatte sich wie S. 100 geschildert, unter wesentlicher Mitwirkung der Eisenbahnen gebildet, war in Deutschland und Oesterreich-Ungarn im Handelsgesetzbuche codificirt und hatte sich auch in den Niederlanden und Luxemburg, wo bis dahin das französische Transportrecht galt, sowie in Rußland theils durch die Bestimmungen des V.D.E.V., theils durch den Verkehr mit Deutschland, Eingang verschafft. Das französische Eisenbahntransportrecht, auf dem Code de commerce und Code civil beruhend, welche vor Bestehen der Eisenbahnen erlassen waren, hatte seine Weiterbildung in Bezug auf das Eisenbahnwesen nur durch die Koncessionsbedingungen der Bahnen, administrative Verordnungen und die Rechtsprechung des Kassationshofes erfahren. Seine Grundsätze galten auch in Italien und Belgien, während das in der Schweiz vom 1./7. 1876 an gültige „Transportreglement der schweizerischen Eisenbahnen" zwischen beiden Rechtssystemen vermittelte. Sowohl das deutsche wie das französische Transportrecht beruhten auf dem Römischen Rechte; ihr Hauptunterschied ist die dem französischen Rechte eigenthümliche strengere Haftung gegenüber den im Deutschen Handelsgesetzbuche zugelassenen Einschränkungen derselben (vgl. S. 100).

Wenn dieser Rechtszustand nunmehr bezüglich des Güterverkehres durch Schaffung eines einheitlichen internationalen Transportrechtes, der großartigsten Schöpfung unter allen Vereinbarungen im Eisenbahnwesen, beseitigt ist, so ist dies der Initiative der Schweiz zu verdanken. Die auf Anregung der beiden Advokaten G. de Seigneux und Dr. Christ (1874) von der schweizerischen Bundesregierung zuerst bei den angrenzenden und dann auch bei den übrigen beim Eisenbahnverkehre betheiligten europäischen Staaten unternommenen Schritte bezweckten zunächst nur die einheitliche Regelung einzelner Theile der Eisenbahntransportgesetzgebung, und fanden in einem von der Schweiz ausgearbeiteten vorläufigen Entwurfe für eine internationale Vereinbarung über den Eisenbahnfrachtverkehr nebst Denkschrift ihren Ausdruck. Die zu den folgenden Berathungen von Deutschland entsandten Kommissare hatten alsdann einen Gegenentwurf ausgearbeitet, welcher den Kreis der zu vereinbarenden Rechtsgrundsätze zu erweitern und das Erforderniß der Verweisung auf die Einzelrechte zu beschränken suchte. Während sich der schweizerische Entwurf an das Schweizerische Transportgesetz eng anschloß, beruhte der deutsche im Wesentlichen auf den Grundsätzen des Deutschen Rechtes, machte aber von vorneherein den Anschauungen des Französischen Rechtes wesentliche Zugeständnisse. Den Berathungen und Erwägungen, welche in drei Konferenzen zu Bern 1878, 1881, 1886 und dazwischen in den einzelnen Ländern stattfanden, wurde im Wesentlichen der deutsche Entwurf zu Grunde gelegt, welcher indessen erhebliche Abänderungen und Vervollkommnungen erfuhr. Der in der Konferenz 1886 festgestellte Entwurf wurde in einer vierten fast lediglich durch Diplomaten beschickten Schlußkonferenz zu Bern 13. u. 14./10. 1890 in einen Staatsvertrag umgestaltet, welcher dann am 30./9. 1892 ratificirt wurde und am 1./1. 1893 in Kraft getreten ist. An dem Staatsvertrage betheiligt sind Deutschland, Belgien, Frankreich, Italien, die Niederlande, Luxemburg, Oesterreich-Ungarn, Rußland und die Schweiz. Er unterscheidet sich von den Betriebsreglements (auch von demjenigen für das D.R.) dadurch wesentlich, daß er nicht Vertragsbedingungen vorschreibt, sondern Recht schafft, welches den Landesgesetzen vorgeht. Er findet indessen nur Anwendung auf diejenigen Bahnstrecken, welche in der dem Uebereinkommen anliegenden Liste aufgeführt sind (s. unten), nur im internationalen Verkehre und nur auf den Transport von Gütern mittelst direkten Frachtbriefes. Das innere Recht der einzelnen Vertragsstaaten blieb durch das Uebereinkommen, soweit nicht internationale Transporte in Frage kommen, unberührt. Doch hat die Mehrzahl der Staaten, theils schon vor Abschluß der Berathungen, theils nach denselben, ihr inneres Transportrecht nach den Grundsätzen des Internationalen Uebereinkommens (J.U.) umgestaltet, so auch Oesterreich-Ungarn, wo durch

Gesetz vom 27./10. 1892 die Regierung zur Abänderung des Handelsgesetzbuches auf dem Verordnungswege ermächtigt wurde, während in Deutschland eine Revision des Handelsgesetzbuches noch aussteht. Dagegen haben nicht nur alle internationalen und die meisten innerstaatlichen Tarifverbände die ihren Tarifen beigegebenen Reglements mit Gültigkeit vom 1./1. 1893 ab dem J.U. angepaßt, sondern auch der V.D.E.V. und die Regierungen Deutschlands und Oesterreich-Ungarns haben ihre Betriebsreglements mit Gültigkeit vom 1./1. 1893 danach umgestaltet. Das Oesterreichisch-Ungarische Reglement ist, da die Regierung zur Abänderung des Handelsgesetzbuches auf dem Verordnungswege ermächtigt wurde, mit dem J.U. in noch genauere Uebereinstimmung gebracht, als das deutsche, welches seitdem (1./1. 93) Verkehrsordnung (V.O.) heißt. In das gleichfalls vom 1./1. 1893 gültige neue Betriebsreglement des V.D.E.V. sind das J.U. sowie die einen Bestandtheil desselben bildenden Ausführungsbestimmungen wörtlich aufgenommen und hieran zusätzliche Bestimmungen des V.D.E.V. angeschlossen. Durch das letztere Betriebsreglement ist die Gültigkeit des J.U. auch für Rumänien vermittelt, welches nicht zu den Vertragsstaaten gehört. — Auch das Uebereinkommen zum Betriebsreglement des V.D.E.V., welches die gegenseitigen Beziehungen der Verwaltungen bei Ausführung des Reglements ordnet, hat mit Gültigkeit vom 1./1. 1893 eine neue Fassung erhalten.

Zum Betriebsreglement und zum Uebereinkommen zu demselben sind seitdem wiederholt Nachträge erschienen. Eine Neuausgabe des letzteren ist 1896 erfolgt.

Gewisse Gegenstände sind vom internationalen Transporte ausgeschlossen oder nur bedingungsweise zugelassen (Kostbarkeiten, Kunstgegenstände, Leichen, explosive und ekelerregende Gegenstände). Für solche können nach § 1 Abs. 3 der Ausführungsbestimmungen des J.U. (welche einen Theil des Vertragswerkes bilden) zwischen zwei oder mehreren Vertragsstaaten leichtere Bedingungen vereinbart werden. Nachdem derartige Vereinbarungen zwischen den verschiedenen Staaten in mehrfachen Beziehungen getroffen und wiederholt abgeändert waren, sind dieselben zum größeren Theile entbehrlich geworden und aufgehoben durch eine den gleichen Zweck verfolgende Abänderung des Vertragswerkes selbst. Es ist unter dem 16./7. 1895 eine Zusatzvereinbarung zum J.U. betr. die Beifügung zusätzlicher Vorschriften zu § 1 der Ausführungsbestimmungen und die Aenderung der Anlage 1 zu diesen Bestimmungen zwischen allen Vertragsstaaten getroffen[37]), welche, nach vollständiger Ratifikation[38]) vom 23./11. 1896 ab im ganzen Gebiete des J.U. in Kraft getreten ist. Daneben bestehen indessen noch mehrere der älteren Vereinbarungen, die weitergehende Erleichterungen gewähren[39]). Dem Betriebsreglement des V.D.E.V. sind sowohl diese Abmachungen wie die Zusatzvereinbarung beigefügt. Auch die Anlage B der V.O. hat dementsprechend wiederholt Abänderungen erfahren und nach B.B. vom 7./2. 1895[40]) eine vollständig neue Fassung erhalten. In der V.O. ist auch der § 53 durch Bekanntmachung des Reichskanzlers vom 18./10. 1895[41]) geändert.

---

[37]) E.V.B. 1896, 5.

[38]) Diese Zusatzvereinbarung war, da die Ratifikation seitens Oesterreich-Ungarn's und der Niederlande noch ausstand, vom 1./1. 1896 bis 22./11. 1896 nur zwischen den übrigen Vertragsstaaten in Geltung.

[39]) Zwischen dem D.R. und Luxemburg, d. D.R. und d. Schweiz, d. D.R. und Oesterreich-Ungarn, sowie zwischen Frankreich, Belgien, Luxemburg und den Niederlanden. — Nach der Vereinbarung des D.R. mit Luxemburg gilt im Deutsch-Luxemburgischen Verkehre die Anl. B der V.O.

[40]) R.G.B. 101, E.V.B. 161.

[41]) R.G.B. 445, E.V.B. 697.

Ueber die weitere Entwickelung des Tarifwesens, welche im 6. Abschnitte ausführlicher zu behandeln ist, mögen hier nur einige äußere Angaben gemacht werden. Nachdem 1848 der Norddeutsche Verband und in den folgenden Jahren zahlreiche andere Verbände begründet waren, bekämpften sich die einzelnen Verbände, wie bereits S. 99 erwähnt wurde, durch gegenseitige Unterbietung auf das Lebhafteste. Bemühungen des V.D.E.V., auf diesem Gebiete eine größere Einheitlichkeit herbeizuführen, waren erfolglos geblieben. 1868 wurde in dem Verkehrsgebiete zwischen dem Rheine einerseits, Berlin, Dresden, Bremen, Stettin andererseits von den Transportverbänden der sogen. Tarifverband begründet, welcher schließlich fast alle Eisenbahnverwaltungen des D.R. nördlich des Maines sowie einige niederländischen Bahnen umfaßte und in Bezug auf Klassifikation der Güter, Tarifvorschriften u. s. w. eine größere Gleichmäßigkeit erzielte. Eine einheitliche Tarifgestaltung wurde indessen durch diesen Tarifverband auch in seinem auf Norddeutschland beschränkten Gebiete nicht herbeigeführt. Es traten vielmehr nach 1870 noch neue Tarifsysteme in Wettbewerb mit den vorhandenen, so daß eine immer größere Verwirrung entstand. Auch erneute Bestrebungen des V.D.E.V. und eine von der Reichsregierung veranlaßte Tarifenquete verliefen ergebnißlos, bis schließlich unter dem Drucke der Bestrebungen des Reiches auf Ankauf der Privatbahnen von diesen unter Führung des Tarifverbandes 1876 ein einheitliches Tarifsystem vorgeschlagen, vom Bundesrathe gebilligt und am 12./2. 1877 in einer Generalkonferenz deutscher Eisenbahnverwaltungen als sogen. „Reformtarif" angenommen wurde. Etwa bis 1880 ist dieser dann von allen deutschen Bahnen eingeführt. Zur Weiterbildung der Tarife und etwaigen Aenderung des Tarifsystemes ist auf Anregung des preußischen M. d. ö. A. durch Vereinbarung der im Besitze von Staatsbahnen befindlichen Bundesregierungen unter Beitritt der deutschen Privatbahnen die periodische Wiederholung von Generalkonferenzen festgesetzt und zur Vorbereitung der Verhandlungen eine Ständige Tarifkommission bestellt, welcher ein Ständiger Ausschuß der Verkehrsinteressenten beigegeben ist. Der Transportverband, welcher nun nur noch reglementarische Fragen zu behandeln hatte, wurde 1886 aufgelöst und in Beziehung auf letztere Thätigkeit ersetzt durch den D.E.V.V. (vergl. S. 108).

Während so im Gebiete des D.R. Einheitlichkeit geschaffen ist, bestehen im Verkehre mit dem Auslande noch in alter Weise die zahllosen Verbandstarife. Diese sind allerdings formell in den letzten Jahren in größere Einheitlichkeit gebracht. Wie für die deutschen Bahnen durch die Ständige Tarifkommission und die Generalkonferenz der Deutschen Bahnen die Zusatzbestimmungen zur Verkehrsordnung nebst dieser selbst und die Allgemeinen Tarifvorschriften nebst Güterklassifikation als Theil I sämmtlicher Deutschen Verbandstarife herausgegeben sind, so haben auch Gruppen von internationalen Transportverbänden sich über einheitliche reglementarische Bestimmungen geeinigt, so daß für sämmtliche Verbände solcher Gruppen ein und derselbe Theil I des Tarifes besteht. Eine weitergehende Vereinheitlichung durch Schaffung gleicher reglementarischer Bestimmungen für den Güterverkehr in allen dem J.U. unterstehenden Tarifverbänden ist durch ein auf Anregung der Generaldirektion der Oesterreichischen Staatsbahnen zusammengetretenes internationales Komitee 1894/96 vorbereitet. Zunächst sind die von diesem im Benehmen mit dem Vereinsgüterausschusse festgesetzten zusätzlichen Bestimmungen zum J.U. in der Hauptversammlung von 1896 für alle dem V.R. des V.D.E.V. unterliegenden Tarifverbände verbindlich gemacht. In gleicher Weise sind 1896 für den V.D.E.V. einheitliche reglementarische Bestimmungen für die Personen- und Gepäcktarifverbände beschlossen.

B. Besondere Besprechung einzelner Institutionen und Verbände auf dem Gebiete des Verkehrswesens[42]).

1. Das Internationale Uebereinkommen über den Eisenbahnfrachtverkehr

(Convention Internationale sur le transport de marchandises par chemins de fer)[43]) ist ein zwischen den Regierungen Deutschlands, Oesterreich-Ungarns (auch f. Liechtenstein), Italiens, Frankreichs, Rußlands, der Niederlande, Belgiens, Luxemburgs und der Schweiz 14./10. 1890 abgeschlossener, 30./9. 1892 ratificirter und 1./1. 1893 in Kraft getretener Staatsvertrag. Der Vertrag ist in deutscher und französischer Sprache abgefaßt. Beide Texte sind von den Vertragschließenden unterzeichnet und hierdurch als Originaltexte anerkannt, also als gleichwerthig zu betrachten.

Der Staatsvertrag enthält folgende Bestandtheile:

I. Internationales Uebereinkommen über den Eisenbahnfrachtverkehr (im engeren Sinne).

II. Reglement, betr. die Errichtung eines Centralamtes.

III. Ausführungsbestimmungen zum Uebereinkommen über den internationalen Eisenbahnfrachtverkehr.

IV. (Schluß)protokoll.

Hierzu kommen noch folgende in den Texten angezogene Beilagen:

Zu I: Liste der Eisenbahnstrecken, auf welche das Internationale Uebereinkommen über den Eisenbahnfrachtverkehr Anwendung findet.

Zu III:

Anlage 1: Vorschriften über bedingungsweise zur Beförderung zugelassene Gegenstände.

Anlage 2: Frachtbriefformular.

Anlage 3: Erklärung, betr. die fehlende oder mangelhafte Verpackung der Güter.

Anlage 4: Nachträgliche Anweisung.

Das zu I aufgeführte Internationale Uebereinkommen (im engeren Sinne) bildet den Hauptvertrag, während II—IV Nebenverabredungen sind, welche, wie in dem Protokoll (zu IV) besonders hervorgehoben ist, dieselbe Kraft und Dauer haben sollen, wie das Uebereinkommen selbst. Während das Protokoll außer dieser Bestimmung mehrere Erklärungen der Bevollmächtigten enthält, welche den Charakter des J.U. als eines lediglich die internationalen Transporte betreffenden noch schärfer umgrenzen, als dies im Art. 1 des J.U. selbst geschehen ist, und die Abrede zu II eine besondere Institution zur Erleichterung und Sicherung der Ausführung des J.U. betrifft (s. unten), sind die Ausführungsbestimmungen (III) lediglich Ergänzungen zu dem Uebereinkommen selbst. Man hat diese ihrem Inhalte nach in das Uebereinkommen gehörenden Bestimmungen

---

[42]) Die Organisationen auf dem Gebiete des Tarifwesens werden im 6. Abschnitte ausführlicher erörtert. Bezüglich der, namentlich auch auf das Verkehrswesen sich erstreckenden, Wirksamkeit des V.D.E.V. vgl. die Ausführungen S. 60 ff.

[43]) Vergl. Gerstner § 11.

deshalb unter der Bezeichnung Ausführungsbestimmungen als gesonderten Theil abgefaßt, weil es zweckmäßig erschien, zwei Arten von Vertragsbestimmungen zu unterscheiden:

a) Dauernde, welche das Wesen des abzuschließenden Uebereinkommens enthalten, und deren Gültigkeit in den meisten Staaten voraussichtlich der Bestätigung der gesetzgebenden Gewalten bedürfen würde.

b) Mehr oder weniger vorübergehende, welche die den verschiedenen Bedürfnissen des Verkehres anzupassenden Vorschriften reglementärer Natur enthalten und in der Regel nur der Genehmigung der Exekutive bedürfen würden.

Das J.U. gilt nur für solche Eisenbahngütersendungen, welche auf Grund eines durchgehenden Frachtbriefes aus dem Gebiete eines der vertragschließenden Staaten in das Gebiet eines anderen vertragschließenden Staates befördert werden, und zwar nur dann, wenn die Beförderung auf denjenigen Eisenbahnstrecken erfolgt, welche in der eine Anlage zu Theil I des Uebereinkommens bildenden Liste aufgeführt sind. Diese Liste ist erstmalig als Bestandtheil des J.U. mit vereinbart, unterliegt aber Zusätzen und Streichungen durch das Centralamt (s. unten), welche dieses mit gewisser Frist auszuführen hat, sobald einer der Vertragsstaaten ihm mittheilt, daß eine neue Eisenbahn in den internationalen Transportdienst eingetreten ist, bezw., daß eine Bahn aus finanziellen Gründen oder in Folge einer thatsächlichen Behinderung nicht mehr in der Lage ist, den Verpflichtungen zu entsprechen, welche den Eisenbahnen durch das J.U. auferlegt werden[44]). Thatsächlich sind in die Liste fast alle für den internationalen Verkehr in Frage kommenden Bahnen aufgenommen. Die Liste hat zahlreiche Abänderungen erfahren, die u. A. im E.V.B. veröffentlicht werden. Eine vollständige Neuausgabe der Liste ist am 1./1. 1895 und 1./1. 1896 erfolgt[45]).

Gemäß J.U. Art. 57 und dem unter II (S. 105) aufgeführten Reglement betreffend die Errichtung eines Centralamtes ist, um die Ausführung des Uebereinkommens zu erleichtern und zu sichern, von dem Schweizerischen Bundesrathe in Bern ein Centralamt für den internationalen Transport errichtet. Die Geschäftsführung des Centralamtes wird vom Bundesrathe überwacht, seine Kosten, welche bis auf Weiteres jährlich 100000 Frs. nicht übersteigen sollen, werden von allen betheiligten Staaten im Verhältnisse zur kilometrischen Länge der von denselben zur Ausführung internationaler Transporte als geeignet bezeichneten Eisenbahnstrecken getragen. Das Centralamt hat die Aufgabe:

a) Die Mittheilungen eines jeden der vertragschließenden Staaten und einer jeden der betheiligten Eisenbahnverwaltungen entgegenzunehmen und sie den übrigen Staaten und Verwaltungen zur Kenntniß zu bringen.

b) Nachrichten aller Art, welche für das internationale Transportwesen von Wichtigkeit sind, zu sammeln, zusammenzustellen und zu veröffentlichen.

c) Auf Begehren der Parteien Entscheidungen über Streitigkeiten der Eisenbahnen untereinander abzugeben.

d) Die geschäftliche Behandlung der behufs Abänderung des gegenwärtigen Uebereinkommens gemachten Vorschläge anzunehmen, sowie in allen Fällen, wenn hierzu ein Anlaß vorliegt, den vertragschließenden Staaten den Zusammentritt einer neuen Konferenz vorzuschlagen.

---

[44]) J.U. Art. 58.
[45]) E.V.B. 1896 S. 93.

e) Die durch den internationalen Transportdienst bedingten finanziellen Beziehungen zwischen den betheiligten Verwaltungen sowie die Einziehung rückständiger Forderungen zu erleichtern und in dieser Hinsicht die Sicherheit des Verhältnisses der Eisenbahnen unter einander zu fördern. Die Formen, in denen das Mahnverfahren erfolgt, sind durch Art. III des Reglements, betreffend die Errichtung eines Centralamtes, geregelt.

Das Centralamt giebt gemäß Art. II seines Reglements die „Zeitschrift für den internationalen Eisenbahntransport" heraus, welche monatlich (deutsch und französisch) in Bern erscheint und in je einem Exemplare an alle betheiligten Staaten und Verwaltungen unentgeltlich zu übersenden ist. (Weitere Exemplare können gegen Entgelt bezogen werden.) In dieser Zeitschrift erfolgen die dem Centralamte obliegenden Veröffentlichungen und allgemeinen Mittheilungen (s. oben), welche das J.U. und seine Ausführung betreffen. Daneben enthält die Zeitschrift einen nichtamtlichen Theil mit Abhandlungen, gerichtlichen Entscheidungen, statistischen Nachrichten, Berichten über die Eisenbahngesetzgebung und Bücherschau.

Das J.U. war zunächst vom 1./1. 1893 ab auf drei Jahre verbindlich[46]). Jeder Staat, welcher nach Ablauf dieser Frist von dem Uebereinkommen zurückzutreten beabsichtigte, war verpflichtet, hiervon die übrigen Staaten ein Jahr vorher in Kenntniß zu setzen. Da von diesem Rechte kein Gebrauch gemacht ist, so ist (Art. 60) das J.U. als vorläufig für weitere drei Jahre, d. h. bis 31./12. 1898 als verlängert zu betrachten. Der Beitritt anderer Länder war im J.U. nicht vorgesehen und ist erst durch die Zusatzerklärung vom 20./9. 1893 (ratificirt und in Kraft getreten 21./9. 1896) ermöglicht worden. Diese Zusatzerklärung, welche mit dem J.U. gleiche Dauer hat, regelt die Zulässigkeit und Form des Beitrittes anderer Staaten, der von der einstimmigen Genehmigung aller Vertragsstaaten abhängig ist. Dänemark ist zum Beitritte angemeldet, welcher bis zum Erscheinen dieses Buches verwirklicht sein dürfte. (Der Beitritt Dänemarks wird zutreffendenfalls im Anhange Berücksichtigung finden.) In welcher Weise sich innerhalb der einzelnen Länder der Geltungsbereich des J.U. durch Zusätze und Streichungen der Liste ändert, ist bereits oben erörtert.

Wie so bezüglich des Geltungsbereiches Aenderungen vorgesehen sind, so ist auch in Bezug auf den Inhalt des J.U. für eine Weiterbildung der Bestimmungen nach Erfahrung und Bedürfniß gesorgt. Nach J.U. Art. 59 soll wenigstens alle drei Jahre (auf Verlangen von wenigstens einem Viertel der Vertragsstaaten früher) eine aus Delegirten der vertragschließenden Staaten bestehende Konferenz zusammentreten, um zu dem Uebereinkommen die für nothwendig erachteten Abänderungen und Verbesserungen in Vorschlag zu bringen. Solche Abänderung ist z. B. die oben erwähnte Zusatzerklärung wegen Beitrittes anderer Staaten sowie auch die Zusatzvereinbarung vom 16./7. 1895 (vgl. S. 103). Eine fernere Konferenz hat vom 16./3.–2./4. 1896 in Paris getagt. Die Beschlüsse dieser Konferenz sind indessen noch nicht zur Ratifikation gelangt. Der sachliche Inhalt des J.U. ist im 5. Abschnitte zu erörtern.

---

46) J.U. Art. 60.

2. Der Deutsche Eisenbahnverkehrsverband (D.E.V.V.).

a) Entstehung und räumlicher Umfang. Der 1868 begründete und schließlich auf nahezu alle Bahnen des D.R. nördlich des Maines sowie einige niederländische Bahnen ausgedehnte Tarifverband, eine Vereinigung der in diesem Gebiete bestehenden Transportverbände, welcher Vereinbarung und Fortbildung gleichmäßiger tarifarischer und reglementarischer Einrichtungen bezweckte, löste sich 1886 auf. Veranlassung hierzu war, daß seit 1877 die Weiterbildung des Tarifwesens der Ständigen Tarifkommission und der Generalkonferenz der deutschen Eisenbahnen übertragen war, so daß dem Tarifverbande nur noch die Weiterbildung reglementarischer Einrichtungen auf dem Gebiete des Verkehrswesens obgelegen hatte. Zur fortgesetzten Pflege dieses zweiten und zuletzt alleinigen Theiles seiner bisherigen Wirksamkeit unter Ausdehnung derselben auch auf Süddeutschland wurde gleichzeitig beschlossen, einen neuen Verband zu gründen. Auf Einladung der Königl. Preußischen Direktion Hannover trat ein solcher 1886 unter dem Namen „Deutscher Eisenbahnverkehrsverband" zusammen. In den D.E.V.V. können als Mitglieder alle diejenigen Bahnverwaltungen aufgenommen werden[47]), welche an den in Tarifangelegenheiten abzuhaltenden Generalkonferenzen der deutschen Eisenbahnverwaltungen mit beschließender Stimme theilnehmen. Thatsächlich gehört die Mehrzahl der deutschen Eisenbahnen dem D.E.V.V. an. Außerdem sind die Verwaltungen der Holländischen Eisenbahngesellschaft und der Niederländischen Staatseisenbahngesellschaft berathende Mitglieder, welche an den Abstimmungen nicht theilnehmen und durch die Verbandsbeschlüsse nur insoweit gebunden werden, als sie dieselben freiwillig annehmen.

b) Geschäftlicher Umfang. Der D.E.V.V. bezweckt[48]) die Fortbildung der Dienstzweige, welche die Beförderung von Personen, Reisegepäck, Leichen, Fahrzeugen, lebenden Thieren und Gütern betreffen, sowie die Herbeiführung einer thunlichen Uebereinstimmung der hierauf bezüglichen Vorschriften, insbesondere über das Abfertigungs- und Abrechnungsverfahren innerhalb des obigen räumlichen Gebietes. Die Thätigkeit des D.E.V.V. bildet also, wie auch aus seiner Entstehungsgeschichte (s. oben) hervorgeht, eine Ergänzung zu derjenigen der Ständigen Tarifkommission und der Generalkonferenzen der deutschen Eisenbahnen.

Der Verband faßt[48]) Beschlüsse, welche die in Betracht kommenden Einrichtungen entweder den Mitgliedern nur empfehlen, oder sie zur Durchführung verpflichten. Letzteres ist nur für eine Reihe von Gegenständen zulässig, welche im Anhange I der Satzungen einzeln aufgeführt sind. Die Verbindlichkeit erstreckt sich zudem[49]) nur auf die gegenseitigen Verhältnisse der Verbandsmitglieder, so daß jedem Verbandsmitgliede für seinen inneren Verkehr freie Hand bleibt. Die von dem D.E.V.V. bisher herausgegebenen Bestimmungen werden im Anhange mitgetheilt.

c) Geschäftsgang[50]). Die Geschäftsleitung hat die geschäftsführende Direktion, welche in der Verbandsversammlung auf je drei Jahre aus der Zahl der preußischen Staatseisenbahndirektionen gewählt wird (z. B. Hannover). Zur Vorberathung der an den Verband gerichteten Anträge ist ein Ausschuß aus 15 Verbandsverwaltungen gebildet.

---

47) Satzungen § $2,_2$.
48) Satzungen § 1.
49) Satzungen § $8,_2$.
50) Satzungen § 1—7.

Ordentliche Hauptversammlungen des Verbandes finden jährlich zweimal, in der Regel am dritten Donnerstage des Mai und November, an dem von der vorigen Versammlung hierfür bestimmten Orte statt. Außerordentliche Versammlungen kann bei dringlichen Angelegenheiten die geschäftsführende Direktion jederzeit einberufen. Sie muß dies thun auf Verlangen des Ausschusses oder von einem Fünftel der Stimmen der Verbandsmitglieder. Nicht vom Ausschusse vorberathene Anträge können in der Hauptversammlung nur dann zur Verhandlung und Beschlußfassung gelangen, wenn mindestens zwei Drittel der in der Hauptversammlung vertretenen Verwaltungen die Anträge für dringlich erklären. Bei der Abstimmung in der Hauptversammlung, welche mit Stimmenmehrheit erfolgt, steht jedem vertretenen Mitgliede eine Stimme zu.

Die Beschlüsse der Hauptversammlungen bedürfen mit Ausnahme einiger rein geschäftlichen Angelegenheiten der Ratifikation durch die Verwaltungen, denen zu diesem Behufe die Verhandlungsschrift zugesandt wird. Beschlüsse, welche nach Obigem (S. 108) dazu bestimmt sind, bindend zu werden (d. h. Beschlüsse bezüglich der im Anhange I der Satzungen genannten Gegenstände), werden dies, wenn nicht binnen sechs Wochen, deren Lauf mit dem vierten Tage nach Absendung der Verhandlungsschrift beginnt, von einer Anzahl Verwaltungen widersprochen wird, welche mehr als ein Zehntel der Gesammtzahl der Stimmen aller Verbandsverwaltungen darstellt. Die Verwaltungen haben hierbei ein Stimmrecht, welches sich nach der Länge ihrer Strecke in km bemißt (bis 50 km 1 Stimme, 50—150 km 2 Stimmen, 150—300 km 3 Stimmen, 300—500 km 4 Stimmen, für je 200 km 1 Stimme mehr). Bei Beschlüssen, welche nicht die im Anhange I der Satzungen enthaltenen Gegenstände betreffen und daher nicht dazu bestimmt sind, bindend zu werden, müssen in der gleichen Zeit mehr als die Hälfte aller Stimmen (abzüglich derjenigen, welche sich ausdrücklich der Stimmabgabe enthalten) widersprechen, um ihre Vollzugsreife zu hindern.

Die vorherige Beschlußfassung in der Hauptversammlung kann unterbleiben und es kann sogleich auf schriftlichem Wege, wie vor, abgestimmt werden, wenn entweder a) der Ausschuß dem Verbande die Beschlußfassung mit zwei Drittel der vertretenen Stimmen zur sofortigen Durchführung empfiehlt, oder b) Angelegenheiten nach Ansicht der geschäftsführenden Direktion eine besonders schnelle Erledigung erfordern und einer vorherigen Ausschußberathung nicht bedürfen, oder c) Anträge des Ausschusses lediglich die Auslegung früherer Verbandsbeschlüsse zum Gegenstande haben.

Ueber den Geschäftsgang des Ausschusses vgl. Satzungen § 6.

Für die Abstimmung in den Hauptversammlungen und dem Ausschusse gilt für die preußischen Direktionen dieselbe Regel, wie im V.D.E.V., d. h. bei bindenden Beschlüssen darf nur einheitlich nach vorheriger Verständigung der Direktionen abgestimmt werden. Ueber die Annahme der Beschlüsse seitens der Pr.St.B. entscheidet auch hier der M. d. ö. A. nach Bericht der Direktion Hannover.

d) Durchführung der Beschlüsse[51]). Die Verbandsbeschlüsse werden von der geschäftsführenden Direktion den sämmtlichen Verbandsmitgliedern mitgetheilt, und sind, soweit es sich um verbindliche Beschlüsse handelt, von allen Verbandsverwaltungen in dem beschlossenen Umfange und Zeitraume zur Einführung zu bringen und so lange zu beobachten, bis vom Verbande auf dieselbe Weise eine Abänderung oder Aufhebung

[51]) Satzungen § 8.

beschlossen worden ist. Ueber die Ausführung eines verbindlichen Beschlusses haben die Verbandsmitglieder innerhalb vier Wochen nach der Mittheilung des Ergebnisses der schriftlichen Abstimmung bezw. nach dem für die Ausführung festgesetzten Zeitpunkte der geschäftsführenden Direktion Anzeige zu erstatten. Eine gleiche Anzeige haben in der nämlichen Frist die Verbandsmitglieder darüber zu erstatten, ob sie nicht verbindliche Beschlüsse ganz oder theilweise, oder mit Beschränkung auf gewisse örtliche Grenzen zur Ausführung gebracht haben, ebenso ihren Rücktritt von nicht verbindlichen Beschlüssen mindestens sechs Wochen vor dem hierfür anzugebenden Zeitpunkte der geschäftsführenden Direktion mitzutheilen. Unterläßt eine Verwaltung die Ausführung eines verbindlichen Beschlusses und gelingt es der geschäftsführenden Direktion nicht, dieselbe nachträglich herbeizuführen, so hat letztere die Angelegenheit der nächsten Hauptversammlung zur weiteren Beschlußfassung vorzulegen.

Alle Verbandsbeschlüsse, welche die S. 108 genannten Dienstzweige betreffen, werden, wenn im einzelnen Falle die Hauptversammlung nicht ein Anderes beschließt, von der geschäftsführenden Direktion durch Kundmachungen unter laufender Nummer besonders herausgegeben, wobei die Verbindlichkeit der Beschlüsse anzugeben ist, oder die Namen der Verwaltungen, welche nichtverbindlichen Beschlüssen nicht beigetreten sind, aufzuführen sind. Von dem Rücktritte einer Verwaltung von einem nichtverbindlichen Beschlusse giebt die geschäftsführende Direktion den Verbandsmitgliedern Kenntniß.

Die geschäftsführende Direktion überwacht die Ausführung der Beschlüsse und bewirkt, soweit erforderlich, die Genehmigung des R.E.A. und der Preußischen Aufsichtsbehörde für die in Betracht kommenden Verwaltungen.

e) Kosten des Verbandes[52]). Die Kosten werden auf die Mitglieder hinsichtlich der Drucksachen nach dem Verhältnisse der bezogenen Ausfertigungen, im Uebrigen nach dem Verhältnisse der der Stimmberechtigung zu Grunde liegenden Bahnlänge vertheilt.

f) Rücktritt von Mitgliedern, Auflösung und Satzungsänderung des Verbandes. Jede Verwaltung kann aus dem Verbande austreten, nachdem sie dies sechs Monate vorher der geschäftsführenden Direktion angezeigt hat, welche die übrigen Verwaltungen davon sogleich zu benachrichtigen hat. Ein Beschluß auf Auflösung des Verbandes muß in besonders zu berufender Hauptversammlung gefaßt und bei der schriftlichen Abstimmung von der Hälfte aller den Mitgliedern zustehenden Stimmen genehmigt sein, um vollzugsreif zu werden. Für Abänderung und Ergänzung der Satzungen sind im Allgemeinen bei der schriftlichen Abstimmung $^9/_{10}$ der Stimmen erforderlich, für Abänderung oder Ergänzung des Verzeichnisses im Anhange I der Satzungen indessen Einstimmigkeit.

g) Die Ausgabe der Deutschen Freikarten durch den D.E.V.V. ist an Stelle einer früheren auf 1847 zurückreichenden Einrichtung des V.D.E.V. getreten, welche sich aus einer anfänglichen Ausgabe von je einer Freikarte an jedes Direktionsmitglied und drei Oberbeamtenkarten an jede Direktion zu einer durch ein Freikartenreglement geordneten Vertheilung der Freikarten an die Bahnverwaltungen nach Maßgabe ihrer Meilenlänge entwickelt hatte. Das Vereinsfreikartenreglement war 1885 und 1886 seitens der Oesterreichischen und Ungarischen Staatsbahnen gekündigt, weil der Antrag auf Ertheilung von Freikarten an die Mitglieder der obersten Aufsichtsbehörden bei Staatsbahnen von der Vereinsversammlung in Budapest 1885 abgelehnt war. Nachdem

---

52) Satzungen § 9.

dann auch die Pr.St.B., Elsaß-Lothringen, die Bayerischen, Sächsischen, Württembergischen, Badischen Staatsbahnen und viele andere das Reglement 1886 gekündigt hatten, wurde dasselbe nach Beschluß der Stuttgarter Versammlung mit Ablauf des Jahres 1886 außer Kraft gesetzt.

Für den fortgefallenen Vereinskartenverband wurde nunmehr so Ersatz geschafft, daß die Eisenbahnverwaltungen des D.R., der Oesterreichisch-Ungarischen Monarchie, sowie die niederländischen, belgischen und luxemburgischen Bahnen sich zu je einem Freikartenverbande zusammenthaten, welcher die für seinen Bereich gültigen Freikarten mit den anderen Verwaltungen austauschte.

Der Deutsche Freikartenverband, an welchem sich alle deutschen Staatsbahnen und größeren Privatbahnen betheiligt haben, ist an den D.E.V.V. angegliedert, insofern dessen geschäftsführende Direktion (Hannover) zugleich die Geschäfte des Freikartenverbandes führt, für welchen die „Deutsche Freikartenordnung" maßgebend ist. Nach § 1 derselben sind zur Theilnahme alle Eisenbahnbetriebsverwaltungen berechtigt, welche im D.R. ihren Sitz haben und nicht lediglich Bahnen von nur örtlicher Bedeutung betreiben, vielmehr an dem öffentlichen Verkehre in hervorragender Weise betheiligt sind, den regelmäßigen Personenverkehr mittelst Lokomotivbetriebes ausführen und entweder:

a) eine durch fremde Bahnen nicht unterbrochene Bahnstrecke von mindestens 50 km, oder:

b) im Falle einer solchen Unterbrechung Bahnstrecken in einer Gesammtlänge von mindestens 100 km haben.

Die Zahl der Freikarten wird[53]) nach der Länge der im Betriebe der einzelnen Verwaltung stehenden sämmtlichen Bahnstrecken bemessen, auf welchen ein regelmäßiger Personenverkehr stattfindet, und zwar dergestalt, daß:

im obigen Falle zu a bei einer Bahnlänge

bis zu	50 km	2 Karten
über	50—100 km	4 „
über	100—200 km	6 „

und für je weitere (auch nur angefangene) 100 km 2 Karten mehr, und:

im obigen Falle zu b halb soviele Karten, wie zu a, gewährt werden.

Die Strecken mitverwalteter Kleinbahnen zählen hierbei nicht mit. Mitverwaltete Bahnen von lokaler oder untergeordneter Bedeutung sind bei Beurtheilung der für die Betheiligung am Freikartenverbande erforderlichen Mindestlänge nicht zu berücksichtigen, dagegen für Ermittelung der Kartenzahl mitzurechnen.

Die (auf den Namen lautenden) Freikarten dürfen nur an solche Mitglieder und Oberbeamte der mit der unmittelbaren Leitung des Betriebes betrauten Behörden und Gesellschaftsvorstände ausgegeben werden, deren fachmännische Berufsthätigkeit ausschließlich auf den Eisenbahndienst gerichtet ist. Die Ausgabe an Mitglieder staatlicher Central- verwaltungs- oder Aufsichtsbehörden ist ausgeschlossen.

Die Freikarten berechtigen zur freien Fahrt auf allen Bahnstrecken der an dem Abkommen betheiligten Verwaltungen in den für die Personenbeförderung bestimmten Zügen in beliebiger Wagenklasse (mit gewissen bekannt gegebenen Ausnahmen), zur gebührenfreien Mitnahme von 25 kg Reisegepäck und zur Besichtigung der Bahnanlagen.

---

[53]) Deutsche Freikartenordnung § 2.

Ueber Form, Ausfertigung, Kontrole und Rückgabe der Karten, Austritt aus dem Verbande, Deckung der Unkosten sowie Entscheidung bezw. Vorerörterung von Streitfragen durch einen ständigen Ausschuß trifft die Deutsche Freikartenordnung im Einzelnen Bestimmung.

Die Karten, welche der Gesammtheit der preußischen Staatsbahndirektionen zustehen, werden, da die kilometrische Länge nicht ohne Weiteres maßgebend für die Bedeutung der einzelnen Direktionen und die Zahl ihrer Oberbeamten ist, auf Anordnung des M. d. ö. A. nach einem anderen Verfahren auf die 20 Direktionen vertheilt. Die übrigen Verwaltungen des Freikartenverbandes haben dieser anderen Vertheilungsart, durch welche die nach der Freikartenordnung berechnete Gesammtzahl der Karten nicht berührt wird, zugestimmt.

Die Direktion Hannover vermittelt auch den Austausch mit den beiden anderen Verbänden. Im Niederländisch-Belgisch-Luxemburgischen Verbande bestehen dieselben Bestimmungen, wie im Deutschen, so daß die deutschen Bahnen zu jeder deutschen Karte auch eine niederländisch-belgisch-luxemburgische erhalten, die auch nach dem vom preußischen Minister abgeänderten Verfahren auf die einzelnen Direktionen vertheilt werden. Der Oesterreichisch-Ungarische Fahrkartenverband (zu welchem auch die rumänischen und bosnisch-herzegovinischen Bahnen und das Centralamt für den internationalen Eisenbahntransport zu Bern gehören) hat indessen eine andere Berechnungsweise, nach welcher weniger Karten im Verhältniß zur kilometrischen Länge ausgegeben werden. Dementsprechend erhalten auch die deutschen Bahnen nicht so viele österreichisch-ungarische Karten, wie deutsche Karten, und selbstredend wird dagegen den österreichisch-ungarischen Bahnen auch nur eine nach deren Vorschriften berechnete Zahl deutscher Karten gegeben. Eine von den österreichisch-ungarischen Vorschriften abweichende Vertheilung der betr. Karten auf die preußischen Direktionen ist nicht zugelassen.

VI. Gemeinschaftsverhältnisse und Betriebsüberlassungsverträge.

Während die Vereinbarungen über den Durchgang von Betriebsmitteln, die direkte Abfertigung von Personen und Gütern aus dem Gebiete einer Verwaltung in diejenigen anderer Verwaltungen u. s. f. sich über weite Ländergebiete erstrecken, treten Fälle, in welchen die Bahnanlagen einer Verwaltung durch den Betrieb und Verkehr einer anderen Verwaltung mitbenutzt werden, nur in geringem Umfange und nur in unmittelbarer Nachbarschaft derjenigen Stellen ein, an welchen die Gebiete zweier oder mehrerer Verwaltungen aneinandergrenzen. Es entstehen hierbei die sogenannten Gemeinschaftsverhältnisse.

Die zusammenstoßenden Bahnnetze können sich entweder in einer Station berühren, in welche sie von verschiedenen Seiten oder Richtungen einlaufen, und welche dann Gemeinschaftsstation heißt, oder die Grenze fällt auf die freie Strecke, dergestalt, daß die zwei Stationen verschiedener Verwaltungen verbindende Bahnlinie bis zu einem gewissen Punkte der einen Bahnverwaltung, von da ab der anderen Bahnverwaltung angehört. In diesem letzteren (selteneren) Falle, der namentlich an Landesgrenzen einzutreten pflegt, ist für die betr. Strecke ein Gemeinschaftsverhältniß begründet. Schließlich kann auch die Berührung zweier Bahnnetze nicht bloß in einem einzelnen Punkte, sondern in einer ganzen durch zwei oder mehrere Stationen hindurchgehenden Bahnlinie erfolgen, welche von beiden Verwaltungen zur Durchführung ihrer Züge benutzt wird (Wörgl-Innsbruck). Dann liegt eine noch innigere Strecken- und Stationsgemeinschaft vor. Durch die Eisenbahnverstaatlichungen hat die Zahl der vorhandenen Gemeinschaftsverhältnisse sehr erheblich abgenommen.

Mit der Erörterung der Gemeinschaftsverhältnisse soll diejenige der Betriebsüberlassungsverträge verbunden werden, welche mit ersteren in naher Beziehung stehen.

Die folgende Besprechung wird sich zu gliedern haben nach A) Gemeinschaftsstationen, B) Gemeinschaftsstrecken und C) Betriebsüberlassungsverträgen.

A. Gemeinschaftsstationen.

Zu den Gemeinschaftsstationen rechnet man auch diejenigen Stationen, auf welchen schmalspurige Nebenbahnen Anschluß an Hauptbahnen finden, sofern die Anlagen der Hauptbahnen in irgend welchem Umfange von den Nebenbahnen mitbenutzt werden. Von solchen Stationen soll im Folgenden nicht besonders gehandelt werden, da ihre Verhältnisse sich aus denjenigen von zwei oder mehreren normalspurigen Bahnen (mit Uebergang der Betriebsmittel) ohne Weiteres durch Vereinfachung herleiten lassen.

1. Formen der Gemeinschaftsstationen.

Die Anordnung einer Gemeinschaftsstation ist außer von der Oertlichkeit und den Betriebs- und Verkehrsverhältnissen der betheiligten Bahnen auch von der früheren Entstehung der einen oder anderen Bahn, deren Eigenthumsrechten und sonstigen etwa ein wirthschaftliches Uebergewicht bedingenden Umständen abhängig. Je nach der Lage der Hauptgleise und Nebengleise, der Anordnung der Bahnsteige, Empfangsgebäude, Aborte, Güterschuppen, Ladestraßen u. s. f., je nachdem alle diese Anlagen oder ein größerer bezw. geringerer Theil derselben gemeinschaftlich von zwei bezw. mehreren Bahnen benutzt werden, und je nachdem die einzelnen Bahnen neben den gemeinschaftlichen Anlagen auch gesonderte Anlagen besitzen, kann man folgende Hauptformen der Gemeinschaftsstationen unterscheiden, zwischen welchen es selbstredend zahllose Uebergangsformen giebt:

a) Gemeinschaft der Uebergabegleise: Die Stationen zweier oder mehrerer Bahnen in demselben Orte können an ganz verschiedenen Punkten desselben völlig getrennt von einander liegen und entweder gar nicht oder nur durch eine Güterverbindungsbahn in Gleiszusammenhang stehen (Berlin). Dann liegt ein Gemeinschaftsverhältniß der Stationen überhaupt nicht vor. Dagegen wird es als einfachster Fall einer Gemeinschaftsstation zu betrachten sein, wenn die Stationsanlagen zweier oder mehrerer Bahnen unmittelbar nebeneinander liegen, so daß jede ihre eigenen Haupt- und Nebengleise, Bahnsteige, Gebäude, Ladeanlagen u. s. f. besitzt, und eine gemeinschaftliche Benutzung (außer etwa für die Zufahrtstraße) nur für sogenannte Uebergabegleise stattfindet, in welche jede Verwaltung die für eine andere bestimmten Güterwagen hineinstellt, während diese demnächst die Wagen abholt.

b) Gemeinschaft des Empfangsgebäudes (Bahnsteighalle, Aborte) und der Uebergabegleise: Vielfach hat man den Raumbedarf und die Herstellungskosten verringert und eine einfachere und zugleich stattlichere Gestaltung der Empfangsbaulichkeiten erzielt, indem man bei völlig getrennter Anlage der Haupt- und Nebengleise,

Betriebsgebäude und sämmtlicher Gebäude und Ladestraßen für den Güterverkehr doch die Anlagen für den Personenverkehr in ein einheitliches System gebracht und hinter oder zwischen den nach gleichmäßiger Ordnung ausgeführten Bahnsteigen ein gemeinschaftliches Empfangsgebäude nebst Abortanlagen für die betheiligten Bahnen errichtet, auch wohl die ganze Bahnsteiganlage mit einer gemeinschaftlichen Halle überdeckt hat. Falls das Empfangsgebäude im Inneren getrennte Räume für alle betheiligten Verwaltungen enthält, was namentlich bei sogen. Inselbahnhöfen und Keilbahnhöfen, die von zwei Verwaltungen benutzt werden, leicht möglich ist, so braucht sich auch bei dieser Form einer Gemeinschaftsstation die gemeinschaftliche Benutzung nur auf die Uebergabegleise und die Zufahrtstraße zu erstrecken. In der Regel hat man indessen zur Ersparniß an Anlage- und Betriebskosten in solchen Fällen eine mehr oder minder große Gemeinschaft der Wartesäle, Aborte ꝛc. und bei einheitlicher Betriebsführung auch der Abfertigungs- und Bureauräume herbeigeführt.

c) Eine dritte Form des Gemeinschaftsverhältnisses liegt vor, wenn die Hauptgleise, Ueberholungsgleise und alle Anlagen, welche vom Zugdienste berührt werden, wie bei b, völlig getrennt sind, dagegen außer dem Empfangsgebäude nebst Zubehör und den Uebergabegleisen ein mehr oder minder großer Theil der Nebenanlagen, wie Güterschuppen, Ladestraßen, Lokomotivschuppen, Wasserstation u. s. f. (oder diese sämmtlich) gemeinsam benutzt werden.

d) Ein Gegenstück zu c bildet der vierte Fall, wenn die zwei oder mehreren in eine Station eingeführten Bahnen bezüglich der Hauptgleise keine Trennung zeigen, sei es, daß dieselben Hauptgleise von zwei oder mehreren Bahnen gemeinsam zur Ein- oder Ausfahrt benutzt werden, sei es, daß die Hauptgleise verschiedener Bahnen sich durchdringen oder wenigstens bei Rangirbewegungen der einen Bahn die Hauptgleise einer anderen überkreuzt werden müssen, während dagegen bezüglich der Nebengleise, Güterschuppen u. s. f. gar keine oder keine völlige Gemeinschaft besteht.

e) Das Bild der ausgedehntesten Gemeinschaft zeigt der fünfte Fall, wenn entweder sämmtliche in eine Station eingeführten Bahnen alle Anlagen gemeinsam benutzen, oder doch höchstens eine derselben (die wichtigste) außerhalb der Gemeinschaft noch besondere Anlagen besitzt, während die übrigen nur Anlagen der ersteren Bahn mitbenutzen.

Sobald mehr als zwei Bahnen an einer Gemeinschaftsstation betheiligt sind, können selbstredend Verbindungen der vorstehend aufgeführten Formen auftreten.

Den neueren, besser abgefaßten Gemeinschaftsverträgen ist regelmäßig als wesentlicher Bestandtheil ein Lageplan beigegeben, aus welchem durch farbige Darstellung der Umfang des Gemeinschaftsgebietes (bezw. der Gemeinschaftsgebiete) sowie der Sondergebiete der einzelnen Bahnen hervorgeht.

2. Eigenthumsverhältnisse bei den Gemeinschaftsstationen.

Mit den Formen der Gemeinschaftsstationen stehen die Eigenthumsverhältnisse in engem Zusammenhange. Bei den Formen a und b ist es an sich möglich, daß die Eigenthumsgrenzen des Geländes mit den Benutzungsgrenzen der bei diesen Formen im Wesentlichen getrennten Anlagen zusammenfallen, indem auch ein gemeinschaftliches (aber für die einzelnen Bahnverwaltungen gesonderte Räume enthaltendes) Gebäude durch die

Eigenthumsgrenzen entsprechend der Benutzung in, den einzelnen Verwaltungen gehörige, Theile geschieden wird, so daß lediglich bei den Uebergabegleisen die Eigenthumsgrenze, wie sie auch liegen möge, durch die Benutzung überschritten wird. Je größer bei den Formen c—e der Umfang des Gemeinschaftsgebietes ist, um so weniger werden die Benutzungsgrenzen sich mit den Eigenthumsgrenzen decken können.

In Wirklichkeit fallen nun die Eigenthumsgrenzen (auch bei den Formen zu a und b) in den seltensten Fällen mit den Benutzungsgrenzen zusammen. In der Regel hat eine der betheiligten Bahnen früher bestanden, als die andere (oder die anderen) und hat, wenn sie bei der Anlage vorsichtig gewesen ist, bei ihren Stationen Flächen für die zukünftige Erweiterung erworben, welche jede neu anschließende Bahn nothwendig benutzen muß, um überhaupt herankommeu zu können. Selten wird sich aber die ältere Bahn bereit finden lassen, ihr Grundeigenthum der jüngeren zu verkaufen. So werden Gemeinschaftsstationen nach Form a und b, bei welchen die Eigenthumsgrenzen mit den Benutzungsgrenzen zusammenfallen, wohl nur da eintreten können, wo mehrere bestehenden Bahnen sich entschließen, einen neuen Gemeinschaftsbahnhof anzulegen, und hierzu das Gelände gemeinsam beschaffen. Dagegen pflegt im Uebrigen die ältere Bahn der jüngeren nur auf gewisse Zeit das Benutzungs- oder das Mitbenutzungsrecht ihres Geländes einzuräumen, oder (was praktisch auf dasselbe herauskommt) das Gelände mit Vorbehalt des Rückkaufsrechtes nach gewisser Zeit zu verkaufen. Von dem Umfange des Grundeigenthumes der älteren Bahn, den örtlichen Verhältnissen und den für Einführung der jüngeren Bahn erforderlichen Erweiterungen wird es nun abhängen, ob die neue Bahn sich lediglich auf die Benutzung (Mitbenutzung) des Grundeigenthumes der alten Bahn beschränken kann, ob sie für ihr Sondergebiet oder auch für das Gemeinschaftsgebiet neues Grundeigenthum dazu erwerben muß, um es für neue Sonderanlagen bezw. als Naturalausgleich der älteren Bahn zur Benutzung (oder als Eigenthum) zu überlassen. Hiernach wird man bei fertigen Gemeinschaftsstationen, sofern nicht noch ein außerhalb stehender Grundeigenthümer betheiligt ist, zu unterscheiden haben:

1. Im Gemeinschaftsgebiete Grundeigenthum nur einer Bahn oder mehrerer Bahnen, ev. auch Gemeinschaftseigenthum.
2. In den von der Gemeinschaft ausgeschlossenen Benutzungsgebieten der einzelnen Bahnen deren eigenes Grundeigenthum, oder Grundeigenthum einer anderen bei der Gemeinschaftsstation betheiligten Bahn.

Ebenso verwickelt, wie die Grundeigenthumsverhältnisse, können die Eigenthumsverhältnisse an den Gleisen, Bahnsteigen, Gebäuden und sonstigen Anlagen sein. Die Anlagen in den Sondergebieten der Bahnen pflegen, auch wenn sie auf fremdem Grund und Boden liegen, doch der benutzenden Bahn zu gehören, wobei dann vertraglich geregelt sein muß, ob im Falle der späteren Aufhebung des Vertrages die Anlagen auf fremdem Gelände zu entfernen sind, oder ob die Eigenthumsverwaltung das Recht hat, diese Anlagen zu gewissen Preisen zu erwerben. In manchen Fällen behält sich auch die Eigenthumsverwaltung des von einer anderen Verwaltung zu Sonderanlagen benutzten Geländes das Eigenthum dieser Sonderanlagen vor und überläßt sie nur der anderen Verwaltung zur Benutzung gegen eine gewisse Vergütung.

Im Gemeinschaftsgebiete hat in der Regel, wie am Gelände, so auch an den Stationsanlagen, die eine, ältere, Verwaltung das ausschließliche oder wenigstens hauptsächliche Eigenthum. Doch kommen hier auch andere Rechtsverhältnisse vor, und namentlich fällt häufig das Eigenthumsrecht an den Stationsanlagen mit demjenigen an den Grundstücken nicht zusammen.

In dem Vertragsplane werden auch die Eigenthumsgrenzen farbig bezeichnet.

Ueber das Eigenthumsrecht an den Inventarien vergl. unter 4.

3. Herstellung, Unterhaltung und künftige Veränderung von Gemeinschaftsstationen.

Zwischen zwei oder mehreren Verwaltungen, welche eine bestehende Station der einen Verwaltung zur Gemeinschaftsstation einrichten oder eine neue solche anlegen wollen, bedarf nicht nur der demnächstige fertige Zustand vertraglicher Regelung, sondern auch dessen erste Herstellung, dauernde Erhaltung und künftig etwa erforderliche Abänderung. Ueber alle diese Punkte pflegen die Gemeinschaftsverträge eingehende Festsetzungen zu enthalten.

Bezüglich der Grundstücksflächen haben diese Festsetzungen sich in dem häufigsten Falle (Anschluß einer neuen Bahn an eine bestehende) darauf zu erstrecken:

a) Welche Flächen die ältere Bahn für das Gemeinschaftsgebiet oder für das Sondergebiet der neuen Bahn aus ihrem Grundeigenthume hergiebt oder neu erwirbt.

b) Welche Flächen die neue Bahn für ihr Sondergebiet, für das Gemeinschaftsgebiet, oder für das Sondergebiet der älteren Bahn zu erwerben hat.

c) Wie die Entschädigung für diese Leistungen erfolgt, ob durch Zahlung des Kaufpreises, durch Austausch, durch Verzinsung oder durch Naturalausgleich der nur zur Benutzung überlassenen Flächen.

d) Ob die Grundstückshergabe eine unwiderrufliche ist, wann sie etwa gekündigt oder rückgängig gemacht werden kann, und wie in solchem Falle oder bei Erweiterung der Station das fehlende Gelände zu beschaffen ist.

In gleicher Weise gehören in die Gemeinschaftsverträge Bestimmungen über die erste Herstellung, Unterhaltung und künftige Umbauten der Gleis- und Stationsanlagen. In der Regel hat jede Verwaltung in ihrem Sondergebiete die erste Herstellung und Unterhaltung auszuführen und demgemäß das Eigenthum an den Anlagen, selbst wenn das Grundeigenthum einer anderen Verwaltung zusteht. Im Gemeinschaftsgebiete hat meist diejenige Verwaltung, welche alleinige oder überwiegende Grundeigenthümerin ist, die zur Herstellung der Gemeinschaftsstation erforderlichen Arbeiten oder Umbauten auszuführen und demnächst die Unterhaltung zu besorgen. Doch kommen auch ganz entgegengesetzte Regelungen dieser Angelegenheit vor. Die künftigen Veränderungen bezw. Erweiterungen im Gemeinschaftsgebiete sind meist neuer Vereinbarung vorbehalten, in den Sondergebieten aber den einzelnen Bahnen mit der Maßgabe frei überlassen, daß der Betrieb im Gemeinschaftsgebiete durch solche Veränderungen nicht beeinträchtigt werden darf. Soweit die Leistungen der einzelnen Verwaltungen bei Herstellung und Unterhaltung der Anlagen das Interesse, welches sie an den Anlagen haben, übersteigen oder nicht erreichen, tritt ein Kostenausgleich durch Erstattung oder Verzinsung des Anlagekapitals, bezw. Erstattung der Unterhaltungskosten ein (vgl. unter 5). Bei der Aufbringung dieser Kosten und derjenigen für Beschaffung der Grundstücksflächen macht sich indessen das wirthschaftliche Uebergewicht der einen oder anderen Bahn geltend. Für den Fall der Auflösung des Vertragsverhältnisses muß vorgesehen sein, was alsdann aus denjenigen Anlagen wird, zu deren Herstellung die dann ausgeschlossene Bahn Kapital hergegeben hat (vgl. S. 115).

4. Betrieb und Abfertigung auf Gemeinschaftsstationen.

Gemeinschaftsanlagen nach der Form a (unter 1) sind darauf berechnet, von den betheiligten Verwaltungen getrennt betrieben zu werden, und auch bei den Stationen nach Form b ist ein solcher getrennter Betrieb möglich. Alsdann hat jede Verwaltung ihre eigenen Beamten, welche den Zugabfertigungs- und sonstigen Stationsdienst wahrnehmen und die Abfertigung der Personen nebst Gepäck, der Eilgüter, Güter u. s. f. besorgen. In der Regel bezweckt man aber bei der Anlage von Gemeinschaftsstationen zugleich an Betriebskosten dadurch zu sparen, daß man den ganzen Betrieb in eine Hand legt. Bei den Formen zu c—e ist solche Vereinigung zudem unumgänglich. Alsdann ist eine Verwaltung die „betriebsführende", und zwar ist dies meist die älteste bezw. diejenige, deren Betrieb den größten Umfang hat. Von der betriebsführenden Verwaltung wird der Stationsvorsteher und mit geringen Ausnahmen das gesammte Betriebs- und Abfertigungspersonal der Station gestellt. Die Ausnahmen können darin bestehen, daß eine nicht betriebsführende Verwaltung die etwa zu ihrem Sondergebiete gehörenden Güterschuppen, Ladestraßen, Lokomotivschuppen, Weichenstellerposten u. s. f. mit eigenem Personale besetzt, auch wenigstens eigene Feuerleute für ihre Lokomotiven hält. Ferner wird oft die Stellung eines eigenen Wagenrevisors, zur Feststellung von Wagenbeschädigungen, vorbehalten, und bisweilen werden auch von der nichtbetriebsführenden Verwaltung besondere Assistenten gestellt, welche allein oder vornehmlich die Zugabfertigung auf ihren Linien besorgen. Unter allen Umständen hat aber der von der betriebsführenden Verwaltung gestellte Stationsvorsteher im äußeren Dienste das alleinige Kommando, und zwar auch in den Sondergebieten anderer Verwaltungen, sofern diese nicht etwa als ganz abgelöste Anlagen überhaupt von der gemeinsamen Betriebsführung ausgeschlossen sind. Daher sind auch die Lokomotiv- und Zugpersonale der anderen Verwaltungen während des Aufenthaltes auf der Gemeinschaftsstation dem Stationsvorsteher der betriebsführenden Verwaltung unterstellt. Das Stationspersonal untersteht disciplinarisch derjenigen Verwaltung, der es angehört. Doch ist der betriebsführenden Verwaltung wohl stets das Recht vorbehalten, bei Gefahr im Verzuge auch Beamte anderer Verwaltungen vorläufig ihres Dienstes zu entheben. Andererseits hat das gesammte Stationspersonal, soweit es im Gemeinschaftsdienste verwendet wird, auch den dienstlichen Anordnungen der übrigen am Gemeinschaftsverhältnisse betheiligten Bahnen nachzukommen. Meist ist in dieser Beziehung ausgemacht, daß solche Anordnungen anderer Verwaltungen der Gemeinschaftsstation nur in dringenden Fällen unmittelbar, sonst durch die Hand der betriebsführenden Verwaltung zugesandt werden.

Auch der Lokomotivdienst ist wohl stets in den Gemeinschaftsverträgen behandelt. Gewöhnlich ist ausgemacht, daß, soweit die Zuglokomotiven den Rangirdienst besorgen, eine unentgeltliche gegenseitige Aushülfe der betheiligten Verwaltungen stattfindet, während die Stellung von Rangirlokomotiven besonders (in der Regel nach Stunden) vergütet wird. Im Uebrigen pflegt ausgemacht zu werden, daß die Lokomotiven sowie die Lokomotiv- und Fahrbeamten jeder Bahn in der Regel nur in deren eigenem Dienste zu verwenden sind, in außergewöhnlichen Fällen aber, bei Verkehrsstockungen, Unfällen u. dergl., auch zum Dienste einer anderen Bahn herangezogen werden können.

Der Wagendienst, d. h. die Untersuchung der Wagen, die Beheizung, Erleuchtung, Reinigung der Personenwagen, werden vielfach von den einzelnen Verwaltungen durch eigene Beamte getrennt wahrgenommen. Ist ein eigener Wagenrevisor für eine nichtbetriebsführende Verwaltung nicht vorhanden (s. oben), so muß sie die Feststellung des Wagenrevisors der betriebsführenden Verwaltung gegen sich gelten lassen. Die Anforderung von Güterwagen für ihre Zwecke hat in der Regel jede Verwaltung für sich zu besorgen. Die Betriebsmaterialien für Unterhaltung, Heizung, Beleuchtung und Reinigung der Lokomotiven und Wagen sowie Fahrkarten, Gepäckscheine und sonstige Drucksachen pflegt jede Verwaltung für ihren Dienst selbst zu liefern, während sich die Verwaltungen bei etwaiger Aushülfe die Selbstkosten solcher Materialien vergüten. Die Beschaffung des Speisewassers für die Lokomotiven wird entweder von einer Verwaltung als Gemeinschaftsleistung ohne besondere Berechnung für die anderen mitbesorgt, oder es findet eine Vergütung nach der wirklichen Leistung bezw. durch Zahlung einer jährlichen Pauschalsumme statt.

Das Eigenthum an den Möbeln und sonstigen Stationsinventarien, soweit solche im Gemeinschaftsdienste benutzt werden, pflegt der betriebsführenden Verwaltung auch dann vorbehalten zu sein, wenn die mitbenutzenden Verwaltungen zu den Beschaffungskosten beigetragen haben.

5. Finanzielle Rechte, Verpflichtungen und Leistungen aus den Gemeinschaftsverträgen.

Einer eingehenden Behandlung in den Gemeinschaftsverträgen bedarf die Regelung der gegenseitigen Leistungen, wie solche aus den verwickelten Eigenthumsverhältnissen, der gemeinsamen Betriebsführung u. s. f. hervorgehen. Von der Gemeinschaftsrechnung kann man indessen, wie dies gewöhnlich geschieht, eine Reihe von Beträgen von vorneherein ausscheiden, von welchen es ohne Weiteres feststeht, daß die eine oder andere Bahn zahlungspflichtig oder empfangsberechtigt ist. Hierher gehören alle Einnahmen, welche der einzelnen Bahn aus ihrem eigenen Verkehre zustehen, einschließlich der in diesem Verkehre erwachsenen Nebengebühren (Lager-, Standgelder u. s. f.), sowie andererseits die von jeder Verwaltung zu zahlenden Miethen und Strafen für Wagenbenutzung und ev. die Wiederherstellungskosten der (nicht durch Unfall oder Verschulden eines Beamten) beschädigten Wagen. In letzterer Beziehung pflegt man als Zeitpunkt der Uebergabe der zum Uebergange an eine andere Verwaltung bestimmten Wagen den Augenblick zu vereinbaren, in welchem der die Wagen auf der Gemeinschaftsstation anbringende Zug zum Stillstande kommt, sofern sich nicht demnächst herausstellt, daß die Wagen wegen vorhandener Mängel zurückgewiesen werden. Ferner scheiden aus der Gemeinschaftsrechnung aus die nach den wirklichen Leistungen zu berechnenden Entschädigungen für Stellung von Rangirlokomotiven, Hergabe von Speisewasser und Betriebsmaterialien u. s. f., sowie etwaige den einzelnen Bahnverwaltungen vorbehaltene Nebeneinnahmen aus ihren Sondergebieten, wie Pächte für Grundstücke und Lagerplätze u. s. f.

Dagegen bedürfen einer besonderen Abrechnung für die Gemeinschaft zum Ausgleiche der gegenseitigen Leistungen:

a) Die Hergabe von Gelände und Herstellung von Stationsanlagen bezw. deren Benutzung.

b) Die Betriebsführung, welche eine Bahnverwaltung für andere bewirkt, namentlich die persönlichen und sächlichen Kosten des Stations-, Abfertigungs-

und Rangirdienstes, Erleuchtungs- und Reinigungskosten, sowie die Kosten für Unterhaltung der Anlagen.

c) Die Schäden, welche durch Unfälle oder durch Verschulden der auf der Gemeinschaftsstation thätigen Beamten an den festen Anlagen, den Inventarien, den Betriebsmitteln und Gütern entstehen, ferner die Entschädigungen, welche an verletzte Personen oder deren Hinterbliebene auf Grund der Haftpflichtgesetze zu zahlen sind, und die Defekte aus den gemeinschaftlichen Kassen.

d) Die Entschädigung solcher Bediensteter der vertragschließenden Verwaltungen, welche innerhalb des Gemeinschaftsgebietes einen Unfall erleiden.

Nahezu in allen diesen Beziehungen ist bei der Feststellung der gegenseitigen Verpflichtungen und Leistungen scharf zu unterscheiden zwischen dem Gemeinschaftsgebiete und den Sondergebieten. In letzteren kann es sich nur um einfache Vergütung empfangener Leistungen handeln. Im Gemeinschaftsgebiete sind dagegen in der Regel mehrere oder alle Verwaltungen sowohl mit Leistungen als mit Nutznießungen betheiligt. Man kommt für das Gemeinschaftsgebiet am leichtesten zu einer klaren Gegenüberstellung von Leistung und Gegenleistung, wenn man die Gemeinschaft gewissermaßen als eine besondere Persönlichkeit ansieht, welche von den einzelnen Bahnen Einschüsse in Form von Grundeigenthum, Stationsanlagen, Betriebsführung erhält, und diese dafür entschädigt, während umgekehrt die einzelnen Bahnen in einem von ihren Einlagen abweichenden Verhältnisse von der Gemeinschaft Nutzen genießen und ihr deshalb diese Nutznießung vergüten. Grundsatz bei Aufstellung solcher Rechnung ist, daß bei der Gemeinschaft Einnahmen und Ausgaben sich im Ganzen ausgleichen. Für die Praxis werden in der Regel die positiven und negativen Leistungen der einzelnen Bahnverwaltungen mehr oder weniger gegeneinander aufgehoben, so daß man in den fertigen Verträgen meist nur noch Spuren des eben beschriebenen Rechnungsverfahrens findet, welches übrigens bei einfachen Verhältnissen entbehrlich ist und namentlich bei geringer Bedeutung einer einzuführenden Bahn, welche ihre ganzen Verpflichtungen durch Zahlung eines kleinen Pauschquantums erfüllt, als zu umständlich besser unterbleibt.

Zu a: (Grundeigenthum und feste Anlagen) kommt für die Sondergebiete eine Kostenerstattung nicht in Frage, falls in diesen jede Bahnverwaltung nur eigene Anlagen auf eigenem Grunde benutzt. Ev. kann zur Herstellung dieses Zustandes bei Beginn des Vertragsverhältnisses ein (im Vertrage vorgesehener) einmaliger Ausgleich durch Kapitalzahlung oder Tausch erfolgt sein. Benutzt dagegen eine Bahnverwaltung in ihrem Sondergebiete Grundeigenthum oder Anlagen einer anderen Bahnverwaltung, so hat sie diese, falls und soweit nicht Naturalgegenleistung stattfindet, durch Verzinsung des Kapitalwerthes und insbesondere bei den Anlagen auch durch Zahlung einer Tilgungsquote zu entschädigen.

Von den einzelnen Bahnverwaltungen in die Gemeinschaft eingebrachte Grundstücke und Anlagen sind von dieser zu verzinsen und bei letzteren auch die Tilgungskosten zu ersetzen. Zu diesem Zwecke enthalten die Gemeinschaftsverträge in der Regel in dieser Beziehung entweder bestimmte zu zahlende Summen, oder Festsetzungen über die Werthe der Grundstücke und Anlagen (entweder nach dem wirklichen Aufwande, oder nach Schätzung), den Zinsfuß und Zinsenbetrag. Die gesammten der Gemeinschaft in dieser Weise zur Last gelegten Kosten werden nun wiederum auf die einzelnen betheiligten Bahnverwaltungen vertheilt, und zwar in der Regel in einfachster Weise nach Bruchtheilen der Gesammtkosten, die dem Verhältnisse des Nutzens entsprechen, den die einzelnen Verwaltungen aus der Gemeinschaft ziehen.

Zu b: Die Kosten der Betriebsführung und Unterhaltung, für welche außer der eigentlich betriebsführenden Bahn auch die anderen Verwaltungen z. B. durch Stellung von Beamten Leistungen bewirken können, werden entweder besonders (nach Gehältern, Naturalaufwendungen u. s. f.) ermittelt, oder, und zwar gewöhnlich, pauschalirt. Auch diese Kosten werden zunächst von der Gemeinschaft übernommen. Von denselben werden jedoch Nebeneinnahmen der Gemeinschaft wie Bahnsteigkarten, Pächte für die Bahnhofswirthschaft, Lagerplätze u. s. f., Miethe der Postverwaltung und Nebengebühren, soweit solche Einnahmen nicht unmittelbar von den einzelnen Verwaltungen erhoben, oder ihnen durch besondere Abrechnung in entsprechenden Theilbeträgen gutgebracht werden, vorweg abzuziehen sein.

Die Vertheilung der zunächst der Gemeinschaft zur Last gelegten (ev. wie vor verminderten) Betriebsführungskosten auf die einzelnen Bahnverwaltungen kann in verschiedener Weise erfolgen. Am einfachsten geschieht die Vertheilung nach ein für allemal festgesetzten Bruchtheilen der Gesammtkosten, wie zu a, oder sie geschieht nach der Anzahl der auf der Station verkehrenden Züge jeder Verwaltung, wobei jede Ein- und Ausfahrt auch bei durchfahrenden Zügen auf durchgehenden Linien besonders gerechnet wird, oder endlich sie geschieht in vollkommenster Weise nach der Anzahl der Wagen, welche im Laufe des Jahres auf der Station im Betriebe jeder Verwaltung angekommen und abgefahren sind. Hierbei werden gewöhnlich alle auf der Station eingehenden und nicht mit demselben Zuge weitergehenden sowie alle von der Station abfahrenden Wagen voll gezählt, während die in demselben geschlossenen Zuge die Station durchlaufenden Wagen nur halb gerechnet werden.

Oft werden, nachdem man mehrere Jahre hindurch die Betriebsführungskosten besonders ermittelt und ihre Vertheilung in letzterwähnter Weise vorgenommen hat, die Kosten später pauschalirt und nach festen Bruchtheilen vertheilt. Auch pauschalirte Beträge und feste Vertheilungsverhältnisse unterliegen selbstredend der dauernden Ueberwachung durch die betheiligten Verwaltungen, und werden, wenn sie nicht mehr zutreffen, bei der nächsten sich bietenden Gelegenheit (vgl. unter 8) abgeändert.

Zu c: Die Beamten der betriebsführenden Verwaltung sind, sofern sie Dienstgeschäfte für andere Verwaltungen mitbesorgen, zugleich als Beamte dieser Verwaltungen anzusehen. Es wäre daher unbillig, die Kosten, welche durch Fehler dieser Beamten entstehen, der betriebsführenden Verwaltung allein zur Last zu legen. Daher findet sich regelmäßig in den Gemeinschaftsverträgen die Bestimmung, daß die betriebsführende Verwaltung für Schäden, die durch die Gemeinschaftsbeamten veranlaßt werden, nicht aus dem Grunde haftbar gemacht werden kann, weil sie Anstellungsverwaltung dieser Beamten ist. Vielmehr werden solche Kosten, welche innerhalb des Gemeinschaftsgebietes entstehen können aus Beschädigung oder Vernichtung von Bahnanlagen, Betriebsmitteln, Gütern und Personen sowie aus Kassendefekten, ferner Entschädigungen aus dem Güterverkehre, unbeschadet des Rückgriffes gegen etwaige Schuldige, regelmäßig von der Gemeinschaft übernommen und auf alle an derselben betheiligten Bahnverwaltungen nach einem der Verfahren unter b vertheilt, und zwar meist in demselben Verhältnisse, wie die Betriebsführungskosten. Abweichende Bestimmungen in dem Uebereinkommen zum Betriebsreglement, dem V.W.U. u. s. f. werden hierdurch nicht berührt. In neueren Verträgen wird nach dem M.E. vom 17./3. 1892 IV/II, (I) 642 die Vertheilung der Kassendefekte nach dem Verhältnisse der Einnahmen im letzten Kalenderjahre festgesetzt. Die Untersuchung steht in der Regel der betriebsführenden Verwaltung zu mit der Maßgabe, daß die anderen Verwaltungen sich betheiligen können. Bisweilen sind in den Verträgen von der Vertheilung ausgenommen diejenigen Unfälle, welche sich im Betriebe einer Verwaltung durch ein nachweisliches Verschulden von deren Beamten (nicht Gemeinschaftsbeamten) zugetragen haben. Ferner werden bisweilen die in den Güterschuppen der einzelnen Verwaltungen lagernden Güter von der gemeinschaftlichen Gefahr ausgenommen. Die gemeinschaftliche Uebernahme der Feuersgefahr bei den Gebäuden wird meist so geordnet, daß die Eigenthumsverwaltung die Versicherung (bei den Pr.St.B. Selbstversicherung) übernimmt und die anderen Verwaltungen ihr entsprechende Bruchtheile der Versicherungsprämie (welche bei den Pr.St.B. nur fingirt wird) ersetzen.

Zu d: Erleidet auf einer Gemeinschaftsstation, an welcher die Pr.St.B. und außerdem deutsche Privatbahnen, welche der Privatbahnberufsgenossenschaft angehören, betheiligt sind, ein Bediensteter einer der vertragschließenden Verwaltungen innerhalb des Gemeinschaftsgebietes einen Betriebsunfall, so hat in Gemäßheit des zwischen der Königl. Eisenbahndirektion Berlin und der Privatbahnberufsgenossenschaft zu Lübeck unter dem 21./4. und 9./5. 1891 abgeschlossenen Vertrages der Unfallversicherungsverband derjenigen Verwaltung nach den Bestimmungen der Unfallversicherungsgesetze Sorge zu tragen, welcher der Verunglückte angehört. Es zahlt also die betriebsführende Verwaltung für ihre Gemeinschaftsbeamten die Unfallversicherungsbeträge, während die anderen bei dem Gemeinschaftsverhältnisse betheiligten Bahnen ihr entsprechende Bruchtheile dieser Beträge ersetzen. Steht indessen dem Verunglückten oder dessen Hinterbliebenen gegen diejenige Verwaltung, in deren Betriebe sich der Unfall ereignet hat, ein Anspruch auf einen höheren als denjenigen Betrag zu, welchen die die Fürsorge regelnden reichs- oder landesgesetzlichen Vorschriften gewähren, so ist der Mehrbetrag von der betreffenden Verwaltung allein zu tragen, bezw., falls der Unfall sich innerhalb des Gemeinschaftsgebietes ereignet hat, nach Maßgabe der Vertragsbestimmungen zu vertheilen.

Sind bei Gemeinschaftsverhältnissen neben den Pr.St.B. andere Staatsbahnen oder Privatbahnen, die nicht der Privatbahnberufsgenossenschaft angehören, betheiligt, so muß für die gesammten Unfallfürsorgekosten in dem Vertrage ein besonderer Vertheilungsmaßstab festgesetzt sein, der in der Regel mit dem für die übrigen Gemeinschaftskosten vereinbarten übereinstimmen wird[54]).

6. Sonstige Bestimmungen

der Gemeinschaftsverträge können die Verkehrsleitung, die Bildung der Tarife u. s. f. betreffen.

7. Die Entscheidung über Streitigkeiten

aus dem Vertragsverhältnisse ist in der Regel unter Ausschluß des Rechtsweges einem Schiedsgerichte vorbehalten, für welches jede der beiden in Streit gerathenden Verwaltungen einen Schiedsrichter ernennt, während beide Schiedsrichter zusammen den Obmann wählen. Als Schiedsrichter sind gewöhnlich entweder Mitglieder deutscher Eisenbahndirektionen, oder

---

[54]) Vgl. M.E. vom 17./3. 1892, IV/II (I) 642.

solcher des V.D.E.V., oder die Direktionen selbst zu wählen. Falls sich die beiden Schiedsrichter über die Wahl des Obmannes nicht einigen, hat gewöhnlich entweder das Reichseisenbahnamt einen solchen zu ernennen, oder das Loos zu entscheiden. Bei Verträgen zwischen Staatsbahnen ist auch wohl die Erledigung von Streitigkeiten den Regierungen vorbehalten.

8. Abänderung oder Auflösung der Gemeinschaftsverträge.

In den meisten Gemeinschaftsverträgen ist die Möglichkeit von Abänderungen, namentlich bezüglich der Kostenbeträge und etwaiger Erweiterungsbauten, vorgesehen, und es ist in der Regel beiden Theilen ein Kündigungsrecht mit gewissen Fristen vorbehalten. Im Falle der Auflösung eines Gemeinschaftsvertrages muß sich dann, wenn nicht ein Vertrag auf neuer Grundlage zu Stande kommt, die ausgeschlossene Verwaltung selbst eine Station bauen. Ob und inwieweit sie für ihre früheren Aufwendungen für das Gemeinschaftsverhältniß entschädigt wird, pflegt in den Verträgen geregelt zu sein. Für den Fall der Auflösung muß vorgesehen sein, wie die dann noch schwebenden Angelegenheiten zu schlichten sind.

In vielen Fällen sind indessen die wichtigsten Bestimmungen der Verträge, welche die Gestattung des Anschlusses überhaupt, die Grundeigenthumsverhältnisse u. s. f. betreffen, für unkündbar erklärt.

B. Gemeinschaftsstrecken.

1. Strecken, welche zwei Grenzstationen verschiedener Verwaltungen verbinden und zum Theile der einen, zum Theile der anderen Verwaltung gehören.

Es sind vier Möglichkeiten für die Regelung der Betriebs- und Verkehrsverhältnisse vorhanden:

a) Der ganze Zugdienst wird von der einen Verwaltung (A) ausgeführt. Die Züge gelten aber, soweit sie auf der Strecke der anderen Verwaltung (B) fahren, als in deren Betriebe befindlich. Die Verwaltung B behält demgemäß alle Verkehrseinnahmen ihrer Strecke und die Stationseinnahmen ihrer Grenzstation, zahlt die Wagenmiethen u. s. f., unterhält die Strecke, hat aber die andere Verwaltung (A) für die auf ihrer (B's) Strecke geleisteten Zugkilometer (oder Lokomotiv-, Wagen-, Personalkilometer) zu entschädigen (unter Umständen durch Naturalgegenleistung auf einer anderen Strecke) und muß ferner der Verwaltung A die Möglichkeit gewähren, daß ihre Lokomotiven auf der ihr (B) gehörigen Grenzstation untergebracht, gedreht, mit Wasser versorgt werden u. s. f., und daß ihre Personale daselbst Aufenthalts- bezw. Uebernachtungsräume vorfinden. Diese Regelung der Angelegenheit führt zu den einfachsten vertraglichen Bestimmungen, da ein eigentliches Gemeinschaftsgebiet nicht vorhanden ist. Eine Benutzung von Bahnanlagen kommt nur bezüglich der eben genannten auf der Grenzstation von B befindlichen Unterkunfts- ꝛc. Räume in Frage. Eine gewisse Schwierigkeit macht hier die Bestimmung des Zeitpunktes, in welchem die Wagen als übergeben zu gelten haben. Die Haftbarkeit für Unfälle auf dem der Verwaltung B gehörenden Streckentheile wird mit Rücksicht auf die dieser zufließenden Einnahmen am richtigsten dieser Verwaltung zugeschoben, abgesehen von den Unfällen, welche den Lokomotiven und Personalen der Verwaltung A auf dem B gehörenden Streckentheile zustoßen.

b) Beide Verwaltungen lassen ihre Züge über die betreffende Strecke durchlaufen. Im Uebrigen ist die vertragliche Regelung dieselbe, wie zu a, nur daß auf der betreffenden Strecke selbst ein Naturalausgleich stattfinden kann.

c) Die eine Verwaltung (A) pachtet von der anderen Verwaltung (B) den dieser gehörigen Theil der Verbindungsstrecke der beiderseitigen Grenzstationen, fährt alle Züge, trägt alle Unkosten der Strecke, wie Unterhaltung, Wagenmiethen u. s. f. und zahlt an die Verwaltung B für die Benutzung der Strecke alljährlich eine Summe zur Verzinsung und Tilgung des Anlagekapitales. Die Verwaltung A muß dann die Grenzstation der Verwaltung B als Gemeinschaftsstation mitbenutzen. Die Bestimmungen, welche die Benutzung der Strecke zu regeln haben, sind hier noch einfacher als zu a und b, dagegen muß der Vertrag in diesem Falle zugleich Bestimmungen über die Gemeinschaftsstation im vollen Umfange der oben besprochenen Gemeinschaftsstationsverträge enthalten.

d) Die eine Verwaltung überläßt der anderen die Betriebsführung ihrer Strecke einschließlich der Grenzstation (vgl. unter C).

2. Strecken einer Verwaltung mit mindestens zwei Stationen, welche von einer anderen Verwaltung mitbenutzt werden.

Es sind hier zwei Fälle zu unterscheiden:

a) Die Bahnnetze beider Verwaltungen berühren sich nicht in einem Punkte, sondern in einer Bahnlinie mit mindestens zwei Stationen, welche von der Nichteigenthümerin als Durchgangsstrecke für die Zugverbindungen ihres Netzes mitbenutzt wird (Wörgl-Innsbruck). Das Vertragsverhältniß stimmt im Wesentlichen mit demjenigen für Gemeinschaftsstationen überein, weist aber den Unterschied auf, daß es sich statt auf nur eine Station auf eine Bahnstrecke einschließlich zweier oder mehrerer Stationen bezieht.

b) Die betr. Strecke bildet ein Stück einer aus dem Gebiete der einen Verwaltung in das der anderen übergehenden Verkehrslinie. Die Sachlage unterscheidet sich dann von der unter 1 behandelten nur dadurch, daß die Zugübergänge nach einer oder nach beiden Seiten hin sich nicht bloß bis zur Grenzstation, sondern mindestens bis zur nächsten Station darüber hinaus erstrecken. Es sind hier dieselben vier Möglichkeiten vorhanden wie bei 1, nur müssen hier auch für die Zwischenstationen entsprechende Bestimmungen, wie für die Grenzstationen, getroffen werden.

3. Strecken im gemeinsamen Eigenthume zweier oder mehrerer Verwaltungen.

Das Vertragsverhältniß entspricht, abgesehen von den aus dem gemeinsamen Eigenthume entspringenden Bestimmungen, im Wesentlichen den zu 1 und 2 besprochenen Fällen.

C. Betriebsüberlassungsverträge

können außer den bisher unter B, 1—3 besprochenen Fällen auch für das Gebiet einer ganzen Bahn oder einen Theil desselben abgeschlossen werden (Kreis-Oldenburger Eisenbahn). Die betriebsführende Verwaltung ist entweder Pächterin, die gewisse Abgaben zu zahlen hat, oder lediglich Beauftragte der Eigenthumsverwaltung, für welche sie alle zur Erledigung des Betriebs- und Verkehrsdienstes erforderlichen Geschäfte ausführt, und an welche sie die Einnahmen nach Abzug der Ausgaben und einer angemessenen Entschädigung bezw. eines Gewinnantheiles abliefert. Eine eigenartige Regelung soll die Betriebsführung der im Eigenthume des Hessischen Staates befindlichen Eisenbahnen (nach Erwerb der Hessischen Ludwigsbahn durch die Hessische und Preußische Regierung) vom 1./4. 1897 ab finden. Die Hessischen Staatsbahnen sollen mit den Pr.St.B. zu einer Betriebsgemeinschaft vereinigt werden, deren Betrieb für Rechnung beider Staaten in der Weise erfolgen soll (Finanzielle Gemeinschaft), daß sämmtliche Betriebseinnahmen und -Ausgaben als gemeinsame anzusehen sind und der Ueberschuß der Einnahmen über die Ausgaben unter beide Staaten vertheilt wird. Die Vertheilung geschieht nach dem Verhältnisse der Betriebsüberschüsse aller in die finanzielle Gemeinschaft einbezogenen Strecken für das Jahr 1894/95 bezw. 1894 (je nach dem Rechnungsjahre der betr. Bahnen)[55]). Die hessischen Strecken werden zum größeren Theil einer in Mainz zu errichtenden (Königlich Preußischen und Großherzoglich Hessischen) Eisenbahndirektion, zum kleineren Theile der gleichfalls künftig als Gemeinschaftsdirektion zu betrachtenden (Königl. Preußischen) Direktion Frankfurt einverleibt. Die Dienststellen auf Hessischem Gebiete führen die Bezeichnung als Großherzoglich Hessische, soweit die gleichen Stellen in Preußen die Bezeichnung als Königlich Preußische führen.

VII. Privatanschlüsse.

Vorbemerkung. (Klassifikation der Schienenbahnen.) Wenn in diesem Buche bisher von den Pr.St.B. und von anderen Eisenbahnen die Rede gewesen ist, mit welchen dieselben in irgend welchen Beziehungen stehen, so sind damit stets diejenigen Eisenbahnen gemeint gewesen, welche dem allgemeinen Eisenbahnnetze angehören, auf welche die deutsche Reichsgesetzgebung[56]) sich erstreckt, welche sie in Haupt- und Nebeneisenbahnen unterscheidet (N. f. H., Bt.O., Ba.O.), und auf welche in Preußen das Gesetz über die Eisenbahnunternehmungen vom 3./11. 1838 Anwendung findet. Außer diesen eigentlichen Eisenbahnen giebt es nun noch zahlreiche Bahnen minderer Ordnung, welche entweder mit dem allgemeinen Eisenbahnnetze nicht zusammenhängen, indem sie zwar öffentlichen Verkehrsinteressen, aber nur in örtlicher Beschränkung dienen, oder überhaupt nur in privatem Interesse angelegt sind. In Preußen sind die Verhältnisse dieser Bahnen in dem als erforderlich erachteten Umfange durch das Gesetz über Kleinbahnen und Privatanschlußbahnen vom 28./7. 1892 geregelt. Hiernach sind in Preußen im Sinne des Rechtes fünf Arten von Eisenbahnen zu unterscheiden (nach einer von der Direktion Elberfeld verfaßten Denkschrift):

1. Haupteisenbahnen	dienen dem öffentlichen Verkehre	Eisenbahnen im Sinne der V. d. D.R.	unterliegen dem Gesetze v. 3./11. 1838
2. Nebeneisenbahnen			
3. Kleinbahnen		nicht Eisenbahnen im Sinne der V. d. D.R.	unterliegen dem Kleinbahngesetze v. 28./7. 1892
4. Privatanschlußbahnen haben Weichenanschluß an Bahnen der zu 1—3 bezeichneten Art und Maschinenbetrieb			
5. Bahnen für Privatzwecke, welchen der Weichenanschluß an Bahnen der zu 1—3 bezeichneten Art fehlt, oder welche zwar mit Weichenanschluß an solche Bahnen, aber nicht mit Einrichtungen für Maschinenbetrieb versehen sind (Gewerbebahnen)			unterliegen nur den Bestimmungen des allgemeinen Rechtes sowie auf dem Verwaltungswege gegebenen Vorschriften, da der Gesetzgeber für sie ein Bedürfniß zur Aenderung des bestehenden Rechtszustandes nicht anerkannt hat.

[55]) Für Erweiterungen der beiderseitigen Bahnnetze sind entsprechende Aenderungen vorgesehen.
[56]) V. d. D.R. Art. 4, 41—47.

Für die Frage, ob eine Bahn als Eisenbahn nach dem Gesetze von 1838 oder als Kleinbahn zu bezeichnen ist, ist die Entscheidung des Staatsministeriums ausschlaggebend. In anderen Ländern sind die verschiedenen Arten von Bahnen in anderer Weise gegen einander abgegrenzt. Auch der V.D.E.V. unterscheidet anders (S. 70), indem er unter Nebeneisenbahnen nur Flügelbahnen von Hauptbahnen mit normaler Spur, Dampfbetrieb, 40 km Höchstgeschwindigkeit und Uebergang der Betriebsmittel von Hauptbahnen versteht, dagegen die dem öffentlichen Verkehre dienenden (normal-[57]) und schmalspurigen) Bahnen mit Maschinenbetrieb und 30 km Höchstgeschwindigkeit „Lokaleisenbahnen" nennt. Die Lokaleisenbahnen des V.D.E.V. umfassen also einen Theil der Nebeneisenbahnen nach den Bestimmungen des D.R. (Bahnen mit 30 km Höchstgeschwindigkeit und namentlich Schmalspurbahnen), sowie einen Theil der Kleinbahnen nach dem Kleinbahngesetze (nur die mit Maschinenkraft betriebenen mit 30 km Höchstgeschwindigkeit).

Von den zu 3—5 aufgeführten drei Arten von Bahnen minderer Ordnung stehen unter den Kleinbahnen nur die mit Maschinenkraft betriebenen zu den Pr.St.B. insofern in Beziehung, als diese bei der Genehmigung mitzuwirken und die Aufsicht über den Betrieb zu führen haben, ein Verhältniß, welches als nebenamtliches in diesem Buche nicht zu erörtern ist, während die Zufuhr von Personen und Gütern durch Kleinbahnen wie die Thätigkeit der Spediteure und Fuhrleute erst im 4. und 5. Abschn. besprochen wird. Ebenso wie diese scheiden die Privatanschlußbahnen der Kleinbahnen und diejenigen Gewerbebahnen, welche keinen Weichenanschluß an eine Haupt- oder Nebenbahn haben, aus der Besprechung in diesem Buche aus.

Dagegen sind solche Privatanschlußbahnen und Gewerbebahnen, welche normale Spur aufweisen, Weichenanschluß an Haupt- oder Nebeneisenbahnen besitzen und zum Uebergange von Betriebsmitteln der Haupteisenbahnen geeignet sind, nicht nur für den Binnenverkehr der betreffenden Bahn, sondern auch für den Durchgangsverkehr von großer Bedeutung. Für diese bei den Pr.St.B. als „Anschlußgleise" bezeichneten Bahnen sind von dem M. d. ö. A. in wiederholten Erlassen eingehende Bestimmungen getroffen. Diese Bestimmungen gelten für die Anschlußgleise mit Maschinenbetrieb („Privatanschlußbahnen") indessen nur noch insoweit, als sie nicht durch das Kleinbahngesetz vom 28./7. 1892 ersetzt bezw. abgeändert sind. Ueberhaupt gelten sowohl die vorstehenden, wie die folgenden Ausführungen in vollem Umfange nur für Neuanlagen, da noch ältere Anlagen bestehen, welche sich dem Kleinbahngesetze nicht unterworfen haben bezw. vor den maßgebenden Erlassen zur Ausführung gekommen sind[58]). Mit dieser Maßgabe werden nach den fraglichen Erlassen (namentlich den „Allgemeinen Bedingungen für die Anlage, Bedienung und Unterhaltung von Anschlußgleisen, Ladebühnen" u. s. f.) und dem Kleinbahngesetze die Verhältnisse der Anschlußgleise, wie folgt, erörtert.

A. Zulässigkeit der Anlage und Benutzung.

Bei Privatanschlußbahnen ist für die polizeiliche Genehmigung und Ueberwachung der Anlage im Allgemeinen der Regierungspräsident (bei Bergwerksbahnen die Bergbehörde) unter eisenbahntechnischer Mitwirkung der Eisenbahnaufsichtsbehörde zuständig (Kleinbahngesetz und Berggesetz vom 24./6. 1865). Bei Anschlußgleisen ohne Maschinenbetrieb ist die Zuständigkeit des Regierungspräsidenten in seinem allgemeinen Aufsichts-

[57]) In diesem Falle zweckmäßig für Uebergang der Hauptbahngüterwagen eingerichtet.
[58]) Vgl. Klb.Ges. § 53.

rechte als Landespolizeibehörde gegenüber allen gewerblichen Anlagen begründet, während die Eisenbahnbehörden als Aufsichtsbehörden hier nur bei Prüfung der Entwürfe mitzuwirken haben[59]. Sofern es sich um Anschlußgleise an Pr.St.B. handelt, auf welche die Wagen der Hauptbahnen oder auch die Lokomotiven der Pr.St.B. übergehen sollen, haben die Eisenbahndirektionen in allen Fällen in ihrer Eigenschaft als Vertreter der betrieblichen und wirthschaftlichen Interessen der Staatsbahnverwaltung, unbeschadet der Prüfung in polizeilicher Beziehung, die Zulässigkeit des Anschlusses festzustellen.

Die Anlage von Anschlußgleisen innerhalb der Bahngrenzen soll bei den Pr.St.B. ohne ministerielle Genehmigung nur da gestattet werden, wo aller Voraussicht nach die Eisenbahnverwaltung dadurch in der Entwickelung ihrer Anlagen nicht behindert werden wird[60]. Die Anschlußgleise sollen, wo nichts anderes vereinbart ist, nur zum Anbringen oder Abholen von Gütern in Wagenladungen und nur für die Zwecke des Anschlußsuchers benutzt werden, doch muß dieser sich, soweit sein eigener Betrieb dadurch nicht geschädigt wird, und soweit nicht sein eigentlicher Zechen-, Hütten-, Fabrikhof berührt wird, die Benutzung durch die Eisenbahnverwaltung (bei außergewöhnlicher Benutzung unentgeltlich) oder durch Dritte gefallen lassen. In letzterem Falle setzt die Eisenbahnverwaltung mangels Einigung der Interessenten die Kostenbetheiligung fest[61]. Der Anschlußsucher hat einen ausführlichen Entwurf einzureichen, der (vorbehaltlich der polizeilichen Prüfung durch den Regierungspräsidenten oder die Bergbehörde) von der Eisenbahndirektion daraufhin geprüft wird, ob der Anschluß in der geplanten Lage mit dem Interesse der Eisenbahnverwaltung verträglich ist, und ob er in technischer Hinsicht (namentlich bezüglich der Krümmungshalbmesser) den Anforderungen genügt[62], wobei eventuell eine Abänderung und eine Hinzufügung der erforderlichen Sicherheitsvorrichtungen (Schutzweichen, Sperrbäume, Signale)[63] erfolgt. Ueber die Anschlußanlage wird vor der Herstellung zwischen der Eisenbahnverwaltung und dem Anschlußsucher ein Vertrag abgeschlossen, dessen Bestandtheil stets die oben angezogenen Allgemeinen Bedingungen bilden, deren Inhalt im Folgenden Erwähnung findet. Die Inbetriebnahme erfolgt erst nach der landespolizeilichen Abnahme.

B. Herstellung und eventuell spätere Veränderung.

Wenn keine andere Vereinbarung getroffen ist, so übernimmt die Eisenbahnverwaltung auf Kosten des Anschlußsuchers die Ausführung des Gleises und der Sicherheitsvorrichtungen einschließlich der Lieferung der erforderlichen Materialien, soweit das Gleis auf Bahneigenthume belegen ist, dagegen der Anschlußsucher für eigene Rechnung die Herstellung der außerhalb des Bahneigenthumes belegenen Anlagen einschließlich Materialienlieferung, jedoch unter Aufsicht und nach den Weisungen der Eisenbahnverwaltung. Bei den Kosten der bahnseitig ausgeführten Anlagen sind die durch das Anschlußgleis erforderlich gewordenen Aenderungen der Bahnanlagen für den öffentlichen Verkehr mit zu berücksichtigen und 5% der Gesammtsumme als Generalkosten zuzuschlagen. Für die Benutzung des Grundeigenthumes der Eisenbahnverwaltung ist eine Jahrespacht nach qm, nach Gleislänge oder als Pauschsumme zu entrichten[64].

---

[59] Erl. d. Hand.M. v. 20./8. 1875, Min.Bl. 1875 S. 189.

[60] M.E. v. 16./7. 1889, II a (b) 11942.

[61] Allgem. Bed. § 1, 7.

[62] Vgl. M.E. v. 29./7. 1885, II a 6882, IV 772.

[63] Vgl. M.E. v. 1./1. 1895, I/II 11063.

[64] Allgem. Bed. § 2, 3.

Die aus Betriebs- und Verkehrsrücksichten erforderlichen Aenderungen und Erweiterungen der vorhandenen Einrichtungen sowohl der öffentlichen Bahn, wie der Anschlußanlagen, kann die Eisenbahnverwaltung jederzeit anordnen, ohne daß dem Anschlußinhaber ein Anspruch auf Entschädigung wegen der durch Veränderung des Anschlusses etwa veranlaßten Unterbrechung oder Störung seines Betriebes zustände.

Je nachdem das Bedürfniß der Aenderungen bezw. Erweiterungen allein in den Verhältnissen des Anschlusses selbst, oder allein in denen der öffentlichen Bahn begründet ist, fallen dem Anschlußinhaber die erwachsenen Kosten ganz oder nur insoweit zur Last, als sie zu dem in Folge der Aenderung der öffentlichen Bahn nothwendigen Umbau der Anschlußanlage erforderlich sind, während dieselben bei gemeinschaftlichem Aenderungsbedürfnisse unter angemessener Vertheilung gemeinschaftlich getragen werden[65]).

C. Bewachung und Unterhaltung.

Die Bewachung, Bedienung und Unterhaltung der Anschlußgleise bis zur Einmündung in die öffentliche Bahn (einschließlich) und aller zugehörigen Vorrichtungen geschieht nach Anordnung der Eisenbahnverwaltung auf Kosten des Inhabers und zwar außerhalb des eigentlichen Zechen-, Hütten- oder Fabrikhofes in der Regel unter Verwendung von Wärtern und Weichenstellern der Eisenbahnverwaltung, deren Bezüge, falls sie auch Dienste für die Eisenbahnverwaltung thun, nur antheilig in Rechnung gestellt werden. Selbst wenn ein Theil der Anlagen, z. B. die innerhalb des Fabrikhofes rc. liegenden, gemäß Vereinbarung durch Leute des Anschlußinhabers bewacht und unterhalten werden, hat auch bezüglich dieses Theiles der Anlagen die Eisenbahnverwaltung durch Aufsicht und Anordnungen das Interesse des gesicherten Verkehres der Eisenbahnfahrzeuge wahrzunehmen[66]).

Für die Unterhaltung der Gleise, Unterhaltung, Schmierung und Erleuchtung der Weichen (einschließlich Materialien) sind in § 10 und 11 der Allgem. Bed. feste Sätze vorgesehen, während Ersatzmaterialien und besondere Aufwendungen mit den Selbstkosten zuzüglich der tarifmäßigen Frachten und 5% Generalkosten in Rechnung gestellt werden[67]).

In den besonderen Vertragsbedingungen wird regelmäßig ausgemacht, daß die Anschluß- und Sicherheitsweichen sowie die Sperrbäume eisenbahnseitig unter Verschluß gehalten werden, der (bei Strafandrohung) nur eisenbahnseitig gelöst werden darf.

D. Betrieb auf den Anschlußgleisen.

Die Eisenbahnverwaltung ist[68]) berechtigt, aber ohne besondere Vereinbarung nicht verpflichtet, den Betrieb der Anschlußbahn zu führen bezw. zu überwachen, kann auch die übernommene Betriebsführung in sechs Wochen, bezw., wenn Maschinenbetrieb erforderlich, in sechs Monaten kündigen. Jedenfalls ist auch die etwaige Betriebsführung des Anschlußinhabers ihrer Aufsicht und ihren Anordnungen unterworfen. Die Stellen zur Uebergabe und Uebernahme der Wagen werden von der Eisenbahnverwaltung genau bezeichnet, und es ist das vollendete Anbringen bezw. begonnene Abholen zu oder von diesen Stellen für Beurtheilung der in Allgem. Bed. § 16 näher erörterten Fristen und der Haftpflicht maßgebend[69]). Die Wagen dürfen zu anderen Zwecken, als zur Be- und Entladung,

[65]) Allgem. Bed. § 6.
[66]) Allgem. Bed. § 8, 9.
[67]) Allgem. Bed. § 12.
[68]) Allgem. Bed. § 14.
[69]) Allgem. Bed. § 15.

namentlich zu Beförderungen innerhalb des Werkes, bei 100 M. Strafe nicht benutzt werden[70]). Dem Anschlußinhaber ist in den besonderen Bedingungen stets die Verpflichtung aufzuerlegen, bei 50 M. Strafe jede auf den Anschlußgleisen erfolgte Entgleisung eines Eisenbahnfahrzeuges der nächsten Station anzuzeigen, welche die Aufgleisung und lauffähige Herstellung des Wagens zu veranlassen hat[71]).

Die Vergütung für Bedienung des Anschlusses wird in den besonderen Vertragsbedingungen festgesetzt[72]).

E. Haftpflicht.

Beschädigungen, welche an den Eisenbahnfahrzeugen bei deren Abholung von den Aufstellungsgleisen (s. oben) sich vorfinden, hat der Anschlußinhaber zu vertreten, soweit solche nicht schon bei der Zuführung nach den Aufstellungsgleisen dem begleitenden Beamten gegenüber als vorhanden festgestellt und von letzterem anerkannt sind. Im Uebrigen gelten für die Haftpflicht die gesetzlichen Bestimmungen mit der Maßgabe, daß der Anschlußinhaber der Eisenbahnverwaltung gegenüber stets für seine Leute haftet[73]).

F. Das Personal

des Anschlußinhabers, welches dieser zur Bewachung, Unterhaltung bezw. Betriebsführung verwendet, kann bei Ungehorsam gegen die Anordnungen der Eisenbahnverwaltung oder Vernachlässigung der dienstlichen Verrichtungen vom Anschlußdienste ausgeschlossen werden[74]).

G. Aufhebung des Anschlußvertrages[75]).

Die Aufhebung kann beiderseits durch eine sechsmonatliche Kündigung erfolgen. Außerdem ist die Eisenbahnverwaltung in besonderen, namhaft gemachten, Fällen berechtigt, den Anschlußvertrag sofort aufzuheben, die Anlagen des Anschlusses oder deren Benutzung einzuschränken, oder den Betrieb auf dem Anschlusse einzustellen. Bei Aufhebung des Anschlusses hat die Eisenbahnverwaltung das Recht, die Anlage entweder ganz, jedoch nur bis zur Grenze des eigentlichen Zechen-, Hütten- oder Fabrikhofes, oder theilweise gegen Erstattung bezw. Anrechnung des derzeitigen Grund- und Materialwerthes in ihr Eigenthum zu übernehmen. Macht sie hiervon keinen Gebrauch, so hat der Anschlußinhaber die auf dem Eigenthume der Eisenbahnverwaltung befindlichen Anlagen, soweit sie nicht unmittelbar mit Betriebsgleisen zusammenhängen, binnen einer von der Eisenbahnverwaltung zu bemessenden Frist zu beseitigen, während die übrigen Anlagen von der Eisenbahnverwaltung zum zeitigen Materialwerthe übernommen oder von dieser gleichfalls auf Gefahr und Kosten des Anschlußinhabers beseitigt werden. Verbreiterungen des Bahnkörpers oder Bahnhofes, die zur Herstellung des Anschlusses auf Kosten des Anschlußinhabers ausgeführt sind, verbleiben, soweit sie innerhalb des Eigenthumes der Eisenbahnverwaltung sich befinden, dieser unentgeltlich, während, soweit sie außerhalb desselben liegen, die Eisenbahnverwaltung sie gegen Erstattung der Grund- und Bodenpreise erwerben kann.

---

[70]) Allgem. Bed. § 16.
[71]) M.E. vom 14./12. 1889, II a 16950, III 21568, I 7782.
[72]) Allgem. Bed. § 19.
[73]) Allgem. Bed. § 17.
[74]) Allgem. Bed. § 18.
[75]) Allgem. Bed. § 20, 21.

VIII. Feststellung und Ausgleichung der gegenseitigen Geldforderungen der Eisenbahnverwaltungen.

Aus den mannigfachen Betriebs- und Verkehrsbeziehungen der Eisenbahnen unter einander entstehen zahlreiche gegenseitige Geldforderungen, deren Ermittelung und Begleichung durch getroffene Vereinbarungen sehr vereinfacht wird.

A. Ermittelung der Geldbeträge.

1. Für die Abrechnung der Wagenmiethen

bestanden vor der Verstaatlichung der preußischen Bahnen verschiedene Wagenmietheabrechnungsverbände (ein mitteldeutscher, norddeutscher, ostdeutscher), neben denen aber andere Bahnen einzeln abrechneten. Bei den großen Verstaatlichungen der preußischen Eisenbahnen wurden der nord- und ostdeutsche Verband aufgelöst, während der mitteldeutsche (für süd- und westdeutsche Bahnen) mit der Centralwagenkontrole (Abrechnungsbureau) in Erfurt zunächst bestehen blieb, und es wurde für die Abrechnungen der Wagenmiethen zwischen den Pr.St.B. und fremden Bahnen das Centralwagenabrechnungsbureau in Magdeburg errichtet[79]). Mit diesem wurde alsdann die von Erfurt nach Magdeburg verlegte Centralwagenkontrole vereinigt. In seiner Eigenschaft als Centralwagenkontrole verrechnet das Centralwagenabrechnungsbureau auch die sogen. Spitzen der gegenseitigen Wagenmiethen ꝛc. derjenigen fremden Bahnen, welche diesem Verfahren beigetreten sind, und fertigt einen Hauptabschluß an, in welchem alle Schuld- und Guthabenbeträge gegeneinander soweit aufgehoben sind, daß für jede Verwaltung nur ein Betrag (entweder Schuld oder Guthaben) übrig bleibt. Dieser Hauptabschluß wird dann der Vereinsabrechnungsstelle in Berlin übersandt (s. S. 130). An der Centralwagenkontrole sind die meisten Bahnen des V.D.E.V. betheiligt. Ihr Wirkungskreis erstreckt sich indessen durch Vermittelung der Grenzbahnen über die Grenzen des V.D.E.V. hinaus auf Italien, Schweiz, Frankreich, Belgien, Dänemark u. s. f. (Näheres hierüber im 3. Abschn. 5. Kap.)

2. Die Abrechnung der Wagenausbesserungskosten

erfolgt von Bahn zu Bahn, im Verkehre mit den Nichtvereinsverwaltungen in der Regel durch Vermittelung der Grenzbahnen (3. Abschn. 3. Kap.).

3. Die Abrechnung der Verkehrseinnahmen,

wobei aus den in einem Transportverbande von einzelnen Bahnen vereinnahmten Beträgen allen betheiligten Bahnen ihre Einnahmeantheile zugeschieden werden, erfolgt in der Regel durch eine der betheiligten Verwaltungen, deren Abrechnungsstelle (Verkehrskontrole) als Abrechnungsbureau für den fraglichen Verband wirkt. Indessen ist für eine große Zahl von Verkehren, an denen die Pr.St.B. betheiligt sind, die Abrechnung dem Centralverkehrsabrechnungsbureau in Hannover übertragen. Das Vorstehende gilt sowohl für den Güter- wie für den Personenverkehr. Eine Besonderheit des Vereinsreiseverkehres ist es, daß jede Verwaltung den Versand der Fahrscheine abrechnet. (Näheres im 7. Abschn.)

[79]) Instruktion vom 28./12. 1880, E.V.B. 1881, 9 ff., neu festgesetzt durch M.E. vom 30./3. 1895, E.V.B. 319.

4. Die Abrechnung aus den Gemeinschaftsverhältnissen oder sonstigen Beziehungen der Bahnen wird durch eine der betheiligten Verwaltungen bewirkt.

B. Ausgleichung der Geldbeträge.

Am 1. Oktober 1871 wurde von einer Anzahl Bahnen des V.D.E.V. eine Generalsaldirungsstelle zu dem Zwecke in's Leben gerufen, um Schuld und Guthaben aller betheiligten Bahnen aus den Abrechnungen über ihren Verkehr, sowie alle sonstigen nach dem Ermessen der zahlungspflichtigen Verwaltungen dazu geeigneten Schuldposten zusammenzustellen und den Saldo für jede einzelne Verwaltung in einer Summe zu berechnen. Die Leitung erfolgte zunächst durch das Direktorium der Berlin-Potsdam-Magdeburger Eisenbahn, nach deren Verstaatlichung vom 1./4. 1881 ab durch die Direktion Magdeburg. Allmählich traten die meisten Vereinsbahnen dem Uebereinkommen betr. die Generalsaldirungsstelle bei. Diese wurde dann nach Beschluß der Breslauer Hauptversammlung 1882 zur Vereinseinrichtung gemacht (vom 1./4. 1883 ab) und bildet seitdem einen Bestandtheil des Vereinsbureaus. Seit 1884 führt sie, um den Anschein zu vermeiden, als ob es sich um eine Zahlstelle handele, den Namen „Abrechnungsstelle". Die letzte Ausgabe des Uebereinkommens betr. die Abrechnungsstelle vom 1./1. 1886 ist auf Grund der Beschlüsse der Hauptversammlung vom 28.—30./7. 1896 abgeändert.

Die Wirksamkeit der Vereinsabrechnungsstelle erstreckt sich über den V.D.E.V. hinaus, indem namentlich alle Beträge aus dem Vereinsreiseverkehre, außerdem auch sämmtliche in Markwährung angemeldeten Beträge aus dem Verkehre mit belgischen Nichtvereinsbahnen hier zur Anmeldung gelangen können, indem aber ferner auch andere fremde Bahnen durch Vermittelung von Vereinsbahnen an dem Ausgleiche theilnehmen.

Wie dieser im Besonderen (monatlich zwei Mal) erfolgt, und welche besonderen Vorschriften für die Betheiligung der Pr.St.B. getroffen sind, wird im 7. Abschnitte erörtert werden.

Die Zahlung der von der Vereinsabrechnungsstelle ermittelten Beträge erfolgt auf Grund der den Bahnen zugesandten Auszüge der halbmonatlichen Zusammenstellung und Ausgleichung.

Soweit eine Anmeldung bei der Vereinsabrechnungsstelle nicht erfolgen kann, müssen die durch Abrechnung ermittelten Beträge sogleich durch die Kassen der betheiligten Bahnen ausgeglichen werden.

Zweiter Abschnitt.

Der Zugdienst.

Der Zugdienst,

d. h. alles, was dazu gehört, um das Hin- und Herfahren der Züge auf den Bahnlinien zu Stande zu bringen und so Transportgelegenheit zu bieten, macht eigentlich den gesammten Betrieb aus. Von der Behandlung in diesem Abschnitte sollen indessen ausgenommen und dem dritten Abschnitte vorbehalten bleiben die besonderen Vorgänge des Lokomotiv- und Wagendienstes, weil ihre eingehende Behandlung im Verlaufe der Gesammtdarstellung des Betriebes diese unübersichtlich machen würde.

Für die Darstellung des Zugdienstes ergiebt sich nach den in der Einleitung ausgesprochenen Grundsätzen von selbst die Reihenfolge der Behandlung. Als Vorbedingung für jegliche ordnungsmäßige Zugfahrt werden zunächst die Fahrpläne zu besprechen sein, alsdann die Bildung der in den Fahrplänen vorgesehenen Züge durch Zusammensetzung aus Wagen und Lokomotiven. Die Zugfahrten werden sodann, getrennt nach der Bewegung auf der freien Strecke und dem Aufenthalt auf den Stationen (letzteres einschl. Ankunft und Abfahrt), zu behandeln sein, wobei zur größeren Deutlichkeit die Bewegung auf der Strecke voranzustellen ist. Die bei Ausführung des Fahrplanes eintretenden Besonderheiten und Unregelmäßigkeiten werden in einem fünften Kapitel vorgeführt, während das sechste, als Ergänzung zu allen vorhergehenden, das nothwendige Schreibwerk beim Zugdienste erörtert.

Für den Betriebsdienst sind in erster Linie die für das D.R. erlassenen Bestimmungen maßgebend (vgl. 1. Absch. S. 70—72), von welchen die Signalordnung für die Eisenbahnen Deutschlands, durch für die Pr.St.B. erlassene Ausführungsbestimmungen ergänzt, als „Signalbuch" den Beamten in die Hände gegeben ist. Zur Bt.O. und Ba.O. bilden die auf Vereinbarung der Preußischen Eisenbahndirektionen beruhenden (S. 97) Fahrplanvorschriften (F.V.) gewissermaßen Ausführungsbestimmungen der Pr.St.B., während die Einzelheiten des Dienstes durch eine große Zahl vom M. d. ö. A. erlassener Dienstvorschriften für einzelne Dienstzweige und Dienstanweisungen für einzelne Beamtenarten geregelt sind, die wiederum durch Sonderbestimmungen der Direktionen ergänzt werden.

Zu den internen Vorschriften treten schließlich diejenigen, welche theils auf freier Vereinbarung mit anderen Bahnen beruhen, theils auf Verträgen mit anderen Staaten (vgl. 1. Abschn. S. 59 ff.).

Eine Uebersicht der wichtigeren in Betracht kommenden Bestimmungen ist im Anhange dieses Bandes gegeben. Wegen der Abkürzungen bei Anführung einzelner Vorschriften im Texte wird auf das Verzeichniß im Eingange des Buches verwiesen.

Erstes Kapitel.

Die Fahrpläne.

I. Arten der Züge und Geschwindigkeit derselben.

Die Eisenbahnzüge werden (F.V. II, 4), je nach ihrem Zwecke und ihrer Schnelligkeit unterschieden in Schnellzüge, Personenzüge, gemischte Züge, Güterzüge, Vieh- und Eilgüterzüge, Pulverzüge, Militärzüge, Arbeitszüge u. s. f., außerdem aber in „regelmäßig verkehrende" und „nicht regelmäßig verkehrende" Züge. Falls für die nicht regelmäßig verkehrenden Züge doch ein bestimmter Fahrplan ein für allemal festgesetzt ist, heißen sie Bedarfszüge, wenn dagegen erst im Einzelfalle der Fahrplan aufgestellt wird, Sonderzüge. Bei starkem Verkehre läßt man bisweilen einem fahrplanmäßigen Zuge einen Bedarfszug als Entlastung voraufgehen oder folgen, der dann Vorzug oder Nachzug bezw. zweiter Theil des Zuges genannt wird. Züge, welche für Bauten und Unterhaltung der Bahnanlagen Materialien befördern, heißen Arbeitszüge, Kieszüge u. s. f. Einzeln fahrende Lokomotiven werden, je nachdem sie regelmäßig, häufig oder ausnahmsweise verkehren, den regelmäßigen, Bedarfs- oder Sonderzügen zugerechnet.

Ueber die zulässige Geschwindigkeit der Züge sind für die Hauptbahnen in der Bt.O. § 26 Vorschriften gegeben. Hiernach darf die Fahrgeschwindigkeit niemals die für die einzelnen Lokomotiven festgesetzte und durch die Zahl der vorhandenen Bremsachsen und die Beschaffenheit der Strecken bedingte Grenze überschreiten. Im Uebrigen beträgt die größte zulässige Geschwindigkeit[1]):

1. Für Personenzüge ohne durchgehende Bremse 60 km, mit durchgehender Bremse im Allgemeinen 80 km, unter besonders günstigen Verhältnissen mit Genehmigung der Landesaufsichtsbehörde (S. 23) 90 km.

2. Für Güterzüge im Allgemeinen 45 km, unter besonders günstigen Verhältnissen mit Genehmigung der Aufsichtsbehörde (S. 23) bis zu 100 Wagenachsen 50 km, bis zu 80 Wagenachsen 55 km, bis zu 60 Wagenachsen 60 km[2]).

3. Für Arbeitszüge 30 km und, wenn keine Arbeitswagen, sondern nur Betriebswagen darin sind, 45 km.

4. Für einzeln fahrende Lokomotiven (abgesehen von Probefahrten, für welche keine Beschränkung stattfindet) 50 km. Jedoch kann mit Genehmigung der Aufsichts-

---

[1]) Vgl. auch T.V. § 157—160.

[2]) Für Eilgüterzüge vgl. Erl. vom 14./4. 1891, *V* II 2805.

behörde die für die einzelnen Lokomotiven festgesetzte größte Geschwindigkeit (vgl. 3. Abschn. 1. Kap. u. Bt.O. § $8,_1$) auch bei Einzelfahrten zugelassen werden.

5. Für Züge, an deren Spitze die Lokomotive mit dem Tender voranfährt, 45 km.

6. Für Züge, welche geschoben werden, ohne daß sich an ihrer Spitze eine führende Lokomotive befindet, 25 km.

Diese Zahlen gelten ohne Weiteres nur für gerade, wagerechte oder steigende Bahnstrecken. Beim Herabfahren auf Gefällstrecken und beim Durchfahren von Krümmungen dürfen sie nur angewandt werden, soweit dadurch die in zwei Tabellen in § $26,_4$ der Bt.O. für die verschiedenen Gefälle (von 1 : 400 bis 1 : 40) und für die verschiedenen Krümmungen (von 1000 m bis 180 m Halbmesser) als zulässig angegebenen Höchstgeschwindigkeiten nicht überschritten werden. Ferner ist für die Fahrt durch Stationen, in welchen die Züge durch den krummen Strang einer Weiche oder gegen die Spitze einer nicht verriegelten oder verschlossenen Weiche zu fahren haben, sowie auf Strecken, in welchen eine Drehbrücke liegt, oder welche aus einem sonstigen Grunde stets mit besonderer Vorsicht befahren werden müssen, die größte zulässige Geschwindigkeit für die einzelnen Zuggattungen besonders festzusetzen[3]).

Auf Nebenbahnen dürfen gemäß Ba.O. § 27 den Zügen in der Regel von der Landesaufsichtsbehörde nur Geschwindigkeiten bis 30 km gestattet werden. Größere Geschwindigkeiten, und zwar bis höchstens 40 km, können nur zugelassen werden auf vollspurigen Bahnen mit eigenem Bahnkörper und nur für Personenzüge, welche nicht mehr als 26 Wagenachsen führen, deren Betriebsmittel den N. f. H. entsprechen und die mit durchgehender Bremse versehen sind[1]).

Innerhalb dieser Vorschriften bleibt den Eisenbahnverwaltungen für die Festsetzung der Zuggeschwindigkeiten ein gewisser Spielraum. Dementsprechend wird auch auf den verschiedenen Bahnen Deutschlands mit sehr ungleicher Geschwindigkeit gefahren. Für jeden Zug, dessen Einrichtung man beabsichtigt, muß vorerst bestimmt werden, welche Zeit er gebrauchen soll, um von Station zu Station und über die ganze zu durchfahrende Strecke bis an's Ziel zu gelangen. Zu diesem Behufe wird für jeden Zug zunächst eine gewisse Geschwindigkeit, „die Grundgeschwindigkeit", festgesetzt. Diese ist kleiner als die höchste für den Zug zuzulassende Geschwindigkeit, damit bei Verspätungen Versäumnisse in gewissem Maaße wieder eingeholt werden können. Wenn ein Zug eine längere Bahnlinie zu durchlaufen hat, deren einzelne Theile wegen Verschiedenheit der Neigungs- und Krümmungsverhältnisse nicht die Einhaltung einer gleichmäßigen Fahrgeschwindigkeit gestatten[4]), so müßte eigentlich dementsprechend die für jeden Zug vorab zu wählende Grundgeschwindigkeit eine mit den Streckenverhältnissen veränderliche Größe aufweisen. Es würde alsdann aber die Berechnung der Fahrzeiten von Station zu Station sehr umständlich werden. Um dies zu vermeiden, nimmt man für die Ermittelung der Fahrzeiten die Grundgeschwindigkeit trotzdem durchweg gleich, d. h. so groß an, wie sie der Zug auf der geraden, wagerechten Strecke annehmen muß, um die Fahrzeit einzuhalten, berechnet aber stattdessen für die langsamer zu durchfahrenden Strecken größere als die wirklichen Längen. Diese nicht wirklichen Längen der Bahnstrecken, welche gegen die wirklich vorhandenen um soviel vergrößert sind, als Neigungen und Krümmungen eine

---

[3]) Bt.O. § $26,_5$.

[4]) Vgl. oben u. Bt.O. § $26,_{1,5}$.

Verlängerung der Fahrzeit bedingen, nennt man „virtuelle Entfernungen". Die virtuellen Entfernungen sind für die verschiedenen Gattungen der Züge nicht die gleichen. Für die Pr.St.B. hat der M. d. ö. A. durch Erlasse vom 15./5. 1880, II/IV *T* 2161 und vom 12./1. 1881, IV/II *T* 8484 ein bestimmtes (vorher bei der Frankfurt-Bebraer Bahn übliches) Verfahren zur Ermittelung der virtuellen Längen für Personen- und Schnellzüge vorgeschrieben, bei welchem übrigens nur die Neigungen der Bahnstrecken und nicht die Krümmungen berücksichtigt werden.

Aber auch die virtuellen Entfernungen gestatten es nicht, ohne Weiteres aus der Grundgeschwindigkeit die Fahrzeit zu ermitteln. Jedes Anhalten auf einer Station bedingt einen dreifachen Zeitverlust, für das Bremsen beim Anhalten, für den Aufenthalt selbst und für das Anfahren, und ebenso werden ähnliche Zeitverluste durch das langamere Durchfahren von Stationen oder minder betriebssicheren Strecken (Brücken 2c.) bedingt. Diese Zeitverluste werden als Zuschläge zur Fahrzeit berücksichtigt. In dieser Beziehung sind zuletzt in einer Konferenz im R.E.A. vom 1./3. 1893 Grundsätze für die Einrechnung von Zuschlägen in die Fahrzeiten der Personen- und Schnellzüge vereinbart, welche durch M.E. vom 24./4. 1893, *V* II (IV/I) 3443 den Direktionen mit dem Auftrage übersandt sind, danach in Zukunft zu verfahren. Diese Grundsätze lauten:

1. Bei der Berechnung der Fahrzeiten zwischen den einzelnen Stationen findet eine Abrundung auf volle Minuten nur bei den Stationen statt, auf welchen gehalten wird.

2. Für die Ab- und Anfahrt auf einer Station, sowie für das Anhalten und Abfahren bei Bahnkreuzungen in gleicher Ebene der Schienen außerhalb der Stationen ist in der Regel ein Zuschlag von im Ganzen 2 Minuten in Anrechnung zu bringen. Dieser Zuschlag kann bei schweren und schnellfahrenden Zügen bis auf 3 Minuten erhöht und bei leichten Zügen, sowie, wenn die Abfahrt im Gefälle erfolgt, auf weniger als 2 Minuten angenommen werden. — Bei Kopfstationen und größeren Bahnhöfen sind die Zuschläge den örtlichen Verhältnissen entsprechend zu erhöhen. — Bei leichten Zügen, deren Geschwindigkeit 40 km in der Stunde nicht übersteigt, kann der Zuschlag auf 1 Minute und bei gleichzeitig schwachem Verkehre und geringer Entfernung der Stationen von einander so ermäßigt werden, daß für den Aufenthalt und das An- und Abfahren zusammen nur 1 Minute gerechnet wird.

3. Für das Durchfahren von Strecken, die aus irgend einem Grunde stets mit besonderer Vorsicht befahren werden müssen, sind die Zuschläge nach Maßgabe der für die einzelnen Zuggattungen zulässigen größten Geschwindigkeiten festzusetzen.

4. Für das Durchfahren von Stationen ohne Aufenthalt ist ein Zuschlag nur einzurechnen, wenn der Zug bei der Durchfahrt durch den krummen Strang einer Weiche oder gegen die Spitze einer nicht verriegelten oder verschlossenen Weiche oder durch Gegenkrümmungen von kleinem Halbmesser zu fahren hat, ferner, wenn der Zug Krümmungen mit weniger als 1000 m Halbmesser durchfahren muß und die Gleise nicht die der Krümmung und der Fahrgeschwindigkeit des Zuges entsprechende Ueberhöhung erhalten können, oder, wenn die Uebersicht über die Fahrstraße behindert ist. Der Zuschlag ist den örtlichen Verhältnissen und der Geschwindigkeit des Zuges entsprechend zu bemessen.

5. Für das Durchfahren von Tunneln kommen besondere Zuschläge nicht zum Ansatz, für das Fahren über feste Brücken nur in dem Falle, daß ihre Bauart eine

Ermäßigung der Geschwindigkeit des Zuges als nothwendig erscheinen läßt. Der Zuschlag ist alsdann nach Maßgabe der Länge der Brücke und der für zulässig erachteten Geschwindigkeit zu berechnen. — Für das langsame Fahren über Drehbrücken ist eine Minute einzurechnen.

6. Andere Zuschläge, als die vorbezeichneten, sind nur einzurechnen, wenn dies durch besondere Verhältnisse geboten ist.

Der M. d. ö. A. hat ferner durch die oben genannten Erlasse vom 15./5. 1880, 12./1. 1881, 24./4. 1893, sowie durch Erlaß vom 7./7. 1885, IIa/IV *F* 659 angeordnet, daß ihm von sämmtlichen Direktionen Nachweisungen der virtuellen Längen aller Bahnstrecken und der Grundgeschwindigkeiten aller Züge nebst außergewöhnlichen Zuschlägen vorgelegt werden. Durch M.E. vom 5./8. 1896, E.N.B. S. 503 ist die Vorlage der Nachweisungen über die Grundgeschwindigkeiten aufgehoben und angeordnet, daß die Grundgeschwindigkeit in den Fahrplanbüchern (s. unten) am Kopfe über dem Fahrplane jedes Zuges angegeben wird. Die Nachweisungen der virtuellen Längen sind, nachdem sie am 15./6. 1881 letztmalig allgemein vorgelegt sind, nur in dem Falle 4 Wochen nach Einführung des Sommer- oder Winterfahrplanes in je 2 Exemplaren wieder vorzulegen, wenn wesentliche Aenderungen vorgekommen oder neue Bahnstrecken hinzugetreten sind. Nach Erlaß des R.E.A. vom 15./2. 1883, Nr. 1682 sind die gleichen Nachweisungen zu denselben Terminen jedesmal in 2 Exemplaren auch an das R.E.A. einzureichen.

Wenn die virtuellen Entfernungen, die Grundgeschwindigkeit und die Zuschläge für einen einzurichtenden Zug feststehen, so kann man für denselben die gesammte Fahrzeit mit allen Zwischenzeitpunkten für die einzelnen Stationen berechnen. Die Fahrzeit liegt aber dann im Ganzen noch nicht fest. Dies ist nicht so zu verstehen, daß man nun erst sich zu entschließen hat, welche Lage innerhalb der 24 Stunden der Zug erhalten soll. Denn darüber, ob man einen Nachtzug oder Tagzug, einen Vormittags- oder Nachmittagszug einrichten will, wird man von vornherein sich klar geworden sein. Wohl aber ist es nöthig, nunmehr erst die genaue Lage des Zuges auf Stunde und Minute mit Rücksicht auf alle übrigen auf derselben Strecke verkehrenden Züge festzulegen. Dies geschieht durch Aufstellung des für alle gemeinsamen übersichtlichen Fahrplanes (dessen Form s. unten), wobei es vorkommen wird, daß die vorab angenommenen Fahrzeiten und Aufenthaltszeiten wegen der erforderlichen Zugkreuzungen, Ueberholungen und Anschlüsse mehr oder weniger abgeändert werden.

Um die einzelnen Züge, für welche ein gemeinsamer Fahrplan aufgestellt werden soll, unterscheiden zu können, bezeichnet man sie mit Nummern, theilweise auch mit Buchstaben (F.V. II, 5). Die durchgehenden Züge sind (nach M.E. vom 20./2. 1878, II/V *T* 444, E.V.B. 41) auf den verschiedenen Theilstrecken möglichst mit gleichen Nummern zu bezeichnen, worüber auf den Fahrplankonferenzen die nöthigen Vereinbarungen getroffen werden. Im Uebrigen geschieht die Nummerbezeichnung allgemein so, daß die Züge der einen Richtung gerade, diejenigen der anderen Richtung ungerade Nummern erhalten. Ferner giebt man den Schnellzügen die niedrigsten Nummern, den Personenzügen höhere, den Güterzügen, Viehzügen u. s. f. noch höhere, wodurch das Merken der Zugnummern erleichtert wird.

II. Die Aufstellung der Fahrpläne.

A. Einheitliche Zeitbestimmung.

Der Aufstellung jedes Fahrplanes muß eine einheitliche Zeitbestimmung für alle Stationen zu Grunde gelegt werden. Früher, als jeder Ort seine besondere Ortszeit besaß, mußte eigens für Aufstellung der Fahrpläne eine Einheitszeit angenommen werden, so für den größten Theil Deutschlands die Berliner Zeit. In Folge eines Beschlusses der Hauptversammlung des V.D.E.V. 1890 wurden für Aufstellung der Fahrpläne im Bereiche des V.D.E.V. drei einheitliche Fahrplanzeiten angenommen, und zwar für Deutschland, Luxemburg, Oesterreich-Ungarn die Zeit des 15. Meridianes östlich von Greenwich (Mitteleuropäische Zeit), für Holland und Belgien die Zeit des Greenwicher Meridianes (Westeuropäische Zeit), für Rumänien die Zeit des 30. Meridianes östlich von Greenwich (Osteuropäische Zeit). In Norddeutschland wurden indessen die Fahrpläne für das Publikum im Allgemeinen nicht nach Einheitszeit herausgegeben, sondern nach Ortszeit umgerechnet. Dieses umständliche, zu Mißverständnissen Veranlassung gebende Verfahren ist entfallen, seitdem in Deutschland durch Gesetz vom 12./3. 1893 mit dem 1./4. 1893 die Mitteleuropäische Zeit (M.E.Z.) als gesetzliche Zeit eingeführt ist, und nach M.E. vom 25./3. 1892 *V* II (IV/I) 1950 von demselben Zeitpunkte ab die Mitteleuropäische Zeit auch im äußeren Dienste der Pr.St.B. angewendet wird. Auch die übrigen europäischen Länder haben zum großen Theile die gleichen Zeitbestimmungen (einzelne schon früher als Deutschland) eingeführt.

B. Darstellung der Fahrplanentwürfe.

Wenn, wie aus den Darlegungen unter I hervorgeht, durch Aufstellung der Fahrpläne nicht nur die Fahrten der einzelnen Züge festgelegt werden sollen, sondern hierbei zugleich auf ein ordnungsmäßiges Ineinandergreifen des gesammten Betriebes auf der eigenen Bahn und mit den Nachbarbahnen hingearbeitet werden muß, so ist es nothwendig, daß der den Fahrplan aufstellende Beamte sich über alle Züge der in Frage stehenden Bahnstrecke ein übersichtliches Bild verschafft. Eine solche gute Uebersicht läßt sich nur mit Hülfe des zeichnerischen Verfahrens erlangen.

Für die Form und die Abmessungen der zeichnerischen (graphischen) Fahrpläne, welche beim M. d. ö. A. und beim R.E.A. vorgelegt werden, ist der durch Erlaß des R.E.A. vom 19./11. 1874 Nr. 8328 vorgeschriebene Normalfahrplan maßgebend[5]), soweit nicht später Abweichungen vom R.E.A. und vom M. d. ö. A. zugelassen sind.

Die Grundlage eines solchen graphischen Fahrplanes (Abb. 2, Tafel II) bildet ein Blatt Papier, auf welchem eine große Zahl wagerechter und lothrechter Linien verschiedener Stärke gezogen ist. Die stärkeren der wagerechten Linien lassen 24 gleiche Abstände zwischen sich, welche die 24 Stunden des Kalendertages von 12 Uhr Mitternacht bis 12 Uhr Mitternacht darstellen und durch je fünf schwächere Linien in sechs kleinere Zwischenräume (welche je 10 Minuten bedeuten) getheilt sind. Die Zeitpunkte 12, 6, 12, 6, 12 sind durch besonders starke Linien, die Nachtzeiten von 12—6 und von 6—12 durch dunklere Farbe der Fahrplanfläche hervorgehoben. (Letztere darf bei den dem

[5]) M.E. vom 7./7. 1875, II 12 122, V 6390.

Additional information of this book

(Betrieb und Verkehr der Preußschen Staatsbahnen; 978-3-642-50530-0; 978-3-642-50530-0_OSFO2) is provided:

EXTRA MATERIALS extras.springer.com

http://Extras.Springer.com

M. d. ö. A. vorzulegenden Fahrplänen fortbleiben[6]). Die senkrechten Linien sind in ungleichen Abständen gezogen. Letztere entsprechen den Längen der einzelnen Theile der Bahnstrecke, für welche der Fahrplan aufgestellt werden soll. Die Linien selbst bezeichnen die Lage der Stationen auf dieser Strecke, deren Namen am oberen Rande des Fahrplanes eingetragen sind. Dabei soll immer die östlichst oder nördlichst gelegene Station rechts eingetragen werden, während die übrigen westlich oder südlich von dieser liegenden Stationen links derselben einzutragen sind. Das ganze Blatt bildet ein Netz (Koordinatensystem), dessen wagerechte Linien (Abscissen) Wegelängen, dessen senkrechte Linien (Ordinaten) Zeitabschnitte bedeuten. Der Maßstab beträgt für die Längen 1 : 500000, während hinsichtlich der Zeit 1 Stunde = 0,015 m gemacht wird. Für einzelne stark belastete Strecken darf indessen[7]) der graphische Fahrplan nach einem größeren, als dem normalen Maßstabe aufgetragen werden. Sofern jedoch derartige Strecken nicht, wie z. B. die Berliner Stadt- und Ringbahn, ein in sich abgeschlossenes Ganze bilden, sondern in innigem Zusammenhange mit anderen minder dicht mit Zügen belasteten Strecken stehen, ist der Fahrplan für dieselben außer der in größerem Maßstabe aufgetragenen Darstellung auch im Zusammenhange mit den betreffenden Nachbarstrecken in dem normalen Maßstabe aufzutragen.

Der Gang eines Zuges, welcher zum Zurücklegen einer gewissen Strecke eine gewisse Zeit braucht, läßt sich auf solchem Blatte (von welchem Abb. 2 auf Tafel II ein Beispiel giebt) durch eine schräge Linie darstellen, wie solcher in Tafel II eine größere Zahl angedeutet ist. Je flacher solche Linie gegen die Wagerechte liegt, desto weniger Zeit braucht der Zug, um den Weg zurückzulegen, den die Breite des Fahrplanes darstellt. Es werden also die Schnellzüge als flache Linien, die Personenzüge als steilere, die Güterzüge als noch steilere Linien erscheinen. Dies lehrt auch ein Blick auf Abb. 2, wobei zu beachten ist, daß die verschiedenen Zuggattungen durch verschiedene Stärke und eventuell Unterbrechungen der Linien gekennzeichnet sind. Nach dem Normalfahrplane sollen außerdem die Zuggattungen farbig unterschieden werden (Schnellzüge roth, Personenzüge und gemischte Züge blau, Eilgüterzüge und Güterzüge schwarz, Militärzüge gelb). Doch darf auf den dem M. d. ö. A. vorzulegenden Fahrplänen nach M.E. vom 5./4. 1888, IIa (b) *F* 251 die farbige Kennzeichnung der Zuggattungen unterbleiben, und dieselbe Vereinfachung ist auch für die dem R.E.A. vorzulegenden Fahrpläne bei Strecken mit geringerem Verkehre zugelassen[8]).

Daß auf Abb. 2 eine von links nach rechts fallende Linie einen Zug bedeutet, der von Flensburg nach Neumünster fährt, eine von rechts nach links fallende Linie einen Zug in umgekehrter Richtung, daß die Aufenthaltszeit eines Zuges auf einer Station durch einen senkrechten Absatz in der Linie angedeutet wird (ein Aufenthalt unter einer Minute wird durch ◠, ein Halten nach Bedarf durch × gekennzeichnet), dürfte ohne Weiteres ersichtlich sein.

Die Kreuzung zweier sich begegnenden Züge stellt sich als Ueberschneidung je einer von links nach rechts und von rechts nach links fallenden Linie dar, welche bei einer eingleisigen Strecke (in Abb. 2 Jübek-Rendsburg und Flensburg-Tarp) nur auf einer Station stattfinden kann. Ebenso, wie hierfür, giebt Abb. 2 auch Beispiele von Zugüberholungen. Schnellzug 13 überholt in Rendsburg den Güterzug 2553.

---

6) M.E. vom 5./4. 1888, IIa (b) *F* 251.

7) M.E. vom 12./5. 1888, IIa (b) *F* 501.

8) Erl. vom 25./5. 1888, Nr. 5300.

Die Uebersichtlichkeit solchen Fahrplanes wird noch durch eine Reihe von Zuthaten erhöht. Am oberen Rande ist oberhalb der Stationsnamen der Abstand zwischen je zwei Stationen und der Abstand jeder Station von einer bestimmten Anfangsstation (in Abb. 2 Altona) angegeben, sowie eine von der Anfangsstation beginnende Theilung von 5 zu 5 km. Außerdem ist oberhalb des Fahrplanes die Lage der Bahnlinie schematisch dargestellt. Eine einfache oder doppelte Linie deutet an, ob die Bahn ein- oder zweigleisig ist (vgl. Abb. 2). Bei den Stationen kennzeichnen eine Anzahl feiner Parallellinien und schräger Verbindungslinien die Anzahl und Lage der Nebengleise und Weichen, ferner ausgefüllte Vierecke ■ die Lage der Stationsgebäude. (Für Ueberholungen und Kreuzungen von Bedeutung.) Abzweigende Bahnlinien und Privatanschlüsse sind gleichfalls in charakteristischer Weise kenntlich gemacht, so in Abb. 2 bei Flensburg, Nordschleswigsche Weiche, Jübek, Rendsburg u. s. f. Bei Aufstellung des Fahrplanes ist es wichtig, zu wissen, wo sich eine Wasserstation befindet, und wo Lokomotivwechsel stattfindet, da auf solchen Stationen entsprechende Aufenthalte vorgesehen werden müssen, wo eine Drehscheibe ist, wo Reservelokomotiven bereit gehalten werden u. s. f. Diese besonderen Eigenthümlichkeiten jeder einzelnen Station sind durch oberhalb des Lageplanes beigesetzte Zeichen dargestellt, deren Erläuterung zugleich in Abb. 2 gegeben ist.

Unter dem Fahrplane sind noch die telegraphischen Abkürzungen der Stationsnamen angegeben, ferner ist die Eintheilung der Verwaltungsbezirke vermerkt, und schließlich sind Neigungs- und Krümmungsverhältnisse durch Längenprofil (Höhen 1 : 5000) und Kurvenband mit Beischrift der größten Neigungen und kleinsten Halbmesser bildlich wiedergegeben.

Auf dem Fahrplane werden die Anschlußzüge an Nachbarbahnen und Nachbarstrecken durch kurze Linienansätze angedeutet.

C. Das Verfahren bei Aufstellung der Fahrpläne.

Wenn nach den bisherigen Ausführungen ein fertiger graphischer Fahrplan dem Eisenbahnbetriebsbeamten ein außerordentlich übersichtliches Bild des Zugverkehres auf einer Bahnstrecke nebst allen die Art dieses Verkehres bedingenden und beeinflussenden Verhältnissen gewährt, so bietet diese Uebersichtlichkeit andererseits ein ausgezeichnetes Mittel, den Gesammtfahrplan für eine Bahnstrecke zu entwerfen. Es handelt sich bei dieser Aufgabe nicht nur darum, für den einzelnen Zug die günstigste Lage zu ermitteln, sondern es muß hierbei auf Ueberholungen, Zugkreuzungen, u. s. f., ferner auf die Möglichkeit, dieselben Wagen und Lokomotiven in hin- und herfahrenden Zügen (d. h. als Zug und Gegenzug) zu benutzen, Rücksicht genommen werden, so daß die Verschiebung eines Zuges in der Regel die Verschiebung mehrerer anderen zur Folge hat. Hierzu kommt, daß auf die Anschlüsse anderer Bahnlinien sowohl an den Bahnendpunkten, als an den Bahnknotenpunkten unterwegs Bedacht genommen werden muß, wobei es meist nicht in der Hand des Entwerfenden liegt, Veränderungen in der Lage der Anschlußzüge selbständig vorzunehmen, weil solche Züge in der Regel entweder unmittelbar auf Nachbarbahnen übergehen bezw. von solchen herkommen, oder wenigstens in ihrem ferneren Verlaufe mit Zügen von Nachbarbahnen in Beziehung stehen, über deren Gang eine andere Bahnverwaltung zu entscheiden hat. Die Anschlüsse sollen einerseits so knapp bemessen sein, daß die Reisenden möglichst in allen Richtungen glatt durchfahren können, andererseits so reichlich, daß sie auch bei kleineren Zugverspätungen ohne Schwierigkeit erreicht werden. Da Deutschland (oder besser gesagt Europa) nun nach allen Richtungen von Bahnen durchschnitten wird, die sich an unzähligen Stellen überkreuzen, und da in allen hierdurch möglichen Verkehrsrichtungen günstige Anschlüsse gewünscht werden, so gehört die Aufstellung der Fahrpläne zu den verwickeltsten und schwierigsten Aufgaben des Eisenbahnbetriebsbeamten.

In Wirklichkeit wird nun dadurch die Aufgabe erheblich vereinfacht, daß für alle vorhandenen Bahnen bereits Fahrpläne bestehen. Zwei Mal im Jahre, zum 1. Mai und 1. Oktober treten zwar formell neue Fahrpläne in Kraft, doch werden hierbei die vorhandenen Fahrpläne der Sache nach möglichst beibehalten. Bei der Aufstellung der Fahrpläne für eine neue Sommer- oder Winterfahrplanperiode handelt es sich also in der Regel nur um kleinere Abänderungen der vorhandenen, theils zur Verbesserung der Verbindungen durch Beschleunigung oder Vermehrung der Züge, theils zur Berücksichtigung neu hinzugetretener Anschlußbahnen oder baulicher Veränderungen auf der eigenen Strecke, theils schließlich zur Beseitigung solcher Züge, die sich nicht bewährt haben. Die Anregungen zu solchen Veränderungen gehen, soweit nicht die Eisenbahndirektionen oder ihre Organe sie aus eigener Kenntniß der Verhältnisse schöpfen, entweder von den Interessenten aus (Handelskammern, Bezirkseisenbahnräthe, Gemeindevorstände, Vereine, Einzelpersonen, Behörden der Landesverwaltung, Post- und Zollverwaltung u. s. f.) oder vom M. d. ö. A., der wiederholt in Erlassen auf die möglichste Einschränkung der Züge und Fortfall von solchen Zügen, die nicht genügendes Erträgniß abwerfen, hingewirkt hat. Die in Aussicht genommenen Veränderungen werden in den graphischen Fahrplan der laufenden Fahrplanperiode eingezeichnet. Soweit die Aenderungen zugleich Aenderungen der Fahrpläne anderer Verwaltungen bedingen, oder soweit sie die Herstellung neuer Zugverbindungen bezwecken, die sich über den Bereich der eigenen Verwaltung hinaus erstrecken, wird mit den betheiligten Verwaltungen schriftlich oder, soweit dies zur Verständigung erforderlich, mündlich in Konferenzen verhandelt. Die mündlichen Verhandlungen werden indessen, um wiederholte Reisen zu vermeiden, in der Regel zu den internationalen Fahrplankonferenzen aufgespart, welche in der ersten Hälfte des Dezember und Juni stattfinden (vgl. S. 96), so daß nur in schwierigeren Fällen Vorkonferenzen erforderlich sind. Eine der bei einer durchgehenden Verbindung betheiligten Verwaltungen meldet die betreffende Fahrplanangelegenheit bei der geschäftsführenden Verwaltung der Fahrplankonferenz zur Tagesordnung an. Anträge auf Fahrplanänderungen, durch welche die Aufhebung eines durchgehenden Personenzuges oder die Aenderung einer internationalen Verbindung oder endlich der Wegfall von wichtigen Anschlüssen zwischen den Zügen einer oder mehrerer Bahnen veranlaßt werden würde, sind neben der Anmeldung für die bevorstehende Fahrplankonferenz auch dem M. d. ö. A. sowie dem R.E.A. in gleichlautender Weise so zeitig mitzutheilen, daß Bedenken der Aufsichtsbehörde rechtzeitig zur Sprache gebracht werden können bezw. die Absetzung des betreffenden Antrages von der Berathung auf der Fahrplankonferenz noch vor Beginn der letzteren veranlaßt werden kann[9]. Auch abgesehen von den in den internationalen Konferenzen zu behandelnden Fahrplanangelegenheiten sind Fahrplanänderungen, bei denen es sich um eine erheblichere Verlegung oder gänzliche Aufhebung bestehender Züge, um das Durchfahren bedeutenderer Stationen, an denen bisher gehalten wurde, oder um Wiederaufhebung bestehender Haltestellen

[9]) M.E. vom 4./10. 1878, II/V *T* 4767, E.V.B. 259 u. vom 21./9. 1891, *V* II (IV) 6840.

handelt, nicht erst bei Vorlage der Fahrplanentwürfe (s. unten), sondern mittelst besonderen Berichtes so zeitig dem Minister vorzulegen, daß die erforderliche Vorprüfung unter Anhörung der Lokal- und Provinzialbehörden erfolgen kann[10]). Ueber wichtigere Maßregeln bei der Feststellung oder Abänderung der Fahrpläne ist der Bezirkseisenbahnrath zu hören[11]). Berichte über Veränderungen des Fahrplanes durch Aufhebung von Schnellzügen oder Umwandlung schnellfahrender Züge in Personenzüge sind durch die Hand des Oberpräsidenten einzureichen (bei Dringlichkeit ist dem Oberpräsidenten statt dessen Abschrift zu übersenden); den Oberpräsidenten mitbetheiligter Provinzen ist nach Ermessen der Direktion — eventuell auszugsweise — Abschrift mitzutheilen[12]).

Zu den internationalen Fahrplankonferenzen wird in der Regel ein Kommissar des M. d. ö. A. abgeordnet, behufs der informatorischen Theilnahme an den Berathungen über diejenigen Fahrplanangelegenheiten, welche demnächst zur Entscheidung des Ministers gelangen. Zu diesem Zwecke sind nicht nur die besonders wichtigen beabsichtigten Fahrplanänderungen (s. oben M.E. vom 4./10. 1878), sondern alle für die Tagesordnung der betreffenden Konferenz angemeldeten Anträge rechtzeitig dem Minister mitzutheilen. Die Direktion zu Berlin hat außerdem die von anderen, namentlich außerpreußischen, Eisenbahnverwaltungen für die betreffende Tagesordnung angemeldeten Anträge, sofern dieselben allgemeiner Natur sind, oder eine wesentliche Aenderung des Fahrplanes der Preußischen Staatsbahnstrecken bedingen, sowie die bezüglich des Ortes, der Zeit u. s. w. der internationalen Fahrplankonferenz von der betreffenden geschäftsführenden Verwaltung eingehenden Benachrichtigungen rechtzeitig dem Minister mitzutheilen[13]). Ferner haben die Vertreter der Eisenbahndirektionen auf den Konferenzen vor Eintritt in die Gruppenberathungen mit anderen Verwaltungen oder mit dem Kommissare des R.E.A. über wichtige Fahrplanänderungen den Kommissar des Ministers zu benachrichtigen, damit er sich betheiligen kann[14]).

Die nach den Ergebnissen der internationalen Fahrplankonferenzen und etwaiger nachträglicher Verhandlungen mit anderen Verwaltungen fertig gestellten Fahrplanentwürfe, welche vorerst nur die zur Personen- und Postbeförderung bestimmten Züge enthalten, sind zum 10. Januar und 10. Juli jedes Jahres dem M. d. ö. A. in doppelter Ausfertigung einzureichen, der sie nach erfolgter Prüfung an das R.E.A. weiter giebt, welches die Vorlage zum 15. Februar und 15. August verlangt[15]). Fahrplanentwürfe für Neubaustrecken sind spätestens sechs Wochen vor dem für die Betriebseröffnung in Aussicht genommenen Tage beim Minister vorzulegen[16]). — Die Fahrplanentwürfe sind durch einen Erläuterungsbericht auf vorgeschriebenem Formulare klarzustellen[17]). Ferner ist mit den Fahrplanentwürfen ein Nachweis über die tägliche Durchschnittsfrequenz sämmtlicher dem Personenverkehre dienenden Züge während der betreffenden Fahrplanperiode des Vorjahres in besonders vorgeschriebener Form (nach Art eines graphischen Fahrplanes) vorzulegen[18]). Eine Vermehrung des Zugverkehres über den Etat hinaus soll unter allen Umständen

[10]) M.E. vom 17./9. 1879, E.V.B. 154.

[11]) Ges. vom 1./6. 1882, § 6.

[12]) M.E. vom 16./5. 1878, E.V.B. 89.

[13]) M.E. vom 15./10. 1883, IIa *F* 994.

[14]) M.E. vom 5./6. 1886, IIa (b) *F* 599

[15]) M.E. vom 17./12. 1874, V 6797, II 27858, vom 24./9. 1879, II/IV *T* 5834 und vom 21./9. 1891, *V* II (IV) 6840.

[16]) M.E. vom 6./11. 1887, IIa (b) *F* 1450.

[17]) M.E. vom 15./11. 1875, V 10857, II 20631 u. vom 7./7. 1885, IIa/IV *F* 659.

[18]) M.E. vom 2./6 1876, II 9230, vom 22./10. 1879 II/IVb *T* 6499, vom 25./3. 1893, *V* II 2725.

vermieden werden. Zur Vergleichung des Fahrplanentwurfes mit dem Etat ist jedesmal mit den Fahrplanentwürfen — auch bei nachträglichen Aenderungen mit der entsprechenden formellen Anpassung — eine Gegenüberstellung der Zugkilometer nach vorgeschriebenem Muster vorzunehmen[19]). Die Einlegung neuer Züge und der Fortfall bestehender Züge bedürfen noch besonderer Nachweise bezüglich ihrer finanziellen Wirkung. Zu diesen Nachweisen gehört die Berechnung der Selbstkosten solcher Züge, für welche ein Beispiel hierunter gegeben ist, ferner die Ermittelung der von der Einlegung oder dem Fortfalle zu erwartenden Verkehrssteigerung bezw. Verkehrsabnahme, schließlich die Schätzung der bei anderen Zügen zu erwartenden Verringerungen oder Vergrößerungen der Betriebskosten (Vorspannleistungen u. s. f.).

Berechnung der Kosten für die zur Einführung im Sommer 1896 beantragte neue Zugverbindung auf der Strecke H.—K.

Des Etats Titel	Des Etats Pos.		Strecke H—K neu eingelegte Züge Nr. x und y Zugkm. = 25 990 Personenwagenachskm. 259 900 Gepäckwagenachskm. 79 970 2 Personenwagen à 3 Achsen 2 " à 2 " 1 Gepäckwagen à 3 "	M.
4	2	Fahrgelder pp.	25 990 km { 1 Zugf. 1 Lokomotivf. je 6 Pf. = 12 Pf. 1 Heizer je 5 Pf. = 5 Pf. 1 Schaffner je 4 Pf. = 4 Pf. pro 10 km = 21 Pf.	545,8
4	3	Prämien f. Materialienersparnisse	20 812 kg Kohlen à 100 kg 0,30 M.	62,4
		" " "	114 kg Oel à 0,20 M.	22,8
7	2^2	Brennmat. z. Lokomotivfeuerung	144 325 kg Kohlen à 1000 kg 7,41 M.	1069,4
7	2^3	Schmiermaterial f. Lokomotiven	520 kg Oel à 0,315 M.	163,8
7	2^3	Putz- u. Verpackungsmat. f. Lok.	25 990 km à 1000 km 6,05 M.	157,2
7	2^3	Schmiermaterial für Wagen	339 870 Achskm. à 1000 Achskm. 0,10 M.	34,0
7	2^3	Putzmaterial für Wagen	339 870 Achskm. à 1000 Achskm. 0,10 M.	34,0
7	2^3	Material z. Beleuchtung der Züge	12 995 Zugkm. à 1000 Zugkm. 8,43 M.	109,5
7	2^3	Material z. Erwärmen d. Züge	—	—
8	1	Kosten f. Unterhalt. d. Bahnanl.	25 990 km à 1000 Zugkm. 133,19 M.	3461,6
8	2	Erneuerung d. Bahnanlagen	25 990 km à 1000 Zugkm. 68,30 M.	1775,1
9	1	Unterhaltung der Lokomotiven	25 990 km à 1000 Zugkm. 78,35 M.	2036,3
9	1	Unterhaltung der Personenwagen	259 900 Achskm. à 1000 Achskm. 5,53 M.	1437,2
9	1	Unterhaltung der Gepäckwagen	79 970 Achskm. à 1000 Achskm. 3,69 M.	295,1
9	4^1	Erneuerung der Lokomotiven	25 990 km à 1000 Zugkm. 11,74 M.	305,1
9	4^2	Erneuerung der Personenwagen	259 900 Achskm. à 1000 Achskm. 0,23 M.	59,8
9	4^3	Erneuerung der Gepäckwagen	79 970 Achskm. à 1000 Achskm. 0,25 M.	20,0
				11589,1

Bei der Ermittelung der Selbstkosten fällt es in's Gewicht, ob die Einlegung (Fortfall) eines Zuges eine Vermehrung (Verminderung) an Personalen, eine Veränderung in der Dauer des Stationsdienstes und der Streckenbewachung, in der

[19]) M.E. vom 3./1. 1894, II IV/I 17098, V II 12271 und vom 23./12. 1895, II C 10463.

Einstellung von Lokomotiven u. s. f. verursacht. Bei Anträgen und Entschließungen bezüglich Vermehrung von Schnell- und Personenzügen und Einrichtung von Güterzügen soll endlich auch auf das vorhandene Transportmaterial und die Stationseinrichtungen eingehend gerücksichtigt werden. Bei größeren Aenderungen hat eine entsprechende Aeußerung in dem Berichte an den Minister zu erfolgen[20]).

Die Fahrplanentwürfe gelangen vom M. d. ö. A. genehmigt (eventuell mit Abänderungen) an die Eisenbahndirektionen zurück, welche sie durch Eintragung der Güterzüge (unter Benehmen mit den Nachbarverwaltungen) vervollständigen[21]). Regelmäßig findet aber bis zum Inkrafttreten des Fahrplanes und über dasselbe hinaus ein wiederholter Schriftwechsel zwischen den Eisenbahndirektionen und dem M. d. ö. A. statt, der entweder durch noch nicht erledigte Erinnerungen gegen die Entwürfe oder durch neue Anträge der Direktionen (oft auf Grund von Anregungen aus Interessentenkreisen) veranlaßt wird. Doch sollen, wenn nicht besonders wichtige Gründe vorliegen, Anträge auf einschneidende Aenderungen des bereits zur Einführung genehmigten Fahrplanes vermieden werden[22]).

Spätestens zwei Monate vor jedem Kurswechsel ist[23]) ein erster Entwurf des neuen Fahrplanes, spätestens drei Wochen vorher ein die richtigen eigenen Kurse enthaltender endgültiger Entwurf auszugeben. Die Mittheilung dieser Entwürfe hat an die unmittelbar anschließenden Bahnen und die nächsten darüber hinausgelegenen unaufgefordert, an die weiter gelegenen Bahnen auf desfallsiges Verlangen zu erfolgen. Wenn zwischen dem ersten und dem endgültigen Entwurfe weitere Entwürfe ausgegeben werden, so sind diese stets den unmittelbaren Anschlußbahnen mitzutheilen. Die Entwürfe enthalten nur die Personenzüge. Sie werden, wie die Aushangfahrpläne, in tabellarischer Form, aber in kleinerem Formate und zu einem Hefte vereinigt dargestellt. In dem zweiten Entwurfe und allen etwa folgenden Entwürfen werden die Aenderungen gegen den je vorhergehenden Entwurf durch farbigen Ueberdruck kenntlich gemacht[24]).

Nach dem Beschlusse der Fahrplankonferenz in Dresden (11. u. 12./12. 1895) soll ferner, sobald der Aushangfahrplan mit Ausnahme der Anschlüsse druckfertig ist, sämmtlichen am Fahrplanaustausche betheiligten Verwaltungen durch die Post eine Zusammenstellung zugesandt werden, in der alle nachträglich eingetretenen Aenderungen und etwaige Fehler des endgültigen Entwurfes nebst der Bemerkung enthalten sein müssen, daß weitere Aenderungen nicht eintreten.

Selten wird ein Fahrplan, wie er in vorstehend beschriebener Weise zu Stande gekommen und zum 1. Mai bezw. 1. Oktober in Kraft gesetzt ist, die ganze Fahrplanperiode hindurch unverändert bleiben. Abgesehen von den Fällen, wo die Direktionen selbst Aenderungen für erforderlich halten, weil sich unvorhergesehene Unzuträglichkeiten herausstellen, oder weil die maßgebenden Verhältnisse sich ändern, pflegen in stetiger Folge Abänderungsanträge von Interessenten einzulaufen. Soweit es sich hierbei um geringfügige Aenderungen handelt, bei welchen Anschlüsse auf anderen Bahnen nicht in Frage kommen oder die Zustimmung solcher Bahnen erreicht wird, auch die Postverwaltung ihr Einverständniß erklärt, und kein bestehender Anschluß fortfällt, ist die Genehmigung des

---

20) M.E. vom 14./12. 1888, IIb *T* 7281, IIb *F* 1639, IIa 19253.

21) Vgl. Verw.O. § 3b.

22) M.E. vom 5./10. 1882, E.V.B. 342.

23) Beschluß der intern. Fahrplankonferenz Brüssel 11. u. 12./1. 1882, Frankfurt 18. u. 19./1. 1888, Berlin 14. u. 15./1. 1891 und Stockholm 17. u. 18./6. 1891.

24) Beschluß der Fahrplankonferenz zu Berlin 14. u. 15./1. 1891.

Ministers nicht erforderlich. Die Direktionen haben aber Anzeige von jeder vorgenommenen Aenderung zu erstatten[25]). Diese Ermächtigung der Direktionen bezieht sich auch auf unwesentliche Aenderungen, deren Nothwendigkeit sich in der Zeit zwischen der bereits erfolgten ministeriellen Genehmigung des Winter- oder Sommerfahrplanes und der Veröffentlichung ergeben sollte[26]). Ueber etwaige in Frage kommende wichtige Aenderungen sind beim M. d. ö. A. Anträge zu stellen.

Die Mitwirkung der Postverwaltung (vgl. S. 33) und der Bezirkseisenbahnräthe (S. 21) ist bisher noch nicht im Besonderen besprochen, weil sie an keinen bestimmten Zeitpunkt während des eben beschriebenen Verfahrens gebunden ist. Zu beachten ist indessen, daß in dem formularmäßigen Erläuterungsberichte, welcher die Vorlage eines Fahrplanentwurfes zu begleiten hat, eine Aeußerung über die Erklärung der Postverwaltung erfolgen muß.

Die Fahrpläne für Sonderzüge, welche zur Bewältigung außergewöhnlichen Personenandranges oder aus anderen Ursachen im Interesse der Regelmäßigkeit des Betriebes erforderlich erscheinen, oder für welche die tarifmäßigen Sonderzugsgebühren erhoben werden, sowie für Sonderzüge zu eisenbahndienstlichen Zwecken werden von den Direktionen aufgestellt[27]). Arbeitszüge können indessen von den Vorständen der Betriebsinspektionen innerhalb ihrer Bezirke selbständig angeordnet werden[28]).

III. Darstellung, Veröffentlichung und Vertheilung der fertigen Fahrpläne.

A. Die Darstellung der Fahrpläne

theils für das Publikum, theils für den Dienstgebrauch, theils zu beiden Zwecken, geschieht in folgenden Formen, wobei außer in den graphischen Fahrplänen überall die Minutenziffern der Nachtzeiten von $6^{\underline{00}}$ Abends bis $5^{\underline{59}}$ Morgens unterstrichen werden:

a) Graphische Fahrpläne, werden in Uebereinstimmung mit dem endgültigen Entwurfe für den Dienstgebrauch im Drucke hergestellt.

b) Aushangfahrpläne, welche die Personen- und gemischten Züge in tabellarischer Form nebeneinander darstellen, in erster Linie zum Aushange in den Vorräumen der Stationen bestimmt, werden für die Pr.St.B. gemäß M.E. v. 14./3. 1895, *V* II (I) 1272 (abgeändert dahin, daß Magdeburg eine besondere Gruppe bildet), getrennt nach 11 Gruppen der 20 Preußischen Direktionen herausgegeben. Für Größe, Form und Einrichtung ist neben den genannten namentlich der M.E. vom 28./3. 1892, *V* II (I/IV) 1877, welcher auf Vereinbarungen der deutschen Regierungen beruht, maßgebend. Die Höhe der Fahrpläne beträgt: **0,25—0,50—0,75—1,0 m.** (Die fett gedruckten Maaße sind auch international auf der Konferenz in Berlin 14. u. 15./1. 1891 angenommen.) Die Fahrpläne, welche zum Aushange auf Stationen des eigenen Bahngebietes bestimmt sind, sollen auf hellgelbem, diejenigen, welche zum Aushange auf Stationen anderer Bahngebiete bestimmt sind, auf weißem Papiere gedruckt sein[29]). Im Uebrigen kann die Form und

[25]) M.E. vom 31./5. 1875, II 7824, M.E. v. 3./12. 1890 *V* II 8727, vgl. auch Verw.O. § 3, b.
[26]) M.E. vom 2./11. 1880, II/IV *T* a (b) 7344.
[27]) M.E. vom 10./10. 1884, IV b *F* 1130.
[28]) Gesch.Anw. f. d. Vorst. d. E.B.J. § 7.
[29]) B.O. u. B.R. § 10.

Einrichtung der jetzt im Gebrauche befindlichen Fahrpläne als bekannt vorausgesetzt werden.

c) Zeitungsfahrpläne, in gleicher Weise eingerichtet, wie die Aushangfahrpläne, d. h. nur die Personenzüge und gemischten Züge in tabellarischer Form enthaltend, aber in kleinerem Formate und zu einem Hefte vereinigt, ebenso wie die Fahrplanentwürfe, dienen dazu, den fertigen Fahrplan an andere Bahnverwaltungen, Zeitungen, Behörden, Interessenten mitzutheilen.

d) Dienstfahrpläne, ebenso wie die Aushangfahrpläne in tabellarischer Form, aber nur für kurze Strecken und die Güterzüge und Viehzüge mit enthaltend, sind dazu bestimmt, an die äußeren Dienststellen und Streckenpersonale zur Unterrichtung über die an den betr. Stellen verkehrenden Züge vertheilt zu werden.

e) Fahrplanbücher: Für das bei der Beförderung eines einzelnen Zuges thätige Personal ist es weniger wichtig, eine allgemeine Uebersicht aller Züge zu besitzen, wie sie die bisher unter a—d aufgeführten Fahrpläne gewähren, als für denjenigen Zug, der im Augenblicke zu befördern ist, eine möglichst genaue Angabe alles Wissenswerthen beisammen zu haben. Diesem Zwecke dienen die für jeden Direktionsbezirk herausgegebenen Fahrplanbücher. Damit für die einzelnen Züge die Angaben möglichst vollständig gemacht werden können, sind die Fahrpläne mehrerer Züge nicht auf demselben Blatte neben einander angeordnet, sondern es folgt in dem Fahrplanbuche ein Fahrplan auf den anderen, so daß bei den größeren Strecken in der Regel jeder Zug eine Seite einnimmt. Auf S. 149 ist aus solchem Fahrplanbuche der Fahrplan eines Personenzuges (Schnellzuges), auf S. 148 derjenige eines Güterzuges abgedruckt, und zwar von Zügen, von denen in dem graphischen Fahrplane (Abb. 2 auf Tafel II) gleichfalls Stücke ihrer Fahrt enthalten sind (vgl. die übereinstimmenden Nummern).

Drei Vorspalten enthalten die Namen der Stationen, ihre Entfernung in km und die für den betr. Zug festgesetzte normale Fahrzeit zwischen je zwei Stationen. Es folgen drei Spalten, welche für jede Station Ankunft, Aufenthaltsdauer und Abfahrt angeben, bei ohne Aufenthalt durchfahrenen Stationen nur letztere. Das Zeichen × in der Aufenthaltsspalte deutet an, daß der Aufenthalt nur bei Bedarf stattfindet[30]), der etwaige Zusatz eines a oder e in derselben Spalte, daß der Zug nur zum Aussteigen bezw. Einsteigen hält. Die drei folgenden Spalten geben den Nachweis über Zugkreuzungen und Ueberholungen. Aus der Doppelspalte 10 kann der Lokomotivführer die kürzeste Fahrzeit zwischen je zwei Stationen ersehen, d. h. entnehmen, um wieviel er den Zug beschleunigen darf, um Versäumnisse einzuholen. Die letzte Spalte dient dem Stationsbeamten und Zugführer als Grundlage für die Ermittelung der im Zuge nothwendigen Bremsachsen (vgl. S. 162 ff.). In Klammern ist zugleich die für die Ermittelung der Bremsachsen maßgebende Geschwindigkeit in km für die Stunde angegeben. Das Zeichen ⦚ bedeutet, daß auf der betr. Strecke der letzte Wagen eine bediente Bremse haben muß[31]). Ueber jedem Fahrplane ist schließlich in der Form von Bemerkungen die für jede Strecke maßgebende Grundgeschwindigkeit angegeben. (M.E. vom 5./8. 1896, E.N.B. S. 503.)

---

[30]) Das Halten nach Bedarf ist bei den meisten Preußischen Direktionen ganz beseitigt, oder, wo dies nicht angängig erschien, durch regelmäßige kurze Aufenthalte ersetzt (M.E. vom 24./12. 1895, E.N.B. 1896, S. 5).

[31]) Bt.O. § 33,$_1$, Ba.O. § 27,$_1$.

f) Fahrpläne zur Beförderung lebender Thiere und Fische werden gemäß V.O. § 46,₁ in besonderen Aushängen zur Kenntniß des Publikums gebracht. Für diese ist ein einheitliches Muster durch M.E. vom 3./9. 1892, *V.* II 6076 genehmigt.

g) Kursbücher und sonstige Fahrpläne zum Handgebrauche für das Publikum. Die Kursbücher enthalten mehr oder weniger umfangreiche Zusammenstellungen tabellarischer Fahrpläne und eine oder mehrere Uebersichtskarten, auf welchen die Strecken mit den Seitenzahlen des betr. Kursbuches bezeichnet sind. Die Kursbücher sind um so zweckmäßiger eingerichtet, je vollkommener man die Zugverbindungen längerer Hauptverkehrslinien auf einem Blatte übersehen kann, und je deutlicher den einzelnen Tabellen Notizen über Anschlußzüge anderer Strecken eingefügt sind. Neben den amtlichen Kursbüchern, welche nach ministerieller Anordnung für die Pr.St.B. in vier Ausgaben (Nord-, Süd-, Ost- und Westdeutsches Kursbuch) für jede Fahrplanperiode erscheinen, und den von den einzelnen Direktionen daneben in verschiedener Form und verschiedenem Umfange herausgegebenen Kursbüchern, Hand-, Taschen-, Portemonnaiefahrplänen, ist als amtliches Kursbuch des D.R. das Reichskursbuch zu erwähnen, welches achtmal jährlich erscheint und alle Eisenbahn-, Post- und Dampfschiffsverbindungen des D.R., Oesterreich-Ungarns und der Schweiz und alle wichtigeren der übrigen europäischen Länder, ferner auch die Dampferverbindungen mit überseeischen Ländern zur Darstellung bringt. Außer den amtlichen Kursbüchern giebt es eine große Zahl mehr oder weniger vollkommener von der Privatindustrie hergestellten Kursbücher.

Die Eisenbahndirektionen haben für die Aushangfahrpläne und für die von ihnen herausgegebenen Kursbücher die volle Verantwortung der Richtigkeit bezgl. des eigenen Bahngebietes zu übernehmen[32]).

B. Einsendung der fertigen Fahrpläne und zugehörigen Uebersichten 2c. an den M. d. ö. A. und das R.E.A.

Es sind einzusenden:

a) An das Verkehrsbureau des M. d. ö. A. beim Beginne einer neuen Fahrplanperiode:

2 Exemplare des Aushangfahrplanes,
2 „ „ graphischen Fahrplanes.

Es wird Werth darauf gelegt, daß insbesondere die graphischen Fahrpläne thunlichst schon am Tage der Einführung in Berlin vorliegen.

b) An das R.E.A.:

3 Exemplare des Aushangfahrplanes spätestens 3 Tage,
3 „ „ graphischen Fahrplanes „ 10 „
nach dem Inkrafttreten der Fahrpläne.

c) Bei eintretenden Aenderungen die Deckblätter in gleicher Anzahl[33]).

---

[32]) M.E. vom 15./5. 1882, II *F* b (a) 400. E.V.B. 174.

[33]) M.E. vom 7./7. 1875, II 12122, V 6390, vom 22./5. 1880, II a (b) *T* 3065, vom 5./4. 1888, II a (b) *F* 251, vom 19./8. 1891, *V* II/IV 6468.

2552.* Güterzug.

Grundgeschwindigkeit = 30 km Langenfelde—Halstenbek, 25 km Halstenbek—Tornesch, 30 km Tornesch—Owschlag, 25 km Owschlag—Wamdrup.

1. Entfernung km	2. Stationen	3. Fahrzeit M.	4. Ankunft U. M.	5. Aufenthalt M.	6. Abfahrt U. M.	7. Kreuzung mit Zug	8. Ueberholung des Zuges	9. Ueberholung durch Zug	10. Kürzeste Fahrzeit M.	10. Kürzeste Fahrzeit M	11. Es sind von 100 Wagenachsen zu bremsen
	Langenfelde		— —	—	12 40	—	—	—			
2,20	Eidelstedt		. . .	. .	12 46	. .	. .	. .	5½		7 (35)
5,82	Halstenbek	62	— —	—	12 58	—	—	—	10	52½	" "
3,98	Pinneberg		. . .	. .	1 08	. .	. .	. .	8		" (30)
7,22	Tornesch		— —	—	1 25	—	—	—	14½		" "
7,52	**Elmshorn**		1 42	18	2 00	. .	. .	. .	14½		" (35)
6,74	Horst		— —	—	2 15	—	—	—	13		" "
4,94	Dauenhof		. . .	. .	2 25	. .	. .	. .	8½		" "
9,76	**Wrist**	94	— —	—	2 45	—	—	—	17	81	" "
8,38	Brokstedt		. . .	. .	3 02	. .	. .	. .	14½		" "
15,15	**Neumünster** G.		3 34	56	4 30	—	4552	—	28		" "
8,69	Aspe	30	. . .	. .	4 49	. .	. .	. .	16½	26½	" "
4,78	Nortorf		5 00	12	5 12	—	—	—	10		" "
10,31	Bokelholm	24	5 36	5	5 41	. .	. .	. .	24		" (30)
7,76	Osterrönfeld	24	— —	—	5 58	—	—	—	17	24	6 "
2,10	**Rendsburg**		6 05	35	6 40	551	. .	. .	7		" "
11,53	Owschlag**	32	7 12	3	7 15	2555 / 4553	—	—	26½		7 "
12,99	**Schleswig** Fr.	34	7 49	10	7 59		. .	. .	34		8 (25)
4,44	Schuby	29	— —	—	8 11	—	—	—	12	29	" "
6,60	**Jübek**		8 28	21	8 49	11	. .	. .	17		" "
7,33	Eggebek	21	9 10	20	9 30	—	—	754	15½		7 (35)
5,23	Tarp	43	. . .	. .	9 45	. .	. .	. .	12		" (30)
5,73	Barderup		— —	—	9 59		—	—	11½	37½	" "
5,05	**N.-S. Weiche**		10 13	52	11 05	L373 / 2553 / 553	. .	. .	14		8 (25)
7,39	Pattburg	21	11 26	×	11 26		—	—	18		7 (30)
4,86	Schafhaus	15	11 41	×	11 41	. .	. .	. .	15		8 (25)
10,16	**Tingleff**	27	12 08	25	12 33	—	—	12	24		7 (30)
6,39	Bollersleben	18	12 51	5	12 56	. .	. .	. .	16		" "
3,79	Jordkirch	12	1 08	5	1 13	—	—	—	10½		" "
5,53	**Rothenkrug**	16	1 29	20	1 49	555	. .	. .	14		" "
7,07	Haberslund	38	— —	—	2 08	—	—	—	16	35	" "
7,42	Ober-Jersdal		2 27	5	2 32	. .	. .	. .	19		8 (25)
5,74	**Woyens**	17	2 49	41	3 30	2555	—	—	15		7 (30)
7,53	Sommerstedt	21	3 51	5	3 56	. .	. .	. .	16		" (35)
12,94	**Wamdrup**	34	4 30	—	— —	13	—	—	34		8 (25)
243,07		612		338							

* Auf der Strecke Neumünster—N.-S. Weiche verkehrt an Sonn- und Feiertagen im Fahrplane des Zuges 2552 eine leere Lokomotive.

** Wenn Zug 4553 verkehrt, wartet Zug 2552 die Kreuzung mit demselben in Owschlag ab.

11. { Von Wamdrup bis Flensburg: **Personenzug** / Von Flensburg bis Neumünster: **Schnellzug** } 1.—3. Klasse.

Grundgeschwindigkeit = 60 km Wamdrup—N.-S. Weiche, 45 km N.-S. Weiche—Flensburg, 55 km Flensburg—N.-S. Weiche, 70 km N.-S. Weiche—Owschlag, 75 km Owschlag—Neumünster.

1.	2.	3.	4.	5.	6.	7.	8.	9.	10.		11.
Entfernung	Stationen	Fahrzeit	Ankunft	Aufenthalt	Abfahrt	Kreuzung mit Zug	Ueberholung des Zuges	durch Zug	Kürzeste Fahrzeit		Es sind von 100 Wagenachsen zu bremsen
km		M.	U. M.	M.	U. M.				M.	M.	
	Wamdrup		— —	—	5 35	—	—	—			
12,94	Sommerstedt	15	5 50	1	5 51	. .	. .	. .	13½		39 (70)
7,53	**Woyens**	10	6 01	11	6 12	—	2553	—	8¾		30 „
5,74	Ober-Jersdal	8	6 20	¼	6 20	. .	. .	. .	7½		35 „
7,42	Haberslund	10	6 30	1	6 31	—	—	—	9¼		39 „
7,07	**Rothenkrug**	9	6 40	1	6 41	. .	. .	. .	8¼		35 „
5,53	Jordkirch	8	6 49	¼	6 49	—	—	—	7		„ „
3,79	Bollersleben	6	6 55	1	6 56	. .	. .	. .	5½		„ „
6,39	**Tingleff**	8	7 04	1	7 05	2556	—	—	7½		„ „
10,16	Schafhaus	12	7 17	1	7 18	. .	. .	. .	11		„ „
4,86	Pattburg	7	7 25	1	7 26	—	—	—	6¾		39 „
7,39	**N.-S. Weiche**	9	7 35	5	7 40	. .	. .	. .	8¾		35 „
4,59	**Flensburg**	10	7 50	15	8 05	—	—	—	10		28 (45)
4,59	**N.-S. Weiche**	9	8 14	1	8 15	821	. .	. .	9		42 (60)
5,05	Barderup	11	— —	—	8 20	—	—	—	5½	10¾	39 (70)
5,73	Tarp		8 26	¼	8 26	. .	. .	. .	5¼		46 (80)
5,23	Eggebek	7	8 33	¼	8 33	—	—	—	6¼		„ „
7,33	**Jübek**	9	8 42	1	8 43	2552	. .	. .	7¾		41 „
6,60	Schuby	12	— —	—	8 50	—	—	—	7	12	39 (70
4,44	**Schleswig** Fr.		8 55	1	8 56	754	. .	. .	5		„ „
12,99	Owschlag	13	9 09	¼	9 09	4552	—	—	13		„ „
11,53	**Rendsburg**	13	9 22	1	9 23	. .	. .	. .	12		46 (80)
2,10	Osterrönfeld	11	— —	—	9 27	—	—	—	4	11	41 „
7,76	Bokelholm		9 34	¼	9 34	. .	2555	. .	7		„ „
10,31	Nortorf	11	9 45	1	9 46	—	—	—	10¼		46 „
4,78	Aspe	14	. . .	. .	9 51	. .	. .	. .	4½	13½	41 „
8,69	**Neumünster**		10 00	—	— —	—	—	—	9		„ „
180,54		222		43							

d) Gleichzeitig mit den Druckexemplaren und graphischen Darstellungen des genehmigten Sommer- und Winterfahrplanes dem M. d. ö. A. ein Exemplar des Dienstfahrplanbuches, sowie eine Uebersicht über die regelmäßige Zusammensetzung der durchgehenden Schnell- und Personenzüge in tabellarischer Form [34]).

e) Vier Wochen nach Einführung des Sommer- bezw. Winterfahrplanes dem M. d. ö. A. und dem R.E.A. in je 2 Exemplaren bei Aenderungen die Nachweisungen der virtuellen Längen [35]).

Bezüglich der Nachweisungen über die Personen- und Achsenfrequenz und der Nachweisungen über die Wirkung von Fahrplanänderungen vgl. 6. Kap. I C. dieses Abschnittes.

C. Uebersendung der Fahrplanmaterialien an andere Eisenbahnverwaltungen, Behörden und Private.

Zwischen den Eisenbahnverwaltungen und sonstigen Verkehrsanstalten besteht ein weitgehender unentgeltlicher Austausch von Fahrplanmaterialien aller Art, welcher auf Gegenseitigkeit beruht, ohne daß hierüber ein festes Uebereinkommen getroffen wäre. Jede Verwaltung fordert bei den anderen Verwaltungen diejenigen Aushangfahrpläne, graphischen Fahrpläne, Fahrplanbücher u. s. f. an, deren sie für den Gebrauch an der Centralstelle, für die Dienststellen und den Aushang bedarf. Diese Anforderung hat nach Beschluß der Konferenz in Stockholm (17. und 18/6. 1891) mindestens 8 Wochen vor dem Inkrafttreten des neuen Fahrplanes zu erfolgen. (Wegen Uebersendung des endgültigen Entwurfes spätestens 3 Wochen vor Inkrafttreten des Fahrplanes vgl. S. 144.)

Die unentgeltliche Ausgabe von Fahrplanmaterialien an Behörden, Körperschaften und Private, welche früher einen sehr erheblichen Umfang hatte, ist durch M.E. vom 18./4. 1894, *V* II (I/IV) 2163, vom 28./4. 1894, *V* II (I) 3028, vom 16./5. 1894, *V* II (I) 3028, vom 18./5. 1894, *V* II (I/IV) 4222, wie folgt, beschränkt worden:

Außer den an die Staats- und Privatbahnen und die sonstigen Verkehrsanstalten, sowie an die Ministerien, das R.E.A. und die oberen Hofbehörden ꝛc. abzugebenden Fahrplanmaterialien können unentgeltlich abgegeben werden:

Aushang-Fahrpläne, und zwar in je einem Exemplare an die Oberpräsidien und Bezirksregierungen, welche sich nicht selten bei Erörterung der Fahrpläne amtlich zu äußern haben, an die Gerichtsbehörden, Landrathsämter und größeren städtischen Polizeiverwaltungen, in deren Geschäftsräumen ein reger Verkehr des Publikums stattzufinden pflegt. Die Abgabe an diese Behörden ist auf diejenigen Fahrpläne zu beschränken, welche für den Verkehr derselben von Interesse sind.

Inwieweit an Steuerämter, welche auf größeren Stationen belegen sind, derartige Fahrpläne zu verabfolgen sind, bleibt unter Beachtung der Bestimmung in § 3 des E.Z.R. vom 5./7. 1888 dem Ermessen der Eisenbahndirektionen überlassen.

---

[34]) M.E. vom 17./5. 1883, IIa *F* 462 und vom 23./1. 1884, IIa *F* 22.

[35]) M.E. vom 15./5. 1880, II *T* 2161, v. 12./1. 1881, IV *T* 8484, vom 7./7. 1885, IIa *F* 659. — M.E. vom 5./8. 1896, E.N.B. S. 503. — Erl. d. R.E.A. vom 15./2. 1883, Nr. 1682.

Die Abgabe der zur Bearbeitung des Reichskursbuches erforderlichen Fahrplanmaterialien an das Kursbureau des Reichspostamtes (Fahrplanentwürfe, endgültige Fahrpläne, Deckblätter) hat unentgeltlich zu erfolgen, und zwar unmittelbar. Den Oberpostdirektionen ist außer den Fahrplanentwürfen nur je 1 Exemplar des Aushangfahrplanes unentgeltlich zu überlassen. Außerdem können, soweit dies nach dem pflichtmäßigen Ermessen der betr. Eisenbahndirektionen angezeigt erscheint, diejenigen größeren Postämter, auf welchen ein besonders reger Verkehr des Publikums stattfindet, je 1 Exemplar des Aushangfahrplanes unentgeltlich erhalten. Dagegen ist von der unentgeltlichen Abgabe aller übrigen, insbesondere aller lediglich für den Dienstgebrauch erforderlichen Fahrplanmaterialien an die Postbehörden fortan im Allgemeinen Abstand zu nehmen, und solche Materialien nur gegen Erstattung der Selbstkosten abzugeben.

Die unentgeltliche Abgabe von Aushangfahrplänen an die übrigen Behörden, an die Handelskammern, Zeitungen, Kursbuchverleger, Hotels und Private hat im Allgemeinen zu unterbleiben.

Graphische Fahrpläne sind unentgeltlich und nicht über die unbedingt erforderliche Anzahl hinaus nur an Militärbehörden abzugeben, Zeitungsfahrpläne unentgeltlich in einigen Exemplaren nur an die darum nachsuchenden Zeitungen sowie an die Kursbuchverleger. Aushänge 2c. über Viehbeförderung können — soweit dies überhaupt erforderlich — in je 1 Exemplar den Landrathsämtern kostenlos übersandt werden.

D. Veröffentlichung der Fahrpläne.

Die Fahrpläne sind vor dem Inkrafttreten öffentlich bekannt zu machen und rechtzeitig auf den Stationen auszuhängen. Außerkraftgetretene Fahrpläne sind sofort zu entfernen[36]). In Preußen müssen Fahrplanänderungen mindestens 14 Tage vor ihrer Einführung öffentlich bekannt gemacht werden[37]). Thunlichst zeitig vor Beginn einer neuen Fahrplanperiode ist ferner auf jeder Station an derjenigen Stelle, an welcher die jeweilig geltenden Fahrpläne aushängen, durch eine Bekanntmachung auf rothem Papiere darauf hinzuweisen, daß die für die demnächst beginnende neue Fahrplanperiode gültigen Fahrpläne im Stationsbureau (oder in einem anderen geeigneten Dienstraume) eingesehen werden können[38]).

Die amtlichen Kursbücher sollen mehrere Tage vor dem Fahrplanwechsel ausgegeben werden. Außerdem soll auf wichtigere Fahrplanänderungen in den Bekanntmachungen der Fahrpläne in öffentlichen Blättern (auch im redaktionellen Theile derselben) und durch Aushang auf geeigneten Stationen möglichst frühzeitig besonders aufmerksam gemacht werden[39]). Insbesondere soll eine Uebersicht der wichtigeren Veränderungen gegen den alten Fahrplan auf der ersten Seite des zur Veröffentlichung dienenden Zeitungsfahrplanes und im Abschnitt I der amtlichen Kursbücher gegeben werden[40]).

Auf jeder Station ist unter allen Umständen der die Strecken des eigenen Bezirkes enthaltende Fahrplan, außerdem sind, soweit erforderlich und räumlich angängig,

---

[36]) B.O. und B.R. § 10.

[37]) M.E. vom 15./12. 1869, II 19927, vom 24./9. 1879, II *T* 5834 und vom 14./10. 1887, II/IV a(b) *F* 1310.

[38]) M.E. vom 16./8. 1888, IIa(b) *F* 1137.

[39]) M.E. vom 6./10. 1889, *V* II/IV b 7731 und vom 8./4. 1890, *V* II(I) 2327.

[40]) M.E. vom 14./10. 1891, *V* II 8197 und vom 6./6. 1888, IIa (b) *F* 641.

die Fahrpläne benachbarter Bahnbezirke auszuhängen. Der Aushang von Fahrplänen außerpreußischer Verwaltungen oder anderer Verkehrsanstalten ist, sofern es an Platz mangelt, auf das unbedingt nothwendige Maaß zu beschränken. Der Aushang von Fahrplänen in solcher Höhe, daß der Inhalt sich im ganzen Umfange nicht mehr deutlich erkennen läßt, oder an Stellen, an welche das Publikum nicht ungehindert herantreten kann, ist durchaus zu vermeiden. Wo es für den Aushang an geeigneten Wandflächen mangelt, sind die Fahrpläne an freistehenden Holztafeln oder dergl. anzubringen[41]).

[41]) M.E. vom 16./8. 1888, IIa (b) *F* 1137.

Zweites Kapitel.

Die Bildung der Züge.

I. Bestandtheile und Anordnung der Züge.

A. Die Personenzüge.

1. Bestandtheile der Personenzüge.

Die Personenzüge in weiterem Sinne, zu welchen auch die Schnellzüge gehören, führen in der Regel außer einer Anzahl von Personenwagen einen Gepäckwagen (Packwagen) und einen Postwagen mit sich. Bisweilen sind der Postwagen und Packwagen vereinigt (vgl. S. 33, 35), bisweilen eine Abtheilung eines Personenwagens für den Postdienst eingerichtet. Für Hauptbahnen setzt nun die Bt.O. § 34 fest, daß in jedem zur Beförderung von Personen bestimmten Zuge, dessen Fahrgeschwindigkeit 45 km in der Stunde übersteigt, der erste Wagen des Zuges als Schutzwagen zu dienen hat und als solcher nicht mit Reisenden zu besetzen ist. Bei den mit geringerer Geschwindigkeit fahrenden Zügen ist die Besetzung des ersten Wagens mit der Beschränkung gestattet, daß mindestens die vorderste Abtheilung von Reisenden freigehalten wird. In beiden Fällen kann jedoch die Benutzung eines im Schutzwagen befindlichen Abortes während der Fahrt den Reisenden gestattet werden. Die zur Bedienung oder Begleitung des Zuges berufenen Eisenbahn- und Postbeamten, sowie diejenigen im Zuge etwa mitfahrenden Eisenbahnbeamten, welchen die Ueberwachung des baulichen Zustandes oder des Betriebes auf der fraglichen Strecke obliegt, endlich auch die Begleiter von Viehtransporten sind in diesem Sinne nicht als Reisende anzusehen. Bei dienstlichen Sonderzügen kann sinngemäß von der Einstellung eines Schutzwagens abgesehen werden.

Auf Nebeneisenbahnen beträgt die höchste, möglicherweise zu gestattende, Geschwindigkeit 40 km. Die Ba.O. enthält daher keinerlei Bestimmung über das Erforderniß eines Schutzwagens oder Schutzabtheiles. Bei Zügen, welche von einer anschließenden Nebenbahn auf eine Hauptbahn übergehen, kann von der obigen Bestimmung gleichfalls abgesehen werden, falls diese Züge auf der Hauptbahn mit keiner größeren Geschwindigkeit verkehren, als für dieselben auf der Anschlußbahn zugelassen ist[1]).

Bei der dem Postwagen zu gebenden Stellung ist gemäß den Bestimmungen des Eisenbahnpostgesetzes (S. 32), soweit der Bahnbetrieb dies gestattet, auf die Bedürfnisse des Postdienstes Rücksicht zu nehmen. Auch ist die Verwendung des Postwagens als

---

[1]) Bt.O. § $34_{,2}$.

Schutzwagen möglichst zu vermeiden (Bt.O. § 34,₁). In der Regel wird der Packwagen als Schutzwagen vorangestellt.

In Personenzügen, die mit mehr als 60 km Geschwindigkeit fahren (Schnellzügen), müssen[2]) die Betriebsmittel sich in einem vorzugsweise tüchtigen Zustande befinden. Die Kuppelungen dieser Wagen müssen ein festes Anspannen aller Zug- und Bufferfedern gestatten. Auf den Preußischen Staatsbahnen tragen alle für Schnellzüge geeigneten Wagen die Bezeichnung „Für Schnellzüge"[3]) und sind in der Regel von neuester Bauart. Für eine gewisse Anzahl auf Hauptlinien verkehrender Schnellzüge, die sogenannten D-Züge, sind besonders bequem ausgestattete Wagen mit Seitengang oder Mittelgang beschafft, welche ein Hin- und Hergehen der Reisenden durch den ganzen Zug gestatten.

Für alle Personenzüge (einschl. der Schnellzüge) giebt die B.O. u. das B.R. in § 17, 18 Anweisung über das Erforderniß an Abtheilen für Frauen, Nichtraucher u. s. f. Noch ausführlichere Bestimmungen sind in dieser Beziehung für die Preußischen Staatsbahnen getroffen (F.V. 42—49):

In Schnellzügen sind thunlichst nur Wagen mit Abort einzustellen. Bei Kurswagen (vgl. S. 156) soll möglichst von jedem Platze ein Abort zugänglich sein. Bei Personenzügen, die dem durchgehenden Verkehre dienen, muß mindestens ein Abort (u. U. im Gepäckwagen) vorhanden sein. In jedem Zuge ist mindestens ein geschlossenes Abtheil II. Klasse und ein desgl. III. Klasse für Frauen zu bestimmen, sofern in dem Zuge wenigstens drei Abtheile der betreffenden Wagenklasse sich befinden. Sind geschlossene Abtheile nicht vorhanden, so ist doch thunlichst ein besonderes Abtheil für Frauen einzurichten. Ebenso sind bei der IV. Klasse möglichst in allen Zügen, jedenfalls aber in den durchgehenden Zügen besondere Räume für Frauen bereit zu halten. In der I. Klasse findet dagegen eine Bezeichnung von Frauenabtheilen nur ausnahmsweise und auf besondere Anordnung statt. Allein reisende Frauen sind indessen thunlichst nur mit Frauen zusammenzusetzen. Wenn auf einer Unterwegsstation mehrere Kurswagen (s. S. 156) gleicher Endrichtung zusammentreffen, so können etwa vorhandene leere Frauenabtheile bis auf je eines aufgegeben werden, in erster Linie zu Gunsten der Nichtraucherabtheile.

Als Nichtraucherabtheile ist von allen vorhandenen Abtheilen II. Klasse (ausschließlich der Frauenabtheile) mindestens die Hälfte und von allen vorhandenen Abtheilen III. Klasse (einschließlich der Frauenabtheile) gleichfalls mindestens die Hälfte zu bezeichnen. Für die I. Klasse gelten bezüglich des Rauchens oder Nichtrauchens folgende Vorschriften:

a) Befindet sich in einem Zuge nur ein Abtheil I. Klasse, so ist das Rauchen in demselben nur unter Zustimmung aller in demselben Mitreisenden gestattet. Dieselbe Bestimmung gilt für Kurswagen (s. unten), welche nur ein Abtheil I. Klasse führen.

b) Befinden sich in einem Zuge zwei Abtheile I. Klasse, so ist je eines für Raucher und für Nichtraucher zu bezeichnen.

c) Sind in einem Zuge mehr als zwei Abtheile I. Klasse vorhanden, so ist nicht mehr als der dritte Theil der vorhandenen Abtheile als Raucherabtheile zu bezeichnen. Die übrigen sind als Nichtraucher (ev. auch Frauen-) Abtheile kenntlich zu machen.

---

[2]) Bt.O. § 28.

[3]) M.E. vom 26./11. 1896, E.N.B. S. 632.

Jedes für Frauen oder Nichtraucher bestimmte Abtheil II. oder III. Klasse muß außen und innen als solches bezeichnet sein. Die Abtheile I. Klasse erhalten sämmtlich eine äußere Bezeichnung und innen einen Aushang der bezüglichen Bestimmungen.

Wegen Mangels an Raucherabtheilen dürfen weder Verstärkungswagen eingestellt, noch Nichtraucherabtheile zu Raucherabtheilen umgewandelt werden.

Bei einzelnen Zügen, namentlich auf Vorort- und Nebenbahnen, gelten bezüglich der Nichtraucher- und Frauenabtheile vereinfachende Bestimmungen. Es sind hiernach in diesen Frauenabtheile gar nicht, Nichtraucherabtheile nur in beschränktem Maaße einzurichten. Dagegen ist z. B. auf der Berliner Stadt- und Ringbahn das Rauchen in der II. Wagenklasse überhaupt untersagt.

Auch für die D-Züge bestehen in dieser Beziehung besondere Vorschriften.

2. Der Zugbildungsplan.

Um den Fahrplan verwirklichen zu können, muß eine Uebersicht aufgestellt werden, aus der hervorgeht, in welcher Weise unter Berücksichtigung der unter 1 dargelegten Grundsätze die sämmtlichen fahrplanmäßigen Züge aus dem vorhandenen Materiale an Wagen gebildet werden können, wobei auf einen gehörigen Ueberschuß für Verstärkungswagen, Sonderzüge und für die in Ausbesserung befindlichen Wagen Bedacht zu nehmen ist. Eine solche Uebersicht gewährt der Zugbildungsplan. Nach diesem wird das vorhandene Wagenmaterial einer Eisenbahndirektion in eine größere Anzahl sog. Trains (bestehend aus einer bestimmten Anzahl Personenwagen der verschiedenen Klassen und Gepäckwagen) eingetheilt, deren jeder zur Bildung eines oder mehrerer fahrplanmäßiger Züge bestimmt ist. Auch die Vertheilung und Benutzung der von der Postverwaltung gestellten Postwagen (vgl. S. 33) geht aus dem Zugbildungsplane hervor. Bei großen Fahrstrecken wird auch wohl ein Zug abwechselnd von zwei oder mehreren Trains gebildet, die umschichtig, an einem Tage die Hinfahrt, am anderen Tage die Rückfahrt machen. Dagegen fährt auf kleineren Strecken derselbe Train an einem Tage vier, sechs, acht Mal und öfter hin und her. Immer aber gilt der Train als auf e i n e r Station zu Hause. Dies ist seine Zugbildungsstation, zu der er immer wieder zurückkehrt, und die in besonderem Maaße für die Ueberwachung und Instandhaltung der in dem Train befindlichen Wagen zu sorgen hat. Selbstredend ist mit den nach dem Zugbildungsplane gebildeten Trains der Wagenpark der betreffenden Eisenbahndirektion nicht erschöpft. Vielmehr muß noch ein beträchtlicher Ueberschuß vorhanden sein, um ausbesserungsbedürftige Wagen zu ersetzen, sowie bei Verkehrssteigerungen Verstärkungswagen in die Züge einstellen, oder bei besonderen Anforderungen Sonderzüge bilden zu können. Diese sogenannten Reservewagen sind, möglichst dem voraussichtlichen Bedarfe entsprechend, ganz bestimmten Stationen zugetheilt, welchen sie nach gemachtem Gebrauche sofort (ev. leer) zurückzusenden sind. Dauernde Verstärkungen oder dauernde Verminderungen der Züge gegen ihre im Zugbildungsplane festgesetzte Stärke hat die Direktion zu genehmigen. Eingesetzte Verstärkungswagen sind nur soweit mitzuführen, als der Andrang der Reisenden dies erfordert (Vorbem. z. Zugbildungsplan). Fremde Personen- oder Gepäckbeiwagen mit durchgehender Bremseinrichtung, die als Verstärkungswagen auf den Stationen eintreffen, sind entweder mit dem Gegenzuge oder mit dem ersten auf die Ankunft folgenden Personenzuge nach ihrer Heimathstation zurückzuschicken

(F.V. 53). Die Gesammtstärke eines Personenzuges darf niemals über hundert Achsen betragen[4]).

Die Zutheilung der Trains und der Reservewagen an die Stationen gilt nur in Beziehung auf die Zahl als maßgebend. Wie die Stationen aus dem ihnen überwiesenen Wagenmateriale (selbstverständlich unter Beachtung der Beschaffenheit der einzelnen Wagen) die Trains bilden, und welche Wagen sie als Reservewagen zurückbehalten wollen, bleibt ihnen im Allgemeinen überlassen.

Die Theilung des preußischen Staatsbahnnetzes in zwanzig räumlich abgerundete Direktionsbezirke bringt es mit sich, daß fast alle auf längere Strecken durchgehenden Züge mehrere Direktionsbezirke durchfahren. Die Trains werden dann jedesmal von einer der betheiligten Direktionen gestellt, wobei indessen die Zugbildungsstation nicht nothwendig im Bezirke der den Train stellenden Direktion zu liegen braucht. Auch gehen preußische Trains in manchen Verkehrsrichtungen auf fremde Bahnen über und ebenso fremde Trains auf preußische Bahnen. Wo Spaltungen von Verkehrsrichtungen vorhanden sind, oder wo der auf weite Strecken durchgehende Verkehr nicht stark genug ist, muß man von der Durchführung ganzer Züge absehen. Es gehen dann einzelne Wagen durch, die der Reihe nach in anschließende Züge verschiedener Bahnen eingestellt werden. Auf solchen Wagen, den sogenannten Kurswagen, ist mit entsprechenden Schildern der Lauf angegeben (F.V. $50,_1$). Sie werden bezüglich des Zugbildungsplanes als selbständige Trains behandelt und neben den Trains der Züge, in welche sie eingestellt werden, aufgeführt.

Bei Mangel an Platz in den übrigen im Zuge befindlichen durchgehenden Wagen ist die Ausgangsverwaltung zur Einstellung eines zweiten Wagens für den in Frage kommenden Lauf berechtigt. Die nachfolgenden Verwaltungen sind in diesem Falle verpflichtet, den mehr eingestellten Wagen, der ihnen telegraphisch vorzumelden ist, zu übernehmen (F.V. $50,_2$). Bezüglich des Aussetzens von nicht lauffähigen Kurswagen, des Ersatzes eines solchen durch einen anderen Wagen und die hierbei erforderlichen Meldungen vgl. F.V. 51, 52.

Ausnahmsweise Verstärkungen von Zügen können eintreten durch Einstellung von Personen-, Kranken- oder Gepäckwagen, die von Reisenden gemiethet sind (vgl. 3. Abschn. 4. Kap., Anhang I des U. z. B. R. und Kdmchg. 17. d. D.E.V.V.).

Der Zugbildungsplan selbst, d. h. die tabellarische Zusammenstellung, aus welcher hervorgeht, wie sämmtliche in einem Direktionsbezirke verkehrenden Züge regelmäßig zusammengesetzt sein sollen, kann eine verschiedene Einrichtung haben. Auf S. 158, 159 ist ein Muster gegeben, welches einem Zugbildungsplane der Direktion Hannover entnommen ist. Unter einer laufenden Nr. (Spalte 1) erscheint immer ein Train, der zu zwei oder mehreren fahrplanmäßigen Zügen benutzt wird, oder erscheinen mehrere Trains, die in Gemeinschaft abwechselnd zwei oder mehrere fahrplanmäßige Züge bilden. Jede Nummer oder Position stellt also eine Wagenzuggemeinschaft dar, deren jede Zugbildungsstation eine oder mehrere aufzuweisen hat. Die Positionen sind für jede Zugbildungsstation hinter einander aufgeführt, diese selbst alphabetisch geordnet. Die folgenden Spalten geben dann Aufschluß, auf welchen Strecken die zu jeder Wagenzuggemeinschaft gehörenden

---

[4]) Bt.O. § 23.

Züge verkehren, welche Nummern sie im Fahrplane tragen, auf welcher Station sie gereinigt werden, und welche besonderen Einrichtungen (Luftdruckbremse, Dampfheizung ꝛc.) sie haben müssen. Spalte 5 giebt an, wieviele Wagenzüge zu der Gemeinschaft gehören, Spalte 7—15, wieviele Wagen der einzelnen Gattungen die Wagenzuggemeinschaft bilden, und Spalte 6, wieviele dieser Gesammtwagenzahl auf jeden einzelnen Zug entfallen. (Wegen der für die Wagengattungen gebrauchten Bezeichnungen vgl. 3. Abschn. 2. Kap.) Da die Züge oft durch mehrere Direktionsbezirke hindurchfahren, so sind, entsprechend dem Obengesagten, unter den Zugbildungsstationen jedes Direktionsbezirkes auch eine Anzahl von Stationen aufgeführt, die nicht in dem betr. Direktionsbezirke selbst liegen, so in unserem Beispiele Altona. Ferner sind dem Obigen entsprechend eine ganze Reihe Züge und Wagen aufgeführt, die von anderen Verwaltungen gestellt sind. Wie dies in den Spalten 7—15 und den folgenden 16, 17 kenntlich gemacht ist, dürfte aus dem Muster zur Genüge hervorgehen.

Die zur Verstärkung der Züge und zum Ersatze bei Beschädigungen erforderliche Zahl von Reservewagen ist am Schlusse bei jeder Zugbildungsstation hinter den einzelnen Wagenzugsgemeinschaften aufgeführt, und sodann die Summe aller auf der betr. Station erforderlichen Wagen jeder Gattung gezogen. Mit diesen Zahlen stimmen die Angaben in Spalte 18—20 überein, welche nachweisen, welche bestimmt durch Nummern bezeichnete Wagen der Station überwiesen sind.

Die Kurswagen erscheinen nach dem Obengesagten als besondere Positionen im Zugbildungsplane.

Ergänzungen zu der Dienstvorschrift, welche die Bezeichnung „Zugbildungsplan" trägt, bilden verschiedene Uebersichten, eine Zusammenstellung der Züge nach laufenden Nummern, eine Zusammenstellung der Zugbildungsstationen, ev. auch Zusammenstellungen der Wagen des Direktionsbezirkes, sowie die Rangirordnung der Schnell- und Personenzüge, welche (bei den einzelnen Direktionen verschieden) theils mit der Dienstvorschrift vereinigt, theils gesondert herausgegeben werden.

3. Schilder an den Personenzügen.

Zur Orientirung der Reisenden werden die Wagen der Personenzüge mit Schildern versehen, auf welchen der Lauf der Züge bezw. Wagen angegeben ist. Die Kurswagen (S. 156) erhalten sämmtlich solche Kursschilder. Für die übrigen Wagen der Züge, welche durch das Gebiet mehrerer Verwaltungen gehen, ist die Beschilderung auf der Wagenbeistellungskonferenz zu Trier 21. u. 22./8. 1895 nach Vorschlag der Direktion Magdeburg für die sogenannte Norddeutsche Gruppe der an der gemeinsamen Wagenbeistellung betheiligten Bahnen, bei welcher alle 20 preußischen Eisenbahndirektionen betheiligt sind (vgl. S. 90), dahin geregelt, daß sämmtliche Wagen des regelmäßig nach dem Zugbildungsplane erforderlichen Stammtheiles des Zuges zu beschildern sind. Für die nicht die Grenzen eines Verwaltungsbezirkes überschreitenden Trains ist nach dem Beschlusse derselben Konferenz die Beschilderung den einzelnen Verwaltungen überlassen. Die Direktion Magdeburg beschildert bei solchen Zügen neben den Kurswagen den ersten und letzten Personenwagen und außerdem jeden dritten Wagen, so daß nicht mehr als zwei unbeschilderte Personenwagen nebeneinander stehen. Bei den Vororts- bezw. Stadtzügen wird nur der erste und letzte Personenwagen und, falls ein Zug aus mehr als 5 Wagen besteht, noch ein mittlerer Wagen beschildert. Andere Verwaltungen dürften

1	2	3				4	5	6
Laufende Nummer	**Name** der Zugbildungs- bezw. Wagen-gestellungs-Station	**Bezeichnung** des regelmäßigen Wagenlaufes durch Angabe der in Betracht kommenden Züge und Bahnstrecken, sowie der Zugreinigungsstationen und der Züge, hinter welchen Reinigung zu erfolgen hat				Erforderliche besondere Einrichtung der Wagen, als: Innerer Durchgang, Luftdruck- oder Gewichtsbremse, Dampfheizung u. s. w.	**Anzahl** der z. Umlaufe erforderl. Wagenzüge oder Kurswagen	**Anzahl und Gattung** der für jeden Wagenzug erforderl. Wagen bezw. **Gattung** der Kurswagen
		Strecken	Zug-Nr.	Zug-reinigungs-station	hinter Zug			
1	**Gr.-Almerode**	Groß-Almerode-Walburg u. zurück	461/468 467/462 463/470 469/464 465/466	Gr.-Almerode	468 462 464 466	Innerer Durchgang, Gewichtsbremse	1 Wagenzug	1 BC. 1 D. 1 P.-Post. Reserve .... Zusammen ....
2a	**Altona** ..	Altona-Hamburg-Cöln und Cöln-Hamburg-Altona	92/95	Cöln Altona	92 95	Abort, Westinghousebremse, Dampfheizung	2 Wagenzüge	3 AB. 2 C. 1 P. 1 Postwagen
2b		Altona-Hamburg-Vlissingen und Vlissingen-Altona üb. Dorsten-Wesel	92/93	Altona Vlissingen	95 16	Abort, Westinghousebremse, Dampfheizung	2 Kurswagen	1 AB.
3	"	Altona-Hamburg-Cöln und zurück	94/93	Altona Cöln	93 94	desgl. vierachsig	2 Wagenzüge	3 AB. 1 P. 1 Postwagen
4	"	Altona-Frankfurt a. M. und zurück über Hamburg-Cassel	76/75	Frankfurt Altona	76 75	desgl. vierachsig	2 Wagenzüge	3 AB. 1 P. 1 Schlafwagen, 1 Postwagen
5	"	Altona-Hamburg Frankfurt a. M. über Hannover-Cassel und zurück	72/71	Altona Frankfurt	71 72	Abort, Westinghousebremse, Dampfheizung	2 Wagenzüge	2 AB. 2 C. 1 P. 1 Postwagen
6	"	Altona-Hamburg-Frankfurt a. M. über Göttingen-Bebra und zurück	72/4 3/71	Frankfurt Altona	4 71	desgl.	2 Wagen	1 AB. 1 C.
7a	"	Altona-Hamburg-Leipzig und zurück über Uelzen-Stendal	112/111	Altona Leipzig	111 112	Abort, Luftdruckbremse, Dampfheizung	2 Wagenzüge	1 AB. 2 C. 1 P. 1 Postwagen
7b	"	Altona-Hamburg-Wien und zurück über Tetschen-Leipzig-Uelzen	112/111	Altona Wien	111 2	Abort, Luftdruckbremse, Hardybremsl., Spindelbremse, elektr. Interkomm.-Sign., Innerer Durchgang, Rohrleitung zur Dampfheizung	3 Kurswagen	1 AB.
7c		Hamburg-Wien über Wittenberge-Leipzig-Tetschen und zurück bis Hamburg Kl.	191 145|116 51/52	Hamburg B Wien	51 4	desgleichen und Uebergangsbrücken an den Stirnseiten	3 Kurswagen	1 AB. Reserve .... Zusammen ....

7	8	9	10	11	12	13	14	15	16	17
Zum Umlaufe erforderliche Wagen								Reichspostwagen	Angabe des Eigenthumsmerkmales der in Spalte 7—14 eingeklammerten Wagen	Bemerkungen
A	AB	ABC	BC	C	D	P	Schlafwagen			
Stückzahl										
—	—	—	1	—	1	1	—	—		Erforderliche Ersatzwagen sind von Station Cassel O. zu verlangen.
—	—	—	—	—	—	—	—	—		462 u. 464 sind Omnibus-, die übrig. gemischte Züge.
—	—	—	1	—	1	1	—	—		
—	(6)	—	—	(4)	—	(2)	—	2	Cöln	
—	2	—	—	—	—	—	—	—		
—	(6)	—	—	—	—	(2)	—	2	Cöln	AB haben 4 Achsen. Post- u. Gepäckwagen dreiachs.
—	6	—	—	—	—	2	2	2	Altona	Wagenzug 76 wird ab Frankfurt Zug 75. (S. lfd. Nr. 18). Erforderlichen Falles ist ein zweiter Schlafwagen einzustellen. Postwagen nur von und bis Hamburg H. AB u. Schlafwag. vierachs. Post- u. Gepäckw. dreiachs.
—	4	—	—	4	—	2	—	—		Postwag. ab Hamburg H. Wagenzug 72 wird ab Frankfurt Zug 71.
—	—	—	—	—	—	—	—	—		Stellt Station Frankfurt a. M.
—	2	—	—	4	—	2	—	2		
—	(1)	—	—	—	—	—	—	—	Altona und Oesterr. Nordwestb.	
—	(2)	—	—	—	—	—	—	—		
—	(3)	—	—	—	—	—	—	—	Altona	
—	20	—	—	19	—	6	—	—		
—	34	—	—	27	—	12	—	—		

Verzeichniß der überwiesenen Wagen

18 Gattung	19 Anzahl	20 Nummer
		Siehe Erläuterungen unten.
BC.	1	734*
D.	1	2600
P.	1	3803
AB.	34	298°* 304°* 401° 402° 409° 410° 433° 434° 435° 439° 440° 441° 442° 451° 452° 453° 454° 455° 456° 457° 458° 459° 460° 486° 487° 488° 562° 563° 564° 565° 566° 567° 569° 570°
C.	27	1532° 1558° 1648° 1649° 1650° 1651° 1652° 1653° 1654° 1655° 1656° 1657° 1658° 1659° 1660° 1661° 1662° 1663° 1712° 1713° 1714° 1726° 1727° 1747° 1748° 1749° 1750°
P.	12	3470 3471 3505 3512 3513 3514 3515 3516 3539 3540 3541 3548

Erläuterungen:

Es bedeuten in Spalte 20:
Fetter Druck der Wagennummer: Einrichtung zur Dampfheizung.
Strich unter der Wagennummer: Besondere Bremsvorrichtung.
* Leitung zur besonderen Bremsvorrichtung.
° Abort.

In Spalte 7—14 sind die eingeklammerten Zahlen bei Aufrechnung der Stationsbestände nicht berücksichtigt, da die betr. Wagen von fremden Verwaltungen gestellt werden.

sich diesem Verfahren angeschlossen haben. Die Vorhaltung und Behandlung der Schilder wird im 3. Abschn. 4. Kap. erörtert.

Im Stadt- und Vorortverkehre wird stellenweise neben der Beschilderung der Wagenzüge auch eine solche der Lokomotiven vorgenommen, so im Berliner Stadt- und Vorortverkehre, sowie in dem Verkehre Hamburg-Blankenese.

B. Die Güterzüge und gemischten Züge.

(Viehzüge, Rangirzüge, Pulverzüge.)

Die Zusammensetzung der Güterzüge wechselt je nach den zur Beförderung gelangenden Wagen beständig. Der einzige bleibende Bestandtheil der Güterzüge ist der Packwagen, der, wie der Train des Personenzuges, seine Heimathstation hat. Der Umlaufplan (dem Zugbildungsplane der Personenzüge entsprechend) erstreckt sich daher nur auf die Packwagen, die einzeln oder als Gemeinschaft von mehreren je eine Position des Umlaufplanes ausmachen. Außer dem Umlaufplane der Packwagen sind für die Zugbildung die Vorschriften der Bt.O. § 23 und der Ba.O. § 23, 25 maßgebend, wonach auf Hauptbahnen kein Zug mehr als 150 Wagenachsen enthalten darf, und Güterzüge, welche fahrplanmäßig mit zur Personenbeförderung benutzt werden, 110 Achsen stark sein dürfen, während auf den Nebenbahnen kein Zug über 120 Wagenachsen führen soll. Diese zulässigen größten Zugstärken werden indessen in vielen Fällen nicht erreicht. Abgesehen davon, daß bei geringerem Verkehre die Züge von selbst schwächer werden, bedingen die Neigungs- und Krümmungsverhältnisse bei den meisten Bahnlinien eine Verminderung der größten Zugstärke, die dann von der betreffenden Direktion festgesetzt wird.

Sobald auf einer Bahnstrecke mehr als ein Güterzug in jeder Richtung verkehrt, werden besondere Vorschriften für die Benutzung der Güterzüge von der Direktion erlassen. Man kann dann unterscheiden: Fernzüge, die mit wenigen Aufenthalten große Strecken durchfahren, Stückgüterzüge oder Ausladezüge, die an jeder Station anhalten, um Güter einzunehmen und abzusetzen, Viehzüge, Eilgüterzüge u. s. f. Eine allgemein gültige Klassifikation giebt es hierfür nicht. Eine solche würde sich auch sehr schwer durchführen lassen, weil die Verkehrsverhältnisse der verschiedenen Strecken sehr von einander abweichen, und die obigen Arten der Züge vielfach ineinander übergreifen. Wohl aber ist durch die Dienstvorschriften jeder Eisenbahndirektion für ihren Bezirk vorgeschrieben, welche Arten von Stückgütern, Vieh, Wagenladungen u. s. f. mit den einzelnen fahrplanmäßigen Zügen jeder Strecke zu befördern sind. In diesen Vorschriften ist in der Regel auch eine Rangirordnung der Güterzüge enthalten, die besagt, in welcher Stationsfolge die Wagen hinter Lokomotive und Packwagen einzustellen sind. In gemischten Zügen (s. unten) auf Hauptbahnen dürfen Wagen, deren Ladung über zwei oder mehr Wagen reicht und Wagen mit ungewöhnlicher Kuppelung nicht unmittelbar vor oder hinter Personenwagen gestellt werden[5]).

Bei einem Theile der preußischen Direktionen sind besondere Bestimmungen für paarweise beladene Langholzwagen erlassen. Hiernach dürfen in einen Zug nicht mehr als 10 Paare beladene Langholzwagen eingestellt werden, und es müssen Langholzwagen-

[5]) Bt.O. § $33_{,4}$. T.V. § 150.

paare stets am Ende des Zuges sich befinden. Die Einstellung nicht voll beladener (unter $^3/_4$ der Tragfähigkeit) Langholzwagenpaare ist nur zulässig, wenn die sichere Auseinanderhaltung der Wagen zugleich auch durch die Ladung bewirkt wird, während leere mit Steifkuppelung verbundene Wagen auch nicht auf Bahnhöfen bewegt werden dürfen. Besondere Vorsichtsmaßregeln gelten beim Schieben von Zugtheilen, in welchen sich Langholzwagenpaare befinden[6]).

Eine besondere Rolle spielen auch bei den Güterzügen die Kurswagen, welche einmal dazu dienen, die Güter in demselben Wagen unter Umrangiren von Zug zu Zug auf längere Strecken durchlaufen zu lassen, welche aber auch andererseits die Güter für eine vom Zuge selbst befahrene Strecke bis zu einer für jeden Wagen festgesetzten Station vereinigen und auf jeder vorgelegenen Station durch Aus- und Einladen ihren Inhalt ändern.

Gemischte Züge bestehen bei geringerem Personenverkehre, namentlich auf Nebenbahnen, weil auf diesen der Verkehr in der Regel nicht ausreicht, um getrennte Personen- und Güterzüge zu fahren. Bei den gemischten Zügen bilden mit dem Packwagen die Personenwagen und der Postwagen den unveränderlichen Bestandtheil, der durch den Zugbildungsplan nachgewiesen wird. Die für die Anordnung der Personen- und Güterzüge geltenden Grundsätze finden hier sinngemäße Anwendung.

Die Viehzüge werden wie die Güterzüge behandelt. Sie enthalten indessen, soweit das Erforderniß hierfür vorliegt, Personenwagen zur Aufnahme der Viehbegleiter.

Die Rangirzüge sind Güterzüge, welche nur dem Verkehre zwischen benachbarten Bahnhöfen oder Bahnhofstheilen dienen. Sie werden, da sie nicht von Zugführern, sondern nur von den bei ihrer Zusammenstellung thätigen Rangirern begleitet werden, in der Regel nicht mit Packwagen gefahren.

Die mit Pulver bezw. Sprengstoffen beladenen Züge oder Wagen unterliegen besonderen Vorsichtsmaßregeln hinsichtlich ihrer Beladung und Rangirordnung, sowie hinsichtlich der Beförderung. Von den diesbezüglichen in der Anlage B. zur V.O. unter XXXVa enthaltenen Vorschriften sind hier diejenigen zu erwähnen, welche sich auf die Zusammensetzung der Züge beziehen:

Die Beförderung von Sprengstoffen darf niemals mit Personenzügen, mit gemischten Zügen aber nur da erfolgen, wo keine Güterzüge gefahren werden. Güterzügen und gemischten Zügen dürfen nicht mehr als acht mit Sprengstoffen beladene Achsen beigegeben werden. Größere Mengen dürfen nur in Sonderzügen befördert werden. Die mit Sprengstoffen beladenen Wagen sind in die Züge möglichst entfernt von der Lokomotive, jedoch so einzureihen, daß ihnen noch drei Wagen folgen, die nicht mit leicht Feuer fangenden Stoffen beladen sind. Mindestens vier solcher Wagen müssen den mit Sprengstoffen beladenen Wagen vorangehen. Letztere sind unter sich und mit den vorangehenden und nachfolgenden Wagen fest zu verkuppeln und es ist die gehörige Verbindung auf jeder Zwischenstation, wo der Aufenthalt es gestattet, einer sorgfältigen Revision zu unterziehen. Vor und nach Wagen, in denen loses Pulver in Mengen von nicht mehr als 15 kg Bruttogewicht oder andere explosive Stoffe in Mengen von nicht mehr als 35 kg Bruttogewicht verladen sind, ist die Einstellung besonderer Schutzwagen nicht erforderlich. Weder an den mit Sprengstoffen beladenen, noch, wenn die Beförderung

---

[6]) Vgl. auch V.W II Anl. VI.

mit den gewöhnlichen Zügen erfolgt, an dem nächstvorhergehenden und dem nächstfolgenden Wagen dürfen die Bremsen besetzt werden. Dagegen muß der am Schlusse des Zuges befindliche Wagen mit einer Bremse versehen und diese besetzt sein.

C. Verschiedene Arten von Sonderzügen.

1. Die Hofzüge

werden in der Hauptsache nach den Vorschriften für Personenzüge behandelt. Auch hier muß unmittelbar hinter der Lokomotive ein Schutzwagen (Packwagen) vorhanden sein. Im Uebrigen richtet sich die Zugstärke und die Zusammensetzung nach den vorhandenen Salonwagen der betr. fürstlichen Persönlichkeit.

2. Die Militärzüge

führen gleichfalls einen Schutzwagen und sind im Uebrigen aus Güterwagen und Personenwagen zusammengesetzt. Die Mannschaften werden entweder in mit Bänken ausgestatteten Güterwagen und Wagen IV. Klasse oder in Wagen III. Klasse, die Officiere in Wagen II. und I. Klasse untergebracht. Für Geschütze werden offene Wagen, für Pferde verdeckte Güterwagen, wie für die Mannschaften, nur anders hergerichtet, benutzt. (Vgl. S. 56.) Die größte zulässige Stärke der Militärzüge beträgt nach der Bt.O. § 23 110 Wagenachsen. Die Züge dürfen aber alsdann nicht mit größerer Geschwindigkeit, als 45 km in der Stunde, fahren.

3. Die Arbeitszüge.

An die nur in Arbeitszügen laufenden Wagen werden hinsichtlich der Betriebstüchtigkeit geringere Anforderungen gestellt als an die Betriebswagen[7]). Als solche nur für Arbeitszüge geeignete Wagen, die die Bezeichnung Arbeitswagen (X Wagen) führen, werden in der Regel ausgemusterte offene Betriebswagen verwendet. Die Arbeitszüge bestehen bis auf den zum Aufenthalte des Zugführers dienenden Packwagen nur aus Arbeitswagen, ausnahmsweise aus offenen Betriebswagen. Nur in seltenen Fällen werden besondere Wagen für die Mannschaften mitgeführt.

II. Betriebssichere Ausrüstung der Züge.

A. Die vorgeschriebene Zahl von Bremsen.

1. Für Hauptbahnen.

In jedem auf Hauptbahnen verkehrenden Zuge müssen nach Bt.O. § 13 außer den Bremsen am Tender und an der Lokomotive so viele Bremsen bedient sein, daß durch die letzteren mindestens der aus nachstehendem Verzeichnisse zu berechnende Theil der im Zuge befindlichen Wagenachsen gebremst werden kann[8]).

---

[7]) Bt.O. § 12,$_1$. Ba.O. § 15.

[8]) In T.V. § 146 (nicht bindend) ist dieselbe Tabelle bis zur Neigung 1:25 ausgedehnt.

Auf Neigungen		Bei einer Fahrgeschwindigkeit von									
von	vom	25	30	35	40	45	50	60	70	80	90
‰	Verhältniß	Kilometer in der Stunde müssen von je 100 Wagenachsen zu bremsen sein:									
0	1 : ∞	6	6	6	6	8	10	17	25	36	48
2,5	1 : 400	6	6	7	9	11	14	21	30	41	54
5,0	1 : 200	6	7	9	12	14	18	25	35	46	59
7,5	1 : 133	8	10	12	15	18	21	29	39	51	
10,0	1 : 100	10	13	15	18	21	25	33	44	56	
12,5	1 : 80	13	15	18	21	25	29	38	48		
15,0	1 : 66	15	18	21	24	28	32	42	53		
17,5	1 : 57	18	21	24	27	32	36	46			
20,0	1 : 50	20	23	27	31	35	39	50			
22,5	1 : 44	22	26	30	34	38	43				
25,0	1 : 40	25	29	33	37	42	47				

Bei der hiernach auszuführenden Berechnung der Zahl der zu bremsenden Wagenachsen ist Folgendes zu beachten (Bt.O. u. T.V. a. a. O.):

a) Für Fahrgeschwindigkeiten und Neigungen, welche zwischen den in dem Verzeichnisse aufgeführten liegen, gilt jedesmal die größte der dabei in Frage kommenden Bremszahlen.

b) Die Anzahl der zu bremsenden Wagenachsen ist für die stärkste auf der fraglichen Strecke vorkommende Bahnneigung (Steigung oder Gefälle), welche sich ununterbrochen auf eine Länge von 1000 m oder darüber erstreckt, zu bestimmen. Erreicht die stärkste vorkommende Neigung an keiner Stelle die Länge von 1000 m, so ist die gerade Verbindungslinie zwischen denjenigen zwei Punkten des Längenschnittes, welche bei 1000 m Entfernung den größten Höhenunterschied zeigen, als stärkstgeneigte Strecke anzusehen.

c) Als maßgebende Geschwindigkeit ist diejenige anzunehmen, welche der Zug auf der betreffenden Strecke höchstens erreichen darf.

d) Sowohl bei Zählung der vorhandenen Wagenachsen, als auch bei Feststellung der erforderlichen Bremsachsen, ist eine unbeladene Güterwagenachse als halbe Achse zu rechnen. Die Achsen von Personen-, Post- und Gepäckwagen sind stets voll in Ansatz zu bringen.

e) Der bei der Berechnung der erforderlichen Anzahl der zu bremsenden Wagenachsen sich etwa ergebende überschießende Bruchtheil ist stets als ein Ganzes zu rechnen.

Ferner setzt die Bt.O. a. a. O. fest, daß bei Militärzügen mindestens die für eine Fahrgeschwindigkeit von 40 km angegebenen Bremszahlen anzunehmen, sowie, daß auf Bahnstrecken, die steilere Neigung, als 1 : 40, aufweisen, für das Bremsen der Züge von der Landesaufsichtsbehörde besondere Vorschriften zu erlassen sind.

Den im äußeren Betriebsdienste beschäftigten Stationsbeamten sowie den Lokomotiv- und Zugführern ist bekannt zu geben, der wievielte Theil der Wagenachsen auf jeder

Strecke bei den vorgeschriebenen Fahrgeschwindigkeiten muß gebremst werden können[9]). Dementsprechend enthalten die Fahrplanvorschriften in ihrer Ausgabe für die betreffende Direktion in der Regel eine Zusammenstellung der auf den einzelnen Strecken, je nach den verschiedenen Fahrgeschwindigkeiten und maßgebenden Neigungen, erforderlichen Bremsprocente (Zahl der bedienten Bremsen auf je 100 Achsen) sowie eine Tabelle zur Berechnung der für einen Zug von beliebiger Achsenzahl erforderlichen bedienten Bremsachsen (vgl. auch Spalte 11 des Fahrplanbuches, S. 146, 148, 149.)

2. Für Nebenbahnen

gelten bezüglich des Erfordernisses an Bremsen gleichartige Bestimmungen, wie für Hauptbahnen[10]). In Anbetracht der weniger vollkommenen technischen Betriebseinrichtungen und des Umstandes, daß die Nebenbahnen oft auf Straßen entlang laufen und auch sonst an den Uebergängen in der Regel keine Wegschranken besitzen, ist die Zahl der außer der Tender- und Lokomotivbremse erforderlichen Bremsen in der nachfolgenden Tabelle erheblich höher bemessen, als bei Hauptbahnen (in den T.V. gelten für Nebenbahnen die ersten vier Spalten derselben Tabelle, wie für Hauptbahnen).

Auf Neigungen		Bei einer Fahrgeschwindigkeit von			
		15	20	30	40
von ‰	vom Verhältniß	Kilometer in der Stunde müssen von je 100 Wagenachsen zu bremsen sein:			
0	1 : ∞	6	6	6	10
2,5	1 : 400	6	6	9	14
5,0	1 : 200	6	7	12	18
7,5	1 : 133	8	10	15	21
10,0	1 : 100	10	13	18	25
12,5	1 : 80	13	15	21	29
15,0	1 : 66	15	18	24	32
17,5	1 : 57	18	21	27	36
20,0	1 : 50	20	23	31	39
22,5	1 : 44	22	26	34	43
25,0	1 : 40	25	29	37	47
30,0	1 : 33	30	34	43	54
35,0	1 : 28	34	39	49	62
40,0	1 : 25	39	45	56	70

Die besonderen Bestimmungen in § 24 der Ba.O. für die Benutzung der vorstehenden Tabelle stimmen wörtlich mit den oben unter a—e für Hauptbahnen angegebenen überein. Für Bahnstrecken, welche stärkere Neigungen als 1 : 25 haben, ist hier die Festsetzung besonderer Vorschriften für das Bremsen der Landesaufsichtsbehörde vorbehalten, ebenso der Erlaß von Sicherheitsvorschriften für Bahnen von außergewöhnlicher

---

9) Bt.O. § $13_{,5}$.
10) Ba.O. § 24.

Bauart und Betriebsweise. Bezüglich der Bekanntgabe der für jede Strecke erforderlichen Bremsen[11]) kann wiederum auf die wörtlich übereinstimmenden obigen Bestimmungen für Hauptbahnen Bezug genommen werden.

B. Beschaffenheit und Vertheilung der Bremsen.

1. Für Hauptbahnen.

Die vorgeschriebene Anzahl Bremsen (s. vorst.) muß[12]) möglichst gleichmäßig über die Zuglänge vertheilt sein. Bei Neigungen, die stärker sind als 1 : 200 und sich auf mindestens 1000 m erstrecken (dieser Fall gilt auch als gegeben, sofern die Verbindungslinie zweier 1000 m entfernter Punkte der Sch.Ob. eine Neigung von mehr als 1 : 200 aufweist), muß der letzte Wagen eine bediente Bremse haben. Hinter demselben kann bei Güterzügen ausnahmsweise noch ein beschädigter leerer Wagen eingestellt werden, sofern dieser zwar lauffähig ist, aber nach Art seiner Beschädigung inmitten des Zuges nicht eingestellt werden kann.

Jeder mit mehr als 60 km Geschwindigkeit in der Stunde fahrende Personenzug muß[13]) mit durchgehender Bremse versehen sein, welche durch den Lokomotivführer, den Zugführer und den Wagenwärter, sowie von jedem Abtheile aus in Thätigkeit gesetzt werden kann, außerdem aber auch selbstthätig wirkt, sobald der Zusammenhang der Bremsleitung aufgehoben wird (d. h. sobald der Zug zerreißt). Am Schlusse eines solchen Zuges dürfen einzelne Wagen ohne durchgehende Bremse mitgenommen werden, deren gesammte Achsenzahl jedoch nie mehr als sechs betragen darf. Muß in diesem Falle der letzte Wagen nach Obigem eine bediente Bremse haben, so hat die Bedienung derselben durch einen Bremser zu erfolgen[14]).

Die Bremsen eines mit durchgehender Bremseinrichtung versehenen Zuges müssen[15]) in der nach Bt.O. § 13 (s. oben S. 163) erforderlichen Anzahl auch einzeln mit der Hand bedient werden können. Wird bei einem Zuge mit durchgehender Bremse letztere unterwegs ungangbar, so darf[16]) die Fahrt ohne Verminderung der sonst für den Zug zugelassenen Geschwindigkeit fortgesetzt werden, sofern die Bedienung der nach Bt.O. § 13 erforderlichen Anzahl Bremsen mit der Hand bewirkt wird und eine Zugleine gemäß Bt.O. § $48,_2$ angebracht ist. Fehlt letztere, so ist die Geschwindigkeit auf höchstens 45 km zu ermäßigen.

2. Für Nebenbahnen

ist die gleichmäßige Vertheilung der Bremsen über den Zug gleichfalls vorgeschrieben[17]). Eine durchgehende Bremse brauchen nur solche Züge vollspuriger Bahnen zu besitzen, welche mit mehr als 30 km (höchstens zulässig 40 km) Geschwindigkeit fahren[18]). Am Schlusse eines solchen mit erhöhter Geschwindigkeit fahrenden Zuges dürfen innerhalb der zulässigen Höchstzahl von 26 Wagenachsen (S. 135) einzelne Wagen ohne durchgehende Bremse bis zu höchstens 12 Achsen angehängt werden. In diesem Falle muß auf Neigungen von mehr als 1 : 200 in mindestens 1000 m Länge der letzte Wagen eine bediente Bremse haben.

---

[11]) Ba.O. § $24,_5$.
[12]) Bt.O. § $33,_1$, T.V. § 147.
[13]) Bt.O. § $12,_7$.
[14]) Vgl. auch T.V. § 147.
[15]) Bt.O. § $12,_8$.
[16]) Bt.O. § $26,_8$.
[17]) Ba.O. § 25.
[18]) Ba.O. § $27,_{11}$, vgl. auch 1. Kap. S. 135.

C. Sonstige Erfordernisse für die Betriebssicherheit.

Für Haupt- und Nebenbahnen gilt die gleichlautende Bestimmung[19]): Die Betriebsmittel müssen fortwährend in einem solchen Zustande gehalten werden, daß die Fahrten mit der größten für die letzteren zulässigen Geschwindigkeit ohne Gefahr stattfinden können. Wie dieser Zustand auf Hauptbahnen sein muß, ist in Bt.O. § 8—12 und in den N. f. H. angegeben. (Vgl. in dieser Beziehung 3. Abschn. 1. u. 2. Kap. Hier mag nur die für die Zusammensetzung der Züge wesentliche Bestimmung Bt.O. § $12,_4$ erwähnt werden: Sämmtliche Fahrzeuge müssen sich in doppelter von einander unabhängiger Weise so mit einander verbinden lassen, daß beim Bruche irgend eines Theiles der angespannten Kuppelungsvorrichtung die Sicherheitskuppelung in Wirksamkeit tritt. In Uebereinstimmung hiermit ist in Bt.O. § $33,_2$ die Benutzung dieser doppelten Kuppelung noch besonders zur Pflicht gemacht.

Bei Personenzügen, welche mit mehr als 60 km Geschwindigkeit verkehren, müssen sich nach Bt.O. § 28 die Betriebsmittel in einem vorzugsweise tüchtigen Zustande befinden (vgl. S. 154). Außerdem müssen die Wagen so beschaffen sein, daß sie sowohl unter sich, als mit dem Tender so fest sich verkuppeln lassen, daß sämmtliche Zug- und Bufferfedern etwas angespannt sind. Es entspricht dieses Erforderniß der Vorschrift in Bt.O. § $33,_3$: In Zügen, welche mit mehr als 45 km Geschwindigkeit fahren, müssen die Fahrzeuge so fest gekuppelt sein, daß im geraden Gleise sich die gegenüberstehenden Bufferpaare berühren. Bei mehr als 60 km Geschwindigkeit müssen alle Zug- und Bufferfedern etwas angespannt sein.

Für Nebenbahnen sind in Ba.O. § 10—17 ähnliche, etwas mildere Vorschriften gegeben, wie für Hauptbahnen. Bei Geschwindigkeiten über 30 km (nur bei Vollspur) müssen die Betriebsmittel den Normen für Hauptbahnen entsprechen, und es muß eine durchgehende Bremse vorhanden sein[20]). Gehen dagegen Betriebsmittel von Nebenbahnen, bei denen die Geschwindigkeit von 30 km nicht überschritten wird, auf Hauptbahnen über, so brauchen sie nur dann den Vorschriften der letzteren zu entsprechen, wenn sie in die Züge der Hauptbahnen eingestellt werden (Ba.O. § 20).

Die F.V. geben unter IV. D im Einzelnen an, welche Wagen unbedingt aus sämmtlichen Zügen bezw. aus den einzelnen Gattungen derselben auszuschließen sind. (Vgl. auch 3. Abschn. 2. Kap.)

Für Güterzüge ist noch zu erwähnen, daß die Belastung in den Güterwagen gleichmäßig vertheilt sein muß[21]), sowie daß alle mit leicht feuerfangenden Gegenständen beladenen Güterwagen mit einer sicheren Bedeckung versehen sein müssen, soweit die V.O. nicht Ausnahmen gestattet[22]).

III. Zusammenstellung der Zugtheile und Bereitstellung der Züge zur Abfahrt.

A. Begriff des Rangir- oder Verschiebedienstes.

Um die Züge in der vorbeschriebenen Anordnung und Ausrüstung zur Abfahrt bereitstellen zu können, um sie mit Maschinen zu versehen, um dann auf der Ankunftsstation die Maschinen zu entfernen und den Zug in ein Nebengleis zu stellen bezw. in

[19]) Bt.O. § 7, Ba.O. § 9.
[20]) Ba.O. § $27,_1$.
[21]) Bt.O. § $33,_2$, Ba.O. § 25.
[22]) Bt.O. § 16.

seine Theile zu zerlegen, um Kurswagen und Postwagen aus- und einzusetzen, ausbesserungsbedürftige Wagen aus dem Zuge zu nehmen und zur Ausbesserung zu bringen, um Güterwagen zur Entladung oder Beladung bereitzustellen oder von den Ladestellen abzuholen, sind innerhalb der Gleise einer Station oder auch wohl von einem Bahnhofe zu einem unmittelbar benachbarten, zu einer Werkstatt u. s. f. mit den Fahrzeugen zahlreiche Bewegungen auszuführen. Diese Bewegungen, welchen einzelne Lokomotiven oder Wagen, Zugtheile oder ganze Züge unterworfen sein können, faßt man unter dem Begriffe Rangirbewegungen oder Verschiebebewegungen zusammen. Maßgebend für ihre Ausführung sind auf den Preußischen Staatsbahnen die Vorschriften über den Rangirdienst (V. f. R.).

Die Rangirbewegungen bei Personenzügen sind verhältnißmäßig geringfügiger Art. Die wesentlichen Bestandtheile der regelmäßig verkehrenden Züge bleiben im Allgemeinen dauernd dieselben. Nur ihre Reihenfolge ist, je nachdem sie in der einen oder anderen Richtung fahren, verschieden, wie dies die „Rangirordnung" (vgl. S. 157) vorschreibt. Es handelt sich daher bei den Personenzügen in der Regel nur darum, die Trains zur Abfahrt bereitzustellen, sie nach Ankunft auf der Zielstation zur Reinigung, zum Ersatze des Gases und zur Untersuchung in Nebengleise zu setzen, ausbesserungsbedürftige Wagen auszuscheiden und betriebsfähige an ihre Stelle zu bringen, Post-, Gepäck- und Personenwagen (namentlich Kurswagen) umzustellen, Verstärkungswagen den Zügen beizufügen, in Einzelfällen auch Züge zu theilen oder zu kombiniren. Nur Sonderzüge sind im Allgemeinen neu zu bilden.

Ganz anders verhält sich dies bei Güterzügen. Auf Zwischenstationen sind allerdings in der Regel nur einzelne Wagen aus- oder einzurangiren. Die auf einer Zielstation eintreffenden Züge dagegen sind vollständig in ihre Theile zu zerlegen. Die für den Ort bestimmten Wagen sind ihren Lade- oder Entladestellen zuzuführen, die anderen Wagen sind für die Weiterfahrt nach Richtungen und Stationen zu ordnen, wobei sie sich mit den von den Ladestellen des Ortes zugeführten und den von anderen Richtungen eingetroffenen Wagen vereinigen.

B. Die Ausführung des Rangirdienstes.

Um Verschiebungen und Umordnungen von Fahrzeugen vornehmen zu können, sind Verbindungen zwischen den einzelnen Gleisen des Bahnhofs erforderlich. Solche bestehen in Deutschland in der Regel in Weichen, seltener in Schiebebühnen und Drehscheiben, während z. B. in England, Frankreich und anderen Ländern das Rangiren mit Drehscheiben sehr gebräuchlich ist. Die Kraft, mit welcher die Verschiebungen ausgeführt werden, kann die von Lokomotiven, Menschen, Thieren, Wasserdruck und Elektricität sowie das eigene Gewicht der Fahrzeuge sein.

Die Kraft von Menschen oder Zugthieren kann nur bei einzelnen Wagen oder Wagengruppen in Frage kommen, da § $13,_6$ der V. f. R. bestimmt, daß in diesem Falle nur Wagen in solcher Zahl und so schnell bewegt werden dürfen, daß die Arbeiter die in Bewegung befindlichen Wagen durch eigene Kraft, durch vorhandene Bremsen oder durch andere Bremsmittel in der Gewalt behalten. Wasserdruck und Elektricität sind in Deutschland erst vereinzelt zur Anwendung gelangt. In der Regel wird bei uns Lokomotivkraft, ev. in Verbindung mit der Schwerkraft, verwendet. Auch ein mit Lokomotive bewegter Rangirzug darf indessen, sofern sich in demselben keine bediente Wagenbremse befindet, nicht mehr als 16 Wagenachsen enthalten[23]). Die Lokomotive kann die zu verschiebenden Wagen entweder ziehen, oder schieben, oder abstoßen, so daß sie frei weiterlaufen. Beim Abstoßen erfolgt zunächst ein Schieben. Die Lokomotive bremst dann und bleibt allein oder mit den nicht abzustoßenden Wagen stehen, während die abzustoßenden Wagen, deren Verbindung mit der Lokomotive bezw. den nicht abzustoßenden Wagen vorher gelöst ist, mit der durch die Lokomotive mitgetheilten Beschleunigung weiterfahren. Statt durch Abstoßen kann man den zu verschiebenden Wagen auch dadurch die zur Verschiebung erforderliche Beschleunigung ertheilen, daß man den zu rangirenden Zug auf ein ansteigendes Gleis (Ablaufgleis) hinaufzieht und nun die einzelnen Wagen oder Wagengruppen, die verschoben werden sollen, herablaufen läßt. Erwähnung verdient auch das in Amerika viel geübte Verfahren, nach welchem die Lokomotive von einem Nebengleise aus mittelst Schiebebaumes die Wagen oder Wagengruppen abstößt.

Während über die einfachen Verschiebebewegungen, durch welche Züge, Zugtheile, Wagen und Maschinen lediglich in andere Gleise gesetzt werden, nichts Besonderes zu sagen ist, verdient das Rangiren oder Ordnen der Güterzüge eine eingehende Erörterung. Es soll hier nur das bei uns übliche Rangiren mit Weichen mittelst Lokomotivkraft (und ev. Schwerkraft) besprochen werden. Das Rangiren geschieht in Gleisgruppen, zu deren jeder ein Ausziehgleis (Rangirkopf) gehört, welches, wenn es mit Steigung angelegt ist, Ablaufgleis heißt (s. oben). Von dem Ausziehgleise oder Ablaufgleise zweigen mit Weichen die einzelnen Gleise der Gruppe (gewöhnlich 6—10) ab. Der auszurangirende Zug oder Zugtheil wird aus dem Einlaufgleise, in welches er von der Strecke eingefahren ist, in das Ausziehgleis gezogen, hierauf werden durch Abstoßen oder Ablaufenlassen die einzelnen Wagen oder auch mehrere zusammen in Bewegung versetzt, so daß sie in eines der abzweigenden Gleise, für welches die Weiche geöffnet ist, hineinlaufen. Selbstredend muß vor dem Abstoßen oder Ablaufenlassen der zu verschiebende Wagen oder Zugtheil von dem übrigen Rangirzuge losgekuppelt werden. In jedem Gleise der Gruppe sammeln sich die Wagen für eine Zugrichtung, die nun noch einmal in derselben Weise nach Stationen geordnet werden. Bisweilen wird auch, bei einfachen Verhältnissen, sogleich nach Stationen rangirt. Größere Rangirbahnhöfe enthalten eine ganze Anzahl solcher Rangirgruppen nebst Ausziehgleisen[24]). Es sind dann zwei oder mehrere Lokomotiven gleichzeitig bei dem Rangirgeschäfte thätig, die sich in das Rangiren nach Gruppen und nach Stationen theilen. Für Rangirbewegungen geringeren Umfanges genügen einzelne Gleise (auch wohl eine Gleisgruppe) eines Bahnhofes für den öffentlichen Verkehr.

Die nach beendigter Auflösung eines Rangirzuges oder mehrerer solcher in den einzelnen Gleisen einer Rangirgruppe für die einzelnen Stationen vorhandenen Wagen werden alsdann von einer Rangirlokomotive zusammengeholt und zu einem neuen Zuge (oder mehreren solchen) vereinigt, der in das Ausfahrtgleis gesetzt wird, um demnächst abzufahren.

Die Ausführung des Rangirgeschäftes erfolgt durch die Rangirer (Wagenschieber, Kuppler) unter Leitung der Rangirmeister oder bei geringem Umfange durch die Zugmannschaften, ausnahmsweise durch andere Beamten. In der Regel hat auf größeren Bahnhöfen eine Rangirrotte (etwa 4—5 Mann) unter Leitung eines Rangirmeisters den Rangirdienst an einer Gleisgruppe zu versehen. Bei dem Rangirgeschäfte müssen indessen

---

[23]) V. f. R. § 13,₁.

[24]) Vgl. auch Blum: Ueber die Anlage von Verschubbahnhöfen. Cbl. d. Bauv. 1896, 451 ff.

stets die Weichensteller mitwirken[25]), um die einzelnen Gleise der Gruppe zu öffnen und zu schließen. (Den Rangirern ist das Umstellen der Weichen, deren Bedienung einem Weichensteller obliegt, streng untersagt. V. f. R. § 14,₁), ferner die Lokomotivführer[26]), Heizer und Bremser[27]). Alle diese Beamten haben beim Rangiren den Weisungen des Rangirmeisters zu folgen. Die Oberleitung über den Rangirdienst auf dem ganzen Bahnhofe oder Bahnhofstheile hat selbstredend der diensthabende Stationsbeamte. Auf kleineren Bahnhöfen wird das Rangirgeschäft unmittelbar nach den Weisungen des Stationsbeamten durch das Zugpersonal ausgeführt. Nur nach Auftrag des Stationsbeamten oder des Rangirers (der ev. die Lokomotive begleitet) oder auf entsprechendes Signal dürfen Lokomotivführer außerfahrplanmäßige Bewegungen ihrer Maschinen vornehmen[28]).

Vor dem Abstoßen oder Ablaufenlassen der Wagen haben die Rangirer zunächst im ganzen Rangirzuge die Bremsen zu lösen, ferner vor jeder Bewegung die Kuppelung zwischen dem abzustoßenden Zugtheile und dem übrigen Zuge loszuhaken. Alsdann ertheilt der Rangirmeister oder der beauftragte Rangirer dem Lokomotivführer die Weisung, den Zug in Bewegung zu setzen, und zwar durch Zuruf oder durch ein Signal mit der Mundpfeife, oder schließlich durch Armbewegungen, die bei Nacht durch eine in der Hand gehaltene Laterne kenntlich gemacht werden[29]). Mundpfeife und Laterne sind daher nothwendige Ausrüstungsstücke jedes Rangirers.

Den Weichenstellern oder Stellwerkswärtern muß nun der Auftrag ertheilt werden, die richtigen Weichen zu öffnen. Dies geschieht ebenfalls durch Zuruf oder bei größeren Entfernungen durch sichtbare Zeichen, am einfachsten so, daß die Nummer des Gleises, in welches rangirt werden soll, auf den Buffer des vordersten laufenden Wagens mit Kreide geschrieben wird. Auf großen Rangirbahnhöfen sind auch vollkommenere Einrichtungen derart getroffen, daß die Nummern dem Personale an stellbaren Scheiben oder Laternen sichtbar gemacht werden. Beim Rangiren von Ablaufgleisen dürfen sich die einzelnen Wagen oder Wagengruppen nicht schneller folgen, als daß dazwischen die Weichen mit Sicherheit umgestellt werden können[30]).

Damit die oft mit bedeutender Geschwindigkeit in die Gruppengleise einlaufenden Wagen nicht mit Gewalt gegen die dort bereits stehenden Wagen gegenlaufen oder gar über die Rangirgruppe hinaus in andere Gleise gelangen und in beiden Fällen Schaden stiften, müssen sie rechtzeitig gebremst werden. Da nun die meisten Wagen nicht mit Bremsen versehen sind, bedient man sich in solchen Fällen der Bremsknüppel, die in Hakenlaschen, Oesen, zwischen Tragfedern und Langträger der Wagen eingesetzt und gegen den Radkranz gedrückt werden, oder auch der Rollbremsschuhe, auf die man die Wagen auflaufen läßt, und die dann nach kurzem Mitschleifen dieselben zum Stillstande bringen. Wieviele Wagen ohne bediente Bremse gleichzeitig abgestoßen werden dürfen, wird für jede Station besonders bestimmt. Die Zahl der Wagen, die ausschließlich durch Bremsschuhe, Bremsknüppel und dergl. zum Stillstand gebracht werden sollen, darf jedoch[31]) niemals größer sein, als fünf, wenn die Wagen abgestoßen werden, bezw. als drei, wenn sie durch eigenes Gewicht ablaufen. Bei größerer Wagenzahl müssen

---

[25]) Dia. f. W. § 10.
[26]) Dia. f. L. § 26,₁.
[27]) Dia. f. Br. § 14.
[28]) Dia. f. L. § 12,₁.
[29]) V. f. R. § 10.
[30]) V. f. R. § 16,₁₃.
[31]) V. f. R. § 16,₈/₁₂.

soviele Bremsen vorhanden und bedient sein, daß mindestens der sechste (bezw. vierte) Theil der Räderpaare dadurch gebremst werden kann.

Stehende Wagen, mit welchen keine Verschiebungen mehr vorzunehmen sind, oder bei welchen die Einwirkung des Windes oder der Neigungsverhältnisse ein Fortrollen befürchten lassen, werden gegen unbeabsichtigte Bewegungen festgelegt[32]), und zwar durch Kuppeln der zusammenstehenden Wagen, Anziehen der Bremsen, Durchstecken von Bremsstangen durch die Räder, Vorlegen von Bremsklötzen u. s. f. (nicht aber durch Unterlegen von Steinen oder Holzstücken unter die Räder). Hierbei haben indessen die Weichensteller darauf zu achten, daß alle Fahrzeuge in den Gleisen ihrer Bezirke nicht über die Weichenmerkzeichen (vgl. S. 201) hinaus aufgestellt werden[25]).

Der Dienst des Rangirmeisters birgt eine große Verantwortung. Er hat nicht nur darauf zu achten, daß an dem auszurangirenden Zuge alles in Ordnung ist, die Bremsen und die erforderlichen Kuppelungen gelöst sowie Feststellungen beseitigt sind; er muß auch, ehe er eine Bewegung einleitet, sich überzeugen, daß sein Personal sich in Sicherheit befindet, die Weichen richtig gestellt und die Wagen, gegen welche er rangirt, festgelegt sind, daß der Weg der abzustoßenden Wagen nicht durch andere Fahrzeuge, welche über das Weichenmerkzeichen (s. oben) hinausstehen, gefährdet wird, daß Wegeübergänge geschlossen sind, daß in kurze todte Gleise, in Gleise, welche mehr als 1 : 400 Gefälle haben und solche, die auf Drehscheiben, Schiebebühnen ꝛc. endigen, nicht abgestoßen wird, u. s. f. Besondere Aufmerksamkeit ist noch darauf zu richten, daß kein Hauptgleis, in welchem ein Zug signalisirt ist, und keine andere Gleisgruppe, in welche von einer zweiten Rotte rangirt wird, gefährdet werden kann, und besondere Vorsicht ist erfordert, wenn in der Richtung des Abstoßens oder Ablaufens ein heftiger Wind weht[33]). Der Dienst der Rangirer ist ein höchst gefahrvoller, da sie beständig in die Lage kommen, unter den Buffern von nicht ganz feststehenden Wagen durchzukriechen, auf fahrende Wagen auf- bezw. von denselben abzuspringen, unmittelbar neben den Wagen mit dem eingesteckten Bremsknüppel herzulaufen, u. s. f. Besondere Vorsichtsmaßregeln sind den Arbeitern durch V. f. R. § 15—19 anbefohlen. Trotzdem werden die Leute mit der Zeit äußerst waghalsig, so daß Unfälle beim Rangirgeschäfte an der Tagesordnung sind.

IV. Versorgung der Züge mit Zugkraft und Personal.

A. Lokomotiven und Lokomotivpersonal.

Nachdem der Güterzug aus den Gruppengleisen zusammengeholt und in das Abfahrtsgleis gesetzt oder der Personenzug aus den Wagenaufstellungsgleisen vor den Bahnsteig gebracht ist, begiebt sich die Zuglokomotive vor denselben, falls sie nicht selbst schon die vorgenannten Bewegungen des Zuges ausgeführt hat. Die Zuglokomotive bringt bei Güterzügen stets den Packwagen mit, während dieser bei Personenzügen in der Regel mit dem fertigen Train in den Aufstellungsgleisen bereit steht. Die Lokomotiven werden auf allen größeren Lokomotivstationen von den Betriebswerkmeistereien

---

[32]) V. f. R. § 17,₃.
[33]) V. f. R. § 16.

(Betriebswerkstätten) gestellt, während sie auf kleineren Lokomotivstationen unmittelbar dem Kommando der Station unterstehen (vgl. S. 7).

Zur Erzielung einer möglichsten Ausnutzung der Lokomotiven und ihrer aus je einem Lokomotivführer und Heizer bestehenden Personale wird für jeden Direktionsbezirk ein Turnus der Lokomotiven und Personale ausgearbeitet. Hiervon sowie von der Beaufsichtigung und Unterhaltung der Lokomotiven wird im 3. Abschn. 1. Kap. ausführlich gehandelt werden.

B. Zugpersonal.

Die Dienstverrichtungen an einem unterwegs befindlichen Zuge werden ausgeführt durch das Zugpersonal (Fahrpersonal). An der Spitze eines solchen Personales steht jedesmal ein Zugführer[34]). Diesem sind dann je nach der Gattung des Zuges Packmeister, Schaffner, Bremser, Schmierer, Schlafwagenwärter u. s. f. beigegeben. Auch Lokomotivführer und Heizer sind dem Zugführer während der Fahrt unterstellt[35]). In der Regel besteht seit Einführung der Bahnsteigsperre ein Fahrpersonal bei mittleren Zugstärken:

a) Bei Personenzügen (auf Hauptbahnen) aus einem Zugführer, einem Packmeister (bisweilen versieht auch der Zugführer den Packmeisterdienst mit), einem oder zwei Schaffnern und einem Wagenwärter (zugleich Schlußbremser und Schmierer). Für Züge, welche Schlafwagen führen, tritt hierzu der Schlafwagenwärter. Bei den sogenannten D-Zügen ist neben dem Zugführer bisweilen nur der Wagenwärter sowie eine Dienstfrau vorhanden. Die Stadt- und Ringbahnzüge in Berlin werden nur von einem Zugführer begleitet.

b) Bei gemischten Zügen aus einem Zugführer oder Packmeister, 1—2 Schaffnern und mehreren Hülfsbremsern, von denen einzelne als Schmierer bestimmt werden.

c) Bei Stückgüterzügen (Ausladezügen) aus einem Zugführer, einem Packmeister und einer Anzahl von Hülfsbremsern, von denen einzelne als Schmierer bestimmt werden.

d) Bei Wagenladungszügen aus einem Zugführer, der zugleich Packmeisterdienste versieht, sonst wie vor.

Ebenso wie die Trains aller Personenzüge auf bestimmten Stationen, den Zugbildungsstationen, und die Packwagen aller Güterzüge auf den sogenannten Zugausgangsstationen, zu Hause sind, so haben auch die Fahrpersonale auf gewissen Stationen ihr Standquartier. Doch treffen diese Stationen durchaus nicht mit den Heimathstationen der Trains und Packwagen zusammen. Selbstredend sind große Bahnhöfe zugleich Zugbildungsstationen und Heimathstationen für Fahrpersonale. Die Personale begleiten aber nicht nur die nach der Station gehörigen Trains. Ihre Diensteintheilung richtet sich nach ganz anderen Grundsätzen, als die durch den Fahrplan bedingten Benutzungszeiten der Trains, da sie immer nur eine gewisse Anzahl von Stunden hintereinander Dienst thun können, und dazwischen Ruhepausen, nach sehr anstrengendem Tag- und Nachtdienste auch vollständige Ruhetage haben müssen. Zu diesem Behufe wird für sämmtliche auf einem Bahnhofe stationirten Personale von der Direktion eine gemeinsame Diensteintheilung, der sogenannte Turnus der Fahrpersonale, eingerichtet, welcher nach Personen-

---

[34]) Bt.O. § 48,₁, Ba.O. § 32,₁, Dia. f. Z. § 1, 2.
[35]) Dia. f. Z. § 2.

und Güterzugspersonalen getrennt wird. Bei Ausarbeitung des Turnus sind zwei Verfahren möglich. Entweder läßt man alle Personale der Reihe nach sämmtliche von der Station zu besetzenden Züge begleiten, so daß also z. B. von 16 Personalen in 15 Tagen jedes nach einander den ganzen Fahrdienst durchmacht und dazwischen einen Ruhetag hat, oder man theilt den Turnus in eine Anzahl kleinerer Touren und besetzt jede von diesen für sich mit einer Anzahl Personale. Letzteres hat den Vortheil, daß die Personale ihre Züge besser kennen lernen und daß man für jede Zuggattung (Schnellzüge, Personenzüge, Lokalzüge) die am besten geeigneten Leute heraussuchen kann. Dagegen werden Arbeit und Verdienst hierbei sehr ungleich vertheilt. Einige Personale haben die im Zusammenhange mit wenigen Aufenthalten fahrenden Schnellzüge zu begleiten, haben also geringe Anstrengung und erhalten hohe Fahrgelder, die anderen Personale müssen sich im Dienste der Lokalzüge plagen, der sich mit vielen Unterbrechungen und Aufenthalten über einen größeren Theil des Tages vertheilt, haben viele Mühe mit dem Publikum und verdienen verhältnißmäßig wenig. Auch ist die Gefahr, daß Fahrpersonale und Bahnsteigschaffner sich über Unterschleife verständigen, größer, wenn erstere immer dieselben Touren machen. In der Regel wird daher ein gemischtes Verfahren eingeschlagen, wobei als Grundsatz gilt, daß der Verdienst der Personale sich möglichst gleich hoch stellt, und doch andererseits in den Schnellzügen möglichst gewandte Leute verwendet werden. Dies kann man insbesondere auf großen Zugbildungsstationen durchführen, namentlich solchen, von welchen mehrere Bahnlinien ausgehen, indem man die Personale in zwei oder mehrere Gruppen zusammenfaßt, die je einen Turnus bilden.

Wie sich die Fahrten der auf einem Bahnhofe stationirten Personale nicht auf die dort gebildeten Züge beschränken, so beschränken sie sich auch nicht auf den Direktionsbezirk. Vielmehr bestehen zwischen den verschiedenen Eisenbahndirektionen Vereinbarungen darüber, daß die langen, mehrere Direktionsbezirke berührenden Fahrten immer nur durch je ein Personal begleitet werden, und daß bei Kurswagendurchgängen stellenweise einzelne Schaffner mit übergehen. Derartige Vereinbarungen erstrecken sich über den Bezirk der Pr.St.B. hinaus, so daß z. B. preußische Schaffner bis München mitfahren, bayerische bis Berlin u. s. f. (vgl. S. 91).

Bei Aufstellung der Diensteintheilung ihrer sämmtlichen Fahrpersonale hat naturgemäß jede Direktion zunächst alle von ihren Personalen im Bezirke und außerhalb desselben zu begleitenden Züge auf die Fahrpersonalstationen zu vertheilen. Erst dann kann die Vertheilung der Züge auf die Fahrpersonale jeder Station unter Zugrundelegung der graphischen Fahrpläne vorgenommen werden. Diese Vertheilungen werden dadurch sehr erleichtert, daß nur Aenderungen der entsprechenden Vertheilungen der vorhergehenden Fahrplanperiode erforderlich sind.

Als Dienstzeit der Personale ist nicht bloß die eigentliche Fahrzeit der Züge zu rechnen. Die Personale müssen im Allgemeinen bei Personenzügen eine halbe Stunde (die Wagenwärter $1^1/_2$ Stunden), bei Güterzügen eine Stunde (die Bremser $^1/_2$ Stunde) vor der Abfahrt zur Stelle sein und können sich erst eine gewisse Zeit nach Ankunft des Zuges auf der Zielstation entfernen, falls sie nicht mit kurzer Pause einen anderen Zug zu übernehmen haben. Endigt ihre Diensttour nicht auf der Heimathstation, so übernachten sie in den hierfür vorgesehenen Uebernachtungsräumen. Ruhepausen unter 6 Stunden auf fremden Stationen oder unter 10 Stunden in der Heimath werden gemäß dem S. 6 Gesagten ihrem Dienste zugerechnet. Allerdings wird ihnen von solcher Dienstleistung mehr zugemuthet, als von eigentlichem Fahrdienste. Nach Anl. 3 zur „Anweisung zur Behandlung der Personalangelegenheiten der nachgeordneten Beamten und Arbeiter seitens der Inspektionsvorstände“[36]) soll die tägliche Dienstdauer des Zugpersonales im monatlichen Durchschnitte für jeden Bediensteten nicht mehr als 11 Stunden betragen und die Festsetzung einzelner Diensttouren bis zu der äußersten Grenze von 16 Stunden nur dann gestattet sein, wenn sie durch ausgiebige Ruhepausen unterbrochen werden, oder die an das Personal zu stellenden dienstlichen Anforderungen entsprechend einfache sind, so daß nach dem pflichtmäßigen Ermessen der vorgesetzten Dienstbehörde eine Ueberanstrengung des Personales ausgeschlossen ist. Auf eine 14—16 stündige Diensttour soll in der Regel eine längere Ruhe in der Heimath folgen, welche, soweit als möglich, in die Zeit von 7 Uhr Abends bis 7 Uhr Morgens zu verlegen ist. Sowohl im Interesse der vortheilhaften Ausnutzung der Fahrbeamten als in deren eigenem Interesse liegt es, wenn bei Aufstellung des Dienstturnus die Ruhepausen auf fremden Stationen möglichst abgekürzt werden.

Bei Verstärkungen der Züge können auch Vermehrungen des bezüglichen Personales nothwendig werden. Hierfür und für Erkrankungs-, Beurlaubungsfälle u. dergl. ist eine Anzahl Beamte und eventuell Arbeiter in Reserve zu halten, die dann als Verstärkungsschaffner u. s. f. eingestellt werden.

Die dienstlichen Obliegenheiten der Fahrbeamten werden im Folgenden sowie im 4. u. 5. Abschn. besprochen werden.

---

[36]) V. f. V. d. Pr.St.

Drittes Kapitel.

Der Zug auf der Strecke.

I. Die Bahnstrecke als Vorbedingung für die Zugfahrten.

A. Der Zustand der Bahn.

Nach Bt.O. § 1 und nach Ba.O. § 5 ist die Bahn fortwährend in einem solchen baulichen Zustande zu erhalten, daß jede Strecke, soweit sie sich nicht in Ausbesserung befindet, ohne Gefahr mit der von der Aufsichtsbehörde für die betreffende Strecke festgesetzten größten Geschwindigkeit (S. 134 ff.) befahren werden kann. Bahnstrecken, auf welchen zeitweise die sonst für dieselben zulässige Fahrgeschwindigkeit ermäßigt werden muß, sind durch Signale als solche zu kennzeichnen, und unfahrbare Strecken, auch wenn kein Zug erwartet wird, durch Signale abzuschließen. Welche Signale in diesen Fällen (vom Bahnwärter) zu geben sind, wird unten (S. 193—195) erörtert werden.

Bei Gleisen, welche von Lokomotiven befahren werden, soll der Oberbau mindestens so stark sein, daß jede Stelle der einzelnen Schiene 7000 kg rollende Last mit Sicherheit tragen kann[1]). Die Spurweite hat bei allen Hauptbahnen und vollspurigen Nebenbahnen 1,435 m zu betragen[2]), in Krümmungen (bei Hauptbahnen von weniger als 500 m Halbmesser) mit einer geringen Erweiterung, die jedoch bei Hauptbahnen höchstens 30 mm, bei Nebenbahnen höchstens 35 mm erreichen darf[3]). Nach den international vereinbarten Bestimmungen über die Technische Einheit Art. I soll gleicher Weise die Spurweite in geraden Strecken nicht unter 1435 mm, in Krümmungen nicht über 1465 mm betragen. Dagegen ist in T.V. § 2* von den sonst ebenso festgesetzten Maaßen in geraden Gleisen eine Abweichung von — 3 mm oder + 10 mm als Folge des Betriebes für zulässig erklärt.

In den Krümmungen (mit Ausnahme der Weichenkrümmungen) soll die äußere Schiene um so viel höher liegen, als die innere, daß bei der größten für die betreffende Strecke zugelassenen Fahrgeschwindigkeit[4]) die Krümmungen mit Sicherheit durchfahren werden können[5]). A. a. O. ist ferner der sanfte Auslauf der Ueberhöhung, der Uebergang zwischen verschiedenen Krümmungen und Querneigungen sowie zwischen Gegenkrümmungen geregelt[6]). Der kleinste zulässige Halbmesser auf freier Strecke ist bei Hauptbahnen 180 m (unter 300 m Genehmigung des R.E.A. erforderlich)[7]) und bei vollspurigen Nebenbahnen 100 m[8]). Für Privatanschlußgleise sollen auf den Pr.St.B. die Halbmesser mindestens betragen[9]):

---

1) N. f. H. § 11, T.V. § 6.
2) N. f. H. § 5, Ba.O. § 1.
3) N. f. H. § 5, Ba.O. § 4.
4) Bt.O. § 26.
5) N. f. H. § 6.
6) Vgl. auch T.V. § 29.
7) N. f. H. § 6, 6, 7, T.V. § 29, 2*.
8) Ba.O. § 3.
9) M.E. vom 29./7. 1885, II a 6882, IV 772.

1. Wenn Wagen bis 4,5 m festen Radstand übergehen sollen, 100 m.
2. Wenn Wagen über 4,5 m festen Radstand übergehen sollen, 150 m.
3. Wenn auch die Lokomotiven der Pr.St.B. übergehen sollen, 180 m.

Die Längsneigung der Bahn[10]) soll auf Hauptbahnen das Verhältniß 1 : 40 nicht übersteigen (bei stärkerer Neigung als 1 : 80 Genehmigung des R.E.A. erforderlich), in Bahnhöfen und Haltestellen, auf welchen Ausweichegleise für das Kreuzen und Ueberholen von Güterzügen angelegt werden, nicht dasjenige von 1 : 400 (doch dürfen die Endweichen in stärkerer Neigung liegen), auf Nebenbahnen nicht 1 : 25 (nach T.V. § 28 in der Regel nicht 1 : 33) überschreiten (für die Anwendung stärkerer Neigungen Genehmigung der Landesaufsichtsbehörde unter Zustimmung des R.E.A. erforderlich)[11]).[12]).

Für den Luftraum, welcher für die Fahrt der Züge über und neben den Schienen freizuhalten ist, gilt innerhalb des D.R. und des V.D.E.V. die in Abb. 3 dargestellte Umgrenzung des lichten Raumes[13]), bei deren Anwendung in Krümmungen auf Spurerweiterung und Ueberhöhung der äußeren Schiene Rücksicht zu nehmen ist. Für die schon bestehenden Anlagen sind einige kleinen Abweichungen zugelassen, welche in Abb. 3 durch die gestrichelten Stufen dargestellt werden[14]). Außerdem dürfen Doppelgleise auf der freien Bahnstrecke auf 3,5 m aneinandergerückt werden[15]), so daß ein Ueberschneiden der je 4 m breiten Umgrenzungen beider Gleise um 0,5 m eintritt. Doch muß ein ferner hinzutretendes drittes Gleis bezw. das erste Gleis eines zweiten Gleispaares von dem nächsten Gleise des ersten Gleispaares 4 m Abstand haben. Innerhalb der Stationen ist der Abstand zwischen den Achsen zweier Nachbargleise mindestens zu 4,5 m anzunehmen[16]), sofern nicht die Anlage von Zwischenbahnsteigen, Ladebühnen, Stellwerksbuden u. s. w. eine größere Entfernung bedingt.

Bei ausgedehnten Bahnhofsanlagen wird auf den Pr.St.B. durch Einschaltung einzelner größerer Gleisabstände (etwa von 6 m) ein gefahrloses Begehen des Bahnhofes zwischen den verschiedenen Gleisgruppen ermöglicht[17]). Hauptgleise, zwischen denen ein Zwischenbahnsteig liegt, sollen[18]) mindestens 6 m Abstand haben, auf den Pr.St.B.[19]) bei zweigleisiger Benutzung 9 m oder mehr, bei schienenfreiem Zugange 10,5 m oder mehr. Beim Umbau von Stationen mit geringem Personenverkehre kann mit Genehmigung der Landesaufsichtsbehörde von den Bestimmungen der N. f. H. § $9_{,3}$ abgewichen werden[20]).

Die Höhe der Personenbahnsteige über Sch.Ob. darf nach N. f. H. § $16_{,1}$ ohne Genehmigung des R.E.A. nicht über 0,38 m betragen, und richtet sich ebenso, wie der Abstand der Bahnsteigkanten von der Gleismitte, nach den Stufen der obigen Umgrenzung. Hiernach dürfen Bahnsteige bei 1,52 m Abstand der Kante von Gleismitte 0,38 m, bei 1,65 m Abstand der Kante von Gleismitte 0,76 m hoch sein, während die von den T.V. § 48 empfohlenen 1,0 m hohen Bahnsteige (vgl. die Bem. 4 zu Abb. 3) an Hauptpersonengleisen im D.R. z. Z. nicht zulässig sind. Dagegen ist bei Gleisen, welche innerhalb der Stationen zur Ein- und Ausfahrt von Militärzügen dienen, nach Bt.O. § $2_{,1}$ und N. f. H. § $18_{,3}$ (zur Anlage der Militärrampen) eine Abweichung von

[10]) N. f. H. § 7, Ba O. § 2.
[11]) Vgl. auch T.V. § 28, 35.
[12]) Ueber die erforderliche Ausrundung der Neigungswechsel vgl. N. f. H. § 8.
[13]) N. f. H. § 1, Ba.O. § 6, T.V. § 30*, 34*.
[14]) Vgl. Bt.O. § 2, Ba.O. § 6, T V. § 30*.
[15]) N. f. H. § 9, T.V. § 31*.
[16]) N. f. H. § $9_{,3}$, T.V. § 39.
[17]) A. f. Est. § 6.
[18]) N. f. H. § $9_{,3}$, T V. § 39.
[19]) A. f. Est. § 7.
[20]) N. f. H. § $9_{,4}$.

der Umgrenzung des lichten Raumes hinsichtlich der Höhe der obersten Stufe (Abb. 3) über das Maaß von 0,76 m bis 1 m zulässig, Fußböden von Güterschuppen und

Umgrenzung des lichten Raumes für Haupt- und vollspurige Nebeneisenbahnen,

für die freie Strecke sowie (nach den Best. des D.R.) diejenigen Gleise der Stationen, welche zur Ein- und Ausfahrt von Zügen mit Personenbeförderung dienen,

für die sonstigen Gleise der Stationen, (nach T.V. § 34 für alle Stationsgleise).

Abb. 3a.

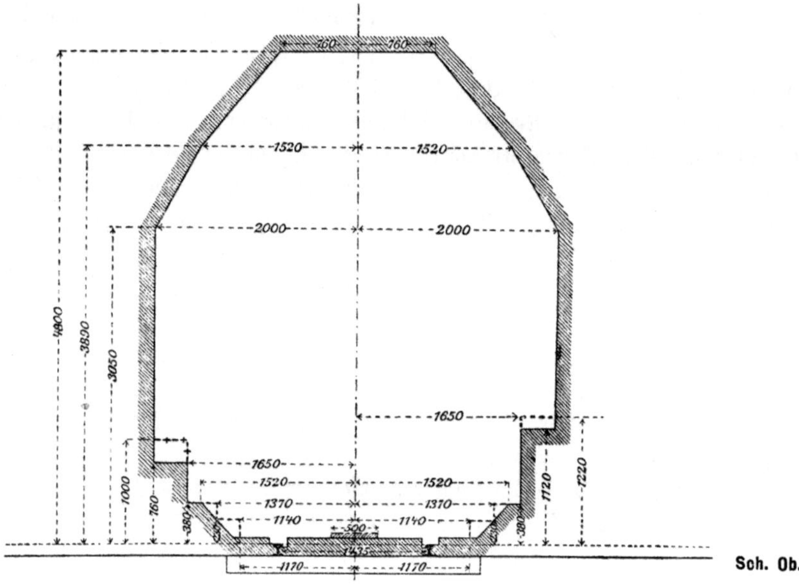

Unterer Theil der Umgrenzung des lichten Raumes.

Zwangsschienen der Weichen.

Abb. 3b. Abb. 3d. Abb. 3c.

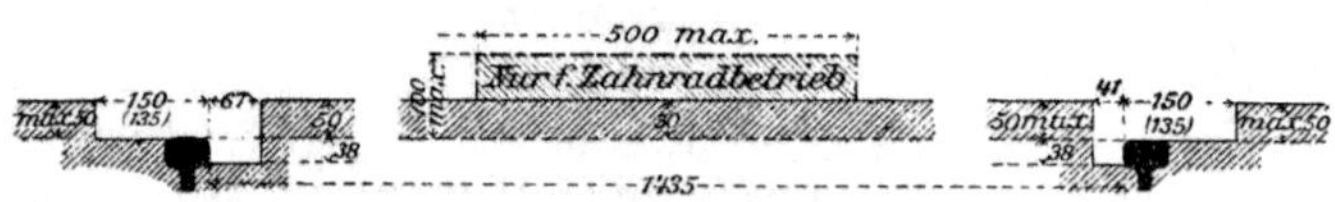

Abbildung 3.

Maaße mm.

Anmerkungen.

[1]) Die mit 150 mm vorgeschriebene Mindestentfernung fester, über Schienenoberkante außerhalb des Gleises bis zum Höchstmaaße von 50 mm erhöhter, Theile kann auf 135 mm eingeschränkt werden, wenn der erhöhte Theil mit der Fahrschiene fest verbunden ist (Siehe Abb. 3b, c).

[2]) Die mit 500 mm größter Breite und 100 mm Höchstmaaß über Schienenoberkante — - — - — - — - eingezeichnete Verengung des lichten Raumes hat nur für die Zahnradstrecken vollspuriger Bahnen mit ganzem oder theilweisem Zahnradbetrieb, auf welche Betriebsmittel der Haupt- und Nebeneisenbahnen übergehen, Gültigkeit (siehe Abb. 3d). (Nur nach T.V., nicht nach den Bestimmungen des D.R.).

[3]) Die gestrichelt gezeichneten Stufen gelten für bestehende ältere Bauten (— — — —).

[4]) Nach T.V. § 34 wird die linksseitig gezeichnete Umgrenzung für durchgehende Gleise der Stationen nur empfohlen, und es ist a. a. O. die Stufe + — + — + — + für durchgehende Stationsgleise, auf welchen Personenzüge verkehren, bei Anlage hoher Bahnsteige als zulässig erklärt.

Ladebühnen an von Zügen zu befahrenden Gleisen sollen nicht mehr als 1,10 m über Sch.Ob. reichen[21]). An Ladegleisen kann nach der Art ihrer Benutzung eine Einschränkung der Umgrenzung des lichten Raumes von der Aufsichtsbehörde zugelassen werden[22]). Sonstige Abweichungen hat der Bundesrath bezw. das R.E.A. zu genehmigen[23]).

Bahnsteige an Empfangsgebäuden und in Hallen sind nach T.V. § 48 und A. f. Est. § $7_{,2}$ bei Hauptbahnen möglichst nicht unter 7,5 m, auf Stationen mit starkem Personenverkehre entsprechend breiter anzunehmen. Alle auf den Bahnsteigen feststehenden Gegenstände, wie Säulen u. s. w., müssen bis zu einer Höhe von 2,5 m über dem Bahnsteige mindestens 3,0 m im Lichten von der Mitte des Gleises entfernt sein, für welches der Bahnsteig benutzt wird[24]).

Auf Vorkehrungen zur Vermeidung von Schneeverwehungen und von Schneeverschüttungen ist schon bei Anlage der Bahn Rücksicht zu nehmen[25]).

Die Kreuzung einer Bahn durch eine andere außerhalb der Stationen soll bei Neuanlagen nicht in Schienenhöhe, sondern durch Ueberbrückung hergestellt werden[26]). Für vorhandene Bahnkreuzungen in Schienenhöhe sind in Bt.O. § 27 besondere betriebliche Vorsichtsmaßregeln vorgeschrieben.

Das Betreten der Bahnanlagen ist Unberufenen verboten und wird den dazu Befugten unter besonderen Bedingungen gestattet[27]). Eine Einfriedigung des Bahnkörpers ist trotzdem zwar nicht allgemein, aber doch bei Hauptbahnen da vorgeschrieben, wo die gewöhnliche Bahnbewachung nicht hinreicht, um Menschen und Vieh vom Betreten der Bahn abzuhalten[28]). Zwischen der Eisenbahn und Wegen, welche unmittelbar neben derselben in gleicher Ebene oder höher liegen, sind Schutzwehren erforderlich. Als solche können nach näherer Bestimmung der Landespolizeibehörde auch Gräben mit Seitenaufwurf angesehen werden[29]). Die Uebergänge in Schienenhöhe müssen mit leicht sichtbaren Schranken in angemessener Entfernung von dem nächsten Gleise versehen sein, welche rechtzeitig vor Ankunft des Zuges zu schließen und bei nicht besonders bewachten Uebergängen von Privatwegen dauernd unter Verschluß zu halten sind[30]). An Uebergängen für Fußgänger kann die Aufsichtsbehörde Drehkreuze oder andere in gleicher Weise sichernde Verschlüsse zulassen[31]). Weitere Bestimmungen über die Beschaffenheit und Bedienung der Schranken, namentlich der Zugschranken, und über das Erforderniß an Warnungstafeln und Beleuchtung enthält Bt.O. § $4_{,4-6}$, § $5_{,6-9}$ [32]), besondere Vorsichtsmaßregeln für bewegliche Brücken, Schiebebühnen, Bahnkreuzungen, Bt.O. § $3_{,4-6}$.

Nebenbahnen liegen oft ohne Einfriedigung neben und auf dem Körper öffentlicher Straßen. Ob und an welchen Stellen indessen Schutzwehren oder andere Sicherheitsvorrichtungen an Wegen erforderlich sind, welche unmittelbar neben einer mit Lokomotiven befahrenen Bahn herlaufen oder über die letztere führen, bestimmt die Aufsichtsbehörde[33]). In angemessener Entfernung von verkehrsreichen Wegeübergängen in

---

[21]) N. f. H. § 19.
[22]) N. f. H. § $1_{,4}$, Bt.O. § $2_{,3}$, Ba.O. § $6_{,3}$.
[23]) N. f. H. § $1_{,5}$, Bt.O. § $2_{,4}$, Ba.O. § $6_{,2}$.
[24]) N. f. H. § $16_{,2}$, A. f. Est. § $7_{,5}$, T.V. § $48_{,3}$.
[25]) T.V. § 26.
[26]) N. f. H. § $13_{,2}$.
[27]) Bt.O. § 54—59, Ba.O. § 44.
[28]) Bt.O. § $4_{,1}$, vgl. auch T.V. § 23.
[29]) Bt.O. § $4_{,2}$, vgl. auch T.V. § 23.
[30]) Bt.O. § $5_{,4,5}$.
[31]) Bt.O. § $4_{,3}$, § $54_{,2}$, vgl. auch T.V. § 21, 137, 138.
[32]) Vgl. auch T.V. § 22.
[33]) Ba.O. § $7_{,1}$.

Schienenhöhe müssen Warnungstafeln aufgestellt sein[34]). Für Zugschranken, Drehbrücken bestimmen Näheres Ba.O. § $7_{,3}$ und $37_{,2}$.

Bei Haupt- und Nebenbahnen ist es[35]) erforderlich, in Waldungen, Haiden und trockenen Mooren längs der Bahn zur Sicherheit gegen Brände einen Streifen wund zu halten oder nur in solcher Weise zu benutzen, daß die Fortpflanzung des Feuers gehindert wird. Die Breite des sogenannten Sicherheitsstreifens ist nach der Oertlichkeit zu bestimmen. Derselbe Zweck kann auch durch Anlage von Seitengräben erreicht werden, welche in entsprechender Entfernung vom Bahngleise anzulegen und von brennbaren Gegenständen rein zu halten sind. Die näheren Bestimmungen in dieser Beziehung ebenso wie in Bezug auf die Durchführung von Wegen und Wasserläufen quer zur Bahn trifft in Preußen die Landespolizeibehörde (Königl. Regierung).

Zur Abwendung von Feuersgefahr bei Errichtung von Gebäuden und bei Lagerung von Materialien in der Nähe von Eisenbahnen haben gemäß M.E. v. 14./3. 1893 (E.V.B. 152) die einzelnen Regierungspräsidenten gleichlautende Polizeiverordnungen, je für ihren Amtsbezirk, erlassen.

Zur Orientirung für das Streckenpersonal wie für das Personal auf den Zügen muß die Bahn mit Abtheilungszeichen (Kilometersteinen) versehen sein, welche bei Hauptbahnen Zehntel Kilometer angeben[36]), bei Nebenbahnen ganze Kilometer[37]). Der Wechsel von Steigung, Gefälle und Horizontale ist den Lokomotivführern durch sogenannte Neigungszeiger kenntlich zu machen, die auf Hauptbahnen überall erforderlich sind[38]), auf Nebenbahnen nur bei Gefällen und Steigungen, die steiler sind als 1 : 150 und sich ununterbrochen über mehr als 500 m ausdehnen[39]).

Für Nebenbahnen ist schließlich noch vorgeschrieben, daß die in Schienenhöhe liegenden unbewachten Wegeübergänge dem Lokomotivführer durch ein genügend weit vorgeschobenes Kennzeichen anzukündigen sind[40]). Die eigentlich technischen Vorschriften für den Zustand der Bahn, welche für Hauptbahnen ziemlich detaillirt in den N. f. H., für Nebenbahnen mehr allgemein gehalten in der Ba.O. und für beide im Bereiche des V.D.E.V. in den T.V. gegeben sind, gehören nicht in den Rahmen dieses Buches.

B. Unterhaltung und Bewachung der Bahn.

Die Bahn wird durch den Verkehr der Züge beständig abgenutzt. Sie bedarf daher fortwährend einer sorgfältigen Ueberwachung und Ausbesserung aller eintretenden Schäden. Diese Arbeit bewirken die Arbeiterrotten unter Leitung der Vorarbeiter oder Rottenführer, die wiederum für einen gewissen Theil der Bahnlänge einem Bahnmeister unterstellt sind. Diese Art Ueberwachung ist indessen keine regelmäßige, und sie erstreckt sich auch nur auf die bauliche Unterhaltung. Um Beschädigungen der Bahn und Gefährdung der Züge durch Unbefugte oder durch höhere Gewalt zu verhüten, oder entstandene Schäden wenigstens rechtzeitig zur Meldung zu bringen und bei geringem Umfange sofort auszubessern, ist eine regelmäßige Bewachung der Bahnstrecke erforderlich, die gleichfalls den Bahnmeistern untersteht[41]). Diese wird ausgeübt durch die Bahnwärter,

---

34) Ba.O. § $7_{,2}$, vgl. auch T.V. § 22a.
35) T.V. § 27.
36) Bt.O. § $6_{,1}$, T.V. § $24_{,1}$*
37) Ba.O. § $8_{,1}$, T.V. § 24.
38) Bt.O. § $6_{,2}$ } vgl. auch T.V. § 25*.
39) Ba.O. § $8_{,2}$ }
40) Ba.O. § $8_{,3}$.
41) Dia. f. Bm. § 1.

deren jedem eine gewisse Strecke der Bahn (ein Theil der Bahnmeisterei) zugewiesen ist, die je nach der Schwierigkeit der örtlichen Verhältnisse, der Stärke des Verkehres u. s. f. größer oder kleiner ist. Jeder Bahnwärter erhält als Dienstraum eine Bahnwärterbude, welche er zugleich den ihn ablösenden und vertretenden Bahnwärtern und Hülfswärtern einräumen muß, und in welcher er die zu seinem Dienste nothwendigen Inventarien aufzubewahren hat. Bisweilen ist mit dem Dienstraume eine Dienstwohnung für den Bahnwärter verbunden.

Für die Bewachung von Hauptbahnstrecken ist maßgebend Bt.O. § 5 und Dia. f. Bw. § 9, 10. Hauptbahnen müssen hiernach so lange bewacht werden, als noch Züge oder einzeln fahrende Lokomotiven zu erwarten sind. Wo keine fortlaufende Bewachung durch Tag und Nacht hindurch stattfindet, wird den Bahnwärtern der Dienstschluß durch das Ruhesignal der Läutewerke angezeigt (vgl. Seite 185). Die Bewachung ist so auszuführen, daß sämmtliche Bahnstrecken von dem Wärter im Allgemeinen täglich mindestens dreimal auf ihren ordnungsmäßigen Zustand zu untersuchen sind, während gefahrdrohende Stellen ständig bewacht werden müssen[42]). Die stattgehabte Begehung der Strecke durch den Bahnwärter wird von den fahrenden Zügen aus dadurch kontrolirt, daß der Wärter bei jeder Begehung eine andere Kontrolnummer an den Enden seines Dienstbezirkes an hierfür angebrachten Pfählen 2c. aushängen muß.

Der Dienst der Bahnwärter umfaßt folgende Geschäfte:[43])

a) Die regelmäßige Untersuchung der Strecke und der Telegraphenleitungen einschließlich der Reichstelegraphenleitungen auf ihren baulichen Zustand, Ausführung kleinerer Unterhaltungsarbeiten, Löschung von Bränden, die durch Funkenauswurf der Lokomotiven hervorgebracht sind, möglichst im Entstehen, Meldung größerer Schäden an den Bahnmeister, eventuell Absperrung der Strecke bei gefahrdrohenden Schäden. Alle Arbeiten, die von Rottenarbeitern und Handwerkern auf der Strecke ausgeführt werden, hat der Bahnwärter zu überwachen, ebenso auch die Bewegungen der bei diesen Arbeiten benutzten Rollwagen, für die im Uebrigen die von den Eisenbahndirektionen erlassenen Vorschriften über die Benutzung der Rollwagen auf Betriebsgleisen maßgebend sind. Fundsachen hat er an den Bahnmeister abzuliefern.

b) Die Bedienung der ihm überwiesenen Vorrichtungen, welche einer Wartung bedürfen, so der Schranken, für deren Schließung in erster Reihe der Fahrplan maßgebend ist. (Hierfür häufig an besonders lebhaften Wegeübergängen besondere Wärter, oder, bei völliger Trennung des Schrankendienstes vom sonstigen Bahnbewachungsdienste, Frauen s. unten), der Laternen an den Wegeübergängen, der Läutewerke (s. S. 185), bei Blockstationswärtern der Blockwerke und der Blocksignale, der Drehbrücken u. s. f.

c) Die Ueberwachung und Beobachtung aller fahrenden Züge (vgl. unter II H dieses Kap. S. 193 ff.).

d) Die Ausübung der Bahnpolizei, Feststellung etwaiger in seinem Dienstbereiche begangener strafbarer Handlungen, eventuell Festnahme der Schuldigen.

Für die Bahnbewachung auf Nebenbahnen ist § 21 der Ba.O. und dieselbe Dienstanweisung maßgebend (vgl. auch T.V. § 135). Die Bahnstrecke muß hier im Allgemeinen mindestens einmal täglich auf ihren ordnungsmäßigen Zustand untersucht werden, sofern

---

[42]) Vgl. auch T.V. § 135.
[43]) Dia. f. Bw. § 9—19.

die zulässige Geschwindigkeit mehr als 20 km beträgt. An besonders verkehrsreichen Wegeübergängen 2c. ist schon bei mehr als 15 km Geschwindigkeit eine Bewachung erforderlich. Der Schrankendienst kann auch weiblichen Personen anvertraut werden (s. d. Folgende). Die Verrichtungen des Bahnwärters sind im Uebrigen wesentlich dieselben wie auf Hauptbahnen.

Für die Verwendung von Frauen als sogenannte Schrankenschließerinnen sind die vom M. d. ö. A. erlassenen „Dienstvorschriften" maßgebend. Die Bezirke der Bahnwärter sind im Allgemeinen 1—1$\frac{1}{2}$ km lang, bei Trennung des Schrankendienstes vom eigentlichen Bahnbewachungsdienste indessen 3—10 km lang. Der Bahnwärter heißt dann Streckenläufer oder Streckenwärter.

Nach der Anweisung zur Behandlung der Personalangelegenheiten der nachgeordneten Beamten und Arbeiter seitens der Inspektionsvorstände Anl. 3[44]) soll die planmäßige Dauer des täglichen Dienstes (vgl. S. 6) der Bahnwärter auf Strecken nur mit Tagesdienst oder beschränktem Nachtdienste in der Regel 14 Stunden nicht überschreiten. Nur, wenn die Betriebsverhältnisse auf einer Strecke derartig einfache sind, daß den Bahnwärtern innerhalb ihrer Dienstzeit wiederholt längere Ruhepausen verbleiben, wie namentlich auf Nebenbahnen mit geringem Zugverkehre, kann die planmäßige Dienstdauer unter Einrechnung derjenigen Zeit, während welcher der Bahnwärter nur dienstbereit zu sein hat, ausnahmsweise bis auf 16 Stunden erstreckt werden. Das Gleiche gilt, wenn die planmäßige Dienstdauer durch eine mehrstündige zusammenhängende Ruhepause unterbrochen wird. Auf Bahnstrecken mit vollem Tages- oder Nachtdienste darf die planmäßige Dauer des täglichen Dienstes der Bahnwärter nicht mehr als 13 Stunden (nur an Dienstwechseltagen ausnahmsweise 14 Stunden) betragen. Wenn die Bahnwärter nur in größerer Entfernung von ihrem Posten Wohnung finden können, ist die auf die Wege zum und vom Dienste entfallende Zeit bei Feststellung der planmäßigen Dienstdauer angemessen zu berücksichtigen.

C. Vom Zuge befahrene Gleise.

Die Gleise, welche von den planmäßigen Zügen befahren werden, heißen Hauptgleise. Bei zweigleisigen Bahnstrecken sollen sowohl Züge als einzeln fahrende Lokomotiven in der Regel das in ihrer Fahrtrichtung rechts liegende Gleis befahren[45]). Ausnahmen finden auf Hauptbahnen statt (S. 237, 238) bei Gleissperrungen, für Arbeitszüge, für Bedienung eines auf freier Strecke liegenden Anschlußgleises nach jedesmaliger Verständigung zwischen den benachbarten Stationen, ferner innerhalb der Stationen sowie für Hülfszüge und Hülfslokomotiven und für zurückkehrende Nachschiebelokomotiven unter Verantwortlichkeit des diese Fahrten veranlassenden dienstthuenden Stationsbeamten[46]). Im Uebrigen wird der Grundsatz des Rechtsfahrens auch innerhalb der Stationen im Allgemeinen durchgeführt mit den Ausnahmen, die im 4. Kap. unter I C (S. 204) besprochen werden.

Bei eingleisigen Bahnen spaltet sich das eine Hauptgleis innerhalb aller Stationen von irgend welcher Bedeutung in zwei Gleise. Der Grundsatz des Rechtsfahrens wird

---

[44]) B. f. B. d. Pr.St.

[45]) Bt.O. § $21_{,1}$, Ba.O. § 22.

[46]) Bt.O. § $21_{,3}$.

bei diesen Gleisen aber nicht überall durchgeführt, vielmehr gilt mancherorts als Regel, daß für gewöhnlich das gerade Gleis befahren und nur bei Zugkreuzungen das zweite Gleis (mag es rechts oder links liegen) von dem Zuge minderer Bedeutung benutzt wird, z. B. von einem Güter- oder Personenzuge, während ein Schnellzug auf dem geraden Gleise (eventuell ohne Aufenthalt, durchfährt[47]), mancherorts ist das frühere oder spätere Einlaufen des einen oder anderen Zuges dafür maßgebend, welchen Zug man zunächst dem Bahnsteige vorfahren läßt, u. s. f.

D. Die Zugfolge.

Während auf eingleisigen Bahnen dafür Sorge getragen werden muß, daß nicht versehentlich zwei Züge von den entgegengesetzten Enden auf derselben Bahnstrecke einander entgegengesandt werden, ist auf zweigleisigen Bahnstrecken schon durch die Anordnung der Weichenverbindungen auf den Stationen diese Gefahr so gut wie ausgeschlossen, da es in der Regel umständlicher Rangirbewegungen bedarf, um den Zug auf das falsche (linke) Gleis zu bringen.

Wo bei größeren Stationen die Weichenverbindungen es ermöglichen, daß ein Zug bei gerader Fahrt in ein falsches Gleis gelangt, wird solcher Fehler durch die Weichen- und Signalstellwerke verhindert. Die Zugfolge in jeder Richtung ist also im Allgemeinen von derjenigen der entgegengesetzten Richtung unabhängig, es sei denn, daß ein Gleis wegen Betriebsstörung gesperrt ist und daher eingleisig gefahren werden muß.

Wohl aber sind die in derselben Richtung fahrenden Züge auch auf zweigleisigen Bahnen von einander abhängig. Kein Zug darf von einer Station abfahren, bevor nicht festgestellt ist, daß der letzte in derselben Richtung voraufgefahrene Zug die nächste Station erreicht hat[48]). Bei Nebenbahnen gilt diese Vorschrift nur bei einer 15 km übersteigenden Geschwindigkeit[49]). Auf jedem Gleise zwischen zwei Stationen darf sich mithin zur Zeit nur je ein Zug befinden. Um dessen ungeachtet bei zweigleisigen Bahnen eine raschere Folge von Zügen in gleicher Fahrtrichtung zu ermöglichen, als es die Entfernung der betreffenden Stationen nach der erwähnten Bestimmung zulassen würde, sind auf verkehrsreichen Linien die Bahnstrecken zwischen je zwei Stationen durch Signalzwischenstationen (Blockstationen) in zwei oder mehrere kleinere Strecken getheilt, deren Länge nunmehr als Stationsabstand im Sinne des § 25 der Bt.O. anzusehen ist, während die Blockstationen als Stationen gelten. (Dementsprechend auch der Wortlaut a. a. O.) Jeder nachfolgende Zug ist daher auf einer Station oder Blockstation so lange zurückzuhalten, bis der vorauffahrende Zug die nächste vorwärts gelegene Blockstation erreicht hat oder in die nächste Station eingefahren ist.

In welcher Weise die Einhaltung vorstehender Bestimmungen durch Signale und Meldungen erreicht wird, soll im folgenden Absatze dargelegt werden.

II. Fürsorge für den Zug durch Streckensignale und Meldungen.

Die Verständigung der Stationen über die Zugfahrten geschieht mittelst der elektrischen Leitungen[50]). Damit die Züge in der vorbeschriebenen Weise und ohne sich gegenseitig zu gefährden, auf der Strecke verkehren, verständigen sich die Stationen über

[47]) T.V. § 158.
[48]) Bt.O. § 25,$_1$.
[49]) Ba.O. § 29,$_2$.
[50]) Bt.O. § 44, Ba.O. § 41, T.V. § 173*.

die Zugfahrten durch den Morsetelegraphen (Fernschreiber), auf Nebenbahnen ev. durch den Fernsprecher. Solche Verständigung ist namentlich bei den eingleisigen Bahnen vor der Zugfahrt nothwendig, um ein Zusammenstoßen zweier in entgegengesetzter Richtung fahrenden Züge zu verhüten, muß aber auch bei den zweigleisigen Bahnen während und zum Schlusse der Zugfahrt zwischen zwei Stationen stattfinden, um die Zugfolge einzuhalten. Auf den mit der unten zu beschreibenden Streckenblockirung ausgerüsteten Linien wird ein Theil der Morsetelegramme durch die Blockmeldungen ersetzt. Die Morsetelegramme haben aber vor allen anderen Verständigungsmitteln den Vorzug, daß sie eine schriftliche Aufzeichnung der Meldungen bieten, so daß auch später noch jederzeit der Wortlaut der Meldung und der für denselben verantwortliche Beamte genau festgestellt werden kann.

A. Der Zugmeldedienst auf Linien ohne Streckenblockirung.

Ist die Bahn eingleisig, so muß der Zugfahrt ein Anbieten des Zuges vorhergehen. Diejenige Station, welche einen Zug ablassen will, muß zuvor an die nächste Station die Anfrage richten: „Kann Zug x kommen?“ Diese antwortet entweder: „Ja! Zug x kann kommen“ (Annahme des Zuges), oder: „Nein! Zug x muß warten.“ Im letzteren Falle hat die zweite Station, sobald die der Annahme des Zuges entgegenstehenden Hindernisse beseitigt sind, dies der Abfahrtstation mitzutheilen: „Zug x kann jetzt kommen“[51]). Ist seitens der zweiten Station die Annahme erfolgt, so kann die Abfahrtstation den Zug abschicken. Bei zweigleisigen Bahnen fällt dieser Depeschenwechsel vor Beginn der Zugfahrt im Allgemeinen fort[52]). Bei Sperrung eines Gleises wird indessen das andere Gleis ganz nach denselben Regeln, wie eingleisige Bahnen, betrieben, so daß also auch Anbietung und Annahme jeden Zuges erforderlich werden. Ferner muß auch bei zweigleisigem Betriebe die Anbietung stets bei solchen Zügen erfolgen, über deren bevorstehende Ablassung die Ankunftstation weder durch den Fahrplan, noch durch eine besondere Mittheilung zuvor unterrichtet ist.

Der fernere Depeschenwechsel nach Abfahrt des Zuges stimmt bei ein- und zweigleisigen Bahnen überein. Sobald ein Zug eine Station A abfahrend oder durchfahrend verlassen hat, wird der Zeitpunkt, zu dem dies geschehen ist, der nächsten Station B mittelst des Fernschreibers mitgetheilt, z. B. „Pz. 36 ab $6_{,15}$“ (d. h. „Personenzug 36 ab 6 Uhr 15 Minuten“[53]). Sobald der Zug auf der nächsten Station B eingetroffen ist, hat diese den Zug der voraufgehenden Station A durch den Fernschreiber zurückzumelden, z. B. „Pz. 36 hier“[54]) und ihn ferner nach erfolgter Abfahrt der nächsten Station C, wie vorbeschrieben, vorzumelden. Jede Station hat also für jeden durch dieselbe laufenden Zug vier solcher Depeschen abzufertigen: Sie erhält die Vormeldung, meldet zurück, meldet vor und erhält schließlich die Rückmeldung. Zu diesen vier Depeschen treten bei eingleisigen Bahnen regelmäßig (bei zweigleisigen in besonderen Fällen) zwei Depeschen für Anbietung und Annahme des Zuges, so daß also auf eingleisigen Bahnen jede Station für jeden sie passirenden Zug mindestens sechs Depeschen abzufertigen hat.

---

[51]) A. f. T. § 31.
[52]) A. f. T. § $31_{,4}$.
[53]) A. f. T. § 33.
[54]) A. f. T. § 34.

Für etwaige Verlegung von Kreuzungen (bei eingleisigen Bahnen) und Ueberholungen ist ein besonderer Depeschenwechsel erforderlich[55]). Für Züge, die nur einen Theil der zwischen zwei Stationen gelegenen Strecke befahren und dann zur Ausgangsstation zurückkehren, also Arbeitszüge, Züge zur Bedienung von Anschlußgleisen, Schiebelokomotiven u. s. f. ist ein eigenes Meldeverfahren vorgeschrieben[56]).

B. Der Zugmeldedienst auf Linien mit Streckenblockeinrichtung.

Sind zwischen zwei Stationen eine oder mehrere sogenannte Blockstationen eingeschaltet, welche für die Zugfolge in Stationsabstand als Stationen gelten[57]), so findet, um diese Zugfolge zu regeln, von Blockstation zu Blockstation bezw. von Station zu Blockstation und umgekehrt eine besondere Verständigung statt, welche am besten zwangsweise durch die sogenannten Blockwerke von Siemens & Halske bewirkt wird, die derart mit den Fahrsignalen der Blockstationen in Verbindung stehen, daß keine Station oder Blockstation ohne Zustimmung der folgenden Station oder Blockstation einem Zuge Fahrterlaubniß geben kann. Das Nähere hierüber läßt sich erst nach Erörterung der Signale und Blockwerke klarlegen (vgl. S. 221 ff.). Auf minder gut ausgestatteten Linien erfolgt aber auch diese Verständigung durch Fernschreiber. Sie läuft darauf hinaus, daß jede folgende Station oder Blockstation der vorhergehenden Station oder Blockstation mitzutheilen hat, ob ein Zug die zwischen beiden liegende Strecke verlassen hat, so daß die vorhergehende Station oder Blockstation einem zweiten Zuge Fahrterlaubniß in derselben Richtung ertheilen kann. Jede folgende Station oder Blockstation hat der vorhergehenden Station oder Blockstation die zwischen beiden liegende Strecke freizugeben (zu deblockiren). Neben diesen Blockmeldungen, mögen sie durch Blockwerke oder Fernschreiber erfolgen, bleiben die Zugvormeldungen von Station zu Station mit Ueberspringung der Blockstationen im Allgemeinen bestehen. Es entfallen nur die Rückmeldungen der Züge, so daß jede Station mit dahinter liegender Blockstation nicht mehr erfährt, wann ein Zug auf der nächsten Station angelangt ist, sondern nur, wann er die nächste Blockstation passirt hat. Statt der vier Zugmeldedepeschen (s. oben) sind also in diesem Falle zwei zu wechseln. Auch diese, die Vormeldung der Züge betreffenden Depeschen können auf Linien, welche mit durchgehenden Blockeinrichtungen versehen sind, durch besondere Anordnung der Direktionen für die regelmäßig verkehrenden Züge fortgelassen werden, so daß also dann auch die Zugvormeldungen lediglich von Blockstation zu Blockstation, und zwar durch die Wecker der Blockwerke, erfolgen. Treten jedoch Verschiebungen in der Reihenfolge der Züge ein, so ist auch hier die Abmeldung von Station zu Station mittelst des Fernschreibers erforderlich[58]).

In neuerer Zeit haben die Streckenblockeinrichtungen bedeutende Verbesserungen erfahren, indem man die zwangsläufige Wirkungsweise vervollkommnete und außer den Signalen auf den Blockstationen auch die Ausfahrtsignale der Stationen mit den Blockwerken in Verbindung brachte. Da somit die Stationen in Bezug auf die Ablassung von Zügen in gleiche Abhängigkeit von den Blockeinrichtungen gelangt sind, wie die Blockstationen, wird in den vom M. d. ö. A. unter dem 7./1. 1895 herausgegebenen Grundsätzen für elektrische Streckenblockirung diese der Bt.O. § 25 und der A. f. T. § 33,$_2$

---

55) A. f. T. § 35, Dia. f. Stb. § 24.
56) A. f. T. § 36.
57) Bt.O. § 25.
58) A. f. T. § 33,$_3$.

entsprechende Unterscheidung aufgegeben, und es heißen hiernach alle für die Zugfolge vorhandenen Trennpunkte der mit Blockeinrichtungen ausgerüsteten Strecken „Blockstationen", die nur in End- und Zwischenblockstationen unterschieden werden. Die Zwischenblockstationen entsprechen ungefähr dem, was die Bt.O. und die A. f. T. mit dem Namen Blockstationen bezeichnet. Während aber die Blockstationen im Gegensatze zu den Stationen ursprünglich lediglich für die Zugfolge geltende Trennpunkte der zwischen zwei Stationen gelegenen Strecken ohne Einrichtungen für den Personen- und Güterverkehr waren, hat auch diese Unterscheidung im Laufe der Jahre sich verwischt, indem auf vielen Blockstationen Haltepunkte für den Personen- und Güterverkehr eingerichtet sind. Dieser Entwickelung wird nun die neuerdings für die Pr.St.B. vorgeschriebene Bezeichnungsweise gerecht, indem sie die unzutreffend gewordene Unterscheidung von Stationen und Blockstationen aufgiebt, und unter „Endblockstationen" solche Stationen versteht, auf welchen eine Ueberholung oder ein Kehren von Zügen stattfinden kann, unter Zwischenblockstationen solche, auf welchen Ueberholung oder Kehren von Zügen nicht stattfindet.

Strecken mit dicht liegenden Stationen ohne zwischengeschaltete Blockstationen im Sinne der früheren Bezeichnungsart weisen nunmehr, falls die Stationen sämmtlich Ueberholungs- oder Kehrstationen sind, nur „End"-Blockstationen auf. Es hat also eine bedeutende Verschiebung des Begriffes der Blockeinrichtungen stattgefunden. Während man unter Blockeinrichtung auf einer Strecke früher die Theilung der längeren Strecken zwischen zwei Stationen durch Blockstationen oder Signalzwischenstationen verstand, einerlei ob die Blockabhängigkeit durch Fernschreiber oder durch zwangsläufige Blockwerke herbeigeführt wurde, besagt der Begriff Streckenblockeinrichtung im neueren Sinne lediglich die Ausstattung einer Strecke mit Blockwerken, wobei unter Umständen, wie oben dargelegt, Blockstationen im früheren Sinne ganz fehlen können. Da die ältere Bezeichnungsweise indessen noch vielfach gebräuchlich ist und auch von der Bt.O. und der für die Pr.St.B. geltenden A. f. T. noch festgehalten wird, ist es nothwendig, jedesmal, wenn von Blockeinrichtungen auf einer Strecke die Rede ist, sich vorher darüber klar zu werden, ob die ältere oder neuere Auffassung zu Grunde liegt.

Während Blockeinrichtungen im älteren Sinne auf eingleisigen Strecken kaum in Betracht kommen können, gewinnen die Blockeinrichtungen im neueren Sinne gerade für solche eine erhöhte Bedeutung. Die Blockwerke müssen alsdann eine wesentlich verwickeltere Einrichtung erhalten, als auf zweigleisigen Strecken, da sie nicht nur eine zu schnelle Zugfolge zu verhindern, sondern auch das Gegeneinanderfahren zweier Züge zwischen zwei Stationen auszuschließen haben. Da indessen der Verkehr auf eingleisigen Strecken meist ein geringer ist, sind Streckenblockirungen der vorgedachten Art erst in seltenen Fällen zur Anwendung gekommen.

Im Vorstehenden ist nur der Hauptgrundsatz der Streckenblockirung und die durch die Streckenblockirung herbeigeführte Vereinfachung des Zugmeldedienstes mit Fernschreibern erörtert. Wie die Blockwerke selbst eingerichtet sind, wie sich ihre Verbindung von Station zu Station gestaltet und wie sich der Dienst auf ihnen abspielt, läßt sich erst nach Besprechung der Signaleinrichtungen der Stationen klarlegen (vgl. S. 217 ff.).

C. Das Abläuten der Züge.

Von den die Drahtleitung durcheilenden Zugmeldedepeschen und Blockmeldungen erfährt das Streckenpersonal nichts. Damit die Wärter indessen ihrer Verpflichtung, für die Sicherheit der fahrenden Züge zu sorgen, nachkommen können, ist es erforderlich, daß sie von der bevorstehenden Abfahrt jedes Zuges in Kenntniß gesetzt werden. Für die Hauptbahnen schreibt daher Bt.O. § $44,_1$ vor, daß alle Wärter zwischen zwei Stationen von der bevorstehenden Abfahrt eines Zuges durch elektrische Signale benachrichtigt werden können. Dies geschieht durch die elektrischen Läutewerke[59]), die, mit Ausnahme einzelner Nebenbahnstrecken, bei bezw. in sämmtlichen Wärterhäusern längs der Bahnstrecke stehen. Die Läutewerke werden durch eine besondere Drahtleitung in Thätigkeit gesetzt, welche zwischen je zwei benachbarten Stationen Kreisschluß bildet. Es ertönen daher bei Abgabe eines Läutewerksignales nur die Läutewerke zwischen je zwei benachbarten Stationen. Liegen mehrere unabhängige Strecken nebeneinander, so ist jede mit besonderen Läutewerken auszurüsten, die sich durch verschiedenartige Gruppirung der Glockenschläge, wie einfachen Schlag, Doppelschlag, hinkenden Doppelschlag u. s. f. unterscheiden[60]). Das Abläuten ist bei allen Zügen und leerfahrenden Maschinen vorgeschrieben, mit Ausnahme derjenigen, welche nicht die ganze Strecke bis zur nächsten Station durchfahren, sondern zur Abfahrtstation zurückkehren, ohne die Nachbarstation berührt zu haben[61]). Das Signal soll drei Minuten vor Abfahrt des Zuges gegeben werden, welche Zeit indessen bei Zugverspätungen auf eine Minute eingeschränkt werden darf. Andererseits ist für nicht fahrplanmäßige Züge, von welchen die Wärter vorher in keiner Weise unterrichtet werden konnten, das Abmeldesignal bis 15 Minuten früher zu geben, als die Abfahrt oder Durchfahrt erfolgt[62]). Das Läutesignal besteht in einer bestimmten Anzahl von Glockenschlägen (4, 5, 6 u. s. f.), welche einmal gegeben werden, wenn der Zug in der einen Richtung fährt, doppelt, wenn der Zug in der entgegengesetzten Richtung sich bewegt[63]). In der Regel sind die Züge mit ungerader Nummer durch einmalige, diejenigen mit gerader Nummer durch zweimalige Abgabe der festgesetzten Anzahl von Glockenschlägen abzuläuten[64]). Befährt ein Zug ausnahmsweise das falsche Gleis, ohne daß dem Streckenpersonale dies vorher mitgetheilt ist, so ist vor dem eigentlichen Abmeldesignal das Gefahrsignal (sechsmal dieselbe Anzahl Schläge) zu geben. Das Gefahrsignal dient zugleich dazu, sonstige außergewöhnliche Ereignisse, wie z. B. das Fortrollen von Wagen, eine Zugtrennung und dergl. dem Streckenpersonale anzuzeigen[65]). Das sogenannte Ruhesignal (dreimal die bestimmte Anzahl Glockenschläge) dient dazu, auf Strecken, die keinen ununterbrochenen Dienst haben, den Beginn der (nächtlichen) Ruhezeit, in welcher kein Zug mehr verkehrt, anzuzeigen, sowie um mitzutheilen, daß ein vorher signalisirter Zug nicht kommt[66]) (vgl. S. 179).

Das Abläuten besorgt die Abfahrt- bezw. Durchfahrtstation durch Drehen der hierfür vorhandenen Induktorkurbel. Kann eine Station wegen Unbrauchbarkeit der eigenen Läutevorrichtungen das Abmeldesignal nicht selbst geben, so hat sie die nächstfolgende Station zur Auslösung der (von dieser aus rückwärts liegenden) Läutewerke aufzufordern[67]). Ist ein Zug 15 Minuten nach dem erfolgten Abläuten nicht abgefahren, so ist das Läutewerksignal vor Abfahrt des Zuges zu wiederholen[68]).

Ein in derselben Richtung folgender Zug darf abgeläutet werden, ehe der vorhergehende Zug die nächste Zugfolgestation erreicht hat. Dagegen darf auf eingleisiger

[59]) T.V. § 174.
[60]) S.O.A.B. $I,_2$.
[61]) S.O.A.B. $I,_{4,5}$.
[62]) S.O.A.B. $I,_7$. — A. f. T. § $32,_{3,4,5}$.
[63]) S.O. I.
[64]) A. f. T. § $32,_2$.
[65]) S.O. I — S.O.A.B. $I,_{13,14}$.
[66]) S.O. $I,_3$. — S.O.A.B. $I,_{11,12}$.
[67]) S.O.A.B. $I,_6$. — A. f. T. § $32,_1$.
[68]) S.O.A.B. $I,_8$. — A. f. T. § $32,_9$.

Bahn oder auf einer zeitweilig eingleisig betriebenen Strecke der Abmeldung eines Zuges die Abmeldung eines zweiten in entgegengesetzter Richtung fahrenden Zuges nicht eher folgen, als bis der erstere Zug auf der Ankunftstation angelangt ist[69]).

Statt durch Läutewerksignale kann das auf der Strecke befindliche Personal auch durch gleichbedeutende Hornsignale von der Fahrt eines Zuges u. s. f. unterrichtet werden. Die Anwendung der Hornsignale erfolgt nur auf bestimmten, wenig übersichtlichen Strecken bezw. bei Nebel, Schneegestöber u. s. f. und wird durch besondere Anweisung der betreffenden Eisenbahndirektion geregelt[70]).

D. Die Kontrole der Zuggeschwindigkeit durch Radtaster

erfolgt auf solchen Strecken, welche im Interesse der Betriebssicherheit nicht schnell befahren werden dürfen, also Strecken mit sehr starken Neigungen, Strecken auf welchen Drehbrücken liegen u. s. f. Der sogenannte Radtaster besteht in einem Apparate, welcher an einer Fahrschiene angebracht ist, und in welchem durch das Darüberrollen eines jeden Rades ein elektrischer Kontakt hergestellt wird. Durch eine besondere Drahtleitung wird dieser Kontakt nach der benachbarten Station gemeldet. Die Meldung wird durch einen mit der Radtasterleitung verbundenen Registrirapparat sogleich zu Papiere gebracht. Ein Uhrwerk bewegt mit gleichmäßiger Geschwindigkeit einen Papierstreifen, auf welchen (bei den neueren Ausführungen) so lange, als durch Vorüberfahrt eines Zuges an einem Radtaster Kontakte hergestellt werden, ein durch elektromagnetischen Mechanismus angetriebenes meißelförmiges Messer wiederholt in schneller Folge herabfällt, und so ein der Zeitdauer der Vorbeifahrt des Zuges am Radtaster in seiner Länge entsprechendes rechteckiges Loch aus dem Papierstreifen herausschneidet. Die Vorüberfahrt des Zuges an den einzelnen auf der Strecke vorhandenen Radtastern kennzeichnet sich somit durch eine Reihenfolge solcher rechteckigen Löcher, aus deren Abständen man mit einem eigens hierzu hergestellten Maaßstabe die Geschwindigkeit des Zuges ablesen kann.

E. Der Hülfssignaldienst.

(Vgl. die von den Direktionen herausgegebenen Dienstanweisungen zur Handhabung des Hülfssignaldienstes.) Um bei besonderen Ereignissen, Zugentgleisungen und dergl. von der freien Bahnstrecke aus den benachbarten Stationen telegraphische Mittheilungen zugehen lassen zu können, sind auf den Hauptbahnstrecken der Pr.St.B., auf denen die benachbarten Stationen weiter, als ein gewisses Maß, auseinanderliegen, gemäß Bt.O. § 44,$_2$, in geeigneten Wärterbuden (wo Blockeinrichtungen vorhanden, in der Regel in den Blockstationen) besondere Fernschreiber aufgestellt oder neuerdings Fernsprecher angebracht. Erstere können durch einfaches Oeffnen des Kastens, in dem sie sich befinden, in die Signalleitung oder in die Lokalleitung (vgl. S. 187, 188) eingeschaltet werden. Die Fernsprecher sind entweder in eine besondere Leitung, oder in die Zugmeldeleitung ein-eingeschaltet. Die betreffenden Buden sind durch die Anschrift H.St. (Hülfsstation) gekennzeichnet. Solange solche festen Apparate nicht vorhanden waren, wurden von den Zügen in den Packwagen tragbare Fernschreiber mitgeführt. Auf solchen Strecken war dann die Signal- oder Lokalleitung in eine Anzahl Wärterbuden eingeführt, so daß die

---

69) A. f. T. § 32,$_{7,8}$.
70) S.O. I. — S.O.A.B. I,$_{15,16,17}$.

tragbaren Apparate ohne Schwierigkeit eingeschaltet werden konnten. Diese Einrichtung hatte den Nachtheil, daß unter Umständen bei einem Unfalle der Fernschreiber mit zerstört wurde, und dürfte zur Zeit überall durch feste Hülfsstationen ersetzt sein.

Die Nothdepeschen von der Strecke giebt in der Regel der Bahnwärter; falls dieser irgendwie behindert ist, der Zugführer des liegen gebliebenen Zuges oder ein von ihm beauftragter Schaffner. Alle diese Beamten müssen daher Uebung im Telegraphiren besitzen, ebenso wie auch der Bahnmeister, der die Bahnwärter darin zu kontroliren hat. Trotzdem sind die Beamten leicht beim Eintritte eines Unfalles so bestürzt, daß sie unfähig werden, eine ordnungsmäßige Depesche abzugeben. Daher verdient die Ausrüstung der Hülfsstationen mit Fernsprechern den Vorzug.

Der Wärter, Schaffner ꝛc., der einen Hülfsfernschreiber benutzen will, hat nach Einschaltung desselben eine der Nachbarstationen mit dem Zusatze „v. Str." („von Strecke") anzurufen, damit die angerufene Station sogleich weiß, daß es sich um eine Meldung von der Strecke, also um eine außerordentliche Sache handelt. Bei Fernsprechern erfolgt selbstredend der Anruf durch Wecker.

F. Die elektrischen Leitungen und ihre Benutzung.

Nachdem in dem Vorstehenden von verschiedenen elektrischen Signalen und Meldungen für den Zugdienst die Rede gewesen ist, erscheint es erwünscht, eine Uebersicht derjenigen Arten von elektrischen Leitungen zu geben, welche im Eisenbahndienste Verwendung finden[71]). Auf den besteingerichteten Hauptbahnstrecken pflegen folgende Leitungen vorhanden zu sein:

a) Zwei Blockleitungen. (Es genügt zur Noth auch eine Leitung für beide Zugrichtungen.) Diese Leitungen sind selbstredend nicht vorhanden, wo keine Blockeinrichtungen bestehen.

b) Die Läutewerksleitung (Signalleitung, Zugmeldeleitung). Diese hat Kreisschluß von Station bis Station und ist in der Regel auch mit Fernschreibern ausgerüstet, die für gewöhnlich, und namentlich zur Zeit des Abläutens, außer Anschluß sind und für die Benutzung durch Treten auf ein Pedal eingeschaltet werden können. Wo sich auf freier Strecke zwei oder mehrere Bahnlinien vereinigen, sind für die vereinigten Abschnitte dementsprechend zwei oder mehrere Signalleitungen erforderlich, die sich über die Anschlußstelle hinaus in die einzelnen Zweigstrecken fortsetzen.

Diese Leitungen werden neben dem Abläuten für solche Depeschen benutzt, die lediglich zwischen zwei Nachbarstationen gewechselt werden, um so die Hauptleitungen zu entlasten. Bei allen Zugmeldedepeschen ist dies auch aus dem Grunde zweckmäßig, weil sie alsdann jederzeit abgegeben werden können, ohne daß auf andere gleichzeitig sprechende Stationen gewartet zu werden braucht.

Neuerdings trennt man auf Hauptstrecken die Signal- oder Zugmeldeleitung in zwei Leitungen, welche beide von Station zu Station Kreisschluß haben, und von denen dann die eine nur die Induktionsströme der Läutewerke aufnimmt (Glockenleitung oder Läutewerksleitung), während die andere (Zugmeldeleitung) mit Fernschreibern ausgerüstet

---

71) Vgl. auch Bt.O. § 44, Ba.O. § 41, A. f. T. § 15.

ist und in erster Linie zur Beförderung der Zugmeldedepeschen benutzt wird. An letztere Leitung sind alsdann zugleich die Hülfsfernschreiber oder Hülfsfernsprecher der Strecke angeschlossen, die Hülfsfernschreiber so, daß sie durch Oeffnen des Kastens eingeschaltet werden (S. 186), die Hülfsfernsprecher so, daß ständig die Leitung durch ihre Wickelung durchgeführt ist. Bei Leitungen, welche zugleich die Induktionsströme der Läutewerkssignale aufnehmen, ist dagegen die zeitweise Einschaltung der Hülfsfernschreiber und Hülfsfernsprecher bedenklich, weil die starken Induktionsströme die Hülfsapparate vorübergehend unbrauchbar machen. Wo solche Signalleitungen doppelter Funktion vorhanden sind, hat man auch wohl die Hülfsapparate in die Lokalleitung eingeschaltet. Für Fernsprecher ist dies wieder wegen der störenden Geräusche bei einer längeren Leitung mit Uebelständen verknüpft. Für diese wird daher unter Umständen eine besondere Leitung angelegt werden. Die Verwendung der Fernsprecher im Hülfssignaldienste befindet sich noch im Stadium von Versuchen, über welche der M. d. ö. A. sich Bericht erstatten läßt[72]).

c) Die Lokalleitung oder Bezirksleitung geht durch eine längere Bahnstrecke von einer Hauptstation zur anderen. In die Lokalleitung sind auf allen Stationen Fernschreiber eingeschaltet. Sie befördert die meisten Dienstdepeschen, namentlich auch Cirkulardepeschen, die für eine größere Zahl von Stationen bestimmt sind und durch die Lokalleitung gleichzeitig an alle von ihr berührten betheiligten Stationen abtelegraphirt werden können. Wo in der Nähe von Bahnknotenpunkten ein verwickelter Betrieb mit Uebergang auf verschiedene anschließende Bahnlinien stattfindet, sind auch wohl mehrere Lokalleitungen vorhanden, deren jede in eine andere der anschließenden Strecken sich fortsetzt.

Die Lokalleitungen dienen zugleich zur Beförderung des Uhrsignales, welches jeden Morgen um 8 Uhr vom Schlesischen Bahnhofe in Berlin mittelst eines selbstthätigen Apparates an die Stationen aller Pr.St.B. und vieler anderen deutschen Bahnen gegeben wird. Zwischen den Lokalleitungen der einzelnen Strecken wird zu diesem Zwecke auf geeigneten Stationen jeden Morgen 2 Minuten vor 8 Uhr die entsprechende Verbindung durch Schaltung hergestellt.

d) Die Fernleitungen oder direkten Leitungen begreifen in ihren Kreisschluß eine größere Strecke und haben Fernschreiber nur in den Hauptstationen. Auf Hauptstrecken sind in der Regel mehrere solcher Leitungen vorhanden, die an Knotenpunkten der Bahn nach Seitenlinien abzweigen. Die Fernleitungen dienen für den Verkehr zwischen den Hauptstationen und für den Durchgangsverkehr, zu welchem letzteren Zwecke bisweilen Fernleitungen verschiedener Strecken zu größeren Längen zusammengeschaltet werden können.

Demgemäß sind die Leitungen zu d möglichst durch diejenigen zu b und c, die zu c möglichst wieder durch diejenigen zu b zu entlasten.

e) Die Radtasterleitungen, zur selbstthätigen Meldung der Zuggeschwindigkeiten, sind nur da vorhanden, wo auf der Strecke Radtaster angebracht sind.

f) Die Bahnhofsleitungen dienen zu inneren Bahnhofszwecken. Es können dies Fernschreib- oder Fernsprechleitungen sein, ferner Blockleitungen zur Verbindung der Stellwerksblockwerke mit den Blockwerken im Stationsgebäude, und unter einander Leitungen

---

[72]) E.N.B. 1896, S. 97.

Abbildung 4.

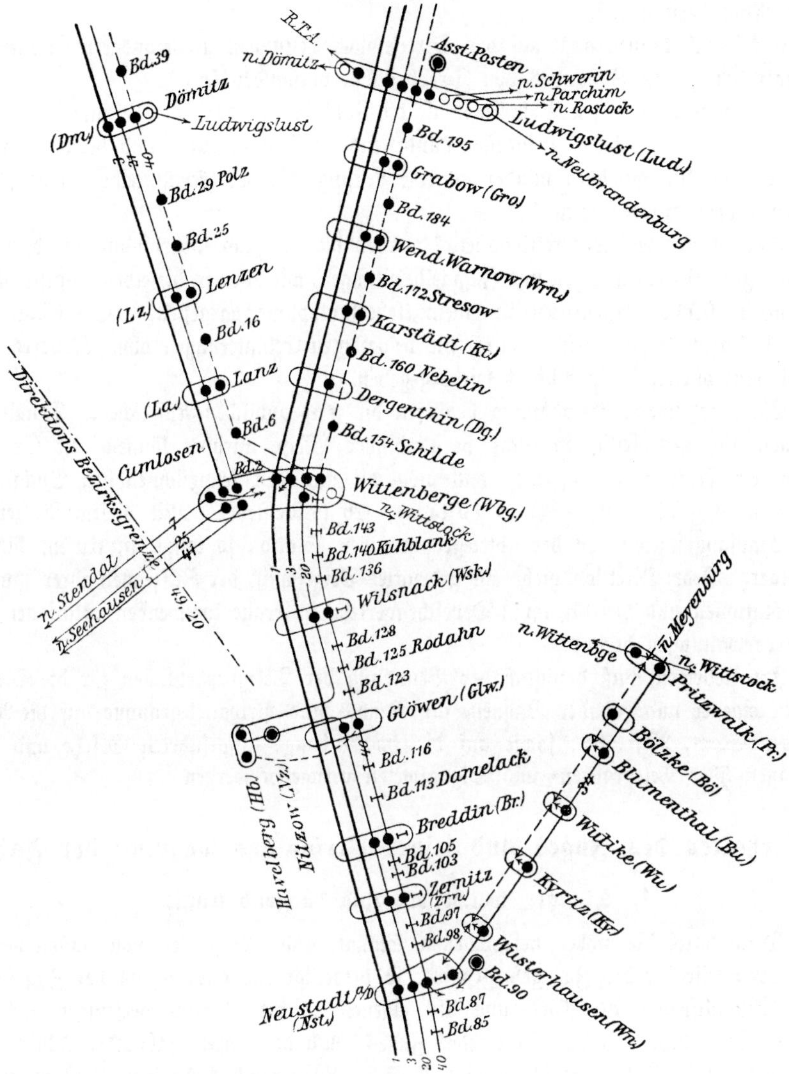

Fernschreiber in direkter Einschaltung.

„ für Hülfstelegraphenzwecke.

„ mit Wecker und Fußtrittumschalter, aus der Bezirksleitung in die Zugmeldeleitung nach zwei Richtungen einzuschalten.

R.T.A. „ in Verbindung mit einem Reichstelegraphenamt.

„ fremder Verwaltungen.

Fernleitung.

Bezirksleitung.

Zugmeldeleitung für Fernschreiber und Läutewerk.

„ für Fernschreiber mit Hülfsfernsprechern. (Besondere Läutewerksleitung vorhanden.)

Umschaltung.

zur Signalrückmeldung, Leitungen zur Kontrolirung der Ein- und Ausfahrt der Züge mittelst Radtastern u. s. f.

Schließlich können auch auf der Strecke noch Leitungen zu besonderen Zwecken, so zur Kontrolirung des Zustandes von Drehbrücken, vorhanden sein.

Auf minder wichtigen Bahnlinien ist die Zahl der vorhandenen Leitungen erheblich geringer. Auf Hauptbahnen ist indessen mindestens die Signalleitung, und die Lokalleitung vorhanden, auf Nebenbahnen mindestens eine Leitung, die mit Fernschreibern oder Fernsprechern bedient werden kann[73]).

Für jeden Eisenbahndirektionsbezirk werden die Telegraphenverbindungen, d. h. die Fernleitungen, Bezirksleitungen und Zugmeldeleitungen, mit allen in dieselben eingeschalteten oder einzuschaltenden Apparaten in einem Uebersichtsplane dargestellt. Ein Stück aus solchem Uebersichtsplane, welches durch die beigesetzten Erläuterungen ohne Weiteres verständlich sein dürfte, ist in Abb. 4 wiedergegeben.

Einer besonderen Erwähnung bedürfen die telegraphischen Rufzeichen. Damit die Stationen sich gegenseitig in leicht verständlicher Weise anrufen können, ist für jede Station ein Rufzeichen festgesetzt, das möglichst aus den kennzeichnendsten Buchstaben ihres Namens gebildet ist, z. B. A (Altona), Ed (Eidelstedt). Mit diesem Rufzeichen ist die Empfangsstation von der abtelegraphirenden Station so lange anzurufen, bis sie sich meldet. Jede Direktion giebt ein gedrucktes Verzeichniß der Rufzeichen ihrer sämmtlichen Stationen und der für ihren Depeschenverkehr in Frage kommenden Stationen der Nachbarverwaltungen heraus.

Im Uebrigen muß bezüglich der Benutzung der Telegraphenlinien für die Dienstdepeschen eigener und fremder Bahnen, für Reichs- und Privattelegramme auf die Ausführungen S. 8, 38ff, 68, sowie auf die im Anhange aufgeführten Gesetze und Bestimmungen über Telegraphen- und Signalwesen verwiesen werden.

G. Verhalten des Zuges und seines Personales während der Fahrt.

1. Signale, welche der Zug dauernd trägt.

Wenn durch die bisher besprochenen Signale und Meldungen von außen her in ausgiebiger Weise für den Zug gesorgt wird, so betheiligt sich andererseits der Zug selbst an der Signalisirung zur Förderung der eigenen Sicherheit und derjenigen anderer Züge. — Die Spitze und das Ende jedes Zuges (auch der einzeln fahrenden Maschinen) sind gemäß Bt.O. § 40, Ba.O. § 39 und S.O. VII nebst Ausführungsbestimmungen zur S.O. durch besondere Signale gekennzeichnet, die am Tage aus runden Scheiben, bei Nacht aus weißen, rothen und grünen Laternen bestehen (vgl. Abb. 5—14 auf Tafel III).

Der Zug trägt bei regelmäßiger Fahrt an der Spitze:

a) Bei Tage kein Signal.

b) Bei Dunkelheit zwei weiß leuchtende Laternen vorn an der Lokomotive (Abb. 5).

Fährt ein Zug auf einer zweigleisigen Bahn ausnahmsweise auf dem falschen Gleise, so trägt er dagegen an der Spitze:

c) Bei Tage eine roth und weiße Scheibe vorn an der Lokomotive (Abb. 6).

---

[73]) Ba.O. § 41.

Additional information of this book

(Betrieb und Verkehr der Preußschen Staatsbahnen; 978-3-642-50530-0; 978-3-642-50530-0_OSFO3) is provided:

EXTRA MATERIALS extras.springer.com

http://Extras.Springer.com

d) Bei Dunkelheit zwei roth leuchtende Laternen vorn an der Lokomotive (Abb. 7).

Die letztgenannten Signale sollen dem Streckenpersonale anzeigen, daß er absichtlich auf falschem Gleise fährt. Sollte ein auf falschem Gleise fahrender Zug diese Signale nicht tragen, so muß das Streckenpersonal annehmen, daß ein Irrthum vorliegt und ein Zusammenstoß zu befürchten ist, und hat dem Zuge das Haltesignal zu geben.

Der Zug trägt am Schlusse:

e) Bei Tage eine roth und weiße Scheibe (Schlußscheibe) an der Hinterwand des letzten Wagens (Abb. 8).

f) Bei Dunkelheit an der Hinterwand des letzten Wagens in ungefährer Höhe der Buffer eine roth leuchtende Laterne (Schlußlaterne) und außerdem am letzten Wagen zwei nach vorn grün, nach hinten roth leuchtende Laternen (Oberwagenlaternen) (Abb. 9). Das Fehlen des Schlußsignales giebt dem Bahnbewachungspersonale zu der Vermuthung Anlaß, daß ein Wagen oder ein Theil des Zuges abgerissen ist.

Für einzeln fahrende Lokomotiven auf freier Bahn genügt als Schlußzeichen bei Dunkelheit eine roth leuchtende Laterne. Bei Rangirbewegungen von Lokomotiven auf Stationen genügt zur Kennzeichnung je eine weiße Laterne vorn und hinten. Einzelne Wagen, welche sich bei Dunkelheit auf freier Bahn befinden, sind durch Lichtsignale nach besonderer Anweisung zu kennzeichnen.

Die rothe Schlußlaterne ist in der Regel an der in der Fahrtrichtung rechtseitigen Bufferstange aufzuhängen. Ausnahmen hiervon (und Ergänzungen durch eine weiße Laterne) sind in S.O.A.B. VII, $_{69, 70}$ vorgeschrieben. Bei Zügen, deren Schlußsignal während ihres Aufenthaltes auf einer Station bei Dunkelheit den Lokomotivführer eines anderen einfahrenden Zuges beirren kann, namentlich bei Ueberholungen, ist für die Zeit des Haltens auf der betreffenden Station das Schlußsignal zu beseitigen.

Die bisher beschriebenen regelmäßigen Signale an der Spitze und am Schlusse jeden Zuges werden ergänzt und abgeändert, wenn es sich darum handelt, durch den fahrenden Zug dem Streckenpersonale die Fahrt eines Sonderzuges anzuzeigen[74]) oder das Streckenpersonal zur Untersuchung der irgendwie gestörten Telegraphenleitung aufzufordern. In diesen Fällen gelten statt der obigen folgende Signale:

Folgt ein Sonderzug nach, so trägt der ihn ankündigende fahrplanmäßige Zug als Schlußsignal:

g) Bei Tage: Außer der Schlußscheibe eine grüne Scheibe oben auf dem letzten Wagen oder zu jeder Seite desselben (Abb. 10).

h) Bei Dunkelheit: Das Signal zu f mit der Abänderung, daß eine der beiden vorgeschriebenen Oberwagenlaternen auch nach hinten grünes Licht zeigt (Abb. 11). Für einzeln fahrende Lokomotiven genügt die Anbringung einer grün leuchtenden Laterne hinten, außer der rothen Schlußlaterne.

Kommt ein Sonderzug in entgegengesetzter Richtung, so trägt der ihn ankündigende Zug als Signal an der Spitze:

i) Bei Tage: Eine grüne runde Scheibe vorn an der Lokomotive (Abb. 12).

k) Bei Dunkelheit: Eine grün leuchtende Laterne über den weiß leuchtenden Laternen vorn an der Lokomotive (Abb. 13).

---

[74]) Bt.O. § 45,$_1$.

Als Sonderzüge im Sinne vorstehender Bestimmungen sind anzusehen:

1. Alle Züge, deren Fahrplan den Bahnwärtern nicht vorher schriftlich mitgetheilt ist.

2. Alle im Fahrplane als Bedarfszüge bezeichneten Züge, sofern nicht für einen gewissen Zeitraum ein regelmäßiges Verkehren derselben besonders festgesetzt und den Bahnwärtern bekannt gegeben ist.

Ist die Telegraphenleitung in Unordnung, so werden die Bahnwärter durch ein vom Zuge gezeigtes Signal aufgefordert, dieselbe zu untersuchen und in Stand zu setzen. Die Lokomotive des Zuges trägt in diesem Falle:

1) Bei Tage: Eine weiße runde Scheibe vorn an der Lokomotive oder an jeder Seite des Zuges (Abb. 14). Dieses Signal ist bei den folgenden Zügen und Lokomotiven so lange zu wiederholen, bis die Störung der Telegraphenleitung beseitigt ist. Bei Nacht wird kein Signal hierfür gezeigt.

Wenn bei einem Zuge vor der Lokomotive sich noch Wagen befinden, so sind die Signale, welche nach dem Vorstehenden vorn an der Lokomotive zu befestigen sind, statt dessen an dem vordersten Fahrzeuge des Zuges anzubringen.

2. Signale, welche in Einzelfällen auf dem fahrenden Zuge gegeben werden.

Auf die bisher besprochenen Zugsignale haben die Beamten des fahrenden Zuges keinen Einfluß. Wie die Signale einmal angebracht sind, trägt sie der Zug die ganzen Strecken hindurch. Es besteht nun aber das Erforderniß, daß das auf dem Zuge befindliche Personal sowohl sich gegenseitig durch Signale verständigt, als dem Bahnbewachungspersonale oder etwaigen anderen auf der Bahn befindlichen Personen Zeichen giebt.

Wenn ein Beamter des fahrenden Zuges auf der Strecke irgend etwas Ungehöriges bemerkt, so schwingt er, dem Wärter zugewendet, bei Tage seine Mütze oder irgend einen anderen Gegenstand, bei Dunkelheit seine Laterne. Der Wärter soll alsdann sofort seine Strecke untersuchen[75]).

Mittelst der Dampfpfeife giebt der Lokomotivführer sowohl dem Bahnbewachungspersonale und anderen auf der Strecke befindlichen Personen, als auch dem Zugpersonale Zeichen[76]). Ein mäßig langer Ton bedeutet „Achtung". Dieses Signal ist vor der Abfahrt jedes Zuges zu geben[77]), ferner, wenn der Lokomotivführer Personen auf dem Gleise bemerkt, wenn der Zug sich einer Station nähert oder in einen Tunnel einfährt, wenn ein Wärter vergessen hat, ein Signal zu stellen, u. s. f.

Die übrigen Dampfpfeifensignale haben den Zweck, das Zugpersonal zur Bedienung der Bremsen aufzufordern. Diese Signale kommen nur bei denjenigen Zügen in Betracht, welche nicht mit durchgehender Bremse ausgerüstet sind. Letztere bedient der Lokomotivführer selbst und giebt, wenn er zum Anhalten bremst, nur das Achtungssignal.

Die Bremssignale sind Folgende:

„Bremsen anziehen" (mäßig): Ein kurzer Ton.

„Bremsen anziehen" (stark): Drei kurze Töne schnell hintereinander.

„Bremsen loslassen": Zwei mäßig lange Töne schnell hintereinander.

Auf Nebenbahnen muß die Lokomotive, falls unbewachte Wegeübergänge vorkommen, mit einer Vorrichtung zum Läuten ausgerüstet sein[78]).

---

[75]) S.O. VII, $_{22}$.

[76]) S.O. VIII.

[77]) Bt.O. § 40, $_{3}$.

[78]) Ba.O. § 12.

Aber auch das Zugpersonal und die Reisenden sollen die Möglichkeit haben, wenn irgend eine dringende Gefahr vorhanden ist, sich dem Lokomotivführer bemerklich zu machen und ein Anhalten des Zuges zu veranlassen[79]). Bei Zügen mit durchgehender Bremse ist diese Möglichkeit einfach dadurch gegeben, daß von jedem Abtheile, von dem Aufenthaltsraume des Zugführers und von dem Sitze des Schlußbremsers (Wagenwärters, technischen Zugbegleiters) aus die Bremse in Thätigkeit gesetzt werden kann[80]). Die durchgehende Bremse tritt außerdem beim Zerreißen des Zuges selbstthätig in Wirksamkeit.

Wo durchgehende Bremsen nicht vorhanden sind, muß auf Hauptbahnen eine mit der Dampfpfeife der Lokomotive oder mit einem Wecker an der Lokomotive verbundene Zugleine oder eine andere geeignete Vorrichtung angebracht sein, welche bei Personenzügen über den ganzen Zug und bei Güterzügen wie bei Zügen, welche fahrplanmäßig sowohl zur Güter- als auch zur Personenbeförderung bestimmt sind, sowie auch bei Militärzügen mindestens bis zum wachthabenden Fahrbeamten (Zugführer) geführt sein muß[81]).

3. Allgemeines Verhalten des Zugdienstpersonales während der Fahrt.

Maßgebend sind hier die verschiedenen Dienstanweisungen (vgl. Anhang). Der Zugführer hat, während der Zug sich auf der Strecke befindet, das Oberkommando über den Zug und sein ganzes Personal, einschließlich des Lokomotivführers und Heizers[82]), und hat sowohl für die regelmäßige Durchführung des Fahrplanes als für die Sicherheit des Zuges in erster Linie zu sorgen. Er hat im Dienste beständig eine richtig gehende Uhr bei sich zu führen[83]). Damit er den Zug und die Strecke sowie von beiden aus gegebene Signale ständig beobachten kann, erhält er gewöhnlich einen erhöhten Aufenthaltsraum im vordersten (bisweilen auch im hintersten) Wagen. Auf den Stationen ist er indessen mit seinem gesammten Personale dem betreffenden diensthabenden Stationsbeamten unterstellt. Falls Unregelmäßigkeiten nicht vorkommen, beschränkt sich die Thätigkeit des übrigen Fahrpersonales während der Fahrt auf die Beobachtung des Zuges und der Strecke und eventuell die Bedienung der Bremsen, während beim Zugführer und Packmeister noch die schriftlichen Arbeiten dazutreten (vgl. 6. Kap.). Die Unregelmäßigkeiten, welche beim Laufe der Züge auf der Strecke vorkommen können, sind im 5. Kap. dieses Abschn. besprochen, die Thätigkeit des Fahrpersonales auf den Stationen, soweit sie nicht den Personen- und Güterverkehr (4. u. 5. Abschn.) betrifft, im 4. Kap. dieses Abschn. Die Thätigkeit des Lokomotivpersonales ist im Anschlusse an die Besprechung der Lokomotiven (3. Abschn., 1. Kap.) erörtert.

H. Die Fürsorge des Bahnbewachungspersonales für den fahrenden Zug.

Ist die Bahnstrecke nicht in ordnungsmäßigem Zustande, sei es, daß Ausbesserungsarbeiten stattfinden, sei es, daß ein betriebsgefährlicher Schaden durch höhere Gewalt oder böse Absicht herbeigeführt ist, oder aber stellen an einem fahrenden Zuge selbst betriebsgefährliche Schäden sich ein, so kann für das Bahnbewachungspersonal die Nothwendigkeit eintreten, den Zug zum Halten zu bringen oder ihn wenigstens zu langsamer Fahrt zu

79) Bt.O. § 42, 48_{1-4}.
80) Bt.O. § $48_{,3}$.
81) Bt.O. § $48_{,2}$, T.V. § 184.
82) Bt.O. § $48_{,1}$, Ba.O. § 32, T.V. § 164.
83) Bt.O. § $20_{,3}$.

veranlassen. Bt.O. § 41 u. Ba.O. § 37 schreiben deshalb übereinstimmend vor, daß auf der Bahnstrecke die beiden Signale müssen gegeben werden können[84]):

a) Der Zug soll langsam fahren.

b) Der Zug soll halten.

Befindet sich an dem Gefahrpunkte eine Station oder Blockstation, so kann ein Haltsignal am Signalmaste der Station oder Blockstation gegeben werden. In allen anderen Fällen kann zur Signalabgabe (auf freier Strecke) ein ständiges Signal nicht benutzt werden. Vielmehr kommen hier nur in Frage Handsignale, Stockscheibensignale und Knallkapseln (S.O. II nebst Ausführungsbestimmungen).

Die Handsignale der Wärter sind zu geben, wie folgt:

a) „Der Zug soll langsam fahren". Bei Tage hält der Wärter irgend einen Gegenstand gegen das Gleis. Bei Dunkelheit (auch bei Nebel) hält er die Handlaterne mit grünem Lichte dem Zuge entgegen.

b) „Der Zug soll halten". Bei Tage schwingt der Wärter irgend einen Gegenstand (z. B. die rothe Signalfahne, in Ermangelung von etwas anderem nur den Arm) im Kreise herum, bei Dunkelheit oder Nebel seine Handlaterne, welche, sofern es die Zeit erlaubt, roth zu blenden ist.

An Stelle dieser Handsignale können auch Scheibensignale nach Maßgabe der Abb. 15—18 (Tafel III) und der beigesetzten Erläuterungen gegeben werden. Es wird dies namentlich dann geschehen, wenn der mangelhafte oder gefahrdrohende Zustand der Bahn eine gewisse Zeit hindurch anhält, oder auch, wenn der Wärter nicht im Stande ist, das Signal persönlich zu geben, z. B. wenn eine Strecke nach beiden Richtungen abgesperrt wird. Steht zu befürchten oder zu erwarten, daß wegen Nebel, trüber Witterung, Schneetreiben oder sonstigen ungünstigen Umständen das Hand- oder Stockscheibensignal vom Lokomotivführer nicht erkannt werden kann, so hat der Bahnwärter in angemessener Entfernung vor dem Haltsignale Knallkapseln auf dem Schienenkopfe zu befestigen.

Alle diese Signale sind von der Gefahrstelle aus soweit vorzuschieben, daß der Zug mit Sicherheit vor derselben zum Stehen oder zur langsamen Fahrt gebracht werden kann. Unter Umständen ist auch ein Haltsignal dadurch dem Lokomotivführer anzukündigen, daß ihm eine Strecke vorher das Langsamfahrsignal gegeben wird.

Das Haltsignal ist insbesondere in folgenden Fällen zu geben[85]):

a) Wenn eine Gleisstrecke unterbrochen, durch ein Hinderniß oder Liegenbleiben eines Zuges gesperrt oder wegen Ausführung von Ausbesserungsarbeiten unfahrbar ist. Eine solche Gleisstrecke muß — unabhängig davon, ob ein Zug zu erwarten ist, oder nicht — nach beiden Richtungen hin durch Haltsignale gedeckt werden und zwar, wenn die Unfahrbarkeit durch Arbeiten am Gleise herbeigeführt wird, schon vor Beginn dieser Arbeiten, wenn sie in unbeabsichtigter Weise entsteht, so bald als möglich. Die Deckung ist für die ganze Dauer der Unfahrbarkeit beizubehalten.

b) Wenn am Zuge etwas Ordnungswidriges bemerkt wird, was den Zug oder die Bahnanlagen gefährden könnte.

---

[84]) Vgl. auch T.V. § 176.

[85]) S.O.A.B. II,$_{24}$.

c) Wenn auf zweigleisig betriebener Bahn ein Zug ausnahmsweise auf dem falschen Gleise ankommt, ohne daß er das hierfür bestimmte Signal (vgl. S. 190, 191) trägt.

d) Wenn auf eingleisig betriebener Bahn ein Zug in einer Richtung ankommt, die dem vorhergegangenen Abmeldesignale nicht entspricht.

e) Wenn auf eingleisig betriebener Bahn zwei Abmeldesignale gegeben werden, nach welchen angenommen werden muß, daß zwei Züge einander entgegen abgelassen werden. In diesem Falle muß das Haltsignal nach beiden Richtungen gegeben werden.

f) Wenn mit dem Läutewerke das Gefahrsignal gegeben wird (vgl. oben S. 186) und die vorliegenden Umstände vermuthen lassen, daß die Weiterfahrt eines herannahenden Zuges Gefahren für denselben mit sich bringt.

Das Bahnbewachungspersonal hat daher nicht nur, wie oben dargelegt wurde, die Strecke zu untersuchen, sondern auch auf die Läutewerkssignale sorgfältig zu achten und alle fahrenden Züge genau zu beobachten[86]). Welche Signale ihnen hierbei durch den fahrenden Zug gegeben werden können, haben wir oben (S. 190ff) besprochen. Damit der Bahnwärter den Lauf der Züge und das rechtzeitige Ertönen der richtigen Läutewerkssignale genau kontroliren kann, hat er stets eine richtig gehende Taschenuhr bei sich zu tragen[87]).

Das Stationspersonal auf Stationen, die ohne Aufenthalt durchfahren werden, hat den fahrenden Zügen die gleiche Aufmerksamkeit zuzuwenden[88]). (Im Uebrigen ist die Ein- und Ausfahrt der Züge auf Stationen im 4. Kap. behandelt).

Die bereits oben (S. 186) erwähnten Hornsignale der Wärter sind nur als Ersatz der Läutewerkssignale zu betrachten, dienen bloß zur Weiterfortpflanzung von Meldungen für das Streckenpersonal längs der Strecke und kommen daher für den fahrenden Zug selbst nicht in Betracht.

---

86) Dia. f. Bw. § $15_{,2}$.
87) Bt.O. § $20_{,3}$.
88) Dia. f. Stb. § $22_{,3}$, Dia. f. W. § $9_{,2}$c.

Viertes Kapitel.

Der Zug innerhalb der Stationen.

I. Der Weg für den Zug innerhalb der Stationen.

A. Gesammtanordnung der Stationen.

1. Bestandtheile der Stationen.

Die Stationen dienen einerseits zur Bildung und Zerlegung der Züge und zur Regelung des Zugdienstes, andererseits mittelst der mit ihnen verbundenen Abfertigungsstellen zur Aufnahme und Abgabe des Verkehres. Demnach enthalten die Stationen außer den durchgehenden Hauptgleisen:

a) Die Anlagen für den Personen- und Gepäckverkehr, d. h. die Bahnsteige an den Hauptgleisen, ev. mit deren Ueberdachung, die Empfangsgebäude mit Fahrkarten-, Gepäckabfertigung, Warteräumen, Bahnhofswirthschaft, Aborten u. s. f. Die Anlagen zur Verladung von Kutschfuhrwerk, Eilgut (Milch), einzelnen Stücken Pferden oder Vieh u. s. f. sind in der Regel entweder mit denjenigen für den Personen- und Gepäckverkehr verbunden, oder sie befinden sich in ihrer möglichsten Nähe. Ein etwa vorhandenes Bahnpostamt ist entweder im Empfangsgebäude oder in dessen Nachbarschaft in besonderem Gebäude untergebracht.

b) Die Anlagen für den Güterverkehr, d. h. für den Stückgutverkehr: Güterschuppen, Laderampen, Krähne, Viehrampen (ev. mit Einfriedigungen und Stallungen) mit den zugehörigen Gleisen und Straßen; für den Wagenladungsverkehr: Freiladestraßen, Quaigleise, größere Viehverladestellen, Kohlensturzvorrichtungen u. s. f., Brückwagen, Lademaße.

c) Die Anlagen für Zwecke des Betriebes, welche sich wiederum nach Personenzugs- und Güterzugsdienst unterscheiden lassen. Der Personenzugsdienst erfordert Aufstellungsgleise für die Unterbringung und das Ordnen der Wagenzüge und Reservewagen, Vorrichtungen zur Reinigung, Beleuchtung und Anheizung derselben (Revisionsgruben, Waschschuppen, Zapfstellen, Fettgasanstalten, Heizkessel), sowie zur Unterbringung, zum Wenden und zur Versorgung der Lokomotiven, (Lokomotivschuppen, Wasserstationen, Wasserkrähne, Kohlenbühnen, Reiserschuppen, Drehscheiben, Löschgruben). Betriebswerkstätten dienen zur Ausbesserung kleinerer Schäden an Lokomotiven und Wagen.

Der Güterzugsdienst erfordert Gleise zum Aufstellen der auf der Station zu behandelnden Güterwagen, ferner ev., je nach der Größe der Station, besondere Ein- und Ausfahrtsgleise für die Güterzüge, Gruppen von Gleisen nebst zugehörigen Auszieh- oder Ablaufgleisen (bisweilen dienen die Einfahrtsgleise als Ausziehgleise) zum Zerlegen der

Züge, Ordnen der Wagen und zur Bildung neuer Züge; Umladebühnen zur Umladung der Stückgutwagen; Lokomotivschuppen nebst Zubehör, wie oben; Gleise zur Aufstellung der Packwagen der Güterzüge; Reinigungs- und Desinfektionsanlagen für Viehwagen.

Zu diesen Anlagen treten die erforderlichen Verbindungs- bezw. Passagegleise, sowie zahlreiche Gebäude für Dienstzwecke (Weichensteller- und Stellwerksbuden, Bureaugebäude, Aufenthaltsgebäude, Magazine, Gerätheschuppen u. s. f.), welche über das ganze Gebiet der Station nach Bedarf vertheilt sind. Hierher gehört auch das im Empfangsgebäude befindliche Stationsbureau.

Inwieweit die vorgenannten Bestandtheile auf einer Station vorhanden sind, und ob sie alle zu einem Ganzen verschmolzen sind, oder getrennt zur Erscheinung kommen, hängt von dem Umfange der Anlagen und örtlichen Verhältnissen ab. Der unten folgenden Besprechung der Anordnung der Stationen mag hier nur vorausgeschickt werden, daß bei großem Verkehrsumfange die Anlagen für den Personen- und Güterverkehr getrennt sind, und daß alsdann in der Regel auch die Betriebsanlagen für den Güterzugsdienst wegen ihrer bedeutenden Größe als dritter Theil der Station eine abgesonderte Lage besitzen (Rangirbahnhof), während für die Betriebsanlagen des Personenzugsdienstes die unmittelbare Verbindung mit den Anlagen für den Personenverkehr ein dringendes Erforderniß ist.

Die Hauptwerkstätten, in welche diejenigen Lokomotiven und Wagen gelangen, welche behufs größerer Ausbesserung oder Untersuchung aus dem Betriebe genommen werden, stehen mit dem Betriebsdienste nur in losem Zusammenhange (vgl. S. 12). Deshalb und wegen ihres Umfanges haben sie in der Regel eine abgesonderte Lage in der Nähe größerer Bahnhöfe, mit denen sie durch Zuführungsgleise verbunden sind.

2. Arten der Stationen.

Die einzelne im Zusammenhange betriebene Bahnlinie weist, wenn man sie ohne Rücksicht auf anschließende oder kreuzende Bahnen betrachtet, zwei Endstationen und (in der Regel) eine Anzahl Zwischenstationen auf. Soweit andere Bahnen in Zwischenstationen oder Endstationen der ersteren Bahn an sie anstoßen, sie kreuzen oder (mit einer Zwischenstation) berühren, ist nach T.V. § 37 eine vollständige Vereinigung der Stationen wünschenswerth, mindestens sind die Personenbahnhöfe an einander zu legen. Es verwandeln sich dann die betreffenden Zwischenstationen der ersteren Bahn in „Anschluß"-(„Trennungs"-)Stationen", bezw. „Kreuzungsstationen", bezw. „Berührungsstationen", die betreffenden Endstationen in „Uebergangsstationen". Wo mehrere Eisenbahnen in einen und denselben Bahnhof führen, sind sie[1]) derart mit einander in Verbindung zu bringen, daß der Uebergang von Zügen in der größten für die betreffenden Bahnen zugelassenen Achsenzahl rasch und leicht von Bahn zu Bahn erfolgen kann. Benachbarte Bahnhöfe sind nach Bedürfniß in gleicher Weise mit einander in Verbindung zu setzen.

Falls zwei Bahnen sich innerhalb einer Station kreuzen, kann die Verbindung beider in einfachster Weise durch Einlegung von entsprechenden Weichen an der Kreuzungsstelle erfolgen. Man vermeidet indessen im Interesse der Betriebssicherheit bei Neuanlagen grundsätzlich thunlichst die Kreuzung der Wege fahrplanmäßiger Züge im Niveau

---

[1]) N. f. H. § 13,$_1$.

und bewirkt daher die Kreuzung zweier Bahnlinien in der Regel außerhalb der Stationen durch Ueberbrückung. (Für Kreuzungen außerhalb der Stationen ist die Ueberbrückung durch N. f. H. § 13,$_2$ vorgeschrieben.)

3. Gestaltung der Stationen.

Obwohl die Betriebsanlagen, von welchen der gesammte Betriebs- und Verkehrsdienst abhängt, den wichtigsten Bestandtheil der Stationen bilden und der Güterverkehr wiederum den Personenverkehr im Ganzen an Bedeutung weit überwiegt, so sind doch für die Gestaltung der Stationen die Anlagen für den Personenverkehr, welche bequem zugänglich sein sollen, in erster Linie maßgebend. Die Formen der Stationen hängen daher von der Lage des Empfangsgebäudes und der Personenbahnsteige gegen die Hauptgleise ab:

a) Die Kopfform, bei welcher die Hauptgleise stumpf endigen und die zu den Seiten der Hauptgleise bezw. zwischen denselben liegenden Bahnsteige meist vor Kopf durch einen Quer-(Kopf-)Bahnsteig verbunden sind, der oft von einer Quermauer oder einem Kopfgebäude begrenzt wird, bildet die Regel auf Endstationen (Anhalter-, Potsdamer-, Lehrter-, Stettiner-, Görlitzer Bahnhof in Berlin) und wird auch für die gemeinsamen Endstationen mehrerer nach einem Orte zusammenlaufenden Linien (Uebergangsstationen) bisweilen angewendet, um mit verhältnißmäßig geringen Kosten möglichst tief in große Städte eindringen zu können. Zwischen die nebeneinander eingeführten, stumpf am Kopfbahnsteige endigenden Hauptgleise der verschiedenen Bahnlinien bezw. längs ihrer Außenseiten erstrecken sich dann vom Kopfbahnsteige aus eine Anzahl Zungen- bezw. Seitenbahnsteige. Die ganze Anlage pflegt von einer ein- oder mehrfachen Halle bedeckt zu sein. (Frankfurt, Altona, Cassel, München.) Gehen auf solchen Anschlußstationen in Kopfform einzelne Züge oder Zugbestandtheile von einer auf die andere Bahnlinie über, oder gehören zwei der einlaufenden Bahnlinien derart betrieblich zusammen, daß die Kopfstation für ihren Zugverkehr eine Zwischenstation bildet, so findet ein Umkehren der Fahrtrichtung statt; es wird also bei ganzen Zügen ein Umsetzen oder ein Wechsel der Lokomotiven erforderlich. Ferner läßt sich, sofern bei den Gleisanlagen auf solchen Uebergang gerücksichtigt werden soll, das Kreuzen der verschiedenen Ein- und Ausfahrtrichtungen im Niveau nur durch eine Reihe von Unter- und Ueberführungen, welche die Uebersichtlichkeit der Gleise und die Erweiterungsfähigkeit der Gesammtanlage beeinträchtigen, vermeiden. Andererseits gestattet die Kopfform eine für das Publikum sehr bequeme und auch bei großer Anzahl einmündender Bahnen übersichtliche Anordnung der Abfertigungs- und Warteräume sowie der Bahnsteige. Für reine Zwischenstationen, für welche man in den ersten Jahrzehnten des Bestehens der Eisenbahnen auch wiederholt die Kopfform angewendet hat, sollte sie jedenfalls bei Neuanlagen ganz vermieden werden, wenn nicht durchaus zwingende Gründe in den örtlichen Verhältnissen zu ihrer Anordnung führen.

Wo mehrere Bahnlinien in eine Kopfstation einlaufen, bezw. wo eine solche ganz oder zum Theil als Zwischenstation dient, empfiehlt es sich, außerhalb des Personenbahnhofes die verschiedenen Bahnlinien so zu verbinden, daß Züge sowie Zugtheile oder einzelne Wagen von der einen auf die andere übergeführt werden können (T. V. § 38).

b) Die Durchgangsform bildet die Regel für Zwischenstationen, welche nach T.V. § 36 (nicht bindend) so eingerichtet sein sollen, daß Züge ohne anzuhalten mit

Sicherheit durchfahren und einander ausweichen können, kommt aber auch bei Endstationen namentlich dann vor, wenn eine spätere Fortsetzung der Bahn beabsichtigt oder nicht ausgeschlossen ist. In einer Durchgangsstation einer zweigleisigen Bahn (oder einer eingleisigen Bahn mit innerhalb der Station vorgenommener Spaltung in zwei Gleise) liegt das Empfangsgebäude und der Hauptbahnsteig in der Regel an einer Seite, während am zweiten Gleise sich ein Zwischenbahnsteig befindet, der nur durch Ueberschreitung des ersten Hauptgleises zugänglich ist. Ausnahmsweise finden sich indessen auch bei so einfachen Stationen schienenfreie Zugänge zu den beiderseits der Gleise oder dazwischen liegenden Bahnsteigen (Berliner Stadtbahn). Ist eine Berührungs- oder Kreuzungsstation zweier oder mehrerer Bahnen in Durchgangsform angelegt, so liegen die Hauptgleise aller dieser Bahnen, welche außerhalb der Station, soweit erforderlich, durch Ueberbrückung sich kreuzen, innerhalb der Station annähernd gleichlaufend nebeneinander, getrennt durch die alsdann unentbehrlichen Zwischenbahnsteige. Von der bei Neuanlagen auf den Pr.St.B. geltenden Regel, solche Zwischenbahnsteige schienenfrei (durch Personentunnel oder Brücke) zugänglich zu machen, wird nur dann u. U. abgewichen, wenn es sich um Ueberschreitung nur eines Hauptgleises handelt. Im Uebrigen sind zwei Anordnungen eines größeren Bahnhofes in Durchgangsform möglich. Entweder liegt das Empfangsgebäude mit den Abfertigungs- und Bureauräumen, Wartesälen, Aborten u. s. f. einseitig neben der ganzen Anlage, und es sind die sämmtlichen Bahnsteige, welche nur kleine Stationsbuden und ev. Warteräume, Erfrischungsbuden tragen, in übereinstimmender Weise von einem oder mehreren Personentunneln (oder Brücken), die vom Empfangsgebäude aus die Anlage durchqueren, mittelst Treppen zugänglich (Hannover, Bremen, Charlottenburg, Münster, Straßburg); oder es befindet sich (Inselform) das Empfangsgebäude bezw. wenigstens ein Gebäude, welches die Wartesäle, Stationsdiensträume, Aborte 2c. enthält, etwa in der Mitte der Anlage zwischen den Gleisen, in der Regel auf einem breiten Hauptbahnsteige stehend, während die schmaleren Zwischenbahnsteige durch Quertunnels oder Brücken schienenfrei zugänglich gemacht sind, soweit nicht die Ueberschreitung eines Hauptgleises zugelassen wurde (Cöln, Düsseldorf, Erfurt). Falls das Mittelgebäude nur die Wartesäle 2c. enthält, sind die Abfertigungsräume in einem besonderen Seitengebäude am Bahnhofsvorplatze untergebracht, von dem aus das Mittelgebäude schienenfrei zugänglich gemacht ist; steht dagegen das ganze Empfangsgebäude in der Mitte der Anlage, so befindet sich auch der Bahnhofsvorplatz zwischen den Gleisen und steht in der Regel durch Straßenunterführungen mit dem Straßennetze der Stadt in Verbindung (Duisburg, Halle). In Halle ist indessen ein Hauptbahnsteig am Empfangsgebäude nicht vorhanden, vielmehr werden sämmtliche Bahnsteige beiderseits des Empfangsgebäudes durch Tunnel erreicht.

Sollen in einen Durchgangsbahnhof außer einer oder mehrerer durchgehenden Bahnen eine oder mehrere dort endigende oder rückkehrende Bahnen eingeführt werden, so kann dies entweder so geschehen, daß die Bahnsteiganlage für diese Bahnen ebenso, wie für die durchgehenden Bahnen, in Durchgangsform angelegt wird (Hannover, Halle), wobei dann bisweilen derselbe Bahnsteig für zwei von entgegengesetzten Richtungen einlaufende Bahnen benutzt wird, oder man läßt die betreffenden Bahnen zwischen Zungenbahnsteigen (in Kopfform) endigen, wodurch unter Umständen bei Inselform der Gesammtanlage die große Breite des Hauptbahnsteiges vortheilhaft ausgenutzt wird (Cöln).

Bisher ist angenommen, daß jede zweigleisige Bahn mit ihren zwei Hauptgleisen, jede eingleisige Bahn ev. mit Spaltung in zwei Gleise in die Stationen eingeführt wird. Im Interesse der Zugfolge werden indessen häufig die Hauptgleise in mehrere Bahnsteiggleise mit mehreren Bahnsteigkanten gespalten, namentlich auf Kopfstationen oder auf Stationen, an welchen neben dem Fernverkehre ein Vorortverkehr entspringt; auch werden für das Ueberholen von Güterzügen in Durchgangsstationen Ueberholungsgleise neben die Bahnsteiggleise gelegt, und es werden für Rangirbewegungen Passagegleise in ganzer Länge des Bahnhofes durchgeführt, welche durch Weichenverbindungen mit den übrigen Bahnhofsgleisen in Verbindung stehen.

Die nach N. f. H. § 13,$_1$ zwischen den Gleisen mehrerer in einen Bahnhof eingeführten Bahnen erforderliche Verbindung (vgl. S. 197) läßt sich bei Kopfform und Durchgangsform dadurch erreichen, daß vor oder hinter den Bahnsteigen schräg durchkreuzende Weichenverbindungen eingelegt werden, so daß die Züge der einen Bahn unmittelbar vor den Bahnsteig der anderen einlaufen können bezw. umgekehrt vom Bahnsteige einer Bahn nach einer anderen auslaufen können[2]). Sobald mehr als zwei Bahnen vorhanden sind, bezw. bei großer Breite der Gesammtanlage, pflegt dieses Mittel zu versagen, und es wird alsdann, sofern nicht außerhalb der Personenstation besondere Verbindungen hergestellt sind, erforderlich, Züge oder Zugtheile (Kurswagen), welche von einer Bahn auf eine andere übergehen sollen, durch Sägebewegungen umzurangiren.

In seltenen Fällen hat man, ganz von den bisher behandelten Formen abweichend, die Personenbahnsteige und das Empfangsgebäude einer Kreuzungsstation an die Ueberbrückung gelegt (Brücken- oder Treppenstation, z. B. Osnabrück). Alsdann muß außerhalb der Personenstation eine Verbindungskurve für den Uebergang von Zügen und Zugtheilen und namentlich für den Güterverkehr eingelegt werden.

Das Gepäck und die Postsachen werden den Zügen entweder über die Personenbahnsteige zugeführt, oder es sind hierfür besondere Gepäckbahnsteige zwischen den Gleisen, abwechselnd mit den Personenbahnsteigen, vorgesehen. Diese pflegen bei Kopfstationen in den Querbahnsteig auszulaufen, der dann also von den Gepäckkarren gekreuzt wird, während man Gepäckbahnsteige auf Stationen in Durchgangsform in der Regel schienenfrei (durch Aufzüge) zugänglich macht.

Die Anlagen für den Güterverkehr (Güterschuppen, Laderampen, Freiladegleise, Viehrampen u. s. f.) sind auf ganz kleinen Stationen mit dem Empfangsgebäude verbunden, auf mittelgroßen Stationen in Durchgangsform pflegen sie mit besonderen Gleisen dem Empfangsgebäude gegenüber auf der anderen Seite der Hauptgleise (bezw. bei Inselbahnhöfen auch auf beiden Außenseiten) sich zu befinden; auf großen Stationen in Durchgangsform und auf Stationen in Kopfform sind die Anlagen für den Güterverkehr in der Regel von denjenigen für den Personenverkehr vollständig getrennt und längs der Bahnlinie von der betreffenden Stadt aus nach Außen vorgeschoben, wobei indessen dann die Eilgutanlagen zweckmäßig mit der Personenstation vereinigt sind oder sich

[2]) Falls ein Durchgangsbahnhof eine durchgehende und eine dort endigende Bahnlinie aufweist, welche letztere hinter dem in der Mitte zwischen beiden liegenden Hauptbahnsteige in die durchgehende Bahn eingeführt ist, so entsteht die Keilform (Hameln).

wenigstens in deren unmittelbarer Nähe befinden. Bei sehr großem Umfange einzelner Zweige des Güterverkehres sind für diese u. U. getrennte Anlagen vorhanden (Freiladebahnhöfe, Kohlenbahnhöfe, Hafenbahnhöfe, Viehbahnhöfe u. s. f.).

Besondere Güterbahnhöfe sind entweder mit ausreichenden Gleisanlagen zur vollständigen Zerlegung eingelaufener und Bildung neuer Züge ausgestattet, oder sie werden von einem Rangirbahnhofe aus bedient und enthalten dann nur Rangirgleise für das Rangiren zwischen den verschiedenen Ladestellen. Rangirbahnhöfe, deren wesentliche Bestandtheile S. 168 aufgeführt sind, befinden sich bei großen Städten und an Hauptknotenpunkten der Bahnen. Auf ihnen werden die ankommenden Güterzüge zerlegt und aus ihren Bestandtheilen neue Züge gebildet; es werden aber auch die etwa vorhandenen Güteranlagen des Ortsverkehres von ihnen aus bedient, wozu stets besondere Verbindungsgleise vorgesehen werden sollten. Wesentlich für die Entlastung besonderer Personenstationen von den Güterzügen ist es, daß letztere auf ihrem Wege von der Strecke zu den jenseits einer Personenstation liegenden Güter- oder Rangirbahnhöfen und umgekehrt nicht durch die Bahnsteiggleise zu fahren brauchen, daß also auf Durchgangsstationen besondere Gütergleise neben den Bahnsteiggleisen durchgeführt werden, daß bei Kopfstationen, auf welchen mehrere Linien einmünden, außerhalb Abkürzungsgleise eingelegt sind, und daß bei großen Städten, wo an mehreren von außerhalb einlaufenden Bahnen Rangirbahnhöfe vorhanden sind, diese durch eine besondere Güterbahn verbunden werden.

Die Aufstellungsgleise für Personenwagenzüge (Trains) und Reservewagen, nebst den Anlagen für Reinigung, Anheizung und Beleuchtung der Wagen, sowie die Lokomotivschuppen nebst Wasserstationen und die Betriebswerkstätten nehmen bisweilen auf Zugbildungs- und Lokomotivwechselstationen einen außerordentlich großen Umfang an. Es ist für einen glatten Betrieb wesentlich, daß namentlich die Wagenaufstellungsgleise nicht zu weit von den Bahnsteiggleisen entfernt sind, und daß alle zur Bereitstellung der Züge, zur Herbeiholung von Verstärkungswagen und zum Zu- und Abgange der Lokomotiven erforderlichen Bewegungen mit möglichst wenig Kreuzungen von Hauptgleisen vorgenommen werden können. Um Züge, Reservewagen und Zugmaschinen in unmittelbarer Nähe der Bahnsteiggleise bereit halten zu können, empfiehlt es sich, den etwa zwischen oder neben den Bahnsteiggleisen verfügbaren Platz zur Anlage von Stumpfgleisen auszunutzen.

B. Die Gleise und ihre Verbindungen innerhalb der Stationen.

Die für die Betriebssicherheit der Gleise zu erfüllenden Bedingungen sind S. 174 ff. allgemein (auch für Stationen) erörtert. Die Länge der Hauptpersonengleise zwischen den Endweichen, bezw. der Gütereinfahrts- und Ausfahrtsgleise in den Rangir- bezw. Güterbahnhöfen richtet sich nach der Länge der auf den betreffenden Bahnstrecken verkehrenden Züge[3]), diejenige der Nebengleise nach dem Umfange des Verkehres. Die nutzbare Länge eines von einem anderen Gleise abzweigenden Gleises wird von den sogenannten Merkzeichen ab gemessen, welche bei der die Abzweigung bewirkenden Weiche denjenigen Punkt bezeichnen, bis zu welchem in dem abzweigenden Gleise Fahrzeuge vorgeschoben werden dürfen, ohne den Betrieb des Stammgleises zu gefährden[4]). Die

---

[3]) Vgl. S. 156, 160, 162 und N. f. H. § 12.

[4]) 3,5 m Abstand, Bt.O. § 6,$_3$, Ba.O. § 8,$_4$, T.V. § 44.

Weichen in den Hauptgleisen müssen[5]) so eingerichtet sein, daß bei den ein Hauptgleis befahrenden Zügen auch bei falscher Stellung der Weiche ein Ablaufen der Räder der Fahrzeuge von den Schienen nicht stattfindet.

Die verschiedenen Formen der Weichen mögen an der Hand der Skizzen Abb. 19—24 aufgeführt werden, in welchen, wie üblich, jedes Gleis nur durch eine Linie dargestellt ist.

Man unterscheidet einfache Weichen und Kreuzungsweichen. Die einfachen Weichen

Abb. 19 a.

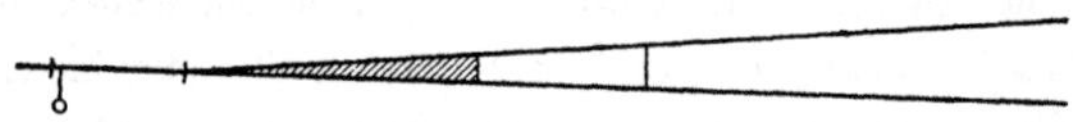

Abb. 19 b.

Abb. 20.

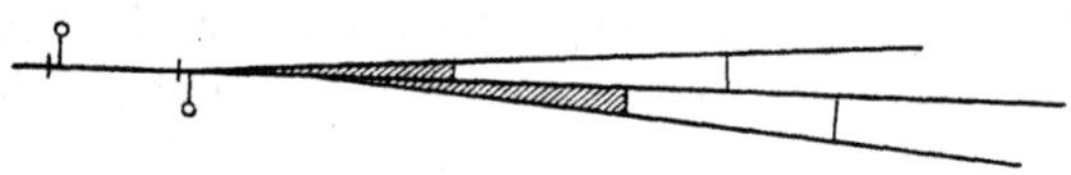

Abb. 21.

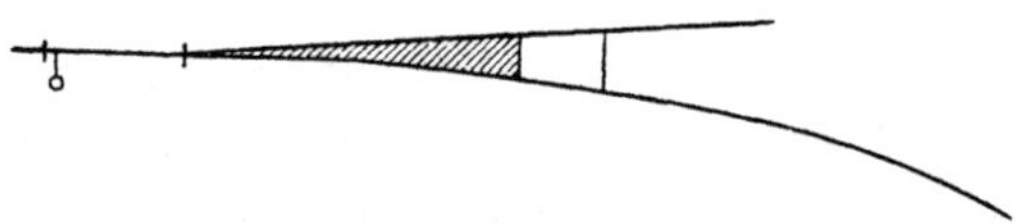

Abb. 22.

Abb. 23.

Abb. 24.

entstehen durch bloße Abzweigung eines Gleises aus einem anderen. Je nachdem hierbei das abzweigende Gleis ein aus dem ungetheilten Strange kommendes Fahrzeug nach links (Abb. 19a) oder nach rechts (Abb. 19b) ablenkt, nennt man solche Weiche Linksweiche oder Rechtsweiche. Zweigen mit einander verschlungen zwei einfache Weichen nach links und rechts ab (Abb. 20), so heißt das ganze entstehende Gebilde Doppelweiche. Fehlt bei der Doppelweiche der mittlere Strang, so heißt sie Zweigbogenweiche (Abb. 21). Spaltet sich ein Gleis in zwei symmetrisch auseinandergehende Gleise, so entsteht die symmetrische Weiche (Abb. 22). Schafft man bei der Kreuzung zweier geraden Gleise durch Einlegung zweier Seitenstränge die Möglichkeit, daß ein Fahrzeug aus jedem Gleise

[5]) R. f. H. § $14_{,1}$, T.V. § $41_{,9}$*.

nicht nur geradeaus fahren, sondern auch (gewissermaßen um die Ecke) in das andere kreuzende Gleis gelangen kann (Abb. 23), so entsteht die doppelte Kreuzungsweiche. Ist nur an einer Seite diese Verbindung eingelegt, so entsteht die einfache Kreuzungsweiche (Abb. 24). Die doppelte Kreuzungsweiche hat vier mögliche Wege, die einfache Kreuzungsweiche deren drei.

Jede Weiche bildet einen Gefahrpunkt, einmal, weil sie beweglich ist, dann aber auch, weil sie, wenn falsch gestellt, einen Zug in ein unrichtiges Gleis bringen und zu Zusammenstößen und Entgleisungen Veranlassung geben kann. Eines der wichtigsten Erfordernisse für die Sicherheit des Eisenbahnbetriebes ist es daher, daß man die Stellung der Weichen jederzeit untrüglich erkennen kann[6]). Hierzu dienen die mit den Stellvorrichtungen der Weichen fest verbundenen Weichensignale, die, an den vier Seiten der Weichenlaternen angebracht, mit jeder Umstellung der Weichen in den beiden Fahrtrichtungen ein anderes Bild zeigen. Bei jeder Umstellung der Weiche dreht sich nämlich die Weichenlaterne um 90^{0}, und zeigt alsdann nach beiden Richtungen hin dem Beschauer eine andere der vier Seiten, als vorher, also auch ein anderes Signal. Die Weichensignale sind regelmäßig Formsignale[7]). Nur ausnahmsweise finden sich noch die früher mehr üblichen Farbensignale. Die Formsignale werden als Aussparungen der im Uebrigen mit schwarzer Farbe undurchsichtig gemachten Laternenflächen gebildet, so daß sie bei Tage wie bei Dunkelheit und erleuchteter Laterne in gleicher Weise hell auf schwarzem Grunde zu erkennen sind. Die wichtigsten der Weichensignale sind nach den besonderen für die Pr.St.B. getroffenen Bestimmungen folgende[7]):

Abb. 25.

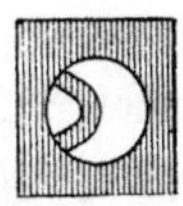
Abb. 28a.

Abb. 26a.

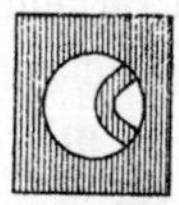
Abb. 28b.

Abb. 26b.

Abb. 29.

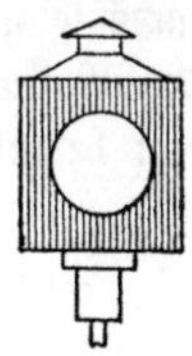
Abb. 27.

a) Die einfache Weiche ist auf das gerade Gleis gestellt: Es erscheint nach beiden Richtungen eine rechteckige weiße Scheibe (Abb. 25).

b) Die einfache Weiche ist auf das gekrümmte Gleis gestellt: Es erscheint bei Einfahrt in die Weiche (gegen die Spitze) ein schräg gestellter weißer Pfeil. Je nachdem die Weiche eine Rechts- oder Linksweiche ist, richtet sich die obere Spitze des Pfeiles nach rechts oder links (Abb. 26a u. 26b). Bei der Ausfahrt aus der Weiche (mit der Spitze) erscheint eine kreisrunde weiße Scheibe (Abb. 27).

c) Die Stellungen der beiden Weichen, aus welchen eine Doppelweiche besteht, werden in derselben Weise durch zwei Weichenlaternen signalisirt.

d) Die Stellung einer Zweibogenweiche oder einer symmetrischen Weiche (erstere in der S.O. nicht vorgesehen) wird für die Einfahrt durch die Signale 26a und 26b, für die Ausfahrt durch die Signale 28a und 28b gekennzeichnet.

---

6) Vgl. Bt.O. § 3,$_3$

7) S.O. VI und S.O.A.B. VI.

e) Die Stellung einer einfachen Kreuzungsweiche wird für die an jedem Ende derselben befindlichen Weichenzungen durch je ein Signal, wie vor, gekennzeichnet.

f) Die Stellung der vier Zungenpaare einer doppelten Kreuzungsweiche wird verschieden gekennzeichnet, je nachdem die Zungenpaare gekuppelt sind.

Werden alle vier Zungenpaare durch denselben Hebel gestellt, so sind stets entweder die beiden geraden oder die beiden gekrümmten Gleise fahrbar. Im ersteren Falle zeigt der (einzige) Laternenkasten das Signal Abb. 25 nach beiden Richtungen, im zweiten Falle das Signal Abb. 29 ebenfalls nach beiden Richtungen.

Werden nur je zwei an demselben Ende der Kreuzungsweiche liegende Zungenpaare durch denselben Hebel gestellt, und es findet entgegengesetzte Bewegung der Zungenpaare statt, so sind auch stets entweder die beiden geraden oder die beiden gekrümmten Gleise geöffnet. Es ist dann für jedes der beiden Weichenenden ein Laternenkasten erforderlich, welcher bei Stellung auf die geraden Stränge in beiden Richtungen das Signal Abb. 25, bei Stellung auf die krummen Stränge von der Richtung der Weichenspitzen her das Signal Abb. 29, von der entgegengesetzten das Signal Abb. 27 zeigt. — Findet bei Vereinigung nur je der beiden zusammenliegenden Zungenpaare gleichgerichtete Bewegung derselben statt (der regelmäßige Fall für an Stellwerke angeschlossene Weichen), so sind vier Laternenkasten (für jedes Zungenpaar einer) erforderlich, die wie bei einfachen Weichen eingerichtet sind.

Bei Weichen, welche auf freier Strecke liegen, sowie bei Weichen innerhalb der Bahnhöfe, welche von ein- oder durchfahrenden Personenzügen im regelmäßigen Betriebe gegen die Zungenspitze befahren werden, genügt[8]) auf Hauptbahnen das gewöhnliche Laternensignal nicht. Vielmehr ist hier die Verbindung mit einem besonderen Fahrsignale erforderlich, bei dessen Fahrtstellung die Weiche in richtiger Lage verriegelt wird (vgl. S. 211).

Außer den Weichen dienen zur Verbindung der Gleise auf Stationen auch Drehscheiben und Schiebebühnen. Indessen wird von diesen Vorrichtungen in Deutschland nur ein verhältnißmäßig geringer Gebrauch gemacht. In Hauptgleisen von Hauptbahnen sind (außer an den Enden derselben) Schiebebühnen mit versenkten Gleisen unzulässig, Drehscheiben nur in besonderen Fällen mit Genehmigung der Landesaufsichtsbehörde zulässig[9]).

C. Die Fahrordnung.

Bei zweigleisigen Bahnen sind im Allgemeinen die beiden Hauptgleise getrennt auch durch die Stationen hindurch zu führen. Die Regel des Rechtsfahrens wird daher auch innerhalb der Stationen befolgt. Bei größeren Bahnhöfen indessen, wo mehrere Bahnlinien vor verschiedene Bahnsteige einlaufen, bei Kopfstationen, wo für dieselbe Bahnlinie mehrere Ein- und Ausfahrtsgleise vorhanden sind, bei größeren Rangirbahnhöfen u. s. f. läßt sich eine solche Regel nicht durchführen. Bei eingleisigen Bahnen wird in den Doppelgleisen der Stationen der Grundsatz des Rechtsfahrens überhaupt nicht überall eingehalten (vgl. S. 181). Da es aber zur Vermeidung von Zusammenstößen mit anderen Zügen und mit rangirenden Lokomotiven und Zugtheilen nothwendig ist, daß für jeden fahrplanmäßigen Zug sein Weg innerhalb jeder Station ein für alle Mal feststeht,

---

[8]) Bt.O. § 3,$_{1,2}$.

[9]) Bt.O. § 3,$_5$, vgl. auch T.V. § 45, 46.

so wird es erforderlich, für jede Station eine sogenannte Fahrordnung aufzustellen[10]), die selbstredend mit jedem neuen Fahrplane, also für jede Fahrplanperiode, zu ändern ist. Die Grundlage solcher Fahrordnung bildet stets der Gleisplan der betreffenden Station (meist verzerrt gezeichnet), aus dem die Lage und Nummerirung der Gleise und Weichen, und möglichst auch die Stellung der Signale[11]) hervorgeht. Den Entwurf zur Fahrordnung macht der betreffende Stationsvorsteher. Die Genehmigung erfolgt durch die Direktion, welche die Fahrordnungen ihres Bezirkes sammt den zugehörigen Gleisplänen in Druckheften vereinigt herausgiebt. Auf S. 207 ist als Beispiel eine Fahrordnung mitgetheilt, in Abb. 30 der zugehörige Gleisplan.

Bei Aufstellung einer Fahrordnung gilt es als Grundsatz, daß möglichst viele Ein- und Ausfahrten von Zügen gleichzeitig geschehen können, da auch an sich nicht gleichzeitige Fahrten bisweilen in Folge von Zugverspätungen zusammenfallen. Deshalb und im Interesse der Sicherheit sind Kreuzungen von Zugfahrten im Niveau thunlichst zu vermeiden. Selbstredend ist diese Erwägung schon maßgebend für die Aufstellung der Entwürfe zu den Gleisplänen.

Abweichungen von der Fahrordnung darf der diensthabende Stationsbeamte nur ausnahmsweise und aus besonders triftigen Gründen anordnen. Er hat die beabsichtigte Abweichung alsdann den übrigen betheiligten Beamten des äußeren Stationsdienstes, in der Regel durch Auftragszettel unter bestimmter Bezeichnung des Zuges und des Fahrweges, mitzutheilen. Die Verwendung von Auftragszetteln darf nur dann unterbleiben, wenn der Stationsbeamte durch Benutzung von Morseschreibern oder Blockvorrichtungen oder durch unmittelbare Beaufsichtigung der Weichen- und Signalbedienung der Entstehung von Mißverständnissen sicher vorzubeugen vermag[10]).

D. Die Bedienung der Weichen.

Damit die Züge ihren durch die Fahrordnung vorgeschriebenen Weg durch die Gleise und Weichen des Bahnhofes hindurch ausführen können, müssen die Weichen auf diesen Weg eingestellt werden. Dieses Umstellen der Weichen geschieht entweder von Hand mittelst des unmittelbar an der Weiche angebrachten Stellbockes, oder von einem Centralpunkte aus mittelst eines Stellwerkes für eine größere Zahl von Weichen gemeinsam. Ueber letzteren Fall soll unten gehandelt werden. Die Bedienung der Weichen von Hand erfolgt durch die Weichensteller und Hülfsweichensteller, deren Pflichten durch die „Dienstanweisung für die Weichensteller und Hülfsweichensteller auf den Pr.St.B." geregelt sind. Die Weichensteller haben die Weichen eines bestimmten jedem zugewiesenen Bezirkes nicht nur für die fahrenden Züge und für Rangirbewegungen zu stellen, sondern auch zu unterhalten und zu reinigen (namentlich im Winter von Schnee), Abends rechtzeitig die Weichenlaternen anzuzünden u. s. f. Zum Aufenthalte wird ihnen ein Wachtraum (Weichenstellerbude) angewiesen, in dem sie sich aber dann nicht aufhalten dürfen, wenn ein Zug herannaht oder wenn in ihrem Bezirke rangirt wird.

Auf Hauptbahnen muß jede Weiche, gegen deren Spitze fahrplanmäßige Züge fahren, während des Durchganges jedes Zuges entweder verriegelt oder verschlossen gehalten werden oder von einem Weichensteller bewacht sein[12]). Bei Nebenbahnen genügt es, daß die jedesmalige Stellung der Einfahrtsweichen dem Lokomotivführer durch Signale

[10]) Dia. f. Stb. § 13,$_2$.
[11]) Vgl. S. 208 ff.
[12]) Bt.O. § 51,$_1$, T.V. § 142.

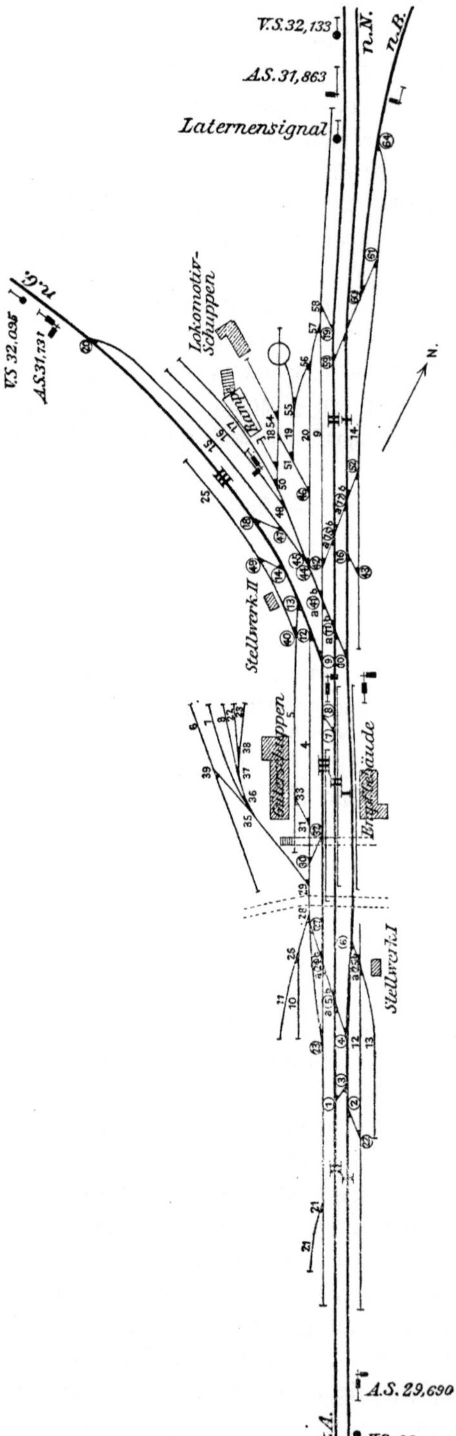

Abbildung 30.
Plan des Bahnhofes E.

kenntlich ist, sofern die Weichen nicht durch einen sicheren Verschluß unverrückbar festgestellt sind[13]).

Ferner hat der Weichensteller vor der Aus- und Einfahrt jedes Zuges sich davon zu überzeugen, ob die Weichen innerhalb seines Dienstbezirkes und, soweit er dies übersehen kann, in den Nachbarbezirken richtig gestellt und die Gleise frei sind. Nach Einfahrt eines Zuges haben namentlich die Endweichensteller darauf zu achten, ob der Zug vollständig eingefahren ist und die Eingangsweichen frei gemacht hat[14]).

Von der Mitwirkung des Weichenstellers beim Rangirdienste ist oben (S. 169) die Rede gewesen. Um hierbei die nöthigen Signale geben zu können, muß er im Dienste stets die Mundpfeife oder das Horn, bei Dunkelheit außerdem die brennende Handlaterne bei sich führen.

Das sogenannte Aufschneiden der Weichen, d. h. das Umstellen derselben durch Befahren in unrichtiger Stellung, ist streng untersagt[15]).

Im Uebrigen haben die Weichensteller dieselben Obliegenheiten wie die Bahnwärter.

Während man früher in Deutschland die Weichen allgemein von Hand stellte, wird neuerdings auf allen einigermaßen bedeutenden Stationen die Stellung der hauptsächlich benutzten Weichen auf einen oder mehrere Punkte zusammengezogen, gewöhnlich auch mit der Signalstellung vereinigt. Die Erörterung dieser Stellwerke erfolgt unten (S. 211 ff).

---

13) Ba.O. § 38.
14) Dia. f. W. § 9,2, c.
15) V. f. R. § 14.

Fahrordnung für den Bahnhof E.

Zug-Nr.	Weg bei der Ein- und Ausfahrt.	Stellung des Einfahrt- Signales.	Stellung des Ausfahrt- Signales.
	Bahnhof E.		
	a. Richtung A.—N.		
2554	fährt auf Gleis I durch die Weichen $\overset{\wedge}{2}$, $\overset{\wedge}{3}$, $\overset{\nwarrow}{4}$, $\overset{\vee}{5}$, $\overset{\nearrow}{24}$ in das dritte Gleis ein und fährt dann vom dritten Gleise aus durch die Weichen $\underline{\overset{\wedge}{32}}$, $\underline{\overset{\wedge}{8}}$, $\underline{\overset{\vee}{9}}$, $\underline{\overset{\wedge}{41}}$, $\underline{\overset{\nearrow}{42}}$, $\underline{\overset{\wedge}{15}}$, $\underline{\overset{\nwarrow}{17}}$ in Hauptgleis I nach N. aus.	 mit Vorsignal	Kein Ausfahrt-signal
	b. Richtung A.—G.		
Güterzug 3004 und Schnellzug 8	fahren ein wie Zug 2554 und durch die Weichen $\overset{\wedge}{8}$, $\overset{\vee}{9}$, $\overset{\wedge}{12}$, $\overset{\wedge}{13}$, $\overset{\vee}{14}$, $\overset{\wedge}{18}$ in Gleis III und durch Weiche $\overset{\wedge}{20}$ nach G. aus.	 mit Vorsignal	
	c. Richtung G.—E.		
1003 und 1007	fahren auf Gleis III durch die Weichen $\overset{\vee}{20}$, $\overset{\vee}{18}$, $\overset{\wedge}{14}$, $\overset{\vee}{13}$, $\overset{\wedge}{12}$, $\overset{\wedge}{9}$, $\overset{\nearrow}{8}$ ein.	 mit Vorsignal	

Bemerkungen:

In der Fahrordnung sind diejenigen Züge nicht mit aufgeführt, welche auf der zweigleisigen Strecke das in ihrer Fahrtrichtung rechts liegende, gerade durchgehende Hauptgleis, auf der eingleisigen Strecke das gerade durchgehende Hauptgleis ohne Ablenkung durchlaufen; d. h. diejenigen Züge, welche:

von A nach N Gleis I benutzen;
von N nach A Gleis II benutzen;
von A nach G Gleis I bis Weiche 10 benutzen, dann über Weiche 10, 11, 41, 44, 45, 47, 18 in Gleis III übergehen;

von G nach A Gleis III bis zur Weiche 8 benutzen, dann durch Weichen 8, 7 in Gleis II übergehen.

Für alle übrigen Züge ist der von ihnen zu befahrende Weg durch genaue Angabe der Nummern der Gleise und Weichen, welche berührt werden, angegeben. Von den in der Fahrordnung angewendeten Zeichen bedeutet:

$\vee$: Der Zug fährt ohne Ablenkung gegen die Spitze der Weiche.
$\wedge$: Der Zug fährt mit der Weiche.
$\nearrow$: Der Zug befährt die Weiche mit Ablenkung nach rechts.
$\nwarrow$: Der Zug befährt die Weiche mit Ablenkung nach links.

Unterstreichung der Weichennummer: Die Weiche ist weder durch ein Stellwerk verriegelt noch verschlossen, und daher mit besonderer Vorsicht zu befahren.

Letzterer Fall tritt beim Zuge 2554 bei einer Anzahl Weichen ein, welche zwar an das Stellwerk angeschlossen sind, aber mangels eines Signales für die in Frage kommende Fahrstraße nicht verschlossen werden können. (Das Nähere über Stellwerke und Signale folgt unter II A u. B dieses Kap.)

II. Vorkehrungen zur Sicherung der Zugfahrten innerhalb der Stationen und Verbindung dieser Vorkehrungen von Station zu Station.

A. Die stehenden Fahrsignale.

Die bisher besprochenen Läutewerkssignale (S. 185), die Hornsignale, Handsignale und Scheibensignale der Wärter (S. 186, 194), die Signale am Zuge und die Signale mit der Dampfpfeife (S. 190 ff.), welche die Fahrt des Zuges auf der Strecke begleiten, verlassen ihn auch nicht innerhalb der Stationen. Auf diesen werden indessen außerdem erheblich vollkommenere Signale erforderlich, um dem Zuge durch einfache Handhabung Halt gebieten oder die Weiterfahrt gestatten zu können, und um dem Zugpersonale anzuzeigen, welcher Weg dem Zuge durch die verschlungenen Gleise der Station offen steht. Wie ein Theil dieser Forderungen durch die Weichensignale erfüllt wird, ist bereits oben (S. 203) dargelegt. Erheblich wichtiger noch, als diese, sind die stehenden Fahrsignale.

1. Die Mastsignale.

Ein Mastsignal bildet gewissermaßen ein Ein- oder Durchfahrtsthor für den Verkehr der Züge, welches für gewöhnlich verschlossen gehalten werden muß und nur für jeden einzelnen Zug geöffnet werden darf, nachdem festgestellt worden ist, daß die Ein- oder Durchfahrt ohne Gefahr erfolgen kann. Ob das Thor geöffnet oder geschlossen ist, wird bei Tage durch einen am Maste angebrachten, dem kommenden Zuge an der rechten Seite erscheinenden Flügel, bei Dunkelheit durch eine oben am Maste angebrachte Laterne angedeutet. Es bezeichnen (s. Abb. 31—49 auf Tafel IV)[16]:

a) „Halt": Wagerechte Stellung des Flügels (Abb. 31) bezw. roth geblendetes Licht der Signallaterne (Abb. 32).

b) Freie Fahrt: Schräg nach oben gerichtete Stellung des Flügels (Abb. 33) bezw. grün geblendetes Licht der Signallaterne (Abb. 34).

Solche Signalmaste müssen auf Hauptbahnen an jedem Eingange jedes Bahnhofes und jeder Haltestelle (dagegen nur ausnahmsweise am Eingange von Haltepunkten) stehen, deren Einfahrtsthore von der Strecke aus sie bilden[17]). Sie werden daher in diesem Falle auch Abschlußsignale genannt. Das Signal „Freie Fahrt" darf nur auf besondere Anordnung des dienstthuenden Stationsbeamten gegeben werden (vgl. S. 235).

In der Regel sind auf allen nicht ganz kleinen Stationen für die Einfahrt mehrere Wege möglich, da gewöhnlich Güterzüge und zu überholende Züge in ein drittes Gleis einfahren können. Auf großen Stationen, namentlich auf Kopfstationen, kommen drei, vier und mehr Einfahrtswege vor. Damit nun der Lokomotivführer eines einfahrenden Zuges nicht bloß erfährt, ob er überhaupt einfahren darf, sondern auch, in welches Gleis ihm der Einfahrtsweg frei gemacht ist, damit andererseits auch das Bahnhofspersonal weiß, auf welchem Gleise es einen Zug zu erwarten hat, so wird dies durch einen am Maste angebrachten zweiten oder auch dritten Flügel (Abb. 35—41), bei Dunkelheit durch eine zweite oder dritte grüne Laterne (Abb. 42—48) angezeigt. Diese ferneren Flügel und Laternen sind bei der Haltstellung des Signales verdeckt, treten erst bei der

---

[16]) S.O. III.
[17]) Bt.O. § 1_3, A. f. Est. § 14.

Additional information of this book

(Betrieb und Verkehr der Preußschen Staatsbahnen; 978-3-642-50530-0; 978-3-642-50530-0_OSFO4) is provided:

EXTRA MATERIALS
extras.springer.com

http://Extras.Springer.com

Fahrtstellung eventuell zu einem oder zweien hervor, so daß bei Haltstellung ein mehrflügeliges Signal sich nicht von dem einflügeligen (Abb. 31, 32) unterscheidet.

Das Auskunftsmittel, die Zahl der Flügel und Laternen zu vermehren, versagt indessen, sobald es mehr als drei Einfahrtswege giebt. Vier Flügel oder Laternen würden schon nicht mehr deutlich zu erkennen sein und sind durch die S.O. nicht zugelassen. Sobald daher mehr als drei Wege für den einfahrenden Zug in Betracht kommen, stellt man an dem Eingange des Bahnhofes nur ein einflügeliges Signal auf, und weiter in den Bahnhof hinein an der Verzweigungsstelle eine Anzahl ebenfalls einflügeliger Wegesignale, von denen immer eines zusammen mit dem Einfahrtsignale freie Fahrt zeigt. Das Wegesignal wird entweder gleichzeitig mit dem Einfahrtsignale oder vor demselben gezogen, daher auch Zustimmungssignal genannt.

Münden zwei oder mehrere Bahnlinien neben einander in eine Station, so erhält jede ihr besonderes Einfahrtsignal, welches eventuell zwei- oder dreiflügelig ist. Sind für einzelne der einlaufenden Bahnen, oder alle, mehr als drei Einfahrtswege möglich bezw. dienen einzelne oder alle Bahnhofsgleise zur Einfahrt von mehreren Bahnlinien aus, so stellt man, wie vor, am Eingange des Bahnhofes für jede Bahn ein einflügeliges Signal und weiter in den Bahnhof hinein an der Vereinigungs-[18]) und Verzweigungsstelle für jedes Bahnhofsgleis ein Wegesignal auf, wobei dann unter Umständen dieselben Wegesignale in Verbindung mit verschiedenen Einfahrtsignalen gezogen werden können.

Sowohl die Einfahrtsignale wie die Wegesignale stellt man möglichst nebeneinander oder wenigstens in einer zur Richtung der Bahnen thunlichst rechtwinkeligen Ebene bezw. so auf, daß Verwechselungen durch das Lokomotivpersonal nicht vorkommen können.

Von geringerer Bedeutung, als die Einfahrtsignale, sind im Allgemeinen die ebenso konstruirten Ausfahrtsignale. Sie werden in der Regel auf solchen Stationen von Hauptbahnen angewendet, auf welchen ausfahrende Züge Weichen gegen die Spitze befahren, deren Stellung der diensthabende Stationsbeamte nicht ohne Weiteres erkennen kann, und auf welchen aus mehreren Gleisen ausgefahren werden kann. Es ist dann für jedes Ausfahrtgleis ein solches Signal vorhanden, welches ein-, zweiflügelig u. s. f. ist, je nachdem man aus dem Gleise nach einer oder mehreren Bahnlinien ausfahren kann. Die Ausfahrtsignale dienen hauptsächlich dazu, damit der Stationsbeamte sich mit einem Blicke davon überzeugen kann, daß alle Weichen für die Ausfahrt des Zuges richtig stehen und verriegelt sind. Falls kein Ausfahrtsignal vorhanden ist, müssen die etwa bei der Ausfahrt gegen die Spitze zu befahrenden Weichen mit der Stellvorrichtung des Einfahrtsignales unmittelbar oder mittelst Stationsblockwerkes so in Verbindung gebracht sein, daß für etwa durchfahrende Züge das Einfahrtsignal nur bei richtiger Weichenstellung freigegeben werden kann[19]) (vgl. S. 211).

Eine erheblichere Wichtigkeit gewinnen die Ausfahrtsignale bei Vorhandensein einer Streckenblockirung (s. S. 221). Auf Zwischenblockstationen, die nur Signalstationen oder Haltepunkte sind, sind alsdann nur Ausfahrtsignale vorhanden, die im ersten Falle für beide Fahrtrichtungen an einem Maste vereinigt sind (Abb. 49).

Die Mastsignale können schließlich innerhalb der Stationen zur Deckung einzelner Gleise oder Gleisbezirke (eventuell so, daß verschiedene hinter einander liegende Theile eines

[18]) Vgl. A. f. Est. § 14.
[19]) Bt O. § 3,$_2$. — A. f. Est. § 15,$_1$, § 16,$_2$.

Bahnhofes gegenseitig durch Ein- und Ausfahrtsignale abgeschlossen werden), sowie auf freier Bahn zur Deckung von Abzweigungen[20]), Drehbrücken[21]) und sonstigen Gefahrpunkten benutzt werden. Die Bedienung der Deckungssignale wird durch besondere Anweisung geregelt.

Es ist allgemein zulässig, zwei Signale für entgegengesetzte Fahrtrichtung an demselben Maste anzubringen. Es empfiehlt sich diese Anordnung für die an den Enden einer mehrgleisigen Bahnsteiganlage aufzustellenden Einfahrtswegesignale und Ausfahrtsignale.

Die Stellung aller bisher besprochenen Mastsignale kann nach rückwärts (was für daß Bahnpersonal von Bedeutung ist) bei Dunkelheit dadurch kenntlich gemacht werden, das sie bei Haltstellung volles weißes Licht, bei Fahrtstellung theilweise geblendetes weißes Licht (sogenanntes Sternlicht) zeigen[22]).

2. Die Vorsignale.

Die Stellung der wichtigsten Mastsignale, der Einfahrtsignale oder Abschlußsignale, soll stets auch bei Nebel oder, wenn das Signal durch eine Bahnkrümmung verdeckt ist, so rechtzeitig von dem Lokomotivführer erkannt werden können, daß dieser mit Sicherheit den Zug vor dem Einfahrtsignale zum Stehen bringen kann. Deshalb werden die Einfahrtsignale der an Hauptbahnen liegenden Bahnhöfe und Haltestellen[23]) in der Regel mit je einem Vorsignale versehen, welches gleichzeitig mit dem Hauptsignale sein Aussehen ändert und als eine Ankündigung des Hauptsignales zu betrachten ist. Die Entfernung des Vorsignales vom Hauptsignale richtet sich sowohl nach den Neigungsverhältnissen der fraglichen Strecke als nach der größten Stärke und Geschwindigkeit der dort verkehrenden Züge. Ist ein solches Vorsignal vorhanden, so soll das Einfahrtsignal nicht weiter, als es die Umstände erfordern, mindestens aber 50 m vor dem Gefahrpunkte (Eingangsweiche) stehen. Das Vorsignal besteht aus einer um eine wagerechte oder lothrechte Achse drehbaren, runden, grün gestrichenen Scheibe, mit welcher eine Laterne verbunden ist[24]).

a) Bei Haltstellung des Einfahrtsignales zeigt das Vorsignal am Tage die volle runde Scheibe (Abb. 50, Taf. IV), bei Dunkelheit grünes Licht dem Zuge entgegen (Abb. 51, Taf. IV). Rückwärts zeigt die Laterne volles weißes Licht.

b) Bei Fahrtstellung des Einfahrtsignales zeigt das Vorsignal am Tage die Scheibe parallel zur Bahn oder wagerecht gestellt (Abb. 52), bei Dunkelheit weißes Licht dem Zuge entgegen (Abb. 53). Rückwärts zeigt die Laterne theilweise geblendetes weißes Licht (Sternlicht oder mattweißes Licht). Bei Ausfahrtsignalen (einschließlich der Blockstationssignale) werden Vorsignale in der Regel nicht angewendet.

Wenn an dem Einfahrtsignalmaste einer Station, welcher nicht mit Vorsignal versehen ist, das Haltsignal wegen starken Nebels nicht weit genug erkannt werden kann, so hat der Signalwärter oder ein anderer hierzu beauftragter Wärter in ausreichender Entfernung vor dem Signale Knallkapseln auszulegen[25]).

3. Sonstige Signale.

Wenn vorhandene Gefahrpunkte durch anderweite Signale nicht ausreichend gedeckt werden können, sind nach den besonderen Vorschriften thunlichst Knallkapseln zur An-

---

20) Bt O. § $3_{,1}$.
21) Bt.O. § $3_{,4}$.
22) S.O.A.B. $III_{,31}$.
23) A. f. Est. § $14_{,1}$.
24) S.O. IV.
25) S.O.A.B. $IV_{,61}$.

wendung zu bringen[26]). Bezüglich der Wasserkrahnsignale mag auf Bt.O. § 47 u. S.O. V verwiesen werden. Signaleinrichtungen, welche selbstthätig durch den Zug beim Passiren gewisser Punkte der Bahnlinie umgestellt werden, so daß die Züge sich selbst Deckung verschaffen, sind in Amerika sehr gebräuchlich, bei uns aber nur vereinzelt eingeführt (Berliner Stadtbahn).

B. Weichen- und Signalstellwerke[27]).

Wenn auch durch die Weichenlaternen die Stellung aller Weichen erkannt werden kann, so ist doch die hierbei erzielte Betriebssicherheit eine geringe, weil es nicht ausgeschlossen ist, daß aus Versehen oder bösem Willen eine Weiche kurz vor der Durchfahrt eines Zuges oder gar während derselben umgestellt wird, und weil es auch für den Lokomotivführer schwer möglich ist, die Stellung aller Weichen bei schneller Fahrt zu beobachten, in der Regel aber unmöglich sein wird, vor einer falsch stehenden Weiche den Zug anzuhalten. Es ist daher, wie bereits S. 204 erwähnt, durch die Bt.O. § 3,$_2$ für Hauptbahnen ausgesprochen, daß bei solchen Weichen innerhalb der Bahnhöfe, welche von ein- oder durchfahrenden Personenzügen im regelmäßigen Betriebe gegen die Spitze befahren werden, das gewöhnliche Weichensignal nicht genügt, vielmehr hier die Verbindung mit einem besonderen Fahrsignale erforderlich ist, bei dessen Fahrtstellung die Weiche in richtiger Lage verriegelt wird (vgl. auch Bt.O. § 51,$_1$ u. S. 209). Diese Verriegelung kann in einfachster Weise dadurch bewirkt werden, daß der vom Signalstellbocke zum Einfahrtsignale, Ausfahrtsignale oder zu dem besonderen Deckungssignale führende, die Signalstellung bewirkende Doppeldrahtzug eine bei der Spitzenweiche liegende Verschlußrolle (Verschlußtopf) passirt, welche beim Umstellen des Signales sich um einen Theil ihres Umfanges dreht und hierdurch eine Verriegelung der Weichenschubstange bewirkt, während sie bei unrichtiger Stellung der Weiche eine Freigabe des Signales unmöglich macht. Wenn durch solche Einrichtung auch verhindert wird, daß ein einfahrender Zug in ein falsches Gleis geräth, so ist immer noch die Möglichkeit vorhanden, daß einem solchen Zuge durch falsche Stellung einer Weiche in einem Nachbargleise ein Zug oder Fahrzeug in die Flanke fährt. Es würde zu umständlich sein und die Beweglichkeit des Signaldrahtzuges zu stark beeinträchtigen, wenn man auch für alle solche sogenannten feindlichen Weichen Verschlußrollen einschalten wollte. Namentlich tritt dies bei größeren Bahnhöfen hervor, auf welchen mehrere Einfahrtsignale und Einfahrtwege vorhanden sind. Der obigen Anforderung der Bt.O. und viel weiter gehenden Ansprüchen auf Betriebssicherheit und Bequemlichkeit der Bedienung wird daher bei vollkommeneren Anlagen genügt durch die Weichen- und Signalstellwerke. Solche ermöglichen es, daß alle für den Zugdienst wichtigen Weichen eines Bahnhofes von einem Punkte oder von wenigen Punkten aus gestellt werden. Dies sind die sogenannten Stellwerksbuden (auch Weichenthürme, Signalthürme u. s. f. genannt). Die in den Stellwerksbuden aufgestellten Stellvorrichtungen für Weichen und Signale sind derart in Abhängigkeit von einander gebracht, daß ein jedes Fahrsignal erst gegeben werden kann, nachdem zuvor alle für die betreffende Zugfahrt in Betracht kommenden Weichen richtig gestellt sind. Hierdurch erhält zugleich der Stationsbeamte die Gewißheit, welche er sich vor Abgabe jedes Fahrsignales nach Bt.O. § 46,$_1$ verschaffen muß, und die er sich sonst auf größeren Stationen garnicht oder nur schwer verschaffen könnte.

---

[26]) S.O.A.B. IV,$_{61}$, T.V. § 183.
[27]) Vgl. auch T.V. § 43a.

Außer den Weichen- und Signalstellwerken giebt es auch Verriegelungsanlagen, bei denen von der Stellwerksbude aus die Signale zwar gestellt, die Weichen aber nur in der jedesmaligen von Hand bewirkten Stellung verriegelt werden. Ferner hat man, namentlich auf Rangirbahnhöfen, Stellwerke, die nur zur Weichenstellung dienen. Sie bezwecken weniger eine Erhöhung der Betriebssicherheit als eine Vereinfachung und Verbilligung des Weichenstellerdienstes durch Einschränkung der Anzahl von Weichenstellern und eine Beschleunigung des Rangirgeschäftes.

Maßgebend für die Anlage und Benutzung von Stellwerken sind:

a) Die Allgemeine Dienstanweisung für die Benutzung der Stellwerksanlagen im Bereiche der Preußischen Staatseisenbahnverwaltung[28]).

b) Die Anweisung für das Entwerfen von Eisenbahnstationen mit besonderer Berücksichtigung der Weichen- und Signalstellwerke (§ 12—23)[29]).

c) Bt.O. § 46,$_3$ legt nur die Bestimmung fest, daß die Stellung der Signale bei einem Stellwerke von der entsprechenden Stellung der Weichen abhängig sein soll.

Die folgenden Beschreibungen beziehen sich in erster Linie auf Drahtzug- und Gestängestellwerke, gelten aber mit geringen Abänderungen auch für Stellwerke mit Druckwasser- und elektrischem Betrieb.

Die Stellwerksbuden sind in der Regel über das Planum des Bahnhofes mehr oder weniger erhöht, um den die Stellwerke bedienenden Beamten einen möglichst guten Ueberblick über das in das Stellwerk einbezogene Weichen- und Signalgebiet zu gewähren. Tritt man in eine solche Bude, so erblickt man vor sich an einem Gestelle eine Reihe Hebel, deren jeder ein Schild mit Buchstaben- oder Nummerbezeichnung trägt. Jeder Hebel dient zur Stellung eines Signales oder einer Weiche (bisweilen auch zweier Signale oder zweier Weichen) und ist daher entweder mit dem Buchstaben beschrieben, welcher die dem Signale entsprechende Fahrtrichtung bezeichnet (Signalhebel) oder mit der Nummer der Weiche (Weichenhebel). Jeder Hebel ist durch eine Leitung mit der zugehörigen Weiche oder dem zugehörigen Signale verbunden. Diese Leitung besteht aus einem doppeltem Drahtzuge (oder bei Weichen auch aus einem Gasrohrgestänge), neuerdings auch in einer Druckluft- oder Druckwasserleitung oder einer ein- oder mehrfachen elektrischen Leitung. Wie jede Weiche zwei Fahrtstellungen hat, je nachdem ihre rechte oder linke Zunge anliegt, wie jedes Signal auf Halt oder Fahrt gestellt werden kann, so hat dem entsprechend auch jeder Hebel zwei Stellungen, die man zur Unterscheidung die „Grundstellung“ und die „gezogene Stellung“ nennt. Die Grundstellung ist diejenige, in welcher die Hebel stets sich befinden, wenn keine Benutzung der betr. Weichen und Signale stattfindet. Bei dem Signalhebel ist die Grundstellung selbstredend diejenige, bei welcher das Signal auf Halt steht. Bei den Weichenhebeln ist an und für sich die Wahl der Grundstellung beliebig; indessen wird als Grundstellung in der Regel diejenige Stellung der Weiche angenommen, in welcher die Weiche zugleich am häufigsten benutzt wird, da man so die Anzahl der erforderlichen Umstellungen möglichst einschränkt. Sollen zwei Weichen an denselben Hebel angeschlossen werden, so können dies nur solche sein, die stets gleichzeitig umgestellt werden müssen oder wenigstens dürfen, wie z. B. die beiden einander durchdringenden Zungenpaare einer doppelten Kreuzungsweiche. Dieses

---

[28]) Dia. f. Stw.
[29]) A. f. Est.

sogenannte „Kuppeln“ zweier Weichen an einen Hebel hat den Vortheil, daß die Anlage des Stellwerkes billiger und die Anzahl der Handgriffe bei der Bedienung kleiner wird, ist aber soweit zu beschränken, daß die Gangbarkeit der Hebel nicht zu sehr beeinträchtigt wird und ist ferner dann bedenklich und zu unterlassen[30]), wenn entweder durch Aufschneiden einer von den beiden Weichen ein durch die andere fahrender Zug gefährdet werden kann, oder durch die Kuppelung die gleichzeitige Benutzung zweier von einander unabhängiger Fahrstraßen ausgeschlossen wird. Zwei Signale lassen sich nur dergestalt an denselben Hebel anschließen, daß derselbe in eigenartiger Weise als Umschlaghebel konstruirt ist, so daß er drei Stellungen hat, eine Grundstellung (beide Signale „Halt“) und zwei durch Rechts- und Linksbewegung zu erzielende gezogene Stellungen. Die Stellung zweier Signale durch Rechts- und Linksbewegung desselben Umschlaghebels ist nur dann zulässig, wenn die Signale sich nach ihrer Zweckbestimmung ausschließen, d. h., wenn niemals beide gleichzeitig auf Fahrt gestellt werden können bezw. dürfen.

In dem Mechanismus des Stellwerkes sind die Signalhebel mit den Weichenhebeln durch eigenthümliche Querverbindungen, welche den Registern einer Orgel oder der Einrichtung eines Buchstabenschlosses ähneln, so in Abhängigkeit gebracht, daß jedes Mastsignal erst stellbar ist, nachdem alle von dem betreffenden Zuge zu durchfahrenden Weichen für dessen Weg richtig gestellt sind. Aber nicht dies allein. Außerdem müssen, bevor das Signal gestellt werden kann, soweit irgend angängig, sämmtliche Weichen in den Nachbargleisen, aus welchen Fahrzeuge in das vom Zuge zu befahrende Gleis hineingelangen können (feindliche Weichen oder Schutzweichen) abweisend gestellt und die etwa statt solcher Weichen in einmündenden Gleisen angebrachten Gleissperren geschlossen sein. Das Umlegen oder „Ziehen“ des Signalhebels verriegelt alsdann in dem Stellwerke sämmtliche Hebel der in Frage kommenden Weichen und Gleissperren, so daß deren Stellung, so lange das Signal steht, nicht wieder geändert werden kann, mögen sie in der Grundstellung oder in der gezogenen Stellung verriegelt sein. Die Verriegelung wirkt nicht auf den Weichenhebel selbst, weil der Wärter sonst durch irrthümlichen Versuch der Umstellung mit Anwendung großer Gewalt die Verriegelung beschädigen oder zerstören könnte, sondern auf die sogenannte Handfalle, mittelst welcher der Hebel aus seinen beiden Endstellungen zuvor ausgeklinkt werden muß, bevor er umgelegt werden kann. Bei dieser Handfalle, auf welche der Wärter nur durch Schließen der Hand wirken kann, sind übermäßige Kraftanstrengungen, welche Zerstörungen herbeiführen könnten, ausgeschlossen.

Bei neueren Stellwerken geschieht die Verriegelung der Handfallen der Weichenhebel nicht unmittelbar durch die Bewegung der Signalhebel, sondern durch Vermittelung sogenannter Fahrstraßenhebel. Zunächst hat man, um einem Zuge Fahrsignal zu geben, die Weichen in die erforderliche Stellung zu bringen. Dann legt man den für das Signal in Frage kommenden Fahrstraßenhebel um und verriegelt damit die Handfallen der Weichenhebel, legt also die Fahrstraße des Zuges fest. Erst die erfolgte Umlegung des Fahrstraßenhebels ermöglicht diejenige des Signalhebels, welcher, nun gezogen, seinerseits den Fahrstraßenhebel verriegelt. Diese neuere Anordnung hat den Hauptzweck, daß es dem Wärter nicht möglich sein soll, bei irrthümlicher Handhabung mit der Wucht des großen Signalhebels die Verschlußtheile der Weichenhebel zu zerstören, daß er vielmehr auf diese nur mit dem Fahrstraßenhebel wirkt, welcher klein ist, weil er keinen langen Drahtzug, sondern

---

[30]) A. f. Est. § 18,$_{16}$.

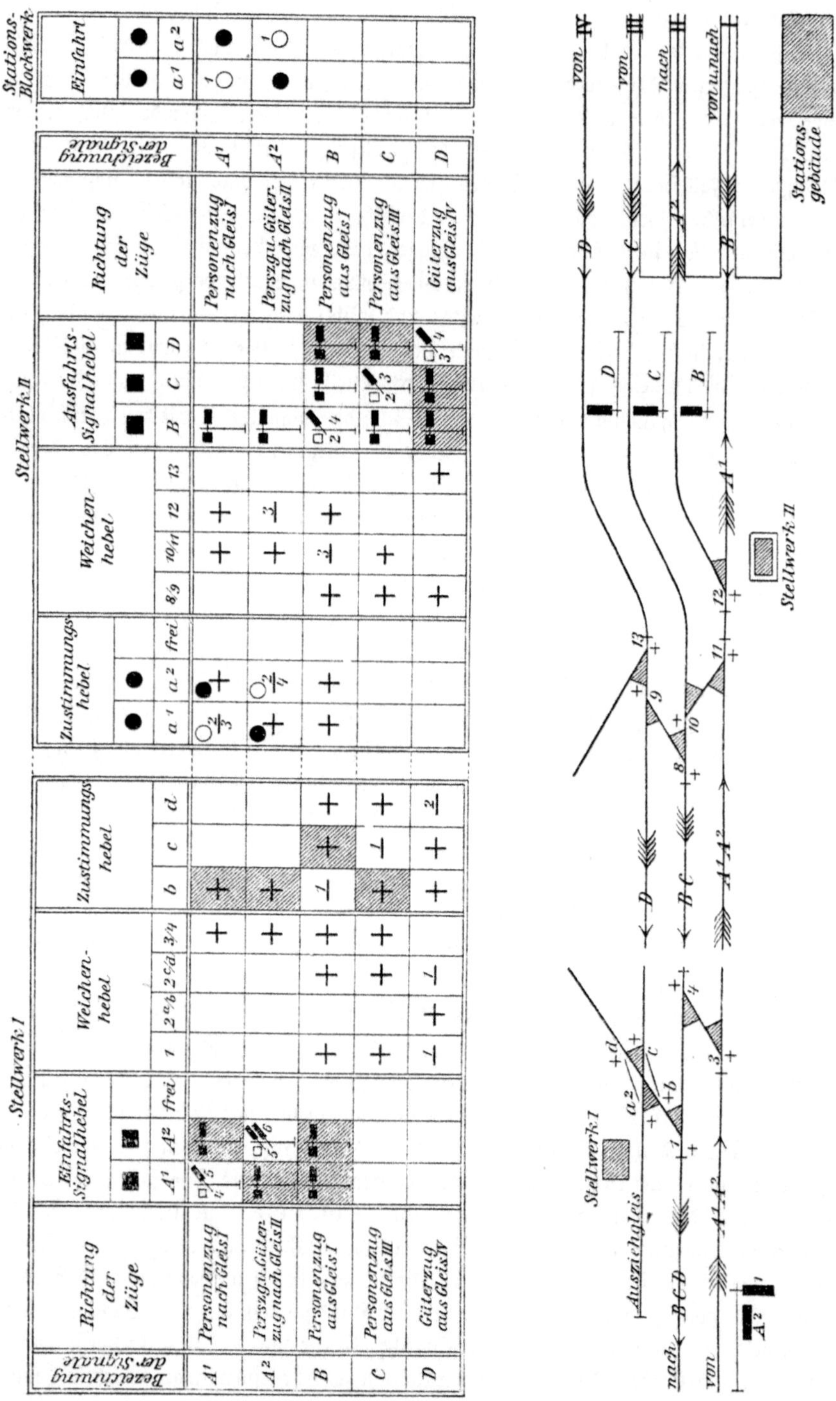

Abbildung 54.

Erläuterungen.

1. Die Weichen werden im Lageplan durch Nummern, die Kreuzungsweichen außerdem durch Buchstaben a, b bezeichnet. Die Grundstellung der Weichen im Lageplan wird durch ein +-Zeichen an der Seite desjenigen Gleises angedeutet, welches bei der Grundstellung für die Durchfahrt geöffnet ist.

2. Die Signalmaste werden im Lageplan in einfachen Linien (bei Haltstellung der Signalarme) angedeutet. Ihr Standort wird durch die Lage des Fußpunktes bezeichnet, um den sie in der Fahrtrichtung, für welche sie gelten, niedergelegt zu denken sind. Die bei der Haltstellung senkrecht stehenden Signalarme zwei- oder dreiarmiger Signalmaste werden auf derjenigen Seite neben dem Maste eingezeichnet, nach welcher hin sie sich beim Ziehen des Fahrsignales bewegen. Die Signale werden mit großen lateinischen Buchstaben, etwa vorhandene mehrere Flügel mit 1, 2, 3 bezeichnet.

3. Die den Signalen entsprechenden Wege der Züge werden im Lageplan durch die gleichen Buchstaben und Ziffern sowie durch Pfeile auf den Gleisen bezeichnet.

4. Die Weichen- und Signalhebel haben in den Verschlußtafeln die gleiche Bezeichnung wie im Lageplan.

5. In den Verschlußtafeln wird der Verschluß eines Weichenhebels in der Grundstellung durch +, in der gezogenen Stellung durch — bezeichnet. Wird eine Weiche vom Stellwerke aus nicht gestellt, sondern nur verriegelt, sei es beim Ziehen eines Signalhebels mittelst eines in die Signalleitung eingeschalteten Kontrolriegels oder durch einen besonderen Verriegelungshebel, so erhält die betreffende Spalte die Ueberschrift: „Kontrolriegel" bezw. „Verriegelungshebel".

6. Die Stellung der Signalhebel wird in den Verschlußtafeln bildlich dargestellt, aber nur insoweit, als ein Signalhebel selbst gezogen, oder durch einen gezogenen anderen Signalhebel (direkt oder durch die dessen Freigabe bedingende Weichenstellung) unter Verschluß gehalten wird.

7. Fahrstraßenhebel werden in den Verschlußtafeln durch kleine lateinische Buchstaben bezeichnet, welche den großen lateinischen Buchstaben der zugehörigen Signale entsprechen. Die Spalten für diese Hebel werden nur für diejenigen Zugfahrten durch das Zeichen — ausgefüllt, deren Wege durch dieselben festgelegt werden.

8. Zustimmungshebel werden in den Verschlußtafeln durch kleine lateinische Buchstaben bezeichnet, welche den großen lateinischen Buchstaben der verschlossen gehaltenen Signalhebel im Nachbarstellwerke entsprechen. Die Spalten für die Zustimmungshebel werden nur für diejenigen Zugfahrten ausgefüllt, bei denen ein Verschluß des betreffenden Zustimmungshebels stattfindet. Der Verschluß eines Zustimmungshebels in der Grundstellung wird durch +, in der gezogenen Stellung durch — bezeichnet.

9. Erfolgt der Verschluß eines Signalhebels oder Zustimmungshebels ausschließlich durch Ziehen eines anderen Signal- oder Zustimmungshebels, so wird das Feld des ersteren schraffirt.

10. Blockverschlüsse der Hebel werden im Kopfe der Verschlußtafel in der betreffenden Spalte angegeben. ● bedeutet elektrischer Blockverschluß, ■ mechanischer Blockverschluß durch Zustimmungshebel, ○ Freigabe auf elektrischem Wege, □ Freigabe auf mechanischem Wege durch Zustimmungshebel.

11. Stehen mehrere Stellwerke durch Blockwerke in Abhängigkeit von einander, so werden die Verschlußtafeln in gleicher Höhe nebeneinander angeordnet. Für die verschiedenen Zugfahrten wird alsdann die Reihenfolge, nach welcher die Veränderungen in den einzelnen Feldern herbeigeführt werden sollen, innerhalb der letzteren durch Ziffern angegeben.

nur eine Schubstange im Stellwerke zu bewegen hat. Daneben erwachsen aus der Einschaltung von Fahrstraßenhebeln noch mehrere Vortheile, so eine einfache konstruktive Anordnung bei mehrfach gegenseitig von einander abhängigen Haupt- und Wiederholungssignalen, und der betriebliche Vortheil, daß eine Zurückziehung des Signales noch nicht die Fahrstraße entriegelt.

Es ist ausgeschlossen, daß mit einem richtig angeordneten Stellwerke gleichzeitig zwei einander feindliche Signale gegeben werden können, da jedes eine andere Weichenstellung bedingt. Die obigen Forderungen der Bt.O. § $3,_2$, § $46,_3$, §$51,_1$ (S. 204, 211, 212) werden von den Stellwerken ohne Weiteres erfüllt. Spitzenweichen, welche weit vom Stellwerke entfernt liegen, verriegelt man außerdem nochmals durch eine in den Signaldrahtzug eingeschaltete Verschlußrolle. Die ganze Anordnung eines Stellwerksbezirkes ist in einem Gleisplane nebst Verschlußtafel dargestellt, der in der Stellwerksbude aushängt.

Ein Beispiel für einen solchen (der A. f. Est. entnommen) ist in Abb. 54 wiedergegeben. In demselben ist zugleich die Abhängigkeit mehrerer Stellwerke von einander und vom Stationsbureau durch Blockverbindungen veranschaulicht (vergl. das Folgende und unter C). Die Bedeutung der Zeichen ist unter Abb. 54 erläutert.

Außer bei ganz kleinen Bahnhöfen sind in der Regel die Stellwerke vom Stationsbureau, in welchem sich der Zugmeldedienst abspielt, räumlich getrennt, weil sie an den Bahnhofsenden in der Nähe der Eingangsweichen liegen müssen. Damit trotzdem der Stationsbeamte eine sichere Einwirkung auf die Handhabung des Stellwerkes hat, ist dasselbe mit dem Stationsbureau durch elektrische oder mechanische Blockirung verbunden. Für gewöhnlich kann der Stellwerkswärter kein einziges Signal ziehen, da sämmtliche Signalhebel festgeriegelt sind. Soll ein Signal gezogen werden, so giebt der Stationsbeamte hierzu gleichzeitig Auftrag und Möglichkeit, indem er mit dem elektrischen oder mechanischen Blockwerke den Signal- oder Fahrstraßenhebel entriegelt, worauf der Stellwerkswärter durch ein sichtbares und hörbares Zeichen aufmerksam gemacht wird. Er hat dann die betreffenden Weichen in die richtige Lage zu bringen und das Signal zu ziehen. Nach Vorbeifahrt des Zuges und Einziehung des Signales verriegelt er sich dasselbe wieder. Der Stationsbeamte erhält dadurch gleichzeitig ein sichtbares und hörbares Zeichen, daß das Signal wieder unter seinem Verschlusse steht.

Bei mittleren Bahnhöfen pflegen wenigstens zwei Stellwerke, bei größeren noch mehr vorhanden zu sein, deren Handhabung man so von einem Punkte aus leitet. Bisweilen ist indessen solches Stellwerk zugleich als Stationsbureau für den Zugmeldedienst eingerichtet und mit einem Stationsbeamten besetzt, der unmittelbar die verantwortlichen Aufträge zur Stellung der Weichen und Signale mündlich ertheilt. Wo die Oertlichkeit und der Umfang des Betriebes es gestatten, ist diese Anordnung vorzuziehen, weil der Stationsbeamte die Vorbedingungen und Wirkungen seiner Aufträge selbst übersehen kann, und daher ein schnelleres und sichereres Arbeiten möglich ist. Wenn ein Bahnhof mehrere Stellwerke besitzt, die einander feindliche Signale geben können, so werden die nach dem Stationsbureau führenden Blockirungen dort so von einander in Abhängigkeit gebracht, daß sich die feindlichen Signale im Stationsblockwerke ausschließen, also keine feindlichen Aufträge gegeben werden können. Ist eines der Stellwerke zugleich als Stationsbureau oder Kommandobude eingerichtet, so müssen die anderen Stellwerke mindestens bezüglich der feindlichen Signale von ersterem Stellwerke in Blockabhängigkeit gebracht werden. Sind mehrere oder alle Stellwerke als selbständige Kommandobuden ausgebildet, so muß gleichfalls bezüglich der feindlichen Signale eine gegenseitige Blockabhängigkeit hergestellt sein.

Durch derartige Einrichtungen ist im Gebiete eines Bahnhofes ein Unfall durch feindliche Signalstellung so gut wie ausgeschlossen. Neuerdings geht man aber noch weiter und bringt auch die Stellwerksanlagen benachbarter Stationen derart in Abhängigkeit von einander, daß sie nur im Einklange mit einander arbeiten können. Dies geschieht, indem man sie mittelst der Streckenblockeinrichtungen in Verbindung setzt (vergl. unten S. 221 ff.).

Während die Vorrichtungen zur mechanischen Blockirung die verschiedensten Konstruktionen aufweisen, werden zu den weitaus vorherrschenden elektrischen Blockirungen auf den Preußischen Staatsbahnen durchweg die Blockwerke von Siemens und Halske verwendet, welche im Folgenden soweit beschrieben werden sollen, als zum Verständniß ihrer Handhabung erforderlich ist, während die eigentlich technische Beschreibung über den Rahmen dieses Buches hinausgehen würde.

C. Die Blockeinrichtungen.

1. Wesen der Blockwerke.

Die Blockwerke dienen, wie die Fernschreiber, zur elektrischen Uebermittelung von Nachrichten und Aufträgen, welche den Zugdienst betreffen. Während bei den Fernschreibern solche Nachrichten und Aufträge beliebigen Inhalt haben können und dem Empfänger in schriftlicher Form auf dem Papierstreifen erscheinen, also dauernd aufgezeichnet werden, beschränkt sich der Inhalt der Blockmeldungen auf einen engen Kreis ein für allemal bestimmter Aufträge oder Erlaubnisse (Fahrterlaubniß für einen Zug bezw. Auftrag zum Ziehen eines Signales) und Nachrichten (Quittungen über die Aufträge und Berichte über die Fahrt des betr. Zuges), und dieselben hinterlassen Zeichen von nur kurzer Dauer. Dagegen bieten sie bezüglich der Aufträge bezw. Erlaubnisse den Vortheil, daß sie in gewissem Sinne zwangsweise wirken. Dem Beauftragten bezw. Ermächtigten ist es zwar möglich, die bezügliche Signalstellung nicht auszuführen. Dagegen ist es ihm unmöglich, ein Signal zu ziehen, ohne daß er durch das Blockwerk Auftrag bezw. Erlaubniß dazu erhalten hat.

Außer denjenigen Nachrichten, welche in der Ertheilung von Blockaufträgen oder Blockerlaubnissen bezw. ihrer Rückgabe bestehen, werden Nachrichten mit den Blockwerken nur in Form von Klingelsignalen (sogenannten Vorwecksignalen) übermittelt. So unvollkommen diese Uebermittelungsart ist, so macht sie sich doch dem Empfänger sehr viel schneller bemerkbar, als der Inhalt eines Morsetelegrammes, welchem zudem noch der Anruf vorhergehen muß, ermöglicht also ein schnelleres Arbeiten im Interesse eines prompten Betriebes und ist namentlich von Werth in Fällen dringender Gefahr.

Wie bereits S. 216 ausgeführt, dienen die Blockwerke entweder zur Verbindung der Stellwarten einer Station unter einander bezw. mit dem Stationsbureau (Stationsblockirung) oder zur Verbindung der Stellwerke von Station zu Station zur Sicherung der Zugfahrten auf der Strecke (Streckenblockirung).

Neben der Blockverbindung besteht in beiden Fällen in der Regel eine Fernschreibverbindung, welche zur Beförderung solcher Nachrichten dient, die sich durch die Blockwerke nicht übermitteln lassen, und außerdem bei Störungen der Blockleitungen zur Verständigung benutzt wird, ferner innerhalb der Stationen zweckmäßig eine Fernsprechverbindung.

2. Stationsblockirungen.

Zur Verbindung zwischen dem Stationsbureau und einem vorgeschobenen Stellwerke dienen zwei äußerlich ganz gleiche Blockwerke, von denen das eine im Stationsbureau, das andere an dem Stellwerke selbst angebracht ist. Je nachdem das Ziehen eines, zweier oder mehrerer Signale in Frage kommt, sind die Apparate ein-, zwei- oder mehrtheilig. In Abb. 55 (Taf. IV) sind als Beispiel schematisch zwei zusammengehörige dreitheilige Blockwerke dargestellt, von denen I das Stationsblockwerk, II das am Stellwerke befindliche Blockwerk ist. Jedes Blockwerk ist in einem Gehäuse untergebracht, welches je nach der Anzahl der Theile des Blockwerkes ein, zwei oder mehrere kreisrunde Glasfenster, die sogenannten Blockfelder aufweist, hier also je drei. Unter jedem Blockfelde ist angeschrieben, zu welchem Signale dasselbe gehört.

Vom Stationsbureau wird der Auftrag zu allen Signalstellungen ertheilt. Also ist Blockwerk I das auftraggebende, Blockwerk II das auftragempfangende. Die Bedienung im Stationsbureau erfolgt durch den Stationsbeamten oder durch einen Telegraphisten, der aber in jedem Einzelfalle hierzu durch den Stationsbeamten ermächtigt sein muß[31]). Der Auftrag zur Freigabe eines Signales und die Meldung, daß das Signal wieder eingezogen und die Blockerlaubniß zurückgegeben ist, werden am Blockwerke für das Auge dadurch kenntlich gemacht, daß hinter dem betr. Glasfenster A, B, C eine weiße oder rothe Scheibe sichtbar wird, oder, wie man sagt, daß das betr. Blockfeld weiß oder roth wird. Dabei bedeutet stets „weiß" die Erlaubniß zur Fahrt eines Zuges bezw. den Auftrag zum Ziehen des bezüglichen Signales, „roth" bedeutet „Halt". Dementsprechend ist die gewöhnliche Farbe aller Blockfelder in den Blockwerken der Stationsblockirungen die rothe, weil für gewöhnlich alle Signale auf Halt stehen, und nur als Ausnahme in jedem einzelnen Falle die Fahrterlaubniß ertheilt wird.

Will der Beamte im Stationsbureau am Blockwerke I dem Stellwerkswärter am Blockwerke II den Auftrag geben, das Signal A zu ziehen, so drückt er auf den Druckknopf a_1 und dreht gleichzeitig ein paar Male die Induktorkurbel K_1 herum. Hierdurch verwandelt sich sein Blockfeld A_1 in weiß. Gleichzeitig verwandelt sich aber auch das Blockfeld A_2 (am Blockwerke II) unter Rasseln oder Klingeln in weiß. Dies ist für den Stellwerkswärter das äußere Zeichen, daß er jetzt das Signal A ziehen kann und soll. Daß er dies aber nun kann und vorher nicht konnte, geht folgendermaßen zu:

In den Kasten beider Apparate, I und II, werden bei jedem Blockfelde die beiden Scheiben, die weiße und die rothe, gemeinsam gebildet durch ein Radsegment von etwa Viertelkreisumfang, dessen Rand gezahnt ist, und von welchem je etwa ein Achtelkreissegment weiß, das andere roth ist. Wir wollen dies zweifarbige Radsegment die „Bildscheibe" nennen. Je nachdem das Blockfeld „Halt" oder „Fahrt" zeigen soll, befindet sich die rothe oder weiße Hälfte der Bildscheibe hinter dem runden Glasfenster. In die Zähne des Radsegmentes greift ein durch Elektromagnet bewegter Anker ein. Eine Bewegung des Radsegmentes von 45° um seine Drehaxe, mithin eine Veränderung des Blockfeldes aus weiß in roth oder umgekehrt, ist nur möglich, indem der Anker eine Anzahl von Hin- und Herschwingungen ausführt. Schwingt der Anker eines Blockwerkes in Folge eines Induktionswechselstromes, der von dem anderen Blockwerke ausgeht, so fällt die Bildscheibe von Zahn zu Zahn herab, ihrer eigenen Schwere folgend. Werden die Ankerschwingungen dagegen durch die Induktorkurbel des eigenen Blockwerkes hervorgebracht, so geschieht dies unter gleichzeitigem Herabdrücken des betreffenden Druckknopfes. Hierdurch wird eine Federkraft ausgelöst, und diese bewirkt, daß beim Hin- und Herschwingen des Ankers das Radsegment von Zahn zu Zahn in die Höhe steigt. Bei I

---

[31]) Bt.O. § $25,_{1}$, § $46,_{2}$.

ist nun die tiefe Stellung der Bildscheibe Grundzustand, bei II die hohe. Bei I ist das obere Segment roth, das untere weiß, bei II umgekehrt. Durch Druck auf a_1 und die Bedienung von K_1 steigt also die Scheibe in I, es fällt die Scheibe in II und bei beiden wird statt des rothen Segmentes das weiße hinter dem Glasfenster sichtbar. Die Blockwerke mit mehr als 2 Feldern bauen Siemens und Halske in umgekehrter Anordnung, d. h. so, daß auf dem stromgebenden Blockwerke die Bildscheibe durch ihr eigenes Gewicht fällt, an dem stromempfangenden Blockwerke durch Federkraft (die am stromgebenden Blockwerke durch Druck auf den Knopf beseitigt ist) steigt. Für solche Blockwerke müßte also in der folgenden Beschreibung überall für die Bildscheiben das „oben“ und „unten“, bezw. „Steigen“ und „Fallen“ vertauscht werden.

Der Druckknopf a_2 (ebenso die anderen Knöpfe a_1; b_1; c_1; b_2; c_2) hängt mit einer senkrechten Stange zusammen, die unten mit einem Kopfe auf eine ihre Richtung lothrecht abwärts fortsetzende zweite Stange, die Verriegelungsstange, drückt, sobald oben der Druckknopf a_2 herabgedrückt wird. Im Ruhezustande ist die Verriegelungsstange im Blockwerke II gesenkt, also außer Berührung mit dem unteren Ende der Druckknopfstange, und drückt ihrerseits auf einen federnden Stift, der den Signalhebel A bezw. den zugehörigen Fahrstraßenhebel unmittelbar oder durch eine mechanische Vorrichtung festriegelt. In dieser gesenkten Stellung ist die Verriegelungsstange durch einen eigenthümlichen Mechanismus arretirt. Sobald nun durch Bedienung des Blockfeldes A_1 die Bildscheibe in II ihre tiefste Stellung (weiß) erreicht, wird dieser Mechanismus ausgelöst, und der federnde Stift sowie die Verriegelungsstange schnappen nach oben. Die Verriegelungsstange berührt nun oben die Druckknopfstange, der federnde Stift läßt bei seiner Hebung den Signalhebel A (bezw. den zugehörigen Fahrstraßenhebel) frei. Das Signal A kann mithin auf Fahrt gestellt werden. Wie dies erst nach Bewirkung der richtigen Weichenstellung geschehen kann, ist oben (S. 213) beschrieben.

Während durch die Bedienung von a_1 und K_1 in I im Blockwerke II die Arretirung der Verriegelungsstange freigemacht wurde und diese nach oben geschnappt ist, hat sich in I der umgekehrte Vorgang vollzogen. Durch Druck auf a_1 ist die Verriegelungsstange nach unten gedrückt und nun, da die Bildscheibe sich nach oben bewegt hat, durch den erwähnten eigenthümlichen Mechanismus in dieser tiefsten Stellung arretirt. (Wenn das Blockwerk I, wie am Beginne dieser Erläuterung (S. 218) angenommen wurde, sich im Stationsbureau befindet, so hat die Verriegelungsstange bei ihm keine verriegelnde Funktion nach außen hin auszuüben. Anders, wenn die Stationsblockirung dazu dient, zwei Stellwerke desselben Bahnhofes von einander abhängig zu machen. Dann befindet sich auch Blockwerk I an einem Stellwerke, und während in II der Signalhebel zu A freigemacht wird, erfolgt gleichzeitig durch das Niedergehen der Verriegelungsstange in I die Verriegelung des zu A feindlichen Signales, oder aber die Verriegelung eines Wiederholungssignales oder Zustimmungshebels zu A in gezogenem Zustande.)

Der Beamte im Stationsbureau ist nun nicht in der Lage, seine Bildscheibe wieder zum Herabgehen zu veranlassen, sein Blockfeld also selbst wieder roth zu machen. Selbst wenn er seinen Druckknopf a_1 herabdrücken könnte, würde er dadurch doch ein Herabgehen der Bildscheibe nicht bewirken können, weil er hierbei die Federkraft auslösen würde, die stets die Bildscheibe in aufsteigendem Sinne beeinflußt. Nun ist aber auch, um jeden Irrthum auszuschließen, der Druckknopf a_1 selbst arretirt. Diese Arretirung hat sich in dem Augenblicke vollzogen, in welchem der Stationsbeamte nach Freigabe der

Blockfelder A_1; A_2 den Druckknopf a_1 losließ. Die Rückstellung der beiden Blockfelder in den Ruhezustand (roth) muß daher vom Blockwerke II bezw. vom Stellwerkswärter ausgehen.

Auch dieser kann, so lange das Signal A auf Fahrt steht, das Blockfeld (und damit dasjenige in I) nicht wieder in roth verwandeln, da er hierbei mittelst des Druckknopfes a_2 den federnden Verriegelungsstift (s. oben) nach unten vordrücken müßte. Denn da der Signal- bezw. Fahrstraßenhebel umgestellt ist, hat sich das Riegelloch verschoben, in das der Verriegelungsstift eingreifen soll, und dieser stößt auf Widerstand. Sobald indessen nach Vorbeifahrt des Zuges der Wärter das Signal A wieder eingezogen hat, mithin der Signal- bezw. Fahrstraßenhebel wieder in die Ruhestellung versetzt sind, kann der Verriegelungsstift wieder in das Riegelloch des Signal- oder Fahrstraßenhebels nach unten vordringen, mithin kann der Stellwerkswärter seine weiße Scheibe wieder in roth verwandeln. Er drückt auf den Knopf a_2, drückt somit die Verriegelungsstange und den Verriegelungsstift nach unten und dreht gleichzeitig die Kurbel K_2 herum. Hierdurch geht seine Bildscheibe nach oben, die des Blockwerkes I nach unten. Bei II wird die Verriegelungsstange (damit auch der Verriegelungsstift) und demnächst der Druckknopf a_2 arretirt. Bei Blockwerk I wird, sobald die Bildscheibe ihre tiefste Stellung erreicht hat, die Arretirung ausgelöst und damit auch der Druckknopf a_1 wieder beweglich. Die Blockfelder A_2 und A_1 sind beide wieder roth geworden. Der Stellwerkswärter hat nun auf sein Blockwerk keine Einwirkung mehr; sein Signal ist auf Halt verriegelt. Dagegen hat der Stationsbeamte am Blockwerke I sein Blockfeld A_1 und somit die Freigabe des Signales A wieder in seiner Gewalt.

So lange das Blockfeld A_1 weiß erscheint, muß der Stationsbeamte gewärtig sein, daß das Signal A freigegeben ist und daß ein Zug in der Richtung A fährt. Er darf also inzwischen keinen Auftrag zur Freigabe eines anderen dem Signale A feindlichen Signales ertheilen. Er würde zwar damit unmittelbar keinen Schaden stiften können, weil der Stellwerkswärter vermöge der Verriegelungseinrichtungen des Stellwerkes nicht in der Lage ist, gleichzeitig zwei feindliche Signale freizugeben. Es würden aber durch die Ertheilung solches verkehrten Auftrages immerhin Mißverständnisse entstehen. Deshalb enthält das Blockwerk I eine Einrichtung, welche die Entstehung solcher Mißverständnisse ausschließt. Zwischen den einzelnen Blockfeldern A_1, B_1, C_1 ist durch sogenannte Schieber eine gegenseitige Verriegelung geschaffen, die eine gleichzeitige Auftragsertheilung für feindliche Signale ausschließt. Sind mit dem Stationsbureau mehrere Stellwerke durch Blockwerke verbunden, so kann man die den einzelnen Blockwerken II entsprechenden Blockwerke I im Stationsbureau in einem Kasten vereinigen und für alle Blockfelder eine gemeinsame Schieberverriegelung einrichten, so daß auch die gleichzeitige Freigabe feindlicher Signale an den verschiedenen Stellwerken unmöglich wird, z. B. die gleichzeitige Einfahrt zweier Züge von beiden Seiten in dasselbe Gleis. Auf diese Weise werden die einzelnen Stellwerke indirekt von einander abhängig gemacht, während sie bei der oben beschriebenen unmittelbaren Blockverbindung (S. 219) direkt von einander abhängig sind. Es kann auch eine Vermischung beider Anordnungen vorkommen, indem ein Stellwerk zugleich Kommandobude für den ganzen Bahnhof oder einen größeren Theil desselben ist, und andere Stellwerke von diesem Centralpunkte durch Blockirung abhängig gemacht sind, wodurch sie zugleich in indirekte Abhängigkeit von einander kommen.

Die durch Bedienung der Blockfelder ertheilten Blockaufträge und die Rückgaben der Blockerlaubnisse werden begleitet von den mittelst der Vorwecksignale gegebenen Blockmeldungen. Ueber den Blockfeldern A_1; B_1; C_1; A_2; B_2; C_2 befindet sich außer den Druckknöpfen a_1; b_1 u. s. f. in größerer Höhe noch eine zweite Reihe Druckknöpfe a_1'; b_1'; c_1'; a_2'; b_2'; c_2', die sogenannten Vorwecktasten. Drückt man einen solchen Knopf und dreht gleichzeitig die Induktorkurbel des Blockwerkes, so ertönt am anderen Blockwerke eine Klingel. Damit aber der das andere Blockwerk bedienende Beamte auch weiß, mit welchem Knopfe das Vorwecksignal gegeben ist, d. h. auf welches Blockfeld es sich bezieht, so fällt über dem betreffenden Blockfelde des Empfangsblockwerkes ein vorher verdeckter kleiner Flügel oder eine Fallscheibe herab (in Abb. 55 bei a_1'' angedeutet). Die Vorwecksignale der Blockwerke werden nun in folgender Weise gegeben bezw. benutzt[32]):

Sobald der Stellwerkswärter den Auftrag erhalten hat, das Signal A zu ziehen, quittirt er über diesen Auftrag durch das Empfangsbescheinigungssignal, d. h. er drückt die Vorwecktaste a_2' herunter und macht eine halbe Umdrehung der Kurbel K_2. Es ertönt dann am Blockwerke I ein kurzer Schlag der Klingel ◡, und es fällt der Flügel a_1''. Dieselbe Quittung giebt die Station an den Stellwerkswärter zurück, sobald letzterer nach Einziehung des Signales A beide Felder A_1; A_2 wieder roth gemacht hat.

Wird die Abgabe eines Blocksignales verzögert oder vergessen, so erinnert die wartende Stelle durch Abgabe des Erinnerungssignales, fünf durch kurze Zeitintervalle getrennte Weckerschläge ◡ ◡ ◡ ◡ ◡, erzeugt durch fünf Kurbelumdrehungen.

Soll die ertheilte Blockerlaubniß aus irgend welchen Gründen wieder rückgängig gemacht werden, so erfolgt das Alarmsignal, eine längere Reihe abwechselnd kurzer und langer Weckerschläge ◡ — ◡ — ◡ —.

3. Streckenblockirungen.

Während die Stationsblockirungen dazu dienen, die auf einem Bahnhofe vorhandenen Stellwerke derart von einander bezw. von dem Stationsbureau abhängig zu machen, daß sie einander feindliche oder vom Stationsbeamten nicht gewollte Signale nicht geben können, wird (um das früher Gesagte hier kurz zu wiederholen) das Wesen der Streckenblockirung im neueren Sinne am richtigsten so definirt, daß sie eine Verbindung der Stellwerke benachbarter Stationen ist, welche die Ertheilung feindlicher Signale ausschließt (vgl. oben S. 183). Bei den hier allein zu besprechenden Blockeinrichtungen zweigleisiger Bahnen, welche für jede Zugrichtung ein besonderes Gleis haben, kann es sich hierbei nur um Verletzung der Zugfolge handeln. Nach Bt.O. § 25,₁ darf sich auf der Strecke zwischen zwei Stationen oder Blockstationen in einer Fahrtrichtung stets nur ein Zug unterwegs befinden. Die Blockwerke bringen die auf den einzelnen Stationen (Blockstationen) befindlichen Signale, welche gewissermaßen die Durchfahrtsthore von Strecke zu Strecke bilden, so von einander in Abhängigkeit, daß das Einfahrtsthor einer Strecke nicht eher für einen folgenden Zug geöffnet werden kann, als bis das Ausfahrtsthor (in der Regel zugleich Einfahrtsthor der nächsten Strecke) vom voranfahrenden Zuge passirt ist. Diese Abhängigkeit wirkt selbstredend auf die Stellvorrichtungen der Signale, welche theils in größeren Stellwerken enthalten sind, theils (bei Signalzwischenstationen) nur in einfachen Kurbeln oder Stellböcken bestehen.

[32]) Für die Abgabe der Vorwecksignale werden von jeder Direktion besondere Vorschriften erlassen, so daß die nachstehende Beschreibung nur als annähernd zutreffend zu betrachten ist.

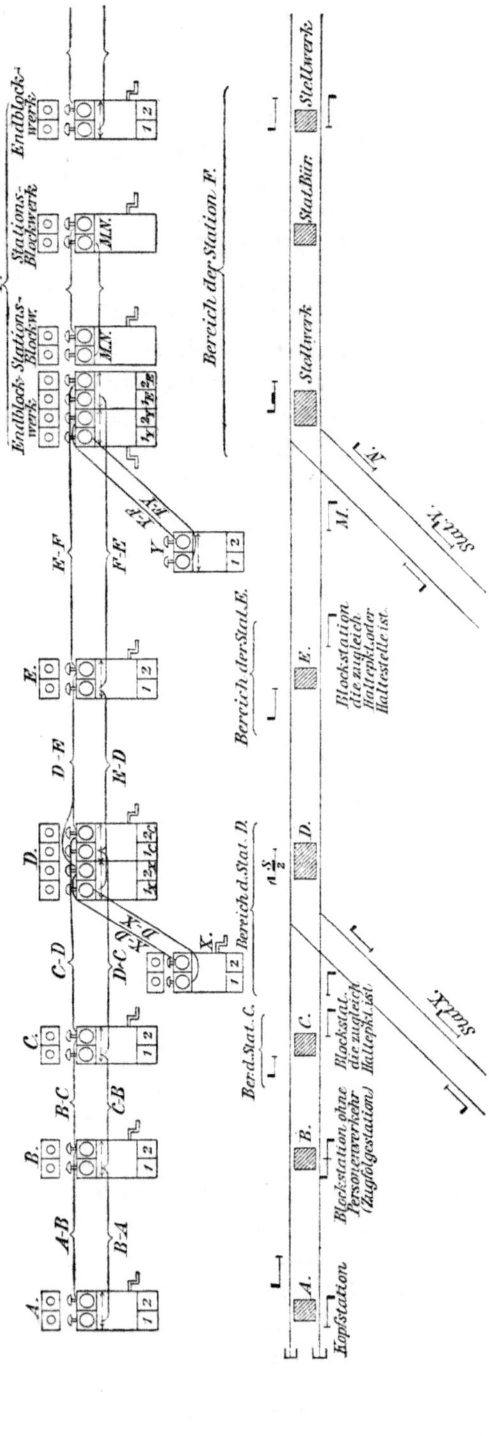

Abbildung 56.

Die technische Einrichtung der Blockwerke ist im Wesentlichen dieselbe, wie bei den Stationsblockwerken. Aeußerlich erscheinen also auch diese als Kasten mit runden Glasfenstern, hinter denen weiße oder rothe Scheiben sichtbar werden, und aus denen zur Bedienung seitlich die Induktorkurbeln, oben die Druckknöpfe oder Tasten hervorragen. Das gewöhnliche Streckenblockwerk ist ein Kasten mit zwei solchen Glasfenstern oder Blockfeldern, wobei man sich von vornherein klar zu machen hat, daß solches Blockwerk eigentlich aus zwei von einander ganz unabhängigen Apparaten besteht, da das eine Feld für die eine Fahrtrichtung bezw. das eine Hauptgleis dient, das andere Feld für die andere Fahrtrichtung bezw. das andere Hauptgleis. Wir besprechen die Streckenblockirung, wie sie sich nach den neuen Grundsätzen des M. d. ö. A. vom Jahre 1895 gestaltet, während die bisherigen abweichenden Einrichtungen nur nebenher Erwähnung finden sollen. Die Wirkungsweise der Streckenblockirung wird am besten an einer schematisch in Ansicht und Grundriß mit Apparaten und Signalen dargestellten Strecke (Abb. 56) erläutert, wobei zugleich die Unterschiede von End- und Zwischenblockstationen (vgl. S. 184), die Gestaltung von Abzweigungen u. s. f. Erörterung finden.

Zunächst betrachten wir die hier überall mit 2 bezeichneten Felder, welche der Fahrtrichtung von A nach B, C, D entsprechen, wie durch die Pfeile angedeutet ist. Jedes Feld gilt, wie das zugehörige Signal, für die an der betreffenden Station beginnende Bahnstrecke. Wo eine Station daher nicht bloß ein Trennpunkt der Strecke für die Zugfolge ist, sondern räumliche Längenausdehnung hat, ist ihr Ausfahrtsignal das mit dem Blockfelde der hier beginnenden Strecke in Verbindung zu bringende. Ist das Feld roth, so wird dadurch angedeutet, daß die bei diesem Felde beginnende Strecke z. B. von einem Zuge befahren wird. Die Strecke ist also gewissermaßen durch eine rothe Scheibe abgesperrt. Der Betriebsvorgang bei Fahrt eines Zuges von A über B nach C, D, E u. s. f. ist nun folgender (unter vorläufiger Fortlassung der erst unten zu besprechenden Klingel= bezw. Vorwecksignale):

Dem Zuge ist von A Ausfahrtsignal gegeben. Nachdem der Zug ausgefahren und das Signal auf Halt zurückgelegt ist, verwandelt der Stellwerkswärter in A sein bis dahin weißes Blockfeld 2 in roth. Hierdurch wird das Ausfahrtsignal in A so lange elektrisch verriegelt, bis das Feld 2 wieder weiß geworden ist, was nur von der nächsten Station B aus bewirkt werden kann. — Unter der Voraussetzung, daß zwischen B und C kein Zug fährt, kann der Wärter in B dem Zuge Fahrsignal geben. Der Zug fährt bei B durch, das Signal daselbst wird auf Halt gelegt. Der Blockwärter in B macht sein Feld 2 roth. Hierdurch riegelt er sein Signal in der Haltlage elektrisch fest, kann also vorläufig keinem zweiten Zuge in der Richtung nach C Fahrsignal geben. Durch das Rothmachen des Blockfeldes B_2 wird zugleich A_2 weiß, das Signal A kann also wieder auf Fahrt gestellt werden. Es kann daher ein zweiter Zug vorläufig bis B nachfolgen. Hierbei ist Folgendes besonders zu erwähnen (14a, b der Grundsätze). Erst, nachdem das Signal B einmal gezogen und wieder auf Halt gelegt ist, gelangt das Blockfeld B_2 zur Verfügung des Blockwärters. Nachdem er dann einmal die Blockirung seiner vorliegenden Strecke B C vorgenommen und dadurch zugleich A B deblockirt hat, nachdem er ferner von C aus wiederum deblockirt ist, erscheint zwar Feld B_2 wieder weiß, ist aber noch nicht für ihn bedienbar, sondern noch gesperrt. Diese Sperrung wird erst dadurch aufgehoben, daß er abermals das Signal zieht und auf Halt legt. Erst dann kann der Wärter wieder B_2 roth und damit A_2 weiß machen. Wenn er also nicht Signalbewegungen überflüssiger oder böswilliger Weise ohne Uebereinstimmung mit den Zugfahrten ausführt, ist durch diese Abhängigkeiten eine gewisse Zwangsläufigkeit und ein Schutz gegen Deblockirung noch von Zügen besetzter Strecken gegeben. Das Blockfeld B_2 bleibt roth, das Signal in B so lange auf Halt verriegelt, bis der Wärter in C, nachdem er sein Signal gezogen und auf Halt gelegt, das Feld C_2 roth und dadurch B_2 weiß macht.

B ist Blockstation ohne Personenverkehr (Zugfolgestation). Auf solcher sind nach 5 der Grundsätze beide Blocksignale in der Regel an einem Maste anzubringen. Im Gegensatze hierzu sind bei solchen Blockstationen, die zugleich Haltepunkte oder Haltestellen sind (C), die beiden Blocksignale auseinander zu ziehen, und zwar stets so, daß die Blocksignale Ausfahrtsignale bilden. Den Trennpunkt der beiden Blockstrecken auf solche Weise hinter den vom haltenden Zuge jedesmal innegehabten Gleisabschnitt zu legen, hat den Vortheil, daß der Zug vor den Bahnsteig vorfahren kann, während die folgende Blockstrecke noch gesperrt ist. Die Grenzen der Blockstrecken bei beiden Hauptgleisen sind hierbei gegen einander verschoben, bestehen aber auch hier nur in je einem Punkte für jedes Gleis, anders, als bei den unten zu besprechenden Ueberholungsstationen, bei welchen sich eine ganze Stationslänge zwischen die vor= und hinterliegende Strecke einschiebt.

Die Zugfolgestationen und die Haltestellen und Haltepunkte mit vorstehend be=

schriebener Signalanordnung wurden allein nach der früheren Auffassung (S. 184) als Blockstationen bezeichnet.

Der Zug nähert sich der Blockstation D, in welcher eine zweite zweigleisige Bahn einmündet, ohne daß indessen hier ein Haltepunkt für den Personenverkehr sich befindet. Die Anordnung der Blocksignale und Blockwerke für solche Fälle ist durch Nr. 7 und 8 der Grundsätze vorgeschrieben. Wir nehmen zunächst an, daß beide hier zusammenlaufenden Linien Blockeinrichtungen besitzen. Dann wird in D für jede der beiden Linien ein aus zwei Blockfeldern bestehender Apparat aufgestellt. (Alle vier Blockfelder sind indessen in einem Kasten vereinigt.) Die Blockabhängigkeit zwischen D und C und zwischen D und X unterscheidet sich in Nichts von der gewöhnlichen. Nun soll aber von E her und nach E zu die Blockbedienung regelmäßig vor sich gehen, ganz gleichgültig, ob ein Zug die Hauptbahn oder die Zweiglinie befährt. Zunächst betrachten wir, abweichend von der bisher verfolgten Fahrtrichtung, einen von E kommenden Zug. Das Feld E_1 ist nach Durchfahrt des Zuges roth geworden. Der Wärter in D zieht nun eines der Signale S_1 oder S_2 und kann, nachdem der Zug nach C oder X ausausgefahren und S_1 oder S_2 auf Halt zurückgestellt ist, beziehentlich das Blockfeld D_1(c) oder D_1(x) roth machen. Welches der beiden Felder er aber auch roth macht, in beiden Fällen setzt er durch Niederdrücken der Taste das Feld mit der einen Leitung E—D in Verbindung, deblockirt also das Blockfeld 1 in E. Die weitere Deblockirung von C_1 nach D_1(c) oder von X_1 nach D_1(x) erfolgt in gewöhnlicher Weise. Das Blockwerk in D stellt nach der vorstehenden Erläuterung also gewissermaßen eine Weiche in der Blockleitung dar. Ganz analog gestalten sich die Vorgänge bei Fahrt eines Zuges in umgekehrter Richtung. Mag ein Zug von C oder X aus die Blockstation D passirt haben, demnach D_2(c) oder D_2(x) roth gemacht sein, das Blockfeld E_2 wirkt stets auf beide Felder in D gemeinsam und macht dasjenige von ihnen weiß, welches vorher roth geworden war, während auf das weiß gebliebene Feld der Strom nicht wirkt. — Hat die abzweigende Strecke selbst keine Blockeinrichtungen, so ändert sich an der Anordnung des Blockwerkes in D nichts. Die Deblockirung von D_1 (x) geschieht in diesem Falle, da eine folgende Station, von der dies geschehen könnte, nicht vorhanden ist, durch besondere Deblockirungstaste. Die Blockirung von D_2 (x), welche erfolgt, nachdem ein Zug von der Nebenstrecke eingelaufen ist, wirkt nicht deblockirend rückwärts auf diese Nebenstrecke.

Wir kehren nun zu der zuerst von A bis D verfolgten Fahrtrichtung zurück. Der Zug fährt über E (gewöhnliche Zwischenblockstation wie C) nach F. Dies ist eine sogenannte Ueberholungs- und Kehrstation. Auf solcher Station ist nach Nr. 3 der Grundsätze die Abhängigkeit der Blockwerke zu unterbrechen. Dies ist deshalb nothwendig, weil sonst nach Einfahrt eines auf der Station zwecks Ueberholung oder Kehrens verbleibenden Zuges zugleich mit der Deblockirung der rückliegenden Strecke eine unzutreffende Blockirung der vorliegenden Strecke eintreten würde, die sich zudem in ordnungsmäßiger Weise nicht wieder beseitigen ließe. Die Unterbrechung der Blockabhängigkeit geschieht in der Weise, daß die Blockstrecken vor und hinter solcher Station nur bis an den Stationsbezirk heranreichen. Es liegt also zwischen ihnen die von der Streckenblockirung ausgeschlossene Strecke von Abschlußsignal bis Abschlußsignal. Für jede der beiden an der Station endigenden (und auch beginnenden) Strecken ist ein Blockwerk vorhanden, welches „Endblockwerk" heißt, seiner Bedeutung nach aber zugleich als „Anfangs- und Endblockwerk" bezeichnet werden müßte. Die Endblockwerke gehören theoretisch an die beiden Enden der Station und sollen nach Nr. 10 der Grundsätze demgemäß auch in der Regel in den Stellwerksgebäuden, von denen aus die den Stationsgrenzen entsprechenden Blocksignale bedient werden, ihre Aufstellung finden. Die Blockirung nach Ausfahrt eines Zuges geschieht ebenso, wie auf der Kopfstation A. Das mit der Deblockirung der rückliegenden Strecke nach Einfahrt eines Zuges stattfindende Rothwerden eines Blockfeldes bedeutet aber nicht zugleich eine Blockirung der vorliegenden Strecke, da solche nicht vorhanden. Das Feld kann daher auch nicht in der gewöhnlichen Weise wieder weiß gemacht werden. Diese Lücke in dem Systeme wird ergänzt durch Mitwirkung der Stationsblockirung, wo solche vorhanden (14, c der Grundsätze), und zwar in folgender Weise, die wiederum an unserer Skizze (Abb. 56) erläutert werden soll.

Am vorderen Ende der Station F mündet zugleich eine Zweigbahn von Y ein. Das hierfür vorhandene (nicht lediglich aus einem Stellbock bestehende) Stellwerk ist von dem Stationsbureau durch Stationsblockwerk abhängig gemacht. Das Endstreckenblockwerk unterscheidet sich äußerlich nicht von dem bei solcher Einmündung vorhandenen Streckenblockwerk (Station D), besteht also wie dieses aus vier Feldern. Bei der Ausführung werden allerdings diese vier Felder mit den Feldern der Stationsblockirung, welche in Abb. 56 getrennt skizzirt sind, in einem Gehäuse vereinigt. Von den vier Feldern des Endstreckenblockwerkes gehören zwei zur Linie, die von E nach F führt, zwei zur Linie Y F.

Der Stationsbeamte im Stationsbureau F giebt nun, wenn ein Zug sich von E oder Y nähert, dem Stellwerkswärter Blockerlaubniß zum Ziehen des Signales M oder N. Nachdem M oder N. gezogen, der Zug eingefahren und das Signal wieder auf Halt gestellt ist, gelangt das bezügliche Streckenblockfeld 2 zur Verfügung des Stellwerkswärters. (Nicht früher, daher Signalzwang.) Er macht es roth und deblockirt damit die rückliegende Strecke (d. h. macht zugleich das Blockfeld 2 in E oder Y weiß). Das Feld 2, welches bei ihm roth geworden ist, kann nun in regelmäßiger Weise nicht wieder weiß werden, da es weder die Blockirung einer vorliegenden Strecke bedeutet, noch auch deshalb eine folgende Station vorhanden ist, die die Deblockirung bewirken könnte. Es ist deshalb die Einrichtung so getroffen, daß die rothe Farbe des Endstreckenblockfeldes durch die Rückgabe der Blockerlaubniß M oder N nach dem Stationsbureau zugleich wieder in den Grundzustand weiß verwandelt wird (14, c der Grundsätze).

Ist eine Stationsblockirung nicht vorhanden, wie dies hier in Abb. 56 für das hintere Ende der Station F angenommen ist, wo nur eine Linie einläuft, das End- (und Anfangs-)Streckenblockwerk daher wie jedes Zwischenblockwerk nur zwei Felder aufweist, und wo die einfachere Sachlage bloß einen Signalstellblock erfordert, so versagt vorstehendes Mittel, um das rothgewordene Endblockfeld wieder weiß zu erhalten. In solchen Fällen muß der Stellwerkswärter (Signalsteller) selbst im Stande sein, das Feld wieder weiß zu machen. Er bewirkt dies mit einer besonderen Vorrichtung, einer sogenannten Deblockirungstaste (14, c der Grundsätze).

Bei der Ausfahrt eines Zuges ist, wie bereits oben erwähnt, der Vorgang derselbe, wie auf der Kopfstation A, wie ja eine Ueberholungsstation mit der vorbeschriebenen Anordnung gewissermaßen die Zusammenfügung von zwei Kopfstationen ist. Während wir aber bei A stillschweigend angenommen haben, daß Stellwerk und Anfangsstreckenblockwerk sich im Stationsbureau, einer sogenannten Kommandobude befinden, daher eine

Auftragsertheilung nach dem Stellwerke überhaupt nicht erforderlich ist, tritt bei F, wo an jedem Ende des Bahnhofes ein vom Stationsbureau getrenntes Stellwerk vorhanden ist, das Erforderniß ein, dem Stellwerkswärter Auftrag zum Ziehen des Ausfahrtssignales zu geben. Zwischen dem Stationsbureau und der Stellwerksbude am Anfange der Station F ist eine Stationsblockirung vorhanden, welche genau so, wie für die Einfahrtsignale, auch für die Ausfahrtsignale Felder enthalten kann, und dann für diese ebenso benutzt wird, wie soeben und auf S. 217 ff. beschrieben wurde. Bei neuen Anlagen auf den Preußischen Staatsbahnen werden indessen für Ausfahrtsignale in der Regel keine Stationsblockirungen angelegt, weil dies für die Sicherheit des Betriebes nicht erforderlich ist. Die Benachrichtigung des Stellwerkswärters bezüglich der Freigabe eines Ausfahrtsignales erfolgt daher in solchem Falle nicht zwangsweise, sondern durch Zuruf, Morseschreiber, Fallklappenapparat &c. Der Wärter ist folglich auch in der Lage, ein solches Signal ohne Auftrag zu ziehen, wodurch aber eine unmittelbare Betriebsgefahr nicht entstehen kann. In dieser Weise erfolgt also in den auf Station F (Abb. 56) an beiden Stationsenden angenommenen Fällen die Benachrichtigung, die Freigabe eines Ausfahrtsignales, die Ausfahrt eines Zuges und die Zurücklegung des Signales in Haltstellung. Wie oben dargelegt, bildet eine Ueberholungsstation, wie F, einen Zwischenbezirk zwischen zwei Blockstrecken, der von der Streckenblockirung ausgeschlossen ist. Die vom Zuge jenseits der Station zu durchfahrende Blockstrecke beginnt daher beim Ausfahrtsignal, und folglich ist dieses das Anfangsblocksignal für die hinter der Station beginnende Blockstrecke, während das Einfahrtsignal zugleich als Endblocksignal für die vor der Station endigende Blockstrecke dient. Ebenso wie die Anfangs- und Endblockwerke auf Ueberholungsstationen nur die halbe Bedeutung der gewöhnlichen Zwischenblockwerke haben, so gilt das Gleiche bezüglich der Ausfahrt- und Einfahrtsignale auf solchen Stationen. Erstere bilden nur Einfahrtsthore zu beginnenden Blockstrecken, aber nicht zugleich Ausfahrtsthore zu endigenden Blockstrecken, bei den Einfahrtsignalen ist es umgekehrt. Daneben haben die Einfahrtsignale aber noch die mit der Streckenblockirung nicht zusammenhängende ebenso wichtige Bedeutung als Einfahrtsthore der Stationen (vergl. S. 208). Es ist dies ein wesentlicher Unterschied von der Lösung auf Haltepunkten und Haltestellen, wie C (vergl. S. 223), bei welchen zwischen den beiden Blockstrecken vor und hinter der Station kein Stationsbezirk liegt, sondern statt dessen die Blockgrenze in beiden Fahrtrichtungen an das Ende der Station verschoben ist, letztere also beidemale noch innerhalb der hier endigenden Blockstrecke liegt und nur Ausfahrtsignale vorhanden sind, welche vor- und rückwärts als Blocksignale wirken.

Wenn die Station F mehrere Gleise besitzt, aus welchen ausgefahren werden kann, so entsprechen diesen mehrere Ausfahrtsignale, welche die Ausfahrt in dasselbe dahinterliegende Streckengleis vermitteln. Es leuchtet ein, daß, sobald ein Zug aus irgend einem der Gleise unter Freigabe des zugehörigen Ausfahrtsignales ausgefahren und das Signal auf Halt zurückgelegt ist, die nun erfolgende Blockirung der Strecke nicht nur dieses Signal, sondern zugleich sämmtliche auf dasselbe Streckengleis weisenden Ausfahrtsignale in der Haltstellung festlegen muß, wenn nicht die Gefahr bestehen soll, daß die, wie ein Reservoir wirkende, Station nach einander mehrere Züge in die Blockstrecke hineinschickt, ohne die ordnungsmäßige Zugfolge abzuwarten. Aber dies allein genügt noch nicht. Wenn der Wärter nach Einziehen eines Ausfahrtsignales ein anderes Ausfahrtsignal oder dasselbe noch einmal zieht, ohne zuvor das Streckenblockwerk zu bedienen, so tritt dieselbe Gefahr ein. Um diese auszuschließen, sind alle Ausfahrtsignale auf Ueberholungs- und Kopfstationen mit selbstthätigen, mechanischen Sperrvorrichtungen versehen, die bei allen auf dasselbe Streckenhauptgleis weisenden Ausfahrtsignalen gleichzeitig in Wirksamkeit treten, wenn eines derselben auf Fahrt und Halt gestellt ist. Diese Sperrung aller Ausfahrtsignale bleibt so lange bestehen, bis die folgende Strecke einmal blockirt und wieder deblockirt ist. Durch die Blockirung verwandelt der Signal- und Blockwärter nicht nur das Anfangsstreckenblockfeld in roth, sondern er ersetzt auch die mechanische Sperrung aller Ausfahrtsignale, welche er aufhebt, gleichzeitig durch die elektrische. Die von der nächsten Station aus erfolgende Deblockirung des Anfangsstreckenblockfeldes hebt die Sperrung aller auf das bezügliche Streckenhauptgleis weisenden Ausfahrtsignale wieder auf. Die mechanische Hebelsperre, welche dann durch die elektrische ersetzt wird, muß bei den Ausfahrtsignalen auf Ueberholungs- und Kopfstationen stets und nach dem Vorstehenden auch dann angeordnet werden, wenn nur e i n Ausfahrtsignal vorhanden ist. Es mag hier noch der Unterschied der Hebelsperre von der auf S. 223 beschriebenen Blockfeldsperre hervorgehoben werden. Signalhebel und zugehöriges Streckenblockfeld haben je zwei Stellungen bezw. Farben, von denen die eine Stellung des Hebels (Fahrt) eine Stellung des Blockfeldes (roth) ausschließt und nur eine (weiß) zuläßt, und umgekehrt die eine Farbe des Blockfeldes (roth) die eine Stellung des Hebels (Fahrt) ausschließt und nur eine (Halt) zuläßt. Mit diesen Abhängigkeiten hat man sich bei älteren Anlagen begnügt. Die neuen Anlagen, wie sie nach den „Grundsätzen" vom Jahre 1895 einzurichten sind, machen aber unter Umständen die Stellbarkeit des Hebels nicht ohne Weiteres von der richtigen Farbe des Blockfeldes abhängig, sondern bedingen zwischen zwei aufeinanderfolgenden Fahrtstellungen des Hebels einen doppelten Farbenwechsel des Blockfeldes (Hebelsperre), und sie machen ferner die Bedienbarkeit des Blockfeldes unter Umständen nicht ohne Weiteres von der richtigen Stellung des Hebels abhängig, sondern verlangen zwischen zwei Blockirungeu (Rothmachen) desselben Blockfeldes außerdem einen doppelten Stellungswechsel des Hebels (Blockfeldsperre). Die Blockfeldsperre ist bei allen Blockfeldern erforderlich, deren Bedienung eine rückwärtsliegende Blockstrecke deblockirt, damit dies nicht geschehen kann, ohne daß das zu dem betreffenden Blockfelde gehörende Signal einmal auf Fahrt und Halt gestellt ist, also, wie man bei ordnungsmäßiger Bedienung annehmen muß, ein Zug die rückliegende Strecke verlassen hat. Die Blockfeldsperre ist also nur bei den Ausfahrtsignalen der Ueberholungs- und Kopfstationen bezw. den Anfangsstreckenblockfeldern nicht vorhanden. Umgekehrt ist die Hebelsperre, welche selbstthätig mechanisch eintritt und sich dann in die elektrische Blockirung des Hebels verwandelt, und welche verhindert, daß ein Signal zweimal hintereinander gestellt wird, bevor dazwischen ein doppelter Farbenwechsel des zugehörigen Streckenblockfeldes erfolgt ist, nur bei den Ausfahrtsignalen auf Ueberholungs- und Kopfstationen nothwendig, während bei allen Zwischenblocksignalen die elektrische Sperrung durch das Blockwerk genügt. Sollte der Wärter bei solchen vergessen, das Blockwerk zu bedienen, so könnte er zwar mehrmals hintereinander sein Signal freigeben, aber ohne Betriebsgefahr, weil er die rückliegende Strecke nicht deblockirt hat, also kein zweiter Zug folgen kann.

Wir haben den Zug auf seiner Fahrt von A bis F und darüber hinaus verfolgt und hierbei zunächst angenommen, daß der Zug in F anhält oder wohl gar überholt wird. Durchfährt ein Zug solche Ueberholungsstation, ohne anzuhalten, so darf das Einfahrtsignal nicht eher gezogen werden, bis auch das Ausfahrtsignal gezogen ist, da sonst der Zug unter Umständen an diesem „Halt“ vorfinden würde, aber mangels eines Vorsignales bei dem Ausfahrtsignal nicht mehr zum Halten gebracht werden könnte. Eine mechanische oder elektrische Abhängigkeit beider Signale ist nicht vorhanden. Man muß sich daher hier auf die Gewissenhaftigkeit des dienstthuenden Stationsbeamten verlassen, der dem einen Stellwerkswärter nicht eher Blockerlaubniß zur Einfahrt ertheilen darf, als bis der andere Stellwerkswärter seinem Auftrage auf Ziehung des Ausfahrtsignales Folge gegeben hat.

Bei der Fahrt in umgekehrter Richtung von F nach A spielt sich der Blocksignaldienst ebenso ab, nur daß die Felder 1 benutzt werden, wie wir dies gelegentlich der Besprechung der Abzweigungsstation D schon erwähnt haben. Es ist hierüber also nichts mehr zu sagen.

Bisher haben wir lediglich die Bedienung der Blockfelder besprochen. Die Streckenblockwerke weisen aber ebenso, wie die Stationsblockwerke, außer den Blockfeldern Vorrichtungen zum Geben hörbarer Signale, der sogenannten Vorweck- oder Klingelsignale auf, deren Bedienung mit derjenigen der Blockfelder zusammen erst den ganzen Blocksignaldienst ausmacht. Um von diesem ein richtiges Bild zu gewinnen, müssen wir noch einmal einen Zug auf der Fahrt von A nach F (Abb. 56) begleiten[33]. Bevor der Beamte in A nach Abfahrt des Zuges sein Feld 2 roth macht, weckt er den Zug nach B vor, d. h. er drückt die über 2 stehende Vorwecktaste des Blockwerkes A herunter und dreht die Induktionskurbel fünf Mal ununterbrochen herum. Es ertönt hierdurch am Blockwerke B das gewöhnliche Vorwecksignal „————“, welches dem Blockwärter anzeigt, daß ein Zug von A herannaht. Bei Zügen in entgegengesetzter Richtung wird das Vorwecksignal doppelt gegeben „———— ————“, und zwar entspricht das einfache und doppelte Vorwecksignal dem für dieselbe Strecke gültigen einfachen und doppelten Abläutesignal. Unmittelbar nach Abgabe des Vorwecksignales macht der Wärter in A sein Feld 2 roth. Der Wärter in B bescheinigt mittelst des Vorweckers der Station A den Empfang der Vormeldung (Empfangsbescheinigungssignal, wie bei der Stationsblockirung, S. 221), und zieht, vorausgesetzt, daß die Strecke BC frei ist, den betreffenden Signalflügel. Alsdann wendet er seine ganze Aufmerksamkeit dem herannahenden Zuge zu.

Hat der Zug die Zwischenblockstation B passirt und von letzterer sich etwa auf 100 m entfernt, der Wärter sich auch überzeugt, daß das Schlußsignal (S. 191) am Zuge vorhanden ist, und ist seines Wissens die rückliegende Strecke AB für einen nachfolgenden Zug frei geworden, so weckt er nach C vor, zieht sein Fahrsignal ein und macht hierauf sein Feld 2 roth, wodurch er das Signal in der Haltlage festriegelt und gleichzeitig dem Felde A_2 die weiße Grundfarbe zurückgiebt. Die Station A quittirt der Zwischenblockstation B für die Deblockirung, die Station C für das Vorwecksignal, indem beide das Empfangsbescheinigungssignal an B geben. So pflanzt sich die Bedienung der Blockwerke in gleicher Weise über die ganze Strecke bis F fort.

Der Gebrauch des Erinnerungssignales und Alarmsignales entspricht genau demjenigen bei den Stationsblockwerken (S. 221) und bedarf daher keiner besonderen Erläuterung.

---

[33]) Für die Abgabe der Vorwecksignale werden von jeder Direktion besondere Vorschriften erlassen, so daß die nachstehende Beschreibung nur als annähernd zutreffend zu betrachten ist.

Es soll nun noch unter Uebergehung mancher minder vollkommenen Anordnungen eine andere auf vielen älteren Strecken vorhandene Einrichtung der Blocklinien besprochen werden, welche von der durch die Grundsätze vom Jahre 1895 vorgeschriebenen in Bezug auf die Aufstellung der Blockwerke auf den Ueberholungs- und Kopfstationen mit vorgeschobenen (nicht als Stationsbureau dienenden) Stellwerken abweicht, während die Einrichtung der Zwischenblockstationen (Zugfolgestationen und Haltepunkte) sich in nichts von der eben beschriebenen unterscheidet. Auf den Ueberholungsstationen stehen die beiden Streckenblockwerke, welche die vor der Station endigende und die hinter derselben beginnende Blockstrecke begrenzen, nicht an ihren theoretisch richtigen Standpunkten, d. h. an den Stationsenden in den Stellwerksbuden, sondern nebeneinander im Stationsbureau. (Auf den Kopfstationen ist die Anordnung die entsprechende für das eine vorhandene Blockwerk). Ihre Bedeutung ist nichtsdestoweniger dieselbe, wie oben. Da sie aber nicht unmittelbar mit den Stellwerken in Verbindung gebracht werden können, so wird die Abhängigkeit zwischen den Streckenblockfeldern und den Ein- und Ausfahrtsignalen vermittelt durch die Stationsblockwerke, deren Bedienung mit derjenigen der Streckenblockwerke in einander greift. Es hat also der im Stationsbureau postirte diensthabende Stationsbeamte gewissermaßen die Schlüssel zu den Stationsein- und Ausgängen und zu den Ein- und Ausfahrtsthoren der angrenzenden Strecken in der Hand.

Die Anordnung der ganzen Blockeinrichtungen zeigt alsdann schematisch die Abb. 57, in welcher die Stationen mit großen, die zugehörigen Blockwerke mit entsprechenden kleinen Buchstaben bezeichnet sind. Auf jeder Ueberholungsstation steht neben jedem der beiden Streckenblockwerke das bezügliche Blockwerk I der Stationsblockirung (vgl. S. 217ff.), während das Blockwerk II sich in der Richtung nach der anschließenden Strecke vorgeschoben am Stellwerke selbst befindet. Die Bezeichnungen der Abb. 57 dürften hiernach sofort verständlich sein. Außer der Streckenblockverbindung und der Stationsblockverbindung besteht hier auf den Ueberholungsstationen eine Leitungsverbindung zwischen den Apparaten c_1, c_2, d_1, d_2 mit den daneben stehenden Apparaten I der betreffenden Stationsblockirung. Dagegen fehlt auch hier, obwohl die beiden Endstreckenblockwerke hier im Stationsbureau dicht nebeneinander gerückt sind, eine Verbindung zwischen c_1 c_2, d_1 d_2 u. s. f.

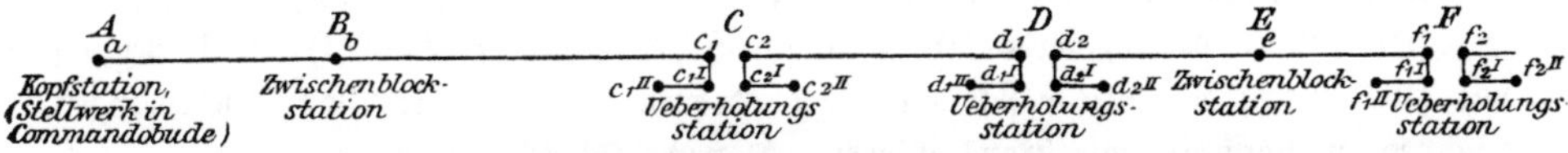

Abbildung 57.

Der von A nach B, C fahrende Zug habe B passirt. Dann ist das Blockfeld b roth gemacht. Der Stationsbeamte in C giebt das Einfahrtsignal frei, d. h. er verwandelt durch Kurbeln am Blockwerke c_1 I beide in Grundstellung rothen Blockfelder der Blockwerke c_1 I und c_1 II in weiß. Der Stellwerkswärter bei c_1 II zieht sein Signal, weckt nach C vor, und läßt den Zug einfahren. Nach Einfahrt des Zuges zieht er sein Signal wieder ein und verwandelt nun, indem er es in der Haltestellung blockirt, beide Blockfelder c_1 II und c_1 I wieder in roth, gleichzeitig aber, vermöge der besonderen Drahtverbindung, auch das Endstreckenblockfeld c_1 in roth. — Es sind nun noch die Felder b und c_1 in Ausnahmestellung roth; alles übrige ist wieder in Grundstellung.

Dadurch, daß das Blockfeld c_1 gleichzeitig mit c_1I roth wird, erfährt der Stationsbeamte, daß der Zug in die Station eingefahren ist, zugleich aber auch, daß das rückwärts liegende Blockfeld b noch roth ist und der Deblockirung bedarf. Er deblockirt b und c_1 gleichzeitig durch Bedienung des Apparates c_1, indem hier die Drähte dementsprechend geschaltet sind. Der Signalzwang bezw. die Blockfeldsperre wird hier durch den Stationsblock vermittelt. Der Stellwerkswärter kann die Blockerlaubniß nicht zurückgeben, ohne zuvor das Signal einmal gezogen und auf Halt gelegt zu haben. Folglich kann auch der Beamte in C nicht eher die Deblockirung der rückliegenden Strecke bewirken, als bis er mit der Rückgabe der Blockerlaubniß die Meldung erhält, daß das Signal einmal gezogen gewesen ist.

Soll der Zug weiter nach D zu fahren, so giebt der Stationsbeamte in C dem Stellwerkswärter bei c_2II den Auftrag, das Ausfahrtsignal zu ziehen, indem er beide bezüglichen Blockfelder der Apparate c_2I und c_2II weiß macht. Nachdem das Ausfahrtsignal gezogen und der Zug ausgefahren ist, zieht der Stellwerkswärter sein Signal ein, wodurch sogleich selbstthätig eine mechanische Sperrung dieses Ausfahrtsignales eintritt. Bei Rückgabe der Blockerlaubniß (c_2II und c_2I roth) wird die Signalsperre aufgehoben, aber zugleich das Signal unter Blockverschluß gelegt. Dieser Blockverschluß kann nicht eher wieder aufgehoben werden, d. h. der Stationsbeamte kann nicht von Neuem Ausfahrterlaubniß geben, als bis er die vorliegende Strecke einmal blockirt hat (c_2 roth gemacht hat) und von D aus deblockirt worden ist. Hierbei sind zwei Anordnungen möglich. Entweder läßt man die Blockirung der Strecke schon gleichzeitig mit der Signalfreigabe (also eigentlich etwas zu früh) erfolgen, indem man den Stationsbeamten zwingt, die Blockfelder c_2 und c_2I, deren Druckknöpfe von einer Deckeltaste oder Mitnehmertaste bedeckt sind, stets gleichzeitig zu bedienen. Dann ist die nochmalige Bedienung beider Blockfelder vor der Deblockirung von c_2 schon dadurch ausgeschlossen, daß die Deckeltaste mit der Taste von c_2, so lange dieses Feld roth ist, nicht gedrückt werden kann. Oder man macht die jedesmalige Bedienung des Stationsblockfeldes c_2I durch die innere Einrichtung des Blockwerkes abhängig von dem einmaligen Doppelfarbenwechsel des Streckenblockfeldes c_2. Die erstere Einrichtung verdient bei kurzen Blockstrecken den Vorzug, weil die Bedienung des Streckenblockfeldes nicht über Gebühr verzögert oder gar vergessen werden kann, also die aus solchen Fehlern entspringenden Störungen des Blocklinienbetriebes vermieden werden. Sind mehrere Ausfahrtsignale, die auf ein Streckenhauptgleis weisen, vorhanden, so muß auch hier, wie oben (S. 227), die Festlegung vor Deblockirung der Strecke sich auf alle ausdehnen. — Die die Blockfeldbedienungen ergänzenden Vorwecksignale brauchen hier nicht nochmals erörtert zu werden.

Die durch die Grundsätze von 1895 vorgeschriebene Anordnung der Blockwerke auf Ueberholungs- und Kreuzungsstationen ist insofern logisch die richtigere, als die Bedeutung der Blockfeldbedienung folgerichtig durchgeführt ist, während bei der zuletzt beschriebenen älteren Anordnung Abweichungen vorkommen. Auch ist sie billiger, weil die Stationsblockirung der Ausfahrtsignale gespart werden kann, die bei der älteren Anordnung unentbehrlich ist.

Andererseits besteht in der sonst auf der Bahnlinie durchweg vorhandenen Streckenblockverbindung auf die ganze Länge der Station eine Lücke, die durch Nachrichtenübermittelung anderer Art ausgefüllt werden muß. Die Deblockirung des Streckenblockfeldes ist, wie bereits auf S. 183 erwähnt wurde, auf den mit Blockwerken ausgestatteten Linien die einzige Rückmeldung, welche die Stationen über die vollendete Fahrt eines Zuges bis zur nächsten (Block)-Station erhalten. Auf manchen Strecken ist aber auch die Vormeldung der fahrplanmäßigen Züge nach besonderer Anordnung der Direktionen auf die Vorwecksignale der Blockwerke beschränkt (vgl. S. 183, 184). Hieraus folgt, daß bei den nach den Grundsätzen von 1895 angeordneten Ueberholungs- und Kopfstationen, sofern nicht die Stellwerksbude zugleich Kommandobude (d. h. Stationsbureau für den Zugmeldedienst) ist, die Rückmeldung nur bis zum Stellwerkswärter und nicht bis zum diensthabenden Stationsbeamten gelangt, daß aber auf den Strecken, die keine Vormeldung mit dem Fernschreiber haben, auch die Vormeldung nicht vom Stationsbureau aus erfolgt, sondern dem Stellwerkswärter überlassen ist. Nach Nummer 11 der Grundsätze sind dann besondere Einrichtungen zu treffen, um die Rückmeldung der Züge an den dienstthuenden Stationsbeamten weiter zu geben. Als solche können der Zuruf, Fernsprecher, Fernschreiber, Klingel- oder Fallscheibenapparat in Frage kommen. Soweit bekannt geworden, ist für die neue Anordnung neben den oben schon aufgeführten Vortheilen die Erwägung maßgebend gewesen, daß man die Stellwerkswärter zum selbständigen Handeln anhalten wollte, da eine rein mechanische Ausführung von Aufträgen leicht den Beamten zur Maschine macht und seine Aufmerksamkeit gegen Betriebsgefahren abschwächt. Im Uebrigen werden da, wo Bedenken sich besonders geltend machen, Abweichungen zugelassen.

Es erübrigt noch, die neuen sogenannten viertheiligen Blockwerke zu erwähnen, welche jetzt von der Firma Siemens u. Halske als beste Anordnung empfohlen, aber von dem M. d. ö. A. wegen der höheren Anlagekosten vorläufig nur für Linien mit besonders schneller Zugfolge genehmigt werden. So sind die Wannseebahn und die Berliner Stadtbahn mit solchen Blockwerken ausgestattet, die durch Verbindung mit Radtastern die Mitwirkung des fahrenden Zuges bei der Signalgebung herbeiführen und, ein richtiges Funktioniren der Radtaster vorausgesetzt, vollständig zwangsläufig arbeiten, d. h. jede Willkür der Blocksignalwärter ausschließen. Eine genaue Besprechung auch dieser vorerst nur vereinzelt zur Anwendung kommenden Apparate würde hier zu weit führen. Als wesentlicher Unterschied von den oben beschriebenen Blockwerken mag hier nur hervorgehoben werden, daß zu jeder Blockstrecke zwei Blockfelder gehören, die sich am Anfangs- und Endpunkte der Strecke befinden und gleichzeitig ihre Farbe wechseln, so daß, wenn ein Zug von A nach B abgefahren ist, der Wärter in A durch Rothmachen seines bezüglichen Blockfeldes zugleich das zugehörige Blockfeld in B roth macht, so daß die vom Zuge besetzte Strecke gewissermaßen nach beiden Seiten durch rothe Scheiben abgesperrt ist. Sobald der Zug dann über B hinausgefahren ist, verwandelt der Blockwärter in B die beiden zur Strecke B C gehörigen Felder in B und C in roth und hierdurch gleichzeitig die beiden Felder in A und B, welche zur Strecke A B gehören, wieder in weiß. Es geschieht dies, indem die beiden Blocktasten in B, welche zum Endblockfeld der Strecke A B und zum Anfangsblockfeld der Strecke B C gehören, gemeinsam mittelst einer Deckeltaste niedergedrückt werden. Zum Schlusse mag noch angeführt werden, daß auf den Zwischenstationen der Berliner Stadtbahn die Ein- und Ausfahrtsignale als Blocksignale dienen, die Stationen also je eine Blockstrecke bilden, während außerdem die Bahnlinie vom Ausfahrtsignale einer Station bis zum Einfahrtsignale der nächstfolgenden noch je nach der Länge in zwei oder mehrere Blockabschnitte getheilt ist.

4. Handhabung der Blockwerke bei besonderen Vorkommnissen im Betriebe [34]).

Bei Zugüberholungen versagt sowohl bei der einen, wie bei der anderen Anordnung der Blockwerke die schützende Wirkung gegen Auflaufen der Züge. Der Stationsbeamte hat daher selbst dafür zu sorgen, daß der folgende Zug nicht eher einfährt, als bis der zuerst eingefahrene Zug in ein anderes Gleis gesetzt ist, oder daß der zweite Zug in ein anderes Gleis einfährt, als der erstere.

Bleibt die Rückmeldung eines Zuges über die fahrplanmäßige Zeit aus, so hat der betreffende Blocksignalwärter die nächst vorwärts gelegene Blockstation durch das Erinnerungssignal (S. 221) zu erinnern, und, wenn auch dieses unbeantwortet bleibt, den Sachverhalt sobald als möglich, thunlichst vor dem Eintreffen eines nachfolgenden Zuges klarzustellen. Ergiebt sich hierbei, daß die telegraphische Verbindung mit der betreffenden Station (Blockstation) gestört ist, so ist dem Zuge, welcher in solchen Fällen an der Station (Blockstation) stets halten muß, erst dann die Erlaubniß zur Weiterfahrt zu geben, wenn seit der Durchfahrt des zuletzt vorangegangenen Zuges das Doppelte derjenigen Zeit verstrichen ist, welche dieser zur Fahrt bis zur nächsten Station (Blockstation) fahrplanmäßig (oder bei Lokomotiven nach den Bestimmungen über die Fahrgeschwindigkeit) gebrauchen mußte. Die Weiterfahrt des Zuges darf jedoch, unter Mitfahrt des Zugführers auf der Maschine, nur mit größter Vorsicht und so langsam erfolgen, daß bei jedem Hinderniß oder Haltezeichen unbedingt gehalten werden kann. Unter allen Umständen ist in solchen Fällen bei der nächsten Station (Blockstation) zu halten und festzustellen, weshalb die Rückmeldung nicht gegeben ist.

Geht ein Alarmsignal (S. 221) so zeitig ein, daß der Zug voraussichtlich noch zum Halten gebracht werden kann, so hat der Blocksignalwärter das fragliche Signal sofort einzuziehen. Hat ein Stellwerkswärter in einem vorgeschobenen Stellwerke (Endblockstation) das Alarmsignal vom Stationsbureau mittelst des Stationsblockwerkes ererhalten, so hat er ferner nach Zurücknahme des Signales sofort die Blockerlaubniß an die Station zurückzugeben, indem er die Felder beider korrespondirenden Apparate zugleich roth macht. Hat ein Blockwärter auf einer Zwischenblockstation oder Endblockstation dagegen das Alarmsignal durch die Streckenblockleitung erhalten, so ist er zur Zurückgabe der Blockerlaubniß überhaupt nicht im Stande, sondern quittirt einfach, indem er das Alarmsignal an die alarmirende Station zurückgiebt. Soll dem Zuge demnächst die Weiterfahrt gestattet werden, so giebt im ersteren Falle die Station von neuem in gewöhnlicher Weise Blockerlaubniß nach dem Stellwerke. Im zweiten Falle giebt die Blockstation, welche alarmirt hat, an diejenige, welche alarmirt worden ist, von Neuem Fahrterlaubniß durch das Vorrücksignal, ein Vorwecksignal, welches aus zweimal drei mäßig langen Weckerschlägen besteht — — — — — —. Geht das Alarmsignal so spät ein, daß der Zug nicht mehr zum Halten gebracht werden kann, so hat in beiden obigen Fällen die alarmirte Station an die alarmirende Vorwecksignale und Alarmsignale in längerer Reihe zurückzugeben, damit dort noch möglichst Maßnahmen für die Ankunft des Zuges getroffen werden können.

Fährt ein Zug ohne Schlußsignal an einer Station (Blockstation) vorüber, so darf unter keinen Umständen die rückwärts gelegene Station deblockirt werden. Es ist

---

[34]) Die Vorschriften in dieser Beziehung werden von jeder Direktion besonders erlassen. Die nachstehende Darstellung ist daher nur als annähernd zutreffend zu betrachten.

vielmehr lediglich das Signal nach Vorbeifahrt des Zuges einzuziehen. Die Stationen (nicht die Zwischenblockstationen) verständigen sich dann telegraphisch über das geeignete weitere Verfahren.

Muß aus irgend einem Grunde ein Zugtheil auf der freien Strecke zurückgelassen werden, so daß die Lokomotive nur allein oder mit einem Theile des Zuges die nächste Station zu erreichen vermag, so darf die rückwärts liegende Strecke nicht deblockirt werden. Der Lokomotivführer muß deshalb bei sämmtlichen zu passirenden Zwischenblockstationen anhalten, und sie anweisen, die Blockwerke nicht zu bedienen. Gleichzeitig werden durch den Hülfsapparat die benachbarten Endblockstationen von dem Unfalle benachrichtigt. Auch wenn Hülfszüge einem liegengebliebenen Zuge zu Hülfe kommen, findet eine Bedienung der Blockwerke nicht statt. Ist ein Gleis gesperrt, wird also das andere eingleisig befahren, so werden die Blockwerke gleichwohl in gewöhnlicher Weise benutzt. Doch fahren die Züge in diesem Falle in vollem Stationsabstande, d. h. Abstand der Endblockstationen.

Soll ein Zug fahrplanmäßig nicht die ganze Strecke bis zur nächsten Endblockstation befahren, sondern unterwegs umkehren, so dürfen die Blockwerke überhaupt nicht bedient werden, da sonst der Zug hinter sich eine Strecke für andere Züge frei machen würde, die er bei der Rückfahrt selbst befahren soll. Konnte in solchem Falle eine vorherige schriftliche Benachrichtigung der Blockwärter nicht erfolgen, so muß der Zug bei jeder Blockstation halten.

Muß ein Zug in unvorhergesehener Weise zwischen zwei Stationen umkehren, so darf die Rückfahrt erst erfolgen, nachdem mit der zurückliegenden Station eine Verständigung mittelst des Hülfsapparates herbeigeführt ist. Es ist in diesem Falle erforderlich, das zuletzt roth gewordene Blockfeld in außerordentlicher Weise unter Abnahme der Plombe in weiß zu verwandeln.

III. Der Fahrdienst innerhalb der Stationen.

A. Die Abfahrt der Züge.

Kein Zug darf ohne Erlaubniß des diensthabenden Stationsbeamten von einer Station abfahren. Diese Erlaubniß darf, abgesehen von Störungsfällen, für welche besondere Regeln gelten, bei Hauptbahnen und bei Nebenbahnen von mehr als 15 km Geschwindigkeit nur ertheilt werden, nachdem der Stationsbeamte sich überzeugt hat, daß der voraufgegangene Zug die nächste Station oder Blockstation erreicht hat, und, nachdem er sich ferner überzeugt hat, daß alle von dem Zuge zu durchfahrenden Weichen richtig stehen und das von dem Zuge zu durchfahrende Gleis frei ist[35]). Es dürfen selbstredend auch aus einem Nachbargleise keine Fahrzeuge in den Weg des Zuges gelangen können. Wie beim Vorhandensein einer Weichenverriegelung oder besser eines Stellwerkes der Stationsbeamte aus der richtigen Stellung des Signales die erfolgte Herstellung der richtigen Fahrstraße und Deckung derselben gegen feindliche Weichen innerhalb der Station, beim Vorhandensein einer Streckenblockirung aus der Fahrt-

---

[35]) Bt.O. § 25,$_{1}$, § 46,$_{1}$, Ba.O. § 29,$_{1,2}$, Dia. f. Stb. § 13.

stellung des Ausfahrtsignales das Freisein der Strecke bis zur nächsten Blockstation ohne Weiteres ersehen kann, ist auf S. 211 bis 233 erörtert.

Ebenso, wie von dem richtigen Zustande der Bahn hat sich der Stationsbeamte auf derjenigen Station, auf welcher ein Zug seinen Lauf beginnt, auch von der richtigen Zusammensetzung und dem fehlerfreien Zustande des Zuges unter Beobachtung der oben (S. 153ff.) für die Zugbildung mitgetheilten Vorschriften zu überzeugen, bevor er die Erlaubniß zur Abfahrt ertheilt. Er hat daher vor der Abfahrt thunlichst gemeinschaftlich mit dem Zugführer[36]), erforderlichenfalls unter Zuziehung des Wagenmeisters den Zug eingehend zu prüfen[37]) (vgl. auch 3. Abschn.). Auf größeren Stationen kann mit Zustimmung des Vorstandes der Betriebsinspektion an Stelle des diensthabenden auch ein anderer Stationsbeamter mit der vorbezeichneten Prüfung betraut werden. Eine entsprechende Prüfung ist auf den Zwischenstationen bei jeder Veränderung in der Zusammensetzung des Zuges und im Uebrigen, soweit der Aufenthalt es gestattet, zu wiederholen. Laufunfähige Wagen sind auszusetzen[38]). Ist der Zugführer mit dem diensthabenden Stationsbeamten über die Lauffähigkeit eines Wagens nicht einverstanden, so muß der Wagen zurückgelassen werden. Der Stationsvorsteher veranlaßt dann die Meldung an den Vorstand der Maschineninspektion zur Einholung weiterer Entscheidung[39]). Nimmt der Zugführer beschädigte, aber noch lauffähige Wagen mit, so hat er sich über Mängel und Beschädigungen von dem Stationsbeamten Anerkenntniß geben zu lassen[40]).

Stehen nach vorstehenden Ermittelungen der Abfahrt eines Zuges Betriebsgefahren nicht entgegen, so darf die Ablassung bei zur Personenbeförderung bestimmten Zügen einer Hauptbahn nicht vor der im veröffentlichten Fahrplane bekannt gegebenen Zeit erfolgen[41]). Nachdem der diensthabende Stationsbeamte dem Zugführer die Erlaubniß zur Abfahrt ertheilt hat, giebt dieser[42]) mit seiner Mundpfeife ein Zeichen (einfacher Pfiff), wonach das ganze Zugpersonal seine Plätze einnehmen soll. Ein zweites Zeichen (Doppelpfiff) giebt dem Lokomotivführer den Auftrag zur Abfahrt. Güterzüge und einzeln fahrende Lokomotiven dürfen nach der Bestimmung der betreffenden Eisenbahndirektion vor der fahrplanmäßigen Zeit (in der Regel 15—20 Minuten früher) abfahren (vgl. S. 236).

B. Die Ein- und Durchfahrt der Züge.

Die Bahnhöfe und Haltestellen sind nach Bt.O. § $1_{,3}$ durch Signale geschlossen zu halten und nur für die Einfahrt oder Durchfahrt der Züge zu öffnen. Diese abschließenden Signale sind die Einfahrtsignale, von denen S. 208ff. die Rede ist. Die gemäß den Grundsätzen für elektrische Streckenblockirung als Haltestellen ausgebildeten Blockstationen müssen hiernach außer den beiden Blocksignalen, welche Ausfahrtsignale sind, noch zwei Einfahrtsignale haben, welche mit der Streckenblockeinrichtung nicht in Verbindung stehen. Bei Haltepunkten, welche zugleich Blockstationen sind, werden Einfahrtsignale in der Regel nicht angeordnet[43]). Vielmehr giebt die vorliegende Blockstation mit Freigabe der Blockstrecke zugleich Einfahrtserlaubniß in den am Ende dieser Strecke liegenden (Blockstations)-Haltepunkt.

[36]) Dia. f. Z. § 8.

[37]) BtO. § $33_{,5}$, Dia. f. Stb. § 19, T.V. § 155.

[38]) Dia. f. Stb. § $19_{,7}$, Dia. f. Z. § $8_{,3}$.

[39]) Dia. f. Z. § $8_{,4}$, Dia. f. Stb. § $19_{,7}$.

[40]) Dia. f. Z. § $8_{,5}$.

[41]) Bt.O. § $25_{,2}$.

[42]) S.O. VIII, 26, 27.

[43]) A. f. Est. § $14_{,4}$.

Bei Einfahrt und Durchfahrt von Zügen muß der diensthabende Stationsbeamte auf dem Bahnsteige bezw. an derjenigen Stelle anwesend sein, an welcher der Zug zu halten hat und abgefertigt wird, oder neben demjenigen Gleise, welches der Zug benutzt[44]). Auch zur Ein- und Durchfahrt eines Zuges darf nur er, und zwar erst dann die Erlaubniß ertheilen, nachdem er zuvor sich davon überzeugt hat, daß die vom Zuge zu durchfahrenden Gleise frei und alle zu passirenden Weichen richtig gestellt sind[45]). Die Einfahrtserlaubniß ist gleichbedeutend mit dem Auftrage zur Stellung des Einfahrtsignales. Ist die Signalstellung nun von der Weichenstellung durch Weichenverriegelung oder Vereinigung in einem Stellwerke abhängig gemacht, so erhält der Stationsbeamte die Ueberzeugung von der richtigen Stellung der Weichen erst durch die vollzogene Ausführung seines Auftrages zur Stellung des Signales. Die Bestimmung, Bt.O. § 46,$_3$, daß der Stationsbeamte sich bei Ertheilung der Erlaubniß zur Ein-, Aus- und Durchfahrt des Zuges von der richtigen Stellung der Weichen muß überzeugen können, ist (vgl. auch S. 211, 212) hiernach nicht ganz glücklich gefaßt, wenn auch sachlich dieselbe Sicherheit, die sie verlangt, erreicht wird.

Bei Zugkreuzungen auf Stationen eingleisiger Strecken darf die Einfahrt oder Durchfahrt des zuletzt eintreffenden Zuges erst dann gestattet werden, wenn der Zug aus entgegengesetzter Richtung auf der Kreuzungsstation vollständig eingetroffen und so zum Stehen gebracht ist, daß das Fahrgleis für den zweiten Zug freigestellt ist. Ebenso darf der zuerst eingetroffene Zug nicht eher abfahren, als bis auch der zweite Zug vollständig zum Stehen gekommen ist, und das Fahrgleis für ersteren freigemacht hat. Dieselbe Vorschrift gilt sinngemäß auch auf denjenigen Stationen, auf welchen der zweigleisige Betrieb in den eingleisigen übergeht, sowie bei allen Zügen, deren Wege sich nach der Fahrordnung der betr. Station kreuzen oder zusammenlaufen[46]) (vgl. auch S. 204ff.).

Die gleichzeitige Vorfahrt zweier vor den Bahnsteigen einer Station kreuzenden Züge ist, falls von den Reisenden eines der zu benutzenden Gleise überschritten werden muß, nur dann statthaft, wenn die Bahnsteige so abgesperrt sind, daß die Reisenden mit Sicherheit so lange vom Ueberschreiten der Gleise zurückgehalten werden, bis die Züge zum Stehen gekommen sind[47]). Hält ein Zug mit Personenbeförderung auf einer Station, so ist es möglichst zu vermeiden, daß auf denjenigen Gleisen, die von den aus- und einsteigenden Reisenden überschritten werden müssen, Züge oder Fahrzeuge an dem haltenden Zuge vorbeifahren. Wenn daher bei Kreuzungen von Zügen derjenige Zug, welcher am Hauptbahnsteige anhält, zuerst einfährt, so sind die Züge so aufzustellen, daß die Personen des später einfahrenden, am Zwischenbahnsteige haltenden Zuges bei dem Aus- und Einsteigen hinter dem am Hauptbahnsteige stehenden Zuge das Gleis überschreiten. Fährt dagegen der am Hauptbahnsteige haltende Zug später ein, so sind die Züge so aufzustellen, daß die Lokomotive des später am Hauptbahnsteige anfahrenden Zuges nicht weiter vorfährt, als höchstens bis gegenüber der Lokomotive des anderen Zuges[48]). Finden ausnahmsweise auf einem von Reisenden zu überschreitenden Gleise Bewegungen von Zügen oder Fahrzeugen statt, so sind die Reisenden von dem Gleise fernzuhalten, die Bewegungen nur langsam auszuführen, während ein Mann mit einer Glocke läutend voranschreitet[49]).

---

44) Dia. f. Stb. § 22.
45) Bt.O. § 46,$_{1,2}$, Dia. f. Stb. § 13,$_3$.
46) F.V. 18,$_{1,2}$.
47) F.V. 22.
48) F.V. 23,$_{1-3}$.
49) F.V. 24.

Fünftes Kapitel.

Besonderheiten bei Ausführung des Fahrplanes.

I. Einhaltung der Fahrzeit. Verspätungen[1]).

Es ist Pflicht der Betriebsbeamten, in jeder zulässigen Weise für die pünktliche Durchführung der Züge zu sorgen. Bei Verspätungen haben auf den Pr.St.B. die Züge behufs pünktlicher Beförderung in nachstehender Reihenfolge den Vorrang vor einander[2]): Sonderzüge Allerhöchster und Höchster Herrschaften, Schnellzüge, Personenzüge, gemischte Züge, Militärzüge, Vieh- und Eilgüterzüge, Güterzüge, Arbeitszüge. Güterzüge und einzeln fahrende Lokomotiven dürfen unter Beobachtung der gegebenen besonderen Vorschriften vor der fahrplanmäßigen Abfahrtszeit abgelassen werden. Diese besonderen Vorschriften werden von jeder Direktion für ihren Bezirk erlassen. Hiernach dürfen in der Regel die nicht zur Beförderung von Personen bestimmten Züge, nach vorheriger Verständigung zwischen den Stationen und, soweit der Fahrplan anderer Züge dies erlaubt, 15—20 Minuten vor der fahrplanmäßigen Zeit abgelassen werden, wenn Verspätungen dadurch vermieden oder vermindert werden.

Bei Zugverspätungen sind die Aufenthalte auf den Stationen thunlichst abzukürzen. Außerdem sind, soweit erforderlich, die zulässigen kürzesten Fahrzeiten (S. 146) anzuwenden. Falls die Aufenthaltszeit indessen für die Ausführung des Postdienstes beansprucht wird, darf sie, sofern nicht Anschlüsse in Frage gestellt werden, keine Abkürzung erleiden, während andererseits der in dem Fahrplanbuche angegebene Aufenthalt durch die Postabfertigung nicht überschritten werden darf. Dagegen dürfen auf den Zollabfertigungsstationen die Zollbeamten die Züge so lange zurückhalten, als es das Geschäft der Zollabfertigung erfordert (vgl. S. 47).

Bei Zuganschlüssen hat der eine Zug die Verspätung eines anderen bis zu einem gewissen Zeitpunkte abzuwarten, der für jeden Zuganschluß ein für allemal festgesetzt ist. Es geschieht dies in den von jeder Direktion für ihren Bezirk herausgegebenen „Vorschriften über Wartezeiten zum Fahrplan vom . . . .“.

Verspätungen von mehr als 10 Minuten bei Schnellzügen und von mehr als 15 Minuten bei den übrigen zur Personenbeförderung dienenden Zügen sind, sofern nicht in einzelnen Fällen weitergehende Bestimmungen getroffen sind, von derjenigen Station, auf der eine solche Verspätung zuerst eintritt, an alle Stationen bis einschließlich zur nächsten Lokomotivwechselstation oder der Endstation zu melden[3]). Alle folgenden Lokomotivwechselstationen haben eine entsprechende telegraphische Meldung zu erstatten, falls die Verspätung auf ihnen noch nicht unter obiges Maß zurückgegangen ist. Holt dagegen der Zug einen Theil seiner Verspätung wieder ein, so hat diejenige Station, auf welcher zuerst die Verspätung weniger als 10 bezw. 15 Minuten beträgt, der nächsten Lokomotiv-

[1]) F.V. 9—17.

[2]) Vgl. auch Bt.O. § 29, Ba.O. § 30,$_2$.

[3]) F.V. 16.

wechselstation davon telegraphisch Meldung zu machen. (Ueber die Verlegung von Ueberholungen und Kreuzungen vgl. S. 183, 239, über die Maßnahmen zur Beschleunigung des etwa erforderlichen Aussetzens von Personen-, Post- und Gepäckwagen F.V. 13, 14.)

II. Sonderzüge.

Außerfahrplanmäßige Züge dürfen[4]) ohne höhere Anordnung, also durch alleinige Veranlassung des Dienst habenden Stationsbeamten, im Allgemeinen nur in folgenden Fällen abgelassen werden:

1. Wenn ein zu stark belasteter Zug getheilt werden muß.
2. Bei versäumtem Anschlusse eines Personenzuges, wenn für diesen Fall die Ablassung eines Sonderzuges allgemein angeordnet ist.
3. Bei Fahrten von Lokomotiven, falls es nicht thunlich ist, diese einem der nächsten Züge beizugeben.

Sollte ausnahmsweise die Ablassung eines außerfahrplanmäßigen Zuges aus anderen Gründen, z. B. zur Verhütung von Verkehrsstockungen, Abwendung von Gefahren u. s. w., geboten erscheinen, ohne daß vorher die höhere Genehmigung eingeholt werden kann, so hat der dienstthuende Beamte die Fahrt solchen Zuges anzuordnen, davon aber alsbald der Eisenbahndirektion und dem Vorstande der Betriebsinspektion unter Darlegung der Gründe auf kürzestem Wege Anzeige zu erstatten[5]).

Im Uebrigen ist die Anordnung von Sonderzügen den Direktionen (für Arbeitszüge innerhalb eines Betriebsinspektionsbezirkes der betr. Betriebsinspektion) vorbehalten. Für die Sonderzüge auf Hauptbahnen gilt ferner die Bestimmung, daß sie nur verkehren dürfen, wenn die Bahn bewacht und der betr. Zug den Bahnwärtern und der nächsten Station vorher angekündigt ist[6]). In der Regel ist für jeden Sonderzug ein besonderer Fahrplan schriftlich oder telegraphisch herauszugeben[7]). Ist ein solcher Fahrplan dem Bahnbewachungspersonale nicht zugegangen, dann müssen die Bahnwärter von der Fahrt des außerfahrplanmäßigen Zuges mindestens durch ein Signal an dem in derselben oder der entgegengesetzten Richtung vorhergehenden Zuge (S. 191) oder durch elektrische Signale (Abläuten) in Kenntniß gesetzt werden[8]). Ist keinerlei Ankündigung erfolgt, dann ist auf Hauptbahnen nur bei Eisenbahnunfällen, Feuersbrünsten und dgl. außerordentlichen Ereignissen die Ablassung von Hülfszügen oder Hülfslokomotiven gestattet, welche nicht schneller als mit 30 km Geschwindigkeit fahren dürfen, und für welche der sie anordnende Beamte (Stationsbeamte 2c.) die volle Verantwortung zu übernehmen hat[9]). Auf Nebenbahnen dürfen Sonderzüge und einzeln fahrende Lokomotiven, welche den betheiligten Stationen sowie dem Bahnbewachungspersonale nicht vorher angekündigt sind, mit keiner größeren Geschwindigkeit als 15 km in der Stunde befördert werden[10]). Wegen der Fahrten von Arbeitszügen vgl. Bt.O. § 36, T.V. § 162.

III. Die Fahrt auf falschem Gleise

ist auf der freien Strecke nur in besonderen Fällen zuläßig, welche (für Hauptbahnen) in § 21 der Bt.O. aufgeführt sind:

---

4) Dia. f. Stb. § 20.
5) Dia. f. Stb. § $20,_2$.
6) Bt.O. § $35,_1$, T.V. § 161.
7) F.V. 4.
8) Bt.O. § $45,_{1,2}$.
9) Bt.O. § $45,_3$.
10) Ba.O. § $30,_1$.

1. Bei Sperrung des einen Gleises.
2. Für Arbeitszüge.
3. Zur Bedienung eines Anschlußgleises (mit Genehmigung der Aufsichtsbehörde).
4. Für Hülfszüge und Hülfslokomotiven.
5. Für zurückkehrende Nachschiebelokomotiven.

In den ersten drei Fällen ist Verständigung zwischen den benachbarten Stationen erforderlich, in den letzteren beiden Fällen geschieht die Fahrt unter Verantwortlichkeit des dienstthuenden Stationsbeamten. Letzterer ist auch innerhalb der Stationen zur ausnahmsweisen Abweichung von der Fahrordnung zuständig[11]).

Ueber das Abläuten der Züge auf falschem Gleise vgl. S. 185, über die Bedienung der Blockwerke desgl. S. 233.

Ist die Fahrt auf falschem Gleise nicht etwa für einen bestimmten Zeitraum seitens der Eisenbahndirektion vorgeschrieben, so muß der Ablassung eines solchen Zuges eine durch wörtliche Rückgabe der Depeschen sicher gestellte Verständigung zwischen den betheiligten Stationen vorhergehen. Auch ist alsdann durch den Zugführer dem Lokomotivführer ein schriftlicher Auftrag zur Befahrung des unrichtigen Gleises einzuhändigen[12]). Auch eine etwaige Abweichung von der Fahrordnung bei der Einfahrt in eine Station ist, wenn möglich, durch Vermittelung der Vorstation dem Lokomotivführer vorher mitzutheilen. Andernfalls sind bei der Einfahrt besondere Vorsichtsmaßregeln zu beobachten[13]).

IV. Schieben der Züge.

Das Schieben von Zügen, an deren Spitze sich keine führende Lokomotive befindet, ist auf **Hauptbahnen**, sofern nicht die Landesaufsichtsbehörde weitere Einschränkungen verfügt, nach Bt.O. § 22 nur zulässig:

a) Bei langsamen Rückwärtsbewegungen auf den Stationen und in Nothfällen auf freier Strecke.

b) Bei Arbeitszügen, dienstlichen Sonderzügen und (unter besonders zu erlassenden Bestimmungen) zur Bedienung von Anschlußgleisen unter Innehaltung einer Geschwindigkeit von höchstens 25 km, wobei der vorderste Wagen mit einem wachthabenden Beamten oder verpflichteten Arbeiter zu besetzen ist.

Das Nachschieben von Zügen, an deren Spitze sich eine führende Lokomotive befindet, ist nur zulässig zum Ersteigen stark geneigter Bahnstrecken und beim Ingangbringen der Züge in den Stationen oder in Nothfällen auf freier Strecke. Wird einem Zuge eine Schiebelokomotive mitgegeben, so ist dies der nächsten Station vorzumelden.

Auf **Nebenbahnen** ist nach Ba.O. § 31 das Schieben von Zügen ohne führende Lokomotive nur zulässig bei einer Stärke von höchstens 50 Wagenachsen und einer Geschwindigkeit von höchstens 15 km. Der vorderste Wagen muß alsdann von einem Beamten oder verpflichteten Arbeiter besetzt sein, der eine weithin tönende Glocke bei sich zu führen hat.

Bei Zügen ist die Fahrt der an der Spitze befindlichen Lokomotive mit dem Tender voran nur dann gestattet, wenn die Geschwindigkeit des Zuges 45 km in der Stunde nicht übersteigt[14]). Bei Tenderlokomotiven fällt diese Beschränkung fort. (Bt.O. § 24,2.)

---

[11]) Dia. f. Stb. § 25.
[12]) Dia. f. Stb. § $25_{,1}$.
[13]) Dia. f. Stb. § $25_{,2,3}$, § $13_{,2}$.
[14]) Bt.O. § 24, § $26_{,6}$.

V. Verlegung von Ueberholungen und Kreuzungen zweier Züge[15]).

Wenn ein zu überholender Zug sich so erheblich verspätet hat, daß es zweckmäßig erscheint, ihn nicht erst auf der im Fahrplane dafür bestimmten Station überholen zu lassen, so hat diejenige vorgelegene Station, welche die Ueberholung zu übernehmen beabsichtigt, sich, wenn angängig, mit der letzten Station, auf welcher der Zug fahrplanmäßig hält, telegraphisch darüber zu verständigen. Diese hat dem Zugführer und dem Lokomotivführer von der getroffenen Anordnung Kenntniß zu geben. Wenn dagegen der überholende Zug sich erheblich verspätet hat, so haben die vorgelegenen Stationen dies der fahrplanmäßigen Ueberholungsstation möglichst frühzeitig telegraphisch anzumelden. Diese hat sich sodann mit den betheiligten Stationen über eine Verlegung der Ueberholung zu verständigen und die zwischenliegenden Stationen sowie Zugführer und Lokomotivführer des zu überholenden Zuges zu benachrichtigen.

Ueber Verlegung von Kreuzungen auf eingleisigen Bahnen findet in entsprechender Weise eine Verständigung zwischen der fahrplanmäßigen Kreuzungsstation (nach Eingang der Verspätungsmeldungen von den Vorstationen) und den betheiligten Stationen darüber statt, auf welcher derselben die Kreuzung stattfinden soll. Die fahrplanmäßige Kreuzungsstation hat die zwischenliegenden Stationen zu benachrichtigen und durch Vermittelung des Zugführers dem Lokomotivführer des Zuges, welcher die Station ausnahmsweise vor stattgehabter Kreuzung zu verlassen hat, den Auftrag hierzu schriftlich auszuhändigen. Bei Verlegung von Ueberholungen und Kreuzungen sind die Bestimmungen über die Rangordnung der Züge zu beachten (vgl. S. 236).

VI. Außerfahrplanmäßiges Anhalten oder Liegenbleiben eines Zuges. Betriebsstörungen.

A. Außergewöhnliches Halten eines Zuges[16]).

Falls ein Zug, der planmäßig eine Station zu durchfahren hat, aus irgend einem Grunde vor dem Abschlußmaste zum Halten gebracht worden ist, hat der Lokomotivführer, nachdem er das Einfahrtsignal demnächst erhalten, besonders vorsichtig und langsam einzufahren, damit er den Zug jederzeit zum Halten bringen kann, wenn ihm ein Haltsignal gegeben wird. Soll ein Zug wegen Kreuzung, zum Aus- und Einsteigen oder aus sonstigen Gründen ausnahmsweise auf einer Station anhalten, so ist hierüber möglichst auf einer Vorstation dem Lokomotivführer schriftlicher Auftrag zu geben. Hat dies nicht geschehen können, so darf ihm am Abschlußsignalmaste die Erlaubniß zur Einfahrt erst gegeben werden, nachdem er vor diesem Maste zum Stillstande gebracht und für ihn innerhalb der Station ein Haltsignal (6a des Signalbuches) ausgesteckt ist. Im Uebrigen vgl. auch F.V. 20, 21.

B. Liegenbleiben eines Zuges durch Unfall. Betriebsstörungen.

Bleibt ein Zug wegen eines Unfalles, mag derselbe bloß in Schadhaftwerden der Lokomotive, oder aber in Entgleisung, Zusammenstoß, Schneeverwehung und dergl. bestehen,

---

[15]) Dia. f. Stb. § 24.
[16]) F.V. 19.

auf der Strecke liegen, so ist zunächst das betr. Gleis als gesperrt zu betrachten, und daher die Unfallstelle nach beiden Seiten durch die vorgeschriebenen Haltsignale (vergl. S. 194) zu decken[17]). Ist bei einer zweigleisigen Bahn auch das nicht vom Zuge befahrene Gleis (etwa durch entgleiste Wagen) gesperrt, so ist selbstverständlich auch auf diesem die Deckung auszuführen. Alsdann hat der Zugführer auf kürzestem Wege, sei es durch Absendung eines Boten nach der nächsten Station, sei es durch Benutzung des nächsten Hülfssignalapparates (S. 187) die beiden Nachbarstationen von dem Unfalle in Kenntniß zu setzen und, wenn nöthig, eine Hülfsmaschine anzufordern. Ist letzteres geschehen, so darf vor Eintreffen der Hülfsmaschine oder vor sicherer Verständigung mit der nächsten Station, von welcher die Maschine kommt, eine Weiterbewegung des Zuges unter keinen Umständen stattfinden. Sollte in einem Zuge während der Fahrt Feuer ausbrechen, so ist der Zug schleunigst zum Stehen zu bringen. Bei jedem Unfalle ist zuerst für Sicherheit der Personen, alsdann für Rettung des Zuges und der Ladung zu sorgen. Die im Packwagen selbst mitgeführten Hülfsgeräthschaften[18]) reichen indessen nur für die nothdürftigsten Hülfsarbeiten aus. Die weitere Hülfe, namentlich bei schweren Unfällen, muß von den Stationen kommen, welche selbstredend auch, falls sich ein Unfall innerhalb ihres Bereiches ereignet, unmittelbar zur Veranlassung der geeigneten Maßnahmen verpflichtet sind.

Auch die der Unfallstelle nächstliegenden Stationen werden oft nicht im Stande sein, volle Hülfe zu bringen. Namentlich werden Hülfszüge und Hülfslokomotiven in der Regel von weiter entlegenen Stationen herbeigerufen werden müssen, auf welchen Reservemaschinen bereit stehen. Es hat alsdann aber der Vorsteher der von dem Hülfszuge oder der Hülfslokomotive zuletzt berührten Station oder, wenn derselbe nicht schnell genug herbeigerufen werden kann, der dienstthuende Stationsbeamte dieser Station (bei leichteren Unfällen ev. ein Assistent) in der Regel persönlich bis zur Unfallstelle mitzufahren und, falls nicht ein höherer Betriebsbeamter daselbst anwesend ist, die erforderlichen Anordnungen für Freimachung der Strecke, Bergung der Güter, Hülfeleistung u. s. f. zu treffen[19]).

Die Beseitigung von Schäden am Gleise besorgt der Bahnmeister, der auch zur Klarstellung der Ursachen des Unfalles die erforderlichen Aufnahmen über den Gleiszustand, die Lage der entgleisten Fahrzeuge u. s. f. an Ort und Stelle zu machen hat[20]) und in erster Linie berufen ist, mit seinen Arbeitskräften in jeder Beziehung an der Unfallstelle thätige Hülfe zu leisten, soweit dies nicht innerhalb der Stationen durch die Arbeitskräfte der Stationsvorstände in ausreichender Weise geschehen kann. Die Eingleisung entgleister Fahrzeuge, Beseitigung der Trümmer u. s. f. ist, sofern der Bahnmeister hierzu nicht im Stande ist, Sache der betreffenden Betriebs-, Neben- oder Hauptwerkstätte, welche zu diesem Zwecke einen mit allen erforderlichen Geräthen, Krahn, Winden u. s. w. ausgerüsteten Hülfswagen besitzt, der mittels des Hülfszuges an Ort und Stelle gebracht wird. Da an der Unfallstelle unter Umständen beide Gleise gesperrt sein können, da ferner der zu beseitigende Schaden sich vorn oder hinten im Zuge befinden kann, so ist es nicht gleichgültig, auf welchem Gleise und von welcher Seite der Hülfszug herannaht.

---

17) Bt O. § 49, Dia. f. Bw. § 17, Dia. f. Z. § 14, auch f. d. Folgende.

18) Bt.O. § 19, T.V. § 149*.

19) Dia. f. Stb. § 21.

20) Dia. f. Bm. § $11_{,2}$.

Es ist daher bei Meldung des Unfalles und Anforderung des Hülfszuges oder der Hülfslokomotive sogleich anzugeben, auf welchem Gleise und von welcher Seite dieselben kommen sollen. Ueber die Hülfeleistung bei Verunglückungen von Reisenden und Bahnpersonal, das sogen. Rettungswesen, besteht für die Pr.St.B. eine besondere Dienstvorschrift. Die zur Hülfeleistung dienenden Instrumente und Medikamente 2c. sind in den sogenannten Rettungskasten untergebracht, von welchen ein kleiner in jedem Packwagen mitgeführt wird, während ein großer sich auf jeder Station und Haltestelle sowie in jeder Hauptwerkstätte befindet.

Die Station, welche eine Unfallmeldung von der Strecke erhält, oder auf welcher ein Unfall sich ereignet, hat zunächst den Vorstand der Betriebsinspektion telegraphisch in Kenntniß zu setzen, welchem in erster Linie die Fürsorge für Aufrechterhaltung bezw. Wiederherstellung des Betriebes obliegt, und ferner die Nachbarstation davon zu verständigen, daß die Strecke gesperrt ist, also alle Züge zurückzuhalten sind. Alsdann ist, soweit die Station nicht selbst Hülfe leisten kann, die erforderliche Hülfe anzufordern, d. h. es sind entsprechende Depeschen an den Bahnmeister, die Betriebs- oder Nebenwerkstätte, Maschinen- oder Werkstätteninspektion abzusenden. Tritt durch Unfall oder Naturereignisse, wie Schneeverwehung, Ueberschwemmung 2c. eine Betriebsstörung ein, welche erhebliche Zugverspätungen (S. 236) von Durchgangszügen veranlaßt, so sind alle bei solchen betheiligten Stationen (auch über die Grenze des Verwaltungsbezirkes hinaus bis zur Zugendstation) unter kurzer Angabe der zur Aufklärung und Beruhigung des Publikums dienenden Thatsachen telegraphisch zu benachrichtigen und von letzteren Bekanntmachungen für die Reisenden auszuhängen, zutreffendenfalls auch die Ortspostanstalten und Zollämter in Kenntniß zu setzen. Die Uebergangsstationen haben bei weitergehendem Interesse für Zuganschlüsse die Depeschen an fernere Stationen weiterzugeben, auch ihren vorgesetzten Betriebsinspektionen Meldung zu machen. Noch umfassendere Meldungen sind bei mehr als 6stündigen und längeren Betriebsstörungen vorgeschrieben.

Alle ernsteren und Aufsehen erregenden Unfälle, namentlich aber alle solchen, welche dem M. d. ö. A. (s. unten) gemeldet werden, sind auch der vorgesetzten Eisenbahndirektion telegraphisch anzuzeigen. Diese veranlaßt die für die Verkehrsleitung erforderlichen Maßregeln.

Von jeder Betriebsstörung, welche eine Unterbrechung des Verkehres von 24 Stunden und mehr zur Folge hat oder voraussichtlich haben wird, hat die Eisenbahndirektion den Nachbarverwaltungen nach Maßgabe der vom D.E.V.V. vereinbarten Leitungstabelle für Verkehrsstörungstelegramme eingehende telegraphische Mittheilung zu machen. Verkehrsstörungen, bei welchen der Personenverkehr durch Umsteigen der Reisenden und Umladen des Gepäckes aufrecht erhalten werden kann, unterliegen dieser Meldung nur dann, wenn der Güterverkehr auf mehr als 48 Stunden gesperrt ist.

Zu den bisher aufgeführten zur schleunigen Beseitigung der Schäden und Abwehr weiterer Folgen dienenden Maßnahmen treten noch eine Reihe von Meldungen im allgemeinen und öffentlichen Interesse. Von allen im Eisenbahnbetriebe vorgekommenen Unfällen, bei denen Menschen getödtet oder verletzt sind, oder bei denen die im Strafgesetzbuche bedrohte Ingefahrsetzung eines Eisenbahntransportes durch Verschulden einer Person in Frage kommt, ist sogleich nach dem Bekanntwerden dem Staatsanwalt sowie der betreffenden Ortspolizeibehörde Anzeige zu machen, in allen wichtigeren Fällen zugleich auch der zuständigen Kreispolizeibehörde.

Dem M. d. ö. A. sind alle diejenigen Unfälle telegraphisch zu melden, die geeignet sind, Aufsehen zu erregen, sei es durch ihren Umfang, sei es, weil sie bei Reisen fürstlicher Personen vorgekommen sind, ferner auch alle durch Unfälle oder andere Ereignisse hervorgerufenen Betriebsstörungen über 12 Stunden oder bedeutenden Zerstörungen von Bahneigenthum. Bei größeren Betriebsstörungen in Folge von Schneeverwehungen sind die unfahrbaren Strecken in zusammengedrängter Uebersicht täglich Mittags 12 Uhr telegraphisch so lange dem M. d. ö. A. anzuzeigen, bis die gänzliche Beseitigung aller derartigen Betriebsstörungen gemeldet werden kann.

In annähernd denselben Fällen wie an den M. d. ö. A. ist Meldung von Unfällen und Betriebsstörungen an das R.E.A. zu machen, welches Beamte zur Erhebung des Sachverhaltes zu statistischen Zwecken an Ort und Stelle entsendet. Angehörige verunglückter Reisenden sind durch Vermittelung des Vorstandes der Betriebsinspektion, auf Wunsch der Reisenden, falls diese zur Aeußerung eines solchen in der Lage sind, auch direkt zu benachrichtigen. Schließlich ist auch der Irreleitung des großen Publikums durch falsche Zeitungsberichte vorzubeugen, indem das Wolff'sche Telegraphenbureau in Berlin eine Mittheilung erhält, indem ferner in der Regel den Zeitungen sachgemäße Berichte zugestellt werden. Unzutreffende Zeitungsberichte sind richtig zu stellen. Mit Ausnahme der letzteren Mittheilungen, welche stets durch die Eisenbahnbetriebsinspektion oder die Eisenbahndirektion erfolgen, ist, soweit nicht anders bemerkt, zu allen vorgenannten Meldungen die nächstgelegene Station verpflichtet, falls nicht ein anwesender höherer Betriebsbeamter sie bewirkt. Dieselben Meldungen, wie beim Eintritte einer Betriebsstörung, sind demnächst bei ihrer Beseitigung zu erstatten. Jedoch erfolgt alsdann die Meldung an den M. d. ö. A. auf dem Instanzenwege.

Den telegraphischen Berichten an die Eisenbahndirektion, den Minister und das R.E.A. hat der Vorstand der Betriebsinspektion schriftliche Berichte folgen zu lassen. Während er die Anordnungen zur Aufrechterhaltung des Zugbetriebes und zur Beseitigung der Verkehrsstörungen zu treffen, auch die ersten Vernehmungen zu veranlassen hat, ist die Führung der eigentlichen Unfalluntersuchung Sache der Eisenbahndirektion. Diese hat auch nach Abschluß der Untersuchung die Verhandlungen nebst einer Begutachtung des Falles der Staatsanwaltschaft zu übersenden.

Alles, was hiernach beim Eintritte eines Unfalles und bei Betriebsstörungen durch Naturereignisse 2c. zu geschehen hat, ist theils durch Erlasse des M. d. ö. A. vorgeschrieben (zuletzt durch M.E. v. 11./3.—24./4.—9./8. 1895)[21]), sowie durch M.E. v. 25./11. 1896[22]) theils durch Vereinbarungen des D.E.V.V., namentlich Kundmachung 20, festgesetzt und von jeder Eisenbahndirektion in einer Dienstvorschrift zusammengestellt und durch Ausführungsbestimmungen erläutert[23]). Damit in der Bestürzung des Augenblickes nicht irgend eine wichtige Meldung unterlassen wird, hängt eine tabellarische Uebersicht aller erforderlichen Meldungen in jedem Stationsbureau aus.

Wegen der übrigen Einzelheiten, ferner auch über die auf Grund der Unfallgesetze und der Statistik erforderlichen Meldungen u. s. f., muß auf obige Ministerialerlasse sowie auf die Dienstanweisungen der Eisenbahndirektionen verwiesen werden. Die Leitung von Personen und Gütern über Hülfslinien ist im 4. u. 5. Abschn. zu erörtern.

---

[21]) E.V.B. 235, 357, 547.
[22]) E.N.B. S. 631.
[23]) Die Herausgabe einer einheitlichen Dienstvorschrift für den ganzen Bereich der Pr.St.B. steht in Aussicht.

Sechstes Kapitel.

Das Schreibwerk beim Zugdienste.

I. Schriftliche Aufzeichnungen des Zugbegleitpersonales.

A. Der Fahrbericht[1]).

Ueber jede Zugfahrt ist von dem Zugführer ein Fahrbericht auf vorgedrucktem Schema zu erstatten[2]). Da der Fahrbericht in der Hauptsache über die Einhaltung des Fahrplanes eines einzelnen Zuges Ausweis zu geben hat, so ist seine Spalteneintheilung im Wesentlichen derjenigen der Fahrplanbücher nachgebildet (vgl. S. 148, 149), wie das Muster auf S. 244, 245 zeigt. Statt der fahrplanmäßigen Abfahrts- und Ankunftszeiten, sowie Aufenthalte werden in den Fahrbericht die wirklichen Zeiten eingetragen. Hierzu kommen hier Angaben über Verspätungen und deren Begründung und Wetternotizen. Fernere Spalten geben die Zahl der beladenen und unbeladenen Wagenachsen sowie der bedienten Bremsen an, welche sich, namentlich bei Güterzügen, auf Zwischenstationen häufig ändern, während auf der Rückseite Angaben über die Zuglokomotive und etwaige Hülfslokomotiven sowie das Zug- und Lokomotivpersonal gemacht werden. Außerdem sind auf die Rückseite unter den Fahrbericht Bemerkungen über besondere Vorkommnisse zu setzen, nicht erreichte oder nicht abgewartete Anschlüsse, verlegte Kreuzungen und Ueberholungen, Signalversäumnisse, Unfälle u. s. f. Alle Eintragungen, mit Ausnahme der sogleich zu erwähnenden, bewirkt der Zugführer, der auch die Richtigkeit des gesammten Fahrberichtes durch seine Unterschrift zu bestätigen hat. Nur die Abfahrtszeit auf der Anfangsstation und die Ankunftszeit auf der Endstation sowie etwaige Verspätungen auf diesen Stationen werden von dem dienstthuenden Stationsbeamten eingetragen und durch Namensunterschrift in Spalte 4 bescheinigt. Bei Einzelfahrten von Lokomotiven führt der Lokomotivführer den Fahrbericht. In diesem Falle werden auch auf allen Haltestationen die Eintragungen durch den dienstthuenden Stationsbeamten bewirkt. Erstreckt sich die Zugfahrt auf zwei oder mehrere Direktionsbezirke, so ist für jeden Bezirk ein gesonderter Fahrbericht aufzustellen. Der Fahrbericht ist in der Regel auf der Zugendstation oder, wenn der Zug mehrere Direktionsbezirke durchläuft, auf derjenigen Zwischenstation abzuliefern, auf welcher der Zug beim Uebergange in einen anderen Direktionsbezirk zuerst anhält. Die Stationen haben die Fahrberichte täglich gesammelt an das Betriebsbureau derjenigen Direktion einzusenden, für deren Bezirk sie aufgestellt sind. Auf Grund der Fahrberichte werden alle Unregelmäßigkeiten, Zugverspätungen, versäumte Anschlüsse u. dgl. von den Eisenbahndirektionen verfolgt.

Besondere Vorschriften über die Aufstellung der Fahrberichte, in welchen auch über das etwaige Erforderniß solcher bei Rangir-, Anschluß- und Uebergabezügen, ferner über

---

[1]) F.V. 28–37, 39.
[2]) Bt.O. § 32, Ba.O. § 32.

Vorderseite.

Eisenbahndirektionsbezirk Altona. An

Betriebsbureau Altona

Fahrbericht

über den *Güter*-Zug Nr. *3003* von *Husum* nach *Langenfelde*

am *10. u. 11. Oktober* 1895 Theilbericht von *Heide* bis *Langenfelde*

Soll { abfahren *8* Uhr *42* M. *N.*-Mittags
ankommen *3* „ *49* „ *V.*- „

Wetter *Regen*

Mitteleuropäische Zeit.

1.	2.			3.			4.	5.			6.		7.
Stationen	Ankunft			Abfahrt			Unterschriftliche Bescheinigung des abfertigenden Stationsbeamten	Zahl der Wagenachsen			Zahl der bedienten Bremsen		Ursachen der Verspätungen
	Std.	Min.	Später Min.	Std.	Min.	Später Min.		beladen	unbeladen	Summa	beladen	unbeladen	
Heide	*8*	*9*		*9*	*5*	*23*	*Späth*	*44*	*16*	*60*	*4*		*Fertigstellung des Zuges.*
Nieldorf	*9*	*29*	*23*	*9*	*35*	*19*		*42*	*16*	*58*	*4*		
St. Mich.	*9*	*56*	*18*	*10*	*10*	*17*		*52*	*18*	*70*	*4*		*Da von Heide und Nebenstrecken zahlreiche Viehwagen von Güterzug 3007 mitgegeben wurden, konnten die Rangirarbeiten nicht früher fertiggestellt werden.*
Eddel.	*10*	*22*	*17*	*10*	*46*	*34*		*54*	*22*	*76*	*4*		
St. Marg.	*11*	*2*	*34*	*11*	*40*	*46*		*46*	*38*	*84*	*4*		
Wilster	*11*	*58*	*45*	*12*	*25*	*52*		*44*	*40*	*84*	*4*		
Itzehoe	*12*	*45*	*50*	*1*	*20*	*60*		*41*	*38*	*79*	*4*		
Kremperh.	—	—		—	—								
Krempe	*1*	*45*	*53*	*1*	*48*	*46*		*37*	*38*	*75*	*4*		
Glückst.	*2*	*3*	*44*	*2*	*12*	*40*		*35*	*34*	*69*	*4*		
Herzhorn	*2*	*22*	*39*	*2*	*25*	*39*		*33*	*34*	*67*	*4*		
Siethw.	*2*	*38*	*37*	*2*	*41*	*37*							
Elmsh.	*3*	*00*	*39*	*3*	*14*	*26*		*33*	*26*	*59*	*3*		*Halt vor Signal wegen Ausfahrt des Zuges 3.*
Halstenb.	*3*	*50*	*19*	*3*	*55*	*24*		*31*	*26*	*57*	*3*		*Viehwagen aussetzen, Eilgut ausladen.*
Eidelst.	*4*	*7*	*24*	*4*	*11*	*28*							
Langenfelde	*4*	*17*	*28*				*Wachtmann*						

Rückseite.

Güter-**Zug Nr.** *3003* **vom** *10. u. 11. Oktober* **189***5*

NB. Bei den Hülfslokomotiven ist in Spalte 11 anzugeben, ob als „Vorspann- oder Schiebelokomotive".

8. Nummer bezw. Namen der Lokomotiven	8. Tender	9. Namen der Lokomotivführer	10. Namen der Heizer	11. durchfahrene Strecke von	11. bis	12. Namen der Schaffner, Bremser, Wagenwärter	13. bediente die Wagen-Nummer	14. Klasse	15. durchfahrene Strecke von	15. bis
Zuglokomotive						Schaffner				
855	—	*Hurtig*	*Holtz*	*Heide*	*Itzehoe*					
845	—	*Schnelle*	*Brandt*	*Itzehoe*	*Langenf.*					
Hülfslokomotive		—	—							
Mitfahrende Lokomotive		—	—			Bremser				
						Klotz	*44257 El.G.*		*Heide*	*Langenf.*
						Kanne	*8712 Erf. „*		„	„
						Haltermann	*49013 Al. „*		„	*Elmshorn*
		Zugführer	Packmeist.			*Dreher*	*30560 K.O.*		„	*Langenf.*
		Fertig	*Lange*	*Heide*	*Langenf.*					
						Hülfsbremser				

Wagenwärter	Geschmierte Seite		von	bis
Kanne	*rechte*		*Heide*	*Langenf.*
Dreher	*linke*		„	„

Bemerkungen über

1. nicht erreichte und nicht abgewartete Anschlüsse,
2. verlegte Kreuzungen und Ueberholungen,
3. Signalversäumnisse,
4. Mängel bei Erleuchtung des Zuges und Erwärmung des Abtheils,
5. besondere Vorkommnisse (Unglücksfälle, Entgleisungen u. s. w.),
6. schadhafte Fahrzeuge und Zubehör (Heißlaufen von Achsen u. s. w.),
7. benutzte Freikarten u. s. w.,
8. eingegangene Geldbeträge für beschädigte oder verunreinigte Personenwagen,
9. schlechte Stellen im Gleise, Zugrevisionen, Ueberschreitungen der bahnpolizeilichen Vorschriften, Verletzungen von Steuerschlössern u. s. w.

Eddelak. Ueberholung von Zug 1017 abwarten.
St. Marg. Wagen ein- und aussetzen, Kreuzung von Zug 1016 abwarten.
Wilster. Wagen ein- und aussetzen. Stückgüter ein- und ausladen.
Itzehoe. Zug 1018 abwarten.

Unterschrift und Angabe des Dienstwohnortes des Zugführers: *gez. Fertig*
zu *Altona.*

die Behandlung der Fahrberichte bei Kombination von Zügen, über die Notirung einzelner Unregelmäßigkeiten u. s. f. die Rede ist, finden sich an der oben bereits angezogenen Stelle [3]).

B. Die Wagennachweisung [4])

dient als Ergänzung des Fahrberichtes und ist gleichfalls vom Zugführer aufzustellen, und zwar bei Schnell- und Personenzügen für die ganze Fahrstrecke, soweit für die Züge eine und dieselbe Fahrtnummer besteht, gleichviel, ob unterwegs ein Wechsel des Zugführers stattfindet, oder nicht, bei gemischten und Güterzügen für die ganze von einem und demselben Zugführer durchfahrene Strecke. Auf Stationen, auf welchen nach Lage des Dienstes dem Zugführer die Zeit zur Aufstellung von Wagennachweisungen fehlt, kann die Anfertigung der Nachweisungen und ihre Uebergabe an den Zugführer von der vorgesetzten Betriebsinspektion der Station aufgegeben werden. Dem Zugführer liegt in solchen Fällen die Verpflichtung ob, die Wagennachweisungen am Zuge zu prüfen. Der Zugführer bescheinigt die Richtigkeit der Wagennachweisung durch seine Namensschrift. Wenn bei einem auf längerer Strecke unter gleicher Nr. durchgehenden Schnell- oder Personenzuge der Zugführer wechselt, haben alle betheiligten Zugführer Namen, Dienststellung und Wohnort am Schlusse anzugeben.

Die Wagennachweisung enthält, geordnet nach Wagengattungen, ein Verzeichniß der im Zuge mitgeführten Gepäck-, Post-, Personen-, Güter- und Viehwagen. Jeder Wagen erhält eine Zeile, und in derselben werden, nach Spalten geordnet, angegeben: Eigenthumsmerkmal, Nummer, Gattungszeichen und Achsenzahl, Anfangs- und Endstation des Mitlaufes, Bemerkungen. Bei Güterwagen ist auch für die Länge des Mitlaufes (in km) eine Spalte vorgesehen, die indessen nicht vom Zugführer, sondern demnächst von der Wagenkontrole ausgefüllt wird. Die Angaben über Anfangs- und Endstation des Mitlaufes müssen selbstredend mit den Angaben über die Achsenzahl im Fahrberichte übereinstimmen. Die Wagennachweisung für einen Schnell- oder Personenzug ist auf der Endstation des Zuges abzugeben, welche dieselbe an die Wagenkontrole für denjenigen Bezirk einzusenden hat, in dem die Zugbildungsstation liegt; die Wagennachweisung für einen gemischten oder Güterzug ist seitens des Zugführers nach beendigtem Dienste an seine Heimaths- oder Uebernachtungsstation abzugeben und von dieser an die Wagenkontrole für denjenigen Bezirk einzusenden, in welchem der Zugführer stationirt ist. Ueber die weitere Benutzung der Wagennachweisungen zur Ermittelung der Leistungen der Betriebsmittel wird im 7. Abschn. gehandelt.

C. Die Personenfrequenzliste

ist gleichfalls vom Zugführer zu führen. Die Zählung der beförderten Personen, Plätze und Achsen hat nach M.E. vom 17./4. 1893 *V.* II 2937 in zwei Perioden, und zwar Juni, Juli, August und Oktober, December, Februar, und zwar vom ersten Montage des Zählmonates bis einschließlich zum Sonnabend der nächstfolgenden Woche stattzufinden, ausschließlich des dazwischen liegenden Sonntags und etwaiger den Verkehr außergewöhnlich stark beeinflussender Feiertage. Die Ergebnisse dieser Zählungen sind von den Direktionen in drei dem M. d. ö. A. zu machenden Vorlagen zu verwerthen.

---

[3]) F.V. 28—37, 39.
[4]) F.V. 28—40.

1. Der in Form eines graphischen Fahrplanes aufzustellende Nachweis über die tägliche Durchschnittsfrequenz der sämmtlichen zur Personenbeförderung dienenden Züge, welcher bei Vorlage eines neuen Fahrplanentwurfes über die entsprechende Fahrplanperiode des Vorjahres vorzulegen ist (vgl. S. 142).

2. Die Nachweisung der Platzausnutzung im Personenverkehre[5]) ist für Sommer- und Winterfahrplanzeit, für letztere in zwei Theilen, aufzustellen. Sie enthält für jeden Zug, getrennt nach größeren Streckenabschnitten, die im Durchschnitte der Zählperiode beförderten Personen, Plätze und Wagenachsen.

3. Die Nachweisung über die Wirkung von Fahrplanänderungen, zu denselben Zeitpunkten wie die vorige aufzustellen, weist im Vergleiche zwischen der abgelaufenen und der gleichen vorjährigen Fahrplanperiode die Mehr- bezw. Minderkosten durch mehrgefahrene oder beseitigte Züge und die Mehr- oder Mindereinnahmen nach den Personenkilometern unter Zugrundelegung eines Einheitssatzes für das Personenkilometer nach[6]).

D. Die Dienstbücher der Fahrbeamten.

Aus diesen sind die von den Zugführern, Packmeistern, Schaffern, Bremsern und Hülfsbremsern sowie Wagenwärtern gefahrenen Kilometer, geleisteten Stunden bei Arbeitszügen 2c., Uebernachtungen, Schmierertagewerke und heißgelaufenen Achsen sowie das ausgegebene Schmiermaterial ersichtlich. Sie werden zur Berechnung der Nebengebühren der Fahrbeamten verwendet, die von den Stationen aufzustellen, von den Betriebsinspektionen zu prüfen und festzustellen sind (Inrechnungstellung der Materialersparnißprämien der Schmierer erfolgt erst hier). Die Eintragungen bewirkt der Zugführer; nur die Richtigkeitsbescheinigung für den Zugführer selbst vollzieht der dienstthuende Stationsbeamte.

Das von dem Packmeister und dem Packmeisterdienste mitversehenden Zugführer in dieser Eigenschaft zu verrichtende Schreibwerk ist in den späteren Abschnitten erörtert.

E. Das Dienstbuch des Lokomotivführers

hat letzterer zu führen. Ueber die Bescheinigungen in demselben vgl. S. 268.

II. Schriftliche Aufzeichnungen der Stationen (Blockstationen).

A. Das Zugmeldebuch (Signaltagebuch)

ist in der Regel auf jeder Station (Blockstation) zu führen. Ausnahmen bestimmt die Königliche Eisenbahndirektion[7]). Ein den Bestimmungen der A. f. T. § 38 entsprechender Vordruck ist auf S. 248, 249 mitgetheilt. Die linke Seite gilt für ankommende, die rechte für abgehende Züge. Bei Zügen, welche die Station mit oder ohne Aufenthalt durchfahren, erstrecken sich die Angaben mithin über beide Seiten des Buches. Die Eintragungen erfolgen sogleich beim Eingange der Depeschen und Blockmeldungen bezw. bei der wirklichen Ankunft und Abfahrt des Zuges. Auf größeren Stationen ist für jede einlaufende Strecke ein Zugmeldebuch zu führen.

---

[5]) M.E. vom 25./1. 1890 V IIb 547. — vom 23./11. 1894 V II (I) 9201 und vom 2./2. 1896 (E.N.B. S. 65.)

[6]) M.E. vom 4./3. 1895 V II (IV) 1623 u. vom 23./2. 1896 E.N.B. S. 93.

[7]) A. f. T. § 8,5, § 38.

Auszug aus dem Signaltage-

Läutesignale und Meldungen für **ankommende** Züge und Lokomotiven										Abgegebene Rückmeldungen				
Datum und Tageszeit	von Station	Bezeichnung bezw. Nr. des Zuges	Zeit, wann der Zug **angeboten** **angenommen** ist		Zeit, wann das Läutesignal erfolgt ist		Zeit, wann der Zug abgefahren ist		Name des abnehmenden Telegraphenbeamten	Zeit, wann der Zug eingetroffen ist		Zeit, wann der Zug zurückgemeldet ist		Name des gebenden Telegraphenbeamten
			Uhr	Min.	Uhr	Min.	Uhr	Min.		Uhr	Min.	Uhr	Min.	
1	2	3	4		5		6		7	8		9		10
17./10. 1895 Vorm.	*Hl*	*1008*	*Nur bei eingleisigen Strecken auszufüllen*		*Nur in denjenigen Fällen auszufüllen, in welchen der Zugmeldedienst mit einem telegraphischen Schriftwechsel bestimmungsgemäss nicht verbunden ist*		*7*	*57*	*Traube*	*8*	*02*	*8*	*02*	*Traube*
	Ba	*309*					*8*	*12*	„	*8*	*17*	*8*	*17*	„
	Hl	*1010*					*8*	*13*	„	*8*	*18*	*8*	*18*	„
	Lf	*27*					*8*	*11*	„	*8*	*22*	*8*	*23*	„
	Hl	*314*					*8*	*25*	„	*8*	*30*	*8*	*30*	„
	Ba	*311*					*8*	*35*	„	*8*	*41*	*8*	*41*	„
	Hl	*316*					*8*	*39*	„	*8*	*45*	*8*	*45*	„
	Lf	*501*					*8*	*30*	„	*8*	*46*	*8*	*46*	„
	Hl	*91*					*8*	*45*	„	*8*	*51*	*8*	*51*	„
										B Nr. 3 von Ba an A.				
	Hl	*12*					*8*	*52*	„	*8*	*57*	*8*	*57*	*Traube*
	Hl	*28*					*9*	*09*	„	*9*	*14*	*9*	*14*	„
	Ba	*213*					*9*	*13*	„	*9*	*18*	*9*	*18*	„
	Lf	*531*					*9*	*03*	„	*9*	*20*	*9*	*20*	„
										B Nr. 4 von Ba an A.				
	Hl	*318*					*9*	*25*	„	*9*	*30*	*9*	*30*	*Traube*

B. Das Tagebuch

dient gemäß Dia. f. Stb. § $5,_1$ zur Eintragung besonderer Vorkommnisse auf der Station sowie besonderer Anordnungen des Vorstehers und der Vermerke über deren Erledigung. Bezüglich des Zugdienstes sind daher in das Tagebuch nur Eintragungen über solche Züge zu machen, welche auf der Station einen außergewöhnlich großen Aufenthalt erleiden oder denen sonst etwas Außerordentliches zustößt (Aussetzen von Wagen 2c). Der Inhalt der Eintragungen richtet sich nach dem Ermessen des diensthabenden Stationsbeamten oder des Vorstehers, je nach den Vorkommnissen.

C. Das Telegraphendienstbuch

oder Depeschenbuch[8]) dient als Ausweis über alle auf der Station aufgegebenen und angekommenen Dienstdepeschen, unter welchen diejenigen über den Zugdienst eine Hauptrolle spielen. Meist werden auf kleineren Stationen auch die aufzugebenden Depeschen

[8]) A. f. T § $8,_3$.

buche der Station Altona.

Läutesignale und Meldungen für **abgehende** Züge und Lokomotiven								Angekommene Rückmeldungen			
Bezeichnung bezw. Nr. des Zuges	Zeit, wann der Zug **angeboten angenommen** ist		Zeit, wann das Läutesignal erfolgt ist		Zeit, wann der Zug abgefahren ist		Name des gebenden Telegraphenbeamten	von Station	Zeit, wann laut Meldung der Zug eingetroffen ist		Name des abnehmenden Telegraphenbeamten
	Uhr	Min.	Uhr	Min.	Uhr	Min.			Uhr	Min.	
11	12		13		14		15	16	17		18
1008					*8*	*06*	*Traube*	*Lf*	*8*	*14*	*Traube*
309					*8*	*20*	„	*Hl*	*8*	*24*	„
1010					*8*	*23*	„	*Lf*	*8*	*33*	„
27					*8*	*28*	„	*Hl*	*8*	*33*	„
314					*8*	*33*	„	*Ba*	*8*	*41*	„
72					*8*	*35*	„	*Hl*	*8*	*41*	„
311					*8*	*45*	„	*Hl*	*8*	*50*	„
316					*8*	*48*	„	*Ba*	*8*	*54*	„
501					*8*	*51*	„	*Hl*	*8*	*55*	„
Strecke A—Ba 8_{55} *gesperrt. Jansen*											
12					*9*	*02*	„	*Lf*	*9*	*08*	„
28					*9*	*20*	„	*Lf*	*9*	*27*	„
313					*9*	*21*	„	*Hl*	*9*	*26*	„
557					*9*	*27*	„	*Hl*	*9*	*32*	„
Strecke A—Ba 9_{19} *frei. Jansen*											
318					*9*	*34*	„	*Ba*	*9*	*41*	„

nach ihrem vollen Wortlaute in das Telegraphendienstbuch eingetragen. Sind indessen die Depeschen in besonderer Urschrift aufgegeben, wie dies auf großen Stationen die Regel ist, so brauchen in das Dienstbuch von denselben bloß die Adresse und Unterschrift als wesentliche Merkmale eingetragen zu werden[9]). Im Uebrigen enthält das Telegraphendienstbuch für jede Depesche eine laufende Nummer, Zeit der Abgabe oder Aufnahme, die Adreß- oder Aufgabestation und den Namen des abfertigenden Beamten.

Auf größeren Stationen ist für jede Leitung ein Telegraphendienstbuch zu führen[8]), eventuell auch für aufgegebene und angekommene Depeschen getrennte Bücher.

D. Die Morsestreifen,

d. h. die Papierstreifen des Fernschreibers, sind gleichfalls aufzubewahren, um als aktenmäßige Unterlagen für spätere etwaige Untersuchungen über die Betriebsvorgänge zu dienen[10]). Um die spätere Benutzung zu erleichtern, ist am Beginne jedes Tages das

---

[9]) A. f. T. § 16.
[10]) A. f. T § 8_1.

Datum auf dem Streifen zu vermerken und die Beendigung jedes Schriftwechsels durch einen senkrechten Strich zu kennzeichnen. Die Morsestreifen werden in ganzen Rollen fortlaufend beschrieben. Eine Herausnahme von Theilen aus diesen Rollen — auch unbeschriebener Stellen — ist unter keinen Umständen gestattet, da hierdurch jede Kontrole vereitelt werden würde[11]).

E. Die Urschriften

der aufgegebenen und die Niederschriften (Ausfertigungen) der angekommenen Depeschen, soweit solche gesondert vorhanden, dienen gleichfalls zum aktenmäßigen Ausweis über den stattgehabten telegraphischen Schriftwechsel.

F. Die Papierstreifen

der zu den Radtastern gehörenden Registrirapparate geben einen aktenmäßigen Ausweis über den Lauf der Züge.

G. Das Uebergabebuch[12])

ist auf allen Stationen zu führen, auf welchen eine Ablösung im Früh- und Abend- oder Tag- und Nachtdienste stattfindet. In dasselbe trägt der abtretende Stationsbeamte alle noch unerledigten Dienstverrichtungen und die etwaigen Bestimmungen oder Anordnungen ein, welche von seinem Ablöser auszuführen oder zu beachten sind. Die stattgehabte Uebergabe wird von beiden Beamten durch Namensgegenschrift bei den erwähnten Eintragungen bestätigt. Demnächst hat der neu eingetretene Beamte die Eintragungen mit dem Erledigungsvermerke zu versehen. Befinden sich mehrere Dienstbezirke für Stationsbeamte auf einem Bahnhofe, so ist in jedem Bezirke ein Dienstübergabebuch zu führen.

---

[11]) A. f. T. § $8_{,2}$.
[12]) Dia. f. Stb. § $5_{,2}$.

Dritter Abschnitt.

Die Lokomotiven und Eisenbahnwagen.

Erstes Kapitel.

Die Lokomotiven.

I. Vorhaltung der Lokomotiven und ihrer Personale.

A. Arten der Lokomotiven.

Von der durch Stephensons „Rakete" dargestellten Urform haben die Lokomotiven im Laufe der Jahre außerordentliche Veränderungen und Verbesserungen erfahren, die nicht nur die Leistungsfähigkeit im Allgemeinen in einer früher nicht geahnten Weise erhöht, sondern dieselbe auch nach verschiedenen Richtungen hin, je nach dem Verwendungszwecke, entwickelt haben. Die Schnellzugslokomotiven sollen sehr schnell fahren können, brauchen aber bei der verhältnißmäßig geringen Zuglänge keine sehr große Zugkraft zu entwickeln. Von den Güterzugslokomotiven verlangt man nicht sowohl große Schnelligkeit, als die Fähigkeit, schwere Züge zu schleppen. Die Personenzugmaschinen stehen zwischen beiden. Es würde zu weit führen, hier zu erörtern, welchen Einfluß diese Bedingungen auf die Konstruktion aller Theile der Lokomotiven ausgeübt haben, und es mag als besonders kennzeichnend nur Folgendes erwähnt werden. Die Schnellzugmaschinen besitzen große Triebräder und eine große Rostfläche, um den bei den schnell sich folgenden Cylinderfüllungen besonders großen Dampfverbrauch decken zu können. Die zugkräftigen und langsamer fahrenden Maschinen haben dagegen kleine Triebräder. Eine größere Ausnutzung des Lokomotivgewichtes für die Zugkraft wird dadurch erzielt, daß man nicht nur eines der Räder paare, sondern zwei (bei den stärkeren Personenzugs- und Schnellzugsmaschinen) oder drei (bei den Güterzugsmaschinen) mit der die Kraft übertragenden Pleuelstange des Dampfcylinders kuppelt. Man bezeichnet solche Lokomotiven als $^{2}/_{3}$ gekuppelt bezw. $^{3}/_{3}$ gekuppelt. Auf Gebirgsbahnen mit starken Neigungen bedarf man besonders leistungsfähiger Maschinen. Es werden dann wohl vier gekuppelte Achsen angewendet ($^{4}/_{4}$ gekuppelte Lokomotiven), oder es werden besondere Lokomotivformen (Zwillingslokomotiven u. dergl.) ausgebildet. (Die $^{4}/_{4}$ gekuppelten Lokomotiven finden auch zur Verminderung der Vorspannleistungen und zur Erzielung schnellerer Fahrt bei Güterzügen auf Flachlandbahnen Verwendung). Wo die Steigungen so stark sind, daß eine genügende Kraftwirkung auf Fortbewegung durch Reibung nicht zu erreichen ist, hat man Zahnradlokomotiven angewendet, welche indessen, wo die normalen Bahnwagen durchgeführt werden sollen, so konstruirt sind, daß sie zugleich auf flachen geneigten Strecken derselben Bahn als Reibungslokomotiven laufen. (Harzbahn Blankenburg-Tanne, Höllenthalbahn.)

In der Regel sind die Lokomotiven mit einem Tender versehen, in welchem der für den Verbrauch auf der Fahrt erforderliche Wasser- und Kohlenvorrath mitgeführt wird. Eine besondere Abart bilden dagegen die sogenannten Tenderlokomotiven, die einen solchen Tender nicht haben und stattdessen auf der Lokomotive selbst Behälter zur Unterbringung von Wasser und Kohlen besitzen. Diese Lokomotiven haben den Vorzug, daß sie in beiden Richtungen mit gleicher Geschwindigkeit fahren können und dürfen[1]). Da ihre Behälter indessen nicht so große Vorräthe an Kohlen und Wasser zu fassen vermögen, wie ein besonderer Tender, so eignen sich die Tenderlokomotiven nicht für weite Fahrten. Wohl aber sind sie die geeignetsten Maschinen für Nebenbahnen, wo eine häufige Ergänzung von Kohlen und Wasser möglich ist, und wo das Mitschleppen todter Lasten auf das Aeußerste beschränkt werden muß. Ferner finden sie mit Vortheil Verwendung im Nahverkehr bei Zügen, welche auf kurze Strecken hin- und herpendeln, den sogenannten Vorortzügen, wobei ihre Eigenschaft als Tenderlokomotiven das jedesmalige Drehen auf der Wendestation des Zuges entbehrlich macht. Hierfür ist in den letzten Jahren eine besondere Gattung von Tenderlokomotiven mit vier Achsen konstruirt worden, welche im Gegensatze zu der leichten Nebenbahnlokomotive eine erheblich größere Leistungsfähigkeit besitzt. Vorzugsweise geeignet sind schließlich die Tenderlokomotiven für den Rangirdienst, zu dem sie denn auch, soweit nicht die Zugmaschinen auf den Zwischenstationen selbst den Rangirdienst besorgen und soweit nicht alte Zugmaschinen in diesem Dienste aufgebraucht werden sollen, fast ausschließlich Verwendung finden (Rangirlokomotiven).

So haben die Bestrebungen, für alle Gebrauchszwecke möglichst taugliche Lokomotiven zu konstruiren, zu der Ausbildung einer großen Zahl verschiedener Lokomotivformen Veranlassung gegeben. Auf den Preußischen Staatsbahnen waren zu Beginn des Jahres 1895 neben einigen nur versuchsweise eingeführten Formen nicht weniger als 22 Normalkonstruktionen für Lokomotiven vorhanden. Eine Besprechung aller dieser Formen würde die Grenzen dieses Buches überschreiten. Dagegen sind zwei Konstruktionsgrundsätze zu erwähnen, deren Einführung in den letzten Jahren wesentliche Abänderungen unserer wichtigsten Lokomotivgattungen herbeigeführt hat. Die Lagerung des Vordertheiles der Lokomotiven anf vierrädrigem Drehgestell ermöglichte es, die Lokomotiven von rd. 15 m Gesammtlänge auf rd. 16—17,5 m zu bringen, somit den Kessel und die Heizfläche entsprechend zu vergrößern, also die Leistungsfähigkeit bedeutend zu erhöhen, führte aber zugleich als Wirkung des Drehgestelles einen ruhigeren Gang herbei. Diese Konstruktionsart ist daher bei den neueren Schnellzugs- und Personenzugslokomotiven zur Anwendung gekommen. Die größere Leistung bedingt zugleich einen größeren Verbrauch an Kohlen und Wasser. Ein Theil dieser Lokomotiven erhält daher vierachsige Tender, deren Wasserbehälter 18 cbm fassen.

Andererseits ist man bestrebt gewesen, den Verbrauch an Kohlen und Wasser durch bessere Ausnutzung zu vermindern, und zwar vermöge Einführung des sogenannten Verbundsystemes. Bei diesem werden nicht beide Lokomotivcylinder gleichmäßig mit Dampf gespeist, sondern der frische Dampf aus dem Kessel wirkt zuerst mit vollem Drucke in dem einen (kleineren) Cylinder und gelangt, von hier abströmend, zum zweiten größeren Cylinder, in dem er durch Expansion abermals wirkt. Nur beim Anfahren ist es erforderlich, auch dem Expansionscylinder durch eine besondere Leitung frischen Dampf zuzuführen, um die Anzugskraft zu vergrößern und zu vermeiden, daß die Maschine auf dem todten Punkte stehen bleiben kann. Diese Lokomotiven haben nach den angestellten Ver-

[1]) Bt.O. § 24,$_2$.

suchen eine größere Leistungsfähigkeit, als gewöhnliche Lokomotiven mit Zwillingsmaschinen, und ersparen Brennmaterial und Wasser. Man beabsichtigt das Verbundsystem von jetzt ab bei allen Schnellzugslokomotiven und bei denjenigen Güterzugslokomotiven anzuwenden, welche vorzugsweise auf längeren Strecken fahren. Dagegen wird bei allen Tenderlokomotiven, den Nebenbahnlokomotiven mit Tender und den häufig rangirenden Güterzugslokomotiven das Verbundsystem ausgeschlossen, während für Personenzugslokomotiven mit Tender die Versuche noch nicht abgeschlossen sind.

Nach den geschäftlichen Nachrichten über die Pr.St.B. 1896/97 besaßen die Pr.St.B. am Schlusse des Betriebsjahres 1894/95 im Ganzen 10715 Lokomotiven, davon 7946 mit Tender und 2769 Tenderlokomotiven.

B. Nothwendige Eigenschaften und Zubehörstücke der Lokomotiven.

Die Beschaffenheit, welche die im D.R. zu verwendenden Lokomotiven haben müssen, ist im Gebiete des D.R. für Hauptbahnen in den N. f. H. § 23—25, 28—38 und in der Bt.O. § 7—12, für Nebenbahnen in der Ba.O. § 9—17 festgelegt. Betriebsmittel von Nebenbahnen, welche auf Hauptbahnen übergehen und in Züge der Hauptbahnen eingestellt werden sollen, müssen den Vorschriften für Hauptbahnen entsprechen[2]. Im Bereiche des V.D.E.V. sind ferner die T.V. des V.D.E.V. maßgebend, deren bindende Vorschriften[3]) von jeder Vereinsverwaltung befolgt werden müssen, soweit nicht durch Staatsverträge oder durch die staatlichen Aufsichtsbehörden von denselben abweichende Bestimmungen getroffen sind oder getroffen werden. Während für die eigentliche Konstruktion der Lokomotiven auf diese Vorschriften bezw. auf technische Werke verwiesen werden muß, sollen hier nur die für die Sicherheit des Betriebes wichtigen Eigenschaften erörtert werden.

Der Druck eines Lokomotivrades auf die Schienen soll auf Hauptbahnen bei voller Belastung mit Wasser und Kohlen im Stillstande nicht mehr als 7000 kg betragen (vergl. S. 174)[4]). Nach T.V. § 67 ist diese Vorschrift nur für Neubeschaffung und nur für solche Betriebsmittel bindend, für welche der Uebergang auf andere Bahnen nicht ausgeschlossen ist[5]).

Der Umgrenzung des lichten Raumes entsprechend, welcher auf der Bahn überall vorhanden sein muß (S. 175, 176), sind für die Eisenbahnfahrzeuge Umgrenzungen der größten zulässigen Abmessungen vorgeschrieben, welche überall von der Umgrenzung des lichten Raumes um ein gewisses Maaß zurückbleiben. Abb. 58 giebt, neben einander gezeichnet, die in den N. f. H. § 23 und Anl. C dazu, sowie in den T.V. § 88*, 111* und Bl. XI vorgeschriebenen, nicht ganz mit einander übereinstimmenden Umgrenzungen für Lokomotiven nebst Tendern. Soweit die Umgrenzung der T.V. größere Abmessungen zuläßt, gilt innerhalb des D.R. selbstredend nur die engere Umgrenzung der N. f. H. Die in Abb. 58 zugleich eingezeichnete Umgrenzung des lichten Raumes (vergl. auch Abb. 3 S. 176) läßt erkennen, welcher Spielraum zwischen dieser und der Umgrenzung der Lokomotiven verbleibt, wobei indessen zu beachten ist, daß dieser Spielraum durch das Uebergreifen

---

[2]) Ba O. § 20.

[3]) Nachstehend durch * gekennzeichnet.

[4]) N. f. H. § 29, T.V. § 67*.

[5]) Für die Bestimmungen T.V. § 67 im Zusammenhange mit denen des § 6 (S. 174) ist eine weitere Bearbeitung auf Grund noch vorzunehmender umfassender Erhebungen vorgesehen, bei welcher auch die Beziehungen zwischen Raddruck und Radfolge Berücksichtigung finden sollen.

der Umgrenzungen der zwei Gleise einer zweigleisigen Strecke an der Seite von 0,425 auf 0,175 m sich verringert. Mit Rücksicht auf das Durchfahren von Krümmungen sind die Breiten[6]) je nach Länge und Bauart der Fahrzeuge einzuschränken, wobei ein Krümmungshalbmesser von 180 m zu Grunde zu legen ist.

Die Schornsteine der Lokomotiven dürfen[7]) über die obere Begrenzungslinie bis auf 4,57 m über Sch.-Ob. hinausragen, wofür in T.V. Bl. XI eine besondere Umgrenzung angegeben ist (vgl. Abb. 58). Innerhalb des D.R. müssen aber alsdann[8])

Umgrenzung für Lokomotiven nebst Tender.

nach den Normen für den Bau und die Ausrüstung der Haupteisenbahnen Deutschlands. — nach den Technischen Vereinbarungen des Vereins Deutscher Eisenbahnverwaltungen.

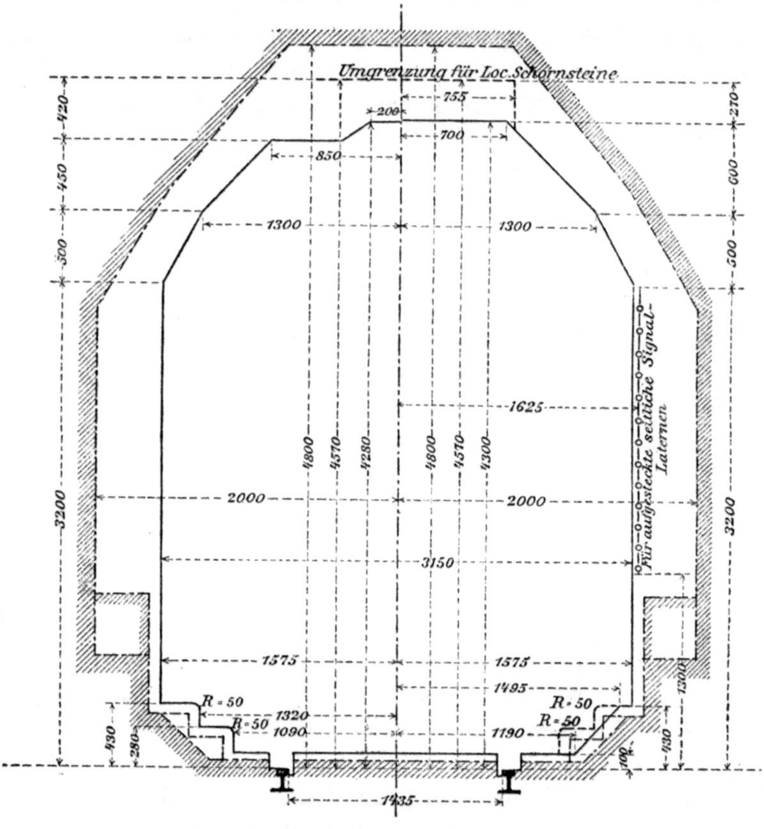

Abbildung 58.
Maaße mm.

Anmerkungen.

¹) Die unten gestrichelte Umgrenzung nach den T.V. hat vorläufig noch Gültigkeit, bis die der Einführung der schrägen Umgrenzung entgegenstehenden Hindernisse beseitigt sind.

²) Bezüglich der Einschränkungen der Umgrenzungslinie für Lokomotiven und Tender, die auf Zahnradbahnen übergehen sollen, vgl. T.V. Bl. XI.

---

[6]) Nach N. f. H. § $23_{,4}$, nicht aber nach T.V. § 88*.

[7]) N. f. H. § $23_{,2}$ und T.V. § 88*.

[8]) N. f. H. § $23_{,2}$.

die Schornsteine so eingerichtet sein, daß sie auf die eigentliche Umgrenzung der Fahrzeuge (s. oben) eingeschränkt werden können. Die höchsten Punkte der Eingüsse der Wasserbehälter dürfen das Maaß von 2,750 m über Sch.Ob. nicht überragen[9]).

Unter 100 mm über Sch.Ob. dürfen[10]), abgesehen von den Rädern der Lokomotiven, auch bei größter Abnutzung der Radreifen nur die nachbenannten Theile herabreichen[11]):

a) Die durch die Radreifen gedeckten Theile, wie Bahnräumer, Bremsklötze, Sandstreuer, bis auf 50 mm über Sch.Ob.

b) Die Kuppelungen, Sicherheitsketten und die dem Federspiele nicht folgenden beweglichen Theile, wie Kurbel- und Kuppelstangenköpfe, bis auf 75 mm über Sch.Ob. (N.f.H.) bezw. 60 mm über Sch.Ob. (T.V.).

Für aufgesteckte seitliche Signallaternen ist nach T.V. § 83,$_5$ und Bl. XI (nicht bindend) eine breitere (in Abb. 58 kreis-strichpunktirte) Umgrenzung angegeben, während nach N.f.H. § 23,$_5$ alle an den Lokomotiven anzubringenden losen Theile innerhalb der Umgrenzung für Luxuswagen (vgl. S. 292) verbleiben müssen, sofern nicht für bewegliche Theile Ausnahmen seitens der Landes-Aufsichtsbehörde unter Zustimmung des R.E.A. zugelassen werden.

Die den N.f.H. bezüglich der Abmessungen nicht völlig entsprechenden Lokomotiven sind auf den Pr.St.B. dadurch kenntlich gemacht, daß an den Seitenwänden des Führerstandes gleichseitige Dreiecke in gelber Farbe angebracht sind. Die untere der 50 mm langen Dreieckseiten liegt wagerecht.

Lokomotiven und Tender sollen einen nach den Bahnverhältnissen möglichst langen Radstand erhalten[12]), der aber für Güterzugslokomotiven mit festen Achsen im D.R. durch N.f.H. § 24 auf höchstens 4,5 m begrenzt ist, während T.V. § 89 je nach den stärksten auf den betreffenden Bahnlinien vorkommenden Krümmungen (180—500 m Halbmesser) eine Beschränkung des festen Radstandes auf 3,$_2$—5,$_4$ m empfehlen.

Für jede Lokomotive ist nach Maßgabe ihrer Bauart[13]) eine Fahrgeschwindigkeit vorzuschreiben, welche in Rücksicht auf die Sicherheit niemals überschritten werden darf. Diese Geschwindigkeit muß an der Lokomotive angezeichnet sein[14]). Die Lokomotive muß beständig in einem solchen Zustande gehalten werden, daß die Fahrten mit der größten für sie zulässigen Geschwindigkeit ohne Gefahr stattfinden können[15]).

Jede Lokomotive muß ferner mit dem Namen des Fabrikanten der Maschine und des Kessels, der laufenden Fabriknummer und dem Jahre der Anfertigung bezeichnet[16]) und außerdem versehen sein[17]):

---

[9]) N. f. H. § 25, T.V. § 114*.

[10]) N. f. H. § 23,$_7$ und T.V. § 88*.

[11]) Bezüglich der Lokomotiven, welche auf Zahnradbahnen übergehen sollen, geben T.V. § 88 Anm. und Bl. XI, Fig. 2 noch eine weitere Einschränkung, die derjenigen der Umgrenzung des lichten Raumes für Zahnradbahnen (S.176) entspricht.

[12]) N. f. H. § 24, T.V. § 89.

[13]) In welcher Beziehung namentlich der Durchmesser der Treibräder und die durch denselben bedingte Kolbengeschwindigkeit maßgebend ist (vgl. N. f. H. § 37,$_{2,3}$, T.V. § 108). Die zur Beförderung von Zügen mit mehr als 45 km Geschwindigkeit bestimmten Lokomotiven mit besonderem Tender, deren sämmtliche Achsen vor der Feuerbuchse liegen, müssen mit Vorrichtungen zur Verhütung des Schlingerns versehen sein (Bt.O. § 8,$_2$).

[14]) Bt.O. § 8,$_1$, Ba.O. § 10,$_1$, T.V. § 108,$_3$*.

[15]) Bt.O. § 7, Ba.O. § 9.

[16]) Bt.O. § 9,$_1$, Ba.O. § 11,$_1$.

[17]) Bt.O. § 8,$_4$, Ba.O. § 10,$_3$.

a) Mit mindestens zwei von einander unabhängigen, zuverlässigen und einzeln ausreichenden Vorrichtungen zur Speisung des Kessels, von denen eine auch beim Stillstande der Lokomotive benutzbar sein muß[18]). An der Einmündung der Speisevorrichtungen in den Kessel müssen[19]) selbstthätige Ventile zur Verhinderung des Wasserabflusses aus dem Kessel angebracht sein.

b) Mit mindestens zwei von einander unabhängigen Vorrichtungen zur zuverlässigen Erkennung des Wasserstandes im Kessel, von welchen die eine ohne Probiren den Wasserstand jederzeit im Vergleiche zu einer in die Augen fallenden Marke des niedrigsten zulässigen Wasserstandes zeigen muß[20]). Besondere bindende Vorschriften für die Ausbildung der Wasserstandsgläser, Probirhähne und Probirventile sind in T.V. § 98,$_2$*,$_3$* gegeben.

c) Mit wenigstens zwei Sicherheitsventilen, von welchen das eine so eingerichtet sein soll, daß seine Belastung nicht über das bestimmte Maaß gesteigert werden kann, deren Einrichtung im Uebrigen a. a. O. näher vorgeschrieben ist[21]).

d) Mit einem Dampfdruckmesser (Manometer), welcher eine deutlich erkennbare Marke zur Kennzeichnung des höchsten Dampfüberdruckes trägt[22]).

e) Mit einer Dampfpfeife[23]).

Außer diesen nothwendigen Ausrüstungsgegenständen ist am Führerstande bisweilen ein Geschwindigkeitsmesser angebracht, an welchem der Führer ohne Weiteres ablesen kann, mit welcher Geschwindigkeit er fährt. Bei Zügen mit durchgehender Bremse (über 60 km vorgeschrieben, Bt.O. § 26,$_2$) ist ferner auf der Lokomotive die Luftpumpe und der Lokomotivbremshahn zu bedienen, bei vorhandener Dampfheizung die Dampfleitung nach Bedarf anzustellen. Die bezüglichen Einrichtungen lassen sich nur mit denjenigen der Wagen zusammen besprechen und sind daher im 4. Kapitel dieses Abschnittes erörtert, ebenso wie die Beleuchtungseinrichtungen der zur Gasbeleuchtung eingerichteten Lokomotiven.

Tenderlokomotiven und Tender müssen ohne Rücksicht auf etwa vorhandene anderweite Bremsvorrichtungen (durchgehende Bremse) mit einer Handbremse versehen sein, die jederzeit leicht in Thätigkeit gesetzt werden kann[24]). An der Stirnseite der Lokomotiven und an der Rückseite der Tender und Tenderlokomotiven müssen Bahnräumer angebracht sein. Jede Lokomotive muß mit einem verschließbaren Aschkasten und mit Vorrichtungen versehen sein, welche den Auswurf glühender Kohlen aus dem Aschkasten und dem Schornsteine zu verhüten bestimmt sind[25]).

Für die Betriebssicherheit von Bedeutung ist schließlich das Vorhandensein von Sandstreuern vor der ersten Treibachse jeder Lokomotive und hinter der letzten Treibachse jeder Tenderlokomotive. Die Sandstreuer (Hand-, Dampf- oder Luftsandstreuer) sind zwar in keiner der maßgebenden Vorschriften erwähnt, wohl aber in den Normalzeichnungen der Lokomotiven der Pr.St.B. enthalten.

Die Untergestelle müssen bei den Lokomotiven an der vorderen, bei den Tendern an der hinteren Stirnseite, bei den Tenderlokomotiven (wie bei allen übrigen Fahrzeugen, mit Ausnahme der in den Arbeitszügen laufenden) an beiden Stirnseiten mit federnden Zug- und Stoßvorrichtungen versehen sein[26]). Ueber deren Konstruktion und Abmessungen

---

[18]) Auch T.V. § 99,$_1$*.
[19]) T.V. § 99,$_2$*.
[20]) Auch T.V. § 98,$_1$*.
[21]) Auch T.V. § 96*.
[22]) Auch T.V. § 97*.
[23]) Auch T.V. § 101*.
[24]) Bt.O. § 11,$_1$, Ba.O. § 14, T.V. § 107*, 115*.
[25]) Bt.O. § 10, Ba.O. § 13, T.V. § 102* bis 104*, 116.
[26]) N. f. H. § 30, T.V. § 76*.

sowie über die Erfordernisse bezüglich der Abfederung, der Konstruktion der Räder, Achsen, Kuppelungen, Spurkränze u. s. w. gelten dieselben oder entsprechende Bestimmungen, wie bei den Wagen[27]). Zur Verbindung der Lokomotive mit dem Tender soll eine Haupt- und eine Nothkuppelung vorhanden sein, von welchen die letztere erst dann in Wirksamkeit tritt, wenn sich die Hauptkuppelung gelöst hat[28]). Die Anordnung solcher und sonstiger Verbindungstheile zwischen Lokomotive und Tender darf dem sicheren Durchfahren der Krümmungen nicht hinderlich sein[29]).

Der Stand der Lokomotivmannschaft ist durch Dach und Wände gegen Witterungseinflüsse möglichst zu schützen[30]). Jeder im Betriebe befindlichen Lokomotive müssen eine Anzahl loser Zubehörstücke beigegeben sein, welche zur Instandhaltung und Reinigung der Lokomotive dienen und dauernd bei derselben Lokomotive verbleiben. Hierzu gehören Besen, Brechstangen, Feilen, Hämmer, Kohlenschaufeln, Lokomotivwinden, Oelkannen, Schlackenzangen, Schraubenschlüssel, Reservetheile u. s. f. Auch die losen Beleuchtungskörper, namentlich die Signallaternen, sowie die Signalscheiben, werden hierher gerechnet. Ein genaues Verzeichniß der für die Lokomotiven nothwendigen Zubehörstücke ist in den vom M. d. ö. A. gemäß § 3 der Inventarienordnung für die Pr.St.B. herausgegebenen Inventarienverzeichnissen enthalten. Besondere ergänzende Dienstanweisungen werden ev. von den Direktionen erlassen.

C. Stationirung, Ueberwachung, Unterhaltung und Ausbesserung der Lokomotiven.

Die Lokomotiven haben stets einen bestimmten Stationsort und werden, im Gegensatze zu den Wagen, in der Regel nur auf engbegrenzten Strecken der Heimathbahn benutzt. Eine Ausnahme findet da statt, wo zwei an einander schließende Strecken verschiedener Verwaltungen von beiden Verwaltungen gemeinsam und zwar derartig betrieben werden, daß auch die Lokomotiven und ihre Personale durchgehen. Ein Uebergang preußischer Lokomotiven in den Bezirk einer anderen Direktion gilt in dieser Beziehung nicht als Uebergang auf eine fremde Bahn (vgl. auch S. 91, 122).

So lange die Lokomotiven auf der Heimathstation außer Dienst sind, ist ihr angemessenster Platz im Lokomotivschuppen. In die nebeneinander liegenden Stände kleinerer Lokomotivschuppen führen unmittelbar die durch Weichen gespaltenen Zufahrtsgleise, größere Lokomotivschuppen sind entweder ringförmig bezw. in geschlossener Rundung um eine oder zwei Drehscheiben angeordnet, oder sie sind rechteckig und alsdann vermittelst einer oder mehrerer Schiebebühnen zugänglich gemacht.

Die Lokomotivschuppen bieten den Lokomotiven gegen Witterungseinflüsse geschützte und im Winter erwärmte Aufenthaltsräume, in welchen sie nachgesehen, in Stand gesetzt und angeheizt werden und wo auch kleinere Schäden ausgebessert werden können. Unter den Schuppenständen befinden sich zwischen den Schienen langgestreckte Vertiefungen, sogenannte Arbeits- oder Revisionsgruben, von welchen aus man die Lokomotiven von unten besichtigen und ev. ausbessern kann. Mit den Auswaschhähnen soll jede Lokomotive mittelst Schlauches in Verbindung gebracht werden können[31]).

---

[27]) Vgl. 2. Kap., ferner N. f. H. § 30—38, Bt.O. § 12, Ba.O. § 15—17, T.V. § 68*—80a*.

[28]) T.V. § 106,$_1$*, Bt.O. § 12,$_4$.

[29]) T.V. § 106,$_3$*.

[30]) T.V. § 105*.

[31]) T.V. § 63,$_4$.

In der Nähe jedes größeren Lokomotivschuppens oder in unmittelbarer Verbindung mit demselben befindet sich in der Regel eine Betriebswerkstätte, welcher die Lokomotiven nebst ihren Personalen unterstellt sind. Wo indessen auf einem Bahnhofe nur eine oder zwei Lokomotiven stationirt sind, ist der dienstliche Vorgesetzte der Stationsvorsteher, und die Lokomotiven sowie die Thätigkeit der Personale werden in technischer Hinsicht von dem Vorstande einer nahe gelegenen Werkstätte überwacht. Zur Instandhaltung der Lokomotiven, soweit diese nicht das Lokomotivpersonal besorgt, werden dann von der Werkstätte Schlosser entsendet.

Der Betriebswerkmeister, welcher Vorstand der betreffenden Betriebswerkstätte ist, (vgl. S. 10), beaufsichtigt und unterhält die ihm unterstellten Lokomotiven, kontrolirt ihre Leistungsfähigkeit und ist dafür verantwortlich, daß sie stets rechtzeitig in betriebsfähigem und reinlichem Zustande in Dienst gestellt und nach Erforderniß ausgebessert werden. Kleinere Ausbesserungen hat das Lokomotivpersonal selbst während der Ruhezeit im Lokomotivschuppen vorzunehmen. Größere Ausbesserungen werden von den Handwerkern der Betriebswerkstätte gleichfalls im Lokomotivschuppen vorgenommen. Zur Auswechselung von Achsen pflegt man in größeren Lokomotivschuppen Achsenkgruben vorzusehen. Zu großen Ausbesserungen muß die Lokomotive einer Hauptwerkstätte oder Nebenwerkstätte zugeführt werden (s. unten).

Vor Ingebrauchnahme jeder neuen oder einer mit neuem Kessel versehenen Lokomotive muß eine technisch-polizeiliche Abnahmeprüfung vorgenommen werden[32]). Zu diesem Behufe muß sich an jedem Lokomotivkessel eine Einrichtung zum Anschlusse eines Prüfungsmanometers befinden, durch welches die Belastung der Sicherheitsventile und die Richtigkeit der Federwaagen und Manometer geprüft werden kann[33]). Der bei der Abnahmeprüfung als zulässig erkannte höchste Dampfüberdruck muß an der Lokomotive in dauerhafter Weise bezeichnet sein[34]).

Nach jeder umfangreicheren Ausbesserung des Kessels, im Uebrigen in Zeitabschnitten von höchstens 3 Jahren, ist die Lokomotive nebst Tender einer gründlichen Untersuchung zu unterwerfen, mit welcher eine Kesseldruckprobe zu verbinden ist. Längstens 8 Jahre nach Inbetriebsetzung eines Lokomotivkessels muß eine innere Untersuchung desselben vorgenommen werden, bei welcher die Siederohre zu entfernen sind. Diese Untersuchung ist alsdann nach spätestens je 6 Jahren zu wiederholen. Ueber die Ergebnisse dieser Untersuchungen, Druckproben u. s. f. ist Buch zu führen[35]).

Jede Lokomotive wird gemäß W.O. § 3 nach der zwischen den Direktionen getroffenen Vereinbarung einer bestimmten Haupt- oder Nebenwerkstätte zur Unterhaltung zugewiesen, welche nicht demselben Direktionsbezirke anzugehören braucht, wie die Lokomotive selbst. Es ist Sache der Betriebswerkmeistereien, die ihnen überwiesenen Lokomotiven bei Erforderniß größerer Ausbesserungen der zuständigen Werkstätte zuzuführen. Damit indessen nicht etwa eine größere Zahl zu gleicher Zeit beschaffter Lokomotiven auch gleichzeitig ausbesserungsbedürftig wird und dem Betriebe entzogen werden muß, so haben die Betriebswerkmeistereien und die deren Thätigkeit überwachenden Maschineninspektionen dafür zu sorgen, daß der Ausbesserungsstand möglichst auf gleicher Höhe gehalten wird, also

---

32) Bt.O. § 9, Ba.O. § 11, T.V. § 110 a*—110c*.

33) Bt.O. § $8_{,3}$, Ba.O. § $10_{,2}$, T.V. § 97*.

34) Bt.O. § $9_{,1}$, Ba.O. § $11_{,1}$, T.V. § 110c,$_{7}$*.

35) Bt.O. § $9_{,1-8}$, Ba.O. § $11_{,1-8}$, T.V. § 110a*—110c*.

u. U. Ausbesserungen früher vorgenommen werden, als der Zustand der einzelnen Lokomotiven an sich dies erfordert.

Die Buchführung und Berichterstattung über die Ausbesserung der Lokomotiven wird, soweit nicht der M.E. vom 2./10. 1896 betr. Ermittelung und Meldung des Reparaturstandes der Betriebsmittel[36]) Bestimmung getroffen hat, von den einzelnen Direktionen geregelt, ist also keine in allen Bezirken gleichmäßige. Als feststehend kann man indessen annehmen, daß jede Maschineninspektion für jede ihr überwiesene Lokomotive ein Reparaturbuch führt, welches deren ganze Geschichte von der Entstehung an durch alle Untersuchungen und Ausbesserungen hindurch enthält. Das Reparaturbuch wird bei Ueberweisung einer Lokomotive an die zuständige Hauptwerkstätte der betr. Werkstätteninspektion nebst einem Reparaturzettel, welcher die erforderlichen Ausbesserungen nachweist, übersandt und geht nach beendeter Ausbesserung vervollständigt an die Maschineninspektion zurück. Bisweilen befindet sich bei der Direktion eine zweite Ausfertigung des Reparaturbuches.

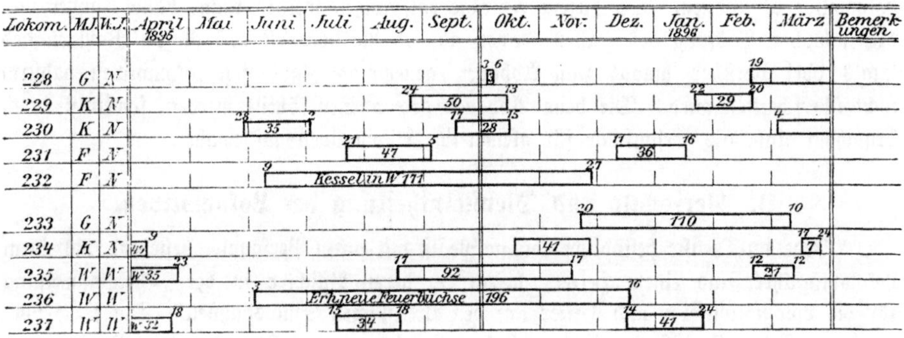

Abbildung 59.

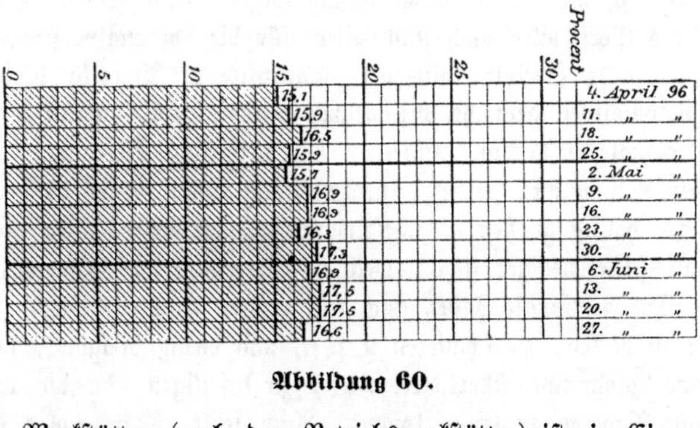

Abbildung 60.

Bei den Werkstätten (auch den Betriebswerkstätten) ist ein Ein- und Ausgangsbuch über die zur Ausbesserung gelangenden Lokomotiven (und Wagen) nach dem in obigem M.E. vorgeschriebenen Muster zu führen.

Die sich ergänzenden Ausbesserungsberichte der Maschinen- und Werkstätteninspektionen an die zuständige Direktion haben den doppelten Zweck, einmal für jede einzelne

[36]) E.V.B. 288.

Lokomotive den Nachweis zu bringen, während welcher Zeiträume sie sich in Ausbesserung befunden hat und welche Mängel dabei haben abgestellt werden müssen, ferner aber den gesammten und durchschnittlichen Ausbesserungsstand aller Lokomotiven der Direktion und die Thätigkeit der Werkstätten monatlich[37]) oder besser auch wöchentlich festzustellen. Die Ergebnisse beider Arten von Berichten werden zweckmäßig bildlich wiedergegeben, wie dies die beiden, ohne weitere Erläuterung verständlichen, Abbildungen 59, 60 zeigen.

Ueber den durchschnittlichen Ausbesserungsstand, die durchschnittliche Ausbesserungsdauer der Lokomotiven (und Wagen) sowie die Ausnutzung der Werkstätten und ihrer Arbeiter sind seitens der Direktionen dem M. d. ö. A. vierteljährlich tabellarische Berichte zu erstatten, wofür in obigem M.E. gleichfalls Muster vorgeschrieben sind.

Stellt sich bei einer Hauptuntersuchung oder Hauptausbesserung heraus, daß die erforderlichen Ausbesserungskosten im Mißverhältnisse zu dem noch von der Lokomotive zu erwartenden Nutzen stehen, oder ist der Gesammtzustand der Lokomotive ein so schlechter, daß sie sich unverhältnißmäßig oft in Ausbesserung befindet, so stellt die Werkstätteninspektion nach Benehmen mit der Maschineninspektion bei der Direktion den Antrag, die Lokomotive abzubauen. Ob diesem Antrage entsprochen werden kann, hängt, außer von der sachlichen Prüfung des Falles, davon ab, ob die vom M. d. ö. A. im Rahmen des Etats oder darüber hinaus zum Abbauen genehmigte Zahl von Lokomotiven dadurch nicht überschritten wird. Die beim Abbauen gewonnenen Theile werden, soweit sie noch brauchbar sind, als Ersatzstücke für gleichartige Lokomotiven aufbewahrt.

D. Personale und Diensteintheilung der Lokomotiven.

Jede im Dienste befindliche Lokomotive ist mit einem Personale, bestehend aus einem Lokomotivführer und einem Heizer, besetzt[38]), deren Pflichten in der „Dienstanweisung für die Lokomotivführer nnd Heizer auf den Preußischen Staatsbahnen" (Dia. f. L.) vorgezeichnet sind. Der Heizer ist dem Lokomotivführer unterstellt. Auf den Pr.St.B. ist meist für jede dienstthuende Lokomotive nur ein solches Personal vorhanden, welchem sie so lange zugetheilt ist, bis sie zur Ausbesserung außer Dienst gestellt werden muß, sodaß die Ruhezeiten des Personales auch Ruhezeiten für die Lokomotive sind. Man hat in neuerer Zeit eingehende Versuche mit der namentlich in Amerika üblichen mehrfachen Besetzung der Lokomotiven gemacht, bei welcher diese nahezu dauernd in Benutzung sind, während die Personale beständig wechseln. Die mehrfache Besetzung hat den Vortheil, daß das in den Lokomotiven steckende große Anlagekapital besser ausgenutzt wird und der Kessel weniger häufig großen Wärmeschwankungen ausgesetzt ist. Andererseits ist die Fahrt in solchem Falle weniger sicher, weil die Personale ihre Lokomotiven nicht genau kennen lernen. Die Personale haben auch kein rechtes Interesse daran, die Lokomotiven gut im Stande zu halten, zu schmieren u. s. f., und wenig Neigung, die Mängel, mit denen ihnen eine Lokomotive überliefert wird, zu beseitigen, da die auf dieselbe verwendete Sorgfalt Anderen zu Gute kommt. Auch fehlt es in Folge der nahezu andauernden Benutzung an der für die Ausbesserungen erforderlichen Zeit. Die Maschinen werden übermäßig angestrengt. Die Kontrole ist sehr erschwert, weil es oft nicht möglich ist, bei stattgehabten Beschädigungen den Schuldigen zu ermitteln. So ist die Folge der

---

37) Hierfür ist durch obigen M.E. ein Muster vorgeschrieben.

38) Bt.O. § $52_{,1}$.

mehrfachen Besetzung in der Regel eine überaus schnelle Abnutzung der Lokomotiven gewesen, so daß man von dieser Maßnahme vollständig zurückgekommen ist und höchstens da noch nothgedrungen auf sie zurückgreift, wo ein Mangel im Lokomotivbestande dazu zwingt. Dagegen hat sich herausgestellt, daß die doppelte Besetzung in vielen Fällen vortheilhaft ist, da bei zwei Personalen die geschilderten Nachtheile, wenn auch nicht ganz verschwinden, so doch sich wenigstens sehr einschränken lassen, und dann die Vortheile überwiegen. So gelangt die doppelte Besetzung namentlich im Rangirdienste, im Dienste der Stadt- und Vorortzüge und auch im Güterzugsdienste soweit derselbe sich nur auf kurze Entfernungen erstreckt, vielfach zur Anwendung.

Vor Beginn jeder Fahrplanperiode ist festzustellen, in welcher Weise von dem vorhandenen Materiale an Lokomotiven und von den vorhandenen Personalen alle nach dem Fahrplane erforderlichen Fahrten geleistet werden sollen. Zu den Zugfahrten gesellen sich als nothwendige Leistungen die Rangirbewegungen. Ferner ist eine gewisse Zahl von Lokomotiven auf einzelnen hierzu bestimmten Stationen für außergewöhnliche Fälle (Schadhaftwerden einer Lokomotive, Unfälle, Vorspanndienste, Sonderzüge) in Reserve zu halten, und zwar entweder in angeheiztem Zustande (warme Reserve), oder in ungeheiztem Zustande (kalte Reserve). Der Gesammtbestand an Lokomotiven eines Direktionsbezirkes muß außer den für vorstehende Zwecke nothwendigen noch einen gewissen Procentsatz enthalten, der sich erfahrungsgemäß dauernd in Ausbesserung befindet (vgl. S. 262). Man rechnet in der Regel auf einen Ausbesserungsstand von 20—25 % des Gesamtbestandes.

Der Fahrturnus der Lokomotiven und Personale wird vom Vorstande jeder Maschineninspektion für seinen Amtsbezirk vor Beginn jeder neuen Fahrplanperiode aufgestellt und der Direktion zur Genehmigung vorgelegt[39]). Ehe er hierzu in der Lage ist, muß indessen von der Direktion, ev. nach Benehmen mit den Nachbarverwaltungen, darüber Entscheidung getroffen sein, welche der im Ganzen zu leistenden Fahrten von jeder Maschineninspektion mit ihren Lokomotiven geleistet werden sollen. Diese Entscheidung würde an sich sehr schwierig sein, weil bei ihr schon darauf gerücksichtigt werden muß, daß die zu leistenden Fahrtstrecken sich zu zusammenhängenden Touren aneinanderreihen lassen. Sie wird aber dadurch sehr erleichtert, daß eine Vertheilung der Gesammtleistungen auf die Maschineninspektionen und auch auf die einzelnen Lokomotivstationen überall bereits vorhanden ist, und daß es sich bei jedem neuen Fahrplane nur darum handelt, die Aenderungen zu berücksichtigen. Ueber diese verständigen sich die Maschineninspektionen selbst und führen dann die Genehmigung der Direktion bezw. der Direktionen herbei. Hierauf werden von den Maschineninspektionen an der Hand des graphischen Fahrplanes oder durch Nachziehen der Zuglinien in einem solchen mit Farbstift graphische Einzelfahrpläne aufgestellt, deren jeder für eine Lokomotivstation nachweist, welche Fahrten von den ihr zugewiesenen Lokomotiven zu leisten sind.

Für jeden durch solchen Fahrplanauszug dargestellten Gesammtfahrdienst einer Lokomotivstation, zu welchem der Rangir- und der Reservedienst hinzutritt, erfolgt nun die Vertheilung in Einzeldienstleistungen. Dabei wird zunächst nach Schnellzugs-, Personenzugs- und Güterzugsfahrten sowie Rangirdienst unterschieden, da diese Dienste je von anders gebauten Lokomotiven verrichtet werden und nur ausnahmsweise Lokomotiven zu solchen Diensten benutzt werden, für welche sie eigentlich nicht bestimmt sind. Als-

[39]) Gesch.Anw. f. d. Vorst. d. Masch.-Insp. § 5,2.

dann werden aus dem Gesammtdienste jeder der vorgenannten Arten, gleichfalls an Hand der zeichnerischen Darstellung, eine Anzahl von Lokomotivtouren gebildet, die je aus Hin- und Rückfahrt[40]) bestehen und in solche Ordnung gebracht sind, daß sie der Reihe nach von einer hierzu ausreichenden Zahl von Lokomotiven nebst Personalen abgefahren werden können, so daß jede Lokomotive nebst Personal, nachdem sie den Turnus abgefahren hat, wieder mit ihrer ersten Tour beginnt. Die Tagesleistung einer Lokomotive nebst Personal umfaßt hierbei entweder eine Anzahl kleiner Hin- und Rückfahrten, oder eine größere Hin- und Rückfahrt, oder, bei ganz großen Leistungen, nur Hin- oder Rückfahrt. Im letzteren Falle wird es nöthig, daß die Lokomotive auf einer auswärtigen Station übernachtet. Eine auswärtige Uebernachtung kann auch bei einer kleineren Tour nothwendig werden, wenn der Fahrplan so liegt, daß am Schlusse jedes Tages ein Zug auf einer Station, die nicht Lokomotivstation ist, endigt, und erst am folgenden Tage der Fahrplan Gelegenheit zur Rückfahrt bietet. Für die Uebernachtung wird alsdann die Lokomotive, wenn irgend angängig, in einem Lokomotivschuppen untergestellt. Für das Lokomotivpersonal sind, wie für das Zugpersonal, Uebernachtungsräume vorgesehen. Da die auswärtige Uebernachtung dem Personale niemals die gleiche Erholung bietet, wie die Nachtruhe im eigenen Hause, auch Kosten an Uebernachtungsgeldern dadurch entstehen, so sucht man auswärtige Uebernachtungen thunlichst zu vermeiden.

Für die Berechnung der Dienstzeit der Personale gilt gemäß der Anl. 3 zur „Anweisung zur Behandlung der Personalangelegenheiten seitens der Inspektionsvorstände"[41]) annähernd dasselbe, was S. 172, 173 für die Fahrpersonale gesagt ist. Danach sind in die Dienstzeit diejenigen Zeitabschnitte einzurechnen, welche die Lokomotivpersonale vor Antritt der Fahrt und nach Schluß derselben bei der Lokomotive thätig sein müssen (etwa 1 Std. bezw. ½ Std.). Ruhepausen unter 6 Stunden auf fremden Stationen oder unter 10 Stunden in der Heimath werden ihrem Dienste zugerechnet. Allerdings wird ihnen von solcher Dienstleistung mehr zugemuthet, als vom eigentlichen Lokomotivfahrdienste. Die tägliche Dienstdauer soll auch hier (wie bei den Fahrpersonalen) im monatlichen Durchschnitte für jeden Bediensteten nicht mehr als 11 Stunden betragen, und die Festsetzung einzelner Diensttouren bis zu der äußersten Grenze von 16 Stunden nur dann gestattet sein, wenn sie durch ausgiebige Ruhepausen unterbrochen werden oder die an das Personal zu stellenden dienstlichen Anforderungen entsprechend einfache sind, sodaß nach dem pflichtmäßigen Ermessen der vorgesetzten Dienstbehörde eine Ueberanstrengung ausgeschlossen ist. Bei dem Lokomotivpersonale soll hierbei die innerhalb der Diensttour im Zugdienste zurückzulegende planmäßige Fahrzeit auf der Lokomotive keinenfalls mehr als 10 Stunden betragen. Auf eine 14—16stündige Diensttour soll in der Regel eine längere Ruhe in der Heimath folgen, welche, soweit als möglich, in die Zeit von 7 Uhr Abends bis 7 Uhr Morgens zu verlegen ist. Sowohl im Interesse der vortheilhaften Ausnutzung der Lokomotivpersonale, als in deren eigenem Interesse liegt es, wenn bei Aufstellung des Dienstturnus die Ruhepausen auf fremden Stationen möglichst abgekürzt werden. Andererseits müssen die Aufenthalte auf den Wendestationen zum Einnehmen von Kohlen und Wasser und zum Restauriren der Lokomotiven sowie zum Drehen derselben (letzteres nur, falls nicht Tenderlokomotiven in Frage kommen)

[40]) Leerfahrten sind möglichst zu vermeiden. Hierauf muß selbstredend schon bei der Vertheilung der Gesammtdienstleistungen auf die Maschineninspektionen und auf die Lokomotivstationen Rücksicht genommen sein.

[41]) V. f. V. d. Pr.St.

ausreichen. Hierbei ist auch darauf zu rücksichtigen, daß Verspätungen auf der Hinfahrt die Uebernahme der Rückfahrt durch dieselbe Lokomotive nicht in Frage stellen sollen, bezw., daß solche Verspätungen sich nicht auf andere Züge fortpflanzen. Aus diesen Gründen läßt man oft eine Lokomotive nicht mit dem für sie sonst günstigsten Zuge zurückkehren, sondern läßt sie einen Zug oder mehrere überschlagen. Da der Fahrplan in der Regel ohne Rücksicht auf den Lokomotivdienst aufgestellt ist, können mithin auf den Wendestationen sehr lange Aufenthalte für Lokomotiven und Personale entstehen. Möglichst soll dasselbe Personal nicht mehrere Nachtfahrten nach einander ausführen. Sehr anstrengenden Touren läßt man Ruhetage des Personales folgen, während deren die Lokomotive in kalter Reserve im Schuppen steht, oder mindestens eine Reservedienstleistung (warme Reserve), bei welcher immer nur einer der beiden Lokomotivbeamten auf der Lokomotive auszuharren hat, während der andere im Uebernachtungsraume schlafen kann. Wenn die Lokomotive von den Putzern bewacht im Schuppen steht, können ev. auch beide Lokomotivbeamten sie verlassen[42]). In dieser Weise werden die Reservedienstleistungen zweckmäßig zwischen die Fahrdienstleistungen eingereiht. Außerdem wird auch Reservedienst von den Rangirlokomotiven geleistet. Die Vertheilung der Rangirdienstleistungen auf Lokomotiven und Personale ist im Uebrigen einfacher, als die der Zugfahrten, weil es sich hier nur um Vertheilung einer bestimmten Zahl von Dienststunden handelt, die Nothwendigkeit einer Anordnung über Hin- und Rückfahrten also fortfällt, falls nicht dieselben Lokomotiven auch kleinere Zugfahrten übernehmen.

Hat eine Lokomotivstation an Schnellzugs-, Personenzugs-, Güterzugsfahrten oder Rangirdienststunden eine sehr große Zahl zu leisten, so ist es nicht zweckmäßig oder thunlich, jede dieser Dienstarten in einen Turnus zusammenzufassen. Man bildet dann, je nach Bedarf, mehrere Gruppen, für deren jede ein Turnus aufgestellt wird, der von einer zusammengehörigen Zahl von Lokomotiven und Personalen abgefahren wird. Bei der Eintheilung der Gruppen und der Vertheilung der Personale auf dieselben ist nach Möglichkeit darauf zu sehen, daß der Verdienst an Fahrgeldern (welche für Fahrdienst gezahlt werden) und Stundengeldern (welche für Rangirdienst, bei Zugfahrten auf Anschlußbahnen u. s. f. vergütet werden[43]) sich für die einzelnen Personale nicht zu verschieden stellt. Doch gehen hier die dienstlichen Interessen vor. Die tüchtigsten Führer und Heizer werden selbstredend für den Schnellzugs- und Personenzugsdienst verwendet. Es ist noch zu bemerken, daß Dienstgruppen von 7, 14, 21 Tagen zu vermeiden sind, da sonst immer wieder dieselben Leute Sonntags Dienst thun müssen. Bei der Zusammenstellung der Gruppen ist schließlich noch darauf zu rücksichtigen, daß angemessene Ruhepausen im Schuppen vorgesehen sind, in welchen die erforderlichen Ausbesserungen vorgenommen werden können.

Während die vorstehenden Grundsätze für die zeitliche Ausdehnung und die Gesammtvertheilung der Lokomotivtouren in Betracht kommen, kann man für die kilometrischen Tagesleistungen nach Brosius und Koch etwa folgende Höchstsätze annehmen:

a) Bei Schnellzügen im Flachlande 150 km ohne Aufenthalt in etwa 2 Stunden, oder 180—200 km mit mehrfachem Aufenthalte in 3—3½ Stunden, und die gleiche Rückfahrt.

b) Bei langsamer fahrenden Personenzügen etwa die gleiche Hin- und Rückfahrt in entsprechend größerer Zeit.

---

42) Dia. f. L. § 10.

43) Vgl. Vorschriften für die Berechnung der Nebengebühren der Beamten des Fahrdienstes u. s. f.

c) Bei Güterzügen im Flachlande 100—120 km Hin- und Rückfahrt. Die Tour dehnt sich hierbei durch die Aufenthalte auf den Zwischenstationen zum Wassernehmen, Restauriren der Lokomotive zc. und durch die Ruhepause auf der Endstation auf 15—20 Stunden aus. (Nach obiger Ministerialvorschrift sind nicht über 16 Stunden zulässig.) Sollen auf den Zwischenstationen noch Rangirdienste geleistet werden, so ist daher solche Fahrt zu anstrengend. Es ist dann schon eine Hin- und Rückfahrt von je 5—6 Stunden, zusammen also 10—12 Stunden reiner Fahrdienst, reichlich bemessen.

Auf Gebirgsbahnen werden die Leistungen zu a—c entsprechend den jeweilig vorhandenen Neigungs- und Krümmungsverhältnissen geringer.

d) An Rangirdienst kann man den Personalen in der Regel 12 Stunden zumuthen, da gewöhnlich Pausen im Rangirgeschäfte eintreten, die Gelegenheit zum Ausruhen und zur Vornahme der Mahlzeiten geben. Sollte dies nicht der Fall sein, so muß man die Rangirlokomotive durch eine Reservelokomotive oder durch eine Güterzugslokomotive, die gerade Dienstruhe hat, zeitweilig ablösen.

e) An Reservedienst kann man mit Rücksicht auf das oben Gesagte den Personalen das Höchstmaß der Dienstdauer zumuthen. Wird indessen die Reservelokomotive gelegentlich stark in Anspruch genommen, so kann eine große Anstrengung für das Personal entstehen, namentlich, wenn unmittelbar auf den Reservedienst eine längere Fahrtour folgt. Es empfiehlt sich daher, dem Reservedienste den etwa vorzusehenden Ruhetag folgen zu lassen.

Die wirkliche Dienstleistung erhöht sich gegen die rechnungsmäßige gemäß dem S. 264 ausgeführten noch dadurch, daß die Lokomotivpersonale mindestens eine Stunde vor Abfahrt ihren Dienst antreten müssen, nach Schluß des Fahrdienstes aber mindestens eine halbe Stunde zu thun haben, um die Lokomotive noch mit Kohlen und Wasser zu versorgen, sie zum Schuppen zu bringen u. s. f.

Die Aufstellung eines Fahrturnus erfolgt in zeichnerischem Verfahren, welches in verschiedener Weise gehandhabt werden kann.

In Abb. 61 auf S. 267 ist ein Lokomotivturnus für den Personen- und Schnellzugsdienst auf den Strecken Altona-Kiel und Altona-Husum für 8 Personale mit 8 $^2/_3$ gekuppelten Personenzugslokomotiven dargestellt. Die Darstellung, deren Form sich durch die übersichtliche Nebeneinanderstellung des ganzen Turnus empfiehlt, dürfte durch die beigesetzte Erläuterung der angewandten Zeichen ohne Weiteres verständlich sein. Mit dem Turnus hat die Maschineninspektion der Direktion eine Diensteintheilung der Personale nebst Nachweis der täglichen Dienstdauer im Einzelnen und im Durchschnitte vorzulegen.

Die Regelmäßigkeit, mit welcher ein Lokomotivturnus abgefahren wird, kann nur in Bezug auf die zu leistenden Touren, die gewöhnlich der Reihe nach mit Nummern bezeichnet sind, streng eingehalten werden. Erkrankungen und Beurlaubungen bei den Personalen, Ausbesserungsbedürftigkeit bei den Lokomotiven bedingen bezüglich der Ausführung dieser Touren Abweichungen, so daß nicht immer dasselbe Personal und dieselbe Lokomotive dieselbe Nummer des Fahrturnus abfährt. Um Zweifel auszuschließen, muß daher für jeden Tag die Eintheilung des Fahrdienstes am vorhergehenden Tage vom Betriebswerkmeister festgestellt werden. Die Diensteintheilung wird alsdann den Personalen, Aufsichtsbeamten und den bei der Bedienung der Lokomotiven thätigen Arbeitern (Putzern) durch Anschlag im Schuppen bekannt gegeben.

Ueber die stattgehabte Ausführung der Lokomotivtouren durch die einzelnen Lokomotiven und Personale geben die aufbewahrten Anschläge bezw. das in Uebereinstimmung mit denselben vom Betriebswerkmeister geführte Tagebuch Aufschluß. Die Erstattung von Rapporten über die Verwendung der Lokomotiven an die Maschineninspektion und seitens dieser an die Direktion ist nach Form und Umfang bei den einzelnen Direktionen verschieden geregelt.

Turnus der Lokomotivgruppe 10

für den Personen- und Schnellzugsdienst vom 1. Oktober 1895 ab, Strecke Altona-Kiel und Altona-Husum M., 8 Personale mit $8^2/_3$ gekuppelten Personenzugslokomotiven mit Luftdruckbremse in Altona.

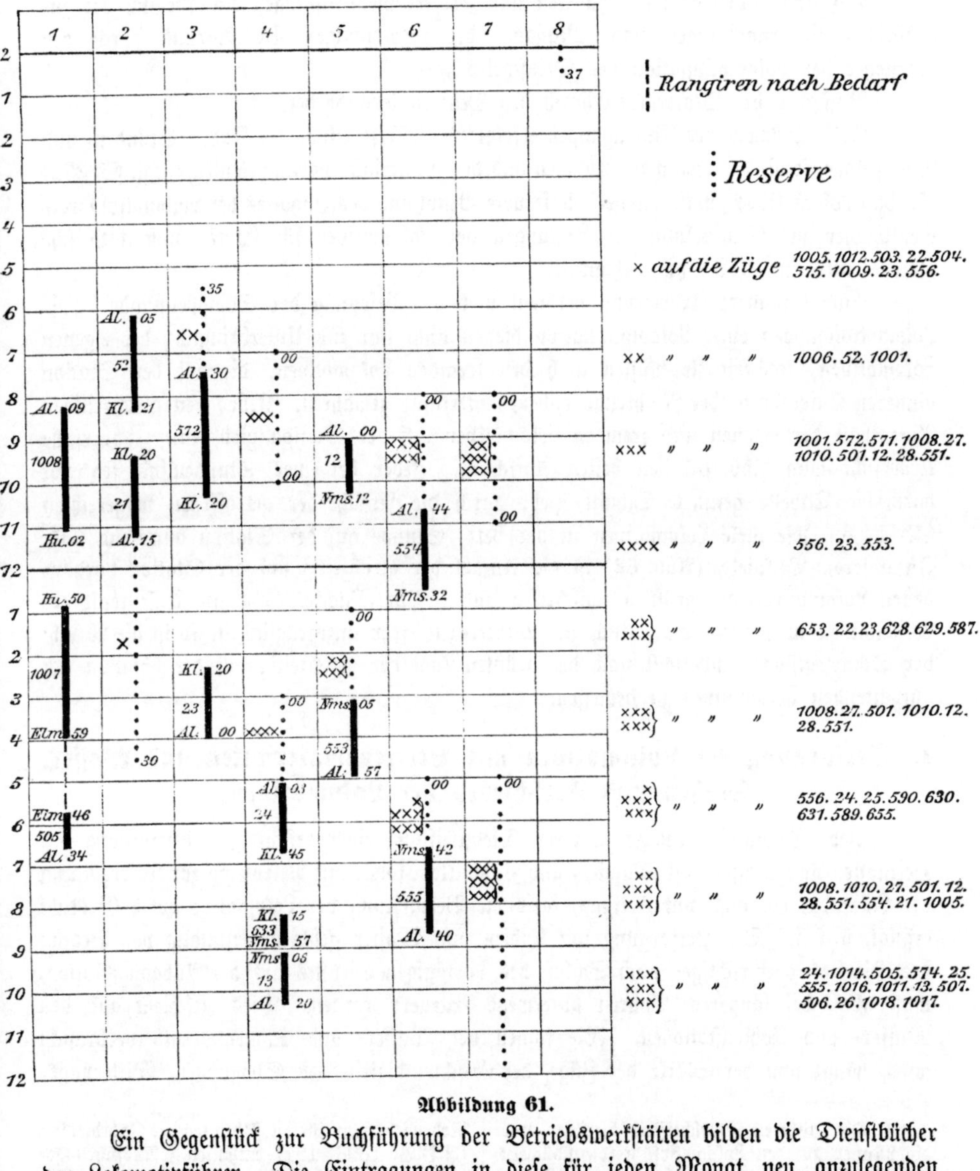

Abbildung 61.

Ein Gegenstück zur Buchführung der Betriebswerkstätten bilden die Dienstbücher der Lokomotivführer. Die Eintragungen in diese für jeden Monat neu anzulegenden Bücher geben einen Nachweis über die Leistungen der Lokomotiven, der Lokomotivführer und ihrer Heizer (sowie über den Materialverbrauch, vergl. S. 272). Der Lokomotivführer macht die Eintragungen in sein Buch selbst und läßt sie alsdann von dem zuständigen Beamten bescheinigen. Die Bescheinigung erfolgt:

Bezüglich der Beförderung von Arbeits- und Materialzügen sowie der geförderten Achskilometer durch den Zugführer.

Bezüglich des Rangir-, Vorspann- und Schiebedienstes, des Vorheizens, der Einzelfahrten sowie der Fahrten außerhalb des regelmäßigen Turnus durch die diensthabenden Stationsbeamten.

Bezüglich aller übrigen Fahrten und Reservedienstleistungen einschließlich der zugehörigen Uebernachtungen nach Maßgabe des regelmäßigen Dienstturnus durch den Vorsteher der Lokomotivstation des Dienstortes.

Bezüglich der Materialien durch den Materialienausgeber.

Nach Ausweis der Eintragungen erfolgt[44]) die Feststellung der Fahr-, Stunden- und Nachtgelder, sowie der Kommandozulagen und der Materialersparnißprämien, (vgl. S. 272) für das Lokomotivpersonal. Ueber die fernere Benutzung des Inhaltes der Lokomotivführerdienstbücher zur Ermittelung der Leistungen der Lokomotiven für Etats- und statistische Zwecke wird im 7. Abschn. gehandelt.

Eine besondere Erörterung verdient noch die Besetzung der Schuppenstände. Die Lokomotivschuppen einer Lokomotivstation dienen nicht nur zur Unterbringung der eigenen Lokomotiven, sondern sie müssen auch den fremden Lokomotiven, die auf der Station längeren Aufenthalt oder Nachtruhe haben, Unterkunft gewähren. Ueber den gleichzeitigen Aufenthalt der eigenen und fremden Lokomotiven auf der Station giebt eine zeichnerische Uebersicht nach Abb. 62 den besten Aufschluß. Jeder bei einer Stundenlinie senkrecht durch die Tabelle geführte Schnitt giebt durch die Anzahl der getroffenen wagerechten Striche an, wie viele Lokomotiven zu der betr. Stunde auf der Station anwesend sind. In unserem Beispiele, (Abb. 62) ist die Anzahl der gleichzeitig auf der Station vorhandenen Lokomotiven am größten zwischen 2 und 3 Uhr Nachts. Da ein Aufenthalt der Lokomotiven im Freien, namentlich zur Winterszeit, sehr unzuträglich ist, so ist die Anzahl der Schuppenstände möglichst nach der größten Zahl der gleichzeitig auf der Station sich aufhaltenden Lokomotiven zu bemessen.

E. Versorgung der Lokomotiven mit Betriebsmaterialien und Wasser. Drehen und Verschieben der Lokomotiven.

Jede Lokomotive bedarf zu ihrer Dienstleistung einer beständigen Versorgung mit Heizstoffen und Wasser, mit Schmier- und Putzmitteln sowie mit Petroleum zur Unterhaltung der Laternen, ev. auch mit Fettgas, falls die Beleuchtung der Lokomotive durch Gaslicht erfolgt, u. s. f. Die Versorgung mit Kohlen und Wasser geschieht erstmalig vor Beginn des Dienstes oder richtiger nach Schluß des vortägigen Dienstes auf der Ausgangsstation, muß aber bei längeren Touren unterwegs erneuert werden. Dies geschieht auf den Wasser- und Kohlenstationen. Wie schnell der Wasser- und Kohlenvorrath verbraucht wird, hängt von der Stärke der Züge, der Geschwindigkeit, den Steigungen, Witterungs-

[44]) Die näheren Vorschriften hierüber und die Muster zu den Lokomotivführerdienstbüchern und sonstigen Vordrucken sind in § 9 der Rechnungsordnung (abgeändert E.N.B. 1896, 168) und in den Vorschriften für die Berechnung der Nebengebühren für die Beamten des Fahrdienstes (E.V.B. 1896, 194) enthalten. Ausführungsbestimmungen zu letzteren werden von den Direktionen erlassen.

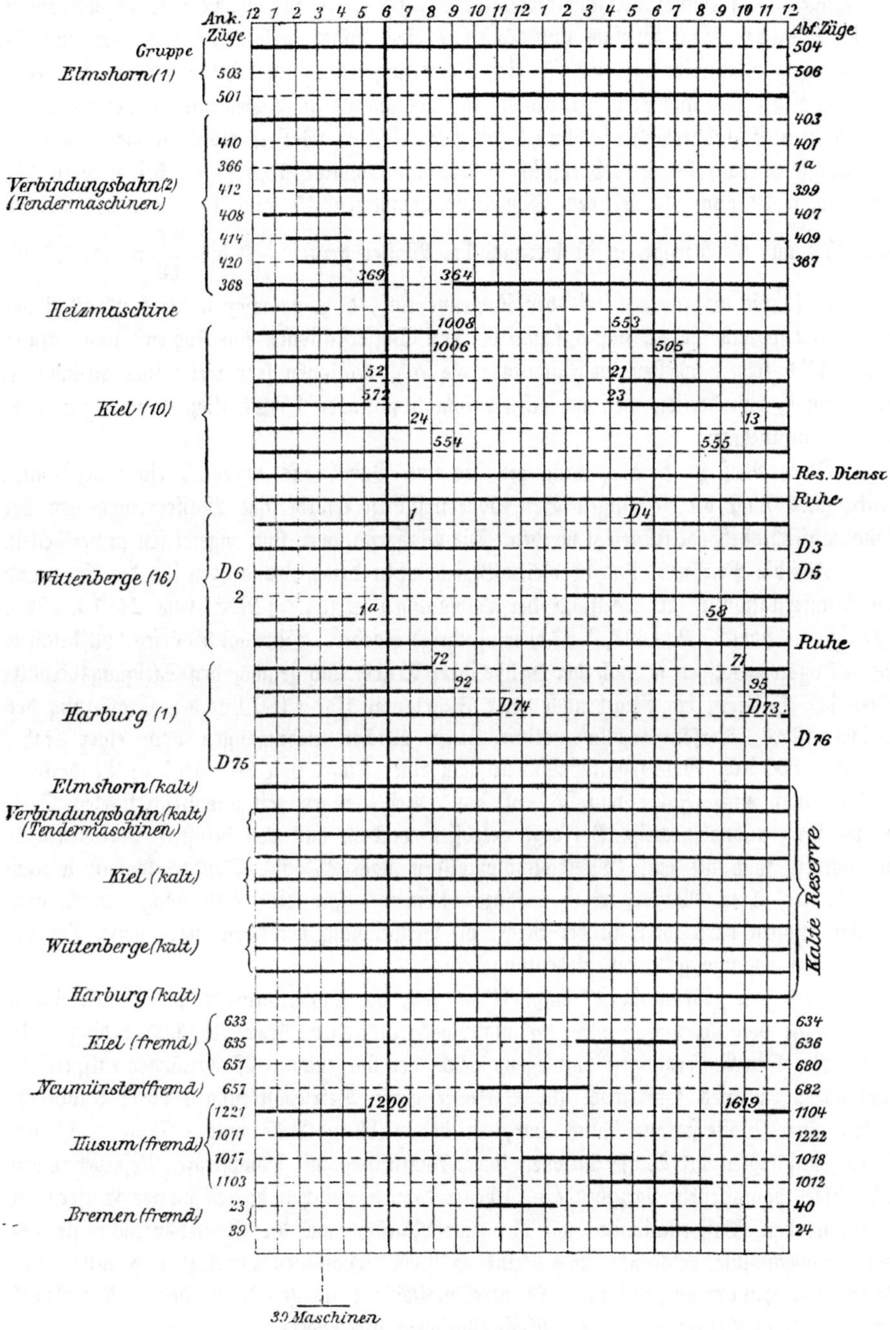

Abbildung 62.

verhältnissen ꝛc. ab und muß für jede Strecke nach den ungünstigsten möglichen Umständen ermittelt werden. Im Durchschnitte beträgt nach G. Meyer der Kohlenbedarf im Flach- und Hügellande für eine Güterzugslokomotive 16 kg f. d. km, für eine Personenzugslokomotive 10 kg f. d. km, nach Brosius und Koch für eine Güterzugslokomotive 22 kg, für eine Personenzugslokomotive 11,5 kg, für eine Schnellzugslokomotive 10,0 kg. Nach G. Meyer sowie nach Brosius und Koch verbraucht eine Lokomotive im Allgemeinen einschließlich des sogenannten Schlabberwassers achtmal soviel Gewicht an Wasser, als an Kohlen. Da nun der Wasservorrath bei der Preußischen Normallokomotive 10,5 cbm, bei neueren Beschaffungen 12 cbm[45]), bei den Schnellzuglokomotiven 15 und 18 cbm, der Kohlenvorrath 4 und 5 t beträgt, so ist hiernach der Wasservorrath $\frac{8.4}{12}$ bis $\frac{8.5}{18}$ = rd. 2,7 bis 2,2 mal so oft zu erneuern, wie der Kohlenvorrath, d. h. es müßten die Kohlenstationen mindestens so nahe stehen, daß auf zwei bis drei Wasserstationen eine Kohlenstation entfällt. Thatsächlich liegen indessen im Flachlande die Kohlenstationen sehr viel näher aneinander, als hiernach erforderlich, weil auf allen Lokomotivstationen die Möglichkeit vorliegen muß, Kohlen einzunehmen.

Nach N. f. H. § 21,$_1$ kann die für eine Bahnstrecke innerhalb eines bestimmten Zeitraumes nach den jeweiligen Betriebsbedürfnissen erforderliche Wassermenge von der Landesaufsichtsbehörde festgesetzt werden. Die Wasserstationen sind angemessen zu vertheilen.

Für die Pr.St.B. sind in dieser Beziehung in den „Grundzügen für die Erbauung von Wasserstationen zur Speisung der Lokomotiven u. s. f." (M.E. vom 24./12. 1890, I 15242, u. vom 27./2. 1893, I 834) Fingerzeige gegeben. Hiernach bedürfen voll belastete Schnellzugslokomotiven je nach der Größe ihrer Tender und je nach den Steigungsverhältnissen der Bahn in der Regel nach einer Fahrt von 100—180 km der Ergänzung des Tenderwassers, Personenzugslokomotiven unter gleichen Bedingungen nach einer Fahrt von 70—100 km, Güterzugslokomotiven nach einer Fahrt von 30—45 km, Tenderlokomotiven nach einer Fahrt von 25—30 km. Bei Bahnen mit anhaltend starken Steigungen muß ausnahmsweise Vorsorge getroffen werden, daß voll belastete Personenzugslokomotiven nach 50 km, Güterzugslokomotiven nach 25 km, Tenderlokomotiven nach 15—20 km ihren Wasservorrath ergänzen können. Für die Entfernung benachbarter Wasserstationen wird somit in der Regel die Verwendung von Güterzugs- bezw. Tenderlokomotiven von maßgebender Bedeutung sein.

Nach den „Grundzügen" empfiehlt es sich, die Wasserstationen, soweit nicht durch nähere Lage von Lokomotiv- oder Lokomotivwechselstationen kürzere Abstände bedingt sind, in der Regel in Entfernungen anzulegen, welche den vorgenannten Fahrtlängen entsprechen, nicht aber, wie dies sonst wohl zur Vorsorge gegen Betriebsstörungen durch Unbrauchbarkeit einer Wasserstation üblich war, in der halben Entfernung. Dagegen ist der Betriebsunfähigkeit der Wasserstationen durch Ausrüstung mit Dampfkraft, Reservepumpen und Reservedampfkesseln vorzubeugen. Ferner können zwischen den in ganzer Entfernung zu erbauenden Wasserstationen, wo dies mit Rücksicht auf die Betriebsverhältnisse besonders zweckmäßig erscheint, noch kleine Hülfswasserstationen angelegt und mit einem Pulsometer, Handpumpe, Windrad, Kleinkraftmaschine ꝛc. ausgerüstet werden. (Neuerdings werden vielfach Benzinmotoren für Wasserstationen verwendet).

---

[45]) E.N.B. 1896, S. 89.

Die Wasserbottiche (in der Regel nur einer) sind, sofern nicht besondere Gründe Abweichungen bedingen, in der Nähe oder in der Mitte der Hauptverbrauchsorte aufzustellen und sollen bei gewöhnlichem Verbrauche für 14 Stunden ausreichen, so daß nur während 10 Tagesstunden gepumpt zu werden braucht. Es ist angenommen, daß auf die 14 Stunden, welche die Nachtzeit einschließen, etwa die Hälfte des täglichen Gesammtbedarfes entfällt, so daß bei 50, 100, 200, 300, 400, 600, 800, 1000 cbm Gesammtbedarf den Bottichen bezw. 25, 50, 100, 150, 200, 300, 400, 500 cbm Fassungsraum zu geben ist[46]). Kleine Stationen, welche nur von Wanderwärtern bedient werden, erhalten Bottiche, deren Größe dem Bedarfe während der Zeit entspricht, innerhalb welcher nicht gepumpt wird. Die Unterkante der Bottiche soll in der Regel nicht weniger als 10 m über Sch.Ob. liegen, bei Entfernungen über 800 m vom Wasserthurme aber ist für je 200 m Länge 1 m Höhe hinzuzufügen.

Da die Hauptversorgung der Lokomotiven mit Kohlen und Wasser nach Schluß bezw. vor Beginn des Dienstes erfolgt, so befinden sich auf allen Lokomotivstationen mehr oder weniger ausgedehnte Anlagen zur Entnahme von Kohlen und Wasser (Kohlenbansen bezw. -Bühnen und Wasserkrähne) in unmittelbarer Nähe der Lokomotivschuppen, während in den Schuppen in der Regel nur die sogenannten Auswaschhähne vorhanden sind.

Bei den Schnellzügen, deren Geschwindigkeit in den letzten Jahren immer mehr gesteigert ist, während man die Aufenthalte an Zahl und Dauer einschränkte, ist zur Ergänzung des Wasservorrathes auf den Zwischenstationen in der Regel nicht ausreichende Zeit vorhanden. Man hat aus diesem Grunde die Wasserbehälter der Schnellzugslokomotiven beständig vergrößert, so daß ihr Wasservorrath für eine ebenso lange Diensttour vorhält, wie solche aus sonstigen Gründen und namentlich mit Rücksicht auf die Erschöpfung des Personales zweckmäßig ist. Dagegen wird beim Personenzugs- und Güterzugsdienste häufig während eines Aufenthaltes Wasser eingenommen, indem dort, wo die Lokomotive zu halten pflegt, ein Wasserkrahn aufgestellt ist, oder indem die Lokomotive den Zug verläßt und den in der Nähe aufgestellten Krahn aufsucht. Nach den oben angeführten „Grundzügen" sollen solche Krähne für die Ergänzung des Wasservorrathes bei durchgehenden Zügen ohne Lokomotivwechsel möglichst zwischen den Hauptgleisen an den Bahnsteigen bezw. an den Güterausfahrtsgleisen stehen und jedenfalls möglichst ohne mehrfaches Hin- und Herfahren erreichbar sein. Einzelstehende Wasserkrähne können auch schließlich auf großen Rangirbahnhöfen erforderlich werden, und sind dann (Grundzüge) zweckmäßig in der Nähe des Hauptausziehgleises aufzustellen.

Jeder Wasserkrahn muß in der Minute mindestens 1 cbm Wasser liefern können[47]). Die Ausgüsse der Wasserkrähne sollen mindestens 2,850 m über Sch.Ob. liegen[48]) und in ihrer die Gleise freilassenden Ruhelage feststellbar sein[49]) (vgl. auch S. 257).

Während Wasser und Kohlen eingenommen werden, wird zugleich der Rost gereinigt oder, nach beendeter Fahrt, das Feuer beseitigt. Hierzu ist in der Regel bei jedem Wasserkrahne unter dem Gleise eine Löschgrube (Reinigungsgrube, Feuergrube) angelegt, in welche die Schlacken oder glühenden Kohlen herabfallen, um alsdann abgelöscht zu werden. Solche Grube soll („Grundzüge") zum Krahne eine derartige Lage erhalten, daß man während des Wassernehmens unter die Lokomotive gelangen kann, um

---

46) Bei Vorhandensein natürlicher Höhen sind („Grundzüge") gemauerte, überwölbte Behälter, welche d. 2—3 fach. Tagesbedarf fassen, vorzuziehen.

47) N. f. H. § 21,$_2$, T.V. § 62,$_4$.

48) N. f. H. § 21,$_3$, T.V. § 62,$_1$*.

49) T.V. § 62,$_1$*.

dieselbe nachzusehen. Befindet sich eine Reinigungsgrube an einer Stelle, wo die Reisenden das Gleis überschreiten müssen, so ist sie zu überdecken[50]).

Für Kohlen und Anheizmaterial und ebenso auch für Schmiermaterial wird von der Direktion ein Darfverbrauch für 100 Lokomotiv- bezw. 100 Wagenachskilometer, für die Stunde Rangir- und Reservedienst, für Zugheizungen, Ausspritzungen u. s. f. festgesetzt[51]). Für Ersparnisse an diesem Darfverbrauche werden an die Personale Prämien ausgezahlt, für Mehrverbrauch wird ihnen ein ebenso großer Abzug gemacht, falls dieser nicht aus Billigkeitsrücksichten ermäßigt oder niedergeschlagen wird[52]). Die Feststellung der hiernach an die Personale zu zahlenden Vergütungen erfolgt ebenso wie die Prüfung der von den Betriebswerkmeistereien aufgestellten Rechnungen über Fahr-, Stunden- und Nachtgelder auf Grund der Dienstbücher der Lokomotivführer (S. 267) bei den Maschineninspektionen und veranlaßt eine sehr umfangreiche rechnerische Arbeit. Von den Brennmaterialprämien erhält der Führer $^2/_3$, der Heizer $^1/_3$. Von den Schmiermaterialprämien erhalten sie je die Hälfte.

Für die übrigen auf den Lokomotiven gebrauchten Materialien, Putzmaterial, Packungsmaterial, Wasserstandsgläser nebst Gummiringen, Roststäbe, Petroleum, Gas, Lampencylinder, Dochte u. s. f. findet eine Prämiirung bei Ersparnissen nicht statt, da ein Normalverbrauch für diese sich sehr schwer feststellen läßt. Die Bedienung der Lokomotivlaternen, welche, wie S. 259 erwähnt, stets bei der Lokomotive bleiben, erfolgt durch das Lokomotivpersonal selbst.

Auf allen Lokomotivstationen muß, sofern nicht ausschließlich Tenderlokomotiven zur Verwendung kommen, mindestens eine Drehscheibe vorhanden sein[53]). In vielen Fällen vermitteln die auch zum Wenden der Lokomotiven erforderlichen Drehscheiben zugleich den Zugang zu den Lokomotivschuppen. Der Durchmesser der Drehscheiben soll nach N. f. H. § 15 mindestens 12,0 m, nach T.V. § 45,1 möglichst 16,0 m betragen. Auf den Pr.St.B. sind nach M.E. v. 13./5. 1892. I 5641 auf wichtigeren Zuganfangs- und Lokomotivwechselstationen Drehscheiben von 16,20 m Grubendurchmesser und 16,076 m Fahrschienenlänge anzuwenden, während auf minder wichtigen Stationen die durch M.E. v. 31./7. 1890. I 10183 festgestellten (normalen) Drehscheiben von 14,20 m Grubendurchmesser und 14,067 m Fahrschienenlänge auch weiter beibehalten werden können. Bei ausschließlicher Benutzung durch Tenderlokomotiven genügt ein kleinerer Durchmesser.

Die Abmessungen der bei größeren rechteckigen Schuppen, an den Enden der Hauptgleise in Kopfbahnhöfen, in Werkstätten u. s. f. zur Verwendung gelangenden Schiebebühnen sind durch dieselben Erlasse, wie vor, in den entsprechenden Fällen auf 16,20 m Grubenbreite und 16,15 m Fahrschienenlänge bezw. 14,05 m Grubenbreite und 14,00 m Fahrschienenlänge festgesetzt.

Ueber die Zulässigkeit von Drehscheiben und Schiebebühnen in Hauptgleisen vgl. S. 204.

II. Ausübung des Lokomotivdienstes.

A. Uebernahme der Lokomotive.

Das Anheizen der im Schuppen im Ruhezustande befindlichen Lokomotive erfolgt durch einen Feuermann (Putzer) 2—4 Stunden, bevor sie in Dienst gestellt werden soll.

50) T.V. § 47,2*.
51) Rechnungsordn. § 9, E.N.B. 1896, S. 170.
52) Vorschriften für die Berechnung der Nebengebühren der Beamten des Fahrdienstes u. s. f. E.V.B. 1896, S. 194.
53) N. f. H. § 15,1, T.V. § 45,1.

Da bei einer geheizt stillstehenden Lokomotive stets der Regulator geschlossen, die Steuerung in Ruhe gesetzt, die Bremse angezogen sein muß[54]) und die Cylinderhähne geöffnet sein müssen, so hat sich der Feuermann hiervon vor dem Anheizen zu überzeugen, ferner auch davon, daß Wasser genug im Kessel und im Tender ist. Eine angeheizte Lokomotive muß unter steter Aufsicht stehen[55]), welche im Schuppen von dem beständig dort diensthuenden Personale des Betriebswerkmeisters an Putzern (Feuerleuten) ausgeübt wird.

Lokomotivführer und Heizer müssen sich spätestens eine Stunde vor Beginn des Dienstes einfinden, um die Lokomotive zu übernehmen und dieselbe rechtzeitig dienstfähig herzustellen. Bei doppelt besetzten Lokomotiven kann der Vorstand der Maschineninspektion Abweichungen zulassen[56]). Vor dem Dienstantritte haben Lokomotivführer und Heizer sich zunächst nach etwaigen neuen Verfügungen zu erkundigen und die angeschlagenen oder ausgelegten Bestimmungen einzusehen[57]). Der Lokomotivführer muß im Dienste mit einem richtigen Fahrplane und einer richtig gehenden Uhr versehen sein, die er jedesmal vor Abfahrt mit der Uhr der Station und derjenigen des Zugführers zu vergleichen hat, sowie sein Lokomotivführerdienstbuch bei sich führen[58]). Vor Uebernahme der Lokomotive muß der Führer eine sorgfältige Untersuchung derselben vornehmen, die sich auf den technischen Zustand, die Wasser- und Dampfverhältnisse des Kessels erstreckt, und etwa vorgefundene Mängel entweder selbst abstellen oder beseitigen lassen. Ebenso muß er sich davon überzeugen, daß Kohlen und Wasser sowie die übrigen Materialien in genügender Menge vorhanden sind, daß die nothwendigen Werkzeuge, Ersatzstücke 2c. zur Stelle sind. Nach erfolgter anstandsloser Uebernahme trägt er die volle Verantwortung für den betriebsfähigen und betriebssicheren Zustand der Lokomotive[59]). Ebenso trägt er vom Antritte des Dienstes an bis zu dessen Beendigung die Verantwortung für die ordnungsmäßige Wartung und Beaufsichtigung der geheizten Lokomotive[60]). Mit einer größere Mängel aufweisenden Lokomotive, welche die Sicherheit oder die Pünktlichkeit der bevorstehenden Fahrt in Frage stellen, sowie mit einer solchen, welche nicht allen bahnpolizeilichen Bestimmungen genügt, darf der Führer unter keinen Umständen den Dienst antreten. Beim Zug- und Rangirdienste müssen Führer und Heizer beständig bei der Lokomotive bleiben. Nur in dringenden Fällen und beim Rangirdienste während der Ruhepausen ist es gestattet, daß einer der beiden Lokomotivbeamten sich auf kurze Zeit von der Lokomotive entfernt[61]). Beim Reservedienste braucht, wie bereits oben (S. 265) erwähnt, nur einer der beiden Lokomotivbeamten auf der geheizten Lokomotive anwesend zu sein. Nur in dem Falle dürfen beide gleichzeitig die Lokomotive verlassen und im Schuppen oder den Aufenthaltsräumen sich aufhalten, wenn dies von einem Vorgesetzten gestattet und durch denselben eine sachgemäße Ueberwachung der geheizten Lokomotive angeordnet ist[62]).

B. Der regelmäßige Dienst bei den Zügen.

Nachdem der Lokomotivführer die Lokomotive untersucht, übernommen und in Stand gesetzt und sammt dem Heizer bestiegen hat, begiebt er sich mit ihr rechtzeitig

54) Bt.O. § 39, Ba.O. § 33, T.V. § 165.

55) Bt.O., Ba.O. u. T.V. a. a. O.

56) Dia. f. L. § 4,$_2$.

57) Dia. f. L. § 9,$_1$.

58) Dia. f. L. § 5,$_1$.

59) Dia. f. L. § 6.

60) Dia. f. L. § 10,$_1$.

61) Dia. f. L. § 10,$_2$.

62) Dia. f. L. § 10,$_{2/3}$, vgl. auch Bt.O. § 39,$_1$, Ba.O. § 33,$_1$.

vor den Zug. Er darf, mit Ausnahme der durch die Fahrordnung vorgeschriebenen Fahrten zu und von den Zügen, mit der Lokomotive Bewegungen innerhalb der Bahnhöfe nur nach Auftrag des dienstthuenden Stationsbeamten oder des von diesem beauftragten Rangirers, oder auf entsprechendes Signal vornehmen[63]). Wo die Fahrten zu und von den Zügen mit Zug- oder Rangirfahrten zusammenstoßen können, darf selbstredend auch in diesen Fällen nur mit Rangirer oder nach Erlaubniß des Stationsbeamten gefahren werden. Vor dem Ingangsetzen der Lokomotive hat der Führer mit der Pfeife das Achtungssignal zu geben, welches nur beim Rangirdienste fortfällt, soweit nicht von der Direktion anderes vorgeschrieben wird[64]). Er hat während der Fahrt durch den Bahnhof aufmerksam zu beobachten, ob alle etwa zu passirenden Weichen, Drehscheiben, Schiebebühnen richtig gestellt und ob die zu befahrenden Gleise frei sind[65]). Das Aufschneiden falsch stehender Weichen ist untersagt. (S. 206). Alsdann hat der Führer die Lokomotive ohne Stoß und rechtzeitig vor den Zug zu setzen und hat sich vor der Abfahrt davon zu überzeugen, daß die Kuppelung mit dem Zuge, die Verbindung der etwa vorhandenen Brems- und Heizungsschläuche ordnungsmäßig ausgeführt sind, daß die etwa erforderliche Zugleine mit der Dampfpfeife in sichere Verbindung gebracht ist, daß die vorgeschriebenen Signale an Lokomotive und Tender angebracht sind (ev. auch die außergewöhnlichen) u. s. f.[66]) Er tritt nun unter den Befehl des Zugführers, auf dessen Anordnung er, nachdem der diensthabende Stationsbeamte das Zeichen zur Abfahrt gegeben hat, den Zug in Bewegung setzt[67]). Dies muß mit Vorsicht geschehen, damit keine Kuppelung reißt. Der Heizer hat zu beobachten, ob alle Wagen folgen und ob dem Zuge etwa Signale nachgegeben werden. Während der Ausfahrt aus der Station hat der Führer sich davon zu überzeugen, daß die für seine Fahrt geltenden Signale und Weichen richtig stehen. Das falsche Gleis darf er bei zweigleisigen Bahnen nur auf schriftlichen Auftrag befahren, ebenso bei Kreuzungsverlegungen auf eingleisiger Bahn von der fahrplanmäßigen Kreuzungsstation nicht abfahren, bevor ihm über die verlegte Kreuzung schriftliche Mittheilung gemacht ist[68]). Die Mitfahrt auf der Lokomotive ist außer den Vorgesetzten des Lokomotivführers nur solchen Personen zu gestatten, die hierzu durch einen besonderen Ausweis berechtigt sind[69]).

Damit der Lokomotivführer im Stande ist, den Zug sicher zu führen, muß er mit der Bahnstrecke, deren Neigungen, Krümmungen, Dammschüttungen, Einschnitten, Brücken, Tunnels u. s. f. so vertraut sein, daß er jederzeit weiß, an welcher Stelle der Zug sich befindet. Der Heizer soll sich die gleiche Ortskenntniß aneignen. Auf einer ihm unbekannten Bahn darf der Lokomotivführer ohne sachkundigen Begleiter nicht fahren. Die Bahn sowie alle Strecken- und Zugsignale haben Lokomotivführer und Heizer sorgfältig zu beobachten, namentlich in Krümmungen sich davon zu überzeugen, ob der letzte Wagen vorhanden ist, ob nicht etwa ein Wagen brennt u. dgl. Wird dem Zuge ein Haltsignal gegeben, so ist derselbe, wenn irgend möglich, so früh zum Stehen zu bringen, daß die Spitze das Haltsignal noch nicht erreicht. Ist der Führer über die Bedeutung eines Signales im Zweifel, so hat er mit besonderer Vorsicht zu fahren und, wenn das

---

[63]) Dia. f. L. § 12,$_1$.

[64]) Dia. f. L. § 12,$_2$.

[65]) Dia. f. L. § 12,$_3$.

[66]) Dia. f. L. § 15,$_1$.

[67]) Wegen der beim Zugdienste seitens des Lokomotivführers zu gebenden Signale vgl. S. 192.

[68]) Dia. f. L. § 15,$_{2-4}$.

[69]) Bt.O. § 38, Ba.O. § 34, Dia. f. L. § 14,$_1$, T.V. § 167.

Signal nach seiner Meinung Halt bedeuten kann, den Zug zum Stehen zu bringen[70]). Im Uebrigen ist der Zug genau mit der fahrplanmäßigen Geschwindigkeit zu befördern, falls nicht besondere Umstände dies verhindern. Zur Einholung von Verspätungen ist eine Vergrößerung der Geschwindigkeit nur bis zu der im Fahrplanbuche angegebenen kürzesten Fahrzeit zulässig. Die Geschwindigkeit auf den einzelnen Theilen der Strecke ist den Neigungs- und Krümmungsverhältnissen möglichst anzupassen und soll im Uebrigen thunlichst gleichmäßig sein[71]).

Belästigungen des Publikums und der Bahnbeamten durch Ablassen von Wasser, Dampf oder Qualmen der Lokomotive, lautes Pfeifen und dergl., Brandbeschädigungen von hölzernen Brückenbelägen oder Waldungen durch Funkenauswurf, Bildung von Glatteis durch Ablassen von Wasser über Weichen und Drehscheiben u. s. f. sind zu vermeiden[72]).

Vor der Einfahrt in Stationen hat der Lokomotivführer die Fahrgeschwindigkeit soweit zu mäßigen, daß er den Zug ohne Stoß an der richtigen Stelle zum Halten bringt. Beim Durchfahren von Stationen ist die Geschwindigkeit den gegebenen Vorschriften gemäß zu regeln[73]). Das etwa nothwendige Einnehmen von Wasser oder Restauriren der Lokomotive ist so zu beschleunigen, daß keine Zugverspätung entsteht. Muß auf einer Station die Lokomotive den Zug verlassen, so hat der Lokomotivführer, nachdem er das Lösen sämmtlicher Verbindungen zwischen der Lokomotive und dem Zuge veranlaßt, dies mit möglichst geringem Zeitaufwande zu bewerkstelligen[74]).

Während der ganzen Fahrt müssen der Lokomotivführer und Heizer sich beständig von dem dienstfähigen Zustande der Lokomotive überzeugen und insbesondere darauf achten, daß im Kessel und Tender hinreichend Wasser vorhanden, daß die Feuerung geregelt und die Dampfspannung ausreichend, aber nicht zu hoch ist, daß die Speisevorrichtungen, Manometer, Wasserstandszeiger und Sicherheitsventile in Ordnung sind u. s. f.[75]). Eine Mehrbelastung der Sicherheitsventile ist streng verboten[76]). Wo durchgehende Bremsen vorhanden sind bezw. die Heizung mit Dampf von der Lokomotive aus erfolgt, erstreckt sich die dauernde Fürsorge des Lokomotivpersonales selbstredend auch auf diese Einrichtungen. Daneben hat der Lokomotivführer schlechte Stellen im Gleise, Vernachlässigung in der Signalgebung oder sonstige Unregelmäßigkeiten, die er während des Dienstes bemerkt hat, unverzüglich zur Anzeige zu bringen[77]).

Im Vorortsverkehre folgt nach dem Turnus in der Regel ein Zugdienst auf den anderen, ohne daß inzwischen die Lokomotive Zeit hat, in den Schuppen gehen. In solchen Fällen pflegt man (vgl. S. 201) für das Warten der Lokomotiven kurze Stumpfgleise vorzusehen, welche möglichst nahe der neuen Verwendungsstelle gelegen und nach Bedarf mit Vorrichtungen zur Ergänzung des Wasser- und Kohlenvorrathes versehen sind.

C. Außergewöhnliche Streckenfahrten und Ereignisse auf der Strecke.

1. Einzelfahrten der Lokomotiven.

Bei einzeln fahrenden Lokomotiven ist der Lokomotivführer während der Fahrt auf der Strecke selbständig; innerhalb der Stationen steht er unter dem unmittelbaren

70) Dia. f. L. § 16,$_{1-5}$.
71) Dia. f. L. § 20,$_{1-4}$, F V. 15.
72) Dia. f. L. § 13, 17.
73) Dia. f. L. § 25,$_{1}$.
74) Dia. f. L. § 25,$_{2}$.
75) Dia. f. L. § 19.
76) Dia. f. L. § 7,$_{4}$.
77) Dia. f. L. § 16,$_{6}$.

Kommando des Stationsbeamten. Die Abfahrt darf daher nur auf dessen Auftrag erfolgen, kann übrigens auch, wo ein Fahrplan besteht, vor der fahrplanmäßigen Abfahrtszeit geschehen[78]). Auf jeder Zugmeldestation muß gehalten werden, falls für die Fahrt nicht vorher ein Fahrplan festgestellt ist oder das Durchfahren zwischen den Stationen nicht vorher vereinbart und dem Lokomotivführer schriftlich aufgetragen ist. Der Führer hat bei Einzelfahrten einen Fahrbericht zu führen, dessen Ausfüllung indessen seitens der Stationen vorgenommen wird[79]). Im Uebrigen finden die Vorschriften über das Verhalten beim Zugdienste auch auf Einzelfahrten sinngemäß Anwendung.

2. Zugfahrten mit zwei Lokomotiven an der Spitze.

Einzelfahrten von Lokomotiven sind thunlichst zu vermeiden und Lokomotiven, die entweder leer vom Dienste zurückkehren oder zum Dienste fahren, möglichst einem Zuge vorzulegen[80]). Im Uebrigen wird nur, wenn eine Lokomotive zur Beförderung eines Zuges durchaus nicht ausreicht, eine zweite Lokomotive (Vorspannmaschine) vorgelegt, da der Lokomotivführer verpflichtet ist, bis zur äußersten Leistungsfähigkeit seiner Lokomotive mehr Wagen mitzunehmen, als durch das Belastungsverzeichniß für dieselbe vorgeschrieben ist[81]).

Der Führer der vorderen von zwei einem Zuge vorgespannten Lokomotiven führt den Zug und ist daher für das Geben der Signale sowie für die Beachtung der Bahnstrecke und von deren Signalen vorzugsweise verantwortlich. Andererseits obliegt dem Führer der zweiten Lokomotive die Aufrechthaltung aller Verbindungen der Lokomotiven unter sich und mit dem Zuge sowie die Beobachtung des letzteren während der Fahrt[82]). Beide Lokomotiven müssen gleichmäßig arbeiten, jedoch giebt die vordere beim Anfahren zuerst Dampf und sperrt denselben beim Anhalten zuletzt ab. Für die planmäßige und sichere Beförderung der Züge sind beide Lokomotivführer verantwortlich[83]).

3. Schiebelokomotiven[84]).

Beim Nachschieben von Zügen mit Lokomotiven an der Spitze muß vor der Abfahrt des Zuges die Schiebelokomotive ungekuppelt, aber ohne Zwischenraum, hinter dem Zuge stehen. Zum Zeichen, daß er zum Schieben bereit ist, giebt der Führer das Achtungssignal. Auf das Abfahrtssignal des Zugführers giebt der vordere Führer das vorgeschriebene Dampfpfeifensignal, welches der Führer der Schiebelokomotive zum Zeichen des Verständnisses mit demselben Signale beantwortet. Beide setzen alsdann ihre Lokomotiven gleichmäßig in Bewegung.

Während der Fahrt muß jeder der beiden Lokomotivführer auf die von dem andern gegebenen Signale sorgfältig achten. Der Führer der Schiebelokomotive hat außerdem mit Aufmerksamkeit den Gang des Zuges zu beobachten und auf Grund seiner Wahrnehmungen die Geschwindigkeit seiner Lokomotive besonders vorsichtig zu regeln. Wenn die Hülfe nicht mehr erforderlich ist, so muß der Führer der Schiebelokomotive zum Zeichen, daß er den Zug verlassen will, das Achtungssignal geben und alsdann die Geschwindigkeit ganz allmählich mäßigen. Er darf aber den Zug nicht eher verlassen, als

[78]) F.V. 10,$_2$, vgl. auch S. 234, 236.
[79]) Dia. f. L. § 24, § 15,$_2$, F.V. 28,$_4$ 29, 30,$_3$.
[80]) Dia. f. Stb. § 20,$_3$.
[81]) Dia. f. L. § 21.
[82]) Dia. f. L. § 22,$_{1/2}$.
[83]) Dia. f. L. § 22,$_3$.
[84]) Dia. f. L. § 23.

bis er sich überzeugt hat, daß derselbe vollständig in der Gewalt der Zuglokomotive ist, mithin eine Zugtrennung nicht stattgefunden hat.

Beim Schieben von Zügen ohne Lokomotive an der Spitze, welches nur bis 25 km Geschwindigkeit zulässig ist[85]), muß die Schiebelokomotive mit dem Zuge gekuppelt sein. Der Lokomotivführer hat in diesem Falle seine besondere Aufmerksamkeit auf den Zug und namentlich auf die Signale des an der Spitze des Zuges befindlichen Beamten zu richten. Beim Anhalten eines geschobenen Zuges ist mit besonderer Vorsicht zu verfahren, damit Stöße und Zugtrennungen vermieden werden.

4. Außergewöhnliche Ereignisse auf der Strecke.

Wird während der Fahrt der Heizer dienstunfähig, so muß der Führer den Zug anhalten, vom Zugführer einen Vertreter anfordern und mit diesem bis zu der Station fahren, wo ihm ein anderer Heizer beigegeben werden kann. Wird dagegen der Führer dienstunfähig, so hat der Heizer den Zug zum Halten zu bringen. Besitzt er die Berechtigung zur selbständigen Führung der Lokomotive, so darf er, nachdem ihm vom Zugführer ein zweiter Mann beigegeben ist, den Zug bis zu der Station weiterfahren, wo geeigneter Ersatz gestellt werden kann. Andernfalls muß der Zug so lange halten, bis ein anderer Führer angefordert und eingetroffen ist[86]). Wird während der Fahrt die Lokomotive in dem Grade schadhaft, daß die Betriebssicherheit gefährdet erscheint, so muß der Führer unbedingt halten und, falls er den Schaden nicht selbst in kurzer Zeit beseitigen oder den Zug ohne Gefahr wenigstens bis zur nächsten Station bringen kann, die Anforderung einer Hülfslokomotive durch den Zugführer veranlassen[87]) (vgl. S. 240). Trennt sich die Lokomotive vom Zuge, so hat der Führer das Bremssignal zu geben, selbst aber so lange weiterzufahren, bis er sieht, daß der Zug stillsteht. Ebenso darf bei Zugtrennungen der vordere Theil des Zuges nicht zum Halten gebracht werden, als bis der hintere Theil zum Stillstande gekommen ist. Bewegt sich dieser dagegen rückwärts, so ist schleunigst anzuhalten. Die gleiche Vorschrift gilt bei allen anderen außergewöhnlichen Ereignissen am Zuge. Der Zugführer hat dann das Weitere anzuordnen[88]).

Eine Hülfslokomotive, welche sich einem auf der Strecke liegenden Zuge nähert, hat besonders vorsichtig zu fahren[89]).

D. Der Rangir= und Reservedienst der Lokomotiven.

Für den Rangirdienst gelten die oben (S. 274) für die Bewegungen innerhalb der Bahnhöfe aufgeführten Vorschriften; ferner wird auf die Beschreibung des gesammten Rangirdienstes (S. 166 ff.) verwiesen. Die Bestimmungen über das Vermeiden von Ablassen des Wassers und Dampfes über Weichen und Drehscheiben, Schiebebühnen 2c., über das Qualmen an den Bahnsteigen und in der Nähe von Wohngebäuden gelten auch hier. Im Einzelnen ist nur noch Folgendes zu bemerken[90]): Bei allen Rangirbewegungen ist mit der größten Vorsicht zu verfahren, die gegebenen Signale sind genau zu beachten und der leitende Beamte ist möglichst im Auge zu behalten. Der Führer hat alles zu vermeiden, was die deutliche Wahrnehmung der Signale und das Ver=

[85]) Bt.O. § 26,7.
[86]) Dia. f. L. § 29.
[87]) Dia. f. L. § 30.
[88]) Dia. f. L. § 31.
[89]) Dia. f. L. § 32.
[90]) Dia. f. L. § 26.

ständniß mündlicher Aufträge beeinträchtigen kann. Besonders ist das Abblasen der Ventile und Hähne und das eigenmächtige Verbauen des Führerstandes zu unterlassen.

Der Führer einer Reservelokomotive hat diese zum jederzeitigen Gebrauche so bereit zu halten, daß er mit ihr die längste im Betriebsplane vorgesehene Fahrt ohne Anstand sofort ausführen kann[91]).

E. Ende des Lokomotivdienstes[92]).

Bei Beendigung des Dienstes hat der Führer den für den nächsten Dienst erforderlichen Bedarf an Wasser und, wenn angängig, auch an Brenn- und sonstigen Materialien in die Behälter des Tenders ꝛc. zu entnehmen, jedenfalls aber für das Vorhandensein genügenden Brennmateriales zum nächsten Anheizen zu sorgen. Nachdem das Feuer gemäßigt oder entfernt und die Lokomotive in den Schuppen gebracht ist, muß der Führer sie genau untersuchen und vorgefundene Mängel selbst beseitigen oder melden. Bevor er die Lokomotive verläßt, hat er sich darüber Gewißheit zu verschaffen, daß genug Wasser im Kessel vorhanden, der Regulator geschlossen, die Steuerung in Ruhe gesetzt, die Handbremse angezogen, die Cylinderhähne geöffnet und die Aschklappen geschlossen sind. Giebt der Führer die Lokomotive an die Werkstätte ab, so hat er einen Meldezettel, in welchem alle von ihm wahrgenommenen Mängel bezeichnet sind, einzureichen[93]).

Die Station dürfen Lokomotivführer und Heizer erst verlassen, nachdem sie seitens des Vorgesetzten (Betriebswerkmeisters bezw. Stationsbeamten) von weiteren Dienstleistungen entbunden sind und sich Kenntniß von ihrem nächsten Dienste verschafft haben[94]).

III. Leistungsfähigkeit der Lokomotiven.

A. Die Arbeit der Lokomotive als Produkt von Zugkraft und Geschwindigkeit.

Die Zugkraft Z, welche eine Lokomotive zu entwickeln im Stande ist, hängt einmal ab von ihrem Reibungsgewichte R, d. h. dem Gewichte, welches auf den Treibachsen lastet. Da die Reibung der Lokomotivräder auf den Schienen im Allgemeinen 1 : 6,5 beträgt (bei schlüpfrigen Schienen weniger, bis herab zu 1 : 10), so kann Zr höchstens $= \frac{R}{6,5}$ sein. Wenn die Dampfmaschine auf die Räder eine größere Kraft übertragen wollte, als $\frac{R}{6,5}$, so würde die Reibung überwunden werden, die Räder würden bei schneller Umdrehung auf den Schienen gleiten oder, wie man sagt, schleudern.

Eine zweite Grenze für die Zugkraft, welche eine Lokomotive hervorbringen kann, ist die größte Leistungsfähigkeit der „Maschine". Diese Leistungsfähigkeit ist abhängig von dem Kolbendurchmesser, dem Uebersetzungsverhältnisse der Pleuelstange am Triebrade und dem größten zulässigen Dampfdrucke im Kessel, der sich, abzüglich des geringen durch

[91]) Dia. f. L. § 27.
[92]) Dia. f. L. § 28.
[93]) Dia. f. L. § $8_{,2}$.
[94]) Dia. f. L. § $28_{,4}$.

die Reibung in der Dampfleitung verursachten Abfalles, unmittelbar auf den Kolben überträgt. Die dieser größten Leistungsfähigkeit der Maschine entsprechende Zugkraft Zm ist in der Regel etwas kleiner, als Zr, da sie sonst nicht voll ausgenutzt werden könnte. (Es würde das Schleudern eintreten.) Die Zugkraft Zm kann nur auf kurze Zeit, z. B. beim Anziehen des stehenden Zuges, wirksam gemacht werden, da ein länger dauerndes Arbeiten mit vollem Drucke viel mehr Dampf verbrauchen würde, als der Kessel hergeben kann. Die für die dauernde Betriebsleistung maßgebende Grenze der Zugkraft einer Lokomotive ist daher (drittens) die Leistungsfähigkeit des Dampfkessels, die wiederum abhängig ist von der Größe der Rostfläche und der Heizfläche. Derjenigen Menge Kohlen, die in einer Sekunde auf dem Roste verbrannt werden kann, und demjenigen Theile der Wärme, welcher von diesem Verbrennungsvorgange durch Vermittelung der Heizfläche auf den Kesselinhalt übertragen und zur Erzeugung und Erhitzung des Dampfes verwendet werden kann, entspricht die größte mögliche Arbeitsleistung der Lokomotive in der Sekunde. Da diese dem Produkte aus Zugkraft Z und Geschwindigkeit V (letztere in Meter für die Sekunde) gleich ist, so ergiebt sich bei gleicher Dampfhergabe des Kessels Z um so größer, je kleiner V ist, und umgekehrt V um so größer, je kleiner Z ist. Diese Wechselbeziehung von V und Z verwirklicht sich durch den Dampfverbrauch der Cylinder. Je höher man den Füllungsgrad der Cylinder nimmt, mit desto mehr Kraft erfolgt die Drehung des Treibrades, desto mehr Dampf wird aber auch für eine Cylinderfüllung verbraucht. Es können also, gleiche Dampferzeugung des Kessels vorausgesetzt, bei höherem Füllungsgrade in dem gleichen Zeitabschnitte nur weniger Füllungen des Cylinders vorgenommen werden; die Maschine bewegt sich also langsamer. Ebenso ist es umgekehrt bei geringem Füllungsgrade möglich, mehr Füllungen im gleichen Zeitabschnitte vorzunehmen, also die Maschine schneller laufen zu lassen.

Nun ist aber die Dampfmenge, welche der Kessel erzeugt, nicht unabhängig von der Geschwindigkeit. Bei schnellerer Fahrt wird das Feuer durch die heftigere Wirkung des ausgestoßenen Dampfes im Blasrohre angefacht und die Dampferzeugung des Kessels vermehrt. Diese Vermehrung der Dampferzeugung erfolgt indessen nicht in gleichem Maaße mit derjenigen des Dampfverbrauches. Die Abnahme der Zugkraft bei größerer Geschwindigkeit wird also durch diese Eigenschaft des Lokomotivkessels nicht aufgehoben, sondern nur ermäßigt. Z. B. kann bei dreifacher Geschwindigkeit die Zugkraft sich auf die Hälfte ermäßigen u. s. f.

Aus den vorstehenden Darlegungen geht hervor, daß die Zugkraft einer Lokomotive, welche im Dienste thatsächlich Verwerthung finden soll, keine feste Größe ist, daß vielmehr eine bestimmte Zuggeschwindigkeit vorausgesetzt werden muß, um die Zugkraft angeben zu können, mit welcher die Lokomotive bei dieser Geschwindigkeit arbeiten kann, und daß die Arbeitsleistung der Maschine (Produkt aus Zugkraft und Geschwindigkeit), welche man in Pferdestärken anzugeben pflegt, mit gesteigerter Geschwindigkeit wächst. Hierbei darf nicht vergessen werden, daß es nicht vortheilhaft ist, die Arbeitsleistung einer Lokomotive bis zu beliebigem Maaße zu steigern. Für jede Lokomotive läßt sich eine Geschwindigkeit angeben, bei welcher sie mit dem größten Güteverhältniß arbeitet. Sowohl eine größere wie eine geringere Geschwindigkeit ergiebt schlechtere Ausnutzung der verbrannten Kohlen, wenn auch im ersteren Falle die Arbeitsleistung der Maschine eine größere wird.

B. Der Widerstand als Verbraucher der Zugkraft.

Die Zugkraft der Lokomotive dient dazu, zunächst einen stehenden Zug in Bewegung zu setzen, alsdann, ihn eine gewisse Zeit hindurch in Bewegung zu erhalten. Sie überwindet hierbei den Widerstand, welcher sich der Bewegung des Zuges entgegensetzt. Dieser Widerstand besteht auf wagerechter Strecke aus der Reibung der Räder auf den Schienen, der Zapfenreibung an den Radachsen der Fahrzeuge und an den beweglichen Theilen der Lokomotive und endlich aus dem Luftwiderstande. Der Widerstand wächst mit zunehmender Geschwindigkeit; er ist abhängig von der Witterung, namentlich von der Stärke und Richtung des Windes, und erfährt in den Krümmungen der Bahn eine besondere Erhöhung. In Steigungen hat die Lokomotive die Aufgabe, neben der Ueberwindung des gewöhnlichen Widerstandes das Gewicht des Zuges zu heben. Der Steigungswiderstand verhält sich hierbei zum Gesammtgewichte des Zuges, wie die Zahl, welche die Steigung der Strecke auf 1000 m angiebt, zu 1000, also z. B. wie 10 : 1000 oder wie 20 : 1000 u. s. f.

Der Widerstand bildet sich theils an der Lokomotive, theils an den Wagen. Der Widerstand der Lokomotive ist, wegen der stattfindenden Reibung der Maschinentheile, im Verhältnisse zu ihrem Gewichte größer als derjenige voller Wagen, derjenige leerer Wagen im Verhältnisse zu ihrem Gewichte größer, als derjenige voller Wagen. Bei längeren Zügen und solchen, die vorwiegend aus vollen Wagen bestehen, ist also der Widerstand pro t ihres Gewichtes kleiner, als bei kurzen Zügen und solchen, die viele leere Wagen enthalten. Aus allen diesen Gründen lassen sich feste Zahlen für den Zugwiderstand nicht angeben. Im Durchschnitte kann man nach Brosius und Koch für wagerechte Strecke und günstige Witterung den Widerstand für 1 t des gesammten Zuggewichtes annehmen:

zu 4 kg bei Güterzügen,
zu 6,5 kg bei Personenzügen,
zu 11 kg bei Schnellzügen.

Eine preußische Normalgüterzugslokomotive, welche bei 40 km Geschwindigkeit eine Zugkraft von rd. 3,40 t entwickeln kann, ist mithin im Stande, in der Wagerechten $\frac{3400}{4} = 850$ t Zuggewicht mit dieser Geschwindigkeit zu befördern. Kommen auf der fraglichen Strecke aber Steigungen, z. B. bis auf 10 : 1000 oder 1 : 100 vor, so hat sie, außer der Ueberwindung des gewöhnlichen Widerstandes, $^1/_{100}$ des Zuggewichtes G zu heben. Es darf also $\frac{G}{1000} \cdot 4 + \frac{G}{100}$ höchstens $= 3{,}40$ t sein. Hiernach wird G höchstens $= 243$ t. Zieht man hiervon das Gewicht von Lokomotive und Tender mit 66 t ab, so erhält man als zulässiges Wagenbruttogewicht rd. 177 t. In der Tabelle auf S. 283, Spalte t, Zeile 4 ist dieses Gewicht zu 175 t angegeben, also fast genau mit der Rechnung übereinstimmend. Die Tabelle ist auch, wie Spalte o, p zeigt, unter Zugrundelegung eines Widerstandes von annähernd 4 kg bei 40 km Geschwindigkeit berechnet.

Den Widerstand, welchen Bahnkrümmungen verursachen, pflegt man so zu berücksichtigen, daß man statt der Krümmungen Steigungen voraussetzt, die den gleichen Widerstand hervorrufen, bezw. die vorhandenen größten Steigungen, in welchen gleichzeitig Krümmungen vorkommen, entsprechend vergrößert in Rechnung zieht.

Das eben an einem Beispiele gezeigte einfache Verfahren genügt also, um für jede gegebene Bahnstrecke zu ermitteln, wieviele t Wagenbruttolast man einer Lokomotive von gegebenem Gewichte und gegebener Zugkraft bei der dieser Zugkraft entsprechenden Geschwindigkeit anhängen kann, wobei allerdings ein mittlerer Widerstand für die wagerechte Strecke vorausgesetzt wird, von dem der wirkliche mehr oder weniger abweicht.

C. Leistungsfähigkeit einiger Hauptlokomotivgattungen der Pr.St.B.

Auf S. 282, 283 werden tabellarisch die Größenverhältnisse und die Leistungsfähigkeit einiger Hauptlokomotivgattungen der Pr.St.B. mitgetheilt. (Die Angaben sind einigen M.E. entnommen.) Der Widerstand auf 1 t Zuggewicht ist hierbei nicht durchschnittlich gleich, sondern mit der Geschwindigkeit wachsend angenommen, und zwar für Lokomotive und Wagen nebst Tender übereinstimmend (vgl. Spalte o, p). Der innere Widerstand der Lokomotive ist bereits in Spalte g, h bei den Pferdekräften in Abzug gebracht. Bei günstiger Witterung und Verwendung sehr stückreicher (z. B. oberschlesischer) Kohle ist die Geschwindigkeit bei gleicher Wagenbruttolast bis zu 10% höher, bei ungünstiger Witterung und sehr feiner Kohle dagegen bis zu 10% niedriger anzunehmen, als die Tabelle angiebt. Letztere enthält nur die mittlere Leistung der betreffenden Lokomotivgattung.

Jede Eisenbahndirektion giebt eine Zusammenstellung über die thatsächliche Leistungsfähigkeit aller einzelnen bei ihr vorhandenen Lokomotiven heraus. Aus solcher Zusammenstellung ist in Form einer Tabelle zu ersehen, wieviele Wagenachsen jede Gattung von Lokomotiven auf den einzelnen Strecken des Direktionsbezirkes unter normalen Verhältnissen mindestens ziehen muß. Diese Tabelle bildet die Grundlage für die Aufstellung des Fahrturnus der Lokomotiven (vgl. S. 262 ff.).

a	b	c	d	e	f	g	h	i	k	l	m	n	o	p
Gattung der Lokomotiven	Gewicht		Kessel			Pferdekräfte		Größte Zugkraft ermittelt aus:			Geschwindigkeit		Widerstand in d. Wagerechten für 1 t	
	Ganzes Gewicht (mit Tender)	Reibungsgewicht R	Rostfläche	Heizfläche	Dampfüberdruck	pro qm Heizfläche	im Ganzen	d. Reibungsgewichte $R = \frac{R}{6,5}$	d. Maschinenleistung	der Kesselleistung	km in der Stunde	m in der Sekunde	d. Lokomotivgewichtes	des Wagen- und Tenderbruttogew.
	t	t	qm	qm	Atm.			kg	kg	kg	km	m	kg	kg
1. Normale $^3/_3$ gekuppelte **Güterzuglokomotive** mit Tender	38,5 (mit Tender 66,0)	38,5	1,53	125	10	2,6	325	5900	5800	5945	15	4,1	2,6	2,6
						3,0	375	5900	5800	5114	20	5,5	2,8	2,8
						3,5	437,5	5900	5800	3953	30	8,3	3,3	3,3
						4,0	500,0	5900	5800	3378	40	11,1	4,0	4,0
2. Normale $^3/_3$ gekuppelte **Tenderlokomotive** für Nebenbahnen	29,2	29,2	1,30	60,3	12	3,6	217,1	4490	4500	3972	15	4,1	2,6	2,6
						4,0	241,2	4490	4500	3287	20	5,5	2,8	2,8
						4,3	259,3	4490	4500	2343	30	8,3	3,3	3,3
						4,6	277,4	4490	4500	1874	40	11,1	4,0	4,0
3. Normale $^2/_3$ gekupp. **Personenzuglokomotive** mit Tender (ältere).	37,0 (mit Tender 64,5)	24,4	1,718	91,8	10	2,7	247,9	3754	3450	3381	20	5,5	2,8	2,8
						3,3	302,9	3754	3450	2737	30	8,3	3,3	3,3
						3,9	358,0	3754	3450	2419	40	11,1	4,0	4,0
						4,4	403,9	3754	3450	2179	50	13,9	4,9	4,9
						4,8	440,6	3754	3450	1991	60	16,6	6,0	6,0
						5,2	477,4	3754	3450	1841	70	19,4	7,3	7,3
						5,5	504,9	3754	3450	1703	80	22,2	8,8	8,8
4. Normale $^2/_4$ gekupp. Personenzuglokomotive mit vorderem Drehgestelle (Erfurter Bauart)	48,0 (mit Tender 78,0)	28,0	2,25	125	12	2,7	338	4308	4620	4609	20	5,5	2,8	2,8
						3,3	413	4308	4620	3732	30	8,3	3,3	3,3
						3,9	488	4308	4620	3300	40	11,1	4,0	4,0
						4,4	550	4308	4620	2969	50	13,9	4,9	4,9
						4,8	600	4308	4620	2711	60	16,6	6,0	6,0
						5,2	650	4308	4620	2513	70	19,4	7,3	7,3
						5,5	688	4308	4620	2345	80	22,2	8,8	8,8
						5,8	725	4308	4620	2172	90	25,0	10,5	10,5
5. Normale $^2/_4$ gekuppelte Schnellzuglokomotive mit vorderem Drehgestelle (Erfurter Bauart)	48,0 (mit Tender 78,0)	28,0	2,25	125	12	2,7	338	4308	4077	4609	20	5,5	2,8	2,8
						3,3	413	4308	4077	3732	30	8,3	3,3	3,3
						3,9	488	4308	4077	3300	40	11,1	4,0	4,0
						4,4	550	4308	4077	2969	50	13,9	4,9	4,9
						4,8	600	4308	4077	2711	60	16,6	6,0	6,0
						5,2	650	4308	4077	2513	70	19,4	7,3	7,3
						5,5	688	4308	4077	2345	80	22,4	8,8	8,8
						5,8	725	4308	4077	2172	90	25,0	10,5	10,5

q	r	s	t	u	v	w	x	y	z	z_1	
Geförderte Wagenbruttolast in t bei den in den Spalten m und n verzeichneten Geschwindigkeiten und den hier angegebenen Steigungen:										Geschwindigkeit in km in der Stunde	Bemerkungen
25 ‰ = 1 : 40	16,67 ‰ = 1 : 60	12,5 ‰ = 1 : 80	10 ‰ = 1 : 100	8,33 ‰ = 1 : 120	6,67 ‰ = 1 : 150	5 ‰ = 1 : 200	3,33 ‰ = 1 : 300	2,5 ‰ = 1 : 400	2 ‰ = 1 : 500	km	
144	235	318	394	478	560	697	912	1071	1195	15	2/3 gekuppelt bedeutet, daß von drei vorhandenen Achsen zwei mit der Pleuelstange des Dampfcylinders in Verbindung stehen, 3/3 gekuppelt, daß alle drei angeschlossen sind, ꝛc.
118	197	268	333	393	474	590	768	899	999	20	
74	132	184	231	274	331	410	529	615	680	30	
—	—	139	175	208	251	309	395	454	497	40	
115	177	234	286	334	399	493	641	749	834	15	
89	140	185	228	266	318	392	507	591	656	20	
—	88	119	147	172	206	253	324	375	413	30	
—	—	84	105	123	146	179	226	259	283	40	
57	109	—	200	—	293	369	487	574	640	20	
32	73	—	141	—	210	265	358	407	452	30	
—	48	82	108	130	162	204	266	307	339	40	
—	—	61	82	100	123	156	200	230	251	50	
—	—	43	60	74	93	117	149	170	184	60	
—	—	—	—	53	67	85	109	123	133	70	
—	—	—	—	—	—	59	76	86	93	80	
65	131	—	240	—	339	444	590	672	750	20	M.E. v. 25./5. 1893 I 3955.
54	110	—	202	—	296	371	488	566	626	30	
—	81	—	158	—	231	288	374	422	472	40	
—	60	—	121	—	176	222	284	323	352	50	
—	—	—	92	—	136	168	213	241	261	60	
—	—	—	68	—	102	126	159	178	192	70	
—	—	—	—	—	74	93	115	130	140	80	
—	—	—	—	—	48	62	79	82	96	90	
65	131	—	240	—	339	444	590	672	750	20	Wie vor.
54	110	—	202	—	296	371	488	566	626	30	
—	81	—	158	—	231	288	374	422	472	40	
—	60	—	121	—	176	222	284	323	352	50	
—	—	—	92	—	136	168	213	241	261	60	
—	—	—	68	—	102	126	159	178	192	70	
—	—	—	—	—	74	93	115	130	140	80	
—	—	—	—	—	48	62	79	82	96	90	

Zweites Kapitel.

Die Wagen nach Art und Beschaffenheit.

I. Gattungen und Kennzeichen der Wagen.

A. Allgemeine Bezeichnung aller Wagen.

Nach Bt.O. § $18,_1$, Ba.O. § $19,_1$, T.V. § 123*, T.E. Art. II § 24, V.W.U. Anl. I, 21, müssen an jedem Wagen folgende Bezeichnungen angebracht sein:

a) Die Eigenthumsverwaltung [1]).

b) Die Ordnungsnummer, die der Wagen bei dieser führt.

c) Das Eigengewicht des Wagens einschließlich der Räder und Achsen [2]).

d) Das Ladegewicht oder die Tragfähigkeit des Wagens (Personenwagen ausgenommen) [3]).

e) Eine besondere Angabe über die Beweglichkeit der Achsen, und zwar:
Nach Bt.O. § $18,_{1g}$ u. Ba.O. § $19,_{1g}$ (für vollspurige Nebenbahnen) Angabe über das etwaige Vorhandensein von Lenkachsen und die Verschiebbarkeit der Mittelachse.
Nach T.V. § $123,_{1g}$* Angabe über das Vorhandensein von Vereinslenkachsen.
Nach T.E. u. V.W.U. Angabe, falls die Achsen radial verstellbar sind.

Die Wagen der deutschen Bahnen und der Vereinsbahnen haben außerdem noch folgende Bezeichnungen zu führen [4]):

f) Die Zeit der letzten Untersuchung. Dieser Vermerk muß [5]) stets auf dem rechtsseitigen Ende jedes Langträgers mit der Bezeichnung „Unt." oder „Rev." und nachfolgendem Tag, Monat und Jahr der Untersuchung in Ziffern mit genügend großer Schrift in Oelfarbe angeschrieben werden.

g) Der Radstand [6]). (Nach T.E. nur, wenn er über 4500 mm beträgt und bei neuem Materiale.)

---

[1]) Wagen der dem V.D.E.V. angehörigen Bahnen müssen außer der etwa vorhandenen Bezeichnung der Eigenthümerin durch einzelne größere Buchstaben noch die Bezeichnung der Bahn in deutscher Sprache entweder vollständig oder doch nur in der Weise abgekürzt tragen, daß dieselbe ohne Schwierigkeit erkannt und abgelesen werden kann (T.V. § $123,_{1a}$*).

[2]) Nach Bt.O. § $18,_1$ u. Ba.O. § $19,_1$ ausschließlich der losen Ausrüstungsgegenstände, nach T.V. § $123,_{1c}$* einschließlich der angeschriebenen Ausrüstungsgegenstände.

[3]) Nach Bt.O. u. Ba.O. „und" die Tragfähigkeit.

[4]) Bt.O., Ba.O., T.V. a. a. O. — V.W.U. Anl. I, 21, Anm.

[5]) T.V. § $123,_{1e}$*.

[6]) Nach Ba.O. § $19,_{1f,g}$ nur bei vollspurigen Nebenbahnen.

h) Bei Wagen, deren Achslager für periodische Schmierung eingerichtet sind, der Zeitpunkt der letzten Schmierung[6]). Zur Eintragung dieses Zeitpunktes ist[7]) an jedem Langträger dieser Wagen die nachfolgende Zeichnung (Abb. 63) anzubringen:

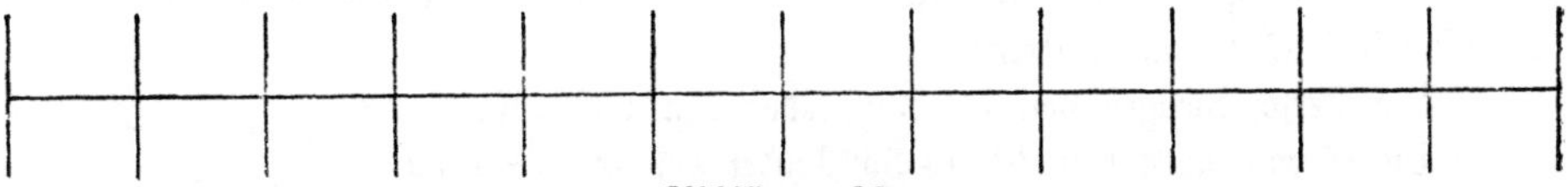

Abbildung 63.

Die zwölf oberen Felder dienen zur Aufnahme der Monatsbezeichnung, die zwölf unteren zur Eintragung des Schmierzeichens. Diese Einsätze sind in Jahren mit gerader Jahreszahl mit weißer Farbe, in Jahren mit ungerader Jahreszahl mit rother Farbe auszuführen. Ueber der Zeichnung ist zu vermerken: „Vom 1ten bis 10ten jeden . . . . ten Monats zu schmieren".

Außerdem sind für die Wagen der Vereinsverwaltungen noch folgende Anschriften bezw. Merkmale empfohlen[8]), deren erste (i) für Wagen der Hauptbahnen des D.R. durch Bt.O. § 18,$_3$ vorgeschrieben ist, und die auf den Pr.St.B. sämmtlich vorhanden sind.

i) An den Personenwagen Merkmale, welche dem Reisenden das Auffinden der Wagenklasse sowie der benutzten Wagenabtheilung (nach zeitweiligem Verlassen) erleichtern.

k) Bei Wagen mit Gasbeleuchtungseinrichtung Inhaltsangabe der Gasbehälter in Litern.

l) Bei Güterwagen Angabe der Anzahl und Art der ständig beim Wagen zu belassenden losen Ausrüstungsgegenstände.

m) Bei Wagen mit durchgehender Bremse oder Leitung für eine solche eine kurze Anschrift, aus welcher die Art der Bremseinrichtung zu ersehen ist.

Ueber die Ausführung dieser Bestimmungen ist noch Folgendes zu bemerken:

Zu a: Die Eigenthumsmerkmale sämmtlicher für den internationalen Verkehr in Betracht kommenden Bahnen sind vom V.D.E.V. übersichtlich zusammengestellt in dem Druckhefte: „Adressen der Wagenverwaltungen und Nachweisung der Eigenthumsmerkmale der Eisenbahngüterwagen", sowie in dem Auszuge hieraus: „Alphabetisches Verzeichniß der Eigenthumsmerkmale der Eisenbahngüterwagen der Vereinsbahnen sowie folgender Nichtvereinsbahnen (folgen Namen)".

Die Güterwagen der Preußischen Staatsbahnen tragen an den Seitenwänden in einem umrahmten Felde den preußischen Adler mit der Unterschrift K. P. E. V. und darunter, außerhalb der Umrahmung, den Namen der Direktion, z. B. „Berlin", an den Langträgern nur den Namen der Direktion. Die Personenwagen tragen in der Mitte jeder Seitenwandung unter einem Wappen mit dem preußischen Adler auf einem Bande die Buchstaben K. P. E. V. Der Name der Direktion ist bei den Personenwagen nur an den Langträgern angeschrieben.

Zu b: Die Nummerirung der Wagen pflegt nicht ununterbrochen zu erfolgen. Vielmehr beginnt jede Verwaltung bei der Nummerirung in der Regel mit den Personenwagen und läßt dann die Güterwagen und schließlich die Arbeitswagen folgen, trennt aber

7) T.V.* u. B.W.U. Anl. I.

8) T.V. § 123,$_1$ i, k; 2, 3.

bei Personen- und Güterwagen wieder nach einzelnen Gattungen und läßt zwischen je zwei Gattungen eine Anzahl Nummern offen, in welche bei Neuanschaffungen die Wagen eingereiht werden können. Die sehr hohen Nummern mancher Güterwagen sind also für den Gesammtwagenbestand einer Verwaltung nicht maßgebend. Auf den Pr.St.B. sind nach den Vorschriften über den Anstrich rc. der Wagen (s. unten) innerhalb jedes Direktionsbezirkes zu nummeriren:

Die Personenwagen von 1—2999 oder von 1—3999.

Die Gepäckwagen von 3000—3999 oder von 4000—4999.

Die bedeckten Güterwagen von 4000—19 999 oder von 5000—19 999.

Die offenen Güterwagen von 20000—unbegrenzt.

Für die Nummerirung der Wagen besteht bei jeder Direktion ein Nummerirungsplan. Die Wagennummer ist bei den Personenwagen möglichst in der Mitte jeder Seitenwand an dem Dache auf einem besonderen Schilde anzubringen und außerdem an den oberen Ecken jeder Stirnwand anzuschreiben. Bei den Gepäck- und Güterwagen ist die Wagennummer rechts neben den Namen der Direktion oder unter denselben zu setzen. Außerdem tragen alle Wagen die Nummer auf den Langträgern rechts neben dem Namen der Direktion.

Zu d: Auf den deutschen Bahnen (s. S. 284) giebt das „Ladegewicht" die normale Belastung des Wagens an, die „Tragfähigkeit" die höchste zulässige Belastung, die in der Regel um 5 % größer ist, z. B. 10 000 und 10 500 kg. Auf manchen auswärtigen Bahnen (z. B. den Oesterreich-Ungarischen Bahnen) ist die erstere Zahl mit „Tragfähigkeit" bezeichnet, und in diesem Falle eine Ueberlastung von 5 % zulässig.

Auf den Pr.St.B. werden ferner die Güterwagen mit 12,5—15,0—25,0—30,0 t Ladegewicht außer der gewöhnlichen Anschrift durch Figuren in weißer Farbe mit doppeltem schwarzen Rande gekennzeichnet (Abb. 64):

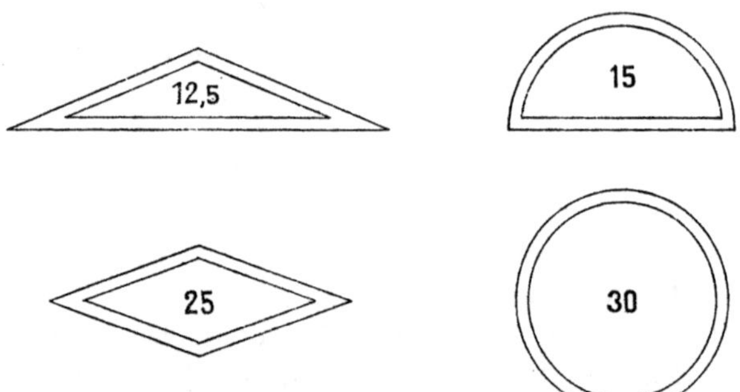

Abbildung 64.

Zu c, e, f—m ist nichts Besonderes zu bemerken. Das Nähere über Ort und Anordnung der Anschriften auf den Wagen der Pr.St.B. findet sich in den oben angezogenen Vorschriften über den Anstrich rc.

B. Gattungen der Wagen und ihre Bezeichnung auf den Pr.St.B.

Die Wagengattungen werden von den Bahnverwaltungen in sehr mannichfaltiger Weise unterschieden und auch bezeichnet. Es soll hier nur auf die im Preußischen St.W.B. (1. Abschn., 6 Kap., S. 83 ff.) vorgeschriebene Unterscheidung und Bezeichnung der

Gattungen näher eingegangen werden. In dieser Beziehung sind außer den V. f. g. W. maßgebend die (bereits oben angezogenen) für die Pr.St.B. gültigen „Vorschriften über den Anstrich, die Bezeichnung und Nummerirung der Wagen (ausschließlich der vierachsigen Personen- und Schlafwagen mit Durchgang) nebst einem Anhange.“ Zunächst werden allgemein alle Güterwagen der zum St.W.V. gehörenden Verwaltungen von jeder einzelnen Verwaltung unterschieden[9]) in

a) Heimathwagen, d. h. die der betr. Verwaltung gehörenden Wagen.

b) Staatsbahnwagen, d. h. die Wagen der für Rechnung des Preußischen Staates verwalteten Bahnen.

c) Verbandswagen, d. h. die Wagen sämmtlicher zum St.W.V. gehörenden Bahnen.

Die Wagen der nicht zum St.W.V. gehörenden Bahnen pflegt man „fremde Wagen“ zu nennen.

Die Wagen werden von allen Verwaltungen des St.W.V. nach ihrer Bauart, Bestimmung und besonderen Eigenschaften durch Anschrift lateinischer Buchstaben und von den Pr.St.B. durch die Farbe des Anstriches in folgender Weise bezeichnet[10]):

Bezeichnung	Bedeutung
	1. Hauptgattungszeichen.
A	Personenwagen I. Klasse
B	„ II. „
C	„ III. „
D	„ IV. „
	Auf den Pr.St.B. sind die Buchstaben zur Bezeichnung der Wagengattung bei den Personenwagen oben an der linken Seite jeder Stirnwand über dem gewölbten Buffer dicht unter der Wagennummer anzuschreiben.
	Bemerkung: Die Personenwagen bezw. Wagenabtheilungen I. u. II. Klasse erhalten auf den Pr.St.B. außen einen olivengrünen Anstrich, welcher bei der I. Kl. von einem 30 mm breiten gelben Streifen rings eingefaßt ist, diejenigen III. Klasse einen dunkelbraunen Anstrich, diejenigen IV. Klasse einen grauen Anstrich. Zur äußeren Bezeichnung der Abtheile ist die Wagenklasse und unter derselben der Ordnungsbuchstabe des betr. Abtheils angeschrieben (Vorschr. über den Anstrich 2c. § 1).
Post	Postwagen (wegen der Anschriften und des Anstriches vgl. Vorschr. über den Anstrich 2c. § 8, 9).
	Wagen, welche aus zwei oder mehreren der vorgenannten fünf Gattungen und der folgenden Gattung zusammengesetzt sind, sogen. „gemischte Wagen“, werden durch Zusammenstellung der betreffenden Buchstaben bezeichnet; z. B. ist ein AB-Wagen ein solcher, der Abtheile I. u. II. Klasse enthält, ein P-Post-Wagen ein vereinigter Post- und Gepäckwagen.
P	Gepäckwagen (Packwagen). — Die Gepäck- und Güterwagen erhalten auf den Pr.St.B. einen rothbraunen Anstrich.. (Vorschr. üb. d. Anstr. 2c. § 2). Die Buchstaben zur Bezeichnung der Wagengattung sind bei den Gepäck- und Güterwagen der Pr. St.B. unter oder links neben der Wagennummer am Wagenkasten anzuschreiben (Vorschr. über den Anstrich 2c. § 4.
G	Bedeckte Güterwagen.
V	Bedeckte Viehwagen, welche wegen großer Seitenöffnungen zur Viehversendung besonders geeignet sind.
VO	Offene, hochwändige Wagen.
K	Kalkwagen mit Satteldach und Deckklappen.

[9]) V. f. g. W. § 3.

[10]) V. f. g. W. § 3,$_2$ u. Anl. A.

Bezeichnung	Bedeutung
O	Offene Güterwagen mit mittelhohen Wänden.
*) S	Offene Güterwagen mit niedrigen Wänden oder ohne Wände (Schienen-, Plateau-, aber nicht Arbeitswagen).
X	Arbeitswagen mit elastischen Buffern.
GG	Vierachsige, bedeckte Güterwagen.
O O	Vierachsige, offene Güterwagen mit mittelhohen Wänden.
SS	Vierachsige, offene Güterwagen mit niedrigen Wänden oder ohne Wände.
**) HH	Ein Langholzwagenpaar.
	2. Zusätzlich zu den Hauptgattungszeichen.
g	(Bei Gepäckwagen) nur für Güterzüge geeignet.
e	(Bei Personen- und Güterwagen) mit Etagen versehen.
c	(Bei O-Wagen) mit Kokesaufsätzen oder erhöhten, nicht ganz hohen Wänden versehen (niedriger als bei VO), jedoch genügend groß, um eine dem angeschriebenen Ladegewichte entsprechende Menge Steinkohlenkokes in den Wagen verladen zu können.
t	(Bei O-Wagen) mit Trichtern, Boden- oder Seitenklappen versehen.
n	(Bei G-Wagen) mit Luftbremse oder Leitung, Dampfleitung oder sonstigen Einrichtungen versehen, durch welche der Wagen zur Benutzung als Gepäckwagen oder in Schnell- und Personenzügen besonders geeignet erscheint.
f	(Bei V-Wagen) mit Ständen für Luxuspferde versehen.
m	(Bei G, V, VO, K, O, S und X) 15 000 kg und mehr Ladegewicht.
m	(Bei OO, SS und HH) 30 000 kg und mehr Ladegewicht. (Bezeichnung gilt auch für einen einzelnen Langholzwagen — HH — mit 15 000 kg und mehr Ladegewicht.)
w	(Bei G, V, VO, K, O, S und X) weniger als 10 000 kg Ladegewicht.
w	(Bei GG, OO, SS und HH) weniger als 20 000 kg Ladegewicht.
l	Mindestens 7 m Länge und mindestens 17 qm Ladefläche. (SS-Wagen werden nicht mit diesem Zeichen versehen.)
r	Der Radstand des Wagens ist zu kurz oder die Achsstärke zu gering, um denselben in Personenzügen laufen lassen zu können.
k	Mit Kopfwänden versehen, die um einen oberen Zapfen drehbar sind und ein Abstürzen der Ladung auf Kippvorrichtungen gestatten.
q	(Bei O und OO) mit aushebbaren Kopfwänden versehen.
z	(Bei O und VO) mit gedichteten Seitenwänden und Bodenflächen, oder mit dichtschließenden Klappen vor den Luken, durch die der Wagen zu Torfstreusendungen und dergl. geeignet gemacht ist.
u	Mit nicht elastischen Buffern versehen.
(u)	(Bei O, S, SS, HH und X) unbrauchbar für militärische Fahrzeugtransporte.
	3. Nicht angeschrieben, aber für militärische und (wo *) für sonstige telegraphische Wagenmeldungen anzuwenden sind:
b	(Bei G, V, VO) brauchbar für Mannschafts- bezw. Pferdetransporte.
b	(Bei O, S, SS, HH und X) brauchbar für Fahrzeugtransporte.

*) Die Sl- und Sml-Wagen von 10,1 m Länge mit hohen und breiten hölzernen Rungen sind in den Meldungen als Sl Rug bezw. Sml Rug zu bezeichnen.

**) Bei HH bedeutet der Zusatz: „s“ ein mit Kuppelstangen ausgerüstetes Langholzwagenpaar und „z“ ein mit Zinken auf den Wendeschemeln versehenes Langholzwagenpaar.

Bezeichnung	Bedeutung
c	(Bei D und G) ausgerüstet für Mannschaftstransporte bezw.:
c*	Für Personenverkehr III. Klasse.
ci*	(Bei G) Wagen mit Durchgang und Plattform (Blatt I 20 der Normalien für Betriebsmittel der Pr.St.B., sogen. Erfurter Bauart) für Personenverkehr III. Klasse.
d*	(Bei G) gewöhnliche bedeckte Güterwagen für Personenverkehr IV. Klasse.
p f	(Bei G, V und VO) ausgerüstet für Pferdetransporte.
u	(Bei Personen-, Gepäck- und G-Wagen) unbrauchbar für Mannschafts- und Pferdetransporte.
a	(Bei O, S, SS, HH und X) abgerüstet und fertig zur Verladung von Fahrzeugen.
	Dagegen ist an den bedeckten Güterwagen sowie den bedeckten und offenen Viehwagen eine Anschrift betr. die Tragfähigkeit für militärische Transporte anzubringen und zwar z. B. „M.T. 40 M. oder 6 Pf.", bezw., wenn die Wagen bloß zum Mannschafts- oder Pferdetransport geeignet sind, „M.T. 40 M. bezw. M.T. 6 Pf."
	Weitere Einzelheiten enthalten auch in dieser Beziehung die „Vorschriften über den Anstrich ꝛc."

Es schweben Verhandlungen zwischen den bei den Wagenbeistellungskonferenzen (S. 88 ff.) betheiligten Verwaltungen, um auch für die verschiedenen Gattungen der Personenwagen einheitliche telegraphische Abkürzungen einzuführen, die thunlichst auch als Wagenanschriften verwendet werden sollen.

C. Special- und Stationswagen.

1. Specialwagen.

Wagen, welche zur Verladung ganz bestimmter Güter eingerichtet sind, heißen Specialwagen (Sp.). Nach den V. f. g. W. Anl. B sind innerhalb des St.W.V. als Specialwagen durch Anschrift zu bezeichnen:

a) Die offenen Wagen von besonders großer Länge und großem Ladegewichte (OO, SS, Oml Sp, Sl, Sml) mit Ausnahme der Sl Rug und Sml Rug.

b) Die bedeckten Güterwagen, welche mit Luftbremse oder Leitung, Dampfleitung oder sonstigen Einrichtungen versehen sind, durch welche der Wagen zur Benutzung als Gepäckwagen bezw. in Schnell- und Personenzügen besonders geeignet erscheint (Gn).

c) Kalkwagen mit Satteldach und Deckklappen (K).

d) Viehwagen mit Ständen für Luxuspferde (Vf).

e) Arbeitswagen jeder Art (X).

f) Außerdem nur in einzelnen Direktionsbezirken und Elsaß-Lothringen offene Wagen, die zur Verladung von Cokes Aufsätze oder erhöhte Wände besitzen (Oc).

g) Nur bei der Oldenburgischen Staatsbahn Wagen, welche zur Versendung von Torfstreu ꝛc. besonders geeignet sind (VOlz).

h) Schließlich bei einzelnen Bahnen Langeisenwagenpaare (HH), vieretagige Viehwagen (Ve) u. s. f.

Specialwagen können außer mit dieser Bezeichnung noch mit dem Namen einer Station bezeichnet werden. Alsdann heißen sie „Stationswagen", siehe das Folgende.

2. Stationswagen.

Wagen, welche zum Zeichen, daß sie auf einer bestimmten Station zu Hause sind, den Namen dieser Station tragen, sind nach gemachter Benutzung stets an die Heimathstation zurückzusenden[11]). Als Stationswagen können bezeichnet werden[12]):

a) Privatwagen aller Art, die in den Wagenpark einer Verbandsverwaltung eingestellt sind.

b) Bahneigene Wagen, die mit besonderen Einrichtungen für gewisse Beförderungsgegenstände, welche von der betr. Station vorzugsweise versendet werden, dauernd ausgerüstet sind, so Kesselwagen (stets), Wagen zur Versendung von Fleisch, Milch, Bier, Fischen, Glassand, Spiegelglas, Lokomotiven u. s. f. (bei dringendem Verkehrsbedürfnisse, über das bei Widerspruch der Direktion Magdeburg der Verband entscheidet), ferner die oben unter b, c, d aufgeführten Specialwagen, sowie die Ot-Wagen, Wagen von mehr als 30000 kg Ladegewicht und endlich Wagen, welche ausschließlich zu Dienstzwecken eingerichtet und bestimmt sind, z. B. Profilwagen, Krahnwagen, Gastransportwagen u. s. f.

Die „Nachweisung der bei den Verwaltungen des Staatsbahnwagenverbandes vorhandenen Special- und Stationswagen“ giebt genauen Aufschluß über den bei dem St.W.V. vorhandenen Bestand an solchen Wagen. Ueber die Bedingungen für Einstellung von Privatwagen und die Benutzung derselben auf den einheimischen und fremden Bahnen vgl. unten S. 337 ff.

D. Sonstige Bezeichnungen und Anschriften der Wagen.

Ueber sonstige Bezeichnungen und Anschriften an den Wagen, namentlich den Vermerk über die Bodenfläche und Länge der Güterwagen, die Schilder und inneren Anschriften der Personenwagen, die Kennzeichnung der außergewöhnlichen Umgrenzung, die Angabe der Ausrüstung mit Bremsen, Fassungsraum der Gasbehälter, Angabe loser Wagentheile, Untersuchungsvermerke, Werkstätte, welcher der Wagen zugewiesen ist, Name des Lieferanten u. s. f. muß, soweit diese Angaben nicht später noch erwähnt werden, auf die mehrfach angezogenen Vorschriften über den Anstrich 2c. verwiesen werden.

E. Wagenverzeichnisse.

Für den Bereich der Pr.St.B. werden alle vorhandenen Wagen in den sogen. „Bildlichen Wagenparkverzeichnissen“ der Eisenbahndirektionen in gleichmäßiger Weise übersichtlich zur Darstellung gebracht. Daneben bestehen für den Bereich des V.D.E.V. die von diesem herausgegebenen Güterwagenparkverzeichnisse. Für den über den Bereich des V.D.E.V. hinausgehenden internationalen Wagenverkehr bestehen gleichartige Verzeichnisse nicht. Doch bilden eine Art von Ersatz hierfür die im „Adressen(verzeichnisse) der Wagenverwaltungen“ mitgetheilten Eigenthumsmerkmale der Eisenbahngüterwagen, sowie das: „Alphabetische Verzeichniß der Eigenthumsmerkmale der Eisenbahngüterwagen u. s. f.“, beide vom V.D.E.V. herausgegeben.

II. Nothwendige Eigenschaften der Wagen.

Für die Zulässigkeit des Wagenüberganges von einer Bahn zur andern sind jetzt in allen Ländern, deren Bahnen für solchen Uebergang in Betracht kommen, die Be-

[11]) V. f. g. W. § 3,5.
[12]) V. f. g. W. Anl. B, II.

stimmungen der technischen Einheit (T.E.) maßgebend (vgl. S. 72, 73), die auch in das neue 1896 beschlossene V.W.U. (allerdings in veränderter Fassung und mit einigen für das Gebiet des V.D.E.V. geltenden Zusätzen) aufgenommen sind (vgl. S. 75). Der Bau der den Vereinsverwaltungen gehörenden Wagen ist außerdem in technischer Beziehung den bindenden Vorschriften[13]) der T.V. unterworfen, soweit nicht durch Staatsverträge oder durch die obersten staatlichen Aufsichtsbehörden hiervon abweichende Bestimmungen getroffen sind oder getroffen werden. Zur Zurückweisung eines einer Vereinsverwaltung gehörenden Wagens vom Uebergange berechtigt aber eine Abweichung seiner Beschaffenheit von den T.V. nicht, sofern er nur der T.E. entspricht.

Im Gebiete des D.R. gelten schließlich für den Bau der den deutschen Bahnen gehörenden Wagen die N. f. H., welche bei etwaigem Widerspruche den T.V. vorgehen. Für die Zulassung der Wagen zum Betriebe gelten die Bt.O. und Ba.O., welche aber bei fremden Wagen[14]) gleichfalls gegenüber den durch Staatsvertrag festgelegten Bestimmungen der T.E. zurückstehen.

Bei den nachstehenden Erörterungen ergiebt sich, auch wo dies nicht besonders ausgeführt ist, der Geltungsbereich aus demjenigen der angezogenen Bestimmungen.

A. Raddruck.

Der Druck eines Wagenrades auf die Schienen soll auf Hauptbahnen bei voller Ausnutzung der festgesetzten Tragfähigkeit im Stillstande der Fahrzeuge nicht mehr als 7000 kg betragen[15]). Nach T.V. ist diese Vorschrift nur für Neubeschaffung und nur für solche Betriebsmittel bindend, für welche der Uebergang auf andere Bahnen nicht ausgeschlossen ist[16]). Thatsächlich ist auf einer großen Zahl der Bahnen des V.D.E.V. nur ein geringerer Raddruck zulässig. Aufschluß hierüber giebt das „Verzeichniß der auf den Vereinsbahnstrecken zulässigen größten Radstände und Raddrucke der Eisenbahn-Fahrzeuge u. s. f." In der T.E. ist eine Vorschrift über den Raddruck überhaupt nicht enthalten.

B. Breiten- und Höhenmaaße der Wagen.

Vielleicht nirgends im Bereiche des Eisenbahnbetriebes und -Verkehres, mit Ausnahme des Tarifwesens, herrscht eine so bunte Mannigfaltigkeit, wie hinsichtlich der Bestimmungen über die zulässigen Breiten- und Höhenmaaße der Wagen. Um über die große Zahl verschiedener, anscheinend zum Theil sich widersprechender Vorschriften sich einen Ueberblick zu verschaffen, hat man zunächst zu unterscheiden zwischen Vorschriften, welche für den Bau neuer Wagen gelten, und Vorschriften, welche für die Zulassung von Wagen auf den vorhandenen Bahnlinien maßgebend sind. Von beiden Gattungen sind je die für die Pr.St.B. wichtigsten in Abb. 65 und 66 im Vergleiche zur Umgrenzung des lichten Raumes zur Darstellung gebracht, wobei indessen zu beachten bleibt, daß der seitliche Spielraum sich durch das Uebergreifen der Umgrenzungen der zwei Gleise einer zweigleisigen Strecke von 0,425 m auf 0,175 m verringert.

1. Vorgeschriebene Umgrenzungen für den Bau neuer Wagen.

Für den Bau neuer Wagen kommen auf den deutschen Bahnen die N. f. H. und die T.V. in Betracht, von welchen erstere im Falle des Widerspruches vorgehen. In

13) Durch * hervorgehoben.
14) Vgl. Bt.O. § 18,4.
15) N. f. H. § 29, T. V. § 67*.
16) Vgl. S. 255, auch Fußnote 5 daselbst.

den N. f. H. sind zwei verschiedene Umgrenzungen vorgesehen (Abb. 65). Die größere, welche sich annähernd der Umgrenzung des lichten Raumes anschließt, ist nur für Schlaf- und Luxuswagen für den großen durchgehenden Verkehr in Schnellzügen und die zu gleichem Dienste bestimmten Gepäckwagen zugelassen[17]). Für alle anderen Wagen ist eine erheblich niedrigere Umgrenzung vorgeschrieben[18]), welche genau mit der ebenda für Lokomotiven und Tender vorgeschriebenen übereinstimmt (vgl. S. 255—257). Der Grund dafür, daß man mit den meisten Wagen die Umgrenzung des lichten Raumes nicht ausnutzt, ist darin zu suchen, daß die Verwendbarkeit der Wagen in anderen Ländern,

Umgrenzung für den Bau von Wagen

nach den Normen für den Bau und die Ausrüstung der Haupteisenbahnen Deutschlands,	nach den Technischen Vereinbarungen des Vereins Deutscher Eisenbahnverwaltungen.

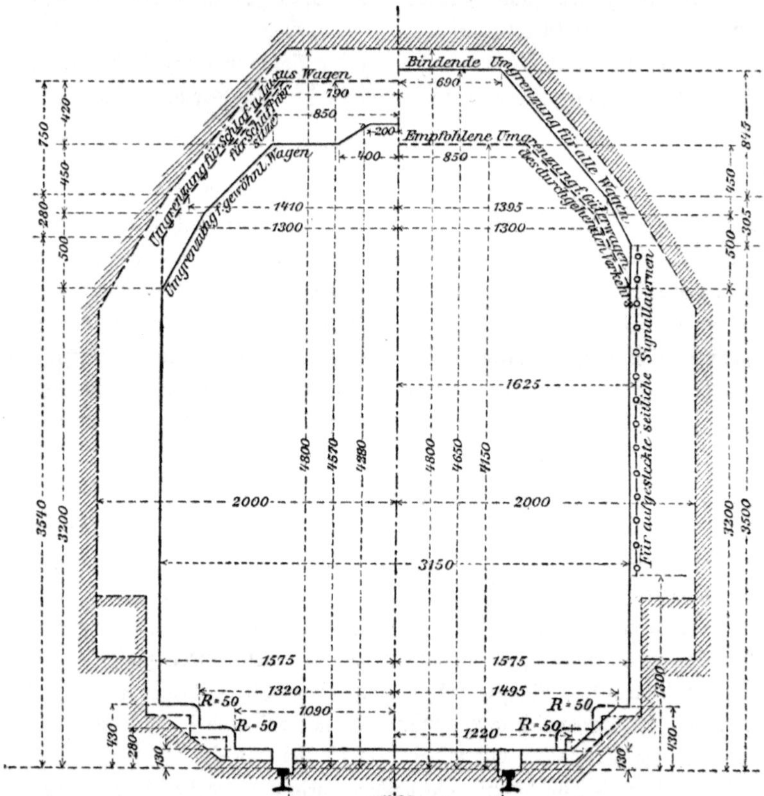

Abbildung 65.

Anmerkungen:

1. Die untere gestrichelte Umgrenzung nach den T.V. hat vorläufig noch Gültigkeit, bis die der Einführung der schrägen Umgrenzung entgegenstehenden Hindernisse beseitigt sind.

2. Bezüglich der Einschränkung der Umgrenzungslinie für Wagen, die auf Zahnradbahnen übergehen sollen, vgl. T.V. Bl. XIII.

---

17) N. f. H. § 23,3.

18) N. f. H. § 23,1.

welche niedrigere Umgrenzungen des lichten Raumes besitzen (s. unten), nicht in Frage gestellt werden soll. Wie die Lokomotivschornsteine (S. 256), so dürfen auch die bedeckten Schaffnersitze über die niedrigere Umgrenzung bis auf 4,57 m Höhe (mit Wahrung eines Spielraumes von 0,15 m gegen die Umgrenzung des lichten Raumes) hinausragen, müssen aber dann so eingerichtet sein, daß sie auf die niedrigere Umgrenzung eingeschränkt werden können [19]).

Die T.V. schreiben in § 117,$_1$* nur eine Umgrenzung vor, welche annähernd mit derjenigen für Luxuswagen der N. f. H. übereinstimmt, und empfehlen [20]) lediglich eine niedrigere Umgrenzung für die Güterwagen des durchgehenden Verkehres, welche der niedrigeren Umgrenzung der N. f. H. bis auf den kleinen Aufsatz der letzteren entspricht (Abb. 65).

Sowohl die Umgrenzungen der N. f. H., wie diejenigen der T.V. sind so zu verstehen, daß sie auch bei der Durchfahrt durch Krümmungen von 180 m Halbmesser durch die Fahrzeuge nicht überschritten werden [21]). Für die hiernach bei verschiedener Länge und Bauart der Wagen erforderlichen Einschränkungen sind in T.V. § 117a* in ausführlichen Tabellen genaue Vorschriften gegeben.

Unter 130 mm über Sch.Ob. dürfen, abgesehen von den Rädern der Wagen, auch bei größter Abnutzung der Radreifen nur die nachbenannten Theile herabreichen [22]):

a) Die durch den Radreifen gedeckten Theile (wie Bremsklötze) bis auf 50 mm über Sch.Ob.

b) Die Kuppelungen und Sicherheitsketten bis auf 75 mm über Sch.Ob.

In T.V. § 83,$_5$ (nicht bindend) ist eine breitere Umgrenzung für aufgesteckte seitliche Signallaternen angegeben, während nach N. f. H. § 23,$_5$ alle an den Wagen anzubringenden losen Theile, wie Signalscheiben, Laternen, Leinenhaspel u. s. f. innerhalb der Umgrenzung für Luxuswagen verbleiben müssen, sofern nicht für bewegliche Theile Ausnahmen seitens der Landesaufsichtsbehörde unter Zustimmung des R.E.A. zugelassen werden. Nach N. f. H. § 23,$_6$ sollen ferner die nach Außen aufschlagenden Thüren der Personenwagen, bei Stellung der Wagen im geraden Gleise, innerhalb der Umgrenzung des lichten Raumes verbleiben.

Schließlich sind in T.V. § 117,$_2$*,$_5$* zur Sicherheit der Reisenden und Schaffner noch folgende Bestimmungen getroffen:

Bedingt die Anwendung der nach § 117 bezw. 117a ermittelten Wagenbreiten besondere Vorkehrungen gegen eine Gefährdung der Reisenden durch seitliches Hinausbeugen, so müssen an den Fensteröffnungen geeignete Schutzvorrichtungen oder Warnungsanschriften angebracht sein, und:

Die Fußbretter der Schaffnersitze dürfen nicht höher als 2,850 m über Sch.Ob. liegen.

2. Zulässige Umgrenzungen für den Uebergang der Wagen.

Bei der Frage des Wagenüberganges handelt es sich einerseits um das zulässige Querschnittsmaaß gedeckter Wagen, andererseits um die zulässige Begrenzung der Ladung

[19]) N. f. H. § 23,$_2$.

[20]) T.V. § 117,$_6$.

[21]) N. f. H. § 23,$_4$, T.V. § 117a*.

[22]) N. f. H. § 23,$_7$, Bt.O. § 12,$_6$, T.V. § 117,$_4$*. Bezüglich der Wagen, welche auf Zahnradbahnen übergehen sollen, geben T.V. § 117 Anm. u. Bl. XIII Fig. 2 noch eine weitere Einschränkung, die derjenigen der Umgrenzung des lichten Raumes für Zahnradbahnen (S. 176) entspricht.

offener Wagen (Lademaaß, Ladeprofil). Die in den verschiedenen Ländern bezw. auf deren verschiedenen Bahnen zulässigen Querschnittsmaaße gedeckter Wagen sind in der Regel zugleich die gültigen Lademaaße, doch ist dies auffallenderweise nicht überall der Fall. Meist ist besonders ausgesprochen, daß Querschnitt und Ladung insoweit eingeschränkt werden müssen, daß auch in den Krümmungen der Bahn die zulässigen Umgrenzungen nicht überschritten werden.

Der V.D.E.V. besitzt zwei Lademaaße, mit Bl. I und Bl. II bezeichnet[23]), von welchen das Lademaaß Bl. I genau mit der Wagenumgrenzung des V.D.E.V. übereinstimmt (Abb. 65, 66). Das Lademaaß Bl. I gilt für die meisten Vereinsbahnen, namentlich fast alle deutschen und österreichisch-ungarischen Bahnen. Für alle übrigen Vereinsbahnstrecken gilt das Lademaaß Bl. II (Abb. 66), welches fast genau der niedrigeren Umgrenzung der N. f. H. (Abb. 65) entspricht. Ueber die zulässigen Querschnittsmaaße gedeckter Wagen hat der V.D.E.V. keine Bestimmungen getroffen, aber in V.W.U. Anl. I, 1 ausgesprochen, daß im gegenseitigen Verkehre der Vereinsverwaltungen die Uebernahme von Wagen wegen des Querschnittes nicht verweigert werden darf.

In den Bestimmungen über die T.E. konnte bei der großen Verschiedenheit der Verhältnisse der betheiligten Länder ein einheitliches Querschnitts- oder Lademaaß nicht vorgeschrieben werden. Doch heißt es daselbst in Art. II § 23: „Wagen, welche wegen ihrer Querschnittsmaaße auf einer Bahnstrecke nicht verkehren können, werden vom internationalen Verkehre ausgeschlossen. Die bezüglichen Vorschriften der Bahnverwaltungen sind den betheiligten Staaten bekannt zu geben."

Diese gegenseitige Bekanntgabe ist erfolgt, und alljährlich giebt in Deutschland das R.E.A. eine entsprechende Zusammenstellung heraus[24]). Die gleiche Zusammenstellung ist, etwas abweichend gruppirt, im Anhange des vom V.D.E.V. herausgegebenen Verzeichnisses der auf den Vereinsbahnstrecken zulässigen größten Radstände 2c.[23]) enthalten. Die Zusammenstellung weist theils für ganze Länder, theils für einzelne Bahnen oder Bahngruppen derselben 23 verschiedene Querschnittsmaaße auf, zu welchen stellenweise noch Abweichungen für Lademaaße oder Personenwagen und Gepäckwagen angegeben sind. In Abb. 66 sind aus der Zusammenstellung die Querschnittsmaaße für die deutschen und österreichisch-ungarischen Bahnen wiedergegeben. Das Querschnittsmaaß für die deutschen Bahnen, welches in der Zusammenstellung des R.E.A. zugleich als Lademaaß bezeichnet ist, stimmt genau mit dem Lademaaß Bl. II des V.D.E.V. überein. Es sollte durch Mittheilung dieses Querschnitts- und Lademaaßes an die Regierungen der anderen Länder selbstverständlich nicht ausgesprochen werden, daß Wagen, welche durch ihren Bau oder ihre Ladung dieses Maaß überschreiten, vom Verkehre auf den deutschen Bahnen überhaupt ausgeschlossen sind, sondern nur, daß alle diejenigen Wagen, welche diese Umgrenzung nicht überschreiten, wegen ihrer Abmessungen auf keiner deutschen Bahn zurückgewiesen werden dürfen. Um diese Zusicherung geben zu können, mußte das kleinste auf den deutschen Bahnen gültige Lademaaß (Bl. II des V.D.E.V.)

---

[23]) Verzeichniß der auf den Vereinsbahnstrecken zulässigen größten Radstände und Raddrucke der Eisenbahnfahrzeuge sowie der bei der Beladung offener Wagen anzuwendenden Lademaaße Bl. I und II im gegenseitigen Verkehre der Vereinsbahnen. Nebst einem Anhange u. s. f.

[24]) „Gabarits pour voitures et wagons admis à circuler sur les chemins de fer en trafic international. (Begrenzungslinien der im internationalen Eisenbahnverkehre zugelassenen Personen- und Güterwagen.)" Herausgeber und Druckort sind nicht angegeben.

mitgetheilt werden. Im Uebrigen sind alle dem V.D.E.V. angehörigen deutschen Bahnen verpflichtet, offene nach Lademaaß Bl. I oder Bl. II (je nachdem das eine oder andere für sie gilt) beladene Wagen und bedeckte Wagen ohne Rücksicht auf das Querschnittsmaaß von anderen Vereinsverwaltungen zu übernehmen (vgl. S. 294).

Aehnliche Erwägungen gelten bezüglich der drei für die Bahnen Oesterreich-Ungarns für Güterwagen, Personen-, Post- und Gepäckwagen und außergewöhnliche Wagen in den Zusammenstellungen angegebenen Querschnittsmaaße (Abb. 66). Das österreichisch-ungarische Querschnittsmaaß für Güterwagen stimmt mit der vom V.D.E.V. in T.V. § 117,$_6$ und Bl. XIII empfohlenen Umgrenzung für Güterwagen des durchgehenden Verkehres überein; die anderen beiden Querschnittsmaaße sind annähernd der ebenda angegebenen Umgrenzungslinie für Wagen gleich.

Zulässige Umgrenzung für den Uebergang von Wagen

nach den Lademaaßen Bl. I u. II des Vereins Deutscher Eisenbahnverwaltungen[1]), nach den Querschnittsmaaßen für Deutschland und Oesterreich-Ungarn[1]) T.E. II, § 23.

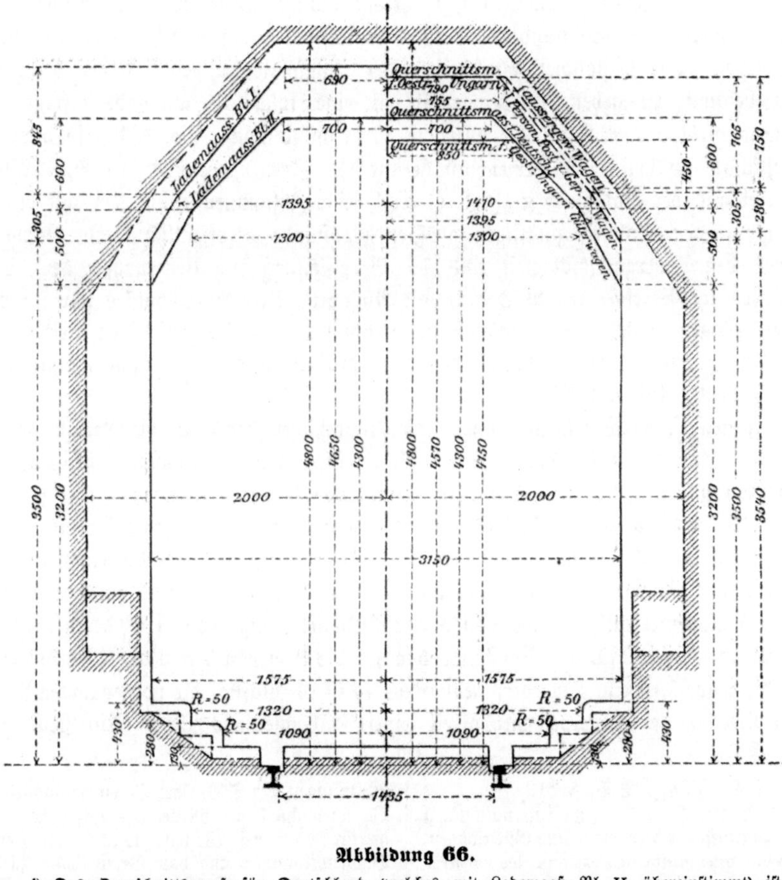

Abbildung 66.

[1]) Das Querschnittsmaaß für Deutschland (welches mit Lademaaß Bl. II übereinstimmt) ist zugleich Querschnittsmaaß für die Bulgarischen u. Serbischen Staatsbahnen, eine Anzahl dänischer Privatbahnen und nach vorheriger Vereinbarung auch der Schwedischen Bahnen. Auch das Querschnittsmaaß der Schweizerischen Bahnen stimmt bis auf eine geringe Abweichung in der unteren Begrenzung mit dem Querschnittsmaaße für Deutschland (Lademaaß Bl. II) überein. Das Querschnittsmaaß der Dänischen Staatsbahnen, der übrigen (eben nicht einbegriffenen) dänischen Privatbahnen und der Orientalischen Bahnen stimmt mit Lademaaß Bl. I überein. Auf die übrigen Querschnittsmaaße hier einzugehen, würde zu weit führen.

Es steht wohl zu erwarten, daß in Beziehung auf die große Zahl der Querschnittsmaaße mit der Zeit, wie bisher schon, so auch weiter eine Vereinfachung eintreten wird.

C. Beschaffenheit des Untergestelles der Wagen.

1. Der Radstand.

Der Radstand aller Güterwagen (nach T.V. aller Wagen) soll mindestens 2,5 m betragen[25]). Nach T.E. II § 1 gilt diese Bestimmung als verbindlich bezüglich des internationalen Verkehres nur für neu zu erbauendes Material; sie ist daher, als für die Uebernahmefähigkeit nicht entscheidend, in V.W.U. Anl. I, 1 fortgelassen.

Wenn so über den geringsten zulässigen Radstand internationales Einverständniß (wenigstens grundsätzlich) erzielt ist, so ist dies nicht der Fall bezüglich des größten zulässigen festen Radstandes. Dieser ist vielmehr abhängig von den Krümmungsverhältnissen der Bahnlinien und auf den einzelnen Strecken bezw. in den einzelnen Ländern sehr verschieden. T.E. II § 1 besagt daher: „Die Wagen, welche wegen eines zu großen festen Radstandes auf einer Bahnstrecke nicht verkehren können, werden zurückgewiesen. Die bezüglichen Vorschriften der Bahnverwaltungen sind den betheiligten Staaten bekannt zu geben." Demgemäß ist eine solche Bekanntgabe erfolgt. In Deutschland giebt das R.E.A. wie über die Querschnittsmaaße (S. 294), so auch über die Radstände alljährlich ein Verzeichniß heraus[26]). Ferner hat auch der V.D.E.V. in dem Verzeichniß der Radstände ꝛc. (vgl. S. 294) eine Zusammenstellung der auf allen in Frage kommenden Bahnen zulässigen größten Radstände veröffentlicht. In Bezug auf die Frage der Uebergangsfähigkeit und die Verpflichtung zur Uebernahme der Wagen sind indessen im Bereiche des V.D.E.V. die Angaben dieses Verzeichnisses nur für Läufe beladener Wagen nach Nichtvereinsbahnen verbindlich. Im gegenseitigen Verkehre der Vereinsverwaltungen dürfen Wagen wegen zu großen Radstandes nicht zurückgewiesen werden (V.W.U. Anl. I, 1)[27]).

Dagegen ist durch folgende bindende Bestimmungen der T.V. die Gewähr geboten, daß Wagen der Vereinsverwaltungen, welche einen langen Radstand besitzen, auch Gleiskrümmungen mit 180 m Halbmesser anstandslos befahren können:

a) Bei Wagen von mehr als 4 m Gesammtradstand, welche mehr als zwei in einem gemeinsamen Rahmen gelagerte Achsen haben, muß für die Mittelachsen, wenn ihre Räder mit Spurkränzen versehen sind, eine dem Radstande und einer Krümmung von 180 m Halbmesser entsprechende seitliche Verschiebbarkeit angeordnet sein, deren Maaß sich bei dreiachsigen Wagen für die Radstände von 4,5 bis 9 m von 5 mm auf 48 mm steigert. Besitzen die Endachsen eine Querverschiebbarkeit, so ist es zulässig, die vorgenannten Maaße um den Betrag der Querverschiebbarkeit einer Endachse aus ihrer Mittelstellung zu

---

[25]) N. f. H. § 26,$_2$, T.V. § 119,$_1$*.

[26]) Maximalradstand der im internationalen Verkehre zugelassenen Personen- und Güterwagen. (Écartement maximum des essieux des voitures et wagons admis à circuler sur les chemins de fer en trafic international.)

[27]) Hierbei ist wohl vorausgesetzt, daß die Wagen den im Folgenden zu besprechenden Bestimmungen der T.V. über Vereinslenkachsen und Verschieblichkeit der Mittelachse entsprechen. Da hierfür aber bei Wagen, welche von fremden Bahnen kommen und von Vereinsbahn zu Vereinsbahn übergehen, keine Gewähr geboten ist, so scheint hier eine (allerdings praktisch wohl unwesentliche) Lücke in den Bestimmungen vorhanden zu sein.

vermindern. Mittelachsen mit Rädern ohne Spurkränze (nach N. f. H. § 35,$_2$ u. Ba.O. § 16 unzulässig) dürfen keine besondere Querverschiebbarkeit haben[28]).

b) Wagen mit Lenkachsen, d. h. mit Achsen, welche sich in Bahnkrümmungen selbst radial einstellen, sollen den Vorschriften der T.V. § 119a*—119d* entsprechend gebaut sein und, falls dies zutrifft, die Anschrift „Vereinslenkachsen" tragen. Bisher wurden im V.D.E.V. zwei Gruppen, A und B, der Vereinslenkachsen zugelassen. Wagen mit Lenkachsen der Gruppe A mußten für alle Züge ohne Rücksicht auf deren Geschwindigkeit übernommen werden, Wagen mit Lenkachsen der Gruppe B nur für Züge bis 50 km Geschwindigkeit. Der § 119e* der neuen T.V. bestimmt daher in Abs. 3: Eine Aenderung der bisher ausgeführten Anschriften — Vereinslenkachsen mit dem Zusatze des Buchstabens A oder B und einer Ordnungsnummer — durch Weglassung des Zusatzes ist nur dann zulässig, wenn die Bauart den Bestimmungen der § 119a—119d vollständig entspricht[29]).

Unter sinngemäßer Anwendung dieser Bestimmungen sind im Gebiete des V.D.E.V. Wagen mit zweiachsigen Drehgestellen ohne Rücksicht auf die Entfernung der Drehgestelle von einander zulässig. (Vgl. auch d. Vorbemerkungen z. Verzeichniß d. größten Radstände.)

Von den vorstehenden, auch für die Deutschen Vereinsbahnen gültigen Vorschriften ist für die Hauptbahnen des D.R. die Bestimmung über Verschieblichkeit der Mittelachse bei Wagen mit mehr als 2 Achsen ohne Drehgestell und von mehr als 4,0 m Radstand in N. f. H. § 26,$_1$ gleichfalls ausgesprochen. Ferner ist hier aber auch die zulässige Größe des festen Radstandes begrenzt, indem N. f. H. § 26,$_2$ besagt: Das Maaß von 4,5 m soll für den Radstand nicht überschritten werden, sofern die Güterwagen nicht mit Lenkachsen ausgestattet sind. (In den T.V. § 119,$_1$ ist nur empfohlen, den Radstand der Güterwagen nicht größer, als 4,5 m, zu machen.)

2. Sicheres Spuren der Räder.

Für das sichere Spuren der Räder ist zunächst erforderlich, daß dieselben auf der Achse unverrückbar festsitzen[30]). Im Uebrigen muß sich der Abstand der Räder nach der Spurweite des Gleises richten (vgl. S. 174). Dementsprechend ergiebt sich der nothwendige Abstand der Räder, die Breite der Radreifen u. s. f.

Die Entfernung von Außenkante zu Außenkante der Spurkränze, gemessen 10 mm unterhalb der Laufkreise der beiden Radreifen[31]), soll nach N. f. H. § 36,$_1$ und T.V. § 73,$_1$* nicht weniger als 1410 und nicht mehr als 1425 mm betragen, so daß im geraden Gleise von 1435 mm Spurweite eine Gesammtverschiebung der Achse im Gleise von 10—25 mm möglich ist. Für den gegenseitigen Wagenübergang ist indessen nach T.E. II § 4 bezw. V.W.U. Anl. I, 4 zugelassen, daß der geringste Abstand der Spurkränze 1405 mm betragen darf, so daß im geraden Gleise von 1435 mm eine Gesammtverschiebung von 30 mm möglich ist, welche in Krümmungen (vgl. S. 174) auf 60 mm (bezw. 65 mm) anwachsen kann. Damit durch diese Querverschiebung nicht etwa ein Hineinfallen der Räder zwischen die Schienen erfolgt, müssen die Radreifen eine gewisse Breite haben. Da von der Gesammtbreite der Radreifen ein Theil auf die Spurkränze ent-

[28]) T.V. § 119f,$_{1-3}$.

[29]) Für die Wagen fremder Verwaltungen genügt zutreffenden Falles die Angabe, daß die Achsen radial verstellbar sind (vgl. S. 284).

[30]) N. f. H. § 35,$_1$, T.V. § 74*.

[31]) s. S. 298.

fällt, so muß dieselbe um so größer sein, je breiter die Spurkränze sind, je näher sich also die beiden Räder einer Achse stehen. Die bezüglichen Bestimmungen lauten:

Der lichte Abstand zwischen den Radreifen soll[32]) mindestens 1357 und höchstens 1363 mm betragen. Bis zur Höhe von 100 mm über Sch.Ob. darf kein Theil der Räder über die innere Seitenfläche des Radreifens hervorragen. Für den Wagenübergang von Bahn zu Bahn ist auch hier eine größere Freiheit gelassen. Nach T.E. II § 2 und V.W.U. Anl. I, 2 darf der lichte Abstand zwischen den Radreifen von 1357 bis 1366 mm ansteigen.

Die Breite der Radreifen darf nach der übereinstimmenden Festsetzung in N. f. H. § 34, T.V. § 71,$_1$*, T.E. II § 3, V.W.U. Anl. I, 3 nicht weniger als 130 mm und nicht mehr als 150 mm betragen. Nach T.E. und V.W.U. ist indessen für bestehendes Material eine Mindestbreite von 125 mm zulässig, falls der Abstand der Räder mindestens 1360 mm beträgt.

Die Höhe der Spurkränze über den Laufkreisen[31]) der Räder[33]) bezw. von Sch.Ob. senkrecht gemessen[34]) muß mindestens 25 mm, und darf im Zustande der größten Abnutzung höchstens 36 mm[35]) betragen. Ueber die Zulässigkeit, bei Mittelrädern mehrachsiger Wagen die Spurkränze fortzulassen vgl. T.V. § 72,$_1$*. Nach N. f. H. § 35,$_2$, Ba.O. § 16 ist das Fortbleiben der Spurkränze überhaupt nicht zugelassen.

Bei ungleicher Abnutzung der beiden Spurkränze einer Achse muß an Wagen der Vereinsverwaltungen die Stärke des am meisten abgenutzten Spurkranzes, gemessen 10 mm unterhalb des Laufkreises, mindestens noch 20 mm betragen[36]).

3. Konstruktion der Räder und Achsen.

Räder aus Schalenguß (Hartguß) sind unter Güterwagen ohne Bremse zulässig, brauchen aber nur für Züge bis zu 45 km Geschwindigkeit übernommen zu werden[37]). Bei den Wagen der Verwaltungen des V.D.E.V. dürfen ferner Flußstahlscheibenräder aus einem Stücke und Räder mit Radscheiben aus Holz nur bei nicht bremsbaren Achsen (allerdings auch bei Personenwagen) Verwendung finden[38]).

Für Wagen der Vereinsverwaltungen ist andererseits die Beschaffenheit der Räder bremsbarer Achsen in T.V. § 68,$_1$* näher festgelegt. Sie müssen mit aufgezogenen Reifen versehen sein. Die Radsterne oder Radscheiben solcher Räder sind aus Schweißeisen, Flußeisen oder Flußstahl herzustellen, jedoch ist die Anwendung von Gußeisen für die Naben oder für ganze Radscheiben ausnahmsweise zulässig.

Die Stärke der Radreifen im Laufkreise[31]) soll nach T.V. § 71,$_4$*,$_5$* bei allen Fahrzeugen mindestens 25 mm betragen, und es sollen bei Radreifen, deren Querschnitt durch eine unter der Spurkranzhohlkehle liegende Befestigungsnuth geschwächt ist, an der geschwächten Stelle bei größter Abnutzung mindestens noch 20 mm Stärke vorhanden sein. Nach Bt.O. § 12,$_3$ muß (entsprechend der bisherigen Vorschrift der T.V.) bei Lokomotiven und Tendern, Personen-, Post- und Gepäckwagen sowie bei Güterwagen, welche vorzugsweise zur Einstellung in Personenzüge bestimmt sind, die

---

[31]) Die beiden Laufkreise sind diejenigen Kreise, in welchen zwei in 750 mm Abstand von der Mitte der Radachse gedachte lothrechte Ebenen die Laufflächen der Räder schneiden.

[32]) N. f. H. § 35,$_{3,4}$, T.V. § 70*.

[33]) N. f. H. § 35,$_2$, Bt.O. § 12,$_2$, T.V. § 72,$_2$*.

[34]) T.E. II § 6, V.W.U. Anl. I, 6.

[35]) Dieses Maaß ist in N. f. H. a. a. O. nicht angegeben.

[36]) T.V. § 72,$_3$*.

[37]) T.V. § 68,$_2$*, T.E. II § 8, V.W.U. Anl. I, 8.

[38]) T.V. § 68,$_2$*, V.W.U. Anl. I, 8. Anm.

Stärke der Radreifen im Laufkreise mindestens 24 mm, bei allen übrigen Fahrzeugen mindestens 20 mm (und zwar bei Schwächung durch Befestigungsnuth an der schwächsten Stelle) betragen. Für die vollspurigen Nebenbahnen Deutschlands sind durch Ba.O. § 17,$_1$ bei Lokomotiven und Tendern 20, bei Wagen 16 mm als geringste Stärke des (abgenutzten) Radreifens im Laufkreise zugelassen. Für den Wagenübergang ist[39]) nur zur Bedingung gemacht, daß die Stärke der Radreifen im schwächsten Punkte der Lauffläche mindestens 20 mm betragen muß.

Bezüglich der ferneren rein technischen Bestimmungen, der für die Betriebssicherheit erforderlichen Abmessungen und Anordnungen der Räder und Achsen (bei Wagen und Lokomotiven) vgl. N. f. H. § 37, 38, T.V. § 69, 71*, 75*.

4. Lagerung der Wagen auf den Achsen.

Jeder Personen- oder Güterwagen muß mit Tragfedern versehen sein[40]). Ausnahmen sind nur für solche Wagen zulässig, welche ausschließlich in Arbeitszügen laufen[41]).

D. Die Kuppelung der Wagen unter sich und mit den Lokomotiven.

Die an der Vorderseite der Lokomotiven und der Rückseite der Tender, sowie an beiden Stirnseiten der Tenderlokomotiven und aller übrigen Fahrzeuge anzubringenden Zug- und Stoßvorrichtungen (Buffer) müssen federn[42]). Ausgenommen von dieser Bestimmung sind nur die lediglich in Arbeitszügen laufenden Wagen[43]) bezw. die für besondere Transporte zu verwendenden Güterwagen[44]). Sämmtliche Fahrzeuge müssen sich in doppelter von einander unabhängiger Weise so mit einander verbinden lassen, daß beim Bruche irgend eines Theiles der angespannten Kuppelungsvorrichtung die Nothkuppelung in Wirksamkeit tritt[45]). Wagen mit Sicherheitskuppelung müssen diese doppelte Verbindung auch mit Wagen, welche Nothketten haben, gestatten[46]), und zwar nach T.V. a. a. O. ohne Benutzung der Nothketten.

Weitergehende Bestimmungen sind für das D.R. und den V.D.E.V. getroffen. Die Wagen der deutschen Hauptbahnen (ausschl. der nur in Arbeitszügen laufenden) sollen[47]) mit Schraubenkuppelungen versehen sein. T.V. § 79,$_1$*,$_2$* lassen daneben andere Kuppelungen gleicher Widerstandsfähigkeit zu, sofern sie in demselben Maaße verlängert und verkürzt werden können und sich mit dem Zughaken der Schraubenkuppelung verbinden lassen. Die Zugkraft der Lokomotive soll, ohne die Rahmen der einzelnen Wagen zu beanspruchen, bis zum letzten Wagen des Zuges übertragen werden. Daher müssen[48]) alle Wagen, mit Ausnahme der für besondere Zwecke gebauten, mit durchgehenden Zugstangen versehen sein. Die Zugvorrichtung der Fahrzeuge muß so eingerichtet sein, daß die Länge, um welche sie gegen die Kopfschwelle hervorgezogen werden kann, mindestens 50 mm nnd höchstens 150 mm beträgt[49]). Nach T.V. a. a. O.* soll fragliche Länge jedoch bei Personenwagen mit Uebergangsbrücken nicht mehr als 65 mm betragen.

[39]) T.E. II, § 7, V.W.U. Anl. I, 7.

[40]) Bt.O. § 12,$_1$, Ba O. § 15, T.V. § 125,$_1$*, T.E. I § 20, V.W.U. Anl. I, 18.

[41]) Nur Bt.O., Ba.O. u. T.V. a. a. O.

[42]) N. f. H. § 30,$_1$, Bt.O. § 12,$_1$, Ba.O. § 15, T.V. § 76,$_1$*, T.E. II § 9, V.W.U. Anl. I, 9.

[43]) N. f. H., Bt.O., Ba.O., T.V* a. a. O.

[44]) T.E., V.W.U. a. a. O.

[45]) Bt.O. § 12,$_4$, T.V. § 131,$_1$*, T.E. II § 18, V.W.U. Anl. I, 16.

[46]) T.V.*, T.E., V.W.U. a. a. O.

[47]) N. f. H. § 33.

[48]) N. f. H. § 30,$_2$, T.V. § 128*.

[49]) N. f. H. § 31,$_1$, T.V. § 77*.

Für die gegenseitigen Abstände der Zughaken und Buffer und ihre Höhe über Sch.Ob. sind wieder internationale Bestimmungen getroffen, die allerdings mit denjenigen des D.R. und des V.D.E.V. nicht übereinstimmen.

Die Angriffsfläche des nicht angezogenen Zughakens soll nach R. f. H. § $31,_2$ und T.V. § $78,_2$* von der Stoßfläche der nicht zusammengedrückten Buffer nicht weniger als 345 mm und nicht mehr als 395 mm entfernt sein. Nach T.E. II § 15 und V.W.U. Anl. I, 14 beträgt das Höchstmaaß 430 mm, das niedrigste Maaß für Güterwagen 223 mm. Die wagerechte Entfernung der Buffer muß von Mitte zu Mitte Bufferscheibe nach R. f. H. § $32,_1$ 1750 mm, nach T.V. § $80,_1$* 1750 ± 10 mm, nach T.E. II § 12 und V.W.U. Anl. I, 12 1700—1800 mm betragen. Die senkrechte Höhe des Mittels der Bufferscheiben und der Zugvorrichtungen über Sch.Ob. darf nach R. f. H. § $30,_1$ und T.V. § $76,_2$*, $_3$* bei beladenen bezw. unbeladenen Wagen sich nur zwischen den Maaßen 940 mm[50]) und 1065 mm bewegen; nach T.E. II § 10, 11 und V.W.U. Anl. I, 10, 11 sind die entsprechenden Maaße 900 und 1070. Doch besteht nach letzteren beiden Vorschriften keine Verpflichtung, Wagen, bei welchen die Höhenlage der Buffer weniger als 940 mm beträgt, in Züge mit Personenbeförderung zu übernehmen.

In den folgenden Punkten sind wiederum nur für das D.R. und den V.D.E.V. bindende Bestimmungen getroffen.

Vom Fahrzeuge aus gesehen muß die Stoßfläche des linken Buffers eben, die des rechten gewölbt sein. Die Höhe der Wölbung soll mindestens 25 mm, der Durchmesser der Bufferscheiben mindestens 340 mm betragen[51]). Bei Wagen mit Drehgestellen soll nach T.V. § $80,_2$* der Durchmesser der Bufferscheiben mindestens 400 mm betragen, darf jedoch bei Wagen mit Uebergangsbrücken und Faltenbälgen 450 mm nicht übersteigen.

Nach R. f. H. § $32,_3$, T.V. § 80a* muß, um das Dazwischentreten der Wagenkuppler zu ermöglichen, der freie Raum zwischen allen vor der Kopfschwelle vorspringenden Theilen eine Breite von mindestens je 400 mm zu beiden Seiten des Zughakens, eine Höhe von mindestens 2 m über Sch.Ob. und, bei völlig zusammengedrückten Buffern, von den Stoßflächen derselben eine Tiefe von 300 mm, in der Längsrichtung der Fahrzeuge gemessen, haben. Alle außerhalb dieses Raumes befindlichen vorspringenden Theile der Bremsersitze, Bremshäuser, Geländer der Uebergangsbrücken u. s. w., mit Ausnahme der Laufbretter, müssen hinter der Stirnfläche der völlig zusammengedrückten Buffer mindestens 40 mm zurückstehen[52]). Die Enden der Laufbretter und Fußtritte an den Langseiten der Wagen sollen dagegen hinter der Stirnfläche der nicht zusammengedrückten Buffer mindestens 300 mm zurückstehen[53]). Besondere Bestimmungen geben T.V. § 130a* für Personenwagen mit Uebergangsbrücken und Faltenbälgen. Ueber das Erforderniß von Handgriffen an den Kopfschwellen zur Stütze der Wagenkuppler vgl. T.V. § 82*.

E. Die Bremsen.

Die Bremsen mit Handbetrieb müssen derart eingerichtet sein, daß die Bremskurbeln beim Anziehen der Bremsen rechts (wie der Zeiger der Uhr) zu drehen sind[54]). Bei den Fahrzeugen der deutschen und der Vereinsbahnen muß sich mit den Bremsen

[50]) Nach T.V.* bei Personenwagen mit Uebergangsbrücken und Faltenbälgen 980 mm.

[51]) R. f. H. § $32,_2$, T.V. § $80,_2$*.

[52]) In T.E. II § 22 und V.W.U. Anl. I, 20 ist nur für Bremsersitze an Güterwagen vorgeschrieben, daß ihre volle Vorderfläche hinter der eingedrückten Bufferfläche zurücksteht.

[53]) R. f. H. § $32,_4$, T.V. § $130,_1$*.

[54]) R. f. H. § $28,_2$, T.V. § 81*, T.E. II § 21, V.W.U. Anl. I, 19.

annähernd eine vollständige Feststellung der Achsen erzielen lassen[55]). Diejenigen Bremsbestandtheile, namentlich Bremsquerbalken, schwingende Bremswellen, Bremshauptzugstangen und Bremshängeeisen, deren Bruch oder Herabfallen eine Gefahr für den Betrieb herbeiführen kann, sind bei Neubauten und größeren Ausbesserungen von Bremswagen durch geeignete Fangvorrichtungen zu sichern[56]). Nach N. f. H. § 28,$_3$ sollen die für den Aufenthalt der Bremser bestimmten Sitze überdeckt und mindestens an der Vorder- und Rückseite mit Schutzwänden versehen sein. Nach T.V. § 126,$_6$* müssen Bremsersitze, welche nicht vollständig geschlossen sind, mit Schutzgeländern versehen werden.

Die durchgehenden Bremsen werden im 4. Kap. II, B,$_1$ dieses Abschn. besprochen. Wegen Anzahl und Vertheilung der Bremsen eines Zuges vgl. S. 162 ff.

F. Die Wagenobergestelle.

1. Personenwagen.

Die Schlösser der dem internationalen Verkehre dienenden Personenwagen, sofern die Thüren dieser Wagen überhaupt mittelst eines Schlüssels verschließbar sind, sollen entweder dem einen oder dem anderen der beiden Schlüsseltypen entsprechen, welche in der als Anlage zur T.E. beigegebenen Zeichnung des Doppelschlüssels dargestellt sind[57]).

Für die Verbindung von Personenwagen durch Uebergangsbrücken bezw. Faltenbälge sind in T.V. § 130a* und Blatt XV nähere Vorschriften gegeben.

Die Einrichtung der Personenwagen, soweit sie nicht als allgemein bekannt vorauszusetzen ist, und soweit sie bei der Benutzung und Instandhaltung in Frage kommt, wird im 4. Kap. dieses Abschn. erörtert werden.

An Stelle von Personenwagen III. und IV. Klasse werden in Zeiten starken Verkehres Güterwagen zur Personenbeförderung eingerichtet. Es sind dies entweder Güterwagen mit Endplattform, Endeingängen und Seitenfenstern, die durch Einstellung von Bänken mit Mittelgang in Wagen III. Klasse umgewandelt werden können (alsdann G c i Wagen genannt, S. 289), oder gewöhnliche Güterwagen, die unter Verwendung von (Bänken), Laternen und Vorlegebäumen wie für Militärmannschaftstransporte ausgerüstet sind (G c oder G d Wagen).

2. Güterwagen.

Die technische Einrichtung richtet sich nach dem Zwecke der sehr verschieden gebauten Wagen (vgl. S. 287 ff.). Besondere Ausrüstungsgegenstände werden S. 346 ff. besprochen. Die „Vorschriften über die zollsichere Einrichtung der Eisenbahnwagen im internationalen Verkehre“ sind ihrem wesentlichen Inhalte nach bereits im 1. Abschn., 4. Kap. S. 47 wiedergegeben. Die nothwendigen Eigenschaften der zum Transporte von Sprengstoffen zu benutzenden Wagen enthält Anl. B der V.O. unter XXXV a, C.

III. Zurückweisung und Ausschließung vorschriftswidriger und mit Mängeln behafteter Wagen[58]).

Keine Bahnverwaltung ist verpflichtet, Wagen von anderen Verwaltungen zu übernehmen, welche den Bestimmungen in T.E. II und V.W.U. Anl. I sowie, falls die Ladung

[55]) N. f. H. § 28,$_1$, T.V. § 126,$_1$*.
[56]) T.V. § 126,$_3$*.
[57]) T.E. II § 25, V.W.U. Anl. I, 22.
[58]) V.W.U. § 14, Jt.W.R. § 17, Int.R. Art. 2, T.Int.R. Art. 1, 2.

zum Uebergange über eine Zollgrenze und zur Weiterbeförderung unter Zollverschluß bestimmt ist, den Vorschriften über die zollsichere Einrichtung nicht entsprechen. Ueber Zurückweisung von Wagen wegen nicht rechtzeitig erfolgter Untersuchung vgl. V.W.U. § $14,_2$. Für die Pr.St.B. ist durch Vereinbarung sämmtlicher Direktionen unter D der F.V. im Einzelnen ausgeführt, welche Wagen aus allen Zügen oder aus gewissen Zuggattungen auszuschließen sind.

Die Bahnverwaltungen sind ferner berechtigt, Wagen zurückzuweisen, wenn sich deren Räder und Achsen, Achsbüchsen (auch bezügl. der Schmierung), Tragfedern, Zug- und Stoßvorrichtungen, Untergestelle und Wagenkasten sowie die Bremsen nicht in ordnungsmäßigem Zustande befinden. Die zur Zurückweisung berechtigenden Mängel sind in V.W.U. § 14 u. Anl. III und It.W.R. § 17 u. Anl. III nahezu übereinstimmend aufgeführt. In dem T.Int.R. ist im Anhange B ein kürzer gefaßtes Verzeichniß solcher Mängel enthalten, welches sachlich den erstgenannten Vorschriften im Wesentlichen entspricht.

Bezüglich der Zurückweisung wegen Mängel der Beladung, Reinigung, Desinfektion, der Beschädigungsmeldungen vgl. S. 345, 348, 354. Eigene leere Wagen dürfen nach V.W.U. u. It.W.R. nur wegen Mängel der Reinigung und Desinfektion, nach Int.R. überhaupt nicht zurückgewiesen werden (S. 310).

IV. Kennzeichnung der den Normen nicht entsprechenden Wagen.

Nach den oben mehrfach angezogenen Vorschriften über den Anstrich 2c. § $3,_{18, 30-32}$ u. § $4,_{21, 22, 40-42}$ werden die dem § 23 der N. f. H. nicht entsprechenden Wagen auf den Pr.St.B. folgendermaßen gekennzeichnet:

A) Diejenigen Wagen, welche der Umgrenzung der N. f. H. § $23,_1$ nicht entsprechen, sind mit einem Merkmale in Form eines gleichseitigen Dreieckes in gelber Farbe versehen, dessen Seiten 50 mm lang sind und dessen untere Seite waagerecht liegt. Das Merkmal soll unmittelbar vor dem Untersuchungsvermerke angebracht sein.

B) Diejenigen Wagen, welche dem § $23,_2$ der N. f. H. entsprechend eingerichtet sind, tragen über dem gelben Dreiecke noch einen wagerechten gelben Strich von 50 mm Länge.

C) Diejenigen Wagen, welche auch über die große Umgrenzung für Luxuswagen[59]) hinausragen, sind außer durch das gelbe Dreieck noch durch eine Kreisfläche in weißer Farbe gekennzeichnet. Der Kreis von 150 mm Durchmesser soll an den den gewölbten Buffern zunächst befindlichen Wagenkanten so angebracht sein, daß je ein Halbkreis auf der Stirn- und Seitenwand erscheint. Der Mittelpunkt des Kreises soll, wo die Höhe des Wagenkastens dies zuläßt, 400 mm von der Unterkante desselben entfernt sein.

D) Diejenigen offenen Güterwagen, bei welchen das Bremserhaus über die festgesetzte Umgrenzung für Zechenbahnen hinausragt, sind an der Stelle, wo die Ueberschreitung beginnt, mit einem ringsumlaufenden 1 cm breiten weißen Strich versehen.

Die mit gelbem Dreiecke gekennzeichneten Wagen können ohne Weiteres auf sämmtliche deutschen Bahnen übergehen, sind aber im Verkehre mit italienischen, französischen und belgischen Bahnen nicht zu verwenden. Die durch gelbes Dreieck und weiße Kreisfläche gekennzeichneten Wagen dürfen nur auf den Bahnstrecken verkehren, für welche das Verzeichniß der Lademaaße 2c. das Lademaaß Bl. I nachweist.

---

[59]) N. f. H. § $23,_3$.

Drittes Kapitel.

Benutzung der Güterwagen.

Wie bereits im 1. Abschnitte 6. Kap. S. 73 erörtert wurde, gilt im Verkehre der vollspurigen Eisenbahnen Europas im Allgemeinen die Regel, daß die ausreichend beladenen Güterwagen von der Abgangs- bis zur Bestimmungsstation durchgeführt werden. Es bestehen zu diesem Zwecke drei große Verbände, der V.D.E.V.[1]), der Internationale Verband, welcher zwischen den meisten Verwaltungen des V.D.E.V. und einer großen Zahl belgischer und französischer Verwaltungen abgeschlossen ist[2]), und der deutsch-italienische Wagenverband zwischen den italienischen Bahnen einerseits und einer großen Zahl deutscher, österreichisch-ungarischer, schweizerischer, belgischer und holländischer Bahnen andererseits[3]), außerdem aber eine große Zahl von Uebereinkommen geringeren Umfanges, welche theils den Wagenübergang neben den drei großen Verbänden bezw. über deren Grenzen hinaus bezwecken[4]), theils innerhalb der Verbände für gewisse Gebiete oder Sonderverbände besondere Bestimmungen schaffen, wie der St.W.V. der Preußischen Direktionen. Entsprechend der hervorragenden Wichtigkeit, welche der St.W.V. für die Pr.St.B. besitzt, sollen nach einer gemeinsamen Erörterung der Bestimmungen der drei großen Verbände an zweiter Stelle dieses Kapitels die besonderen Einrichtungen des St.W.V. besprochen werden und an dritter Stelle die sonstigen Vereinbarungen über den Wagenaustausch.

Das V.W.U. ist in seiner 1896 beschlossenen, zum 1./4. 1897 in Kraft tretenden neuen Gestalt der folgenden Erörterung zu Grunde gelegt. Es verlautet, daß Verhandlungen schweben, um das It.W.R., welches mit dem bisherigen V.W.U fast wörtlich übereinstimmte, auch dem neuen V.W.U. möglichst anzupassen. Da diese Verhandlungen aber bei der letzten Durchsicht dieses Kapitels noch nicht abgeschlossen waren, mußte für die folgende Darstellung auf das jetzige It.W.R. Bezug genommen werden. Von den zwischen diesem und dem V.W.U. im Folgenden aufgeführten Unterschieden, welche z. Z. größtentheils nicht bestehen, wird also, wenn die erwähnten Verhandlungen zum Ziele führen, mindestens ein Theil auch nach dem 1./4. 1897 nicht bestehen. Für das Int.R. und das T.Int.R. sind dem Vernehmen nach Aenderungen im Anschlusse an diejenigen des V.W.U. zunächst nicht in Aussicht genommen.

---

[1]) Dessen bezügliche Bestimmungen im V.W.U. enthalten sind.

[2]) Die Bestimmungen sind im Int.R. und T.Int.R. enthalten.

[3]) Die Bestimmungen sind im It.W.R. enthalten.

[4]) Wie das Abkommen zwischen der Eisenbahndirektion Altona und dem Generaldirektorat der Dänischen Staatsbahnen bezüglich des Wagenüberganges nach und von den nordischen Bahnen, die Konvention zwischen der Generaldirektion Straßburg und der Französischen Ostbahn u. s. f.

I. Der Wagenübergang innerhalb der drei großen Verbände.

A. Räumlicher Umfang der gegenseitigen Wagenbenutzung[5]).

1. Hinlauf der Wagen.

Zur Vermeidung der Umladung sind die Bahnverwaltungen verpflichtet, die beladenen Güterwagen, welche den im zweiten Kapitel dieses Abschnittes erörterten technischen Anforderungen entsprechen und in der bei den einzelnen Verbänden verschieden bestimmten Weise (s. unten) ausreichend beladen sind, bis zur Bestimmungsstation durchlaufen zu lassen, insofern:

Nach V.W.U. § $3,_2$ die ganze Strecke bis zur Bestimmungsstation Vereinsverwaltungen oder solchen vereinsfremden Verwaltungen angehört, mit welchen sowohl die angrenzende Vereinsverwaltung, als auch die Wageneigenthümerin Vereinbarungen über die Wagenbenutzung getroffen hat.

Nach It.W.R. § $2,_1$ die Bestimmungsstation im Bereiche der verbundenen Bahnen oder solcher anderen Bahnen liegt, mit welchen die Wageneigenthümerin im direkten Güterverkehre steht oder sonstige bezügliche Verbabredung getroffen hat.

Nach Int.R. Art. 3 der Lauf der Wagen bis zur Bestimmungsstation einschließlich nur Strecken der verbunden Bahnen berührt.

Ebenso, wie die räumliche Ausdehnung dieser Verpflichtung ist auch das Erforderniß der Beladung in den drei Verbänden verschieden umschrieben:

Nach V.W.U. § $3,_{2/3}$ gilt als ausreichend beladen ohne Weiteres jeder Wagen, dessen Ladung tarifmäßig eine Wagenladung bildet, und jeder Stückgutwagen, dessen Ladung den Wagen räumlich ausfüllt oder 20 % des am Wagen angeschriebenen Ladegewichtes[6]) ausmacht. Bezüglich der Stückgutwagen sind indessen die übernehmenden Verwaltungen nicht verpflichtet, sondern nur berechtigt, sie so lange weiterzuführen, als die von ihnen übernommene Ladung[7]) einer der beiden vorstehenden Voraussetzungen genügt. Ein nicht mehr ausreichend beladener Wagen darf nur bis zur Endstation des Zuges, in welchem er sich bei Fortfall der ausreichenden Beladung befand, bei Viehsendungen jedoch sowie im Falle zwingender Verhältnisse (besondere Schwierigkeit der Umladung, Zollrücksichten und dergl.) bis zur Adreßstation der Ladung weitergeführt werden.

Nach Int.R. Art. 5 ist die übernehmende Verwaltung nicht verpflichtet, Wagen zu übernehmen, welche weniger als 20 % ihrer Tragfähigkeit enthalten und innerhalb 24 Stunden umgeladen werden, es sei denn, daß die Beschaffenheit der Ladung die Verwendung des Wagens nöthig macht oder das Gut als volle Ladung tarifirt ist, d. h. wenigstens 20 % der Tragfähigkeit des Wagens ausmacht. Die unter Zollverschluß übergebenen Wagen müssen wenigstens mit 20 % ihrer Tragfähigkeit beladen sein, es sei denn, daß die in den Wagen enthaltenen Kolli nicht unter Sonderverschluß oder in Zollkörben untergebracht werden konnten.

Nach It.W.R. § $2,_1$ muß ein Wagen zur Begründung der Uebernahmeverpflichtung wenigstens mit 50 % des angeschriebenen Ladegewichtes[6]) oder dem Raume nach voll

[5]) Die Uebereinkommen der drei großen Verbände gelten ohne Weiteres nur für den Uebergang von Güterwagen (V.W.U. § 2, It.W.R. § $2,_6$, Int.R. Art. 7). Indessen sind in den Uebereinkommen auch einzelne Bestimmungen für Personenwagen enthalten.

[6]) Bei Wagen, an welchen nur die Tragfähigkeit vermerkt ist, tritt diese an Stelle des Ladegewichtes.

[7]) Welche nicht mit der ursprünglichen Ladung gleichbedeutend zu sein braucht.

beladen sein, oder es müssen die darin verladenen Güter tarifmäßig als Wagenladung behandelt sein. Sind Wagen mit Gütern für mehrere Stationen beladen, so gilt obige Verpflichtung bis zu derjenigen am weitesten gelegenen Station, wo dieselben mit einem nach vorstehender Bestimmung noch ausreichenden Theile der ersten Ladung ankommen.

Abweichend von der Verpflichtung, die Wagen durchlaufen zu lassen, steht nach Int. R. Art. 4 der übernehmenden Verwaltung unbedingt das Recht zu, auf ihre Kosten die ihr übergebenen Wagen umzuladen. Nach It.W.R. § 2,$_2$ soll das Gleiche der befördernden Verwaltung *ausnahmsweise* gestattet sein. Nach V.W.U. § 3,$_{3, 5}$ ist dagegen den Verwaltungen ein unbedingtes Recht zur Umladung nur bei Stückgutwagen zugestanden, während Wagen, deren Ladung tarifmäßig eine Wagenladung bildet, nur wegen zwingender Umstände, die in der Beschaffenheit der Ladung, des Wagens oder der vorliegenden Bahnstrecke[8]) liegen, bezw. wegen Uebernahmeverweigerung der Nachbarbahn unterwegs entladen werden dürfen.

Auf Ansuchen des Absenders oder Empfängers (nach It.W.R. und Int.R. nur „des Empfängers") können[9]) Wagen ohne Umladung nach anderen, als den ursprünglichen Adreßstationen, und zwar auch seitwärts und rückwärts, weitergesandt werden, und zwar:

Nach V.W.U. bei ausreichender Beladung im Sinne der obigen Darlegung und auch von Zwischenstationen aus;

Nach Int.R. und It.WR. nur von der ursprünglichen Adreßstation aus, auf welcher die Wagen beladen ankommen. Nach Int.R. behalten sich indessen die Wageneigenthümerinnen vor, das Recht der Weiterabfertigung aufheben zu dürfen. Andererseits steht es nach V.W.U. § 3,$_7$ und It.W.R. § 2,$_5$ der benutzenden Verwaltung frei, fremde Wagen (nach V.W.U. mit einem beliebig großen Theile ihrer Ladung) von der Bestimmungsstation zur Entladung nach einem anderen Bahnhofe desselben Ortes überzuführen und ferner auf Uebergangsstationen behufs Entnahme der zur Weiterbeförderung bestimmten aber keine ausreichende Ladung mehr bildenden Güter der Nachbarbahn zuzuführen. In beiden Fällen tritt jedoch hierdurch eine Verlängerung der Benutzungsfrist nicht ein, und es haftet die überführende Verwaltung der Wageneigenthümerin auch für die Dauer des Aufenthaltes der Wagen auf der anschließenden Bahn.

Bezgl. der Berechtigung der Bahnverwaltungen, die Wagen über die Verbandsgebiete hinauslaufen zu lassen, vgl. S. 309.

2. Entladung, Wiederbeladung und Rücksendung der Wagen[10]).

Nach der Entladung (welche nach Int.R. u. It.W.R. vorzugsweise rasch zu erfolgen hat) sind die fremden Wagen thunlichst beladen, sonst aber leer unter Beachtung der nachstehenden Vorschriften ohne Verzug zurückzusenden.

Leere oder nicht ausreichend beladene Wagen müssen stets auf demselben Wege zurückgesandt werden, über welchen sie beladen gekommen sind. Denn, da die leeren Wagen frachtfrei zurückbefördert werden, so ist diese Zurückbeförderung eine Last, welche

---

8) Unfahrbarkeit, Betriebsstörung, Wechsel der Spurweite, zu großer Radstand und Laufunfähigkeit des Wagens, Erforderniß der Zollbehandlung u. s. f.

9) V.W.U. § 3,$_6$, Int.R. Art. 6, It.W.R. § 2,$_4$.

10) V.W.U. § 5, Int.R. Art. 8—14, It.W.R. § 3.

nur diejenigen Verwaltungen tragen sollen, die den Gewinn von der Hinfahrt in beladenem Zustande gehabt haben. Damit dem Wagen nun anzusehen ist, auf welchem Wege er zurückgesandt werden muß, so wird ihm[11]) auf dem Hinwege bei jedem Uebergange von einer Bahn auf eine andere von der übernehmenden Verwaltung ein sogenannter Uebergangszettel aufgeklebt[12]), aus dem zu ersehen ist, von welcher Bahn und auf welcher Station ihr der Wagen übergeben ist, und dessen Muster nach V.W.U. folgendermaßen vorgeschrieben ist[13]):

> Main-Neckar-Bahn.
>
> Uebergangsstation
>
> **Mannheim.**
>
> Uebernommen am 189
>
> Dieser Uebergangszettel darf weder überklebt noch vor Rückgabe des Wagens an die Heimathbahn entfernt werden.

Diese Uebergangszettel sind an den Seitenwänden oder an den Langträgern, bei einem und demselben Wagen jedoch entweder nur an den Seitenwänden oder nur an den Langträgern auf beiden Seiten derart nebeneinander zu kleben, daß aus ihnen der Lauf des Wagens ohne Mühe abgelesen werden kann. Die Anschriften an den Langträgern dürfen durch die Zettel nicht verdeckt werden. So trägt ein Wagen bei längerer Reise eine ganze Reihe solcher Uebergangszettel, die ihm gemäß V.W.U. § $4,_7$ nicht vor der Rückkunft zur Heimathbahn, aber spätestens vor der Wiederübergabe von der Heimathbahn an eine fremde Bahn abzunehmen sind.

Kann für einen Wagen Rückladung beschafft werden, bringt also jedes km der Rückfahrt der befördernden Verwaltung etwas ein, so darf von dem Hinwege abgewichen werden. Die Bestimmungen hierüber sind für die drei Verbände nicht die gleichen.

Nach V.W.U. § $5,_2$ und It.W.R. § $3,_{2,3}$ dürfen **ausreichend beladene** Wagen auf beliebigem Wege zurückgesandt werden:

a) Nach den auf dem Hinwege berührten Stationen.

b) Nach Stationen der Heimathbahn.

c) Nach Stationen jenseits der Heimathbahn, wenn eine Strecke derselben durchlaufen wird.

d) Nach anderen Stationen in der Richtung zur Heimathbahn (nach V.W.U. auch seitwärts oder jenseits derselben), aber nur sofern durch die Wegeänderung der Rückweg zur Heimathbahn gegen den Hinweg um nicht mehr als nach V.W.U. 200 km, nach It.W.R. 25 % verlängert wird.

---

11) V.W.U. § $4,_{5,6}$, It W.R. § $3,_7$.

12) Int.R. enthält hierüber keine Bestimmung. Ueber die abweichenden Vorschriften im St.W.V. vgl. S. 316.

13) Im It.W.R. ist ein einfacheres Muster empfohlen, wie auch in dem bisherigen V.W.U.

Hinweg und Rückweg werden hierbei von der Uebergangsstation der Heimathbahn bis zur Bestimmungsstation (Entladestation) bezw. von der Entladestation bis zu der (ev. von derjenigen des Hinweges verschiedenen) Uebergangsstation der Heimathbahn gemessen.

Nach dem Int.R. ist nur in den Fällen zu b und c ein beliebiger Rückweg zulässig, im Falle a ist die Rücksendung nur auf demselben Wege gestattet, auf dem der Wagen hergekommen ist (Art. 9, 10). Der Fall d ist überhaupt nicht vorgesehen.

Fehlt es auf der Bestimmungsstation an zulässiger Rückladung, ist solche aber auf einer nicht über 200 km entfernten (nach V.W.U. und It.W.R. weiter oder seitwärts gelegenen, nach Int.R. seitwärts oder rückwärts gelegenen) Station[14]) erhältlich, so ist es gestattet[15]), die entladenen Wagen zur Wiederbeladung nach dieser Station weiterzusenden. (Jedoch ist die Rückbeladung[16]) nach der ablenkenden Station selbst und nach zwischenliegenden Stationen nicht statthaft.) In dem nur nach V.W.U. und It.W.R. zulässigen Falle der Beladung nach d (s. oben) gilt dann statt der Entladestation die Wiederbeladungsstation als Bestimmungsstation für Ermittelung der erlaubten Länge des Rückweges.

3. Behandlung leer zurücklaufender oder auf dem Rückwege leer werdender Wagen.

Leer zurücklaufende oder auf dem Rückwege leer werdende Wagen dürfen auf solchen Stationen, die sie auf dem Hinwege berührt haben, nach den Bestimmungen aller drei Verbände nach Maßgabe der unter 2. dargelegten Vorschriften wieder beladen, zu diesem Zwecke aus den Zügen genommen und auch 200 km weit abgelenkt werden[17]). Wenn dagegen zurücklaufende Wagen auf solchen Stationen leer ankommen oder zur Entladung gelangen, welche sie auf dem Hinwege nicht berührt haben[18]), so sind sie[19]) (nach V.W.U. nur, falls nicht Wiederbeladung stattfindet) zur nächsten Uebergangsstation der Heimathbahn oder (nur V.W.U. und It.W.R.), falls der Weg dahin kürzer ist, zur nächstgelegenen Station des Hinweges zu leiten. (Ebenso sind nach V.W.U. § $5_{,7}$ leere oder nicht ausreichend beladene Wagen zu behandeln, an denen die Uebergangszettel fehlen.) Solchen Wagen sind Begleitscheine mit genauer Angabe des (nach V.W.U. nur bei Leerlauf, s. unten) einzuhaltenden Beförderungsweges beizugeben. Falls der Wagen auf der den Begleitschein ausfertigenden Station zur Entladung gekommen war, ist im Begleitscheine auch diejenige Station zu benennen, welche die (nach Int.R. irrthümliche) Beladung bewirkt hatte.

Nach It.W.R. § $3_{,7,8}$ u. Int.R. Art. 12 ist der durch den Begleitschein vorgeschriebene Rückweg solcher Wagen streng einzuhalten. Die in der Richtung der Heimath liegenden Bahnen dürfen in solchen Fällen den Transport der Wagen nicht verweigern, sind indessen auch zu deren Benutzung nach Maßgabe des betreffenden Uebereinkommens berechtigt.

Nach V.W.U § $5_{,6-8}$ dagegen dürfen die auf dem Hinwege nicht berührten Stationen, auf denen ein rücklaufender Wagen leer eintrifft oder entladen wird, den-

---

14) Nach It.W.R. und Int.R. „derselben Bahn".

15) V.W.U. § $5_{,3}$, Int.R. Art. 13, It.W.R. § $3_{,6}$.

16) V.W.U. § $5_{,3}$.

17) Solche Ablenkung kann also, wenn der Wagen immer wieder auf den Hinweg zurückkehrt, wiederholt vorkommen (V.W.U. § $5_{,2,3}$, It W.R. § 4, Int.R. Art. 15, 16.

18) Was nach Int.R. nur bei reglementswidriger Beladung vorkommt; es sei denn, daß ein Wagen wegen Schadhaftwerdens entladen werden muß.

19) V.W.U. § $5_{,7,8}$, Int.R. Art. 12, It.W.R. § $3_{,7}$.

20*

selben abweichend vom nächsten Wege (mag dieser bereits durch einen beigegebenen Begleitschein vorgeschrieben sein, oder nicht) zurückbeladen, was indessen nur nach Stationen der Heimathbahn oder über Strecken derselben hinaus (also nicht nach Stationen vor der Heimathbahn, auch wenn sie auf dem nächsten Wege liegen) geschehen darf. Auch nach V.W.U. (§ $5,_9$) darf die Beförderung der mit Begleitscheinen versehenen Wagen von den an dem vorgeschriebenen Rückwege betheiligten Bahnen nicht verweigert werden; die letzteren sind indessen auch zur Rückbeladung dieser Wagen, wie vor, berechtigt. Wird ein mit Begleitschein zurücklaufender leerer Wagen wieder beladen, so ist der Begleitschein (V.W.U. § $5,_9$) mit einem Vermerke über die Wiederbeladung des Wagens zu versehen und an die Wagenkontrole der Heimathbahn zu senden.

4. Ausnahmsweise Beschränkungen in der Benutzung fremder Wagen.

In dem neuen V.W.U. sind die in dem bisherigen V.W.U. enthaltenen Bestimmungen über Beschränkungen in der Wagenbenutzung in Fortfall gekommen. Nach Int.R. Art. 17, 18 und It.W.R. § 5 sind die Bahnverwaltungen berechtigt, bei eigenem dringenden Wagenbedarfe die Benutzung ihrer Wagen durch die fremden Verwaltungen einzuschränken (bei beiden Verbänden in verschiedenem Umfange).

Nach It.W.R. kann die Eigenthumsverwaltung beanspruchen, daß bei dem Rückwege ihre Wagen weder über die eigene Bahn hinaus beladen, noch behufs der Beladung weitergesendet oder auf Seitenbahnen abgelenkt, noch mit ursprünglicher Ladung über die Bestimmungsstation hinausgeführt werden. Weiter geht noch die Beschränkungsberechtigung nach dem Int.R. Jede Verwaltung kann fordern, daß ihre auf dem Rückwege befindlichen Wagen weder nach Stationen, welche diesseits oder jenseits der eigenen Strecken gelegen sind, beladen werden, noch zum Zwecke der Beladung über die Bestimmungsstation hinaus oder auf eine benachbarte Strecke abgelenkt werden.

Zuwiderhandlungen gegen eine solche Beschränkung, welche nach Empfang der bezüglichen Benachrichtigung (Int.R.) bezw. nach Ablauf von 10 Tagen nach derselben (It.W.R.) vorkommen, ziehen die Zahlung der durch Int.R. Art. 43 festgesetzten Verzögerungsgebühr bezw. diejenige der durch das It.W.R. § $15,_3$ festgesetzten Geldbuße nach sich.

5. Gegenseitige Aushülfe mit Wagen[20]).

Die Verwaltungen haben sich gegenseitig zugesichert, sich im Falle des Bedürfnisses mit Wagen für gemeinschaftliche Güterbeförderungen auszuhelfen. Wie sonst auf dem Rückwege, erfolgt in diesem Falle auf dem Hinwege die Beförderung der leeren Wagen unentgeltlich. Gehen solche Wagen indessen leer oder nicht ausreichend beladen über eine zwischenliegende Bahn hin und zurück, oder durchlaufen dieselben in solchem Zustande eine längere Strecke einer zwischenliegenden Bahn, als im beladenen Zustande, so hat nach V.W.U. u. It.W.R. die anfordernde Verwaltung der betreffenden Bahn für jedes km der Leerbeförderung, welches nicht durch die Beförderung der Wagen in beladenem Zustande ausgeglichen wird, die sechsfache Laufmiethe (vgl. S. 312) zu vergüten[21]). Nach Int.R. Art. 20

[20]) V.W.U. § 6, Int.R. Art. 19—23, It.W.R. § 6.

[21]) Wird ein zu gemeinschaftlichen Güterbeförderungen beigestellter Wagen wegen Beschädigung leer zurückgesandt, so entfällt nach V.W.U. der Anspruch der Wageneigenthümerin auf Miethevergütung wie der Anspruch der an der beabsichtigten Güterbeförderung betheiligten Verwaltungen auf Vergütung für die Leerbeförderung des Wagens.

werden unnütze Inanspruchnahmen zwischenliegender Bahnen ebenso wie Rückläufe leerer Wagen auf falschem Wege als straffällig behandelt, und es ist dafür die von der befördernden Verwaltung zu zahlende Lauf- und Zeitmiethe (s. unten) sowie die gleiche Summe als Entschädigung für den Leertransport von der schuldigen Verwaltung zu entrichten.

Die angeforderten bezw. beigestellten Wagen werden leer, nach V.W.U. und It.W.R. stets mit Begleitschein, nach Int.R. mittelst Dienstfrachtbriefes versendet.

Die Benutzung angeforderter Wagen in anderer Weise, als von der beistellenden Wageneigenthümerin zugestanden war, ist nach allen drei Uebereinkommen straffällig. In V.W.U. und It.W.R. sind schließlich noch Bestimmungen für die Beförderung solcher Wagen getroffen, welche eine Verwaltung von einer andern oder einem Dritten zu beliebigem Gebrauche angemiethet hat.

6. Wagendurchgang über die Grenzen der Verbandsgebiete[22]).

Gehen Wagen der verbundenen Bahnen oder von ihnen eingeführte Wagen fremder Bahnen über die Grenzen des betr. Verbandes hinaus, so haftet die ausführende Bahnverwaltung für die reglementsmäßige Benutzung und Behandlung dieser Wagen, sowie für die Zahlung der reglementsmäßigen Vergütung, sofern nicht zwischen der Wageneigenthümerin und der benutzenden fremden Bahn besondere Abmachungen bestehen[23]). Letzterer Fall tritt z. B. im Sinne des V.W.U. ein, sobald ein Wagen einer Verwaltung des V.D.E.V. das Vereinsgebiet verläßt, sich aber auch fernerhin noch im Bereiche des Internationalen Verbandes befindet, sofern die Eigenthumsbahn (was bei den meisten Bahnen des V.D.E.V. der Fall) dem Internationalen Verbande auch angehört. Ist der Uebergang der Wagen über die Verbandsgrenze durch Steuerverschluß bedingt, so geht nach dem It.W.R. die Haftbarkeit auf diejenige Bahn über, welche den Steuerverschluß angelegt hat.

Treten über die Grenze eines Verbandes Wagen einer fremden (ihm nicht angehörigen) Verwaltung ein, so werden sie bei der Weiterbeförderung auf anderen Bahnen des Verbandes als Eigenthum derjenigen Verwaltung angesehen, welche sie eingeführt hat, falls nicht besondere Vereinbarungen zwischen der Wageneigenthümerin und den benutzenden Verbandsverwaltungen bestehen. Nach V.W.U. § $5,_{11}$ gilt indessen für die Rückbeladung vereinsfremder Wagen als Heimathbahn nicht die einführende Vereinsverwaltung, sondern die vereinsfremde Eigenthumsbahn selbst.

Nach V.W.U. § $5,_{11}$ und It.W.R. § 8 darf die Rückbeladung solcher Wagen nach Stationen vor der Heimath nur in der Richtung nach derjenigen Uebergangsstation stattfinden, auf welcher sie in den Bereich des betr. Verbandes eingetreten sind. Nach V.W.U. gilt diese Beschränkung indessen nur, sofern die einführende Verwaltung dies verlangt[24]).

---

[22]) V.W.U. § $1,_{2,3}$, § $5,_{11}$, Int.R. Art. 24, 25, It.W.R. § 7, 8.

[23]) Nach V.W.U. § $1,_3$ tritt diese Haftung dann ein, wenn eine Verwaltung einen Wagen aus dem Vereinsgebiete ausführt, ohne nach § $3,_2$ (vgl. S. 304) hierzu verpflichtet zu sein, also auch dann, wenn zwar zwischen der Wageneigenthümerin und der fremden Bahn ein Uebereinkommen besteht, der Wagen aber unterwegs das Gebiet einer Nichtvereinsbahn berührt hat. Ob man dieser in dem neuen V.W.U. enthaltenen, von dem Int.R., dem It.W.R. und der alten Fassung des V.W.U. abweichenden Bestimmung einen solchen Sinn hat geben wollen, muß zweifelhaft erscheinen. Uebrigens dürfte die Abweichung praktisch ohne Bedeutung sein.

[24]) Das erwähnte Verlangen ist gestellt worden von der Verwaltung der Reichseisenbahnen in Elsaß-Lothringen bezüglich der Wagen der französischen Bahnen und von der Verwaltung der Niederländischen Staatsbahnen.

7. Uebergabe und Uebernahme der Wagen[25]).

Die Uebernahme übergangsfähiger (auch fremder, d. h. dem betr. Verbande nicht angehöriger) Wagen darf im Allgemeinen nicht verweigert werden. Gerechtfertigt wird die Uebernahmeverweigerung mit Unfahrbarkeit der Strecke (Unbrauchbarkeit der Fähranstalt), oder Behinderung des regelmäßigen Betriebes durch höhere Gewalt auf der Uebernahmebahn, nach It.W.R. auch durch zoll- oder steueramtliche Behandlung der Güter. Die Wagen gelten als übernommen, sobald sie mit allen zugehörigen Papieren (Frachtbriefen, Frachtkarten u. s. f.) der Nachbarbahn zur Verfügung gestellt sind. Die Tageszeit der Uebernahme bleibt der Vereinbarung der betheiligten Verwaltungen vorbehalten. Doch ist jede Verwaltung verpflichtet, mindestens dreimal täglich von Morgens 6 bis Abends 10 in möglichst gleichen Zeitabschnitten die Wagen zu übernehmen.

Verwaltungen, welche die Uebernahme übergangsfähiger Wagen (wegen Verkehrsstörung oder aus sonstigen Gründen) ablehnen wollen, haben dies allen betheiligten Verwaltungen mittelst Telegrammes (gegen Empfangsanzeige) oder mittelst eingeschriebenen Briefes mitzutheilen. Falls die Uebernahmeverweigerung nicht durch die eben aufgeführten Gründe gerechtfertigt wird, hat die ablehnende Verwaltung Zeitmiethe und Verzögerungsgebühr (s. unten) für alle in der Beförderung aufgehaltenen Wagen zu übernehmen, nach Int.R. und It.W.R. jedoch nur insoweit, als die Wagen beim Eintreffen der obigen Benachrichtigung bereits nach der behinderten Linie abgesendet waren.

Nach Int.R. Art. 30 darf keine Verwaltung die Uebernahme ihrer eigenen leeren Wagen auf dem Rückwege verweigern.

B. Benutzungsfristen für fremde Wagen[26]).

Der Zeitraum, während dessen eine Verwaltung einen fremden Wagen benutzen darf, ist bedingt durch die von dem Wagen auf ihren Strecken durchlaufene Wegelänge und die für das Ent- und Beladen zugestandenen Tage oder Stunden. Die Benutzungsfristen setzen sich daher zusammen aus Lauf- und Ladefristen.

1. Lauffristen.

Die Lauffristen betragen: bis zu 75 km 1 Tag,
über 75—200 km 2 Tage

und für jede weiteren angefangenen:

200 km (V.W.U.)	je 1 Tag mehr.
150 km (It.W.R.)	
125 km (Int.R.)	

Diese Fristen werden für jede Bahnverwaltnng besonders und getrennt für Hin- und Rückweg berechnet, desgl. (V.W.U. u. It.W.R.) die Lauffristen für Verbindungsbahnen, Fähranstalten und Eisenbahnschiffbrücken. Die Strecken, auf denen der Wagen weitergesandt oder abgelenkt ist, sind mitzuzählen[27]).

---

[25]) V.W.U. § 4, It.W.R. § 9, Int.R. Art. 26—30.

[26]) V.W.U. § 7, It.W.R. § 10, Int.R. Art. 31—35.

[27]) Wenn jedoch eine Verwaltung des V.D.E.V. fremde Wagen auf eine angrenzende vereinsfremde Bahn von weniger als 50 km Länge überführt, mit welcher die Wageneigenthümerin Vereinbarungen über die Wagenbenutzung nicht getroffen hat, so wird nach V.W.U. § $7,_3$ die vereinsfremde Bahn bei Berechnung der Lauffrist als ein Theil des Bezirkes der überführenden Verwaltung behandelt.

2. Ladefristen.

Für die Ladefrist bestehen in den drei Uebereinkommen verschiedene Vorschriften: Nach V.W.U. und It.W.R. werden für Entladung bezw. für Ent- und Beladung des Wagens (nach It.W.R. auch für Beladung allein) auf der Bestimmungsstation (nach V.W.U. auch auf jeder Spurwechselstation) 2 Tage gewährt. Als Bestimmungsstation in diesem Sinne gilt nach beiden Uebereinkommen bei Weitersendung des (noch nicht entladenen) Wagens die neue Adreßstation, ferner nach V.W.U. § $7,_4$ bei Stückgutwagen stets diejenige Station, auf welcher die von den Vorbahnen herrührenden Güter gänzlich ausgeladen werden, nach It.W.R. § $10,_3$ bei allen Wagen jede Station, auf welcher wegen Unfahrbarkeit der Strecke, Behinderung des Betriebes, zoll- und steueramtlicher Behandlung, Uebernahmeverweigerung der Nachbarbahn, Beschädigung oder Laufunfähigkeit des Wagens eine Entladung vor der eigentlichen Bestimmungsstation stattfindet. Eine Ladefrist von einem Tage wird nach V.W.U. § $7,_5$ und It.W.R. § $10,_{4,7,8}$ gewährt:

a) Zum Zwecke der Entladung auf dem Hinwege befindlicher Wagen auf Unterwegsstationen. (Nach V.W.U. ausschl. der Spurwechselstationen), s. oben[28]).

b) Zum Zwecke der theilweisen Umladung auf den Uebergangsstationen oder auf den Anschlußstationen von Zweigbahnen für solche Wagen, welche nach verschiedenen Richtungen oder Stationen beladen sind.

c) Zum Zwecke der Entladung oder Beladung rückkehrender Wagen auf Unterwegsstationen, sofern ihre Benutzung nicht lediglich für den Binnenverkehr stattgefunden hat; nach V.W.U. auch für Ent- und Wiederbeladung, während nach It.W.R. hierfür zwei Tage gewährt werden.

d) (Nur nach V.W.U.): Zum Zwecke der Beladung angeforderter leerer Wagen, falls nicht anderweitige Abmachungen getroffen sind. (Nach It.W.R. hierfür 2 Tage, s. oben.)

Nach beiden Uebereinkommen wird dagegen bei Weitersendung oder Ablenkung leerer Wagen behufs Wiederbeladung[29]) eine Ladefrist für die wiederbeladende Station nicht gewährt.

Nach Int.R. Art. 33 werden für Entladung auf der Bestimmungsstation oder Umladestation (welche letztere jedoch nicht die unmittelbar an die Bahn der Wageneigenthümerin anschließende Uebergangsstation sein darf) 2 Tage und im Falle der Wiederbeladung 3 Tage gewährt, letzteres jedoch nur dann, wenn die Rückladung für die Eigenthumsbahn oder darüber hinaus bestimmt ist und wenigstens $1/_5$ der Tragfähigkeit des Wagens erreicht. Ferner wird nach Int.R. Art. 35 eine Zuschlagsfrist von einem Tage zugestanden, falls ein Wagen weitergesandt, abgelenkt oder auf dem Rückwege aufgehalten wird, um eine mindestens $1/_5$ der Wagentragfähigkeit ausmachende Rückladung zu erhalten.

Die Benutzungszeiten beginnen und endigen mit der Stunde der Uebergabe bezw. Uebernahme der Wagen. Indessen wird nach V.W.U. und Int.R. zur Vereinfachung der Abrechnung eine Abrundung nach ganzen und halben Tagen vorgenommen. Nach V.W.U (§ $9,_5$) werden die von Mitternacht bis Mittag übergebenen Wagen als um Mittag, die von Mittag bis Mitternacht übergebenen als um Mitternacht übergeben behandelt[30]). Nach

[28]) Nach V.W.U. kommt dies nur in Frage, falls entweder keine Verpflichtung zur Durchführung des Wagens vorliegt (S. 304) oder dem Weiterlaufe des Wagens zwingende Hindernisse entgegenstehen (S. 305).

[29]) V.W.U. § $7,_6$, It.W.R. § $10,_6$.

[30]) Aus der Berechnung der Zeitmiethe nach Tageshälften ergiebt sich ohne Weiteres, daß eine Verwaltung, welche innerhalb einer Tageshälfte einen Wagen übernimmt und wieder abgiebt, keine Zeitmiethe zu entrichten hat.

Int.R. Art. 28 wird für alle von Mitternacht bis Mittag übergebenen Wagen der Zeitpunkt 6 Uhr Morgens, für alle von Mittag bis Mitternacht übergebenen der Zeitpunkt 6 Uhr Abends als maßgebend angenommen. Nach It.W.R. § $10,_{10}$ findet nur Abrundung auf volle Stunden statt.

Bezüglich Berechnung der Sonn- und Festtage s. S. 314.

C. Vergütung für gegenseitige Wagenbenutzung[31]).

1. Vergütung für ordnungsmäßige Benutzung.

Für die den Uebereinkommen entsprechende Benutzung der Wagen hat die den Wagen befördernde Verwaltung der Wageneigenthümerin Miethe zu zahlen, welche für jeden Monat besonders abgerechnet wird. Diese Wagenmiethe setzt sich zusammen aus Lauf- und Zeitmiethe.

Die Laufmiethe wird nach der Zahl der von dem Wagen sowohl auf dem Hin- wie Rückwege zurückgelegten Kilometer berechnet, und zwar für den Internationalen Verband abweichend von den beiden anderen Verbänden. Die Laufmiethe beträgt für das km:

Nach V.W.U. § 9[32]) und It.W.R. § 12:

für einen Güter-, Gepäck-, Vieh- u. s. w. Wagen 0,01 M.
für einen Personenwagen 0,02 M.

Nach Int.R. Art. 38:

für einen Güterwagen, Viehwagen u. s. w. von einer Tragfähigkeit von 15 t und weniger, sowie für einen Möbelwagen (den Unterwagen mitgerechnet) 0,01 M. (0,0125 Frcs.).

für einen Güterwagen, Viehwagen u. s. w. von mehr als 15 t Tragfähigkeit 0,02 M. (0,025 Frcs.).

Die Zeitmiethe beträgt (nach der Anzahl der halben und ganzen Tage, bezw. nach It.W.R. der Tage und Stunden, die der Wagen auf der benutzenden Bahn zugebracht hat) für jede 24 Stunden:

Nach V.W.U. § $9,_4$ und It.W.R. § 12

für einen Güter-, Gepäck-, Viehwagen u. s. w. 1,0 M.
für einen Personenwagen 2,0 M.

Nach Int.R. Art. 39—41

für einen Güterwagen, Viehwagen ꝛc. bis 15 t Tragfähigkeit 1,0 M. (1,25 Frcs.);

für einen Güterwagen, Viehwagen ꝛc. von mehr als 15 t Tragfähigkeit 2,0 M. (2,50 Frcs.).

Zur Berechnung der Laufmiethe haben alle Bahnverwaltungen Kilometerzeiger (d. h. tabellarische Uebersichten der Stationsentfernungen in km) herauszugeben, in welchen 0,5 km und darüber für volle km zu rechnen, Längen unter 0,5 km fortzulassen sind.

Zur Berechnung der Zeitmiethe muß die Stunde, zu welcher der Wagen auf einer Grenzstation übergeben und übernommen wird, durch die beiden betheiligten Beamten

---

[31]) V.W.U. § 8–12, It.W.R. § 11—15, Int.R. Art. 36–50.

[32]) Die Laufmiethe ist auch bei Beförderung der Wagen mit Fähranstalten zu entrichten und ebenso für die auf Rollböcken (Rollschemeln) zurückgelegten Schmalspurstrecken, soweit diese dem öffentlichen Verkehre dienen.

schriftlich festgestellt werden. Die Stunden von Mitternacht zu Mitternacht werden hierbei mit von 1—24 fortlaufenden Ziffern bezeichnet. Nach It.W.R. § $10,_{10}$ ist jede angefangene Stunde für voll zu rechnen (vgl. S. 312), nach V.W.U. § $9,_4$ und Int.R. Art. 42 werden nicht die festgestellten Uebergabe= bezw. Uebernahmestunden, sondern die auf halbe Tage abgerundeten Zeitpunkte in den Schuldnachweisen (s. 5. Kap.) vermerkt. Bei Berechnung der Benutzungsdauer werden für jeden Monat die ganzen und halben Tage (vgl. S. 311) zusammengezählt und nach Int.R. der etwa überschießende halbe Tag als voller Tag gerechnet.

Bezüglich der Ladefrist werden nach Int.R. Art. 34 die Sonntage und eine Anzahl (für jedes Land verschiedene) Festtage nicht mitgerechnet.

2. Verzögerungsgebühr.

Bei Ueberschreitung der zulässigen Benutzungsfrist werden außer vorstehender Zeitmiethe noch folgende Verzögerungsgebühren für je 24 Stunden (mit derselben Berechnungsweise der Tage und Stunden in den einzelnen Verbänden) erhoben:

Nach V.W.U. § 10 und It.W.R. § 13

für Güter=, Gepäck= und Viehwagen 2,0 M.
für Personenwagen 4,0 M.

Nach Int.R. Art. 43, 44

für Güterwagen ꝛc. bis 15 t Tragfähigkeit 2,0 M. (2,50 Frcs.)
" " " über 15 t " 3,0 M. (3,75 Frcs.)

Verzögerungsgebühr wird nach allen drei Uebereinkommen nicht berechnet, wenn bei der betr. Bahnverwaltung die Gesammtsumme der Benutzungsfrist für Hin= und Rückweg nicht überschritten ist.

3. Befreiung von Zeitmiethe und Verzögerungsgebühr[33]).

Der Verwaltung der Bestimmungsstation des Hinweges (nach Int.R. auch der Verwaltung der Umladestation, welche indessen nicht die unmittelbar an die Bahn der Wageneigenthümerin anschließende Uebergangsstation sein darf) wird Befreiung von Zeitmiethe für einen Tag der Benutzungsdauer gewährt, gleichviel ob der Wagen volle 24 Stunden oder kürzere Zeit auf der Bestimmungsstation zugebracht hat, so daß diejenige Verwaltung, welche einen fremden Wagen innerhalb 24 Stunden übernimmt, befördert, entladet und zurückstellt, überhaupt keine Zeitmiethe zu zahlen hat. Nach Int.R. Art. $45,_{2,3}$ bleiben fernere 24 Stunden von der Zeitmiethe befreit, wenn der Wagen auf der Entladestation oder auf der Rücktour ausreichende Rückladung nach der Heimathbahn oder darüber hinaus erhält.

Auch wenn eine Verzögerung eingetreten ist, bleibt doch die befördernde Verwaltung nicht nur von Zahlung der Verzögerungsgebühr befreit, sondern hat auch nur für die ihr im Ganzen für Hin= und Rückweg nebst Ladeaufenthalt zustehende Benutzungsfrist die Zeitmiethe zu entrichten, sofern sie nachweist, daß die längere Benutzung des Wagens durch einen der folgenden Umstände veranlaßt ist:

---

[33]) V.W.U. § 11, It.W.R. § 14, Int.R. Art. 45—47.

a) Durch Unfahrbarkeit der von dem Wagen zu durchlaufenden Bahnstrecke (V.W.U., It.W.R., Int.R.) oder Unbrauchbarkeit der zu benutzenden Fähranstalt (V.W.U., It.W.R.).

b) Durch Behinderung des regelmäßigen Betriebes in Folge von höherer Gewalt (V.W.U., It.W.R., Int.R.), wozu auch Behinderungen des Betriebes durch Arbeitsverweigerung gerechnet werden (V.W.U., It.W.R.).

c) Durch Beschädigung oder Laufunfähigkeit des benutzten Wagens (It.W.R. und Int.R.), nach V.W.U. nur durch Anforderung von Ersatzstücken zur Wiederherstellung eines beschädigten oder laufunfähig gewordenen Wagens für die Zeit vom Tage der Absendung der Anforderung bis zum Tage des Eintreffens der Ersatzstücke auf der Bestimmungsstation.

d) Durch Uebernahmeverweigerung der Nachbarbahn (nur V.W.U. und It.W.R.).

e) Durch die zoll- und steueramtliche Behandlung der Güter (nur It.W.R. und Int.R.).

Die Gewährung dieser Befreiung ist in den drei Verbänden zum Theil von Benachrichtigungen der Eigenthumsverwaltung bezw. Bekanntmachungen in der Zeitung des V.D.E.V. abhängig gemacht, worüber die drei Uebereinkommen ausführliche Bestimmungen enthalten.

Befreiung von Entrichtung der Verzögerungsgebühr (nicht auch der Zeitmiethe) tritt ferner ein:

a) (Nach V.W.U.) durch die in die Gesammtbenutzungsfrist fallenden Sonntage. (Nach It.W.R.) durch die in die Gesammtbenutzungsfrist fallenden Sonn- und Festtage, an welchen Ent- und Beladung durch polizeiliches Verbot gehindert ist.

(Im Bereiche des Internationalen Verbandes werden, wie bereits S. 313 angeführt, die Sonntage und gewisse Festtage bei Berechnung der Ladefristen überhaupt nicht mitgezählt.)

Ferner nur nach V.W.U. statt der weitergehenden Befreiung in den beiden anderen Verbänden (s. oben):

b) Durch zoll- oder steueramtliche Behandlung der Güter.

c) Durch Beschädigung oder Laufunfähigkeit des Wagens.

In V.W.U. § 11,$_5$ ist angegeben, nach welchen Grundsätzen die obigen Verzögerungen (außer den Sonntagen) auf ganze und halbe Tage aufzurunden sind.

4. Entschädigungen für ungedeckte Leerläufe und übereinkommenwidrige Benutzung der Wagen.

Die Bestimmungen der Uebereinkommen weichen hier wieder, entsprechend den verschiedenen Vorschriften für zulässige Rückbeladung der Wagen, von einander ab:

V.W.U. § 5,$_{12}$, It.W.R. § 15: Läuft ein Wagen leer oder nicht ausreichend beladen nach seiner Heimath auf einem solchen Wege zurück, über welchen er beladen auf dem Hinwege nicht gekommen ist, so hat diejenige Verwaltung, auf deren Bahn dieser Rücklauf eingeleitet worden ist, der befördernden Verwaltung als Entschädigung für die Beförderung des Wagens und die der Wageneigenthümerin zu zahlende Lauf- und Zeitmiethe den sechsfachen Betrag der Laufmiethe für die von dem Wagen leer oder nicht ausreichend beladen durchlaufene Strecke, nach Abzug des auf dem Hinwege und dem Rückwege auf derselben Bahn, wenn auch auf anderen Linien, im beladenen Zustande zurückgelegten Weges zu vergüten. Diese Vergütung kann also auch eintreten, wenn eine Verwaltung in der auf S. 306 unter d als zulässig bezeichneten Weise eine Rückbeladung nach einer auf dem Hinwege nicht berührten Station vornimmt. Wenn dagegen bei solcher Rückbeladung der Weg bis zur Rückgabe an die Heimathbahn (in unzulässiger Weise) sich um mehr als:

200 km nach V.W.U. § 12,$_1$,

25% des Hinweges nach It.W.R. § 15,$_2$

verlängert, so hat die ablenkende Bahn an die Wageneigenthümerin für jedes km der unzulässigen Verlängerung eine Geldbuße in Höhe der sechsfachen (V.W.U.) bezw. zehnfachen (It.W.R.) Laufmiethe, d. h. 0,06 M. bezw. 0,10 M. f. d. km und Wagen, zu zahlen[34]). Nach V.W.U. unterliegen indessen Verlängerungen des Rückweges, welche durch Weitersendung der Wagen auf Wunsch des Absenders oder Empfängers entstehen, der vorstehenden Geldbuße nicht.

Jede andere den Vorschriften der beiden Uebereinkommen zuwiderlaufende Benutzung fremder Wagen zieht eine Geldbuße an die Wageneigenthümerin nach sich, welche nach V.W.U. § 12,$_2$ und It.W.R. § 15,$_3$ 4 M. für jeden Wagen und je angefangene 24 Stunden der übereinkommenwidrigen Benutzung beträgt[35]). Eine Geldbuße von 4,0 M. für jeden Wagen ist ferner nach V.W.U. § 12,$_3$ an die Wageneigenthümerin von derjenigen Verwaltung zu entrichten, welche entgegen den Bestimmungen in V.W.U. § 3,$_{2,4,5}$ (vgl. S. 304, 305) unterwegs fremde Wagen entladet.

Nach dem Int.R. kann (vgl. S. 307), abgesehen vom Falle einer Wagenbeschädigung, ein leerer Rücklauf auf einem zur Hinfahrt nicht benutzten Wege nur durch einen Verstoß gegen das Reglement vorkommen. Es heißt daher (Int.R. Art. 48): Läuft ein Wagen auf falschem Wege leer nach seiner Heimath zurück, so hat diejenige Verwaltung, auf deren Bahn der falsche Lauf des Wagens eingeleitet ist, den transportirenden Verwaltungen für die leer durchlaufene Strecke:

a) Die von denselben der Wageneigenthümerin zu zahlende Wagenmiethe (Zeit- und Laufmiethe) zu ersetzen.

b) Die gleiche Summe als Entschädigung für den Transport des leeren Wagens zu bezahlen.

Diese Bestimmungen finden nach Art. 49 auch auf den obigen Fall Anwendung, daß ein Wagen nach einer vor der Heimathbahn belegenen auf dem Hinwege nicht berührten Station beladen ist und in Folge dessen leer eine Strecke durchlaufen muß, um auf den richtigen Weg zurückzukommen. Die schuldige Verwaltung bezahlt in solchem Falle außerdem die Verzögerungsgebühr für jeden Tag der Abwesenheit des Wagens über die für den richtigen Weg festgesetzte Benutzungsfrist, soweit nicht fernere Verzögerungen durch Schuld anderer Verwaltungen auf dem Rückwege eintreten, die alsdann von den letzteren Verwaltungen zu vertreten sind.

Im Uebrigen vgl. Int.R. Art. 50.

---

[34]) Neben dieser Buße an die Wageneigenthümerin ist zutreffenden Falls die obige Entschädigung an die befördernde Verwaltung zu zahlen.

[35]) Nach V.W.U. § 12,$_2$ gilt als Ende der übereinkommenwidrigen Benutzung der Zeitpunkt, zu welchem der Wagen an die Heimathbahn zurückgegeben wird oder wieder auf den beim Hinlaufe von der Heimathbahn nach der ursprünglichen Entladestation zurückgelegten Weg gelangt.

II. Abweichende und ergänzende Bestimmungen für die Wagenbenutzung innerhalb des Preußischen Staatsbahnwagenverbandes.

(Maßgebend sind neben den Vorschriften für die gemeinschaftliche Wagenbenutzung der Pr.St.B., sowie der diesen Vorschriften beigetretenen deutschen Eisenbahnen [V. f. g. W.] und der Vorschriftensammlung, welche als „Handbuch zu den Konferenzen des Preußischen St.W.V." betitelt ist [Hdb.St.W.V.], die von sämmtlichen Preußischen Direktionen auf Anordnung des M. d. ö. A. herausgegebenen Vorschriften über die Meldung, Vertheilung, Benutzung und Behandlung der Güterwagen, welche bezüglich der allgemeinen Maßregeln im Wesentlichen übereinstimmen, außerdem aber die besonderen örtlichen Vorschriften enthalten.)

A. Freiere Benutzung der Wagen.

Der Grundsatz, daß fremde Wagen stets sogleich an ihre Eigenthumsbahn zurückzusenden sind, hat unvermeidlich zahlreiche Leerläufe im Gefolge. Um für die Pr.St.B. solche möglichst zu vermeiden und das vorhandene Wagenmaterial besser auszunutzen, ist innerhalb des Preußischen Staatsbahnwagenverbandes, welchem auch die Elsaß-Lothringischen Eisenbahnen, die Oldenburgische Staatsbahn und die Militäreisenbahn angehören (vgl. S. 86), jeder betheiligten Bahn gemäß V. f. g. W. § 3 gestattet, die Güterwagen aller anderen zum Verbande gehörenden Bahnen gleich ihren Heimathwagen zu benutzen. Uebergangszettel (vgl. S. 306) sind daher bei den der gemeinschaftlichen Benutzung unterliegenden Wagen im gegenseitigen Uebergangsverkehre zwischen den Bahnen des Staatsbahnwagenverbandes nicht anzukleben. Dagegen sind solche bei den fremden Wagen außer bei ihrem Eintritte in das Verbandsgebiet anzukleben:

a) auf den Uebergangsstationen zwischen den Pr.St.B. einerseits und den übrigen Bahnen des St.W.V. andererseits;

b) auf hierzu besonders bestimmten Binnenstationen der Pr.St.B.[36]).

Ausgenommen von dieser Benutzungsfreiheit sind Specialwagen und Stationswagen (vgl. S. 289)[37]). Entladene Stationswagen dürfen nur nach oder in der Richtung zur Heimathstation, alle übrigen entladenen Specialwagen nur nach Stationen der Heimathbahn oder in der Richtung zur Heimathbahn, bezw., wenn eine Strecke der Heimathbahn berührt wird, über dieselbe hinaus beladen werden. An Stelle der Heimathbahn tritt unter Umständen die Verbandsgruppe oder eine besonders für diesen Zweck gebildete Gruppe von Direktionsbezirken[38]). Findet sich auf der Entladestation Gelegenheit zu solcher Rückbeladung nicht vor, so sind Stations- und Specialwagen sofort leer der Heimathstation bezw. der Heimathbahn zuzusenden. Die Specialwagen dürfen alsdann (mit den unten erwähnten Beschränkungen) unterwegs behufs Beladung in der Richtung zur Heimathbahn aus den Zügen entnommen werden. Auch dürfen Specialwagen bei nur theilweiser Entladung auf der Bestimmungsstation mit dem Reste der Ladung weitergesandt werden, und es ist in solchem Falle die Beiladung anderer Güter zulässig. Die Ablenkung leerer Specialwagen anderer Verwaltungen in den in V.W.U. § 5, $_{3,4}$ vorgesehenen Grenzen ist zwar gestattet; jedoch sind solche Special-

[36]) V. f. g. W. § 8, abgeändert durch M.E. vom 23./10. 1895, E.V.B. 693.

[37]) V. f. g. W. § 3, $_{5-8}$.

[38]) Hdb. St.W.V. 7. Aufl., 12, 13.

wagen, für welche auf der Entladestation Rückladung nicht vorhanden, unbedingt mit dem nächsten für die Rückbeförderung geeigneten Zuge leer zurückzusenden, falls nicht inzwischen Verfügung des vorgesetzten Wagenbureaus zur Ablenkung eingegangen sein sollte[39]). In gleicher Weise sind Privatwagen, falls sich nicht sofort Rückladung nach der Heimathstation findet und der Wageneigenthümer nicht anderweit verfügt hat, ohne weitere Meldung und ohne Beifügung eines Begleitscheines gemäß V.W.U. § $5,_5$ leer nach der Heimathstation zurückzusenden[40]). Die Rücksendung leerer Specialwagen des St.W.V. erfolgt nicht ohne Weiteres auf dem Wege des beladenen Hinlaufes, sondern nach Maßgabe allgemeiner Vorschriften, durch welche jede Verbandsverwaltung die Stationen ihres Bezirkes mit Anweisung darüber zu versehen hat, auf welchem Wege und nach welchen Bestimmungsstationen leer zur Heimath zurückgehende Specialwagen des Staatsbahnwagenverbandes abzusenden sind[41]).

Bei gewissen Wagengattungen von besonders großen Abmessungen und besonders großer Tragfähigkeit wie bei den SS, HH-Wagen, den Sml-Wagen von 15 t Ladegewicht und 9 m Länge und darüber, den O-Wagen von 8 m Länge und darüber, ist die Beladung mit anderen Gütern als solchen, für welche sie bestimmt sind, theils ganz ausgeschlossen, theils beschränkt[42]).

B. Wagenvertheilung innerhalb des Staatsbahnwagenverbandes[43]).

Wenn durch die vorstehenden Bestimmungen die Befugniß der Stationen zur Wiederverwendung der auf ihnen angekommenen und entladenen Wagen geregelt ist, so ist damit noch nicht Vorsorge getroffen, daß die auf einer Anzahl von Stationen überzählig werdenden Wagen anderen Stationen zugeführt werden, auf welchen weniger Wagen entladen als zur Beladung angefordert werden. Dieser Ausgleich erfolgt theils nach Maßgabe des Einzelbedarfes und Einzelüberflusses, theils durch allgemeine Maßnahmen unter Berücksichtigung des bekannten dauernden oder zeitweisen Bedarfes großer Verladestellen.

1. Der Ausgleich des Einzelbedarfes und -überflusses

geschieht innerhalb des ganzen St.W.V. durch ein gemeinsames Meldesystem. Zu diesem Behufe besteht bei jeder Direktion ein Wagenbureau (bei Essen ein Wagenamt), ferner für den ganzen Bereich des St.W.V. in Magdeburg das Centralwagenbureau. Die Bezirke der Wagenbureaus decken sich im Allgemeinen mit den Direktionsbezirken. Indessen sind mit Rücksicht auf die gemeinsamen Verkehrsbedürfnisse gewisser Gebiete für eine Anzahl viel benutzter Wagengattungen besondere größere Bezirke gebildet, welche über die Grenzen eines oder auch mehrerer Direktionsbezirke hinausreichen und bezüglich der fraglichen Wagengattungen dem Wagenbureau einer der betheiligten Direktionen unterstellt sind. So ist dem Wagenamte in Essen, den Wagenbureaus in Kattowitz, Breslau und Saarbrücken die Vertheilung der offenen Wagen in den Kohlengebieten der Ruhr, Oberschlesiens, Niederschlesiens und der Saar übertragen, dem Wagenbureau in Magdeburg innerhalb des sogenannten Mittleren Vertheilungsbezirkes (S. 321) die Verfügung über

---

39) V. f. g. W. § $3,_{7,10}$.

40) V. f. g. W. § $3,_8$, Dia. f. Prw. § $5,_2$.

41) V. f. g. W. § $3,_6$.

42) V. f. g. W. § $3,_{11-13}$ (abgeändert durch M.E. vom 23./10. 1895, E.V.B. 693), Hdb. St.W.V. 11, 14, 17.

43) V. f. g. W. § 4—7.

alle Wagen mit Ausnahme der G, Gl, Ve und Vel-Wagen, auf der Strecke Berlin-Heringen auch der G-Wagen.

Das gemeinsame Meldesystem führt dazu, daß zunächst im engsten Bezirke der einzelnen Station, dann in jedem Direktionsbezirke bezw. in dem, wie eben beschrieben, besonders gebildeten Wagenvertheilungsbezirke durch das zuständige Wagenbureau (Wagenamt), dann zwischen mehreren hierfür ein für allemal bestimmten Direktionsbezirken und schließlich im ganzen Bereiche des St.W.V. durch das Centralwagenbureau in Magdeburg Ueberschuß und Mangel an Wagen gegenseitig aufgehoben werden.

Jede Station hat an jedem Werktage nach Mittags 12 Uhr ihren Bestand bezw. Bedarf an Güterwagen getrennt nach den einzelnen Gattungen aufzunehmen und unter Benutzung der oben S. 287 ff. angegebenen Bezeichnungen telegraphisch an das Wagenbureau (Wagenamt) zu melden. (Nach Obigem sind u. U. die verschiedenen Wagengattungen an verschiedene Wagenbureaus zu melden.) Wie Bestand und Bedarf ermittelt werden, vgl. unten 5. Kap. An den Tagen vor Sonn- und Festtagen ist der Bedarf für den nächsten Werktag mit zu berücksichtigen. Zur Erledigung etwa nothwendig werdender Ergänzungsmeldungen sind die Wagenbureaus an Sonn- und Festtagen in den Vormittagsstunden besetzt zu halten. Die Meldungen erfolgen je nach Anordnung der Direktion entweder als Bruttomeldungen oder als Nettomeldungen. Im letzteren Falle ist bereits der Bedarf vom Bestande und umgekehrt abgezogen[44]).

Das Wagenbureau trifft für seinen Verfügungsbereich den Ausgleich, d. h. es stellt, soweit nicht bereits Nettomeldungen vorliegen, für jede Station durch Abzug des Bestandes vom Bedarfe und umgekehrt den Mangel oder Ueberschuß an leeren Wagen der einzelnen Gattungen fest und giebt, soweit der hiernach verfügbare Vorrath ausreicht, den bezüglichen Stationen telegraphisch Auftrag, die überflüssigen Wagen den der Wagen bedürftigen Stationen zuzusenden.

Das Wagenbureau zieht ferner die Schlußsumme und Schlußdifferenz und meldet den von ihm nicht gedeckten Bedarf bezw. den von ihm nicht verwendeten Ueberschuß an Wagen der einzelnen Gattungen telegraphisch an das C.W.B. in Magdeburg[45]). Diese Meldungen sind so zeitig abzulassen, daß dieselben von allen Wagenbureaus spätestens Abends um 4 Uhr[46]) im C.W.B. eingehen. An Sonn- und Festtagen (Neujahrstag,

---

[44]) Ob Brutto- oder Nettomeldungen vorzuziehen sind, darüber herrschten bisher getheilte Ansichten. Die Bruttomeldungen gewähren der vertheilenden Stelle eine erheblich bessere Uebersicht über den Wagenumlauf, erfordern aber andererseits längere Depeschen bezw. Vermehrung der Telegraphenleitungen. Nach dem Beschlusse der Staatsbahnwagenverbandskonferenz zu Berlin vom 27. u. 28./11. 1896 sollen vom 1./6. 1897 ab außer den für jeden Bezirk etwa noch besonders angeordneten Meldungen den Wagenbureaus von sämmtlichen Stationen der Direktionsbezirke Bruttomeldungen erstattet werden. Der Beschluß bedarf noch der Genehmigung des M. d. ö. A.

[45]) Vorher erfolgt indessen gemäß M.E. vom 8./8. 1896 E.V.B. 254 ein Ausgleich:

a) betreffs der G-Wagen in den Direktionsbezirken Breslau, Kattowitz und Posen durch das Wagenbureau zu Breslau;

b) betreffs aller Güterwagen in den Direktionsbezirken Bromberg, Danzig und Königsberg durch das Wagenbureau zu Bromberg;

c) betreffs aller Güterwagen in den Direktionsbezirken Cöln, Elberfeld, Essen (Ruhr) u. St. Johann-Saarbrücken durch das Wagenbureau zu Cöln.

Dementsprechend erfolgt die Meldung an das C.W.B.

zu a: durch das Wagenbureau zu Breslau;
zu b: durch das Wagenbureau zu Bromberg;
zu c: durch das Wagenbureau zu Cöln.

[46]) M.E. vom 15./10. 1896. E.V.B. 306.

Charfreitag, zweiter Osterfesttag, Himmelfahrtstag, zweiter Pfingstfesttag, Buß- und Bettag, die beiden Weihnachtsfeiertage), sowie an dem Geburtstage des Kaisers finden diese Meldungen in der Regel nicht statt. Jedoch ist das C.W.B. auch an diesen Tagen zur Entgegennahme besonders dringender Anforderungen in den Vormittagsstunden besetzt.

Außer diesen Meldungen haben das Wagenamt in Essen und die Wagenbureaus in Breslau, Kattowitz und Saarbrücken täglich den Gesammtbedarf und -Bestand an O-Wagen in dem ihrer Fürsorge unterstehenden Gebiete (vgl. S. 317) an das C.W.B., und zwar so zeitig zu melden, daß diese Meldungen spätestens am nächsten Morgen bei Beginn der Dienststunden im C.W.B. eingetroffen sind.

In allen telegraphischen Meldungen an das C.W.B. sind diejenigen Strecken oder Stationen (Haupt-, Sammel- oder Uebergangsstationen) anzugeben, auf welchen die leeren Wagen zur Verwendung oder weiteren Vertheilung gewünscht bezw. zur Verfügung gestellt werden.

Das C.W.B. verfügt sofort telegraphisch unter gleichzeitiger Benachrichtigung der Wagenbureaus der empfangenden Verwaltungen den Wagenausgleich an die Wagenbureaus der abgebenden Verwaltungen, welche diesen Verfügungen ohne Verzug Folge zu leisten haben. Kann die Verfügung des C.W.B. nicht mehr im vollen Umfange ausgeführt werden, so ist demselben seitens des betreffenden Wagenbureaus sofort telegraphische Anzeige zu machen. Gleiche Meldungen haben die Stationen dem vorgesetzten Wagenbureau zu erstatten, wenn die Wagen, über welche letzteres verfügt hat, nicht oder nicht vollzählig abgegeben werden können.

In geeigneten Fällen bleibt es dem C.W.B. überlassen, denjenigen Wagenbureaus, welche erfahrungsmäßig in der Regel Ueberschuß an Wagen irgend welcher Gattungen melden, Vorverfügung über die am nächsten Tage verfügbar werdenden Wagen zu ertheilen[47]).

Die nach den vorstehenden Bestimmungen oder auf Grund der Suchelisten (vgl. S. 327, 328) leer abzusendenden Wagen, sind[48]) unter Benutzung der von den Verwaltungen vorgeschriebenen Züge und unter Beachtung der zwischen einzelnen Verwaltungen etwa vereinbarten Leitungsvorschriften auf dem kürzesten oder auf dem die schnellste Beförderung bietenden Wege über die Bahnen des St.W.V. dem Bestimmungsorte zuzuführen. Strecken von anderen Bahnen sind hierbei nur zu benutzen, falls es sich um Rücklauf eines leeren Wagens auf dem Wege des Hinlaufes nach V.W.U. § 5 handelt.

Ueber die Beklebung der auf Verfügung des C.W.B. zu versendenden leeren Wagen, ihre Versendung mittelst Begleitscheines und ihre Behandlung auf dem Wege zur Bestimmungsstation vgl. V. f. g. W. § 7. Die Versendung der Wagen innerhalb der einzelnen Direktionsbezirke wird von den Direktionen geregelt und erfolgt in einem Theile der Direktionsbezirke ohne Begleitschein nur unter Bezettelung. Das Zusenden leerer Güterwagen von den Stationen unter sich ohne allgemeine oder besondere Verfügung ist unzulässig. Dagegen wird in der Regel durch allgemeine Verfügung der Wagenbureaus bestimmten Stationen ein für allemal gestattet, sich gegenseitig mit Wagen auszuhelfen bezw. an gewisse Stationen leere Wagen

---

47) V. f. g. W. § 5_7.
48) V. f. g. W. § 7.

abzugeben. Leere Verbandswagen, über die in keiner Weise Verfügung getroffen ist, bleiben auf der Station, wo sie leer geworden sind, bis auf Weiteres stehen und sind täglich neu zu melden. Eine bei Wagenüberfluß eintretende Ueberfüllung der Aufstellungsgleise ist dem Wagenbureau zur Abhülfe mitzutheilen. Die Aufstellung von Wagen zur Reserve ist nur mit Genehmigung und Wissen der bezüglichen Direktion bezw. des Wagenbureaus zulässig. Keine Station darf aus einem Zuge leere Wagen entnehmen, welche für eine andere Station bestimmt sind.

2. Befriedigung des regelmäßigen Wagenbedarfes größerer Verladebezirke[49]).

Nach dem Ruhrkohlengebiete und dem Oberschlesischen Kohlengebiete sind leer werdende Kohlenwagen regelmäßig in größerer Anzahl abzusenden, ohne eine Verfügung hierüber abzuwarten. Insbesondere haben die Direktionsbezirke Hannover, Oldenburg, Münster, Frankfurt, Elberfeld, Essen und Cöln sowie Cassel (von Nordhausen bis Leinefelde ausgenommen) sämmtlich, und von den Direktionsbezirken St. Johann-Saarbrücken und Altona größere Theile alle verfügbaren Kohlenwagen des St.W.V. sowie die Oc-Wagen der Gruppen IV und V sofort nach der Entladung, ohne die Verfügung des Wagenbureaus abzuwarten, nach dem Ruhrkohlengebiete zu senden. Ihren Bedarf an offenen Wagen haben die genannten Stationen durch Entnahme aus den nach dem Ruhrgebiete laufenden Zügen zu decken, soweit hierüber seitens ihrer vorgesetzten Direktion nichts anderes bestimmt wird. Die Stationen der Strecken Wandersleben-Hönebach und Silberhausen-Gotha-Ohrdruf nebst Zweigbahnen des Direktionsbezirkes Erfurt haben alle nach ergangener Bestimmung des Wagenbureaus noch verfügbar gebliebenen Kohlenwagen ohne Weiteres nach dem Ruhrkohlengebiete zu senden. Die letztgenannten sowie alle sonstigen vorstehend nicht aufgeführten Stationen der Gruppe III und die Stationen der Gruppen I und II senden alle leeren Oc-Spezialwagen der Gruppen IV und V nach dem Ruhrkohlengebiete, wobei Beladung sowohl in der Richtung nach dem Heimathbezirke als nach dem Ruhrgebiete zulässig ist.

In gleicher Weise haben die Stationen aller Strecken der Direktionsbezirke Kattowitz und Posen und größerer Theile der Direktionsbezirke Breslau, Bromberg, Stettin, Berlin und Halle alle verfügbaren Kohlenwagen des Verbandes und die Oc-Wagen des Bezirkes Kattowitz, ohne Verfügung des Wagenbureaus abzuwarten, nach dem Oberschlesischen Kohlengebiete zu senden, ihren Bedarf an offenen Wagen aber durch Entnahme aus den nach Oberschlesien laufenden Zügen zu decken.

Die vorstehend nicht einbegriffenen Stationen der Direktionsbezirke Bromberg, Berlin und Stettin, sämmtliche Stationen der Direktionsbezirke Danzig und Königsberg und ein fernerer Theil der Stationen des Direktionsbezirkes Halle senden alle nach ergangener Verfügung des Wagenbureaus noch verfügbar gebliebenen Kohlenwagen des St.W.V. ebenfalls nach dem oberschlesischen Kohlengebiete ab. Um die Wagen der Gruppen IV und V, die wegen ihres zu kleinen Fassungsraumes zur Verladung der schlesischen Kohle nicht geeignet sind, vom Oberschlesischen Kohlengebiete fern zu halten, sind von obigen Stationen solche kleinen Wagen in erster Linie und thunlichst nach Westen zu beladen.

---

[49]) Hdb. St.W.V. 7. Aufl. 30—34.

Um einen Ausgleich zwischen dem Wagenbedarfe des Ostens und Westens, des Oberschlesischen und Ruhrkohlengebietes bewirken zu können, ist in einem großen Bahngebiete, dem sogenannten Mittleren Vertheilungsbezirke, die Verfügung über alle offenen Wagen dem Wagenbureau Magdeburg übertragen. Zum Mittleren Vertheilungsbezirke gehören die sämmtlichen Strecken des Direktionsbezirkes Magdeburg, die Strecken des Direktionsbezirkes Erfurt ausschließlich der westlich von Erfurt belegenen, die Strecke Leinefelde-Nordhausen vom Direktionsbezirke Cassel, die Strecken des Direktionsbezirkes Halle a./S. mit Ausnahme der Strecken Elster-Falkenberg, Oehna-Röderau und aller östlich von Falkenberg belegenen, gewisse Strecken von den Direktionsbezirken Berlin und Altona sowie eine Anzahl dazwischenliegender kleinerer Privatbahnen, deren Wagen in den Wagenpark einer Preußischen Direktion eingestellt sind, bezw. die einen eigenen Wagenpark nicht besitzen.

Aus dem Mittleren Vertheilungsbezirke ist werktäglich regelmäßig eine Anzahl leerer Kohlen- und Kokeswagen in drei von der Direktion Magdeburg festzusetzenden Antheilen an das Ruhrkohlengebiet abzusenden, und zwar Antheil I für Station Hamm über Braunschweig-Lehrte, Antheil II für Station Soest über Holzminden und Nordhausen, Antheil III für Station Schwerte über Leinefelde und Bebra. Das Oberschlesische Kohlengebiet erhält ebenso regelmäßige Wagensendungen aus dem Mittleren Vertheilungsbezirke, und zwar von den Berliner Ringbahnstationen, von den Stationen Berlin-Potsdamer-Bahnhof bis Potsdam und von den Stationen Spandau bis Nauen. Sofern der Bedarf an offenen Wagen im Ruhrkohlengebiete und Oberschlesischen Kohlengebiete durch die aus dem Mittleren Vertheilungsbezirke generell ablaufenden offenen Wagen nicht erreicht wird, sind die fehlenden Wagen durch das Wagenbureau Magdeburg besonders zu überweisen.

Um fortgesetzt einen Ueberblick über die Veränderungen der Bestände an offenen Güterwagen in dem Mittleren Vertheilungsbezirke einerseits und in den Zuführungsbezirken des Ruhr- und Oberschlesischen Kohlengebietes andererseits zu gewinnen, findet auf Grund besonderer Vorschriften eine fortlaufende Zählung der zwischen den vorbezeichneten drei Bezirken übergehenden O-Wagen auf einer Anzahl hierzu bestimmter Stationen statt, die das Ergebniß der Zählungen an jedem Werktage Vormittags 8 Uhr dem Wagenbureau in Magdeburg telegraphisch zu melden haben. Letzteres hat die Zählergebnisse zusammenzustellen, täglich der Direktion Magdeburg vorzulegen und von zehn zu zehn Tagen der Verkehrs- und Betriebsexpedition der Eisenbahnabtheilungen des Ministeriums der öffentlichen Arbeiten sowie sämmtlichen Verbandsverwaltungen mitzutheilen[50]). Die, wie vorstehend, angeordnete regelmäßige Zufuhr großer Mengen leerer Wagen nach den Kohlengebieten muß in Zeiten geringeren Bedarfes gehemmt werden, um eine Ueberfüllung der Bahnhöfe in den Kohlengebieten zu verhüten[51]). Es werden daher innerhalb der Zuführungsgebiete für die großen Ladebezirke und innerhalb dieser Bezirke selbst von den Direktionen Nachweisungen der Aufstellungsgleise und der Zahl der auf denselben unterzubringenden Wagen, nach Stationen und Zuführungslinien geordnet, angelegt, und den betheiligten Direktionen des Zuführungsgebietes sowie den Direktionen Essen, Kattowitz, Magdeburg mitgetheilt. — Sobald wegen verminderten

---

[50]) Hdb. St.W.V. 7. Aufl., 31.
[51]) Hdb. St.W.V. 7. Aufl., 32.

Wagenbedarfes oder Ueberfüllung eines Ladegebietes die Wagenzufuhr eingestellt werden muß, erfolgt die telegraphische Anweisung hierzu unmittelbar von der Wagenvertheilungsstelle des Ladegebietes (Wagenbureau, Wagenamt) an die Wagenbureaus der zu dem Zuführungsgebiete gehörenden Verwaltungen, mit der Angabe, ob es sich um eine vorübergehende oder länger dauernde Einstellung der Wagenzufuhr handelt. Diese weisen alsdann ihre Stationen, welche mit Aufstellungsgleisen ausgerüstet sind, an, die leeren Wagen nicht weiter abzusenden bezw. aus den Zügen zu nehmen und aufzusammeln. Die Wiederaufnahme der Wagenzufuhr nach dem Ladegebiete erfolgt dann wiederum durch Anweisung der einzelnen Wagenbureaus nach Anforderung der Wagenvertheilungsstelle des Ladegebietes[52]). Ebenso, wie zur Befriedigung des Wagenbedarfes der Kohlengebiete ist zur Versorgung größerer Bedarfsstellen des Mittleren Vertheilungsbezirkes eine Anzahl von regelmäßigen Wagenläufen zur Abgabe aller verfügbaren Wagen oder eines gewissen Theiles derselben von der Direktion Magdeburg angeordnet. Gleichartige Anordnungen bestehen in anderen Direktionsbezirken.

3. Maßnahmen zur Vermeidung und Verminderung des Wagenmangels.

In gewissen Monaten des Jahres, namentlich im Herbste zur Zeit der großen Kohlentransporte, pflegen sich die den Eisenbahnen aufgetragenen Güterbeförderungen so zu häufen, daß ein Mangel an Wagen eintritt. Es sind daher, um dem Eintritte solchen Mangels möglichst vorzubeugen oder ihn wenigstens nicht zu empfindlich werden zu lassen, für den Bereich des St.W.V. eine Reihe von Maßnahmen vorgeschrieben[53]). Der wesentliche Inhalt dieser Vorschriften ist etwa folgender:

a) Vorkehrungen, welche regelmäßig in bestimmten Monaten zu treffen sind: Die Umwandlung der einzelnen Wagengattungen, welche alljährlich erfolgt, ist auf zweckentsprechende Zeitpunkte zu legen. Dienstgutsendungen sind in der Zeit starken Verkehres einzuschränken und demgemäß die Bauarbeiten, die Herbeischaffung der Bau- und Oberbaumaterialien, die Anfuhr von Dienstkohlenvorräthen 2c. für die Herbstzeit zu regeln. Bedarfszüge und Leerwagenzüge, sowie etwaige Einschränkungen der Sonntagsruhe im Güterdienste sind für die Zeit stärkeren Verkehres rechtzeitig mit den Nachbarverwaltungen zu vereinbaren.

b) Vorkehrungen, welche bei Eintritt des stärkeren Verkehres in den betreffenden Wagengattungen, oder bei drohendem Wagenmangel seitens aller Verwaltungen zu treffen sind: Diese Maßnahmen sind bezüglich der verschiedenen Wagengattungen auf jedesmaliges Ersuchen der geschäftsführenden Verwaltung[54]) einzuführen und so lange in Geltung zu lassen, bis letztere die Aufhebung gestattet.

1. Die Wagenuntersuchungen und Ausbesserungen sind möglichst zu beschleunigen und zu vereinfachen, reichliche Vorräthe an Ersatzstücken bereit zu halten und die Aufenthalte für Reinigung und Desinfektion der Wagen möglichst zu verkürzen.

2. Die benachbarten fremden Verwaltungen sind um thunlichst ausgiebige Wagenbeistellung zu ersuchen, die Abgabe von Verbandswagen an fremde Verwaltungen dem C.W.B. zu melden, Arbeitswagen, soweit angängig, für Gütertransporte zu verwenden,

---

[52]) Im Uebrigen vgl. a. a. O.

[53]) Hdb. St.W.V. 7. Aufl. 27—29.

[54]) Die Beschränkung und Wiedereinführung der Sonntagsruhe im Güterdienste (s. z. 3) ordnet die Direktion Magdeburg, sofern nur Mangel an offenen Wagen vorliegt, lediglich auf Antrag der Eisenbahndirektionen Kattowitz und Essen a. Ruhr an.

und beim Mangel an einer Wagengattung thunlichst andere zulässige Gattungen zu benutzen.

3. Die Ausnutzung der Wagen ist zu verbessern, einmal durch Beschränkung der Sonntagsruhe im Güterverkehre, dann durch Verstärkung der Rangirkräfte und häufigere Bedienung der Ladestellen, durch Vormeldung leerer Wagen, Vorverfügung über laufende Wagen und Beschleunigung der Beförderung solcher Wagen, eventuell durch Einlegung von Sonderzügen, sowie schließlich durch schärfere Ueberwachung der vorschriftsmäßigen Ausnutzung und Beförderung der Wagen.

4. Die Abwickelung des Güterabfertigungsdienstes ist durch Ausdehnung der Dienststunden und der Be- und Entladungsstunden, durch schnellere Avisirung der eingetroffenen und eintreffenden Güter und durch schärfere Handhabung der Bestimmungen über die Ent- und Beladungsfristen und die Standgelder zu beschleunigen.

5. Der Arbeitszugbetrieb und die Beförderung von Dienstgütern sind auf das geringste Maaß einzuschränken.

c) Maßregeln bei dringlichem Wagenmangel: Im äußersten Nothfalle und nur mit Genehmigung des Ministers sind für den Freiladeverkehr verkürzte Ladefristen einzuführen, und zwar für alle Verbandsverwaltungen gemeinsam und gleichzeitig, wobei die Fristen äußerstenfalls auf acht Stunden zu beschränken sind, für über 5 km entfernt wohnende Interessenten von einer Einschränkung überhaupt abzusehen ist und auf die Verhältnisse einzelner Stationen insofern Rücksicht genommen werden soll, als die Abkürzung der Ladefristen nur da eingeführt wird, wo eine Beschleunigung des Wagenumlaufes damit zu erreichen ist. Die Beantragung einer Ladefristverkürzung beim Minister erfolgt stets durch die Direktion Magdeburg, event. nachdem vorher bei dieser von einer anderen Verbandsverwaltung bezüglicher Antrag gestellt ist.

Sobald empfindlicher Mangel an Wagen im Ruhrkohlengebiete oder Oberschlesischen Kohlengebiete einzutreten droht, haben auf bezügliches Ersuchen der Direktionen Essen und Kattowitz (welche sich vorher hierüber mit Magdeburg zu verständigen haben) nach Anordnung der Direktion Magdeburg andere Gebiete durch Abgabe leerer Wagen selbst bei eigenem Bedarfe an dem Wagenmangel theilzunehmen. Zur thunlichsten Ausnutzung der fremden Wagen behufs Rückladung wird empfohlen, den Stationen zu gestatten, die Benutzungsfristen ohne Rücksicht auf die entstehenden Kosten an Wagenmiethe zu verdoppeln, wenn Rückladung für solche Wagen zu erwarten ist[55]).

Ueber die Einführung von Verhältnißzahlen für die Wagengestellung zur möglichst gleichmäßigen Vertheilung des Wagenmangels vgl. Beschluß der Staatsbahnwagenverbandskonferenz zu Trier vom 25. und 26./6. 1896.

4. Besonderes über die Thätigkeit des Wagenbureaus und des Centralwagenbureaus in Magdeburg.

Die Regelung der Geschäfte bei dem Wagenbureau in Magdeburg verdient eine besondere Erörterung, nicht nur weil die Direktion Magdeburg, die von Anfang her eine führende Rolle im Wagendienste gespielt hat, besonders vollkommene Einrichtungen besitzt, sondern auch, weil das Wagenbureau in Magdeburg durch die Beherrschung des Mittleren

[55]) Im Uebrigen vgl. Hdb. St.W.V. 7. Aufl., 27—29 und V. f. g. W. § 4,$_5$.

Vertheilungsbezirkes einen Einfluß auf den Wagenumlauf in einem großen Theile des St.W.V. ausübt.

Hinsichtlich des Geltungsbereiches der Verfügungen des Wagenbureaus in Magdeburg sind zwei in einander eingeschlossene Kreise von Stationen zu unterscheiden. Im Kreise A (dem Mittleren Vertheilungsbezirke [s. S. 321]) verfügt das Wagenbureau über die offenen Wagen, das sind die O-, Oq-, Oc-, Ot-, Ok-, VO-, S-, Sl-, SS- und HH-Wagen jeder Größe, in den Monaten September-December jeden Jahres auch über die X-Wagen, soweit dieselben von den zuständigen Königlichen Eisenbahndirektionen in dieser Zeit für den Güterverkehr freigegeben werden. In dem Kreise B (welcher außer dem Direktionsbezirke Magdeburg noch die Osterwieck-Wasserlebener und Stendal-Tangermünder Bahn, ferner vom Direktionsbezirke Halle die Stationen von Drewitz bis Heringen und Berga-Kelbra bis Stollberg-Rottleberode umfaßt) verfügt das Wagenbureau über Güterwagen aller Art und im Direktionsbezirke auch über die diesem gehörenden X-Wagen. Außerdem hat das Wagenbureau (vgl. auch S. 321) abzugeben:

a) Zu jeder Zeit:

1. Lange offene Güterwagen auf Anforderung an Hamburg.

2. Lange offene Güterwagen auf Anforderung des Wagenbureaus Erfurt an Stationen westlich von Erfurt.

3. Gewöhnliche offene Güterwagen auf Ausgleich an das Ruhr- und das Oberschlesische Kohlengebiet.

4. Gewöhnliche offene Güterwagen auf Anforderung des Wagenbureaus Halle und Berlin an Stationen östlich von Falkenberg und südlich von Berlin.

b) Nach Deckung des Bedarfes der Staatsbahnstationen:

1. Güterwagen aller Art auf Anforderung an die Braunschweigische Landeseisenbahn und die Neuhaldenslebener Eisenbahn.

2. Offene Güterwagen aller Art auf Anforderung an die Priegnitzer Eisenbahn, die Paulinenaue-Neuruppiner Eisenbahn und die Nauen-Ketziner Bahn.

Da der Mittlere Vertheilungsbezirk (Kreis A) über 500 Stationen umfaßt, so ist er für die Vertheilung der Güterwagen in vier Gebiete eingetheilt, deren jedes im Wagenbureau von einem Beamten bearbeitet wird. Jeder fertigt für sein Gebiet in einem hierzu bestimmten Buche eine besondere Vertheilungsübersicht an, in die er den Inhalt der zwischen $1\frac{1}{2}$ und 3 Uhr Nachmittags von allen betheiligten Stationen einlaufenden Wagendepeschen einträgt. Ein Stück solcher Vertheilungsübersicht mit fingirter Ausfüllung (bei welcher Bruttomeldungen vorausgesetzt sind) ist S. 326, 327 wiedergegeben. Die vier Gebiete sind so abgegrenzt, daß im Allgemeinen die Vertheilung in jedem gesondert stattfindet. Wo indessen eine Ueberweisung von Wagen aus einem Gebiete in ein Nachbargebiet nothwendig wird, verständigen sich die vier (in demselben Raume sitzenden) Beamten mündlich darüber.

Bei der Vertheilung ist nicht nur darauf zu rücksichtigen, daß die Wagen nicht unnöthig lange Wege machen und nicht Gegenläufe auf Nachbarlinien stattfinden; es muß auch beachtet werden, ob auf den fraglichen Strecken geeignete Züge vorhanden sind, welche die beorderten Wagen befördern können. Die betr. Beamten müssen also eine genaue geographische und Fahrplankenntniß ihres Arbeitsfeldes, und, da sie gegenseitig Wagen abgeben und sich in Behinderungsfällen gegenseitig vertreten, auch des ganzen Vertheilungsbezirkes besitzen. Sehr erschwerend wirken noch das nicht bestimmt vorherzusehende Eintreffen von Wagen von anschließenden Privatbahnen und von den zahlreichen Anschlußgleisen der Ladestellen, Zechen und Werke, die Rückkehr leerer Wagen von Sachsen und Oesterreich und die zahlreichen auf dauernde Verfügung stattfindenden Läufe leerer Wagen in der Richtung nach den Kohlengebieten und innerhalb des Mittleren Vertheilungsbezirkes selbst. Es kann sich also bei der Vertheilung der Wagen nicht einfach darum handeln, die Zahlen des Bestandes und Bedarfes auszugleichen; vielmehr müssen die unbekannten Einwirkungen durch Schätzung berücksichtigt werden. Bei Stationen, die bekanntermaßen starken regelmäßigen Zulauf leerer Wagen haben, wird nur ein Theil des gemeldeten Bedarfes gedeckt bezw. sie werden noch zur Abgabe von Wagen veranlaßt u. s. f. Zu alledem gehört eine große Uebung und Vertrautheit auch mit den örtlichen Verhältnissen, die den Beamten sämmtlich durch eigene Anschauung bekannt sind. Zum Handgebrauche dient ferner ein tabellarisches Verzeichniß aller Stationen, in welchem alles für den Wagendienst Bemerkenswerthe, wie Verladestellen, Anschlußgleise nebst deren industrieller Bedeutung, Gleislänge der Stationen für Aufstellen von Wagen, die Sammelstationen (s. S. 326) u. s. f. eingetragen sind.

Das Ergebniß der Vertheilung trägt jeder der vier Beamten in die Depeschenbücher, deren mehrere vorhanden sind (s. S. 326), damit ein Theil der Depeschen schon abgehen kann, während die anderen noch ausgeschrieben werden. Um 4 Uhr sollen die Stationen schon im Besitze ihrer Verfügungen sein. Um dies zu erreichen, tritt noch ein fünfter Beamter dazu, der mit den Vertheilungsgeschäften genau vertraut ist und der auch die übrigen Beamten in Behinderungsfällen vertritt.

Die Wagen, welche bei einer Vertheilung nicht haben gestellt werden können, werden in der Vertheilungsübersicht blau angestrichen und bei der nächsten Vertheilung in erster Linie berücksichtigt. Außerdem zieht jeder der vier Beamten das Schlußergebniß (Mangel und Ueberfluß) seines Gebietes. Die Ergebnisse der vier Gebiete werden alsdann in ein ferneres Buch übereinandergetragen und zusammengezählt, das Saldo in ein drittes Buch, welches für das Centralwagenbureau bestimmt ist und die Stelle der von den anderen Direktionen einlaufenden Wagendepeschen vertritt, übernommen (s. S. 327).

Alles bisher Gesagte bezieht sich auf die Hauptmeldung. Außer durch die Hauptmeldung ist dringender Bedarf sowie verfügbarer, in der vorhergehenden Hauptmeldung noch nicht angemeldeter, Bestand an Wochentagen regelmäßig Vormittags von 8—8½ Uhr zu melden, während eine zweite Nebenmeldung Abends um 6 nur auf besondere Anordnung des Wagenbureaus für bestimmte Wagengattungen stattfindet. Während jede neue Hauptmeldung sich wieder auf die ganzen Wagenverhältnisse der betr. Station erstreckt, geben die Nebenmeldungen nur die seit der letzten Meldung eingetretenen Aenderungen an. Diese Nebenmeldungen werden im Wagenbureau ebenso behandelt, wie die Hauptmeldung. Namentlich bei der Verfügung auf die Vormittagsmeldung ist zu beachten, daß nur solche Anordnungen für den Tag getroffen werden, die auch mit den fahrplanmäßigen Zügen ausgeführt werden können. So bleibt das Wagenbureau in Zeiten starken Hin- und Herfließens des Wagenbestandes beständig auf dem Laufenden, und schließlich werden, damit auch die Nachts vom Auslande und den Anschlußgleisen eintreffenden Wagen gleich am Morgen Verwendung finden, für diese bei Wagenmangel Vorverfügungen erlassen.

Von besonderem Interesse ist die Regelung des Depeschendienstes. In unmittelbarer Nachbarschaft des Wagenbureaus befindet sich ein Telegraphenbureau, in

Am *20. Sept. 1896*

Station	Bedarf													
	G	Gl	Ve	Vel	VO	O	Ol	Oml	Sl	Sl Rug	SS	HH	X	Lade-mittel
Altdorf . . .	(6)	(3) *S*	—	—	(2)	(10)	*(1) F* (3)	2	—	—	—	—	—	2 Decken
Neustadt . .	—	—	—	—	—	(3)	—	2	—	—	(1) *L*	—	—	—
Friedrichsfeld .	(3)	*1* (4) *W, L*	—	—	—	*(4) A* (8)	—	(2)	—	2	—	—	—	—
Wilhelmsburg .	—	—	(2) *N*	—	*(3) A* (6)	(2)	—	*1* (2) *L*	(1) *L*	—	—	—	—	—
Schmalnau . .	(2) *N*	—	—	(1) *W*	—	*(3 L)* (6)	(2)	—	—	—	(2) *F*	(1) *L*	—	—
Lindewiese . .	(1) *F*	(2)	(1)	—	—	(2)	(1)	—	—	2	—	—	—	—
Buchwald . .	—	—	—	—	(3) *S, L*	(5)	—	(2)	(1) *L*	—	—	—	—	—
Ergebniß . .		*1*						*5*		*4*				

Bemerkung: Die erste, mit schwarzer Tinte erfolgende Ausfüllung ist in stehenden Ziffern, die mit rother Tinte vorgenommene Vertheilung in liegenden Ziffern bezw. liegenden lateinischen Buchstaben, die Durchstreichung der Ziffern

dem zu Ende des Jahres 1896 17 Fernschreiber aufgestellt waren. (Im Laufe des Jahres 1897 steht eine weitere Vermehrung bevor.) Dieses Telegraphenbureau hat gleichzeitig auch die Depeschen des C.W.B. und die Direktionsdepeschen zu befördern. Im Jahre 1896 sind hier 332150 Depeschen abgefertigt, von denen über 300000 den Wagendienst betrafen. Letztere, sowohl Eingang wie Ausgang, werden nicht ausgefertigt, sondern nur in die Depeschenbücher eingetragen. Soweit die Depeschen dem Geschäftskreise des Wagenbureaus angehören, ist ferner eine Vereinfachung dadurch getroffen, daß bei den Hauptmeldungen nicht die Depeschen von den einzelnen Stationen einlaufen, die ja auch großentheils nicht direkte Verbindung mit Magdeburg haben. Vielmehr laufen die Depeschen bestimmter Gruppen von Stationen nach den hierfür festgesetzten sogenannten Sammelstationen, die dann eine ganze Reihe Depeschen unter einmaligem Anrufe nach Magdeburg abtelegraphiren. Ebenso werden umgekehrt die für die einzelnen Stationen bestimmten Depeschen zuerst reihenweise an die Sammelstationen abgegeben, die sie sodann an die einzelnen Stationen weiterbefördern. Die Vertheilungsbeamten haben selbstredend die Verfügungsdepeschen gleich in solcher Reihenfolge in die Depeschenbücher einzutragen, daß das Abtelegraphiren an die Sammelstationen bequem erfolgen kann.

Jeder der 17 Fernschreiber hat zu Zwecken des Wagenbureaus für den Eingang aus jedem bei ihm in Frage kommenden der vier Gebiete ein Depeschenbuch. (Im Ganzen 40.) Für den Ausgang sind für den gleichen Geschäftsbereich im Ganzen 30 Depeschenbücher vorhanden, außerdem für das Centralwagenbureau 8 Eingangs- und 7 Ausgangsbücher und für Direktionsdepeschen (die stets ausgefertigt werden) 2 Eingangsbücher und 1 Ausgangsbuch.

Der Dienst des C.W.B. ist erheblich einfacher, als derjenige des Wagenbureaus, da hierbei nur die Meldungen der 22 (durch Hinzutritt der Direktion Mainz 23) Wagenbureaus der Verbandsverwaltungen in Frage kommen. Es genügen auch hier

Bruttomeldung

Bestand														Abgekürzte Stationsnamen
G	Gl	Ve	Vel	VO	O	Ol	Oml	Sl	Sl Rug	SS	HH	X	Lademittel	
2 (8)	—	—	—	*(3) W* (5)	*(5) F 1* (15)	(2)	—	—	—	—	—	—	—	A
(2) *S*	—	*1* (3) *W*	—	—	*2* (5)	—	—	—	—	—	—	—	—	N
(1) L (4)	—	—	—	—	(4)	(1) *A*	(2)	—	—	(2) *S*	—	—	—	F
—	(1) *F*	—	(1) *S*	(3)	(2)	—	—	—	—	—	—	—	—	W
—	(3) *A*	—	—	(1) *B*	(3)	(2)	—	—	—	—	—	—	—	S
—	(2) *F* (4)	*1* (2)	—	(2) *B*	*8) S 5* (10)	*2* (3)	(1) *W*	(2) *W, B*	—	*1* (2) *N*	(1) *S*	—	—	L
—	—	—	—	—	*1* (6)	—	2)	—	—	—	—	—	—	B
2		*2*			*9*	*2*				*1*				

durch Einklammerung wiedergegeben. Die lateinischen Buchstaben weisen auf diejenigen Stationen hin, mit welchen der Ausgleich vorgenommen wird, fehlen also da, wo der Ausgleich innerhalb derselben Station erfolgt.

zur Bearbeitung zwei Beamte. Bis 4 Uhr treffen die Wagendepeschen ein. Gleichzeitig wird vom Wagenbureau in Magdeburg die oben erwähnte Meldung vorgelegt. In der Regel deckt sich der Wagenbedarf im Westen wie im Osten. Doch fehlen gewöhnlich G-Wagen in den Bezirken Hannover, Magdeburg, Cassel, während meist Ueberfluß an solchen in Berlin und Halle vorhanden ist. Dagegen ist im Osten (Königsberg) meist Mangel an Langholz- und sonstigen langen Wagen. Die Vertheilung der Wagen erfolgt etwa von 4—5. Dann gehen die Vertheilungsdepeschen an die einzelnen Direktionen ab, die nunmehr ihre abgebenden Stationen mit Anweisung zu versehen, ihre empfangenden Stationen vom Eingange der Wagen zu benachrichtigen haben. Letztere Benachrichtigung erfolgt beim Wagenbureau Magdeburg nicht durch Depesche, sondern durch Benachrichtigungszettel, mit dem zugleich als Kontrole die Begleitscheine der überwiesenen Wagen angefordert werden.

Eine fernere Vertheilung bezüglich der O-Wagen erfolgt Vormittags, in der Regel nicht durch das C.W.B., sondern durch das Wagenbureau. Im Uebrigen vgl. S. 319.

Die an das C.W.B. gerichteten telegraphischen Meldungen, sowie die darauf ergangenen Verfügungen sind zehntägig (am 1., 11. und 21. jeden Monates) übersichtlich zusammenzustellen. Die Zusammenstellungen sind der Verkehrs- und Betriebsexpedition der Eisenbahnabtheilungen des Ministeriums der öffentlichen Arbeiten, sowie den Wagenbureaus und dem Wagenamte zu Essen (Ruhr) mitzutheilen[56].

C. Suchen von Wagen[57].

Da die Wagen ohne Rücksicht auf ihre Eigenthumsbahn im Bereiche des St.W.V. hin- und hergesandt werden, so ereignet es sich häufig, daß sie zu der Zeit, zu welcher

[56]) V. f. g. W. § 6.
[57]) V. f. g. W. § 13.

eine Untersuchung vorzunehmen ist, sich auswärts befinden. Es werden daher diejenigen Wagen, deren Zurückführung in den Heimathsbezirk oder in eine Werkstätte aus besonderen Gründen verlangt wird, oder welche hinsichtlich ihrer Anschriften, Beschaffenheit u. s. w. nachgesehen werden sollen, den Stationen und Werkstätten der Verbandsbahnen durch die Listen gesuchter Wagen mitgetheilt. Diese Listen werden nach den Angaben der einzelnen Verwaltungen allmonatlich einmal vom C.W.B. aufgestellt und den Wagenbureaus übermittelt. In die Sucheliſten werden nur solche Wagen aufgenommen, nach denen bereits im Heimathsbezirke vergeblich geforscht ist, und nur solche untersuchungspflichtige Wagen, deren Untersuchungsfrist bereits abgelaufen ist. Zur Vermeidung unnöthiger Leerläufe ist durch kurze Vermerke in der Sucheliste darauf Bedacht zu nehmen, daß die zur Ausführung von Ausbesserungsarbeiten kleineren Umfanges oder zur Ausführung allgemein feststehender Anschriften u. s. w. zu suchenden Wagen nicht dem Heimathbezirke, sondern der nächstgelegenen Staatsbahnwerkstätte zugeführt werden.

Werden solche gesuchten Wagen irgendwo angetroffen, so sind sie mit einem Zettel von weißem Papiere mit rothem Druck zu bekleben:

> **Gesucht**
> in der Liste der gesuchten Wagen
> № *12*
> Station: *Elmshorn* Datum: *3./7. 1896*

Der Finder erhält eine Belohnung von 20 Pf. (vgl. a. a. O.). Die so gefundenen und bezettelten Wagen sind sogleich mit Begleitschein nach der in Spalte 3 der Sucheliste bezeichneten Werkstätte oder Station abzusenden. Der Begleitschein erhält in auffälliger Schrift einen bezüglichen Vermerk. Falls solcher Wagen beladen ist, kann er, soweit in der Sucheliste nicht Anderweitiges vorgeschrieben ist, vorerst zur Bestimmungsstation weiterlaufen, welche indessen entsprechend verständigt werden muß (vgl. a. a. O.).

Sobald dann der Wagen der bestimmten Werkstätte oder Station zugeführt ist und von dieser nach erledigter Untersuchung ꝛc. weitergesandt wird, ist er zur Vermeidung nochmaliger Zuführung mit einem Zettel folgenden Inhaltes zu bekleben:

> **Gefunden**
> und in der Liste gesuchter Wagen № *12*
> zu streichen
> *Neumünster*, den *20. Juli 1896*
> Unterschrift
>
> Dieser Zettel ist bis zum 1. *September 1896*
> am Wagen zu belassen.

Im unteren Abschnitte des Zettels, der aus weißem Papiere mit rothem Drucke herzustellen ist, muß der zweite auf die Ausfertigung folgende Monat handschriftlich eingetragen werden.

Mit dem gleichen Zettel sind auch die Wagen zu bekleben, welche durch besondere Nachweisungen (Anlagen zu den Sucheliften, Amtsblattverfügungen u. s. f.) zunächst nur im eigenen Direktionsbezirke gesucht wurden, soweit die Auffindung dieser Wagen nicht bereits bekannt gemacht werden konnte.

Die Werkstätten und Stationen haben den Eingang der ihnen auf Grund der Sucheliste zugeführten Wagen bis zum 15. jeden Monats dem Wagenbureau oder der sonst hiermit beauftragten Dienststelle des Heimathbezirkes des zugeführten Wagens zur Berücksichtigung für die dem C.W.B. für die nächste Sucheliste zu machenden Angaben schriftlich zu melden.

D. Gegenseitige Vergütung innerhalb des Staatsbahnwagenverbandes[58]).

Zwischen den Direktionen der Pr.St.B. findet eine Geldabrechnung für die gegenseitige Wagenbenutzung nicht statt. Zwischen den Pr.St.B. einerseits und den übrigen Verbandsbahnen andererseits, sowie zwischen den letzteren unter sich, wird, soweit nicht Gegenleistung oder anderweite Ausgleichung vereinbart ist, für die gegenseitige Wagenbenutzung eine Laufmiethe von 0,02 M. für das Wagenkilometer berechnet. Die Anzahl der durchlaufenen Wagenkilometer ist nicht für jeden einzelnen Wagen (der nicht bei seinem Uebergange von Verbandsbahn zu Verbandsbahn kontrolirt wird), sondern im Ganzen auf Grund der Wagennachweisungen der Zugführer monatlich für jeden Verwaltungsbezirk bezw. für jede Eigenthumsbahn festzustellen. Dies geschieht auf den Pr.St.B. durch die bei den Direktionen bestehenden Wagenkontrolen (vgl. S. 18). Als Ergebniß dieser Feststellung sind die für jeden Monat zu zahlenden Beträge bis zum 20. des auf die Benutzung folgenden Monates behufs Ausgleichung dem C.W.A.B. mitzutheilen (vgl. 5. Kap.). Die besondere Art der Abrechnung mit den Elsaß-Lothringischen Bahnen wird im 5 Kap. besprochen worden.

E. Benutzung der Wagen des Staatsbahnwagenverbandes durch fremde Bahnen.

Nach V. f. g. W. § 15 und Anm. I zu V.W.U. § 5 ist der Lauf der Verbandswagen den dem St.W.V. nicht angehörenden Verwaltungen gegenüber als Lauf im Hinwege anzusehen, mögen die Verbandswagen von der Heimathbahn oder einer anderen Verbandsbahn beladen sein. Auch in letzterem Falle wird den fremden Bahnen die Benutzungs- und miethefreie Ladezeit wie für einen von der Heimathbahn beladenen Wagen gewährt. Die fremden Bahnen sind berechtigt, unter Beachtung der Bestimmungen S. 306 a—d die entladenen Wagen des St.W.V. sowohl nach der Heimathbahn, in der Richtung zu derselben und darüber hinaus als auch nach derjenigen Verbandsbahn, in der Richtung zu derselben und darüber hinaus mit Rückladung zu versehen, von der die Wagen auf dem Hinwege nach Ausweis der Uebergangszettel das Verbandsgebiet verlassen haben. Als Austrittsstation gilt die Station, auf welcher ein Wagen das

---

[58]) V. f. g. W. § 11.

Verbandsgebiet verlassen hat, als Uebergangsstation auf die Heimathbahn diejenige Station, auf welcher er nach dem Verbandsgebiete zurückkehrt.

Für die leere Rücksendung der Wagen des St.W.V. gelten die Bestimmungen der drei großen Verbände, so im V.D.E.V. das V.W.U. § $5_{,5,7-9}$.

III. Sonstige Vereinbarungen über den Wagenaustausch, welche neben den drei großen Verbänden bestehen oder deren Bestimmungen ergänzen bezw. abändern.

A. Wagenaustausch deutscher Bahnen mit nichtdeutschen Bahnen über die Grenzen der drei großen Verbände hinaus.

Bereits im 1. Abschnitte ist ausgeführt, daß die schweizerischen Bahnen dem V.D.E.V. nicht angehören und dem V.W.U. nur mit gewissen Vorbehalten beigetreten sind, und daß daher der Wagenverkehr mit der Schweiz theilweise abweichenden Bestimmungen unterliegt — daß ferner für den Wagenverkehr mit Frankreich neben dem Internationalen Verbande die besonderen Abkommen einzelner Grenzbahnen in Betracht kommen, — daß schließlich für die nordischen Bahnen und diejenigen des Südostens Europas, welche keinem der Verbände beigetreten sind, der Wagenaustausch durch Vermittelung der preußischen Direktion Altona und bezw. der Ungarischen Staatsbahnen bewirkt wird. Soweit dieser über die Grenzen der Verbände hinausgehende Verkehr nach Maßgabe des V.W.U. § $1_{,2,3}$ bezw. des It.W.R. § 7 und § 8 oder des Int.R. Art. 24, 25 sich vollzieht (vgl. S. 309), bedarf er keiner weiteren Erörterung. Eine solche ist indessen erforderlich für den Wagenverkehr mit der Schweiz und den durch die schweizerischen Bahnen vermittelten Wagenverkehr mit Frankreich, sowie für den durch die Elsaß-Lothringischen Bahnen bewirkten Wagenaustausch mit der Französischen Ostbahn und deren Hinterbahnen.

1. Der Wagenverkehr mit der Schweiz und der durch die schweizerischen Bahnen vermittelte Wagenverkehr mit Frankreich.

Die schweizerischen Bahnen haben das bisherige V.W.U. mit den beiden Vorbehalten angenommen, daß statt der normalen technischen Bestimmungen desselben die Bestimmungen der Technischen Einheit maßgebend sind, und daß alle besonderen Abkommen mit einzelnen Bahnen durch das V.W.U. unberührt bleiben. (Letzterer Vorbehalt ist übrigens nach V.W.U. § $1_{,1}$ selbstverständlich, ersterer ist durch die Aufnahme der Bestimmungen der T.E. in das neue V.W.U. gegenstandslos geworden.) Als für die Pr.St.B. wichtig sind die Bestimmungen über die Benutzung der Wagen des Schweizerischen Wagenverbandes zu erwähnen. Nach diesen[59]) können von sämmtlichen Stationen des St.W.V. alle mit den Eigenthumsmerkmalen der zum Schweizerischen Wagenverbande (vgl. S. 78, 334) gehörigen Bahnen versehenen Güterwagen (ausschl. der Kesselwagen) gleichviel, von welcher der schweizerischen Verbandsbahnen dieselben beladen eingegangen sind, nach jeder beliebigen Station einer der schweizerischen Verbandsbahnen und im Transitverkehre über dieselben hinaus mit Rückladung versehen werden. Ebenso dürfen die Güterwagen des Schweizerischen Wagenverbandes (ausschl. der Kesselwagen) behufs Rückbeladung im Gebiete des St.W.V. (der in diesem Falle als eine Verwaltung zu be-

[59]) Hdb. St.W.V. 7. Aufl., 70.

trachten ist, was nach dem bisherigen V.W.U. Vorbedingung für Ablenkung von Wagen war) bis auf eine Entfernung von 200 km weitergesandt oder abgelenkt werden.

Die süddeutschen Grenzbahnen (Elsaß-Lothringen, Baden, Württemberg und Bayern) haben mit den Schweizerischen Bahnen für den gegenseitigen Wagenverkehr weitergehende Aenderungen des V.W.U. vereinbart. Hiernach wird zwischen den genannten deutschen Bahnen und den schweizerischen Bahnen mit Ausschluß der Gotthardbahn eine Laufmiethe von 1 Frc. für das Achskilometer und Verzögerungsgebühr von 3,0 M. für den Tag (also keine Zeitmiethe) gegenseitig vergütet. Ferner ist zwischen den deutschen Grenzbahnen und allen schweizerischen Bahnen seit 1./4. 1895 für die Sonn- und Festtage Befreiung von der Verzögerungsgebühr und, bei Anwendung von Zeitmiethe, auch der Zeitmiethe im Sinne v. § 14 Abs. 3 des bisherigen V.W.U. eingetreten[60]). Für den Kurs der Wagen der deutschen Grenzbahnen auf französischen Bahnen im Transit durch die Schweiz haben die schweizerischen Bahnen nur die von den französischen Bahnen erhaltenen Miethen (und Wiederherstellungskosten) zu vergüten; umgekehrt vergüten die deutschen Grenzbahnen für die Benutzung französischer Wagen, welche im Transit durch die Schweiz auf ihre Linien gelangen, ebenfalls nur diejenigen Sätze, welche die schweizerischen Bahnen den französischen Bahnen zu vergüten haben (0,01 Frcs. für das Achskilometer und 3,0 Frcs. Verzögerungsgebühr für den Tag und Wagen). Das ganze Netz des Schweizerischen Wagenverbandes gilt im Sinne des V.W.U. § 5 als Heimathbahn hinsichtlich der Rückbeladung der Wagen der deutschen Grenzbahnen in der Schweiz und der schweizerischen Wagen im Gebiete der deutschen Grenzbahnen.

Weitere vom V.W.U. abweichende Bestimmungen über Miethe 2c. für Kesselwagen, welche zwischen den deutschen Grenzbahnen und den schweizerischen Bahnen vereinbart wurden, finden S. 343 Erwähnung.

Bezüglich des über die Schweiz hinausgehenden Verkehres österreichischer Wagen nach Frankreich und französischer Wagen nach Oesterreich mag auf ein den obigen Vereinbarungen zwischen den deutschen Grenzbahnen und den schweizerischen Bahnen ähnliches Abkommen zwischen den schweizerischen und österreichischen Bahnen, welches bereits S. 77, 78 erwähnt ist, hier nur nochmals hingewiesen werden. Der Wagenverkehr zwischen den schweizerischen und französischen Bahnen geschieht nur auf Grund besonderer Abkommen zwischen den beiderseitigen Grenzbahnen. Soweit französische Wagen durch die Schweiz nach Deutschland und über das Gebiet obiger deutschen Grenzbahnen hinauslaufen, gelten für den Weiterlauf die Miethesätze 2c. des V.W.U., ebenso erhalten für den Lauf der Wagen anderer deutscher Bahnen, als der obigen, durch die Schweiz nach Frankreich die Eigenthümerinnen von den schweizerischen Bahnen die Sätze des V.W.U. vergütet. Die hierdurch gegen die Abrechnung zwischen den schweizerischen und französischen Bahnen entstehenden Unterschiede werden von den schweizerischen Bahnen getragen bezw. ausgeglichen.

2. Der durch die Elsaß-Lothringischen Bahnen vermittelte Wagenverkehr mit Frankreich.

Die zwischen der Generaldirektion der Eisenbahnen in Elsaß-Lothringen und der Direktion der französischen Ostbahngesellschaft abgeschlossene Konvention, gültig vom 1./9. 1880 ab, welche auch die Pr.St.B. für ihren durch Elsaß-Lothringen vermittelten Wagen-

[60]) Neues V.W.U. § 11,$_{2,3}$.

verkehr mit Frankreich angenommen haben, enthält bezüglich des Güterwagenverkehres (sie gilt auch für Lokomotiven, Personen- und Gepäckwagen) etwa folgende gegenüber den drei großen Uebereinkommen sehr viel einfacher gefaßten Bestimmungen:

a) Hinlauf der Wagen: Zur Vermeidung der Umladung wird der Weiterlauf der Güterwagen bis zur Bestimmungsstation, selbst über die Grenzen der Bahnstrecken der beiden Verwaltungen hinaus, gestattet. Hinsichtlich der nothwendigen Beschaffenheit der Wagen gelten die Bestimmungen des T.Int.R.[61]). Ueber das erforderliche Maaß der Beladung (vgl. S. 304) sind Bestimmungen nicht getroffen. Jeder Verwaltung ist vorbehalten, im Falle des eigenen dringenden Bedarfes oder Ueberflusses an Wagen den Uebergang der eigenen bezw. die Uebernahme der ihr nicht gehörenden Wagen abzulehnen[62]).

b) Rücklauf der Wagen. Die beladen oder leer zurückgehenden Güterwagen[63]) sollen grundsätzlich bei der Rückfahrt denselben Weg nehmen, über welchen sie bei der Hinfahrt gekommen sind.

Ausnahmen sind nur gestattet:

1. Für die beladenen Wagen, welche nach einer Station ihrer Eigenthumsverwaltung oder nach einer vor der Heimath belegenen auf dem Hinwege berührten Station zurückbefördert werden.

2. Für die den beiden vertragschließenden Verwaltungen gehörenden Wagen, gleichviel, ob sie leer oder beladen sind.

c) Wagendurchgang über die Grenzen der beiden vertragschließenden Bahnen[64]). Die Wagen fremder Bahnen, welche von einer der beiden Verwaltungen in das Gebiet der anderen eingeführt werden, gelten dieser gegenüber als Eigenthum der einführenden Bahn. Andererseits haftet jede der beiden Bahnen der anderen für die übernommenen Wagen, welche sie über ihr Gebiet hinaus weiterlaufen läßt.

d) Uebergabe und Uebernahme der Wagen[65]). Die beladenen Wagen gelten als übergeben, sobald die Begleitpapiere übernommen und etwaige Beschädigungen der Wagen gemeinschaftlich nach Maßgabe des T.Int.R. festgestellt sind. Die leer zurückkehrenden Wagen sind unmittelbar nach ihrem Eintreffen auf den Uebergangsstationen und nach gemeinschaftlicher Feststellung etwaiger Beschädigungen zu übergeben bezw. zu übernehmen. Wo indessen auf einer Uebergabestation eine Verwaltung ausschließlich den Rangirdienst besorgt, ist die Uebergabe an die andere Verwaltung von der vorherigen Erledigung des Rangirgeschäftes abhängig. Im Uebrigen kann nach 7 Uhr Abends die Uebergabe nur dann verlangt werden, wenn die Güterwagen in direkt anschließenden Güterzügen unmittelbar weiterzulaufen haben.

e) Benutzungsfristen[66]). Die Lauffristen sind dieselben, wie diejenigen des Internationalen Verbandes (vgl. S. 310), beginnen und endigen indessen mit derjenigen Mitternacht, welche auf die Uebergabe bezw. Rückgabe der Wagen folgt, so daß der Tag der Uebernahme und derjenige der Rückgabe der Wagen zusammen nur für einen Tag gerechnet werden. Dies gilt aber nur für die Uebergabe und Uebernahme zwischen den beiden vertragschließenden Bahnen, während für den Uebergang beim Weiterlaufe auf andere Bahnen eine Zuschlagsfrist nicht berechnet wird.

---

[61]) Konv. § 1 u. 2.
[62]) Konv. § 3.
[63]) Konv. § 4.
[64]) Konv. § 1 u. 23.
[65]) Konv. § 6.
[66]) Konv. § 9.

An Ladefristen bezw. Stationsfristen werden gewährt[67]):

1. Für Entladung oder für Ent- und Beladung auf der Bestimmungsstation 2 Tage.

2. Bei Wiederbeladung auf dem Rückwege nach einer Station der Heimathbahn 1 Tag. (In einem besonderen Falle, vgl. a. a. O., 2 Tage).

3. Für die der Zollabfertigung unterliegenden Wagen für die übernehmende Verwaltung zur Erledigung der Zollförmlichkeiten 2 Tage).

4. Für diejenigen Güterwagen, welche — gleichviel aus welchem Grunde — auf den Grenzbahnhöfen der Ostbahn und der Elsaß-Lothringischen Bahnen zur Ent- oder Umladung gelangen, wird[68]) für Lauf, Stationsaufenthalt und Zollbehandlung im Ganzen eine Frist von 2 Tagen gewährt.

Die Sonn- und gesetzlichen Feiertage, welche in die Lauf- und Stationsfristen fallen, verlängern[69]) die übereinkommengemäßen Rücklieferungsfristen um die Anzahl dieser Tage. Als Feiertage sind zu betrachten: Neujahr, Charfreitag, Ostermontag, Himmelfahrtstag, Pfingstmontag, Mariä Himmelfahrt, Allerheiligen, erster und zweiter Weihnachtstag.

f) **Vergütung für die gegenseitige Wagenbenutzung**[70]). Als Vergütung wird keine Zeitmiethe, sondern nur Laufmiethe und Verzögerungsgebühr bezahlt. Die Laufmiethe beträgt (für einen Salon- oder Personenwagen 0,04 M.) für einen Gepäck- oder Güterwagen 0,02 M. für das Kilometer. Für Wagen mit mehr als zwei Achsen werden diese Preise um die Hälfte für jede mehr vorhandene Achse erhöht. Bei Ueberschreitung der unter e behandelten Benutzungsfristen (welche für Hin- und Rückweg zusammen ermittelt wird) ist eine Verzögerungsgebühr von 3,0 M. für jeden Wagen und jeden angefangenen Tag der Verspätung zu zahlen. Verzögerungsgebühren können nicht gefordert werden, wenn die Verzögerung des Wagens durch Unfahrbarkeit der Strecke, Unglücksfälle, Behinderung des Betriebes durch höhere Gewalt, Beschädigung oder Laufunfähigkeit des Wagens oder sonstige von der befördernden Verwaltung nicht abwendbare Umstände veranlaßt ist. Solche entschuldbaren Verspätungen sind indessen ohne Verzug zur Kenntniß der anderen der beiden vertragschließenden Verwaltungen zu bringen.

Kommt den Vorschriften unter b entgegen ein Wagen auf falschem Wege in seine Heimath zurück, so wird für die von dem Wagen auf falschem Wege leer durchlaufene Strecke zu Lasten der schuldigen Verwaltung der doppelte Miethbetrag berechnet. Hiervon erhält den einfachen Miethbetrag die Wageneigenthümerin, den anderen Miethbetrag erhalten diejenigen Verwaltungen, auf deren Strecken der Wagen bestimmungswidrig gelaufen ist, als Entschädigung für den Transport des leeren Wagens.

g) Die übrigen Bestimmungen der Konvention über Abrechnung, Behandlung der losen Wagenbestandtheile und Lademittel ꝛc. werden bei der allgemeinen Erörterung dieser Gegenstände Erwähnung finden.

---

[67]) Konv. § 10.
[68]) Konv. § 11.
[69]) Konv. § 12.
[70]) Konv. § 7, 8, 13—15.

B. Wagenverbände für einzelne Ländergebiete.

Aehnlich dem S. 83, 316 ff. besprochenen Preußischen St.W.V. sind auch in anderen Ländern engere Wagenverbände geschaffen, welche gegenüber den bisher besprochenen Bestimmungen für den internationalen Wagenverkehr vielfach Erleichterungen aufweisen.

1. Der Schweizerische Wagenverband,

dessen Umfang S. 78 dargelegt ist, macht aus den beigetretenen schweizerischen Bahnen eine Gemeinschaft zur besseren Ausnutzung der Güterwagen. Für den Verkehr der schweizerischen Bahnen mit dem Auslande, für welchen im Uebrigen das V.W.U. und die sonstigen internationalen Vereinbarungen gelten, hat der Schweizerische Wagenverband die Bedeutung, daß er im Sinne der Uebereinkommen als Heimathbahn zu betrachten ist (vgl. S. 330). Innerhalb des Verbandes ist die Verwendung der Gemeinschaftswagen (Specialwagen sind hiervon ausgeschlossen) für Verladungen nach allen Richtungen und Bestimmungen des In- und Auslandes freigegeben. Doch wird die Verwendung in der Richtung zur Heimathbahn bevorzugt. Die Wagenvertheilung geschieht für das ganze Verbandsgebiet einheitlich durch Repartiteure und einen Oberrepartiteur. Es gelten innerhalb des Verbandes besondere Lauf- und Ladefristen. Die Bahnen vergüten sich gegenseitig eine Laufmiethe von 1 Cent. für das Achskilometer und eine Verzögerungsgebühr von 3 Frcs. für den Tag der Verspätung (nach den Wagenrapporten der Stationen und Zugführer monatlich ermittelt), treffen dann aber nach Ablauf jedes Rechnungsjahres noch einen Ausgleich, indem jede Bahn für jedes von ihren Wagen im In- und Auslande zurückgelegte Achskilometer (ausschließlich der Seestrecken und der nicht vergüteten Läufe) 0,40 Cent. einzuwerfen hat, und die hierdurch gebildete Summe auf alle Verbandsbahnen nach dem Verhältnisse der von ihnen in den gemeinschaftlichen Dienst gestellten Wagen (hierbei gedeckte Wagen zu $1\frac{1}{5}$ gerechnet) vertheilt wird.

2. Die gemeinschaftliche Wagenbenutzung der italienischen Eisenbahnen

ist durch den zwischen den beiden Verwaltungen der Mittelmeerbahnen und Adriatischen Bahnen geschlossenen Verkehrsvertrag (Convenzione Regolamento, vgl. S. 79) mit geregelt.

Für Personen- und Gepäckwagen bestimmt der Vertrag nur die Höhe der Vergütungen für die Benutzung (stündliche Zeitmiethe von 0,40 Frcs. für die Salon- und Schlafwagen und 0,20 Frcs. für gewöhnliche Personenwagen, 0,10 Frcs. für Gepäckwagen), und behält die Festsetzungen für den Uebergang solcher Wagen besonderen Vereinbarungen vor. Dagegen ist der Uebergang der Güterwagen, sowohl der einheimischen wie der fremden, durch den Vertrag im Einzelnen geordnet. Vorbedingung für die Zulassung zum Gemeinschaftsverkehre ist die Erfüllung der Bestimmungen der T.E., das Freisein von bestimmten Mängeln und eine Tragfähigkeit von mindestens 8 Tonnen. Die Benutzung aller Wagen ist, abgesehen von den Verpflichtungen, welche für fremde Wagen den fremden Bahnen gegenüber nach den bezüglichen Uebereinkommen bestehen, im Allgemeinen eine völlig freie. Daher kann jede der beiden Bahngesellschaften die Wagen der anderen beliebig lange und auf beliebigem Wege benutzen, und ist nur durch die Bestimmung [71])

[71]) Convenzione Regolamento art. 52.

beschränkt, daß beide Verwaltungen verpflichtet sind, die Zahl der übergebenen und übernommenen Wagen möglichst im Gleichgewichte zu halten. Falls das Gleichgewicht um mehr als 350 Wagen gestört ist, hat die schuldende Verwaltung auf Verlangen der Gläubigerin binnen 6 Tagen das Gleichgewicht bis auf höchstens 350 Wagen wieder herzustellen, widrigenfalls sie für die über 350 hinausgehenden Wagen von da ab die doppelte Miethe zahlen muß.

Die Miethe ist eine Zeitmiethe von 0,10 Frcs. für die Stunde, bei Specialwagen, welche Hin- oder Rückweg wegen ihres besonderen Verwendungszweckes leer zurücklegen müssen, 0,05 Frcs. für die Stunde. Die Verpflichtung zur Miethezahlung läuft auch für Sonn- und Festtage und ruht nur bei Hinderung der Wagenbeförderung und höherer Gewalt in den in Convenzione Regolamento Art. 60 einzeln aufgeführten Fällen, sowie während des Aufenthaltes der den Gesellschaften gehörenden Wagen im Auslande.

Die Feststellung der Wagenübergänge geschieht durch Führung von Verzeichnissen auf den Uebergangsstationen. Die Rückgabe der auf das andere Bahngebiet übergegangenen Wagen beider Gesellschaften an die Eigenthumsbahn darf auf jeder beliebigen Uebergangsstation erfolgen. Doch muß der Eigenthumsbahn für die (gedachte) Rückbeförderung der Wagen von der Rückgabestation zur Uebergabestation eine Vergütung von 0,02 Frcs. für jedes Wagenkilometer (gemessen auf den Linien der Eigenthumsbahn) erstattet werden. Ausländische und einer anderen italienischen Bahn gehörende Wagen müssen stets auf der Uebergabestation zurückgegeben werden. Für überflüssige Wagentransporte bei Falschläufen hat die schuldige Wagenverwaltung 0,02 Frcs., für verlangte Leertransporte die verlangende Verwaltung 0,05 Frcs. für das Wagenkilometer zu zahlen.

3. Das Uebereinkommen zwischen den Niederländischen Staatsbahnen und der Niederländischen Centraleisenbahn[72]),

am 1./8. 1894 in Kraft gesetzt, hat aus den beiden Bahnen sowohl im Verkehre unter einander, wie in ihrem Verkehre mit fremden Bahnen einen gemeinschaftlichen Wagenverband gebildet, dergestalt, daß ihre Güterwagen (ausschließlich der Dritten gehörenden Bier- und Kesselwagen) auch seitens der übrigen Vereinsverwaltungen wie Wagen einer Verwaltung zu behandeln und zu benutzen sind. Die Bahnen beider Gesellschaften gelten als Heimathbahn für beide Arten von Wagen ohne Rücksicht auf deren Eigenthumsmerkmale.

4. Das Wagenübereinkommen zwischen den nordischen Bahnen,

(Overenskomst angaaende den gensidige Vognbenyttelse mellem danske, svenske og norske Jaernbaner) regelt die gegenseitige Wagenbenutzung zwischen den dänischen Bahnen einerseits und den schwedischen und norwegischen Bahnen andererseits. Es ist eine fast wörtliche Uebersetzung des V.W.U. in der Fassung von 1890 (enthält jedoch als technische Bedingungen schon die Bestimmungen der T.E.) und bezieht sich übrigens nur auf Güterwagen. An Stelle der Miethebeträge des V.W.U. in Mark sind gleichlautende Beträge in Kronen vorgesehen, welche also im Verhältniß von $^9/_8$ höher sind.

---

[72]) Hdb. St.W.V. 7. Aufl. 71, Anm. III zu V.W.U. § 5.

C. Anderweitige Abkommen zwischen einzelnen Bahnen.

1. Die gemeinsame Wagenbeistellung für Kohlentransporte,

vermöge welcher die Wagenverwaltungen der Kohlenbedarfsbezirke den Verwaltungen der Kohlenbezirke gemäß V.W.U. § 6 bei der Stellung von Wagen für den genannten Zweck aushelfen, geschieht entweder durch „Wagenbeistellungsverträge" oder „Wagenkontingentsverträge". Erstere verpflichten die Kohlen empfangenden Bahnen täglich einen gewissen Theil des Bedarfes an Kohlenwagen leer zur Verfügung zu stellen, nach letzteren werden durch Zusammenschießen von Wagen der Kohlen empfangenden und versendenden Bahnen besondere Wagenparks, sogenannte Kontingente, gebildet, welche in der Regel ausschließlich zu den Kohlentransporten benutzt werden dürfen und durch angeheftete entsprechend beschriebene Tafeln als Kontingentswagen bezeichnet sind.

Solche Verträge der einen und anderen Art bestehen in beträchtlicher Zahl zur Beförderung schlesischer Kohlen nach Galizien und darüber hinaus, nach Mähren, Böhmen, Ungarn u. s. f., wobei einerseits die Pr.St.B., andererseits die Galizische Karl Ludwigs-Bahn, die Kaiser Ferdinand-Nordbahn, die Mährisch-Schlesische Centralbahn, die Oesterreichische N.W.-Bahn und S.N.B.-Bahn, die Oesterreichische Staatseisenbahngesellschaft u. s. f. betheiligt sind. Aehnliche Abmachungen bestehen für das Saarkohlengebiet. Die Pfälzische Bahn hat sich verpflichtet, an der Wagengestellung für die sämmtlichen über Neunkirchen-Besebach gehenden Saarkohlentransporte in der Weise theilzunehmen, daß sie $^3/_4$ des Gesammtbedarfes, sei es aus eigenen Beständen, sei es aus den Beständen ihrer Hinterbahnen überweist. Ebenso haben sich die schweizerischen Bahnen verpflichtet, zu den Kohlentransporten von der Saar nach ihren Linien leere Wagen beizustellen.

Eine besondere Erörterung verdient der gemeinschaftliche Wagenpark zur Kohlenbeförderung von Stationen der Außig-Teplitzer Eisenbahn und der k. k. Oesterreichischen Staatsbahnen über Bodenbach, Tetschen-Mittelgrund und Moldau nach Deutschland. An der bezüglichen Vereinbarung, für welche ein besonderes gedrucktes Uebereinkommen herausgegeben ist, sind außer den genannten Bahnen die Oesterreichisch-Ungarische Staatseisenbahngesellschaft, die Oesterreichische N.W.-Bahn, die Sächsischen Staatsbahnen und der Preußische St.W.V. betheiligt.

Der gemeinschaftliche Wagenpark umfaßt eine kleinste Zahl von 1800 und größte Zahl von 5200 Wagen, wovon 1000—3000 zum Versand von Außig-Teplitzer Stationen, 800—2200 zum Versand von österreichischen Staatsbahnstationen (früher Dux-Bodenbach) bestimmt sind. Die Stellung der Wagen ist auf die betheiligten Bahnen nach bestimmten Procentsätzen vertheilt. Wie viele Wagen im Ganzen und demnach von jeder Bahn zu stellen sind, bestimmen die Versandbahnen. Die Wagen, welche 10—15 t Tragfähigkeit und höchstens 4 m Radstand haben sollen, sind als Kontingentswagen durch Tafeln oder Oelfarbeanschrift bezeichnet. Die Wagen sind nach Entladung nicht der Eigenthumsbahn, sondern schleunigst den Versandbahnen über Außig bezw. Bodenbach und Moldau zuzusenden. Beladung auf diesem Rückwege ist zwar im Allgemeinen zulässig, kann aber von den beiden Versandbahnen in den Monaten, Januar, September, Oktober, November untersagt werden.

Die Wagenmiethe wird im Allgemeinen nach dem V.W.U. berechnet. Doch haben die Versandbahnen, in Anbetracht dessen, daß ihnen die Wagen ohne ihr Zuthun in großen Mengen leer zulaufen, den ersten Tag miethefrei und für die folgenden eine bedeutend ermäßigte Zeitmiethe zu zahlen[73]). Weitere Einzelbestimmungen sind über die Fristen zur Stellung der Wagen, über gegenseitige Vertretung in der Wagengestellung, Ersatz für Reparaturwagen u. s. f. getroffen (vgl. Uebereinkommen).

2. Abänderungen der Sätze für Lauf- und Zeitmiethe, Ermäßigungen und Fortfall von Geldbuße sind verschiedentlich zwischen den Bahnen vereinbart.

Die besonderen Abmachungen über die Miethesätze für Privatwagen werden unter IV. dieses Kap. Erwähnung finden. Zwischen den Pr.St.B. und der Braunschweiger Landeseisenbahngesellschaft findet eine Vergütung von Geldbuße seit 15./11. 1895 nicht statt.

IV. Besondere Bestimmungen über Privatwagen.

A. Begriff der Privatwagen.

Als Privatwagen sind (vgl. S. 290) alle Güterwagen anzusehen, welche außer den Eigenthumsmerkmalen einer Bahnverwaltung auch noch die Firma eines Privaten und den Namen einer Station (Heimathstation) tragen. Die in den Wagenpark einer Verwaltung des St.W.V. eingestellten Privatwagen sind außerdem mit der Bezeichnung „Specialwagen“ versehen (vgl. S. 289).

Unterschieden werden „Privatkesselwagen“, die statt des Wagenkastens einen Kessel oder sonstige Gefäße zur Beförderung von Flüssigkeiten tragen und andere „Privatgüterwagen“.

B. Maßgebende Vorschriften.

Auch auf Privatwagen, welche in den Wagenpark einer Eisenbahnverwaltung eingestellt sind, finden im inländischen und internationalen Verkehre von Bahn zu Bahn im Allgemeinen die Bestimmungen der Uebereinkommen über gegenseitige Wagenbenutzung Anwendung (V.W.U. § 1, It.W.R. § 29, im Int.R. nicht besonders ausgesprochen).

Der Umstand indessen, daß die Läufe der Privatwagen in erheblichem Umfange auf Verfügung ihrer Eigenthümer erfolgen, und daß die Bahnverwaltungen nicht in der Lage sind, die zu besonderen Zwecken gebauten Wagen zu bahnseitigen Rücktransporten zu benutzen, ferner auch die durch besondere Eigenschaften bedingte Behandlung mancher Arten von Privatwagen haben dazu Veranlassung gegeben, daß für die Privatwagen besondere Bestimmungen herausgegeben wurden, welche die Wagenübereinkommen ergänzen. Im Allgemeinen erstreckt sich die Gültigkeit dieser Bestimmungen nicht über das Gebiet der einzelnen Länder hinaus, so daß es für den Durchgang von Privatwagen im internationalen Verkehre in der Regel besonderer Verabredungen zwischen den betheiligten Bahnen bedarf. Nur bezüglich der Kesselwagen[74]) sind durch V.W.U. § 25 und Anl. VII Vereinbarungen für das ganze Gebiet des V.D.E.V. mit Ausnahme der Warschau-Wiener Eisenbahn getroffen.

Für das Gebiet der deutschen Eisenbahnen hat der D.E.V.V. in seiner Kundmachung 19 vom 1./10. 1893 die „Grundsätze und Bedingungen für die Zulassung und Einstellung von Privatgüterwagen nebst Dienstanweisung“ herausgegeben. Für den

[73]) Uebereink. § 5.
[74]) Auch der bahneigenen Kesselwagen.

St.W.V. sind die „Grundsätze und Bedingungen“ [75]) mit Zusatzbestimmungen versehen unter Nummer 79—81 im Hdb. St.W.V. 7. Aufl. abgedruckt, ebenso die „Dienstanweisung für die Behandlung von Privatgüterwagen“ [76]) mit Zusatzbestimmungen unter Nummer 82 a. a. O. mitgetheilt, außerdem letztere aber als besonderes Druckheft herausgegeben [77]).

Von den im Auslande erlassenen Bestimmungen mögen erwähnt werden die „Vorschriften über den Lauf der einheimischen und fremden im Privateigenthume stehenden oder von Privaten gemietheten Specialwagen auf den italienischen Eisenbahnen“ [78]).

C. Bedingungen für die Zulassung bezw. Einstellung von Privatgüterwagen.

Die Zulassung von Privatgüterwagen hängt selbstredend von der Entscheidung derjenigen Bahnverwaltung ab, in deren Wagenpark sie eingestellt werden sollen. Im D.E.V.V. und dem einen Theile der zu diesem gehörigen Bahnen umfassenden St.W.V. soll Anträgen auf Einstellung von Privatwagen mit außergewöhnlich großer Ladungsfähigkeit lediglich zur Gewinnung eines Frachtvorsprunges vor anderen Versendern nicht entsprochen werden, und es sind ferner Anträge auf Einstellung von Privatwagen gewöhnlicher Bauart für Güter, die ebenso leicht und vortheilhaft in den den Bahnverwaltungen gehörigen Wagen verfrachtet werden können, wie z. B. Kohlen, in der Regel abzulehnen, im St.W.V. nur ausnahmsweise mit Genehmigung der Aufsichtsbehörde und unter Mittheilung an alle Verwaltungen des St.W.V. zuzulassen [79]).

Dagegen ist die Einstellung von Privatwagen zulässig [80]) bei besonderer Bauart oder Einrichtung, wenn sie zur Beförderung von Gütern dienen, welche:

a) Wegen ihrer unvermeidlichen Schwere oder außerordentlichen Größenverhältnisse — z. B. Panzerplatten, große Spiegelscheiben — auf die bahneigenen Güterwagen nicht verladen werden können.

b) Leicht verderblich sind und deshalb Wagen mit besonderer Einrichtung bedürfen, wie Bier, Milch, Butter, Geflügel, Fische, frisch geschlachtetes Vieh u. s. f.

c) Zweckmäßiger Weise in Wagen mit besonderer Einrichtung zu befördern sind, sofern nach dem Urtheile des D.E.V.V. ein allgemeineres wirthschaftliches Bedürfniß hierzu vorliegt. Letzteres ist für Kesselwagen bei einer Reihe flüssiger Güter (Petroleum, Säure, Theer, Melasse, Spiritus u. s. f.) anerkannt.

Wagenuntergestelle sollen [81]) im D.E.V.V. nur gegen angemessene Vergütung, im St.W.V. im Allgemeinen gar nicht an Private abgegeben werden. Das Ladegewicht für Privatwagen soll mit Ausnahme der vorstehend unter a aufgeführten Güter 15000 kg nicht übersteigen [82]). Privatwagen mit Heizeinrichtung sind im St.W.V. versuchsweise zugelassen [83]).

Dem Antrage auf Einstellung von Privatwagen ist eine durch Zeichnung verdeutlichte Darstellung beizufügen [84]). Die Privatwagen müssen den Bestimmungen der Bt.O. und der N. f. H. sowie der T.V. entsprechen [85]). Für Kesselwagen sind nament-

[75]) Gr. f. Prw., B. f. Prw., B. f. Kw.

[76]) Dia. f. Prw.

[77]) Diese Dienstanweisungen werden in Folge der Neuherausgabe des V.W.U. zum 1./4. 1897 abgeändert. Die Abänderungen konnten indessen bei der folgend. Darstellung noch nicht berücksichtigt werden.

[78]) It.V. f. Spw.

[79]) Gr. f. Prw. 1, 2.

[80]) Gr. f. Prw. 3.

[81]) Gr. f. Prw. 4.

[82]) Gr. f. Prw. 5, V.W.U. Anl. VII § 3.

[83]) Hdb. St.W.V. 75, Dia. f. Prw. § 16.

[84]) B. f. Prw. § 1_2.

[85]) B. f. Prw. § 1_1, V.W.U. Anl. VII § 2.

lich bei Verwendung für dünnflüssige und für feuergefährliche Flüssigkeiten besondere Vorschriften gegeben[86]). Die Kesselwagen müssen im St.W.V. mit festen Laternenstützen versehen sein[87]). Ob die Wagen mit Bremse auszurüsten sind, bestimmt die Bahnverwaltung[88]). Doch ist das Vorhandensein einer Bremse für alle Kesselwagen von 15000 kg Ladegewicht sowie für alle Wagen, die in Personenzügen laufen sollen, unbedingt vorgeschrieben. Außerdem soll von mehreren Wagen desselben Eigenthümers mindestens die Hälfte mit Bremse versehen sein[89]). Die Wagen sind mit der Firma des Eigenthümers und den Eigenthumsmerkmalen der betreffenden Bahn sowie mit der Bezeichnung „Specialwagen" (letzteres nur im St.W.V.) und dem Namen der Heimathstation zu versehen[90]). Die Kesselwagen sind bei den Bahnen des V.D.E.V. einheitlich und zwar die Bahnkesselwagen mit den Nummern 500000 bis 501999, die Privatkesselwagen mit den Nummern 502000 bis 503999 zu nummeriren[91]). An den in den Wagenpark der Preußischen Staatsbahnen eingestellten Privatwagen ist der heraldische Adler nicht anzubringen[92]). Bei Kesselwagen gilt als Eigengewicht das Leergewicht einschließlich der Behälter[93]).

Alle Entwürfe für Privatwagen, welche in den Wagenpark einer Kgl. Pr. Direktion eingestellt werden sollen, sind nach vorheriger Prüfung durch diese Direktion dem M. d. ö. A. zur Genehmigung vorzulegen, sofern sie nicht mit einem vom M. d. ö. A. bereits genehmigten Entwurfe übereinstimmen. (M.E. vom 20./12. 1896, E.V.B. 360.)

D. Benutzung der Privatwagen.

1. Benutzung deutscher Wagen im Bereiche des D.E.V.V. und des St.W.V. und der Kesselwagen der Vereinsbahnen im Bereiche des V.D.E.V.

Auf der Heimathstation stehen die Wagen zur alleinigen Verfügung des Wageneigenthümers, welcher die Anordnungen über die Verwendung der Wagen durch Vermittelung der Dienststelle des Stationsortes zu treffen hat. Indessen darf der Wageneigenthümer oder Absender die Wagen nur zur Beförderung solcher Güter benutzen, welche von der die Wagen einstellenden Verwaltung ausdrücklich zugelassen sind[94]). Leerläufe seiner Privatwagen von der Bestimmungsstation nach erfolgter Entladung kann er zwar anordnen[95]) und über ihm gehörende oder von ihm gemiethete Kesselwagen im Bereiche des V.D.E.V. ganz frei verfügen[96]). Doch erfolgen Leerläufe der Privatwagen und insbesondere der Kesselwagen nur in bestimmten unten zu besprechenden Fällen frachtfrei. Uebrigens ist bei Leerläufen den Eisenbahnverwaltungen die Ausnutzung der Privatwagen vorbehalten[97]).

Findet sich nicht sofort Rückladung für einen entladenen Privatwagen und hat der Eigenthümer keine Verfügung über Ablenkung oder Weiterlenkung behufs Wiederbeladung oder Rückbeladung zur Heimathstation getroffen, so ist der Wagen nach Entladung auf der Bestimmungsstation unverzüglich leer zur Heimathstation zurückzusenden[98]). Bei leer eingegangenen Privatkesselwagen, welche auf der betreffenden Station keine Ladung finden, ist die weitere

86) B. f. Kw. § 6.
87) Gr. f. Prw. 6, Dia. f. Prw. § 3.
88) B. f. Prw. § 1_3.
89) Gr. f. Prw. 6, V.W.U. Anl. VII, § 4.
90) B. f. Prw. § 1_4.
91) V.W.U. Anl. VII § 5.
92) Hdb. St.W.V. 76.
93) B. f. Kw. § 1.
94) Dia. f. Prw. § $4_{1,2}$, B. f. Prw. § 2_1.
95) Dia. f. Prw. § 5_2.
96) V.W.U. Anl. VII § 8.
97) Dia. f. Prw. § 4_6.
98) Dia. f. Prw. § 5_2, B. f. g. W. § 3_8, V.W.U. Anl. VII, § 10_1.

Verfügung des Eigenthümers oder Miethers abzuwarten. Geht diese nicht innerhalb 8 Tagen nach Ankunft des Wagens ein, so ist die Station berechtigt, den Wagen, sofern er nicht auf Privatgleisen steht, ohne Weiteres nach der Heimathstation zurückzusenden[99]).

Die Rücksendung leerer Privatwagen erfolgt nach V.W.U. § 5,$_{5}$ und Anl. VII § 9, b stets auf dem Wege des beladenen Hinlaufes. Ebenso sind leere zur Füllung laufende Kesselwagen, sofern nicht die in der Dia. f. Prw. § 4,$_{3-5}$ und Anhang sowie V.W.U. Anl. VII § 9 zugelassenen Ausnahmen Platz greifen (s. unten), auf dem Wege des demnächstigen Rücklaufes zu befördern[100]). Ueber die bei zeitweise wechselnder Verkehrsleitung zu treffenden Maßnahmen vgl. Dia. f. Prw. § 5,$_{5-7}$ und Anhang sowie V.W.U. Anl. VII § 9, über die Formalitäten bei Versendung der vollen und leeren Privatwagen (Form der Verfügungen des Eigenthümers, Frachtbriefe, Ueberwachung) Dia. f. Prw. § 5,$_{1-3}$, § 6,$_{1-3}$ und Anhang sowie V.W.U. Anl. VII § 11, 12.

Jede Ueberlassung eines Privatwagens an Dritte, sei es in entgeltlicher oder unentgeltlicher Weise, und jede Umstationirung desselben ist ohne ausdrückliche Genehmigung der Heimathverwaltung unzulässig[101]). Die Umstationirung im Heimathbezirke muß erfolgen, wenn der Wagen innerhalb dieses Bezirkes längere Zeit auf einer anderen, als der seitherigen Heimathstation seinen Aufenthalt nimmt[101]). Soll der Wagen außerhalb seines Heimathbezirkes auf einer und derselbeu Station für mehr als eine Fahrt und Rückfahrt gebraucht werden, oder daselbst zu längerem Aufenthalte verbleiben, so ist der Wageneigenthümer verpflichtet, die Genehmigung der bisherigen Heimathverwaltung und derjenigen Verwaltung, in deren Bezirke die Benutzung des Wagens erfolgen soll, zu der in Aussicht genommenen Benutzung, bezw. das Einverständniß derselben zu der ebenfalls erforderlichen Umstationirung einzuholen, anderenfalls er für die erwachsenden Wagenmiethen und Strafen aufzukommen hat[101]). Für Kesselwagen gelten indessen diese Beschränkungen nicht. Vielmehr ist bei diesen, wie bereits oben (S. 339) erwähnt, der Eigenthümer oder Miether zur freien Verfügung im Bereiche des V.D.E.V. (ausschließlich der Warschau-Wiener Bahn) berechtigt[102]).

Das Schmieren der Wagen und deren äußere Reinigung werden von der Eisenbahnverwaltung unentgeltlich besorgt; die Reinigung der Wagen im Inneren ist Sache des Wageneigenthümers bezw. Absenders oder Empfängers[103]). Besondere Bestimmungen sind für die Füllung und Entleerung der Kesselwagen, die Ueberwachung der Dichtigkeit derselben, die Vorsichtsmaßregeln bei Kesselwagen für feuergefährliche Flüssigkeiten u. s. f. getroffen[104]). Beim Rangiren der Kesselwagen ist mit besonderer Vorsicht zu verfahren. Namentlich ist das Abstoßen derselben zu vermeiden[105]). Für Privatgüterwagen mit Heizanlage (nur im St.W.V.) sind die Bestimmungen in Dia. f. Prw. § 16 gegeben.

2. Uebergang deutscher Privatwagen auf fremde Bahnen und fremder Privatwagen auf deutsche Bahnen.

Für den Uebergang deutscher Privatwagen auf außerdeutsche Bahnen gelten im Allgemeinen nur die Bestimmungen der drei großen Uebereinkommen (bei Kesselwagen im Bereiche des V.D.E.V. die Anl. VII des V.W.U). Doch beziehen sich die It. V. f. Spw.

99) V.W.U. Anl. VII § 10,$_{2}$.
100) Dia. f. Prw. § 5,$_{4}$, V.W.U. Anl. VII § 9a,$_{1}$.
101) Dia. f. Prw. § 4,$_{7}$.
102) V.W.U. Anl. VII § 8.
103) Dia. f. Prw. § 9.
104) V. f. Kw. § 5, 6, Dia. f. Prw. § 13—15, V.W.U. Anl. VII § 6.
105) Dia. f. Prw. § 15.

auch auf fremde Wagen, wobei indessen für die Zulassung fremder Specialwagen nach It. V. f. Spw. § 2 als nothwendige und ausreichende Bedingung nur festgesetzt ist, daß sie die Marke einer bekannten Eisenbahnverwaltung tragen. Die Beförderung leerer Specialwagen auf der Hin- oder Rückfahrt erfolgt innerhalb Italiens nur dann unentgeltlich, wenn die Rückfahrt auf demselben Wege erfolgt, wie die Hinfahrt und innerhalb 2 Monaten vom Tage der vollendeten Hinfahrt beginnt, und außerdem mit den unten (S. 342) aufgeführten Ausnahmen[106]).

Mit Privatwagen, welche in den Wagenpark einer nichtdeutschen Verwaltung eingestellt sind, wird, soweit nicht besondere Abmachungen bestehen, im Bereiche des D.E.V.V. nach den Allgemeinen Vorschriften für Behandlung fremder Wagen verfahren. Doch gelten auch für diese die in den §§ 9, 13—15 der Dia. f. Prw. enthaltenen Bestimmungen[107]).

Leerläufe deutscher Wagen nach fremden Bahnen zur Aufnahme von Ladung müssen, wenn sie nicht ein für alle mal gestattet sind, der zuständigen Stelle der Heimathbahn zur Einholung des Einverständnisses der fremden Bahn mindestens 10 Tage vorher angemeldet werden[108]).

Ueber abweichende Bestimmungen bezüglich der Vergütungen für Privat- bezw. Specialwagen s. unter E.

E. Vergütungen für die Benutzung von Privatwagen.

1. Vom Wageneigenthümer zu zahlende Vergütungen.

Dem Wageneigenthümer wird die durch Stellung des Wagens der Bahnverwaltung erwachsende Ersparniß nicht zu Gute gerechnet, also keine Miethe für den Wagen bezahlt[109]). Er hat vielmehr für Beförderung seiner Güter in den Privatwagen die Fracht nach den jeweiligen tarifarischen Vorschriften, jedoch mindestens für 2000 kg nach der Stückgutklasse, zu bezahlen. Ausgenommen sind hiervon die in Kesselwagen beförderten Sendungen, für welche die Fracht der Wagenladungsklassen erhoben wird. Bezüglich der Frachtberechnung leerer Bierfässer in Bierwagen vgl. a. a. O.[110]). Für die Beförderung leerer Privatwagen ist, soweit nicht nachstehend anderes bemerkt ist, die Fracht nach den für Beförderung von Eisenbahnfahrzeugen gegebenen Bestimmungen zu entrichten[111]). Die frachtfreie Beförderung der leeren Privatwagen findet innerhalb des D.E.V.V. in folgenden Fällen statt:

a) Die Wagen werden von der Entladestation nach der Beladestation auf demselben Wege, welchen sie beladen durchlaufen haben, in leerem Zustande frachtfrei zurückbefördert[112]).

b) Es ist dem Eigenthümer gestattet, die Wagen von der Bestimmungsstation zum Zwecke der Rückbeladung nach der Heimathstation nach einer nicht über 200 km weiter oder seitwärts gelegenen Station derjenigen Verwaltung, in deren Bereiche die Bestimmungsstation liegt, frachtfrei abzulenken[113]). Für den Bereiche des St.W.V. genügt es in dieser Beziehung, wenn Bestimmungsstation und Ablenkungsstation beide im Bereiche

[106]) a. a. O. § 4.
[107]) Vorbem. z. Dia. f. Prw., 2.
[108]) Vorbem. z. Dia. f. Prw., 3.
[109]) Dia. f. Prw. § $8_{,1}$, V. f. Prw. § $3_{,1}$.
[110]) Dia. f. Prw. § $7_{,1,2}$.
[111]) Dia. f. Prw. § $7_{,6}$.
[112]) Dia. f. Prw. § $7_{,3}$.
[113]) Dia. f. Prw. § $4_{,3}$, § $7_{,5}$, V. f. Prw. § 2.

des St.W.V. liegen und die Ueberführung lediglich über Strecken des Verbandes erfolgt[114]), vgl. auch S. 339.

c) Leere Kesselwagen werden gemäß der Bestimmung unter B I § 29 des Deutschen Eisenbahngütertarifes Theil I auch behufs Füllung von ihrem Standorte nach der Füllungsstation frachtfrei befördert, wenn sie in beladenem Zustande nach der Absendestation zurückkehren.

Im Bereiche des D.E.V.V. mit Ausnahme folgender Bahnen: der Bayerischen, Württembergischen und Badischen Staatseisenbahnen, der Reichseisenbahnen, der Pfälzischen und Holländischen Eisenbahn sind nach dem „Anhange" zur Dia. f. Prw. für den Verkehr von Privatkesselwagen, welche in den Park der betheiligten Verwaltungen eingestellt sind, ferner versuchsweise folgende frachtfreie Leerläufe zugelassen:

d)[115]) sämmtliche Leerläufe von der Heimathstation oder von der Entladestation nach einer anderen Station zur Füllung und Beförderung nach einer anderen als der Ausgangsstation des vorhergegangenen Leerlaufes;

e)[115]) sämmtliche Leerläufe von der Entladestation zurück zur Heimathstation.

f) Im Bereiche des St.W.V. erfolgen Läufe leerer bereits eingestellter Privatwagen nach und von der Werkstätte zum Zwecke und nach Ausführung einer Untersuchung oder Wiederherstellung, sowie die Probefahrten nach Untersuchungen oder Wiederherstellungen unentgeltlich[116]).

Auch im internationalen Verkehre gilt als Regel, daß dem Wageneigenthümer von den Bahnverwaltungen keinerlei Vergütung gezahlt wird, und daß für die Beförderung von Gütern in Privatwagen die Tarife für Wagenladungen maßgebend sind[117]), daß schließlich, soweit der leere Rücklauf auf dem Wege des beladenen Hinlaufes stattfindet, oder der leere Hinlauf auf dem Wege des demnächstigen Rücklaufes behufs Beladung zugelassen ist, der Leerlauf frachtfrei erfolgt[118]). In Italien gilt dies indessen bei Specialwagen nur insoweit, als die Wagen ihre Rückfahrt innerhalb 2 Monaten antreten (S. 341). Ferner wird dort für Specialwagen mit außergewöhnlich großem Gewichte eine Zuschlagsgebühr sowohl beim Leerlaufe wie beim beladenen Laufe beansprucht[117]).

Alle anderen Leerläufe sind nach den Tarifen für Beförderung von Eisenbahnfahrzeugen frachtpflichtig, sofern nicht etwa besondere Abmachungen zwischen den betheiligten Bahnen Erleichterungen gewähren.

Wie die Bahnverwaltungen für die Benutzung der Privatwagen den Eigenthümern keine Miethe zahlen, müssen diese andererseits für das Stillstehen ihrer Wagen auf den Eisenbahnstationen Standgeld entrichten[119]). Nur für die auf der Heimathstation auf Privatgleisen der Wageneigenthümer stehenden Privatwagen und außerdem für die auf auswärtigen Stationen auf Privatgleisen stehenden Kesselwagen (mit Ausnahme derjenigen der Bayerischen und Niederl. Staatsbahnen und der Ostpr. Südbahn) entfällt jedes

[114]) Dia. f. Prw. § 4,4.

[115]) Zu d und e ist Voraussetzung, daß lediglich Strecken der dem Anhange zur Dia. f. Prw. beigetretenen Verwaltungen berührt werden. Der Leerlauf zu d bleibt nur dann frachtfrei, wenn der Wagen auf der angegebenen Füllungsstation thatsächlich Füllung findet.

[116]) Dia. f. Prw. § 7,5,7.

[117]) It. V. f. Spw. § 3, 8.

[118]) Auch wenn für den Leertransport auf fremden Strecken Fracht erhoben und andererseits Wagenmiethe gezahlt wird, so hat der Wageneigenthümer, der die Fracht zu zahlen hat, doch keinen Antheil an der Miethe, die derjenigen Verwaltung zufließt, in deren Park sein Wagen eingestellt ist (vgl. Protok. der St.W.V. Konf. vom 25. u. 26./6. 1896).

[119]) Dia. f. Prw. § 8.

Standgeld. In allen übrigen Fällen ist Standgeld zu entrichten, zum Theil allerdings für die Wagen der Verwaltungen des D.E.V.V. zu ermäßigten Sätzen, welche sich innerhalb des St.W.V. für die in dessen Wagenpark eingestellten Wagen noch weiter vermindern. Für die in den Wagenpark einer fremden (nicht dem D.E.V.V. angehörigen) Verwaltung eingestellten Privatwagen wird ohne Unterschied, ob die Ent- oder Beladung auf Gleisen der Eisenbahn oder auf Privatgleisen erfolgt, sofern nicht für den betreffenden Verkehr anderweite Festsetzungen getroffen sind, das volle tarifmäßige Wagenstandgeld erhoben.

Das von deutschen Wagen auf Stationen fremder Bahnen zu entrichtende Standgeld richtet sich nach den von den bezüglichen Bahnen erlassenen Bestimmungen bezw. den besonderen mit diesen Bahnen getroffenen Vereinbarungen[120]).

2. Von den Bahnverwaltungen gegenseitig zu zahlende Wagenmiethe.

Bezüglich der Wagenmiethe, Verzögerungsgebühr ꝛc. werden grundsätzlich die Privatwagen wie andere Wagen behandelt, d. h. nach den Bestimmungen der drei großen Uebereinkommen. Nach V.W.U. Anl. VII § 14 gilt indessen bei Privatkesselwagen ein Leerlauf dann als ungedeckt (V.W.U. § 5,$_{12}$, vgl. S. 314), wenn nicht derselbe Wagen in gefülltem Zustande eine gleich lange Strecke derselben Verwaltung innerhalb zwei Monaten vor Beginn des Leerlaufes oder nach Beendigung desselben durchfährt[121]).

Andererseits sind in V.W.U. Anl. VII § 15 für Kesselwagen[122]) folgende Erleichterungen zugestanden:

a) Für Bahnkesselwagen wird eine zeitmiethefreie Be- und Entladefrist von 3 Tagen gewährt.

b) Privatkesselwagen sind von der Verzögerungsgebühr überhaupt und von der Zeitmiethe während des Aufenthaltes auf der Be- oder Entladestation
   - auf Privatgleisen ohne Zeitbeschränkung,
   - auf bahneigenen Gleisen auf die Dauer von 3 Tagen befreit.

c) Die Geldbußen[123]) kommen nicht zur Anwendung, wenn der Leerlauf oder die übereinkommenwidrige Benutzung des Privatkesselwagens durch die Verfügung des Eigenthümers oder Miethers veranlaßt ist.

In dem It.W.R. § 29,$_2$ ist für Kessel-, Cisternen-, Reservoir- und Bierwagen die von der sonstigen Regel abweichende Bestimmung getroffen, daß Lauf- und Zeitmiethe nur für den Wagenlauf in beladenem Zustande bezahlt wird. Im Bereiche der anderen beiden Uebereinkommen gilt eine gleichartige Einschränkung nur, soweit sie durch besondere Abkommen zwischen den betheiligten Bahnverwaltungen festgesetzt ist. Derartige Abkommen bestehen allerdings in beträchtlicher Zahl[124]). Auch wird durch manche solcher Abkommen für die Zeit, während welcher ein Wagen stillsteht, eine noch weitergehende

---

[120]) Vgl. z. B. It.V. f. Sp.

[121]) Wenn leer zur Füllung laufende Privatkesselwagen beschädigt werden und nach der Heimathbahn zurückgesandt werden müssen, so finden die Bestimmungen V.W.U. § 6,$_2$ (vgl. S. 308, Anm. 21) Anwendung.

[122]) Auch bahneigene.

[123]) V.W.U. § 12.

[124]) Die Schweizerischen Bahnen haben im Gegensatze hierzu mit den 4 deutschen Grenzbahnen ein Abkommen dahin getroffen, daß auch für Leerläufe der Kesselwagen Miethe bezahlt wird. Andererseits wird während des Aufenthaltes solcher Wagen auf der Be- und Entladestation Verzögerungsgebühr und ev. auch Zeitmiethe nicht entrichtet.

Miethefreiheit als nach den Bestimmungen von V.W.U. Anl. VII (s. oben) gewährt[124]. In manchen Fällen ist auch das zur Beförderung erforderliche Mindestladegewicht für Privatwagen herabgesetzt.

F. Unterhaltungs- und Wiederherstellungskosten[125].

Die Kosten der Unterhaltung und Wiederherstellung von deutschen Privatgüterwagen auf der Heimathbahn (die sämmtlichen Bahnen des St.W.V. mit Ausnahme der Oldenburgischen Staatsbahn und der Militäreisenbahn gelten in dieser Beziehung als eine Bahn) gehen auf Rechnung des Eigenthümers, mit Ausnahme der durch bahnseitiges Verschulden erwachsenden sowie der im einzelnen Falle den Betrag von 15 M.[126]) nicht übersteigenden Kosten (letzteres nicht bei den Bayr. St.B.). Der Eigenthümer von Kesselwagen hat jedoch sämmtliche Unterhaltungs- und Wiederherstellungskosten (für Beschädigungen auf der Heimathbahn) einschl. derjenigen bis zum Betrage von 15 M.[126]) für den einzelnen Fall, mit Ausnahme der durch bahnseitiges Verschulden erwachsenen, zu tragen und ist verpflichtet, auf Verlangen die erforderlichen Arbeiten selbst besorgen zu lassen. Im Uebrigen gelten bezüglich der Beschädigung und Wiederherstellung der Wagen die Bestimmungen der drei Uebereinkommen (vgl. unten S. 352 ff.). Wo nach diesen Uebereinkommen für Beschädigungen von deutschen Privatwagen auf fremden (deutschen oder außerdeutschen) Bahnen letztere zu haften haben, sind die Wageneigenthümer zum Ersatze der Kosten nicht heranzuziehen, andernfalls gelten in dieser Beziehung dieselben Bestimmungen, wie bei Beschädigungen auf der Heimathbahn. Beschädigungen ausländischer Privatwagen auf deutschen Bahnen regeln sich gleichfalls nach den Uebereinkommen.

Dem Wageneigenthümer sind, sofern nicht nach Vorstehendem die Eisenbahnverwaltung die Kosten zu tragen hat, die bei der Wiederherstellung in den Werkstätten einer deutschen Eisenbahnverwaltung erwachsenden Selbstkosten unter Zuschlag von 100% der Arbeitslöhne als allgemeine Kosten in Rechnung zu stellen. Ueber die Einziehung und Verrechnung der Kosten vgl. a. a. O.

G. Gegenseitige Haftung der Bahn und des Wageneigenthümers im D.E.V.V.

Der Wageneigenthümer haftet[127]) für allen der Eisenbahnverwaltung erwachsenden oder von ihr zu vertretenden Schaden, welcher durch die Beschaffenheit der in dem Wagen für ihn verladenen Güter an sich oder durch etwaige mangelhafte Verladeweise verursacht wird. Von dieser Ersatzpflicht kann er sich nur durch den Nachweis befreien, daß der Schaden durch ein Verschulden der Eisenbahnverwaltung herbeigeführt ist.

Die Eisenbahnverwaltung haftet ohne Einschränkung für den Verlust an losen Wagenbestandtheilen und Ladungsgeräthschaften[128]), sie haftet nicht für Brandschäden, auch nicht für Leckage bei Kesselwagen[129]). Sie übernimmt ferner keine Haftpflicht[130]),

---

[125]) Dia. f. Prw. § 10.

[126]) Dieser Betrag dürfte durch die neue Dia. f. Prw. auf 40 M. erhöht werden.

[127]) Dia. f. Prw. § 11.

[128]) Dia. f. Prw. § $10_{9,10}$. Jedoch im Bereiche des V.W.U. nicht für Verlust oder Beschädigung von losen Geräthschaften (Schlauchgarnituren u. dergl.), die den Kesselwagen zu deren Be- und Entladung beigegeben sind (V.W.U. Anl. VII, § 15, d).

[129]) Dia. f. Prw. § 12_2.

[130]) Dia. f. Prw. § 12_1.

wenn wegen Laufunfähigkeit oder Schadhaftigkeit der Wagen die Lieferfrist überschritten wird, die Waare an Güte verliert, umgepackt oder umgefüllt und entweder weitergesandt, an Ort und Stelle verkauft oder zur Verfügung des Absenders gehalten werden muß, sofern nicht bahnseitig zu vertretendes Verschulden vorliegt. Durch Uebernahme des Wagens von Seiten des Empfängers ist die Bahnverwaltung jeder Verantwortlichkeit für denselben enthoben.

In Italien gelten ähnliche Bestimmungen (It.V. f. Spw.).

V. Beladung und Plombirung der Güterwagen.

A. Regeln für die Beladung.

Alle Güterwagen sollen (andernfalls kann die Uebernahme verweigert werden) so beladen werden, daß der beladene Wagen nicht über das zulässige Lademaaß der zu durchlaufenden Bahnstrecken hinausragt, daß die Ladung gleichmäßig vertheilt ist und nicht etwa durch ungleichmäßige Belastung ein Aufsitzen des Wagenkastens oder ein Streifen der Räder stattfindet. Ferner darf keine Ueberlastung über 5% des angeschriebenen Ladegewichtes bezw. der allein angeschriebenen Tragfähigkeit vorhanden sein. Wagen, die eine Zollgrenze überschreiten, und unter Zollverschluß weiter befördert werden sollen, müssen den Vorschriften über die zollsichere Einrichtung ꝛc. (S. 47, 301) entsprechen[131]). In der Anl. VI zum V.W.U. sind insbesondere genaue Vorschriften für die Beladung offener Güterwagen gegeben, und zwar namentlich für die Verladung von Schnittholz, Langholz, Schienen, Langeisen, Eisenbautheilen, Dampfkesseln, losem Heu, Stroh, Taback, Baumrinde u. dergl.[132]). Die Ladung ist hiernach auf dem Wagen so unterzubringen, daß eine möglichst gleichmäßige Belastung der Räder des Wagens, namentlich derjenigen der Endachsen, stattfindet und daß die verladenen Gegenstände festliegen, sich auch in Folge von Stößen und Erschütterungen nicht verschieben. Besondere Vorsicht und Sorgfalt ist bei der Kuppelung anzuwenden, sobald zur Verladung zwei mit Drehschemeln versehene Wagen benutzt werden. Ladungen, welche aus leicht feuerfangenden Gegenständen bestehen, müssen mit einer sicheren Bedeckung versehen sein. Für solche Ladungen und namentlich für explosive Gegenstände, soweit sie überhaupt zur Beförderung zugelassen werden, sind in Anl. 1 zu § 1 der Ausführungsbestimmungen zum I.U. und für den innerhalb Deutschlands und Luxemburgs bleibenden Verkehr in der Anl. B zur V.O. noch erheblich weitergehende Vorsichtsmaßregeln vorgeschrieben (vgl. S. 103).

Für den Bereich des D.E.V.V. bilden eine Ergänzung zu den betr. Bestimmungen der V.O. die als Kundmachung 4 herausgegebenen Ausführungsbestimmungen ꝛc. zu Anlage B der V.O. sowie zur Anl. 1 des § 1 der Ausführungsbestimmungen zum I.U. ꝛc. Ferner sind für den Wagendurchgang innerhalb des D.R. wichtig die als Kundmachung 5 des D.E.V.V. herausgegebenen „Vorschriften für die betriebssichere Verladung von Kolligütern (größeren und kleineren Kisten, Fässern, Ballen) auf offenen Wagen". Auf alle diese Vorschriften wird im 5. Abschnitte zurückzukommen sein.

---

[131]) V.W.U. § 14 u. Anl. II, VI, It.W.R. § 17 u. Anl. II, Int R. Art. 2, T.Int.R. Art. 2.

[132]) Dieselben Vorschriften sind als Anl. H zum Deutschen Eisenbahngütertarife Theil I mitgetheilt.

B. Lose Wagenbestandtheile, Lade- und Bindemittel.

Um die betriebssichere Verladung und Entladung der verschiedenartigsten Güter in allen Fällen ausführen zu können, sind die Eisenbahnwagen mit einer Reihe von Einrichtungen versehen. Es sind z. B. Klappthüren in den Seitenwänden vorhanden, die Kopfwände oder Seitenwände sind abzunehmen oder abzuklappen, es sind hölzerne Rungen den Wagen beigegeben, welche an den Seitenwänden aufrecht befestigt werden und zur Verladung z. B. von Brettern dienen, oder Kuppelstangen, welche zur Verbindung zweier kurzen Drehschemelwagen bei Langholzverladung benutzt werden, u. s. f.

Alle diese Wagenbestandtheile müssen (V.W.U. § 16, It.W.R. § 20), soweit ausführbar, mit dem Eigenthumsmerkmale der Eigenthümerin versehen sein, nach Int.R. Art. 52 auch mit der Wagennummer. Soll die Haftung für die losen Wagenbestandtheile beim Wagenübergange auf eine andere Verwaltung übergehen, so muß (nach V.W.U. außer bei Bordbrettern) das nothwendige Vorhandensein dieser Bestandtheile entweder ohne Weiteres aus einer Anschrift an den Wagenlangseiten hervorgehen, oder es muß (nur V.W.U. und It.W.R. zulässig) für die übernehmenden Verwaltungen durch Beigabe eines zu kartirenden Begleitscheines bemerkbar gemacht werden, daß der betreffenden Sendung die losen Bestandtheile beigegeben sind[133]). Diesen Vorschriften unterliegen nach V.W.U. und It.W.R. auch feste Decken, Knieleder der Schaffnersitze, und alle Gegenstände, welche zwar an den Wagen befestigt sind, aber ohne Hinterlassung auffälliger Spuren abgetrennt werden können[134]).

Alle erwähnten Wagenbestandtheile dürfen von den Wagen nicht getrennt werden. Findet dennoch eine Trennung derselben durch Beschädigung oder auf sonstige Weise statt, so sind[135]) die getrennten Bestandtheile an die im Adressenverzeichnisse der Wagenverwaltungen bezeichnete Dienststelle (V.W.U.), bezw. an die Uebergangsstation der Heimathbahn (It.W.R.) ohne Frachtberechnung mittelst kartirten Begleitscheines zurückzuschicken, in welchem die Gegenstände einzeln anzugeben und der Wagen, zu welchem sie gehören, zu bezeichnen ist. Im Int.R. ist für diesen Fall nichts vorgesehen.

Wesentlich zu unterscheiden von den losen Wagenbestandtheilen sind die Lade- und Bindemittel, wie Wagendecken, Ketten, Leinen, Viehgitter, Kuppelstangen, Lattirbäume u. s. f. Diese gehören nicht zu bestimmten Wagen, sondern werden nur nach Bedarf bei Beladung der Wagen verwendet. Auch die Lademittel müssen, soweit ausführbar, mit einem Eigenthumsmerkmale, nach Int.R. auch mit einer Nummer versehen sein. Ihr Vorhandensein bei einer Sendung muß nach V.W.U. § 17 und It.W.R. § 21 durch Beigabe eines zu kartirenden Begleitscheines erwiesen sein, falls die Haftung auf die übernehmenden Bahnen übergehen soll. (Diese Begleitscheine sind auch im inneren Verkehre der Pr.St.B. zu verwenden.) Die Lade- und Bindemittel sind, sofern sie auf dem Rückwege keine Verwendung finden, nach V.W.U. § 17 und It.W.R. § 21 spätestens innerhalb zweier Tage von der auf die Entladung des betreffenden Wagens folgenden Mitternacht ab frachtfrei mit kartirtem Begleitscheine an die Versandstation zurückzuschicken. Ebenso sind Lademittel frei zu befördern, welche aushülfsweise zur Benutzung für eine nach der Eigenthumsbahn be-

[133]) Nach Int.R. Art. 53 gelten dagegen alle nicht auf den Wagenlangseiten verzeichneten losen Bestandtheile als Lademittel (s. unten).

[134]) Für lose Einrichtungsgegenstände von Personen- oder Packwagen geht nach V.W.U. § 16,$_1$ die Haftung auch dann auf die übernehmende Verwaltung über, wenn die Gegenstände im Inventarverzeichnisse des Wagens eingetragen sind.

[135]) V.W.U. § 16,$_{3-5}$ u. It.W.R. § 20.

stimmte Sendung den Beladungsstationen fremder Bahnen zugeschickt werden. Nach B.W.U. § $17,_2$ dürfen bei Weitersendung offener Wagen die zum Schutze der Ladung etwa beigegebenen Decken mit weitergesandt werden. Nach Int.R. Art. 53 sollen dagegen Lademittel im Allgemeinen überhaupt nicht die Grenzen der Bahngebiete überschreiten und sind nach Möglichkeit auf den Uebergangsstationen gegen Lademittel der übernehmenden Verwaltungen auszuwechseln. Findet trotzdem ein Uebergang von Lademitteln statt, so muß ihr Vorhandensein durch Beigabe eines Begleitscheines festgestellt sein, welcher der den Transport, für den die Lademittel im Gebrauche sind, begleitenden Frachtkarte beizufügen ist. Die Rücksendung der Lademittel an die Station, von welcher der Begleitschein ausgestellt ist, hat unmittelbar nach der Entladung des Wagens auf der Bestimmungsstation unter Benutzung oder gesondert zu erfolgen. Nicht benutzte Lademittel müssen von einem besonderen Dienstgutfrachtbriefe und Begleitscheine begleitet sein[136]).

Die Beförderung unbenutzter Lademittel hat mit thunlichster Beschleunigung und zwar nach B.W.U. § $17,_5$ und Jt.W.R. § $21,_4$ möglichst eilgutmäßig, nach allen drei Uebereinkommen[137]) mindestens innerhalb der für die Wagen bestehenden Lauffristen zu erfolgen. Bei verzögerter Rücksendung loser Wagendecken hat die schuldige Verwaltung der Deckeneigenthümerin eine Geldbuße von 0,50 M.[138]) bezw. 0,50 Frcs.[139]) für Tag und Decke zu entrichten.

Näheres, namentlich über die Haftung bei Beschädigung oder Verlust der Lademittel, über die Muster zu den Begleitscheinen u. s. f. vgl. an den angegebenen Stellen der drei Uebereinkommen. Für den Wagenverkehr über Elsaß-Lothringen nach Frankreich und umgekehrt sind in der Konvention mit der Französischen Ostbahn ähnliche aber von den obigen etwas abweichende Bestimmungen über lose Wagenbestandtheile und Lademittel getroffen[140]). Die Berechnung der Deckenmiethe wird durch die Tarife geregelt. Für das Gebiet des D.E.V.V. vgl. noch Kundmachung 8: Bestimmungen über Berechnung und Verrechnung von Deckenmiethe. Auf den Pr.St.B. zählen die Lade- und Bindemittel zu den Betriebsinventarien und sind der vom M. d. ö. A. erlassenen Inventarienordnung (Th. VII der Finanzordnung) unterworfen. Das Verzeichniß der Betriebsinventarien wird nach § 3 der Inventarienordnung vom Ministerium festgestellt.

Auf den Pr.St.B. sind für die Lade- und Bindemittel auf einer Anzahl von Stationen und bei selbständigen Güterabfertigungsstellen Niederlagen oder Sammelstellen errichtet, bei welchen die übrigen Abfertigungsstellen ihren Bedarf anzufordern haben, während ein von einer Niederlage nicht gedeckter Bedarf durch die von der Eisenbahndirektion hierfür bestimmte Centralstelle (Wagenbureau, Verkehrsbureau) von einer anderen Niederlage beordert wird. Die besonderen Vorschriften für die Aufbewahrung, Behandlung, Benutzung und Versendung der Lade- und Bindemittel werden von jeder Preußischen Direktion für ihren Bezirk erlassen, wenn dieselben auch in den wesentlichen Grundsätzen übereinstimmen. Für den Mittleren Vertheilungsbezirk (S. 321) ist die Vertheilung der Lademittel (ebenso wie diejenige der offenen Wagen) dem Wagenbureau Magdeburg übertragen[141]).

---

[136]) Int.R. Art. 55, 60.

[137]) Int.R. Art. 61.

[138]) B.W.U. § $17,_6$, (nur, soweit die Verzögerung nicht durch einen der in § $11,_{2,3}$ erwähnten Umstände veranlaßt ist, vgl. S. 314) u. Jt.W.R. § $21,_5$.

[139]) Int.R. Art. 62.

[140]) Konv. § 18—22.

[141]) Beschluß der Nachbarkonferenz zu Cassel 12./6. 1896.

C. Plombirung der Wagen.

Innerhalb des D.E.V.V. sind (vgl. Dienstanweisung über den Verschluß von Wagen mittelst Bahnplomben, Kundmachung 3) die beladenen, gedeckt gebauten und die statt solcher gestellten offenen Wagen mit Decken von der Güterabfertigungsstelle, bei welcher die Beladung stattgefunden hat, außer mittelst der am Wagen etwa vorhandenen Verschlußvorrichtung noch durch Plomben zu verschließen, sofern nicht ein Zollverschluß stattfindet.

Da mit dem Auslande bezügliche Vereinbarungen nicht bestehen, so sind auf den Uebergangsabfertigungsstellen die von einer nicht dem D.E.V.V. angehörenden Bahn ohne Plombenverschluß übergebenen Wagen gleichfalls mit einem solchen zu versehen. Wird der von der Versandbahn etwa angelegte Plombenverschluß an der Zollgrenze behufs der Zollbehandlung abgenommen und nicht durch Zollverschluß ersetzt oder ein unter Zollverschluß stehender Wagen unterwegs in den freien Verkehr gesetzt, so ist ebenfalls ein neuer Plombenverschluß anzulegen. Eine über vorstehende Fälle hinausgehende Plombirung offener Wagen mit Decken bleibt den Versandabfertigungsstellen überlassen.

Die fertige Plombe trägt auf einer Seite den Namen der Station, auf der anderen Seite das Datum der Verwendung. Außerdem ist eine Kontrolnummer angegossen, die für alle Plomben desselben Wagens übereinstimmen muß, sich aber an demselben Tage noch derselben Station nicht wiederholen darf. Wie die Plomben bei O- und G-Wagen angebracht werden, ist in § 2 der Dienstanweisung angegeben. Ueber die verwendeten Plomben ist von der Güterabfertigungsstelle ein Plombenbuch zu führen, in welchem jeder plombirte Wagen mit Eigenthumsmerkmal und Nummer, Datum der Plombirung, Zahl und Kontrolnummer der verwendeten Plomben und dem Namen der Bestimmungsstation einzutragen ist[142]). Die Plombenverschlüsse werden vor Abgang des Wagens und unterwegs in besonders sorgfältiger Weise überwacht, bei Verletzungen werden besondere Erhebungen angestellt u. s. f.[143]).

Auf der Bestimmungsstation darf die Abnahme der Plomben erst nach Prüfung ihrer Unversehrtheit erfolgen[144]). Die abgenommenen Plomben sind aufzubewahren und an die Magazine einzusenden[145]). Ueber die Haftbarkeit bezüglich des Wageninhaltes vgl. a. a. O. § 7.

Näheres vgl. in obiger Dienstanweisung, neben welcher noch die von den einzelnen Eisenbahndirektionen dazu erlassenen Ausführungsvorschriften zu beachten sind.

VI. Reinigung und Desinfektion der Güterwagen.

Soweit die Wagen durch die Ladung beschmutzt sind, hat die Bestimmungsstation nach bewirkter Entladung die Reinigung zu veranlassen. Einer besonders sorgfältigen Reinigung bedürfen Wagen, welche zum Transporte von Dünger verwendet worden sind[146]). Wagen, welche zum Viehtransporte gedient haben, sind, um übergabefähig zu

[142]) A. a. O. § 3.
[143]) A. a. O. § 4, 5.
[144]) A. a. O. § 6.
[145]) A. a. O. § 8.
[146]) A. Abf.V. § 33, Zus Best. III.

sein, nach jedesmaligem Gebrauche zu reinigen und zu desinficiren[147]). Aeußerlich erkennbar zur Viehbeförderung benutzte Wagen (eigene wie fremde, leere und beladene), welche nicht den für die übernehmende Verwaltung bestehenden gesetzlichen Bestimmungen entsprechend gereinigt und desinficirt worden sind, sind von der übernehmenden Verwaltung entweder zurückzuweisen oder nach der Uebernahme auf der Uebergangsstation (bezw. der für diese bestimmten Desinfektionsstation) sofort zu desinficiren. Wird die mangelnde oder mangelhafte Reinigung und Desinfektion erst bei der Entladung festgestellt, so muß die vorschriftsmäßige Reinigung und Desinfektion gleich nach der Entladung vorgenommen werden. Diejenige Verwaltung, welche die versäumte Reinigung bezw. Desinfektion eines zur Viehbeförderung benutzten Wagens nachholt, hat für alle ihr entstehenden Kosten und Nachtheile eine Gesammtentschädigung von 10,0 M. zu beanspruchen. Zur Zahlung dieser Entschädigung ist verpflichtet:

Bei beladen übergebenen Wagen diejenige Verwaltung, welche die letzte Beladung vorgenommen hat.

Bei leeren Wagen die übergebende Verwaltung, sofern bei der Uebergabe der Mangel festgestellt und von der übergebenden Verwaltung die Vornahme der nachträglichen Desinfektion abgelehnt wird. Der übergebenden Verwaltung steht in diesem Falle der Rückgriff auf die schuldige Verwaltung zu.

Näheres vgl. V.W.U. Anl. IV und It.W.R. § 18.

Für das Deutsche Reich ist die Reinigung und Desinfektion der zur Viehbeförderung benutzten Wagen durch das „Gesetz betreffend die Beseitigung von Ansteckungsstoffen bei Viehbeförderungen auf Eisenbahnen" vom 25./2. 1876 geregelt. Zu diesem Gesetze sind alsdann zuerst unter dem 6./5. 1876 und demnächst unter dem 20./6. 1886 Ausführungsbestimmungen vom Reichskanzler auf Grund Bundesrathsbeschlusses erlassen. Auf Grund des Gesetzes und der Ausführungsbestimmungen hat alsdann für die Preußischen Staats- und Privatbahnen der M. d. ö. A. unter dem 19./11. 1886 eine Ausführungsverordnung erlassen, welche wiederum durch Dienstanweisungen der einzelnen Eisenbahndirektionen ergänzt wird.

Nach diesen Bestimmungen sind alle im Inlande entladenen oder vom Auslande zurückkehrenden zur Beförderung von Rindvieh, Pferden, Maulthieren, Eseln, Schafen, Ziegen oder Schweinen benutzten Wagen vor der Wiederbeladung zu reinigen und zu desinficieren, und zwar am Orte der Entladung bezw. auf der Station des Wiedereinganges spätestens binnen 24 Stunden.

Ausnahmen kann der Bundesrath gemäß § 3 des Gesetzes namentlich bei den aus dem Auslande zurückkehrenden Wagen gestatten, sofern deren Desinfektion im Auslande genügend sicher gestellt ist. Ist letzteres nicht der Fall, so sollen die Wagen nach der Entladung behufs Desinfektion nach derjenigen Grenzstation zurückgelangen, über welche sie ausgegangen sind. Ausnahmen im obigen Sinne sind gestattet für Belgien durch besondere Bewilligung und für Oesterreich-Ungarn auf Grund des Viehseuchenübereinkommens. Statt die Desinfektion auf der Entladestation oder Wiedereingangsstation vorzunehmen, kann dieselbe auf einzelnen Stationen, welche dann mit besonderen Einrichtungen hierfür versehen sind, centralisirt werden, wie dies thatsächlich auf den

---

147) V.W.U. § 14,$_{2g}$ und Anl. IV, It.W.R. § 18 — im Int.R. nicht enthalten.

Preußischen Staatsbahnen die Regel ist. Es ist dann jede Station einer bestimmten Desinfektionsstation zugewiesen. Die Wagen sind dieser unverzüglich zuzuführen und müssen 48 Stunden nach der Entladung desinficirt sein. Bis dies geschehen, ist auf den Pr.St.B. der Wagen (gleich nach der Entladung oder Eingang) beiderseits mit einem gelben Zettel zu bekleben, welcher die Aufschrift trägt: „Zu desinficiren". — „Entladen am .... -mittags .... Uhr .... auf Station x."

Diese Zettel sind nach bewirkter Desinfektion zu entfernen.

In derselben Weise, wie die Wagen, sind die bei der Verladung und Beförderung der Thiere zum Füttern, Tränken, Befestigen oder zu sonstigen Zwecken dienenden Geräthschaften der Eisenbahnverwaltung zu reinigen und zu desinficiren. Das Gleiche gilt von beweglichen Rampen, während feste Rampen zwar rein zu halten, aber in der Regel nur bei Seuchengefahr und ebenfalls in der Regel nur auf polizeiliche oder landespolizeiliche Anordnung zu desinficiren sind. (Näheres a. a. O. Vgl. auch Gesetz betreffend die Abwehr und Unterdrückung von Viehseuchen vom 23./6. 1880, abgeändert vom 1./5. 1894), nach welchem Einfuhr- und Verkehrsbeschränkungen sowie Schutzmaßregeln gegen Seuchengefahr angeordnet werden können. Nach dem Viehseuchenübereinkommen zwischen dem D.R. und Oesterreich-Ungarn vom 6./12. 1891 kann der Verkehr mit Thieren und thierischen Rohstoffen ꝛc. zwischen beiden Ländergebieten auf bestimmte Eintrittsstationen beschränkt werden u. s. w. (Näheres im 5. Abschn.)

Vor der eigentlichen Desinfektion eines Wagens werden die Streumaterialien, Dünger, Reste von Anbindesträngen u. s. w. beseitigt und vorsichtig fortbefördert. Es folgt dann eine gründliche Reinigung des Wagens mit heißem Wasser oder wenigstens eine Lösung des Schmutzes mit heißem und Reinigung mit kaltem Wasser. Hierauf geschieht die eigentliche Desinfektion, unter gewöhnlichen Verhältnissen mit Sodalauge, bei Seuchengefahr, und zwar in der Regel nur auf polizeiliche oder landespolizeiliche Anordnung, mit Karbolsäurelösung.

Für die „Reinigung" dürfen Gebühren nicht erhoben werden. Für die „Desinfektion" sollen nur die Selbstkosten in Anrechnung kommen. Als solche werden z. B. auf den Pr.St.B. für jeden Wagen 1,0 M., für jedes Stück Kleinvieh oder Korb, Kiste ꝛc. mit Kleinvieh 0,10 M., höchstens aber 1,0 M. für die Sendung erhoben.

Die Gebühr von 1,0 M. für den Wagen verdoppelt sich, wenn auch eine Desinfektion der Rampen, Vieh-Ein- und Ausladeplätze erforderlich wird. Besondere Maßnahmen sind für die etwa nothwendige Desinfektion von Gepäckwagen, Hundeabtheilen ꝛc. vorgeschrieben. Wegen Leitung und Ueberwachung des Desinfektionsgeschäftes und sonstiger Einzelheiten vgl. das Gesetz und die Ausführungsbestimmungen.

In den anderen Ländern ist das Desinfektionswesen in ähnlicher Weise geregelt. Die im Gebiete des V.D.E.V. gültigen bezüglichen Gesetze und Vorschriften sind mitgetheilt in der „Zusammenstellung der im Gebiete des Vereins Deutscher Eisenbahnverwaltungen bestehenden gesetzlichen Bestimmungen über die Beseitigung von Ansteckungsstoffen bei Viehbeförderungen auf Eisenbahnen und der hierzu erlassenen Ausführungsbestimmungen". Bei Wagen, die in eines der betreffenden Länder übergehen sollen, sind gemäß V.W.U. Anl. IV diese Bestimmungen zu beobachten.

VII. Unterhaltung und Ausbesserungen der Güterwagen.

A. Ordnungsmäßige Instandhaltung der Wagen.

Erheblicheren Beschädigungen der Wagen wird großentheils dadurch vorgebeugt, daß die Wagen sorgfältig überwacht und im Stande gehalten werden. Hierbei sind die fremden Wagen mindestens mit gleicher Sorgfalt zu behandeln, wie die eigenen der Verwaltung [148]).

Auf den Pr.St.B. ist die Unterhaltung der im Dienste befindlichen Güterwagen folgendermaßen geregelt:

Die Aufsicht und Instandhaltung der in einen Zug eingestellten Wagen liegt den Bremsern ob, welche nach Dia. f. Br. § $1,_1$ die Wagen nebst Zubehör zu beaufsichtigen und zu untersuchen haben, damit Schäden und Verluste vermieden oder wenigstens sofort entdeckt werden. Dabei haben sie nicht bloß auf den ordnungsmäßigen Zustand der Wagen selbst, sondern auch auf denjenigen der Ladung bei offenen Wagen zu achten, weil eine Verschiebung der Ladung nicht nur den Wagen, sondern den ganzen Zug gefährden kann. Während der Bremser im übrigen Betriebsbeamter ist (Handhabung der Bremsen, Anbringung der Zugleine, der Laternen, Signalvorrichtungen 2c. sowie etwaige Hülfeleistung beim Rangirdienste) (vgl. S. 169) und bezüglich der Beschaffenheit der Wagen bloß einzugreifen hat, sobald er etwas Ungehöriges an denselben bemerkt, ist seine wesentliche positive Verpflichtung bei Instandhaltung der Wagen das Schmieren der Achslager [149]), welches je nach deren Anordnung in verschiedener Weise erfolgt [150]). Wagen mit periodischer Schmierung, deren Schmierfrist während ihres Aufenthaltes auf fremden Strecken abläuft, sind von der benutzenden Verwaltung innerhalb des Geltungsbereiches des V.W.U. als Wagen mit Bedarfsschmierung zu behandeln [151]). Von den sämmtlichen Bremsern eines Güterzuges ist in der Regel einem oder zweien das Schmieren durch den Zugführer übertragen.

Der Zugführer übt in erster Linie die Aufsicht über die Thätigkeit der Bremser. Er ist für die Ordnung und Sicherheit des ihm anvertrauten Wagenzuges in jeder Beziehung, sowohl bei Uebernahme desselben auf den Stationen, als auch während der Fahrt nach den bestehenden Bestimmungen zu sorgen verpflichtet [152]). Insbesondere hat er bei Beginn des Dienstes jedem Bremser eine Anzahl Wagen zur Untersuchung und Bedienung zuzutheilen, aus der Zahl der Bremser die Schmierer zu bestimmen und darauf zu halten, daß die Untersuchung mit Sorgfalt ausgeführt wird. Vor der Abfahrt hat er den Zug thunlichst gemeinsam mit dem diensthabenden Stationsbeamten auf seine richtige Zusammensetzung und den betriebstüchtigen und ordnungsmäßigen Zustand des Ganzen und der einzelnen Wagen zu prüfen und dafür zu sorgen, daß beschädigte oder nicht in gehörigem Stande befindliche Wagen in Ordnung gebracht oder ausgesetzt werden. Die Mitnahme mangelhafter oder zur Werkstätte gehender Wagen ist von seiner Zustimmung abhängig [153]). Weitere Einzelheiten vgl. a. a. O.

---

148) V.W.U. § $15,_1$, It.W.R. § $19,_1$ Int.R. Art. 2.

149) Dia. f. Br. § $1,_1$.

150) Dia. f. Br. § 9.

151) Vgl. V.W.U. § $15,_2$, It.W.R. § $19,_2$.

152) Dia. f. Z. § $1,_2$.

153) Dia. f. Z. § 8.

Wenn so den Fahrbeamten selbst die allgemeine Fürsorge für die Wagen des ihm anvertrauten Zuges obliegt, so werden sie hierin doch wesentlich unterstützt durch die Wagenmeister, welche gelernte Schlosser sind und daher eine eigentlich technische Untersuchung vornehmen können. Die Anwesenheit von Wagenmeistern ist auf allen Stationen erforderlich, auf welchen Züge gebildet und zerlegt oder in ihrem Bestande wesentlich geändert werden. Ihre Thätigkeit regelt sich nach den nur von den einzelnen Direktionen erlassenen Dienstanweisungen. Sie haben zunächst alle Wagen der angekommenen Züge einer sorgfältigen Untersuchung aller wesentlichen Theile zu unterwerfen. Eine gleiche etwas kürzere Untersuchung findet dann vor dem Abgange der Wagen mit einem neu gebildeten Zuge statt, weil die Wagen beim Rangiren beschädigt sein können und weil es ferner darauf ankommt, die richtige Zusammensetzung der Züge, die Kuppelung der Wagen u. s. f. zu prüfen.

Die Oberaufsicht über die Behandlung der Wagen auf jeder Station hat schließlich der diensthabende Stationsbeamte. Er ist der dienstliche Vorgesetzte aller vorgenannten Beamten, und hat[154]) die Instandhaltung, Reinigung und Desinfektion, das Schmieren und die vorschriftsmäßige Verwendung der Wagen zu überwachen und bei etwaigen Versäumnissen alsbald das Nöthige zu veranlassen.

B. Feststellung von Beschädigungen und Mängeln.

Wenn bei den Untersuchungen der im Laufe befindlichen Güterwagen an einem Wagen Beschädigungen und Mängel vorgefunden werden, so kann denselben entweder sogleich abgeholfen werden, oder man schickt den Wagen in eine Werkstätte, oder man läßt schließlich den Wagen trotz der Mängel weiter laufen, sei es, daß man eine Verzögerung des Transportes oder eine Umladung vermeiden, bezw. bei fremden Wagen die Ausbesserung der Eigenthumsverwaltung überlassen will. In allen Fällen aber, in denen ein beschädigter Wagen nicht sofort ausgebessert wird, muß der gefundene Mangel aufgezeichnet werden, sowohl um die demnächstige Ausbesserung sicher zu stellen, als auch, um festzulegen, wem die Ausbesserungskosten zur Last fallen. Je nachdem nun ein solcher Wagen zur Werkstätte geschickt wird, oder im Bereiche der eigenen Bahn weiterläuft, oder schließlich auf fremde Bahnen übergeht, ist das Verfahren ein verschiedenes.

Jede Beschädigung oder jedes Fehlen loser Bestandtheile eines fremden Wagens sowie eines auf dem Wege nach einer fremden Bahn befindlichen Wagens der eigenen Bahn ist nach V.W.U. § 18 und It.W.R. § 22 von derjenigen Station, wo die Beschädigung eintritt oder zuerst wahrgenommen bezw. vom Begleitpersonale der Züge zur Anzeige gebracht wird[155]), durch eine auf beiden Langseiten des Wagens an der dazu bestimmten Stelle (nach V.W.U. auf den Langträgern) aufzuklebende Meldung kenntlich zu machen. Für diese Meldungen ist im V.W.U. nachstehendes Muster vorgeschrieben[156]).

---

[154]) Dia. f. Stb. § 18, näheres dort zu vergleichen.

[155]) Die Meldungen über äußerlich nicht wahrnehmbare Verluste und Beschädigungen an verbleiten Wagen sind von derjenigen Station auszustellen, auf welcher der Bleiverschluß abgenommen wird, und mit dem besonderen Vermerk „verbleit von Station u. s. w." zu versehen.

[156]) Im It.W.R. annähernd ebenso, jedoch dreisprachig vorgedruckt.

Uebergangsstation *Büchen* Nr. des Meldebuches *23*
Station *Bergedorf* der *Dir. Altona Pr.St.*-Eisenbahn
Meldung № *8* am *3. September* 1896

Wagen № *31786* $\frac{\text{Serie}}{\text{Klasse}}$ *O* der *L.B.*-Bahn ist beschädigt wie folgt: *Zugstange gerissen, Buffer abgebrochen.*

Name des Meldungsausstellers
Schulze.

Diese Meldung ist ohne Verdeckung der vorhandenen Anschriften auf beiden Langseiten, und zwar an den linken Enden der Hauptträger, haltbar anzubringen.

Der Name der ausstellenden Eisenbahn ist einzudrucken, die Stationsnamen sind mittelst Stempels oder Druckes, die übrigen Angaben mittelst farbigen Stiftes oder Tinte vollständig auszufüllen. Für den Wagenverkehr im Internationalen Verbande sind in Bezug auf Feststellung der Beschädigungen rc. besondere Bestimmungen nicht getroffen[157]).

In den Meldungen sind die Beschädigungen unter Anwendung der Bezeichnungen des Preisverzeichnisses[158]) deutlich und wahrheitsgetreu anzugeben. Neue Beschädigungen, auch wenn sie in einer Vergrößerung einer bereits gemeldeten Beschädigung bestehen, dürfen niemals auf ältere Meldungen nachgetragen werden, sondern sind stets durch neue Meldungen kenntlich zu machen, welche neben den vorhandenen anzukleben sind. Ist die Beschädigung eine so bedeutende, daß der Wagen nicht wieder beladen werden darf, so ist er außerdem mit einem rothen Streifen zu bekleben, welcher die Aufschrift: „Nicht zu beladen" trägt. Unwesentliche Schäden und namentlich solche, deren Herstellungskosten voraussichtlich den Betrag von 40 M. nicht erreichen (V.W.U. § $18,_4$) bezw. 15 M. nicht übersteigen (It.W.R. § $22,_4$), sind dagegen überhaupt nicht zu melden. Andererseits sind Beschädigungen fremder Wagen, welche durch Brand, Blitz, Explosion u. s. w. entstehen, der Eigenthümerin sofort mittelst eingeschriebenen Briefes anzuzeigen und in besonderen Thatbestandsaufnahmen näher festzustellen, die ihr nachträglich ohne Verzug einzusenden sind (V.W.U. § $18,_5$, It.W.R. § $22,_5$). Alle vorstehenden Vorschriften beziehen sich nicht auf beschädigte Wagen, die auf anderen Wagen verladen sind[159]). Diese sind mit kartirten Begleitscheinen zurückzusenden[160]).

Wenn durch diese Maßnahmen bei allen Wagen, die von einer Bahn zur anderen übergehen sollen, schon unterwegs nach Möglichkeit die die Uebergangsfähigkeit etwa beeinträchtigenden Schäden festgestellt werden, so hat doch bei der Uebergabe selbst, d. h. auf der Uebergangsstation, eine gemeinsame Prüfung aller zu übergebenden Wagen durch die Beamten (Wagenmeister) beider betheiligten Verwaltungen stattzufinden. Hierbei ist festzustellen, ob die Wagen übergangsfähig und ob beschädigte übergangsfähige Wagen mit den vorschriftsmäßigen Meldungen versehen sind[161]). Welche Wagen nach V.W.U.

157) Vgl. T.Int.R. Art. 4.

158) Anl. V zum V.W.U. und It.W.R.

159) V.W.U. § $18,_6$, It.W.R. § $22,_6$.

160) Für solche Wagen wird auch nach V.W.U. § $18,_6$ Wagenmiethe nur bis zum Tage der Beschädigung gezahlt, vgl. S. 314.

161) V.W.U. § 19, It.W.R. § 23. — T.Int.R. Art. 3.

§ 14, It.W.R. § 17, Int.R. Art. 2, T.Int.R. Art. 1 von der übernehmenden Bahn zurückgewiesen werden dürfen, ist oben S. 302 erörtert. Wagen, an welchen noch nicht gemeldete Beschädigungen vorgefunden werden, sind sofort von der übergebenden Verwaltung mit vorschriftsmäßigen Meldungen zu bekleben, nicht vorschriftsmäßige Meldungen sind durch vorschriftsmäßige zu ersetzen, widrigenfalls die Uebernahme verweigert werden darf. Falls etwa von den beiden an einem Wagen vorhandenen Beschädigungsmeldungen die an der einen Langseite abhanden gekommen ist, so ist sie von der übergebenden Bahnverwaltung durch eine (als solche zu bezeichnende) Abschrift der auf der anderen Seite befindlichen Meldung zu ersetzen[162]).

Ueber die bei den Wagenübergaben gefundenen Beschädigungen sind auf allen Uebergangsstationen von beiden anschließenden Bahnen völlig gleichlautende Meldebücher, und zwar für jede Verkehrsrichtung besonders, nach folgendem Muster zu führen[163]):

Laufende Nr.	Ausstellende		Nr.	Datum	Wagen Nr.	Eigenthumsmerkmale	Schäden	Anerkenntniß der Richtigkeit durch beiderseitige Unterschrift
	Station	Bahn	der Meldung					
21	*X*	*L.B.*	*8*	*6./9.*	*31200*	*Al.*	*Eiserne Kopfschwelle gebrochen*	*Schulze. Müller*
22	*Y*	*Mst.*	*14*	*5./9.*	*4406*	*Hn.*	*Schiebethüre aus Eisen fehlt*	„ „
23	*Z*	*Hn.*	*6*	*6./9.*	*9321*	*K.K.St.B.*	*Strebe des Untergestelles über halbe Wagenlänge gebrochen*	„ „

In beide Bücher ist der Inhalt aller derjenigen Beschädigungsmeldungen wörtlich einzutragen, welche noch nicht in die Bücher einer vorher von dem Wagen berührten Uebergangsstation eingetragen sind, was aus den angeklebten Meldezetteln selbst ersehen werden kann (s. unten). Diese Eintragungen sind[164]) von den beiderseitigen Uebergabebeamten (Wagenmeistern) zu vergleichen, erforderlichen Falles zu berichtigen und zum Zeichen der Uebereinstimmung unter einander und der Uebereinstimmung mit den an den Wagen angeklebten Meldungen von beiden Beamten zu unterzeichnen, nachdem noch zuvor die betreffenden Meldungen auf den Wagen durch Eintragung der Uebergangsstation und der laufenden Nummer der beiderseitigen Meldebücher vervollständigt worden sind. Die von den beiderseitigen Uebergabebeamten unterschriebenen Eintragungen in die Meldebücher sind beweisend für die Ermittelung derjenigen Verwaltung, welche für die Verluste und Beschädigungen haftet, und dürfen deshalb in keiner Weise nachträglich abgeändert werden. Mit Ende jeden Monates sind die Meldebücher der von jeder Verwaltung zu bestimmenden vorgesetzten Dienststelle einzureichen, welche sie zur Aufstellung oder Prüfung der Kostenrechnungen (s. unten) benutzt und mindestens zwei Jahre aufzubewahren hat.

[162]) V.W.U. § $19_{,2-4}$, It.W.R. § $23_{,3-5}$.

[163]) V.W.U. § $19_{,5}$, It.W.R. § $23_{,6}$. Im Int.R. Art. 4 sind diese Bestimmungen nur angedeutet. Während nach V.W.U. und It.W.R. in die Meldebücher nur diejenigen Beschädigungen einzutragen sind, welche 40 M. erreichen bezw. 15 M. übersteigen, sind nach T.Int.R. alle Beschädigungen einzutragen, auch diejenigen, welche (vgl. S. 359, 360) nicht zur Verrechnung kommen.

[164]) V.W.U. § $19_{,6-8}$, It.W.R. § $23_{,7-9}$.

Bei den Pr.St.B. werden die Meldebücher bezw. Abschriften derselben an die vorgesetzte Direktion eingereicht, welche den übrigen Preußischen Direktionen Auszüge betreffend ihre Wagen zusendet. Ueber die Aufstellung der Kostenrechnungen vgl. unten S. 360 ff.

Alle vorstehenden Bestimmungen beziehen sich für den Bereich der Pr.St.B. nur auf diejenigen Wagen, welche über die Grenzen dieses Bereiches hinausgehen oder eintreten, d. h. außer auf fremde Wagen (einschließlich der Wagen der Oldenburgischen Staatsbahn und Militärbahn) nur auf diejenigen Wagen der Pr.St.B., welche auf dem Wege nach oder von einer fremden Bahn begriffen sind. Die Elsaß-Lothringischen Reichseisenbahnen gelten in der letzteren Beziehung nicht als fremde Bahn, ihre Wagen nicht als fremde Wagen[165]), da zwischen den Reichsbahnen und den Pr.St.B. eine Erstattung von Ausbesserungskosten nicht stattfindet[166]). Geringfügige Beschädigungen preußischer und elsaß-lothringischer Wagen (verbogene Trittbretter u. dergl.) sind möglichst sogleich von den Wagenmeistern zu beseitigen. Im Uebrigen sind alle beschädigten preußischen und reichsländischen Wagen, welche nach ihrem Reiseziele die Grenzen des Gebietes beider Bahnverwaltungen nicht zu überschreiten haben, mit rothen Zetteln (Reparaturzetteln) zu bekleben[167]). Diese Zettel haben folgenden Vordruck:

Nicht zu beladen:

Von | *Langenfelde* | nach *Neumünster* am *20./7. 1896*

Wagennummer: *Al. 31267*

(Nach Entladung zur Werkstätte)*)

Grund: *Hauptblatt einer Tragfeder gebrochen*

....

....

| *Langenfelde* | am *20./7. 1896*

Name des Ausstellers: *Matthias.*

*) Die Einklammerung deutet Durchstreichung an.

Die Zettel sind vor der Ingebrauchnahme an den durch [ ] bezeichneten Stellen mit dem Namen der Station abzustempeln, im übrigen mit Blaustift auszufüllen. Nicht Zutreffendes ist zu durchstreichen. Die Beschädigungen sind deutlich unter Anwendung der Bezeichnungen in Anl. V des V.W.U. und unter Angabe der (eventuell nur vermutheten) Ursache einzutragen.

Der rothe Zettel ist nur dann in seinem ganzen Umfange zu verwenden, wenn der Wagen nicht mehr lauffähig ist. In diesem Falle wird letzterer, wenn er beladen ist, entladen und geht jedenfalls sofort zur Werkstätte, nachdem er hierzu ausreichend lauffähig hergestellt ist. Ist dagegen der Wagen noch lauffähig, so wird der Kopf des Zettels „Nicht zu beladen" bis zum Striche abgetrennt, und nur der untere Theil verwendet. Mit solchem Zettel kann, wenn es sich um geringfügige Beschädigungen handelt, der Wagen weiterlaufen, und auch in der Richtung nach der zuständigen Werkstätte wieder beladen werden[168]). Wird indessen bei der Entladung solchen Wagens festgestellt, daß seine

[165]) V. f. g. W. § 12, Dia. f. B. v. W. II, Abs. 1, (im Hdb. St.W.V., 7. Aufl., 38).

[166]) V. f. g. W. § 12,₁.

[167]) Dia. f. B. v. W. II, Abs. 1.

[168]) Dia. f. B. v. W. I. Abs. 3.

Ueberweisung an eine Werkstätte nothwendig oder zweckmäßig ist, so wird er nachträglich an den Schreibschildern mit dem rothen Streifen „Nicht zu beladen“ [169]) versehen, nachdem auf diesem zuvor der Name der Station sowie die Bestimmungsstation oder die zuständige Werkstätte vermerkt ist, der er nunmehr zugeführt wird [170]).

Erreicht ein von einer fremden Bahn kommender beschädigter und daher mit weißen Zetteln [171]) versehener preußischer oder reichsländischer Wagen seinen im Bereiche der Pr.St.B. belegenen Bestimmungsort, so wird, falls er nicht schon außerdem den rothen Streifen „Nicht zu beladen“ trägt, ebenso wie vor festgestellt, ob seine Ueberweisung an eine Werkstätte zweckmäßig oder nothwendig ist, und, falls dies zutrifft, der rothe Streifen mit denselben Angaben, wie vor, aufgeklebt [172]). Für die Bezettelung fremder Wagen, die einer Werkstätte zugeführt werden sollen, was man, wie unten erwähnt, nach Möglichkeit vermeidet, ist in der Dia. f. B. v. W. eine Bestimmung nicht enthalten.

Wagen, welche nach ihrem Untersuchungsvermerke in den nächsten drei Wochen der Untersuchung unterzogen werden müssen, sind — möglichst beladen — der Heimath zuzuführen und mit rothen Zetteln zu bekleben, welche vorher mit dem Vermerke „Zur Untersuchung“ versehen sind [173]).

In allen vorgenannten Fällen erfolgt die Zuführung zur Werkstätte ohne Beigabe des früher hierfür vorgeschriebenen Begleitscheines.

C. Ausbesserung der Wagen. — Untersuchungen in den Werkstätten.

1. Behandlung der Wagen der Pr.St.B. und der reichsländischen Bahnen.

Zur Beschleunigung der Ausbesserungen und Untersuchungen der Güterwagen der Pr.St.B. sind dieselben nicht bestimmten Werkstätten ihrer Heimathbezirke zugetheilt, sondern es ist für alle gewöhnlichen Güterwagen der Pr.St.B. ohne Unterschied ihrer Bezirksangehörigkeit lediglich eine örtliche Zuständigkeit der Werkstätten je nach dem augenblicklichen Aufenthaltsorte der Wagen begründet, d. h. es wird von jeder Direktion für ihren Bezirk besonders bestimmt, welche Werkstätten bezüglich der gewöhnlichen Güterwagen für die einzelnen Stationen zuständig sind. Nur die Special- und Stationswagen sind (wie auch die Personen-, Post- und Gepäckwagen s. S. 371) bestimmten Werkstätten zugetheilt, deren Name im Allgemeinen über den gewölbten Buffern angeschrieben ist. Wo letzteres nicht der Fall, sind die Special- und Stationswagen anderer Bezirke, welche zur Werkstätte gehen sollen, der nächstgelegenen Station der Heimathbahn zur Ueberweisung an die zuständige Werkstätte zuzuführen [174]).

Beschädigte Wagen, die auf den Betriebsgleisen nicht ausgebessert werden können, und untersuchungspflichtige Wagen sind der zuständigen Werkstätte zu überweisen, letztere bereits binnen 3 Wochen vor dem Ablaufe der Untersuchungsfrist (s. oben). In welchen Fällen die Wagen trotz ihrer Beschädigung noch weiterlaufen können und wie beschädigte und untersuchungspflichtige Wagen zu bezetteln sind, ist bereits S. 355 ff. gesagt. Kann die vorläufige Wiederherstellung nicht lauffähiger Wagen in lauffähigen Zustand und

---

169) B.W.U. § 18,$_3$.
170) Dia. f. B. v. W. II, Abs. 6.
171) Nach B.W.U. § 18,$_2$, It.W.R. § 22,$_2$.
172) Dia. f. B. v. W. II, Abs. 6.
173) V. f. g. W. § 12,$_3$. — Dia. f. B. v. W. I, Abs. 1, II, Abs. 2.
174) Dia. f. B. v. W. I, Abs. 2.

die Herstellung eines beförderungsfähigen Zustandes bei Wagen mit verschobener Ladung oder einseitiger Belastung nicht durch die Wagenmeister der Station oder die daselbst etwa befindliche Betriebswerkstätte ausgeführt werden, so ist von der für gewöhnliche Güterwagen zuständigen Werkstätte telegraphisch Hülfe anzufordern[175]).

Die Direktionen bestimmen im gegenseitigen Benehmen für jede der ihnen unterstellten Werkstätten die Aufnahmefähigkeit an Wagen und veranlassen die entsprechende Bezeichnung über den gewölbten Buffern (s. oben S. 356). Die bestimmten Werkstätten zugewiesenen Wagen sind stets von diesen aufzunehmen. Ist dagegen die Aufnahmefähigkeit einer Werkstätte an gewöhnlichen Güterwagen erreicht, so giebt diese die telegraphische Meldung „Wagenüberfluß" an alle Stationen ihres Zuständigkeitsbezirkes und an das Wagenbureau der vorgesetzten Direktion. Letzteres weist sodann nach Bestimmung der Direktion telegraphisch die Stationen an, zu welchen anderen Werkstätten die Güterwagen zu leiten sind, bis die Werkstätte in demselben Umfange, wie vor, die Meldung abgiebt: „Wagenüberfluß beseitigt"[176]).

Bei den Ausbesserungen, die für die Güterwagen aller Bezirke mit gleicher Sorgfalt zu bewirken sind, werden Ersatzstücke einschließlich der Radsätze, Radreifen, Achsbuchsen, Federn und Buffer aus den Beständen der ausbessernden Werkstätte entnommen, und nur einzelne anormale Stücke ev. von derjenigen Werkstätte angefordert, deren Name in diesem Falle über den gewölbten Buffern angeschrieben steht[177]).

Wegen der vom M. d. ö. A. vorgeschriebenen Buchung und Berichterstattung bezüglich der Thätigkeit der Werkstätten und des Ausbesserungsstandes vgl. S. 261, 262.

Bei der nach Maßgabe von Bt.O. § 17,$_2$ und Ba.O. § 18,$_2$ nach je 3 Jahren vorzunehmenden Untersuchung sind die Güterwagen in solchen Zustand zu bringen, daß sie bis zur nächstfälligen Untersuchung einer Zuführung zur Werkstätte im Allgemeinen nicht bedürfen. Auch wenn die dreijährige Frist noch nicht abgelaufen ist, ist die Untersuchung bei jeder g r ö ß e r e n Ausbesserung bis zu 14 Monaten, bei j e d e r Ausbesserung bis zu 6 Monaten verfrüht vorzunehmen[178]).

Stellt sich bei einem einer Werkstätte zugeführten Wagen heraus, daß die Leistungsfähigkeit eine ungenügende geworden ist, oder daß die Wiederherstellung im Verhältnisse zu der zu erwartenden Gebrauchsdauer nicht wirthschaftlich erscheint, so hat der Vorstand der Werkstätte den Wagen auszumustern[179]) und ihn zum ersten des nächsten Monates der Eigenthumsdirektion zu melden, wobei anzugeben ist, ob der Wagen sich zum Umbau in einen Arbeitswagen eignet. Jede Direktion ordnet für ihren Bezirk den Umbau in Arbeitswagen an, während die Direktion Magdeburg den Ausgleich der überzähligen und fehlenden ausgemusterten Wagen oder den Verkauf bezw. die Zerlegung der Wagen veranlaßt[180]).

Da die Elsaß-Lothringischen Bahnen sich der Dia. f. B. v. W. nicht angeschlossen haben, so erfolgt[181]) die Behandlung der Elsaß-Lothringischen Wagen in den preußischen Werkstätten nach den älteren Vorschriften für den St.W.V.[182]). Nach diesen Vorschriften

[175]) Dia. f. B. v. W. I., Abs. 4.

[176]) Dia. f. B. v. W. III.

[177]) Diese Anschrift bedeutet bei gewöhnlichen Güterwagen also nicht die Zuständigkeit der betreffenden Werkstätte. Im Uebrigen vgl. Dia. f. B. v. W. IV.

[178]) Dia. f. B. v. W. V.

[179]) Hinsichtlich der Personen- und Gepäckwagen nach vorheriger Zustimmung der Eigenthumsdirektion.

[180]) Dia. f. B. v. W. VI.

[181]) Dia. f. B. v. W. VIII.

[182]) Hdb. St.W.V. 6. Aufl., 54—57.

sind eine Reihe kleinerer dort bezeichneter zur Erhaltung der Lauffähigkeit dienender Ausbesserungen an den Elsaß-Lothringischen Wagen regelmäßig in den preußischen Werkstätten auszuführen, größere Ausbesserungen nur dann, wenn und insoweit solche durch Unfall oder Beschädigung im Betriebe nothwendig geworden sind. Im Uebrigen sind die Wagen zur Ausbesserung und zu den Untersuchungen ihrer Heimathbahn zuzusenden.

Ueber die Beschleunigung von Ausbesserungen und die zweckmäßige Wahl des Zeitpunktes für Untersuchungen zur Vermeidung oder Einschränkung des Wagenmangels im St.W.V. vgl. S. 322[183]).

2. Wagenausbesserungen im Verkehre mit fremden Bahnen[184]).

Diejenigen Mängel an fremden Wagen, welchen auf der benutzenden Bahn ohne Schwierigkeit sofort abgeholfen werden kann, sind sogleich zu beseitigen, sobald sie gefunden werden, namentlich, wenn der Aufschub der Wiederherstellung eine Vergrößerung des Schadens befürchten läßt. Andernfalls ist zu prüfen, ob der beschädigte Wagen, wenn beladen, ohne Nachtheil oder Gefahr bis zu seinem Bestimmungsorte weiterlaufen, wenn leer, in seine Heimath zurückkehren kann. In beiden Fällen ist er in seinem Laufe nicht aufzuhalten. Kann dagegen ein beladener Wagen ohne Nachtheil oder Gefahr nicht weiterlaufen, so ist er sofort zu entladen. Die Kosten trägt die entladende Verwaltung. Kann auch der entleerte Wagen oder ein in leerem Zustande beschädigter Wagen mit der Beschädigung ohne Nachtheil oder Gefahr nicht in seine Heimath zurückkehren, so ist er der nächsten Werkstätte (auf den Pr.St.B. der auch für die preußischen Güterwagen zuständigen)[185]) zu überweisen oder auf einem anderen Wagen verladen mit Begleitschein zur Heimath zu befördern[186]). In der Regel sucht man die Zuführung fremder Wagen zu einer Werkstätte zu vermeiden, indem man sie an Ort und Stelle nur nothdürftig lauffähig macht (was auch für den Lauf zur Werkstätte nothwendig wäre) und dann zur Heimath zurücksendet, oder, falls die Lauffähigkeit eines Wagens nicht an Ort und Stelle hergestellt werden kann — namentlich bei schwerer Beschädigung oder Zertrümmerung eines solchen — ihn auf einem anderen Wagen verladen zurücksendet.

Entgleiste Wagen müssen, auch wenn eine Beschädigung nicht vermuthet wird, der Untersuchung durch einen sachverständigen Beamten oder Arbeiter unterzogen werden. Falls hierbei der Weiterlauf eines Wagens oder seine Rücksendung in die Heimath für zulässig befunden wird, ist ihm ein Begleitschein beizugeben, welcher den Vermerk enthält: „Wagen war entgleist." Nur wenn die Lauffähigkeit des Wagens durch Untersuchung in einer Werkstätte festgestellt ist, kann von der Beigabe des Begleitscheines abgesehen werden.

Die Verwaltung, in deren Bezirke die Wiederherstellung fremder Wagen stattfindet, hat hiervon, wenn die Wiederherstellung binnen 24 Stunden[187]) oder an demselben Tage[188]) nicht vollendet wird, hiervon sofort der Wageneigenthümerin eine eingehende

---

[183]) Hdb. Stb.W.V. 7. Aufl., 27.

[184]) V.W.U. § 20, 21, It.W.R. § 24, 25. Im T.Int.R. (Art. 7) welches auch für den durch Elsaß-Lothringen vermittelten Wagenverkehr mit Frankreich gilt (Konv. § 2), sind diese Bestimmungen nur angedeutet.

[185]) Dia. f. B. v. W. Anm. zu I, Abs. 2.

[186]) V.W.U. § 18,$_6$, It.W.R. § 22,$_6$.

[187]) Int.R. Art. 46 B.

[188]) It.W.R. § 24,$_4$. In dem neuen V.W.U. ist die entsprechende Bestimmung nicht mehr enthalten, weil die Zeitmiethefreiheit für die Ausbesserungstage fortgefallen ist.

schriftliche Mittheilung zu machen (nach Int.R. eingeschrieben), und (nur nach It.W.R.) sofort nach Beendigung der Wiederherstellung Tag und Stunde der Rückgabe der betreffenden Wagen an den Betrieb derselben schriftlich anzuzeigen. Nur die pünktliche Einhaltung dieser Verpflichtungen befreit die betreffende Verwaltung von Entrichtung der Zeitmiethe und Verzögerungsgebühr.

Alle Wiederherstellungen fremder Wagen sind zweckmäßig, dauerhaft und möglichst rasch, jedoch so auszuführen, daß an der eigenthümlichen Bauart der Wagen und der Bestandtheile derselben nichts geändert wird[189]). Sind dazu Ersatzstücke erforderlich, deren anderweite Beschaffung schwierig oder kostspielig sein würde, so sind dieselben von derjenigen Dienststelle der Eigenthumsbahn anzufordern, welche in dem Adressenverzeichnisse des V.D.E.V. hierfür angegeben ist. Diese Anforderung muß genaue Angaben enthalten[190]). Die Beförderung der Ersatzstücke und die Rückbeförderung unbrauchbar gewordener Wagenbestandtheile und nicht mehr lauffähiger Wagen erfolgt frachtfrei und das Auf- und Abladen dieser Gegenstände unentgeltlich. Die Beförderung ist, wenn es sich um Ueberschreitung einer Zollgrenze handelt (nach T.Int.R. Art. 7 stets), auf dem Wege, auf welchem der Wagen gekommen, und welcher von der anfordernden Verwaltung zu bezeichnen ist, im Uebrigen auf dem kürzesten Wege zu bewirken[191]).

Ueber weitere Einzelheiten vergleiche die angezogenen Stellen der drei Uebereinkommen.

D. Bestreitung der Ausbesserungskosten.

1. Haftung für Verluste und Beschädigungen im Verkehre mit fremden Bahnen.

Nach V.W.U. § 22, 23, It.W.R. § 26, 27, T.Int.R. Art. 6 haftet für alle Verluste und Beschädigungen an fremden Wagen, den zugehörigen Bestandtheilen und den Lademitteln die benutzende Verwaltung, welche deren Vorhandensein zuerst anerkannt hat, jedoch mit folgenden bei den einzelnen Verbänden nicht ganz übereinstimmenden Einschränkungen:

a) Achsen und Räder sind stets von der Eigenthumsverwaltung gegen Rückgabe des alten Materiales unentgeltlich zu ersetzen (alle drei Verbände).

b) Für äußerlich nicht wahrnehmbare Verluste und Beschädigungen an verbleiten Wagen sowie an zugehörigen losen Bestandtheilen und Lademitteln haftet diejenige Verwaltung, in deren Bereiche der Verschluß angelegt ist (nur V.W.U. § 22 und It.W.R. § 26).

c) Nach V.W.U. § 22 ist Haftung für Verluste und Beschädigungen an mit Lenkachsen versehenen Wagen ausgeschlossen, wenn die Verluste oder Beschädigungen aus Abweichungen gegen die genehmigten und veröffentlichten Zeichnungen und Vorschriften für die Vereinslenkachsen entstanden sind.

d) Nach It.W.R. § 26 wird für Beschädigungen durch Heißlaufen von Achsen nicht gehaftet, wenn deren Achsbuchsen nur mit Werkzeugen geöffnet werden können, oder wenn an Wagen mit periodischer Schmierung die vorgeschriebene Bezeichnung (S. 285) fehlt.

e) Für Brandschaden haftet nach V.W.U. § 22 und It.W.R. § 26 mangels ausdrücklicher anderweitiger Vereinbarung die benutzende Verwaltung nicht.

---

189) V.W.U. § 21,1, It.W.R. § 25,1. — T.Int.R. Art. 7.

190) Vgl. a. a. O. der drei Uebereinkommen.

191) V.W.U. § 21,4, It.W.R. § 25,3.

f) Erreichen nach V.W.U. § 22,$_{1\,d}$ die Ersatz- und Wiederherstellungskosten für einen Wagen einschl. der Wiederherstellungskosten zugehöriger loser Theile oder die Wiederherstellungskosten der Lademittel bei einem Wagen oder Wagenpaare den Betrag von 40 M. nicht, so bleiben sie außer Ansatz, sofern nicht ein Dritter (nicht Eisenbahnbediensteter) Ersatz geleistet hat. Belaufen sich dagegen die Schadenbeträge auf 40 M. oder mehr, so sind sie von derjenigen Verwaltung zu ersetzen, bei welcher sie zuerst den anrechnungsfähigen Betrag erreichten, auch wenn die Schäden theilweise schon auf rückliegenden Bahnen entstanden waren. Uebersteigen nach It.W.R. § 26,$_{1\,d}$ die Ersatz- und Wiederherstellungskosten für den einzelnen Wagen oder die Wiederherstellungskosten loser Theile und Lademittel bezw. nach T.Int.R. Art. 4 die Beschädigungen die Summe von 15 M. nicht, so bleiben die Kosten außer Ansatz, es sei denn (nur It.W.R.), daß ein Dritter (Privatperson) zum Ersatze verpflichtet ist.

Für Verlust an losen Wagenbestandtheilen oder Lademitteln wird dagegen nach V.W.U. § 22,$_{1\,e}$ und It.W.R. § 26$_{1\,d}$, für gänzlichen Verlust von losen Wagenbestandtheilen sowie Kuppelungen, Zughaken, Nothketten, Buffer-, Zug- und Tragfedern, Bufferstangen und Buffern mit Holztheilen nach T.Int.R. Art. 4 ohne Einschränkung, für Verlust wie Beschädigung von Vorhängeschlössern nach V.W.U. und It.W.R. gar nicht gehaftet.

Für die Feststellung der haftpflichtigen Verwaltung sind[192]) in erster Stelle die Eintragungen in das Meldebuch derjenigen Uebergangsstation beweisend, auf welcher der Verlust bezw. die Beschädigung zuerst hat anerkannt werden müssen. Die Wageneigenthümerin bezw. die ausbessernde Verwaltung erhält von diesen Eintragungen durch Vermittelung des Meldebuches ihrer Uebergangsstation Kenntniß aus den Beklebezetteln, mit welchen die Wagen zu ihr zurückkehren bezw. bei ihr einlaufen. Es wird jedoch der Gegenbeweis gegen die Richtigkeit der Eintragungen zugelassen, welcher unter Umständen auch durch Vorlegung der ursprünglichen Beklebemeldung der Station einer Vorbahn geführt werden kann. Nach V.W.U. ist im Falle der Nichtübereinstimmung der beiderseitigen Meldebücher das Meldebuch derjenigen Verwaltung maßgebend, welche den Wagen an die Nachbarbahn übergeben hat.

Von den Wagen getrennte Bestandtheile sowie Lademittel, welche als solche nicht benutzt werden, endlich zertrümmerte und laufunfähige Wagen, welche mittelst kartirter Begleitscheine, d. h. als Frachtgut, zur Versendung gelangen, werden auch in Beziehung auf die Haftung für Verlust und Beschädigung als solches behandelt. Für die betreffenden Entschädigungsansprüche sind daher die für Beförderung von Gütern geltenden Bestimmungen maßgebend[193]).

Ueber weitere Einzelheiten vergleiche die angezogenen Bestimmungen. Abweichend von den vorstehend für den Internationalen Verband mitgetheilten Grundsätzen werden Beschädigungen, welche auf den von Frankreich aus jenseits des Bezirkes der Eisenbahndirektion Cöln, der Elsaß-Lothringischen und Niederländischen Bahnen liegenden Strecken entstehen, nach dem V.W.U. behandelt, oder dieselben unterliegen besonderen und direkten Uebereinkommen zwischen den Wageneigenthümern und den deutschen Bahnen[194]).

---

[192]) V.W.U. § 22,$_2$, It.W.R. § 26,$_2$. — T.Int.R. Art. 4, 5.

[193]) V.W.U. § 23, It.W.R. § 27, T.Int.R. Art. 7 (nur unvollständig angedeutet).

[194]) T.Int.R. Art. 6.

2. Feststellung und Ausgleich der Ersatz- und Wiederherstellungskosten[195]).

Die Rechnungen über Ersatz- und Wiederherstellungskosten, für welche im V.W.U. ein Muster vorgeschrieben ist, sind in der Regel vierteljährlich aufzustellen und den haftpflichtigen Verwaltungen zu übersenden. Nach T.Int.R. muß die Vorlage der Ausbesserungskostenrechnungen spätestens innerhalb 6 Monaten nach demjenigen Vierteljahre, in welchem die Beschädigungen vorgekommen sind, erfolgen. Im V.W.U. und It.W.R. sind in Anl. V für die meisten vorkommenden Ausbesserungen und Ersatztheile Preise vorgesehen, welche für die Kostenrechnungen insofern maßgebend sind, als sie nicht überschritten werden dürfen. Bei den Preisen ist grundsätzlich angenommen, daß das nicht wieder verwendbare alte Material mit Ausnahme der Achsen, Räder und Blattfedern und der auffindbaren Bruchstücke gebrochener Blattfedern der Eigenthumsverwaltung nicht zurückgegeben wird.

Wiederherstellungen, für welche die Anl. V zu den beiden Uebereinkommen Preise nicht enthält, sind in den Rechnungen genau zu bezeichnen. Bei solchen werden die zu den Wiederherstellungen verwendeten Materialien mit dem Selbstkostenpreise, die Arbeitslöhne mit dem vollen Betrage und einem Aufschlage von 100% für Generalkosten angesetzt. Das erübrigte alte Material ist in den Rechnungen besonders abzusetzen oder es ist ausdrücklich zu bemerken, daß dies geschehen sei. Dem T.Int.R. ist ein Preisverzeichniß nicht beigegeben. Im Verkehre dieses Verbandes werden daher stets die Ausbesserungskosten, wie vor, besonders berechnet[196]), soweit nicht obige Ausnahmebestimmung Platz greift (S. 360). In dem durch Elsaß-Lothringen vermittelten deutsch-französischen Wagenverkehre findet das jeweilige Preisverzeichniß des V.W.U. Anwendung.

Nach V.W.U. § $24,_5$ und It.W.R. § $28,_6$ ist die Eigenthumsverwaltung berechtigt, auch für noch brauchbare beschädigte Wagentheile, wenn sie nicht innerhalb dreier Monate vom Tage der Beschädigung (oder vom Tage des Eintreffens der geforderten Ersatzbestandtheile, nur V.W.U.) in ihren Besitz gelangen, volle Ersatzkosten zu fordern, sofern solche nach Obigem überhaupt in Rechnung gestellt werden dürfen. In beiden Uebereinkommen ist dann noch festgestellt, wie die Ersatzkosten für völlig zertrümmerte Wagen zu berechnen sind. Diese Ersatzkosten bilden zugleich die obere Grenze für Berechnung von Wiederherstellungskosten. Für Erinnerungen gegen die Kostenrechnungen ist im V.W.U. und It.W.R. eine Ausschlußfrist von 3 Monaten festgesetzt. Nach T.Int.R. Art. 5 müssen etwaige Beanstandungen der Kostenrechnungen baldigst aufgeklärt werden.

Jede Bahnverwaltung stellt in der Regel nur für ihre Wagen, die beschädigt zu ihr zurückgekehrt sind, Kostenrechnungen zu Lasten derjenigen Verwaltungen auf, auf deren Bahnen die Beschädigungen stattgefunden haben. Ausbesserungen fremder Wagen zur Herstellung der Lauffähigkeit erfolgen sinngemäß, wie auch in T.Int.R. Art. 7 ausgesprochen, unentgeltlich. Jedoch ist es nicht ausgeschlossen, daß für Ausbesserungen von Beschädigungen, die von einer Vorbahn herrühren, aber erst später die Lauffähigkeit beeinträchtigt haben, die Vorbahn nachträglich haftbar gemacht wird.

Die für die Beschädigungen haftbar gemachte Verwaltung prüft die ihr zugesandten Rechnungen und veranlaßt, soweit sie dieselben anerkennt, demnächst auch die Ausgleichung der schuldigen Beträge. Diese hat nach V.W.U. § $24,_9$ und It.W.R. § $28,_{10}$

[195]) V.W.U. § 24. — It.W.R. § 28. — T.Int.R. Art. 4, 5, 8.

[196]) T.Int.R. Art. 5.

ohne Verzug durch die nächste Abrechnung, nach T.Int.R. Art. 5 unverzüglich zu erfolgen und wird innerhalb des V.D.E.V. durch Anmeldung bei der Vereinsabrechnungsstelle in Berlin bewirkt, im Verkehre mit nicht dem V.D.E.V. angehörigen Bahnen in der Regel durch Vermittelung einer Grenzbahn (so mit den französischen Bahnen und den belgischen Bahnen, mit welchen der Wagenverkehr auf Grund des Int.R. erfolgt, durch Vermittelung der Direktion Cöln, mit den dänischen Bahnen durch Vermittelung der Direktion Altona).

3. Ausführungsbestimmungen für den St.W.V. insbesondere für die Preußischen und Elsaß-Lothringischen Bahnen[197]).

Die Abrechnung der Wagenausbesserungskosten erfolgt im St.W.V. durch die einzelnen Verwaltungen[198]), und zwar stellt eine jede die für ihre auf fremder Bahn beschädigten Wagen entstandenen Kosten dieser Bahn in Rechnung, und ebenso berechnet jede fremde Verwaltung die Kosten für ihre Wagenausbesserungen derjenigen Verbandsverwaltung, in deren Bezirke die fremden Wagen beschädigt wurden. Ferner werden die von den Wagen getrennten Bestandtheile nach wie vor der Heimathbahn eingesandt. Es ist nur erforderlich, daß die Verbandsverwaltungen, welche Uebergangsstationen mit fremden Verwaltungen besitzen, Auszüge aus den Meldebüchern denjenigen Verbandsbahnen zusenden, deren Wagen beschädigt von fremder Bahn zurückgekommen sind, oder auf deren Linien laut der am Wagen befindlichen Meldung eine Beschädigung eines fremden Wagens stattgefunden hat. Die Abrechnung hat alsdann ausschließlich auf Grund der Eintragungen in die Meldebücher unter Zugrundelegung der Normalpreise (Anl. V V.W.U. u. It.W.R.) zu geschehen, und nur, wo solche nicht vorhanden sind, müssen die Kostenrechnungen von den betr. Werkstätten angefordert werden, welche in der Regel durch Vermittelung derjenigen Direktion zu ermitteln sein werden, welche den beschädigten Wagen bei der Rückkehr übernommen und die Beschädigungsmeldung im Auszuge der Eigenthumsdirektion übersandt hat.

Die Pr.St.B. und die Elsaß-Lothringischen Bahnen, zwischen denen eine Erstattung von Wagenausbesserungskosten nicht mehr stattfindet[199]), haben ein vereinfachendes Verfahren bezüglich Abrechnung der Kosten für Ausbesserungen vereinbart[197]). Die vorstehend genannten Verwaltungen bilden bezüglich der Abrechnungen einen einzigen Bezirk. Als Uebergangsstationen im Sinne des V.W.U. sind nur diejenigen Stationen dieses größeren Bezirkes zu betrachten, die an „fremde" Bahnen einschließlich der übrigen Bahnen des St.W.V., (Oldenburg. Staatsbahn und Militäreisenbahn) anschließen. Diese Uebergangsstationen haben Meldebücher[200]) zu führen, in welche einzutragen sind:

a) Alle Beschädigungen, deren Ausbesserungskosten voraussichtlich den Betrag von 15 M. übersteigen. (Diese Bestimmung dürfte in Folge der Erhöhung der Entschädigungsgrenze im V.D.E.V. auf 40 M. entsprechend abgeändert werden).

---

[197]) Hdb. St.W.V. 7. Aufl. 39.

[198]) Auf der Staatsbahnwagenverbandskonferenz zu Berlin, 27. u. 28./11. 1896, ist beschlossen, die Abrechnungsgeschäfte betreffend die Kosten für Wiederherstellung von Wagen für den Bereich des St.W.V. einer Abrechnungsstelle, und zwar der Direktion Magdeburg, zu übertragen. Der Beschluß bedarf noch der Genehmigung des M. d. ö. A.

[199]) V. f. g. W. § 12,4.

[200]) V.W.U. § 19, It.W.R. § 23, T.Int.R. Art. 4.

b) Alle in Verlust gerathenen Wagenbestandtheile und Lademittel, selbst wenn deren Ersatzkosten unter dieser Grenze bleiben.

Im Hdb. St.W.V. 7. Aufl. 39 sind alle in Frage kommenden Uebergangsstationen aufgeführt. Von diesen sind die Meldebücher monatlich bis zum 5. des nächsten Monats an diejenige Dienststelle der vorgesetzten Verwaltung zu senden, welcher die Abrechnung der Wagenausbesserungskosten obliegt. Die abrechnenden Dienststellen haben alsdann monatlich bis zum 15. den anderen Verwaltungen obigen Bezirkes die S. 354 erwähnten Auszüge zuzufertigen. Auf Grund der Meldebücher und Auszüge hat die Einziehung der Ausbesserungskosten von der ersatzpflichtigen Bahn durch die Verwaltung des Heimathbezirkes des beschädigten Wagens (wobei es gleichgültig ist, in welcher preußischen oder elsaß-lothringischen Werkstätte derselbe ausgebessert wurde) und die Prüfung und Anweisung der von fremden Bahnen eingehenden Rechnungen durch diejenige Verwaltung zu erfolgen, auf deren Linien die fremden Wagen Beschädigungen erlitten haben.

Bei den Pr.St.B. wird die Aufstellung und Prüfung der Rechnungen durch die Direktionen selbst besorgt, denen mithin die Meldebücher und Auszüge zu übersenden sind. Bei den meisten Direktionen ist die Erledigung dieser Angelegenheit dem Betriebsbureau übertragen, bei mehreren dem Rechnungsbureau, bei einzelnen dem technischen Bureau[198]).

Eine abweichende Vereinbarung bezüglich der Kostenabrechnung mit fremden Bahnen besteht mit der Generaldirektion Straßburg[201]), auf Grund deren dieselbe die Abrechnung der Wagenausbesserungskosten in dem durch ihre Vermittelung stattfindenden Verkehre der Pr.St.B. mit den französischen und schweizerischen Bahnen mitbesorgt. Dieselbe vertritt also sämmtliche Schäden an den von ihr eingeführten französischen und schweizerischen Wagen, welche dieselben innerhalb des obigen Bezirkes erlitten haben, verrechnet dafür aber auch alle Schäden gegen die französischen und schweizerischen Bahnen, mit welchen die von ihr nach diesen Bahnen ausgeführten Wagen der dem Bezirke angehörenden Verwaltungen zurückkehren. Auszüge aus den Meldebüchern der elsaß-lothringischen Uebergangsstationen, die an französische oder schweizerische Bahnen anschließen, werden hiernach nicht angefertigt.

Sind Wagenbeschädigungen durch Schuld von Dritten eingetreten, so sind zu unterscheiden[202]):

a) Ersatzforderungen aus solchen Betriebsunfällen, Versehen im Dienste u. s. w., hinsichtlich deren lediglich Bedienstete der Pr.St.B. (Beamte oder Arbeiter) bei der Schuldfrage und der Ersatzverbindlichkeit in Betracht kommen.

b) Ersatzforderungen, bezüglich deren nur Privatpersonen (d. h. Nichtbedienstete der Pr.St.B.) oder gleichzeitig Privatpersonen und Bedienstete für den entstandenen Schaden ersatzpflichtig gemacht werden.

In den Fällen zu a ist, sofern nicht wegen dauernder Unbeitreibbarkeit der Forderung von Verfolgung des Schadenersatzanspruches überhaupt abgesehen wird, der Ersatzpflichtige zur Anerkennung seiner Ersatzverbindlichkeit anzuhalten und eine Abschätzung des Schadens durch den zuständigen Inspektionsvorstand vorzunehmen. Auf Grund dieser

[201]) Hdb. St.W.V. 7. Aufl. 39, Anm. z. § 8.

[202]) M.E. vom 25./3. 1896, E.N.B. S. 221. Gilt überhaupt für Schadenersatzforderungen des Fiskus aus Betriebsunfällen oder aus Versehen von Beamten oder Arbeitern im Dienste.

von der Direktion zu genehmigenden Abschätzung erfolgt dann die Einziehung des Schadenersatzes, soweit die Forderung nicht niedergeschlagen wird (vgl. a. a. O.).

In den Fällen zu b[203]) sind im Allgemeinen die wirklichen Ausbesserungskosten in Ansatz zu bringen. Als solche gelten, soweit das Preisverzeichniß des V.W.U. einen Anhalt bietet, die Preise dieses Verzeichnisses, während bezüglich derjenigen Schäden, für deren Beseitigung in gedachtem Preisverzeichnisse keine Sätze enthalten sind, eine Aufschreibung der Kosten in den Werkstätten stattzufinden hat[204]). Nur wo es sich um geringfügige Beschädigungen handelt, um derentwillen ein Wagen nicht sogleich einer Werkstätte zugeführt wird, erfolgt, sofern das Preisverzeichniß des V.W.U. keinen Anhalt zur Schadenermittelung giebt, eine Abschätzung des Schadens durch diejenige Verwaltung, welcher der Wagen gehört, oder die sonst mit dessen Bau, Ausrüstung und sonstiger Beschaffenheit vertraut ist. Kommen hierbei Wagen solcher Verwaltungen in Frage, zwischen denen das Abrechnungsverfahren noch nicht aufgehoben ist, so sind die gemäß V.W.U. § 24,₄ der Eigenthumsverwaltung zu erstattenden Kosten, erforderlichen Falles nach Bestellung einer Sicherheit durch den Regreßpflichtigen, zur Einziehung zu bringen[205]). Die Einziehung der Ersatzkosten von Dritten hat stets durch diejenige Eisenbahndirektion zu erfolgen, in deren Bezirke die Beschädigung entdeckt und gemeldet worden ist.

---

[203]) Soweit Bedienstete der Pr.St.B. betheiligt sind, gilt bezüglich der Herbeiführung des Anerkenntnisses der Ersatzverbindlichkeit und der Einziehung bezw. Niederschlagung der Schadenersatzbeträge dasselbe, wie zu a.

[204]) Sind nur für einen Theil der Beschädigungen eines Wagens in V.W.U. Anl. V Preissätze enthalten, so haben die Werkstätten bezüglich dieses Theiles der Beschädigungen nicht die Material- und Arbeitskosten aufzuschreiben, sondern die Preise des Verzeichnisses einzusetzen.

[205]) M.E. vom 13./2. 1886 II a (b) 1036, in Hdb. St.W.V. 40, M.E. vom 21./4. 1896, in E.N.B. S. 297, Fin.O. III § 6, in E.N.B. 1896 S. 168, 169, W.O. (Fin.O. IV) § 11, 12.

Viertes Kapitel.

Benutzung der Personen-, Gepäck- und Postwagen.

I. Dienst der Personen- ꝛc. Wagen.

Während es für die schnelle und billige Güterbeförderung von großer Bedeutung ist, daß Umladungen der Güter möglichst vermieden werden, ist es für die Bewältigung des Personenverkehres in erster Linie von Wichtigkeit, daß für alle fahrplanmäßigen Züge stets die nöthige Anzahl Wagen zur Verfügung steht, während das Durchgehen der Wagen, um ein Umsteigen der Reisenden zu vermeiden, erst in zweiter Linie in Betracht kommt. Es ist demgemäß bereits im 2. Abschn. S. 155 ausgeführt, wie die Personenwagen und Gepäckwagen bestimmten Stationen zugetheilt sind. Jede Station, auf welcher Züge gebildet werden oder auf welcher Zugverstärkungen erfahrungsmäßig nothwendig werden können, hat ihren Bestand an Personenwagen bezw. Gepäckwagen, welche in der Regel durch Bekleben mit dem Namen der Station als dorthin gehörig gekennzeichnet sind und nach jedem Gebrauche immer wieder nach der Station zurückkehren[1]). Ueber die Vertheilung ihres Bestandes an Personen-, Gepäck- und Bahnpostwagen sowie der aushülfsweise als Personen- und Gepäckwagen zu benutzenden mit Bänken ausgerüsteten Güterwagen auf die einzelnen Stationen trifft jede Eisenbahndirektion Verfügung, entweder in besonderer Dienstvorschrift, oder in Verbindung mit dem Zugbildungsplane. Aus dem Bestande an Wagen bildet jede Zugbildungsstation nach Maßgabe des Zugbildungsplanes die Trains zu den von ihr zu stellenden Zügen und behält alsdann noch einen Reservebestand übrig, welcher als Ersatz bei Wagenausbesserungen und als Aushülfe bei stärkerem Verkehre dient (vgl. S. 156). Inwieweit bestimmte Stationen befugt sind, sich selbständig gegenseitig mit Personenwagen auszuhelfen, und in welchen Fällen bei Wagenmangel das Wagenbureau bezw. die Eisenbahndirektion einzugreifen hat, wird von jeder Direktion für ihren Bezirk bestimmt[1]). Die Verwendung der zum Personenverkehre eingerichteten Güterwagen (vgl. S. 301) ist (nach bes. Anweisung der Direktion) möglichst einzuschränken. Die zwei- und dreiachsigen Wagen mit Mittelgang und Wagen mit losen Leitungen sollen in Schnellzüge nicht eingestellt werden, im Uebrigen vgl. S. 154 und F.V. Nr. 54. Jeder Bahnpostwagen ist ebenso für einen genau festgesetzten Dienst bestimmt, wobei selbstverständlich auch auf Reserven gerücksichtigt ist. Im Uebrigen vgl. wegen der Bahnpostwagen S. 33ff.

Die Zutheilung der Wagen an bestimmte Stationen und ihre Einreihung in bestimmte Trains bringt es mit sich, daß die Personenwagen vorwiegend auf der

---

[1]) In einzelnen Direktionsbezirken werden die Reservewagen nicht fest den Stationen überwiesen, sondern täglich neu vertheilt.

Heimathbahn verwendet werden. Doch findet schon innerhalb der Pr.St.B. bei allen eine längere Strecke durchfahrenden Zügen oder Kurswagen eine Berührung mehrerer Direktionsbezirke statt (S. 156), und bei den in neuerer Zeit immer mehr ausgebildeten direkten Wagenverbindungen im internationalen Verkehre, sei es, daß ganze Züge oder nur einzelne Kurswagen durchgeführt werden, tritt die Nothwendigkeit ein, auch für Personenwagen die Möglichkeit des Ueberganges von Bahn zu Bahn zu schaffen. Das gleiche Erforderniß bestand schon seit längerer Zeit für die zu Einzelreisen benutzten Salonwagen allerhöchster Herrschaften, während neuerdings auch von Privatpersonen und Gesellschaften des öfteren Anträge gestellt werden, ihnen Salonwagen zu Reisen nach anderen Bahngebieten zu überlassen.

Sowohl der kursmäßige wie der außergewöhnliche Uebergang von Personenwagen auf fremde Bahnen bereitet erheblich größere Schwierigkeiten, als derjenige von Güterwagen, weil jeder Personenwagen, wie unten des Näheren erörtert wird, mit einer großen Zahl von besonderen Ausrüstungsgegenständen versehen ist, für Beleuchtung, Bremsung, Heizung 2c., und weil die Einrichtungen hierfür in allen Ländern mehr oder weniger verschieden sind. Es würde also selbst bei gutem Willen der übernehmenden Verwaltung in vielen Fällen nicht möglich sein, einen solchen ihr überwiesenen Personenwagen in ihre Züge einzustellen. Zwar würde die Uebernahme eines Wagens, welcher den Bestimmungen der T.E. entspricht, nicht abgelehnt werden können. Die übernehmende Verwaltung würde aber nur verpflichtet sein, ihn in ihre Güterzüge einzustellen, womit der absendenden Verwaltung wenig gedient wäre.

Darum ist auch in allen drei großen Uebereinkommen ausdrücklich ausgesprochen, daß ein Uebergang von Personen- und Gepäckwagen aus dem Gebiete einer Bahn in das einer anderen stets nur auf Grund besonderer Vereinbarungen stattfindet[2]). Diese Vereinbarungen werden getroffen auf den Wagenbeistellungskonferenzen, deren Entwickelung aus Sonderberathungen einzelner Verwaltungen zu einer internationalen Einrichtung im 1. Abschnitte S. 88ff. dargestellt ist. Die Aufgabe der Wagenbeistellungskonferenzen ist es, für jede Fahrplanperiode festzustellen, in welcher Weise die Stellung aller für durchgehende Zug- und Kurswagenverbindungen erforderlichen Trains oder einzelnen Wagen auf die einzelnen Verwaltungen vertheilt wird. Das Ergebniß dieser Feststellungen sind die Wagenbeistellungspläne für die einzelnen Gruppenverkehre. Die für den Uebergang der Wagen auf fremde Bahngebiete nothwendigen Einrichtungen sind hierbei in jedem Einzelfalle zwischen den betheiligten Verwaltungen besonders vereinbart (Beschl. der Konferenz zu Frankfurt a. M. 17. u. 18./3. 1892). Die Herstellung und Unterhaltung der für den internationalen Verkehr bestimmten Kurswagen ist äußerst schwierig, weil die Wagen mit mehrfacher Heiz-, Brems-, Beleuchtungs- u. s. f. Einrichtung versehen sein müssen, um in die Züge der verschiedenen Verwaltungen eingestellt werden zu können. Es herrscht hierbei der Grundsatz, daß jede Verwaltung auf eigene Kosten ihre Wagen mit denjenigen Einrichtungen versieht, welche deren Uebergang auf andere Bahnstrecken ermöglichen sollen.

Der Uebergang einzelner Salonwagen auf fremde Bahnen zu besonderen Zwecken bedurfte früher in jedem einzelnen Falle einer Anfrage bei allen betheiligten Verwaltungen, ob der Lauf des Wagens auf den betr. Linien nach seinen Abmessungen und

---

[2]) V.WU. § 2, Jt.W.R. § $2_{,6}$, Int.R. Art. 7, vgl. auch V. f. g. W. § $14_{,1}$.

Einrichtungen gestattet werden könnte. Nach dem auf der Wagenbeistellungskonferenz zu Wien 7. u. 8./3. 1894 auf Antrag der Direktion Bromberg gefaßten Beschlusse, auch diesen Gegenstand in das Arbeitsfeld der Wagenbeistellungskonferenzen aufzunehmen, hat die Direktion der Lübeck-Büchener Eisenbahn die „Bedingungen für den Uebergang einzelner Personen-, Salon- und Schlafwagen von einer Bahn zur anderen im internationalen Verkehre“ nach den von den Bahnverwaltungen eingeforderten Angaben zusammengestellt und am 14./8. 1895 im Drucke den Verwaltungen übersandt. Dieselbe Direktion hat es auf Wunsch der übrigen Verwaltungen auch übernommen, das Verzeichniß für die Folge auf dem Laufenden zu erhalten. Die „Bedingungen“ erstrecken sich auf die zulässige Umgrenzungslinie und Bauart der Wagen, sowie auf die erforderlichen Einrichtungen für Bremsen, Heizung, Beleuchtung, Interkommunikations- und Nothsignal u. s. f. Seit dem Inkrafttreten der Bedingungen ist es möglich, nach bloßer vorheriger Anzeige an die betreffenden Bahnverwaltungen einen den Bedingungen entsprechenden Wagen nach fremden Bahngebieten in Lauf zu setzen.

Während für die Benutzung fremder Güterwagen durchweg Miethe gezahlt wird, gehen für die Personen- und Gepäckwagen die Vereinbarungen mehr und mehr dahin, daß Naturalausgleich gewährt wird. Hat eine Verwaltung z. B. einen Kurswagen eine Reihe von Wochen hindurch gestellt, so stellt ihn demnächst eine andere eine entsprechend kürzere oder längere Zeit, je nachdem ihre befahrene Strecke kürzer oder länger ist, als diejenige der ersteren Verwaltung. Läufe von Gepäckwagen werden gegen solche von Personenwagen in der Weise aufgerechnet, daß man die Gepäckwagenkilometer als halbe Personenwagenkilometer zählt, d. h. mittelst Division durch 2 auf Personenwagenkilometer reducirt, während 4achsige Wagen nach Beschluß der Wagenbeistellungskonferenz zu Wien 7. u. 8./3. 1894 gegenüber den 2- und 3achsigen beim Naturalausgleich $1^1/_2$fach bewerthet werden. An längeren Kurswagenstrecken sind in dieser Weise oft eine ganze Reihe von Verwaltungen betheiligt. Der Ausgleich findet bei einem einzelnen Kurse in der Weise statt, daß die in einem Sommerhalbjahre von einer Verwaltung etwa zu viel geleisteten Wagenkilometer durch eine Mehrleistung einer anderen Verwaltung im nächsten Sommerhalbjahre möglichst ausgeglichen werden. In derselben Weise wird Winterhalbjahr gegen Winterhalbjahr ausgeglichen. Ein vollständiger Ausgleich kommt hierbei also in der Regel zu keinem Zeitpunkte zu Stande. Die Rechnung bleibt beständig eine offene.

Wenn zwei im gegenseitigen Wagenverkehre stehende Verwaltungen an mehreren Kursen betheiligt sind, so können die Abrechnungen auch zusammengezogen und Leistungen in einem Kurse gegen Leistungen in einem anderen Kurse aufgerechnet werden, wodurch die Herbeiführung eines Ausgleiches erleichtert wird. In diesem Sinne ist auf der Wagenbeistellungskonferenz in Wien 7. u. 8./3. 1894 beschlossen, sämmtliche Abrechnungen aller bei der Wagenbeistellung betheiligten Verwaltungen der Norddeutschen Gruppe (S. 90) zu einer Gesammtausgleichsberechnung zu vereinigen, deren Aufstellung der Direktion Magdeburg übertragen wurde. Näheres hierüber ist im 5. Kap. mitgetheilt.

Ist indessen ein Naturalausgleich nicht möglich oder nicht vereinbart, so tritt für die stattgehabte Benutzung der Wagen auf der fremden Bahn eine Lauf- und Zeitmiethevergütung nach den bereits auf S. 312 aufgeführten Sätzen für Personen- und Gepäckwagen ein. Solche Vergütung wird z. B. von einzelnen Verwaltungen für Einzelläufe von Salonwagen beansprucht, während im Allgemeinen auch diese in den Naturalausgleich aufgenommen werden. Die Sächsischen Staatsbahnen verlangen Miethe für Wagen, die zu Militärtransporten benutzt werden, u. s. f. Innerhalb des preußischen Staatsbahnnetzes wird auch für Personen- und Gepäckwagen eine Miethe nicht berechnet. Im Verkehre mit den übrigen Bahnen des St.W.V. werden die durch einen Naturalausgleich etwa nicht zu deckenden Leistungen mit 0,03 M. für das Personenwagenkilometer und 0,02 M. für das Gepäckwagenkilometer vergütet[3]).

Im Uebrigen vgl. 5. Kap.

II. Ueberwachung und Instandhaltung der Personen-, Gepäck- und Postwagen.

A. Ueberwachung im Allgemeinen.

Die Ueberwachung und Instandhaltung der im Betriebe befindlichen Personen-, Gepäck- und Postwagen geschieht in der Hauptsache auf der Zugbildungsstation, außerdem auf den Unterwegsstationen und während der Fahrt, und schließlich wieder in erhöhtem Maße auf der Wendestation des betreffenden Zuges. Auf der Zugbildungsstation und, sofern es sich nicht um ganz kurze Aufenthalte handelt, in der Regel auch auf der Wendestation müssen Gleise vorhanden sein, auf welche man die Trains während ihres Aufenthaltes auf der Station setzt, um die Hauptgleise zu räumen und um die Wagen nachzusehen, zu reinigen, mit Gas zu versehen, anzuheizen u. s. f. Auf großen Zugbildungsstationen haben diese Wagenaufstellungsgleise einen erheblichen Umfang, und es ist, um diesen Umfang nicht über Gebühr anwachsen zu lassen, wesentlich, daß über die Benutzung der Gleise zweckmäßig verfügt wird. Der mindeste Gesammtbedarf an Aufstellungsgleisen ergiebt sich durch Anfertigung einer Tabelle nach Art der Abb. 67, in welcher ebenso, wie auf S. 268, 269 für Lokomotiven beschrieben, der Aufenthalt jedes Wagenzuges durch die Länge eines quer durch die die 24 Stunden darstellenden Spalten gezogenen Striches bezeichnet wird. Die größte Zahl solcher Striche, welche man durch eine beliebige, zu den Stundenlinien parallel (also lothrecht) gezogene Linie treffen kann, giebt die größte Zahl der gleichzeitig auf der Station anwesenden Züge an. In Abb. 67 ist die größte Zahl Züge um 2 Uhr Nachts auf der Station anwesend und beträgt 11. Die Zahl der erforderlichen Gleise ist nun, sofern man nicht einzelne Züge in den Bahnsteiggleisen stehen lassen kann, noch etwas größer, da man die Möglichkeit haben muß, Rangirbewegungen mit den Zügen vorzunehmen, um Kurs-, Gepäck- und Postwagen umzustellen, Verstärkungswagen ein- oder auszurangiren bezw. ausbesserungsbedürftige Wagen zu entfernen und durch Reservewagen zu ersetzen u. s. f., vgl. S. 167. Auch sind auf größeren Zugbildungsstationen einzelne Gleise durch Reinigungsgruben oder Reinigungsschuppen (s. unten) in Anspruch genommen, in welche nach einander mehrere Züge gesetzt werden. Nach Maßgabe der Aufenthaltstabelle wird in einen Gleisplan die Benutzung der Gleise durch die einzelnen Züge eingetragen, wobei dasselbe Gleis oft nacheinander zwei und mehr Zügen zum Aufenthalte dient.

Die Kontrole der Wagenbeschaffenheit besorgen in erster Linie die Wagenmeister, gelernte Schlosser, welche für diesen Dienst besonders ausgebildet sind, und welche der

---

[3]) B. f. g. W. § 14,₂.

Station unterstehen. Auf großen Zugbildungsstationen ist die ganze Kontrole der Personen-, Gepäck- und Postwagen einem „Betriebswagenwerkmeister" übertragen, der mit seinem gesammten Hülfspersonale von Wagenmeistern und Arbeitern gleichfalls zur Station gehört und dem Stationsvorsteher unterstellt ist. Dieses Dienstverhältniß entspricht der Bestimmung in Dia. f. Stb. § 18,$_1$, wonach der diensthabende Stationsbeamte die Instandhaltung, Reinigung und Desinfektion, das Schmieren und die vorschriftsmäßige Verwendung der Wagen zu überwachen und bei etwaigen Versäumnissen alsbald das Nöthige zu veranlassen hat.

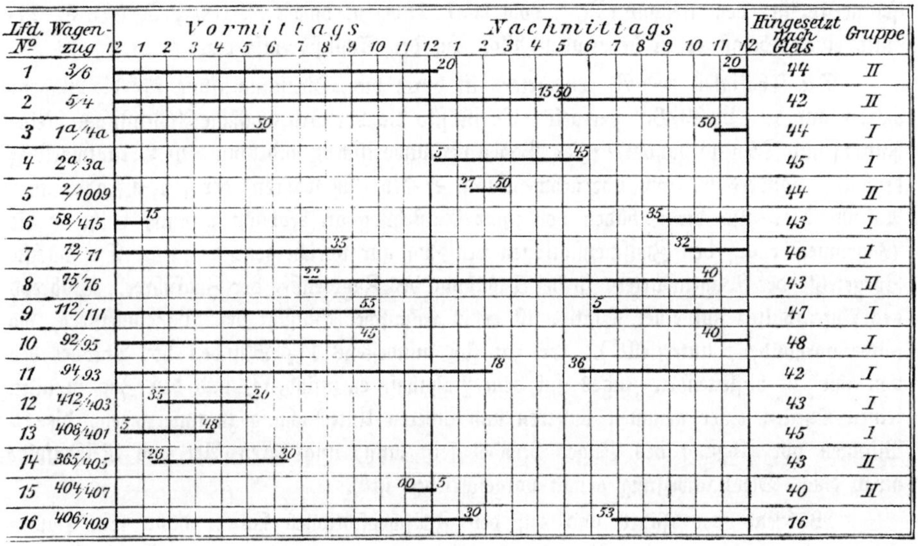

Abbildung 67.

Die Thätigkeit der Wagenmeister ist nicht für den Gesammtbereich der Pr.St.B., sondern nur durch besondere Dienstanweisungen der einzelnen Eisenbahndirektionen geregelt. Die Wagenmeister einer Zugbildungsstation haben in einer bestimmten Reihenfolge alle dort stationirten Trains und Reservewagen einer genauen Prüfung aller Theile zu unterziehen, außerdem aber auch jeden dort gebildeten Zug vor der Abfahrt genau zu untersuchen, ev. den Stationsbeamten und Zugführer bei der Prüfung des Zuges zu unterstützen[4]). Auf den Unterwegsstationen haben die Wagenmeister, sofern solche dort stationirt sind, jeden Zug schon bei der Einfahrt zu beobachten, im Uebrigen in der Regel zuerst die Postwagen und dann die übrigen Wagen nachzusehen und vorgefundene Schäden, soweit thunlich, auszubessern. Für laufunfähige Wagen, namentlich solche mit heißgelaufenen Achsen, haben sie das Aussetzen zu veranlassen. Die Kontrole auf den Unterwegsstationen kann bei der durch den Fahrplan beschränkten Zeit selbstredend nur eine flüchtige sein. Einer etwas ausführlicheren Prüfung werden die Trains dann wieder durch die Wagenmeister der Wendestationen unterzogen.

Neben der Kontrole durch das auf den Stationen hierfür vorhandene Personal unterliegen die Trains der Personenzüge ebenso wie die Wagen der Güterzüge (vgl.

[4]) Dia. f. Stb. § 19,$_5$, vgl. auch S. 234.

S. 351) einer beständigen Ueberwachung durch das Zugbegleitpersonal. Daß der Zugführer sich vor der Abfahrt eines Zuges von dessen ordnungsmäßiger Zusammensetzung und Beschaffenheit überzeugen muß, ist schon S. 234 erwähnt. Diese Untersuchung kann aber, soweit nicht der Wagenmeister Hülfe leistet, keine eigentlich technische sein. Es wird daher den Fernzügen (Schnell- und Personenzügen) in der Regel ein technischer Begleiter, der Wagenwärter, beigegeben, welcher zugleich als Bremser herangezogen werden kann. Bei den mit durchgehender Bremse ausgerüsteten Personenzügen nimmt er (sofern die Bremse des letzten Wagens nicht auch selbstthätig bedient wird und sofern nicht vom Packwagen aus die nach Bt.O. § $48_{,1}$ erforderliche Uebersicht über den ganzen Zug möglich ist) zweckmäßig den alsdann (M.E. vom 16./1. 1890 u. vom 1./2. 1897, E.N.B. S. 77) durch einen Schaffner zu besetzenden Platz auf der Schlußbremse ein.

Die Thätigkeit des Wagenwärters ist durch die „Dienstanweisung für die Wagenwärter auf den Pr.St.B.“ geregelt. Er ist für die vorschriftsmäßige Ausrüstung, Reinhaltung und Dienstbrauchbarkeit der Wagen verantwortlich[5]), und kann diese Verantwortung deshalb besonders wirksam übernehmen, weil er den Zug während der ganzen Fahrt unter Aufsicht hat, also die Schäden von ihrer Entstehung an beobachten kann, während die Wagenmeister auf den Zwischenstationen den Zug nur vorübergehend sehen. Der nächste Vorgesetzte des Wagenwärters ist bei Ausübung des Zugdienstes der Zugführer. Während des Aufenthaltes auf einer Station ist er in technischer Hinsicht den Wagenmeistern, wo solche vorhanden, unterstellt[6]). Er hat sich mindestens $1\frac{1}{2}$ Stunden vor Abfahrt des von ihm zu begleitenden Zuges auf dem Bahnhofe einzufinden[7]) und den Zug in allen seinen Theilen einer genauen äußeren und inneren Untersuchung zu unterziehen, die 15 Minuten vor Abgang des Zuges beendet sein muß, und deren Art und Reihenfolge durch obige Dienstanweisung genau vorgeschrieben ist[8]).

Während der Fahrt und auf den Zwischenstationen hat er dann sein Hauptaugenmerk auf die für die Betriebssicherheit vorwiegend wichtigen Theile der Wagen, die Achsen und die Schmierung der Achslager sowie die Bremsen zu richten, namentlich auch sich von der Betriebssicherheit solcher Wagen zu überzeugen, die, wie Kurswagen, erst unterwegs in den Zug eingestellt werden[9]).

Mängel, welche der Wagenwärter bemerkt, hat er entweder selbst oder mit Hülfe des Wagenmeisters, wo solcher vorhanden, zu beseitigen und, falls dies nicht möglich ist, auf der Abgangsstation dem Stationsbeamten, unterwegs dem Zugführer zu melden[10]).

Auf der Endstation darf der Wagenwärter den Zug nicht eher verlassen, bis er sich von dem Zustande desselben, namentlich bezüglich der Achslagerkästen und Bremsen, überzeugt hat. Ueber warm gelaufene Achslager sowie über alle von der Abgangsstation herrührenden oder unterwegs eingetretenen Mängel hat der Wagenwärter vor Verlassen der Station dem diensttthuenden Stationsbeamten beim Abmelden unter Uebergabe eines Bemängelungszettels Anzeige zu erstatten[11]).

Außer dieser ständigen Untersuchung im Betriebe, in Folge deren, falls Ausbesserungen im Betriebe nicht ausgeführt werden können, die Wagen einer Werkstätte zu

---

[5]) Dia. f. Ww. § $1_{,2}$.
[6]) Dia. f. Ww. § 2.
[7]) Dia. f. Ww. § $4_{,3}$.
[8]) Dia. f. Ww. § 9—12.
[9]) Dia. f. Ww. § 13, 14, $9_{,4,5}$.
[10]) Dia. f. Ww. § $9_{,6}$, § $14_{,4}$.
[11]) Dia. f. Ww. § $9_{,7,8}$, § $15_{,2,3}$.

überweisen sind, muß jeder Personen=, Post= und Gepäckwagen vor Ingebrauchnahme und alsdann alle drei Jahre, mindestens aber, nachdem er 30000 km durchlaufen hat, einer Hauptuntersuchung unterzogen werden, zu welchem Zwecke er in eine Werkstätte überzuführen ist[12]). Auf den Pr.St.B. ist für jeden Personen=, Post= und Gepäckwagen eine bestimmte Werkstätte zuständig, welche im Allgemeinen über den gewölbten Buffern angeschrieben ist[13]). Bei der Hauptuntersuchung sind die Wagen in einen solchen Zustand zu bringen, daß sie bis zur nächstfälligen Untersuchung der Zuführung nach einer Werkstätte im Allgemeinen nicht bedürfen.

Unterliegt ein Wagen indessen in einer Werkstätte einer größeren, einen längeren Zeitaufwand bedingenden Ausbesserung, so ist er gleichzeitig der Hauptuntersuchung zu unterwerfen, auch wenn er noch nicht in den Listen der untersuchungspflichtigen Wagen enthalten ist, oder, wenn dies nach dem Unterhaltungszustande vom Werkstättenvorstande für erforderlich erachtet wird[14]). Ueber die Bezettelung ausbesserungsbedürftiger Wagen, die Ausführung der Ausbesserungen, die Ausmusterung alter Wagen vgl. S. 352 ff.

Wann bei jedem Wagen eine Hauptuntersuchung stattzufinden hat, stellt die Wagenkontrole der betreffenden Eisenbahndirektion fest.

B. Wichtige Einzelheiten bei Ueberwachung und Bedienung der Personen=, Gepäck= und Postwagen.

Aus den Ausführungen im 2. Kapitel dieses Abschnittes ergiebt sich im Allgemeinen, wie die Beschaffenheit sämmtlicher Wagen beständig sein muß, damit sie mit Sicherheit in den Zügen laufen können. Es erscheint daher nicht nothwendig, auf diese allgemeinen Erfordernisse bezüglich der Beschaffenheit der Untergestelle, der Achsen, der Kuppelungen u. s. f. nochmals einzugehen. Dagegen weisen die Personenwagen eine Reihe besonderer Einrichtungen auf, die hier noch zu erörtern sind:

1. Die durchgehenden Bremsen.

Während die Güterwagen, soweit sie überhaupt mit Bremsen versehen sind, nur eine Bedienung dieser Bremsen von Hand zulassen, strebt man danach, die in den Personenzügen verkehrenden Wagen möglichst durchweg mit durchgehenden Bremsen auszurüsten. Es sind dies Bremsvorrichtungen, die in allen Fällen von der Lokomotive aus für den ganzen Zug gleichzeitig in Thätigkeit gesetzt werden können. Die besseren Konstruktionen gestatten auch eine Bremsung von jedem Abtheile aus und lassen außerdem beim Zerreißen des Zuges sowohl den vorderen wie den hinteren Theil zum Stehen kommen.

Auf Nebenbahnen benutzt man, wo überhaupt durchgehende Bremsen angewendet werden, in der Regel Reibungsbremsen (System Heberlein oder Heberlein modificirt von Schmidt) oder Gewichtsbremsen. Auf Hauptbahnen dagegen verwendet man z. Z. allgemein Luftbremseinrichtungen, die entweder mit verdünnter oder zusammengedrückter Luft arbeiten. Auf den Pr.St.B. werden, abgesehen von der Berliner Stadt= und Ringbahn, die eine Luftsaugbremse (Hardy) anwendet (welche beim Zerreißen des Zuges nicht selbstthätig wirkt und nicht von den Abtheilen in Thätigkeit zu setzen ist) die Wagen mit Luftdruckbremsen ausgerüstet. Die ursprünglich für die Pr.St.B. angenommene sogen. Zweikammerbremse (System Carpenter, auf anderen Bahnen auch System Schleifer) hat man

---

12) Bt.O. § 17,2.
13) Dia. f. B. v. W. I, Abs. 2.
14) Dia. f. B. v. W. V.

auf Grund der angestellten Versuche verlassen und ist zur sogen. Einkammerbremse übergegangen. Die Frage über das insbesondere zu wählende Einkammerbremssystem ist aber noch eine offene, da bisher noch keines der vorhandenen Systeme den Anforderungen ganz entsprochen hat, weshalb die Versuche noch fortgesetzt werden. Z. Z. ist auf den Pr.St.B. die Zweikammerluftdruckbremse (System Carpenter) auf den Aussterbeetat gesetzt, während die meisten Direktionen in großem Umfange die Westinghousebremse eingeführt haben, welche auch auf anderen deutschen Bahnen und im Auslande besonders stark verbreitet ist. Die Direktion Altona hat, abgesehen von einer Anzahl bereits mit der Westinghousebremse ausgerüsteter Wagen, die Schleiferbremse (Einkammerluftdruck) eingeführt, mit welcher auch in Ungarn bei den Versuchen günstigere Ergebnisse erzielt sind, als mit der Westinghousebremse. Die gleichzeitige Benutzung von Wagen mit verschiedenen Luftdruckbremseinrichtungen in demselben Zuge hat in soweit keine Schwierigkeit, als nur verschiedene Systeme der Zweikammerbremse oder nur verschiedene Systeme der Einkammerbremse mit einander verwendet werden. Falls aber Zweikammer- und Einkammerbremse in demselben Zuge laufen, muß man die Schnellbremswirkung bei letzterer abstellen.

Alle mit Luftdruck betriebenen Bremsen lassen sich auch mit der Hand bedienen.

Auf den anderen deutschen und den ausländischen Bahnen finden sich neben den genannten Bremssystemen noch andere. Doch hat außer der Westinghousebremse nur die Luftsaugbremse von Hardy größere Verbreitung, und zwar auf österreichischen Bahnen. Im Allgemeinen wird von den Bahnen für den Uebergang fremder Wagen die Bedingung gestellt („Bedingungen für den Uebergang 2c."), daß sie, wenn nicht die betreffende auf der Bahn eingeführte Bremse, doch wenigstens die Leitung für dieselbe besitzen. Die Erfüllung dieser Bedingung ist insofern erleichtert, als die T.V. in § 85* für alle Luftdruckbremsen, in § 86* für alle Luftsaugbremsen die Konstruktion der Kuppelung einheitlich bindend (und zwar passend zu den Konstruktionen je von bezw. Westinghouse und Hardy) vorschreiben. Wagen, die auch keine Leitung besitzen, können durch Anhängung loser Leitungsrohre zur Einstellung in mit Luftbremse ausgerüstete Züge tauglich gemacht werden. Die Beigabe und demnächstige Rücksendung solcher Rohre, welche ebenso wie die Bremskuppelungsschläuche zu den Betriebsinventarien gehören (vgl. S. 379), ist auf den Pr.St.B. durch Dienstanweisungen der einzelnen Direktionen geregelt. Für alle internationalen Durchgänge von Kurswagen werden, soweit verschiedene Bremssysteme in Frage kommen, die Ausrüstungen der Wagen mit den verschiedenen Bremsen oder deren Leitungen zwischen den betheiligten Bahnverwaltungen vereinbart.

Bei den Einkammerluftdruckbremsen (vgl. Vorschriften für den Gebrauch und die Unterhaltung der Luftdruckbremse [Bauart Westinghouse] auf den Pr.St.B.) wird die Luft durch eine besondere Luftpumpe auf der Lokomotive in den dort befindlichen Hauptluftbehälter bis zu $6\frac{1}{2}$ Atmosphärenspannung gedrückt. Aus diesem werden die auf der Lokomotive, unter dem Tender und unter den mit Bremsen ausgerüsteten Wagen befindlichen Hülfsluftbehälter durch die unter dem ganzen Zuge durchgehende Rohrleitung gespeist, in welcher der Druck nicht über 5 Atmosphären steigen darf. Wird das Führerbremsventil auf der Lokomotive oder irgend eine der in jedem Wagen angebrachten Nothbremseinrichtungen entsprechend bedient, oder aber zerreißt der Zug und damit die Leitung, so verdünnt sich die Luft in der Leitung, und durch die Wirksamkeit des an jedem Hülfsluftbehälter angebrachten Funktionsventiles tritt nun Luft in jeden Bremscylinder; hierdurch wird der im Bremscylinder vorhandene Kolben bewegt, und es werden so auch die mit dem Kolben durch Gestänge verbundenen Bremsklötze angezogen. Man unterscheidet hierbei Betriebsbremsung und Gefahrbremsung (Nothbremsung, Schnellbremsung). Bei der Betriebsbremsung werden durch wiederholtes, mäßiges Luftauslassen von der Lokomotive aus nur kleine Luftmengen aus den Hülfsluftbehältern in die Bremscylinder eingelassen, und es wird hierdurch nur ein allmähliches Anziehen der Bremsklötze herbeigeführt. Wird aber das Führerbremsventil auf Schnellbremsung gestellt, oder wird eine der Nothbremseinrichtungen in den Wagen bedient, oder schließlich, tritt eine Zugtrennung ein, so nehmen die Funktionsventile eine solche Stellung ein, daß nicht nur aus den Hülfsluftbehältern, sondern auch aus der Leitung Luft in die Bremscylinder strömt. Hierdurch tritt eine so schnelle, bei jedem Bremscylinder wachsende Druckverminderung in der Leitung ein, daß die Wirkung gewissermaßen von Wagen zu Wagen weiter zündet und die Bremsung sich fast augenblicklich über die ganze Zuglänge fortpflanzt. Diese Schnellbremsung ist indessen nur in Fällen dringender Gefahr anzuwenden. Beim Bremsen im Gefälle soll der Führer die Bremsen mit mäßiger Kraft anziehen, bevor der Zug eine zu große Geschwindigkeit erreicht hat, und die Bremskraft dann je nach den Umständen soweit verstärken, daß der Zug in vorschriftsmäßiger Geschwindigkeit erhalten wird. Ist die Bremswirkung zu stark und auch durch Lösung der Lokomotiv- und Tenderbremse mittelst der Auslösventile (s. unten) nicht genügend zu ermäßigen, so muß die Bremsung aufgehoben und neu gebremst werden.

Bei Vorspanndienst hat ausschließlich der Führer der ersten Lokomotive die Luftdruckbremse zu bedienen, derjenige der zweiten aber im Hauptluftbehälter stets einen Druck von $6\frac{1}{2}$ Atmosphären zu unterhalten, und soll nur in Gefahrfällen eventuell selbst die Bremsen des Zuges in Thätigkeit setzen.

Das Lösen der angezogenen Bremsen erfolgt durch Steigerung des Luftdruckes in der Hauptleitung, indem Preßluft aus dem Hauptluftbehälter der Lokomotive durch das Führerbremsventil in die Hauptleitung eingelassen und dadurch in der letzteren der ursprüngliche Druck wiederhergestellt wird, wodurch die Funktionsventile wieder in Normalstellung umgesteuert werden. Um auch unabhängig von der Lokomotive die Bremsen einzelner oder aller Fahrzeuge eines Zuges lösen zu können, ist an jedem Hülfsluftbehälter, bezw. in Verbindung mit demselben das sogenannte Auslösventil angebracht. Bei Beschädigung der Bremseinrichtung eines Wagens kann diese durch Drehen des Absperrhahnes und Auslassen der Preßluft mittelst des Auslösventiles ganz ausgeschaltet und unwirksam gemacht werden, wonach der Wagen nur noch als Leitungswagen zu betrachten ist.

Die Instandhaltung und Bedienung sämmtlicher Theile der auf der Lokomotive und dem Tender befindlichen Bremseinrichtungen ist Sache des Lokomotivführers, diejenige der Bremseinrichtungen der Wagen Sache des Wagenwärters.

Nachdem der Wagenwärter den Zug auf der Abgangsstation untersucht hat, muß er sich bei Ankuppelung der Lokomotive davon überzeugen, daß die Bremsleitung ordnungsmäßig verbunden wird. Er hat alsdann die Leitung füllen zu lassen (5 Atmosphären), die Dichtigkeit der Leitung zu prüfen bezw. herzustellen und eine Probebremsung anzuordnen. Etwa hierbei vorkommenden Fehlern ist abzuhelfen. Schließlich hat er dem Lokomotivführer die Anzahl der im Zuge vorhandenen Bremsapparate (eventuell diejenigen der verschiedenen Systeme) zu melden[15]). Ebenso ist die Instandsetzung schadhaft ge-

---

[15]) Dia. f. Ww. § 12, Vorschr. für d. Gebr. rc. der Luftdruckbremse § 5.

wordener Theile der Bremseinrichtung oder Ausschaltung von Bremsen während der Fahrt und Untersuchung der Bremseinrichtungen auf den Uebergabe- und Endstationen Sache des Wagenwärters[16]). Der Zugführer hat die richtige Handhabung und Benutzung der Bremseinrichtungen durch das Personal zu überwachen, kann sich auch an dem in seinem Abtheile befindlichen Manometer davon überzeugen, ob der Luftdruck beständig auf der richtigen Höhe erhalten wird[17]).

Die Nothbremseinrichtungen der Wagen können von allen Abtheilen aus, außerdem auch von den etwa vorhandenen Bremserhäusern und bei Durchgangswagen von den Plattformen aus in Thätigkeit gesetzt werden. Hierzu dienen Griffe oder Taster, die an gut sichtbaren und möglichst leicht zugänglichen Stellen in den Wagen anzubringen sind[18]). Durch die bisherigen T.V. waren an den Wagendecken angebrachte Handgriffe von einheitlicher Form empfohlen. Auf den Pr.St.B. sind indessen diese Handgriffe noch nicht durchweg zur Einführung gekommen, vielmehr zum Theile noch Hebel an den Abtheilwänden vorhanden. Bei Neubeschaffungen sollen jedoch gemäß dem Beschlusse der Wagenbeistellungskonferenz zu Eisenach 1889 thunlichst die Handgriffe nach den früheren T.V. § 127 zur Anwendung kommen. Dicht bei jedem Griffe (Taster) ist in auffälliger Weise die Anschrift „Nothbremse“ bezw. „Nothsignal“, außerdem an leicht sichtbarer Stelle in jeder Wagenabtheilung eine kurze Gebrauchsanweisung anzubringen[19]).

Die mißbräuchliche Benutzung der Nothbremseinrichtungen wird schwer bestraft. Um eine solche feststellen zu können, ist jeder solche Handgriff oder Hebel plombirt, außerdem ist die stattgehabte Benutzung an der Einrichtung selbst von außenher zu erkennen.

Bezüglich weiterer Einzelheiten muß auf obige Vorschriften sowie auf die für die anderen Bremssysteme erlassenen Dienstanweisungen verwiesen werden.

2. Die Beleuchtung.

Früher war fast allgemein Oelbeleuchtung und auf manchen Bahnen die Beleuchtung mit Kerzen vorhanden, welche in einem röhrenförmigen Behälter durch eine Feder in die Höhe gedrückt werden. Petroleumbeleuchtung ist als zu gefährlich fast durchweg für ausgeschlossen erachtet worden und nur ausnahmsweise in besonders ausgebildeten Apparaten, zum Theile mit Oel gemischt, zur Anwendung gekommen. Jetzt hat sich dagegen neben der noch immer, namentlich im Auslande, weitverbreiteten Oelbeleuchtung und der stellenweise noch vorhandenen Kerzenbeleuchtung die Beleuchtung mittelst Fettgas immer mehr eingebürgert, welches die Eisenbahnverwaltungen in der Regel in eigenen Fettgasanstalten erzeugen, während die eigenthümlichen Apparate zur Erzeugung, Aufbewahrung und Verwendung des Gases von dem Erfinder dieser Beleuchtungsart, Julius Pintsch in Berlin, geliefert werden. Das in den Gasometern der Fettgasanstalten auf 10 Atmosphären Ueberdruck zusammengedrückte Gas wird aus Füllständern, die durch Leitung mit den Gasometern verbunden sind, oder aus Gastransportwagen (wenn sich auf der Station keine Fettgasanstalt befindet) in die unter den Eisenbahnwagen (bezw. an den Lokomotiven) angebrachten Gasbehälter gefüllt, in welchen hierbei der Ueberdruck auf 6 Atmosphären gebracht wird. Aus den Gasbehältern strömt das Gas durch den

---

16) Dia. f. Ww. § 14, 15, Vorschr. für den Gebr. d. Luftdruckbremse § 15, 16.

17) Vorschr. f. d. Gebr. d. Luftdruckbr. § 18.

18) T.V. § 127,$_1$*.

19) T.V. § 127,$_3$*.

sogenannten Druckregler und die Leitungen zu den einzelnen Flammen. Der Druckregler bewirkt, daß das Gas immer mit demselben zum Brennen erforderlichen Drucke den Brennern zufließt, obwohl der Druck im Gasbehälter allmählich abnimmt. Jede Atmosphäre Ueberdruck im Gasbehälter genügt für eine Brenndauer von mindestens 4 Stunden. In den vorbenannten Einrichtungen ist für den Bereich des V.D.E.V. technische Uebereinstimmung geschaffen durch T.V. § 133*, welcher für die zur Gasbeleuchtung eingerichteten Wagen in bindender Weise einheitliche Maaße der Hähne, Schlüssel, Verschraubungen und Glasglocken vorschreibt.

Die Füllung der Behälter erfolgt thunlichst unter Aufsicht eines Wagenmeisters und möglichst nur bei Tage auf den für jeden Train planmäßig festgesetzten Stationen (sogenannten Füllstationen) und muß auch geschehen, wenn noch ein gewisser Gasvorrath vorhanden ist. Ausnahmsweise wird auch bei Bedarf auf anderen Stationen nachgefüllt. Die Verwendung der mit Fettgaseinrichtung versehenen Wagen im internationalen Verkehre ist davon abhängig, daß entweder die betreffenden fremden Bahnen Füllstationen besitzen, oder daß die Wagen mit einer ausreichenden Füllung für Hin- und Rückweg vorher versehen werden. Bei langen Läufen hat man deshalb die Wagen theilweise mit doppelten Gasbehältern ausgerüstet. Beim Versagen der Fettgaseinrichtung oder bei Unmöglichkeit, sie zu benutzen, läßt sich übrigens in den Deckenglasglocken der Fettgaslampen die sogenannte Nothölbeleuchtung, die allerdings ein sehr mangelhaftes Licht giebt, anbringen. Auf den Pr.St.B. sind eine Anzahl von Stationen mit Nothöllampen ausgerüstet.

Die Gasbeleuchtungseinrichtungen der Wagen (und Lokomotiven) bedürfen einer besonders sorgfältigen Wartung. Auf den fast durchweg mit Gasbeleuchtung ausgerüsteten Pr.St.B. gilt hierfür die „Dienstanweisung für die Gasbeleuchtung der Wagen und Lokomotiven".

Die elektrische Beleuchtung ist auf den Pr.St.B. bei Personenwagen erst ganz vereinzelt zur Anwendung gekommen, während die Bahnpostwagen in überwiegender Anzahl von den Postbehörden mit dieser Beleuchtung versehen sind.

Die Entzündung der Wagenlampen muß je nach der Jahreszeit auf verschiedenen Stationen erfolgen. Maßgebend hierfür ist der Beleuchtungskalender, welcher für jeden Zug des Fahrplanes, der bei Dunkelheit fährt, vorschreibt, auf welcher Station er in jedem Monate zu beleuchten ist und auf welcher Station die Lampen auszulöschen sind. Bei der Direktion Altona ist versuchsweise ein anderes Verfahren eingeführt, nach welchem die in Frage kommenden Beleuchtungsstationen sich selbständig über die Zeitpunkte zu verständigen haben, zu welchen die Aufgabe des Anzündens bezw. Auslöschens der Lampen von der einen auf die andere übergeht. Dieses Verfahren hat sich nach den bisherigen Erfahrungen durchaus gut bewährt. Das Anzünden der Lampen erfolgt durch Bahnhofsarbeiter (bezw. bei den D-Zügen während der Fahrt durch die Wagenwärter). Doch hat auch im ersteren Falle der Wagenwärter, wo solcher vorhanden, Aufsicht zu führen, sofern das Anzünden auf der Zugabgangsstation stattfindet[20]). Während der Fahrt hat der Zugführer die Aufsicht über die Gasbeleuchtung (vgl. obige Dienstanweisung 5, b).

---

[20]) Dia. f. Ww. § 11_3.

3. Die Heizung

der Personenzüge erfolgt auf den Pr.St.B. theilweise noch mit Preßkohlen, welche angezündet in Drahtsiebe oder durchlöcherte Blechkästen eingelegt und mit diesen in die Heizkästen der einzelnen Abtheile geschoben werden, die sich unter den Sitzbänken hinziehen. Auch Ofenheizung kommt noch stellenweise vor. Einzelne Salon- und Schlafwagen, deren Uebergang auf fremde Strecken man nicht vom Heizsysteme abhängig machen will, sind mit Warmwasserheizung oder Füllofenheizung ausgerüstet. Indessen besteht das Bestreben, die Dampfheizung in möglichst großem Umfange durchzuführen, welche auch bei den fremden Bahnen bei weitem vorherrscht und namentlich im durchgehenden Verkehre fast ausschließlich Verwendung findet. Im Auslande kommen ferner vor Luftheizung, Warmwasserheizung und Wärmflaschen.

Für die Heizung durch Heizkasten mit Preßkohlenfeuerung und durch Füllöfen mit Kokesfeuerung werden nur von den einzelnen preußischen Direktionen Dienstanweisungen für ihren Bezirk erlassen, aus denen auch hervorzugehen hat, welche Stationen mit Preßkohlenvorrath und mit Heizkesseln zum Anheizen der Preßkohlen versehen sind.

Die Dampfheizung dagegen, welche eine Verbindung der sämmtlichen Heizkörper des Zuges und daher einheitliche Einrichtungen aller Wagen erfordert, ist nicht nur durch eine gemeinsame „Dienstanweisung für die Heizung der zur Personenbeförderung dienenden Züge" für die Pr.St.B. gleichmäßig geregelt, sondern es sind auch mit den übrigen am internationalen Wagendurchgange betheiligten Bahnverwaltungen entsprechende Vereinbarungen getroffen. Die nothwendige Einheitlichkeit in technischer Beziehung ist durch § 84* der T.V. gewahrt, der für die Schlauchkuppelung ein einheitliches Muster vorschreibt, welches auch von den nicht dem V.D.E.V. angehörenden Bahnen, soweit sie Dampfheizung besitzen und am Wagendurchgange theilnehmen, angenommen ist. Ebenso sind für die Führung der Dampfleitungsrohre unter den Wagen und die Endigung derselben in T.V. § 84* bestimmte Maaße vorgeschrieben. Die Behandlung der Dampfheizung, soweit sie einer einheitlichen Regelung bedarf, ist auf den Wagenbeistellungskonferenzen wiederholt erörtert und in letzter Fassung auf derjenigen zu Lübeck 22. u. 23./8. 1894 vereinbart. Nach dieser Vereinbarung sollen die Heizschläuche vom 1./10. bis 15./5. an den Kurswagen ständig belassen werden. Die Heizschläuche sind mit einem deutlichen Eigenthumsmerkmale der Eigenthumsverwaltung (eventuell auch Nummer und Namen der Heimathstation) zu bezeichnen. Die Schläuche sollen stets an den Wagen derselben Verwaltung verbleiben, worauf von den Uebergangsstationen besonders zu achten ist. Werden trotzdem Schläuche von den Wagen, zu welchen sie gehören, getrennt, bezw. mit anderen Schläuchen verwechselt, so ist folgendermaßen zu verfahren: Wird an einem Wagen der eigenen Verwaltung beim Uebergange ein fremder Schlauch gefunden, so ist dieser gegen einen eigenen Schlauch auszuwechseln und an die auf dem Schlauche etwa angegebene Ablieferungsstelle, sonst nach den Bestimmungen des Adressenverzeichnisses der Wagenverwaltungen an die Heimathbahn zurückzusenden, falls nicht auf der Uebergangsstation Naturalausgleich stattfinden kann. Dagegen sind ungehörige Schläuche an fremden Wagen, wenn nicht sogleich Austausch in natura stattfinden kann, bis zum Wiederaustritte an den Wagen zu belassen. Nach Schluß der Heizperiode und Abnahme der Schläuche von den Wagen sind die gesammten Schlauchbestände sorgfältig durchzusehen, fremde Schläuche, deren Eigenthümer bekannt sind, wie oben zurückzusenden, dagegen die eigenen und etwa vorhandene unkenntliche fremde Schläuche an die zuständige Stelle der eigenen Verwaltung abzuliefern, die nochmals wiederholte Prüfung und eventuell Rücksendung vornimmt und sich hierbei mit den betreffenden Stellen der anderen Verwaltungen über etwaiges Fehlen oder Ueberschuß an Schläuchen verständigt. Das ganze Verfahren soll bis 15./7. beendet sein.

Mit den Sächsischen und Oldenburgischen Staatsbahnen sind ferner die in obiger Dienstanweisung unter I aufgeführten allgemeinen Vorschriften vereinbart, nach welchen durch die Heizung in den einzelnen Abtheilen der Personenwagen eine Temperatur von nahezu $+10^0$ C erzielt werden soll, die Nothwendigkeit der Heizung durch die Zugabgangsstation bestimmt wird, aber auch jede größere Zwischenstation berechtigt ist, das Heizen oder Abstellen der Heizung anzuordnen, und schließlich die Instandhaltung der Heizvorrichtungen und Unterhaltung der Heizung durch das zuständige Personal seine Regelung findet. — Bezüglich der Einrichtung und Bedienung der Dampfheizung auf den Pr.St.B. sind in obiger Dienstanweisung sehr eingehende Bestimmungen getroffen, von welchen hier nur Folgendes erwähnt werden mag: Der Dampf wird von der Lokomotive oder bei langen Zügen außerdem von einem besonderen Heizkesselwagen geliefert und durch unter den Wagen befindliche Leitungsröhren, welche von Wagen zu Wagen durch die oben erwähnten Schläuche und Heizkuppelungen verbunden sind, durch den ganzen Zug geführt. Von den Leitungsröhren zweigen die Röhren zu den in den einzelnen Wagenabtheilungen unter den Sitzen bezw. bei der IV. Klasse an den Seitenwänden befindlichen Heizkörpern ab. In den Abtheilen I. und II. Klasse kann der Zutritt des Dampfes zu den Heizkörpern für jedes Abtheil durch eine über den Rückenpolstern an der Wand angebrachte Stellvorrichtung geregelt werden. Die demselben Zwecke dienenden Vorrichtungen bei den Wagen III. und IV. Klasse sind von außen zu bedienen. Auf der Lokomotive und im Gepäckwagen sind Manometer mit einer Marke für den höchsten zulässigen Dampfdruck angebracht, welcher 3 Atmosphären nicht überschreiten soll. Die Dampfheizeinrichtung der vierachsigen Durchgangswagen ist abweichend von derjenigen der übrigen Wagen ausgebildet (Niederdruckheizung. Vgl. „Besondere Vorschriften für Heizung der vierachsigen Personen- und Schlafwagen“).

Die Anheizung des Zuges vor Beginn der Fahrt (entweder durch feststehende Kessel oder besondere Lokomotiven bezw. Heizkesselwagen), die Beaufsichtigung und Instandhaltung der Heizeinrichtungen der Wagen während und nach der Fahrt ist dem Wagenwärter übertragen[21]), während die Beaufsichtigung und Unterhaltung aller Einrichtungen an Lokomotive und Tender Sache des Lokomotivführers ist, der Zugführer an seinem Manometer die Einhaltung der vorgeschriebenen Spannung zu überwachen hat und schließlich den Schaffnern die Bedienung der Stellvorrichtungen, unter Berücksichtigung etwaiger angemessener Wünsche der Reisenden, obliegt. Auf den größeren Stationen sind bestimmte Personen (Werkmeister, Wagenmeister, Wagenrevisoren) mit Untersuchung der Heizvorrichtungen und Beseitigung von etwaigen Mängeln an denselben beauftragt.

4. Die zum Betriebe der Personenzüge erforderlichen losen Inventarien.

Ein Theil der zu vollkommener Ausrüstung der Lokomotiven und Wagen erforderlichen Gegenstände ist mit diesen nicht fest verbunden; andere Gegenstände müssen für

---

[21]) Vgl. auch Dia. f. Ww. § 10.

gewisse Verrichtungen und Nothfälle vom Zugpersonale bezw. in den Packwagen der Züge mitgeführt werden[22]). Alle diese (früher mit dem Gesammtnamen „Zuginventarien" belegten) Gegenstände fallen unter die Inventarienordnung der Pr.St.B., und gehören nach den zu dieser vom M. d. ö. A. herausgegebenen Verzeichnissen der Inventarien entweder zu den „Zubehörstücken der Betriebsmittel", oder zu den „Zuggeräthen" oder endlich zu den „Betriebsinventarien".

Während beide ersteren Klassen von Gegenständen durch ihren Namen scharf umschrieben erscheinen, ist der Begriff der Betriebsinventarien ein sehr weiter, da als solche alle losen Inventarstücke der Eisenbahnbetriebsverwaltung mit Ausnahme der beiden erstgenannten, der Büchereien und der Werkstätteninventarien gelten, also z. B. auch die Geräthe der Bahnmeister, die Möbel der Empfangs- und sonstigen Dienstgebäude u. s. f.

a) Als Zubehörstücke sind alle Gegenstände zu betrachten, welche einen losen Bestandtheil der Betriebsmittel — insbesondere der Lokomotiven, Personen- und Gepäckwagen — bilden und welche stets bei denselben Betriebsmitteln verbleiben[23]). Von den Zubehörstücken der Lokomotiven ist bereits S. 259 gehandelt. An Zubehörstücken der Gepäckwagen müssen stets vorhanden sein 6 Fackeln, 2 Signalfahnen, 1 Schlüsselring mit den erforderlichen Schlüsseln, außerdem nur bei den Gepäckwagen der Güterzüge 2 anschraubbare Laternenstützen und zwei Schemel, und ferner bei Gepäckwagen der Personen- und Güterzüge nach Bedarf Kohlenkasten, Kohlenschaufeln, Oefen, Waschbecken, Wasserkannen u. s. f. Zubehörstücke der Personenwagen giebt es nicht; vielmehr gelten die bezüglichen Gegenstände als Betriebsinventarien.

b) Als Zuggeräthe sind diejenigen Gegenstände zu betrachten, welche der Zugmannschaft von den Zugbildungsstationen zur Benutzung auf der Fahrt übergeben werden[24]), also sonst in Gewahrsam der Stationen sich befinden. In den vom Ministerium herausgegebenen Verzeichnissen der Inventarien werden hierbei unterschieden die Zuggeräthe, welche den Personen- und Güterzügen im Gepäckwagen beizugeben sind, und Zuggeräthe, welche der Zugmannschaft zu überweisen sind. Zu ersteren gehören 2 Oberwagenlaternen, 1 Schlußlaterne, 1 Schlußscheibe, 1 grüne Signalscheibe, 1 Zugleine, 1 kleiner Rettungskasten mit Verbandgeräthen und Verbandstoffen (vgl. Dienstvorschrift betreffend das Rettungswesen bei Verunglückungen auf Eisenbahnen), ferner nach Bedarf Kannen für Brennöl und Petroleum und bei den Personenzügen die erforderlichen Heizschläuche einschließlich zweier Reserveschläuche sowie ein Blechkasten mit Raucher-, Nichtraucher- 2c. Schildern[25]). Die der Zugmannschaft, d. h. den Zugführern, Schaffnern, Bremsern, Wagenwärtern, Packmeistern, Schmierern zu überweisenden Zuggeräthe sind Handlaternen, Lochzangen, Mundpfeifen, Werkzeuge zur Bedienung und Ausbesserung der Wagen mit ihren verschiedenen Einrichtungen, wie Schmierölkannen, Schraubenschlüssel und Leitungsschlüssel u. s. f. Unter den dem Wagenwärter eines Personenzuges zu überweisenden Zuggeräthen befinden sich ferner zwei Bremsschläuche und ev. ein Schlußhahn für die Dampfheizung.

---

[22]) Bt.O. § 19.

[23]) Inventarienordnung § 1_4.

[24]) Inventarienordnung § 1_5.

[25]) Mit letzterer Bestimmung steht übrigens nicht im Einklang der Beschluß der Norddeutschen Gruppe auf der Wagenbeistellungskonferenz in Lübeck 22. u. 23./8. 1894, wonach Raucher- und Nichtraucherschilder nicht als Stations-, sondern als Wageninventar zu betrachten sind.

c) Zu den Betriebsinventarien gehören alle diejenigen beim Zugbetriebe erforderlichen Gegenstände, welche unter den erstgenannten beiden Klassen in den vom M. d. ö. A. herausgegebenen Inventarienverzeichnissen nicht aufgeführt sind. Hierher sind also z. B. die Kursschilder für Lokomotiven und Wagen zu rechnen[26]). Ferner gehören zu den Betriebsinventarien die losen Brems- und Heizleitungen (vgl. S. 372), die Lade- und Bindemittel (vgl. S. 346 ff.), und die losen Ausrüstungsgegenstände der Personenwagen, insbesondere der Salon- und Schlafwagen, also die Fußdecken der Abtheile, die losen Wasserkannen, die Waschvorrichtungen, Gläser, Spucknäpfe, die Betteinrichtungen der Schlafwagen u. s. f. Folgende Zuggeräthe und Betriebsinventarien bedürfen noch einer näheren Besprechung:

Die Schlußlaternen und Oberwagenlaternen müssen, so lange der Packwagen im Dienste ist, bei Tage auf ihm mitgeführt werden, um bei einbrechender Dunkelheit am letzten Wagen des Zuges angebracht zu werden. Sie werden auf der Zugbildungsstation oder Wendestation in die Lampenstube gebracht, gereinigt und gefüllt.

An losen Leitungen hat man solche für die Luftdruckbremse und solche für die Dampfheizung. Erstere können ausziehbar oder von unveränderlicher Länge sein; ferner sind die Leitungen entweder zur Befestigung unter den Wagen oder seitlich an den Wagen eingerichtet. Schließlich giebt es außergewöhnliche Arten loser Leitungen, Anheizleitungen, lose Hardybremsleitungen u. s. f. Den mit losen Leitungen ausgerüsteten Wagen werden unkartirte Begleitscheine beigegeben, welche auf die Bestimmungsstation des Wagens lauten. Die Leitungen sind, falls sie nicht in der Richtung zur Heimathstation wieder verwendet werden können, alsbald unbenutzt an diese mit unkartirtem Begleitscheine zurückzusenden. Die Bremsschläuche sind fest mit den Wagen bezw. den losen Bremsleitungen verbunden; die Dampfheizschläuche bleiben, wie bereits S. 376 erwähnt, während der ganzen Heizperiode an den Wagen.

Für die Kursschilder sind auf der Wagenbeistellungskonferenz zu Hamburg 15. bis 17./4. 1890 folgende Vereinbarungen getroffen: Die Routenbezeichnung, welche bei Vereinbarung der Wagendurchgänge mit festzusetzen ist, erfolgt nach preußischem Muster, z. B. „Berlin-München über Hof-Wiesau" in möglichst großer Blockschrift (Anfangs- und Endstation größer als die Wegebezeichnung), große und kleine Buchstaben, roth auf weißem Grunde. Auf der Rückseite jedes Schildes soll die Route in umgekehrter Richtung angegeben sein. Jedes Schild trägt als Eigenthumszeichen den Namen der Heimathstation und eventuell die Direktionsbezeichnung, und zwar so, daß dieses Merkmal auf dem Kopfe steht, wenn das Schild am Wagen hängt. Als Muster für die Form, Größe und Befestigung der Kursschilder gelten die dem Lindauer Protokoll (16. u. 17./10. 1889) beigefügten Zeichnungen.

Die Fußdecken der Personenwagen. Für die A-, B- und C-Abtheile der Personenwagen werden Winterfußdecken, für die A- und B-Abtheile außerdem Sommerfußdecken bereit gehalten, sofern die Wagen nicht bereits mit Linoleumfußdecken, welche

[26]) Auf der Wagenbeistellungskonferenz in Danzig 23. u. 24./8. 1893 ist von der Norddeutschen Gruppe beschlossen, daß die für einen Kurs beschafften Schilder ohne Rücksicht auf die Wagengestellungspflicht Inventar der Zuggestellungsstation bleiben, und daß in der Regel die Endstationen jedes Kurses die für die Kurswagen erforderlichen Schilder je zur Hälfte beschaffen.

allgemein bei den Pr.St.B. eingeführt werden sollen, ausgestattet sind. Die D-Wagen, Rettungs- und Arbeiterwagen sowie die Diensträume der Gepäckwagen werden mit Fußdecken nicht versehen. Sämmtliche Fußdecken sind mit der Eigenthumsbezeichnung des Direktionsbezirkes und einer besonderen Bezeichnung ihrer Zugehörigkeit zu Wagen und Werkstätte versehen. Die Vorschriften für die Behandlung der Fußdecken, ihre Einlegung, Auswechselung, Reinigung, Aufbewahrung werden von jeder Direktion für ihren Bezirk besonders erlassen. Für

5. Die Reinigung

der Personen- 2c. Wagen ist ein einheitliches Verfahren für alle an der Wagenbeistellung betheiligten Verwaltungen auf der Wagenbeistellungskonferenz zu Hamburg am 15. bis 17./4. 1890 vereinbart, enthalten in den „Vorschriften über das Reinigen der Personen-, Gepäck- und Postwagen im Durchgangsverkehre". Soweit die Verwaltungen diese Bestimmungen auch für ihren inneren Verkehr anwenden, lassen sie in der Ueberschrift die Worte „im Durchgangsverkehre" fort. Die meisten Verwaltungen haben indessen selbständige Vorschriften für die Reinigung erlassen, in denen die vereinbarten Vorschriften mit enthalten sind.

Die Reinigung der im Dienste befindlichen Wagen, und zwar sowohl der eigenen wie der fremden, geschieht nach jeder größeren Fahrt und im Stadt- und Vorortverkehre mindestens einmal täglich auf den nach Maßgabe des Fahrplanes hierzu bestimmten Stationen, welche in den Wagenbeistellungsplänen und damit übereinstimmend in den Zugbildungsplänen der einzelnen Eisenbahndirektionen als Zugreinigungsstationen angegeben sind. Es sind dies naturgemäß die Zugbildungs- und Wendestationen. Auf sämmtlichen übrigen Stationen ist eine Reinigung vorzunehmen, sobald sich solche als nothwendig erweist. Diese Zwischenreinigung ist indessen in der Regel eine oberflächliche und beschränkt sich auf das Abwischen der Thürgriffe und Fenster u. dergl. Längere Zeit nicht benutzte Reservewagen sind thunlichst alle 14 Tage und, wenn angängig, unmittelbar vor der Einstellung in die Züge zu reinigen. Die Reinigung erfolgt durch Stationsarbeiter oder Privatunternehmer unter Aufsicht und Verantwortlichkeit der Wagenmeister bezw. des Betriebswagenwerkmeisters. Vor Abgang des Zuges haben auf den Pr.St.B. der Wagenwärter, der Zugführer und der diensthabende Stationsbeamte sich von der ordnungsmäßigen Reinigung zu überzeugen [27]). Wagen, welche Werkstätten zur Ausbesserung überwiesen sind, sollen daselbst ebenfalls gereinigt werden.

Die obigen Vorschriften unterscheiden sodann eine innere und äußere Reinigung und geben genau an, in welcher Weise hierbei die Fußdecken, Aschbecher, Polsterungen, Fußboden- und Wandflächen, Gepäckborde und Netze, Fenster, Wascheinrichtungen und Aborte u. s. f., sowie die Wagendecken, Außenwände, Untergestelle, Zug- und Stoßvorrichtungen u. s. f. zu behandeln sind. Auf großen Zugbildungs- und Wendestationen erbaut man neuerdings für die Reinigung der Wagenzüge besondere, heizbare Reinigungsschuppen, in welchen die ganzen Wagenzüge auch bei ungünstiger Witterung gut gereinigt werden können, und in welchen namentlich auch im Winter ein Aufthauen gefrorener Leitungen und ein Abthauen der mit Schnee und Eis versetzten Wagenuntergestelle stattfinden kann.

---

[27]) Dia. f. Ww. § 9,$_1$, Dia. f. Z. § 8,$_2$, Dia. f. Stb. § 19,$_5$.

Daß auf den Pr.St.B. während der heißen Jahreszeit die Wagendecken von Personenwagen, welche in der Sonnenhitze gestanden haben, vor ihrer Einstellung in den Zug durch Begießen mit kaltem Wasser zu kühlen und die einzelnen Wagen mindestens $^1/_4$ Stunde vor Abgang des Zuges durch Oeffnen der Thüren und Fenster gehörig zu lüften sind[28]), mag hier gleichfalls erwähnt werden.

C. Außergewöhnliche Arten von Wagen.

Neben den gewöhnlichen Wagen I.—IV. Klasse giebt es solche, welche mit besonderen Einrichtungen für die Bequemlichkeit der Reisenden ausgestattet sind und daher nur gegen Zahlung eines Zuschlagspreises benutzt werden dürfen.

1. Die Schlafwagen

laufen entweder als Kurswagen oder sie werden in direkten Zügen mitgeführt. Die Abtheile sind von einem Seitengange zugänglich und haben ungetheilte Sitze, aus denen sich durch Hochklappen der Rückenlehnen zwei Bettplätze übereinander herrichten lassen, für welche im Wagen eine Ausstattung an Bettwäsche und Schlafdecken mitgeführt wird. Weiteres über die Benutzung der Schlafwagen, welche auf den Pr.St.B. durch die „Bestimmungen über die Benutzung der Schlafwagen rc.“ geregelt ist, wird im 4. Abschnitte mitgetheilt.

2. Die Wagen der D-Züge

werden in der Regel nur in diesen Zügen verwendet (vgl. „Vorschriften für den Betrieb der aus vierachsigen Drehgestellwagen zusammengesetzten Schnellzüge“). Sie sind zwischen den Bufferstoßflächen 17,4—18,3 m lang und besitzen einen Gesammtradstand von 14,0—14,5 m. Sie ruhen auf zwei Drehgestellen von je 2,5 m Radstand. Die Abtheile sind entweder von einem Seitengange zugänglich, der an den Wagenenden auf je einen an der Stirnwand liegenden Quergang mit seitlichen Wagenthüren endigt, oder es ist ein Mittelgang vorhanden. In der Mitte jeder Stirnwand befindet sich eine Thür. Zwischen je zwei Wagen läßt sich durch Oeffnen der Stirnwandthüren, Herausschlagen von Uebergangsbrücken und Herausziehen der an jeder Stirnwand befestigten harmonikaartigen Faltenbälge ein bedeckter Uebergang herstellen, so daß die Reisenden während der Fahrt durch den ganzen Zug gehen können[29]). Es sind solche Wagen I. u. II. Klasse und III. Klasse vorhanden. An den Fenstern der Abtheile I. u. II. Klasse befinden sich Klapptische, außerdem werden lose Tische mitgeführt, die im Seitengange befestigt sind, und ebenso wie die Klapptische für den Wirthschaftsbetrieb benutzt werden. Für letzteren befindet sich in einem Wagen ein Küchenraum nebst Vorrathsraum, zu welchem eine durch den ganzen Zug hindurchgehende elektrische Klingelleitung führt. In jedem Wagen befindet sich ein Waschraum (in einzelnen zwei) mit Abort und Pissoirbecken und in einzelnen Wagen ein Dienstraum. Die Beleuchtung erfolgt durch Intensivgaslampen. Im Uebrigen vgl. 4. Abschn.

---

[28]) Dia. f. Stb. § 19_3.

[29]) Für die Uebergangsbrücken und Faltenbälge der für den durchgehenden Verkehr bestimmten Wagen sind durch T.V. § 130a* einheitliche Bestimmungen in technischer Beziehung getroffen.

3. Salonwagen bezw. Salonkrankentransportwagen

werden auf einzelnen Stationen der Pr.St.B. vorräthig gehalten und können von da zur Benutzung, event. mit Bett ausgestattet, angefordert werden. (Weiteres vgl. 4. Abschn.)

4. Die übrigen Arten außergewöhnlicher Wagen, wie Revisionswagen der Eisenbahnbehörden und Salonwagen allerhöchster und höchster Herrschaften kommen für den gewöhnlichen Verkehr nicht in Betracht.

D. Vergütung für Nebenkosten bei durchgehenden Wagen.

Während früher bei durchgehenden Wagen eine ganze Reihe verschiedenartiger Nebenkosten von den Bahnen gegenseitig aufgerechnet wurden, sind diese Berechnungen in den letzten Jahren gemäß des, allerdings nur empfehlenden, Beschlusses der Wagenbeistellungskonferenz in Thale am 14. und 15./8. 1889 zum größten Theile fortgefallen.

1. Die Kosten für Reinigung

der durchgehenden Wagen werden gemäß dem erwähnten Beschlusse im Allgemeinen nicht mehr gegenseitig vergütet, sondern angenommen, daß sich die Leistungen der betheiligten Verwaltungen annähernd ausgleichen. Ein in Wien 7. und 8./3. 1894 dann von der Generaldirektion in Straßburg gestellter Antrag, die Reinigungskosten für Durchgangswagen zu pauschaliren, ist von der Konferenz abgelehnt und nur ausgesprochen, daß noch bestehende Vereinbarungen über den Ersatz der Wagenreinigungskosten aufrecht erhalten bleiben sollen.

2. Die Lieferung der Beleuchtungsmaterialien,

Oel und Fettgas, wird als Bestandtheil der Wagengestellung betrachtet. Soweit also jede Verwaltung nur in ihren eigenen Wagen Oel und Fettgas nachfüllt, wird durch den Naturalausgleich der Wagenkilometer auch der Leuchtmaterialverbrauch gegenseitig als ausgeglichen betrachtet, so daß eine Erstattung des Werthes nicht nothwendig ist. Wenn dagegen eine Verwaltung einen fremden Wagen mit neuem Leuchtmateriale versieht, hat sie von der Wageneigenthümerin Erstattung der Kosten hierfür zu beanspruchen. Die Abrechnung hierüber erfolgt sehr einfach nach den Angaben der Stationen über die thatsächlich in die Wagen eingefüllten Mengen an Leuchtmaterial. Für Rüböl wird der Preis alljährlich in der im Sommer stattfindenden Wagenbeistellungskonferenz festgesetzt; derselbe beträgt seit längerer Zeit 0,75 M. für 1 kg. Der Preis für das Fettgas ist zugleich mit der Regelung der einheitlichen technischen Durchbildung der Gasbeleuchtungseinrichtungen vom V.D.E.V. in der Generalversammlung zu Salzburg am 28. und 29./7. 1879 auf 1,20 M. f. d. cbm von 1 Atmosphäre Ueberdruck festgesetzt, in der Generalversammlung zu Stuttgart am 26. und 27./8. 1886 auf 1,00 M. ermäßigt. Die früher stellenweise stattgehabten Vergütungen für Gaswagenkilometer sind gemäß dem obigen Beschlusse zu Thale fortgefallen. Auch auf

3. Die Erstattung der Heizungskosten

bezog sich obiger Beschluß. Bei der jetzt im Durchgangsverkehre fast durchweg benutzten Dampfheizung ist selbstverständlich eine Vergütung ausgeschlossen.

4. Die Ausbesserungen

der Personen- und Gepäckwagen werden nach den Uebereinkommen behandelt, Ausbesserungskosten also nur erstattet, falls es sich um Beträge von mindestens 40 M. bezw. über 15 M. oder bei geringeren Beträgen um lose Bestandtheile oder um Schäden handelt, für welche Dritte haftbar sind. Auf der Wagenbeistellungskonferenz in Trier am 21. und 22./8. 1895 ist für die an der Wagenbeistellung betheiligten Verwaltungen ein gemeinsamer Tarif angenommen, nach welchem die durch Beschädigung oder Verunreinigung von Personenwagen durch Dritte entstehenden Kosten von diesen einzuziehen sind[30]). Dieser Tarif ist mit dem 1./1. 1896 in Kraft getreten. Ein Abdruck desselben befindet sich in der Hand jedes Zugführers. Außerdem ist der Tarif als Anlage den F.V. beigegeben. Der Tarif enthält Preise für das Zerbrechen oder die Beschädigung von Fensterscheiben, Spiegeln, Fenster- und Armschleifengurten, Fußdecken, Polsterungen, Fenstervorhängen, Gepäcknetzen, Lampenglasglocken u. s. f., sowie die Verunreinigung von Wagen. Die Preise für Beschädigung der festen Theile der Wagen sind dagegen nicht in diesem Tarife, sondern in den Preisverzeichnissen der Uebereinkommen enthalten. Sofern Personenwagen von Dritten auf der Eigenthumsbahn beschädigt werden, vereinnahmt diese die tarifmäßigen Beträge ohne Weiteres. Erfolgen Beschädigungen indessen auf fremder Bahn, so ist zu unterscheiden, ob die fremde Bahn den Schaden sogleich beseitigt oder ob sie den Wagen mit dem Schaden zur Eigenthumsbahn zurücklaufen läßt. Im ersteren Falle vereinnahmt sie den Entschädigungsbetrag, im zweiten Falle hat sie ihn an die Eigenthumsbahn abzuliefern (vgl. S. 362—364).

---

[30]) B.O. § 23, B.R. des V.D.E.V. § 23. Deutscher Eisenb. Pers.- und Gepäcktarif Th. I, Allg. Zusatzbestimmungen zu B.O. § 23.

Fünftes Kapitel.

Kontrole und Abrechnung über den Lauf der Wagen.

Vorbemerkung: Die Kontrole über den Lauf bezw. Aufenthalt der Wagen verfolgt einen dreifachen Zweck, einmal, eine richtige Wagenvertheilung (vgl. S. 317 ff.) vorzubereiten, zweitens, die stattgehabte Benutzung der Wagen festzustellen, zu statistischen Zwecken[1]) zu verwerthen und eventuell gemachte Fehler zu bestrafen und drittens, die Unterlagen für die Abrechnung mit fremden Bahnen über Benutzung von deren Wagen zu liefern. Die Aufzeichnungen für den letzten Zweck müssen den Bestimmungen des V.W.U. § 13, It.W.R. § 16, Int.R., Art. 65—75 und, soweit der Bereich des Centralwagenabrechnungsbureaus sich erstreckt, der Dienstanweisung f. d. C.W.A.B. entsprechen. Soweit die Aufzeichnungen nur den ersten beiden Zwecken dienen, sind sie eine innere Angelegenheit jeder Bahnverwaltung. Auf den Pr.St.B. sind hier nur zum Theil einheitliche Vorschriften durch die V. f. g. W. getroffen, während die Handhabung im Einzelnen durch die von den 20 Direktionen je besonders erlassenen Vorschriften über die Meldung, Vertheilung, Benutzung und Behandlung der Güterwagen geregelt ist, die zwar in der Hauptsache übereinstimmen, im Einzelnen indessen Abweichungen zeigen. Die folgende Darstellung ist daher, soweit nicht die allgemein für die Pr.St.B. gültigen Bestimmungen angezogen sind, nur als annähernd zutreffend zu betrachten.

Die unmittelbare Handhabung des Wagendienstes ist in erster Linie Aufgabe der Stationen. Nur, soweit es sich um Wagenbestellung, Beladung und Entladung handelt, haben die selbständigen Güterabfertigungsstellen mitzuwirken. Die Ueberwachung ist Sache der Betriebsinspektionen und Verkehrsinspektionen (vgl. deren Gesch.-Anw.).

Die für die Kontrole über Wagenbenutzung und für die Abrechnung mit zu verwendenden Aufzeichnungen der Zugführer, welche bereits auf S. 246 behandelt sind, werden hier nur bezüglich ihrer Verwendung für genannte Zwecke nochmals Erwähnung finden.

I. Grundlegende Aufzeichnungen.

A. Beklebung und Beschreibung der Wagen.

Die Beklebung und Beschreibung der Wagen soll nur an den hierfür beiderseits der Wagen vorgesehenen Beklebetafeln erfolgen; die angeklebten Zettel werden, soweit sie nicht bedruckt oder bestempelt sind, mit Blaustift beschrieben. Sämmtliche auf einer Station eingegangenen und für dieselbe bestimmten Wagen, d. h. Wagen, welche mit dort endigenden Zügen angekommen sind oder dort aus irgend einem Grunde aus durch-

[1]) Bei Personen- und Postwagen auch zur Feststellung des Zeitpunktes der Untersuchungen.

fahrenden Zügen ausgesetzt werden, sind sofort auf der Beklebetafel mittelst Kreideschrift mit Eingangsvermerk zu versehen. Ein solcher Vermerk lautet z. B. 2./1. 2573 und bedeutet: Eingegangen am 2./1. mit Zug 2573. Dieser Vermerk wird seitens der Station (ausnahmsweise seitens der Güterabfertigung) angebracht und wird erst beseitigt, nachdem der Wagen zur Absendung aufgegeben ist. Veraltete, ungültige Beklebungen und Anschriften sind seitens der Güterabfertigungsstellen bei leer eingehenden Wagen vor der Beladung bezw. Ueberweisung an die Besteller, bei beladen eingehenden Wagen sofort nach der Entladung (nur durch Aufweichen, nicht durch trockenes Abkratzen) zu beseitigen. Bei leer eingehenden Wagen welche länger als 24 Stunden auf einer Station stehen, ohne der Güterabfertigung zur Beladung überwiesen zu werden, hat die Station die veralteten Anschriften 2c. zu entfernen. Ferner liegt es den Stationen ob, bei Uebernahme der zur Absendung gelangenden Wagen zu prüfen, ob die Entfernung der ungültigen Beklebungen und Anschriften geschehen ist, und diese ev. nachträglich (unter Meldung der Unregelmäßigkeiten an die Betriebsinspektion) zu veranlassen.

Die angekommenen Wagen, sowie die zur Absendung bestimmten Wagen, bezw. alle Wagen, welche nicht im geschlossenen Zuge durchlaufen, mit welchen also im Bereiche der Station Rangirbewegungen vorzunehmen sind, werden zur Unterrichtung des Rangirpersonales mit besonderer Kreideanschrift versehen, welche die Rangirgleise, Schuppen, Entladestellen 2c. in klaren, vom Stationsvorsteher ein für allemal festgesetzten Abkürzungen angiebt. Diese Anschriften sind vor Ausgang der Wagen von der Güterabfertigung zu beseitigen (s. oben).

Gehen die Wagen sofort in einen anderen Zug über, ohne auf der Station der Güterabfertigung überwiesen zu werden, so wird statt der betr. Lade- oder Entladestelle die Nummer des Zuges, in den sie eingestellt werden sollen, angeschrieben.

An Stelle der beseitigten alten Anschriften und Beklebungen erhält jeder beladene Wagen von der Güterabfertigung, jeder leere auf Verfügung weitergesandte von der Station eine neue Beklebung, die seine Bestimmungsstation und die Nummer des Zuges, mit der er ausgehen soll, enthält.

Die Stationen haben sorgfältig darauf zu achten, daß die fremden Wagen die erforderlichen Uebergangszettel (S. 306, 316) tragen, und, wo diese fehlen, im Benehmen mit der Güterabfertigung die Ergänzung zu veranlassen.

Von den Beklebungen und Anschriften, die sich auf die Ladungen der Wagen beziehen, wird im 5. Abschnitte die Rede sein.

B. Wagennotizbücher.

Die Grundlage für die Kontrole des Wagenaufenthaltes auf den Stationen bilden die Wagennotizbücher. Dieselben werden von den der Station unterstellten Wagennotirern geführt, die unmittelbar nach Ankunft und vor Abgang jeden Zuges alle Wagen, die die Station nicht lediglich durchfahren, aufzunehmen haben.

Nach Maßgabe des auf Seite 386 und 387 mitgetheilten Vordruckes werden jedesmal auf die linke Seite die angekommenen Wagen, auf die rechte Seite die abgegangenen Wagen geschrieben, wobei Datum, Zugnummer und Ankunfts- bezw. Abgangszeit als Ueberschrift über die Eintragungen für jeden Zug zu setzen sind. Auf großen Stationen kann man die Notizbücher getrennt für Ein- und Ausgang und auch für gerade und ungerade Tage einrichten. Auf kleinen Stationen bezw. bei geringem Wagen-

Angekommene Wagen.

Eigenthümerin	Serie und Nummer	beladen	leer	Von Station	Bemerkungen
				346 Von Hamburg	
Erf	*21 267*	*1*		*Wittenberg*	*Oml*
Bn	*27 334*	*1*		*Hannover*	*Oc*
Frt	*8 972*		*0*	*Lüneburg*	*Gml*

verkehre können die Wagennotizbücher ganz fortfallen, indem gleich an den Zügen die Wagenaufenthaltslisten (s. unter C) ausgefüllt werden. Der Umfang, in dem von der Führung der Wagennotizbücher abgesehen wird, und in dem die obigen Trennungen vorgenommen werden, ist bei den einzelnen Direktionen verschieden. Auf allen Uebergangsstationen sind alle in das Gebiet des St.W.V. (ausschließlich der Elsaß-Lothringischen Bahnen) eintretenden und aus demselben austretenden Wagen in den Wagennotizbüchern zu vermerken, auch wenn sie durch die Stationen ohne Aufenthalt durchfahren (vgl. S. 394, 395).

C. Die Aufenthaltsliste[2])

ist von sämmtlichen Stationen einschließlich der Haltestellen zu führen. Die Eintragungen aller derjenigen Wagen, welche auf der Station ausgesetzt werden, gleichviel aus welchem Grunde, oder welche auf der Station mit dort endigenden Zügen ankommen, erfolgen im Bureau auf Grund der Wagennotizbücher, oder, wo solche nicht geführt werden, unmittelbar an den Zügen. Wie der S. 387 mitgetheilte Vordruck[3]) ausweist, werden die Wagen nicht getrennt nach Zügen, sondern fortlaufend hintereinander eingetragen, und zwar wird Ankunft und Abgang für jeden Wagen in eine Zeile nebeneinander geschrieben, so daß sofort zu übersehen ist, wie lange der Wagen sich auf der Station aufgehalten hat. Falls der Aufenthalt mehr als 24 Stunden betragen hat, ist dies in der Spalte Bemerkungen kurz, jedoch hinreichend zu begründen. Es muß aus dieser Begründung z. B. hervorgehen, durch welche besonderen Umstände der Wagen aufgehalten wurde, daß der Wagen rechtzeitig dem Wagenbureau verfügbar gemeldet ist, daß Standgeld erhoben ist und dergl.

Als Zeit der Ankunft und des Abganges wird in der Regel die planmäßige Ankunfts- und Abfahrtszeit der in Frage kommenden Züge eingetragen. Inwieweit bei größeren Verspätungen die wirkliche Ankunfts- und Abfahrtszeit eingeschrieben werden, bestimmt jede Direktion.

Privatwagen sind als solche in der Spalte Bemerkungen besonders kenntlich zu machen; bei Kesselwagen ist in der Liste anzugeben, ob die Ent- oder Beladung auf Privat- oder Bahngleisen erfolgte[4]).

Die mit Dienstgut beladenen Wagen sind durch Eintragung des Wortes „Dienstgut" in die Spalte „Bemerkungen" kenntlich zu machen.

---

[2]) V. f. g. W. § 10,$_2$ und Anl. E.

[3]) Dem in V. f. g. W. Anl. E. vorgeschriebenen Vordrucke ist hier die vorletzte Spalte (Stunden des Aufenthaltes) zugefügt.

[4]) V. f. g. W. § 10,$_2$ b.

Abgegangene Wagen.

Eigenthümerin	Serie und Nummer	beladen	leer	Nach Station	Bemerkungen
				301 Nach Hamburg	
E. Lüb.	*200*		*0*	*Hamburg B.*	*G*
Old.	*2 163*	*1*		*Breslau*	*O*
Al.	*20 760*		*0*	*Neumünster*	*O*

Die Aufenthaltslisten dienen zur Prüfung des Aufenthaltes der Wagen auf den Stationen und gewähren den mit den örtlichen Prüfungen betrauten Beamten der Verwaltung für diese Prüfungen einen Anhalt[4]). Außerdem sind aus den Aufenthaltslisten von den Stationen für bestimmte Zeitabschnitte Auszüge auf demselben Vordrucke anzufertigen, die den Ein- und Ausgang der Wagen nachweisen, welche einen mehr als 24stündigen Aufenthalt gehabt haben. An welche Dienststelle (Wagenbureau, Verkehrsinspektion) und zu welcher Zeit diese Listenauszüge einzureichen sind, bestimmt jede Direktion für ihren Bezirk[5]). Bei Wagenüberfluß können die Direktionen die Einreichung der Listenauszüge einstellen lassen[6]). Insoweit die Ausschreibung der Güterwagenstandgelder durch die Güterabfertigungsstellen erfolgt, haben dieselben den Stationen sofort Mittheilung zu machen, wenn Wagenstandgelder erhoben werden, damit die Stationen in den Stand gesetzt werden, den Aufenthalt der Wagen in den Listenauszügen gehörig zu begründen[7]).

Aufenthaltsliste[3])

der Station *X* vom *7. August* 1896.

des Wagens				Ankunft						Abgang							Bemerkungen bezgl. der Ueberschreitung der Aufenthaltsfristen, der Wiederbeladungen und der Umkartirungen
Eigenthumsmerkmal	Nr.	Gattung	Achsenzahl †	Tag	Stunden	Mit Zug Nr.	beladen oder leer	Von	† über die Linie	Tag	Stunde	Mit Zug Nr.	beladen oder leer	Nach	† über die Linie	Stunden des Aufenthaltes	
Cs	*23267*	*O*	*2*	*7./8.*	*10*	*2521*	*bel*	*Adorf*	—	*8./8.*	*5*	*2522*	*l*	*Cdorf*	—	*19*	*Wiederbeladen*
Frt	*31234*	*Ol*	*2*	*7./8.*	*10*	*2521*	*bel*	*Bstadt*	—	*8./8.*	*21*	*2754*	*bel*	*Estadt*	—	*35*	
Kgb	*34383*	*SS*	*4*	*7./8.*	*10*	*2521*	*l*	„	—	*7./8.*	*21*	*2754*	*bel*	„	—	*11*	
Hl	*28237*	*O*	*2*	*7./8.*	*10*	*2521*	*l*	*Cdorf*	—	*8./8*	*5*	*2522*	*bel*	*Fstadt*	—	*19*	
Erf	*7351*	*G*	*2*	*7./8.*	*17*	*2753*	*l*	*Dstadt*	—	*8./8.*	*15*	*2460*	*bel*	„	—	*22*	
Hn	*6258*	*Gl*	*3*	*7./8.*	*17*	*2753*	*bel*	„	—	*10./8.*	*5*	*2522*	*l*	„	—	*60*	*2 M. Standgeld erhoben (fol. 320 No. 21)*
Mg	*8147*	*G*	*2*	*7./8.*	*17*	*2753*	*bel*	„	—	*12./8.*	*15*	*2460*	*l*	*Gstadt*	—	*118*	*vom 7./8. bis 12./8. in Ausbesserung*
Bln	*29253*	*O*	*2*	*7./8.*	*17*	*2753*	*bel*	„	—	*10./8.*	*21*	*2754*	*l*	*Hdorf*	—	*76*	*am 8./8. verfügbar gemeldet*

Bemerkung: Die Ausfüllung der mit † bezeichneten Spalten erfolgt nur auf besondere Anordnung.

5) V. f. g. W. § 10,$_2$ c.
6) V. f. g. W. § 10,$_2$ d.
7) V. f. g. W. § 10,$_2$ e.

D. Das Notizbuch über Laderechtstellung der Güterwagen[8]),

für welches z. B. der folgende Vordruck verwendet werden kann, wird von den das Lade-

Versender bezw. Empfänger	Eigenthum und Nummer der Wagen	Gattung	Bereitstellung zur		Be- bezw. Entladen	
			Beladung Stunde	Entladung Stunde	Tag	Stunde
			v. 1—24	*v. 1—24*		*v. 1—24*

geschäft überwachenden Lademeistern oder Arbeitern geführt, und giebt Aufschluß über die durch Ueberschreitung der Ladefristen seitens des Publikums veranlaßten längeren Aufenthalte der Wagen, dient also als Grundlage für Erhebung der Wagenstandgelder und für die erläuternden Eintragungen in Spalte Bemerkungen der Aufenthaltsliste. Die Wagen werden getrennt nach den einzelnen Tagen der Laderechtstellung eingetragen. Inwieweit auf Stationen mit geringem Verkehre von der Führung solcher Notizbücher abzusehen ist, richtet sich nach den Bestimmungen der einzelnen Direktionen.

E. Das Wagenbestellbuch,

durch A. Abf.B. § 33 vorgeschrieben, giebt einen genauen Nachweis über die vom Publikum angeforderten und die zu Dienstgutsendungen erforderlichen Wagen, deren Bereitstellung, Beladung und Abgang. Der Vordruck, die Art der Ausfüllung und die vollständige, oder, bei Wagenmangel, theilweise Stellung der verlangten Wagen wird im 5. Abschn. erörtert werden. Hier ist nur Folgendes zu erwähnen: Wo selbständige Güterabfertigungsstellen bestehen, erfolgt die Führung des Wagenbestellbuches in der Regel durch diese. Die Eintragungen sind derart tageweise zu trennen, daß die Bestellungen für denjenigen Tag zusammen gebucht werden, für welchen die Gestellung verlangt ist. An jedem Meldetage (S. 318) sind die für den folgenden Tag bezw. Werktag aufgegebenen Bestellungen vor Ablassung der Wagenmeldung abzuschließen, und zwar seitens der selbständigen Güterabfertigungsstellen so früh, daß sie noch rechtzeitig einen Auszug aus dem Bestellbuche der Station übermitteln können, aus welchem die Anzahl und Gattung der angeforderten Wagen, der Verwendungszweck, die Bestimmungsstation und die Ladestelle hervorgehen, und in welchem ev. anzugeben ist, ob für den angeforderten Wagen ein solcher anderer Gattung verwendet werden kann. Inwieweit die im Laufe des Nachmittags, d. h. nach Abgang der Wagenmeldung, für den nächsten Tag noch eingehenden Bestellungen Berücksichtigung finden können, hängt von den verfügbaren Beständen an Wagen bezw. der Möglichkeit ab, durch die neben der Hauptmeldung von der Direktion angeordneten oder zugelassenen Nebenmeldungen eine entsprechende Abänderung der Wagenverfügung behufs rechtzeitiger Zuführung der nachträglich angeforderten Wagen herbeizuführen.

F. Das Bestandsaufnahmebuch und Wagenmeldebuch

zur Ermittelung des Wagenbestandes für die täglichen Wagenmeldungen, werden zweckmäßig im Zusammenhange des Zustandekommens der Wagenmeldungen (unten unter II A—D S. 390, 391) besprochen.

[8]) Stattdessen auch Listen in Form loser Zettel.

G. Wagenverwendungsnachweisungen und Wagenzählungen.

Während alle bisher aufgeführten Aufzeichnungen über den Wagendienst der Stationen, wenn sie auch zugleich den Zweck haben, die Unterlagen für die Wagenkontrole zu liefern, doch in erster Linie nothwendige Hülfsmittel bei der Abwickelung des Wagendienstes bilden, so sind die durch § 16 u. 17 der V. f. g. W. vorgeschriebenen Wagenzählungen und Wagenverwendungsnachweisungen lediglich Kontrol- bezw. statistischen Zwecken dienstbar.

Am 1. Sonntage des Monats April jeden Jahres Mittags 12 Uhr ist eine Zählung aller auf den Stationen und in den Werkstätten stehenden sowie der in den Zügen laufenden Verbands- und fremden Güterwagen vorzunehmen. Auf welchen Stationen die um 12 Uhr in den Zügen unterwegs befindlichen Wagen zu zählen sind, bestimmt die vorgesetzte Direktion. Zu zählen sind, und zwar die Verbandswagen nach den Eigenthumsmerkmalen getrennt, die fremden Wagen zusammen:

als bedeckte Wagen alle mit einem festen Dache versehenen Wagen, also alle Wagen der Gattungen G, K, V und Ve;

als offene Wagen alle Wagen ohne feste Decke, also die Wagen der Gattungen O, Oc, VO, S, Sl, Sml, SS und HH, jedoch nicht Arbeits(X)wagen.

Das nach dem Muster V. f. g. W. Anl. G zusammengestellte Ergebniß der Zählung wird von den Stationen und Werkstätten dem Wagenbureau des eigenen Bezirkes übersandt, welches die Zusammenstellung für den Bezirk anfertigt und dem C.W.B. mittheilt. Dies fertigt eine Gesammtzusammenstellung für den St.W.V. und übersendet dieselbe sämmtlichen Wagenbureaus sowie der Verkehrs- und Betriebsexpedition der Eisenbahnabtheilungen des M. d. ö. A.

Für die Zeiten des starken Verkehres, d. h. für den Monat März und die Monate September bis einschließlich November jeden Jahres, ist von sämmtlichen Stationen und Haltestellen täglich eine Wagenverwendungsnachweisung nach V. f. g. W. § 17 u. Anl. H, J aufzustellen, welche angiebt, wie viele Wagen jeder einzelnen Gattung am Nachweisungstage erforderlich waren, gestellt wurden, nicht gestellt werden konnten, und schließlich (nach Abzug der für den nächsten Nachweisungstag erforderlichen und der auf allgemeine oder besondere Anordnung anderen Bedarfsstellen zu überweisenden oder zur Heimath zu sendenden Wagen) am Schlusse des Nachweisungstages unbenutzt stehen blieben. Diese Nachweisungen werden an das Wagenbureau der eigenen Direktion, bei Wagen, für welche bezüglich der Vertheilung ein anderes Wagenbureau zuständig ist, außerdem in der Regel (auf besondere Anweisung der betheiligten Direktionen) an letzteres gesandt. Jedes Wagenbureau bildet aus den Nachweisungen für seinen Direktionsbezirk monatliche Uebersichten, die es bis zum 15. des folgenden Monats an das C.W.B. einschickt. Letzteres fertigt Gesammtzusammenstellungen, die allen betheiligten Verwaltungen und der Verkehrs- und Betriebsexpedition der Eisenbahnabtheilungen des M. d. ö. A. zu übermitteln sind.

Fernere Verwendungsnachweisungen werden ev. auf Anordnung der einzelnen Direktionen aufgestellt. So läßt die Direktion Magdeburg für ihren Bezirk auch in den anderen Monaten einmal, und zwar für den ersten Freitag jeden Monats, Wagenverwendungsnachweisungen einreichen. Im Uebrigen vgl. V. f. g. W. § 17 u. Anl. H, J.

H. Die für die Ueberweisung der Wagen zwischen Stationen und Abfertigungsstellen gebräuchlichen Ueberweisungspapiere (Zugzettel ꝛc.) werden im 5. Abschnitte Erwähnung finden.

II. Zustandekommen der Wagenmeldungen.

A. Ermittelung des Wagenbestandes.

Für die an jedem Werktage nach 12 Uhr Mittags abzusendenden Wagenmeldungen ist möglichst kurz vorher (bei den einzelnen Direktionen ist der Zeitpunkt hierfür verschieden festgesetzt) auf allen Stationen der Wagenbestand und -Bedarf festzustellen. Die Aufnahme des Bestandes geschieht seitens der Wagennotirer durch Zählung der Wagen an Ort und Stelle. Hierzu bedient man sich zweckmäßig eines besonderen Notizbuches (Bestandsaufnahmebuch), in welches täglich vor der Meldung sämmtliche auf der Station und den zugehörigen Anschlußgleisen vorhandenen Wagen (ausschließlich der Privatwagen) nach Eigenthumsmerkmal, Nummer und Gattungszeichen einzutragen und die Nummern der verfügbaren Wagen zu unterstreichen sind. Bei Stationswagen ist außerdem der Name der Heimathstation, bei fremden Wagen sind die den Uebergangszetteln zu entnehmenden Uebergangsstationen anzugeben.

Als verfügbar sind bei der Feststellung des Bestandes anzusehen[9]):

1. Die verfügbaren leeren Wagen.
2. Die beladenen, voraussichtlich bis zur nächsten Meldung leer und verfügbar werdenden Wagen, einschl. Eilgutwagen, Umladewagen u. s. f.
3. Die etwa verfügbar werdenden Postbeiwagen, Bremswagen u. s. f.
4. Die voraussichtlich bis zur nächsten Meldung auf der etwa am Orte befindlichen Desinfektionsstelle verfügbar werdenden und die von den am Orte befindlichen Werkstätten als leer ausgehend vorgemeldeten Wagen.
5. Die etwa von anderen Stationen als demnächst leer eintreffend vorgemeldeten Wagen.

Fremde Wagen, Specialwagen, die nur in der Richtung nach der Heimath beladen werden dürfen, Stations- und Arbeitswagen sind hierbei nur insoweit mitzuzählen, als sie thatsächlich bezw. nach den Bestimmungen Verwendung finden können (vgl. auch unter B).

Diese verschiedenen theils als Ergebniß der örtlichen Bestandsaufnahme ermittelten, theils von den Werkstätten oder anderen Stationen vorgemeldeten Posten sind in das Wagenmeldebuch (s. unter C) einzutragen.

B. Ermittelung des Wagenbedarfes.

Als Bedarf sind anzunehmen[9]):

1. Der Bedarf für Wagenladungen laut Wagenbestellbuch (bezw. laut Auszug aus demselben, S. 388) für den nächstfolgenden Werktag und für etwa dazwischenfallende Sonn- und Festtage, sowie der etwa noch nicht gedeckte Bedarf für verflossene Tage und den laufenden Tag.

---

[9]) B. f. g. W. § 5,$_{2a, b}$, ergänzt durch besondere Bestimmungen der Direktionen.

2. Der Bedarf für eisenbahnseitig zu verladende Güter (Vieh in einzelnen Stücken, Eilgut, Stückgut, Dienstgut) sowie für das Umladegeschäft, ferner für Postbeiwagen, Schutzwagen und Bremswagen, soweit diese Wagen nicht in dem Wagenbestellbuche nachgewiesen und daher bereits unter 1 berücksichtigt sind.

Der nach Vorstehendem ermittelte Bedarf ist als solcher in das Meldebuch unter C einzutragen.

Die Station hat auf Grund der von ihr selbst festgestellten oder von der Güterabfertigungsstelle ihr gelieferten Unterlagen bezüglich des Bedarfes zu prüfen, inwieweit die bei der Bestandsaufnahme als verfügbar bezeichneten fremden Wagen und Specialwagen anderer Direktionsbezirke Verwendung finden, also als **nutzbarer** Bestand mitgerechnet werden können.

C. Ermittelung des Ueberschusses bezw. Mangels an Wagen[10]).

Die Ergebnisse der Feststellung des Bestandes und Bedarfes werden in das Wagenmeldebuch eingetragen, welches den folgenden Vordruck aufweist:

Am *27./7. 11* Uhr *30* Min.	Bestand			Bedarf	zu melden	
Bezeichnung der Wagen	vorgefunden Wagen	vorgemeldet Wagen	zusammen Wagen	Wagen	verfügbar	erforderlich
Gn	*2*	—	*2*	*1*	*1*	—
G (auch V, soweit als G brauchbar)	*9*	*3*	*12*	*15*	—	*3*
Gl	*3*	*2*	*5*	*4*	*1*	—
Gml (Größe angeben)	—	—	—	*1 (21 qm)*	—	*1 (21 qm)*

u. s. f. nach genau vorgedruckter Reihenfolge.

In den beiden letzten Spalten wird Mangel und Ueberschuß ermittelt[10]). Auf Stationen mit geringem Verkehre wird kein Wagenmeldebuch geführt, sondern die Ermittelung des Bedarfes und Ueberschusses je nach Anordnung der Direktion im Wagenbestellbuche, im Bestandsaufnahmebuche 2c. vorgenommen.

D. Absendung der Wagenmeldungen.

In den Meldungen sind die etwa erforderlichen besonderen Eigenschaften der verlangten Wagen sowie die etwa nöthige vorherige Verwiegung („mit Wiegeschein") anzugeben. In der Regel wird seitens der Direktionen gestattet, Wagen mit selten vorkommenden Eigenschaften einige Tage vor dem Gebrauche anzufordern. Die wiederholte Anforderung von noch nicht gestellten Wagen ist als solche hervorzuheben. Im Uebrigen wird in den von den Direktionen erlassenen Güterwagenvorschriften (s. S. 384) über das bei den Meldungen zu beobachtende Verfahren besondere Anweisung gegeben.

Für die Wagenmeldungen werden besondere Depeschenbücher geführt. Wie dieselben einzurichten, inwieweit diese und die sonstigen über den Wagendienst vorhandenen Aufzeichnungen zur Kontrole an die Inspektionen, das Wagenbureau 2c. einzusenden sind, ist von den einzelnen Direktionen in unterschiedlicher Weise geregelt; auch sind für den Wagendienst stellenweise noch andere Arten der Aufzeichnungen vorgeschrieben.

[10]) Aendert sich, sobald durchweg Bruttomeldungen stattfinden (vgl. S. 318).

III. Abrechnung über die gegenseitige Wagenbenutzung.

Hauptgrundsatz für die gegenseitigen Abrechnungen der Bahnen ist, daß jede Bahn die Rechnungen über ihre Schuld, und zwar getrennt nach allen Verwaltungen, denen sie Wagenmiethe ꝛc. schuldet, aufstellt und diese Rechnungen den betr. Verwaltungen zur Prüfung und Feststellung zusendet.

A. Das Centralwagenabrechnungsbureau.

Die Pr.St.B., Oldenburgische Staatseisenbahn und Militäreisenbahn, d. h. alle Bahnen des St.W.V. mit Ausnahme der Elsaß-Lothringischen Eisenbahnen, bilden bezüglich der Wagenmietheberechnung gegenüber allen anderen Bahnen (einschl. der Elsaß-Lothringischen Bahnen) ein einheitliches Bahngebiet, dessen Rechnungsgeschäfte von dem C.W.A.B. in Magdeburg wahrgenommen werden.

Dem C.W.A.B. liegt daher ob[11]):

a) Die Lauffeststellung und Mietheberechnung für die auf die Pr.St.B., die Oldenburgische Staatsbahn und Kgl. Militärbahn übergehenden fremden Wagen.

b) Die Prüfung der von den fremden Verwaltungen aufgestellten Schuldnachweisungen über die Benutzung der Wagen der unter a genannten Bahnen.

c) Die Ausgleichung der Wagenmiethebeträge zwischen den unter a genannten Bahnen und den fremden Bahnen, sowie zwischen den unter a aufgeführten Bahnen untereinander, soweit bei den letzteren noch gegenseitige Mietheberechnung stattfindet.

Die Ermittelung der gegenseitigen Miethebeträge zwischen den Pr.St.B., der Oldenburgischen Staatsbahn und Militäreisenbahn erfolgt nicht beim C.W.A.B., sondern bei den einzelnen Wagenkontrolen (s. unten). Die Beträge werden dann nur dem C.W.A.B. mitgetheilt. Dagegen wird die Vertheilung der für fremde Wagen zu zahlenden Schuldbeträge auf die Pr.St.B. und die beiden anderen Verwaltungsgebiete im C.W.A.B. vorgenommen (s. unten). Die zwischen den Pr.St.B. und den Elsaß-Lothringischen Bahnen bestehende besondere Art der Abrechnung wird unter D erörtert werden. Ausgeschlossen von dem Geschäftskreise des C.W.A.B. sind alle Naturalabrechnungen, (vgl. unter F).

Inwieweit die mit dem C.W.A.B. verbundene Centralwagenkontrole auch Abrechnungsgeschäfte für fremde Bahnen unter sich besorgt, ist unter C, 4 zu besprechen.

B. Unterlagen für die Schuldberechnung.

Es soll hier nur das in dem obigen Gebiete der dem C.W.A.B. beigetretenen Bahnen vorgeschriebene Verfahren[12]) erörtert werden. Bei den fremden Bahnen ist das Verfahren im Wesentlichen dasselbe.

Die Uebergangsstationen haben, wie bereits S. 386 erwähnt, in ihren Wagennotizbüchern alle Uebergänge von Wagen aus dem Gebiete des St.W.V. (ausschl.

---

[11]) Dia. f. C.W.A.B. § 2.
[12]) Dia. f. C.W.A.B. § 3.

(Titelseite [Innenseiten s. S. 394, 395]).

Wagenabrechnung der Preußischen Staatsbahnen.

Nachweis mit Schuldberechnung[13])

über die

auf der Station ....

von der ....Bahn

übernommenen Wagen

der ....Bahn

Monat .... 189......

Festgestellt und berechnet	Aufgestellt
Magdeburg, den .... 189......	den .... 189......
Das Centralwagenabrechnungsbureau.	Der Stationsvorsteher.

Elsaß-Lothringen) auf eine angrenzende fremde Bahn, und umgekehrt zu vermerken, sei es, daß diese Wagen Staatsbahnverbandswagen, Wagen der angrenzenden oder einer anderen fremden Bahn sind. Das Ergebniß dieser Aufzeichnungen sowie der Aufzeichnungen der Uebergangs- und Binnenstationen über die Wagenaufenthalte ist in einer Reihe von Nachweisungen wiederzugeben. Der Gesammtinhalt dieser Nachweisungen enthält alle erforderlichen Unterlagen, um den Lauf jedes fremden Wagens von seinem Eintritte in das Abrechnungsgebiet bis zu seinem Wiederaustritte zu verfolgen. Zur Prüfung der fremden Schuldberechnungen liegen dagegen an eigenen Notizen der Staatsbahnen nur die Nachweisungen über den Austritt der Staatsbahnverbandswagen aus dem Abrechnungsgebiete und deren Wiedereintritt vor. In der Hauptsache verläßt man sich hierin auf die von den fremden Bahnen in den Schuldberechnungen gelieferten Angaben (s. unten). Es sind im Abrechnungsbereiche des C.W.A.B. zu erstatten[12]):

1. Von den Uebergangsstationen folgende nach Eigenthumsbahnen, Bahnanschlüssen, Personen-, Gepäck-, Eilgutkurs- und Güterwagen getrennten Nachweisungen.

a) Zehntägige Schuldnachweisungen nach V.W.U. § 13, d. h. nach dem auf S. 393—395 mitgetheilten Vordrucke[13]) über die auf die Pr.St.B. sowie die anderen dem C.W.A.B. beigetretenen Bahnen übergehenden fremden Wagen.

---

[13]) Dieser Vordruck, welcher dem neuen vom 1./4. 1897 gültigen V.W.U. § 13 entsprechend aufgestellt ist, setzt zugleich bereits den Ersatz der jetzt auf den Pr.St.B. bestehenden 10 einzelnen Kilometerzeiger durch einen einheitlichen Kilometerzeiger voraus (vgl. die letzten 3 Spalten auf S. 395) und wird daher erst nach Fertigstellung dieses Kilometerzeigers (voraussichtlich im Jahre 1898) in Gebrauch genommen. Bis dahin wird der alte nach dem bisherigen V.W.U. aufgestellte Vordruck mit 11 Kilometerspalten (vgl. S. 400) weitergebraucht.

(Innenseiten zum

des Wagens		Hinweg.									Rückweg.						
		Uebernahme von der Nachbarbahn			Endstation des Wagenlaufes im Bezirke der nachweisenden Verwaltung	Weiterlauf (Uebergabe an die Nachbarbahn)				Rückempfang von der Nachbarbahn des Weiterlaufes			Rückgabe an die Nachbarbahn in der Richtung zur Heimath			Rückgabestation bei Wagen, welche nicht über die Uebernahmestation des Hinlaufes zurückkehren.
Buchstabe*) und Nummer	Bestimmungsstation	Tag		Tageshälfte		Bezeichnung der Bahn	Tag		Tageshälfte	Tag		Tageshälfte	Tag		Tageshälfte	
		beladen	leer				beladen	leer		beladen	leer		beladen	leer		

*) Der Buchstabe ist nur da anzugeben, wo er zur Unterscheidung verschiedener Wagengattungen mit gleichen Nummern erforderlich ist. Die Ausfüllung der Spalte „Bestimmungsstation" bleibt dem Ermessen der Verwaltungen überlassen.

Anmerkung: In die Spalten 3 u. 4, 8 u. 9, 11 u. 12 und 14 u. 15 ist das Datum desjenigen Tages, an welchem der Wagen übernommen, weiter gegeben oder zurückgekehrt ist, unter „beladen" oder „leer" einzusetzen, je

Diese Nachweisungen sind von den Stationen nur bezüglich der Wagennummer, der Uebergabe- und Rückgabezeiten, der Endstation des Wagenlaufes, der Angabe des Weges und der Spalte, ob beladen oder leer, d. h. nur bezüglich der grundlegenden Angaben auszufüllen. Wagen, welche nicht vor Abschluß der Nachweisung über dasjenige Monatsdrittel, in welchem sie eingetreten sind, zurückkehren, werden in die Nachweisung für das folgende Monatsdrittel und ev. noch weiter übertragen. Eine Uebertragung aus einem Monat in das erste Drittel des folgenden Monats findet indessen nicht statt. Vielmehr werden diejenigen Wagen, welche bei Abschluß des Schuldnachweises über das letzte Monatsdrittel nicht zurückgekehrt sind, in einen besonderen Nachtragsschuldnachweis übernommen, der bis zum 15. des nächsten Monats einzureichen ist. Bei Wagen, welche über eine andere Station zurückkehren, wird der Austritt durch die Nachweisungen zu b nachgewiesen.

Für Stationen mit geringem Wagenverkehre kann die Aufstellung monatlicher Schuldnachweisungen durch das C.W.A.B. angeordnet werden.

b) Zehntägige Uebergangsnachweisungen nach dem Muster (S. 396) über diejenigen fremden Wagen, welche sich auf dem Hinwege (Durchgang über das Gebiet des St.W.V. hinaus) befinden, auch soweit sie demnächst auf dem Rückwege wieder auf derselben Station eintreten, oder welche auf dem Rückwege auf einer anderen Station aus dem Bereiche des St.W.V. wieder austreten, als auf welcher sie eingetreten sind. Für diese Nachweisungen gilt bezüglich der Uebertragung von Monatsdrittel zu Monatsdrittel und der Nachtragsnachweisungen dasselbe, wie zu a. Die Nachweisungen

Schuldnachweis [Titelseite s. S. 393]).

Fristberechnung								Zurückgelegte Wagenkilometer[14])		
Verwendete Benutzungszeit		Zulässige Benutzungszeit einschl. Lade- und Lauffristen gemäß § 7.	Bezeichnung der Zuschlagsfristen bezw. Hinweis auf die desfalsige Erläuterung	Von der Tagesmiethe befreite Benutzungszeit		Fristüberschreitung		Preußische Staatsbahnen	Großherzogl. Oldenburgische Staatsbahn	Im Ganzen
Tage				Tage						
ganze	halbe			ganze	halbe	ganze	halbe			

nachdem die Uebernahme, Weitergabe, Rücknahme des Wagens im beladenen oder leeren Zustande erfolgte. — In den Spalten 5, 10, 13 u. 16 ist die Tageshälfte von Mitternacht bis Mittag mit 1, die Tageshälfte von Mittag bis Mitternacht mit 2 zu bezeichnen. Die Spalten 17—20, 22—28 werden nur von den Wagenkontrolen oder Wagenabrechnungsbureaus ausgefüllt.

zu b ergänzen diejenigen zu a bezüglich der Zeit, welche ein fremder Wagen im Ganzen innerhalb des St.W.V. zugebracht hat.

c) **Monatliche Uebergangsnachweisungen** nach demselben Muster, wie zu b, über die auf fremde Bahnen übergehenden Wagen der Pr.St.B., der anderen dem C.W.A.B. beigetretenen und der Reichseisenbahnen sowie über die von einer fremden Bahn zurückkehrenden Wagen dieser Bahnen, einerlei, ob die Wagen auf dem Hinwege diese Station berührt haben, oder nicht. Die Nachweisungen zu c geben mithin, zusammengestellt, einen vollen Belag dafür, wie lange ein Wagen des St.W.V. sich auf fremden Bahnen befunden hat. Bezüglich der Uebertragung der Wagen und der Aufstellung der Nachtragsnachweisungen gilt wiederum dasselbe, wie zu a und b.

Die Nachweisungen zu a—c über Güterwagen sind mit Umschlagsverzeichnissen nach vorgeschriebenem Vordrucke dem C.W.A.B. unmittelbar einzusenden, und zwar zu a und b am 18. und 28. des laufenden und am 8. des folgenden Monates, zu c am 8. des folgenden Monates.

Die Nachweisungen über Personen-, Gepäck- und Eilgutkurswagen sind in derselben Weise der zuständigen Wagenkontrole zur Benutzung für die Naturalabrechnungen einzusenden[15]). Soweit betreffs dieser Wagen indessen eine Geldabrechnung (durch das C.W.A.B.) stattfindet, sind die Nachweisungen nach der Feststellung durch die Wagenkontrole spätestens nach 8 Tagen an das C.W.A.B. abzugeben[16]).

[14]) Vgl. die Fußnote 13 auf S. 393.
[15]) W.K.O. § 5.
[16]) W.K.O. § $8_{,1}$.

(Vordruck zur Uebergangsnachweisung).

Wagenabrechnung der Preußischen Staatsbahnen.

Nachweis

der Station .... der .... Bahn über die auf die .... Bahn übergegangenen Wagen der .... Bahn

für .... 189....

Der Wagen		Angekommen		Uebergabe an die Nachbarb.				Rückgabe v. d. Nachbarb.				Abgesandt für den Weg [17])	Bemerkungen
Nummer	Achsenzahl	von Station	über den Weg [17])	am	Stunde	beladen oder leer	Bestimmungsstation	am	Stunde	beladen oder leer	für Station		

2. Von den Uebergangs- und Binnenstationen.

a) Stationsnachweisungen nach Eigenthumsbahnen, Personen-, Gepäck-, Eilgutkurs- und Güterwagen getrennt, nach dem Muster auf S. 397 über alle auf der Station angekommenen und abgegangenen fremden Wagen, welche für die Station bestimmt sind, oder welche wegen Ueberlastung der Züge, wegen Ausbesserung, Umladung, Umkartirung, weiterer Abfertigung, besonderer Fest- und Feiertage, Zollabfertigung oder aus anderen Gründen daselbst Aufenthalt erleiden, unter genauer Erläuterung aller vorgekommenen Verzögerungen. Wagen, welche nur wegen Zugwechsels ausgesetzt werden und mit dem fahrplanmäßigen Anschlußzuge zur weiteren Beförderung gelangen, sind nicht nachzuweisen. Dagegen sind in diese Nachweisungen seitens der Uebergangsstationen auch diejenigen auf der Station Aufenthalt erleidenden Wagen aufzunehmen, welche bereits durch die Schuld- oder Uebergangsnachweisungen (zu 1 a, b) gemeldet sind. Sind fremde Wagen nicht nachzuweisen, so erfolgt Fehlanzeige. Diese Stationsnachweisungen und Fehlanzeigen sind für jedes Monatsdrittel bis zum 15. und 25. des laufenden und 5. des folgenden Monats an die Wagenkontrole (oder an die von den nichtpreußischen Bahnverwaltungen besonders bestimmte Dienststelle) und von diesen Dienststellen nach Entnahme der Nachweisungen über Personen-, Gepäck- und Eilgutkurswagen spätestens am 5. Tage darauf übersichtlich geordnet an das C.W.A.B. einzureichen.

---

[17]) Diese Spalte, welche nur bei fremden Wagen auszufüllen ist, fällt nach Einführung des einheitlichen Kilometerzeigers (vgl. S. 400) fort.

(Vordruck zur Stationsnachweisung).

Wagenabrechnung der Preußischen Staatsbahnen.

Nachweis

der Station .... der .... Bahn

über die angekommenen und abgegangenen **fremden** Wagen und zwar der .... Eisenbahn

für das .... Drittel des Monates .... 189 ......

Des Wagens				Ankunft						Abgang						Bemerkungen bezüglich der Ueberschreitung der Aufenthaltsfristen, der Wiederbeladung, Umkartirung, Weiterabfertigung. Angabe der erhobenen Verzögerungsgebühren, der Zeit des Zollaufenthaltes und der Ausbesserungen
Eigenthumsmerkmal	Nummer und etwaige Serie	Gattung	Achsenzahl	Tag	Stunde	mit Zug Nr.	beladen oder leer	von	über den Weg [17])	Tag	Stunde	mit Zug Nr.	beladen oder leer	nach	über den Weg [17])	

Anmerkung: Für jede Wageneigenthümerin ist ein besonderes Formular zu verwenden.

Diejenigen Wagen, welche in den Nachweisungen des ersten und zweiten Monatsdrittels nicht vollständig nachgewiesen werden können, sind auch hier in der Nachweisung des letzten Monatsdrittels vorzutragen. Ueber die in der letzteren Nachweisung nicht vollständig zum Nachweise gelangenden Wagen sind bis zum 15. des folgenden Monats Nachtragsnachweisungen einzureichen.

In den über die fremden Wagen aufzustellenden Stationsnachweisungen sind die Privatwagen als solche besonders kenntlich zu machen. Bei Kesselwagen ist außerdem anzugeben, ob die Ent- oder Beladung auf Privat- oder Bahngleisen erfolgte.

b) Anzeigen (nach vorgeschriebenem Muster) über diejenigen fremden Wagen, welche in Ausbesserung genommen oder nach beendigter Ausbesserung an den Betrieb zurückgegeben werden, sowie ferner über diejenigen, welche wegen Zollabfertigung einen Aufenthalt von mehr als drei Tagen oder wegen Verkehrsstockung und Uebernahmeverweigerung Aufenthalt erleiden. Diese Anzeigen sind ohne Verzug unmittelbar dem C.W.A.B. einzureichen und werden von diesem sogleich an die Eigenthumsbahnen weitergesandt (vgl. S. 314).

Dagegen erfolgt die durch V.W.U. § $11,_4$ für den Bereich des V.D.E.V. vorgeschriebene Veröffentlichung der Verkehrsstockungen durch die Vereinszeitung seitens der betroffenen Verwaltung, welche hiervon dem C.W.A.B. Mittheilung zu machen hat.

Wie bei der Ausschreibung aller vorbenannten Nachweisungen mit der größten Sorgfalt zu verfahren ist, haben insbesondere die Uebergangsstationen auf genaue Uebereinstimmung ihrer Nachweisungen mit denen der Nachbarbahnen zu achten.

C. Aufstellung und weitere Behandlung der Schuldberechnung (Geldabrechnung).

1. Gesammtgang des Verfahrens.

Die Abrechnungen werden für jeden Kalendermonat gesondert aufgestellt, und zwar sind in jede Monatsrechnung diejenigen Wagen aufzunehmen, die sich in dem betreffenden Monat auf dem Hinlaufe befunden haben, sofern sie innerhalb desselben Monats oder bis zum 15. des nächsten Monats zurückgekehrt sind. (Soweit thunlich auch die noch später zurückgekehrten)[18]. Jede Verwaltung stellt für jede andere Verwaltung, der sie Wagenmiethe ꝛc. schuldet, eine besondere Abrechnung auf, die sie den bezüglichen Verwaltungen spätestens einen Monat nach Ablauf des Rechnungsmonats zuschickt[19]. Jede Verwaltung prüft alle ihr zugesandten Schuldberechnungen, zieht dagegen Erinnerungen, und es geht oft solche Berechnung zwischen der schuldenden und guthabenden Verwaltung mehrmals hin und her, bis Einverständniß erzielt ist. Diese Prüfung hält indessen die Ausgleichung der Geldbeträge nicht auf. Vielmehr werden alle Abrechnungen, so wie sie zuerst von den schuldenden Bahnen aufgestellt sind, vorläufig als richtig angenommen und der Geldausgleichung zu Grunde gelegt. Bei dieser werden dann zugleich die inzwischen festgestellten Berichtigungen der Abrechnungen früherer Monate mit ausgeglichen.

Für die Geldausgleichungen ist nun insofern eine große Erleichterung geschaffen, daß nicht jede Bahn an jede Bahn die Schuldbeträge zu zahlen hat. Vielmehr findet für den größten Theil der am mitteleuropäischen Wagenverkehre betheiligten Bahnen auch über den Bereich des V.D.E.V. hinaus ein gemeinsamer Ausgleich beim C.W.A.B. in Magdeburg statt, welches diesen Ausgleich in seiner Eigenschaft als Centralwagenkontrole bewirkt.

Diejenigen Beträge, welche die Pr.St.B. den einzelnen anderen Bahnen schulden, entnimmt hierbei das C.W.A.B. den von ihm selbst aufgestellten Abrechnungen. Die Beträge, welche andere Bahnen den Pr.St.B. schulden, gehen aus den dem C.W.A.B. etwa einen Monat nach Ablauf des Rechnungsmonats zugesandten Schuldrechnungen hervor. Was die fremden Bahnen sich gegenseitig schulden, geben sie dem C.W.A.B. an, und zwar schickt jede Bahn, auch etwa einen Monat nach Ablauf des Rechnungsmonats, in Uebereinstimmung mit den von ihr aufgestellten Schuldberechnungen eine Uebersicht der einzelnen Beträge ein, welche sie den anderen Bahnen schuldet. Aus der Zusammenstellung aller dieser Unterlagen läßt sich dann die Gesammtschuld und das Gesammtguthaben jeder einzelnen Bahn und das Saldo, welches für jede Bahn entweder Schuld oder Guthaben ist, ableiten. Wie dies bis etwa $1\frac{1}{2}$ Monate nach Schluß des Abrechnungsmonats geschieht, und wie dann diese Beträge zur Baarausgleichung bei der Vereinsabrechnungsstelle in Berlin angemeldet werden, wird unten dargelegt werden.

Es haben indessen die meisten derjenigen beim Wagenaustausche betheiligten Bahnen, die nicht dem V.D.E.V. angehören, bei der Vereinsabrechnungsstelle kein Abrechnungskonto. Schuld und Guthaben dieser Bahnen werden von anderen Bahnen, die bei der Vereinsabrechnungsstelle betheiligt sind, auf ihr Konto mit übernommen und die zwischen der vermittelnden und den außerhalb stehenden Bahnen stattfindende Ausgleichung geht

---

[18]) V.W.U. § 13,$_2$, It.W.R. § 16,$_2$.
[19]) V.W.U. § 13,$_1$, It.W.R. § 16,$_1$, Int.R. Art. 66.

alsdann die Allgemeinheit nichts an. So übernimmt die Direktion Altona die Schuld- und Guthabenbeträge der Dänischen Staatsbahnen, die Bayerische Staatsbahn die Schuld- und Guthabenbeträge der schweizerischen Bahnen. Die Elsaß-Lothringischen Bahnen übernehmen die Schuld- und Guthabenbeträge der italienischen Bahnen und der französischen Bahnen, soweit deren Wagen von ihnen eingeführt oder deutsche Wagen durch sie nach Frankreich ausgeführt sind. Dagegen werden à conto der Belgischen Staatsbahn die von ihr nach den Bestimmungen des Int.V. eingeführten belgischen und französischen Wagen und die über ihre Linien nach Belgien und Frankreich ausgegangenen Wagen deutscher Bahnen verrechnet. So sind Wagen derselben französischen Bahnen auf verschiedene Rechnungen zu setzen, je nachdem sie über Elsaß-Lothringen oder durch Belgien in das Gebiet des V.D.E.V. eingetreten sind. Das Bild wird dadurch noch bunter, daß manche der eingeführten Bahnen ihrerseits wieder Wagen einführt, und daß, je nach dem Einführungswege, die Mietheberechnung eine verschiedene ist, und es ist dies für die Aufstellung der Rechnungen im C.W.A.B. insofern von Bedeutung, als dieses für jede einzelne Bahn, auch wenn deren Guthaben beim Ausgleiche der vermittelnden Bahn zugeschrieben wird, eine besondere Schuldberechnung aufstellen muß.

Während die Thätigkeit des C.W.A.B. für die übrigen Direktionen der Pr.St.B. von der Eisenbahndirektion Magdeburg unentgeltlich besorgt wird, erhält letztere von den fremden Bahnen für die Thätigkeit des C.W.A.B. als Centralwagenkontrole eine Pauschalvergütung von 8600 M., welche nach der Anzahl der Rechnungspositionen auf die betheiligten Bahnen vertheilt und in der Dezemberabrechnung mit ausgeglichen wird.

Im Folgenden wird die Einzelbesprechung sich nur soweit erstrecken, als die Pr.St.B. betheiligt sind; d. h. es soll die gegenseitige Aufstellung und Prüfung der Schuldberechnungen zwischen dem Preußischen St.W.V. (in obiger Beschränkung, d. h. ausschließlich der Elsaß-Lothringischen Bahnen) und den fremden Bahnen, ferner der innere Ausgleich des St.W.V. und schließlich die Herstellung des Gesammtausgleiches zwischen allen an diesem Gesammtausgleiche betheiligten Bahnen erörtert werden.

2. Die Schuldberechnungen des St.W.V. für fremde Bahnen.

Bezüglich der Lauf- und Miethеberechnung bilden die Bahnen des St.W.V., soweit sie dem C.W.A.B. beigetreten sind (also Pr.St.B., Militäreisenbahn, Oldenburgische Staatsbahn, aber nicht Elsaß-Lothringische Eisenbahnen) gegenüber den fremden Bahnen ein einheitliches Netz. Demgemäß wird über jeden Wagenlauf fremder Wagen innerhalb dieses Gebietes nur eine Schuldberechnung aufgestellt, innerhalb deren zugleich die Antheile der einzelnen Bahnen ermittelt werden (s. unten). Zur Aufstellung der Schuldberechnungen werden die Urschriften der Schuldnachweisungen benutzt, (fremde Bahnen verfahren hierin z. Th. anders), deren von den Stationen offen gelassene Spalten vom C.W.A.B. ausgefüllt werden. Zunächst sind die grundlegenden Angaben nach den Stationsnachweisungen und Uebergangsnachweisungen zu ergänzen, so daß der ganze Lauf des Wagens innerhalb des St.W.V. aus der vervollständigten Schuldnachweisung ersichtlich ist.

Falls der Wagenlauf innerhalb des St.W.V. auf derjenigen Station endigt, welche schon von der Uebergangsstation als Endstation des Wagenlaufes bezeichnet war, und sich dort umkehrt, um ohne Aufenthalt zurückzugehen, so ist als grundlegende Angabe nur eine Notiz über die Ent- und eventuelle Wiederbeladung auf der Endstation einzutragen, um hierdurch die Befreiung von Zeitmiethe und Verzögerungsgebühr[20]) zu begründen. Findet dagegen eine Weitersendung oder Ablenkung des Wagens, bezw. eine Wiederbeladung auf einer anderen Station, ein Aussetzen desselben zur Ausbesserung u. s. f. statt, so müssen die bezüglichen Angaben nach Maßgabe der von den betreffenden Stationen eingegangenen Stationsnachweisungen (S. 396, 397) in der Schuldnachweisung der Uebergangsstation nachgetragen werden. Hat der Wagen das Gebiet des St.W.V. durchfahren, um an einer anderen Stelle wieder auszutreten, so ist die Schuldnachweisung in den Hauptspalten (Weiterlauf, Uebergabe an die Nachbarbahn und Rückempfang von der Nachbarbahn des Weiterlaufes) nach den bezüglichen Uebergangsnachweisungen (S. 394—396) zu ergänzen. Weicht der Rückweg vom Hinwege ab, so daß z. B. der Wagen über eine andere Station aus dem Gebiete des St.W.V. austritt, als auf welcher er eingetreten ist, so fehlt in der Schuldnachweisung der Eintrittsstation die Ausfüllung der Spalte (Rückgabe an die Nachbarbahn in der Richtung zur Heimath). Diese Ausfüllung ist dann nach der Uebergangsnachweisung der thatsächlichen Austrittsstation auf dem Rückwege des Wagens in der besonders hierfür vorgesehenen Spalte[21]) der Schuldnachweisung vorzunehmen. In allen Fällen müssen die Ergänzungen der grundlegenden Angaben in der Schuldnachweisung so vollständig sein, daß hiernach der ganze Weg, den der Wagen innerhalb des Gebietes des St.W.V. zurückgelegt hat, mit allen Aufenthalten, die er unterwegs erlitten hat, und allen Nebenumständen, die auf die Berechnung von Miethe, Verzögerungsgebühr (Geldbuße) von Einfluß sind, sowohl für Aufstellung, wie für die Prüfung der Abrechnung ohne Weiteres ersehen werden können.

Aus den grundlegenden Angaben ist ohne Weiteres die „verwendete Benutzungszeit" und die „von Tagesmiethe befreite Benutzungszeit" abzuleiten (vgl. Vordruck S. 395). Alsdann erfolgt die Feststellung der vom Wagen durchlaufenen Wegelänge. Hierbei ist es zur Zeit erforderlich, den innerhalb des St.W.V. thatsächlich vom Wagen zurückgelegten Weg aus vielen einzelnen Strecken zusammenzurechnen, welche aus den Kilometerzeigern der einzelnen Wagenkontrolebezirke (vgl. S. 18) entnommen werden[22]). Daher sind in der Schuldnachweisung, wie sie im St.W.V. jetzt verwendet wird 11 Spalten für die Berechnung der Wegelänge, davon 10 für die 10 Wagenkontrolebezirke der Pr.St.B. und eine für die Oldenburgische Staatsbahn vorgesehen[23]). Für die Laufmiethebereehnung kommt indessen nur die ganze Wegelänge in Frage, die dann in der Summenspalte ausgeworfen wird. Sobald diese festgestellt ist, lassen sich auch die Spalten „Zulässige Benutzungszeit ꝛc." und „Fristüberschreitung" ausfüllen. Nachdem die einzelnen Schuldnachweisungen für eine fremde Bahn aufaddirt sind, werden ihre Schlußergebnisse in der „Zusammenstellung der an die ...... Bahn ...... zu zahlenden

[20]) V.W.U. § 11, Jt.W.R. § 14, Jnt.R. Art. 45, 46.

[21]) In dem bisherigen, vorläufig auf den Pr.St.B. weiter zu benutzenden Vordrucke der Schuldnachweisungen (S. 393, Fußnote 13) ist diese besondere Spalte nicht vorhanden, so daß die bezügliche Eintragung in der vorhergehenden Spalte (mit besonderem Vermerke) erfolgen muß.

[22]) Nach dem vom M. d. ö. A. genehmigten Beschlusse der Staatsbahnwagenverbandskonferenz zu Trier vom 25. und 26./6. 1896 wird für den ganzen Bereich der Pr.St.B. ein einheitlicher Kilometerzeiger aufgestellt. Der S. 393 bis 395 mitgetheilte Vordruck der Schuldnachweisungen weist demgemäß für die Pr.St.B. nur eine Kilometerspalte auf.

[23]) Berührt ein Wagenlauf die Kreis-Oldenburger oder die Militäreisenbahn, so wird irgend eine bei dem betr. Wagenlaufe nicht benutzte Spalte entspr. eingebessert oder eine besondere Spalte nachgetragen.

Titelseite (Innenseiten s. S. 402).

Centralwagenabrechnungsbureau der Preußischen Staatsbahnen.

Zusammenstellung

der an die *Königlich Sächsische Staats*bahn nach den beiliegenden *38* Schuldnachweisen und *1* Ausgleichungsverzeichnisse zu zahlenden Wagenmiethen

für den Monat *November* **189*5***

Lfde. Nr.	Bezeichnung der Verwaltungen	Betrag Mark	Pf.
1	Königliche Eisenbahndirektion **Magdeburg** für die Preußischen Staatsbahnen einschließlich der Königlichen Militärbahn	*11* *124188*	*46* *33*
	a) für die Franzburger Südbahn	—	—
	b) „ „ Halle-Hettstedter Bahn	—	—
	c) „ „ Hildesheim-Peiner Kreisb.	—	—
	d) „ „ Iwangorod-Dombrow. Bahn	*16*	*64*
	e) „ „ Königsberg-Cranzer Bahn	—	—
	f) „ „ Osthavelländische Kreisbahn	*1*	*43*
2	„ „ **Altona** a) „ „ Kreis Oldenburger Bahn	—	—
	b) „ „ Dänische Staatsbahn	*168*	*88*
3	**Großherzoglich Oldenburgische Staatsbahn**	*49*	*24*
4	**Neuhaldensleber Bahn**	—	*40*
	Zusammen	*124436*	*38*

An

die Wagenkontrole der Königl. Sächsischen Staatsbahn

zu

Dresden A.

Magdeburg, den *31. December* 189*5*.

Innenseite zur Zusammenstellung ꝛc. der Wagenmiethen. (Titelseite s. S. 401.)

Laufende Nummer	Uebergangsstation	Zeitmiethe für		Verzögerungsgebühren für		An Laufmiethe entfällt auf				
						Preuß. Staatsbahnen	Königl.[24]) Militärbahn	Kreis[24]) Oldenb. Bahn	Großh.[24]) Oldenburgische Staatsb.	Im Ganzen
		Tage	Std.	Tage	Std.	für Kilometer				
1	Bingerbrück . . .	44	15	1	7	2593	—	—	—	2593
2	Elsterwerda . . .	13683	18	88	4	1541803	576	—	—	1542379
3	Leipzig M.H. . . .	18274	19	154	19	2241505	—	—	2276	2243781
4	„ „ Nachtrag pro Oktober	20	6	—	—	3520	—	—	50	3570
34	Hierzu Ausgleichungen aus Prüfungsbemerkungen betr. September u. s. w.	105	18	7	8	11576	—	—	—	11576
	Zusammen	60706	17	556	19	6239824	576	—	2474	6242874
		à Tag 1 M.		à Tag 2 M.			à km 1 Pf.			
	oder in Geld Mark .	60706,71		1113,58		62398,24	5,76	—	24,74	62428,74
		61820,29								
	Von der Zeitmiethe und Verzögerungsgebühren entfallen nach Verhältniß der durchlaufenen Kilometer Mark .					61790,09	5,70	—	24,50	61820,29
	Zusammen Mark					124188,33	11,46	—	49,24	124249,03
	Hierzu von der Dänischen Staatsbahn . . .					—	—	—	—	168,88
	Iwangorod-Dombrowaer Bahn					—	—	—	—	16,64
	Neuhaldensleber Bahn					—	—	—	—	0,40
	Osthavelländischen Kreisbahn					—	—	—	—	1,43
									Zusammen Mark	124436,38

[24]) Ueber fremde Wagen, welche auf den Pr.St.B., auf der Preußischen Militärbahn, auf der Kreis Oldenburger und der Großherzoglich Oldenburgischen Staatsbahn laufen, wird nur ein Schuldnachweis angefertigt (vgl. S. 392, 399) und die Zeitmiethe und Verzögerungsgebühren nach dem Verhältnisse der durchlaufenen Kilometer vertheilt, wie oben ersichtlich. Deshalb erscheinen die betreffenden Bahnen im Inneren dieser Zusammenstellung aufgeführt.

Wagenmiethen" nach dem Vordrucke auf (S. 401 u. 402) zusammengefaßt. Jede Schuldnachweisung füllt hier eine Reihe. Es folgen sich die Schuldnachweisungen der verschiedenen Uebergangsstationen. Von jeder Uebergangsstation sind für jede besonders zu berichtende Wagengattung die Schuldnachweisungen der einzelnen Monatsdrittel zu einer Gesammtnachweisung zu vereinigen. Die Wegelänge innerhalb des St W.V. ist hier nach den Pr.St.V., der Militärbahn, der von der Direktion Altona mitbetriebenen Kreis Oldenburger Bahn und der Großherzoglich Oldenburgischen Staatsbahn zu theilen[24]), was nach der Ermittelung in den Schuldnachweisungen zu geschehen hat.

Nachdem alle in Frage kommenden Schuldnachweisungen einschließlich etwaiger Nachtragsnachweisungen früherer Monate aufgeführt sind, werden die etwa vorhandenen Ausgleichungen von Rechnungsfehlern früherer Monate, die nach besonderem Vordrucke hergestellt werden, mit ihren Schlußergebnissen in je einer Reihe eingestellt. Diese Schlußergebnisse sind gleichfalls Tage und halbe Tage (Stunden)[25]) bezw. Kilometer, die, je nachdem die Fehler gemacht waren, positiv oder negativ anzusetzen sind. Endlich werden die Summen aller Zeit- und Wegespalten der „Zusammenstellung" gezogen und unterhalb der Summenreihe die Laufmiethe und die Zeitmiethe nebst Verzögerungsgebühr in zwei Reihen berechnet, wie dies auf S. 402 in dem Vordrucke angedeutet ist. Die Vertheilung der Zeitmiethen und Verzögerungsgebühren auf die einzelnen Verwaltungsbezirke des St.W.V. erfolgt hierbei nach Maßgabe der in jedem Verwaltungsbezirke zurückgelegten Kilometer. Dagegen fallen die nach den Bestimmungen der Uebereinkommen bei falschen Leerläufen und vorschriftswidriger Benutzung zu zahlenden Entschädigungen und Geldbußen der schuldigen Verwaltung allein zur Last, deren zuständiger Stelle (bei den Pr.St.B. der betreffenden Betriebsinspektion) Mittheilung zu machen ist. Die auf die Pr.St.B. entfallenden Beträge jeder Art werden zu Gunsten und zu Lasten der Direktion Magdeburg verrechnet[26]).

Die Titelseite der Zusammenstellung (S. 401) enthält dann eine nochmalige Wiederholung aller Geldschuldbeträge, wobei die gesammten Pr.St.B. einschließlich der Militärbahn unter der Direktion Magdeburg in einer Reihe erscheinen, so daß selbständig daneben nur noch die Oldenburgische Staatsbahn und die Neuhaldensleber Bahn[26]) genannt werden, während die Kr. Oldenburger Bahn bei der Direktion Altona und diejenigen fremden Bahnen, deren Abrechnung durch die Direktionen Magdeburg und Altona vermittelt wird, bei diesen Direktionen aufgeführt sind. Jede fremde Bahn erhält spätestens einen Monat nach Schluß des abzurechnenden Monates[27]) ihre Zusammenstellung und als Anlagen derselben sämmtliche für den betreffenden Monat bezüglich ihrer Wagen erwachsenen Schuldberechnungen und die für frühere Monate festgestellten Ausgleichungen. Falls die betreffende fremde Bahn Wagen anderer Bahnen eingeführt hat, werden die auf diese bezüglichen Zusammen-

[25]) In der Ausfüllung des Vordruckes auf S. 402, welche nach einer älteren Zusammenstellung erfolgt ist, sind statt der vom 1./4. 1897 zu berechnenden halben Tage noch Stunden angegeben.

[26]) Dia. f. C.W.A.B. § 5,₃. In der Zusammenstellung werden schließlich, lediglich in Geldbeträgen, die Schuldposten derjenigen fremden Bahnen aufgeführt, für welche einzelne Direktionen der Pr.St.B. die Abrechnung vermitteln, so der Dänischen Staatsbahnen, der Osthavelländischen Kreisbahn u. s. f. Diese Bahnen stellen ihre Schuldberechnungen selbst auf und übersenden sie zur Prüfung an die Eigenthumsbahnen der Wagen, theilen nur die Geldbeträge zur Mitberücksichtigung nach Magdeburg mit. Ferner nimmt nach besonderem Abkommen das C.W.A.B. die Schuldbeträge der Neuhaldensleber Bahn in seine Zusammenstellungen mit auf.

[27]) V.W.U. § 13, It.W.R. § 16, Int.R Art. 51.

stellungen nebst Schuldnachweisen ihr zur Weitergabe an die betreffenden Bahnen mit übersandt und die Endbeträge solcher Zusammenstellungen auf der Titelseite der Zusammenstellung der einführenden Bahn mit vermerkt.

Damit nun aber das C.W.A.B. weiß, von welcher Bahnverwaltung die Wagen fremder, weder dem V.W.U. noch dem It.W.R. noch dem Int.R. beigetretenen Bahnen eingeführt sind, und damit ebenso die Abrechnungsstellen der übrigen Bahnen dieses wissen, um hiernach die Schuldberechnung zu Gunsten der einführenden Bahn aufstellen zu können (wovon auch die Höhe der Vergütungssätze abhängt), hat jede einführende Bahn alle von ihr eingeführten fremden (d. h. nicht dem Gebiete eines der drei großen Verbände angehörenden) Wagen allen an den Verbänden betheiligten Bahnen bis zum 10. des auf den abzurechnenden Monat folgenden Monates in einem kurz gefaßten Verzeichnisse mitzutheilen. Für die dem C.W.A.B. beigetretenen Bahnen hat dieses diese Mittheilung an die fremden Bahnen zu machen[28]).

3. Gegenseitige Prüfung der von den Bahnen einander übersandten Schuldberechnungen.

Ebenso wie das C.W.A.B. allen fremden Bahnen Schuldberechnungen über Läufe ihrer Wagen im Bereiche des St.W.V. zustellt, erhält dasselbe von allen fremden Bahnen Schuldberechnungen über die Läufe der Wagen des St.W.V. auf diesen fremden Bahnen, und zwar werden hierbei für die Wagen der 20 preußischen Direktionen getrennte Schuldberechnungen aufgestellt. Erinnerungen gegen die Schuldberechnungen[29]) sind nur innerhalb dreier Monate vom Eingang der letzten von allen auf den Lauf des betr. Wagens bezüglichen Schuldberechnungen zulässig[30]).

Um prüfen zu können, ob die Vergütungen für den Lauf eines Wagens richtig berechnet sind, ist es erforderlich, alle auf denselben bezüglichen Nachweise von den sämmtlichen Bahngebieten neben einander zu halten. Diese geben zusammen mit den Uebergangsnachweisungen des eigenen Bahngebietes ein vollständiges Bild über den Lauf jedes eigenen Wagens von seinem Austritte aus dem eigenen Bahngebiete bis zu seinem Wiedereintritte in dasselbe. Es zeigen sich sofort etwaige Fehler oder Lücken in der Darstellung des Laufes. Ist dieser zusammenhängend und richtig dargestellt, so wird an der Hand der von allen fremden Bahngebieten vorliegenden Kilometerzeiger geprüft, ob die Wegelängen richtig berechnet sind. Das Gleiche geschieht mit der Berechnung der Benutzungszeiten und der ermittelten Zeitmiethen, Laufmiethen und Verzögerungsgebühren. Auch werden bei der Prüfung (nicht schon bei der Aufstellung der Schuldberechnungen) die Geldbußen festgestellt. Alles, was hiernach sich gegen eine vorliegende Schuldberechnung zu erinnern findet, wird Wagen für Wagen in ein Blatt (oder Heft) Prüfungsbemerkungen[29]) (Differenzverzeichniß) unter Bezugnahme auf die betr. Schuldnachweisung und deren Seitenzahl eingetragen. Diese Prüfungsbemerkungen werden alsdann mit denjenigen Schuldnachweisungen, gegen welche sich etwas zu erinnern gefunden hat, der schuldenden Bahn zur Rückäußerung g. R. zugesandt. Einer Zusendung

---

[28]) Int.R. Art. 75, Dia. f. C.W.A.B. § $6_{,2}$.

[29]) Hierfür ist im V.W.U. ein Muster („Prüfungsbemerkungen") vorgeschrieben.

[30]) V.W.U. § $13_{,6}$, It.W.R. § $16_{,6}$, Int.R. Art. 70.

und Richtigstellung der ganzen Schuldberechnung bedarf es nicht, da diese nach dem S. 398 Gesagten inzwischen bereits der Geldvergütung zu Grunde gelegt ist. Vielmehr werden nur die unrichtigen Einzelposten, sobald über dieselben Einverständniß erzielt ist, in einer sogen. Ausgleichung (S. 402, 403) zusammengestellt und gelegentlich einer späteren Monatsrechnung mit ausgeglichen.

4. Aufstellung der Abrechnungen und des Hauptabschlusses durch das C.W.A.B. bezw. die Centralwagenkontrole.

Bei der Aufstellung des Hauptabschlusses sind, wie aus dem S. 392 Gesagten hervorgeht, nicht nur die gegenseitigen Schuldverhältnisse zwischen den Bahnen des St.W.V. (ausschl. Elsaß-Lothringen) und den fremden Bahnen (einschl. Elsaß-Lothringen)[31]) zu berücksichtigen, sondern auch einmal diejenigen der Bahnen des St.W.V. unter sich, soweit überhaupt bei diesen Geldvergütung stattfindet, und ferner diejenigen der fremden Bahnen unter sich, soweit sie der Centralwagenkontrole beigetreten sind (vgl. S. 398, 399).

Die Beträge, welche die Bahnen des St.W.V. für sich oder ihre Hinterbahnen jeder einzelnen fremden Bahn schulden, ergeben sich aus der von dem C.W.A.B. für die betr. fremde Bahn aufgestellten Schuldberechnung, die, wie wiederholt erwähnt, vorläufig als richtig angenommen wird. In diesen Beträgen sind bei einigen fremden Bahnen Beträge für andere Bahnen enthalten, deren Wagen die fremden Bahnen in das Gebiet des V.D.E.V., Int.R. und It.W.R. eingeführt haben.

Die Beträge, welche jede fremde Bahn den Bahnen des St.W.V. schuldet, werden ebenso, als vorläufig richtig, aus den von dieser fremden Bahn an das C.W.A.B. eingelaufenen Schuldberechnungen entnommen.

Die Beträge, welche sich die Bahnen des St.W.V. gegenseitig schulden, werden von den einzelnen Wagenkontrolen ermittelt und dem C.W.A.B. rechtzeitig mitgetheilt.

Die Beträge, welche die fremden Bahnen sich gegenseitig schulden, theilen diese dem C.W.A.B. mit, d. h. jede fremde Bahn schickt an das C.W.A.B. eine Aufstellung derjenigen Beträge, die sie jeder anderen fremden Bahn schuldet, wodurch das C.W.A.B. von allen gegenseitigen Schuldverhältnissen Kenntniß erhält.

Das C.W.A.B. fertigt nun behufs Zusammenstellung aller vorgenannten Schuldbeträge zwei Tableaus an, das eine für die Beziehungen des St.W.V. unter sich und zu den fremden Bahnen, das andere für die Beziehungen der fremden Bahnen unter sich. In diesen Tableaus sind sowohl die Reihen (wagerecht) wie die Spalten (lothrecht) mit den Namen der im gegenseitigen Schuldverhältnisse stehenden Bahnen bezeichnet. In das Kreuzungsfeld jeder Reihe mit jeder Spalte wird der Betrag eingeschrieben, den die der Reihe vorgeschriebene Bahn der der Spalte überschriebenen Bahn schuldet. Die Schlußsumme jeder Reihe giebt somit die Gesammtschuld der betr. Bahn, die Schlußsumme jeder Spalte das Gesammtguthaben der betr. Bahn. Das untere Eckfeld, in welchem sich die Summenreihe und die Summenspalte treffen, ergiebt als übereinstimmend die Summe aller Schuld und die Summe aller Guthaben. Die Guthabenbeträge aus dem Tableau des St.W.V. werden als letzte Reihe unter die Summenreihe (Guthaben) des Tableaus der fremden Bahnen gesetzt und abermals die Summe gezogen, welche nun

[31]) Aber nicht gegenseitige Vergütungen der Pr.St.B. und der Elsaß-Lothringischen Bahnen, da an deren Stelle eine besondere Jahresabrechnung stattfindet (S. 408 ff.).

Centralwagenabrechnungsbureau der Preußischen
Hauptabschluß der Wagenmiethen

Lfde. Nr.	Bezeichnung der Bahnen	Betrag der Wagenmiethen: Guthaben Mark	Pf.	Schuld Mark	Pf.	Unterschiedsbetrag auszugleichen durch die Vereinsabrechnungsstelle in Berlin: Guthaben Mark	Pf.	Schuld Mark	Pf.
1	Altdamm-Colberger Eisenbahn	1814	28	2941	30	—	—	1127	02
2	Außig-Teplitzer Eisenbahn	47554	83	9664	66	37890	17	—	—
3	Badische Staatsbahn	118087	34	134536	—	—	—	16448	66
4	Bayerische Staatsbahn	152940	87	298184	63	—	—	145243	76
5	Dieselbe à Konto der Schweiz. Nordostb. und zwar:								
	a) für die Bödelibahn	12	85	10	36				
	b) „ „ Emmenthalbahn	197	06	222	36				
	c) „ „ Gotthardbahn	14850	34	27254	67				
	d) „ „ Jura-Neuenburger Bahn	79	70	35	97				
	e) „ „ Jura-Simplon-Bahn	7464	21	14764	78				
	f) „ „ Langenthal-Huttwiler Eisenbahn	129	38	84	90				
	g) „ „ Schweizerische Centralbahn	5278	22	21262	22				
	h) „ „ „ Nordostbahn	8772	28	38278	64	—	—	73026	27
	i) „ „ „ Seethalbahn	112	73	146	88				
	k) „ „ „ Sihlthalbahn	64	81	128	59				
	l) „ „ „ Südostbahn	9	31	251	02				
	m) „ „ Thunerseebahn	47	43	204	86				
	n) „ „ Tößthalbahn	256	76	274	79				
	o) „ „ Vereinigten Schweizerbahnen	2759	83	10141	14				
6	Belgische Staatsbahn	99238	74	63173	32	36065	42	—	—
7	Böhmische Commerzialbahn	149	43	390	81	—	—	241	38
8	„ Nordbahn	3439	10	2022	57	1416	53	—	—
9	Braunschweigische Landeseisenbahn	8020	26	2292	91	5727	35	—	—
10	Breslau-Warschauer Eisenbahn	1760	78	545	12	1215	66	—	—
11	Buschtěhrader Eisenbahn	48932	55	10542	96	38389	59	—	—
12	Chimay-Eisenbahn	29	08	137	04	—	—	107	96
13	Crefelder Eisenbahn	1839	18	771	24	1067	94	—	—
14	Dortmund-Gronau-Enscheder Eisenbahn	56094	27	5866	74	50227	53	—	—
15	Elsaß-Lothringer Eisenbahn	108592	11	170704	66	—	—	62112	55
16	Fünfkirchen-Barcser Eisenbahn	—	—	8	15	—	—	8	15
17	Georgs-Marienhütte-Eisenbahn	267	75	1276	48	—	—	1008	73
18	Grand-Central-Belge-Eisenbahn	15147	34	22547	88	—	—	7400	54
19	Halberstadt-Blankenburger Eisenbahn	8212	42	1477	92	6734	50	—	—
20	Hessische Ludwigseisenbahn	56970	45	82371	33	—	—	25400	88
21	Holländische Eisenbahn	15229	35	41760	36	—	—	26531	01
22	Ilmenau-Großbreitenbacher Eisenbahn (für die Neuhaldensleber Bahn)	1398	94	673	17	725	77	—	—
23	Kaiser Ferdinands-Nordbahn	41468	53	70518	97	—	—	29050	44
24	K. K. Oesterreichische Staatsbahn (westliche Linien)	126714	90	63721	87	62993	03	—	—
	Dieselbe für die Oesterr. Staatsb. (nordöstliche Linien)	38065	95	31838	44	6227	51	—	—
25	K. K. Oesterr. Militärbahn (Banjaluka-Doberlin)	107	50	—	—	107	50	—	—
26	Kaschau-Oderberger Eisenbahn	5712	70	17119	24	—	—	11406	54
27	Kiel-Flensburger Eisenbahn	480	47	597	38	—	—	116	91
28	Bregthalbahn	—	—	458	19	—	—	458	19
29	Königliche Eisenbahndirektion Berlin:	—	—	—	—	—	—	—	—
	Dieselbe für a) Osthavelländische Kreisbahn	100	45	27	67	72	78	—	—
	b) Franzburger Südbahn	82	36	156	60	—	—	74	24
	c) Greifenhagener Kreisbahn	10	80	—	—	10	80	—	—
30	Kaiserstuhlbahn	—	—	22	26	—	—	22	26
	zu übertragen	998497	64	1149411	05	248872	08	399785	49

Anmerkung. Die Schuld der Iwangorod-Dombrowaer Eisenbahn und die Schuld der Werrabahn für fremde Bahnen für September cr. ist nicht verrechnet, weil die Zusammenstellungen nicht eingegangen sind.

Staatsbahnen und Centralwagenkontrole. für den Monat September 1895.

Lfde. Nr.	Bezeichnung der Bahnen	Betrag der Wagenmiethen				Unterschiedsbetrag auszugleichen durch die Vereinsabrechnungsstelle in Berlin			
		Guthaben		Schuld		Guthaben		Schuld	
		Mark	Pf.	Mark	Pf.	Mark	Pf.	Mark	Pf.
	Uebertrag	998497	64	1149411	05	248872	08	399785	49
31	Königliche Eisenbahndirektion Altona:								
	Dieselbe a) für die Dänische Staatsbahn . .	7853	55	4762	11	3091	44	—	—
	b) „ „ Kreis Oldenburger Eisenbahn	247	50	499	70	—	—	252	20
32	Königliche Eisenbahndirektion Breslau: . . .	10	—	—	—	10	—		
	für die Iwangorod-Dombrowaer Eisenbahn .	—	—	4540	94	—	—	4540	94
33	Königliche Eisenbahndirektion Bromberg:								
	für die Königsberg-Cranzer Eisenbahn . . .	165	59	79	25	86	34	—	—
34	Eisern-Siegener Eisenbahn	—	—	674	39	—	—	674	39
35	Königliche Eisenbahndirektion Cöln	—	—	95	15	—	—	95	15
36	Königliche Eisenbahndirektion Hannover:								
	für die Farge-Vegesacker Eisenbahn	—	—	2	05	—	—	2	05
37	Königliche Eisenbahndirektion Magdeburg:								
	für Preußische Staatsbahnen	959554	33	642628	48	316925	85	—	—
38	Lübeck-Büchener Eisenbahn	14075	55	12464	87	1610	68	—	—
39	Lüttich-Mastrichter Eisenbahn	1121	49	681	57	439	92	—	—
40	Main-Neckar-Eisenbahn	10920	14	30716	07	—	—	19795	93
41	Marienburg-Mlawkaer Eisenbahn	7655	01	2436	45	5218	56	—	—
42	Mecklenburgische Friedrich-Franz-Eisenbahn . .	18379	01	20261	36	—	—	1882	35
43	Mohacs Fünfkirchener Eisenbahn	—	—	1	89	—	—	1	89
44	Neubrandenburg-Friedländer Eisenbahn . . .	490	02	402	06	87	96	—	—
45	Niederländische Staatsbahn	25187	48	79057	04	—	—	53869	56
46	Nordbrabant-Deutsche Eisenbahn	3409	95	4082	18	—	—	672	23
47	Oberhessische Eisenbahn	6742	31	3895	40	2846	91	—	—
48	Oesterreichische Nordwestbahn	27234	73	31443	76	—	—	4209	03
49	Oesterreichisch-Ungarische Staatseisenbahngesellschaft	23197	10	31117	64	—	—	7920	54
50	Oesterreichische Südbahngesellschaft	19525	85	27941	17	—	—	8415	32
51	Dieselbe für die Graz-Köflacher Eisenbahn . .	73	31	41	41	31	90	—	—
52	Oldenburgische Staatsbahn	24354	04	33210	60	—	—	8856	56
53	Ostpreußische Südbahn	12977	76	1325	59	11652	17	—	—
54	Paulinenaue-Neuruppiner Eisenbahn	379	66	772	21	—	—	392	55
55	Pfälzische Eisenbahn	94456	42	71084	05	23372	37	—	—
56	Prignitzer Eisenbahn	1276	91	731	44	545	47	—	—
57	Raab-Oedenburg-Ebenfurter Eisenbahn . . .	508	13	30	65	477	48	—	—
58	Rumänische Staatseisenbahn	528	13	3707	17	—	—	3179	04
59	Saal-Eisenbahn	4	59	—	—	4	59	—	—
60	Sächsische Staatseisenbahnen	198951	34	210553	59	—	—	11602	25
61	Stargard-Cüstriner Eisenbahn	2827	84	2681	25	146	59	—	—
62	Ungarische Staatseisenbahn	25715	26	45917	82	—	—	20202	56
63	Vereinigte Arader und Csanader Eisenbahn . .	142	91	40	09	102	82	—	—
64	Warschau-Wiener Eisenbahn	11160	95	30739	21	—	—	19578	26
65	Warstein-Lippstadter Eisenbahn	1677	51	554	85	1122	66	—	—
66	Weimar-Geraer Eisenbahn	3026	15	7338	42	—	—	4312	27
67	Werra-Eisenbahn	9026	59	6679	10	2347	49	—	—
68	Wien-Aspang-Eisenbahn	—	—	207	71	—	—	207	71
69	Württembergische Staatseisenbahn	67303	61	115978	87	—	—	48675	26
70	Mecklenburgische Friedrich-Wilhelms-Bahn . .	499	93	369	68	130	25	—	—
	Summe	2579158	29	2579158	29	619123	53	619123	53

Nach den Unterlagen für die Berechnung der Miethe für Wagen aufgestellt, geprüft und auf die Richtigkeit bescheinigt.

Magdeburg, den 13. November 1895.

Centralwagenabrechnungsbureau der Preußischen Staatsbahnen und Centralwagenkontrole.

F.

Rechnerisch richtig

L.

Betriebssekretär.

die Gesammtguthaben aller fremden Bahnen darstellt. Die Gesammtguthaben und Gesammtschuldbeträge der Bahnen des St.W.V. sind aus dem anderen Tableau zu entnehmen. Dagegen müssen die Gesammtschuldbeträge aller fremden Bahnen aus den Summenspalten beider Tableaus zusammengezählt werden.

Nach diesen Tableaus wird nunmehr für jede betheiligte Bahn eine Abrechnung aufgestellt. In dieser sind aufgeführt: I. Die Guthaben der betr. Bahn getrennt nach allen schuldenden Bahnen und, soweit dies zutrifft, getrennt nach dem eigenen Guthaben und demjenigen der von ihr vertretenen Bahnen, unter Ziehung der Schlußsummen. II. Die Schuld der betr. Bahn an den St.W.V. und an die Gesammtheit der anderen Bahnen, getrennt nach eigener und fremder Rechnung unter Ziehung der Schlußsummen. III. Ausgleichungen für frühere Monate, getrennt nach eigener und fremder Rechnung, sonst wie vor. IV. Das Endergebniß der Abrechnung, welches in einem Guthabenposten und einem Schuldposten ausläuft (die mit den Summenzahlen der Tableaus übereinstimmen), sowie dem aus beiden ermittelten Saldo, welches Schuld oder Guthaben ist.

Diese drei Schlußposten der für alle einzelnen Bahnen aufgestellten Abrechnungen werden nunmehr in dem Hauptabschlusse zusammengefaßt, wie ein solcher auf S. 406 u. 407 zum Abdrucke gebracht ist. Einer besonderen Erläuterung bedarf derselbe nicht. Sowohl die Summen der beiden Bruttospalten von Guthaben und Schuld müssen übereinstimmen, wie auch die Summen der beiden Saldospalten.

Die Abrechnung nebst dem Hauptabschlusse wird allen betheiligten Bahnverwaltungen bis zum 15. des zweiten Monats nach dem abzurechnenden Monat übersandt. Gleichzeitig erhält die Vereinsabrechnungsstelle in Berlin eine Ausfertigung zur Verrechnung der Unterschiedsbeträge in dem nächsten Ausgleichungszeitabschnitte.

D. Besondere Abrechnung der Pr.St.B. mit den Elsaß-Lothringischen Bahnen.

Wenn nach den Ausführungen auf S. 392 u. S. 405 bei Berechnung von Mietheschuld und Guthaben die Pr.St.B. nicht nur von den Elsaß-Lothringischen Eisenbahnen getrennt werden, sondern auch die Wagenmietheabrechnung für die letzteren nicht beim C.W.A.B., sondern an ganz anderer Stelle erfolgt, so ist das Ergebniß dieser beiden gesonderten Abrechnungen doch nur ein vorläufiges. Ein gegenseitiger Ausgleich muß schon deshalb stattfinden, weil die ersterwähnten Abrechnungen nur das Verhältniß zu fremden Bahnen betreffen, dagegen die gegenseitige Benutzung preußischer Wagen in Elsaß-Lothringen und Elsaß-Lothringischer Wagen in Preußen nicht berühren. Bei dem endgültigen Ausgleiche zwischen beiden Bahngebieten wird indessen nicht nur die gegenseitige Wagenbenutzung in Rechnung gezogen, sondern es werden alle zwischen beiden Bahngebieten und den fremden Bahnen in einem Etatsjahre erwachsenen Schuld- und Guthabenbeträge zusammengeworfen und der Gesammtgewinn (um solchen hat es sich bisher nur gehandelt) zwischen beiden Bahnverwaltungen neu vertheilt.

Vom Jahre 1890/91 bis 1894/95 sind die gesammten, bei beiden Verwaltungen aufgekommenen, Miethen und Leihgelder nach dem Verhältnisse der Wagenbestände vertheilt, wobei je 1 bedeckter Güterwagen zu $1^1/_2$ offenen Güterwagen gerechnet ist. Für 1895/96 hat als Uebergangsverfahren eine Uebernahme aller Schuld- und Guthabenbeträge der

Reichsbahnen auf die Rechnung der Pr.St.B. stattgefunden. Für 1896/97 und 1897/98 soll zunächst versuchsweise eine neue Berechnungsart gehandhabt werden, welche sich je nach Lage der Sache verschieden gestaltet. An Stelle einer Erklärung des etwas verwickelten Verfahrens mag im Auszuge die probeweise für das Jahr 1894/95 aufgestellte Abrechnung mitgetheilt werden. Nach dem Bestande von 12860 Güterwagen der Reichsbahnen und 217097 der Pr.St.B. (zusammen 229957) und den von diesen Wagen auf eigener und fremder Bahn geleisteten Achskilometern (bei den Reichsbahnen 377055424, bei den Pr.St.B. 7353148936, zusammen 7730204360) ergiebt sich die durchschnittliche Jahresleistung eines Gemeinschaftswagens zu $\frac{7730204360}{229957} = 33615{,}868879$ Achskilometer.

Unter Berücksichtigung des Umstandes, daß beide Verwaltungen auf die Ausnutzung ihrer Wagen nur beschränkten Einfluß haben, und daß die Vorhaltung des Wagenparkes als maßgebend für den Anspruch auf Verdienst an Wagenmiethe zu betrachten ist, wird nun die fingirte Annahme gemacht, daß dem eben ermittelten Durchschnitte der Leistung eines Wagens die wirkliche Leistung der beiderseitigen Wagen entsprochen, also bei den Reichsbahnen 12860 . 33615, ... = 432300074 und bei den Pr.St.B. 217097 . 33615, .. = 7297904286 Achskilometer betragen habe. Da nun auf den Reichsbahnen 495255870 Achskilometer und auf den Pr.St.B. 7084022057 Achskilometer (von eigenen und fremden Wagen) thatsächlich geleistet sind, so sind die obigen fingirten Leistungen der Reichsbahnwagen um 62955796 Achskilometer hinter den Bedürfnissen des eigenen Verkehres zurückgeblieben, während die obigen fingirten Leistungen der Pr.St.B.Wagen die Bedürfnisse des eigenen Verkehres um 213882229 Achskilometer überstiegen haben.

Die Schuld- und Guthabenbeträge der Reichsbahnen werden nun auf die Pr.St.B. dergestalt übernommen, daß die Reichsbahnen, weil ihre Wagenleistungen nicht einmal dem eigenen Verkehre entsprochen haben, von dem Gesammtüberschusse der Guthabenbeträge über die Schuldbeträge im Verkehre mit fremden Bahnen nichts erhalten, und andererseits für die 62955796 Achskilometer, welche die Pr.St.B. aus ihrem Ueberschusse gedeckt haben, also gewissermaßen für sie haben leisten müssen, pro Achskilometer den Pr.St.B. $^1/_2$ Pf. vergüten.

Da die Pr.St.B. eine Mehreinnahme von 3143333,56 M., die Reichsbahnen eine Mehrausgabe von 760740,16 M. haben, so beträgt der Ueberschuß bei beiden Bahngebieten zusammen, den die Pr.St.B. allein erhalten, 2382593,40 M. Außerdem haben die Reichsbahnen 62955796 . $^1/_2$ Pfg. = 314778,98 M. an die Pr.St.B. zu zahlen. Thatsächlich müssen diese also von dem Ueberschusse von 3143333,56 M., der sich aus ihrer Abrechnung mit den fremden Bahnen zuerst ergab, 760740,16 minus 314778,98 = 445961,18 M. an die Reichsbahnen herauszahlen.

E. Besondere Abrechnung der Pr.St.B. mit der Militärbahn.

Die Guthaben- und Schuldbeträge der Militärbahn gegenüber fremden Bahnen werden auf Rechnung der Pr.St.B. übernommen und daher zu Gunsten und zu Lasten der Direktion Magdeburg verrechnet (vgl. S. 401, 403). Eine gegenseitige Abrechnung zwischen den Pr.St.B. und der Militärbahn findet sodann durch die Wagenkontrole der Direktion Berlin statt.

F. Aufstellung und Behandlung der Naturalabrechnungen (für Personen- und Gepäckwagen).

Wie bereits S. 367 erwähnt, findet bei Personen- und Gepäckwagen nur ausnahmsweise Geldabrechnung, in der Regel vielmehr Naturalausgleich statt, wobei die Gepäckwagenkilometer durch Division mit 2, die Kilometer der 4achsigen Personenwagen durch Multiplikation mit $1^1/_2$ auf die Kilometer gewöhnlicher (2- und 3achsiger) Personenwagen zurückgeführt werden. Im Gegensatze zu den in Magdeburg vereinigten Geldabrechnungen werden die Naturalabrechnungen auch derjenigen Kurse, bei welchen die Pr.St.B. betheiligt sind, an einer Reihe verschiedener Stellen (Magdeburg, Frankfurt, Hannover u. s. f.) aufgestellt, während allerdings die Vereinigung der Abrechnungen der zur Norddeutschen Gruppe (S. 90, 367) gehörenden Kurse zur sogenannten Spitzenabrechnung (d. h. Abrechnung, in welche von jedem Kurse nur das Endergebniß, für jede Verwaltung eine Zahl, die sogen. Spitze eingesetzt wird) in Magdeburg stattfindet.

Der Naturalausgleich findet nicht Monat für Monat, sondern je für eine halbjährliche Fahrplanperiode statt. Die am Schlusse einer solchen verbleibenden Schuld- und Guthabenbeträge (Wagenkilometer) werden nicht irgendwie ausgeglichen oder in Geld umgerechnet, sondern sie werden in der zweitfolgenden Fahrplanperiode, also von Sommer zu Sommer, von Winter zu Winter, vorgetragen, so daß die Rechnung, wie beim Kontokorrentverkehre, niemals glatt wird, sondern beständig eine offene bleibt. Natürlich ist dafür zu sorgen, daß erhebliche Mehrleistungen einer Verwaltung in einer Sommer- oder Winterperiode durch entsprechende Mehrleistungen einer anderen Verwaltung in der nächsten Sommer- bezw. Winterperiode möglichst ausgeglichen werden, damit die Schuld- bezw. Guthabenbeträge nicht zu hoch anwachsen.

Als Beispiel einer Einzelabrechnung mag diejenige im Verkehre der Pr.St.B., Sächsischen Staatsbahnen und Oldenb. Staatsbahn betrachtet werden. Hierbei rechnet Preußen mit Oldenburg direkt ab, d. h. es übernimmt Sachsen gegenüber Guthaben und Schuld der Oldenburgischen Staatsbahn, so daß die Hauptabrechnung nur Leistungen von Sachsen und Preußen auszugleichen hat. Die Sonderabrechnung zwischen Preußen und Oldenburg wird in Hannover aufgestellt, die Hauptabrechnung in Magdeburg. Letztere kommt folgendermaßen zu Stande: Die Wagenkontrolen der einzelnen preußischen Direktionen stellen auf den von den Uebergangsstationen an sie gelangenden Schuldnachweisungen unter Mitbenutzung der von den Binnenstationen an sie gelangenden Stationsnachweisungen die kilometrischen Schuldberechnungen für die sächsischen Wagen allmonatlich auf und schicken sie an die Wagenkontrole der sächsischen Staatsbahnen in Dresden. Ebenso stellt die Wagenkontrole der sächsischen Staatsbahnen aus den an sie gelangenden Nachweisungen ihrer Stationen monatliche Schuldberechnungen für die preußischen Wagen auf, die sie den betr. Wagenkontrolen der preußischen Direktionen sendet. Jede Verwaltung prüft unter Benutzung der gleichfalls an sie gelangenden Uebergangsnachweisungen der eigenen Grenzstationen die Richtigkeit der monatlichen Schuldberechnungen. Die Ergebnisse werden dann für das ganze Halbjahr zusammengestellt, zwischen der Wagenkontrole in Dresden und den preußischen Wagenkontrolen ausgetauscht und nach Anerkennung an die Wagenkontrole in Magdeburg gesandt. Diese fertigt aus den Abrechnungen der einzelnen preußischen Direktionen mit Sachsen die Naturalabrechnung für den obigen Verkehr, von welcher ein Beispiel S. 411 mitgetheilt

Naturalabrechnung über die Leistungen der Personen- und Gepäckwagen im gegenseitigen Verkehre zwischen den Preußischen Staatsbahnen und der Oldenburgischen Staatsbahn einerseits, sowie der Sächsischen Staatsbahn andererseits für die Winterfahrplanzeit 1894/95.

Wagenkilometer sind geleistet:			Bemerkungen
	Schuld der Preuß. und Oldenburgischen Staatsbahn	Schuld der Sächsischen Staatsbahn	
Uebertrag aus der *Winter*fahrplanzeit 1893/94	—	—	
Hierzu die Leistungen in der *Winter*fahrplanzeit 1894/95.			
I. Auf der Sächsischen Staatsbahn von den Wagen der Königl. Eisenbahndirektion			
Altona	—	*828*	
Berlin	—	—	
Breslau	—	—	
Bromberg	—	*129*	
Elberfeld	—	*238*	
Frankfurt a. M.	—	*1 504*	
Hannover	—	*196 683*	
Cöln (linksrhn.)	—	*1 666*	
Cöln (rechtsrhn.)	—	*37 366*	
Magdeburg	—	*50 553*	
der Oldenburgischen Staatsbahn	—	*1 082*	
II. Von den Wagen der Sächsischen Staatsbahn in dem Bezirk der Königl. Eisenbahndirektion			
Altona	*132*	—	
Berlin	—	—	
Breslau	—	—	
Bromberg	*1 188*	—	
Elberfeld	*55 338*	—	
Frankfurt a. M.	*19 894*	—	
Hannover	*91 387*	—	
Cöln (linksrhn.)	*31 824*	—	
Cöln (rechtsrhn.)	*16 636*	—	
Magdeburg	*134 366*	—	
der Oldenburgischen Staatsbahn	—	—	
Zusammmen	*350 765*	*290 049*	
Nach Vergleich bleiben als Schuld der Preußischen Staatsbahnen . . . . welche Schuld in die „Zusammenstellung der Spitzen" für die Winterzeit 1894/95 übertragen ist. (Vgl. S. 413 Sp. 12.)	*60 716*		

Zusammenstellung (Spitzenabrechnung) der Mehr- oder Minderleistungen an Naturalabrechnungen für die

Lfde. Nr.	Benennung der Durchgangsverkehre, für die zur Zeit eine besondere Naturalabrechnung erfolgt	A. Betheiligung der Preußischen									
		Altona		Berlin		Breslau		Bromberg		Elberfeld	
		Guthaben	Schuld	Guthaben	Schuld	Guthaben	Schuld	Guthaben	Schuld	Guthaben	Schuld
1.	2.	3.		4.		5.		6.		7.	
1*	Verkehr zwischen den Preußischen und Sächsischen Staatsbahnen	—	—	—	—	—	—	—	—	—	—
2**	Verkehr zwischen den Preußischen und Sächsischen Staatsbahnen einerseits und der Oldenburgischen Staatsbahn andererseits	—	—	—	—	—	—	—	—	—	—
3	Berlin-Vlissingen	*35894*	—	—	—	—	—	—	—	—	—
4	Berlin-Amsterdam, Hoek van Holland 2c.	—	—	—	—	—	—	—	—	—	*426*
5	Wien-Hamburg üb. Bodenbach-Wittenberge . . .	*111122*	—	—	—	—	—	—	—	—	—
6	Sachsen-Schlesien bezw. Cottbus	—	—	—	*9643*	—	*35136*	—	—	—	—
7	Berlin-Dresden-Prag-Wien über Bodenbach . . .	—	—	—	—	—	—	—	—	—	—
8	Berlin-Dresden über Elsterwerda-Röderau, Berlin-Chemnitz, Berlin-Eger 2c.	—	—	—	—	—	—	—	—	—	—
9	Berlin-Wien über Oderberg	—	—	—	*94588*	*86898*	—	—	—	—	—
10	Berlin-Basel über Main-Neckarbahn	—	—	—	—	—	—	—	—	—	—
10a	K.E.D. Erfurt mit der Main-Neckarbahn . . .	—	—	—	—	—	—	—	—	—	—
11	Frankfurt a./M. bezw. Wiesbaden-Amsterdam, Rotterdam und Haag . . .	—	—	—	—	—	—	—	—	—	—
12	Cöln-Amsterdam, Rotterdam und Hoek van Holland	—	—	—	—	—	—	—	—	—	—
13	Cöln-Vlissingen	—	—	—	—	—	—	—	—	—	—
14	Wien-Vlissingen üb. Tetschen	—	—	—	—	—	—	—	—	—	—
15	Wien-Altona „ „	*353494*	—	—	—	—	—	—	—	—	—
16	Wien-Berlin „ „	—	—	—	—	—	—	—	—	—	—
17	Wien-Magdeb. „ „	—	—	—	—	—	—	—	—	—	—
18	Prag-Dresden „ „	—	—	—	—	—	—	—	—	—	—
	Uebertrag aus der Winterfahrplanzeit 1893/94 . .	—	—	—	—	—	—	—	—	—	—
	Zusammen: Guthaben . .	*500510*	—	—	—	*86898*	—	—	—	—	—
	Schuld . .	—	—	—	*104231*	—	*35136*	—	—	—	*426*
	Im Vergleiche Guthaben . .	*500510*	—	—	—	*51762*	—	—	—	—	—
	Schuld . .	—	—	—	*104231*	—	—	—	—	—	*426*

*) Zu 1: Magdeburg zusammen für die Preußischen Staatsbahnen und Oldenburg.
**) Zu 2: Hannover zusammen für die Preußischen Staatsbahnen u. Sachsen.

Wagenkilometern aus den für den Personenwagendurchgangsverkehr bestehenden Winterfahrplanzeit 1894/95.

Verwaltungen											
Erfurt		Frankfurt		Hannover		Cöln		Magdeburg		Preuß. Verwaltung Zusammen	
Gut-haben	Schuld	Gut-haben	Schuld	Gut-haben	Schuld	Gut-haben	Schuld	Gut-haben	Schuld	Gut-haben	Schuld
8.		9.		10.		11.		12.		13.	
—	—	—	—	—	—	—	—	—	*60716*	—	—
—	—	—	—	*426983*	—	—	—	—	—	—	—
—	—	—	—	—	*5908*	—	*144997*	*25578*	—	—	—
—	—	—	—	—	*226778*	—	*81252*	—	*6975*	—	—
—	—	—	—	—	—	—	—	—	*97291*	—	—
—	—	—	—	—	—	—	—	—	—	—	—
373663	—	—	—	—	—	—	—	—	—	—	—
—	*203120*	—	—	—	—	—	—	—	—	—	—
—	—	—	—	—	—	—	—	—	—	—	—
—	—	*171572*	—	—	—	—	—	—	—	—	—
1418	—	—	—	—	—	—	—	—	—	—	—
—	—	*140626*	—	—	—	—	—	—	—	—	—
—	—	—	—	—	—	*68843*	—	—	—	—	—
—	—	—	—	—	—	—	*143371*	—	—	—	—
—	—	—	—	—	*103745*	—	*22729*	—	*87479*	—	—
—	—	—	—	—	*18837*	—	—	—	*125413*	—	—
108854	—	—	—	—	—	—	—	—	—	—	—
—	—	—	—	—	—	—	—	—	*47928*	—	—
—	—	—	—	—	—	—	—	—	—	—	—
—	—	—	—	—	—	—	—	—	—	—	—
483935	—	*312198*	—	*426983*	—	*68843*	—	*25578*	—	*1904945*	—
—	*203120*	—	—	—	*355268*	—	*392349*	—	*425802*	—	*1516332*
										388613	
280815	—	*312198*	—	*71715*	—	—	—	—	—	*1217000*	—
—	—	—	—	—	—	—	*323506*	—	*400224*	—	*828387*
										388613	
Uebertrag aus der Winterfahrplanzeit 1893/94										—	*2510512*
Verbleibt für die Preußischen Staatsbahnen										—	*2121899*

Zusammenstellung (Spitzenabrechnung) der Mehr- oder Minderleistungen an Naturalabrechnungen für die

Lfde. Nr.	Benennung der Durchgangsverkehre, für die zur Zeit eine besondere Naturalabrechnung erfolgt	Betheiligung der fremden								
		Sachsen		Oldenburg		Niederl. Staatsbahn		Holl. Eisenbahngesellschaft		Oesterreich.
		Guthaben	Schuld	Guthaben	Schuld	Guthaben	Schuld	Guthaben	Schuld	Guthaben
1a.	2a.	14.		15.		16.		17.		18.
1	Verkehr zwischen den Preußischen und Sächsischen Staatsbahnen . . .	*60716*	—	—	—	—	—	—	—	—
2	Verkehr zwischen den Preußischen und Sächsischen Staatsbahnen einerseits und der Oldenburgischen Staatsbahn andererseits	—	—	—	*426983*	—	—	—	—	—
3	Berlin-Vlissingen . .	—	—	—	—	*89433*	—	—	—	—
4	Berlin-Amsterdam, Hoek van Holland ꝛc.	—	—	—	—	—	—	*315431*	—	—
5	Wien-Hamburg üb. Bodenbach-Wittenberge . .	—	*72616*	—	—	—	—	—	—	—
6	Sachsen - Schlesien bezw. Cottbus	*44779*	—	—	—	—	—	—	—	—
7	Berlin-Dresden-Prag-Wien über Bodenbach . .	—	*222010*	—	—	—	—	—	—	—
8	Berlin-Dresden über Elsterwerda-Röderau, Berlin-Chemnitz, Berlin-Eger ꝛc.	*203120*	—	—	—	—	—	—	—	—
9	Berlin-Wien über Oderberg	—	—	—	—	—	—	—	—	—
10	Berlin-Basel über Main-Neckarbahn	—	—	—	—	—	—	—	—	—
10a	K.E.D. Erfurt mit der Main-Neckarbahn . .	—	—	—	—	—	—	—	—	—
11	Frankfurt a./M. bezw. Wiesbaden-Amsterdam, Rotterdam und Haag . .	—	—	—	—	—	*140626*	—	—	—
12	Köln-Amsterdam, Rotterdam und Hoek van Holland	—	—	—	—	—	—	—	*68843*	—
13	Köln-Vlissingen . . .	—	—	—	—	*143371*	—	—	—	—
14	Wien-Vlissingen üb. Tetschen	—	*75665*	—	—	*190081*	—	—	—	—
15	Wien-Altona " "	—	*76986*	—	—	—	—	—	—	—
16	Wien-Berlin " "	—	*179161*	—	—	—	—	—	—	—
17	Wien-Magdeb. " "	—	*71396*	—	—	—	—	—	—	—
18	Prag-Dresden " "	*328520*	—	—	—	—	—	—	—	—
	Uebertrag aus der Winterfahrplanzeit 1893/94 .	—	*30171*	*691438*	—	*2588487*	—	—	*447921*	—
	Zusammen: Guthaben .	*637135*	—	*691438*	—	*3020372*	—	*315431*	—	—
	Schuld . .	—	*728005*	—	*426983*	—	*140626*	—	*516764*	—
	Im Vergleiche Guthaben .	—	—	*264455*	—	*2879746*	—	—	—	—
	Schuld . .	—	*90870*	—	—	—	—	—	*201333*	—

Wagenkilometern aus den für den Personendurchgangsverkehr bestehenden Winterfahrplanzeit 1894/95.

Verwaltungen												
Staatsbahn	Oesterr. Nordwestbahn		Oesterr.-Ung. Staatsbahn		Kaiser Ferd.-Nordbahn		Main-Neckarbahn		Badische Staatsbahn		Zusammen	
Schuld	Guthaben	Schuld	Guthaben	Schuld	Guthaben	Schuld	Guthaben	Schuld	Guthaben	Schuld	Guthaben	Schuld
	19.		20.		21.		22.		23.		24.	
—	—	—	—	—	—	—	—	—	—	—	—	—
—	—	—	—	—	—	—	—	—	—	—	—	—
—	—	—	—	—	—	—	—	—	—	—	—	—
—	—	—	—	—	—	—	—	—	—	—	—	—
—	—	—	111070	—	—	52285	—	—	—	—	—	—
—	—	—	—	—	—	—	—	—	—	—	—	—
—	—	—	—	282610	130957	—	—	—	—	—	—	—
—	—	—	—	—	—	—	—	—	—	—	—	—
—	—	—	—	—	7690	—	—	—	—	—	—	—
—	—	—	—	—	—	—	—	105140	—	66432	—	—
—	—	—	—	—	—	—	—	1418	—	—	—	—
—	—	—	—	—	—	—	—	—	—	—	—	—
—	—	—	—	—	—	—	—	—	—	—	—	—
—	—	—	—	—	—	—	—	—	—	—	—	—
—	90537	—	—	—	—	—	—	—	—	—	—	—
—	—	132258	—	—	—	—	—	—	—	—	—	—
—	70307	—	—	—	—	—	—	—	—	—	—	—
—	119324		—	—	—	—	—	—	—	—	—	—
—	—	328520	—	—	—	—	—	—	—	—	—	—
—	139713	—	510749	—	—	47220	—	756389	—	138174	—	—
—	419881	—	621819	—	138647	—	—	—	—	—	5844723	—
—	—	460778	—	282610	—	99505	—	862947	—	204606	—	3722824
											2121899	—
—	—	—	339209	—	39142	—	—	—	—	—	3522552	—
—	—	40897	—	—	—	—	—	862947	—	204606	—	1400653
											2121899	—

ist. Die mitgetheilte Abrechnung schließt mit einem Schuldbetrage der Pr.St.B. von 60716 Personenwagenkilometer.

Aus dieser und den anderen in Magdeburg aufgestellten Abrechnungen und aus den übrigen Kursen, welche die Ergebnisse ihrer Abrechnungen nach Magdeburg mittheilen, stellt die Wagenkontrole der Direktion Magdeburg sodann die Spitzenabrechnung für alle an dieser betheiligten Kurse auf, wie solche auf S. 412—415 gleichfalls mitgetheilt ist. In jeder Reihe sind für einen Kurs alle Guthaben- und Schuldbeträge der betheiligten Bahnen aufgeführt. Die Endsumme jeder Reihe muß hiernach null sein. Im Uebrigen dürfte die Spitzenabrechnung und auch die Art, wie die schließlich verbleibende Schuld der Pr.St.B. von 2121899 km (S. 413) und das gleich große Guthaben der übrigen Bahnen zusammen (S. 415) gefunden wird, ohne weitere Erläuterung verständlich sein.

Anhang.

Uebersicht wichtiger auf die Verwaltung der Preußischen Staatseisenbahnen sowie ihren Betrieb und Verkehr bezüglichen oder Einfluß habenden Gesetze, Verordnungen, Vereinbarungen, Dienstanweisungen u. s. f.

Hierzu ein besonderes Sachregister auf S. 468 ff.

Bemerkungen:

1. Die Abkürzungen zur Bezeichnung des Geltungsbereiches sind im Eingange des Buches erläutert.
2. Bestimmungen, als deren Geltungsbereich der Direktionsbezirk (D.Bzk.) genannt ist, sind nur als Beispiele angeführt, da solche Bestimmungen in den verschiedenen Direktionsbezirken nach Titel und Inhalt wesentlich von einander abweichen.
3. Wo der Preußische Staat (Pr.St.) als Geltungsbereich angegeben ist, sind in mehreren Fällen die Hohenzollern'schen Lande und die Insel Helgoland nicht mit einbegriffen.
4. Im Deutschen Reiche (D.R.) nehmen Bayern und Württemberg und z. Th. auch andere Gebiete gegenüber gewissen Bestimmungen eine besondere Stellung ein.
5. Diejenigen Gesetze, Vorschriften 2c., welche in dem Sammelwerke „Vorschriften für die Verwaltung der Preußischen Staatseisenbahnen" abgedruckt sind, sind durch fetten Druck der Nummer gekennzeichnet.

I. Verhältniß der Preußischen Staatsbahnen zum Deutschen Reiche, Preußischen Staate, anderen Reichs- und Staatsressorts und zu fremden Bahnen.

Nr.	Geltungsbereich	A. Verfassung, Verwaltung und Aufsichtsthätigkeit des Deutschen Reiches und Preußischen Staates.
1	D.R.	Verfassung des Deutschen Reiches vom 16./4. 1871 (R.G.B. 63). (Bem. Auf Grund der Verfassung hat der Bundesrath in Ausübung seines Aufsichtsrechtes eine Anzahl von Verordnungen erlassen: „Die Normen für den Bau und die Ausrüstung der Haupteisenbahnen Deutschlands, die Betriebsordnung für die Haupteisenbahnen Deutschlands, die Bahnordnung für die Nebeneisenbahnen Deutschlands, die Signalordnung für die Eisenbahnen Deutschlands, die Bestimmungen über die Befähigung von Eisenbahnbetriebsbeamten, die Verkehrsordnung für die Eisenbahnen Deutschlands." Diese sowie andere den Betrieb und Verkehr materiell regelnde Reichsgesetze und Verordnungen werden unten im Zusammenhange mit anderen Vorschriften aus den gleichen Sachgebieten aufgeführt.)
2	D.R.	Gesetz, betr. die Errichtung eines Reichseisenbahnamtes vom 27./6. 1873 (R.G.B. 164).
3	D.R.	Regulativ zur Ordnung des Geschäftsganges bei dem durch Richter verstärkten Reichseisenbahnamte B.B. (Rkz.E. vom 13./3. 1876. R.C.B. 197).
4	Pr.St.	Verfassungsurkunde für den Preußischen Staat vom 31./1. 1850 (G.S. 17).
5	Pr.St.	Gesetz über die Eisenbahnunternehmungen vom 3./11. 1838 (G.S. 505), in den neuen Provinzen vom 19./8. 1867 (G.S. 1426) nebst Cirkularreskript des Königl. Staatsministeriums an sämmtliche Königl. Oberpräsidenten vom 30./11. 1838, betr. die Prüfung der Anträge auf die Koncessionirung zu Eisenbahnunternehmungen (v. Kamptz Annalen Bd. 22 S. 210).
6	Pr.St.	Gesetz über Kleinbahnen und Privatanschlußbahnen vom 28./7. 1892, (G.S. 225) nebst: a) Ausführungsanweisung vom 22./8. 1892 (E.V.B. 265). b) Erlaß des M. d. ö. A. vom 5./11. 1892 zu § 44 Abs. 1 des Gesetzes (E.V.B. 449). c) Ausführungsanweisung vom 19./11. 1892 zu § 8 Abs. 1 und § 9 des Gesetzes, betr. die dem Unternehmer im Interesse der Landesvertheidigung aufzuerlegenden Verpflichtungen (E.V.B. 537). d) Ergänzung der Ausführungsanweisung vom 22./8. 1892 vom 22./4. 1893 (E.V.B. 183).

Nr.	Geltungsbereich	
	Pr.St.	(Bezügl. des Regulatives die Eisenbahnkommissariate betreffend vom 24./11. 1848 nebst mehreren ergänzenden Cirkularerlassen vgl. unter II, A 24—27).
7	Pr.St.	Gesetz über die allgemeine Landesverwaltung vom 30./7. 1883 (G.S. 195).
8	Pr.St.	Instruktion zur Geschäftsführung der Regierungen in den Königl. Preuß. Staaten vom 23./10. 1817 (G.S. 248), nebst: a) Auszug aus der Verordnung wegen verbesserter Einrichtung der Provinzial-, Polizei- und Finanzbehörden, vom 26./12. 1808. b) Allerhöchste Kabinetsordre vom 31./12. 1825, betr. eine Abänderung in der bisherigen Organisation der Provinzialverwaltungsbehörden (G.S. 1826,5). c) Allerhöchst vollzogene Geschäftsanweisung für die Regierungen im Verfolg der für diese Behörden angeordneten neuen Organisation zur Ergänzung und Berichtigung der Instruktion vom 23./10. 1817 (vom 31./12. 1825), (v. Kamptz Annalen Bd. IX, S. 821).
9	Pr.St.	Gesetz, betr. die Verfassung der Verwaltungsgerichte und das Verwaltungsstreitverfahren vom $\frac{3./7.\ 1875}{2./8.\ 1880}$ (G.S. 1880, 315, 327, 328).
10	Pr.St.	Gesetz zur Abänderung der §§ 26—30 des Gesetzes, betr. die Verfassung der Verwaltungsgerichte und das Verwaltungsstreitverfahren vom $\frac{3./7.\ 1875}{2./8.\ 1880}$, vom 26./3. 1893 (G.S. 60).
11	Pr.St.	Gesetz über die Zuständigkeit der Verwaltungs- und Verwaltungsgerichtsbehörden vom 1./8. 1883 (G.S. 237). (Zuständigkeitsgesetz.)
12	Pr.St.	Verordnung, betr. die Kompetenzkonflikte zwischen den Gerichten und den Verwaltungsbehörden vom 1./8. 1879 (G.S. 573).
13	Pr.St.	Gesetz, betr. die Konflikte bei gerichtlichen Verfolgungen wegen Amts- und Diensthandlungen vom 13./2. 1854 (G.S. 86).
14	Pr.St.	Gesetz über die Polizeiverwaltung vom 11./3. 1850 (G.S. 265). (In den Provinzen Hannover, Hessen-Nassau und Schleswig-Holstein gilt die Verordnung über die Polizeiverwaltung in den neuerworbenen Landestheilen vom 20./9. 1867, welche im Allgemeinen mit diesem Gesetze übereinstimmt.)
15	Pr.St.	Gesetz, betr. den Erlaß polizeilicher Strafverfügungen wegen Uebertretungen vom 23./4. 1883 (G.S. 65) nebst: Ausführungsanweisung der Minister des Innern u. der Justiz vom 8./6. 1883 (E.V.B. 1888, 404) und Allgemeiner Verfügung des Justizministers vom 2./7. 1883 (Justizministerialbl. 223).
16	D.Bzk.	Instruktion für die strafrechtliche Verfolgung von Bahnpolizeiübertretungen (Zusammenstellung der gesetzlichen und ministeriellen Bestimmungen).
17	Pr.St.	Gesetz, betr. die Einrichtung und die Befugnisse der Oberrechnungskammer vom 27./3. 1872 (G.S. 278).
18	Pr.St.	Instruktion für die Oberrechnungskammer vom 18./12. 1824.
19	Pr.St.	Allerhöchster Erlaß, betr. das Regulativ über den Geschäftsgang bei der Oberrechnungskammer vom 22./9. 1873 (G.S. 458). Nebst Regulativ über den Geschäftsgang bei der Oberrechnungskammer, abgeändert 27./7. 1874 (G.S. 294) und 11./5. 1877 (G.S. 130).
20	Pr.St.	Verordnung über die Festsetzung und den Ersatz der bei Kassen und anderen Verwaltungen vorkommenden Defekte vom 24./1. 1844 (G.S. 52).

Nr.	Geltungsbereich	
		B. Rechtspflege.
1	D.R.	Strafgesetzbuch für das D.R. vom $\frac{15./5.\ 1871}{26./2.\ 1876}$, nebst Einführungsgesetz vom 31./5. 1870 (R.G.B. 1876, 39 — 1870, 195).
2	D.R.	Strafprozeßordnung vom 1./2. 1877 nebst Einführungsgesetz vom 1./2. 1877 (R.G.B. 253, 346).
3	D.R.	Civilprozeßordnung vom 30./1. 1877 nebst Einführungsgesetz vom 30./1. 1877 (R.G.B. 83, 244).
4	D.R.	Gerichtsverfassungsgesetz vom 27./1. 1877 nebst Einführungsgesetz vom 27./1. 1877 (R.G.B. 41, 77).
5	Pr.St.	Ausführungsgesetz z. Gerichtsverfassungsgesetze v. 24./4. 1878 (G.S. 230).
6	D.R. ausschl. Elsaß-Lothringen.	Gesetz, betr. die Beschlagnahme des Arbeits- oder Dienstlohnes vom 21./6. 1869 (B.G.B. 242).
7	D.R.	Gesetz, betr. die Gewerbegerichte vom 29./7. 1890 (R.G.B. 141).
		C. Eigenthum und Abgaben.
1	Pr.St. mit Ausnahme einzelner kleineren Gebiete.	Gesetz über den Eigenthumserwerb und die dingliche Belastung der Grundstücke, Bergwerke und selbständigen Gerechtigkeiten vom 5./5. 1872 (G.S. 433).
2	Wie vor.	Grundbuchordnung vom 5./5. 1872 (G.S. 446).
3	Wie vor.	Gesetz, betr. die Zwangsvollstreckung in das unbewegliche Vermögen vom 13./7. 1883 (G.S. 131).
4	Pr.St.	Gesetz über die Enteignung von Grundeigenthum vom 11./6. 1874 (G.S. 221).
5	D.R.	Gesetz, betr. die Beschränkungen des Grundeigenthumes in der Umgebung von Festungen vom 21./12. 1871 (R.G.B. 459), in Elsaß-Lothringen vom 21./2. 1872 (R.G.B. 56).
6	Pr.St.	Gesetz, betr. das Pfandrecht an Privateisenbahnen und Kleinbahnen und die Zwangsvollstreckung in dieselben vom 19./8. 1895 (G.S. 499, E.V.B. 673).
7	Pr.St.	Gesetz, die von den Eisenbahnen zu entrichtende Abgabe betr. vom 30./5. 1853 (G.S. 449.) In Hannover, Hessen-Nassau und Schleswig-Holstein durch allerhöchste Verordnung vom 22./9. 1867 (G.S. 1639) eingeführt.
8	Pr.St.	Gesetz, betr. die Abgabe von allen nicht im Besitze des Staates oder inländischer Eisenbahnaktiengesellschaften befindlichen Eisenbahnen vom 16./3. 1867 (G.S. 465.) In Hannover, Hessen-Nassau und Schleswig-Holstein durch allerhöchste Verordnung vom 22./9. 1867 (G.S. 1639) eingeführt.
9	Pr.St.	Einkommensteuergesetz vom 24./6. 1891 (G.S. 175) nebst Ausführungsanweisung vom 5./8. 1891.
10	Pr.St.	Gesetz, betr. die anderweite Regelung der Grundsteuer vom 21./5. 1861 (G.S. 253), abgeändert durch Gesetz vom 7./1. 1867 (G.S. 26) nebst Ministerialinstruktion vom 31./3. 1877.
11	Pr.St.	Gesetz, betr. die Einführung einer allgemeinen Gebäudesteuer vom 21./5. 1861 (G.S. 317) nebst Ministerialinstruktion vom 31./3. 1877 und Veranlagungsgrundsätzen vom 1./2. 1878.
12	Pr St.	Gesetz, wegen Aufhebung direkter Staatssteuern vom 14./7. 1893 (G.S. 119).

Nr.	Geltungsbereich	
13	Pr.St.	Kommunalabgabengesetz vom 14./7. 1893 (G.S. 152) nebst Anweisung zur Ausführung vom 10./5. 1894 u. Uebergangsbestimmungen zur Ausführung vom 10./5. 1894.
14	Pr.St.	Stempelsteuergesetz vom 31./7. 1895 (G.S. 413) nebst Bekanntmachung betr. die Ausführung des Stempelsteuergesetzes vom 13./2. 1896 (Centralbl. der Abgabengesetzgebung rc. S. 53).
15	Pr.St.	Vormundschaftsordnung vom 5./7. 1875 (G.S. 431).
16	D.R.	Gesetz, betr. die Unzulässigkeit der Pfändung von Eisenbahnbetriebsmitteln vom 3./5. 1886 (R.G.B. 131) (gilt für ausländische Bahnen nur bei verbürgter Gegenseitigkeit. Für Oesterreich-Ungarn Gegenseitigkeit durch Kaiserl. Verordnung vom 19./9. 1886 verbürgt) (vgl. auch J.U. Art. 23).
17	Pr.St.	Hinterlegungsordnung vom 14./3. 1879 (G.S. 249).
		D. Handel und Wohlfahrt.
1	D.R.	Allgemeines Deutsches Handelsgesetzbuch und Einführungsgesetz in Preußen vom 24./6. 1861 (G.S. 449), im Nordd. Bunde vom 5./6. 1869 (B.G.B. 379) mit Gültigkeit vom 1./1. 1870. Zum Reichsgesetze erhoben durch das Einführungsgesetz betr. die Verf. des D.R. vom 16./4. 1871 (B.G.B. 63).
2	D.R.	Gesetz, betr. die Einführung einer einheitlichen Zeitbestimmung vom 12./3. 1893 (R.G.B. 93, E.V.B. 159) und Gesetz betr. die Abänderung des vorstehenden Gesetzes vom 31./7. 1895 (R.G.B. 426, E.V.B. 545).
3	D.R.	Gesetz, betr. die Verbindlichkeit zum Schadenersatze für die bei dem Betriebe von Eisenbahnen, Bergwerken u. s. w. herbeigeführten Tödtungen und Körperverletzungen vom 7./6. 1871 (R.G.B. 207) (Haftpflichtgesetz).
4	D.R.	Reichsgesetz betr. die Krankenversicherung der Arbeiter vom $\frac{15./6.\ 1883}{10./4.\ 1892}$ (R.G.B. 1892, 417).
5	D.R.	Unfallversicherungsgesetz vom 6./7. 1884 (R.G.B. 69).
6	D.R.	Gesetz über die Ausdehnung der Unfall- und Krankenversicherung vom 28./5. 1885 (R.G.B. 159).
7	D.R.	Gesetz, betr. die Invaliditäts- und Altersversicherung vom 22./6. 1889 (R.G.B. 97). (Bezüglich der Pensionskasse für die Arbeiter der Preußischen Staatsbahnen vgl. II C 26, S. 433.)
8	Pr.St.	Gesetz, betr. die Fürsorge für Beamte in Folge von Betriebsunfällen vom 18./6. 1887 (G.S. 282). (Unfallfürsorgegesetz.)
9	D.R.	Gewerbeordnung f. d. D.R. Redaktion vom 1./7. 1883 (R.G.B. 177) und Gesetz betr. Abänderung der Gewerbeordnung (Arbeit an Sonn- und Festtagen) vom 1./6. 1891 (R.G.B. 261.) Ferner Abänderung durch Gesetz vom 19./6. 1893 (R.G.B. 199) und vom 6./8. 1896 (R.G.B. 685).
10	D.R.	Grundsätze, betr. die Sonntagsruhe im Güterverkehre der Eisenbahnen Deutschlands vereinbart zwischen sämmtlichen Bundesregierungen im R.E.A. am 8./5. 1894, den Preußischen Direktionen mitgetheilt

Nr.	Geltungsbereich	
		durch M.E. vom 6./1. 1895 *P* IV (II) 11309.[1]) (Auf den Pr.St.B. gelten die weitergehenden Bestimmungen des M.E. vom 20./11. 1893 *P* IV (II, I) 8632.)
11	D.R.	Gesetz betr. die Abwehr und Unterdrückung von Viehseuchen vom $\frac{23./6.\ 1880}{1./5.\ 1894}$ (R.G.B. 1880, 153. 1894, 410) nebst Ausführungsinstruktion des Bundesrathes vom 27./6. 1895 (R.G.B. 358).
12	D.R. und Oesterreich-Ungarn.	Viehseuchenübereinkommen zwischen dem D.R. und Oesterreich-Ungarn vom 6./12. 1891 (R.G.B. 1892, 90).
13	D.R.	Bundesgesetz betr. Maßregeln gegen die Rinderpest vom 7./4. 1869 (B.G.B. 105) nebst revidirter Instruktion dazu vom 9./6. 1873 (R.G.B. 147).
14	D.R.	Gesetz, betr. Zuwiderhandlungen gegen die zur Abwehr der Rinderpest erlassenen Vieheinfuhrverbote vom 21./5. 1878 (R.G.B. 95).
15	D.R.	Gesetz, betr. die Beseitigung von Ansteckungsstoffen bei Viehbeförderungen auf Eisenbahnen vom 25./2. 1876 (R.G.B. 163) nebst Bekanntmachung (des Reichskanzlers) betr. die Ausführung des Gesetzes vom 25./2. 1876 u. s. f. — vom 20./6. 1886 (R.C.B. 200, E.V.B. 467).
16	D.R.	Kaiserliche Verordnung gegen Einschleppung des Koloradokäfers vom 26./2. 1875 (R.G.B. 135).
17	D.R.	Kaiserliche Verordnung betr. Einfuhr von Schweinefleisch amerikanischen Ursprunges vom 3./9. 1891 (R.G.B. 385).
18	D.R. und nebenstehend angegeb. Länder.	Internationale Reblauskonvention vom 3./11. 1881 (R.G.B. 1882, 125) abgeschlossen zwischen Deutschland, Oesterreich-Ungarn, Frankreich, Portugal, Schweiz, Belgien, Luxemburg, Niederlande, Serbien, Italien, Spanien, Rumänien) nebst Kaiserlichen Verordnungen vom 4./7. 1883 (R.G.B. 153) und vom 7./4. 1887 (R.G.B. 155) sowie Bekanntmachungen des Reichskanzlers vom 12./7. 1883 — 23./7. 1883 (R.G.B. 242, R.C.B. 238) — 23./8. 1887 (R.G.B. 431) und späteren Ergänzungen (vgl. Kundmachung 11 d. D.E.V.B.).
19	D.R.	Gesetz, betr. die Abwehr und Unterdrückung der Reblauskrankheit innerhalb des D.R. vom 3./7. 1883 (R.G.B. 149).
20	D.R.	Gesetz gegen den verbrecherischen und gemeingefährlichen Gebrauch von Sprengstoffen vom 9./6. 1884 (R.G.B. 61) nebst Bekanntmachung des Reichskanzlers vom 13./3. 1885 und Ausführungsbestimmungen der Bundesstaaten.
21	D.R. Belgien, Frankreich, Großbritannien und Irland, Italien, Luxemburg, Oesterreich-Ungarn, Rußland und Schweiz.	Internationale Uebereinkunft betr. Maßregeln gegen die Cholera vom 15./4. 1893 (R.G.B. 1894, 343) gültig vom 1./2. 1894 zunächst auf 5 Jahre.
	D.R.	(Bezüglich der Bestimmungen über die Verladung und Beförderung von lebenden Thieren auf Eisenbahnen (B.B.) vom 13./7. 1879, vgl. IV C 4, S. 446.)

[1]) Zu den Grundsätzen ist seitens der Verwaltungen in München, Stuttgart, Karlsruhe, Straßburg, Darmstadt, Ludwigshafen und Mainz noch ein besonderes Uebereinkommen getroffen.

Nr.	Geltungsbereich	
22	D.R. Pr.St.	Uebersicht über die vom D.R. und von Preußen gegen das Ausland erlassenen Verbote und Beschränkungen der Einfuhr von Vieh und thierischen Bestandtheilen u. s. f. nach dem Stande vom 1./11. 1896 (C.R.B. 624).
		E. Post- und Telegraphenverwaltung.
		Die Vorschriften Nummer 1—10, 13—18, 20, 21, 23 sind abgedruckt im Handbuche für Post und Telegraphie 1892.
1	D.R.	Gesetz über das Postwesen des D.R. vom 28./10. 1871. (R.G.B. 347).
2	D.R. außer Bayern und Württemberg.	Gesetz vom 20./12. 1875 (Eisenbahnpostgesetz) (R.G.B. 318) betr. die Abänderung des § 4 des Gesetzes über das Postwesen des D.R. vom 28./10. 1871 nebst den vom Reichskanzler erlassenen Vollzugsbestimmungen zum vorstehenden Gesetze vom 9./2. 1876 (R.C.B. 87) abgeändert durch Bekanntmachungen vom 9./5. 1878 (R.C.B. 261) und 24./12. 1881 (R.C.B. 1882, 4).
3	Pr.St.B.	Mitwirkung der Oberpostdirektionen bei Aufstellung der Eisenbahnfahrpläne (M.E. vom 3./7. 1895, E.V.B. 512).
4	D.R. außer Bayern und Württemberg.	Bestimmungen betr. die Verpflichtungen der Eisenbahnen untergeordneter Bedeutung zu Leistungen für die Zwecke des Postdienstes (Rkz.E. vom 28./5. 1879) (R.C.B. 380, E.V.B. 108).
5	D.R.	Postordnung für das D.R. vom 11./6. 1892, abgeändert durch Rkz.E. vom 30./1. 1895 (R.C.B. 29).
6	D.R.	Gesetze über das Posttaxwesen im Gebiete des D.R. vom 28./10. 1871, 17./5. 1873 und 3./11. 1874.
7	D.R.	Gebührentarif für den Postverkehr innerhalb des Deutschen Reichspostgebietes und Bestimmungen über die Portovergünstigungen (begründet auf Nummer 5, 6).
8	D.R.	Bekanntmachung vom 28./11. 1871 betr. die Befreiung der portopflichtigen Dienstbriefe von dem für unfrankirte Briefe zu erhebenden Zuschlagsporto.
9	D.R.	Gesetz, betr. die Portofreiheiten im Gebiete des Nordd. Bundes vom 5./6. 1869.
10	D.R.	Regulativ über die Portofreiheiten.
11	Pr.St.	Bestimmungen über die geschäftliche Behandlung der Postsendungen in Staatsdienstangelegenheiten vom 7./2. 1894, gültig vom 1./4. 1894 (Aversum 21).
12	D.R.	Erlaß des M. d. ö. A. betr. Beförderung von Dienstsendungen vom 28./10. 1889 (E.V.B. 296).
13	Weltpostverein	Weltpostvertrag vom 4./7. 1891.
14	Verschied. Bereich.	Mehrere Uebereinkommen im Anschlusse an den Weltpostvertrag.
15	D.R.	Gesetz über das Telegraphenwesen des D.R. vom 6./4. 1892 (R.G.B. 467).
16	D.R.	Telegraphenordnung für das D.R. vom 15./6. 1891 (R.C.B. 162).
17	D.R. Telegraphengebiet.	Gebührentarif für den Telegraphenverkehr innerhalb des Deutschen Reichs-Telegraphengebietes (begründet auf Nummer 16).
18	D.R.	Bestimmungen über die gebührenfreie Beförderung von Telegrammen (Kaiserl. Verordnung vom 2./6. 1877) (R.G.B. 524).

Nr.	Geltungsbereich	
19	Pr.St.	Regulativ über die geschäftliche Behandlung der Telegramme in Staatsdienstangelegenheiten (Staatsministerialbeschluß vom 30./6. 1877).
20	Fast alle europäischen Staaten und Persien.	Internationaler Telegraphenvertrag vom $\frac{10.}{22.}$ Juli 1875 (revidirt in Paris 21./6. 1890).
21	D.R. Telegraphengebiet.	Bestimmungen über die den Eisenbahnverwaltungen im Interesse der Reichstelegraphenverwaltung obliegenden Verpflichtungen (B.B. v. 21/12. 1868).
22	Pr.St.B.	Vertrag vom $\frac{28./8.\ 1888}{8./9.\ 1888}$ über die Verpflichtungen der Königl. Staatseisenbahnen gegenüber der Reichspost- und Telegraphenverwaltung (M.E. vom 17./9. 1888, E.V.B. 351).
23	D.R.-Telegraphengebiet.	Reglement über die Benutzung der innerhalb des Deutschen Reichstelegraphengebietes gelegenen Eisenbahntelegraphen zur Beförderung solcher Telegramme, welche nicht den Eisenbahndienst betreffen (Rkz.E. vom 7./3. 1876, R.C.B. 156).
24	D.R.-Telegraphengebiet.	Anweisung für die Bahnwärter zur Bewachung und vorläufigen Wiederherstellung der Reichstelegraphenlinien.
		F. Zoll- und Steuerwesen.
1	Dtsch. Zollgebiet.	Vereinszollgesetz vom 1./7. 1869 (B.G.B. 317).
2	"	Zollvereinigungsvertrag vom 8./7. 1867 Art. 5 (B.G.B. 81).
3	"	Zolltarifgesetz nebst Zolltarif vom $\frac{15./7.\ 1879}{24./5.\ 1885}$ (R.G.B. 1885, 111), abgeändert 18./5. 1895 (R.G.B. 233).
4	"	Eisenbahnzollregulativ vom 5./7. 1888 (R.C.B. 573, E.V.B. 275), abgeändert durch B.B. vom 14./6. 1895 (R.C.B. 265, E.V.B. 514, 534) nebst Anl. A: Einheitliche Vorschriften über die zollsichere Einrichtung der Eisenbahnwagen im internationalen Verkehre (vgl. S. 439).
5	"	Anweisung zur Ausführung des Vereinszollgesetzes (B.B. vom 5./7. 1888) (R.C.B. 489).
6	"	Niederlageregulativ vom 5./7. 1888 (R.C.B. 551).
7	"	Begleitscheinregulativ vom 5./7. 1888 (R.C.B. 501), abgeändert durch B.B. vom 14./6. 1895 (R.C.B. 265, E.V.B. 514, 534).
8	"	Bestimmungen (des Bundesrathes) über die zollamtliche Abfertigung der zur unmittelbaren Durchfuhr durch das deutsche Zollgebiet mit der Eisenbahn bestimmten Passagiereffekten vom 30./6. 1892 (R.C.B. 472).
9	"	Regulativ, die zollamtliche Behandlung von Waarensendungen aus dem Inlande durch das Ausland nach dem Inlande betr. (Deklarationsscheinregulativ) von 1878.
10	"	Gesetz, betr. die Statistik des Waarenverkehres des Deutschen Zollgebietes mit dem Auslande vom 20./7. 1879 (R.G.B. 261).
11	"	Ausführungsbestimmungen und Dienstvorschriften zu dem Gesetze (wie vor), letzte Ausgabe Rkz.E. vom 29./10. 1896 (R.C.B. 508, 549), in Kraft getreten 1./1. 1897.
12	D.R. und verschiedene Länder.	Zusammenstellung der im Eisenbahnverkehre zu berücksichtigenden Zoll-, Steuer- und polizeilichen Vorschriften. I. Theil, enthaltend die im

Nr.	Geltungsbereich	
		Verkehre nach dem deutschen Reichsgebiete und innerhalb desselben zu berücksichtigenden Vorschriften. II. Theil, enthaltend die im Verkehre nach dem Reichsauslande zu berücksichtigenden Vorschriften. Kundmachung 11 des D.E.V.V. (3. Ausg. Sept. 1895 nebst Nachträgen) enthält zugleich Vollzugsbestimmungen der Eisenbahnen.
13	D.R. Oesterr.-Ungarn.	Zollkartell mit Oesterreich-Ungarn vom 6./12. 1891.
14	D.R.	Reichsgesetz betr. die Bestrafung von Zuwiderhandlungen gegen die Oesterreichisch.-Ungarischen Zollgesetze vom 17./7. 1881.
15	D.R. Oesterr.-Ungarn.	Handels- und Zollvertrag zwischen dem D.R. und Oesterreich-Ungarn nebst Schlußprotokoll vom 6./12. 1891 (R.G.B. 1892, 3).
16	D.R. Italien.	Handels-, Zoll- und Schifffahrtsvertrag zwischen dem D.R. und Italien vom 6./12. 1891 (R.G.B. 1892, 97).
17	D.R. Belgien.	Handels- und Zollvertrag zwischen dem D.R. und Belgien vom 6./12. 1891 (R.G.B. 1892, 241).
18	D.R. Schweiz.	Handels- und Zollvertrag zwischen dem D.R. und der Schweiz vom 10./12. 1891 (R.G.B. 1892, 195).
19	D.R. Serbien.	Handels- und Zollvertrag zwischen dem D.R. und Serbien vom $\frac{21./8.\ 1892}{9./8.\ 1892}$ (R.G.B. 1893, 269).
20	D.R. Rumänien.	Handels-, Zoll- und Schifffahrtsvertrag zwischen dem D.R. und Rumänien vom 21./10. 1893 (R.G.B. 1894, 1).
21	D.R. Rußland.	Handels- und Schifffahrtsvertrag zwischen Deutschland und Rußland vom $\frac{10./2.\ 1894}{29./1.\ 1894}$ (R.G.B. 153).
22	D.R. Versch. Staaten.	Meistbegünstigungs- und Zollermäßigungsverträge mit zahlreichen anderen Staaten.
23	D.R.	Verschiedene Bestimmungen über den Verkehr mit reichs- und landessteuerpflichtigen Gegenständen (Branntwein, Zucker, Bier, Wein, Malz ꝛc.).

G. Heeresverwaltung.

Nr.	Geltungsbereich	
1	D.R.	Gesetz über die Kriegsleistungen vom 13./6. 1873 (R.G.B. 129).
2	D.R.	(Kaiserl.) Verordnung, betr. die Ausführung des Gesetzes vom 13./6. 1873 über die Kriegsleistungen vom 1./4. 1876 (R.G.B. 137), ergänzt 6./6. 1885 (R.G.B. 197), ferner abgeändert 14./4. 1888 (R.G.B. 142) und 27./6. 1890 (R.G.B. 75).
3	D.R.	Gesetz über die Naturalleistungen für die bewaffnete Macht im Frieden vom 13./2. 1875 (R.G.B. 52), ergänzt 21./6. 1887 (R.G.B. 246).
4	D.R.	Ausführungsinstruktion zu vorstehendem Gesetze vom 30./8. 1887 (R.G.B. 433), abgeändert 28./7. 1889 (R.G.B. 175) und 15./10. 1890 (R.G.B. 181).
5	D.R. Pr.St.	Reichsmilitärgesetz vom 2./5. 1874 (R.G.B. 45) und Gesetz betr. Ergänzungen und Aenderungen des Reichsmilitärgesetzes vom 6./5. 1880 (R.G.B. 103) sowie Bestimmungen zur Ausführung des § 66 des Reichsmilitärgesetzes (Staatsministerialbeschluß vom 1./6. 1888, C.B.B. 176).
6	D.R.	Deutsche Wehrordnung vom 22./11. 1888 (R.C.B. 1889, 1), geändert 20./11. 1893 (R.C.B. 318).

Nr.	Geltungsbereich	
7	D.R.	Militärtarif für Eisenbahnen (B.B.) Rkz.E. vom 28./1. 1887, (R.G.B. 97) nebst militärischen Ausführungsbestimmungen.
8	D.R.	Militärtransportordnung für Eisenbahnen im Kriege (Kriegstransportordnung) und (kaiserl.) Einführungsverordnung vom 26./1. 1887 (R.G.B. 9) sowie Militärische Ausführungsbestimmungen. Darin Anl. XI abgeändert durch Rkz.E. vom 10./8. 1889 (R.G.B. 177).
9	D.R.	Militärtransportordnung für Eisenbahnen im Frieden (Friedenstransportordnung) und (kaiserl.) Einführungsverordnung vom 11./2. 1888 (R.G.B. 24, E.B.B. 43) sowie militärische Ausführungsbestimmungen. Abänder. 29./7. 1889 (R.G.B. 172) u. 26./5. 1890 (R.G.B. 71).
10	D.R.	Verzeichniß der in der Armee und Marine eingeführten Sprengstoffe und Munitionsgegenstände nebst Angaben, welche von diesen zur Gefahrklasse u. welche nicht zur Gefahrklasse zu rechnen sind. (Beschl. d. vereinigten Ausschüsse d. Bundesrathes f. d. Landheer u. d. Festungen u. f. Eisenbahnen, Post u. Telegraphen v. 1./3. 1888, mit Abänderungen.)
11	D.E.B.B.	Dienstvorschriften der Eisenbahnen zu der Militärtransportordnung für Eisenbahnen im Frieden (gültig vom 1./10. 1892) und Nachträge I—IV vom 15./3. 1893, 1./3. 1895, 15./4. 1896, 1./2. 1897. Enthält zugleich den Militärtarif [s. 7] nebst bezügl. Dienstvorschriften (Kundmachung 27).
12	D.E.B.B. Die groß gedruckt. Best. in dessen ganz. Bereiche.	Dienstvorschriften der Eisenbahnen zu der Militärtransportordnung für Eisenbahnen im Kriege vom 26./1. 1887 und zum Militärtarife für Eisenbahnen vom 28./1. 1887.
13	D.Bzk.	Dienstanweisung für die Fahrbeamten betr. Militäreisenbahnordnung.
14	Pr.St.B. und die beigetret. anderen Bahnen. (Die meisten deutsch. Bahnen.)	Uebereinkommen, betr. die Aus- und Abrüstung der Wagen zu Militärbeförderungen und den Verbleib der dazu verwendeten Gegenstände.
		H. Verhältniß zu anderen Bahnen.
		(Es werden hier nur die Bestimmungen allgem. Inhaltes, Satzungen u. dergl. aufgeführt. Die materiellen Bestimmungen sind unter II u. III enthalten.)
1	V.D.E.V.	Satzungen des Vereins Deutscher Eisenbahnverwaltungen, nebst drei Anhängen, zuletzt ausgegeben November 1896.
2	V.D.E.V.	Geschäftsordnung für den technischen Ausschuß (Juli 1891).
3	V.D.E.V.	Geschäftsordnung des Ausschusses für Angelegenheiten der gegenseitigen Wagenbenutzung (Juli 1893).
4	V.D.E.V.	Geschäftsordnung des ständigen Ausschusses für Angelegenheiten des Personenverkehres (Dezember 1892).
5	V.D.E.V.	Geschäftsordnung der Kommission für Angelegenheiten des Güterverkehres in Betreff der ihr zur schiedsrichterlichen Entscheidung überwiesenen Streitfälle (1884).
6	V.D.E.V.	Uebereinkommen, betr. die Abrechnungsstelle des V.D.E.V., gültig vom 1./1. 1886 ab nebst Ausführungsbestimm. (m. handschr. Berichtigungen).
7	D.E.V.V.	Satzungen und Geschäftsordnung für den Deutschen Eisenbahnverkehrsverband. Dritte Ausgabe vom 1./7. 1895.
8	St.W.V.	Handbuch zu den Konferenzen des Preußischen Staatsbahnwagenverbandes (7. Auflage 1895), mit mehrfachen Berichtigungen durch Deckblätter (enthält zugleich die Satzungen des St.W.V.).

Nr.	Geltungsbereich	
9	V.D.E.V. Schweiz.	Verzeichniß der Eisenbahnstationen mit gleichlautender oder ähnlicher Namensbezeichnung (erscheint laufend).
10	V.D.E.V.	Sammlung von Vereinskilometerzeigern (erscheint laufend).
11	Europa ausschl. Großbritannien.	Handbuch für den Eisenbahngüterverkehr. I. Stationsverzeichniß. II. Ortsverzeichniß (vgl. vorn Anh. üb. Litteratur).

II. Organisation, Geschäftsgang, Beamte und Arbeiter der Pr.St.B.

Nr.	Geltungsbereich	**A. Organisation und Geschäftsgang.**	
1	Pr.St.	Allerhöchster Erlaß vom 15./12. 1894 betr. Umgestaltung der Eisenbahnbehörden, nebst Anlagen: a) Verwaltungsordnung für die Staatseisenbahnen vom 15./12. 1894. b) Uebersicht der Eisenbahndirektionsbezirke, beides gültig vom 1./4. 1895 (G.S. 1895, 11, E.V.B. 1895, 25).	
2	Pr.St.B.	Ausführungsanweisung zu den Vorschriften für die Verwaltung der Preußischen Staatseisenbahnen, M.E. vom 10./1. 1895, gültig vom 1./4. 1895 (E.V.B. 72) nebst Anl. I (Denkschrift) und Anl. II: Uebersicht derjenigen Dienstgeschäfte, welche nicht bei jeder Eisenbahndirektion, sondern von einer Direktion für mehrere oder für sämmtliche Direktionsbezirke erledigt werden (Gruppengeschäfte).	
3	Pr.St.B.	Geschäftsordnung für die Königl. Eisenbahndirektionen (M.E. vom 17./12. 1894), gültig vom 1./4. 1895 (E.V.B. 1895, 37).	
4	Pr.St.B.	Anleitung zur Aufstellung und Ausführung des Geschäftsplanes für die Eisenbahndirektionen nebst den ergänzenden Erlassen vom 21./3. 1895 und 11./4. 1895, gültig vom 1./4. 1895 (E.V.B. 40, 251, 344).	
5	Pr.St.B.	Geschäftsanweisung für die Rechnungsdirektoren (M.E. vom 17./12. 1894), gültig vom 1./4. 1895 (E.V.B. 1895, 70).	
6	Pr.St.B.	Bureauordnung für die Königl. Eisenbahndirektionen (M.E. vom 17./12. 1894), gültig vom 1./4. 1895.	
7	Pr.St.B.	Geschäftsanweisung für die Betriebskontroleure bei den Königl. Eisenbahndirektionen (M.E. vom 12./3. 1895), gültig vom 1./4. 1895.	
8	Pr.St.B.	Geschäftsanweisung für die Vorstände der Eisenbahnbetriebsinspektionen.	(M.E. vom 17./12. 1894), gültig vom 1./4. 1895 (E.V.B. 1895, 49—68). [for Nr. 8–13]
9	Pr.St.B.	Geschäftsanweisung für die Vorstände der Eisenbahnmaschineninspektionen.	
10	Pr.St.B.	Geschäftsanweisung für die Vorstände der Eisenbahnwerkstätteninspektionen.	
11	Pr.St.B.	Geschäftsanweisung für die Vorstände der Eisenbahntelegrapheninspektionen.	
12	Pr.St.B.	Geschäftsanweisung für die Vorstände der Eisenbahnverkehrsinspektionen.	
13	Pr.St.B.	Geschäftsanweisung für die Vorstände der Bauabtheilungen nebst Anhang: Allerhöchste Verordnung vom 21./12. 1846 betr. die bei dem Bau von Eisenbahnen beschäftigten Handarbeiter.	

Nr.	Geltungsbereich	
14	Pr.St.B.	Bureauordnung für die Eisenbahnbetriebs-, Maschinen-, Werkstätten-, Telegraphen- und Verkehrsinspektionen (M.E. vom 17./12. 1894), gültig vom 1./4. 1895.
15	Pr.St.B.	Geschäftsanweisung für die technischen Eisenbahnkontroleure bei den Betriebsinspektionen (M.E. vom 12./3. 1895), gültig vom 1./4. 1895.
16	Pr.St.B.	Geschäftsanweisung für die technischen Eisenbahnkontroleure bei den Werkstätten- und Maschineninspektionen (M.E. vom 12./3. 1895), gültig vom 1./4. 1895.
17	Pr.St.B.	Geschäftsanweisung für die Eisenbahnkassenkontroleure (M.E. vom 12./3. 1895), gültig vom 1./4. 1895.
18	Pr.St.B.	Anweisung für die Regelung des Schriftwechsels und die Aufbewahrung der Schriftstücke bei den äußeren Dienststellen (M.E. vom 17./12. 1894), gültig vom 1./4. 1895.
19	Pr.St.B.	Neubauordnung der Preußischen Staatseisenbahnverwaltung (M.E. vom 19./4. 1895), gültig vom 1./4. 1895.
20	Pr.St.B.	Bestimmungen über die Beschaffung und Ueberweisung von Dienstsiegeln und Dienststempeln an die Behörden und Dienststellen der Staatseisenbahnverwaltung (M.E. vom 17/1. 1895), gültig vom 1./4. 1895 (E.V.B. 229).
21	Pr.St.	Gesetz, betr. Uebertragung von Befugnissen, welche den Provinzialbehörden und deren Vorstehern gesetzlich vorbehalten sind, auf die Königl. Eisenbahndirektionen und deren Vorsteher vom 17./6. 1880 (G.S. 271, E.V.B. 274).
22	Pr.St.B.	Gesetz, betr. die Einsetzung von Bezirkseisenbahnräthen und eines Landeseisenbahnrathes für die Staatseisenbahnverwaltung vom 1./6. 1882 (G.S. 313).
23	Pr.St.B.	Bekanntmachung, betr. Zahl und Zusammensetzung der Bezirkseisenbahnräthe, gültig vom 1./4. 1895. Gemeinschaftlicher Erlaß der Minister für Handel und Gewerbe — der öffentlichen Arbeiten — für Landwirthschaft, Domänen und Forsten vom 18./12. 1894 (E.V.B. 1895, 98).
24	Pr.St.	Regulativ, die Eisenbahnkommissariate betr. vom 24./11. 1848, Minist.-Bl. der inneren Verwaltung 390.
25	Pr.St.	Erlaß des Ministers für Handel, Gewerbe und öffentliche Arbeiten vom 14./6. 1875 betr. Erweiterung der Befugnisse der Eisenbahnkommissariate und Kommissarien, abgeändert durch M.E. vom 2./3. 1895 (s. d. Folgende).
26	Pr.St.	Bekanntmachung, betr. Verzeichniß der für die Ausübung des staatlichen Aufsichtsrechtes über die Preußischen Privateisenbahnen und in Preußen belegenen fremden Staatseisenbahnen vom 1./4. 1895 ab bestellten Kommissare. M.E. vom 2./3. 1895, ergänzt durch eine Reihe späterer Erlasse (vgl. Abs. IV in dem Allerhöchsten Erlasse Nummer 1) (E.V.B. 230).
27	Pr.St.	M.E. vom 27./5. 1896 (E.V.B. 207), betr. die Geschäftsführung der Eisenbahnkommissarien.
28	D.Bzk.	Dienstvorschrift über die Beförderung der Dienstbriefe. (Zusammenstellung der allgemein für die Pr.St.B. geltenden Bestimmungen unter Zusatz der besonderen Bestimmungen für den Direktionsbezirk.)

Nr.	Geltungsbereich	
29	Pr.St.B.	Ergänzende Bemerkungen zu den „Vorschriften für die Verwaltung der Preußischen Staatseisenbahnen" und zur „Finanzordnung der Preußischen Staatseisenbahnverwaltung" (M.E. vom 22./6. 1895, E.V.B. 463).
30	Pr.St.B.	Alphabetisches Stationsverzeichniß für die Preußischen Staatsbahnen 1896/97 (vgl. E.N.B. 1896, S. 381).
31	Pr.St.B.	Alphabetisches Verzeichniß der Güterabfertigungsstellen der Preußischen Staatseisenbahnen nebst Bezeichnung der Direktionsbezirke und Kontrolstellen vom 1./4. 1895.
32	Pr.St.B.	M.E. vom 16./6. 1895 betr. Revisionen der Bahnanlagen und der Betriebsmittel (E.V.B. 416).
		B. Finanz- und Rechnungswesen.
1	Pr.St.B.	Finanzordnung der Preußischen Staatseisenbahnverwaltung. Allgemeiner (einleitender) Theil. Mit den folgenden Theilen I—XII, herausgegeben durch M.E. vom 17./12. 1894, gültig vom 1./4. 1895.
2	Pr.St.B.	Wirthschaftsordnung (Theil I der Finanzordnung).
3	Pr.St.B.	Buchungsordnung (Theil II der Finanzordnung).
4	Pr.St.B.	Rechnungsordnung (Theil III der Finanzordnung).
5	Pr.St.B.	Werkstättenordnung (Theil IV der Finanzordnung).
6	Pr.St.B.	Materialienordnung (Theil V der Finanzordnung).
7	Pr.St.B.	Drucksachenordnung (Theil VI der Finanzordnung).
8	Pr.St.B.	Inventarienordnung (Theil VII der Finanzordnung).
9	Pr.St.B.	Ergänzung der Inventarienordnung, betr. Verwaltung der Zubehörstücke der Betriebsmittel u. d. Zuggeräthe (M.E. v. 6./7. 1895), (E.V.B. 495).
10	Pr.St.B.	Hauptkassenordnung (Theil VIII der Finanzordnung).
11	Pr.St.B.	Stationskassenordnung (Theil IX der Finanzordnung).
12	Pr.St.B.	Baukassenordnung (Theil X der Finanzordnung).
13	Pr.St.B.	Anweisung zur Rechnungslegung (Theil XI der Finanzordnung).
14	Pr.St.B.	Sammlung älterer Rechnungsvorschriften materiellen Inhaltes (Theil XII der Finanzordnung).
15	D.Bzk.	Ausführungsbestimmungen zur Materialienordnung, Stationskassenordnung u. s. f.
16	Pr.St.B.	Dienstvorschrift für die Revision und Uebergabe der Stations- und Abfertigungskassen (M.E. vom 12./3. 1895), gültig vom 1./4. 1895.
17	Pr.St.B.	Vorschriften für die Feststellung und Verrechnung der Verkehrseinnahmen der für Rechnung des Preußischen Staates verwalteten Eisenbahnen, gültig vom 1./4. 1895.
18	Pr.St.B.	Verkehrskontrolordnung nebst Anhang: Vorschriften für die Aufstellung der verkehrsstatistischen Arbeiten (M.E. vom 16./2. 1895), gültig vom 1./4. 1895.
19	Direkt. Hannover bezw. Pr.St.B.	Bureauordnung für das Centralverkehrsabrechnungsbureau der Königl. Preußischen Staatseisenbahnen (Hannover 1./4. 1895).
20	Pr.St.B.	Wagenkontrolordnung (M.E. vom 29./1. 1895), gültig vom 1./4. 1895 abgeändert durch M.E. vom 24./10. 1895 (E.V.B. 695).
21	Pr.St.B. und eine Anzahl fremder Bahnen.	Dienstanweisung für das Centralwagenabrechnungsbureau der Preußischen Staatsbahnen (M.E. vom 30./3. 1895, E.V.B. 319), gültig vom 1./4. 1895, abgeändert durch M.E. vom 5./9. 1895 (E.V.B. 603),

Nr.	Geltungsbereich	
22	Pr.St.B.	Vorschriften für die Ermittelung der Leistungen der Betriebsmittel (M.E. vom 29./1. 1895), gültig vom 1./4. 1895, abgeändert durch M.E. vom 5./9. 1895 (E.V.B. 603).
23	Pr.St.B.	Allgemeine Vorschriften über die Behandlung der im Bereiche der Staatseisenbahnverwaltung zurückgelassenen und aufgefundenen Gegenstände (§ 38 d. V.O.), (Fundordnung) M.E. vom 6./3. 1895 (E.V.B. 105).
24	D.E.V.V.	Bestimmungen über die Behandlung der Fundsachen (Kundmachung 10, 2. Ausgabe), gültig vom 1./4. 1895.
25	Pr.St.B.	Vorschriften für die Beschaffung von Betriebsmitteln (M.E. vom 18./2. 1895), gültig vom 1./4. 1895.
26	Pr.St.B.	Vorschriften für die Beschaffung von Materialien (M.E. vom 18./2. 1895), gültig vom 1./4. 1895.
27	Pr.St.B.	Geschäftsanweisung für das Königl. Eisenbahnabnahmeamt in Essen a. Ruhr (M.E. vom 14./3. 1895), gültig vom 1./4. 1895.
28	Pr.St.B.	Dienstvorschrift über die Versendung von Dienstgeldern mit den Bahnzügen (M.E. vom 17./12. 1894), gültig vom 1./4. 1895.
29	Pr.St.B.	Dienstguttransportordnung (M.E. vom 22./2. 1895), gültig vom 1./4. 1895.
30	Pr.St.B.	Vorschriften zur Aufstellung des Etatsentwurfes (M.E. vom 15./4. 1896), E.N.B. S. 331.
31	D.Bzk.	Vorschriften für die Erhebung, Umrechnung und Verrechnung von fremdländischer Währung.
		C. Allgemeine Bestimmungen über Beamte und Arbeiter.
1	Pr.St.B.	Gemeinsame Bestimmungen für alle Beamte im Staatseisenbahndienst (M.E. vom 17./12. 1894), gültig vom 1./4. 1895.
2	D.R.	Bestimmungen über die Befähigung von Eisenbahnbetriebsbeamten vom 5./7. 1892 (R.G.B. 723, E.V.B. 189), gültig vom 1./1. 1893.
3	D.R. Pr.St.	Grundsätze für die Besetzung der Subaltern- und Unterbeamtenstellen bei den Reichs- und Staatsbehörden mit Militäranwärtern (B.B. vom 7. und 21./3. 1882, R.C.B. 123) nebst den für den Umfang der Preußischen Monarchie geltenden besonderen Bestimmungen. (Allerh. Erlaß vom 10./9. 1882) (E.V.B. 1885, 263).
4	Pr.St.B.	Ausführungsbestimmungen zu vorstehenden Grundsätzen.
5	Pr.St.B.	Bestimmungen über die Annahme von Civilsupernumeraren für den Staatseisenbahndienst. M.E. vom 16./3. 1895 (E.V.B. 287).
6	Pr.St.B.	Prüfungsordnung für die mittleren und unteren Staatseisenbahnbeamten. M.E. vom 16./3. 1895 (E.V.B. 255), ergänzt durch M.E. vom 18./6. 1895 (E.V.B. 455).
7	Pr.St.B.	Ausführungsbestimmungen zur Prüfungsordnung für die mittleren und unteren Staatseisenbahnbeamten. M.E. vom 16./3. 1895 (E.V.B. 289), ergänzt durch M.E. vom 18./6. 1895 (E.V.B. 455).
8	Pr.St.B.	Uebergangsbestimmungen zu der neuen Prüfungsordnung für die mittleren und unteren Staatseisenbahnbeamten. M.E. vom 16./3. 1895 (E.V.B. 299), ergänzt und erläutert durch M.E. vom 18./6. 1895 (E.V.B. 455).

Nr.	Geltungsbereich	
9	Pr.St.B.	Vorschriften über die Galakleidung und die Dienstkleidung sowie die Dienstabzeichen des Personals der Staatseisenbahnverwaltung. M.E. vom 19./4. 1895 (E.V.B. 350). Abänderung der durch Allerh. Erlaß vom 30./12. 1889 (E.V.B. 1890, 13) genehmigten Vorschriften.
10	Pr.St.B.	Anweisung zur Behandlung der Personalangelegenheiten der nachgeordneten Beamten und Arbeiter seitens der Inspektionsvorstände. (M.E. vom 17./12. 1894.) Gültig vom 1./4. 1895.
11	Pr.St.	Bestimmungen, betr. die Kautionen der Staatsbeamten. Gesetz vom 25./3. 1873. Allerhöchste Verordnungen vom 10./7. 1874. und 8./8. 1874.
12	Pr.St.	Regulativ über die Dienstwohnungen der Staatsbeamten. (Allerh. Erlaß vom 26./7. 1880, E.V.B. 1881, 29), mit einer Anzahl ergänzender rc. Erlasse.
13	Pr.St.	Gesetz, betr. die Dienstvergehen der nichtrichterlichen Beamten, die Versetzung derselben auf eine andere Stelle oder in den Ruhestand, vom 21./7. 1852 (G.S. 465).
14	Pr.St.	Gesetz vom 27./3. 1872 (abgeändert durch Gesetze vom 31./3. 1882, 30./4. 1884, 20./3. 1890) betreffend die Pensionirung der unmittelbaren Staatsbeamten sowie der Lehrer und Beamten an den höheren Unterrichtsanstalten, mit Ausschluß der Universitäten. (G.S. 1872, 268 — 1882, 133 — 1884, 126 — 1890, 43) (Pensionsgesetz).
15	Pr.St.	Gesetz vom 18./6. 1887 betr. die Fürsorge für Beamte in Folge von Betriebsunfällen. (G.S. 282) (Unfallfürsorgegesetz).
16	Pr.St.	Gesetz, betr. die Fürsorge für die Wittwen und Waisen der unmittelbaren Staatsbeamten vom 20./5. 1882, abgeändert durch Gesetz vom 28./3. 1888. (G.S. 1882, 298 — 1888, 48). (Hinterbliebenenfürsorgegesetz.)
17	Pr.St.	Gesetz, betr. die Umzugskosten der Staatsbeamten vom 24./2. 1877, nebst Allerhöchster Verordnung vom 26./5. 1877, letztere abgeändert durch Allerhöchste Verordnung vom 4./3. 1895. (G.S. 1877, 15, 173, 1895, 41. E.V.B. 339.)
18	Pr.St.	Gesetz, betr. die Tagegelder und die Reisekosten der Staatsbeamten vom 24./3. 1873 (abgeändert durch Gesetz vom 28./6. 1875 und Allerhöchste Verordnung vom 15./4. 1876), nebst Allerhöchster Verordnung v. 30./10. 1876 (abgeänd. durch Verordnung v. 4./3. 1895. (G.S. 1873, 122 — 1875, 370 — 1876, 107, 451 — 1895, 37, E.V.B. 335).
19	Pr.St.	Gesetz, betr. Regelung der Verhältnisse der bei der Umgestaltung der Eisenbahnbehörden nicht zur Verwendung gelangenden Beamten vom 4./6. 1894 (G.S. 89).
20	Pr.St.B.	Gemeinsame Bestimmungen für die Arbeiter aller Dienstzweige der Preußischen Staatseisenbahnverwaltung, gültig vom 1./4. 1892 ab, mit Nachtrag gültig vom 1./4. 1895.
21	D.Bzk.	Dienstvorschrift für die Annahme und Beschäftigung von Arbeitern für den Direktionsbezirk X.
22	Pr.St.B.	Allgemeine Bestimmungen über die Verwendung von Frauen im Staatseisenbahndienst. Erlasse des Ministers für Handel, Gewerbe und öffentliche Arbeiten vom 22./12. 1872 und 8./2. 1873.
	D.Bzk.	Ausführungsbestimmungen d. Eisenbahndirektion X zu vorstehenden Erlassen.

Nr.	Geltungsbereich	
23	Pr.St.B.	Kranken-, Unfall-, Invaliditäts- und Altersversicherung der Arbeiter der Preußischen Staatseisenbahnen. (Erläuterung der in Ausführung der bezüglichen Gesetze auf den Pr.St.B. getroffenen Einrichtungen.)
24	Pr.St.	Bekanntmachungen betreffend: a) Bezeichnung der Ausführungsbehörden und Uebertragung der Verrichtungen der Ortspolizeibehörden im Sinne der Unfallversicherungsgesetze für den Bereich der für Staatsrechnung verwalteten Bahnen. (M.E. vom 18./2. 1895), gültig vom 1./4. 1895 (E.V.B. 244). b) Bezeichnung der höheren und unteren Verwaltungsbehörden sowie der Ortspolizeibehörden im Sinne der Unfallversicherungsgesetze für den Bereich der nicht für Staatsrechnung verwalteten Bahnen. (M.E. vom 9./3. 1895), gültig vom 1./4. 1895 (E.V.B. 244). c) Wahrnehmung der Obliegenheiten der höheren und unteren Verwaltungsbehörden bei den für den Bereich der Staatseisenbahnverwaltung errichteten Eisenbahnbetriebs- und Baukrankenkassen. (Erlaß der Minister d. ö. A., für Handel und Gewerbe und des Innern vom 18./3. 1895), gültig vom 1./4. 1895 (E.V.B. 304).
25	Pr.St.	Allerhöchste Verordnung vom 21./12. 1846 betr. die bei dem Bau von Eisenbahnen beschäftigten Handarbeiter (G.S. 1847, 21.) In den neuen Provinzen vom 19./8. 1867 (G.S. 1426).
26	Pr.St.B.	Satzungen der Pensionskasse für die Arbeiter der Preußischen Staatseisenbahnverwaltung (Ausgabe 1896).
27	Pr.St.B.	Dienstanweisung für die Dienstvorsteher, Kassen- und Rechnungsbeamten betr. die Pensionskasse für die Arbeiter der Preußischen Staatseisenbahnverwaltung (Ausgabe 1895).
28	D.Bzk.	Satzungen der Betriebskrankenkasse für den Eisenbahndirektionsbezirk X.
29	D.Bzk.	Dienstanweisung für die Dienstvorsteher, Kassen- und Rechnungsbeamten sowie die Vorstände der Inspektionen und Bauabtheilungen betr. die Eisenbahnbetriebs- und Baukrankenkassen (Ausgabe 1895).
30	D.Bzk.	Gesch.Anw. f. d. Vorstände d. Eisenbahnbetriebs- und Baukrankenkassen.
31	Pr.St.B.	Gesch.Anw. für die Bezirksausschüsse der Pensionskasse f. d. Arbeiter der Preußischen Staatseisenbahnverwaltung.
32	Pr.St.B. D.Bzk.	Vorschriften für die Berechnung der Nebengebühren der Beamten des Fahrdienstes (Lokomotiv- und Zugbegleitungsbeamten) auf den Preußischen Staats- und unter Staatsverwaltung stehenden Privateisenbahnen (vom 21./5. 1896), gültig vom 1./7. 1896 (E.V.B. 194), nebst Ausführungsbestimmungen der Direktionen.
33	D.Bzk.	Reglement, betr. die Gewährung von Geldprämien für die Entdeckung betriebsgefährlicher Schäden an den Gleisen und Fahrzeugen.
34	Pr.St.B.	Unfallverhütungsvorschriften für die beim Eisenbahnbetriebe beschäftigten Beamten und Arbeiter (herausgegeben auf Grund von Ministerialerlassen von jeder Direktion für ihren Bezirk).
35	Pr.St.B.	Freifahrtordnung nebst Dienstanweisung dazu (M.E. vom 5./3. 1895), gültig vom 1./4. 1895, ergänzt durch M.E. vom 22./5. 1895 u. 28./5. 1895 (E.V.B. 117, 390, 399).
36	Deutscher Freikartenverband	Deutsche Freikartenordnung, gültig vom 1./1. 1887 mit Abänderungen vom November 1891 und Nachträgen. — Nebst Dienstanweisung.

Nr.	Geltungsbereich	
37	D.E.V.V.	Uebereinkommen zwischen den dem Deutschen Eisenbahnverkehrsverbande angehörenden Verwaltungen betreffend Aushändigung von Freifahrtscheinen an die gegenseitigen Bediensteten auf Grund von Empfehlungsschreiben, gültig vom 1./9. 1889 (Kundmachung 7).
38	Deutsche und österreichische Eisenbahnen.	Uebereinkommen zwischen den Deutschen Eisenbahnverwaltungen einerseits, und den Bahnverwaltungen Oesterreich-Ungarns andererseits, betr. Aushändigung von Freifahrtscheinen an die gegenseitigen Bediensteten auf Grund von Empfehlungsschreiben, gültig vom 1./4. 1889 ab.
39	D.E.V.V.	Abfertigung von Reisegepäck auf Freifahrtausweise (Kundmachung 14, 3. Ausgabe), gültig vom 1./4. 1895 ab.
40	Zahlreiche fremde Bahnen und Pr.St.B.	Zusammenstellung der Vorschriften betr. freie Fahrt auf fremden (nicht preußischen Staats-)Eisenbahnen und Ausfertigung von Freifahrtscheinen für Beamte dieser Bahnen. Beilage zur Freifahrtordnung herausgegeben von der Direktion Cöln.
41	D.Bzk.	Bekanntmachung, betr. das Sparen mittelst Sparmarken.

D. Besondere Dienstanweisungen für einzelne Beamtengattungen.

1	Pr.St.B.	Dienstanweisung für die Bahnmeister auf den Preußischen Staatsbahnen, gültig vom 1./1. 1893 (abgeändert vom 1./4. 1895).
2	D.Bzk.	Dienstordnung für Streckenarbeiter.
3	Pr.St.B.	Dienstanweisung für die Bahnwärter und Hülfsbahnwärter auf den Preußischen Staatsbahnen (Haupt- und Nebenbahnen), gültig vom 1./1. 1893 (abgeändert vom 1./4. 1895).
4	D.Bzk.	Dienstvorschriften f. d. z. Bedienung d. Wegeschranken zugelassenen Frauen.
5	D.Bzk.	Dienstanweisung für Werkstättenwerkmeister.
6	D.Bzk.	Dienstanweisung für Betriebswerkmeister.
7	D.Bzk.	Dienstanweisung für Betriebswagenwerkmeister.
8	D.Bzk.	Dienstanweisung für Werkstättenwerkführer.
9	D.Bzk.	Dienstanweisung für die im Staatseisenbahndienst beschäftigten Wagenmeister und Hülfswagenmeister.
10	Pr.St.B.	Dienstanweisung für die Eisenbahntelegraphenmeister der Preußischen Staatseisenbahnverwaltung, gültig vom 1./4. 1895, ergänzt durch M.E. vom 20./12. 1895 (E.V.B. 765).
11	Pr.St.B.	Dienstanweisung für die Stationsbeamten auf den Preußischen Staatsbahnen vom 1./1. 1893 (abgeändert vom 1./4. 1895).
12	D.Bzk.	Dienstanweisung für Telegraphisten.
13	Pr.St.B.	Dienstanweisung für die Weichensteller und Hülfsweichensteller auf den Preußischen Staatsbahnen (Haupt- und Nebenbahnen), gültig vom 1./1. 1893 (abgeändert vom 1./4. 1895).
14	D.Bzk.	Dienstanweisung für Portiers im Stationsdienst.
15	D.Bzk.	Instruktion für die Bahnhofsnachtwächter.
16	D.Bzk.	Dienstordnung für Bahnhofsarbeiter aller Art.
17	D.Bzk.	Dienstanweisung für Gepäckträger.
18	D.Bzk.	Akkordordnung für die Arbeiter der Güterabfertigungsstelle X.
19	Pr.St.B.	Dienstanweisung für die Lokomotivführer und Heizer auf den Preußischen Staatsbahnen, gültig vom 1./1. 1893 (abgeändert vom 1./1. 1895).

Nr.	Geltungsbereich	
20	Pr.St.B.	Dienstanweisung für die Zugführer auf den Preußischen Staatsbahnen, gültig vom 1./1. 1893 (abgeändert vom 1./4. 1895).
21	Pr.St.B.	Dienstanweisung für die Packmeister auf den Preußischen Staatsbahnen, gültig vom 1./1. 1893 (abgeändert vom 1./4. 1895).
22	Pr.St.B.	Dienstanweisung für die Schaffner auf den Preußischen Staatsbahnen, gültig vom 1./1. 1893 (abgeändert vom 1./4. 1895).
23	Pr.St.B.	Dienstanweisung für die Bremser und Hülfsbremser auf den Preußischen Staatsbahnen, gültig vom 1./1. 1893 (abgeändert vom 1./4. 1895).
24	Pr.St.B.	Dienstanweisung für die Wagenwärter auf den Preußischen Staatsbahnen, gültig vom 1./2. 1894 (abgeändert vom 1./4. 1895).
25	D.Bzk.	Dienstanweisung für Zugrevisoren.
26	D.Bzk.	Dienstanweisung für die Werkstättenportiers.
27	D.Bzk.	Dienstanweisung für die Nachtwächter der Werkstätten.
28	D.Bzk.	Dienstanweisung für Dampfmaschinenwärter und Dampfkesselheizer.
29	D.Bzk.	Dienstanweisung für Magazinaufseher.
30	D.Bzk.	Dienstordnung für die Arbeiter in den Werkstätten und Gasanstalten.
31	D.Bzk.	Dienstanweisung für Bauaufseher.

III. Der Betrieb, sowie die für ihn erforderliche technische Beschaffenheit der Bahn und des rollenden Materials.

Nr.	Geltungsbereich	
		A. Technische Vorschriften für Bau- und Betriebseinrichtungen. (Die lediglich Eisenbahnwagen, Telegraphen- und Signalwesen betr. Bestimmungen sind unter C, D aufgeführt.)
1	V.D.E.V.	Technische Vereinbarungen über den Bau und die Betriebseinrichtungen der Haupt- und Nebeneisenbahnen, gültig vom 1./1. 1897 ab.
2	V.D.E.V.	Grundzüge für den Bau und die Betriebseinrichtungen der Lokaleisenbahnen, gültig vom 1./1. 1897 ab.
3	D.R. Frankreich, Italien, Oesterreich-Ungarn, Schweiz, Niederlande, Rumänien, Belgien, Serbien, Griechenland, Bulgarien, Dänemark, Luxemburg, Norwegen, Schweden.	Bestimmungen, betr. die technische Einheit im Eisenbahnwesen. Schlußprotokoll (vom 15./5. 1886) der zweiten zwischen dem Deutschen Reiche, Frankreich, Italien, Oesterreich-Ungarn und der Schweiz, in Bern stattgehabten internationalen Konferenz. Für Deutschland ratificirt durch B.B. vom 16./12. 1886 (vgl. Rkz.E. vom 17./2. 1887) gültig seit 1./4. 1887 (R.G.B. 111).
4	D.R.	Normen für den Bau und die Ausrüstung der Haupteisenbahnen Deutschlands (B.B. vom 30./6. 1892, Rkz.E. vom 5./7. 1892), gültig vom 1./1. 1893 (R.G.B. 747, E.V.B. 210).
5	D.R.	Betriebsordnung für die Haupteisenbahnen Deutschlands (B.B. vom 30./6. 1892, Rkz.E. vom 5./7. 1892), gültig vom 1./1. 1893 (R.G.B. 691, E.V.B. 166).

Nr.	Geltungsbereich	
6	D.R.	Bahnordnung für die Nebeneiſenbahnen Deutſchlands (B.B. vom 30./6. 1892, Rkz.E. vom 5./7. 1892), gültig vom 1./1. 1893 (R.G.B. 764, E.V.B. 224).
7	Pr.St.V.	Vorſchriften, betr. allgemeine Vorarbeiten für neue Eiſenbahnen im Bereiche der Staatseiſenbahnverwaltung (Zuſammenſtellung der hierauf bezüglichen Erlaſſe ꝛc.) 1893.
8	Pr.St.V.	Anweiſung für das Entwerfen von Eiſenbahnſtationen mit beſonderer Berückſichtigung der Weichen- und Signalſtellwerke 1893.
9	Pr.St.V.	Die Oberbauanordnungen der Preußiſchen Staatsbahnen. (Text mit Tafeln.) M.E. vom Februar 1895.
10	Pr.St.V.	Die Weichen der Preußiſchen Staatseiſenbahnen, Cöln 1886. M.E. vom Januar 1887.
11	D.Bzk.	Vorſchriften für die Herſtellung des Oberbaues auf Hauptbahnen.
12	D.Bzk.	Vorſchriften für die Herſtellung des Oberbaues auf Nebenbahnen.
13	D.Bzk.	Anweiſung für das Verfahren beim Auswechſeln von Schienen, Schwellen ꝛc. im Betriebe befindlicher Bahnſtrecken und Vorſchriften für die Sicherung des Betriebes bei derartigen Arbeiten.
14	D.Bzk.	Vorſchriften über die Benutzung der Rollwagen auf Betriebsgleiſen.
15	D.Bzk.	Vorſchriften für die Bewegung der aus dem Material der Betriebsverwaltung gebildeten Arbeitszüge auf den für den Betrieb noch nicht eröffneten Bahnſtrecken.
16	D.Bzk.	Dienſtanweiſung über Anordnung, Führung und Behandlung der Arbeitszüge auf den im Betriebe befindlichen Strecken.
17	Pr.St.	Dienſtvorſchrift über die Behandlung der Dampfkeſſelanlagen und Lokomotiven in bau- und ſicherheitspolizeilicher Beziehung, gültig vom 1./1. 1893. (Unter Berückſichtigung der inzwiſchen eingetretenen Aenderungen.) Ausgabe 1895. — Enthält:
		A. Anweiſung, betr. die Genehmigung und Unterſuchung der Dampfkeſſel,
		B. " " " " " " " Lokomotiven und Tender,
		C. Beſondere Beſtimmungen zu den Anweiſungen A. und B,
		D. Statiſtik der Dampfkeſſel und Dampfmaſchinen.
		Außerdem im Anhang zahlreiche Erlaſſe des Handelsminiſters und des M. d. ö. A. ſowie die geſetzlichen preußiſchen und die Bundesrathsbeſtimmungen ꝛc., namentlich:
	D.R.	a) Bekanntmachung des Herrn Reichskanzlers, betr. allgemeine polizeiliche Beſtimmungen über die Anlegung von Dampfkeſſeln vom 5./8. 1890 (R.G.B. 163).
		b) Beſtimmungen über die Genehmigung, Prüfung und Reviſion der Dampfkeſſel (nach einer Vereinbarung der verbündeten Regierungen des Reiches in der Bundesrathsſitzung vom 3./7. 1890).
	D.R.	c) Beſtimmungen des Bundesrathes vom 14./12. 1876, betr. Statiſtiſche Aufnahme der Dampfkeſſel ꝛc.
	Pr.St.	d) Geſetz, den Betrieb der Dampfkeſſel betr. vom 3./5. 1872 (G.S. 515).
18	Pr.St.V.	Grundzüge für die Erbauung von Waſſerſtationen zur Speiſung der Lokomotiven, welche bei der Erbauung neuer und der Erweiterung beſtehender Waſſerſtationen in Zukunft zu beachten ſind (M.E. vom 24./12. 1890 I, 15242), ergänzt durch M.E. vom 27./2. 1893 I, 834.

Nr.	Geltungsbereich	
19	Pr.St.B.	Lokomotivdrehscheiben, Schiebebühnen und Wasserkrahn der Preußischen Staatseisenbahnen (Normalzeichnungen).
20	Pr.St.B.	Musterzeichnungen für Lastkrahne der Preußischen Staatseisenbahnen. (Nicht unbedingt bindend.)
21	D.Bzk.	Anweisung für den Gebrauch und die Instandhaltung der fahrbaren und feststehenden Lastkrahne, sowie der hydraulischen Aufzüge.
22	D.Bzk.	Dienstanweisung über die Behandlung der Centesimal-, Decimal-, Balken-, Federwaagen und Gewichte.
23	D.Bzk.	Feuerlöschordnung für die Stationen, Haltestellen sowie die Neben- und Betriebswerkstätten.
24	Pr.St.B.	Normalien für Betriebsmittel der Preußischen Staatsbahnen und unter Staatsverwaltung stehenden Privatbahnen (Band Lokomotiven).
25	D.Bzk.	Bildliches Verzeichniß sämmtlicher Lokomotiven und Tender der Königlichen Eisenbahndirektion zu X.
26	D.Bzk.	Zusammenstellung über die Leistungsfähigkeit der Lokomotiven.
27	Pr.St.B.	Vorschriften für die Ermittelung und Meldung des Reparaturstandes der Betriebsmittel vom 2./10. 1896 (E.V.B. 288).
28	V.D.E.V.	Vorschriften für die Vornahme von Schlagproben zur Prüfung von Schienen, Achsen und Radreifen, ausgegeben April 1892.
		B. Der Fahrplan und seine Durchführung.
		(Vgl. auch die Vorschriften unter II D, sowie Betriebsordnung für die Haupteisenbahnen Deutschlands und Bahnordnung für die Nebeneisenbahnen Deutschlands III A, 5, 6.)
1	Pr.St.B.	Fahrplanvorschriften, gültig für die Preußischen Staatsbahnen vom 1.4. 1895 ab, mit Anlagen. (Beruhen auf freier Vereinbarung sämmtlicher Preußischen Eisenbahndirektionen.)
	D.Bzk.	Mit Zusatzbestimmungen für jeden Direktionsbezirk.
2	D.Bzk.	Fahrplanbücher, in verschiedener Anzahl (für jede Fahrplanperiode neu).
3	D.Bzk.	Anhang zu den Fahrplanbüchern betr. Vorschriften über die Ausführung der Sonntagsruhe im Güterverkehr.
4	D.E.V.B. ausschließlich der badischen und bayrischen Staatsbahn, sowie der pfälzischen und holländischen Eisenbahn.	Grundsätze für die Veröffentlichung der Züge für die Beförderung von Viehsendungen (Kundmachung 13), gültig vom 10./9. 1889 ab.
5	D.Bzk.	Vorschriften über Wartezeiten zum Fahrplan (für jede Fahrplanperiode neu).
6	D.Bzk.	Zugbildungsplan (Gesammttitel der Dienstvorschrift auch wohl Wagendienst der Personenzüge) (für jede Fahrplanperiode neu).
7		Bremstafel (ev. auch in 1 mit enthalten). M.E. v. 2./2. 1894 I (II) 17259 u. v. 4./5. 1894 I (II) 3069.
8	D.Bzk.	Nachweisung über die Vertheilung der Personen-, Gepäck-, Gn-, Gne-, und Bahnpostwagen, der losen Leitungen 2c. (ev. in 6 mit enthalten).
9	D.Bzk.	Rangirordnung für Schnell- und Personenzüge (für jede Fahrplanperiode neu, ev. in 6 mit enthalten).

Nr.	Geltungsbereich	
10	D.Bzk.	Bestimmungen über die Belastung und Benutzung der Güterzüge (für jede Fahrplanperiode neu).
11	D.Bzk.	Diensteintheilung für das Zugbegleitpersonal der Stationen X, Y, Z, sowie Anweisung für die Personalgestellung zu den Bedarfszügen (für jede Fahrplanperiode neu).
12	D.E.V.V.	Vorschriften über die Anmeldung der in durchgehende Züge einzustellenden besonderen Wagen (Kundmachung 17, 2. Ausgabe), gültig vom 1./3. 1895 ab.
13	Pr.St.B.	Vorschriften über den Rangirdienst auf den Preußischen Staatsbahnen, gültig vom 1./1. 1893 ab.
14	D.Bzk.	Fahrordnung für die Stationen des Direktionsbezirkes X (mit Gleisbildern als Anlagen) (für jede Fahrplanperiode neu).
15	D.E.V.V. ausschließlich der Altdamm—Colberger Eisenbahn u. d. Niederl. Staatsbahn.	Grundsätze über die Bekanntgabe von Unfällen (Tödtungen oder erhebliche Verletzungen von Reisenden) Betriebs- und Verkehrsstörungen sowie über die Leitung von Personen und Gütern über Hülfslinien (Kundmachung 20, 2. Ausgabe), gültig vom 20./10. 1892.
16	Pr.St.	Meldung und Untersuchung der Eisenbahnunfälle und außergewöhnlichen Betriebsereignisse, M.E. vom 11./3., 24./4., 12./7. und 9./8. 1895 (E.V.B. 235, 357, 517, 547).
17	D.Bzk.	Dienstanweisung für das Meldeverfahren und die Leitung des Verkehrs bei Unfällen und Betriebsstörungen. (Auf Grund von Ministerialerlassen von jeder Direktion für ihren Bezirk herausgegeben.)
18	Pr.St.B.	Dienstvorschrift betr. das Rettungswesen bei Verunglückungen auf Eisenbahnen. Hannover 1892.
19	Pr.St.B.	Anleitungen über die nächsten Verhaltungsmaßregeln, welche bei Kranken und Verwundeten auf Eisenbahnen vor Ankunft des Arztes zu beobachten sind.
20	Pr.St.B.	Bestimmungen, welche bei Reisen Allerhöchster und Höchster Herrschaften zu beachten sind, gültig vom 1./4. 1895.
21	D.Bzk.	Besondere Bestimmungen und Vorschriften für einzelne Bahnhöfe, Drehbrücken, Anschlußweichen und dergl.

C. Signal- und Telegraphenwesen, Stellwerke.

(Vgl. auch die Bestimmungen unter I E, 15—24, II A, 11, D, 10—13, III A, 1, 2, 4—6, 8.)

1	D.R. Pr.St.B.	Signalbuch, gültig vom 1./1. 1893, enthaltend die Darstellung und Beschreibung der durch die Signalordnung für die Eisenbahnen Deutschlands vom 5./7. 1892 vorgeschriebenen Signale und die Ausführungsbestimmungen zu dieser Signalordnung. (Signalordnung vom 5./7. 1892, gültig vom 1./1. 1893, R.G.B. 733, E.V.B. 196.)
2	D.Bzk.	Anhang zum Signalbuch (enthält die besonderen Ausführungsvorschriften für den Direktionsbezirk).
3	Pr.St.B.	Anweisung für den Telegraphendienst auf den Preußischen Staatsbahnen, gültig vom 1./1. 1894, Nachtrag vom 1./4. 1895 und 12./9. 1895 (E.V.B. 631).
4	Pr.St.B.	Grundsätze für elektrische Streckenblockirung (M.E. vom 7./1. 1895).
5	D.Bzk.	Dienstanweisung zur Handhabung des Blocksignaldienstes.

Nr.	Geltungsbereich	
6	D.Bzk.	Dienstanweisung zur Handhabung des Hülfssignaldienstes.
7	D.Bzk.	Vorschriften für die Einrichtung und Unterhaltung der Telegraphen- und elektrischen Signalanlagen.
8	D.Bzk.	Vorschriften für die Bedienung der zur Ueberwachung der Fahrgeschwindigkeit aufgestellten Apparate.
9	Pr.St.B.	Allgemeine Dienstanweisung für die Benutzung der Stellwerksanlagen im Bereiche der Preußischen Staatseisenbahnverwaltung, gültig vom 1.4.1895 ab.
10	D.Bzk.	Besondere Bestimmungen für die auf den einzelnen Strecken und Stationen vorhandenen Block- und Signaleinrichtungen.
11	D.Bzk.	Verzeichniß der telegraphischen Anrufe der Stationen und Haltestellen.
12	V.D.E.V.	Uebereinkommen, betr. den Diensttelegrammverkehr auf den Telegraphenlinien des Vereins Deutscher Eisenbahnverwaltungen, gültig vom 1.5.1895 ab, nebst I. Nachtrag vom Oktober 1896.

D. Besondere Bestimmungen über Eisenbahnwagen.

(Vgl. auch I C 16, D 15, 21, F 4, G 8, 9 ff., H 3, 8, 10, II B 5, 9, 20-22, D 5—9, 11, 20, 23, 24, III A 1—6.)

Nr.	Geltungsbereich	
1	V.D.E.V.	Uebereinkommen, betr. die gegenseitige Wagenbenutzung im Bereiche des Vereins Deutscher Eisenbahnverwaltungen (Vereinswagenübereinkommen, V.W.U.), nebst sieben Anlagen: I. Allgemeine Vorschriften für die Bauart und die Einrichtung der Wagen.
	D.R. Oesterreich-Ungarn, Niederlande, Belgien, Bulgarien, Dänemark, Frankreich, Griechenland, Italien, Luxemburg, Norwegen, Rumänien, Schweden, Schweiz, Serbien.	II. Vorschriften über die zollsichere Einrichtung der Eisenbahnwagen im internationalen Verkehr (Beschluß der intern. Konf. zu Bern vom 15./5. 1886) vom 12./3. 1887, (E.V.B. 237.) III. Verzeichniß der Mängel, welche zur Zurückweisung der Wagen berechtigen. IV. Vorschriften f. d. Behandlung d. zur Viehbeförderung benutzten Wagen. V. Preise für Wiederherstellung fremder Wagen. VI. Vorschriften für die Beladung offener Güterwagen.
		VII. Vorschriften für die Einrichtung und Behandlung der Kesselwagen im Bereiche des Vereins Deutscher Eisenbahnverwaltungen. Gültig vom 1./4. 1897 an (ausgegeben December 1896).
2	V.D.E.V.	Sammlung grundsätzlicher Entscheidungen der Kommission für das Vereinswagenregulativ, ausgegeben Januar 1888. (Veraltet.)
3	Deutsch-Italienischer Wagenverband.	Regulativ für die gegenseitige Wagenbenutzung im Verkehr zwischen den Italienischen Bahnen einerseits und Deutschen, Oesterreichisch-Ungarischen, Schweizerischen, Belgischen und Holländischen Bahnen andererseits, nebst 6 Anlagen, gültig vom 1./1. 1894 ab. Wird voraussichtlich vom 1./4. 1897 ab geändert.
4	Internationaler Wagenverband.	Reglement für die Benutzung des Fahrmaterials zwischen allen an dem Internationalen Verbande theilnehmenden Verwaltungen, gültig vom 1./10. 1882 ab. (Cöln 1890.)
5	Internationaler Wagenverband und Franz. Ostbahn.	Technisches Reglement für die gegenseitige Zulassung des Betriebsmateriales und die Haftpflicht für Beschädigungen zwischen den Verwaltungen des Internationalen Verbandes, gültig vom 1./7. 1893 ab.

Nr.	Geltungsbereich	
6	Reichseiſenbahnen in Elſaß-Lothring. Franzöſ. Oſtbahn (gilt auch für die Pr.St.B.).	Konvention, betr. die gegenſeitige Wagenbenutzung zwiſchen der Franzöſiſchen Oſtbahngeſellſchaft und den Reichseiſenbahnen in Elſaß-Lothringen, gültig vom 1./9. 1880 ab.
7	St.W.V.	Vorſchriften für die gemeinſchaftliche Wagenbenutzung der Preußiſchen Staatsbahnen ſowie der dieſen Vorſchriften beigetretenen Deutſchen Eiſenbahnen (Staatsbahnwagenvorſchriften), gültig vom 1./4. 1895 (M.E. vom 25./2. 1895, E.V.B. 201), abgeändert durch M.E. vom 20./7. 1895 (E.V.B. 521), vom 21./9. 1895 (E.V.B. 639), vom 23./10. 1895 (E.V.B. 693), vom 4./2. 1896 (E.V.B. 59), vom 15./10. 1896 (E.V.B. 306) u. vom 3./3. 1897 (E.V.B. 43). (Vgl. auch I, H. 8: Handbuch zu den Konferenzen des Preußiſchen Staatsbahnwagenverbandes).
8	Pr.St.B.	Geſchäftsanweiſung für das Königl. Eiſenbahnwagenamt in Eſſen a./Rh. (M.E. vom 6./3. 1895), gültig vom 1./4. 1895.
9	D.Bzk.	Beſtimmungen über die Meldung, Vertheilung, Behandlung und Benutzung der Güterwagen, nebſt einem Anhange, enthaltend Vorſchriften über die Behandlung der Lade- und Bindemittel (Güterwagenbeſtimmungen).
10	D.Bzk.	Vorſchriften über die Meldung, Vertheilung, Benutzung und Behandlung der Perſonen-, Gepäck- und Bahnpoſtwagen.
11	St.W.V.	Maßregeln, welche bei Eintritt des Mangels an Wagen zu treffen ſind (auch in I, H, 8 — ſ. oben Anmerkung zu 7 — enthalten).
12	V.D.E.V.	Adreſſen der Wagenverwaltungen und Nachweiſung der Eigenthumsmerkmale der Eiſenbahngüterwagen, ausgegeben Oktober 1895, nebſt I. Nachtrag vom Mai 1896 und II. Nachtrag vom November 1896.
13	V.D.E.V. u. fremde Bahnen.	Alphabetiſches Verzeichniß der Eigenthumsmerkmale der Eiſenbahngüterwagen der Vereinsbahnen ſowie folgender Nichtvereinsbahnen: Belgiſche E., Bulgariſche E., Däniſche E., Franzöſiſche E., Italieniſche E., Norwegiſche E., Orientaliſche E., Schwediſche E., Schweizeriſche E., Serbiſche E. (Auszug aus Nummer 12), ausgegeben April 1896, nebſt I. Nachtrag vom November 1896.
14	V.D.E.V. u. fremde Bahnen.	Verzeichniß der auf den Vereinsbahnſtrecken zuläſſigen größten Radſtände und Raddrücke der Eiſenbahnfahrzeuge ſowie der bei der Beladung offener Wagen anzuwendenden Lademaaße, Bl. I und II, im gegenſeitigen Verkehre der Vereinsbahnen, nebſt einem Anhange, enthaltend: A) Verzeichniß der zuläſſigen größten Radſtände und Querſchnittsmaaße der Wagen im internationalen Verkehre nach den Berner Vereinbarungen vom 15. Mai 1886 (hierzu Zeichnungen Bl. III—XXIII). B) Verzeichniß der zuläſſigen größten Radſtände, Raddrücke und Querſchnittsmaaße der Wagen im Verkehre zwiſchen den Vereinsbahnen und einigen fremden Bahnen, welche den Berner Vereinbarungen nicht beigetreten ſind (hierzu Zeichnungen Bl. III, XXIV und XXV), ausgegeben Mai 1895, nebſt I. Nachtrag vom April 1896.
15	T.E.	Gabarits pour voitures et wagons admis à circuler sur les chemins de fer en trafic international. Begrenzungslinien der im internationalen Eiſenbahnverkehre zugelaſſenen Perſonen- und Güterwagen (herausgegeben vom R.E.A).

Nr.	Geltungsbereich	
16	T.E.	Maximalradstand der im internationalen Eisenbahnverkehre zugelassenen Personen- und Güterwagen. Ecartement maximum des essieux des voitures et wagons admis à circuler sur les chemins de fer en trafic international (herausgegeben vom R.E.A).
17	V.D.E.V.	Grundzüge für die Zulassung von Vereinslenkachsen (künftig fortfallend).
18	V.D.E.V.	Vereinslenkachsen und freie Lenkachsen (Sammlungen der Konstruktionen) (künftig fortfallend).
18a	V.D.E.V.	Freie Lenkachsen für Zuggeschwindigkeiten bis 90 km i. d. Std. und für Wagen mit und ohne Bremsen. Bericht des Unterausschusses zur Prüfung von Vereinslenkachsen vom Oktober 1890.
19	V.D.E.V.	Bericht des Unterausschusses für die Prüfung von Vereinslenkachsen über die seit dem Jahre 1890 angestellten Versuche mit Vereinslenkachsen, ausgegeben April 1896.
20	V.D.E.V.	Sammlung von Güterwagenparkverzeichnissen der dem V.D.E.V. angehörigen Eisenbahnen, sowie alphabetische Uebersicht der Eisenbahnen des V.D.E.V. mit Angabe der Nummer des betr. Güterwagenparkverzeichnisses; hierzu die einzelnen Verzeichnisse, bezeichnet: „Verzeichniß des Güterwagenparkes der X-Eisenbahn."
21	Pr.St.B. (D.Bzk.)	Bildliches Wagenparkverzeichniß der Königl. Eisenbahndirektion zu X.
22	Pr.St.B.	Normalien für Betriebsmittel der Pr.St.B. und unter Staatsverwaltung stehenden Privatbahnen (Band Wagen).
23	Pr.St.B.	Vorschriften über den Anstrich, die Bezeichnung und Nummerirung der Wagen (ausschließlich der vierachsigen Personen- und Schlafwagen mit Durchgang) nebst einem Anhange. Ausg. 1896. Gült. v. 1./1. 1896.
24	D.Bzk.	Plan für die Nummerirung der Personen-, Gepäck- und Güterwagen des Eisenbahndirektionsbezirkes X.
25	Pr.St.B.	Behandlung der ausbesserungsbedürftigen Wagen der Pr.St.B. (M.E. vom 20./7. 1895 — E.V.B. 522), gültig vom 1./9. 1895.
26	D.E.V.V.	Grundsätze und Bedingungen für die Zulassung und Einstellung von Privatgüterwagen nebst Dienstanweisung (Kundmachung 19, vom 1. 10. 1893, nebst Nachtr. v. 1./3. 1895). Wird z. 1./4.1897 geändert.
27	St.W.V.	Dienstanweisung für die Behandlung von Privatgüterwagen, gültig vom 1./10. 1893 (Magdeburg 1893). (Diese Dienstanweisung ersetzt für den Bereich des St.W.V. die vorige, deren wesentliche Bestimmungen sie mit enthält.) Wird zum 1./4. 1897 geändert.
28	Italienische Eisenbahnen.	Vorschriften für den Lauf der einheimischen im Privateigenthume stehenden oder von Privaten gemietheten sowie auch der fremden Specialwagen auf den Italienischen Eisenbahnen, gültig vom 15./9. 1892, abgeändert durch Nachtrag vom 20./9. 1893.
29	St.W.V.	Nachweisung der bei den Verwaltungen des Staatsbahnwagenverbandes vorhandenen Special- und Stationswagen nebst Nummernverzeichniß der Stationswagen (ausgegeben 15./5. 1891).
30	D.E.V.V.	Vorschriften über die Bezettelung der Einzelstückgüter und beladenen Wagen (Kundmachung 22), gültig vom 1./10. 1891.
31	D.E.V.V.	Vorschriften für die betriebssichere Verladung von Kolligütern auf offenen Wagen (Kundmachung 5), gültig vom 1./4. 1888.
32	D.E.V.V.	Dienstanweisung über den Verschluß von Wagen mittelst Bahnplomben Kundmachung 3, 1893), gültig vom 1./1. 1888.

Nr.	Geltungsbereich	
33	D.Bzk.	Ausführungsvorschriften über den Verschluß von Wagen mittelst Bahnplomben.
34	Pr.St.B. D.Bzk.	Anweisung zur Reinigung und Desinfektion der zur Beförderung von Thieren benutzten Eisenbahnwagen nebst den dazu erlassenen Gesetzen, Ausführungsbestimmungen u. s. f. (vgl. I D, 15, 22).
35	V.D.E.V.	Zusammenstellung der im Gebiete des Vereines Deutscher Eisenbahnverwaltungen bestehenden gesetzlichen Bestimmungen über die Beseitigung von Ansteckungsstoffen bei Viehbeförderungen auf Eisenbahnen und der hierzu erlassenen Ausführungsbestimmungen, ausgegeben Oktober 1893.
36	D.E.V.V. ausschließlich der Niederländischen Staatsbahn.	Grundsätze über die Erhebung von Wagenstandgeld bei Fristüberschreitungen in Folge von Verwiegungsanträgen (Kundmachung 24, 2. Ausgabe), gültig vom 1./1. 1893 ab.
37	D.Bzk.	Dienstanweisung, betr. die Rapportirung der eisenbahnseitigen Leistungen für die Kaiserl. Postverwaltung im Bezirke der Königlichen Eisenbahndirektion X.
38	D.E.V.V.	Bestimmungen über Berechnung und Verrechnung von Deckenmiethe (Kundmachung 8), gültig vom 1./9. 1889 ab.
39	Gebiet der Wagenbeistellungskonferenzen.	Tarif für die Beschädigungen an den Personenwagen, gültig vom 1./1. 1896.
40	Pr.St.B. zum Theil auch Sächsische Staatsbahnen und Oldenburg. Staatsb.	Dienstanweisung für die Heizung der zur Personenbeförderung dienenden Züge. 1893.
41	Pr.St.B.	Besondere Vorschriften für Heizung der vierachsigen Personen- und Schlafwagen (Anhang zu vorstehender Dienstanweisung), Magdeburg 1894.
42	D.Bzk.	Ausführungsbestimmungen für die Behandlung der Dampfheizung bei den Personenzügen (Anhang zur Dienstanweisung Nummer 40).
43	D.Bzk.	Dienstanweisung für die Heizung der Personenwagen: a) Durch Heizkasten mit Preßkohlenfeuerung. b) Durch Füllöfen mit Kokesfeuerung.
44		Anleitung über die Behandlung der Heberleinbremse.
45	D.Bzk. Berlin.	Instruktion über die Bedienung der Vakuumbremse von Hardy.
46		Instruktion über die Bedienung der Luftdruckbremse von Carpenter.
47	Pr.St.B.	Vorschriften für den Gebrauch und die Unterhaltung der Luftdruckbremse (Bauart Westinghouse) auf den Pr.St.B., gültig vom 1./7. 1895.
48	D.Bzk. Altona.	Vorschriften für den Gebrauch und die Unterhaltung der Luftdruckbremse (Bauart Schleifer, Einkammerbremse) auf den Pr.St.B., gültig vom 1./7. 1896.
49	Pr.St.B.	Dienstanweisung für die Gasbeleuchtung der Wagen und Lokomotiven vom Februar 1894.
50	Pr.St.B.	Bestimmungen über die Benutzung der Schlafwagen der Preußischen Staatseisenbahnverwaltung nebst Dienstanweisung für Schlafwagenwärter, gültig vom 1./4. 1895.
51	Gebiet d. Wagenbeistellungskonferenzen.	Bedingungen für den Uebergang einzelner Personen-, Salon- und Schlafwagen von einer Bahn zur anderen im internationalen Verkehre. Diese Vorschriften haben auch sinngemäße Geltung für den Ueber-

Nr.	Geltungsbereich	
		gang von Gepäckwagen. (Zusammengestellt und auf dem Laufenden erhalten von der Direktion der Lübeck-Büchener Eisenbahn.)
52	D.Bzk.	Vorschriften über das Reinigen der Personen-, Gepäck- und Postwagen.
53	D.Bzk.	Vorschriften für das Beschildern der Personenwagen mit Kursschildern und für die Behandlung derselben.

IV. Der Verkehr.

Nr.	Geltungsbereich	
		A. Allgemeine Bestimmungen. (Vgl. auch die Gesetze ꝛc. unter I D, E, F, G, II. A, B, D.)
1	D.R.	Verkehrsordnung für die Eisenbahnen Deutschlands mit Anl. A—F, gültig vom 1./1. 1893 (Rkz.E. vom 15./11. 1892, R.G.B. 923, E.V.B. 455), § 53 geändert durch B.B. vom 17./10. 1895, Rkz.E. vom 18./10. 1895 mit Gültigkeit vom 15./11. 1895 (R.G.B. 445), ferner Anlage B der V.O. wiederholt geändert, letzte vollständig neue Fassung durch B.B. vom 7./2. 1895 (Rkz.E. vom 9./2. 1895, R.G.B. 101, E.V.B. 161).
2	D.R. Oesterr.-Ungarn, (Liechtenstein), Italien, Frankreich, Rußland, Niederlande, Belgien, Luxemburg, Schweiz.	Internationales Uebereinkommen über den Eisenbahnfrachtverkehr (J.U.). (Convention Internationale sur le transport de marchandises par chemins de fer), abgeschlossen zu Bern 14./10. 1890, ratificirt daselbst 30./9. 1892, in Kraft getreten 1./1. 1893. (Ueber spätere Ergänzungen und Zusatzvereinbarungen vgl. S. 103, 107). (R.G.B. 1892, 793 — E.V.B. 1892, 355), enthaltend folgende Bestandtheile: I. Internationales Uebereinkommen über den Eisenbahnfrachtverkehr (im engeren Sinne). (Hierzu Beilage: Liste der Eisenbahnstrecken, auf welche d. J.U. Anwendung findet, letzte vollständ. (IV) Ausgabe v. 1./1. 1897.) II. Reglement betr. die Errichtung eines Centralamtes. III. Ausführungsbestimmungen zum Uebereinkommen über den internationalen Eisenbahnfrachtverkehr. Hierzu Anlagen: 1. Vorschriften über bedingungsweise zur Beförderung zugelassene Gegenstände. 2. Frachtbriefformular. 3. Erklärung, betr. die fehlende oder mangelhafte Verpackung der Güter. 4. Nachträgliche Anweisung. IV. (Schluß)-Protokoll.
3	J.U.	Liste des stations des chemins de fer auxquels s'applique la convention internationale sur le transport de marchandises du 14. Octobre 1890. Publiée par l'Office central à Berne 1896.
4	V.D.E.V.	Betriebsreglement des Vereines Deutscher Eisenbahnverwaltungen (enthält auch das J.U.) vom Dezember 1892, gültig vom 1./1. 1893) nebst Nachtrag VI, gültig vom 1./4. 1895 und VII, gültig vom 1./1. 1896, VIII, gültig vom 1./1. 1897) mit Anlage 1—4 und Anhang erleichternde Vorschriften über ausgeschlossene oder bedingungsweise zugelassene Gegenstände).

Nr.	Geltungsbereich	
5	V.D.E.V.	Uebereinkommen zum Betriebsreglement des Vereines Deutſcher Eiſenbahnverwaltungen, gültig vom 1./1. 1897, mit fünf Anhängen:
	I.	Beſtimmungen über die Ausgabe von zuſammenſtellbaren Fahrſcheinheften.
	II.	Uebereinkommen, betr. die Verſchleppung von Gütern und Reiſegepäck, ſowie von Fahrzeugen und lebenden Thieren.
	III.	Dienſtanweiſung, betr. das Feſtſtellungs-, Melde- und Nachforſchungsverfahren bei fehlenden, überzähligen, beſchädigten oder mit Gewichtsverminderung angekommenen Gepäckſtücken und Gütern.
	IV.	Beſtimmungen über Abſchlagszahlungen aus dem Güterverkehre.
	V.	Uebereinkommen, betr. die Erſtattung von Fahrgeld.
6	D.E.V.V. Pr.St.B.	Allgemeine Abfertigungsvorſchriften des Deutſchen Eiſenbahnverkehrsverbandes (Kundmachung 1) nebſt Zuſatzbeſtimmungen für die Preußiſchen Staatseiſenbahnen, gültig vom 1./1. 1893, nebſt Nachträgen 2, 4, 5, 6, letzterer vom 1./10. 1896, ſowie Ergänzungsblatt, gültig vom 1./4. 1895.
7	D.Bzk.	Ausführungsvorſchriften und Sonderbeſtimmungen zu den Allgemeinen Abfertigungsvorſchriften des D.E.V.V. nebſt Zuſatzbeſtimmungen für die Preußiſchen Staatseiſenbahnen.
8	D.E.V.V. Pr.St.B.	Alphabetiſches Sachregiſter zu 6 und 7.
9	Pr.St.B. Elſaß-Lothring. Eiſenbahnen, Oldenburgiſche Staatsbahn.	Uebereinkommen, betr. die Behandlung der Reklamationen aus dem Perſonen-, Gepäck- und Güterverkehre, ſowie über die Regelung von Verſchleppungen aus dem Gepäck- und Güterverkehre vom 15./2. 1886 mit den bis 31./3. 1895 ergangenen Abänderungen.

B. Perſonen- und Gepäckverkehr.

(Vgl. auch A und die dort angezogenen früheren Abſchnitte, ſowie III, B, D, 10, 37—51.)

1	Deutſche Eiſenbahnen.	Deutſcher Eiſenbahn-Perſonen- und Gepäcktarif, Theil I, gültig vom 1./4. 1895, enthält die auf den Perſonenverkehr bezüglichen Abſchnitte der V.O.[1]) nebſt allgemeinen Zuſatzbeſtimmungen, welche von der Generalkonferenz der Deutſchen Eiſenbahnen beſchloſſen ſind. (Beſondere Beſtimmungen für den Perſonenverkehr auf den Deutſchen Eiſenbahnen enthalten die bezüglichen Theile II der Tarife, und entſprechende Beſtimmungen für den Verkehr mit dem Auslande die betreffenden Verbandstarife).
2	Pr.St.B. D.Bzk.	Vorſchriften über die Beförderung von Perſonen, Reiſegepäck und Hunden, gültig vom 1./1. 1896 (für jeden Direktionsbezirk unter Hinzufügung von Zuſatzbeſtimmungen gedruckt).

[1]) Einſchließlich der Eingangsbeſtimmungen und Allgemeinen Beſtimmungen.

Nr.	Geltungsbereich	
3	V.D.E.V. Belgien, Schweiz, Dänemark, Norwegen, Schweden, Bosnien, Herzegowina (vom 1./5. 1897 ab auch Finland).	I. Zusammenstellbare Fahrscheinhefte, Fahrscheinverzeichniß, mit einer Uebersichtskarte, gültig vom 1./5. 18.., Ausgabe ür den Dienstgebrauch. (Erscheint jährlich.)
		II. Zusammenstellbare Fahrscheinhefte, Fahrscheinverzeichniß, gültig vom 1./5. 18.. (Erscheint jährlich), Preis 70 Pfg. ohne, 85 Pfg. mit Uebersichtskarte (für das Publikum). (Bezüglich der Bestimmungen über die Ausgabe von zusammenstellbaren Fahrscheinheften vgl. IV A 5).
4	V.D.E.V. u. andere Bahnen.	Verzeichniß der einfachen (normalen) Fahrpreise mit Angabe des Unterschiedes gegen die im Verkehre auf zusammenstellbare Fahrscheine gewährten Ermäßigungen, 1896, nebst I. Nachtrag vom Juni 1896 u. II. Nachtrag vom 15./10. 1896 (erscheint jährlich).
5	D.E.V.V.	Vorschriften über den Vollzug der Zusatzbestimmung V A zu § 11 der V.O., Fahrpreisermäßigung im Interesse der öffentlichen Krankenpflege betr. (Kundmachung 30), gültig vom 1./4. 1894.
6	Pr.St.B.	Gemeinsame Bestimmungen der Preußischen Staatseisenbahnen über die Beförderung von Personen zu ermäßigten Fahrpreisen, gültig vom 1./11. 1896.
7	Pr.St.B. Mecklenburg. Friedrich-Franz-Eisenbahn.	Zusammenstellung der Allgemeinen Bestimmungen über die Beförderung landwirthschaftlicher Arbeiter unter besonderer Berücksichtigung der in Bezug auf die Arbeitertransporte aus den östlichen Provinzen nach der Provinz Sachsen u. s. w. und umgekehrt getroffenen Vereinbarungen, gültig vom 1./4. 1896.
8	D.Bzk.	Dienstvorschriften für Bahnsteigschaffner.
9	Pr.St.B.	Bestimmungen über die Benutzung der Durchgangs (D)-Züge, gültig vom 1./8. 1896. (Bezüglich Benutzung der Schlafwagen vgl. III, D, 39.)
10	Pr.St.B.	Zusammenstellung der über die Gewährung von Sonderzügen und die Gestellung von Salon ꝛc. -Wagen bestehenden Bestimmungen, gültig vom 1./11. 1895 (gemeinschaftlich von den Direktionen für sämmtliche Bezirke festgesetzt).
11	D.Bzk.	Dienstanweisung, betr. Einführung des neuen Gepäckabfertigungsverfahrens nach amerikanischem Systeme.
12	Pr.St.B.	Ausführungsbestimmungen für die Abfertigung von Gütern aller Art u. s. f., welche nach Maaßgabe der Zusatzbestimmung, Ziffer 5 zu § 32 der V.O. (Theil II des Staatsbahnpersonentarifes) zur Beförderung als Gepäck ohne Lösung von Fahrkarten aufgegeben werden, gültig vom 15./10. 1895.
13	D.E.V.V. ausschl. Sächsische Staatsbahn, Pfälzische Eisenbahn, Niederländ. Staatsbahn.	Uebereinkommen, betr. die Erstattung von Fahrgeld in Verschleppungsfällen, gültig vom 1./11. 1895. (Kundmachung 25.)
14	D.E.V.V.	Vorschriften über die Aufstellung und Einreichung der Kostenrechnungen für Reisen Allerhöchster und Höchster Herrschaften in Sonderzügen oder Salonwagen (Kundmachung 21), gültig vom 10./3. 1891 ab.
15	Pr.St.B.	Muster für Pachtverträge mit Bahnhofswirthen (M.E. vom 19./4. 1895, E.V.B. 362), geändert durch M.E. vom 29./7. 1896 (E.V.B. 236).

Nr.	Geltungsbereich	C. Güter- und Vieh- ꝛc. Verkehr. (Vgl. auch A, und die dort angezogenen früheren Abſchnitte, ſowie III B, D 1—9, 11, 14, 23—36.)
1	Deutſche Eiſenbahnen.	Deutſcher Eiſenbahn-Güter-Tarif, Theil I, gültig vom 1./4. 1894 nebſt Nachträgen; enthält (außer dem Nebengebührentarif) die auf den Güterverkehr bezüglichen Abſchnitte der V.O.[1]) nebſt allgemeinen Zuſatzbeſtimmungen, ſowie die Allgemeinen Tarifvorſchriften nebſt Güterklaſſifikation, welche von der Generalkonferenz der Deutſchen Eiſenbahnen beſchloſſen ſind. (Beſondere Beſtimmungen für den Güterverkehr auf den Deutſchen Eiſenbahnen enthalten die bezüglichen Theile II der Tarife, und entſprechende allgemeine und beſondere Beſtimmungen für den Verkehr mit dem Auslande die Theile I und II der betreffenden Verbandstarife.)
2	Deutſche Eiſenbahnen.	Deutſcher Eiſenbahntarif für die Beförderung von Leichen, lebenden Thieren und Fahrzeugen. Theil I, gültig vom 1./4 1895, nebſt Nachträgen, enthält (außer dem Nebengebührentarif) die auf den fraglichen Verkehr bezüglichen Abſchnitte der V.O.[1]) nebſt allgemeinen Zuſatzbeſtimmungen ſowie die allgemeinen Tarifvorſchriften, welche von der Generalkonferenz der Deutſchen Eiſenbahnen beſchloſſen ſind. (Beſondere Beſtimmungen für den fraglichen Verkehr auf den Deutſchen Eiſenbahnen enthalten die bezüglichen Theile II der Tarife, und entſprechende allgemeine und beſondere Beſtimmungen für den Verkehr mit dem Auslande die betreffenden Verbandstarife).
3	Pr.St.B.	Vorſchriften für die Herſtellung und Einführung von Gütertarifen, Ausgabe 1895. (Die Vorſchriften, enthaltend Miniſterialerlaſſe und Erlaſſe des R.E.A., ſind von der Direktion Berlin zuſammengeſtellt und nach getroffener Uebereinkunft für alle Direktionsbezirke ausgegeben.)
4	D.R.	Beſtimmungen über die Verladung und Beförderung von lebenden Thieren auf Eiſenbahnen (B.B.), Rkz.E. vom 13./7. 1879. (R.C.B. 1879 479, E.V.B. 142.)
5	D.E.V.B. ausſchl. d. Niederländiſch. Staatsbahn.	Vorſchriften über die Beförderung von Sendungen lebender Fiſche auf Eiſenbahnen. (Kundmachung 31.) Gültig vom 1./3. 1895 ab.
6	D.E.V.B. ausſchl. d. Niederländiſch. Staatsbahn.	Vorſchriften über die Beförderungsbegünſtigungen für Militärbrieftaubenſendungen. (Kundmachung 6, 4. Ausgabe.) Gültig vom 1./3. 1895.
7	D.E.V.B.	Verzeichniß derjenigen Behörden und Dienſtſtellen, welche zur Ausſtellung von Leichenpäſſen z. Z. befugt ſind. (Kundmachung 15, 2. Ausg.) Gültig vom 1./10. 1894 ab.
8	D.E.V.B.	Ausführungsbeſtimmungen und alphabetiſches Artikelverzeichniß zu Anlage B der V.O. ſowie zu Anl. 1 des § 1 der Ausführungsbeſtimmungen zum J.U. und den dazu getroffenen Vereinbarungen erleichternder Vorſchriften. (Kundmachung 4, 4. Ausgabe.) Gültig vom 1./4. 1895.
9	Pr.St.B.	Ausführungsbeſtimmungen zum Abſchnitt A II der Kundmachung 4 des D.E.V.B. M.E. vom 30./5. 1896, E.N.B. 391.

[1]) Einſchl. der Eingangsbeſtimmungen und Allgemeinen Beſtimmungen.

Nr.	Geltungsbereich	
10	D.E.V.V.	Verzeichniß derjenigen Stationen der Eisenbahnen Deutschlands, welche zur Annahme und Auslieferung der in der Anl. B zu § 50 B_1 der V.O. unter Nr. XXXVa bezeichneten Gegenstände (Sprengstoffe) geeignet sind. (Kundmachung 9, 4. Ausgabe.) Gültig vom 1./4. 1895 nebst Nachträgen 1—3, letzterer vom 1./7. 1896.
11	D.E.V.V.	Dienstanweisung über das Abfertigungs-, Stundungs- und Abrechnungsverfahren für Renn- und Vollblutmutterpferde des Unionklubs in Berlin. (Kundmachung 16, 2. Ausgabe.) Gültig vom 1./4. 1895.
12	D.E.V.V.	Dienstanweisung, betr. Beförderung von Ausstellungsgütern, für welche Frachtbegünstigungen in Anspruch genommen werden. (Kundmachung 2, 3. Ausgabe.) Gültig vom 1./3. 1894.
13	D.Bzk.	Zusammenstellung der in den einzelnen Stationsorten und deren Umgebung vorhandenen Fabrik- und sonstigen gewerblichen Anlagen.
14	D.Bzk.	Vorschriften über die Beförderung der Eil- und Frachtstückgüter.
15	D.E.V.V.	Vorschriften über die Erhebung von Frachtzuschlägen bei unrichtiger Inhaltsangabe oder Wagenüberlastung. (Kundmachung 12.) Gültig vom 15./11. 1895 ab.
16	D.E.V.V.	Monatsrechnungen über Eilgutsendungen und Verzeichniß der selbständigen Eilgutabfertigungen. (Kundmachung 23, 2. Ausgabe.) Gültig vom 1./4. 1895.
17	D.E.V.V.	Abrechnungen über den Thierverkehr. (Kundmachung 29, 2. Ausgabe.) Gültig vom 1./4. 1894.
18	D.Bzk.	Dienstanweisung, betr. die Anfertigung der Monatsrechnungen über den Güter- und Thier- 2c. Verkehr des Eisenb.Dir.Bzks. X.
19	V.D.E.V.	Nachweisung der Zuschläge zu den reglementsmäßigen Lieferfristen, sowie der Lieferfristverkürzungen. April 1895, I. Nachtr. vom Mai 1896. II. Nachtrag vom Januar 1897.

Sachregister zum ersten bis dritten Abschnitte.

A.

B.

F.

G.

H.

L.

Q.

R.

S.

T.

W.

Z.

Sachregister zum Anhang.

GPSR Compliance

The European Union's (EU) General Product Safety Regulation (GPSR) is a set of rules that requires consumer products to be safe and our obligations to ensure this.

If you have any concerns about our products, you can contact us on ProductSafety@springernature.com

In case Publisher is established outside the EU, the EU authorized representative is:

Springer Nature Customer Service Center GmbH
Europaplatz 3
69115 Heidelberg, Germany

Batch number: 10704711

Printed by Printforce, the Netherlands